EGA 4

ÉLÉMENTS DE GÉOMÉTRIE ALGÉBRIQUE

IV. ÉTUDE LOCALE DES SCHÉMAS ET DES MORPHISMES DE SCHÉMAS

(Quatrième Partie)

代数几何学原理

IV. 概形与态射的局部性质

（第四部分）

[法] Alexander Grothendieck 著

（在 Jean Dieudonné 的协助下）

周健 译

高等教育出版社·北京

International Press

Éléments de géométrie algébrique (rédigés avec la collaboration de Jean Dieudonné):
IV. Étude locale des schémas et des morphismes de schémas (Quatrième Partie)

图书在版编目（C I P）数据

代数几何学原理 . Ⅳ, 概形与态射的局部性质 . 第四部分 /（法）亚历山大 · 格罗滕迪克著；周健译 . 北京：高等教育出版社，2025. 7. -- ISBN 978-7-04-064527-9

Ⅰ. O187

中国国家版本馆 CIP 数据核字第 202506PN22 号

DAISHUJIHEXUE YUANLI

策划编辑	李　鹏	责任编辑	李　鹏	封面设计	于　博	版式设计	童　丹
责任校对	马鑫蕊	责任印制	刘思涵				

出版发行	高等教育出版社	网　址	http://www.hep.edu.cn
社　址	北京市西城区德外大街 4 号		http://www.hep.com.cn
邮政编码	100120	网上订购	http://www.hepmall.com.cn
印　刷	运河（唐山）印务有限公司		http://www.hepmall.com
开　本	787 mm × 1092 mm　1/16		http://www.hepmall.cn
印　张	24		
字　数	460 千字	版　次	2025 年 7 月第 1 版
购书热线	010-58581118	印　次	2025 年 7 月第 1 次印刷
咨询电话	400-810-0598	定　价	99.00 元

物 料 号　64527-00

Alexander Grothendieck
(1928.3.28—2014.11.13)

谨以此译本纪念

已故伟大数学家

Alexander Grothendieck

译者前言

这部书的全名是 *Éléments de Géométrie Algébrique*, 通常缩写成 EGA, 是 A. Grothendieck 在 20 世纪 50—60 年代写成的 (在 J. Dieudonné 的协助下). 它对现代数学许多领域的发展产生了深远的影响, 至今仍然是对于概形基本概念与方法的最完整最详尽的理论阐述. 由于丘成桐教授的大力推动和支持, EGA 中译本终于得以出版.

为了方便初次接触这本书的读者, 译者将从以下三个方面做出简要的介绍, 以便读者能够获得一个概略的了解. 这三个方面就是: 一、EGA 的成书背景, 二、EGA 的重要影响, 三、EGA 的翻译经过.

在开始之前, 有必要先厘清一个概念, 即 EGA 有狭义和广义之分. 狭义的 EGA 是指已经完成的第一章到第四章, 发表在 Publications Mathématiques de l'I.H.E.S., Tome 4, 8, 11, 17, 20, 24, 28, 32 (1960—1967) 中[①], 广义的 EGA 是指 Grothendieck 关于这本书的写作计划, 在引言中可以看到一个简略的列表, 共包含 13 章, 涉及非常广泛的主题, 并归结到 Weil 猜想的证明上. 后面的各章内容虽然并没有正式写出来, 但大都以草稿的形式出现在了 SGA, FGA[②] 等多部作品之中, 应该被看成是前四章的自然延续.

本次中译本的范围只是 EGA 的前四章, 但对于下面要谈论的 EGA 来说, 我们不得不作广义的理解, 因为计划中的 13 章内容原本就是一个有机的整体, 各章相互照应, 具有前后贯通的理论构思, 而且说到 EGA 对后来的影响也必须整体地来谈.

---

①新版 EGA 第一章由 Springer-Verlag 于 1971 年出版.

②SGA 的全称是 *Séminaire de Géométrie Algébrique du Bois-Marie*, FGA 的全称是 *Fondements de la Géométrie Algébrique*.

(一) EGA 的成书背景

代数几何考察由代数方程所定义的几何图形的性质, 已经有漫长而繁复的历史. 特别是其中的代数曲线理论, 这已经被许多代的数学家使用直观几何语言、函数论语言、抽象代数语言等进行过详细的讨论, 并积累了丰富的知识和研究课题.

20 世纪初, 意大利学派的几位数学家 (Castelnuovo, Enriques 等) 进而完成了代数曲面的初步分类. 但在这一阶段, 传统方法开始受到质疑, 仅使用坐标和方程的语言在陈述精细结果时越来越难以满足数学严密性的要求. O. Zariski 意识到了问题的严重性, 开始着手建立代数几何所需的交换代数基础. 他所引入的 Zariski 拓扑、形式全纯函数等概念使代数几何逐步具有了独立于解析语言的另一种陈述和证明方式. J.-P. Serre 的著名文章 FAC 和 GAGA 等① 进而阐明, 借助层上同调的语言, 在 Zariski 拓扑上也可以建立起丰富而且有意义的整体理论. Grothendieck 在 EGA 中继续发展了 Serre 的理论, 把代数闭域上的结果推广为任意环上 (甚至任意概形上) 的相对理论, 使数论和代数几何重新统一在以交换代数和同调代数为基础的完整而严密的体系之下 (此前代数整数环和仿射代数曲线曾被统一在 Dedekind 整环的语言之下), 可以说完成了 Zariski 以来为代数几何建立公理化基础的目标.

Grothendieck 在扉页上把 EGA 题献给了 O. Zariski 和 A. Weil, 这确认了 Zariski 对于 EGA 成书的重大影响. 我们再来看 A. Weil 对于 EGA 的关键影响, 这就要说到 Weil 的著名猜想, 揭示了有限域 (比如 $\mathbb{F}=\mathbb{Z}/p\mathbb{Z}$) 上的代数方程组在基域的所有有限扩张中的有理解个数所具有的神秘规律. Weil 把这种规律用 Zeta 函数② 的语言做出了表达, 列举了 Zeta 函数所应具有的一些性质. 其中还特别指出, 这种 Zeta 函数的某些信息与另一个代数方程组 (前述方程组是这个方程组通过模 p 约化的方式而得到的) 在复数域上所定义出的复流形的几何或拓扑性质会有密切的关联. Weil 还预测到, 为了证明他的这一系列猜想, 有必要对于有限域上的代数几何对象发展出一套上同调理论, 并要求这种上同调具有与复几何中的上同调十分相似的性质. 在此基础上, 上述猜想便可以借助某种 Lefschetz 不动点定理而得以建立.

Weil 的这个思路深刻地影响了代数几何语言的发展. 上面提到的 FAC 就是朝向实现这一目标所迈出的重要一步③. 但是仅靠凝聚层上同调理论被证明是不够的. Grothendieck 在 Serre 工作的基础上完成了一次思想突破, 他意识到层上同调这个

①FAC 的全称是 *Faisceaux Algébriques Cohérents*, 发表在 The Annals of Mathematics, 2nd Ser., Vol. 61, No. 2 (1955), pp. 197–278, 中译名 "代数性凝聚层"; GAGA 的全称是 *Géométrie Algébrique et Géométrie Analytique*, 发表在 Annales de l'institut Fourier, Tome 6 (1956), pp. 1–42, 中译名 "代数几何与解析几何".

②算术概形都可以定义出 Zeta 函数, 通常就称为 Hasse-Weil Zeta 函数, Riemann Zeta 函数也包含在其中.

③Weil 也以自己的方式为代数几何建立了一套基础理论, 并写出了 *Foundations of Algebraic Geometry* (1946) 及 *Variétés Abéliennes et Courbes Algébriques* (1948) 等书, 他在这个基础上证明了对于曲线的上述猜想.

理论格式可以扩展到更广泛的“拓扑”上，这种“拓扑”已经不是传统意义下由开集公理所定义的拓扑，而是要把非分歧的覆叠映射也当作“开集”来使用. 基于这个想法定义出的上同调 (即平展上同调) 后来被证明确实能够满足 Weil 的要求[①]，但为了要把该想法贯彻到有限域、代数数域、复数域等各种不同的环境里 (比如为了实现 Weil 猜想中有限域上的几何与复几何的联系)，就必须尽可能地把古典代数几何中的各种几何概念 (如平滑、非分歧等) 推广到更一般的语言背景下.

EGA 和很大部分的 SGA (如前所述，它们原本就应该是 EGA 的组成部分) 都在致力于完成这种理论构建和语言准备的工作. 最终，Weil 猜想的证明是由 Deligne[②] 完成的，阅读他的文章就会发现，EGA-SGA 的体系在证明中起到了多么实质的作用.

(二) EGA 的重要影响

EGA-SGA 的出现对于后来的数学发展产生了多方面的深远影响.

首先，概形已经成为数论和代数几何的基础语言，它的作用完全类似于流形之于微分几何，充分印证了这个理论体系的包容性、灵活性、方便性以及严密性.

其次，在概形理论和方法的基础上，不仅 Weil 猜想得以圆满解决，而且很多困难的猜想都陆续获得解决，比如说 Mordell 猜想、Taniyama-Shimura 猜想、Fermat 大定理等. 以 Mordell 猜想为例，Faltings 最早给出的证明中就使用了 Abel 概形的参模空间、p 可除群、半稳定约化定理等关键工具，这些都是建立在 EGA-SGA 的体系之上的[③]. 再看 Fermat 大定理的证明，它是建立在自守表示的某些结果、模曲线的算术理论、Galois 表示的形变理论等基础上的，后面的两个理论都离不开 EGA-SGA 的体系.

EGA-SGA 的体系不仅为解决数论中的许多重大猜想奠定了基础，而且也催生了很多新的观念和理论体系. 试举几个典型的例子如下:

(1) 恒机理论

这是 Grothendieck 为了解决 Weil 猜想中与 Riemann 假设[④] 相关的部分而提出的理论设想 (基于 Serre 的结果). 与 Deligne 证明中的独特技巧不同，该理论试图建立一个良好的“恒机”范畴，使 Riemann 假设成为一个代数演算的自然结果. 这个思路并没有取得成功，因为其中涉及的“标准猜想”看起来是极为困难的问题. 但“恒机”的想法本身不仅没有就此消亡，反而日益显示出强劲的生命力. 它首先在 Deligne 的 Theorie de Hodge I, II, III 中得到了侧面的印证，后来又在关于 L 函数特殊值的一系列猜想中扮演了关键角色 (以恒机式上同调的形式)，并因此促成了

[①] 参考: Grothendieck, *Formule de Lefschetz et rationalité des fonctions L*, Séminaire Bourbaki 1964/65, 279.

[②] 参考: Deligne, *La conjecture de Weil, I*, Publications Mathématiques de l'I.H.E.S., Tome 43, n° 2 (1974), p. 273–307, 中译名 “Weil 猜想 I”.

[③] 对于 Mordell 猜想本身，后来也有一些较为“初等”的证明.

[④] 这并不是原始的 Riemann 假设，只是与它具有类似的形状.

概形同伦理论的发展. 另外值得一提的是, Grothendieck 在构造恒机范畴时所引入的 Tannaka 范畴概念也被证明具有非常普遍的意义.

(2) 代数叠形理论

这起源于 Grothendieck 使用函子语言来重新解释参模理论的工作 (FGA). Hilbert 概形和 Picard 概形的构造是第一批重要的结果, 但后来发现许多在代数几何中很平常的参模函子并不能在概形范畴中得到表识. 代数叠形的概念就是对于概形的一种推广, 目的是把那些有重要意义但又不可表识的参模函子也纳入几何框架之中. 这一理论无论从技术上还是从结果上都是 EGA-SGA 体系的自然延伸, 它的应用范围已经超出数论和代数几何中的问题, 扩展到数学物理等领域.

(3) 导出范畴与转三角范畴

这个理论最初是 Grothendieck 为了恰当表述上同调对偶定理所构思的概念框架. 现在它的应用范围已经扩展到了多个数学分支 (如有限群的模表示、双有理几何、同调镜像对称等), 并被发掘出一些新的意义. Voevodsky 构造恒机范畴的 "导出" 范畴时就使用了这套语言.

(4) p 进刚式解析几何

这个理论最初是 Tate 把 Grothendieck 拓扑的考虑方法引入 p 进解析函数中而定义出来的几何理论, Raynaud 又使用形式概形的语言对它做出了重新的解释. 后来该理论被应用到稳定约化、曲线基本群、p 进合一化理论、p 进 Langlands 对应等诸多问题之中.

限于译者的理解程度, 只能先说到这里, 还有很多话题未能触及.

(三) EGA 的翻译经过

EGA 的中文翻译开始于 2000 年, 到了 2007 年中, 前四章的译稿已大致完成. 在随后的校订工作中, 译者逐渐意识到两个更大的问题.

第一, 我们知道 Grothendieck 写作 EGA 的一个主要动机是要给出 Weil 猜想的详细证明 (除了 Riemann 假设的部分). 但是前四章只是陈述了一些最基础的理论, 尚未深入探讨那些比较核心的话题. 如果不结合后面的内容 (比如 SGA) 来阅读的话, 就看不到这四章理论的许多实际用途, 也不能更充分地理解作者的思维脉络, 而且与后来的那些广泛应用相脱节.

第二, EGA-SGA 体系是建立在一系列预备知识和先行工作的基础上的. 首先, EGA 中大量使用了 Bourbaki 的《数学原理》(特别是《代数学》《交换代数》《一般拓扑学》等卷) 中的结果, 作者 Grothendieck 和协助者 Dieudonné 都是 Bourbaki 学派的成员. 另外, 正如作者在引言中所指出的, 阅读 EGA 还需要准备两本参考书:

R. Godement, *Topologie algébrique et théorie des faisceaux.*[1]

[1] 中译名 "代数拓扑与层理论".

A. Grothendieck, *Sur quelques points d'algèbre homologique.*①

最后, 作者还告诉我们, EGA 的前三章完全是脱胎于 Serre 的 FAC. 所以仅从译稿的校订工作来说, 译者也必须对上面提到的这些书籍和论文做出系统的梳理和把握.

这两个问题迫使译者持续对相关的著作加深了解, 并翻译其中的某些部分, 借此来检验 EGA 译稿的准确性和适用性, 提高译文的质量. 这些工作仍在进行中.

由于理解上的不足, 译文中一定还有译者未曾注意到的错漏之处, 敬请读者指正. 译者将另外准备 "勘误与补充" 一文, 报告可能的错误, 并介绍某些背景信息, 以及与其他文献的联系等, 此文将放置在下面的网址中:

http://www.math.pku.edu.cn/teachers/zhjn/ega/index.html

EGA 中译本的出版工作几经波折. 最终能够达成, 与丘成桐教授的运筹和指导是分不开的, 感谢丘成桐教授的关心和鼓励.

在翻译工作的最初几年里, 译者得到了赵春来教授的莫大支持和帮助. 赵老师曾专门组织讨论班, 以早期译稿为素材进行讨论, 初稿得以完成, 完全是得益于赵老师的无私关怀, 译者衷心感谢赵老师长期以来所给予的工作和生活上的多方支持.

巴黎南大学的 Luc Illusie 教授和 J.-M. Fontaine 教授十分关心此译本的出版, 并为此做了许多工作. Illusie 教授热心于中法数学交流, 培养了许多中国学生, 也给予译者很多指导, 他还专门与法文版权所有者 Johanna Grothendieck 女士及法国高等科学研究所 (IHES) 进行联络, 为中文版获得授权创造了良好的条件, 并为此版写了序言. 诚挚感谢 Illusie 教授为此付出的热情和心力. 东京大学的加藤和也教授和巴黎南大学的 Michel Raynaud 教授也给予译者很大鼓励, 在此一并致谢.

译者还要感谢首都师范大学李克正教授、华东师范大学陈志杰教授、台湾大学康明昌教授、中科院晨兴数学中心田野教授、信息工程研究所刘石柱老师以及众多师友对于此项工作给予的热情鼓励. 同时感谢译者所在单位的历任领导对此项工作的理解和包容.

最后, 感谢高等教育出版社王丽萍和李鹏编辑在出版工作上的坚持不懈和精心筹备, 感谢波士顿国际出版社 (International Press of Boston) 秦立新先生的大力协助.

① 中译名 "同调代数中的几个关键问题".

译本序①

A. Grothendieck 的 *Éléments de Géométrie Algébrique* (在 J. Dieudonné 的协助下完成) 第一本于 1960 年问世, 最后一本于 1967 年问世, 由法国高等科学研究所 (IHES) 出版. 在这部后来以 EGA 的略称而名世的经典著作中, 作者引入并以极为详尽的形式发展了一套新的语言, 即*概形语言*. 由于这种语言具有清晰准确、表达力强、操作灵活等诸多特性, 它很快就成为在代数几何中被普遍采用的语言.

EGA 并无任何老旧. 时至今日, 它所阐发的那些语言和方法仍然被全世界的数论和代数几何专家们所广泛使用. 尽管从那以后, 某些比概形更一般的几何对象 (比如说代数空间、代数叠形等) 也被定义出来, 并在最近 20 年间被越来越多地应用在诸如参模问题、自守形式理论等课题中, 但对于它们的考察仍然要基于概形的语言.

虽然陆续出现了一些十分优秀的介绍和解释 EGA 的教科书, 但说到对于 EGA 的最佳介绍和解释, 仍然非 EGA 本身莫属. 某些人曾说 EGA 很难懂. 情况恰恰相反, EGA 所具有的清晰性和确切性、始终致力于把问题纳入恰当视野的坚持以及寻求对主要结果做出最佳陈述的努力, 再加上尽量引出众多推论的编排方式等, 都使得阅读 EGA 成为愉快的体验. 而且只要你需要用到一个关于概形的技术性引理, 查遍群书后通常都会在 EGA 中找到它, 甚至可能比你所需要的形式更好, 还饶上一个完整的证明. 即使是初学者也会很快发现, 参考 EGA 远比参考其他教科书获益更多.

然而, EGA 是用法文书写的, 这就带来一些问题. 在 20 世纪 60 年代时, 法文曾经是很通用的数学语言, 但在今天, 掌握法文的数学工作者已逐年减少, 尤其是在

①原文为英文.

亚洲. 我曾在中国多次讲授代数几何课程, 深切体会到中国的青年学生们对于阅读 EGA 的渴望, 以及面对语言障碍时的无奈. 由此可以理解, EGA 的中译本肯定会是非常有用的. 很高兴周健先生成功地完成了这个翻译, 他一定是克服了不少的困难, 其中就包括给众多的法文技术词汇寻找和遴选出恰当的中文表达. 书后附有法中英三语的索引, 从中读者可以查到同一个数学概念在三种语言下的表达方式.

目前出版的这一本是 EGA 的第四章第四部分 (基于最初的版本), 后续各卷都已经翻译出来, 将会陆续推出.

Luc Illusie

引言

献给 Oscar Zariski 和 André Weil

这部书的目的是探讨代数几何学的基础. 原则上我们不假设读者对这个领域有多少了解, 甚至可以说, 尽管具有一些这方面的知识也不无好处, 但有时 (比如习惯于从双有理的视角来考虑问题的话) 对于领会这里将要探讨的理论和方法来说或许是有害的. 不过反过来, 我们要假设读者对于下面一些主题有足够的了解:

a) 交换代数, 比如 N. Bourbaki 所著《数学原理》丛书的某些卷本 (以及 Samuel-Zariski [13] 和 Samuel [11], [12] 中的一些内容).

b) 同调代数, 这方面的内容可参考 Cartan-Eilenberg [2](标记为 (M)) 和 Godement [4](标记为 (G)), 以及 A. Grothendieck [6](标记为 (T)).

c) 层的理论, 主要参考书是 (G) 和 (T). 正是借助这个理论, 我们才得以用 "几何化" 的语言来表达交换代数中的一些重要概念, 并把它们 "整体化".

d) 最后, 读者需要对函子式语言相当熟悉, 我们的讨论将严重依赖这种语言, 读者可以参考 (M), (G) 特别是 (T). 本书作者将在另外一篇文章中详细探讨函子理论的基本原理和主要结果.

***

在一篇简短的引言中, 我们没有办法对代数几何学中的 "概形论" 视角做出一个完整的概括, 也没有办法详细论证采取这种视角的必要性, 特别是在结构层中系统地引入幂零元的必要性 (正是因为这个缘故, 有理映射的概念才不得不退居次要的位置, 更为恰当的概念则是 "态射"). 第一章的主要任务是系统地介绍 "概形" 的语言,并希望也能同时说明它的必要性. 对于第一章中所出现的若干概念, 我们不打算在这里给出 "直观" 的解释. 读者如果需要了解其背景的话, 可以参考 A. Grothendieck 于 1958 年在 Edinburgh 国际数学家大会上的报告 [7] 及其文章 [8]. 另外 J.-P. Serre 的工作 [14] (标记为 (FAC)) 可以看作是代数几何学从经典视角转向概形论视角的一个中间环节, 阅读他的文章可以为阅读我们的《代数几何学原理》打下良好的基础.

***

下面是一个非正式的目录, 列出了本书将要讨论的各个主题, 后面的章节以后会有变化:

第一章 — 概形语言.

第二章 — 几类态射的一些基本的整体性质.

第三章 — 代数凝聚层的上同调及其应用.

第四章 — 态射的局部性质.

第五章 — 构造概形的一些基本手段.

第六章 — 下降理论. 构造概形的一般方法.

第七章 — 群概形、主纤维化空间.

第八章 — 纤维化空间的微分性质.

第九章 — 基本群.

第十章 — 留数与对偶.

第十一章 — 相交理论、Chern 示性类、Riemann-Roch 定理.

第十二章 — Abel 概形和 Picard 概形.

第十三章 — Weil 上同调.

原则上所有的章节都是开放的, 以后随时会追加新的内容. 为了减少出版上的麻烦, 追加的内容将出现在其他分册里. 如果有些小节在文章交印时还没有写好, 那么虽然在概述中仍然会提到它们, 但完整的内容将会出现在后面的分册里. 为了方便读者, 我们在 "第零章" 里包含了关于交换代数、同调代数和层理论的许多预备知识, 它们都是正文所需要的. 这些结果基本上都是熟知的, 但是有时可能没办法找到适当的参考文献. 建议读者在正文需要它们而自己又不十分熟悉的时候再去查阅. 我们觉得对于初学者来说, 这是熟悉交换代数和同调代数的一个好方法, 因为如果不了解其应用的话, 单纯学习这些理论将是非常枯燥乏味和令人疲倦的.

***

我们没办法给这本书所提到的诸多概念和结果提供一个历史回顾或综述. 参考文献也只包含了一些对于理解正文来说特别有用的资料, 我们也只对那些最重要的结果给出了来源. 至少从形式上来说, 这本书所要处理的很多主题都是非常新的, 这也解释了为什么这本书很少引用 19 世纪和 20 世纪初那些代数几何学之父们的工作 (我们只是听人说过, 却未曾拜读) 的原因. 然而有必要列举一下对作者有最直接的影响并且对概形理论的形成有重要贡献的一些著作. 首先是 J.-P. Serre 的奠基性工作 (FAC), 与 A. Weil 艰深的古典教科书 *Foundations of algebraic geometry* [18] 相比, 这篇文章更适合于引领初学者 (包括本书的作者之一) 进入代数几何的领域. 该文第一次表明, 在研究 "抽象" 代数多样体时, 我们完全可以使用 "Zariski 拓扑" 来建立它们的代数拓扑理论, 特别是上同调的理论. 进而, 这篇文章里所给出的代数多样体的定义可以非常自然地扩展为概形的定义①. Serre 自己就曾指出, 仿射多样体的上同调理论可以毫不困难地推广到任何交换环 (不仅仅是域上的仿射代数) 上. 本书的第一、二章和第三章前两节本质上就是要把 (FAC) 和 Serre 另一篇文章 [15] 的主要结果搬到这种一般框架之下. 我们也从 C. Chevalley 的 "代数几何讨论班" [1] 上获益良多, 特别是他的 "可构集" 概念在概形理论中是非常有用的 (参考第四章). 我们也借用了他从维数的角度来考察态射的方法 (第四章), 这个方法几乎可以不加改变地应用到概形上. 另外值得一提的是, Chevalley 引入的 "局部环的概形" 这个概念提供了古典代数几何的一个自然的拓展 (尽管不如我们这里的概形概念更具普遍性和灵活性), 第一章 §8 讨论了这个概念与我们的概形概念之间的关系. M. Nagata 在他的系列文章 [9] 中也提出过类似的理论, 他还给出了很多与 Dedekind 环上的代数几何有关的结果②.

***

最后, 毫无疑问一本关于代数几何的书 (尤其是一本讨论基础的书) 必然要受到像 O. Zariski 和 A. Weil 这样一些数学大家的影响. 特别地, Zariski [20] 中的形式全纯函数理论可以借助上同调方法来进行改写, 再加上第三章 §4 和 §5 中的存在性定理 (并结合第六章的下降技术), 就构成了这部书的主要工具之一, 而且在我们看来, 它也是代数几何中最有力的工具之一.

这个技术的使用方法可以简单描述如下 (典型的例子是第九章将要研究的基本群). 对于代数多样体 (更一般地, 概形) 之间的一个紧合态射 (见第二章) $f: X \to Y$ 来说, 我们想要了解它在某一点 $y \in Y$ 邻近的性质, 以期解决一个与 y 的邻近处有关的问题 P, 则可以采取以下几个步骤:

1° 可以假设 Y 是仿射的, 如此一来 X 是定义在 Y 的仿射环 A 上的一个概形,

---

①Serre 告诉我们, 利用环层来定义多样体结构的想法来源于 H. Cartan, 他在这个想法的基础上发展了他的解析空间理论. 很明显, 在 "解析几何" (与 "代数几何" 一样) 中也可以允许幂零元出现在解析空间的局部环中. H. Grauert [5] 已经开始了这方面的工作(推广了 H. Cartan 和 J.-P. Serre 的定义), 也许不久以后就会建立起更为系统的解析几何理论. 本书的概念和方法显然对解析几何仍有一定的意义, 不过需要克服一些技术上的困难. 可以预见, 由于方法上的简单, 代数几何将成为今后发展解析空间理论时的一个范本.

②和我们的视角比较接近的工作还有 E. Kähler 的工作 [22] 和 Chow-Igusa 的文章 [3], 他们使用 Nagata-Chevalley 的体系证明了 (FAC) 中的某些结果, 还给出了一个 Künneth 公式.

甚至可以把 A 换成 y 处的局部环. 这个步骤通常是很容易的 (见第五章), 于是问题归结到了 A 是局部环的情形.

2° 考察 A 是 *Artin* 局部环的情形. 为了使问题在 A 不是整环时仍有意义, 有时需要把问题 P 稍微改写一下, 这个阶段可以使我们对问题的 "无穷小" 性质有更多的了解.

3° 借助形式概形的理论 (见第三章, §3, 4 和 5) 我们可以从 Artin 环过渡到完备局部环上.

4° 最后, 若 A 是任意的局部环, 则可以使用 X 上的某些适当概形的 "多相截面" 来逼近给定的 "形式" 截面 (见第四章), 然后由 X 在 A 的完备化环上的基变换概形上的已知结果出发, 就可以推出 X 在 A 的较为简单的 (比如非分歧的) 有限扩张上的基变换概形上的相应结果.

这个简单的描述表明, 系统地考察 Artin 环 A 上的概形是很重要的. Serre 在建立局部类域论时所采用的视角以及 Greenberg 最近的工作都显示, 从这样一个概形 X 出发应该可以函子性地构造出一个定义在 A 的剩余类域 $\boldsymbol{k}$ (假设它是完满域) 上的概形 X', 其维数 (在恰当的条件下) 等于 $n\dim X$, 其中 n 是 A 的长度.

至于 A. Weil 的影响, 我们只需指出, 正是为了发展出一套系统的工具来给出 "Weil 上同调" 的定义, 并且最终证明他在 Diophantus 几何上的著名猜想的需要, 推动作者们写出了这部书, 另外的一个写作动机则是为了给代数几何中的常用概念和方法找到一个自然的理论框架, 使作者们获得一个理解它们的途径.

***

最后, 我们觉得有必要预先告诉读者, 在熟悉概形的语言并且了解到那些直观的几何构造都能够 (以本质上唯一的方式) 翻译成这种语言之前, 无疑会有许多困难需要克服 (对作者来说也是如此). 和数学中的许多理论一样, 最初的几何直观与表述这种理论所需要的普遍且精确的语言之间的距离变得越来越遥远. 在这种情况下, 我们需要克服的心理上的困难主要在于, 必须把集合范畴中的那些熟知的概念 (比如 Descartes 积、群法则、环法则、模法则、纤维丛、齐性主丛等) 移植到各种各样的范畴和对象上 (比如概形范畴, 或一个给定概形上的概形范畴). 对于以数学为职业的人来说, 今后想要避开这种抽象化的努力将是很困难的, 不过, 和我们的前辈接受 "集合论" 的过程相比, 这可能也不算什么.

***

引用时的标号采用自然排序法, 比如在 **III**, 4.9.3 中, **III** 表示章, 4 表示节, 9 表示小节. 对于同一章内部的引用, 我们省略章号.

目录

第四章　概形与态射的局部性质 (续) **1**

§16. 微分不变量. 微分平滑态射 1

16.1　浸入的法不变量 1

16.2　浸入的法不变量的函子性质 5

16.3　概形态射的一些基本的微分不变量 10

16.4　微分不变量的函子性质 13

16.5　相对切层和切丛, 导射 24

16.6　p 阶微分层和外微分层 31

16.7　层 $\mathscr{P}^n_{X/S}(\mathscr{F})$ 34

16.8　微分算子 37

16.9　正则浸入和拟正则浸入 44

16.10　微分平滑态射 49

16.11　微分平滑 S 概形上的微分算子 51

16.12　特征 0 的情形: 微分平滑态射的 Jacobi 判别法 53

§17. 平滑态射、非分歧态射、平展态射 54

17.1　泛平滑态射、泛非分歧态射、泛平展态射 54

17.2　微分方法的一般性质 57

17.3　平滑态射、非分歧态射、平展态射 59

17.4 非分歧态射的特征性质 61
17.5 平滑态射的特征性质 65
17.6 平展态射的特征性质 68
17.7 可以下降的性质、可以取极限的性质、可构性质 70
17.8 平滑与非分歧的纤维判别法 77
17.9 平展态射与开浸入 78
17.10 平滑概形的相对维数 80
17.11 平滑概形之间的平滑态射 81
17.12 平滑概形的平滑子概形. 平滑态射与微分平滑态射 84
17.13 态射的横截性 88
17.14 平滑态射、非分歧态射及平展态射的局部特性与无穷小特性 97
17.15 域上的概形的情形 98
17.16 平坦态射与平滑态射的拟截面 105

§18. 关于平展态射的补充. Hensel 局部环和严格 Hensel 局部环 108
18.1 一个重要的范畴等价 108
18.2 平展覆叠 110
18.3 有限平展代数 114
18.4 非分歧态射和平展态射的局部结构 117
18.5 Hensel 局部环 124
18.6 Hensel 化 134
18.7 Hensel 化与优等环 142
18.8 严格 Hensel 局部环与严格 Hensel 化 144
18.9 Noether Hensel 环的形式纤维 150
18.10 几何式独枝概形与正规概形上的平展概形 157
18.11 应用到域上的完备 Noether 局部代数上 169
18.12 平展位局部化在拟有限态射上的应用(以前若干结果的推广) 181

§19. 正则浸入和法向平坦性 186
19.1 正则浸入的性质 187
19.2 横截正则浸入 191
19.3 平截态射 195
19.4 应用: 暴涨概形的正则性和平滑性的判别法 199
19.5 M 正则性的判别法 205

19.6　相对于商滤体模的正则序列 211
19.7　法向平坦性的 Hironaka 判别法 214
19.8　可以延伸到投影极限上的性质 222
19.9　$\mathscr{F}$ 正则序列和深度 224
§20. 宽调函数与伪态射 228
20.0　引论 228
20.1　宽调函数 229
20.2　伪态射与伪函数 234
20.3　伪态射的合成 240
20.4　有理函数的定义域的性质 247
20.5　相对伪态射 252
20.6　相对宽调函数 254
§21. 除子 258
21.1　环积空间上的除子 258
21.2　除子与可逆分式理想层 261
21.3　除子的线性等价 266
21.4　除子的逆像 268
21.5　除子的顺像 273
21.6　除子的伴生余 1 维轮圈 277
21.7　把余 1 维有效轮圈理解为子概形 284
21.8　除子与正规化 287
21.9　1 维概形上的除子 291
21.10　余 1 维轮圈的逆像和顺像 296
21.11　正则环的因子分解性质 310
21.12　van der Waerden 关于双有理态射分歧谷的纯格定理 311
21.13　仿解因子套组. 仿解因子局部环 321
21.14　Ramanujam-Samuel 定理 331
21.15　相对除子 337

参考文献 **341**

记号 **343**

索引 **347**

第四章　概形与态射的局部性质 (续)

§16. 微分不变量. 微分平滑态射

在这一节中, 我们将探讨一些在代数几何中特别有用的微分演算方面的概念 (采用整体的形式). 不过经典微分几何中的许多概念 (比如联络、由向量场所产生的无穷小变换、根节, 等等) 在这里都不会出现, 尽管这些概念在概形的框架下也能够以非常自然的方式表达出来. 此外我们也不会谈及特征 $p>0$ 时的一些特殊现象 (在仿射情形下, (**0**, 21) 对此有过一些讨论). 关于概形上的微分演算, 还有另外一些有待补充的内容, 读者可以参考 [42] 中的报告 II 和报告 VII, 或者参考本书后面的若干章节.

16.1 浸入的法不变量

(16.1.1) 设 $(X,\mathscr{O}_X)$, $(Y,\mathscr{O}_Y)$ 是两个环积空间, $f=(\psi,\theta):Y\to X$ 是一个环积空间态射 ($\mathbf{0_I}$, 4.1.1), 并假设同态

$$\theta^\sharp\ :\ \psi^*\mathscr{O}_X\ \longrightarrow\ \mathscr{O}_Y$$

是满的, 从而 $\mathscr{O}_Y$ 可以等同于一个商环层 $(\psi^*\mathscr{O}_X)/\mathscr{J}_f$. 此时我们可以给 $\psi^*\mathscr{O}_X$ 赋予 $\mathscr{J}_f$ 预进滤解.

定义 (16.1.2) — 我们将把 $\mathscr{O}_Y$ 增殖环层 $(\psi^*\mathscr{O}_X)/\mathscr{J}_f^{n+1}$ 称为 f 的第 n 个**法不变量**, 把环积空间 $\left(Y,(\psi^*\mathscr{O}_X)/\mathscr{J}_f^{n+1}\right)$ 称为 Y 关于 f 的 n **阶无穷小邻域**, 并记作

$Y_f^{(n)}$, 或简记为 $Y^{(n)}$. 我们再把滤体环层 $\psi^*\mathscr{O}_X$ 的衍生分次环层

(16.1.2.1) $$\mathscr{G}r_\bullet(f) = \bigoplus_{n\geqslant 0} (\mathscr{J}_f^n/\mathscr{J}_f^{n+1})$$

称为 f **的衍生分次环层**, 并把层 $\mathscr{G}r_1(f) = \mathscr{J}_f/\mathscr{J}_f^2$ 称为 f 的**余法层** (也记作 $\mathscr{N}_{Y/X}$, 只要不会造成误解) .

显然这些 $\mathscr{O}_{Y^{(n)}} = (\psi^*\mathscr{O}_X)/\mathscr{J}_f^{n+1}$ (也记作 $\mathscr{O}_{Y_f^{(n)}}$) 构成了 Y 上的环层投影系, 其中的传递同态 $\varphi_{nm} : \mathscr{O}_{Y^{(m)}} \to \mathscr{O}_{Y^{(n)}}$ ($n \leqslant m$) 把 $\mathscr{O}_{Y^{(n)}}$ 等同于 $\mathscr{O}_{Y^{(m)}}$ 除以 $\mathscr{O}_{Y^{(n)}}$ 的增殖理想层(即 $\varphi_{0n} : \mathscr{O}_{Y^{(n)}} \to \mathscr{O}_Y$ 的核) 的方幂 $(\mathscr{J}_f/\mathscr{J}_f^{n+1})^m$ 之后的商环层. 于是这些 $Y^{(n)}$ 构成了环积空间的归纳系, 它们的底空间都是 Y, 并且环积空间的典范态射 $h_n : Y^{(n)} \to X$ 就等于 (ψ, θ_n), 其中 $\theta_n^\sharp$ 是典范态射 $\psi^*\mathscr{O}_X \to (\psi^*\mathscr{O}_X)/\mathscr{J}_f^{n+1}$. 显然, 层 $\mathscr{G}r_\bullet(f)$ 是环层 $\mathscr{O}_Y = \mathscr{G}r_0(f)$ 上的一个分次代数层, 并且这些 $\mathscr{G}r_k(f)$ 都是 $\mathscr{O}_Y$ 模层.

和其他的滤体环层一样, 这里我们也有一个分次 $\mathscr{O}_Y$ 代数层的典范满同态

(16.1.2.2) $$\mathbf{S}^\bullet_{\mathscr{O}_Y}(\mathscr{G}r_1(f)) \longrightarrow \mathscr{G}r_\bullet(f),$$

它在 0 次项和 1 次项处都与恒同同态相重合.

例子 (16.1.3) — (i) 假设 X 是一个局部环积空间, Y 是只含一点 y 的空间 (其上给定了一个环 $\mathscr{O}_y$) , 并且对于 $x = \psi(y)$, 假设 $\theta^\sharp : \mathscr{O}_x \to \mathscr{O}_y$ 是环的一个满同态, 它的核刚好是 $\mathscr{O}_x$ 的极大理想 $\mathfrak{m}_x$. 则此时 $\mathscr{O}_{Y^{(n)}}$ 可以等同于环 $\mathscr{O}_x/\mathfrak{m}_x^{n+1}$, 而 $\mathscr{G}r_\bullet(f)$ 可以等同于局部环 $\mathscr{O}_x$ 在 $\mathfrak{m}_x$ 预进滤解下的衍生分次环.

(ii) 假设 Y 是 X 的某个开子空间 U 的闭子空间, 并且 $\mathscr{O}_Y$ 是商层 $\mathscr{O}_U/\mathscr{J}$ 在 Y 上的稼入层, 其中 $\mathscr{J}$ 是 $\mathscr{O}_U$ 的一个理想层, 且在所有 $x \notin Y$ 处均有 $\mathscr{J}_x = \mathscr{O}_x$. 若 X 是局部环积空间, 则我们进而假设在 $x \in Y$ 处均有 $\mathscr{J}_x \neq \mathscr{O}_x$, 因而 $(Y, \mathscr{O}_Y)$ 也是一个局部环积空间.

设 $\psi_0 : Y \to U$ 是典范含入, 并设 $\theta_0 : \mathscr{O}_U \to (\psi_0)_*(\mathscr{O}_Y)$ 是那个与典范同态 $\psi^*\mathscr{O}_U = \mathscr{O}_U|_Y \to (\mathscr{O}_U/\mathscr{J})|_Y$ 相对应的同态, 也就是说, $\theta_0^\sharp$ 就等于后面这个同态, 从而 $j_0 = (\psi_0, \theta_0) : Y \to U$ 是一个环积空间态射 (当 X 是局部环积空间时, 它也是局部环积空间的态射) . 若 $i : U \to X$ 是典范含入 (这是一个环积空间态射) , 则 $j = i \circ j_0$ 就是 Y 到 X 的这样一个态射 (ψ, θ), 其中 $\psi : Y \to X$ 是典范含入, 而 $\theta : \mathscr{O}_X \to \psi_*\mathscr{O}_Y$ 就是那个使得 $\theta^\sharp = \theta_0^\sharp$ 的同态. 由于 $\theta^\sharp$ 是满的, 故我们可以把上述定义应用到这个情况, 此时 $\mathscr{O}_{Y^{(n)}}$ 就等于 $\psi_0^*(\mathscr{O}_U/\mathscr{J}^{n+1})$, 并且我们有 $(\psi_0)_*(\mathscr{O}_{Y^{(n)}}) = \mathscr{O}_U/\mathscr{J}^{n+1}$ 和 $\mathscr{G}r_n(j) = \mathscr{G}r_n(j_0) = \psi_0^*(\mathscr{J}^n/\mathscr{J}^{n+1}) = j_0^*(\mathscr{J}^n/\mathscr{J}^{n+1})$.

(16.1.4) 例子 (16.1.3, (ii)) 表明, 一般来说 $\mathscr{O}_{Y^{(n)}}$ 不会具有典范的 $\mathscr{O}_Y$ 模层结构, 自然也不会具有 $\mathscr{O}_Y$ 代数层的结构. 给出这样一个结构就等价于给出一个环层

同态 $\lambda_n:\mathscr{O}_Y\to\mathscr{O}_{Y^{(n)}}$, 并要求它是增殖同态 φ_{0n} 的右逆, 这也相当于要给出一个环积空间态射 $(1_Y,\lambda_n):Y^{(n)}\to Y$, 并要求它是典范态射 $(1_Y,\varphi_{0n}):Y\to Y^{(n)}$ 的左逆.

命题 (16.1.5) — 设 $f=(\psi,\theta):Y\to X$ 是概形的一个浸入. 于是:

(i) $\mathscr{G}r_\bullet(f)$ 是一个拟凝聚的分次 $\mathscr{O}_Y$ 代数层.

(ii) 这些 $Y^{(n)}$ 都是概形, 并且都可以典范同构于 X 的子概形.

(iii) 对任意的环层同态 $\lambda_n:\mathscr{O}_Y\to\mathscr{O}_{Y^{(n)}}$, 只要它是增殖同态 φ_{0n} 的右逆, 它就能使 $\mathscr{O}_{Y^{(n)}}$ 和所有 $\mathscr{O}_{Y^{(k)}}$ $(k\leqslant n)$ 都成为拟凝聚 $\mathscr{O}_Y$ 代数层. 由这些结构在 $\mathscr{G}r_k(f)$ $(k\leqslant n)$ 上所导出的 $\mathscr{O}_Y$ 模层结构与 (16.1.2) 中所定义的结构是一致的.

(i) 问题在 X 和 Y 上都是局部性的, 故可限于考虑 Y 是 X 的一个闭子概形的情形. 设 $\mathscr{J}$ 是 $\mathscr{O}_X$ 的那个定义了 Y 的拟凝聚理想层, 由于 $\mathscr{O}_Y$ 就是 $\mathscr{O}_X/\mathscr{J}$ 在 Y 上的限制, 故 (i) 是明显的, 并且 $Y^{(n)}$ 就是 X 的那个由 $\mathscr{O}_X$ 的拟凝聚理想层 $\mathscr{J}^{n+1}$ 所定义的闭子概形. 最后, 为了证明 (iii), 我们注意到 λ_n 能使增殖同态 φ_{0n} 的理想层 $\mathscr{J}/\mathscr{J}^{n+1}$ 和它的这些商层 $\mathscr{J}/\mathscr{J}^{k+1}$ $(1\leqslant k\leqslant n)$ 都成为 $\mathscr{O}_Y$ 模层, 故只需通过对 k 归纳来证明这些 $\mathscr{J}/\mathscr{J}^{k+1}$ 都是拟凝聚 $\mathscr{O}_Y$ 模层, 并且它们在商层 $\mathscr{J}^k/\mathscr{J}^{k+1}$ 上所导出的 $\mathscr{O}_X$ 模层结构与 (16.1.2) 中所定义的结构是一致的. 第二句话是显然的, 因为 $\mathscr{J}^k/\mathscr{J}^{k+1}$ 可被 $\mathscr{J}/\mathscr{J}^{k+1}$ 所零化, 第一句话可以通过对 k 进行归纳而得到证明, 因为 $k=1$ 时这是明显的, 而且 $\mathscr{J}/\mathscr{J}^{k+1}$ 就是 $\mathscr{J}/\mathscr{J}^k$ 枕着 $\mathscr{J}^k/\mathscr{J}^{k+1}$ 的一个扩充 (**III**, 1.4.17).

推论 (16.1.6) — 在 (16.1.5) 的一般条件下, 若浸入 f 是局部有限呈示的, 则这些 $\mathscr{G}r_n(f)$ 都是有限型的拟凝聚 $\mathscr{O}_Y$ 模层.

事实上, 在 (16.1.5) 的证明中的那些记号下, $\mathscr{J}$ 是 $\mathscr{O}_X$ 的一个有限型理想层 (1.4.7), 从而这些 $\mathscr{J}^n/\mathscr{J}^{n+1}$ 都是有限型 $\mathscr{O}_Y$ 模层, 由此立得结论.

推论 (16.1.7) — 在 (16.1.5) 的一般条件下, 设 $g:X\to Y$ 是一个概形态射, 并且是 f 的左逆. 则对任意 n, 由合成态射 $(1,\lambda_n):Y^{(n)}\xrightarrow{h_n}X\xrightarrow{g}Y$ 所定义的环层同态 $\lambda_n:\mathscr{O}_Y\to\mathscr{O}_{Y^{(n)}}$ 都是增殖同态 φ_{0n} 的一个右逆, 并且使 $\mathscr{O}_{Y^{(n)}}$ 成为一个拟凝聚 $\mathscr{O}_Y$ 代数层. 对于这些同态来说, 传递同态 $\varphi_{nm}:\mathscr{O}_{Y^{(m)}}\to\mathscr{O}_{Y^{(n)}}$ $(n\leqslant m)$ 都是 $\mathscr{O}_Y$ 代数层同态. 进而, 若 g 是局部有限型的, 则这些 $\mathscr{O}_{Y^{(n)}}$ 都是有限型的拟凝聚 $\mathscr{O}_Y$ 模层.

第一句话可由定义和 (16.1.5) 立得. 另一方面, 若 g 是局部有限型的, 则 f 是局部有限呈示的 (1.4.3, (v)), 于是根据 (16.1.6), 这些 $\mathscr{G}r_n(f)$ 都是有限型的拟凝聚 $\mathscr{O}_Y$ 模层, 从而这些 $\mathscr{O}_Y$ 模层 $\mathscr{J}/\mathscr{J}^{n+1}$ 也是如此, 因为它们是有限个 $\mathscr{G}r_k(f)$ 所形成的扩充 (**III**, 1.4.17).

命题 (16.1.8) — 设 X 是一个局部 *Noether* 概形, $j:Y\to X$ 是一个浸入. 则这

些 $Y^{(n)}$ 都是局部 *Noether* 概形, 这些 $\mathscr{G}r_n(j)$ 都是凝聚 $\mathscr{O}_Y$ 模层, 并且 $\mathscr{G}r_\bullet(j)$ 是空间 Y 上的凝聚环层.

问题在 X 和 Y 上都是局部性的, 故可限于考虑 X 是仿射概形并且 j 是闭浸入的情形, 此时除了最后一句话之外, 其他的陈述都是明显的. 而最后一句话又可以从下面的事实得知: 若 A 是一个 Noether 环, $\mathfrak{J}$ 是 A 的一个理想, 则 $\mathrm{gr}^\bullet_{\mathfrak{J}}(A)$ 也是 Noether 环, 这是利用了函子 ψ^* 的正合性和 ($\mathbf{0_I}$, 5.3.7).

命题 (16.1.9) — 设 X 是一个概形, $j : Y \to X$ 是一个局部有限呈示的浸入, y 是 Y 的一点. 则以下诸条件是等价的:

a) 可以找到 y 在 Y 中的一个开邻域 U, 使得 $j|_U$ 是 U 到 X 的某个开集的同胚.

b) 可以找到一个正整数 n, 使得典范同态

$$(\varphi_{n,n-1})_y \ : \ \mathscr{O}_{Y^{(n)},y} \longrightarrow \mathscr{O}_{Y^{(n-1)},y}$$

是一一的.

c) 可以找到一个正整数 n, 使得 $(\mathscr{G}r_n(j))_y = 0$.

进而, 若 n 是b) 或c) 中的整数, 则可以找到 y 在 Y 中的一个开邻域 V, 使得当 $m \geqslant n$ 时 $\mathscr{G}r_m(j)|_V = 0$, 并且 $\varphi_{nm}|_V : \mathscr{O}_{Y^{(m)}}|_V \to \mathscr{O}_{Y^{(n)}}|_V$ 都是一一的.

问题在 Y 上是局部性的, 故可限于考虑 j 是闭浸入的情形, 此时 Y 是由 $\mathscr{O}_X$ 的一个有限型拟凝聚理想层 $\mathscr{J}$ 所定义的. 于是对于给定的 n, b) 和 c) 的等价性是明显的, 进而, 由于 $\mathscr{J}^n/\mathscr{J}^{n+1}$ 是有限型 $\mathscr{O}_X$ 模层, 故可找到 y 在 Y 中的一个开邻域 U, 使得 $\mathscr{J}^n|_U = \mathscr{J}^{n+1}|_U$ ($\mathbf{0_I}$, 5.2.2), 从而当 $m \geqslant n$ 时我们也有 $\mathscr{J}^n|_U = \mathscr{J}^m|_U$, 这就证明了最后一句话. 为了证明 a) 蕴涵 b), 可以限于考虑 Y 的底空间就等于 X 的底空间并且 $\mathscr{J}$ 可由它的有限个整体截面所生成的情形, 此时 $\mathscr{J}$ 包含在 $\mathscr{O}_X$ 的诣零根 $\mathscr{N}$ 之中 (**I**, 5.1.2), 故知它是幂零的, 这就证明了 b). 最后, 为了证明 b) 蕴涵 a), 可以限于考虑 $\mathscr{J}^n = \mathscr{J}^{n+1}$ 的情形, 此时对任意 $y \in Y$, 我们都有 $\mathscr{J}_y \subseteq \mathfrak{m}_y$ (后者就是 $\mathscr{O}_{X,y}$ 的极大理想) , 故依照 Nakayama 引理, $\mathscr{J}_y^n = 0$ (因为 $\mathscr{J}_y$ 是一个有限型理想) . 从而那些满足 $\mathscr{J}_x^n = 0$ 的点 $x \in X$ 组成了 X 的一个包含 Y 的开集 U ($\mathbf{0_I}$, 5.2.2), 另一方面, 若 $x \notin Y$, 则必有 $\mathscr{J}_x \neq 0$, 从而 $U = Y$.

推论 (16.1.10) — 记号 X, Y, j, y 的含义与命题 (16.1.9) 相同, 为了使 j 在 y 的某个邻域上的限制是开浸入 (换句话说, j 在点 y 近旁是一个局部同构) , 必须且只需 $(\mathscr{G}r_1(j))_y = (\mathscr{N}_{Y/X})_y = 0$.

条件显然是必要的, 另一方面, 把上面的方法应用到 $n = 1$ 的情形, 又可以推出它是充分的.

注解 (16.1.11) — (i) 在定义 (16.1.1) 的条件下, 我们把 Y 上的环层投影系

$(\mathscr{O}_{Y^{(n)}}, \varphi_{nm})$ 的投影极限称为 f 的无穷阶法不变量, 并记作 $\mathscr{O}_{Y^{(\infty)}}$. 如果 X 是局部 Noether 概形, $j : Y \to X$ 是闭浸入, 从而 Y 是由某个凝聚理想层 $\mathscr{J}$ 所定义的闭子概形, 那么 $\mathscr{O}_{Y^{(\infty)}}$ 刚好就是 $\mathscr{O}_X$ 沿着 Y 的形式完备化 (**I**, 10.8.4), 并且 $Y^{(\infty)} = (Y, \mathscr{O}_{Y^{(\infty)}})$ 就是 X 沿着 Y 的完备化形式概形 (**I**, 10.8.5). 在一般情形下, 我们可以把 $Y^{(\infty)}$ 称为 Y 在 X 中 (关于态射 f) 的形式邻域. 从而在上面所考虑的那个情形中, 它就是所有 n 阶无穷小邻域的归纳极限形式概形.

(ii) 注意到对于一个概形态射 $f = (\psi, \theta) : Y \to X$, 由同态 $\theta^\sharp : \psi^*\mathscr{O}_X \to \mathscr{O}_Y$ 是满的并不能推出 f 是局部浸入, 也不能推出 f 是含容的. 比如取 Y 是一些同构于 $\operatorname{Spec}\mathscr{O}_x$ (其中 $x \in X$ 是固定的点) 的概形 Y_λ 的和, 并取 f 是这样一个态射, 它在每个 Y_λ 上都是典范态射.

16.2 浸入的法不变量的函子性质

(16.2.1) 设 $f = (\psi, \theta) : Y \to X$, $f' = (\psi', \theta') : Y' \to X'$ 是两个环积空间态射, 假设同态 $\theta^\sharp$ 和 $\theta'^\sharp$ 都是满的, 考虑一个环积空间态射的交换图表

(16.2.1.1)
$$\begin{array}{ccc} Y & \xrightarrow{\ f\ } & X \\ {\scriptstyle u}\uparrow & & \uparrow{\scriptstyle v} \\ Y' & \xrightarrow[\ f'\ ]{} & X' . \end{array}$$

我们令 $u = (\rho, \lambda)$, $v = (\sigma, \mu)$. 则有 $\rho^*\psi^*\mathscr{O}_X = \psi'^*\sigma^*\mathscr{O}_X$, 于是在 Y' 上就有一个环层同态的交换图表

$$\begin{array}{ccc} \rho^*\psi^*\mathscr{O}_X = \psi'^*\sigma^*\mathscr{O}_X & \xrightarrow{\ \psi'^*(\mu^\sharp)\ } & \psi'^*\mathscr{O}_{X'} \\ {\scriptstyle \rho^*(\theta^\sharp)}\downarrow & & \downarrow{\scriptstyle \theta'^\sharp} \\ \rho^*\mathscr{O}_Y & \xrightarrow[\ \lambda^\sharp\ ]{} & \mathscr{O}_{Y'} , \end{array}$$

由此我们得知, 若 $\mathscr{J}$ 和 $\mathscr{J}'$ 分别是 $\theta^\sharp$ 和 $\theta'^\sharp$ 的核, 则有 $\psi'^*(\mu^\sharp)(\rho^*\mathscr{J}) \subseteq \mathscr{J}'$ (有见于函子 ρ^* 的正合性) . 从这个结果立即导出, 对任意整数 n, 均有 $\psi'^*(\mu^\sharp)(\rho^*\mathscr{J}^n) \subseteq \mathscr{J}'^n$, 这就表明 $\psi'^*(\mu^\sharp)$ 在商层上定义了一个环层同态

(16.2.1.2)
$$\nu_n \ : \ \rho^*((\psi^*\mathscr{O}_X)/\mathscr{J}^{n+1}) \longrightarrow (\psi'^*\mathscr{O}_{X'})/\mathscr{J}'^{n+1} ,$$

从而也定义了一个环积空间态射 $w_n = (\rho, \nu_n) : Y'^{(n)} \to Y^{(n)}$ (在 $n = 0$ 时这刚好就

是 u). 由这个定义又可以立即看出, 图表

$$\begin{array}{ccccc} Y^{(n)} & \xrightarrow{h_{mn}} & Y^{(m)} & \xrightarrow{h_m} & X \\ {\scriptstyle w_n}\uparrow & & {\scriptstyle w_m}\uparrow & & \uparrow{\scriptstyle v} \\ Y'^{(n)} & \xrightarrow{h'_{mn}} & Y'^{(m)} & \xrightarrow{h'_m} & X' \end{array} \qquad (n \leqslant m)$$

都是交换的 (其中的水平箭头是 (16.1.2) 中的典范态射).

对同态 (16.2.1.2) 取商, 并利用函子 ρ^* 的正合性, 我们就可以得到分次代数层的一个双重同态 (相对于同态 $\lambda^\sharp : \rho^*\mathscr{O}_Y \to \mathscr{O}_{Y'}$)

(16.2.1.3) $$\operatorname{gr}(u) \ :\ \rho^*\mathscr{G}r_\bullet(f) \longrightarrow \mathscr{G}r_\bullet(f'),$$

(也可以说这是一个 ρ 态射 $\mathscr{G}r_\bullet(f) \to \mathscr{G}r_\bullet(f')$ ($\mathbf{0_I}$, 3.5.1)), 特别地, 我们有余法层之间的一个双重同态

$$\operatorname{gr}_1(u) \ :\ \rho^*\mathscr{G}r_1(f) \longrightarrow \mathscr{G}r_1(f').$$

进而, 易见这些同态能给出下面的交换图表

(16.2.1.4) $$\begin{array}{ccc} \rho^*\mathbf{S}^\bullet_{\mathscr{O}_Y}(\mathscr{G}r_1(f)) & \longrightarrow & \rho^*\mathscr{G}r_\bullet(f) \\ {\scriptstyle \mathbf{S}(\operatorname{gr}_1(u))}\downarrow & & \downarrow{\scriptstyle \operatorname{gr}(u)} \\ \mathbf{S}^\bullet_{\mathscr{O}_{Y'}}(\mathscr{G}r_1(f')) & \longrightarrow & \mathscr{G}r_\bullet(f'), \end{array}$$

其中的水平箭头是典范同态 (16.1.2.2).

最后, 若我们有一个环积空间态射的交换图表

$$\begin{array}{ccc} Y & \xrightarrow{f} & X \\ {\scriptstyle u}\uparrow & & \uparrow{\scriptstyle v} \\ Y' & \xrightarrow[f']{} & X' \\ {\scriptstyle u'}\uparrow & & \uparrow{\scriptstyle v'} \\ Y'' & \xrightarrow[f'']{} & X'', \end{array}$$

其中 $f'' = (\psi'', \theta'')$, 并且 $\theta''^\sharp$ 是满的, 再设 w'_n 和 w''_n 分别是从 u', v' 和 $u'' = u \circ u'$, $v'' = v \circ v'$ 出发定义出来的态射, 则有 $w''_n = w_n \circ w'_n$, 这可以从定义和 ($\mathbf{0_I}$, 3.5.5) 立得. 同样地, 若 $u' = (\rho', \lambda')$, 则有 $\operatorname{gr}(u'') = \operatorname{gr}(u') \circ \rho'^*(\operatorname{gr}(u))$. 从而这些 $Y^{(n)}$ 和 $\mathscr{G}r_\bullet(f)$ 都函子性地依赖着 f.

命题 (16.2.2) — 在 (16.2.1) 的前提条件和记号下, 进而假设 f, f', u 和 v 都是概形态射. 则有:

(i) 这些态射 $w_m : Y'^{(n)} \to Y^{(n)}$ 都是概形态射.

(ii) 若 $Y' = Y \times_X X'$, 且 u 和 f' 是典范投影, 再假设 f 是一个浸入**或者** v 是平坦的, 则有 $Y'^{(n)} = Y^{(n)} \times_X X'$.

(iii) 若 $Y' = Y \times_X X'$, 并且 v 是平坦的 (切转: f 是一个浸入) , 则同态

$$\mathrm{Gr}(u) \;=\; \mathrm{gr}(u) \otimes 1 \;:\; \mathscr{G}r_\bullet(f) \otimes_{\mathscr{O}_Y} \mathscr{O}_{Y'} \;\longrightarrow\; \mathscr{G}r_\bullet(f')$$

是一一的 (切转: 满的) .

(i) 前提条件已经表明, 对任意 $y' \in Y'$, $\rho^*_{y'}(\theta^\sharp_{\psi'(y')})$ 都是局部同态 (**I**, 1.6.2), 从而 w_n 是一个概形态射 (**I**, 2.2.1).

(ii) 和 (iii) 若 f 是一个浸入, 则可以限于考虑 f 是闭浸入的情形, 从而 Y 是由 $\mathscr{O}_X$ 的拟凝聚理想层 $\mathscr{J}$ 所定义的, 而 $Y^{(n)}$ 是由理想层 $\mathscr{J}^{n+1}$ 所定义的, 此时由 (**I**, 4.4.5) 就可以推出结论.

接下来我们假设 v 是平坦的, 可以限于考虑 $X = \operatorname{Spec} A$, $Y = \operatorname{Spec} B$, $X' = \operatorname{Spec} A'$ 的情形, 其中 A' 是一个平坦 A 代数. 此时 $Y' = \operatorname{Spec} B'$, 其中 $B' = B \otimes_A A'$, 进而, 若 $\mathfrak{I}$ 是同态 $A \to B$ 的核, 则由平坦性条件知, $A' \to B'$ 的核 $\mathfrak{I}$ 可以等同于 $\mathfrak{I} \otimes_A A'$, 并且 $\mathfrak{I}'^n/\mathfrak{I}'^{n+1} = (\mathfrak{I}^n/\mathfrak{I}^{n+1}) \otimes_A A'$. 有见于 ($\mathbf{0_I}$, 4.3.3), 我们立即得知 $\mathscr{O}_{Y'}$ 模层 $\mathscr{J}'^n/\mathscr{J}'^{n+1}$ 就等于

$$\begin{aligned}
&\psi'^*\big(\sigma^*((\mathfrak{I}^n/\mathfrak{I}^{n+1})^\sim) \otimes_{\sigma^*\mathscr{O}_X} \mathscr{O}_{X'}\big) \\
&\quad = \big(\psi'^*\sigma^*((\mathfrak{I}^n/\mathfrak{I}^{n+1})^\sim)\big) \otimes_{\psi'^*\sigma^*\mathscr{O}_X} (\psi'^*\mathscr{O}_{X'}) \\
&\quad = \rho^*(\mathscr{J}^n/\mathscr{J}^{n+1}) \otimes_{\rho^*\psi^*\mathscr{O}_X} (\psi'^*\mathscr{O}_{X'}),
\end{aligned}$$

特别地, 由于在 $n = 0$ 时,

$$\mathscr{O}_{Y'} \;=\; (\rho^*\mathscr{O}_Y) \otimes_{\rho^*\psi^*\mathscr{O}_X} (\psi'^*\mathscr{O}_{X'}),$$

故我们得到了一个从 $\mathscr{J}'^n/\mathscr{J}'^{n+1}$ 到

$$\rho^*(\mathscr{J}^n/\mathscr{J}^{n+1}) \otimes_{\rho^*\mathscr{O}_Y} \mathscr{O}_{Y'} \;=\; (\mathscr{J}^n/\mathscr{J}^{n+1}) \otimes_{\mathscr{O}_Y} \mathscr{O}_{Y'}$$

的典范同构, 这就证明了 (iii). 现在令 $C_n = \Gamma(Y, \mathscr{O}_{Y^{(n)}})$, $C'_n = \Gamma(Y', \mathscr{O}_{Y'^{(n)}})$. 由于 $Y^{(n)}$ 和 $Y'^{(n)}$ 都是仿射概形 (16.1.5), 故知同态 $C_n \to C_{n-1}$ (切转: $C'_n \to C'_{n-1}$) 的核 $\mathfrak{K}_n$ (切转: $\mathfrak{K}'_n$) 就等于 $\Gamma(Y, \mathscr{J}^n/\mathscr{J}^{n+1})$ (切转: $\Gamma(Y', \mathscr{J}'^n/\mathscr{J}'^{n+1})$) , 从而由上面的

结果可以推出 $\mathfrak{K}'_n = \mathfrak{K}_n \otimes_A A'$. 现在我们有一个交换图表

$$\begin{array}{ccccccccc}
0 & \longrightarrow & \mathfrak{K}_n \otimes_A A' & \longrightarrow & C_n \otimes_A A' & \longrightarrow & C_{n-1} \otimes_A A' & \longrightarrow & 0 \\
 & & \downarrow{\scriptstyle r} & & \downarrow{\scriptstyle s_n} & & \downarrow{\scriptstyle s_{n-1}} & & \\
0 & \longrightarrow & \mathfrak{K}'_n & \longrightarrow & C'_n & \longrightarrow & C'_{n-1} & \longrightarrow & 0,
\end{array}$$

其中左边的竖直箭头是一一的, 并且两行都是正合的 (因为 A' 是平坦 A 模) . 于是利用归纳法可以推出, 对任意 n 来说, s_n 都是一一的, 因为根据前提条件, 当 $n=0$ 时这是对的, 而对于任意的 n, 可以使用五项引理来导出结论. 这就证明了 (ii) 的第二句话.

推论 (16.2.3) — 设 $g: X \to Y$, $u: Y' \to Y$ 是两个概形态射, $X' = X \times_Y Y'$, 并且 $g': X' \to Y'$ 和 $v: X' \to X$ 是典范投影. 设 $f: Y \to X$ 是 X 的一个 Y 截面 (从而这是一个浸入) , $f' = f_{(Y')}: Y' \to X'$ 是从 f 出发通过基变换 u 而导出的那个 X' 的 Y' 截面. 则有:

(i) 与 f, f', u, v 相对应的那个态射 $w_n : Y'^{(n)}_{f'} \to Y^{(n)}_f$ (16.2.1) 和典范态射 $h'_n : Y'^{(n)}_{f'} \to X'$ 能够把 $Y'^{(n)}_{f'}$ 等同于纤维积 $Y^{(n)}_f \times_X X'$.

(ii) 若我们给 $\mathscr{O}_{Y^{(n)}_f}$ (切转: $\mathscr{O}_{Y'^{(n)}_{f'}}$) 赋予由 g 所定义的 $\mathscr{O}_Y$ 代数层结构 (切转: 由 g' 所定义的 $\mathscr{O}_{Y'}$ 代数层结构) (16.1.6), 则由同态 ν_n (16.2.1.2) 所导出的那个 $\mathscr{O}_{Y'}$ 代数层同态

(16.2.3.1) $$(\rho^* \mathscr{O}_{Y^{(n)}_f}) \otimes_{\mathscr{O}_Y} \mathscr{O}_{Y'} \longrightarrow \mathscr{O}_{Y'^{(n)}_{f'}}$$

是一一的. 进而, $\mathscr{O}_{Y'}$ 模层同态

(16.2.3.2) $$\mathrm{Gr}_1(u) : \mathscr{G}r_1(f) \otimes_{\mathscr{O}_Y} \mathscr{O}_{Y'} \longrightarrow \mathscr{G}r_1(f')$$

也是一一的.

(i) 我们首先注意到, 态射 $f': Y' \to X'$ 和 $u: Y' \to Y$ 能够把 Y' 等同于纤维积 $Y \times_X X'$ (关于结构态射 $f: Y \to X$ 和 $v: X' \to X$) (14.5.12.1). 从而由 (16.2.2, (ii)) 就可以推出 (i) 的结论, 因为态射 f 是一个浸入.

(ii) 交换图表

$$\begin{array}{ccc}
Y^{(n)}_f & \xleftarrow{\;w_n\;} & Y'^{(n)}_{f'} \\
{\scriptstyle h_n}\downarrow & & \downarrow{\scriptstyle h'_n} \\
X & \xleftarrow[\;v\;]{} & X' \\
{\scriptstyle g}\downarrow & & \downarrow{\scriptstyle g'} \\
Y & \xleftarrow[\;u\;]{} & Y'
\end{array}$$

能够把 $Y'^{(n)}_{f'}$ 等同于纤维积 $Y^{(n)}_f \times_X X'$, 并把 X' 等同于纤维积 $X \times_Y Y'$, 从而 (**I**, 3.3.9) 它也把 $Y'^{(n)}_{f'}$ (连同态射 $g' \circ h'_n$ 和 w_n) 等同于纤维积 $Y^{(n)}_f \times_Y Y'$. 由于 $Y^{(n)}_f$ (切转: $Y'^{(n)}_{f'}$) 是由 $\mathscr{O}_Y$ 代数层 $\mathscr{O}_{Y^{(n)}_f}$ (切转: $\mathscr{O}_{Y'}$ 代数层 $\mathscr{O}_{Y'^{(n)}_{f'}}$) 所定义的仿射 Y 概形 (切转: 仿射 Y' 概形) , 故由 (**II**, 1.5.2) 就可以推出典范同态 (16.2.3.1) 是一一的. 最后, 典范同态 (16.2.3.1) 与增殖同态 $\mathscr{O}_{Y^{(n)}_f} \to \mathscr{O}_Y$ 和 $\mathscr{O}_{Y'^{(n)}_{f'}} \to \mathscr{O}_{Y'}$ 是相容的, 从而由于 $\mathscr{O}_{Y^{(n)}_f}$ (作为 $\mathscr{O}_Y$ 模层) 是 $\mathscr{O}_Y$ 和增殖理想层 $\mathscr{J}/\mathscr{J}^{n+1}$ 的直和, 故我们看到, 典范同态 (16.2.3.1) 在 $(\mathscr{J}/\mathscr{J}^{n+1}) \otimes_{\mathscr{O}_Y} \mathscr{O}_{Y'}$ 上的限制是一个从它到 $\mathscr{J}'/\mathscr{J}'^{n+1}$ 的一一映射. 取 $n=1$ 就证明了 $\mathrm{Gr}_1(u)$ 是一一的.

注意到依照上面所述, 在 (16.2.3) 的前提条件下, 这些同态 $\mathrm{Gr}_n(u)$ 都是满的, 但在 $n \geqslant 2$ 时它们一般不是一一的. 不过我们仍然有:

推论 (16.2.4) — *在 (16.2.3) 的前提条件下, 假设 $u: Y' \to Y$ 是平坦态射 (切转: 这些 $\mathscr{G}r_n(f)$ 在 $n \leqslant m$ 时都是平坦 $\mathscr{O}_Y$ 模层) . 则同态*

$$\mathrm{Gr}_n(u) \ : \ \mathscr{G}r_n(f) \otimes_{\mathscr{O}_Y} \mathscr{O}_{Y'} \ \longrightarrow \ \mathscr{G}r_n(f')$$

对任意 n (切转: 在 $n \leqslant m$ 时) 都是一一的.

若 u 是平坦的, 则 $v: X' \to X$ 也是如此, 因为它是 u 通过基变换而得到的, 并且我们已经知道 $\mathrm{Gr}(u)$ 是一一的 (16.2.2, (iii)). 若这些 $\mathscr{G}r_n(f)$ 在 $n \leqslant m$ 时是平坦的, 则利用正合序列

$$0 \longrightarrow \mathscr{J}^n/\mathscr{J}^{n+1} \longrightarrow \mathscr{J}/\mathscr{J}^{n+1} \longrightarrow \mathscr{J}/\mathscr{J}^n \longrightarrow 0,$$

并对 n 进行归纳, 就可以推出 $\mathscr{J}/\mathscr{J}^{n+1}$ 在 $n \leqslant m$ 时也都是平坦的 ($\mathbf{0_I}$, 6.1.2). 进而, 我们还有交换图表

$$\begin{array}{ccccccccc} 0 \to & (\mathscr{J}^n/\mathscr{J}^{n+1}) \otimes_{\mathscr{O}_Y} \mathscr{O}_{Y'} & \to & (\mathscr{J}/\mathscr{J}^{n+1}) \otimes_{\mathscr{O}_Y} \mathscr{O}_{Y'} & \to & (\mathscr{J}/\mathscr{J}^n) \otimes_{\mathscr{O}_Y} \mathscr{O}_{Y'} & \to 0 \\ & \downarrow & & \downarrow & & \downarrow & \\ 0 \longrightarrow & \mathscr{J}'^n/\mathscr{J}'^{n+1} & \longrightarrow & \mathscr{J}'/\mathscr{J}'^{n+1} & \longrightarrow & \mathscr{J}'/\mathscr{J}'^n & \longrightarrow 0, \end{array}$$

其中的两行都是正合的 (第一行的正合性是来自平坦性条件 ($\mathbf{0_I}$, 6.1.2)) , 并且依照 (16.2.3, (ii)), 右边两个竖直箭头都是一一的, 故得结论.

注解 (16.2.5) — (i) (16.2.2, (i)) 的证明方法也适用于 (16.2.1.1) 中的各个箭头都是*局部环积空间态射*的情形 (**I**, 1.8.2).

(ii) 在 (16.2.2, (ii)) 中, 如果我们只假设 v 和 f 是概形态射 (且 f 满足 (16.1.1) 的条件) , 那么结论就不一定成立了. 比如说 (在 (16.2.2, (ii)) 的证明的记号下) , 当 $\mathfrak{J} = (0)$ 但 $A' \to B' = B \otimes_A A'$ 的核 $\mathfrak{J}' \neq (0)$, 并且 $B' \neq 0$ 时, 对任意 n, 我们

都有 $Y^{(n)} = Y$, 但是 $Y'^{(n)} \neq Y'$. 这种情况的一个具体例子就是 $A = \mathbb{Z}$, $B = \mathbb{Q}$, $A' = \prod_{h=1}^{\infty} (\mathbb{Z}/m^h\mathbb{Z})$ (其中 $m > 1$) .

(16.2.6) 我们来考虑图表 (16.2.1.1) 的一个特殊情形, 即 $X' = X$, v 是恒同, X 是一个概形, Y 是 X 的一个子概形, Y' 是 Y 的一个子概形, 并且 f, u 和 $f' = f \circ u$ 都是典范含入的情形, 此时双重同态 (16.2.1.3) 可以给出下面的分次 $\mathscr{O}_{Y'}$ 代数层同态 (通过在 $\rho^*\mathscr{O}_Y$ 上与 $\mathscr{O}_{Y'}$ 取张量积)

$$u^*\mathscr{G}r_\bullet(f) \longrightarrow \mathscr{G}r_\bullet(f'). \tag{16.2.6.1}$$

另一方面, 若把 $\mathscr{O}_Y$ 等同于 $(\psi^*\mathscr{O}_X)/\mathscr{J}_f$, 并把 $\mathscr{O}_{Y'}$ 等同于 $(\rho^*\mathscr{O}_Y)/\mathscr{J}_u$, 则由于 ρ^* 是正合函子, 故我们有 $\rho^*\mathscr{O}_Y = (\rho^*\psi^*\mathscr{O}_X)/(\rho^*\mathscr{J}_f) = (\psi'^*\mathscr{O}_X)/(\rho^*\mathscr{J}_f)$, 且由于 $\mathscr{O}_{Y'}$ 也可以等同于 $(\psi'^*\mathscr{O}_X)/\mathscr{J}_{f'}$, 故我们看到 $\mathscr{J}_u = \mathscr{J}_{f'}/(\rho^*\mathscr{J}_f)$. 由此可以导出典范同态 $\mathscr{J}_{f'}^n/\mathscr{J}_{f'}^{n+1} \to \mathscr{J}_u^n/\mathscr{J}_u^{n+1}$ (对任意整数 n), 这就得到了一个分次 $\mathscr{O}_{Y'}$ 代数层的典范同态

$$\mathscr{G}r_\bullet(f') \longrightarrow \mathscr{G}r_\bullet(u). \tag{16.2.6.2}$$

命题 (16.2.7) — 设 X 是一个概形, Y 是 X 的一个子概形, Y' 是 Y 的一个子概形, $j : Y' \to Y$ 是典范含入. 则我们有余法层 ($\mathscr{O}_{Y'}$ 模层) 的正合序列

$$j^*\mathscr{N}_{Y/X} \longrightarrow \mathscr{N}_{Y'/X} \longrightarrow \mathscr{N}_{Y'/Y} \longrightarrow 0, \tag{16.2.7.1}$$

其中前两个箭头分别是典范同态 (16.2.6.1) 和 (16.2.6.2) 的 1 次分量.

问题是局部性的, 故可限于考虑 $X = \operatorname{Spec} A$, $Y = \operatorname{Spec}(A/\mathfrak{J})$, $Y' = \operatorname{Spec}(A/\mathfrak{K})$ 的情形, 其中 $\mathfrak{J}$ 和 $\mathfrak{K}$ 是 A 的两个理想, 并且 $\mathfrak{J} \subseteq \mathfrak{K}$, 于是问题归结为证明, 典范同态的序列 $\mathfrak{J}/\mathfrak{K}\mathfrak{J} \to \mathfrak{K}/\mathfrak{K}^2 \to (\mathfrak{K}/\mathfrak{J})/(\mathfrak{K}/\mathfrak{J})^2 \to 0$ 是正合的, 但这是明显的, 因为 $\mathfrak{J}/\mathfrak{K}\mathfrak{J}$ 在 $\mathfrak{K}/\mathfrak{K}^2$ 中的像就是 $(\mathfrak{J} + \mathfrak{K}^2)/\mathfrak{K}^2$, 并且 $(\mathfrak{K}/\mathfrak{J})/(\mathfrak{K}/\mathfrak{J})^2$ 可以等同于 $\mathfrak{K}/(\mathfrak{J} + \mathfrak{K}^2)$.

很容易举出在序列 (16.2.7.1) 左边加上 0 以后不再正合的例子, 在上面的记号下, 我们只需取 $A = k[T]$, $\mathfrak{J} = AT^2$, $\mathfrak{K} = AT$ 即可, 因为此时 $(\mathfrak{J} + \mathfrak{K}^2)/\mathfrak{K}^2 = 0$, 但是 $\mathfrak{J}/\mathfrak{K}\mathfrak{J} \neq 0$. 加上 0 以后仍然正合的情况也是存在的, 比如参考 (16.9.13) 和 (19.1.5).

16.3 概形态射的一些基本的微分不变量

定义 (16.3.1) — 设 $f : X \to S$ 是一个概形态射, $\Delta_f : X \to X \times_S X$ 是对应的对角线态射, 它是一个浸入 (参考 (**I**, 5.3.9) 的订正) . 我们用 $\mathscr{P}_f^n$ 或 $\mathscr{P}_{X/S}^n$ 来记 Δ_f 的第 n 个法不变量 (16.1.2) , 并把它称为 **S 概形 X 的 n 阶主部层**, 这是一个增殖 $\mathscr{O}_X$ 环层. 我们再令 $\mathscr{P}_f^\infty = \mathscr{P}_{X/S}^\infty = \varprojlim_n \mathscr{P}_{X/S}^n$, $\mathscr{G}r_n(\mathscr{P}_f) = \mathscr{G}r_n(\mathscr{P}_{X/S}) = \mathscr{G}r_n(\Delta_f)$

(16.1.2). 特别地, 我们把 $\mathscr{O}_X$ 模层 $\mathscr{G}r_1(\Delta_f)$ (它是 $\mathscr{P}^1_{X/S}$ 的增殖理想层) 记作 Ω^1_f 或 $\Omega^1_{X/S}$, 并且称之为 f 的 (或 X 相对于 S 的, 或 S 概形 X 的) 1 **阶微分** $\mathscr{O}_X$ 模层.

由这个定义知, $\mathscr{P}^0_{X/S}$ 可以典范等同于 $\mathscr{O}_X$ (16.1.2).

我们有一个分次 $\mathscr{O}_X$ 代数层的典范满同态 (16.1.2.2)

(16.3.1.1) $$\mathbf{S}^{\bullet}_{\mathscr{O}_X}(\Omega^1_{X/S}) \longrightarrow \mathscr{G}r_{\bullet}(\mathscr{P}_{X/S}),$$

从定义 (16.3.1) 还可得知, 对 X 的任意开集 U, 均有 $\mathscr{P}^n_{f|_U} = \mathscr{P}^n_f|_U$, $\mathscr{P}^\infty_{f|_U} = \mathscr{F}^\infty_f|_U$, $\mathscr{G}r_n(\mathscr{P}_{f|_U}) = \mathscr{G}r_n(\mathscr{P}_f)|_U$, $\Omega^1_{f|_U} = \Omega^1_f|_U$ (换句话说, 这些概念在 X 上都是局部性的).

(16.3.2) 设 p_1, p_2 是纤维积 $X \times_S X$ 的两个典范投影, 则由于 Δ_f 同时能够成为 $X \times_S X$ 在态射 p_1 和 p_2 下的 X 截面, 故对任意 n, 这两个态射各自定义了一个环层同态 $\mathscr{O}_X \to \mathscr{P}^n_{X/S}$, 它们都是增殖同态 $\mathscr{P}^n_{X/S} \to \mathscr{O}_X$ (16.1.7) 的右逆, 我们也可以说, 它们在 $\mathscr{P}^n_{X/S}$ 上定义了两个拟凝聚增殖 $\mathscr{O}_X$ 代数层的结构. $\mathscr{G}r_n(\mathscr{P}_{X/S})$ 上的两个 $\mathscr{O}_X$ 模层结构也是如此. 通过取极限, 我们又可以得到 $\mathscr{P}^\infty_{X/S}$ 上的两个 $\mathscr{O}_X$ 代数层结构.

(16.3.3) 态射 $s(p_2, p_1)_S : X \times_S X \to X \times_S X$ 是 $X \times_S X$ 的一个对合自同构, 称为典范对称, 它满足

(16.3.3.1) $$p_1 \circ s = p_2, \quad p_2 \circ s = p_1, \quad s \circ \Delta_f = \Delta_f.$$

从而若我们令 $s = (\rho, \lambda)$, $p_i = (\pi_i, \mu_i)$ $(i = 1, 2)$, $\Delta_f = (\delta, \nu)$, 则 $\lambda^\sharp$ 是 $\rho^*\pi_1^*\mathscr{O}_X$ 到 $\pi_2^*\mathscr{O}_X$ 的一个同构, 并且 $\delta^*(\lambda^\sharp)$ 使 $\delta^*(\mathscr{O}_{X \times_S X})$ 保持不变, 也使同态 $\nu^\sharp : \delta^*(\mathscr{O}_{X \times_S X}) \to \mathscr{O}_X$ 的核保持不变. 于是我们有:

命题 (16.3.4) — 由 s 所导出的同态 $\sigma = \delta^*(\lambda^\sharp)$ (仍然称为典范对称) 是 $\mathscr{O}_X$ 增殖环层投影系 $(\mathscr{P}^n_{X/S})$ 的一个对合自同构, 因而也给出了它们的投影极限 $\mathscr{P}^\infty_{X/S}$ 的一个对合自同构. 这个自同构把 $\mathscr{P}^n_{X/S}$ 和 $\mathscr{P}^\infty_{X/S}$ 上的两个 $\mathscr{O}_X$ 代数层结构相互置换.

(16.3.5) 在下文中, $\mathscr{P}^n_{X/S}$ 和 $\mathscr{P}^\infty_{X/S}$ 上所定义的这两个 $\mathscr{O}_X$ 代数层结构起着非常不同的作用, 因而我们这里约定, 只要没有特别说明, 当说到 $\mathscr{P}^n_{X/S}$ 和 $\mathscr{P}^\infty_{X/S}$ 是 $\mathscr{O}_X$ 代数层的时候, 都是指由 p_1 所定义的那个代数层结构.

对于 X 的任意开集 U 和任意截面 $t \in \Gamma(U, \mathscr{O}_X)$, 我们总是用 $t \cdot 1$ 或 t 来直接标记 t 在结构同态 $\Gamma(U, \mathscr{O}_X) \to \Gamma(U, \mathscr{P}^n_{X/S})$ (切转: $\Gamma(U, \mathscr{O}_X) \to \Gamma(U, \mathscr{P}^\infty_{X/S})$) 下的像 (也就是说, t 在 p_1 所对应的那个同态下的像).

定义 (16.3.6) — 我们把 p_2 所导出的环层同态 $\mathscr{O}_X \to \mathscr{P}^n_f = \mathscr{P}^n_{X/S}$ (切转: $\mathscr{O}_X \to \mathscr{P}^\infty_f = \mathscr{P}^\infty_{X/S}$) 记作 d^n_f 或 $d^n_{X/S}$ (切转: d^∞_f 或 $d^\infty_{X/S}$), 或简记为 d^n (切转: d^∞).

对于 X 的任意开集 U 和任意截面 $t \in \Gamma(U, \mathscr{O}_X)$, 我们把 $d^n t$ (切转: $d^\infty t$) 称为 t 的 n **阶主部** (切转: **无穷阶主部**). 我们再令 $dt = d^1 t - t$, 并把它称为 t 的微分 (这是 $\Gamma(U, \Omega^1_{X/S})$ 的元素, 也记作 $d_{X/S}(t)$).

由这个定义立知, 对于 $\Gamma(U, \mathscr{O}_X)$ 中的任意两个元素 t_1, t_2, 我们都有

(16.3.6.1) $$d(t_1 t_2) = t_1 dt_2 + t_2 dt_1 ,$$

换句话说, d 是一个从环 $\Gamma(U, \mathscr{O}_X)$ 到 $\Gamma(U, \mathscr{O}_X)$ 模 $\Gamma(U, \Omega^1_{X/S})$ 的导射.

对于 (16.3.1) 和 (16.3.6) 中所引进的那些记号来说, 当 $S = \operatorname{Spec} A$ 时, 我们也可以把其中的 S 改记为 A.

(16.3.7) 特别地, 假设 $S = \operatorname{Spec} A$ 和 $X = \operatorname{Spec} B$ 都是仿射概形, 从而 B 是一个 A 代数. 此时 Δ_f 对应着典范满同态 $\pi : B \otimes_A B \to B$, $\pi(b \otimes b') = bb'$, 它的核是 $\mathfrak{I} = \mathfrak{I}_{B/A}$ (**0**, 20.4.1), $\mathscr{P}^n_f$ 就是概形 $\operatorname{Spec} P^n_{B/A}$ 的结构层, 其中

$$P^n_{B/A} = (B \otimes_A B)/\mathfrak{I}^{n+1}.$$

$\mathscr{G}r_\bullet(\mathscr{P}_f)$ 是与分次 B 模

$$\operatorname{gr}^\bullet_{\mathfrak{I}}(B \otimes_A B) = \bigoplus_{n \geqslant 0} (\mathfrak{I}^n / \mathfrak{I}^{n+1})$$

相对应的拟凝聚 $\mathscr{O}_X$ 模层. 特别地, $\Omega^1_f = \Omega^1_{X/S}$ 是这样一个拟凝聚 $\mathscr{O}_X$ 模层, 它对应着 B 相对于 A 的 1 阶微分 B 模 $\Omega^1_{B/A}$ (**0**, 20.4.3). 投影态射 $p_1 : X \times_S X \to X$, $p_2 : X \times_S X \to X$ 对应着环同态 $j_1 : B \to B \otimes_A B$, $j_2 : B \to B \otimes_A B$, 其中 $j_1(b) = b \otimes 1$, $j_2(b) = 1 \otimes b$, 于是 (按照 (16.3.5) 中的约定) 我们总把 $P^n_{B/A}$ 通过合成同态 $B \xrightarrow{j_1} B \otimes_A B \to P^n_{B/A}$ 定义成 B 代数. 环同态 $B \xrightarrow{j_2} B \otimes_A B \to P^n_{B/A}$ 将被记为 $d^n_{B/A}$, 它对应着 $d^n_{X/S}$ 在 $\Gamma(X, \mathscr{O}_X)$ 上的作用, 对任意 $t \in B$, dt 都等于 (**0**, 20.4.6) 中所定义的 $d_{B/A}t$ (参考 (**0**, 21.2.1)).

从而若 $\pi_n : B \otimes_A B \to P^n_{B/A}$ 是典范同态, 则依照上述定义, 对任意 $b \in B$, $b' \in B$, 我们都有

(16.3.7.1) $$\pi_n(b \otimes b') = b \cdot \pi_n(1 \otimes b') = b \cdot d^n_{B/A}(b').$$

命题 (16.3.8) — 同态 $d^n_{X/S} : \mathscr{O}_X \to \mathscr{P}^n_{X/S}$ 的像可以生成 $\mathscr{O}_X$ 模层 $\mathscr{P}^n_{X/S}$.

问题可以立即归结到 $X = \operatorname{Spec} B$ 和 $S = \operatorname{Spec} A$ 都是仿射概形的情形, 此时由 (16.3.7.1) 就可以推出结论, 因为 π_n 是满的. 注意到 $d^n_{X/S}$ 一般来说并不是满的 (尽管当 $n = 1$ 时它确实是满的).

命题 (16.3.9) — 假设 $f : X \to S$ 是一个局部有限型态射. 则这些 $\mathscr{P}_f^n$ 和 $\mathscr{G}r_n(\mathscr{P}_f)$ 都是有限型的拟凝聚 $\mathscr{O}_X$ 模层.

这是缘自 (16.1.6) 和下面这个事实: Δ_f 是局部有限呈示的 (1.4.3.1).

16.4 微分不变量的函子性质

(16.4.1) 我们来考虑概形态射的交换图表

(16.4.1.1)
$$\begin{array}{ccc} X & \xleftarrow{u} & X' \\ {\scriptstyle f}\downarrow & & \downarrow{\scriptstyle f'} \\ S & \xleftarrow[w]{} & S' \end{array},$$

由此还可以导出一个交换图表

$$\begin{array}{ccc} X & \xleftarrow{\quad u \quad} & X' \\ {\scriptstyle \Delta_f}\downarrow & & \downarrow{\scriptstyle \Delta_{f'}} \\ X \times_S X & \xleftarrow[v]{} & X' \times_{S'} X' \end{array},$$

其中 v 是下面的合成态射 (**I**, 5.3.5 和 5.3.15)

(16.4.1.2)
$$X' \times_{S'} X' \xrightarrow{(p'_1,p'_2)_S} X' \times_S X' \xrightarrow{u\times_S u} X \times_S X.$$

从而使用 (16.2.1) 的方法就可以从 u 和 v 导出一系列增殖环层的同态

(16.4.1.3)
$$\nu_n \ : \ \rho^* \mathscr{P}^n_{X/S} \longrightarrow \mathscr{P}^n_{X'/S'}$$

(其中已经设 $u = (\rho, \lambda)$), 这些同态构成一个投影系, 从而取极限又可以得到增殖环层的同态

(16.4.1.4)
$$\nu_\infty \ : \ \rho^* \mathscr{P}^\infty_{X/S} \longrightarrow \mathscr{P}^\infty_{X'/S'},$$

另一方面, 取商可以从这些同态 ν_n 导出分次代数层的双重同态 (相对于 $\lambda^\sharp$):

(16.4.1.5)
$$\mathrm{gr}(u) \ : \ \rho^* \mathscr{G}r_\bullet(\mathscr{P}_{X/S}) \longrightarrow \mathscr{G}r_\bullet(\mathscr{P}_{X'/S'}).$$

(16.4.2) 若我们有一个交换图表

$$\begin{array}{ccccc} X & \xleftarrow{u} & X' & \xleftarrow{u'} & X'' \\ {\scriptstyle f}\downarrow & & {\scriptstyle f'}\downarrow & & \downarrow{\scriptstyle f''} \\ S & \xleftarrow[w]{} & S' & \xleftarrow[w']{} & S'' \end{array},$$

则可以导出交换图表

$$\begin{array}{ccccc} X & \xleftarrow{u} & X' & \xleftarrow{u'} & X'' \\ \downarrow{\scriptstyle \Delta_f} & & \downarrow{\scriptstyle \Delta_{f'}} & & \downarrow{\scriptstyle \Delta_{f''}} \\ X \times_S X & \xleftarrow[v]{} & X' \times_{S'} X' & \xleftarrow[v']{} & X'' \times_{S''} X'' , \end{array}$$

其中 v' 是由 u', w', f', f'' 定义出来的, 方法与由 u, w, f, f' 定义 v 是一样的. 很容易验证, 若我们令 $u'' = u \circ u'$, $w'' = w \circ w''$, 则合成态射 $v \circ v'$ 就等于由 u'', w'', f, f'' 定义出来的 v'', 方法与由 u, w, f, f' 定义 v 是一样的. 我们再令 $u' = (\rho', \lambda')$, $u'' = (\rho'', \lambda'')$, 则由 (16.2.1) 知, 同态 $\nu''_n : \rho''^* \mathscr{P}^n_{X/S} \to \mathscr{P}^n_{X''/S''}$ 就等于合成

$$\rho'^* \rho^* \mathscr{P}^n_{X/S} \xrightarrow{\rho'^*(\nu^\sharp_n)} \rho'^* \mathscr{P}^n_{X'/S'} \xrightarrow{\nu'_n} \mathscr{P}^n_{X''/S''} ,$$

并且同态 (16.4.1.4) 和 (16.4.1.5) 也有类似的传递性质, 从而我们可以说 $\mathscr{P}^n_{X/S}$, $\mathscr{P}^\infty_{X/S}$ 和 $\mathscr{G}r_\bullet(\mathscr{P}_{X/S})$ 都是函子性地依赖着 f 的.

(16.4.3) 很容易验证 (比如借助 (16.3.7) 把问题归结到仿射概形的情形), 在 (16.4.1) 的记号下, 下面的图表是交换的:

(16.4.3.1)
$$\begin{array}{ccc} \rho^* \mathscr{O}_X & \xrightarrow{\lambda^\sharp} & \mathscr{O}_{X'} \\ \downarrow & & \downarrow \\ \rho^* \mathscr{P}^n_{X/S} & \xrightarrow[\nu_n]{} & \mathscr{P}^n_{X'/S'} , \end{array}$$

其中的竖直箭头都是 (16.3.5) 中所选定的那个定义代数层结构的同态 (也就是说, 由第一投影所导出的同态). 同样, 下面的图表也是交换的:

(16.4.3.2)
$$\begin{array}{ccc} \rho^* \mathscr{O}_X & \xrightarrow{\lambda^\sharp} & \mathscr{O}_{X'} \\ {\scriptstyle \rho^*(d^n_{X/S})}\downarrow & & \downarrow{\scriptstyle d^n_{X'/S'}} \\ \rho^* \mathscr{P}^n_{X/S} & \xrightarrow[\nu_n]{} & \mathscr{P}^n_{X'/S'} , \end{array}$$

其中的竖直箭头是第二投影所给出的代数层结构. 此外, 若 σ 和 σ' 分别是与 f 和 f' 相对应的典范对称 (16.3.4), 则我们有

$$\nu_n \circ \rho^*(\sigma) \ = \ \sigma' \circ \nu_n ,$$

它会把前面那两个图表相互转换. 从而我们可以从 (16.4.3.1) 导出一个增殖 $\mathscr{O}_{X'}$ 代数层的典范同态

(16.4.3.3) $$\mathrm{P}^n(u) \ : \ u^* \mathscr{P}^n_{X/S} = \mathscr{P}^n_{X/S} \otimes_{\mathscr{O}_X} \mathscr{O}_{X'} \longrightarrow \mathscr{P}^n_{X'/S'} ,$$

并且由 (16.4.3.2) 知, 图表

(16.4.3.4)
$$\begin{array}{ccc} \mathscr{O}_{X'} & \xrightarrow{\mathrm{id}} & \mathscr{O}_{X'} \\ {\scriptstyle u^*(d^n_{X/S})}\downarrow & & \downarrow{\scriptstyle d^n_{X'/S'}} \\ u^*\mathscr{P}^n_{X/S} & \xrightarrow[\mathrm{P}^n(u)]{} & \mathscr{P}^n_{X'/S'} \end{array}$$

是交换的. 我们由此又导出一个分次 $\mathscr{O}_{X'}$ 代数层同态

(16.4.3.5) $$\mathrm{Gr}_\bullet(u)\ :\ u^*\mathscr{G}r_\bullet(\mathscr{P}_{X/S}) \longrightarrow \mathscr{G}r_\bullet(\mathscr{P}_{X'/S'}),$$

特别地, 这给出了一个 $\mathscr{O}_{X'}$ 模层同态

(16.4.3.6) $$\mathrm{Gr}_1(u)\ :\ \Omega^1_{X/S}\otimes_{\mathscr{O}_X}\mathscr{O}_{X'} \longrightarrow \Omega^1_{X'/S'},$$

并使得下面的图表成为交换的:

(16.4.3.7)
$$\begin{array}{ccc} \mathscr{O}_{X'} & \xrightarrow{\mathrm{id}} & \mathscr{O}_{X'} \\ {\scriptstyle d_{X/S}\otimes 1}\downarrow & & \downarrow{\scriptstyle d_{X'/S'}} \\ \Omega^1_{X/S}\otimes_{\mathscr{O}_X}\mathscr{O}_{X'} & \xrightarrow[\mathrm{Gr}_1(u)]{} & \Omega^1_{X'/S'}. \end{array}$$

(16.4.4) 如果 $S=\operatorname{Spec}A$, $S'=\operatorname{Spec}A'$, $X=\operatorname{Spec}B$, $X'=\operatorname{Spec}B'$ 都是仿射概形, 那么我们有环同态的交换图表

$$\begin{array}{ccc} B & \longrightarrow & B' \\ \uparrow & & \uparrow \\ A & \longrightarrow & A', \end{array}$$

此时 $\mathfrak{I}_{B/A}$ 在 $B'\otimes_{A'}B'$ 中的像包含在 $\mathfrak{I}_{B'/A'}$ 之中, 并且同态 ν_n 对应着同态 $B\otimes_A B\to B'\otimes_{A'}B'$ 在商环上所导出的同态 $P^n_{B/A}\to P^n_{B'/A'}$. 同态 (16.4.3.6) 对应着 (**0**, 20.5.4.1) 中所定义的那个同态, 交换图表 (16.4.3.7) 则对应着图表 (**0**, 20.5.4.2).

命题 (16.4.5) — 假设 $X'=X\times_S S'$, 并且 f' 和 u 都是典范投影. 则典范同态 $\mathrm{P}^n(u)$ (16.4.3.3) 和 $\mathrm{Gr}_1(u)$ (16.4.3.6) 都是一一的.

事实上, 此时我们有 $X'\times_{S'}X'=(X\times_S X)\times_S S'$, 从而在 (16.2.3, (ii)) 中把 g 换成第一投影 $p_1:X\times_S X\to X$ 并把 f 换成对角线态射 Δ_f 就可以推出结论.

注意到在 (16.4.5) 的前提条件下, 同态 $\mathrm{Gr}_\bullet(u)$ (16.4.3.5) 总是满的, 但一般来说并不是单的, 尽管如此 (16.2.4), 我们仍然有:

推论 (16.4.6) — 前提条件与 (16.4.5) 相同, 进而假设 $w : S' \to S$ 是平坦的 (切转: 当 $n \leqslant m$ 时 $\mathscr{G}r_n(\mathscr{P}_{X/S})$ 都是平坦 $\mathscr{O}_X$ 模层), 则同态

$$\mathrm{Gr}_n(u) \ : \ u^*\mathscr{G}r_n(\mathscr{P}_{X/S}) \longrightarrow \mathscr{G}r_n(\mathscr{P}_{X'/S'})$$

对任意 n (切转: 当 $n \leqslant m$ 时) 都是一一的.

事实上, 若 w 是平坦的, 则 $v : X' \times_{S'} X' \to X \times_S X$ 也是如此, 从而由 (16.2.4) 就可以推出结论.

(16.4.7) 设 S 是一个概形, $\mathscr{E}$ 是一个拟凝聚 $\mathscr{O}_S$ 模层, 我们令 $X = \mathbf{V}(\mathscr{E})$ (**II**, 1.7.8), 它是由 $\mathscr{E}$ 所定义的泛向量丛, 并且就等于 $\operatorname{Spec} \mathbf{S}_{\mathscr{O}_S}(\mathscr{E})$. 设 $f : X \to S$ 是结构态射. 对于 S 的任意开集 U 和任意截面 $t \in \Gamma(U, \mathscr{E})$, t 都可以等同于 $\mathbf{S}_{\mathscr{O}_S}(\mathscr{E})$ 在 U 上的一个截面, 我们设 t' 是它在 $\Gamma(f^{-1}(U), \mathscr{O}_X) = \Gamma(U, f_*\mathscr{O}_X) = \Gamma(U, \mathbf{S}_{\mathscr{O}_S}(\mathscr{E}))$ 中的像, 并且令

$$\text{(16.4.7.1)} \qquad \delta(t) \ = \ d^n_{X/S}(t') - t' \ \in \ \Gamma(f^{-1}(U), \mathscr{P}^n_{X/S}),$$

易见 δ 是一个从模 $\Gamma(U, \mathscr{E})$ 到模 $\Gamma(f^{-1}(U), \mathscr{P}^n_{X/S})$ 的双重同态 (相对于环同态 $\Gamma(U, \mathscr{O}_S) \to \Gamma(f^{-1}(U), \mathscr{O}_X)$), 并且它的像包含在 $\Gamma(f^{-1}(U), \mathscr{P}^n_{X/S})$ 的增殖理想之中. 由此就可以 (通过让 U 任意变动) 导出一个典范的 $\mathscr{O}_X$ 代数层同态

$$\text{(16.4.7.2)} \qquad f^*\mathbf{S}_{\mathscr{O}_S}(\mathscr{E}) \ \longrightarrow \ \mathscr{P}^n_{X/S},$$

并且根据上面的注解, 若 $\mathscr{K}$ 是增殖同态 $\mathbf{S}_{\mathscr{O}_S}(\mathscr{E}) \to \mathscr{O}_S$ 的核理想层, 则 $\mathscr{K}^{n+1}$ 在 (16.4.7.2) 下的像是 0, 从而通过除以 $\mathscr{K}^{n+1}$, 我们最终导出了一个典范同态

$$\text{(16.4.7.3)} \qquad \delta_n \ : \ f^*(\mathbf{S}_{\mathscr{O}_S}(\mathscr{E})/\mathscr{K}^{n+1}) \ \longrightarrow \ \mathscr{P}^n_{X/S}.$$

命题 (16.4.8) — 在 (16.4.7) 的条件下, 这些同态 δ_n 都是一一的, 并且构成一个同构投影系, 由此可以导出一个分次 $\mathscr{O}_X$ 代数层的同构

$$\text{(16.4.8.1)} \qquad f^*\mathbf{S}^{\bullet}_{\mathscr{O}_S}(\mathscr{E}) \ \longrightarrow \ \mathscr{G}r_{\bullet}(\mathscr{P}_{X/S}).$$

这些同态 (16.4.7.3) 构成投影系的事实可由定义立得. 为了证明它们都是同构, 只需证明 (16.4.8.1) 是一个同构即可, 因为 (16.4.7.3) 的左右两边的滤解都是有限的 (Bourbaki, 《交换代数学》, III, §2, ¥8, 定理 1 的推论 3). 为此我们来考虑 $\mathscr{O}_S$ 模层的分裂正合序列

$$\text{(16.4.8.2)} \qquad 0 \longrightarrow \mathscr{E} \xrightarrow{\ u\ } \mathscr{E} \oplus \mathscr{E} \xrightarrow{\ v\ } \mathscr{E} \longrightarrow 0,$$

其中对于 $\mathscr{E}$ 在 S 的开集 U 上的两个截面 s,t, 定义了 $u(s)=(-s,s)$ 和 $v(s,t)=s+t$. 我们有

$$X\times_S X \;=\; \operatorname{Spec}(\mathbf{S}_{\mathscr{O}_S}(\mathscr{E})\otimes_{\mathscr{O}_S}\mathbf{S}_{\mathscr{O}_S}(\mathscr{E})) \;=\; \operatorname{Spec}\mathbf{S}_{\mathscr{O}_S}(\mathscr{E}\oplus\mathscr{E})$$

(**II**, 1.4.6 和 1.7.11), 并且对角线态射 $X\to X\times_S X$ 对应着 (**II**, 1.2.7) $\mathscr{O}_S$ 代数层的同态 $\mathbf{S}(v):\mathbf{S}_{\mathscr{O}_S}(\mathscr{E}\oplus\mathscr{E})\to\mathbf{S}_{\mathscr{O}_S}(\mathscr{E})$ (**II**, 1.7.4), 从而若 $\mathscr{J}$ 是后面这个同态的核, 则有

$$\mathscr{P}^n_{X/S} \;=\; f^*(\mathbf{S}_{\mathscr{O}_S}(\mathscr{E}\oplus\mathscr{E})/\mathscr{J}^{n+1}).$$

此时上述命题可由下面的引理推出:

引理 (16.4.8.3) — *设 Y 是一个环积空间, $0\to\mathscr{F}'\xrightarrow{u}\mathscr{F}\xrightarrow{v}\mathscr{F}''\to 0$ 是 $\mathscr{O}_Y$ 模层的一个正合序列, 并且每个点 $y\in Y$ 都有这样一个开邻域 V, 它使得序列 $0\to\mathscr{F}'|_V\to\mathscr{F}|_V\to\mathscr{F}''|_V\to 0$ 是分裂的. 设 $\mathscr{I}$ 是同态*

$$\mathbf{S}(v)\ :\ \mathbf{S}_{\mathscr{O}_Y}(\mathscr{F})\ \longrightarrow\ \mathbf{S}_{\mathscr{O}_Y}(\mathscr{F}'')$$

的核理想层, 并设 $\operatorname{gr}^\bullet_{\mathscr{I}}(\mathbf{S}_{\mathscr{O}_Y}(\mathscr{F}))$ 是 $\mathscr{O}_Y$ 代数层 $\mathbf{S}_{\mathscr{O}_Y}(\mathscr{F})$ 在 $\mathscr{I}$ **预进滤解**下*的衍生分次 $\mathscr{O}_Y$ 代数层. 则由典范含入*

$$\mathscr{F}'\ \longrightarrow\ \mathscr{I}\ =\ \operatorname{gr}^1_{\mathscr{I}}(\mathbf{S}_{\mathscr{O}_Y}(\mathscr{F}))$$

所导出的分次 $\mathscr{O}_Y$ 代数层同态

(16.4.8.4) $$\mathbf{S}^\bullet_{\mathscr{O}_Y}(\mathscr{F}')\otimes_{\mathscr{O}_Y}\mathbf{S}^\bullet_{\mathscr{O}_Y}(\mathscr{F}'')\ \longrightarrow\ \operatorname{gr}^\bullet_{\mathscr{I}}(\mathbf{S}_{\mathscr{O}_Y}(\mathscr{F}))$$

*(左边是两个对称 $\mathscr{O}_Y$ 代数层在它们的典范分次下的分次张量积 (**II**, 1.7.4 和 2.1.2)) 是一一的.*

事实上, 含入 $\mathscr{F}'\to\mathscr{I}$ 典范地定义了一个分次 $\mathscr{O}_Y$ 代数层的同态 $\mathbf{S}^\bullet_{\mathscr{O}_Y}(\mathscr{F}')\to\operatorname{gr}^\bullet_{\mathscr{I}}(\mathbf{S}_{\mathscr{O}_Y}(\mathscr{F}))$, 且由于从定义就知道后一项是分次 $\mathbf{S}^\bullet_{\mathscr{O}_Y}(\mathscr{F}'')$ 代数层, 从而把这个同态与 $\mathbf{S}^\bullet_{\mathscr{O}_Y}(\mathscr{F}'')$ 取张量积就可以导出典范同态 (16.4.8.4). 为了证明这个引理, 由于问题是局部性的, 故我们可以限于考虑 $\mathscr{F}=\mathscr{F}'\oplus\mathscr{F}''$ 并且 u 和 v 都是典范同态的情形. 此时分次代数层 $\mathbf{S}^\bullet_{\mathscr{O}_Y}(\mathscr{F})$ 可以典范等同于分次张量积 $\mathbf{S}^\bullet_{\mathscr{O}_Y}(\mathscr{F}')\otimes_{\mathscr{O}_Y}\mathbf{S}^\bullet_{\mathscr{O}_Y}(\mathscr{F}'')$ (**II**, 1.7.4), 并且易见 $\mathscr{I}$ 就是理想层 $\mathscr{J}'\otimes_{\mathscr{O}_Y}\mathbf{S}^\bullet_{\mathscr{O}_Y}(\mathscr{F}'')$, 其中 $\mathscr{J}'$ 是 $\mathbf{S}^\bullet_{\mathscr{O}_Y}(\mathscr{F}')$ 的增殖理想层, 也就是说, 它是这些 $\mathbf{S}^m_{\mathscr{O}_Y}(\mathscr{F}')$ $(m\geqslant 1)$ 的 (直) 和. 由此可知, $\mathscr{I}^n=\mathscr{J}'^n\otimes_{\mathscr{O}_Y}\mathbf{S}^\bullet_{\mathscr{O}_Y}(\mathscr{F}'')$, 其中 $\mathscr{J}'^n$ 是这些 $\mathbf{S}^m_{\mathscr{O}_Y}(\mathscr{F}')$ $(m\geqslant n)$ 的 (直) 和, 从而我们有 $\mathscr{I}^n/\mathscr{I}^{n+1}=\mathbf{S}^n_{\mathscr{O}_Y}(\mathscr{F}')\otimes_{\mathscr{O}_Y}\mathbf{S}^\bullet_{\mathscr{O}_Y}(\mathscr{F}'')$, 这就证明了 (16.4.8.4) 是一一的.

在这个引理的基础上, 我们只需证明同态 (16.4.8.1) 就是正合序列 (16.4.8.2) 所对应的同态 (16.4.8.4) 在 f^* 下的像即可. 易见这可以从 u 的定义 (16.4.8.2) 和 δ 的

定义 (16.4.7.1) 连同 $\mathscr{P}^n_{X/S}$ 上的 $\mathscr{O}_X$ 代数层结构以及 $d^n_{X/S}$ 的定义 (16.3.5 和 16.3.6) 直接推出来.

特别地:

推论 (16.4.9) — 在 (16.4.7) 的条件下, 我们有典范同构

(16.4.9.1)
$$\mathrm{gr}_1(\delta)\ :\ f^*\mathscr{E}\ \xrightarrow{\sim}\ \Omega^1_{X/S}.$$

推论 (16.4.10) — 若 $S = \operatorname{Spec} A$, $\mathscr{E} = \mathscr{O}_S^m$, 从而

$$X\ =\ \operatorname{Spec} A[T_1, \cdots, T_m],$$

则 $\mathscr{P}^n_{X/S}$ 可以典范等同于 $A[T_1, \cdots, T_m]$ 商代数 $A[T_1, \cdots, T_m, U_1, \cdots, U_m]/\mathfrak{K}^{n+1}$ 所对应的 $\mathscr{O}_X$ 代数层, 其中 U_i $(1 \leqslant i \leqslant m)$ 是 m 个新变量, 并且 $\mathfrak{K}$ 就是由 $U_1, \cdots, U_m$ 所生成的理想.

特别地, 在这个情形下, 我们又重新得到了 $\Omega^1_{X/S}$ 的结构 (**0**, 20.5.13).

进而注意到这里的 $d^n_{X/S}$ 把一个多项式 $F(T_1, \cdots, T_m)$ 对应到 $F(T_1 + U_1, \cdots, T_m + U_m)$ 的模 $\mathfrak{K}^{n+1}$ 剩余类上, 这可由定义 (16.4.7.1) 推出.

命题 (16.4.11) — 设 $f : X \to S$ 是一个态射, $g : S \to X$ 是 X 的一个 S 截面, $S^{(n)}_g$ 是 S 在浸入 g 下的 n 阶无穷小邻域 (16.1.2). 则我们有唯一一个 $\mathscr{O}_S$ 代数层同构

(16.4.11.1)
$$\varpi_n\ :\ g^*\mathscr{P}^n_{X/S}\ \longrightarrow\ \mathscr{O}_{S^{(n)}_g}$$

($\mathscr{O}_{S^{(n)}_g}$ 上的 $\mathscr{O}_S$ 代数层结构是由 f 所定义的 (16.1.7)), 能使得下述图表成为交换的:

(16.4.11.2)
$$\begin{array}{ccc} \mathscr{O}_S\ =\ g^*\mathscr{O}_X & \xrightarrow{\ \lambda_n\ } & \mathscr{O}_{S^{(n)}_g} \\ & {\scriptstyle g^*(d^n_{X/S})}\searrow\quad\nearrow{\scriptstyle \varpi_n} & \\ & g^*\mathscr{P}^n_{X/S} & \end{array}$$

(其中 λ_n 是结构同态).

依照 (**I**, 5.3.7), 并把 X, Y, S 分别换成 S, X, S, 把 f 换成 g, 我们看到图表

(16.4.11.3)
$$\begin{array}{ccc} S & \xrightarrow{\ g\ } & X \\ {\scriptstyle g}\downarrow & & \downarrow{\scriptstyle \Delta_f} \\ X & \xrightarrow[(g\circ f, 1_X)_S]{} & X \times_S X \end{array} \qquad \begin{array}{ccc} S & \xrightarrow{\ g\ } & X \\ {\scriptstyle g}\downarrow & & \downarrow{\scriptstyle \Delta_f} \\ X & \xrightarrow[(1_X, g\circ f)_S]{} & X \times_S X \end{array}$$

把 S 等同于 $X\times_S X$ 概形 X 和 X 的纤维积, 这两个 X 的结构态射分别是 Δ_f 和 $(g\circ f,1_X)_S$ (切转: $(1_X,g\circ f)_S$). 另一方面, 图表

(16.4.11.4)
$$\begin{array}{ccc} X & \xrightarrow{(g\circ f,1_X)_S} & X\times_S X \\ {\scriptstyle f}\downarrow & & \downarrow{\scriptstyle p_1} \\ S & \xrightarrow[g]{} & X \end{array} \qquad \begin{array}{ccc} X & \xrightarrow{(1_X,g\circ f)_S} & X\times_S X \\ {\scriptstyle f}\downarrow & & \downarrow{\scriptstyle p_2} \\ S & \xrightarrow[g]{} & X \end{array}$$

把 X 等同于 X 概形 S 和 $X\times_S X$ 的纤维积, 这两个概形的结构态射分别是 g 和 p_1 (切转: p_2) (这是结合律公式 (**I**, 3.3.9.1) 的特殊情形). 于是我们可以说, 对于 X 的那些 S 截面来说, Δ_f 作为 $X\times_S X$ 的一个 X 截面 (相对于 p_1 或者 p_2) 起着"普适截面"的作用, 事实上, 每个这样的截面 g 都可由 Δ_f 通过基变换 $(g\circ f,1_X)_S : X\to X\times_S X$ 而导出. 利用这些结果, 再把 (16.2.3, (ii)) 应用到 (16.4.11.4) 的第一个图表上, 就可以定义出同态 ϖ, 并且证明它是一一的. 同样地, 把 (16.2.3, (ii)) 应用到 (16.4.11.4) 的第二个图表上, 就可以推出图表 (16.4.11.2) 的交换性. 为了明确写出 ϖ, 我们可以限于考虑 g 是闭浸入的情形, 事实上, 对任意 $s\in S$, 均可找到 s 在 S 中的一个开邻域 W, 使得 $g(W)$ 在 X 的某个开集 U 中是闭的, 且易见 $g|_W$ 是 f 的限制态射 $U\cap f^{-1}(W)\to W$ 的一个 W 截面, 自然 $g(W)$ 在 $U\cap f^{-1}(W)$ 中就是闭的. 从而我们可以假设 S 是 X 的一个闭子概形, 并且是由一个拟凝聚理想层 $\mathscr{K}$ 所定义的. 此时上面那些定义表明, 若 W 是 S 的一个开集, t 是 $\mathscr{O}_X$ 在 $f^{-1}(W)$ 上的一个截面, 则 $\varpi_n(d^n t|_W)$ 就等于 t 在 $\Gamma(W,(\mathscr{O}_X/\mathscr{K}^{n+1})|_W)$ 中的典范像. 从而 ϖ_n 的唯一性可以从下面的事实得到说明: $\mathscr{O}_X$ 在 $d^n_{X/S}$ 下的像可以生成 $\mathscr{O}_X$ 模层 $\mathscr{P}^n_{X/S}$ (16.3.8).

推论 (16.4.12) — 设 k 是一个域, X 是一个 k 概形, x 是 X 的一个点, 并且它**在 k 上是有理的**. 则 $(\mathscr{P}^n_{X/k})_x\otimes_{\mathscr{O}_x}\boldsymbol{k}(x)$ 作为增殖 $\boldsymbol{k}(x)$ 代数典范同构于 $\mathscr{O}_x/\mathfrak{m}_x^{n+1}$.

只需取 g 是 X 的那个唯一的满足 $g(\operatorname{Spec}k)=\{x\}$ 的 k 截面即可.

推论 (16.4.13) — 设 $f:X\to S$ 是一个态射, s 是 S 的一点, $X_s=X\times_S\operatorname{Spec}\boldsymbol{k}(s)$ 是 f 在 s 处的纤维. 若点 $x\in X_s$ **在 $\boldsymbol{k}(s)$ 上是有理的**, 则 $(\mathscr{P}^n_{X/S})_x\otimes_{\mathscr{O}_s}\boldsymbol{k}(s)$ 可以典范同构于 $\mathscr{O}_{X_s,x}/\mathfrak{m}'^{\,n+1}_x$, 其中 $\mathfrak{m}'_x$ 是 $\mathscr{O}_{X_s,x}$ 的极大理想, 具体来说, 这个同构把 $(d^n t)_x\otimes 1$ (其中 t 是 $\mathscr{O}_X$ 在 x 的某个邻域上的截面) 对应到 $t_x\otimes 1$ 的模 $\mathfrak{m}'^{\,n+1}_x$ 剩余类上.

这可由 (16.4.5) 和 (16.4.12) 推出.

上面这些推论足以说明"n 阶主部层"这个名词的合理性.

命题 (16.4.14) — 设 $\rho:A\to B$ 是一个环同态, S 是 B 的一个乘性子集. 则由这些典范同态 $P^n_{B/A}\to P^n_{S^{-1}B/A}$ (16.4.4) 所导出的典范同态

(16.4.14.1)
$$S^{-1}P^n_{B/A}\longrightarrow P^n_{S^{-1}B/A}$$

构成了一个投影系, 并且它们都是一一的.

只需注意到 $S^{-1}((B\otimes_A B)/\mathfrak{I}^{n+1})=S^{-1}(B\otimes_A B)/(S^{-1}\mathfrak{I})^{n+1}$ (根据平坦性) 和 $S^{-1}(B\otimes_A B)=(S^{-1}B)\otimes_A(S^{-1}B)$ (**I**, 1.3.4) 即可.

推论 (16.4.15) — 记号与 (16.4.14) 相同, 设 R 是 A 的一个乘性子集, 且满足 $\rho(R)\subseteq S$. 则我们有典范同构

(16.4.15.1) $$S^{-1}P^n_{B/A}\xrightarrow{\sim}P^n_{S^{-1}B/R^{-1}A},$$

且它们构成一个投影系.

显然只需定义出典范同构

(16.4.15.2) $$P^n_{S^{-1}B/A}\xrightarrow{\sim}P^n_{S^{-1}B/R^{-1}A}$$

即可, 也就是说, 问题归结为考虑 $\rho(R)$ 是 B 的一族可逆元的情形. 此时我们只要对典范同构 $B\otimes_A B\to B\otimes_{R^{-1}A}B$ ($\mathbf{0_I}$, 1.5.3) 取商就可以给出同构 (16.4.15.2).

推论 (16.4.16) — 设 $f:X\to S$ 是一个概形态射, x 是 X 的一点, $s=f(x)$. 则我们有典范同构

(16.4.16.1) $$(\mathscr{P}^n_{X/S})_x\xrightarrow{\sim}P^n_{\mathscr{O}_x/\mathscr{O}_s},$$

且它们构成一个投影系.

由此还可以导出衍生分次模上的同构, 特别地, 我们有一个典范同构

(16.4.16.2) $$(\Omega^1_{X/S})_x\xrightarrow{\sim}\Omega^1_{\mathscr{O}_x/\mathscr{O}_s}.$$

推论 (16.4.17) — 设 k 是一个域, K 是有理分式域 $k(T_1,\cdots,T_r)$. 则对任意整数 n, $K[U_1,\cdots,U_r]$ (其中 U_i 是未定元) 到 $P^n_{K/k}$ 的同态 $U_i\mapsto d^nT_i-T_i\cdot 1$ 都是满的, 并且定义了一个从商模 $K[U_1,\cdots,U_r]/\mathfrak{m}^{n+1}$ (其中 $\mathfrak{m}$ 是由这些 U_i 所生成的理想) 到 $P^n_{K/k}$ 的同构.

这是缘自 (16.4.8), (16.4.10) 和 (16.4.14) (在其中取 $A=k$, $B=k[T_1,\cdots,T_r]$ 和 $S=B\setminus\{0\}$).

这样一来, 我们就再次说明了这些 dT_i 能构成 K 向量空间 $\Omega^1_{K/k}$ 的一个基底 (**0**, 20.5.10).

命题 (16.4.18) — 设 $f:X\to Y$, $g:Y\to Z$ 是两个概形态射, 考虑增殖 $\mathscr{O}_X$ 代数层的典范同态 (16.4.3.3)

(16.4.18.1) $$g_{X/Y/Z}\ :\ \mathscr{P}^n_{X/Z}\longrightarrow\mathscr{P}^n_{X/Y},$$

(16.4.18.2)
$$f_{X/Y/Z} \;:\; f^*\mathscr{P}^n_{Y/Z} \longrightarrow \mathscr{P}^n_{X/Z}.$$

则 $g_{X/Y/Z}$ 是满的, 并且它的核理想层是由 $f^*\mathscr{P}^n_{Y/Z}$ 的增殖理想层在 $f_{X/Y/Z}$ 下的像所生成的.

首先注意到 $g_{X/Y/Z}$ 就对应着在 (16.4.3.3) 中取 $X' = X$, $S' = Y$, $S = Z$ 和 $u = 1_X$ 的情形, 而 $f_{X/Y/Z}$ 则对应着把 X', X, S, S' 分别换成 X, Y, Z, Z 并把 u, f 分别换成 f, g 的情形.

我们有一个交换图表 (**I**, 5.3.5)

(16.4.18.3)
$$\begin{array}{ccccc} X & \xrightarrow{\Delta_f} & X\times_Y X & \xrightarrow{j} & X\times_Z X \\ & \searrow^{f} & \downarrow p & & \downarrow f\times_Z f \\ & & Y & \xrightarrow[\Delta_g]{} & Y\times_Z Y, \end{array}$$

其中 $j = (1_X, 1_X)_Z$ 是浸入, $j\circ\Delta_f = \Delta_{g\circ f}$, 并且 p 是结构态射. 由于总可以限于考虑 X, Y, Z 都是仿射概形的情形, 故我们可以假设浸入 Δ_f, Δ_g 和 j 都是闭的, 于是 $\mathscr{O}_X$ 和 $\mathscr{O}_{X\times_Y X}$ 分别可以等同于 $\mathscr{O}_{X\times_Z X}/\mathscr{J}$ 和 $\mathscr{O}_{X\times_Z X}/\mathscr{L}$, 其中 $\mathscr{J}\supseteq\mathscr{L}$ 是两个拟凝聚理想层, 它们分别对应着浸入 $\Delta_{g\circ f}$ 和 j. 从而 $\mathscr{O}_X$ 代数层 $\mathscr{P}^n_{X/Z}$ 可以等同于 $\mathscr{O}_{X\times_Z X}/\mathscr{J}^{n+1}$, 并且 $\mathscr{P}^n_{X/Y}$ 可以等同于 $\mathscr{O}_{X\times_Y X}/(\mathscr{J}/\mathscr{L})^{n+1}$, 也就是可以等同于 $\mathscr{O}_{X\times_Z X}/(\mathscr{J}^{n+1}+\mathscr{L})$, 因而又能等同于 $\mathscr{P}^n_{X/Z}$ 除以 $(\mathscr{J}^{n+1}+\mathscr{L})/\mathscr{J}^{n+1}$ 后的商代数层. 然而我们知道 (前引) p 和 j 使 $X\times_Y X$ 成为概形 Y 和 $X\times_Z X$ 在 $Y\times_Z Y$ 上的纤维积, 从而若把 $\mathscr{O}_Y$ 等同于 $\mathscr{O}_{Y\times_Z Y}/\mathscr{K}$, 其中 $\mathscr{K}$ 是与 Δ_g 相对应的理想层, 则 $\mathscr{L}$ 就等于 $(f\times_Z f)^*(\mathscr{K})\cdot\mathscr{O}_{X\times_Z X}$ (**I**, 4.4.5). 由于 $(\mathscr{J}^{n+1}+\mathscr{L})/\mathscr{J}^{n+1}$ 作为 $\mathscr{P}^n_{X/Z}$ 的理想层是由 $\mathscr{L}$ 的像所生成的, 故可由此推出结论.

推论 (16.4.19) — 在 (16.4.18) 的记号下, 我们有拟凝聚 $\mathscr{O}_X$ 模层的正合序列

(16.4.19.1)
$$f^*\Omega^1_{Y/Z} \xrightarrow{f_{X/Y/Z}} \Omega^1_{X/Z} \xrightarrow{g_{X/Y/Z}} \Omega^1_{X/Y} \longrightarrow 0.$$

在 X, Y, Z 都是仿射概形的情形下, 这就再次得到了正合序列 (**0**, 20.5.7.1).

命题 (16.4.20) — 设 $f: Y\to Z$ 是一个态射, $j: X\to Y$ 是一个闭浸入, $\mathscr{K}$ 是 $\mathscr{O}_Y$ 的那个与 j 相对应的拟凝聚理想层. 则有 $\mathscr{P}^n_{X/Y} = \mathscr{O}_X = \mathscr{O}_Y/\mathscr{K}$, 并且典范同态 $j_{X/Y/Z}: j^*\mathscr{P}^n_{Y/Z}\to\mathscr{P}^n_{X/Z}$ 是满的, 它的核就是 $j^*\mathscr{P}^n_{Y/Z}$ 的那个由 $j^*(\mathscr{O}_X\cdot d^n_{Y/Z}(\mathscr{K}))$ 所生成的理想层 (注意到 $d^n_{Y/Z}(\mathscr{K})$ 是 $\mathscr{P}^n_{Y/Z}$ 的一个交换子群层, 但一般不是 $\mathscr{O}_Y$ 模层).

我们知道 (**I**, 5.3.8) 对角线 $\Delta_j: X\to X\times_Y X$ 是同构, 这就得到了第一句话. 设 ϖ_1 和 ϖ_2 分别是与 $Y\times_Z Y$ 到 Y 的两个典范投影相对应的代数层同态

$\mathscr{O}_Y \to \mathscr{P}^n_{Y/Z}$, 还记得根据定义 (16.3.5 和 16.3.6), ϖ_1 是 $\mathscr{O}_Y$ 代数层 $\mathscr{P}^n_{Y/Z}$ 的结构同态, 并且 $\varpi_2 = d^n_{Y/Z}$. 从而 $\mathscr{O}_X$ 代数层 $j^*\mathscr{P}^n_{Y/Z}$ 可以等同于 $\mathscr{P}^n_{Y/Z}/\varpi_1(\mathscr{K})\mathscr{P}^n_{Y/Z}$, 并且它除以 $j^*(d^n_{Y/Z}(\mathscr{K}))$ 所生成的理想层之后的商代数层可以等同于 $\mathscr{P}^n_{Y/Z}/(\varpi_1(\mathscr{K})+\varpi_2(\mathscr{K}))\mathscr{P}^n_{Y/Z}$. 现在我们来考虑下面这个交换图表

$$\begin{array}{ccc} Y & \xleftarrow{\ j\ } & X \\ {\scriptstyle\Delta_f}\downarrow & & \downarrow{\scriptstyle\Delta_{f\circ j}} \\ Y\times_Z Y & \xleftarrow[j\times_Z j]{} & X\times_Z X, \end{array}$$

它可以把 X 等同于概形 Y 和 $X\times_Z X$ 在 $Y\times_Z Y$ 上的纤维积 (**I**, 5.3.7). 由于 $j\times_Z j$ 是浸入, 从而由上述性质和 (16.2.2) 知, 若我们分别用 $\Delta^n_{Y/Z}$ 和 $\Delta^n_{X/Z}$ 来表示 Y 和 X 在典范浸入 Δ_f 和 $\Delta_{f\circ j}$ 下的 n 阶无穷小邻域, 则有下面的图表

$$\begin{array}{ccc} \Delta^n_{Y/Z} & \longleftarrow & \Delta^n_{X/Z} \\ \downarrow & & \downarrow \\ Y\times_Z Y & \xleftarrow[j\times_Z j]{} & X\times_Z X, \end{array}$$

它使 $\Delta^n_{X/Z}$ 成为概形 $\Delta^n_{Y/Z}$ 和 $X\times_Z X$ 在 $Y\times_Z Y$ 上的纤维积. 从而我们也可以把 $\mathscr{P}^n_{X/Z}$ 等同于环层 $\mathscr{P}^n_{Y/Z}\otimes_{\mathscr{O}_{Y\times_Z Y}}\mathscr{O}_{X\times_Z X}$. 然而很容易看出 (比如通过把问题归结到仿射概形的情形) $\mathscr{O}_{X\times_Z X} = \mathscr{O}_{Y\times_Z Y}/(p_1^*\mathscr{K}+p_2^*\mathscr{K})\mathscr{O}_{Y\times_Z Y}$. 从而 $\mathscr{P}^n_{X/Z}$ 可以等同于 $\mathscr{P}^n_{Y/Z}$ 除以 $p_1^*\mathscr{K}+p_2^*\mathscr{K}$ 的像所生成的理想层之后的商代数层. 但根据定义, 这个理想层也是由 $\varpi_1(\mathscr{K})+\varpi_2(\mathscr{K})$ 所生成的. 证明完毕.

推论 (16.4.21) — *设 $f: Y\to Z$ 是一个态射, $j: X\to Y$ 是一个浸入. 则我们有拟凝聚 $\mathscr{O}_X$ 模层的正合序列*

(16.4.21.1)
$$\mathscr{N}_{X/Y} \longrightarrow j^*\Omega^1_{Y/Z} \longrightarrow \Omega^1_{X/Z} \longrightarrow 0.$$

当 X, Y 和 Z 都是仿射概形的时候, 这就再次得到了正合序列 (**0**, 20.5.12.1).

推论 (16.4.22) — *若 $f: X\to S$ 是一个局部有限呈示态射, 则 $\mathscr{P}^n_{X/S}$ 和 $\Omega^1_{X/S}$ 都是有限呈示的拟凝聚 $\mathscr{O}_X$ 模层.*

可以立即把问题归结到 $S=\operatorname{Spec} A$ 和 $X=\operatorname{Spec} B$ 都是仿射概形的情形, 此时 $B = A[T_1,\cdots,T_r]/\mathfrak{K}$, 其中 $\mathfrak{K}$ 是 $C = A[T_1,\cdots,T_r]$ 的某个有限型理想. 我们在 (16.4.20) 中取 $Z=S$, $Y=\operatorname{Spec} C$ 和 $\mathscr{K}=\widetilde{\mathfrak{K}}$ 就得知, $j^*\mathscr{P}^n_{Y/Z}$ 是一个有限秩自由 $\mathscr{O}_X$ 模层 (16.4.10), 并且 $\mathfrak{K}$ 上的条件又表明, $j^*(\mathscr{O}_Y\cdot d^n_{Y/Z}(\mathscr{K}))$ 生成了一个有限型拟凝聚 $\mathscr{O}_X$ 模层, 这就给出了结论.

命题 (16.4.23) — 设 X,Y 是两个 S 概形, $Z = X\times_S Y$ 是它们的纤维积, $p: X\times_S Y\to X$ 和 $q: X\times_S Y \to Y$ 是典范投影. 则典范同态

(16.4.23.1) $$p_{Z/X/S}\oplus q_{Z/Y/S} \ :\ p^*\Omega^1_{X/S}\oplus q^*\Omega^1_{Y/S} \longrightarrow \Omega^1_{(X\times_S Y)/S}$$

是一一的.

交换图表

$$\begin{array}{ccccc} Y & \xleftarrow{q} & X\times_S Y & \xleftarrow{\text{id}} & X\times_S Y \\ {\scriptstyle g}\downarrow & & {\scriptstyle h}\downarrow & & \downarrow{\scriptstyle p} \\ S & \xleftarrow[\text{id}]{} & S & \xleftarrow[f]{} & X \end{array}$$

给出典范同构 $\mathrm{P}^n(p)$ (16.4.5) 的一个分解

$$p^*\mathscr{P}^n_{X/S} \longrightarrow \mathscr{P}^n_{Z/S} \longrightarrow \mathscr{P}^n_{Z/X},$$

同样地, 通过把 X 都换成 Y, 又可以得到同构 $\mathrm{P}^n(q)$ 的一个分解

$$q^*\mathscr{P}^n_{Y/S} \longrightarrow \mathscr{P}^n_{Z/S} \longrightarrow \mathscr{P}^n_{Z/Y}.$$

这就证明了典范同态 (16.4.18.2)

$$p_{Z/X/S}\ :\ p^*\mathscr{P}^n_{X/S} \longrightarrow \mathscr{P}^n_{Z/S} \qquad (\text{切转: } q_{Z/Y/S}\ :\ q^*\mathscr{P}^n_{Y/S} \longrightarrow \mathscr{P}^n_{Z/S})$$

是单的, 并且典范满同态 (16.4.18.1)

$$\mathscr{P}^n_{Z/S} \longrightarrow \mathscr{P}^n_{Z/X} \qquad (\text{切转: } \mathscr{P}^n_{Z/S} \longrightarrow \mathscr{P}^n_{Z/Y})$$

的核是 $p_{Z/X/S}$ (切转: $q_{Z/Y/S}$) 的像的补模层. 但另一方面, 依照 (16.4.18), 这个核是由 $q^*\mathscr{P}^n_{Y/S}$ (切转: $p^*\mathscr{P}^n_{X/S}$) 的增殖理想层在 $q_{Z/Y/S}$ (切转: $p_{Z/X/S}$) 下的像所生成的, 从而通过考虑 $n=1$ 的情形就可以推出结论.

(16.4.23) 中的结果可以立即推广到有限个 S 概形的纤维积的情形.

注解 (16.4.24) — (i) 我们将在 (17.2.3) 中看到, 如果 (16.4.18) 中的态射 $f: X\to Y$ 是平滑的, 那么 (16.4.19.1) 中的同态 $f_{X/Y/Z}$ 就是局部左可逆的, 从而一定是单的. 同样地, 如果 (16.4.20) 中的态射 $f\circ j: X\to Z$ 是平滑的, 那么 (16.4.21.2) 的左边那个同态就是局部左可逆的, 自然也是单的 (17.2.5). 在第五章中, 我们将针对概形上的模层给出 (**0**, 20.6) 中的"不恰模"及其正合序列的一种变化形.

(ii) 设 X 是一个拓扑空间, $\mathscr{A}$ 是 X 上的一个环层, $\mathscr{B}$ 是 X 上的一个 $\mathscr{A}$ 代数层. 则

$$U \longmapsto P^n_{\Gamma(U,\mathscr{B})/\Gamma(U,\mathscr{A})} \qquad (U \text{ 是 } X \text{ 的开集})$$

显然是一个由增殖 $\Gamma(U,\mathscr{B})$ 代数所组成的预层, 从而它的拼续层 $\mathscr{P}^n_{\mathscr{B}/\mathscr{A}}$ 是一个增殖 $\mathscr{B}$ 代数层. 特别地, 若 X 是一个概形, $f=(\psi,\theta):X\to S$ 是一个概形态射, 则由 (16.4.16) 连同函子 $\varinjlim$ 的正合性很容易看出, $\mathscr{P}^n_{X/S}$ 可以典范同构于 $\mathscr{P}^n_{\mathscr{O}_X/\psi^*\mathscr{O}_S}$. 由此得知, 我们可以把本节所探讨的理论看作更一般的环积空间上的代数层微分理论的一个特殊情形. 但我们并不想采用这样一种视角, 因为它既缺乏直观, 又不便于应用. 而且对于许多种类的"多样体"来说, 与我们在这里所使用的 $\mathscr{P}^n$ 相类似的"整体"构造也更适合于各种应用.

16.5 相对切层和切丛, 导射

(16.5.1) 设 $f=(\psi,\theta):X\to S$ 是一个环积空间态射. 对任何 $\mathscr{O}_X$ 模层 $\mathscr{F}$, 所谓一个从 $\mathscr{O}_X$ 到 $\mathscr{F}$ 的 S 导射 (或称 X/S 导射, f 导射), 是指这样一个加法群层同态 $\mathfrak{D}:\mathscr{O}_X\to\mathscr{F}$, 它满足下列条件:

a) 对 X 的任意开集 V 和 $\mathscr{O}_X$ 在 V 上的任意两个截面 t_1, t_2, 均有

(16.5.1.1) $$\mathfrak{D}(t_1t_2) = t_1\mathfrak{D}(t_2)+\mathfrak{D}(t_1)t_2.$$

b) 对 X 的任意开集 V 和 $\mathscr{O}_X$ 在 V 上的任意截面 t 以及 $\mathscr{O}_S$ 在 S 的那些满足 $V\subseteq f^{-1}(U)$ 的开集 U 上的任意截面 s, 均有

(16.5.1.2) $$\mathfrak{D}((s|_V)t) = (s|_V)\mathfrak{D}(t).$$

这显然等价于说, 对任意 $x\in X$, 加法群同态 $\mathfrak{D}_x:\mathscr{O}_x\to\mathscr{F}_x$ 都是 $\mathscr{O}_{f(x)}$ 导射.

还有另外一种解释方式, 即考虑 $\mathscr{O}_X$ 代数层 $\mathscr{D}_{\mathscr{O}_X}(\mathscr{F})$, 它作为 $\mathscr{O}_X$ 模层就等于 $\mathscr{O}_X\oplus\mathscr{F}$, 但它的代数层结构则是这样来定义的: 对 X 的任意开集 V, $\mathscr{O}_X$ 的两个截面 (切转: $\mathscr{O}_X$ 的一个截面和 $\mathscr{F}$ 的一个截面) 在 V 上的乘积都是通过 $\Gamma(V,\mathscr{O}_X)$ 上的环结构 (切转: 通过 $\Gamma(V,\mathscr{F})$ 上的 $\Gamma(V,\mathscr{O}_X)$ 模结构) 来定义的, 而且 $\mathscr{F}$ 在 V 上的两个截面的乘积均定义为 0. 于是 $\mathscr{F}$ 是 $\mathscr{D}_{\mathscr{O}_X}(\mathscr{F})$ 的一个理想层, 且等于典范增殖同态 $\mathscr{D}_{\mathscr{O}_X}(\mathscr{F})\to\mathscr{O}_X$ 的核, 此时 $\mathfrak{D}$ 是一个从 $\mathscr{O}_X$ 到 $\mathscr{F}$ 的 S 导射就等价于 $1_{\mathscr{O}_X}+\mathfrak{D}$ 是一个从 $\mathscr{O}_X$ 到 $\mathscr{D}_{\mathscr{O}_X}(\mathscr{F})$ 的 $\mathscr{O}_S$ 代数层同态, 并且与增殖同态合成之后等于 $1_{\mathscr{O}_X}$.

$\mathscr{O}_X$ 到 $\mathscr{F}$ 的全体 S 导射显然构成一个 $\Gamma(X,\mathscr{O}_X)$ 模 $\mathfrak{D}_S(\mathscr{O}_X,\mathscr{F})$.

当 $\mathscr{F}=\mathscr{O}_X$ 时, 我们把 $\mathscr{O}_X$ 到自身的 S 导射简称为 $\mathscr{O}_X$ 的 S 导射.

命题 (16.5.2) — *设 A 是一个环, B 是一个 A 代数, L 是一个 B 模, 我们令 $S=\operatorname{Spec}A$, $X=\operatorname{Spec}B$, $\mathscr{F}=\widetilde{L}$. 若把一个从 $\mathscr{O}_X$ 到 $\mathscr{F}$ 的 S 导射 $\mathfrak{D}$ 对应到从 B 到 L 的映射 $\Gamma(\mathfrak{D}):t\mapsto\mathfrak{D}(t)$, 则这样得到的映射 $\mathfrak{D}\mapsto\Gamma(\mathfrak{D})$ 是 B 模 $\mathfrak{D}_S(\mathscr{O}_X,\mathscr{F})$ 到 $\mathfrak{D}_A(B,L)$ 的一个同构* (参考 (**0**, 20.1.2)).

这可以从上面给出的 S 导射借助代数层同态的描述法和 (**0**, 20.1.6) 中的类似描述法以及 $\mathscr{O}_X$ 代数层同态和 B 代数同态之间的典范对应 ($\mathbf{I_I}$, 1.3.13 和 1.3.8) 立得.

命题 (16.5.3) — 设 $f=(\psi,\theta):X\to S$ 是一个概形态射.

(i) 微分 $d_{X/S}:\mathscr{O}_X\to\Omega^1_{X/S}$ (16.3.6) 是一个 S 导射.

(ii) 对任意 $\mathscr{O}_X$ 模层 $\mathscr{F}$, 映射 $u\mapsto u\circ d_{X/S}$ 都给出了 $\Gamma(X,\mathscr{O}_X)$ 模的一个同构

(16.5.3.1) $$\operatorname{Hom}_{\mathscr{O}_X}(\Omega^1_{X/S},\mathscr{F})\xrightarrow{\sim}\mathfrak{D}_S(\mathscr{O}_X,\mathscr{F}).$$

(i) 已经在 (16.3.6) 中说过. 另一方面, 通过考虑各自在茎条 $\mathscr{O}_x$ 上的限制, 并使用 (16.4.16.2), 可以立即看出 (依照 (**0**, 20.4.8)) $u\mapsto u\circ d_{X/S}$ 是单的. 为了证明同态 (16.5.3.1) 还是满的, 我们来考虑一个 S 导射 $\mathcal{D}:\mathscr{O}_X\to\mathscr{F}$, 对 X 的任意仿射开集 $V=\operatorname{Spec}B$, 只要 $f(V)$ 包含在 S 的某个仿射开集 $U=\operatorname{Spec}A$ 之中, $\mathcal{D}_V:B\to\Gamma(V,\mathscr{F})$ 就是一个 A 导射, 从而可以找到唯一一个 B 同态 $u_V:\Omega^1_{B/A}\to\Gamma(V,\mathscr{F})$, 使得 $\mathcal{D}_V=u_V\circ d_{B/A}$ (**0**, 20.4.8), 进而由 u_V 的唯一性立知, 对任意仿射开集 $W\subseteq V$, 均有 $u_W=u_V|_W$, 从而这些 u_V 定义了一个 $\mathscr{O}_X$ 模层同态 $u:\mathscr{O}_X\to\mathscr{F}$, 它就满足我们的要求.

(16.5.4) 在 (16.5.1) 的记号下, 对 X 的任意开集 U, $\mathfrak{D}_S(\mathscr{O}_U,\mathscr{F}|_U)$ 都是一个 $\Gamma(U,\mathscr{O}_X)$ 模, 并且易见映射 $U\mapsto\mathfrak{D}_S(\mathscr{O}_U,\mathscr{F}|_U)$ 是一个预层, 它实际上是一个层 (从而是一个 $\mathscr{O}_X$ 模层), 这是基于 (16.5.1) 中所给出的 S 导射的逐点描述方法. 我们把这个 $\mathscr{O}_X$ 模层记作 $\widetilde{\mathfrak{D}}_S(\mathscr{O}_X,\mathscr{F})$ ①, 并且称之为 $\mathscr{O}_X$ 到 $\mathscr{F}$ 的 S 导射层, 我们刚刚证明的结果也可以表达成下面这个推论:

推论 (16.5.5) — 对任意 $\mathscr{O}_X$ 模层 $\mathscr{F}$, 由 $u\mapsto u\circ d_{X/S}$ 所导出的 $\mathscr{O}_X$ 模层同态

(16.5.5.1) $$\mathscr{H}om_{\mathscr{O}_X}(\Omega^1_{X/S},\mathscr{F})\longrightarrow\widetilde{\mathfrak{D}}_S(\mathscr{O}_X,\mathscr{F})$$

都是一一的.

推论 (16.5.6) — (i) 若态射 $f:X\to S$ 是局部有限呈示的, 并且 $\mathscr{F}$ 是一个拟凝聚 $\mathscr{O}_X$ 模层, 则 $\widetilde{\mathfrak{D}}_S(\mathscr{O}_X,\mathscr{F})$ 是一个拟凝聚 $\mathscr{O}_X$ 模层.

(ii) 进而若 S 是局部Noether 的, 并且 $\mathscr{F}$ 是凝聚的, 则 $\widetilde{\mathfrak{D}}_S(\mathscr{O}_X,\mathscr{F})$ 是一个凝聚 $\mathscr{O}_X$ 模层.

条目 (i) 可由同构 (16.5.5.1) 和 (16.4.22), (**I**, 1.3.12) 推出, 条目 (ii) 则缘自 ($\mathbf{0_I}$, 5.3.5).

(16.5.7) 我们令

(16.5.7.1) $$\mathfrak{G}_{X/S}=\mathscr{H}om_{\mathscr{O}_X}(\Omega^1_{X/S},\mathscr{O}_X)=\widetilde{\mathfrak{D}}_S(\mathscr{O}_X,\mathscr{O}_X),$$

①译注: 原文使用的记号是 $\mathscr{D}\acute{e}r_S(\mathscr{O}_X,\mathscr{F})$.

并把它称为 $\mathscr{O}_X$ 的 S 导射层, 或者称为 X 相对于 S 的切层, 从而它就是 $\mathscr{O}_X$ 模层 $\Omega^1_{X/S}$ 的对偶. 若 f 是局部有限呈示的, 则 $\mathfrak{G}_{X/S}$ 是一个拟凝聚 $\mathscr{O}_X$ 模层, 进而若 S 是局部 Noether 的, 则 $\mathfrak{G}_{X/S}$ 是凝聚的 (16.5.6).

(16.5.8) 特别地, 若我们假设 $\Omega^1_{X/S}$ 是一个 (有限秩) 局部自由 $\mathscr{O}_X$ 模层 (比如当 f 是平滑态射时就是如此 (17.2.3)), 则 $\mathfrak{G}_{X/S}$ 是一个局部自由 $\mathscr{O}_X$ 模层, 并且它与 $\Omega^1_{X/S}$ 在每一点处的秩都相等. 确切地说, 假设 $\Omega^1_{X/S}$ 在点 x 处是 n 秩的, 则可以找到 $\mathscr{O}_X$ 在 x 的某个仿射开邻域 U 上的 n 个截面 s_i $(1 \leqslant i \leqslant n)$, 使得这些 ds_i 在 $\Omega^1_{X/S} \otimes_{\mathscr{O}_X} \boldsymbol{k}(x)$ 中的典范像构成该 $\boldsymbol{k}(x)$ 向量空间的一个基底, 依照 Nakayama 引理, 这些 ds_i 在点 x 处的芽 $(ds_i)_x = d(s_i)_x$ 就构成了 $\mathscr{O}_x$ 模 $(\Omega^1_{X/S})_x$ 的一个基底, 从而通过适当缩小 U, 又可以假设这些 ds_i 构成了 $\Gamma(U, \mathscr{O}_X)$ 模 $\Gamma(U, \Omega^1_{X/S})$ 的一个基底. 此时 $\Gamma(U, \mathscr{O}_X)$ 模 $\Gamma(U, \mathfrak{G}_{X/S})$ 就是它的对偶模, 我们用 $(D_i)_{1\leqslant i\leqslant n}$ 或 $\left(\frac{\partial}{\partial s_i}\right)_{1\leqslant i\leqslant n}$ 来记 $(ds_i)_{1\leqslant i\leqslant n}$ 的对偶基底, 则由 (16.5.3) 知

(16.5.8.1) $$D_i s_j = \langle D_i, ds_j\rangle = \left\langle \frac{\partial}{\partial s_i}, ds_j\right\rangle = \delta_{ij} \qquad \text{(Kronecker 符号)}.$$

从而 $\Gamma(S, \mathscr{O}_S)$ 代数 $\Gamma(U, \mathscr{O}_X)$ 的任何一个 $\Gamma(S, \mathscr{O}_S)$ 导射都能够唯一地写成

$$D = \sum_{i=1}^n a_i D_i = \sum_{i=1}^n a_i \frac{\partial}{\partial s_i}$$

的形状, 其中 a_i $(1 \leqslant i \leqslant n)$ 是 $\mathscr{O}_X$ 在 U 上的一组截面. 对任意截面 $g \in \Gamma(U, \mathscr{O}_X)$, 若我们令 $dg = \sum\limits_{i=1}^n c_i ds_i$, 则依照 (16.5.8.1), 总有 $c_i = \langle D_i, dg\rangle = D_i g$, 换句话说

(16.5.8.2) $$dg = \sum_{i=1}^n (D_i g) ds_i = \sum_{i=1}^n \frac{\partial g}{\partial s_i} ds_i.$$

(16.5.9) 设 $\mathcal{D}_1$, $\mathcal{D}_2$ 是 $\mathscr{O}_X$ 的两个 S 导射. 对 X 的任意开集 U, 我们用 D_1^U, D_2^U 来记环 $\Gamma(U, \mathscr{O}_X)$ 的对应导射, 则方括号

$$[D_1^U, D_2^U] = D_1^U \circ D_2^U - D_2^U \circ D_1^U$$

也是这个环的一个导射, 从而 $\mathscr{O}_X$ 的 $\psi^*\mathscr{O}_S$ 自同态

(16.5.9.1) $$[\mathcal{D}_1, \mathcal{D}_2] = \mathcal{D}_1 \circ \mathcal{D}_2 - \mathcal{D}_2 \circ \mathcal{D}_1$$

仍然是一个 S 导射. 很容易验证这个方括号运算满足 Jacobi 恒等式, 从而该运算在 $\mathfrak{D}_S(\mathscr{O}_X, \mathscr{O}_X)$ 上定义了一个 $\Gamma(S, \mathscr{O}_S)$-*Lie* 代数的结构. 由于这个结构的定义与 X 的开集之间的限制运算是可交换的, 故我们看到 $\mathfrak{G}_{X/S}$ 具有一个典范的 $\psi^*\mathscr{O}_S$-*Lie* 代数层结构. 注意映射 $(\mathcal{D}_1, \mathcal{D}_2) \mapsto [\mathcal{D}_1, \mathcal{D}_2]$ 并不是 $\Gamma(X, \mathscr{O}_X)$ 双线性的.

(16.5.10) 对任意基变换 $g: S' \to S$, 令 $X' = X \times_S S'$, 则由 (16.4.5) 知, 我们有一个典范同构

(16.5.10.1) $$\Omega^1_{X/S} \otimes_S S' \xrightarrow{\sim} \Omega^1_{X'/S'},$$

再依照 (16.5.7.1), 由它又可以导出一个典范同态 (Bourbaki,《代数学》, II, 第 3 版, §5, ҂3)

(16.5.10.2) $$\mathfrak{G}_{X/S} \otimes_{\mathscr{O}_S} \mathscr{O}_{S'} \longrightarrow \mathfrak{G}_{X'/S'},$$

一般来说, 这个同态既不是单的也不是满的. 尽管如此:

命题 (16.5.11) — (i) *若 $g: S' \to S$ 是平坦态射, 并且 f 是局部有限型的 (切转: 局部有限呈示的), 则同态 (16.5.10.2) 是单的 (切转: 一一的).*

(ii) *若 $\Omega^1_{X/S}$ 是有限型局部自由 $\mathscr{O}_X$ 模层, 则同态 (16.5.10.2) 是一一的.*

事实上, 条目 (ii) 可由 Bourbaki,《代数学》, II, 第 3 版, §5, ҂3, 命题 7 推出. 条目 (i) 则缘自 Bourbaki,《交换代数学》, I, §2, ҂10, 命题 11 以及下面这个事实: 若 f 是局部有限型的 (切转: 局部有限呈示的), 则 $\Omega^1_{X/S}$ 是有限型 (切转: 有限呈示) $\mathscr{O}_X$ 模层 ((16.3.9) 和 (16.4.22)).

(16.5.12) 由于 $\Omega^1_{X/S}$ 是一个拟凝聚 $\mathscr{O}_X$ 模层, 故它可以在 X 上定义出一个泛向量丛 (**II**, 1.7.8)

(16.5.12.1) $$T_{X/S} = \mathbf{V}(\Omega^1_{X/S}),$$

以下将把它称为 X *相对于* S *的切丛*. 从而由 $\mathfrak{G}_{X/S}$ 的定义知, 我们有一个典范一一映射 (**II**, 1.7.9)

$$\Gamma(T_{X/S}/X) \xrightarrow{\sim} \mathrm{Hom}_{\mathscr{O}_X}(\Omega^1_{X/S}, \mathscr{O}_X) = \Gamma(X, \mathfrak{G}_{X/S}),$$

且在这个同构中还可以把 X 换成它的任何一个开集 U, 从而我们可以说 X 相对于 S 的切层就同构于 X 相对于 S 的切丛的 *S 截面芽层*. 若 $f: X \to Y$ 是一个 S 态射, 则由 (16.4.19) 知, 我们有一个典范同态 $f_{X/Y/S}: f^*\Omega^1_{Y/S} \to \Omega^1_{X/S}$, 从而借助

$$\mathbf{V}(f^*\Omega^1_{Y/S}) = \mathbf{V}(\Omega^1_{Y/S}) \times_Y X \qquad (\mathbf{II}, 1.7.11)$$

就能够得到一个 X 态射 $T_{X/S}(f): T_{X/S} \to T_{Y/S} \times_Y X$. 若 $g: Y \to Z$ 是另一个 S 态射, 则有 $T_{X/S}(g \circ f) = (T_{Y/S}(g) \times 1_X) \circ T_{X/S}(f)$ (**0**, 20.5.4.1).

由 (16.5.10.1) 和 (**II**, 1.7.11) 知, 对任意基变换 $g: S' \to S$, 我们都有一个典范同构

(16.5.12.2) $$T_{X'/S'} \xrightarrow{\sim} T_{X/S} \times_S S' = T_{X/S} \times_X X'.$$

(16.5.13) 对于每个点 $x\in X$, 我们把纤维 $T_{X/S}\times_X \operatorname{Spec}\boldsymbol{k}(x)$ 在 $\boldsymbol{k}(x)$ 上的有理点的集合称为 X *在点* x *处的切空间* (相对于 S), 从而它就是集合

(16.5.13.1) $$T_{X/S}(x) = \operatorname{Hom}_{\boldsymbol{k}(x)}(\Omega^1_{X/S}\otimes_{\mathscr{O}_X}\boldsymbol{k}(x),\boldsymbol{k}(x)),$$

这也是 $\boldsymbol{k}(x)$ 向量空间 $\Omega^1_{\mathscr{O}_x/\mathscr{O}_s}/\mathfrak{m}_x\cdot\Omega^1_{\mathscr{O}_x/\mathscr{O}_s}$ 的对偶. 于是若 $\Omega^1_{X/S}$ 是有限型 $\mathscr{O}_X$ 模层. 则 $T_{X/S}(x)$ 是 $\boldsymbol{k}(x)$ 上的一个有限秩向量空间, 并且对任意基变换 $g:S'\to S$ 以及位于 x 上的任意点 $x'\in X'=X\times_S S'$, 我们都有典范同构

(16.5.13.2) $$T_{X'/S'}(x') \xrightarrow{\sim} T_{X/S}(x)\otimes_{\boldsymbol{k}(x)}\boldsymbol{k}(x').$$

若 x 在 $\boldsymbol{k}(s)$ 上是有理的, 其中 $s=f(x)$ (从而 $\boldsymbol{k}(s)\to\boldsymbol{k}(x)$ 是同构), 则由 (16.4.13) 知, 我们有典范同构

(16.5.13.3) $$T_{X/S}(x) = T_{X_s/\boldsymbol{k}(s)}(x) = \operatorname{Hom}_{\boldsymbol{k}(s)}\big(\mathfrak{m}'_x/{\mathfrak{m}'_x}^2,\boldsymbol{k}(s)\big),$$

其中 $\mathfrak{m}'_x$ 是 $\mathscr{O}_{X_s,x}=\mathscr{O}_{X,x}/\mathfrak{m}_s\mathscr{O}_{X,x}$ 的极大理想. 当 S 是某个域 k 的谱时, 我们就重新得到了 X 在一个 k 有理点 x 处的 Zariski 切空间的定义, 也就是 $\mathfrak{m}_x/\mathfrak{m}_x^2$ 的对偶.

设 Y 是另一个 S 概形, 并设 $g:Y\to X$ 是一个 S 态射, 则我们有 $\mathscr{O}_Y$ 模层的典范同态 (16.4.19)

(16.5.13.4) $$g_{Y/X/S} : g^*\Omega^1_{X/S} \longrightarrow \Omega^1_{Y/S}.$$

现在注意到对于 $y\in Y$ 和 $x=g(y)$, 我们有

$$g^*\Omega^1_{X/S}\otimes_{\mathscr{O}_Y}\boldsymbol{k}(y) = (\Omega^1_{X/S}\otimes_{\mathscr{O}_X}\boldsymbol{k}(x))\otimes_{\boldsymbol{k}(x)}\boldsymbol{k}(y),$$

因而若 $\Omega^1_{X/S}$ 是有限型 $\mathscr{O}_X$ 模层, 则可以把

$$\operatorname{Hom}_{\boldsymbol{k}(y)}\big(g^*\Omega^1_{X/S}\otimes_{\mathscr{O}_Y}\boldsymbol{k}(y),\boldsymbol{k}(y)\big)$$

等同于 $T_{X/S}(x)\otimes_{\boldsymbol{k}(x)}\boldsymbol{k}(y)$. 从而由同态 (16.5.13.4) 又可以导出一个 $\boldsymbol{k}(y)$ 向量空间的同态

(16.5.13.5) $$T_y(g) : T_{Y/S}(y) \longrightarrow T_{X/S}(x)\otimes_{\boldsymbol{k}(x)}\boldsymbol{k}(y),$$

我们把它称为 g *在点* y *处的线性切映射*. 若 y 在 $\boldsymbol{k}(s)$ 上是有理的, 则可以把 $\boldsymbol{k}(x)$, $\boldsymbol{k}(y)$ 都等同于 $\boldsymbol{k}(s)$, 此时 $T_y(g)$ 就是 $\boldsymbol{k}(s)$ 向量空间的同态 $T_{Y/S}(y)\to T_{X/S}(x)$. 另一方面, 注意到在这种情况下 $g^*\Omega^1_{X/S}\otimes_{\mathscr{O}_Y}\boldsymbol{k}(y)$ 可以等同于 $\Omega^1_{X/S}\otimes_{\mathscr{O}_X}\boldsymbol{k}(x)$, 从而上述同态的定义并不需要 $\Omega^1_{X/S}$ 上的有限性条件, 并且它恰好就是把同态 $T_{Y/S}(g)$ (16.5.12) 限制到 $T_{Y/S}$ 在点 y 处的纤维上而得到的那个同态.

(16.5.14) 现在我们要把 (**0**, 20.1.1) 中所给出的那个对于 A 代数 B 到 B 模 L 的导射的描述方法转换成概形的语言.

考虑两个概形态射 $f: X \to S$, $g: Y \to S$ 以及 Y 的一个闭子概形 Y_0, 其中 Y_0 是由 $\mathscr{O}_Y$ 的一个初等幂零理想层 $\mathscr{J}$ 所定义的 (从而 Y 和 Y_0 具有相同的底空间). 假设给了一个 S 态射 $u_0: Y_0 \to X$, 它使得下面的图表是交换的 (此处暂时忽略虚箭头 u)

(16.5.14.1)
$$\begin{array}{ccc} X & \xleftarrow{\ u_0\ } & Y_0 \\ {\scriptstyle f}\Big\downarrow & \overset{u}{\nwarrow} & \Big\downarrow{\scriptstyle j} \\ S & \xleftarrow[\ g\ ]{} & Y, \end{array}$$

我们想知道能否找到一个 S 态射 $u: Y \to X$, 使得 $u_0 = u \circ j$ (换句话说, 能否添加一个箭头 u, 使得上述图表仍然是交换的).

为此我们取 Y 的一个仿射开集 $U = \operatorname{Spec} C$, 则逆像 $j^{-1}(U)$ 就是仿射开集 $U_0 = \operatorname{Spec}(C/\mathfrak{L})$, 其中 $\mathfrak{L} = \Gamma(U, \mathscr{J})$, 它是 C 的一个初等幂零理想. 假设 U 取得足够小, 能使得 $u_0(U_0)$ 包含在 X 的某个仿射开集 $V = \operatorname{Spec} B$ 之中, 并使得 $g(U) = f(u_0(U_0))$ 包含在 S 的某个仿射开集 $W = \operatorname{Spec} A$ 之中, 于是 B 和 C 都是 A 代数, 并且 $u_0|_{U_0}$ 就对应着 B 到 $C/\mathfrak{L}$ 的一个 A 同态 ψ. 设 $P(U_0)$ 是由我们所要找的那些限制同态 $u|_U$ 所组成的集合, 它们典范地对应着那些满足下述条件的 A 代数同态 $\varphi: B \to C$: 合成同态 $B \xrightarrow{\varphi} C \to C/\mathfrak{L}$ 必须等于 ψ. 从而由 (**0**, 20.1.1) 得知, 这些同态的集合要么是空的要么具有 $\varphi_1 + \mathfrak{D}_A(B, \mathfrak{L})$ 的形状, 如果 $P(U_0)$ 不是空的, 那么加法群 $\mathfrak{D}_A(B, \mathfrak{L})$ 通过加法运算作用在 $P(U_0)$ 上, 从而 $P(U_0)$ 是加法群 $\mathfrak{D}_A(B, \mathfrak{L})$ 的一个仿射空间 (或者说它是在加法群 $\mathfrak{D}_A(B, \mathfrak{L})$ 作用下的一个主齐性空间 (也称回旋子)).

现在我们注意到 ψ 在 $\mathfrak{L}$ 上定义了一个 B 模结构, 故知映射 $v \mapsto v \circ d_{B/A}$ 是一个从 $\operatorname{Hom}_B(\Omega^1_{B/A}, \mathfrak{L})$ 到 $\mathfrak{D}_A(B, \mathfrak{L})$ 的同构 (**0**, 20.4.8). 此外, 由于 $\mathfrak{L}$ 是初等幂零的, 从而它是一个 $C/\mathfrak{L}$ 模, 故我们可以把任何 B 同态 $v: \Omega^1_{B/A} \to \mathfrak{L}$ 都看作一个 $C/\mathfrak{L}$ 同态 $\Omega^1_{B/A} \otimes_B (C/\mathfrak{L}) \to \mathfrak{L}$. 由于 $\mathscr{J}$ 是初等幂零的, 故我们可以把它看作一个拟凝聚 $\mathscr{O}_{Y_0}$ 模层, 现在引入 $\mathscr{O}_{Y_0}$ 模层

(16.5.14.2)
$$\mathscr{G} = \mathscr{H}om_{\mathscr{O}_{Y_0}}\big(u_0^* \Omega^1_{X/S}, \mathscr{J}\big),$$

于是由 $\Omega^1_{B/A} = \Gamma(V, \Omega^1_{X/S})$ (16.3.7) 的事实得知, 我们有表达式 $\mathfrak{D}_A(B, \mathfrak{L}) = \Gamma(U_0, \mathscr{G})$.

根据定义, $P(U_0)$ 是一些 S 态射 $U \to X$ 的集合, 故易见 $U_0 \mapsto P(U_0)$ 是 Y_0 上的一个集合层 $\mathscr{P}$. 利用这个事实我们来证明, 定义了 $P(U_0)$ 的回旋子结构的那个映射 $h: \Gamma(U_0, \mathscr{G}) \times P(U_0) \to P(U_0)$ 并不依赖于 V 和 W 的选择, 而且若 $U' \subseteq U$ 是

Y 的另一个仿射开集, U_0' 是它在 Y_0 中的逆像, 则图表

(16.5.14.3)
$$\begin{array}{ccc}\Gamma(U_0,\mathscr{G})\times P(U_0) & \xrightarrow{h} & P(U_0)\\ \downarrow & & \downarrow\\ \Gamma(U_0',\mathscr{G})\times P(U_0') & \xrightarrow[h']{} & P(U_0')\end{array}$$

是交换的 (竖直箭头都是限制运算). 依照上面的注解, 问题归结为证明, 若 h 是由仿射开集 V 和 W 所定义的映射, h' 是由仿射开集 $V'\subseteq V$ 和 $W''\subseteq W$ 所定义的映射, 则上述图表是交换的. 然而依照上面所给出的对于 h 的描述, 这正是缘自图表 (**0**, 20.5.4.2) 的交换性.

从而这些映射 $\Gamma(U_0,\mathscr{G})\times P(U_0)\to P(U_0)$ 定义了一个集合层同态 $m:\mathscr{G}\times\mathscr{P}\to\mathscr{P}$, 并且对任意开集 U_0, 当 $\Gamma(U_0,\mathscr{P})\neq\varnothing$ 时, $m_{U_0}:\Gamma(U_0,\mathscr{G})\times\Gamma(U_0,\mathscr{P})\to\Gamma(U_0,\mathscr{P})$ 是这样一个外部合成法则, 它在 $\Gamma(U_0,\mathscr{P})$ 上定义了一个在群 $\Gamma(U_0,\mathscr{G})$ 作用下的回旋子结构.

(16.5.15) 一般来说, 只要在拓扑空间 Z 上给了一个集合层 $\mathscr{P}$ 和一个群层 $\mathscr{G}$ (未必交换) 以及一个集合层同态 $m:\mathscr{G}\times\mathscr{P}\to\mathscr{P}$, 使得对任意开集 $U\subseteq Z$, 当 $\Gamma(U,\mathscr{P})\neq\varnothing$ 时, 映射 $m_U:\Gamma(U,\mathscr{G})\times\Gamma(U,\mathscr{P})\to\Gamma(U,\mathscr{P})$ 使 $\Gamma(U,\mathscr{P})$ 成为一个在群 $\Gamma(U,\mathscr{G})$ 作用下的回旋子, 我们就说 $\mathscr{P}$ *是在群层 $\mathscr{G}$ 作用下的一个伪回旋子* (*或形式齐性主层*). 所谓 $\mathscr{P}$ *是在 $\mathscr{G}$ 作用下的一个回旋子* (*或齐性主层*), 是指它还满足下面的条件: 对于 Z 的某个拓扑基中的任何开集 $U\neq\varnothing$, 均有 $\Gamma(U,\mathscr{P})\neq\varnothing$.

回旋子的一般理论可以参考 [42], 我们在这里只复习一下 (在给定 $\mathscr{G}$ 之后) 回旋子的同构类与上同调集合 $\mathrm{H}^1(Z,\mathscr{G})$ 的元素之间的那个典范对应. 事实上, 考虑一个在 $\mathscr{G}$ 作用下的回旋子 $\mathscr{P}$ 和 Z 的一个开覆盖 (U_λ), 假设对任意 λ, 均有 $\Gamma(U_\lambda,\mathscr{P})\neq\varnothing$, 再设 p_λ 是 $\Gamma(U_\lambda,\mathscr{P})$ 中的一个元素. 对任意两个指标 λ,μ, 若 $U_\lambda\cap U_\mu\neq\varnothing$, 则可以找到唯一一个元素 $\gamma_{\lambda\mu}\in\Gamma(U_\lambda\cap U_\mu,\mathscr{G})$, 使得 $\gamma_{\lambda\mu}\cdot(p_\mu|_{U_\lambda\cap U_\mu})=p_\lambda|_{U_\lambda\cap U_\mu}$, 进而若 λ,μ,ν 是三个指标, 并且 $U_\lambda\cap U_\mu\cap U_\nu\neq\varnothing$, 则 $\gamma_{\lambda\mu},\gamma_{\mu\nu},\gamma_{\lambda\nu}$ 在 $U_\lambda\cap U_\mu\cap U_\nu$ 上的限制 $\gamma'_{\lambda\mu},\gamma'_{\mu\nu},\gamma'_{\lambda\nu}$ 满足条件 $\gamma'_{\lambda\nu}=\gamma'_{\lambda\mu}\gamma'_{\mu\nu}$. 换句话说, $(\lambda,\mu)\mapsto\gamma_{\lambda\mu}$ 是覆盖 (U_λ) 的一个取值在 $\mathscr{G}$ 中的 1 阶上圈. 若对任意 λ, p'_λ 是 $\Gamma(U_\lambda,\mathscr{P})$ 中的另一个元素, 则可以找到唯一一个元素 $\beta_\lambda\in\Gamma(U_\lambda,\mathscr{G})$, 使得 $p'_\lambda=\beta_\lambda\cdot p_\lambda$, 并且由 (p'_λ) 所定义的 1 阶上圈 $(\gamma'_{\lambda\mu})$ 就是由关系式 $\gamma'_{\lambda\mu}=\beta_\lambda\gamma_{\lambda\mu}\beta_\mu^{-1}$ 给出的, 换句话说, 它与 $(\gamma_{\lambda\mu})$ 落在同一个上同调类中. 反之, 给了一个 1 阶上圈 $(\gamma_{\lambda\mu})$, 则对任意一组 (λ,μ), 我们可以在集合层 $\mathscr{G}|_{U_\lambda\cap U_\nu}$ 上定义一个自同构 $\theta_{\lambda\mu}$ 如下: 它把任何元素都右乘以 $\gamma_{\lambda\mu}$, 并且由 $(\gamma_{\lambda\mu})$ 是上圈的事实得知, 我们可以把这些集合层 $\mathscr{G}|_{U_\lambda}$ 借助 $\theta_{\lambda\mu}$ 黏合起来 ($\mathbf{0_I}$, 3.3.1), 这样得到的显然就是一个在 $\mathscr{G}$ 作用下的回旋子, 记为 $\mathscr{P}$, 而且如果取 p_λ 就是 U_λ 上的单位元截面, 那么它所对应的 1 阶上圈恰好就是给定的 1 阶上圈 $(\gamma_{\lambda\mu})$. 进而若把

$(\gamma_{\lambda\mu})$ 换成和它落在同一个上同调类中的 1 阶上圈 $\gamma'_{\lambda\mu} = \beta_\lambda \gamma_{\lambda\mu} \beta_\mu^{-1}$, 则很容易证明, 这样得到的回旋子与 $\mathscr{P}$ 是同构的.

特别地, 若 $(\gamma_{\lambda\mu})$ 是一个 1 阶上边缘, 换句话说, 它具有 $\gamma_{\lambda\mu} = \beta_\lambda \beta_\mu^{-1}$ 的形状, 则这样得到的回旋子 $\mathscr{P}$ 就同构于 $\mathscr{G}$ (把它看作由左平移所定义的回旋子), 我们把这样的 $\mathscr{P}$ 称为平凡回旋子, 逆命题是显然的.

特别地, 由 (**III**, 1.3.1) 可知:

命题 (16.5.16) — 设 Z 是一个仿射概形, $\mathscr{G}$ 是一个拟凝聚 $\mathscr{O}_Z$ 模层, 则任何一个在 $\mathscr{G}$ 作用下的回旋子都是平凡的.

回到 (16.5.13) 所考虑的问题中, 我们就得到:

命题 (16.5.17) — 设 X, Y 是两个 S 概形, Y_0 是 Y 的一个闭子概形, 由 $\mathscr{O}_Y$ 的一个满足 $\mathscr{J}^2 = 0$ 的拟凝聚理想层 $\mathscr{J}$ 所定义, $j : Y_0 \to Y$ 是典范含入. 设 $u_0 : Y_0 \to X$ 是一个 S 态射, $\mathscr{P}$ 是 Y 上的这样一个集合层: 对于 Y 的任何开集 U, $\Gamma(U, \mathscr{P})$ 都是由全体满足条件 $u_0|_{U_0} = u \circ (j|_{U_0})$ (其中 $U_0 = j^{-1}(U)$) 的 S 态射 $u : U \to X$ 所组成的集合. 则 $\mathscr{P}$ 上有一个在 $\mathscr{O}_{Y_0}$ 模层 $\mathscr{G} = \mathscr{H}om_{\mathscr{O}_{Y_0}}(u_0^* \Omega^1_{X/S}, \mathscr{J})$ 作用下的伪回旋子结构.

特别地:

推论 (16.5.18) — 在 (16.5.17) 的记号下, 我们再假设 Y 是仿射的, 并且 $\Omega^1_{X/S}$ 是有限呈示的, 于是若能找到 Y 的一个开覆盖 (U_α), 且对每个指标 α 找到一个 S 态射 $v_\alpha : U_\alpha \to X$, 使得 $v_\alpha \circ (j|_{U_\alpha^0}) = u_0|_{U_\alpha^0}$, 其中 $U_\alpha^0 = j^{-1}(U_\alpha)$, 则必有一个 S 态射 $u : Y \to X$, 使得 $u \circ j = u_0$.

事实上, 此时 $\mathscr{G}$ 是一个拟凝聚 $\mathscr{O}_{Y_0}$ 模层 (**I**, 1.3.12), 由前提条件知, 层 $\mathscr{P}$ 是在 $\mathscr{G}$ 作用下的回旋子 (不仅仅是伪回旋子), 依照 (16.5.16) 和 Y_0 是仿射概形的事实, $\mathscr{P}$ 是平凡的. 现在设 w 是 $\mathscr{G}$ 到 $\mathscr{P}$ 的一个同构 (作为在 $\mathscr{G}$ 作用下的回旋子), 则 $\mathscr{G}$ 的零截面在 w 下的像就是我们要找的 S 态射.

16.6 p 阶微分层和外微分层

(16.6.1) 设 $f : X \to S$ 是一个概形态射. 所谓 X 相对于 S 的 p 阶微分层 (其中 p 是整数), 就是指 $\mathscr{O}_X$ 模层 $\Omega^1_{X/S}$ 的 p 次外幂 ($\mathbf{0_I}$, 4.1.5), 记作

(16.6.1.1)
$$\Omega^p_{X/S} = \bigwedge^p \Omega^1_{X/S}.$$

于是我们有 $\Omega^0_{X/S} = \mathscr{O}_X$, 并且当 $p < 0$ 时, $\Omega^p_{X/S} = 0$, 这些 $\Omega^p_{X/S}$ 构成了 $\Omega^1_{X/S}$ 上的

外代数层的各个齐次分量

(16.6.1.2) $$\Omega^{\bullet}_{X/S} = \bigwedge \Omega^1_{X/S} = \bigoplus_{p\in\mathbb{Z}} \bigwedge^p \Omega^1_{X/S},$$

从而这是一个拟凝聚的反交换分次 $\mathscr{O}_X$ 代数层, 并且它的 1 次齐次元都是初等幂零的. 对 X 的任意仿射开集 U, 我们都有 $\Gamma(U,\Omega^{\bullet}_{X/S}) = \bigwedge \Gamma(U,\Omega^1_{X/S})$, 这里把 $\Gamma(U,\Omega^1_{X/S})$ 看作一个 $\Gamma(U,\mathscr{O}_X)$ 模.

当 $S = \operatorname{Spec} A$ 和 $X = \operatorname{Spec} B$ 都是仿射概形时, B 是一个 A 代数, 我们令 $\Omega^p_{B/A} = \bigwedge^p \Omega^1_{B/A}$, 则有 $(\mathbf{0_I}, 4.1.5)$ $\Omega^p_{X/S} = (\Omega^p_{B/A})^{\sim}$.

定理 (16.6.2) — *加法群层 $\Omega^{\bullet}_{X/S}$ 有唯一一个具有下述性质的自同态 d:*

(i) $d\circ d = 0$.

(ii) 对 X 的任意开集 U 和任意截面 $f\in\Gamma(U,\mathscr{O}_X)$, 均有 $df = d_{X/S}f$.

(iii) 对 X 的任意开集 U, 任意两个整数 p, q 和任意两个截面 $\omega'_p\in\Gamma(U,\Omega^p_{X/S})$, $\omega''_q\in\Gamma(U,\Omega^q_{X/S})$, 均有

(16.6.2.1) $$d(\omega'_p\wedge\omega''_q) = (d\omega'_p)\wedge\omega''_q + (-1)^p\omega'_p\wedge d\omega''_q.$$

进而, d 是 $\Omega^{\bullet}_{X/S}$ 作为分次 $\psi^*\mathscr{O}_X$ 模层的一个自同态, 次数为 $+1$.

先假设我们已经证明了自同态 d 的存在性. 对 X 的任意仿射开集 U 来说, $\Omega^p_{X/S}$ 在 U 上的任何截面 (依照 (i)) 都是有限个形如 $g(df_1\wedge df_2\wedge\cdots\wedge df_p)$ 的元素的线性组合, 其中 g 和这些 f_i 都是 $\mathscr{O}_X$ 在 U 上的截面 $(\mathbf{0}, 20.4.7)$. 条件 (i) 和 (iii) 表明 (通过对 p 进行归纳), 此时必有

(16.6.2.2) $$d(g(df_1\wedge df_2\wedge\cdots\wedge df_p)) = dg\wedge df_1\wedge df_2\wedge\cdots\wedge df_p.$$

这就证明了 d 的唯一性以及定理的最后一句话. 基于这样的唯一性, 为了证明 d 的存在性, 我们就可以限于考虑 $S = \operatorname{Spec} A$ 和 $X = \operatorname{Spec} B$ 都是仿射概形的情形. 现在 (Bourbaki,《代数学》, III, 第 3 版, §10) 为了定义一个从外代数 $\bigwedge M$ (其中 M 是一个 B 模, B 是一个 A 代数) 到一个分次反交换 A 代数 $C = \bigoplus_{n=0}^{\infty} C_n$ (它的 1 次齐次元都是初等幂零的) 的 1 次反交换 A 导射 D, 只需任意给出一个从 B 到 C_1 的 A 导射 D_0 和一个从 M 到 C_2 的 A 同态 D_1 即可, 因为我们能找到唯一一个从 $\bigwedge M$ 到 C 的反交换 A 导射 D, 它在 B 上与 D_0 重合, 且在 M 上与 D_1 重合.

在我们所考虑的情形中, 依照 (ii), D_0 必然等于 $d_{B/A}$, 从而有见于 (16.6.2.2), 问题归结为证明, 可以找到一个从 $\Omega^1_{B/A}$ 到 $\Omega^2_{B/A}$ 的 A 同态 u, 使得对任意 $f, g\in A$, 均有

(16.6.2.3) $$u(g\cdot df) = dg\wedge df.$$

而且为此只需证明, 可以找到一个 A 同态 $v: B\otimes_A \Omega^1_{B/A}\to\Omega^2_{B/A}$, 使得

(16.6.2.4) $$v(g\cdot\omega) \;=\; dg\wedge\omega$$

对任意 $g\in B$ 和 $\omega\in\Omega^1_{B/A}$ 均成立. 最后, 由于 $\Omega^1_{B/A}=\mathfrak{I}/\mathfrak{I}^2$ (其中 $\mathfrak{I}=\mathfrak{I}_{B/A}$ 是典范同态 $B\otimes_A B\to B$ 的核), 并且 $\Omega^1_{B/A}$ 是由那些形如 $g\cdot df$ 的元素所生成的, 故只需定义一个 A 同态 $w: B\otimes_A(B\otimes_A B)\to\Omega^1_{B/A}$, 使得

(16.6.2.5) $$w(g'\otimes g\otimes f) \;=\; dg'\wedge(g\cdot df)$$

并使得 w 在 $B\otimes_A\mathfrak{I}^2$ 的像上等于 0. 现在由于 (16.6.2.5) 的右边对 g', g, f 分别都是 A 线性的, 故知满足 (16.6.2.5) 的 w 总是存在的. 另一方面, 由于 $\mathfrak{I}$ 是由诸元素 $1\otimes x-x\otimes 1$ $(x\in B)$ 所生成的, 故问题归结为验证当 $z=(1\otimes x-x\otimes 1)(1\otimes y-y\otimes 1)$ 时总有 $w(g'\otimes z)=0$. 由于此时 $z=1\otimes(xy)+(xy)\otimes 1-x\otimes y-y\otimes x$, 故公式 (16.6.2.4) 又表明, 只需验证 $d(xy)-x\cdot dy-y\cdot dx=0$ 即可, 这刚好是说, d 是一个导射.

只需再证明 d 满足条件 (i). 由于反交换导射的平方是导射 (Bourbaki, 前引), 并且 $\Omega^\bullet_{B/A}$ 作为 B 代数是由 $\Omega^1_{B/A}$ 所生成的, 故只需验证 $d(dz)=0$ 对任意 $z\in B$ 和 $z\in\Omega^1_{B/A}$ 都成立即可. 在第一种情况下, 这可由公式 (16.6.2.3) 得到 (取 $g=1$), 在第二种情况下, 我们可以限于考虑 $z=g\cdot df$ 的情形, 其中 $f,g\in B$, 此时依照 (16.6.2.1) 和 (16.6.2.3), 我们有

$$d(d(g\cdot df) \;=\; d(dg\wedge df) \;=\; (d(dg))\wedge(df)-(dg)\wedge(d(df)) \;=\; 0.$$

证明完毕.

定义 (16.6.3) — 我们把 (16.6.2) 中所定义的那个反交换导射 d (也记作 $d_{X/S}$) 称为 X 上 (相对于 S) 的**外微分**.

命题 (16.6.4) — 对任意基变换 $g: S'\to S$, 我们令 $X'=X\times_S S'$, 则由同构 (16.5.9.1) 所导出的典范同态

(16.6.4.1) $$\Omega^\bullet_{X/S}\otimes_S S' \;\longrightarrow\; \Omega^\bullet_{X'/S'}$$

总是一一的. 进而, 若 s 是 $\Omega^\bullet_{X/S}$ 在 X 的某个开集 U 上的一个截面, $s\otimes 1$ 是它的逆像, 这是 $\Omega^\bullet_{X'/S'}$ 在 U 的逆像 U' 上的一个截面, 则我们有 $d_{X'/S'}(s\otimes 1)=d_{X/S}(s)\otimes 1$.

第一句话是显然的, 因为模的外代数的构造过程与任何纯量扩张都是可交换的. 为了证明第二句话, 依照 (16.6.2.2), 可以限于考虑 $s\in\Gamma(U,\mathscr{O}_X)$ 的情形, 此时命题已经在 (16.4.3.7) 中得到了证明.

(16.6.5) 假设 $\Omega^1_{X/S}$ 在点 x 近旁是 n 秩局部自由的, 也就是说, 可以找到 n 个截面 $s_i\in\Gamma(U,\mathscr{O}_X)$, 使得这些 ds_i 能构成 $\Gamma(U,\mathscr{O}_X)$ 模 $\Gamma(U,\Omega^1_{X/S})$ 的一个基底 (16.5.8).

于是对任意整数 $p \geqslant 1$, $\binom{n}{p}$ 个 p 阶微分 $ds_{i_1} \wedge ds_{i_2} \wedge \cdots \wedge ds_{i_p}$ (其中 $i_1 < i_2 < \cdots < i_p$ 都是 $[1, n]$ 中的元素) 构成 $\Gamma(U, \Omega^p_{X/S})$ 的一个基底. 进而公式 (16.6.2.2) 表明, 对任意截面 $g \in \Gamma(U, \mathscr{O}_X)$, 我们都有

(16.6.5.1)
$$d(g \cdot ds_{i_1} \wedge ds_{i_2} \wedge \cdots \wedge ds_{i_p}) = \sum_k (-1)^k \frac{\partial g}{\partial s_k} ds_{i_1} \wedge \cdots \wedge ds_{i_r} \wedge ds_k \wedge ds_{i_{r+1}} \wedge \cdots \wedge ds_{i_p},$$

其中 k 跑遍剩下的 $n-p$ 个与这些 i_h 都不相等的指标, 并且 i_r 是那个小于 k 的最大指标.

注意到对任意截面 $g \in \Gamma(U, \mathscr{O}_X)$, 关系式 $d(dg) = 0$ 都可以表达成

$$D_i(D_j g) = D_j(D_i g), \quad i \neq j$$

的形状, 换句话说, (16.5.7) 中所定义的那些导射 D_i 是两两可交换的.

16.7 层 $\mathscr{P}^n_{X/S}(\mathscr{F})$

(16.7.1) 设 $f : X \to S$ 是一个概形态射, $\mathscr{F}$ 是一个 $\mathscr{O}_X$ 模层. 我们用 $X^{(n)}_{\Delta_f}$ 来记 X 在对角线态射 $\Delta_f : X \to X \times_S X$ 下的 n 阶无穷小邻域, 并且用 $h_n : X^{(n)}_{\Delta_f} \to X \times_S X$ 来记典范态射 (16.1.2), 考虑下面两个合成态射

$$p^{(n)}_1 : X^{(n)}_{\Delta_f} \xrightarrow{h_n} X \times_S X \xrightarrow{p_1} X, \quad p^{(n)}_2 : X^{(n)}_{\Delta_f} \xrightarrow{h_n} X \times_S X \xrightarrow{p_2} X,$$

根据定义, $p^{(n)}_1$ 所对应的环层同态 $\mathscr{O}_X \to \mathscr{P}^n_{X/S}$ 就是我们在 (16.3.5) 中所选定的那个定义了 $\mathscr{P}^n_{X/S}$ 的 $\mathscr{O}_X$ 代数层结构的同态, 而 $p^{(n)}_2$ 则对应着环层同态 $d^n_{X/S} : \mathscr{O}_X \to \mathscr{P}^n_{X/S}$ (16.3.6). 由于 $X^{(n)}_{\Delta_f}$ 和 X 具有相同的底空间, 故我们也可以把 $\mathscr{P}^n_{X/S}$ 写成

(16.7.1.1)
$$\mathscr{P}^n_{X/S} = (p^{(n)}_1)_*(p^{(n)}_2)^*\mathscr{O}_X$$

的形状. 一般地, 我们令

(16.7.1.2)
$$\mathscr{P}^n_{X/S}(\mathscr{F}) = (p^{(n)}_1)_*(p^{(n)}_2)^*\mathscr{F},$$

于是有 $\mathscr{P}^n_{X/S} = \mathscr{P}^n_{X/S}(\mathscr{O}_X)$, 从而由定义知, $\mathscr{P}^n_{X/S}(\mathscr{F})$ 是一个 $\mathscr{O}_X$ 模层.

(16.7.2) 利用环积空间上的模层逆像的定义 ($\mathbf{0_I}$, 4.3.1), 并观察到 $X^{(n)}_{\Delta_f}$ 和 X 具有相同的底空间, 我们也可以把定义 (16.7.1.2) 写成

(16.7.2.1)
$$\mathscr{P}^n_{X/S}(\mathscr{F}) = \mathscr{P}^n_{X/S} \otimes_{\mathscr{O}_X} \mathscr{F}$$

的形状, 但需要注意的是, 在张量积 $\otimes$ 中, $\mathscr{P}^n_{X/S}$ 的 $\mathscr{O}_X$ 模层结构是由环层同态 $d^n_{X/S} : \mathscr{O}_X \to \mathscr{P}^n_{X/S}$ 所定义的. 由这个公式 (或直接由 (16.7.1.2)) 立知, $\mathscr{P}^n_{X/S}(\mathscr{F})$ 上带有典范的 $\mathscr{P}^n_{X/S}$ 模层结构.

命题 (16.7.3) — (i) $\mathscr{O}_X$ 模层范畴到 $\mathscr{P}^n_{X/S}$ 模层范畴的函子 $\mathscr{F} \mapsto \mathscr{P}^n_{X/S}(\mathscr{F})$ 是右正合的, 并且与任意归纳极限可交换. 若 $\mathscr{P}^n_{X/S}$ 是平坦 $\mathscr{O}_X$ 模层, 则上述函子是正合的.

(ii) 若 $\mathscr{F}$ 是一个拟凝聚 (切转: 有限型, 有限呈示) $\mathscr{O}_X$ 模层, 则 $\mathscr{P}^n_{X/S}(\mathscr{F})$ 是一个拟凝聚 (切转: 有限型, 有限呈示) $\mathscr{P}^n_{X/S}$ 模层.

(i) 中的两句话可由公式 (16.7.2.1) 和 $\mathscr{P}^n_{X/S}$ 的对称性 (16.3.4) 立得. (ii) 中的三件事则缘自函子 $\mathscr{F} \mapsto \mathscr{P}^n_{X/S}(\mathscr{F})$ 的右正合性.

(16.7.4) $\mathscr{P}^n_{X/S}$ 上的两个 $\mathscr{O}_X$ 模层结构也定义了 $\mathscr{P}^n_{X/S}(\mathscr{F})$ 上的两个 $\mathscr{O}_X$ 模层结构, 而且它们相互可交换, 从而就给出一个 $\mathscr{O}_X$ 双模层结构. 为了方便, 我们把由 (在 (16.3.5) 中选定的) 结构同态 $\mathscr{O}_X \to \mathscr{P}^n_{X/S}$ 所定义的模层结构写成左乘, 而把由同态 $d^n_{X/S} : \mathscr{O}_X \to \mathscr{P}^n_{X/S}$ 所定义的结构写成右乘. 换句话说, 对 X 的任意开集 U 和任意三个元素 $a \in \Gamma(U, \mathscr{O}_X)$, $b \in \Gamma(U, \mathscr{P}^n_{X/S})$, $t \in \Gamma(U, \mathscr{F})$, 根据定义我们有

(16.7.4.1) $$a(b\otimes t) = (ab)\otimes t, \quad (b\otimes t)a = (b\cdot d^n a)\otimes t = b\otimes(at) = (d^n a)\cdot(b\otimes t).$$

从而在这样的约定下, 定义 (16.7.1.2) 所产生的那个 $\mathscr{O}_X$ 模层结构就是 $\mathscr{O}_X$ 左模层结构.

若 $\mathscr{F}$ 是一个拟凝聚 $\mathscr{O}_X$ 模层, 则 $\mathscr{P}^n_{X/S}(\mathscr{F})$ 在它的两个 $\mathscr{O}_X$ 模层结构下都是拟凝聚的. 进而若 $\mathscr{F}$ 是有限型的 (切转: 有限呈示的), 并且 $f : X \to S$ 是局部有限型的 (切转: 局部有限呈示的), 则 $\mathscr{P}^n_{X/S}(\mathscr{F})$ (在任何一个 $\mathscr{O}_X$ 模层结构下) 也是有限型的 (切转: 有限呈示的), 这可由 (16.3.9) 和 (16.4.22) 推出.

(16.7.5) 定义 (16.7.2.1) 表明, 我们有一个交换群同态

(16.7.5.1) $$d^n_{X/S,\mathscr{F}} : \mathscr{F} \longrightarrow \mathscr{P}^n_{X/S}(\mathscr{F}) \qquad (\text{ 也记作 } d^n_{X/S})$$

使得 (在 (16.7.4) 的记号下)

(16.7.5.2) $$d^n_{X/S,\mathscr{F}}(t) = 1\otimes t,$$

因而依照 (16.7.4.1), 又有

(16.7.5.3) $$d^n_{X/S,\mathscr{F}}(at) = (1\otimes t)a = (d^n_{X/S,\mathscr{F}}(t))\cdot a,$$

(16.7.5.4) $$d^n_{X/S,\mathscr{F}}(at) = (d^n_{X/S}(a))\cdot(1\otimes t) = (d^n_{X/S}(a))(d^n_{X/S,\mathscr{F}}(t)).$$

从而它在 $\mathscr{P}^n_{X/S}(\mathscr{F})$ 的 $\mathscr{O}_X$ 右模层结构下是 $\mathscr{O}_X$ 线性的, 而在 $\mathscr{O}_X$ 左模层结构下则是 $\mathscr{O}_X$ 错格线性的 (相对于自同构 σ (16.3.4)).

命题 (16.7.6) — *左 $\mathscr{O}_X$ 模层 $\mathscr{P}^n_{X/S}(\mathscr{F})$ 可由 $\mathscr{F}$ 在典范同态 $d^n_{X/S,\mathscr{F}}$ 下的像所生成.*

这可由 (16.7.5.3) 以及 $\mathscr{F}=\mathscr{O}_X$ 时的特殊情形 (16.3.8) 立得.

(16.7.7) 依照 (16.7.2.1), 从这些典范环层同态

$$\varphi_{nm}\ :\ \mathscr{P}^m_{X/S}\longrightarrow\mathscr{P}^n_{X/S}\qquad(n\leqslant m)$$

可以定义出典范同态

$$\mathscr{P}^m_{X/S}(\mathscr{F})\longrightarrow\mathscr{P}^n_{X/S}(\mathscr{F})\qquad(n\leqslant m)$$

且依照 (16.1.6) 和 (16.7.4.1), 它们都是 $\mathscr{O}_X$ 双模同态, 进而我们有交换图表

$$\begin{array}{ccc}\mathscr{P}^m_{X/S}(\mathscr{F}) & \longrightarrow & \mathscr{P}^n_{X/S}(\mathscr{F})\\ {\scriptstyle d^m_{X/S,\mathscr{F}}}\nwarrow & & \nearrow{\scriptstyle d^n_{X/S,\mathscr{F}}}\\ & \mathscr{F} & \end{array}$$

从而这样就得到了一个 $\mathscr{O}_X$ 双模的投影系 $(\mathscr{P}^n_{X/S}(\mathscr{F}))$, 我们令

(16.7.7.1)
$$\mathscr{P}^\infty_{X/S}(\mathscr{F})\ =\ \varprojlim\mathscr{P}^n_{X/S}(\mathscr{F}).$$

进而, 上面所述也表明, 这些同态 (16.7.5.1) 构成了同态的投影系, 由此就定义出一个典范同态

(16.7.7.2)
$$d^\infty_{X/S,\mathscr{F}}\ :\ \mathscr{F}\longrightarrow\mathscr{P}^\infty_{X/S}(\mathscr{F}).$$

(16.7.8) 设 $\mathscr{F},\mathscr{G}$ 是两个 $\mathscr{O}_X$ 模层, 由定义 (16.7.2.1) 立知, 我们有一个 $\mathscr{P}^n_{X/S}$ 模层的典范同构

(16.7.8.1)
$$\mathscr{P}^n_{X/S}(\mathscr{F}\otimes_{\mathscr{O}_X}\mathscr{G})\ \xrightarrow{\sim}\ \mathscr{P}^n_{X/S}(\mathscr{F})\otimes_{\mathscr{P}^n_{X/S}}\mathscr{P}^n_{X/S}(\mathscr{G})$$

(Bourbaki,《代数学》, II, 第 3 版, §5, ¥1, 命题 3).

特别地, 由此 (或直接由定义 (16.7.2.1)) 可知, 若 $\mathscr{F}$ 上带有一个 $\mathscr{O}_X$ 代数层的结构 (未必是结合的), 则 $\mathscr{P}^n_{X/S}(\mathscr{F})$ 上就有一个典范的 $\mathscr{P}^n_{X/S}$ 代数层结构, 且如果 $\mathscr{F}$ 上的这个结构是结合的 (切转: 是交换的, 有单位元, 是 Lie 代数), 那么 $\mathscr{P}^n_{X/S}(\mathscr{F})$ 上的结构也是如此. 进而这些典范同态 $\mathscr{P}^m_{X/S}(\mathscr{F})\to\mathscr{P}^n_{X/S}(\mathscr{F})$ $(n\leqslant m)$ (16.7.7) 都是代数层的双重同态, 同样地, 若我们在 $\mathscr{P}^n_{X/S}(\mathscr{F})$ 上指定的 $\mathscr{O}_X$ 代数层结构是由它的 $\mathscr{O}_X$ 右模层结构所给出的, 则 (16.7.5.1) 是一个 $\mathscr{O}_X$ 代数层同态.

在这些记号下, 我们同样有一个典范的 $\mathscr{P}^n_{X/S}$ 模层同态

(16.7.8.2)
$$\mathscr{P}^n_{X/S}(\mathscr{H}om_{\mathscr{O}_X}(\mathscr{F},\mathscr{G}))\ \longrightarrow\ \mathscr{H}om_{\mathscr{P}^n_{X/S}}(\mathscr{P}^n_{X/S}(\mathscr{F}),\mathscr{P}^n_{X/S}(\mathscr{G}))$$

(Bourbaki,《代数学》, II, 第 3 版, §5, ¥3), 并且当 $\mathscr{P}^n_{X/S}$ 是有限型自由 $\mathscr{O}_X$ 模层时, 这个同态是一一的 (前引, 命题 7).

(16.7.9) 现在我们考虑 (16.4.1) 的情形, 此时由典范同态 $\mathrm{P}^n(u)$ (16.4.3.3) 可以立即导出一个典范的 $\mathscr{O}_{X'}$ 双模同态

$$u^*\mathscr{P}^n_{X/S}(\mathscr{F}) \longrightarrow \mathscr{P}^n_{X'/S'}(u^*\mathscr{F}). \tag{16.7.9.1}$$

读者可以试着把 (16.4) 中关于 $\mathscr{F} = \mathscr{O}_X$ 的那些性质推广到这个更一般的情形上.

(16.7.10) — 若 $\mathscr{F}$ 是任意的集合层, 则采用 (16.7.1.2) 的方式来定义 $\mathscr{P}^n_{X/S}(\mathscr{F})$ 仍然是有意义的 (集合层关于 $p_2^{(n)}$ 的逆像的定义见 ($\mathbf{0_I}$, 3.7.1)), 使用类似方法还可以对任意 X 概形定义出"根节概形" (相对于 S).

16.8 微分算子[①]

定义 (16.8.1) — 设 $f = (\psi, \theta) : X \to S$ 是一个概形态射, $\mathscr{F}, \mathscr{G}$ 是两个 $\mathscr{O}_X$ 模层, n 是一个非负整数. 所谓一个加法群层同态 $\mathcal{D} : \mathscr{F} \to \mathscr{G}$ 是阶数 $\leqslant n$ 的微分算子 (相对于 S), 是指可以找到一个 $\mathscr{O}_X$ 模层同态 $u : \mathscr{P}^n_{X/S}(\mathscr{F}) \to \mathscr{G}$ (其中 $\mathscr{P}^n_{X/S}(\mathscr{F})$ 带有左 $\mathscr{O}_X$ 模层结构 (16.7.4)), 使得 $\mathcal{D} = u \circ d^n_{X/S,\mathscr{F}}$.

显然, 由于在 $n \leqslant m$ 时我们有典范同态

$$\mathscr{P}^m_{X/S}(\mathscr{F}) \longrightarrow \mathscr{P}^n_{X/S}(\mathscr{F})$$

(16.7.7), 故知阶数 $\leqslant n$ 的微分算子也是阶数 $\leqslant m$ 的微分算子. 若 $\mathcal{D} : \mathscr{F} \to \mathscr{G}$ 是阶数 $\leqslant n$ 的微分算子, 则对于 X 的任何开集 U, $\mathcal{D}|_U : \mathscr{F}|_U \to \mathscr{G}|_U$ 也都是阶数 $\leqslant n$ 的微分算子.

所谓 $\mathscr{F}$ 到 $\mathscr{G}$ 的一个加法群层同态 $\mathcal{D} : \mathscr{F} \to \mathscr{G}$ 是一个微分算子 (相对于 S), 是指对任意 $x \in X$, 均可找到 x 的一个开邻域 U 和一个整数 $n \geqslant 0$, 使得 $\mathcal{D}|_U : \mathscr{F}|_U \to \mathscr{G}|_U$ 是一个阶数 $\leqslant n$ 的微分算子. 一个微分算子 $\mathcal{D} : \mathscr{F} \to \mathscr{G}$ 的阶数 (简称阶) 就是那些满足条件"$\mathcal{D}$ 是阶数 $\leqslant n$ 的微分算子"的整数 n 的下确界 (如果这样的整数不存在, 那么这个阶就是 $+\infty$), 若 X 是拟紧的, 则这个阶数总是有限数. 0 阶微分算子就是 $\mathscr{O}_X$ 模层同态 $\mathscr{F} \to \mathscr{G}$, 我们约定阶数 < 0 的微分算子都是零. 对于 $n \geqslant 0$ 的情形, 微分算子未必是 $\mathscr{O}_X$ 模层同态, 但一定是 $\psi^*\mathscr{O}_S$ 模层同态.

当 $\mathscr{F} = \mathscr{O}_X$ 时, $\mathscr{O}_X$ 到 $\mathscr{G}$ 的一个阶数 $\leqslant 1$ 的微分算子总可以唯一地写成 $v + \mathcal{D}$ 的形状, 其中 $v : \mathscr{O}_X \to \mathscr{G}$ 是一个 $\mathscr{O}_X$ 同态, $\mathcal{D}$ 是 $\mathscr{O}_X$ 到 $\mathscr{G}$ 的一个 S 导射 (16.5.1), 这可由 $P^1_{B/A}$ 的结构得知 ($\mathbf{0}$, 20.4.8).

---

①更一般的表述方式参考 [42] 的第七讲 (P. Gabriel 所作).

(16.8.2) 为了更具体地描述阶数 $\leqslant n$ 的微分算子 $\mathfrak{D}:\mathscr{F}\to\mathscr{G}$, 只需对 X 和 S 的满足下述条件的仿射开集 U 和 V 确定出同态 $D=\mathfrak{D}_U:\Gamma(U,\mathscr{F})\to\Gamma(U,\mathscr{G})$ 即可: U 的像包含在 V 中. 我们令 $\Gamma(V,\mathscr{O}_S)=A$, $\Gamma(U,\mathscr{O}_X)=B$, 于是 B 是一个 A 代数, 且有 $\Gamma(U,\mathscr{P}^n_{X/S})=(B\otimes_A B)/\mathfrak{I}^{n+1}$, 这里的 $\mathfrak{I}$ 是 $\mathfrak{I}_{B/A}$ 的简化. 我们进而令 $M=\Gamma(U,\mathscr{F})$, $N=\Gamma(U,\mathscr{G})$, 则 $\mathfrak{D}$ 的定义就意味着, 对任何两个满足上述条件的 (U,V), 这个 A 同态 $D:M\to N$ 都可以分解为

$$M\ \longrightarrow\ ((B\otimes_A B)/\mathfrak{I}^{n+1})\otimes_B M\ \xrightarrow{\ v\ }\ N,$$

其中第一个箭头是典范同态 $t\mapsto 1\otimes t$, 而 v 是一个 B 同态, 此处 $((B\otimes_A B)/\mathfrak{I}^{n+1})\otimes_B M$ 上的 B 模结构是由第一个 B 因子提供的 (于是在 B 上取张量积时, $(B\otimes_A B)/\mathfrak{I}^{n+1})$ 上的 B 模结构是由第二个 B 因子提供的). 现在我们注意到 B 模 $((B\otimes_A B)/\mathfrak{I}^{n+1})\otimes_B M$ 同构于 $(B\otimes_A M)/\mathfrak{I}^{n+1}(B\otimes_A M)$, 这里是把 $B\otimes_A M$ 看作 $(B\otimes_A B)$ 模, 它的 B 模结构则是由 B 到 $B\otimes_A B$ 的同态 $b\mapsto b\otimes 1$ 提供的. 现在设 D' 是 $B\otimes_A M$ 到 N 的这样一个 B 同态, 它使得 $D'(b\otimes t)=bD(t)$, D 具有上述分解这个条件也可以表达成: D' 在 B 模 $\mathfrak{I}^{n+1}(B\otimes_A M)$ 上必须等于 0 .

(16.8.3) 显然 $\mathscr{F}$ 到 $\mathscr{G}$ 的全体阶数 $\leqslant n$ 的微分算子构成一个加法群, 记作 $\mathrm{Diff}^n_{X/S}(\mathscr{F},\mathscr{G})$, 当 $\mathscr{F}=\mathscr{G}=\mathscr{O}_X$ 时, 我们也把 $\mathrm{Diff}^n_{X/S}(\mathscr{O}_X,\mathscr{O}_X)$ 简写成 $\mathrm{Diff}^n_{X/S}$.

我们在 (16.8.1) 中已经看到, 对 X 的两个开集 $U\supseteq V$, 总有一个典范的限制同态

$$\mathrm{Diff}^n_{U/S}(\mathscr{F}|_U,\mathscr{G}|_U)\ \longrightarrow\ \mathrm{Diff}^n_{V/S}(\mathscr{F}|_V,\mathscr{F}|_V),$$

从而 $U\mapsto \mathrm{Diff}^n_{U/S}(\mathscr{F}|_U,\mathscr{G}|_U)$ 是一个加法群预层, 它实际上是一个层, 因为对 X 的各个开集 U 来说, 同态 $u\mapsto u\circ d^n_{U/S,\mathscr{F}|_U}$ 都是加法群同构

(16.8.3.1) $$\mathrm{Hom}_{\mathscr{O}_U}(\mathscr{P}^n_{U/S}(\mathscr{F}|_U),\mathscr{G}|_U)\ \xrightarrow{\ \sim\ }\ \mathrm{Diff}^n_{U/S}(\mathscr{F}|_U,\mathscr{G}|_U),$$

这是基于 $\mathscr{F}$ 在 $d^n_{X/S,\mathscr{F}}$ 下的像可以生成 $\mathscr{P}^n_{X/S}(\mathscr{F})$ 这个事实 (16.7.6). 我们把这个层记作 $\mathscr{D}\!\mathit{iff}^n_{X/S}(\mathscr{F},\mathscr{G})$, 从而有:

命题 (16.8.4) — *这些同构 (16.8.3.1)定义了一个加法群层同构*

(16.8.4.1) $$\mathscr{H}\!om_{\mathscr{O}_X}(\mathscr{P}^n_{X/S}(\mathscr{F}),\mathscr{G})\ \xrightarrow{\ \sim\ }\ \mathscr{D}\!\mathit{iff}^n_{X/S}(\mathscr{F},\mathscr{G}).$$

当 $\mathscr{F}=\mathscr{G}=\mathscr{O}_X$ 时, 我们也把 $\mathscr{D}\!\mathit{iff}^n_{X/S}(\mathscr{O}_X,\mathscr{O}_X)$ 简写成 $\mathscr{D}\!\mathit{iff}^n_{X/S}$, 由 (16.8.4) 知, $\mathscr{D}\!\mathit{iff}^n_{X/S}$ 可以典范等同于 $\mathscr{O}_X$ 模层 $\mathscr{P}^n_{X/S}$ 的对偶, 若 t 是 $\mathscr{P}^n_{X/S}$ 在某个开集上的截面, u 是 $\mathscr{P}^n_{X/S}$ 到 $\mathscr{O}_X$ 的那个与 $\mathfrak{D}$ 相对应的同态, 则我们也把 $u(t)$ 写成 $\langle t,\mathfrak{D}\rangle$.

(16.8.5) 由于 $\mathscr{P}^n_{X/S}(\mathscr{F})$ 上带有一个 $\mathscr{O}_X$ 双模层结构 (16.7.4), 故我们可以由此典范地导出 $\mathscr{H}\!om_{\mathscr{O}_X}(\mathscr{P}^n_{X/S}(\mathscr{F}),\mathscr{G})$ 上的一个 $\mathscr{O}_X$ 双模层结构, 从而利用 (16.8.4.1)

又给出 $\mathscr{D}iff^n_{X/S}(\mathscr{F},\mathscr{G})$ 上的一个 $\mathscr{O}_X$ 双模层结构. 确切地说, 依照定义 (16.8.1), 在 $\mathscr{D}iff^n_{X/S}(\mathscr{F},\mathscr{G})$ 上与 $\mathscr{P}^n_{X/S}(\mathscr{F})$ 上的左 $\mathscr{O}_X$ 模层结构相对应的那个左 $\mathscr{O}_X$ 模层结构是这样的: 对 X 的任意开集 U 和任意截面 $a\in\Gamma(U,\mathscr{O}_X)$ 以及任意微分算子 $\mathcal{D}:\mathscr{F}|_U\to\mathscr{G}|_U$, $a\mathcal{D}$ 就是那个把截面 $t\in\Gamma(U,\mathscr{F})$ 对应到截面

(16.8.5.1) $$(a\mathcal{D})(t) \;=\; a(\mathcal{D}(t)) \;\in\; \Gamma(U,\mathscr{G})$$

的微分算子. 同样地, 在 $\mathscr{D}iff^n_{X/S}(\mathscr{F},\mathscr{G})$ 上与 $\mathscr{P}^n_{X/S}(\mathscr{F})$ 上的右 $\mathscr{O}_X$ 模层结构相对应的那个右 $\mathscr{O}_X$ 模层结构是这样的: 在上述记号下, $\mathcal{D}a$ 就是那个把截面 $t\in\Gamma(U,\mathscr{F})$ 对应到截面

(16.8.5.2) $$(\mathcal{D}a)(t) \;=\; \mathcal{D}(at) \;\in\; \Gamma(U,\mathscr{G})$$

的微分算子.

命题 (16.8.6) — *若 $f:X\to S$ 是一个局部有限呈示态射, $\mathscr{F}$ 是一个有限呈示的拟凝聚 $\mathscr{O}_X$ 模层, $\mathscr{G}$ 是一个拟凝聚 $\mathscr{O}_X$ 模层, 则 $\mathscr{D}iff^n_{X/S}(\mathscr{F},\mathscr{G})$ 在 (16.8.5) 中所定义的那两个结构下都是拟凝聚 $\mathscr{O}_X$ 模层.*

这是由于, 在上述前提条件下, $\mathscr{P}^n_{X/S}(\mathscr{F})$ 是一个有限呈示的拟凝聚 $\mathscr{O}_X$ 模层 (16.7.4), 再利用 (**I**, 1.3.12) 即可.

(16.8.7) 我们把 $\mathscr{F}$ 到 $\mathscr{G}$ 的全体微分算子 (不计阶数 (16.8.1)) 的集合记作 $\mathrm{Diff}_{X/S}(\mathscr{F},\mathscr{G})$, 则可以像 (16.8.3) 那样证明, $U\mapsto \mathrm{Diff}_{U/S}(\mathscr{F}|_U,\mathscr{G}|_U)$ 是一个加法群层, 我们记之为 $\mathscr{D}iff_{X/S}(\mathscr{F},\mathscr{G})$. 很容易看出, $\mathscr{D}iff_{X/S}(\mathscr{F},\mathscr{G})$ 就是它的这些子层 $\mathscr{D}iff^n_{X/S}(\mathscr{F},\mathscr{G})$ 的递增滤相并集, 若 X 是拟紧的, 则 $\mathrm{Diff}_{X/S}(\mathscr{F},\mathscr{G})$ 同样是它的这些子群 $\mathrm{Diff}^n_{X/S}(\mathscr{F},\mathscr{G})$ 的并集 (16.8.1). 从而这些 $\mathscr{D}iff^n_{X/S}(\mathscr{F},\mathscr{G})$ 上的 $\mathscr{O}_X$ 双模层结构就定义了 $\mathscr{D}iff_{X/S}(\mathscr{F},\mathscr{G})$ 上的一个 $\mathscr{O}_X$ 双模层结构, 这仍然可以通过 (16.8.5.1) 和 (16.8.5.2) 具体写出来.

对于 $n\leqslant m$, 我们有一个交换图表

(16.8.7.1) $$\begin{array}{ccc} \mathscr{H}om_{\mathscr{O}_X}(\mathscr{P}^n_{X/S}(\mathscr{F}),\mathscr{G}) & \xrightarrow{\ \sim\ } & \mathscr{D}iff^n_{X/S}(\mathscr{F},\mathscr{G}) \\ \downarrow & & \downarrow \\ \mathscr{H}om_{\mathscr{O}_X}(\mathscr{P}^m_{X/S}(\mathscr{F}),\mathscr{G}) & \xrightarrow{\ \sim\ } & \mathscr{D}iff^m_{X/S}(\mathscr{F},\mathscr{G}), \end{array}$$

其中两个水平箭头都是同构 (16.8.4.2), 且左边的竖直箭头是由典范同态 $\mathscr{P}^m_{X/S}(\mathscr{F})\to\mathscr{P}^n_{X/S}(\mathscr{F})$ (16.7.7) 所导出的. 现在对 X 的任意开集 U, 我们给 $\Gamma(U,\mathscr{P}^\infty_{X/S}(\mathscr{F}))=\varprojlim\Gamma(U,\mathscr{P}^n_{X/S}(\mathscr{F}))$ 赋予这些 $\Gamma(U,\mathscr{P}^n_{X/S}(\mathscr{F}))$ 上的离散拓扑的投影极限拓扑, 这就使 $\Gamma(U,\mathscr{P}^\infty_{X/S}(\mathscr{F}))$ 成为一个拓扑 $\Gamma(U,\mathscr{O}_X)$ 双模, 从而使 $\mathscr{P}^\infty_{X/S}(\mathscr{F})$ 成为一个取值在拓

扑交换群范畴中的层 ($\mathbf{0_I}$, 3.2.6). 此时 (G, II, 1.11) 这些交换群层 $\big(\mathscr{H}om_{\mathscr{O}_X}(\mathscr{P}^n_{X/S}(\mathscr{F}),\mathscr{G})\big)$ 的归纳极限恰好就是 $\mathscr{P}^\infty_{X/S}(\mathscr{F})$ 到 $\mathscr{G}$ 的连续同态芽层 ($\mathscr{G}$ 上带有离散拓扑). 事实上, $\Gamma(U,\mathscr{P}^\infty_{X/S}(\mathscr{F}))$ 到离散群 $\Gamma(U,\mathscr{G})$ 的连续同态与群同态 $\Gamma(U,\mathscr{P}^n_{X/S}(\mathscr{F}))\to\Gamma(U,\mathscr{G})$ 的归纳系之间有着一一对应的关系. 从而我们也可以说 (16.8.4) 给出了一个典范同构

$$\mathscr{H}om^{连}_{\mathscr{O}_X}(\mathscr{P}^\infty_{X/S}(\mathscr{F}),\mathscr{G}) \xrightarrow{\sim} \mathscr{D}iff_{X/S}(\mathscr{F},\mathscr{G}),$$

其中左边那一项就表示 $\mathscr{P}^\infty_{X/S}(\mathscr{F})$ 到 $\mathscr{G}$ 的连续同态芽的层.

命题 (16.8.8) — 设 $\mathscr{F},\mathscr{G}$ 是两个 $\mathscr{O}_X$ 模层, $\mathcal{D}:\mathscr{F}\to\mathscr{G}$ 是一个 $\psi^*\mathscr{O}_S$ 模层同态, n 是一个非负整数. 则以下诸条件是等价的:

a) $\mathcal{D}$ 是一个阶数 $\leqslant n$ 的微分算子.

b) 对 $\mathscr{O}_X$ 在开集 U 上的任何截面 a, 定义同态 $\mathcal{D}_a:\mathscr{F}|_U\to\mathscr{G}|_U$ 如下: 它把 $\mathscr{F}$ 在开集 $V\subseteq U$ 上的截面 t 对应到

(16.8.8.1)
$$\mathcal{D}_a(t) \;=\; \mathcal{D}(at)-a\mathcal{D}(t),$$

这是一个阶数 $\leqslant n-1$ 的微分算子.

c) 对 X 的任意开集 U 和 $\mathscr{O}_X$ 在 U 上的任意 $n+1$ 个截面 $(a_i)_{1\leqslant i\leqslant n+1}$ 以及 $\mathscr{F}$ 在 U 上的任意截面 t, 均有等式

(16.8.8.2)
$$\sum_{H\subseteq I_{n+1}}(-1)^{\mathrm{Card}(H)}\Big(\prod_{i\in H}a_i\Big)\mathcal{D}\Big(\Big(\prod_{i\notin H}a_i\Big)t\Big) \;=\; 0$$

(其中 I_{n+1} 是指 $\mathbb{N}$ 的区间 $1\leqslant i\leqslant n+1$).

我们首先来证明 a) 和 c) 的等价性. 根据定义, 为了证明 $\mathcal{D}$ 是一个阶数 $\leqslant n$ 的微分算子, 只需证明它在 X 的任意仿射开集 U 上的限制 $\mathcal{D}|_U:\mathscr{F}|_U\to\mathscr{G}|_U$ 都是阶数 $\leqslant n$ 的微分算子即可, 另一方面, 为了证明性质 c) 对 X 的任意开集 U 成立, 也只需证明它对 X 的任意仿射开集都成立即可. 从而可以限于考虑 $S=\operatorname{Spec}A$ 和 $X=\operatorname{Spec}B$ 都是仿射概形的情形. 依照 (16.8.2) (且沿用那里的记号), 条件 a) 相当于说, 由 $D'(b\otimes t)=bD(t)$ 所定义的那个 A 同态 $D':B\otimes_A M\to N$ 在 $\mathfrak{I}^{n+1}(B\otimes_A M)$ 上取值为 0, 而依照 ($\mathbf{0}$, 20.4.4), 这就等价于 D' 在所有形如

$$\Big(\prod_{i=1}^{n+1}(a_i\otimes 1-1\otimes a_i)\Big)\cdot(1\otimes t)$$

(其中 $a_i\in B$ 且 $t\in M$) 的元素上都取值为 0. 现在我们可以把这个元素写成 $\sum\limits_{H\subseteq I_{n+1}}\big(\prod\limits_{i\in H}a_i\big)\otimes\big(\big(\prod\limits_{i\notin H}a_i\big)t\big)$ 的形状, 从而 D' 在这个元素上的取值就是 (16.8.8.2) 中等号左边的元素, 这就证明了 a) 和 c) 的等价性.

现在我们来证明 b) 和 c) 的等价性. 对 n 进行归纳, 且 $n=0$ 时是显然的. 在条件 b) 中把 a 改写成 a_{n+1}, 则依照归纳假设, 我们看到条件 b) 就相当于说, 对 $\mathscr{O}_X$ 在 U 上的任意 n 个截面 $(a_i)_{1\leqslant i\leqslant n}$ 和 $\mathscr{F}$ 在 U 上的任意截面 t, 均有

$$\sum_{H'\subseteq I_n}(-1)^{\mathrm{Card}(H')}\Big(\prod_{i\in H'}a_i\Big)\mathcal{D}_{a_{n+1}}\Big(\Big(\prod_{i\notin H'}a_i\Big)t\Big) = 0.$$

但在这个关系式中把 $\mathcal{D}_{a_{n+1}}$ 换成它的定义 (16.8.8.1) 可以立即看出, 这样得到的就是 (16.8.8.2) 中等号左边的元素 (只差一个正负号), 故得结论.

命题 (16.8.9) — 若 $\mathcal{D}:\mathscr{F}\to\mathscr{G}$ 是一个阶数 $\leqslant n$ 的微分算子, $\mathcal{D}':\mathscr{G}\to\mathscr{H}$ 是一个阶数 $\leqslant n'$ 的微分算子, 则 $\mathcal{D}'\circ\mathcal{D}:\mathscr{F}\to\mathscr{H}$ 是一个阶数 $\leqslant n+n'$ 的微分算子.

根据前提条件, 我们能写出 $\mathcal{D}=u\circ d^n_{X/S,\mathscr{F}}$ 和 $\mathcal{D}'=v\circ d^{n'}_{X/S,\mathscr{G}}$, 其中 $u:\mathscr{P}^n_{X/S}\otimes_{\mathscr{O}_X}\mathscr{F}\to\mathscr{G}$ 和 $v:\mathscr{P}^{n'}_{X/S}\otimes_{\mathscr{O}_X}\mathscr{G}\to\mathscr{H}$ 是两个 $\mathscr{O}_X$ 同态. 从而问题归结为证明, 加法群层的合成同态

$$\mathscr{F}\xrightarrow{d^n_{X/S,\mathscr{F}}}\mathscr{P}^n_{X/S}\otimes_{\mathscr{O}_X}\mathscr{F}\xrightarrow{\ u\ }\mathscr{G}\xrightarrow{d^{n'}_{X/S,\mathscr{G}}}\mathscr{P}^{n'}_{X/S}\otimes_{\mathscr{O}_X}\mathscr{G}$$

可以分解为

$$\mathscr{F}\xrightarrow{d^{n+n'}_{X/S,\mathscr{F}}}\mathscr{P}^{n+n'}_{X/S}\otimes_{\mathscr{O}_X}\mathscr{F}\xrightarrow{\ w\ }\mathscr{P}^{n'}_{X/S}\otimes_{\mathscr{O}_X}\mathscr{G},$$

其中 w 是一个 $\mathscr{O}_X$ 同态. 这只需证明

引理 (16.8.9.1) — 我们有唯一一个 $\mathscr{O}_X$ 同态

(16.8.9.2) $$\delta\ :\ \mathscr{P}^{n+n'}_{X/S}\longrightarrow\mathscr{P}^{n'}_{X/S}(\mathscr{P}^n_{X/S}) = \mathscr{P}^{n'}_{X/S}\otimes_{\mathscr{O}_X}\mathscr{P}^n_{X/S}$$

能使得下述图表成为交换的:

(16.8.9.3)
$$\begin{array}{ccc}\mathscr{O}_X & \xrightarrow{d^{n+n'}_{X/S}} & \mathscr{P}^{n+n'}_{X/S}\\ {\scriptstyle d^n_{X/S}}\big\downarrow & & \big\downarrow{\scriptstyle\delta}\\ \mathscr{P}^n_{X/S} & \xrightarrow[d^{n'}_{X/S,\mathscr{P}^n_{X/S}}]{} & \mathscr{P}^{n'}_{X/S}(\mathscr{P}^n_{X/S})\end{array}.$$

事实上, 把交换图表 (16.8.9.3) 与 $\mathscr{F}$ 取张量积可以得到

$$\begin{array}{ccc}\mathscr{F} & \xrightarrow{d^{n+n'}_{X/S,\mathscr{F}}} & \mathscr{P}^{n+n'}_{X/S}(\mathscr{F})\\ {\scriptstyle d^n_{X/S,\mathscr{F}}}\big\downarrow & & \big\downarrow{\scriptstyle\delta\otimes1}\\ \mathscr{P}^n_{X/S}(\mathscr{F}) & \xrightarrow[d^{n'}_{X/S,\mathscr{P}^n_{X/S}(\mathscr{F})}]{} & \mathscr{P}^{n'}_{X/S}(\mathscr{P}^n_{X/S}(\mathscr{F}))\end{array},$$

另一方面, 从定义 (16.7.5) 可以立即验证, 图表

$$\begin{array}{ccc} \mathscr{P}^n_{X/S}(\mathscr{F}) & \xrightarrow{\quad u \quad} & \mathscr{G} \\ {\scriptstyle d^{n'}_{X/S,\mathscr{P}^n_{X/S}(\mathscr{F})}}\downarrow & & \downarrow{\scriptstyle d^{n'}_{X/S,\mathscr{G}}} \\ \mathscr{P}^{n'}_{X/S}(\mathscr{P}^n_{X/S}(\mathscr{F})) & \xrightarrow[1\otimes u]{} & \mathscr{P}^{n'}_{X/S}(\mathscr{G}) \end{array}$$

是交换的. 从而合成 $\mathscr{O}_X$ 同态

$$\mathscr{P}^{n+n'}_{X/S}(\mathscr{F}) \xrightarrow{\delta\otimes 1} \mathscr{P}^{n'}_{X/S}(\mathscr{P}^n_{X/S}(\mathscr{F})) \xrightarrow{1\otimes u} \mathscr{P}^{n'}_{X/S}(\mathscr{G})$$

就是我们要找的 w.

只需再证明引理 (16.8.9.1) 即可. 现在 (16.7.6) 已经证明了 δ 的唯一性, 故问题归结到 $S = \operatorname{Spec} A$ 和 $X = \operatorname{Spec} B$ 都是仿射概形的情形, 我们令 $\mathfrak{I} = \mathfrak{I}_{B/A}$, 则问题是要定义出一个典范的 B 模同态

$$\varphi\ :\ (B\otimes_A B)/\mathfrak{I}^{n+n'+1} \longrightarrow ((B\otimes_A B)/\mathfrak{I}^{n'+1})\otimes_B((B\otimes_A B)/\mathfrak{I}^{n+1}),$$

两边的 B 模结构都是由第一个 B 因子提供的, 还记得在右边的张量积中, $(B\otimes_A B)/\mathfrak{I}^{n'+1}$ 的右 B 模结构是由第二个 B 因子提供的, 而 $(B\otimes_A B)/\mathfrak{I}^{n+1}$ 的左 B 模结构则是由第一个 B 因子提供的 (16.7.2). 这就相当于说, 我们要定义出一个 B 模同态

$$\varphi_0\ :\ B\otimes_A B \longrightarrow ((B\otimes_A B)/\mathfrak{I}^{n'+1})\otimes_B((B\otimes_A B)/\mathfrak{I}^{n+1}),$$

并且证明它在 $\mathfrak{I}^{n+n'+1}$ 上等于 0. 然而在 (16.3.7) 的记号下, 我们可以马上给出这样一个同态, 即通过下面的方式

$$\varphi_0(b\otimes b') = \pi_{n'}(b\otimes 1)\otimes\pi_n(1\otimes b')\quad (b,b'\in B).$$

而且很容易说明 φ_0 是一个环同态. 现在我们有表达式

$$\begin{aligned}\varphi_0(b\otimes 1-1\otimes b) &= \pi_{n'}(b\otimes 1-1\otimes b)\otimes\pi_n(1\otimes 1)+\pi_{n'}(1\otimes b)\otimes\pi_n(1\otimes 1)\\ &\qquad -\pi_{n'}(1\otimes 1)\otimes\pi_n(1\otimes b)\end{aligned}$$

并且

$$\begin{aligned}\pi_{n'}(1\otimes b)\otimes\pi_n(1\otimes 1) = \pi_{n'}(1\otimes 1)b\otimes\pi_n(1\otimes 1) &= \pi_{n'}(1\otimes 1)\otimes b\pi_n(1\otimes 1)\\ &= \pi_{n'}(1\otimes 1)\otimes\pi_n(b\otimes 1),\end{aligned}$$

故最终得到

$$\begin{aligned}\varphi_0(b\otimes 1-1\otimes b) &= \pi_{n'}(b\otimes 1-1\otimes b)\otimes\pi_n(1\otimes 1)\\ &\quad+\pi_{n'}(1\otimes 1)\otimes\pi_n(b\otimes 1-1\otimes b).\end{aligned} \tag{16.8.9.4}$$

$n+n'+1$ 个形如 (16.8.9.4) 的元素的乘积必然是 0, 因为 $n+1$ 个形如 $\pi_n(b\otimes 1-1\otimes b)$ 的元素的乘积和 $n'+1$ 个形如 $\pi_{n'}(b\otimes 1-1\otimes b)$ 的元素的乘积都分别是 0. 从而由 (**0**, 20.4.4) 就可以推出引理的结论.

推论 (16.8.10) — *层 $\mathscr{D}iff_{X/S}(\mathscr{O}_X,\mathscr{O}_X)$ (也记作 $\mathscr{D}iff_{X/S}$) 上带有典范的环层结构, 这些 $\mathscr{D}iff^n_{X/S}$ 构成它的一个递增滤解, 且与这个环结构是相容的.*

特别地, $\mathscr{D}iff^0_{X/S}$ 是 $\mathscr{D}iff_{X/S}$ 的一个子环层, 它可以典范等同于 $\mathscr{O}_X$ (16.8.1). 公式 (16.8.5.1) 和 (16.8.5.2) 表明, $\mathscr{D}iff_{X/S}$ 上的 $\mathscr{O}_X$ 双模层结构就是由 $\mathscr{D}iff_{X/S}$ 的上述子环层 $\mathscr{O}_X$ 在 $\mathscr{D}iff_{X/S}$ 上的左乘和右乘运算给出的.

注解 (16.8.11) — (i) 假设 $\mathscr{F}=\bigoplus_{\lambda\in L}\mathscr{F}_\lambda$, 则显然有 (16.7.2.1) $\mathscr{P}^n_{X/S}(\mathscr{F})=\bigoplus_{\lambda\in L}\mathscr{P}^n_{X/S}(\mathscr{F}_\lambda)$, 由于函子 $\mathscr{F}\mapsto\Gamma(U,\mathscr{F})$ 与任意直和可交换, 故知 $d^n_{X/S,\mathscr{F}}$ 就是那个在每个 $\mathscr{F}_\lambda$ 上的限制分别等于 $d^n_{X/S,\mathscr{F}_\lambda}:\mathscr{F}_\lambda\to\mathscr{P}^n_{X/S}(\mathscr{F}_\lambda)$ 的同态, 由此立即得知

$$\mathrm{Diff}^n_{X/S}(\mathscr{F},\mathscr{G}) = \prod_{\lambda\in L}\mathrm{Diff}^n_{X/S}(\mathscr{F}_\lambda,\mathscr{G}),$$

因而也有 ($\mathbf{0_I}$, 3.2.6)

$$\mathscr{D}iff^n_{X/S}(\mathscr{F},\mathscr{G}) = \prod_{\lambda\in L}\mathscr{D}iff^n_{X/S}(\mathscr{F}_\lambda,\mathscr{G}).$$

另一方面, 若 $\mathscr{G}=\prod_{\mu\in M}\mathscr{G}_\mu$ ($\mathbf{0_I}$, 3.2.6), 则有

$$\mathrm{Hom}_{\mathscr{O}_X}(\mathscr{P}^n_{X/S}(\mathscr{F}),\mathscr{G}) = \prod_{\mu\in M}\mathrm{Hom}_{\mathscr{O}_X}(\mathscr{P}^n_{X/S}(\mathscr{F}),\mathscr{G}_\mu),$$

因为 $\mathscr{P}^n_{X/S}(\mathscr{F})$ 到 $\mathscr{G}$ 的同态 u 与合成同态 $u_\mu:\mathscr{P}^n_{X/S}(\mathscr{F})\to\mathscr{G}\to\mathscr{G}_\mu$ 的族有着一一对应的关系, 从而我们有

$$\mathrm{Diff}^n_{X/S}(\mathscr{F},\mathscr{G}) = \prod_{\mu\in M}\mathrm{Diff}^n_{X/S}(\mathscr{F},\mathscr{G}_\mu),$$

因而还有

$$\mathscr{D}iff^n_{X/S}(\mathscr{F},\mathscr{G}) = \prod_{\mu\in M}\mathscr{D}iff^n_{X/S}(\mathscr{F},\mathscr{G}_\mu).$$

(ii) 到目前为止, 我们一般遇到的都只是在 $\mathscr{F}$ 和 $\mathscr{G}$ 都是有限秩局部自由 $\mathscr{O}_X$ 模层时的微分算子 $\mathscr{F}\to\mathscr{G}$, 此时依照 (i), 它们的结构在局部上可以归结为层 $\mathscr{D}iff_{X/S}$ 的结构, 对于后者, 我们将在后面 (16.11) 考察它的一个特殊情形.

16.9 正则浸入和拟正则浸入

定义 (16.9.1) — 设 X 是一个环积空间. 所谓 $\mathscr{O}_X$ 的一个理想层 $\mathscr{J}$ 是正则的 (切转: 拟正则的), 是指对任意点 $x \in \operatorname{Supp}(\mathscr{O}_X/\mathscr{J})$, 均可以找到 x 在 X 中的一个开邻域 U 以及 $\Gamma(U, \mathscr{O}_X)$ 的这样一组元素, 它们能够生成 $\mathscr{J}|_U$, 并且是 $\Gamma(U, \mathscr{O}_X)$ 中的一个正则序列 (**0**, 15.2.2) (切转: 拟正则序列 (**0**, 15.2.2)).

若 $\mathscr{O}_X$ 在 U 上的一组截面既可以生成 $\mathscr{J}|_U$, 又构成正则序列 (切转: 拟正则序列), 则我们说它们是 $\mathscr{J}|_U$ 的一个正则生成元组 (切转: 拟正则生成元组) .

定义 (16.9.2) — 设 $j : Y \to X$ 是概形的一个浸入, U 是 X 的这样一个开集, 它满足 $j(Y) \subseteq U$, 且使得 j 成为 Y 到 U 的闭浸入. 所谓 j 是正则的 (切转: 拟正则的), 是指 j 在 U 中的伴生闭子概形 $j(Y)$ 是由 $\mathscr{O}_U$ 的一个正则 (切转: 拟正则) 理想层所定义的 (这个条件并不依赖于开集 U 的选择).

所谓概形 X 的一个子概形 Y 是正则浸入 X 的 (切转: 拟正则浸入 X 的) , 是指典范含入 $j : Y \to X$ 是一个正则浸入 (切转: 拟正则浸入). 若 Y 是 X 的一个闭子概形, 且 $\mathscr{J}$ 是 $\mathscr{O}_X$ 的那个定义了 Y 的理想层, 则这件事也相当于说, $\mathscr{J}$ 是正则的 (切转: 拟正则的) .

举例来说, 若 A 是一个整环, f 是 A 的一个非零元, 则 $\operatorname{Spec} A$ 的闭子概形 $V(f)$ (它同构于 $\operatorname{Spec}(A/fA)$) 就是正则浸入 $\operatorname{Spec} A$ 的.

正则理想层都是拟正则的 (**0**, 15.2.2), 正则浸入都是拟正则的 (它还有一个逆命题, 参考 (16.9.11)).

命题 (16.9.3) — 设 X 是一个环积空间, $\mathscr{J}$ 是 $\mathscr{O}_X$ 的一个理想层, $(f_i)_{1 \leqslant i \leqslant m}$ 是 $\mathscr{O}_X$ 的整体截面的一个有限序列, 并且可以生成 $\mathscr{J}$. 则为了使 (f_i) 是一个拟正则序列 (**0**, 15.2.2) , 必须且只需它满足下面两个条件:

(i) 这些 f_i 在 $\mathscr{J}/\mathscr{J}^2$ 中的典范像构成该 $\mathscr{O}_X/\mathscr{J}$ 模层的一个基底.

(ii) 典范满同态 (16.1.2.2)

$$\mathbf{S}^{\bullet}_{\mathscr{O}_X/\mathscr{J}}(\mathscr{J}/\mathscr{J}^2) \longrightarrow \mathscr{G}r^{\bullet}_{\mathscr{J}}(\mathscr{O}_X)$$

是一一的.

进而, 若这些条件得到满足, 则对于 $\mathscr{J}$ 的任意 n 个整体截面 $(f'_i)_{1 \leqslant i \leqslant n}$, 只要它们能够生成 $\mathscr{J}$, 就一定是拟正则的.

有见于典范同态 (**0**, 15.2.1.1) 的定义, 上面两个条件不过是 (**0**, 15.2.2) 中所给出的定义的另一种写法. 最后一句话是缘自下面的事实: 若交换环 A 上的一个模 M 有这样一个基底, 它是由 n 个元素组成的, 则 M 的任何一个生成元组只要包含 n 个元素就一定是 M 的基底 (Bourbaki, 《交换代数学》, II, §3, ¥3, 定理 1 的推论 5).

推论 (16.9.4) — 设 X 是一个局部环积空间, $\mathscr{J}$ 是 $\mathscr{O}_X$ 的一个理想层. 则为了使 $\mathscr{J}$ 是拟正则的, 必须且只需下面三个条件得到满足:

(i) $\mathscr{J}$ 是有限型的.

(ii) $\mathscr{J}/\mathscr{J}^2$ 是一个局部自由 $\mathscr{O}_X/\mathscr{J}$ 模层.

(iii) 典范同态

(16.9.4.1) $$\mathbf{S}^{\bullet}_{\mathscr{O}_X/\mathscr{J}}(\mathscr{J}/\mathscr{J}^2) \longrightarrow \mathscr{G}r^{\bullet}_{\mathscr{J}}(\mathscr{O}_X)$$

是一一的.

条件的必要性可由 (16.9.3) 立得. 为了证明条件的充分性, 依照 (16.9.3), 我们就需要说明, 如果对于一个点 $x \in \operatorname{Supp}(\mathscr{O}_X/\mathscr{J})$ 来说, 可以找到 x 在 X 中的一个开邻域 U 和 $\mathscr{J}$ 在 U 上的 n 个截面 f_i $(1 \leqslant i \leqslant n)$, 使得它们在 $\mathscr{J}/\mathscr{J}^2$ 中的典范像构成 $(\mathscr{J}/\mathscr{J}^2)|_U$ 在 $(\mathscr{O}_X/\mathscr{J})|_U$ 上的一个基底, 那么又可以找到 x 的一个开邻域 $V \subseteq U$, 使得这些 $f_i|_V$ 可以生成 $\mathscr{J}|_V$. 现在根据前提条件, $\mathscr{J}_x \neq \mathscr{O}_x$, 从而 $\mathscr{J}_x$ 包含在 $\mathscr{O}_x$ 的极大理想之中, 由于 $\mathscr{J}_x$ 是有限型 $\mathscr{O}_x$ 模, 并且这些 $(f_i)_x$ 在 $\mathscr{J}_x/\mathscr{J}_x^2$ 中的等价类可以生成这个 $\mathscr{O}_x/\mathscr{J}_x$ 模, 从而 Nakayama 引理表明, 这些 $(f_i)_x$ 可以生成 $\mathscr{J}_x$. 由于 $\mathscr{J}$ 是有限型的, 故由 $(\mathbf{0_I}, 5.2.2)$ 即可推出结论.

推论 (16.9.5) — 设 X 是一个局部环积空间, $\mathscr{J}$ 是 $\mathscr{O}_X$ 的一个拟凝聚理想层, $(f_i)_{1\leqslant i\leqslant n}$ 是 $\mathscr{J}$ 的整体截面的一个序列, x 是 $\operatorname{Supp}(\mathscr{O}_X/\mathscr{J})$ 的一个点. 则以下诸条件是等价的:

a) 可以找到 x 在 X 中的一个开邻域 U, 使得这些 $f_i|_U$ 构成 $\Gamma(U, \mathscr{O}_X)$ 中的一个拟正则序列, 并且可以生成 $\mathscr{J}|_U$.

b) 这些 $(f_i)_x$ 构成 $\mathscr{J}_x$ 的一个生成元组, 并且个数已经达到最小.

b′) 这些 $(f_i)_x$ 构成 $\mathscr{J}_x$ 的一个生成元组, 并且是极小的.

c) 若 $\bar{f}_i$ 是 f_i 在 $\Gamma(X, \mathscr{J}/\mathscr{J}^2)$ 中的典范像, 则这些 $(\bar{f}_i)_x$ 构成 $\mathscr{O}_x/\mathscr{J}_x$ 模 $\mathscr{J}_x/\mathscr{J}_x^2$ 的一个基底.

根据前提条件, $\mathscr{O}_x$ 是局部环, $\mathscr{J}_x$ 是 $\mathscr{O}_x$ 的有限型理想, 并且包含在 $\mathscr{O}_x$ 的极大理想之中, 从而由 Nakayama 引理 (Bourbaki,《交换代数学》, II, §3, ¥2, 命题 5) 就可以推出 b), b′) 和 c) 的等价性. 依照 (16.9.3), a) 显然蕴涵 c), 另一方面, 由 $(\mathbf{0_I}, 5.2.2)$ 知, 若条件 c) 是成立的 (从而条件 b) 也成立), 则可以找到 x 在 X 中的一个邻域 U, 使得 $(\mathscr{J}/\mathscr{J}^2)|_U$ 具有常数秩 n, 并且这些 $f_i|_U$ 可以生成 $\mathscr{J}|_U$, 从而只需在 U 中使用 (16.9.3) 的最后一句话即可.

注解 (16.9.6) — (i) 在 (16.9.5) 的那些一般条件下, 即使在任意点 $y \in X$ 处, 这些 $(\bar{f}_i)_y$ 都构成 $\mathscr{O}_y/\mathscr{J}_y$ 模 $\mathscr{J}_y/\mathscr{J}_y^2$ 的一个基底, 仍然不足以推出序列 (f_i) 可以生成 $\mathscr{J}$. 举例如下: 取 $X = \operatorname{Spec} A$, 其中 A 是一个 Dedekind 整环, 再取 $\mathscr{J} = \widetilde{\mathfrak{J}}$, 其中 $\mathfrak{J}$ 是 A 的一个素理想, 但不是主理想, 此时, 对任意一个与 $\mathfrak{J}$ 所对应的点 $x \in X$ 不同的点 y 来说, 我们都有 $\mathscr{J}_y = \mathscr{J}_y^2 = 0$,

并且 $\mathscr{J}_x/\mathscr{J}_x^2$ 在域 $\mathscr{O}_x/\mathscr{J}_x$ 上的秩等于 1, 另一方面, $\mathscr{J}$ 显然是一个正则理想层.

(ii) 在 (16.9.5) 中, 我们不能把"拟正则"换成"正则", 即使 X 是一个概形 (参考 (16.9.12)). 事实上, 若我们用 B 来记由 $\mathbb{R}$ 上的在点 0 处无限次可微分的函数芽所组成的环, 则它有一个极大理想 $\mathfrak{m}$, 这是由 $\mathbb{R}$ 上的线性函数 t 所生成的, 并且这些 $\mathfrak{m}^k$ $(k>0)$ 的交集 $\mathfrak{n}$ 不是 (0). 现在设 A 是商环 $B[T]/\mathfrak{n}TB[T]$, 并设 f_1 和 f_2 分别是 t 和 T 在 A 中的典范像. 则序列 f_1, f_2 在 A 中是正则的. 事实上, f_1 不是 A 的零因子, 因为由关系式 $tP[T]\in\mathfrak{n}TB[T]$ (其中 $P\in B[T]$) 可以推出 t 与 P 的所有系数的乘积都落在理想 $\mathfrak{n}$ 中, 由此立知, 这些系数都落在 $\mathfrak{n}$ 中, 从而 $P[T]\in\mathfrak{n}TB[T]$. 由于 B/tB 同构于 $\mathbb{R}$, 故知 A/f_1A 同构于多项式环 $R[T]$, 从而它是整的, 现在 f_2 在 A/f_1A 中的像就等于 T, 从而不是零因子, 这就证明了上述阐言. 然而 f_2 是 A 的一个零因子, 因为对任意非零元 $x\in\mathfrak{n}$, x 在 A 中的像都不等于 0, 但 xT 的像是 0. 由此可知, 序列 f_2, f_1 在 A 中不是正则的. 另一方面, 理想 $\mathfrak{I}=f_1A+f_2A$ 不等于 A, 从而如果把"拟正则"都改成"正则", 那么由 (16.9.5) 的条件 b), b′) 和 c) 并不能推出条件 a).

(16.9.7) 设 $X=\operatorname{Spec}A$ 是一个仿射概形, 所谓 A 的一个理想 $\mathfrak{I}$ 是正则的 (切转: 拟正则的), 是指 $\mathscr{O}_X$ 的理想层 $\mathscr{J}=\widetilde{\mathfrak{I}}$ 是正则的 (切转: 拟正则的). 注意到这个概念是局部性的, 由它并不能推出 $\mathfrak{I}$ 能够由 A 中的一个正则 (切转: 拟正则) 序列所生成, 例子 (16.9.6, (i)) 就说明了这一点. 尽管如此, 当 A 是局部环时, 这个结论总是对的 (16.9.5).

命题 (16.9.4) 也可以转换成拟正则浸入的语言:

命题 (16.9.8) — 设 $j: Y\to X$ 是一个概形态射, 则为了使 j 是拟正则浸入, 必须且只需 j 满足下面三个条件:

(i) j 是一个局部有限呈示的浸入.

(ii) 余法层 $\mathscr{G}r^1(j)=\mathscr{N}_{Y/X}$ (16.1.2) 是一个局部自由 $\mathscr{O}_Y$ 模层.

(iii) 典范同态

$$\mathbf{S}^{\bullet}_{\mathscr{O}_Y}(\mathscr{G}r^1(j)) \longrightarrow \mathscr{G}r^{\bullet}(j)$$

(16.1.2.2) 是一一的.

问题在 Y 上是局部性的, 故可限于考虑 j 是一个从 X 的某个闭子概形 Y 到 X 的典范含入的情形, 此时只要把 $\mathscr{G}r^1(j)$ 和 $\mathscr{G}r^{\bullet}(j)$ 用 $\mathscr{O}_X$ 的那个定义了子概形 Y 的理想层 $\mathscr{J}$ 具体表达出来 (16.1.3, (ii)), 就可以从 (16.9.4) 推出 (16.9.8).

推论 (16.9.9) — 设 Y 是一个概形, X 是一个 Y 概形, $j: Y\to X$ 是 X 的一个 Y 截面, 从而 j 的第 n 个法不变量 $\mathscr{A}^{(n)}$ (16.1.2) 是一个增殖 $\mathscr{O}_Y$ 代数层 (16.1.7), 我们令 $\mathscr{A}^{(\infty)}=\varprojlim\mathscr{A}^{(n)}$. 则为了使 j 是拟正则浸入, 必须且只需 j 是一个局部有限呈示的浸入, 并且任何点 $y\in Y$ 都有这样一个仿射开邻域 U, 它使得 $\mathscr{A}^{(\infty)}|_U$ 作为拓扑增殖 $\mathscr{O}_U$ 代数层同构于 $\mathscr{O}_U[[T_1,\cdots,T_n]]$.

通过把 Y 缩小到 y 的一个充分小的邻域上 (参考 (16.4.11) 的证明过程), 我们可以限于考虑 j 是闭浸入的情形, 此时 $\mathscr{O}_Y$ 可以等同于商代数层 $\mathscr{O}_X/\mathscr{J}$, 并且典范满同态 $\mathscr{O}_X \to \mathscr{O}_Y$ 具有一个右逆 (16.1.7). 从而可以假设 $X = \operatorname{Spec} B$ 和 $Y = \operatorname{Spec} A$ 都是仿射概形, B 是一个增殖 A 代数, 并且增殖理想 $\mathfrak{I}$ 是有限型的. 于是 $\mathscr{A}^{(n)}$ 可以等同于 $(B/\mathfrak{I}^{n+1})^{\sim}$, 从而由 ($\mathbf{0}$, 19.5.4) 中 b) 和 c) 的等价性就可以推出结论 (因为 $B/\mathfrak{I} = A$).

注意到依照 ($\mathbf{0}$, 19.5.4), 在上述仿射情形中, j 是拟正则浸入的事实也等价于 B 在 $\mathfrak{I}$ 预进拓扑下是形式平滑 A 代数.

再注意到如果态射 $X \to Y$ 是局部有限型的, 那么 j 是局部有限呈示的浸入这个条件总能得到满足 (1.4.3, (v)).

命题 (16.9.10) — *设 X 是一个局部Noether 概形, Y 是 X 的一个子概形, $j : Y \to X$ 是典范含入, y 是 Y 的一点.*

(i) 为了能找到 y 在 X 中的一个开邻域 U, 使得 j 的限制 $Y \cap U \to U$ 是正则浸入, 必须且只需满同态 $\mathscr{O}_{X,y} \to \mathscr{O}_{Y,y}$ 的核 $\mathscr{J}_y$ 是由 $\mathscr{O}_{X,y}$ 的某个正则序列所生成的.

(ii) 为了使浸入 j 是正则的, 必须且只需它是拟正则的.

(i) 可以限于考虑 Y 是 X 的一个由 $\mathscr{O}_X$ 的凝聚理想层 $\mathscr{J}$ 所定义的闭子概形的情形. 条件显然是必要的. 反过来, 若 $\mathscr{J}_y$ 是由一个正则序列 $(s_i)_y$ 所生成的, 其中 s_i 都是 $\mathscr{J}$ 在 y 的某个 (在 X 中的) 开邻域 U 上的截面, 则可以假设这些 s_i 能够生成 $\mathscr{J}|_U$ ($\mathbf{0_I}$, 5.2.2), 并且构成一个正则序列 ($\mathbf{0}$, 15.2.4), 由此立得结论.

(ii) 拟正则浸入是正则的这件事可由 (i) 和下述事实推出: 在 $\mathscr{O}_{X,y}$ 的那些由极大理想中的元素组成的序列中, 拟正则序列和正则序列是一回事 ($\mathbf{0}$, 15.1.11).

如果 (此处并未假设 X 是局部 Noether 的) $\mathscr{O}_{X,y} \to \mathscr{O}_{Y,y}$ 的核 $\mathscr{J}_y$ 是由 $\mathscr{O}_{X,y}$ 的某个正则序列所生成的, 那么我们就说这个浸入 j *在点 y 处是正则的*.

推论 (16.9.11) — *设 X 是一个局部Noether 概形, 则 $\mathscr{O}_X$ 的拟正则理想层都是正则的.*

注解 (16.9.12) — (i) 注意到正则浸入一般不是平坦态射, 自然也不是 (6.8.1) 中所说的全盘正则态射.

(ii) 设 A 是一个 Noether 局部环, 则由 (16.9.4) 和 ($\mathbf{0}$, 17.1.1) 立知, 为了使 A 是正则的, 必须且只需它的极大理想 $\mathfrak{m}$ 是拟正则的 (或正则的, 这两者是等价的, 因为 A 是 Noether 环). 为了使一个 Noether 仿射概形 X 是正则的, 必须且只需对任意闭点 $x \in X$, 典范含入 $\operatorname{Spec} \boldsymbol{k}(x) \to X$ 都是正则浸入.

命题 (16.9.13) — *设 X 是一个局部Noether 概形, Y 是 X 的一个子概形, Y' 是*

Y 的一个子概形, 并且典范含入 $j: Y' \to Y$ 是正则的. 则 $\mathscr{O}_{Y'}$ 模层的序列

(16.9.13.1) $$0 \longrightarrow j^* \mathscr{N}_{Y/X} \longrightarrow \mathscr{N}_{Y'/X} \longrightarrow \mathscr{N}_{Y'/Y} \longrightarrow 0$$

是正合的. 进而对任意 $x \in X$, 均可找到 x 的一个开邻域 U, 使得 (16.9.13.1) 中的那些同态在 U 上的限制构成一个分裂正合序列.

我们首先来证明下面的引理:

引理 (16.9.13.2) —— 设 A 是一个环, $\mathfrak{I}$ 是 A 的一个理想, $A' = A/\mathfrak{I}$, $(f_i)_{1 \leqslant i \leqslant r}$ 是 A 中的元素序列, 并且它是 A' 正则的, $\mathfrak{K} = \sum_i f_i A$, $\mathfrak{L} = \mathfrak{I} + \mathfrak{K}$, $\mathfrak{K}' = \sum_i f_i A'$, 因而 $C = A/\mathfrak{L}$ 同构于 $A'/\mathfrak{K}'$. 则对任意正整数 n 和任意整数 $N \geqslant n$, 我们都有下面的关系式

(16.9.13.3) $$\mathfrak{I} \cap \mathfrak{K}^n = \mathfrak{I}\mathfrak{K}^n + \mathfrak{I} \cap \mathfrak{K}^N.$$

显然只需证明左边的任何元素都落在右边之中, 我们对 n 进行归纳, 则问题可以归结到 $N = n+1$ 的情形. 由于 (16.9.13.3) 左边的一个元素落在 $\mathfrak{K}^n$ 中, 故它可写成 $P(f_1, \cdots, f_r)$ 的形状, 其中 $P \in A[T_1, \cdots, T_r]$ 是 n 次齐次的. 若 f_i' 是 f_i 在 A' 中的典范像, 则 $P(f_1, \cdots, f_r) \in \mathfrak{I}$ 的条件就意味着 $P(f_1', \cdots, f_r') = 0$. 但 $P(f_1', \cdots, f_r') \in \mathfrak{K}'^n$, 从而 $P(f_1', \cdots, f_r')$ 在 $\mathfrak{K}'^n/\mathfrak{K}'^{n+1}$ 中的典范像是 0. 现在前提条件说, 序列 (f_i) 是 A' 正则的, 这表明典范同态 $\mathbf{S}_C^n(\mathfrak{K}'/\mathfrak{K}'^2) \to \mathfrak{K}'^n/\mathfrak{K}'^{n+1}$ 是一一的 $(\mathbf{0}, 15.1.9)$, 由此可知, P 的系数都落在 $\mathfrak{L} = \mathfrak{I} + \mathfrak{K}$ 中, 这就立即给出了 $P(f_1, \cdots, f_r) \in \mathfrak{I}\mathfrak{K}^n + \mathfrak{K}^{n+1}$, 而由于 $P(f_1, \cdots, f_r) \in \mathfrak{I}$, 故我们最终得到 $P(f_1, \cdots, f_r) \in \mathfrak{I}\mathfrak{K}^n + \mathfrak{I} \cap \mathfrak{K}^{n+1}$, 这就证明了引理.

把 (16.9.13.3) 的两边同时除以 $\mathfrak{I}\mathfrak{K}^n$, 我们看到从 (16.9.13.3) 对任意 $N \geqslant n$ 都成立就能得出

(16.9.13.4) $$(\mathfrak{I} \cap \mathfrak{K}^n)/\mathfrak{I}\mathfrak{K}^n \subseteq \bigcap_{N \geqslant n} \mathfrak{K}^N \cdot (A/(\mathfrak{I}\mathfrak{K}^n)).$$

由此又可以导出

推论 (16.9.13.5) —— 假设 (16.9.13.2) 的前提条件都是成立的, 并进而假设环 A 是 Noether 的, 而且 $\mathfrak{K}$ 包含在 A 的根之中. 则对任意正整数 n, 均有

(16.9.13.6) $$\mathfrak{I} \cap \mathfrak{K}^n = \mathfrak{I}\mathfrak{K}^n.$$

事实上, 此时 (16.9.13.4) 的右边就等于 0, 因为 $A/\mathfrak{I}\mathfrak{K}^n$ 是一个有限型 A 模 (Bourbaki, 《交换代数学》, III, §3, ₩3, 命题 6).

特别地, 我们在 (16.9.13.6) 中取 $n=2$, 并注意到 $\mathfrak{L}^2=\mathfrak{I}^2+\mathfrak{I}\mathfrak{K}+\mathfrak{K}^2=\mathfrak{I}\mathfrak{L}+\mathfrak{K}^2$, 则由于 $\mathfrak{I}\mathfrak{L}\subseteq\mathfrak{L}^2$, 这就导出了

$$\mathfrak{I}\cap\mathfrak{L}^2 \;=\; \mathfrak{I}\mathfrak{L}+(\mathfrak{I}\cap\mathfrak{K}^2) \;=\; \mathfrak{I}\mathfrak{L}+\mathfrak{I}\mathfrak{K}^2 \;=\; \mathfrak{I}\mathfrak{L},$$

换句话说,

(16.9.13.7)
$$\mathfrak{I}\cap\mathfrak{L}^2 \;=\; \mathfrak{I}\mathfrak{L},$$

这也相当于说, 典范同态

$$\mathfrak{I}/\mathfrak{I}\mathfrak{L} \;\longrightarrow\; (\mathfrak{I}+\mathfrak{L}^2)/\mathfrak{L}^2$$

是一一的.

在这个引理的基础上, 现在我们就可以来证明 (16.9.13) 的第一句话. 显然只需证明序列 (16.9.13.1) 在任何点 $x\in Y'$ 处的茎条都是正合的即可. 我们令 $A=\mathscr{O}_{X,x}$, 则可以写出 $\mathscr{O}_{Y,x}=A'=A/\mathfrak{I}$, 其中 $\mathfrak{I}$ 是 A 的一个理想, 且包含在极大理想之中, 进而写出 $\mathscr{O}_{Y',x}=A'/\mathfrak{K}'$, 其中 $\mathfrak{K}'$ 是由某个 A' 正则序列所生成的, 这个序列本身又是 A 中的某个 A' 正则序列 (落在 A 的极大理想之中) 的典范像. 若 $\mathfrak{K}$ 是由后一个序列所生成的理想, $\mathfrak{L}=\mathfrak{I}+\mathfrak{K}$, 则我们有 $\mathscr{O}_{Y',x}=A/\mathfrak{L}$, 此时 (16.9.13.5) 的条件都得到了满足, 于是典范同态 $\mathfrak{I}/\mathfrak{I}\mathfrak{L}\to(\mathfrak{I}+\mathfrak{L}^2)/\mathfrak{L}^2$ 是一一的. 但这就表明序列

$$0 \;\longrightarrow\; \mathfrak{I}/\mathfrak{I}\mathfrak{L} \;\longrightarrow\; \mathfrak{L}/\mathfrak{L}^2 \;\longrightarrow\; (\mathfrak{L}/\mathfrak{I})/(\mathfrak{L}/\mathfrak{I})^2 \;\longrightarrow\; 0$$

是正合的 (参考 (16.2.7) 的证明), 并且这个序列中的各个模恰好就是 (16.9.13.1) 中的那些层在 x 处的茎条. 第二句话则可由 $\mathscr{N}_{Y'/Y}$ 是局部自由 $\mathscr{O}_{Y'}$ 模层 (16.9.8) 的事实以及 Bourbaki,《代数学》, II, 第 3 版, §1, ¥11, 命题 21 推出.

16.10 微分平滑态射

定义 (16.10.1) — *所谓一个概形态射 $f:X\to S$ 是微分平滑的 (或者说 X 在 S 上是微分平滑的), 是指它满足下面两个条件:*

(i) $\Omega^1_{X/S}$ 是局部投射 $\mathscr{O}_X$ 模层, 也就是说, X 的每个点都有这样一个仿射开邻域 U, 它使得 $\Gamma(U,\Omega^1_{X/S})$ 成为投射 $\Gamma(U,\mathscr{O}_X)$ 模 (未必是有限型的).

(ii) 典范同态 (16.3.1.1)

$$\mathbf{S}^{\bullet}_{\mathscr{O}_X}(\Omega^1_{X/S}) \;\longrightarrow\; \mathscr{G}r_{\bullet}(\mathscr{P}_{X/S})$$

是一一的.

特别地, 若 $\Omega^1_{X/S}$ 是局部自由且有限秩的, 则这些 $\mathscr{P}^n_{X/S}$ 也是局部自由且有限秩的 (因为它们是这种模层的扩充).

所谓 f 在点 $x \in X$ 近旁是微分平滑的 (或者说 X 在点 x 近旁是在 S 上微分平滑的), 是指可以找到 x 在 X 中的一个开邻域 U, 使得 $f|_U$ 是微分平滑的.

我们将在后面 (17.12.4) 看到, 平滑态射都是微分平滑的, 这也说明了使用此名称的合理性, 但是逆命题并不成立. 事实上, 一个单态射 $f: X \to S$ 总是微分平滑的, 因为依照 (**I**, 5.3.8), $\Omega^1_{X/S} = 0$, 因而满同态 (16.3.1.1) 显然是一一的. 但是单态射甚至不一定是平坦的, 自然也不一定是平滑的. 在这里我们仅指出下面的命题:

命题 (16.10.2) — 设 A 是一个环, B 是一个泛平滑 A 代数 (**0**, 19.3.1) ①. 则 $\operatorname{Spec} B$ 在 $\operatorname{Spec} A$ 上是微分平滑的.

事实上, 此时 $B \otimes_A B$ 是一个泛平滑 B 代数 (这是针对 B 到 $B \otimes_A B$ 的两个典范同态 $b \mapsto b \otimes 1$, $b \mapsto 1 \otimes b$ 中的任何一个而言的) (**0**, 19.3.5, (iii)), 从而 $B \otimes_A B$ 也是一个泛平滑 A 代数 (**0**, 19.3.5, (ii)). 我们令 $\mathfrak{I} = \mathfrak{I}_{B/A}$, 则由此得知 $B \otimes_A B$ 在 $\mathfrak{I}$ 预进拓扑下是一个形式平滑 A 代数 (**0**, 19.3.8), 而根据前提条件, $B = (B \otimes_A B)/\mathfrak{I}$ 是一个泛平滑 A 代数, 于是由 (**0**, 19.5.4) 中 a) 和 b) 的等价性就可以推出命题.

命题 (16.10.3) — 为了使一个态射 $f: X \to S$ 是微分平滑的, 必须且只需对任意 $x \in X$, 均可找到 x 的一个仿射开邻域 $U = \operatorname{Spec} A$, 使得 $\Gamma(U, \mathscr{P}^{\infty}_{X/S})$ 作为拓扑增殖 A 代数同构于 $B = \mathbf{S}_A(V)$ 的完备化 $\widehat{B}$, 这里的 V 是一个投射 A 模, 并且 B 上带有 B^+ 预进拓扑 (其中 B^+ 是增殖理想). 若 $\Omega^1_{X/S}$ 是局部自由且有限秩的, 则我们可以把 $\widehat{B}$ 换成形式幂级数代数 $A[[T_1, \cdots, T_n]]$.

微分平滑态射的概念在 X 上显然是局部性的, 故可限于考虑 $S = \operatorname{Spec} B$, $X = \operatorname{Spec} C$ 的情形. 以下将把 $C \otimes_B C$ 看作一个 C 代数 (通过第一个因子), 我们令 $\mathfrak{I} = \mathfrak{I}_{C/B}$, 并且给 $C \otimes_B C$ 赋予 $\mathfrak{I}$ 预进拓扑, 于是就可以把 (**0**, 19.5.4) 中 b) 和 c) 的等价性应用到拓扑 C 代数 $C \otimes_B C$ 和它的理想 $\mathfrak{I}$ 上, 因为 $(C \otimes_B C)/\mathfrak{I} = C$ 显然是一个泛平滑 X 代数. $\Gamma(U, \mathscr{P}^{\infty}_{X/S})$ 上的拓扑显然就是这个环上的投影极限拓扑 (16.1.11).

注意到 (16.10.3) 中的整数 n 就是 $\Omega^1_{X/S}$ 在点 x 处的秩. 我们将在后面 (17.13.3) 看到, 若 f 是微分平滑且局部有限型的, 则 n 也等于纤维 $f^{-1}(f(x))$ 在点 x 处的维数.

命题 (16.10.4) — 设 $f: X \to S$, $g: S' \to S$ 是两个态射, 且我们令 $X' = X \times_S S'$, $f' = f_{(S')}: X' \to S'$.

(i) 若 f 是微分平滑的, 则 f' 也是如此.

(ii) 反过来, 若 g 是拟紧忠实平坦的, f' 是微分平滑的, 并且 $\Omega^1_{X'/S'}$ 是有限型 $\mathscr{O}_{X'}$ 模层, 则 f 是微分平滑的, 并且 $\Omega^1_{X/S}$ 是有限型 $\mathscr{O}_X$ 模层.

①译注: 我们把 “在离散拓扑下形式平滑” 简称为 “泛平滑”, 参考后面的注解 (17.1.2, (i)).

事实上, 若 f 是微分平滑的, 则这些 $\mathscr{G}r_n(\mathscr{P}_{X/S})$ 都是平坦 $\mathscr{O}_X$ 模层, 因而 (16.4.6) 对所有 n 来说同态 $\mathscr{G}r_n(\mathscr{P}_{X/S}) \otimes_{\mathscr{O}_X} \mathscr{O}_{X'} \to \mathscr{G}r_n(\mathscr{P}_{X'/S'})$ 都是一一的, 再注意到图表 (16.2.1.3) 的交换性, 我们就可以从定义 (16.10.1) 得知 f' 是微分平滑的. 另一方面, 若 g 是拟紧忠实平坦的, 则仍然由 (16.4.6) 可知, 对所有 n 来说 $\mathscr{G}r_n(\mathscr{P}_{X/S}) \otimes_{\mathscr{O}_X} \mathscr{O}_{X'} \to \mathscr{G}r_n(\mathscr{P}_{X'/S'})$ 都是一一的. 现在假设 f' 是微分平滑的, 并且 $\Omega^1_{X'/S'}$ 是有限秩的, 则由于典范投影 $X' \to X$ 是一个拟紧忠实平坦态射, 故由 (2.5.2) 首先得知, $\Omega^1_{X/S}$ 是有限秩的局部自由 $\mathscr{O}_X$ 模层, 然后由 (2.2.7) 就可以推出典范同态 (16.3.1.1) 是一一的, 从而 f 是微分平滑的.

命题 (16.10.5) — *为了使一个局部有限型态射 $f: X \to S$ 是微分平滑的, 必须且只需对角线浸入 $\Delta_f : X \to X \times_S X$ 是拟正则的.*

问题是局部性的, 故可限于考虑 S 和 X 都是仿射概形的情形, 因而 $X \times_S X$ 的对角线子概形是闭的. 由 f 是局部有限型的这个条件得知, Δ_f 是局部有限呈示的 (1.4.3.1), 从而 $X \times_S X$ 的对角线子概形是由一个有限型理想层 $\mathscr{J}$ 所定义的, 并且 $\Omega^1_{X/S} = \mathscr{J}/\mathscr{J}^2$ 是一个有限型 $\mathscr{O}_X$ 模层. 于是我们只要比较 (16.10.1) 和 (16.9.4) 中的条件就可以立即推出结论.

注解 (16.10.6) — 设 $f: X \to S$ 是一个态射, 并且 $\mathscr{O}_X$ 模层 $\Omega^1_{X/S}$ 是有限秩局部自由的. 则由 ($\mathbf{0}$, 20.4.7) 知, 对任意 $x \in X$, 均可找到它的一个开邻域 U 以及 $\mathscr{O}_X$ 在 U 上的有限个截面 $(z_\lambda)_{\lambda \in L}$, 使得 $(dz_\lambda)_{\lambda \in L}$ 构成 $\Gamma(U, \mathscr{O}_X)$ 模 $\Gamma(U, \Omega^1_{X/S})$ 的一个基底.

16.11 微分平滑 S 概形上的微分算子

(16.11.1) 设 $f: X \to S$ 是一个态射, U 是 X 的一个开集, $(z_\lambda)_{\lambda \in L}$ 是 $\mathscr{O}_X$ 在 U 上的一族截面, 并且这些 dz_λ 构成 $\Omega^1_{X/S}|_U = \Omega^1_{U/S}$ 的一个生成元组. 设 m 是一个整数或者 ∞, 对任意 λ, 我们令

(16.11.1.1)
$$\zeta_\lambda = \delta z_\lambda = d^m z_\lambda - z_\lambda \in \Gamma(U, \mathscr{P}^m_{X/S}).$$

另一方面, 我们将使用分析学中的下面一些常用记号, 对任意 $\mathbf{p} = (p_\lambda) \in \mathbb{N}^{(L)}$ (这些 p_λ 除了有限个指标外都等于 0), 我们令

(16.11.1.2)
$$|\mathbf{p}| = \sum_\lambda p_\lambda, \quad \mathbf{p}! = \prod_\lambda (p_\lambda !).$$

对 $\mathbf{p} \in \mathbb{N}^{(L)}$ 和 $\mathbf{q} \in \mathbb{N}^{(L)}$, 当 $\mathbf{q} \leqslant \mathbf{p}$ 时, 我们令

(16.11.1.3)
$$\binom{\mathbf{p}}{\mathbf{q}} = \mathbf{p}!/(\mathbf{q}!(\mathbf{p}-\mathbf{q})!),$$

而当 $\mathbf{q} \not\leqslant \mathbf{p}$ 时, 我们约定 $\binom{\mathbf{p}}{\mathbf{q}} = 0$, 最后

$$\textbf{(16.11.1.4)} \qquad \mathbf{z}^{\mathbf{p}} = \prod_{\lambda}(z_\lambda)^{p_\lambda}, \quad \boldsymbol{\zeta}^{\mathbf{p}} = \prod_{\lambda}(\zeta_\lambda)^{p_\lambda}.$$

则在这样的记号下, 有

$$\textbf{(16.11.1.5)} \qquad d^m(\mathbf{z}^{\mathbf{p}}) = (d^m(\mathbf{z}))^{\mathbf{p}} = (\boldsymbol{\zeta}+\mathbf{z})^{\mathbf{p}} = \sum_{\mathbf{q}\leqslant\mathbf{p}}\binom{\mathbf{p}}{\mathbf{q}}\mathbf{z}^{\mathbf{p}-\mathbf{q}}\boldsymbol{\zeta}^{\mathbf{q}},$$

$$\textbf{(16.11.1.6)} \qquad \boldsymbol{\zeta}^{\mathbf{p}} = (d^m\mathbf{z}-\mathbf{z})^{\mathbf{p}} = \sum_{\mathbf{q}\leqslant\mathbf{p}}(-1)^{|\mathbf{p}-\mathbf{q}|}\binom{\mathbf{p}}{\mathbf{q}}\mathbf{z}^{\mathbf{p}-\mathbf{q}}d^m(\mathbf{z}^{\mathbf{q}}).$$

由于这些 dz_λ 可以生成 $\Omega^1_{X/S}$, 又是这些 δz_λ 的像, 并且典范同态 (16.3.1.1) 是满的, 故当 m 是有限数时, 这些 δz_λ 可以生成 $\mathscr{O}_U$ 代数层 $\mathscr{P}^m_{U/S}$ (Bourbaki,《交换代数学》, III, §2, ¥8, 定理 1 的推论 2). 从而这些 $\boldsymbol{\zeta}^{\mathbf{p}}$ ($|\mathbf{p}| \leqslant m$) 可以生成 $\mathscr{O}_U$ 模层 $\mathscr{P}^m_{U/S}$. 于是一个微分算子 $\mathcal{D} \in \mathrm{Diff}^m_{U/S}$ 可以被这些值 $\langle\boldsymbol{\zeta}^{\mathbf{p}}, \mathcal{D}\rangle$ (其中 $|\mathbf{p}| \leqslant m$) 所唯一确定, 或者根据 (16.11.1.5) 和 (16.11.1.6), 这也相当于说, 它可以被这些值 $\langle d^m(\mathbf{z}^{\mathbf{p}}), \mathcal{D}\rangle = \mathcal{D}(\mathbf{z}^{\mathbf{p}})$ (其中 $|\mathbf{p}| \leqslant m$) 所唯一确定, 确切地说, 由 (16.11.1.5) 可知

$$\textbf{(16.11.1.7)} \qquad \mathcal{D}(\mathbf{z}^{\mathbf{p}}) = \langle d^m(\mathbf{z}^{\mathbf{p}}), \mathcal{D}\rangle = \sum_{\mathbf{q}\leqslant\mathbf{p}}\binom{\mathbf{p}}{\mathbf{q}}\langle\boldsymbol{\zeta}^{\mathbf{p}}, \mathcal{D}\rangle\mathbf{z}^{\mathbf{p}-\mathbf{q}}.$$

定理 (16.11.2) — 设 $f : X \to S$ 是一个态射, U 是 X 的一个开集, $(z_\lambda)_{\lambda\in L}$ 是 $\mathscr{O}_X$ 在 U 上的一族截面, 并且这些 $(dz_\lambda)_{\lambda\in L}$ 可以生成 $\Omega^1_{X/S}|_U = \Omega^1_{U/S}$. 则以下诸条件是等价的:

a) $f|_U$ 是微分平滑的, 并且 (dz_λ) 是 $\mathscr{O}_U$ 模层 $\Omega^1_{U/S}$ 的一个基底.

b) 我们有一族从 $\mathscr{O}_U$ 到它自身的微分算子 $(\mathcal{D}_{\mathbf{p}})_{\mathbf{p}\in\mathbb{N}^{(L)}}$, 它们满足下面的条件

$$\textbf{(16.11.2.1)} \qquad \mathcal{D}_{\mathbf{p}}(\mathbf{z}^{\mathbf{q}}) = \binom{\mathbf{q}}{\mathbf{p}}\mathbf{z}^{\mathbf{q}-\mathbf{p}} \qquad (\mathbf{p}, \mathbf{q} \in \mathbb{N}^{(L)}).$$

进而, 若这些条件得到满足, 则族 $(\mathcal{D}_{\mathbf{p}})$ 是被条件 (16.11.2.1) 所唯一确定的, 并且满足关系式

$$\textbf{(16.11.2.2)} \qquad \mathcal{D}_{\mathbf{p}} \circ \mathcal{D}_{\mathbf{q}} = \mathcal{D}_{\mathbf{q}} \circ \mathcal{D}_{\mathbf{p}} = \frac{(\mathbf{p}+\mathbf{q})!}{\mathbf{p}!\mathbf{q}!}\mathcal{D}_{\mathbf{p}+\mathbf{q}} \qquad (\mathbf{p}, \mathbf{q} \in \mathbb{N}^{(L)}).$$

最后, 若 L 是有限的, 则对任意整数 m, 这些 $\mathcal{D}_{\mathbf{p}}$ (其中 $|\mathbf{p}| \leqslant m$) 都构成 $\mathscr{O}_U$ 模层 $\mathscr{D}iff^m_{U/S}$ 的一个基底, 换句话说, U 上的任何阶数 $\leqslant m$ 的微分算子都可以唯一地写成下面的形状

$$\mathcal{D} = \sum_{|\mathbf{p}|\leqslant m} a_{\mathbf{p}}\mathcal{D}_{\mathbf{p}},$$

其中 $a_{\mathbf{p}}$ 都是 $\mathscr{O}_X$ 在 U 上的截面.

首先注意到依照 (16.11.1.6) 和 (16.11.1.5), 可以立即验证条件 (16.11.2.1) 等价于

(16.11.2.3) $\langle \boldsymbol{\zeta}^{\mathbf{p}}, \mathcal{D}_{\mathbf{q}} \rangle = \delta_{\mathbf{pq}}$ (Kronecker 符号) .

从而由满足条件的这个族 $(\mathcal{D}_{\mathbf{p}})$ 的存在性就可以推出 (取 $|\mathbf{p}| = 1$), 诸 dz_λ 是线性无关的, 因而构成 $\mathscr{O}_U$ 模层 $\Omega^1_{U/S}$ 的一个基底. 接下来对任意整数 $m \geqslant 1$, 由 (16.11.2.3) 还可以得出, 诸 $\boldsymbol{\zeta}^{\mathbf{p}}$ (其中 $|\mathbf{p}| \leqslant m$) 也是线性无关的, 于是典范同态 (16.3.1.1) 是单的, 从而是一一的, 这就证明了 b) 蕴涵 a). 逆命题可由定义 (16.10.1) 立得, 由这些 $\boldsymbol{\zeta}^{\mathbf{p}}$ ($|\mathbf{p}| \leqslant m$) 构成 $\mathscr{P}^m_{U/S}$ 的一个基底可以得出, 满足条件 $\langle \boldsymbol{\zeta}^{\mathbf{p}}, u_{\mathbf{q},m} \rangle = \delta_{\mathbf{pq}}$ (其中 $|\mathbf{p}| \leqslant m$, $|\mathbf{q}| \leqslant m$) 的同态族 $u_{\mathbf{q},m} : \mathscr{P}^m_{U/S} \to \mathscr{O}_U$ 是存在且唯一的. 对于给定的 $\mathbf{q}$, 与这些 $u_{\mathbf{q},m}$ (其中 $m \geqslant |\mathbf{q}|$) 相对应的微分算子等同于同一个算子 $\mathcal{D}_{\mathbf{q}}$. 这就证明了 a) 蕴涵 b), 进而也证明了族 $(\mathcal{D}_{\mathbf{p}})$ 是唯一确定的, 并且若 L 是有限的, 则这些 $\mathcal{D}_{\mathbf{p}}$ ($|\mathbf{p}| \leqslant m$) 构成 $\mathscr{P}^m_{U/S}$ 的对偶 $\mathscr{D}iff^m_{U/S}$ 的一个基底. 最后, 关系式 (16.11.2.2) 可由三个算子在 $\mathbf{z}^{\mathbf{r}}$ 上的表达式以及诸 $\boldsymbol{\zeta}^{\mathbf{r}}$ (其中 $|\mathbf{r}| \leqslant m$) 可以生成 $\mathscr{P}^m_{U/S}$ 的事实立得.

注解 (16.11.3) — (i) 依照 (16.11.2.2), 这些 $\mathcal{D}_{\mathbf{p}}$ 是两两可交换的, 但这件事并不能自然地推出 $\mathscr{O}_U$ 代数层 $\mathscr{D}iff_{U/S}$ 是交换的, 比如 $D_{\mathbf{p}}$ 与乘以 $\mathscr{O}_U$ 的截面这样的运算就是不可交换的, 除非 $n = 0$.

(ii) 满足 $|\mathbf{p}| = 1$ 的指标 $\mathbf{p}$ 是这样一些指标 $\varepsilon_\lambda = (\varepsilon_{\lambda\mu})_{\mu \in L}$, 其中在 $\mu \neq \lambda$ 时均有 $\varepsilon_{\lambda\mu} = 0$, 并且 $\varepsilon_{\lambda\lambda} = 1$. 如果 L 是有限的, 那么算子 $\mathcal{D}_{\varepsilon_\lambda}$ 就是 (16.5.7) 中所引入的那些 S 导射 D_i. 注意到一般来说 (与古典分析学不同) , 并不是任何一个微分算子都能写成这些 D_i 的乘积的线性组合的 (参考 (16.12)).

(iii) 对任意整数 $r \geqslant 1$, 我们都可以定义 r 阶微分平滑态射的概念, 只要把 (16.10.1) 的条件 (ii) 换成"对任意 $m \leqslant r$, 同态

$$\mathbf{S}^m_{\mathscr{O}_X}(\Omega^1_{X/S}) \longrightarrow \mathscr{G}r_m(\mathscr{P}_{X/S})$$

都是一一的"即可. 于是 (16.11.2) 的证明方法也表明, 若在条件 a) 中把"微分平滑"换成"r 阶微分平滑", 则这个条件就等价于在条件 b) 中让 $\mathbf{p} \in \mathbb{N}^{(L)}$ 和 $\mathbf{q} \in \mathbb{N}^{(L)}$ 仅在 $|\mathbf{p}| \leqslant r$, $|\mathbf{q}| \leqslant r$ 的范围内取值.

16.12 特征 0 的情形: 微分平滑态射的 Jacobi 判别法

(16.12.1) 所谓一个概形是特征 p 的 (p 等于 0 或一个素数), 是指对 X 的任意仿射开集 U, 环 $\Gamma(U, \mathscr{O}_X)$ 都是特征 p 的 (**0**, 21.1.1). 于是由 (**0**, 21.1.3) 知, 为了使 X 是特征 0 的, 必须且只需 X 在任何闭点 x 处的剩余类域 $\boldsymbol{k}(x)$ 都是特征 0 的, 也就是说, X 具有一个 $\mathbb{Q}$ 概形的结构 (必然是唯一的).

定理 (16.12.2) — 设 X 是一个特征 0 的概形, $f: X \to S$ 是一个态射. 若 $\Omega^1_{X/S}$ 是局部自由的 $\mathscr{O}_X$ 模层 (不必是有限型的), 则 f 是微分平滑的.

问题在 X 上是局部性的, 故可假设我们能找到 $\mathscr{O}_X$ 的一族整体截面 (z_λ), 使得 (dz_λ) 构成 $\mathscr{O}_X$ 模 $\Omega^1_{X/S}$ 的一个基底. 为了应用判别法 (16.11.2), 我们只需注意到下面这些算子

$$\mathcal{D}_{\mathbf{p}} = (\mathbf{p}!)^{-1}\prod_{\lambda} D_\lambda^{p_\lambda}$$

(其中 D_λ 是与基底 (dz_λ) 相对应的坐标形式) 就满足关系式 (16.11.2.1), 这是由诸 D_λ 都是导射这个事实推出来的.

(16.12.3) 如果去掉特征 0 这个条件, 那么上述定理就不再是对的. 举例来说, 若 $S = \operatorname{Spec} k$, 其中 k 是一个特征 $p > 0$ 的域, $X = \operatorname{Spec} K$, 其中 $K = k(\alpha)$, 且 $\alpha \notin k$, $\alpha^p \in k$, 则可以立即验证 $\Omega^1_{X/S}$ 是 1 秩的, 并且态射 $X \to S$ 是 $p-1$ 阶微分平滑的 (16.11.3, (iii)), 但不是 p 阶微分平滑的. 然而 (16.12.2) 的证明方法表明, 如果 $\Omega^1_{X/S}$ 是局部自由的, 并且 $n!1_{\mathscr{O}_X}$ 在 $\Gamma(X, \mathscr{O}_X)$ 中是可逆的, 那么 X 在 S 上就是 n 阶微分平滑的.

§17. 平滑态射、非分歧态射、平展态射

在本节中, 我们将从整体的角度借助概形这种几何语言来研究 (**0**, 19) 中提到的那些概念, 给出它们在指定基概形上的局部有限呈示概形这种情形下的表达方式. 这里的大部分结果 (除了 17.7, 17.8, 17.9, 17.13 和 17.16 之外) 都是 (**0**, 19) 中的诸性质的简单改写. 某些与平展态射有关的特殊结果将在 §18 中给出.

17.1 泛平滑态射、泛非分歧态射、泛平展态射

定义 (17.1.1) — 设 $f: X \to Y$ 是一个概形态射. 所谓 f 是**泛平滑**的 (切转: **泛非分歧的**, **泛平展的**), 是指对任意**仿射概形** Y' 和它的任意一个由 $\mathscr{O}_{Y'}$ 幂零理想层 $\mathscr{J}$ 所定义的闭子概形 Y'_0 以及任意态射 $Y' \to Y$, 由典范含入 $Y'_0 \to Y'$ 所导出的映射

(17.1.1.1) $$\operatorname{Hom}_Y(Y', X) \longrightarrow \operatorname{Hom}_Y(Y'_0, X)$$

都是满的 (切转: 单的, 一一的).

此时我们也说 X 在 Y 上是泛平滑的 (切转: 泛非分歧的, 泛平展的) .

显然 f 是泛平展的就意味着它同时是泛平滑和泛非分歧的.

注解 (17.1.2) — (i) 假设 $Y = \operatorname{Spec} A$ 和 $X = \operatorname{Spec} B$ 都是仿射概形, 从而 f 可由某个环同态 $\varphi : A \to B$ 所导出. 依照 (**0**, 19.3.1 和**0**, 19.10.1), f 是泛平滑的 (切转: 泛非分歧的, 泛平展的) 就意味着在 A 和 B 都带有离散拓扑的情况下, φ 使 B 成为一个形式平滑 (切转: 形式非分歧, 形式平展) A 代数.

(ii) 为了验证 f 是不是泛平滑的 (切转: 泛非分歧的, 泛平展的), 只需在定义 (17.1.1) 中考虑 $\mathscr{J}$ 是初等幂零理想层 (即 $\mathscr{J}^2 = 0$) 的情形即可. 事实上, 若 f 在这个特殊情形下满足定义 (17.1.1) 的条件, 则对于 $\mathscr{J}^n = 0$ 的情形, 我们可以考虑由这些理想层 $\mathscr{J}^{j+1}$ $(0 \leqslant j \leqslant n-1)$ 分别定义出来的 Y' 的闭子概形 Y'_j, 此时 Y'_j 就是 Y'_{j+1} 的一个由初等幂零理想层所定义的闭子概形, 前提条件表明, 每个映射

$$\operatorname{Hom}_Y(Y'_{j+1}, X) \longrightarrow \operatorname{Hom}_Y(Y'_j, X) \qquad (0 \leqslant j \leqslant n-1)$$

都是满的 (切转: 单的, 一一的), 取合成就可以推出 (17.1.1.1) 也是如此.

(iii) 注意到在 (17.1.1) 中对于态射 f 所定义的那些性质实际上都是可表识函子 ($\mathbf{0_{III}}$, 8.1.8)

$$Y' \longmapsto \operatorname{Hom}_Y(Y', X)$$

(从 Y 概形的范畴到集合范畴) 的性质, 而且这些定义只涉及反变函子本身 (起止范畴与上面相同), 与可表识性没有关系.

(iv) 假设态射 f 是泛非分歧的 (切转: 泛平展的), 我们来考虑任意一个 Y 概形 Z 以及 Z 的一个由 $\mathscr{O}_Z$ 的局部幂零理想层 $\mathscr{J}$ 所定义的闭子概形 Z_0. 此时由典范含入 $Z_0 \to Z$ 所导出的映射

(17.1.2.1) $$\operatorname{Hom}_Y(Z, X) \longrightarrow \operatorname{Hom}_Y(Z_0, X)$$

仍然是单的 (切转: 一一的). 事实上, 设 (U_α) 是 Z 的这样一个仿射开覆盖, 它使得诸理想层 $\mathscr{J}|_{U_\alpha}$ 都是幂零的, 对任意 α, 设 U^0_α 是 U_α 在 Z_0 中的逆像, 它就是 U_α 的那个由 $\mathscr{J}|_{U_\alpha}$ 所定义的闭子概形. 设 $f_0 : Z_0 \to X$ 是一个 Y 态射, 根据前提条件, 对任意 α, 最多 (切转: 恰好) 有一个 Y 态射 $f_\alpha : U_\alpha \to X$, 使得它在 U^0_α 的限制等于 $f_0|_{U^0_\alpha}$. 由此立知, 在 f_α 和 f_β 都有定义的情况下, 对任意仿射开集 $V \subseteq U_\alpha \cap U_\beta$, 我们都有 $f_\alpha|_V = f_\beta|_V$, 因为这些态射限制到 V 在 Z_0 的逆像 V_0 上是重合的. 从而我们也至多 (切转: 恰好) 有一个 Y 态射 $f : Z \to X$, 使得它在 Z_0 上的限制与 f_0 重合.

命题 (17.1.3) — (i) 概形单态射都是泛非分歧的, 开浸入都是泛平展的.

(ii) 两个泛平滑态射 (切转: 泛非分歧态射, 泛平展态射) 的合成还是泛平滑的 (切转: 泛非分歧的, 泛平展的).

(iii) 若 S 态射 $f : X \to Y$ 是泛平滑的 (切转: 泛非分歧的, 泛平展的), 则对任意基扩张 $S' \to S$, $f_{(S')} : X_{(S')} \to Y_{(S')}$ 也是如此.

(iv) 若 $f: X \to X'$ 和 $g: Y \to Y'$ 是两个泛平滑的 (切转: 泛非分歧的, 泛平展的) S 态射, 则 $f \times_S g: X \times_S Y \to X' \times_S Y'$ 也是如此.

(v) 设 $f: X \to Y$, $g: Y \to Z$ 是两个态射, 若 $g \circ f$ 是泛非分歧的, 则 f 也是如此.

(vi) 设 $f: X \to Y$ 是一个泛非分歧态射, 则 $f_{\mathrm{red}}: X_{\mathrm{red}} \to Y_{\mathrm{red}}$ 也是如此.

依照 (**I**, 5.5.12), 只需证明 (i), (ii) 和 (iii) 即可. (i) 中的两句话都是明显的. 为了证明 (ii), 我们来考虑两个态射 $f: X \to Y$, $g: Y \to Z$ 和一个仿射概形 Z' 与它的一个由幂零理想层所定义的闭子概形 Z'_0 以及一个态射 $Z' \to Z$. 假设 f 和 g 都是泛平滑的, 并设 $u_0: Z'_0 \to X$ 是一个 Z 态射, 则 g 上的前提条件表明, 我们有一个 Z 态射 $v: Z' \to Y$, 使得 $f \circ u_0 = v \circ j$ (其中 $j: Z'_0 \to Z'$ 是典范含入), 而 f 上的前提条件表明, 我们有一个态射 $u: Z \to X$, 使得 $f \circ u = v$ 且 $u \circ j = u_0$, 从而 $(g \circ f) \circ u$ 就等于给定的态射 $Z' \to Z$, 并且 $u \circ j = u_0$, 这就证明了 $g \circ f$ 是泛平滑的, 同样的方法也可以证明 f 和 g 都是泛非分歧态射的情形.

最后, 为了证明 (iii), 我们令 $X' = X_{(S')}$, $Y' = Y_{(S')}$, $f' = f_{(S')}$, 考虑一个仿射概形 Y'' 和它的一个由幂零理想层所定义的闭子概形 Y''_0 以及一个态射 $g: Y'' \to Y'$ (它使 Y'' 成为一个 Y' 概形), 我们知道 (**I**, 3.3.8) $\mathrm{Hom}_{Y'}(Y'', X')$ 可以典范等同于 $\mathrm{Hom}_Y(Y'', X)$, 且 $\mathrm{Hom}_{Y'}(Y''_0, X')$ 可以典范等同于 $\mathrm{Hom}_Y(Y'', X)$, 从而由定义 (17.1.1) 立得结论.

注意到闭浸入未必是泛平滑态射.

命题 (17.1.4) — 设 $f: X \to Y$, $g: Y \to Z$ 是两个态射, 并假设 g 是泛非分歧的. 于是若 $g \circ f$ 是泛平滑的 (切转: 泛平展的), 则 f 也是如此.

事实上, 设 Y' 是一个仿射概形, Y'_0 是 Y' 的一个由幂零理想所定义的闭子概形, $h: Y' \to Y$ 是一个态射, $j: Y'_0 \to Y'$ 是典范含入, $u_0: Y'_0 \to X$ 是一个 Y 态射, 从而我们有 $f \circ u_0 = h \circ j$. 假设 $g \circ f$ 是泛平滑的, 则可以找到一个态射 $u: Y' \to X$, 使得 $u \circ j = u_0$ 且 $(g \circ f) \circ u = g \circ h$. 但这些关系式就表明 $f \circ u$ 和 h 是 Y' 到 Y 的两个 Z 态射, 且满足 $(f \circ u) \circ j = h \circ j$, 依照 g 是泛非分歧态射的条件, 我们就得到了 $f \circ u = h$, 换句话说, u 是一个 Y 态射, 从而 f 是泛平滑的. 有见于 (17.1.3, (v)), 这就证明了命题.

推论 (17.1.5) — 假设 g 是泛平展的, 则为了使 $g \circ f$ 是泛平滑的 (切转: 泛非分歧的, 泛平展的), 必须且只需 f 是如此.

这可由 (17.1.4) 和 (17.1.3, (ii) 与 (v)) 推出.

命题 (17.1.6) — 设 $f: X \to Y$ 是一个概形态射.

(i) 设 (U_α) 是 X 的一个开覆盖, 且对任意 α, 设 $i_\alpha: U_\alpha \to X$ 是典范含入. 则为

了使 f 是泛平滑的 (切转: 泛非分歧的, 泛平展的), 必须且只需每个态射 $f\circ i_\alpha$ 都是如此.

(ii) 设 (V_λ) 是 Y 的一个开覆盖. 则为了使 f 是泛平滑的 (切转: 泛非分歧的, 泛平展的), 必须且只需 f 的每个限制 $f^{-1}(V_\lambda)\to V_\lambda$ 都是如此.

我们首先注意到 (ii) 是 (i) 的推论. 事实上, 若 $j_\lambda: V_\lambda\to Y$ 和 $i_\lambda: f^{-1}(V_\lambda)\to X$ 是典范含入, 则 f 的限制 $f_\lambda: f^{-1}(V_\lambda)\to V_\lambda$ 满足 $j_\lambda\circ f_\lambda=f\circ i_\lambda$, 若 f 是泛平滑的 (切转: 泛非分歧的) , 则 $f\circ i_\lambda$ 也是如此, 因为 i_λ 是泛平展的 (17.1.3), 然而 j_λ 是泛平展的, 故依照 (17.1.5), 这就表明 f_λ 是泛平滑的 (切转: 泛非分歧的). 反过来, 若这些 f_λ 都是泛平滑的 (切转: 泛非分歧的), 则 $j_\lambda\circ f_\lambda$ 也是如此 (17.1.3), 从而依照 (i), f 同样是如此.

现在我们观察到这些 i_α 都是泛平展的, 从而问题归结为证明, 若这些 $f\circ i_\alpha$ 都是泛平滑的 (切转: 泛非分歧的), 则 f 也是如此.

设 Y' 是一个仿射概形, Y'_0 是 Y' 的一个由幂零理想层 $\mathscr{J}$ 所定义的闭子概形, 我们可以假设 $\mathscr{J}$ 是初等幂零的, 即 $\mathscr{J}^2=0$ (17.1.2, (ii)), 最后设 $g: Y'\to Y$ 是任意态射. 假设给了一个 Y 态射 $u_0: Y'_0\to X$, 我们用 W_α (切转: W^0_α) 来记 Y' (切转: Y'_0) 在开集 $u_0^{-1}(U_\alpha)$ 上所诱导的概形 (还记得 Y' 和 Y'_0 具有相同的底空间). 首先假设这些 $f\circ i_\alpha$ 都是泛非分歧的, 我们来证明, 若 u' 和 u'' 是 Y' 到 X 的两个 Y 态射, 并且它们在 Y'_0 上的限制重合, 则必有 $u'=u''$. 事实上, 有见于 (17.1.2, (iv)), $f\circ i_\alpha$ 是泛非分歧的这个条件就说明, 对任意 α, 均有 $u'|_{W_\alpha}=u''|_{W_\alpha}$, 因为这两个 Y 态射限制到 W^0_α 上是重合的. 故得此情形下的结论.

现在假设这些 $f\circ i_\alpha$ 都是泛平滑的, 我们来证明, 可以找到一个 Y 态射 $u: Y'\to X$, 使得它在 Y'_0 上的限制是 u_0. 现在 Y' 是一个仿射概形, 故 (16.5.17) 中的条件都得到了满足, 由此刚好就推出了 u 的存在性.

从而我们可以说, (17.1.1) 中所定义的那些概念在 X 和 Y 上都是局部性的, 故依照 (17.1.2, (i)), 问题总可以归结为对于泛平滑代数 (切转: 泛非分歧代数, 泛平展代数) 的考察.

17.2 微分方法的一般性质

命题 (17.2.1) — 为了使一个态射 $f: X\to Y$ 是泛非分歧的, 必须且只需 $\Omega^1_f=0$ (也可以把它写成 $\Omega^1_{X/Y}=0$ (16.3.1)).

有见于 (17.1.6), 问题可以归结到 $Y=\operatorname{Spec}A$ 和 $X=\operatorname{Spec}B$ 都是仿射概形的情形, 此时由 (**0**, 20.7.4) 以及 (16.3.7) 中对于微分 $\Omega^1_{X/Y}$ 的描述就可以推出结论.

推论 (17.2.2) — 设 $f: X\to Y$, $g: Y\to Z$ 是两个态射. 则为了使 f 是泛非分

歧的, 必须且只需典范同态 (16.4.19)

$$f^*\Omega^1_{Y/Z} \longrightarrow \Omega^1_{X/Z}$$

是满的.

这可由 (17.2.1) 和正合序列 (16.4.19.1) 立得.

命题 (17.2.3) — 设 $f: X \to Y$ 是一个泛平滑态射.

(i) $\mathscr{O}_X$ 模层 $\Omega^1_{X/Y}$ 是局部投射的 (16.10.1). 若 f 是局部有限型的, 则 $\Omega^1_{X/Y}$ 是有限型局部自由的.

(ii) 对任意态射 $g: Y \to Z$, $\mathscr{O}_X$ 模层的序列 (16.4.19)

(17.2.3.1) $$0 \longrightarrow f^*\Omega^1_{Y/Z} \longrightarrow \Omega^1_{X/Z} \longrightarrow \Omega^1_{X/Y} \longrightarrow 0$$

都是正合的, 进而对任意 $x \in X$, 均可找到 x 的一个开邻域 U, 使得 (17.2.3.1) 中的那些同态在 U 上的限制构成一个**分裂**正合序列.

(i) 我们知道 (16.3.9), 若 f 是局部有限型的, 则 Ω^1_f 是有限型 $\mathscr{O}_X$ 模层. 为了在一般情形下证明它是局部投射的, 依照 (17.1.6), 总可以把问题归结到 $Y = \operatorname{Spec} A$ 和 $X = \operatorname{Spec} B$ 都是仿射概形的情形, 此时由 f 上的前提条件和 (**0**, 20.4.9) 与 (**0**, 19.2.1) 就可以推出结论.

(ii) 这里仍可限于考虑 X, Y 和 Z 都是仿射概形的情形 (17.1.6), 此时把序列 (17.2.3.1) 的各项都转换成模再利用 (**0**, 20.5.7) 就可以推出结论.

推论 (17.2.4) — 设 $f: X \to Y$ 是一个泛平展态射, 则对任意态射 $g: Y \to Z$, $\mathscr{O}_X$ 模层的典范同态

$$f^*\Omega^1_{Y/Z} \longrightarrow \Omega^1_{X/Z}$$

都是一一的.

这可由序列 (17.2.3.1) 的正合性和此情形下 $\Omega^1_{X/Y} = 0$ (17.2.1) 的事实推出.

命题 (17.2.5) — 设 $f: X \to Y$ 是一个态射, X' 是 X 的这样一个子概形, 它使得合成态射 $X' \xrightarrow{j} X \xrightarrow{f} Y$ (其中 j 是典范含入) 是泛平滑的. 则 $\mathscr{O}_X$ 模层的序列 (16.4.21)

(17.2.5.1) $$0 \longrightarrow \mathscr{N}_{X'/X} \longrightarrow \Omega^1_{X/Y} \otimes_{\mathscr{O}_X} \mathscr{O}_{X'} \longrightarrow \Omega^1_{X'/Y} \longrightarrow 0$$

是正合的, 进而对任意 $x \in X$, 均可找到 x 的一个开邻域 U, 使得 (17.2.5.1) 中的那些同态在 U 上的限制构成一个**分裂**正合序列.

仍然依照 (17.1.6), 我们可以限于考虑 $Y = \operatorname{Spec} A$ 和 $X = \operatorname{Spec} B$ 都是仿射概形并且 $X' = \operatorname{Spec}(B/\mathfrak{I})$ 的情形, 其中 $\mathfrak{I}$ 是 B 的一个理想. 此时余法层 $\mathscr{N}_{X'/X}$ 对应着 B 模 $\mathfrak{I}/\mathfrak{I}^2$ (16.1.3), 故由 (**0**, 20.5.14) 就可以推出结论.

命题 (17.2.6) — 设 X, Y 是两个概形, $f : X \to Y$ 是一个局部有限型态射. 则以下诸条件是等价的:

a) f 是一个单态射.

b) f 是紧贴的, 并且是泛非分歧的.

c) 对任意 $y \in Y$, 纤维 $f^{-1}(y)$ 要么是空的, 要么在 $\boldsymbol{k}(y)$ 上同构于 $\operatorname{Spec}\boldsymbol{k}(y)$ (换句话说, 它只包含一个点 z, 并且 $\boldsymbol{k}(y) \to \mathscr{O}_z/\mathfrak{m}_y\mathscr{O}_z$ 是同构).

a) 蕴涵 c) 是缘自 (8.11.5.1). 显然 c) 能推出 f 是紧贴的, 我们来证明 c) 蕴涵 $\Omega^1_{X/Y} = 0$, 这就能够证明 c) 蕴涵 b) (17.2.1). 注意到 $\mathscr{O}_X$ 模层 $\Omega^1_{X/Y}$ 是有限型拟凝聚的 (16.3.9), 从而由 (**I**, 9.1.13.1) 知, 为了使 $(\Omega^1_{X/Y})_x = 0$, 必须且只需对于 $Y_1 = \operatorname{Spec}\boldsymbol{k}(y)$ 和 $X_1 = f^{-1}(y) = X \times_Y Y_1$, 我们有 $(\Omega^1_{X_1/Y_1})_x = 0$. 然而依照前提条件, f 所导出的态射 $f_1 : X_1 \to Y_1$ 是泛非分歧的, 故由 (17.2.1) 就可以推出结论. 最后我们来证明 b) 蕴涵 a), 为此考虑对角线态射 $g = \Delta_f : X \to X \times_Y X$, 由于 f 是紧贴的, 故知 g 是映满的 (1.8.7.1), 另一方面, 根据定义, $\Omega^1_{X/Y}$ 是浸入 g 的余法层 $\mathscr{G}r_r(g)$ (16.3.1), 从而 f 是泛非分歧的就等价于 $\mathscr{G}r_1(g) = 0$ (17.2.1). 进而, g 是局部有限呈示的 (1.4.3.1), 从而由 $\mathscr{G}r_1(g) = 0$ 的条件就能推出 g 是一个开浸入 (16.1.10), 又因为它是映满的, 故知它是一个同构, 从而 f 是一个单态射 (**I**, 5.3.8).

17.3 平滑态射、非分歧态射、平展态射

定义 (17.3.1) — 所谓一个态射 $f : X \to Y$ 是平滑的 (切转: 非分歧的, 平展的), 是指它是泛平滑的 (切转: 泛非分歧的, 泛平展的), 并且是局部有限呈示的.

此时我们也说 X 在 Y 上是平滑的 (切转: 非分歧的, 平展的) .

我们在后面 (17.5.2) 将会证明, 这里所定义的平滑态射与 (6.8.1) 中的概念是一致的, 但在证明这一点之前, 我们将只使用 (17.3.1) 这个定义.

显然 f 是平展的就等价于它既是平滑的又是非分歧的.

注解 (17.3.2) — (i) 注意到定义 (17.3.1) 可以仅使用函子

$$Y' \longmapsto \operatorname{Hom}_Y(Y', X)$$

的语言来进行描述 (和 (17.1.2, (iii)) 中一样), 因为 f 是局部有限呈示的就等价于上述函子与仿射概形的投影极限可交换 (8.14.2).

(ii) 设 A 是一个环, B 是一个 A 代数. 所谓 B 是平滑 A 代数 (切转: 非分歧 A 代数, 平展 A 代数), 是指对应的态射 $\operatorname{Spec}B \to \operatorname{Spec}A$ 是平滑的 (切转: 非分歧的, 平展的). 这也相当于说 B 是泛平滑的 (切转: 泛非分歧的, 泛平展的) 有限呈示 A 代数.

(iii) 由 (17.1.6) 和局部有限呈示态射的定义 (1.4.2) 知, 平滑态射、非分歧态射、平展态射这三个概念在 X 和 Y 上都是局部性的.

命题 (17.3.3) — (i) 开浸入都是平展的. 为了使一个浸入是非分歧的, 必须且只需它是局部有限呈示的.

(ii) 两个平滑态射 (切转: 非分歧态射, 平展态射) 的合成仍然是平滑的 (切转: 非分歧的, 平展的).

(iii) 若一个 S 态射 $f : X \to Y$ 是平滑的 (切转: 非分歧的, 平展的), 则对任意基扩张 $S' \to S$, $f_{(S')} : X_{(S')} \to Y_{(S')}$ 都是如此.

(iv) 若 $f : X \to X'$ 和 $g : Y \to Y'$ 是两个平滑 S 态射 (切转: 非分歧 S 态射, 平展 S 态射), 则 $f \times_S g : X \times_S Y \to X' \times_S Y'$ 也是如此.

(v) 设 $f : X \to Y$, $g : Y \to Z$ 是两个态射, 若 g 是局部有限型的, 并且 $g \circ f$ 是非分歧的, 则 f 是非分歧的.

这可由 (1.4.3) 和 (17.1.3) 立得.

命题 (17.3.4) — 设 $f : X \to Y$, $g : Y \to Z$ 是两个态射, 并假设 g 是非分歧的. 于是若 $g \circ f$ 是平滑的 (切转: 非分歧的, 平展的), 则 f 也是如此.

事实上, 由于 g 和 $g \circ f$ 都是局部有限呈示的, 故 f 也是如此 (1.4.3, (v)), 从而由 (17.1.4) 和 (17.1.3, (v)) 就可以推出结论.

推论 (17.3.5) — 假设 g 是平展的, 则为了使 f 是平滑的 (切转: 非分歧的, 平展的), 必须且只需 $g \circ f$ 是如此.

这可由 (17.3.4) 和 (17.3.3, (ii)) 推出.

命题 (17.3.6) — 设 $g : Y \to S$, $h : X \to S$ 是两个局部有限呈示态射. 则为了使一个 S 态射 $f : X \to Y$ 是非分歧的, 必须且只需典范同态 (16.4.19)

$$f^* \Omega^1_{Y/S} \longrightarrow \Omega^1_{X/S}$$

是满的.

由于此时 f 是局部有限呈示的 (1.4.3, (v)), 故命题可由 (17.2.2) 立得.

定义 (17.3.7) — 设 $f : X \to Y$ 是一个态射. 所谓 f 在点 $x \in X$ 近旁是平滑的 (切转: 非分歧的, 平展的), 是指可以找到 x 在 X 中的一个开邻域 U, 使得 f 的限制 $f|_U$ 是一个从 U 到 Y 的平滑态射 (切转: 非分歧态射, 平展态射).

此时我们也说 X 在点 x 近旁是在 Y 上平滑的 (切转: 非分歧的, 平展的) .

有见于命题 (17.3.2, (iii)), f 是平滑态射 (切转: 非分歧态射, 平展态射) 就等价于它在 X 的每一点近旁都是平滑的 (切转: 非分歧的, 平展的).

显然由那些使得 $f : X \to Y$ 在其近旁平滑 (切转: 非分歧, 平展) 的点 $x \in X$ 所组成的集合在 X 中是开的.

命题 (17.3.8) — 对任意概形 Y 和任意有限型局部自由 $\mathscr{O}_Y$ 模层 $\mathscr{E}$, 向量丛 $\mathbf{V}(\mathscr{E})$ (**II**, 1.7.8) 都是平滑 Y 概形.

事实上, 我们可以限于考虑 $Y = \operatorname{Spec} A$ 是仿射概形并且 $\mathbf{V}(\mathscr{E}) = \operatorname{Spec} A[T_1, \cdots, T_r]$ 的情形, 由于 $A[T_1, \cdots, T_r]$ 是一个泛平滑 A 代数 (**0**, 19.3.2), 并且它是有限呈示的, 故由 (17.3.2, (ii)) 就可以推出结论.

推论 (17.3.9) — 在 (17.3.8) 的前提条件下, 射影丛 $\mathbf{P}(\mathscr{E})$ (**II**, 4.1.1) 是平滑 Y 概形.

仍然可以限于考虑 $Y = \operatorname{Spec} A$ 是仿射概形并且 $\mathbf{P}(\mathscr{E}) = \mathbf{P}^r_Y$ 的情形. 此时我们知道 (**II**, 2.3.14) $\mathbf{P}^r_A$ 有这样一个有限开覆盖, 它是由 $D_+(T_i)$ $(0 \leqslant i \leqslant r)$ 组成的, 其中每个开集都等于某个环 $S_{(f)}$ 的谱, 这里把 S 换成 $A[T_0, T_1, \cdots, T_r]$ 并把 f 换成各个 T_i. 然而由 $S_{(f)}$ 的定义 (**II**, 2.2.1) 立知, 这个环同构于 $A[T_0, \cdots, T_{i-1}, T_{i+1}, \cdots, T_r]$, 从而由 (17.3.8) 即可推出结论.

17.4 非分歧态射的特征性质

定理 (17.4.1) — 设 $f : X \to Y$ 是一个局部有限呈示态射, x 是 X 的一点. 则以下诸条件是等价的:

a) f 在点 x 近旁是非分歧的.

b) 对角线态射 $\Delta_f : X \to X \times_Y X$ 在点 x 近旁是局部同构.

b′) 我们令 $\Delta_f = (\psi, \theta)$, $Z = X \times_Y X$ 和 $z = \psi(x)$, 则同态 $\theta^\sharp_x : \mathscr{O}_{Z,z} \to \mathscr{O}_{X,x}$ 是一一的.

b″) 对任意态射 $g : Y' \to Y$ 和 $y = f(x)$ 上的任意点 $y' \in Y'$, $X' = X \times_Y Y'$ 的任何一个 Y' 截面 s' 只要使 $x' = s'(y')$ 位于 x 之上就是点 y' 近旁的一个局部同构.

c) $(\Omega^1_{X/Y})_x = 0$.

d) $\boldsymbol{k}(y)$ 概形 $f^{-1}(y)$ 在点 x 近旁是在 $\boldsymbol{k}(y)$ 上非分歧的.

d′) 点 x 在 $X_y = f^{-1}(y)$ 中是孤立的 (换句话说 (**II**, 6.2.3 (**追加** $_{\text{III}}$, **20**)), 态射 f 在点 x 近旁是拟有限的), 并且局部环 $\mathscr{O}_{X_y,x}$ 是 $\boldsymbol{k}(y)$ 的可分扩张.

d″) 环 $\mathscr{O}_{X_y,x} = \mathscr{O}_{X,x}/\mathfrak{m}_y\mathscr{O}_{X,x}$ 是一个域, 并且是 $\boldsymbol{k}(y)$ 的有限可分扩张.

e) 环 $\mathscr{O}_{X,x}$ 是一个泛非分歧 $\mathscr{O}_{Y,y}$ 代数.

由于 f 是局部有限型的, 故 $\mathscr{O}_X$ 模层 $\Omega^1_{X/Y}$ 是有限型的 (16.3.9), 从而 $(\Omega^1_{X/Y})_x = 0$ 就等价于可以找到 x 的一个开邻域 U, 使得 $\Omega^1_{X/Y}|_U = 0$. 有见于 (17.2.1), 这就可以证明 a) 和 c) 的等价性. 另一方面, 我们令 $A = \mathscr{O}_{Y,y}$, $B = \mathscr{O}_{X,x}$, 则有 $(\Omega^1_{X/Y})_x = \Omega^1_{B/A}$ (16.4.15), 从而由 (**0**, 20.7.4) 就可以推出 c) 和 e) 的等价性.

由于 d′) 只与态射 $X_y \to \operatorname{Spec} \boldsymbol{k}(y)$ 的性质有关, 故从 a) 和 d′) 的等价性就能推出 d) 和 d′) 的等价性. 另一方面, d′) 和 d″) 是等价的, 事实上, $\mathscr{O}_{X_y,x}$ 是有限 $\boldsymbol{k}(y)$ 代数就等价于 x 是 X_y 的孤立点, 因为 X_y 是一个局部有限呈示 $\boldsymbol{k}(y)$ 概形 (**I**, 6.4.4).

现在我们来证明 b) 和 b′) 的等价性. 可以限于考虑 $Y = \operatorname{Spec} R$ 和 $X = \operatorname{Spec} S$ 都是仿射概形并且 f 是有限呈示的情形, 此时我们有 $Z = \operatorname{Spec}(S \otimes_R S)$, 并且 Δ_f 对应着典范满同态 $S \otimes_R S \to S$, 我们知道这个同态的核是一个有限型理想 (**0**, 20.4.4). 现在令 $\mathscr{J} = \widetilde{\mathfrak{I}}$, 则 $\mathscr{O}_X$ 模层 $\psi_*\mathscr{O}_X = \mathscr{O}_Z/\mathscr{J}$ 是有限呈示的, 而且由同态 $\theta_z : \mathscr{O}_{Z,z} \to (\psi_*\mathscr{O}_X)_z$ 是一一的这个条件可知, 若把 X 换成 x 的一个开邻域, 则同态 $\theta : \mathscr{O}_Z \to \psi_*\mathscr{O}_X$ 自身也是一一的 (**0**$_{\mathbf{I}}$, 5.2.7). 这就证明了 b′) 蕴涵 b), 逆命题是显然的.

另一方面, 即使不假设 f 满足有限性条件, b) 和 b″) 的等价性也可由 (**I**, 5.3.7) 推出来. 事实上, 给出一个 Y' 截面 $s' : Y' \to X'$ 就等价于给出一个 Y 态射 $h = g' \circ s' : Y' \to X$ (其中 $g' : X' \to X$ 是典范投影), 它们之间满足 $s' = (1_{Y'}, h)_X$, 而图表

(17.4.1.1)
$$\begin{array}{ccc} Y' & \xrightarrow{\ s'\ } & X' = Y' \times_Y X \\ {\scriptstyle h}\big\downarrow & & \big\downarrow{\scriptstyle h\times_Y 1_X} \\ X & \xrightarrow[\ \Delta_f\ ]{} & X \times_Y X \end{array}$$

则把 Y' 等同于 X 和 X' 作为 $X \times_Y X$ 概形的纤维积. 因而 (**I**, 4.3.2) 若 Δ_f 在点 x 近旁是局部同构, 则 s' 在点 y' 近旁是局部同构 (因为 $x = h(y')$), 这就证明了 b) 蕴涵 b″). 把 b″) 应用到 $Y' = X$, $y' = x$, $g = f$, $s' = \Delta_f$ 上又可以得出反方向的蕴涵关系.

为了完成 (17.4.1) 的证明, 只需再说明下面的蕴涵关系即可,

$$\text{d″)} \implies \text{c)} \implies \text{b)} \implies \text{d″)}.$$

d″) ⇒ c):由于 $\Omega^1_{X/Y}$ 是有限型 $\mathscr{O}_X$ 模层, 故由 Nakayama 引理知, 条件 c) 等价于 $(\Omega^1_{X/Y})_x/\mathfrak{m}_y(\Omega^1_{X/Y})_x = 0$, 也就是说 (16.4.5) 等价于 $(\Omega^1_{X_y/\operatorname{Spec}\boldsymbol{k}(y)})_x = 0$. 从而问题归结为 Y 是域 k 的谱而 X 是有限型 k 概形的情形. 根据前提条件, $\mathscr{O}_{X,x}$ 是一个域 k', 并且是 k 的有限扩张, 这首先说明了 x 在 X 中是闭的 (**I**, 6.4.2), 而且说明了 x 是 Noether 概形 X 的极大点, 从而它是 X 的一个孤立点. 从而通过把 X 换成开子集 $\{x\}$, 我们可以假设 $X = \operatorname{Spec} k'$, 但此时 k' 是 k 的有限可分扩张这个条件蕴涵着 $\Omega^1_{k'/k} = 0$ (**0**, 20.6.20), 这就证明了 c).

c) ⇒ b): 我们在前面已经看到, 此时可以找到 x 在 X 中的一个开邻域 U, 使得 $\Omega^1_{X/Y}|_U = 0$, 从而 b) 可由 $\Omega^1_{X/Y}$ 的定义 (16.3.1) 以及 (16.1.9) 推出.

b) $\Rightarrow$ d″): 通过把 X 换成 x 的一个开邻域, 就可以假设 Δ_f 是开浸入, 现在我们用 $f_y: X_y \to \operatorname{Spec} \boldsymbol{k}(y)$ 来记由 f 通过基变换而得到的态射, 则 Δ_{f_y} 也是开浸入 (**I**, 5.3.4), 且由于条件 d″) 只与概形 X_y 有关, 故我们可以限于考虑 Y 是域 k 的谱而 X 是有限型 k 代数 A 的谱的情形, 且为了证明性质 d″), 只需证明 A 是有限可分 k 代数即可, 因为这样的 k 代数一定是 k 的有限个有限可分扩张的直合. 若 K 是 k 的一个代数闭扩张, 则问题归结为证明 $A \otimes_k K$ 是有限可分 K 代数 (4.6.1), 从而我们可以限于考虑 k 是代数闭域的情形. 首先来证明 A 是一个有限 k 代数, 为此只需证明 X 的任何闭点 x 都是孤立的, 因为这样一来, 这些点的集合在 X 中就是开且离散的, 从而是有限的, 因为它是拟紧的 (X 是 Noether 的), 依照 (**I**, 6.4.4), 这就证明了上述阐言. 现在我们有 $\boldsymbol{k}(x) = k$, 因为 k 是代数闭的 (**I**, 6.4.3), 从而可以找到 X 的一个 Y 截面 s, 使得 $s(Y) = \{x\}$, 而依照 (17.4.1.1), $\{x\}$ 就是对角线 $\Delta_X(X)$ 在态射 $X \to X \times_Y X$ 下的逆像, 从而由条件 b) 知, $\{x\}$ 在 X 中是开的. 这样我们就证明了 A 是一个有限 k 代数, 即它是一些有限局部 k 代数的直合. 从而为了说明 Δ_f 是开浸入, 可以限于考虑 A 是一个有限局部 k 代数的情形, 此时 $X = \operatorname{Spec} A$ 只含一个点. 由于 A 的剩余类域作为 k 的有限扩张必然就等于 k, 因而 (**I**, 3.4.9) $X \times_k X$ 只含一个点, 从而 Δ_f 必然是一个同构. 现在因为 A 是一个 k 代数, 故典范同态 $A \otimes_k A \to A$ 仅当 $A = k$ 时才能是一一的. 证明完毕.

注解 (17.4.1.2) — 如果我们仅假设 f 是局部有限型的, 那么 $\Omega^1_{X/Y}$ 仍然是有限型 $\mathscr{O}_X$ 模层 (16.3.9), 并且 Δ_f 也是局部有限呈示态射 (1.4.3.1). 从而 (17.4.1) 的证明过程仍然是有效的, 只是要把条件 a) 换成: *f 在 x 的某个适当邻域上的限制是一个泛非分歧态射, 也就是说 f 在 x 近旁是近非分歧的* (我们将把局部有限型的泛非分歧态射简称为近非分歧态射). 进而我们还看出, 此时 f 在 x 的某个适当邻域上的限制是一个局部拟有限态射.

推论 (17.4.2) — *设 $f: X \to Y$ 是一个局部有限呈示态射. 则以下诸性质是等价的:*

a) f 是非分歧的.

b) 对角线态射 $\Delta_f: X \to X \times_Y X$ 是一个开浸入.

b′) 对任意态射 $Y' \to Y$, $X' = X \times_Y Y'$ 的任何 Y' 截面都是开浸入.

c) $\Omega^1_{X/Y} = 0$.

d) 对任意 $y \in Y$, $\boldsymbol{k}(y)$ 概形 $f^{-1}(y)$ 在 $\boldsymbol{k}(y)$ 上都是非分歧的.

d′) 对任意 $y \in Y$, $\boldsymbol{k}(y)$ 概形 $f^{-1}(y)$ 都同构于一个形如 $\coprod_{\lambda \in L} \operatorname{Spec} K_\lambda$ 的概形, 其中对每个 $\lambda \in L$, K_λ 都是 $\boldsymbol{k}(y)$ 的有限可分扩张.

e) 对任意 $x \in X$, 环 $\mathscr{O}_{X,x}$ 都是泛非分歧 $\mathscr{O}_{Y,f(x)}$ 代数.

推论 (17.4.3) — *若 $f: X \to Y$ 是非分歧的, 则它是局部拟有限的* (**II**, 6.2.3 (**追加 III, 20**)).

命题 (17.4.4) — 设 Y 是一个局部 Noether 概形, $f: X \to Y$ 是一个局部有限型态射, x 是 X 的一点, $y = f(x)$. 我们令 $A = \mathscr{O}_{Y,y}$, $B = \mathscr{O}_{X,x}$, 它们都是Noether 局部环, 再设 k 是 A 的剩余类域. 则定理 (17.4.1) 中的等价条件a) 到e) 也等价于下面每个条件:

f) $\widehat{B} \otimes_{\widehat{A}} k$ 是一个域, 并且是 k 的有限可分扩张 (这表明 $\widehat{B}$ 是一个有限 $\widehat{A}$ 代数).

f′) $\widehat{B}$ 在进制拓扑下是形式非分歧 $\widehat{A}$ 代数.

进而若 $\boldsymbol{k}(x) = \boldsymbol{k}(y)$, 或者 k 是可分闭的, 则这些条件还等价于:

f″) 同态 $\widehat{A} \to \widehat{B}$ 是满的.

我们首先注意到, 根据 (**0**, 19.3.6) 中的论证方法, B 在预进制拓扑下是形式非分歧 A 代数就等价于 $\widehat{B}$ 在进制拓扑下是形式非分歧 $\widehat{A}$ 代数. 另一方面, f 是局部有限型的这个条件表明, $\Omega^1_{B/A}$ 是有限型 B 模 (16.3.9), 从而它在 $\mathfrak{n}$ 预进拓扑下是分离的 (其中 $\mathfrak{n}$ 是 B 的极大理想) ($\mathbf{0_I}$, 7.3.5), 于是 $\Omega^1_{B/A} = 0$ 就等价于 $\widehat{\Omega}^1_{B/A} = 0$. 从而 (**0**, 20.7.4) B 在离散拓扑下是形式非分歧 A 代数就等价于它在预进制拓扑下是形式非分歧 A 代数, 这就证明了条件 e) 和 f′) 的等价性. 若 $\mathfrak{m}$ 是 A 的极大理想, 则我们有 $k = A/\mathfrak{m} = \widehat{A}/\mathfrak{m}\widehat{A}$, 从而 $\widehat{B} \otimes_{\widehat{A}} k = \widehat{B}/\mathfrak{m}\widehat{B} = \widehat{B} \otimes_B (B/\mathfrak{m}B)$, 因而 ($\mathbf{0_I}$, 7.3.5) $\widehat{B}/\mathfrak{m}\widehat{B}$ 是 $B/\mathfrak{m}B = B \otimes_A k$ 在 $\mathfrak{n}$ 预进拓扑下的完备化, 这就证明了 d″) 和 f) 的等价性. 最后, 当 $\boldsymbol{k}(x) = \boldsymbol{k}(y)$ 或者 k 是可分闭域时, 条件 f) 表明, 同态 $\widehat{A}/\mathfrak{m}\widehat{A} \to \widehat{B}/\mathfrak{m}\widehat{B}$ 是一一的, 另一方面, 条件 f) 又表明 $\widehat{B}$ 是拟有限 $\widehat{A}$ 代数 ($\mathbf{0_I}$, 7.4.4), 从而它是有限 $\widehat{A}$ 代数, 因为 $\widehat{A}$ 是完备的, 并且 $\widehat{B}$ 在 $\mathfrak{m}$ 预进拓扑下是分离的 (还记得 $\mathfrak{m}\widehat{B}$ 是 $\widehat{B}$ 的一个定义理想) ($\mathbf{0_I}$, 7.4.1). 从而依照 Nakayama 引理, 同态 $\widehat{A} \to \widehat{B}$ 是满的. 这就说明 f) 蕴涵 f″), 逆命题是显然的.

(17.4.5) 给了一个 S 概形 Y 和两个 S 态射 $f: X \to Y$, $g: X \to Y$, 就可以典范地导出一个 S 态射 $(f,g)_S: X \to Y \times_S Y$. 我们把对角线 $\Delta_{Y|S}$ 在 $(f,g)_S$ 下的逆像称为 f 和 g 的同一化概形, 它是 X 的一个子概形, 且如果 Y 在 S 上是分离的, 那么它就是闭的 (**I**, 5.4.1).

命题 (17.4.6) — 设 $h: Y \to S$ 是一个非分歧态射, 并设 $f: X \to Y$, $g: X \to Y$ 是两个 S 态射. 则 f 和 g 的同一化概形 C 是 X 的一个开子概形, 进而若 Y 在 S 上是分离的 (**I**, 5.4.1), 则它也是 X 的闭子概形.

事实上, 因为 $\Delta_h: Y \to Y \times_S Y$ 是开浸入 (17.4.2), 故知 $\Delta_{Y|S}$ 在 $(f,g)_S$ 下的逆像是 X 的一个开子概形 (**I**, 4.4.1). 最后一句话缘自 (17.4.5).

推论 (17.4.7) — 在 (17.4.6) 的前提条件下, 设 x 是 X 的一点, 并假设两个合成态射 $\operatorname{Spec} \boldsymbol{k}(x) \to X \xrightarrow{f} Y$ 和 $\operatorname{Spec} \boldsymbol{k}(x) \to X \xrightarrow{g} Y$ 是相等的. 则可以找到 x 的一个开邻域 U, 使得 $f|_U = g|_U$. 进而若 Y 在 S 上是分离的, 则可以找到 x 在 X 中的一个既开又闭的邻域 X', 使得 $f|_{X'} = g|_{X'}$. 最后, 若进而假设 X 是连通的, 则有

$f = g$.

这可由 (17.4.6) 和 (**I**, 5.3.17) 推出.

推论 (17.4.8) — 在 (17.4.6) 的前提条件下, 假设 X 到 S 的结构态射 $\varphi = h \circ f = h \circ g$ 是闭的. 设 s 是 S 的一点, X_s 是 $\boldsymbol{k}(s)$ 概形 $\varphi^{-1}(s)$, 并假设两个合成态射 $X_s \to X \xrightarrow{f} Y$ 和 $X_s \to X \xrightarrow{g} Y$ 是相等的. 则可以找到 s 在 S 中的一个开邻域 V, 使得 $f|_{\varphi^{-1}(V)} = g|_{\varphi^{-1}(V)}$. 进而若 Y 在 S 上是分离的, 并且 φ 是开的, 则可以取 V 是既开又闭的. 最后, 若进而假设 S 是连通的, 则有 $f = g$.

由 (17.4.7) 知, f 和 g 的同一化概形 C 是 X 的一个开子概形, 并且包含了 X_s. 由于 φ 是闭的, 故可找到 s 的一个开邻域 V, 使得 $\varphi^{-1}(V) \subseteq C$. 进而若 Y 在 S 上是分离的, 则 C 是闭的, 从而 $\varphi(X \smallsetminus C)$ 在 S 中是既开又闭的, 从而它在 S 中的补集 V 就是 s 的一个既开又闭的邻域, 且满足 $\varphi^{-1}(V) \subseteq C$.

命题 (17.4.9) — 设 Y 是一个连通概形, $f : X \to Y$ 是一个分离的非分歧态射. 则 X 的任何 Y 截面 g 都是 Y 到 X 的某个连通分支的同构, 并且映射 $g \mapsto g(Y)$ 是一个从 $\Gamma(X/Y)$ 到 X 的那些满足下述条件的连通分支 Z 的集合的一一映射: f 在 Z 上的限制是 Z 到 Y 的同构 (Z 在 X 中必然是开的). 特别地, 设 g' 和 g'' 是 X 的两个 Y 截面, 若在某个点 $y \in Y$ 处有 $g'(y) = g''(y)$, 则 $g' = g''$.

事实上, 由 (17.4.1, b″)) 知, X 的一个 Y 截面 s 总是一个开浸入, 且由于 X 在 Y 上是分离的, 故知 s 也是一个闭浸入 (**I**, 5.4.7), 从而 s 是 Y 到 X 的某个既开又闭的子集的同构, 这个子集必然是 X 的一个连通分支, 因为 $s(Y)$ 是连通的. 命题的其余部分是显然的.

注解 (17.4.10) — 有见于注解 (17.4.1.2), 我们看到在 (17.4.6) 到 (17.4.9) 的陈述中, “非分歧”都可以换成“近非分歧”.

17.5 平滑态射的特征性质

定理 (17.5.1) — 设 $f : X \to Y$ 是一个局部有限呈示态射, x 是 X 的一点, $y = f(x)$. 则以下诸条件是等价的:

a) f 在点 x 近旁是平滑的.

b) f 在点 x 处是平坦的, 并且 $\boldsymbol{k}(y)$ 概形 $f^{-1}(y)$ 在点 x 近旁是在 $\boldsymbol{k}(y)$ 上平滑的.

b′) f 在点 x 处是全盘正则的 (6.8.1).

c) 环 $\mathscr{O}_{X,x}$ 是一个泛平滑 $\mathscr{O}_{Y,y}$ 代数.

可以限于考虑 $Y = \operatorname{Spec} A$, $X = \operatorname{Spec} C$ 的情形, 其中 $C = B/\mathfrak{I}$, $B = A[T_1, \cdots, T_n]$ 是一个多项式代数且 $\mathfrak{I}$ 是 B 的一个有限型理想. 此时由 (**0**, 22.6.4) 中 a) 和 c) 的等

价性就可以推出这里的 a) 和 c) 是等价的. 另一方面, 把这个结果应用到局部有限型态射 $f^{-1}(y) \to \operatorname{Spec} \boldsymbol{k}(y)$ 上, 我们看到由 (6.8.6) 中 a) 和 b) 的等价性就可以推出这里的 b) 和 b′) 是等价的. 从而只需再证明 a) 和 b) 是等价的即可.

首先来证明 a) 蕴涵 b), 我们用 $\mathfrak{p}$ 来记 C 的素理想 $\mathfrak{j}_x$, 并且用 $\mathfrak{r}$ 来记 A 的素理想 $\mathfrak{j}_y$, 则有 $\mathfrak{p} = \mathfrak{q}/\mathfrak{J}$, 其中 $\mathfrak{q}$ 是 B 的一个素理想, 且 $\mathfrak{r}$ 是 $\mathfrak{q}$ 在 A 中的逆像. 条件 a) 首先就表明 $f^{-1}(y)$ 在点 x 近旁是在 $\boldsymbol{k}(y)$ 上平滑的 (17.3.3), 问题是要进而证明 $C_{\mathfrak{p}} = \mathscr{O}_{X,x}$ 是一个平坦 $A_{\mathfrak{r}}$ 模. 由于 $C_{\mathfrak{p}}$ 是一个泛平滑 $A_{\mathfrak{r}}$ 代数, 并且 B 是一个泛平滑 A 代数, 故 Jacobi 判别法 (**0**, 22.6.4) 连同 (**0**, 19.1.12) 就表明, 可以找到 r 个多项式 $u_i \in \mathfrak{J}$ $(1 \leqslant i \leqslant r)$ 和 r 个指标 j_i $(1 \leqslant i \leqslant r)$, 使得这些 u_i 在 $\mathfrak{J}_{\mathfrak{q}}/\mathfrak{J}_{\mathfrak{q}}^2$ 中的像能够生成这个 $B_{\mathfrak{q}}$ 模, 并且

(17.5.1.1)
$$\det(\partial u_i/\partial T_{j_k}) \notin \mathfrak{q}.$$

现在我们注意到, 若 $g : \operatorname{Spec} B \to \operatorname{Spec} A$ 是结构态射, 则纤维 $g^{-1}(y)$ 是正则环 $\boldsymbol{k}(y)[T_1, \cdots, T_n]$ 的谱 (**0**, 17.3.7), 从而 Noether 局部环 $B_{\mathfrak{q}}/\mathfrak{r}B_{\mathfrak{q}}$ (它是该纤维的某个点处的局部环) 是正则的. 而条件 (17.5.1.1) 表明, 这些 u_i 在 $B_{\mathfrak{q}}/\mathfrak{r}B_{\mathfrak{q}}$ 中的典范像 v_i 是模 $\mathfrak{m}^2$ 线性无关的, 其中 $\mathfrak{m}$ 是该局部环的极大理想. 事实上, 如果不是这样的, 那么就可以找到不全落在 $\mathfrak{q}$ 中的多项式 $w_i \in B$ $(1 \leqslant i \leqslant r)$, 使得 $\sum\limits_{i=1}^{r} w_i u_i \in \mathfrak{q}^2$. 按照 T_{j_k} 展开, 我们将得到 $\sum\limits_{i=1}^{r} w_i(\partial u_i/\partial T_{j_k}) \in \mathfrak{q}$ (对每个 $1 \leqslant k \leqslant r$), 这就与 (17.5.1.1) 产生了矛盾, 因为 $\mathfrak{q}$ 是一个素理想. 从而我们由 (**0**, 17.1.7) 知, 这组 (v_i) 是 $B_{\mathfrak{q}}/\mathfrak{r}B_{\mathfrak{q}}$ 中的一个正则序列. 但由于态射 g 是局部有限呈示的, 并且 B 是一个平坦 A 模, 故由 (11.3.8) 知, 这些 u_i 在 $B_{\mathfrak{q}}$ 中的典范像 u'_i 也构成正则序列, 并且 $B_{\mathfrak{q}}/\big(\sum\limits_i u'_i B_{\mathfrak{q}}\big)$ 是平坦 $A_{\mathfrak{r}}$ 模. 由于这些 u'_i 在 $\mathfrak{J}_{\mathfrak{q}}/\mathfrak{J}_{\mathfrak{q}}^2$ 中的像可以生成这个 $B_{\mathfrak{q}}$ 模, 故 Nakayama 引理就给出了 $\sum\limits_i u'_i B_{\mathfrak{q}} = \mathfrak{J}_{\mathfrak{q}}$, 从而 $C_{\mathfrak{p}} = B_{\mathfrak{q}}/\mathfrak{J}_{\mathfrak{q}}$ 确实是一个平坦 $A_{\mathfrak{r}}$ 模.

最后我们来证明 b) 蕴涵 a). 在上述记号下, $B_{\mathfrak{q}}/\mathfrak{J}_{\mathfrak{q}}$ 是平坦 $A_{\mathfrak{r}}$ 模的条件表明, 典范同态 $\mathfrak{J}_{\mathfrak{q}}/\mathfrak{r}\mathfrak{J}_{\mathfrak{q}} \to B_{\mathfrak{q}}/\mathfrak{r}B_{\mathfrak{q}}$ 是单的 ($\mathbf{0_I}$, 6.1.2), 从而 $\mathfrak{J}_{\mathfrak{q}}/\mathfrak{r}\mathfrak{J}_{\mathfrak{q}}$ 可以等同于 $B_{\mathfrak{q}}/\mathfrak{r}B_{\mathfrak{q}}$ 的一个理想. 由于 $B_{\mathfrak{q}}/\mathfrak{r}B_{\mathfrak{q}}$ 是一个泛平滑 $A_{\mathfrak{r}}$ 代数, 故我们可以对 $C_{\mathfrak{p}} = (B_{\mathfrak{q}}/\mathfrak{r}B_{\mathfrak{q}})/(\mathfrak{J}_{\mathfrak{q}}/\mathfrak{r}\mathfrak{J}_{\mathfrak{q}})$ 使用 Jacobi 判别法 (**0**, 22.6.4), 再加上 (**0**, 19.1.12) 就得知, 在条件 b) 下, 可以找到这样 r 个多项式 $v_i \in \boldsymbol{k}(y)[T_1, \cdots, T_n]$, 它们在 $(\mathfrak{J}_{\mathfrak{q}}/\mathfrak{r}\mathfrak{J}_{\mathfrak{q}})/(\mathfrak{J}_{\mathfrak{q}}/\mathfrak{r}\mathfrak{J}_{\mathfrak{q}})^2$ 中的像能够生成这个 $B_{\mathfrak{q}}/\mathfrak{r}B_{\mathfrak{q}}$ 模, 并且

(17.5.1.2)
$$\det(\partial v_i/\partial T_{j_k}) \notin \mathfrak{q}B_{\mathfrak{q}}/\mathfrak{r}B_{\mathfrak{q}}.$$

若对每个 i 我们取 u_i 是 $\mathfrak{J}$ 中的这样一个元素, 它的典范像就等于 v_i, 则由 (17.5.1.2) 知, 这些 u_i 满足条件 (17.5.1.1). 另一方面, 依照 Nakayama 引理, 这些 u_i 在 $\mathfrak{J}_{\mathfrak{q}}$ 中

的像 u_i' 能够生成这个 $B_{\mathfrak{q}}$ 模. 于是 Jacobi 判别法 (**0**, 22.6.4) 连同 (**0**, 19.1.12) 就表明, $C_{\mathfrak{p}} = B_{\mathfrak{q}}/\mathfrak{I}_{\mathfrak{q}}$ 是一个泛平滑 $A_{\mathfrak{r}}$ 代数. 证明完毕.

推论 (17.5.2) — 设 $f: X \to Y$ 是一个局部有限呈示态射. 则为了使 f 是平滑的 (在(17.3.1) 的意义下), 必须且只需 f 是全盘正则的 (6.8.1), 换句话说, f 是平坦的, 并且对任意 $y \in Y$, $f^{-1}(y)$ 都是几何正则 $\boldsymbol{k}(y)$ 概形 (6.7.6).

这就证明了“平滑态射”的两个定义 (6.8.1) 和 (17.3.1) 的等价性.

命题 (17.5.3) — 设 Y 是一个**局部 Noether** 概形, $f: X \to Y$ 是一个局部有限型态射, x 是 X 的一点, $y = f(x)$. 我们令 $A = \mathscr{O}_{Y,y}$, $B = \mathscr{O}_{X,x}$, 它们都是*Noether* 局部环. 则 (17.5.1) 中的等价条件a) 到c) 也等价于下面每个条件:

d) B 在预进制拓扑下是一个形式平滑 A 代数.

d′) $\widehat{B}$ 在进制拓扑下是一个形式平滑 $\widehat{A}$ 代数.

进而若 $\boldsymbol{k}(x) = \boldsymbol{k}(y)$, 则这些条件还等价于:

d″) $\widehat{B}$ 作为 $\widehat{A}$ 代数可以同构于一个形式幂级数代数 $\widehat{A}[[T_1, \cdots, T_n]]$.

(17.5.1) 的条件 c) 和这里的条件 d) 的等价性可由 Jacobi 判别法 (**0**, 22.6.4) 中 a) 和 d) 的等价性得出, d) 和 d′) 的等价性则缘自 (**0**, 19.3.6). 另一方面, d″) 总蕴涵着 d′), 即使不假设剩余类域上的条件 (**0**, 19.3.4). 最后, 若我们用 $\mathfrak{m}$ 来表示 $\widehat{A}$ 的极大理想, 则条件 d′) 表明, $\widehat{B}/\mathfrak{m}\widehat{B}$ 是一个完备 Noether 局部 $\boldsymbol{k}(y)$ 代数, 并且在进制拓扑下是形式平滑的 (**0**, 19.3.5), 从而 $\boldsymbol{k}(y) = \boldsymbol{k}(x)$ 的条件就表明, $\widehat{B}/\mathfrak{m}\widehat{B}$ 与某个形式幂级数代数 $\boldsymbol{k}(y)[[T_1, \cdots, T_n]]$ 是 $\boldsymbol{k}(y)$ 同构的 (**0**, 19.6.4). 另一方面, 由于 $\widehat{A}[[T_1, \cdots, T_n]]$ 是一个平坦 $\widehat{A}$ 模, 并且是一个完备 Noether 局部 $\widehat{A}$ 代数, 故由 (**0**, 19.7.1.5) 得知, 这个代数同构于 $\widehat{B}$. 从而在附加条件 $\boldsymbol{k}(x) = \boldsymbol{k}(y)$ 之下, d′) 蕴涵 d″).

注解 (17.5.4) — 假设 Y 是一个*局部 Noether* 概形, 且 $f: X \to Y$ 是一个局部有限型态射. 则判别法 (17.5.3, d)) 连同 (**0**, 22.1.4) 就表明, 要想证明 f 是平滑的, 只需验证定义 (17.1.1) 中的条件对于*Artin 局部环的谱* Y' 是成立的即可.

命题 (17.5.5) — 设 Y 是一个局部Noether 概形, $f: X \to Y$ 是一个局部有限型态射, x 是 X 的一点, $y = f(x)$. 假设 Y 在点 y 处是**既约**的. 则为了使 f 在点 x 近旁是平滑的, 必须且只需 f 在 x 位于 $f^{-1}(y)$ 中的某个邻域上是广泛开的, 并且 $f^{-1}(y)$ 作为 $\boldsymbol{k}(y)$ 概形在点 x 处是几何正则的.

有见于 (17.5.1), 问题归结为证明, 若 $f^{-1}(y)$ 作为 $\boldsymbol{k}(y)$ 概形在点 x 处是几何正则的, 则 f 在点 x 处是平坦的就等价于 f 在 x 位于 $f^{-1}(y)$ 中的某个邻域上是广泛开的. 现在若 f 在点 x 处是平坦的, 则它在 x 位于 X 中的某个邻域上也是如此 (11.1.1), 因而在这个邻域上是广泛开的 (2.4.6). 反之, 由 f 在 x 位于 $f^{-1}(y)$ 中的某个邻域上是广泛开的以及 $f^{-1}(y)$ 作为 $\boldsymbol{k}(y)$ 概形在点 x 处是几何正则的这两个条件

就能够推出 f 在点 x 处是平坦的, 因为 $\mathscr{O}_{Y,y}$ 是既约的 (15.2.2).

推论 (17.5.6) — 设 Y 是一个局部Noether 概形, $f: X \to Y$ 是一个局部有限型态射, x 是 X 的一点, $y = f(x)$. 假设 Y 在点 y 处是**既约**且**几何式独枝**的 (6.15.1). 则为了使 f 在点 x 近旁是平滑的, 必须且只需 f 在点 x 处是均维的, 并且 $f^{-1}(y)$ 作为 $\boldsymbol{k}(y)$ 概形在点 x 处是几何正则的.

注意到由那些使 f 均维的点所组成的集合是开的 (13.3.2), 故我们看到由 (17.5.5) 和 Chevalley 判别法 (14.4.4) 就可以推出结论.

特别地, 从 f 在一点近旁是平滑的就能推出 f 在该点处具有 (6.8.1) 中所定义的全部性质. 为了方便参考, 我们在这里举出下面一些性质:

命题 (17.5.7) — 设 $f: X \to Y$ 是一个局部有限呈示态射, 且在点 $x \in X$ 近旁是平滑的, 我们令 $y = f(x)$. 则为了使环 $\mathscr{O}_{X,x}$ 是既约的 (切转: 整闭的, 几何式独枝的), 必须且只需 $\mathscr{O}_{Y,y}$ 是如此.

事实上, 这在 (11.3.13) 和 (11.3.14) 及其追加内容中已经得到了证明.

命题 (17.5.8) — 设 Y 是一个局部Noether 概形, $f: X \to Y$ 是一个局部有限型态射, 且在点 $x \in X$ 近旁是平滑的, 我们令 $y = f(x)$. 则有:

(i) $\dim \mathscr{O}_{X,x} = \dim \mathscr{O}_{Y,y} + \dim(\mathscr{O}_{X,x} \otimes_{\mathscr{O}_{Y,y}} \boldsymbol{k}(y))$.

(ii) $\operatorname{codp} \mathscr{O}_{X,x} = \operatorname{codp} \mathscr{O}_{Y,y}$.

(iii) 为了使环 $\mathscr{O}_{X,x}$ 具有 (S_n) 性质 (5.7.2)(切转: 具有 (R_n) 性质 (5.8.2)), 必须且只需环 $\mathscr{O}_{Y,y}$ 具有该性质. 特别地, 为了使 $\mathscr{O}_{X,x}$ 是正则的, 必须且只需 $\mathscr{O}_{Y,y}$ 是如此.

这些都是 (6.1.2), (6.3.2), (6.4.1) 和 (6.5.3) 的特殊情形.

17.6 平展态射的特征性质

定理 (17.6.1) — 设 $f: X \to Y$ 是一个局部有限呈示态射, x 是 X 的一点, $y = f(x)$. 则以下诸条件是等价的:

a) f 在点 x 近旁是平展的.

a′) f 在点 x 近旁是平滑且非分歧的.

b) f 在点 x 近旁是平滑且拟有限的 (**II**, 6.2.3 (**追加** $_{\mathbf{III}}$, **20**)).

c) f 在点 x 近旁是平坦且非分歧的.

c′) f 在点 x 处是平坦的, 并且环 $\mathscr{O}_{X,x}/\mathfrak{m}_y\mathscr{O}_{X,x}$ 是 $\boldsymbol{k}(y)$ 的有限可分扩张.

d) 环 $\mathscr{O}_{X,x}$ 是一个泛平展 $\mathscr{O}_{Y,y}$ 代数.

a) 和 a′) 的等价性可由定义立得, a) 和 d) 的等价性缘自 (17.4.1) 中的 a) 和 e) 的等价性以及 (17.5.1) 中的 a) 和 d) 的等价性. c) 和 c′) 的等价性缘自 (17.4.1) 中的 a) 和 d′) 的等价性. 从 (17.5.1) 得知, a′) 蕴涵 c′), 反过来, 若 c′) 是满足的, 则 f 在点 x 处是全盘正则的 (从而是平滑的 (17.5.1)), 因为若 K 是域 k 的一个有限可分扩张, 则对 k 的任意扩张 k', $\operatorname{Spec}(K\otimes_k k')$ 都是正则的 (它是有限个域的谱之和). 由 (17.4.1, d′)) 和 (17.5.1, b)) 可知, a′) 蕴涵 b). 只需再证明 b) 蕴涵 c) 即可, 根据 (17.5.1), 我们已经知道 f 在点 x 处是平坦的, 故只需证明 $\boldsymbol{k}(y)$ 概形 $f^{-1}(y)$ 在 $\boldsymbol{k}(y)$ 上是非分歧的. 换句话说, 问题归结为证明, 当 $Y=\operatorname{Spec}k$ 是域 k 的谱时, b) 蕴涵 c). 由于问题在 X 上是局部性的, 故可限于考虑 $X=\operatorname{Spec}A$ 的情形, 其中 A 是一个有限局部 k 代数 ($\mathbf{0_I}$, 7.4.1). 依照条件 b), A 是一个泛平滑 k 代数, 且在它上面离散拓扑和预进制拓扑是重合的, 从而 ($\mathbf{0}$, 19.6.5) A 是一个正则局部环, 从而是域, 因为它是 Artin 环, 于是由 ($\mathbf{0}$, 19.6.5.1) 知, A 必然是 k 的一个有限可分扩张, 这就完成了证明 (17.4.1).

推论 (17.6.2) — 设 $f:X\to Y$ 是一个局部有限呈示态射. 则以下诸条件是等价的:

a) f 是平展的.

a′) f 是平滑且非分歧的.

b) f 是平滑且局部拟有限的 (**II**, 6.2.3 (**追加** $_{\mathbf{III}}$, **20**)).

c) f 是平坦且非分歧的.

c′) f 是平坦的, 并且每个纤维 $f^{-1}(y)$ 作为 $\boldsymbol{k}(y)$ 概形都是 $\boldsymbol{k}(y)$ 的一些有限可分扩张的谱之和.

c″) f 是平坦的, 并且对任意 $y\in Y$ 和 $\boldsymbol{k}(y)$ 的任意代数闭扩张 k', "几何纤维" $f^{-1}(y)\otimes_{\boldsymbol{k}(y)}k'$ 都是一些与 k' 同构的域的谱的和概形.

唯一还需要证明的就是 c′) 和 c″) 的等价性. 利用基变换 (17.3.3) 显然得知 c′) 蕴涵 c″). 另一方面, 由于投影态射 $f^{-1}(y)\otimes_{\boldsymbol{k}(y)}k'\to f^{-1}(y)$ 是开的 (2.4.10), 故条件 c″) 就说明了 $f^{-1}(y)$ 的底空间是离散的, 从而对任意点 $x\in X_y=f^{-1}(y)$, 局部环 $\mathscr{O}_{X_y,x}=A$ 都是有限 $\boldsymbol{k}(y)$ 代数, 从而是 Artin 局部环, 进而由 c″) 可知, $\operatorname{Spec}(A\otimes_{\boldsymbol{k}(y)}k')$ 是一些与 k' 同构的域的谱之和, 这只有当 A 是 $\boldsymbol{k}(y)$ 的有限可分扩张时才是有可能的 (4.6.1).

命题 (17.6.3) — 设 Y 是一个**局部 Noether** 概形, $f:X\to Y$ 是一个局部有限型态射, x 是 X 的一点, $y=f(x)$. 我们令 $A=\mathscr{O}_{Y,y}$, $B=\mathscr{O}_{X,x}$, 它们都是*Noether* 局部环, 再设 k 是 A 的剩余类域. 则 (17.6.1) 中的条件a) 到d) 也等价于下面每个条件:

e) $\widehat{B}$ 在进制拓扑下是一个形式平展 $\widehat{A}$ 代数.

e′) $\widehat{B}$ 是一个自由 $\widehat{A}$ 模, $\widehat{B}\otimes_{\widehat{A}}k$ 是一个域, 并且是 k 的有限可分扩张(这表明 $\widehat{B}$ 是一个有限 $\widehat{A}$ 代数).

进而若 $\boldsymbol{k}(x)=\boldsymbol{k}(y)$, 或者 k 是代数闭域, 则这些条件还等价于:

e″) 典范同态 $\widehat{A}\to\widehat{B}$ 是一一的.

e) 和 (17.6.1) 中的各个条件的等价性可由 (17.4.4, f′)) 和 (17.5.3, d′)) 立得. e) 蕴涵 e′) 的原因是 (17.4.4, f)) 和 ($\mathbf{0}$, 19.7.1) 以及下述事实: 由于 $\widehat{B}$ 是一个有限 $\widehat{A}$ 代数 (17.4.4), 故 $\widehat{B}$ 是平坦 $\widehat{A}$ 模就等价于它是自由 $\widehat{A}$ 模 ($\mathbf{0}_{\mathbf{III}}$, 10.1.3). 反过来, e′) 蕴涵 e) 的原因是 (17.4.4) 和 ($\mathbf{0}$, 19.7.1). 最后, 由 e′) 可以推出同态 $\widehat{A} \to \widehat{B}$ 是单的, 并且根据 (17.4.4), 当 $\boldsymbol{k}(x) = \boldsymbol{k}(y)$ 或者 k 是代数闭域时, 这个同态是满的. 逆命题是显然的.

命题 (17.6.4) — *在 (17.6.3) 的前提条件下, 若 f 在点 x 近旁是平展的, 则有* $\dim \mathscr{O}_{X,x} = \dim \mathscr{O}_{Y,y}$.

这是 (17.5.8, (i)) 的一个特殊情形, 因为 x 在纤维 $f^{-1}(y)$ 中是孤立的.

17.7 可以下降的性质、可以取极限的性质、可构性质

命题 (17.7.1) — *设 $f : X \to Y$ 是一个局部有限呈示态射, $g : Y' \to Y$ 是一个态射, $X' = X \times_Y Y'$, $f' = f_{(Y')} : X' \to Y'$ 和 $g' : X' \to X$ 都是典范投影. 设 x' 是 X' 的一点, 且我们令 $x = g'(x')$, $y' = f'(x')$.*

(i) 若 f' 在点 x' 近旁是非分歧的, 则 f 在点 x 近旁是非分歧的.

(ii) 进而假设 g 在点 y' 处是平坦的. 于是若 f' 在点 x' 近旁是平滑的 (切转: 平展的), 则 f 在点 x 近旁是平滑的 (切转: 平展的).

我们令 $y = f(x) = g(y')$, 从而有 $f'^{-1}(y') = f^{-1}(y) \otimes_{\boldsymbol{k}(y)} \boldsymbol{k}(y')$, 注意到 f' 是局部有限呈示的.

(i) 由于 (局部有限呈示) 态射在一点近旁是非分歧的这个性质只与这个态射在该点处的纤维有关 (17.4.1, d)), 故可限于考虑 Y 和 Y' 都是域的谱的情形. 但此时 f (切转: f') 在 x (切转: x') 近旁是非分歧的就等价于它在该点近旁是平展的 (17.6.1, c)), 从而 (i) 是 (ii) 的推论.

(ii) 由于 f' 在点 x' 处是平坦的 (17.5.1), 故 g 在点 y' 处平坦的前提条件就表明, f 在点 x 处是平坦的, 这是因为, 投影 $g' : X' \to X$ 在点 x' 处是平坦的, 并且 $f \circ g' = g \circ f'$ 在点 x' 处是平坦的, 故得结论 (2.2.11, (iv)). 现在 f 在点 x 近旁是平滑的 (切转: 是平展的) 这个性质只与纤维 $f^{-1}(y)$ 有关 (17.5.1 和 17.6.1), 从而又可以归结到 $Y = \operatorname{Spec} k$ 和 $Y' = \operatorname{Spec} k'$ 都是域的谱的情形. 此时 f' 在点 x' 近旁是平滑的就意味着 (17.5.1) X' 作为 k' 概形在点 x' 处是几何正则的, 由此得知 (6.7.8) X 作为 k 概形在点 x 处是几何正则的, 从而 f 在点 x 近旁是平滑的. 进而我们假设 f' 在点 x' 近旁是平展的, 从而 x' 在 $f'^{-1}(y')$ 中是孤立的 (17.6.1), 由于投影 $f'^{-1}(y') \to f^{-1}(y)$ 是开态射 (2.4.10), 故知 x 在 $f^{-1}(y)$ 中是孤立的, 但我们已经知道 f 在点 x 近旁是平滑的, 从而它在该点近旁是平展的 (17.6.1).

推论 (17.7.2) — (i) 在 (17.7.1) 的记号下, 设 U (切转: U') 是由 X (切转: X') 中的那些使 f (切转: f') 非分歧的点所组成的集合, 则有 $U' = g^{-1}(U)$.

(ii) 进而假设 g 是平坦的, 并设 V (切转: V') 是由 X (切转: X') 中的那些使 f (切转: f') 平滑的点所组成的集合, 则有 $V' = g^{-1}(V)$.

推论 (17.7.3) — (i) 假设 g 是映满的, 则为了使 f 是非分歧的, 必须且只需 f' 是如此.

(ii) 设 $f : X \to Y$ 是一个 S 态射, $g : S' \to S$ 是一个忠实平坦态射. 假设 f 是局部有限呈示的, **或者** g 是拟紧的. 则为了使 f 是平滑的 (切转: 非分歧的, 平展的), 必须且只需 f' 是如此.

在 (ii) 中, f 是局部有限呈示态射的情形可由 (17.7.1) 推出. 若 g 是拟紧的, 并且 f' 是平滑的 (切转: 非分歧的, 平展的), 则根据 (2.7.1, (iv)), f 就是局部有限呈示的, 从而问题又归结为第一种情形.

命题 (17.7.4) — 设 $f : X \to Y$ 是一个态射, $g : Y' \to Y$ 是一个窄平坦态射, $X' = X \times_Y Y'$, $f' = f_{(Y')} : X' \to Y'$ 和 $g' : X' \to X$ 都是典范投影. 设 V (切转: V') 是由那些使 f 具有下述某个性质 (切转: 使 f' 具有同样性质) 的点 $x \in X$ (切转: $x' \in X'$) 所组成的集合:

(i) 局部有限型,

(ii) 局部有限呈示,

(iii) 平坦,

(iv) 非分歧,

(v) 平滑,

(vi) 平展.

则有 $V' = g'^{-1}(V)$ (换句话说, 为了使 f' 在点 x' 处具有该性质, 必须且只需 f 在点 x 处具有同样性质).

性质 (iii) 已经得到了证明, 而且不需要 g 是局部有限呈示的这个条件 ((2.2.11, (iv)), 并注意到投影 $g' : X' \to X$ 是平坦态射的事实) . 依照 (17.7.2), 与性质 (iv), (v) 和 (vi) 相关的结论都可以从与 (ii) 相关的结论推出来. 从而我们只需考虑 (i) 和 (ii) 的情形. 显然有 $V' \supseteq g'^{-1}(V)$, 从而只需再证明 $V' \subseteq g'^{-1}(V)$, 注意到集合 V 和 V' 都是开的, 并且依照 (2.4.6), $W = g'(V')$ 在 X 中也是开的. 从而问题是要证明态射 $f|_W : W \to Y$ 是局部有限型的 (切转: 局部有限呈示的), 根据前提条件, 合成 $V' \xrightarrow{g''} W \xrightarrow{f|_W} Y$ (其中 g'' 是指 g' 的限制) 就等于 $V' \xrightarrow{f'} Y' \xrightarrow{g} Y$, 从而是局部有限型的 (切转: 局部有限呈示的), 并且 g'' 是映满的 (从而是忠实平坦的), 于是问题归结为证明下面的引理 (它是 (11.3.16) 的一种改进) :

引理 (17.7.5) — 设 $f : X \to Y$ 是一个窄忠实平坦态射, $g : Y \to Z$ 是一个态

射, 并设 $g \circ f : X \to Z$ 具有下述某个性质:

(i) 局部有限型,

(ii) 局部有限呈示,

(iii) 有限型.

则 g 也具有该性质.

进而若 f 是拟紧的或者 g 是拟分离的, 则上述结果对下面这个性质也是有效的:

(iv) 有限呈示.

对于 (i) 和 (ii) 的情形, 问题是要证明, 对任意 $y \in Y$, 均可找到 y 在 Y 中的一个仿射开邻域 V 和 $z = g(y)$ 在 Z 中的一个包含 $g(V)$ 的仿射开邻域 W, 使得 g 的限制态射 $V \to W$ 是有限型的 (切转: 有限呈示的). 现在根据前提条件, 我们可以找到 $x \in X$, 使得 $f(x) = y$, 并可找到 x 在 X 中的一个仿射开邻域 U 和 y 在 Y 中的一个包含 $f(U)$ 的仿射开邻域 V' 以及 z 在 Z 中的一个包含 $g(V')$ 的仿射开邻域 W, 使得 f 的限制态射 $f_1 : U \to V'$ 是紧凑窄平坦的, 同时 g 的限制态射 $g_1 : V' \to W$ 能使 $g_1 \circ f_1$ 成为有限型的 (切转: 有限呈示的). 于是 $f(U)$ 在 Y 中是开的 (2.4.6), 并且若 $V \subseteq f(U)$ 是 y 的一个仿射开邻域, 则 f_1 的限制态射 $f_2 : f_1^{-1}(V) \to V$ 仍然是有限呈示的, 而且还是忠实平坦的, 进而, 若 $g_2 = g_1|_V$, 则 $g_2 \circ f_2$ 是有限型的 (切转: 有限呈示的), 因为开集 $f_1^{-1}(V)$ 是拟紧的 (切转: 紧凑的). 于是 (11.3.16) 的前提条件得到了满足, 由此就得知 g_2 是一个有限型态射 (切转: 有限呈示态射).

在 (iii) 的情形, 问题在 Z 上是局部性的, 故可假设 Z 是仿射的, 由此得知 X 是拟紧的, 从而 $Y = f(X)$ 也是拟紧的. 此时 (iii) 就是 (i) 的推论.

在 (iv) 的情形 (连同 f 或 g 上的附加条件), 我们仍然可以假设 Z 是仿射的, 从而 X 和 Y 都是拟紧的, 我们已经知道 g 还是拟紧且局部有限呈示的 (1.1.3), 从而问题归结为证明 g 是拟分离的, 且我们只需在 f 是拟紧态射的情形下证明这个性质成立即可. 现在因为 $g \circ f$ 是拟分离的, 故知 f 也是如此 (1.2.2, (v)), 而由于 f 是拟紧且局部有限呈示的, 故它是有限呈示的 (1.6.1), 从而只需重复 (11.3.16) 的证明中所使用的方法就可以推出结论.

注解 (17.7.6) — 在与性质 (iv) 有关的结论中, f 是拟紧的这个条件是不能省略的, 否则就能够推出任何拟紧局部有限呈示态射 $g : Y \to Z$ 都是有限呈示的, 但我们知道这是不对的 (1.6.4). 事实上, 可以限于考虑 Z 是仿射概形的情形, 从而 Y 是拟紧的, 于是 Y 有这样一个有限仿射开覆盖 (U_i), 它使得各个限制 $g|_{U_i}$ 都是有限呈示的, 现在取 X 是这些 U_i 的和概形, 再取 $f : X \to Y$ 是典范态射, 它显然是窄忠实平坦的 (1.4.3), 依照 U_i 的选择和 (1.6.3), $g \circ f$ 将会是有限呈示的, 这就推出了上述阐言.

命题 (17.7.7) — 设 $f : Y \to S$ 和 $h : X \to S$ 是两个局部有限呈示态射, $g : X \to Y$ 是一个 S 态射, x 是 X 的一点, $y = g(x)$. 假设 g 在点 x 处是**平坦**的. 于

是若 h 在点 x 近旁是平滑的 (切转: 非分歧的, 平展的), 则 f 在 y 近旁是平滑的 (切转: 非分歧的, 平展的).

我们令 $s=h(x)=f(y)$. 则 h 在点 x 近旁是非分歧的 (切转: f 在点 y 近旁是非分歧的) 就等价于 $h^{-1}(s)$ 在点 x 近旁是在 $\boldsymbol{k}(s)$ 上平展的 (切转: $f^{-1}(s)$ 在点 y 近旁是在 $\boldsymbol{k}(s)$ 上平展的) (17.4.1 和 17.6.1). 由于 g 所导出的态射 $g_s: h^{-1}(s)\to f^{-1}(s)$ 在点 x 处是平坦的, 故我们可以限于考虑 h 在点 x 近旁是平滑或平展的这个情形. 进而, 由于此时 h 在点 x 处是平坦的 (17.5.1), 故知 f 在点 y 处是平坦的, 这是缘自 (2.2.11, (iv)). 从而 (17.5.1) f 在点 y 近旁是平滑的 (切转: 平展的) 就等价于 $f^{-1}(s)$ 在点 x 近旁是在 $\boldsymbol{k}(s)$ 上平滑的 (切转: 平展的). 这样一来问题就归结到了 $S=\operatorname{Spec}k$ 是域的谱的情形.

(i) 平滑态射的情形 — 由于 g 是一个局部有限呈示态射 (1.4.3, (v)), 故可找到 x 在 X 中的一个开邻域 U, 使得 g 在其中是平坦的 (11.3.1), 并且 h 在其中是平滑的. 进而 $g(U)$ 是 y 在 Y 中的一个开邻域 (2.4.6), 从而通过把 X 换成 U, 并把 Y 换成 $g(U)$, 我们可以假设 g 是忠实平坦的并且 h 是平滑的, 问题归结为证明 f 是平滑的. 若 k' 是 k 的一个代数闭扩张, 则 $X\otimes_k k'$ 在 k' 上是平滑的, 故依照 (17.7.3, (ii)), 只需证明 $Y\otimes_k k'$ 在 k' 上是平滑的 (因为 $\operatorname{Spec}k'\to\operatorname{Spec}k$ 是忠实平坦的), 从而我们可以限于考虑 k 是代数闭域的情形. 由于此时 Y 的 k 有理点的集合在 Y 中是极稠密的 (10.4.8), 并且由 Y 的那些在 k 上平滑的点所组成的集合是开的, 故我们只需证明 Y 在所有 k 有理点近旁都是在 k 上平滑的. 然而在这样一个点 y 处, Y 在 k 上是平滑的就等价于 Y 在 y 处是正则的 (17.5.1 和 6.7.8). 现在我们取一个点 $x\in X$ 使得 $y=g(x)$, 则根据前提条件, X 在点 x 处是正则的 (17.5.1), 由于 X 和 Y 都是局部 Noether 的, 并且 g 是平坦的, 故 Y 在点 y 处确实是正则的 (6.5.1, (i)).

(ii) 平展态射的情形 — 通过 (i) 我们已经证明 f 在点 y 近旁是平滑的, 从而依照 (17.6.1), 只需证明 f 在点 y 近旁是拟有限的, 或者说, 证明 $\mathscr{O}_{Y,y}$ 是一个有限 k 代数. 由于 $\mathscr{O}_{X,x}$ 是一个忠实平坦 $\mathscr{O}_{Y,y}$ 模 ($\mathbf{0_I}$, 6.6.2), 故 $\mathscr{O}_{Y,y}$ 可以等同于 $\mathscr{O}_{X,x}$ 的一个 k 子模, 而根据前提条件, $\mathscr{O}_{X,x}$ 是一个有限 k 代数, 故知 $\mathscr{O}_{Y,y}$ 也是如此.

命题 (17.7.8) — 记号与 (8.8.1) 相同, 假设 X_α 和 Y_α 在 S_α 上都是局部有限呈示的. 设 $f_\alpha: X_\alpha\to Y_\alpha$ 是一个 S_α 态射, $f: X\to Y$ 是与此对应的 S 态射.

(i) 设 x 是 X 的一点, x_λ 是它在 X_λ 中的典范投影. 则为了使 f 在点 x 近旁是平滑的 (切转: 非分歧的, 平展的), 必须且只需能找到 $\lambda\geqslant\alpha$, 使得 f_λ 在点 x_λ 近旁是平滑的 (切转: 非分歧的, 平展的).

(ii) 进而假设 X_α 是拟紧的. 则为了使 f 是平滑的 (切转: 非分歧的, 平展的), 必须且只需能找到 $\lambda\geqslant\alpha$, 使得 f_λ 是平滑的 (切转: 非分歧的, 平展的).

(i) 设 $y=f(x)$, 则 $y_\lambda=f_\lambda(x_\lambda)$ 就是 y 在 Y_λ 中的典范投影, 并且我们有

$f^{-1}(y)=f_\lambda^{-1}(y_\lambda)\otimes_{\boldsymbol{k}(y_\lambda)}\boldsymbol{k}(y)$, 从而由 (17.7.1, (i)) 就可以推出与非分歧态射有关的那部分结果, 即我们只需考察平滑态射的情形. 由于 f 和 f_λ 都是局部有限呈示的, 故知 $f^{-1}(y)$ 在点 x 处是几何正则的就等价于 $f_\lambda^{-1}(y_\lambda)$ 在点 x_λ 处是几何正则的 (6.7.8). 从而由 (17.5.1) 和 (11.2.6) 就可以推出结论.

(ii) 对任意 λ, 设 U_λ 是由那些使得 f_λ 平滑 (切转: 非分歧, 平展) 的点 $x_\lambda\in X_\lambda$ 所组成的集合, 再设 V_λ 是它在 X 中的逆像. 根据前提条件, 且利用 (i), 对任意 $x\in X$, 均可找到一个 λ, 使得 f_λ 在点 x_λ 近旁是平滑的 (切转: 非分歧的, 平展的), X 就是这些 V_λ 的并集. 此外 (17.3.3), 对于 $\lambda\leqslant\mu$, 我们有 $V_\lambda\subseteq V_\mu$, 从而由 X 是拟紧的就得知, 可以找到一个指标 μ, 使得 $X=V_\mu$. 由于这些 X_λ 都是拟紧的, 故由 (8.3.4) 知, 可以找到一个指标 $\nu\geqslant\mu$, 使得 U_λ 在 X_ν 中的逆像就是 X_ν 全体, 这就意味着 f_ν 是平滑的 (切转: 非分歧的, 平展的) (17.3.3).

推论 (17.7.9) — 设 $S=\operatorname{Spec}A$ 是一个仿射概形, $f:X\to S$ 是一个态射. 则以下诸条件是等价的:

a) f 是有限呈示的, 并且是平滑的 (切转: 非分歧的, 平展的).

b) 可以找到一个*Noether* 仿射概形 $S_0=\operatorname{Spec}A_0$ 和一个有限型态射 $f_0:X_0\to S_0$ 以及一个态射 $S\to S_0$, 使得 S 概形 $X_0\otimes_{S_0}S$ 能够 S 同构于 X 并且 f_0 是平滑的 (切转: 非分歧的, 平展的).

c) 条件b) 是满足的, 且进而 A_0 是 A 的一个有限型 $\mathbb{Z}$ 子代数, 态射 $S\to S_0$ 则对应着典范含入 $A_0\to A$.

这可以从 (17.7.8) 得到证明, 方法与从 (11.2.6) 推出 (11.2.7) 是相同的.

命题 (17.7.10) — 设 $f:Y\to S$, $h:X\to S$ 是两个局部有限呈示态射, $g:X\to Y$ 是一个 S 态射, x 是 X 的一点, $y=f(x)$. 假设 h 在点 x 处是**平坦**的, 并且 f 在点 y 近旁是**非分歧**的. 则 f 在点 y 近旁是**平展**的, 并且 g 在点 x 处是**平坦**的.

(我们在后面 (18.4.9) 将会证明, h 是局部有限呈示态射的条件是可以去掉的.)

由于问题在 S, X 和 Y 上都是局部性的, 故可假设 S, X 和 Y 都是仿射概形, f, g, h 都是有限呈示态射, h 是平坦的, 且 f 是非分歧的. 有见于 (11.2.7) 和 (17.7.9), 可以进而假设 S, X 和 Y 都是*Noether* 的, 最后我们还可以限于考虑 $S=\operatorname{Spec}\mathscr{O}_{S,s}$ (其中 $s=f(y)=h(x)$) 的情形. 由于环 $A=\mathscr{O}_{S,s}$ 是一个 Noether 局部环, 故可找到一个具有代数闭的剩余类域的完备 Noether 局部环 B 和一个局部同态 $A\to B$, 它使 B 成为一个忠实平坦 A 模 ($\mathbf{0_{III}}$, 10.3.1). 现在把 X 和 Y 分别换成 $X\times_S\operatorname{Spec}B$ 和 $Y\times_S\operatorname{Spec}B$, 则由 (2.5.1) 和 (17.7.1) 知, 我们可以限于考虑 A 是完备的并且具有代数闭的剩余类域的这个情形. 此时 (17.4.4) 由 f 在点 y 近旁是非分歧的这个条件就可以推出 $\mathscr{O}_{Y,y}$ 是一个有限 $\mathscr{O}_{S,s}$ 代数, 并且是完备 Noether 局部环 ($\mathbf{0_I}$, 7.4.2), 且由于 $\mathscr{O}_{S,s}$ 的剩余类域是代数闭的, 故知同态 $\mathscr{O}_{S,s}\to\mathscr{O}_{Y,y}$ 是满的 (17.4.4). 但另一

方面, 由 h 在点 x 处是平坦的这个条件可以得出, 合成同态 $\mathscr{O}_{S,s} \to \mathscr{O}_{Y,y} \to \mathscr{O}_{X,x}$ 是单的 ($\mathbf{0_I}$, 6.5.1), 从而同态 $\mathscr{O}_{S,s} \to \mathscr{O}_{Y,y}$ 是一一的, 这就表明 f 在点 y 近旁是平展的 (17.6.3), 进而, $\mathscr{O}_{X,x}$ 是一个平坦 $\mathscr{O}_{Y,y}$ 模, 从而 g 在点 x 处是平坦的.

命题 (17.7.11) — 设 S 是一个概形, X, Y 是两个局部有限呈示 S 概形, $f : X \to Y$ 是一个 S 态射. 对任意 $s \in S$, 设 X_s, Y_s, f_s 分别是由 X, Y, f 通过基变换 $\operatorname{Spec} \boldsymbol{k}(s) \to S$ 而导出的. 则有:

(i) 考虑 X 的那些满足下述条件的点 x: 设 s 是 x 在 S 中的像, 则 $f_s : X_s \to Y_s$ 在点 x 近旁是平滑的 (切转: 非分歧的, 平展的, 微分平滑的). 由这些点所组成的集合是局部可构的.

(ii) 假设 f 是有限呈示的. 考虑 Y 的那些满足下述条件的点 y: 设 s 是 y 在 S 中的像, 则 f_s 在 $f_s^{-1}(y)$ 的任何点近旁都是平滑的 (切转: 非分歧的, 平展的, 微分平滑的). 由这些点所组成的集合是局部可构的.

(iii) 假设 X 和 Y 在 S 上都是有限呈示的. 则由那些使得 f_s 平滑 (切转: 非分歧, 平展, 微分平滑) 的点 $s \in S$ 所组成的集合是局部可构的.

设 E 是满足 (i) 中条件的那些点 $x \in X$ 所组成的集合. 则满足 (ii) 中对应条件的那些点 $y \in Y$ 所组成的集合 F 恰好就是 $Y \smallsetminus f(X \smallsetminus E)$, 从而对于有限呈示态射 f 来说, (ii) 可由 (i) 和 Chevalley 定理 (1.8.4) 推出. 同样地, 若 $h : Y \to S$ 是结构态射, 则满足 (iii) 中条件的那些点 $s \in S$ 所组成的集合就是 $S \smallsetminus h(Y \smallsetminus F)$, 从而当 f 和 h 都是有限呈示态射的时候, (iii) 也可由 (ii) 和 Chevalley 定理推出. 于是我们只需证明 (i).

首先来证明 (i) 中与平滑有关的部分.

问题在 X 上是局部性的, 故可限于考虑 $S = \operatorname{Spec} A$, $X = \operatorname{Spec} B$, $Y = \operatorname{Spec} C$ 都是仿射概形的情形, 其中 B 和 C 都是有限呈示 A 代数. 利用 (9.9.1) 开头部分的论证方法, 并使用 (17.7.2, (ii)), 就可以把问题归结到 A 是*Noether* 环的情形. 依照 ($\mathbf{0_{III}}$, 9.2.3), 我们只需证明, 若 $x \in E$ (切转: $x \notin E$) , 则 x 在 $\overline{\{x\}}$ 中总有一个包含在 E (切转: $X \smallsetminus E$) 中的邻域 V. 现在用 $g : X \to S$ 和 $h : Y \to S$ 来记结构态射, 首先可以把 S 换成 S 的那个以 $\overline{\{g(x)\}}$ 为底空间的既约子概形 S', 并把 X 和 Y 分别换成 $X' = g^{-1}(S')$ 和 $Y' = h^{-1}(S')$, 因为 X 和 X' (切转: Y 和 Y') 在 S' 的点处具有相同的纤维. 换句话说, 我们可以限于考虑 S 是整的, 并且 $\eta = g(x) = h(y)$ (其中 $y = f(x)$) 是 S 的一般点的情形.

1° 首先假设 $x \in E$. 则局部环 $\mathscr{O}_{X_\eta,x}$ 和 $\mathscr{O}_{Y_\eta,y}$ 分别等于 $\mathscr{O}_{X,x}$ 和 $\mathscr{O}_{Y,y}$, 由于有限呈示态射在一点近旁的平滑性只依赖于该点的局部环和它的像点的局部环 (17.5.1), 故我们看到前提条件 $x \in E$ 就相当于说态射 f 在点 x 近旁是平滑的, 于是这个性质对于 x 在 X 中的某个开邻域中的点都是成立的, 从而只需应用 (17.3.3, (iii)) 就可以推出结论.

2° 接下来假设 $x \in X \smallsetminus E$, 并且态射 f_η 在点 x 处不是平坦的. 此时由下述引理 (它是 (11.2.8) 的精确化) 就可以推出结论:

引理 (17.7.11.1) — 设 $g : X \to S$, $h : Y \to S$ 是两个局部有限呈示态射, $f : X \to Y$ 是一个 S 态射, $\mathscr{F}$ 是一个有限呈示的拟凝聚 $\mathscr{O}_X$ 模层. 则由那些使得 $\mathscr{F}_{g(x)}$ 在点 x 处 $f_{g(x)}$ 平坦的点 $x \in X$ 所组成的集合是局部可构的.

仍然使用 (9.9.1) 开头部分的论证方法, 并使用 (2.5.1), 就可以把问题归结到 S, X 和 Y 都是 Noether 概形的情形, 再利用上面的方法把问题归结到 S 是整概形并且 $\eta = g(x) = h(f(x))$ 是一般点的情形, 此时我们需要证明的是, 若 $x \in E$ (切转: $x \notin E$), 则 x 在 $\overline{\{x\}}$ 中总有一个包含在 E (切转: $X \smallsetminus E$) 中的邻域 V. $x \in E$ 的情形可由 (11.1.1) 立得. 为了考察 $x \notin E$ 的情形, 我们使用 (9.4.7.1) 的方法, 并沿用那里的记号, 则可以假设 (通过把 Y 和 X 分别换成 $f(x)$ 和 x 的适当邻域) 我们有两个凝聚 $\mathscr{O}_Y$ 模层 $\mathscr{G}$, $\mathscr{H}$ 和一个 $\mathscr{O}_Y$ 同态 $u : \mathscr{G} \to \mathscr{H}$, 使得对任意 $s \in S$, $u_s : \mathscr{G}_s \to \mathscr{H}_s$ 都是单的, 但同态 $1 \otimes u_\eta : \mathscr{F}_\eta \otimes_{\mathscr{O}_{Y_\eta}} \mathscr{G}_\eta \to \mathscr{F}_\eta \otimes_{\mathscr{O}_{Y_\eta}} \mathscr{H}_\eta$ 在点 x 处不是单的, 换句话说, $x \in \operatorname{Supp}\operatorname{Ker}(1 \otimes u_\eta)$, 从而对于 $T = \overline{\{x\}}$ 来说, 我们有 $\operatorname{Supp}\operatorname{Ker}(1 \otimes u_\eta) \supseteq T_\eta$. 但我们可以假设对任意 $s \in S$, 均有 $\operatorname{Ker}(1 \otimes u_s) = (\operatorname{Ker}(1 \otimes u))_s$ (9.4.2), 从而 $\operatorname{Supp}\operatorname{Ker}(1 \otimes u_s) = (\operatorname{Supp}\operatorname{Ker}(1 \otimes u))_s$ (**I**, 9.1.13.1), 最后由 (9.5.2) 知, 对于 η 的某个邻域中的所有点 s, 均有 $(\operatorname{Supp}\operatorname{Ker}(1 \otimes u))_s \supseteq T_s$, 这就证明了引理.

3° 现在我们假设 $x \in X \smallsetminus E$, 并且态射 f_η 在点 x 处是平坦的, 但 f_η 在点 x 近旁不是平滑的. 注意到由于 f_η 在点 x 处是平坦的就等价于 f 自身在点 x 处是平坦的, 从而通过把 X 换成 x 的某个邻域, 我们可以假设 f 是平坦的 (11.1.1), 由此可知, 对所有 $s \in S$ 来说, f_s 都是平坦的, 且由于对任意 $y \in Y$, 均有 $f^{-1}(y) = f^{-1}_{h(y)}(y)$, 故知 $f_{g(x')}$ 在点 x' 近旁是平滑的就等价于 f 在点 x' 近旁是平滑的. 然而使 f 平滑的点 $x' \in X$ 的集合在 X 中是开的 (12.1.7), 从而使 f 不平滑的那些点 $x' \in X$ 的集合是闭的, 且根据前提条件, 后一个集合包含了 x, 因而也包含了 $\overline{\{x\}}$, 这就证明了 (i) 中与第一个性质有关的部分.

接下来我们要证明 (i) 中与平展性质有关的部分, 为此注意到 f_s 在点 x 近旁是平展的就等价于 f_s 在点 x 近旁是平滑且拟有限的 (17.6.1). 现在 $f_{g(x)}$ 在点 x 近旁是拟有限的与 f 自身在该点近旁是拟有限的这两者是等价的, 从而由 (13.1.4) 知, 使得 $f_{(g(x)}$ 在点 x 近旁拟有限的那些点 x 的集合在 X 中是开的, 自然也是局部可构的, 又因为使 $f_{g(x)}$ 在点 x 近旁平滑的那些点 x 的集合同样是局部可构的, 故得结论.

再来证明 (i) 中与微分平滑性质有关的部分. 设 $p : X \times_Y X \to X$ 是第二典范投影, 则对任意 $s \in S$, 第二典范投影 $X_s \times_{Y_s} X_s \to X_s$ 刚好就是 p_s, 从而由

(17.12.5)[①] 知, 为了使 $f_{g(x)}$ 在点 x 近旁是微分平滑的, 必须且只需 $p_{g(x)}$ 在点 $\Delta_f(x)$ 近旁是平滑的. 由于 p 是局部有限呈示的, 故由那些使得 $p_{g(p(z))}$ 在点 z 近旁平滑的点 $z \in X \times_Y X$ 所组成的集合是局部可构的, 从而这个集合与局部闭集 $\Delta_f(X)$ 的交集在 $\Delta_f(X)$ 中也是局部可构的 (1.8.2). 现在 p 在 $\Delta_f(X)$ 上的限制是一个映到 X 的同构, 故由那些使得 $f_{g(x)}$ 在点 x 近旁微分平滑的点 $x \in X$ 所组成的集合是局部可构的.

最后我们来考察非分歧性质, 注意到对角线态射 $\Delta_f : X \to X \times_Y X$ 是一个局部有限呈示的浸入 (1.4.3.1), 并且对任意 $s \in S$, 对角线态射 $\Delta_{f_s} : X_s \to X_s \times_{Y_s} X_s$ 刚好就是 $(\Delta_f)_s$, 故知 $f_{g(x)}$ 在点 x 近旁是非分歧的就等价于 $(\Delta_f)_{g(x)}$ 在点 x 近旁是一个局部同构 (17.4.1), 又因为 $(\Delta_f)_{g(x)}$ 是一个局部有限呈示的浸入, 故由 (17.9.1)[②]知, 这也相当于说 $(\Delta_f)_{g(x)}$ 在点 x 近旁是平展的, 从而我们只需应用前面已经证明过的关于平展性质的结果即可.

17.8 平滑与非分歧的纤维判别法

命题 (17.8.1) — 设 $g : Y \to S$, $h : X \to S$ 是两个局部有限呈示态射. 则为了使一个 S 态射 $f : X \to Y$ 是非分歧的, 必须且只需对任意 $s \in S$, 由 f 通过基变换 $\operatorname{Spec} \boldsymbol{k}(s) \to S$ 所导出的态射 $f_s : h^{-1}(s) \to g^{-1}(s)$ 都是非分歧的.

这可由下面的事实立得: 对于局部有限呈示态射来说, 非分歧性是纤维上的性质 (17.4.1, d)), 并且对任意 $y \in Y$ 和 $s = g(y)$, 我们总有 $f^{-1}(y) = f_s^{-1}(y)$.

命题 (17.8.2) — 设 $g : Y \to S$, $h : X \to S$ 是两个局部有限呈示态射. 并且假设 h 是**平坦**的. 则为了使一个 S 态射 $f : X \to Y$ 是平滑的 (切转: 平展的), 必须且只需对任意 $s \in S$, 由 f 通过基变换 $\operatorname{Spec} \boldsymbol{k}(s) \to S$ 所导出的态射 $f_s : h^{-1}(s) \to g^{-1}(s)$ 都是平滑的 (切转: 平展的). 如果这个条件得到满足, 则态射 g 在 $f(X)$ 的所有点处都是平坦的.

事实上, 我们知道 (11.3.10) 为了使 f 是平坦的, 必须且只需对任意 $s \in S$, f_s 都是平坦的, 并且 g 在 $f(X)$ 的所有点处都是平坦的. 然而对于窄平坦态射来说, 平滑是纤维上的性质 (17.5.1, b)), 并且对任意 $y \in Y$ 和 $s = g(y)$, 我们总有 $f^{-1}(y) = f_s^{-1}(y)$.

注解 (17.8.3) — 上述证明过程也能表明 (有见于 (11.3.10)) , 如果 g 和 h 上的前提条件与上面相同, 那么为了使 f 在点 $x \in X$ 处是非分歧的 (切转: 平滑的, 平展的), 只需 f_s 在点 x 近旁是非分歧的 (切转: 平滑的, 平展的), 这里 $s = h(x)$.

[①]读者可以验证, (17.7.11) 的结果在 §17 的接下来的内容中并没有用到过, 从而不会导致循环论证.

[②]读者可以验证, (17.7.11) 的结果在 §17 的接下来的内容中并没有用到过, 从而不会导致循环论证.

17.9 平展态射与开浸入

定理 (17.9.1) — 设 $f: X \to Y$ 是一个态射. 则以下诸条件是等价的:

a) f 是开浸入.

b) f 是窄平坦的单态射.

c) f 是平展且紧贴的.

由 (1.4.3, (i)) 知, a) 蕴涵 b). 条件 b) 表明, 对任意 $y \in Y$, 纤维 $f^{-1}(y)$ 要么是空的, 要么同构于 $\operatorname{Spec} \boldsymbol{k}(y)$ (8.11.5.1), 从而依照 (17.6.2, c)), b) 蕴涵 c). 只需再证明 c) 蕴涵 a) 即可.

问题在 X 和 Y 上都是局部性的 (因为 f 是一个含容态射), 故可限于考虑 Y 是仿射概形并且 f 是有限呈示态射的情形. 由于 f 是平坦的, 故知它是开态射 (2.4.6), 从而 (通过把 Y 换成 $f(X)$) 可以假设 f 是映满的. 对任意态射 $Y' \to Y$ 来说, $f' = f_{(Y')}: X_{(Y')} \to Y'$ 仍然是平展紧贴映满且有限呈示的, 从而是开的, 因而是一个同胚. 换句话说, f 是广泛同胚的, 又因为它是有限型和分离的 (1.8.7.1), 故 f 是紧合的. 而由 f 是紧贴且有限型的这个条件得知, f 是拟有限的, 从而 (8.11.1) f 是一个有限态射. 为了证明 f 是一个同构, 我们可以限于考虑 $Y = \operatorname{Spec} A$ 并且 A 是局部环的情形. 由于 f 是有限呈示的, 故有 $X = \operatorname{Spec} B$, 其中 B 是一个平坦且有限呈示的 A 模 (1.4.7), 从而它是自由的 (Bourbaki,《交换代数学》, II, §5, ※2, 定理 1 的推论 2). 进而, 若 $\mathfrak{m}$ 是 A 的极大理想, k 是它的剩余类域, 则根据前提条件, $B/\mathfrak{m}B$ 是一个域, 并且它既是 k 的紧贴扩张, 也是 k 的有限可分扩张, 因为 f 是平展且紧贴的 (17.6.1), 从而 $B/\mathfrak{m}B$ 同构于 k. 又因为 B 是自由 A 模, 故知 B 同构于 A. 证明完毕.

推论 (17.9.2) — 设 X 是一个连通概形, 若 $f: X \to Y$ 是一个平展的闭浸入, 则 f 是 X 到 Y 的某个开连通分支的同构.

事实上, f 是平展且紧贴的, 从而是 X 到 Y 的某个开子概形的同构, 但根据前提条件, $f(X)$ 在 Y 中是闭的, 从而它是既开又闭的, 又因为 $f(X)$ 是连通的, 从而它是 Y 的一个连通分支.

推论 (17.9.3) — 设 $f: X \to Y$ 是一个平展态射 (切转: 平展分离态射). 则 X 的任何 Y 截面 $g: Y \to X$ 都是开浸入 (切转: 开且闭的浸入). 进而, 映射 $g \mapsto g(Y)$ 是一个从 X 的 Y 截面集合 $\Gamma(X/Y)$ 到 X 的那些满足下述条件的开子集 (切转: 既开又闭的子集) Z 的集合的一一映射: f 在 Z 上的限制是 Z 到 Y 的一个紧贴映满态射.

事实上, 由 f 是非分歧的已经可以推出 g 是一个开浸入 (17.4.1, b″)), 并且 f 在 X 的开集 $g(Y)$ 上的限制是一个同构. 反过来, 若 Z 是 X 的一个开子集, 并使得 $f|_Z$

是 Z 到 Y 的一个紧贴映满态射, 则依照 (17.9.1), $f|_Z$ 是一个同构, 因为它是平展的. 若 f 还是分离的, 则我们知道 g 是一个闭浸入 (**I**, 5.4.6), 这就证明了结论.

推论 (17.9.4) — 设 Y 是一个连通概形, $f: X \to Y$ 是一个平展分离态射. 则 X 的任何 Y 截面 g 都是 Y 到 X 的某个开连通分支的同构, 并且映射 $g \mapsto g(Y)$ 是一个从 $\Gamma(X/Y)$ 到 X 的那些满足下述条件的开连通分支 Z 的集合的一一映射: f 在 Z 上的限制是 Z 到 Y 的一个紧贴映满态射.

推论 (17.9.5) — 设 $g: Y \to S$, $h: X \to S$ 是两个局部有限呈示态射, 并假设 h 是**平坦**的. 则为了使一个 S 态射 $f: X \to Y$ 是开浸入 (切转: 同构), 必须且只需对任意 $s \in S$, 由 f 通过基变换 $\operatorname{Spec}\boldsymbol{k}(s) \to S$ 所导出的态射 $f_s: h^{-1}(s) \to g^{-1}(s)$ 都是开浸入 (切转: 同构).

事实上, 若对任意 $s \in S$ 来说, f_s 都是开浸入, 则由 (17.8.3) 知, f 是一个平展态射, 由于对任意 $y \in Y$, 均有 $f^{-1}(y) = f_s^{-1}(y)$, 其中 $s = g(y)$, 故知 f 是紧贴的, 从而依照 (17.9.1), f 是一个开浸入. 进而若对任意 $s \in S$ 来说, f_s 都是映满的, 则 f 就是映满的, 从而是一个同构.

下述命题是 (10.4.11) 的精细化:

命题 (17.9.6) — 设 S 是一个概形, X 是一个有限呈示 S 概形. 则对于 X 到自身的一个 S 态射来说, 只要它是单态射, 就一定是 X 的自同构.

设 $f: X \to S$ 是结构态射, g 是我们所考虑的那个 S 态射. 问题在 S 上是局部性的, 故可假设 S 是仿射的. 使用 (8.9.1) 和 (8.10.5, ($\mathrm{i}_{改}$)), 就可以把问题归结到 $S = \operatorname{Spec} A$ 并且 A 是有限型 $\mathbb{Z}$ 代数的情形, 因而 X 是一个有限型 $\mathbb{Z}$ 概形. 从 (10.4.11) 我们已经知道, g 是一个一一的态射, 因为单态射总是紧贴的 (8.11.5.1), 从而只需证明 g 是开浸入即可, 而由于 g 是紧贴的, 故依照 (17.9.1), 只需证明 g 是平展的. 进而, 由于使 g 平展的点组成的集合是开的, 并且 X 是一个 Jacobson 概形 (10.4.7), 故我们只需证明, g 在 X 的所有闭点 z 近旁都是平展的 (10.3.1). 现在令 $z' = g(z)$, 由 (10.4.11.1, (i)) 知, z' 也是 X 的一个闭点, 并且因为 g 是单态射, 故知由 g 所导出的映射 $\boldsymbol{k}(z') \to \boldsymbol{k}(z)$ 是一个同构. 从而为了使 g 在点 z 近旁是平展的, 必须且只需典范同态 $\widehat{\mathscr{O}}_{X,z'} \to \widehat{\mathscr{O}}_{X,z}$ 是一一的 (17.6.3, e″)). 为此我们先来证明, 对任意整数 n, 典范同态 $\mathscr{O}_{X,z'}/\mathfrak{m}_{z'}^{n+1} \to \mathscr{O}_{X,z}/\mathfrak{m}_z^{n+1}$ 都是一一的, 由此就能立即得到结论. 可以假设 z 落在下面这个有限集 $T_{p,d}$ 之中: 它是由这样的闭点 $t \in X$ 所组成的集合, 其剩余类域 $\boldsymbol{k}(t)$ 是 $\mathbb{F}_p$ 的一个次数整除 d 的扩张. 此时 z' 也落在该集合中. 我们用 $\mathscr{J}$ 来表示 $\mathscr{O}_X$ 的这样一个凝聚理想层: 当 $x \notin T_{p,d}$ 时 $\mathscr{J}_x = \mathscr{O}_x$, 而当 $x \in T_{p,d}$ 时 $\mathscr{J}_x = \mathfrak{m}_x^{n+1}$. 设 $T_{p,d,n}$ 是 X 的那个由 $\mathscr{J}$ 所定义的闭子概形, $j: T_{p,d,n} \to X$ 是典范含入, 则合成态射 $g \circ j: T_{p,d,n} \to X$ 把集合 $T_{p,d}$ 映到它自身, 并且对任意 $x \in T_{p,d}$, 同态 $\mathscr{O}_{X,g(x)} \to \mathscr{O}_{X,x}/\mathfrak{m}^{n+1}$ 都可以分解为

$$\mathscr{O}_{X,g(x)} \longrightarrow \mathscr{O}_{X,g(x)}/\mathfrak{m}_{g(x)}^{n+1} \longrightarrow \mathscr{O}_{X,x}/\mathfrak{m}_x^{n+1}.$$

从而 (**I**, 4.1.9) $T_{p,d,n}$ 有唯一一个自同态 g', 使得 $j \circ g' = g \circ j$. 由于 j 是单态射, 且根据前提条

件, g 也是如此, 故我们得知, g' 也是单态射, 从而只要能证明 g' 是 $T_{p,d,n}$ 的一个自同构, 就能证明这个命题. 现在对任意 $x \in T_{p,d,n}$, 我们知道 $\boldsymbol{k}(y)$ 都是有限域, 且由于 $\mathscr{O}_{X,x}$ 是 Noether 的, 故知每个 $\mathfrak{m}_x^h/\mathfrak{m}_x^{h+1}$ 都是有限秩的 $\boldsymbol{k}(x)$ 向量空间, 由此立知, $T_{p,d,n}$ 在点 x 处的局部环 $\mathscr{O}_{X,x}/\mathfrak{m}_x^{n+1}$ 只有有限个元素, 自然就是一个有限型 $\mathbb{Z}$ 模. 由于 $T_{p,d,n}$ 是有限个形如 $\operatorname{Spec}(\mathscr{O}_{X,x}/\mathfrak{m}_x^{n+1})$ 的概形之和, 故知它是一个有限 $\mathbb{Z}$ 概形, 从而自同态 g' 也是有限的 (**II**, 6.1.5, (v)), 因此是紧合的. 但紧合单态射都是闭浸入 (8.11.5), 从而若 $T_{p,d,n} = \operatorname{Spec} B$, 则 g' 对应着环 B 的一个满自同态 $\varphi: B \to B$. 现在集合 B 是有限的, 从而 φ 必须是一一的. 证明完毕.

17.10 平滑概形的相对维数

定义 (17.10.1) — 设 $f: X \to Y$ 是一个局部有限型态射. 所谓 f 在点 $x \in X$ 处的相对维数 (或者说 X 在点 x 处相对于 Y 的维数), 是指整数 $\dim_x f^{-1}(f(x)) \geqslant 0$, 也记作 $\dim_x f$.

从而 f 在点 x 近旁是拟有限的 ($\mathbf{0_I}$**I**, 6.2.3) 就等价于 $\dim_x f = 0$. 我们已经看到 (13.1.3), 函数 $x \mapsto \dim_x f$ 是上半连续的. 但要注意的是, 即使态射 f 具有 (S_1) 性质 (换句话说 (6.8.1), 它是平坦的, 并且其纤维没有内嵌支承素轮圈), 函数 $x \mapsto \dim_x f$ 也未必是连续的, 比如下面的例子就说明了这一点: $Y = \operatorname{Spec} k$, 其中 k 是一个域, $X = \operatorname{Spec}(k[U,V,W]/\mathfrak{pq})$, 其中 $\mathfrak{p} = (W)$ 和 $\mathfrak{q} = (U) + (V - W)$ 是 $k[U,V,W]$ 的两个素理想 (从而 X 是 3 维空间中的一个平面和一个与该平面不平行的直线的并集).

一个局部有限呈示态射 $f: X \to Y$ 在点 $x \in X$ 近旁是平展的也等价于 f 在点 x 近旁是平滑的, 并且 $\dim_x f = 0$ (17.6.1).

命题 (17.10.2) — 设 $f: X \to Y$ 是一个平滑态射. 对任意 $x \in X$, 局部自由 $\mathscr{O}_{X,x}$ 模层 Ω_f^1 (17.2.3)在点 x 处的秩都等于 $\dim_x f$ (这就说明 $x \mapsto \dim_X f$ 是 X 上的一个连续函数).

事实上, 设 $y = f(x)$, 则 $X_y = f^{-1}(y)$ 在 $\boldsymbol{k}(y)$ 上是平滑的, 并且若 $f_y: X_y \to \operatorname{Spec} \boldsymbol{k}(y)$ 是结构态射, 则有 $\Omega_{f_y}^1 = \Omega_f^1 \otimes_{\mathscr{O}_{Y,y}} \boldsymbol{k}(y)$ (16.4.5), 从而我们可以限于考虑 $Y = \operatorname{Spec} k$ 是域的谱的情形. 进而, 依照 (16.4.5) 和 (17.7.1), 可以把 k 换成一个代数闭扩张, 换句话说, 可以假设 k 是代数闭的. 此时 X 的 k 有理点的集合在 X 中是稠密的 (10.4.8), 故可限于考虑 x 是 k 有理点的情形. 现在 (16.4.12) $(\Omega_{X/k}^1)_x \otimes_{\mathscr{O}_x} \boldsymbol{k}(x)$ 可以 k 同构于 $\mathfrak{m}_x/\mathfrak{m}_x^2$, 且因为 $\mathscr{O}_x$ 是一个正则局部环 (17.5.1), 故知 $\operatorname{rg}_k(\mathfrak{m}_x/\mathfrak{m}_x^2) = \dim \mathscr{O}_x$ (**0**, 17.1.1), 从而 $\operatorname{rg}_{\mathscr{O}_x}(\Omega_{X/k}^1)_x = \dim \mathscr{O}_x$. 但我们有 $\boldsymbol{k}(x) = k$, 故得 $\dim_x f = \dim \mathscr{O}_x$ (5.2.3). 证明完毕.

我们将在后面 (17.15.5) 给出此结果的一个逆命题.

推论 (17.10.3) — 设 $f: X \to Y$, $g: Y \to Z$ 是两个平滑态射. 则对任意 $x \in X$,

均有

$$\text{(17.10.3.1)} \qquad \dim_x(g\circ f) \;=\; \dim_x f + \dim_{f(x)} g.$$

事实上, $g\circ f$ 是平滑的 (17.3.3), 从而这三个 $\mathscr{O}_X$ 模层 $\Omega^1_{X/Y}$, $\Omega^1_{X/Z}$ 和 $f^*\Omega^1_{Y/Z}$ 都是局部自由的 (17.2.3 和 $\mathbf{0_I}$, 5.4.5), 进而 $f^*\Omega^1_{Y/Z}$ 在 x 处的秩就等于 $\Omega^1_{Y/Z}$ 在 $y=f(x)$ 处的秩. 从而等式 (17.10.3.1) 可由 (17.10.2) 和正合序列 (17.2.3.1) 推出.

推论 (17.10.4) — 设 $f:X\to Y$ 是一个平滑态射, X' 是 X 的一个子概形, 并假设合成态射 $X'\xrightarrow{j}X\xrightarrow{f}Y$ (其中 j 是典范含入) 是平滑的. 则余法层 $\mathscr{N}_{X'/X}$ 是一个局部自由 $\mathscr{O}_{X'}$ 模层, 并且对任意 $x\in X'$, 均有

$$\text{(17.10.4.1)} \qquad \dim_x f \;=\; \dim_x(f\circ j) + \operatorname{rg}_{\mathscr{O}_{X',x}}(\mathscr{N}_{X'/X})_x.$$

事实上, $\Omega^1_{X/Y}\otimes_{\mathscr{O}_X}\mathscr{O}_{X'}$ 和 $\Omega^1_{X'/Y}$ 都是局部自由的, 并且正合序列 (17.2.5.1) 在 X' 的每个点的适当邻域中都是分裂的, 从而 $\mathscr{N}_{X'/X}$ 是局部自由的 (Bourbaki,《交换代数学》, II, §5, ※2, 定理 1), 于是关系式 (17.10.4.1) 可由正合序列 (17.2.5.1) 立得.

17.11 平滑概形之间的平滑态射

定理 (17.11.1) — 设 $f:Y\to S$ 和 $h:X\to S$ 是两个局部有限呈示态射, $g:X\to Y$ 是一个 S 态射, x 是 X 的一点, 我们令 $y=g(x)$, $s=f(y)=h(x)$. 则以下诸条件是等价的:

a) f 在点 y 近旁是平滑的, 且 g 在点 x 近旁是平滑的.

b) g 和 h 在点 x 近旁都是平滑的.

c) h 在点 x 近旁是平滑的, 并且典范同态 (16.4.18)

$$\text{(17.11.1.1)} \qquad (g^*\Omega^1_{Y/S})_x \;\longrightarrow\; (\Omega^1_{X/S})_x$$

是左可逆的(换句话说, 它是一个映到 $(\Omega^1_{X/S})_x$ 的某个直和因子的同构).

c′) h 在点 x 近旁是平滑的, 并且典范同态

$$\text{(17.11.1.2)} \qquad \big((\Omega^1_{Y/S})\otimes_{\mathscr{O}_{Y,y}}\boldsymbol{k}(y)\big)\otimes_{\boldsymbol{k}(y)}\boldsymbol{k}(x) \;\longrightarrow\; (\Omega^1_{X/S})_x\otimes_{\mathscr{O}_{X,x}}\boldsymbol{k}(x)$$

是单的.

若我们进而假设同态 $\boldsymbol{k}(y)\to\boldsymbol{k}(x)$ 是一一的. 则上述条件还等价于:

d) h 在点 x 近旁是平滑的, 并且从 X 在 x 处的切向量空间到 Y 在 y 处的切向量空间的典范映射 $T_{X/S}(x)\to T_{Y/S}(y)$ (16.5.12) 是满的.

a) 蕴涵 b) 这件事可由 (17.3.3, (ii)) 立得, b) 蕴涵 c) 这件事则是应用 (17.2.3, (ii)) 而得到的. 为了证明 c) 和 c′) 是等价的, 我们注意到依照 (17.2.3, (i)), $\Omega^1_{X/S}$ 是一个

局部自由的有限型 $\mathscr{O}_X$ 模层, 从而只需把 ($\mathbf{0}$, 19.1.12) 应用到局部环 $\mathscr{O}_{X,x}$ 和有限型 $\mathscr{O}_{X,x}$ 模的同态 (17.11.1.1) 上即可. 当 $\boldsymbol{k}(x)=\boldsymbol{k}(y)$ 时, 线性切映射 $T_{X/S}(x)\to T_{Y/S}(y)$ 是 (17.11.1.2) 的转置, 根据 (16.5.12), 这就证明了此情形下 c′) 和 d) 的等价性.

只需再证明 c) 蕴涵 a) 即可. 可以限于考虑 $S=\operatorname{Spec}A$, $Y=\operatorname{Spec}B$, $X=\operatorname{Spec}C$ 都是仿射概形的情形. 前提条件能够说明 (17.2.3, (i)) $(\Omega^1_{X/S})_x=\Omega^1_{C_x/A_s}$ 是一个自由 C_x 模. 事实上 (16.10.6), 我们总能找到 $B_y=\mathscr{O}_{Y,y}$ 的一些元素 t_i $(1\leqslant i\leqslant r)$, 使得它们的微分 $d_{B_y/A_s}(t_i)$ 可以生成 B_y 模 $\Omega^1_{B_y/A_s}$, 并且它们在 $\Omega^1_{C_x/A_s}$ 中的像构成这个自由 C_x 模的某个基底的一部分. 由于 $\Omega^1_{Y/S}$ (切转: $\Omega^1_{X/S}$) 是有限呈示 $\mathscr{O}_Y$ 模层 (切转: $\mathscr{O}_X$ 模层) (16.4.22), 故 (必要时把 X 和 Y 换成 x 和 y 的仿射开邻域) 我们可以假设 $\Omega^1_{C/A}$ 是一个自由 C 模, 并且这些 t_i 是 B 中的一些满足下述条件的元素 s_i $(1\leqslant i\leqslant r)$ 的像: 这些 $d_{B/A}(s_i)$ 可以生成 B 模 $\Omega^1_{B/A}$, 并且它们在 $\Omega^1_{C/A}$ 中的像可以构成该 C 模的某个基底的一部分 (Bourbaki,《交换代数学》, II, §5, ¥1, 命题 2). 设 φ 是 $B'=A[T_1,\cdots,T_r]$ 到 B 的这样一个 A 同态, 它满足 $\varphi(T_i)=s_i$ $(1\leqslant i\leqslant r)$, 则与之对应的双重同态 $\Omega^1_{B'/A}\to\Omega^1_{B/A}$ ($\mathbf{0}$, 20.5.2) 就把 $d_{B'/A}(T_i)$ (它们构成 $\Omega^1_{B'/A}$ 的一个基底($\mathbf{0}$, 20.4.13)) 变成 $d_{B/A}(s_i)$, 因而它是满的, 若 $Y'=\operatorname{Spec}B'$, 并且 $u:Y\to Y'$ 是与 φ 相对应的 S 态射, 则由 (17.2.2) 我们得知, u 是非分歧的. 从而只要能证明合成态射 $u\circ g:X\to Y'$ 在点 x 近旁是平滑的, 就可以从 (17.7.10) 推出 u 在点 y 近旁是平展的, 再由 (17.3.5) 即可推出 g 在点 x 近旁是平滑的. 最后, 由于结构态射 $f':Y'\to S$ 是平滑的 (17.3.8), 故 $f=f'\circ u$ 在点 y 近旁就会是平滑的. 现在 $d_{B'/A}(T_i)$ 在 $\Omega^1_{C/A}$ 中的典范像也是 $d_{B/A}(s_i)$ 的典范像, 故它们构成 $\Omega^1_{C/A}$ 的某个基底的一部分. 这就把 c) 蕴涵 a) 的证明归结到了 $Y'=Y$ 的情形, 因而可以假设 f 是一个平滑态射.

此时依照 (17.8.2), 我们可以限于考虑 $S=\operatorname{Spec}k$ 是域的谱的情形, 进而从 (17.7.1, (ii)) 得知, 可以假设 k 是代数闭的, 最后, 必要时把 X 和 Y 分别换成 x 和 y 的开邻域, 还可以假设 f 和 h 都是平滑的, 并且典范同态

$$g^*\Omega^1_{Y/S}\longrightarrow\Omega^1_{X/S}$$

是左可逆的 ($\mathbf{0}$, 19.1.12). 现在 X 的 k 有理点的集合在 X 中是极稠密的 (10.4.8), 从而为了证明 g 是平滑的, 只需证明 g 在任何 k 有理点 $x\in X$ 的近旁都是平滑的即可, 或者说, 只需证明在这些点处 $\mathscr{O}_{X,x}$ 是平坦 $\mathscr{O}_{Y,y}$ 模并且 $\mathscr{O}_{X,x}/\mathfrak{m}_y\mathscr{O}_{Y,y}$ 是正则环即可 (17.5.1). 现在 $y=g(x)$ 在 k 上也是有理的, 又因为 $\mathscr{O}_{Y,y}$ 是一个泛平滑 k 代数, 并且 $\mathscr{O}_{Y,y}/\mathfrak{m}_y=k$, 故由 ($\mathbf{0}$, 20.5.14) 知, 典范同态 $\mathfrak{m}_y/\mathfrak{m}_y^2\to(\Omega^1_{Y/S})_y\otimes_{\mathscr{O}_{Y,y}}\boldsymbol{k}(y)$ 是一一的. 同样地, 典范同态 $\mathfrak{m}_x/\mathfrak{m}_x^2\to(\Omega^1_{X/S})_x\otimes_{\mathscr{O}_{X,x}}\boldsymbol{k}(x)$ 也是一一的. 从而条件 c′) (它等价于 c)) 就相当于说, 典范同态

$$(\mathfrak{m}_y/\mathfrak{m}_y^2)\otimes_{\boldsymbol{k}(y)}\boldsymbol{k}(x)\longrightarrow\mathfrak{m}_x/\mathfrak{m}_x^2$$

是单的. 而由于环 $\mathscr{O}_{X,x}$ 是正则的, 故由 (**0**, 17.3.3) 就可以推出结论. 证明完毕.

推论 (17.11.2) — 在 (17.11.1) 的一般条件下, 以下诸条件是等价的:

a) f 在点 y 近旁是平滑的, 并且 g 在点 x 近旁是平展的.

b) h 在点 x 近旁是平滑的, 并且 g 在点 x 近旁是平展的.

c) h 在点 x 近旁是平滑的, 并且典范同态

$$(g^*\Omega^1_{X/S})_x \longrightarrow (\Omega^1_{X/S})_x$$

是一一的.

c′) h 在点 x 近旁是平滑的, 并且典范同态

$$((\Omega^1_{Y/S})_y \otimes_{\mathscr{O}_{Y,y}} \boldsymbol{k}(y)) \otimes_{\boldsymbol{k}(y)} \boldsymbol{k}(x) \longrightarrow (\Omega^1_{X/S})_x \otimes_{\mathscr{O}_{X,x}} \boldsymbol{k}(x)$$

是一一的.

进而假设同态 $\boldsymbol{k}(y) \to \boldsymbol{k}(x)$ 是一一的. 则上述条件还等价于:

d) h 在点 x 近旁是平滑的, 并且典范映射 $T_{X/S}(x) \longrightarrow T_{Y/S}(y)$ (16.5.12) 是一一的.

(17.11.2) 中的每个条件 a), b) 和 c) 都等价于 (17.11.1) 中的相应条件再加上 g 在点 x 近旁是非分歧的, 其中和条件 c) 有关的部分需要用到 (17.2.2). 这就推出了条件 a), b) 和 c) 的等价性. c) 和 c′) 的等价性则是由于 (17.11.1) 中的相应条件的等价性和 Nakayama 引理. 当 $\boldsymbol{k}(x) = \boldsymbol{k}(y)$ 时, c′) 和 d) 的等价性可由 (16.5.12) 立得.

推论 (17.11.3) — 设 $h : X \to S$ 是一个平滑态射, s_i $(1 \leqslant i \leqslant r)$ 是 $\mathscr{O}_X$ 的一些整体截面 (它们也是 $h_*\mathscr{O}_X$ 的整体截面), $g : X \to S[T_1, \cdots, T_r] = \mathbf{V}^r_S$ 是与这些截面所定义的 $\mathscr{O}_S$ 模层同态 $\mathscr{O}^r_S \to h_*\mathscr{O}_X$ (**II**, 1.2.7) 相对应的那个 S 态射. 于是为了使 g 在点 $x \in X$ 近旁是平滑的 (切转: 平展的), 必须且只需这些 $(d_{X/S}(s_i))_x$ 构成 $\mathscr{O}_{X,x}$ 模 $(\Omega^1_{X/S})_x$ 的某个基底的一部分 (切转: 一个完整的基底).

只需把 (17.11.1) (切转: (17.11.2)) 应用到结构态射 $f : S[T_1, \cdots, T_r] \to S$ 上即可.

推论 (17.11.4) — 为了使一个态射 $h : X \to S$ 在点 $x \in X$ 近旁是平滑的, 必须且只需能找到 x 的一个开邻域 U 和一个整数 r 以及一个平展 S 态射 $U \to S[T_1, \cdots, T_r]$.

条件显然是充分的, 因为结构态射 $S[T_1, \cdots, T_r] \to S$ 是平滑的 (17.3.8). 为了证明它是必要的, 注意到由于 h 在点 x 近旁是平滑的, 故可找到 x 的一个开邻域 U, 使得 $\Omega^1_{X/S}|_U$ 是局部自由的 (17.2.3), 于是只需应用 (16.10.6) (必要时缩小 U) 就可以得到 $\mathscr{O}_X$ 在 U 上的一些截面 s_i, 使得 $d_{X/S}(s_i)$ 构成 $\Omega^1_{X/S}|_U$ 的一个基底, 再使用 (17.11.3) 即得结论.

命题 (17.11.5) — 设 $f: Y \to S$, $h: X \to S$ 是两个平滑态射. 则为了使一个 S 态射 $g: X \to Y$ 是开浸入, 必须且只需 g 是概形的单态射, 并且对任意 $x \in X$ 和 $y = g(x)$, 均有 $\dim_y f = \dim_x h$ (在 (18.10.5) 中我们将给出此命题的一个推广).

条件显然是必要的, 我们来证明它也是充分的.

依照 (17.9.5), 问题可以立即归结到 $S = \operatorname{Spec} k$ 是域的谱的情形, 再依照 (2.7.1, (x)), 还可以假设 k 是代数闭的. 有见于 (17.9.1), 此时只需证明 g 是平展的即可, 且由于使 g 平展的点组成一个开集, 故只需证明 g 在 X 的闭点 (或 k 有理点) 近旁都是平展的即可 (10.4.8). 设 x 是一个这样的点, 并且令 $y = g(x)$, 它在 k 上也是有理的, 根据前提条件, 环 $A = \mathscr{O}_{Y,y}$ 是正则的, 并且剩余类域是 k, 设 $d = \dim A$, 并设 $(t_i)_{1 \leqslant i \leqslant d}$ 是 A 的一个正则参数系. 我们令 $B = \mathscr{O}_{X,x}$, $C = B/\mathfrak{m}_y B$. 由于 g 是单态射, 故知由 g 通过基变换而导出的态射 $\operatorname{Spec} C \to \operatorname{Spec} \boldsymbol{k}(y) = \operatorname{Spec} k$ 也是如此 (**I**, 3.3.12), 但这就意味着与之对应的同态 $u: k \to C$ 是满的 (从而是一一的) , 因为 u 具有一个左逆 $v: C \to k$, 并且 $u \circ v$ 是 C 上的恒同, 把它与 u 取合成就给出同一个同态 $u: k \to C$. 根据前提条件, B 是一个 d 维正则环, 于是这些 t_i 在 B 中的像构成 B 的一个正则参数系 (**0**, 17.1.7), 从而 g 在点 x 处满足条件 (17.6.3, e″)) ((**0**, 17.1.1) 和 Bourbaki,《交换代数学》, III, §2, ¥8, 定理 1 的推论 3), 这就完成了证明.

17.12 平滑概形的平滑子概形. 平滑态射与微分平滑态射

定理 (17.12.1) — 设 $f: X \to S$, $h: Y \to S$ 是两个局部有限呈示态射, $j: Y \to X$ 是一个浸入, y 是 Y 的一点, $s = j(y)$. 则以下诸条件是等价的:

a) h 在点 y 近旁是平滑的, 且 f 在点 x 近旁是平滑的.

b) f 在点 x 近旁是平滑的, 且典范同态 (16.4.21)

$$(\mathscr{N}_{Y/X})_y \longrightarrow (j^* \Omega^1_{X/S})_y$$

是左可逆的.

c) h 在点 y 近旁是平滑的, 且可以找到 y 在 Y 中的一个开邻域 U, 使得 $j|_U: U \to X$ 是一个正则浸入 (16.9.2).

c′) h 在点 y 近旁是平滑的, 且可以找到 y 在 Y 中的一个开邻域 U, 使得 $j|_U: U \to X$ 是一个拟正则浸入(换句话说 (16.9.8), 可以找到 y 在 Y 中的一个开邻域 U, 使得 $\mathscr{N}_{Y/X}$ 在其上是一个局部自由 $\mathscr{O}_Y$ 模层, 并且典范同态 $\mathbf{S}^{\bullet}_{\mathscr{O}_Y}(\mathscr{N}_{Y/X}) \to \mathscr{G}r^{\bullet}(j)$ 是一一的).

为了证明 a) 和 b) 的等价性, 可以限于考虑 $S = \operatorname{Spec} A$ 和 $X = \operatorname{Spec} B$ 都是仿射概形的情形, 此时 $Y = \operatorname{Spec}(B/\mathfrak{J})$, 其中 $\mathfrak{J}$ 是 B 的一个有限型理想, 并且 B 是一个平滑 A 代数 (17.3.2, (ii)). 现在只需应用 Jacobi 判别法 (**0**, 22.6.1) 以及 (**0**, 19.1.14) 即可, 因为我们知道 $\Omega^1_{X/S}$ 在 x 的某个邻域上是一个局部自由 $\mathscr{O}_X$ 模层, 并且 $\mathscr{N}_{Y/X}$

是一个有限型 $\mathscr{O}_Y$ 模层 (16.1.6).

接下来证明 a) 蕴涵 c′). 仍然可以限于考虑 S, X, Y 都是仿射概形并且 B 和 $B/\mathfrak{I}$ 都是平滑 A 代数的情形, 此时由 (17.7.9) 和 (8.10.5, (iv)) 知, 可以找到 A 的一个 Noether 子环 A' 和一个有限型 A' 代数 B' 以及 B' 的一个理想 $\mathfrak{I}'$, 使得 $B = B' \otimes_{A'} A$, $\mathfrak{I} = \mathfrak{I}'B$, 并且 B' 和 $B'/\mathfrak{I}'$ 都是平滑 A' 代数. 注意到根据 (**0**, 19.3.8), 若 A' 上带有离散拓扑, B' 上带有 $\mathfrak{I}'$ 预进拓扑, 则 B' 仍然是形式平滑 A' 代数. 因而 (**0**, 19.5.4) $\mathfrak{I}'/\mathfrak{I}'^2$ 是一个投射 $(B'/\mathfrak{I}')$ 模, 并且典范同态 $\mathbf{S}^{\bullet}_{B'/\mathfrak{I}'}(\mathfrak{I}'/\mathfrak{I}'^2) \to \operatorname{gr}^{\bullet}_{\mathfrak{I}'}(B')$ 是一一的. 换句话说 (16.9.8), 浸入 $\operatorname{Spec}(B'/\mathfrak{I}') \to \operatorname{Spec} B'$ 是拟正则的, 从而是正则的, 因为 B' 是 Noether 环 (16.9.10). 然而根据前提条件, $B'/\mathfrak{I}'$ 是一个平坦 A' 模 (17.5.1), 并且 B' 是一个有限呈示 A' 代数, 故我们可以应用 (11.3.8) (把 $\mathscr{F}$ 换成 $\widetilde{\mathfrak{I}'}$), 由此得知 (通过基变换) j 是一个正则浸入, 自然就是拟正则的. 此外, 依照 (11.3.8), B 是有限呈示 A 代数和平坦 A 模的事实就表明, 条件 c′) 和 c) 是等价的, 并且它们在基变换下是稳定的.

最后我们来证明 c) 蕴涵 a). 由于在 (11.3.8) 中, 条件 b) 蕴涵 c), 故我们已经看到, 若 c) 是满足的, 则 f 在点 x 处是平坦的, 从而依照 (17.5.1), 只需在前提条件 c) 下证明: 对于 $s = h(x)$ 来说 $f^{-1}(s)$ 在点 x 近旁是在 $\boldsymbol{k}(s)$ 上平滑的. 由于条件 c) 在基变换下是稳定的, 故我们可以把问题归结到 $S = \operatorname{Spec} k$ 是域的谱的情形, 有见于 (17.7.1, (ii)), 还可以假设 k 是代数闭的. 此时只需证明 $\mathscr{O}_{X,x}$ 是一个正则环即可 (17.5.1). 现在根据前提条件, $\mathscr{O}_{Y,y} = \mathscr{O}_{X,x}/\mathscr{J}_x$, 其中 $\mathscr{J}_x$ 是由某个 $\mathscr{O}_{X,x}$ 正则序列 (t_i) 生成的理想, 并且 $\mathscr{O}_{Y,y}$ 是一个正则环, 由于这些 t_i 构成 $\mathscr{O}_{X,x}$ 的某个参数系的一部分 (**0**, 16.4.1), 从而由 (**0**, 17.1.7) 就可以推出结论.

推论 (17.12.2) — 在 (17.12.1) 的记号下, 假设 f 在点 x 处平滑的, 并设 Y 是 X 的一个闭子概形, 由 $\mathscr{O}_X$ 的某个理想层 $\mathscr{J}$ 所定义, 且在点 x 近旁是在 S 上平滑的. 设 $(g_i)_{1\leqslant i\leqslant r}$ 是 $\mathscr{J}$ 的一些整体截面. 则以下诸条件是等价的:

a) 这些 $(g_i)_x$ 构成 $\mathscr{O}_{X,x}$ 模 $\mathscr{J}_x$ 的一个生成元组, 并且个数达到了最小.

b) 若 g'_i 是 g_i 在 $\Gamma(X, \mathscr{J}/\mathscr{J}^2)$ 中的典范像, 则这些 $(g'_i)_x$ 构成 $\mathscr{O}_{X,x}/\mathscr{J}_x$ 模 $\mathscr{J}_x/\mathscr{J}_x^2$ 的一个基底.

c) 这些 $d_{X/S}(g_i)$ 在 $(\Omega^1_{X/S})_x \otimes_{\mathscr{O}_{X,x}} \boldsymbol{k}(x)$ 中的像是一些在 $\boldsymbol{k}(x)$ 上线性无关的元素, 并且这些 $(g_i)_x$ 可以生成 $\mathscr{J}_x$.

d) 可以找到 x 在 X 中的一个开邻域 U 和 $\mathscr{O}_X$ 在 U 上的一些截面 g_j $(r+1 \leqslant j \leqslant n)$, 使得那个与这些截面 $g_i|_U$ $(1 \leqslant i \leqslant r)$ 和 g_j $(r+1 \leqslant j \leqslant n)$ 所定义的同态 $\mathscr{O}_S^n \to f_*\mathscr{O}_U$ (**II**, 1.2.7) 相对应的 S 态射 $u : U \to S[T_1, \cdots, T_n]$ 是一个平展态射, 并且子概形 $Y' = S[T_{r+1}, \cdots, T_n]$ 在这个态射下的逆像就是 $j(Y)$ 的开子概形 $U \cap j(Y)$.

由于 $(g'_i)_x$ 是 $(g_i)_x$ 的典范像, 故由 Nakayama 引理就可以推出 a) 和 b) 的等价性, 因为 $\mathscr{J}_x$ 是有限型的, 并且 $\mathscr{J}_x/\mathscr{J}_x^2$ 是自由 $\mathscr{O}_{X,x}/\mathscr{J}_x$ 模 (17.10.4) (Bourbaki,

《交换代数学》, II, §3, ✗2, 命题 5). 依照 (17.12.1, b)), $\mathscr{J}_x/\mathscr{J}_x^2$ 可以典范等同于 n 秩自由 $(\mathscr{O}_{X,x}/\mathscr{J}_x)$ 模 $(\Omega^1_{X/S})_x\otimes_{\mathscr{O}_{X,x}}(\mathscr{O}_{X,x}/\mathscr{J}_x)$ 的一个直和因子, 从而 b) 和 c) 的等价性也可由 Bourbaki 前引结果推出. 进而, 若 a) 是满足的, 则对于 $1\leqslant i\leqslant r$, $(g_i')_x$ 也就可以等同于 $(d_{X/S}g_i)_x\otimes 1$, 由于 $\mathscr{O}_{X,x}$ 模 $(\Omega^1_{X/S})_x$ 是 n 秩自由的, 故仍然由 Bourbaki 前引结果得知, 必要时把 X 换成 x 的某个开邻域, 总可以假设我们能找到 $\mathscr{O}_X$ 的 $n-r$ 个整体截面 g_i $(r+1\leqslant i\leqslant n)$, 使得这些 $(d_{X/S}g_i)_x\otimes 1$ $(1\leqslant i\leqslant n)$ 构成 $(\Omega^1_{X/S})_x$ 的一个基底, 从而由 (17.11.3) 就可以推出对应的态射 u 在点 x 近旁是平展的. 同理可知, u 的限制态射 $u^{-1}(Y')\to Y'$ 在点 x 近旁也是平展的, 通过把 X 换成 x 的某个邻域, 我们可以假设这两个态射都是平展的. 进而, 易见 Y (为简单起见, 这里把它等同于 X 的闭子概形 $j(Y)$) 是 $u^{-1}(Y')$ 的一个闭子概形, 基于这些 g_i $(i>r)$ 的选择以及 (17.2.5) 和 (17.11.2), 还可以假设 u 在 Y 上的限制也是平展的. 由此得知, 对任意 $y'\in Y'$, 浸入 $Y\cap u^{-1}(y')\to u^{-1}(y')$ 都是开的, 从而借助 (17.9.6) 就可以推出 $Y\to u^{-1}(Y')$ 是一个开浸入, 这就证明了 a) 蕴涵 d). 逆命题可由 (17.11.3) 立得.

推论 (17.12.3) — *设 $f:X\to S$ 是一个局部有限呈示态射, $u:S\to X$ 是 X 的一个 S 截面. 则为了使 f 在点 $x\in X$ 近旁是平滑的, 必须且只需 u 在 $s=f(x)$ 的某个邻域上是一个拟正则浸入.*

这可由 (17.12.1) 得出, 因为 $f\circ u=1_S$ 是平滑的.

命题 (17.12.4) — *任何平滑态射 $f:X\to S$ 都是微分平滑的* (换句话说 (16.10.5), $\Delta_f:X\to X\times_S X$ 是拟正则浸入). *特别地, 这些 $\mathscr{P}^n_f=\mathscr{P}^n_{X/S}$ 和 $\mathrm{gr}_n(\mathscr{P}_{X/S})$ 都是局部自由的有限型 $\mathscr{O}_X$ 模层.*

只需注意到结构态射 $p_1:X\times_S X\to X$ 是平滑的 (17.3.3, (iii)), 并且 Δ_f 是 p_1 的一个 X 截面即可, 于是由 (17.12.3) 就可以得出结论.

命题 (17.12.5) — *设 $f:X\to Y$ 是一个局部有限呈示态射. 则以下诸条件是等价的:*

a) f 是微分平滑的.

b) 对任意态射 $g:Y'\to Y$, 我们令 $X'=X\times_Y Y'$ 和 $f'=f_{(Y')}:X'\to Y'$, 则对于 X' 的任何一个 Y' 截面 s', f' 在 $s'(Y')$ 的所有点近旁都是平滑的.

c) 第二投影 $p_2:X\times_Y X\to X$ 在对角线 $\Delta_f(X)$ 的所有点近旁都是平滑的.

条件 c) 是条件 b) 的特殊情形, 事实上, 只需在 b) 中取 $Y'=X$ 和 $g=f'$ 即可, 因为此时 f' 恰好就是第二投影 p_2, 并且 Δ_f 是 $X\times_Y X$ 的一个 X 截面. 其次, c) 蕴涵 a), 因为 p_2 是一个局部有限呈示态射, 并且若 p_2 在 $\Delta_f(X)$ 的所有点近旁都是平滑的, 则 Δ_f 是拟正则浸入 (17.12.3), 从而 f 是微分平滑的. 最后, 我们来证明 a) 蕴涵 b), 若 Δ_f 是一个拟正则浸入, 则 p_2 在 $\Delta_f(X)$ 的所有点近旁都是平滑的

(17.12.3). 现在设 $g' : X' \to X$ 是典范投影, $v = (g', g')_Y : X' \to X \times_Y X$, 则很容易验证图表

$$\begin{array}{ccc} X \times_Y X & \xleftarrow{\ v\ } & X' \\ {\scriptstyle p_2}\downarrow & & \downarrow{\scriptstyle f'} \\ X & \xleftarrow[h = g' \circ s']{} & Y' \end{array}$$

是交换的, 并且它把 X' 等同于纤维积 $(X \times_Y X) \times_X Y'$ (**I**, 3.3.9), 有见于图表 (17.4.1.1) 把 Y' 等同于 $(X \times_Y X)$ 概形 X 和 X' 的纤维积这个事实, 我们就看到 p_2 在 $\Delta_f(X)$ 的所有点近旁都是平滑的, 并且 f' 在 $s'(Y')$ 的所有点近旁都是平滑的 (17.3.3, (iii)).

推论 (17.12.6) — 记号与 (8.8.1) 相同, 假设 X_α 是拟紧的, 并且 $f_\alpha : X_\alpha \to S_\alpha$ 是局部有限呈示的. 则为了使 $f : X \to S$ 是微分平滑的, 必须且只需能找到 $\lambda \geqslant \alpha$, 使得 $f_\lambda : X_\lambda \to S_\lambda$ 是微分平滑的 (从而对于 $\mu \geqslant \lambda$, $f_\mu : X_\mu \to S_\mu$ 也都是微分平滑的).

条件的充分性和最后一句话都可由 (16.10.4) 推出. 为了证明条件是必要的, 我们注意到 $\Delta_f : X \to X \times_S X$ 和 $p_2 : X \times_S X \to X$ 都可由 $\Delta_{f_\lambda} : X_\lambda \to X_\lambda \times_{S_\lambda} X_\lambda$ 和 $p_{2,\lambda} : X_\lambda \times_{S_\lambda} X_\lambda \to X_\lambda$ 通过基变换而得到. 依照 (17.12.5), 对任意 $z \in \Delta_f(X)$, 均可找到 z 在 $X \times_S X$ 中的一个仿射开邻域 $U(z)$, 使得 p_2 在 $U(z)$ 中是平滑的, 再依照 (8.2.11) 和 (17.7.8), 可以找到一个指标 $\lambda(z)$ 和 z 在 $X_{\lambda(z)} \times_{S_{\lambda(z)}} X_{\lambda(z)}$ 中的投影点的一个邻域 $U_{\lambda(z)}$, 使得 $U(z)$ 是 $U_{\lambda(z)}$ 的逆像, 并且 $p_{2,\lambda(z)}$ 在 $U_{\lambda(z)}$ 上是平滑的. 由于 X 是拟紧的, 故我们可以用有限个 $U(z_i)$ 把 $\Delta_f(X)$ 覆盖起来, 依照 (8.3.4), 可以找到一个指标 λ, 它比所有 $\lambda(z_i)$ 都大, 并使得这些 $U_{\lambda(z_i)}$ 在 $X_\lambda \times_{S_\lambda} X_\lambda$ 中的逆像构成 $\Delta_{f_\lambda}(X_\lambda)$ 的一个覆盖, 于是由 (17.12.5) 知, 这个 λ 就是我们要找的.

例子 (17.12.7) — 设 S 是一个概形, G 是一个 S 群概形, 并且在 S 上是局部有限呈示的. 则为了使 G 是微分平滑的, 必须且只需 G 在“单位元截面” e 的各点近旁都是在 S 上平滑的. 事实上, 条件的必要性可由 (17.12.5) 推出. 反过来, 假设该条件得到满足, 则对任意态射 $S' \to S$, $G' = G \times_S S'$ 都是局部有限呈示 S' 群概形, 从而依照 (17.12.5), 我们只需证明对 G 的任意 S 截面 s 来说, f 在 $s(S)$ 的各点近旁都是平滑的即可. 现在若 $m : G \times_S G \to G$ 是那个定义了 G 的群概形结构的态射, 则 $m \circ (s \times 1_G) : S \times_S G \to G \times_S G \to G$ 是概形 G 的一个 S 自同构, 称为“左平移” τ_s, 它把 G 的单位元截面中的点都变成了 $s(S)$ 中的点, 故知 G 在 $s(S)$ 的各点近旁都是在 S 上平滑的.

注解 (17.12.8) — 局部 Noether 概形 S 上的一个微分平滑的有限型 (甚至有限) 群概形 G 在 S 上未必是平滑的 (甚至未必是平坦的). 举例来说, 取 S 是域 k

上的双关数代数 $D=k[T]/T^2k[T]$ 的谱, G 是直合 D 代数 $E=D\oplus k$ 的谱. 则在 G 上可以定义一个 S 群概形的结构, 即取 E 到 $E\otimes_D E$ 的同态是"对角线映射" δ, 定义如下: 设 e', e'' 是两个幂等元, 分别是 D 中的单位元 1 在 E 的因子 D 和 k 上的典范像, 则容易验证, $\delta(e')=e'\otimes e'+e''\otimes e''$ 和 $\delta(e'')=e'\otimes e''+e''\otimes e'$ 就定义了这样一个对角线映射. 这个群概形 G 的单位元截面对应着这样一个同态 $E\to D$, 它在 D 上是恒同, 而在 k 上是 0, 这是一个从 S 到 G 的某个连通分支的同构, 从而 G 在 S 上是微分平滑的 (17.12.6), 但显然 G 不是 S 平坦的.

17.13 态射的横截性

(17.13.1) 设 S 是一个概形, X,Y,X' 是三个 S 概形, $i:Y\to X$ 是一个 S 浸入, $f:X'\to X$ 是一个 S 态射. 我们令 $Y'=Y\times_X X'$, 并设 $g:Y'\to Y$, $j:Y'\to X'$ 是典范投影, 则有下面的交换图表

(17.13.1.1)
$$\begin{array}{ccc} Y & \xleftarrow{\ g\ } & Y' \\ {\scriptstyle i}\downarrow & & \downarrow{\scriptstyle j} \\ X & \xleftarrow[\ f\ ]{} & X' \end{array},$$

并且 j 是一个 S 浸入. 由此就可以得到拟凝聚 $\mathscr{O}_{Y'}$ 模层的交换图表

(17.13.1.2)
$$\begin{array}{ccccccc} g^*\mathscr{N}_{Y/X} & \longrightarrow & f^*\Omega^1_{X/S}\otimes_{\mathscr{O}_{X'}}\mathscr{O}_{Y'} & \longrightarrow & g^*\Omega^1_{Y/S} & \longrightarrow & 0 \\ {\scriptstyle \mathrm{gr}_1(g)}\downarrow & & \downarrow & & \downarrow & & \\ \mathscr{N}_{Y'/X'} & \longrightarrow & \Omega^1_{X'/S}\otimes_{\mathscr{O}_{X'}}\mathscr{O}_{Y'} & \longrightarrow & \Omega^1_{Y'/S} & \longrightarrow & 0, \end{array}$$

其中下边一行是把正合序列 (16.4.21) 应用到 j 上而得到的, 上面一行是从 i 的正合序列 (16.4.21) 通过取右正合函子 g^* 而导出的 (从而这一行也是正合的), $\mathrm{gr}_1(g)$ 是由 (16.2.1) 所定义的, 而且两个方块的交换性分别缘自 (**0**, 20.5.7.3) 和 (**0**, 20.5.11.3).

进而我们已经知道 (16.2.2, (iii)), 这里的 $\mathrm{gr}_1(g)$ 是满的, 从而由 (17.13.1.2) 可以导出正合序列

(17.13.1.3)
$$g^*\mathscr{N}_{Y/X}\xrightarrow{\ \alpha\ }\Omega^1_{X'/S}\otimes_{\mathscr{O}_{X'}}\mathscr{O}_{Y'}\longrightarrow\Omega^1_{Y'/S}\longrightarrow 0.$$

命题 (17.13.2) — *记号与 (17.13.1) 相同, 设 x' 是 Y' 的一点, $x=g(x')$ 是它在 Y 中的像, 假设 X 和 Y 在点 x 近旁是在 S 上平滑的, X' 在点 x' 近旁是在 S 上平滑的. 设 m, $m-c$ 分别是在点 x 处 X 和 Y 在 S 上的相对维数 (17.10.1), n 是在点 x' 处 X' 在 S 上的相对维数. 则以下诸条件是等价的:*

a) Y' 在点 x' 近旁是在 S 上平滑的, 且相对维数是 $n-c$.

b) 由 (17.13.1.3) 的同态 α 所导出的同态 $\alpha\otimes 1 : g^*\mathscr{N}_{Y/X}\otimes_{\mathscr{O}_{Y'}}\boldsymbol{k}(x') \to \Omega^1_{X'/S}\otimes_{\mathscr{O}_{X'}}\boldsymbol{k}(x')$ 是单的.

设 s 是 x 在 S 中的像, 并假设 x' 在 $\boldsymbol{k}(s)$ 上是有理的. 则条件a) 和b) 还等价于下面的条件:

b′) $\alpha\otimes 1$ 的转置同态

$$T_{X'/S}(x') \longrightarrow (\mathscr{N}_{Y/X}\otimes_{\mathscr{O}_Y}\boldsymbol{k}(x))^{\check{}} = T_{X/S}(x)/T_{Y/S}(x)$$

(参考 (16.5.12)) 是满的.

进而, 如果条件a) 和b) 在点 x' 处得到了满足, 那么它在 x' 位于 Y' 中的某个邻域上也是满足的, 必要时把 X' 换成 x' 的一个邻域, 同态

$$\mathrm{gr}_1(g) \ : \ g^*\mathscr{N}_{Y/X} \longrightarrow \mathscr{N}_{Y'/X'}$$

是一一的, 并且在 (17.13.1.3) 左侧补上 0 以后的序列

(17.13.2.1) $$0 \longrightarrow g^*\mathscr{N}_{Y/X} \xrightarrow{\alpha} \Omega^1_{X'/S}\otimes_{\mathscr{O}_{X'}}\mathscr{O}_{Y'} \longrightarrow \Omega^1_{Y'/S} \longrightarrow 0$$

是正合的.

利用态射的平滑点的集合是开的 (17.3.7) 这个事实和 (17.10.2) 就可以推出, 若等价条件 a) 和 b) 在点 x' 处得到满足, 则它在 x' 位于 Y' 中的某个邻域上也都是满足的.

通过把 (17.12.1) 应用到 X' 和 Y' 上我们就得知, Y' 在点 x' 近旁是在 S 上平滑的就等价于同态

$$\delta\otimes 1 \ : \ \mathscr{N}_{Y'/X'}\otimes_{\mathscr{O}_{Y'}}\boldsymbol{k}(x') \longrightarrow \Omega^1_{X'/S}\otimes_{\mathscr{O}_{X'}}\boldsymbol{k}(x')$$

是单的 (有见于 ($\mathbf{0}$, 19.1.12) 以及 $\Omega^1_{X'/S}$ 是一个在点 x' 处局部自由的 $\mathscr{O}_{X'}$ 模层 (17.2.3) 这个事实) . 由于 $\Omega^1_{Y'/S}$ 也是一个在 x' 的某个邻域上局部自由的 $\mathscr{O}_{Y'}$ 模层, 并且序列

(17.13.2.2) $$0 \longrightarrow \mathscr{N}_{Y'/X'} \longrightarrow \Omega^1_{X'/S}\otimes_{\mathscr{O}_{X'}}\mathscr{O}_{Y'} \longrightarrow \Omega^1_{Y'/S} \longrightarrow 0$$

是正合的 (17.2.5), 故根据 (17.10.2), 在点 x' 处 Y' 在 S 上的相对维数是 $n-c$ 就等价于 $\mathscr{N}_{Y'/X'}$ (它在 x' 的某个邻域上是局部自由的) 在点 x' 处的秩是 c. 然而依照 X 和 Y 在点 x 处的前提条件, 我们可以同样地证明, $\mathscr{N}_{Y/X}$ 在点 x 近旁是 c 秩局部自由的, 从而 $g^*\mathscr{N}_{Y/X}$ 在点 x' 近旁也是 c 秩局部自由的. 由于同态 $\mathrm{gr}_1(g) : g^*\mathscr{N}_{Y/X} \to \mathscr{N}_{Y'/X'}$ 是满的, 故知上述条件等价于这个同态在 x' 处是一一的 (Bourbaki,《交换代数学》, II, §3, ✗2, 命题 6 的推论), 从而它在 x' 的某个邻域上也

是一一的 ($\mathbf{0_I}$, 5.2.7), 这显然就蕴涵了 b), 并且也蕴涵了最后一句话, 因为 (17.13.2.2) 是正合的. 反过来, 由于 $\alpha \otimes 1$ 可以分解为

$$g^* \mathscr{N}_{Y/X} \otimes \boldsymbol{k}(x') \xrightarrow{\operatorname{gr}_1(g)\otimes 1} \mathscr{N}_{Y'/X'} \otimes \boldsymbol{k}(x') \xrightarrow{\delta\otimes 1} \Omega^1_{X'/S} \otimes \boldsymbol{k}(x'),$$

并且 $\operatorname{gr}_1(g)$ 是满的, 故由 $\alpha \otimes 1$ 是单的可以推出 $\delta \otimes 1$ 也是单的, 并且 $\operatorname{gr}_1(g) \otimes 1$ 是一一的. 由此可知 (17.12.1) Y' 在点 x' 近旁是在 S 上平滑的, 并且 $\operatorname{gr}_1(g)$ 在 x' 的某个邻域上是一一的 (Bourbaki, 前引). 进而, 由于序列 (17.13.2.2) 是正合的, 并且 $\mathscr{N}_{Y'/X'}$ (它同构于 $g^*\mathscr{N}_{Y/X}$) 在点 x' 处的秩是 c, 故知 $\Omega^1_{Y'/S}$ 在该点处的秩是 $n-c$, 从而依照 (17.10.2), 这就证明了 a) 和 b) 的等价性.

只需再证明, 若 x' 在 $\boldsymbol{k}(s)$ 上是有理的 (这又表明 x 在 $\boldsymbol{k}(s)$ 上也是有理的), 则 b) 和 b′) 是等价的, 现在 $g^*\mathscr{N}_{Y/X} \otimes_{\mathscr{O}_{Y'}} \boldsymbol{k}(x')$ 可以等同于 $\mathscr{N}_{Y/X} \otimes_{\mathscr{O}_Y} \boldsymbol{k}(x)$, 且由于序列

$$0 \longrightarrow \mathscr{N}_{Y/X} \longrightarrow \Omega^1_{X/S} \otimes_{\mathscr{O}_X} \mathscr{O}_Y \longrightarrow \Omega^1_{Y/S} \longrightarrow 0$$

在点 x 处是正合的, 并且这三项都是局部自由 $\mathscr{O}_Y$ 模层, 故知 $\mathscr{N}_{Y/X} \otimes_{\mathscr{O}_Y} \boldsymbol{k}(x)$ 的对偶可以等同于商空间 $T_{X/S}(x)/T_{Y/S}(x)$ (16.5.12), 这就证明了 b) 和 b′) 的等价性.

定义 (17.13.3) — *在 (17.13.1) 的记号下, 所谓 f 在点 x' 近旁与 Y 横截交叉 (相对于 S), 是指 X 和 Y 在点 x 近旁都是在 S 上平滑的, X' 在点 x' 近旁是在 S 上平滑的, 并且 (17.3.2) 中的等价条件a), b) 得到满足.*

在不会造成误解的情况下, 我们一般会把 S 省略, 只简单地说 f 在点 x' 近旁与 Y 横截交叉.

注解 (17.13.4) — (i) 假设 X, Y 和 X' 在 S 上都是窄平坦的. 对任意 $s \in S$, 我们用 X_s, Y_s, X'_s, Y'_s 来记 X, Y, X', Y' 在点 s 处的纤维, 并且用 $f_s : X'_s \to X_s$ 来记 f 在基变换下导出的态射. 则由 (17.5.9) 知, 为了使 f 在点 x' 近旁与 Y 横截交叉, 必须且只需对于 x 在 S 中的像 s 来说, f_s 在点 x' 近旁与 Y_s 横截交叉 (相对于 $\boldsymbol{k}(s)$).

(ii) 我们在 (17.13.2) 中已经看到, 由那些使得 f 与 Y 横截交叉的点 $x' \in Y'$ 所组成的集合在 Y' 中是开的, 若 Y' 在 S 上还是紧合的, 则由此得知, 由那些使得 f 在 Y'_s 的所有点近旁都与 Y 横截交叉 (相对于 S) 的点 $s \in S$ 所组成的集合在 S 中是开的. 如果 X, Y 和 X' 在 S 上都是窄平坦的, 那么从 (i) 就得知, 由那些使得 f_s 在点 x' (s 是 x' 在 S 中的像) 近旁与 Y_s 横截交叉 (相对于 $\boldsymbol{k}(s)$) 的点 $x' \in Y'$ 所组成的集合在 Y' 中是开的. 若 Y' 在 S 上还是紧合的, 则由那些使得 f_s 在 Y'_s 的所有点近旁都与 Y_s 横截交叉 (相对于 $\boldsymbol{k}(s)$) 的点 $s \in S$ 所组成的集合在 S 中是开的.

(iii) 由于"在 S 上平滑"这个性质与"在一点处的相对维数 (在 S 上) "这个概念在任意基变换 $S' \to S$ 下都是稳定的 ((17.3.3) 和 (4.2.7)), 故知态射 $f : X' \to X$ 在一点近旁与 X 的某个子概形横截交叉 (相对于 S) 这个性质在基变换下也是稳定的.

(iv) (17.13.2) 中的条件 b) 也可以表达成: 同态 $\alpha : g^*\mathscr{N}_{Y/X} \to \Omega^1_{X'/S} \otimes_{\mathscr{O}_{X'}} \mathscr{O}_{Y'}$ 相对于 Y' 是广泛单的 (11.9.18).

(17.13.5) 现在设 S 是一个概形, X, Y, Z 是三个 S 概形, $f : Y \to X$, $g : Z \to X$ 是两个 S 态射, 我们令 $T = Y \times_X Z$, 则由 (**I**, 5.3.5) 知, 我们有一个交换图表

(17.13.5.1)
$$\begin{array}{ccc} X & \longleftarrow & Y \times_X Z \ = \ T \\ {\scriptstyle\Delta}\big\downarrow & & \big\downarrow{\scriptstyle j} \\ X \times_S X & \underset{u}{\longleftarrow} & Y \times_S Z, \end{array}$$

它使 T 成为 $X \times_S X$ 概形 X 和 $Y \times_S Z$ 的纤维积, 其中 $u = f \times_S g$. 由于 Δ 是一个 S 浸入 (**I**, 5.3.9), 这就产生了一个形如 (17.13.1.1) 的图表, 依照 (16.4.23), 此时与 (17.13.1) 中的 $\Omega^1_{X'/S}$ 相对应的就是 $(\Omega^1_{Y/S} \otimes_{\mathscr{O}_Y} \mathscr{O}_{Y\times_S Z}) \oplus (\Omega^1_{Z/S} \otimes_{\mathscr{O}_Z} \mathscr{O}_{Y\times_S Z})$. 另一方面, 根据定义, 此时与 (17.13.1) 中的 $\mathscr{N}_{Y/X}$ 相对应的就是 $\Omega^1_{X/S}$ (16.3.1), 从而与 (17.13.1.3) 相对应的正合序列是

(17.13.5.2) $$\Omega^1_{X/S}\otimes_{\mathscr{O}_X}\mathscr{O}_T \xrightarrow{\ \rho\ } (\Omega^1_{Y/S}\otimes_{\mathscr{O}_Y}\mathscr{O}_T)\oplus(\Omega^1_{Z/S}\otimes_{\mathscr{O}_Z}\mathscr{O}_T) \xrightarrow{\ \sigma\ } \Omega^1_{Y/S} \longrightarrow 0,$$

我们还需要明确写出同态 ρ 和 σ. 首先, 有见于 (16.4.23) 和 (**0**, 20.5.2), 我们看到若 $p : T \to Y$ 和 $q : T \to Z$ 是典范投影, 则在 (16.4.19) 的记号下,

(17.13.5.3) $$\sigma \ = \ p_{T/Y/S} + q_{T/Z/S}.$$

另一方面, 为了表达出 ρ, 我们可以使用 (17.13.1.2) 的左边那个方块的交换性, 从而在现在的情况下, 问题归结为具体写出典范同态

$$\rho' \ : \ \Omega^1_{X/S} \longrightarrow \Omega^1_{(X\times_S X)/S} \otimes_{\mathscr{O}_{X\times_S X}} \mathscr{O}_X$$

(它是把 (16.4.21) 应用到浸入 Δ 上而得到的). 可以限于考虑 $S = \operatorname{Spec} A$, $X = \operatorname{Spec} B$ 都是仿射概形的情形, 此时 ρ' 就对应着 (**0**, 20.5.11.2) 中的同态 δ, 不过我们要把 B 换成 $B \otimes_A B$ 并把 C 换成 $B = (B \otimes_A B)/\mathfrak{J}_{B/A}$. 由此得知, δ 把 $x \otimes 1 - 1 \otimes x \bmod \mathfrak{J}^2_{B/A}$ 的等价类 (其中 $x \in B$) 对应到了

$$(x \otimes 1 - 1 \otimes x) \otimes (1 \otimes 1) - (1 \otimes 1) \otimes (x \otimes 1 - 1 \otimes x)$$

在 $\Omega^1_{(B\otimes_A B)/A} \otimes_{(B\otimes_A B)} B$ 中的像, 但上述元素也可以写成

$$((x \otimes 1) \otimes (1 \otimes 1) - (1 \otimes 1) \otimes (x \otimes 1)) - ((1 \otimes x) \otimes (1 \otimes 1) - (1 \otimes 1) \otimes (1 \otimes x)),$$

从而我们看到 ρ' 就是 $\Omega^1_{X/S}$ 到 $\Omega^1_{(X\times_S X)/S} \otimes_{\mathscr{O}_{X\times_S X}} \mathscr{O}_X$ 的这样两个同态 $\pi^{(1)}$ 和 $\pi^{(2)}$ 的差, 其中 $\pi^{(1)}$ 和 $\pi^{(2)}$ 分别 (通过 (16.4.3.3)) 对应着 $X \times_S X$ 到 X 的第一投影和第

二投影. 于是为了得到 ρ, 我们首先要考察同态 $\rho'' : \Omega^1_{(X\times_S X)/S} \otimes_{\mathscr{O}_{X\times_S X}} \mathscr{O}_{(Y\times_S Z)} \to \Omega^1_{(Y\times_S Z)/S}$, 它对应着 (17.13.5.1) 中的态射 u (通过 (16.4.3.3)), 然后与 $\mathscr{O}_T$ 取张量积, 再取合成 $(\rho''\otimes 1)\circ(\rho'\otimes 1)$ 即可. 于是由上面所述知, 在 (16.4.18) 的记号下, 我们有

(17.13.5.4) $$\rho = (f_{Y/X/S}\otimes 1_{\mathscr{O}_T}) \oplus (-g_{Z/X/S}\otimes 1_{\mathscr{O}_T}).$$

在此基础上, 我们把 (17.13.2) 应用到图表 (17.13.5.1) 的情形 (有见于 (17.3.3, (iv)), 它表明若 X 在点 x 近旁是在 S 上平滑的, 则 $X\times_S X$ 也是如此), 就可以给出:

推论 (17.13.6) — 设 S 是一个概形, X, Y, Z 是三个 S 概形, $f: Y\to X$, $g: Z\to X$ 是两个 S 态射, 我们令 $T = Y\times_X Z$, 并设 $p: T\to Y$ 和 $q: T\to Z$ 是典范投影. 设 t 是 T 的一点, $y = p(t)$, $z = q(t)$, $x = f(y) = g(z)$. 假设 X 在点 x 近旁是在 S 上平滑的, 相对维数是 m, Y (切转: Z) 在点 y (切转: z) 近旁是在 S 上平滑的, 相对维数是 $m+a$ (切转: $m+b$), 其中 a 和 b 可以是负数. 则以下诸条件是等价的:

a) T 在点 t 近旁是在 S 上平滑的, 相对维数是 $m+a+b$.

b) 同态

$$\rho\otimes 1 : \Omega^1_{X/S}\otimes_{\mathscr{O}_X} \boldsymbol{k}(t) \longrightarrow (\Omega^1_{Y/S}\otimes_{\mathscr{O}_Y} \boldsymbol{k}(t)) \oplus (\Omega^1_{Z/S}\otimes_{\mathscr{O}_Z} \boldsymbol{k}(t))$$

是单的, 其中 ρ 是由 (17.13.5.4)所给出的.

c) 态射 $T = Y\times_S Z \to X\times_S X$ 在点 t 近旁与 $X\times_S X$ 的对角线横截交叉.

若 t 在它的像点 $s\in S$ 的剩余类域上是有理的, 则这些条件还等价于:

b′) 同态

(17.13.6.1) $$T_y(f) - T_z(g) : T_{Y/S}(y)\oplus T_{Z/S}(z) \longrightarrow T_{X/S}(x)$$

(参考 (16.5.12.5)) 是满的.

进而, 如果条件a) 和b) 在 t 处得到满足, 那么它在 t 位于 T 中的某个邻域上都是满足的, 把 T 缩小到这样一个邻域上, 则序列

(17.13.6.2)
$$0 \longrightarrow \Omega^1_{X/S}\otimes_{\mathscr{O}_X}\mathscr{O}_T \xrightarrow{\rho} (\Omega^1_{Y/S}\otimes_{\mathscr{O}_Y}\mathscr{O}_T)\oplus(\Omega^1_{Z/S}\otimes_{\mathscr{O}_Z}\mathscr{O}_T) \xrightarrow{\sigma} \Omega^1_{T/S} \longrightarrow 0$$

(其中 σ 是由 (17.13.5.3) 所给出的) 是正合的.

唯一需要证明的就是与 b′) 有关的部分, 这是缘自下面的事实: 若 t 在 $\boldsymbol{k}(s)$ 上是有理的, 则依照 (17.13.5.4), 同态 $\rho\otimes 1$ 就是 $T_y(f) - T_z(g)$ 的转置.

如果 (17.13.6) 中的等价条件得到了满足, 我们就说 f 和 g 构成一个在点 t 近旁的横截交叉态射偶 (相对于 S), 这里我们也经常会把 S 省略.

(17.13.7) 特别地, 若 Y 和 Z 都是 X 的子概形, 并且 f 和 g 都是典范含入, 则 T 就是 X 中的"交截"概形 $\inf(Y, Z)$ (**I**, 4.4.3), 并且 $t = y = z = x$. 此时我们一般不

说 (f,g) 在点 x 近旁横截交叉, 而说 Y 和 Z 在点 x 近旁横截交叉(相对于 S). 现在我们用 X_s, Y_s, Z_s, T_s 来记 X,Y,Z,T 在点 s 处的纤维, 其中 s 是 x 在 S 中的像, 有见于 (5.2.3), (5.1.9) 和 (**0**, 16.5.12), 我们看到为了使 Y 和 Z 在点 x 近旁横截交叉 (假设 X,Y,Z 在点 x 近旁都是在 S 上平滑的), 必须且只需 T 在点 x 近旁是在 S 上平滑的, 并且下面的关系式成立:

(17.13.7.1)
$$\operatorname{codim}_x(T_s, X_s) = \operatorname{codim}_x(Y_s, X_s) + \operatorname{codim}_x(Z_s, X_s).$$

命题 (17.13.8) — 设 S 是一个概形, X 是一个 S 概形, 且在 S 上是局部有限呈示的, Y, Z 是 X 的两个子概形, $T = \inf(Y,Z)$ 是 Y 和 Z 的"交截"概形, x 是 T 的一点. 则以下诸条件是等价的:

a) 典范含入 $i: Y \to X$ 是一个与 Z 在点 x 近旁横截交叉的态射 (相对于 S) (17.13.3).

a′) 典范含入 $j: Z \to X$ 是一个与 Y 在点 x 近旁横截交叉的态射 (相对于 S).

a″) Y 和 Z 在点 x 近旁横截交叉 (相对于 S).

b) X,Y,Z 在点 x 近旁都是在 S 上平滑的, 并且同态 ρ (17.13.5.4) 使

$$\rho \otimes 1 \;:\; \Omega^1_{X/S} \otimes_{\mathscr{O}_X} \boldsymbol{k}(x) \longrightarrow (\Omega^1_{Y/S} \otimes_{\mathscr{O}_Y} \boldsymbol{k}(x)) \oplus (\Omega^1_{Z/S} \otimes_{\mathscr{O}_Z} \boldsymbol{k}(x))$$

成为单的.

如果 x 在 $\boldsymbol{k}(s)$ (其中 s 是 x 在 S 中的像) 上是有理的, 那么这些条件还等价于:

b′) 同态

$$T_x(i) - T_x(j) \;:\; T_{Y/S}(x) \oplus T_{Z/S}(x) \longrightarrow T_{X/S}(x)$$

是满的.

进而, 如果等价条件a) 和b) 在点 x 处得到了满足, 那么它在 x 位于 T 中的某个邻域上都是满足的, 若把 X 缩小为 x 的一个邻域, 则序列 (17.13.6.2) 是正合的, 并且我们有典范同构

(17.13.8.1)
$$\mathscr{N}_{T/X} \xrightarrow{\sim} (\mathscr{N}_{Y/X} \otimes_{\mathscr{O}_Y} \mathscr{O}_T) \oplus (\mathscr{N}_{Z/X} \otimes_{\mathscr{O}_Z} \mathscr{O}_T).$$

条件 a), a′), a″) 都蕴涵着 X,Y,Z 在点 x 近旁是在 S 上平滑的. 进而设 m, $m-a$, $m-b$ 分别是 X,Y,Z 在点 x 处相对于 S 的维数. 则由 (17.13.2) 知 (把 X' 换成 Z, 并把 Y' 换成 $T = Y \times_X Z$), 条件 a), a′) 都等价于 T 在点 x 近旁是在 S 上平滑的, 且在该点处的相对维数是 $m-a-b$. 但依照 (17.13.7), 这恰好就是条件 a″) 所表达的内容, 从而 a), a′) 和 a″) 三者都是等价的. 当 x 在 $\boldsymbol{k}(s)$ 上有理时, 条件 a″) 和 b) (或 b′)) 的等价性已经在 (17.13.6) 中得到了证明, 同时也证明了若这些条件在点 x 处得到满足, 则它们在 x 的某个邻域上也是满足的, 并且序列 (17.13.6.2) 在这个邻域上是正合的. 只需再定义出典范同构 (17.13.8.1).

我们把 (17.13.5.4) 右边的两个同态分别记作 α 和 $-\beta$, 再把 (17.13.5.2) 右边的两个同态分别记作 γ 和 δ. 则序列 (17.13.6.2)

$$0 \longrightarrow \Omega^1_{X/S}\otimes_{\mathscr{O}_X}\mathscr{O}_T \xrightarrow{\alpha\oplus(-\beta)} (\Omega^1_{Y/S}\otimes_{\mathscr{O}_Y}\mathscr{O}_T)\oplus(\Omega^1_{Z/S}\otimes_{\mathscr{O}_Z}\mathscr{O}_T) \xrightarrow{\gamma+\delta} \Omega^1_{T/S} \longrightarrow 0$$

的正合性就等价于 $\Omega^1_{X/S}\otimes_{\mathscr{O}_X}\mathscr{O}_T$ 在 $\mathscr{O}_T$ 模层范畴中可以典范等同于 $\Omega^1_{Y/S}\otimes_{\mathscr{O}_Y}\mathscr{O}_T$ 和 $\Omega^1_{Z/S}\otimes_{\mathscr{O}_Z}\mathscr{O}_T$ (通过同态 γ 和 δ) 在 $\Omega^1_{T/S}$ 上的纤维积. 现在我们使用 (**0**, 18.1.2 和 18.1.3) 的论证方法, 不过要把环和双边理想分别换成模层和子模层, 这就给出了一个交换图表

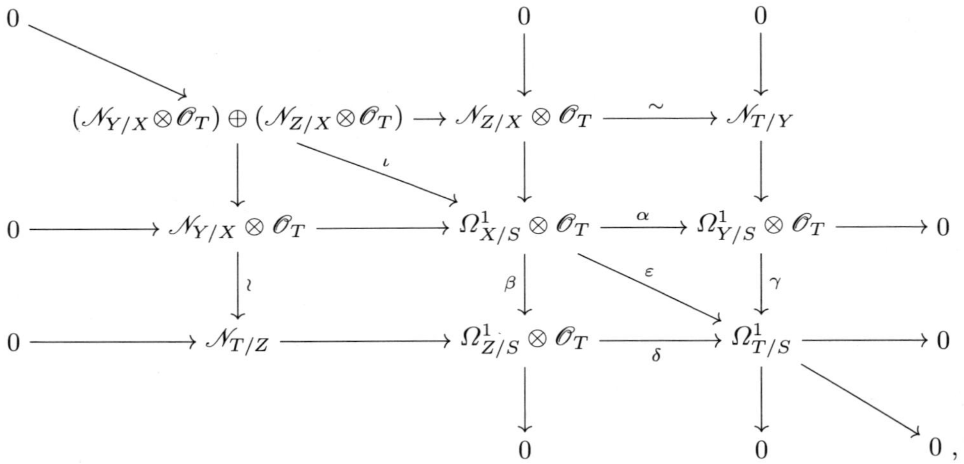

基于平滑性条件知, 其中的第三行和第四行以及各列都是正合的. 由 (**0**, 20.5.2.7) 知, 合成同态 $\varepsilon=\gamma\circ\alpha=\delta\circ\beta$ 就是与典范含入 $T\to X$ 相对应的那个同态. 由于上述图表中的对角线是正合的, 故知 $\mathrm{Ker}(\varepsilon)$ 可以典范等同于 $\mathscr{N}_{T/X}$ (因为 T 在 S 上是平滑的 (17.2.5)), 从而 ι 的逆就给出了典范同构 (17.13.8.1).

(17.13.9) (17.13.5) 和 (17.13.6) 的结果可以推广到有限个 S 态射 $f_i: Y_i\to X$ ($i\in I$, 其中 I 是有限集合) 的情形. 为此我们用 X^I 来记一族全都等同于 X 的 S 概形 $(X_i)_{i\in I}$ 的纤维积 (**I**, 3.3.5), 并设 p_i ($i\in I$) 是典范投影. 定义对角线态射 $\Delta: X\to X^I$ 就是那个满足 $p_i\circ\Delta=1_X$ ($i\in I$) 的唯一 S 态射 (按照 (**I**, 5.3.1) 中的方法). 它是 X^I 相对于态射 p_1 的一个 X 截面. 从而 (**I**, 5.3.11) 是一个浸入.

现在设 Y 是这些 S 概形 Y_i (在合成态射 $Y_i\xrightarrow{f_i}X\to S$ 下) 的纤维积, T 是这些 X 概形 Y_i (在态射 f_i 下) 的纤维积. 使用 (**I**, 5.3.5) 的方法可以证明, 我们有一个

交换图表

(17.13.9.1)
$$\begin{array}{ccc} X & \xleftarrow{v} & T \\ {\scriptstyle\Delta}\downarrow & & \downarrow{\scriptstyle j} \\ X^I & \xleftarrow[u]{} & Y \end{array}$$

(其中 u 是这些 f_i (在 S 上) 的纤维积), 它使 T 成为 X^I 概形 X 和 Y 的纤维积.

通过对 I 的元素个数进行归纳, 我们由 (16.4.23) 得知, $\Omega^1_{X^I/S}$ (切转: $\Omega^1_{Y/S}$) 可以典范等同于这些 $p_i^*\Omega^1_{X/S}$ (切转: 这些 $q_i^*\Omega^1_{X_i/S}$, 其中 $q_i : Y \to Y_i$ 是典范投影) 的直和.

现在我们假设 X 在点 x 近旁是在 S 上平滑的 (从而在该点的某个邻域上也是如此). 则 X^I 在该点近旁也是如此 (17.3.3, (iv)), 从而通过把 X 缩小到 x 的某个邻域上, 就能得到 (17.2.5) 一个由局部自由 $\mathscr{O}_X$ 模层组成的正合序列

$$0 \longrightarrow \mathscr{G}r_1(\Delta) \longrightarrow (\Omega^1_{X/S})^I \longrightarrow \Omega^1_{X/S} \longrightarrow 0.$$

我们令 $\mathscr{J} = \mathscr{G}r_1(\Delta)$, 则由上述正合序列可以导出一个由局部自由 $\mathscr{O}_T$ 模层组成的正合序列

$$0 \longrightarrow \mathscr{J} \otimes_{\mathscr{O}_X} \mathscr{O}_T \longrightarrow (\Omega^1_{X/S})^I \otimes_{\mathscr{O}_X} \mathscr{O}_T \xrightarrow{\sigma} \Omega^1_{X/S} \otimes_{\mathscr{O}_X} \mathscr{O}_T \longrightarrow 0,$$

它对应着图表 (17.13.1.2) 的第一行, 并且 σ 恰好就是下面这个典范同态: 它把 $\Omega^1_{X/S} \otimes_{\mathscr{O}_X} \mathscr{O}_T$ 在 T 的开集上的一族截面 $(t_i)_{i\in I}$ 映到它们的和.

另一方面, 此时与图表 (17.13.1.2) 的第二个竖直箭头相对应的同态是

(17.13.9.2)
$$\tau \ : \ (\Omega^1_{X/S})^I \otimes_{\mathscr{O}_X} \mathscr{O}_T \longrightarrow \bigoplus_{i\in I} (\Omega^1_{Y_i/S} \otimes_{\mathscr{O}_{Y_i}} \mathscr{O}_T),$$

它把族 $(t_i' \otimes 1)_{i\in I}$ (其中各个 t_i' 都是 $\Omega^1_{X/S}$ 在 X 的某个开集上的截面) 对应到这些 $((f_i)_{Y_i/X/S}(t_i')) \otimes 1$ 的和 (记号与 (16.4.18) 相同). 从而与 (17.13.1.3) 中的同态 α 相对应的同态 ρ 就是上述同态 τ 在 $\mathscr{J} \otimes_{\mathscr{O}_X} \mathscr{O}_T$ 上的限制.

在这些前提条件和记号下, 我们可以把命题 (17.13.2) 应用到图表 (17.13.9.1) 上, 这就给出:

推论 (17.13.10) — 在 (17.13.9) 的一般条件下, 设 t 是 T 的一点, y_i $(i \in I)$ 是它在 Y_i 中的像, x 是 X 的这样一点, 它等于所有的 $f_i(y_i)$. 假设 X 在点 x 近旁是在 S 上平滑的, 相对维数是 d. 并且每个 Y_i 在点 y_i 近旁都是在 S 上平滑的, 设 $d + c_i$ (其中 c_i 可以是负数) 是 Y_i 在点 y_i 处的相对维数. 则以下诸条件是等价的:

a) T 在点 t 近旁是在 S 上平滑的, 相对维数是 $d+\sum_{i\in I} c_i$.

b) 同态

$$\rho\otimes 1\ :\ \mathscr{J}\otimes_{\mathscr{O}_X}\boldsymbol{k}(t)\ \longrightarrow\ \bigoplus_{i\in I}(\Omega^1_{Y_i/S}\otimes_{\mathscr{O}_{Y_i}}\boldsymbol{k}(t))$$

是单的.

如果 t 在域 $\boldsymbol{k}(s)$ (其中 s 是 t 在 S 中的像) 上是有理的, 那么上述条件还等价于:

b′) $\rho\otimes 1$ 的转置同态

$$\bigoplus_{i\in I} T_{Y_i/X}(y_i)\ \longrightarrow\ (T_{X/S}(x))^I/\delta(T_{X/S}(x))$$

(其中 δ 是对角线映射) 是满的.

只需注意到 X^I 在 S 上是平滑的, 相对维数是 $d\cdot\mathrm{Card}(I)$, 并且 Y 在 S 上是平滑的, 相对维数是 $d\cdot\mathrm{Card}(I)+\sum_{i\in I} c_i$ 即可.

如果 (17.13.10) 中的等价条件得到了满足, 那么我们也说这些 f_i 构成一个在点 t 近旁的横截交叉态射族 (相对于 S). 仍然可以证明, 满足这个条件的点 $t\in T$ 所组成的集合在 T 中是开的. 注解 (17.13.4, (ii)) 则表明, 若 X 和这些 Y_i 在 S 上都是窄平坦的, 且 T 在 S 上还是紧合的, 则使得这些 f_i 在 T_s 的所有点近旁都构成横截交叉态射族 (相对于 S) 的那些点 $s\in S$ 所组成的集合在 S 中是开的.

(17.13.11) 特别地, 考虑所有 Y_i $(i\in I)$ 都是 X 的子概形并且所有 f_i 都是典范含入的情形 (这是 (17.13.7) 的推广), 则 $T=\inf_{i\in I}(Y_i)$ 仍然是这些 Y_i 的“交截”概形, 并且对任意 i, 均有 $t=y_i=x$. 此时我们一般不说这些 f_i 构成点 x 近旁的一个横截交叉态射族, 而说这些 Y_i 在点 x 近旁横截交叉(相对于 S). (17.13.10) 中的条件 a) 也可以表达成下面的关系式 (这是 (17.13.7.1) 的推广)

(17.13.11.1)
$$\mathrm{codim}_x(T_s,X_s)\ =\ \sum_{i\in I}\mathrm{codim}_x((Y_i)_s,X_s).$$

进而, 我们有下面这个性质 (它是 (17.13.8.1) 的一个推广, 并且在 I 只包含两个元素时还给出了一个新的证明) :

推论 (17.13.12) — 如果这些 Y_i 在点 x 近旁横截交叉, 则我们有一个典范同构

(17.13.12.1)
$$\mathscr{N}_{T/X}\ \xrightarrow{\ \sim\ }\ \bigoplus_{i\in I}(\mathscr{N}_{Y_i/X}\otimes_{\mathscr{O}_{Y_i}}\mathscr{O}_T).$$

可以限于考虑这些 Y_i 都是 X 的闭子概形的情形, 设 Y_i 是由拟凝聚理想层 $\mathscr{J}_i$ 所定义的, 则 T 是由 $\mathscr{J}=\sum_i\mathscr{J}_i$ 所定义的. 根据浸入的余法层的定义 (16.1.3), 典

范同态 $\bigoplus\limits_i \mathscr{J}_i \to \mathscr{J}$ 取商后可以给出一个满同态

(17.13.12.2) $$\bigoplus_{i\in I}(\mathscr{N}_{Y_i/X} \otimes_{\mathscr{O}_{Y_i}} \mathscr{O}_T) \longrightarrow \mathscr{N}_{T/X}.$$

然而依照 (17.2.5) 和 (17.13.10) 的条件 a), (17.13.12.2) 中的两个 $\mathscr{O}_T$ 模层都是局部自由的, 并且具有相同的秩 $\sum\limits_i c_i$ (其中 c_i 是 $\mathscr{N}_{Y_i/X}$ 的秩), 从而由 Bourbaki,《交换代数学》, II, §3, ※2, 命题 6 的推论就得知, (17.13.12.2) 是一一的, 并且它的逆同构就是 (17.13.12.1).

17.14 平滑态射、非分歧态射及平展态射的局部特性与无穷小特性

命题 (17.14.1) — 设 $f: X \to Y$ 是一个局部有限呈示态射, x 是 X 的一点, $y = f(x)$. 则为了使 f 在点 x 近旁是平滑的 (切转: 非分歧的, 平展的), 必须且只需下述条件得到满足:

对任意**局部概形** $Y' = \operatorname{Spec} A'$ (闭点设为 y') 和任意一个满足 $h(y') = y$ 的态射 $h: Y' \to Y$ 以及 Y' 的任意一个由初等幂零理想 $\mathfrak{I}'$ 所定义的闭子概形 $Y'_0 = \operatorname{Spec}(A'/\mathfrak{I}')$ 和任意一个满足 $g'_0(y') = x$ 的 Y 态射 $g_0: Y'_0 \to X$, 均可找到至少一个 (切转: 至多一个、恰好一个) Y 态射 $g: Y' \to X$, 使得 g_0 是它在 Y'_0 上的限制.

有见于定义 (17.1.1 和 17.3.1), 问题只是要证明, 上述条件对于 f 在点 x 近旁平滑 (切转: 非分歧) 来说是充分的.

(i) 平滑态射的情形 — 可以限于考虑 $Y = \operatorname{Spec} A$ 和 $X = \operatorname{Spec} C$ 都是仿射概形的情形, 此时 $C = B/\mathfrak{K}$, 其中 $B = A[T_1, \cdots, T_n]$ 是一个多项式 A 代数, $\mathfrak{K}$ 是 B 的一个有限型理想. 为了证明 f 在点 x 近旁是平滑的, 只需说明 $\mathscr{O}_{X,x}$ 是一个泛平滑 $\mathscr{O}_{Y,y}$ 代数即可 (17.5.1). 现在 $\mathscr{O}_{X,x} = B_{\mathfrak{q}}/\mathfrak{K}B_{\mathfrak{q}}$, 其中 $\mathfrak{q}$ 是 B 的一个素理想, 我们令 $\mathfrak{p}$ 是 $\mathfrak{q}$ 在 A 中的逆像, 则 $B_{\mathfrak{q}}$ 是一个泛平滑 $A_{\mathfrak{p}}$ 代数 (**0**, 19.3.2 和 19.3.5). 从而借助 Jacobi 判别法 (**0**, 22.6.1 和 20.5.12), 我们只需证明 $B_{\mathfrak{q}}/\mathfrak{K}^2B_{\mathfrak{q}}$ 是 $B_{\mathfrak{q}}/\mathfrak{K}B_{\mathfrak{q}}$ 枕着 $\mathfrak{K}B_{\mathfrak{q}}/\mathfrak{K}^2B_{\mathfrak{q}}$ 的一个 $A_{\mathfrak{p}}$ 平凡的扩充即可. 但这件事刚好可以通过把上述条件应用到 $A' = B_{\mathfrak{q}}/\mathfrak{K}^2B_{\mathfrak{q}}$ 和 $\mathfrak{I}' = \mathfrak{K}B_{\mathfrak{q}}/\mathfrak{K}^2B_{\mathfrak{q}}$ 以及与 $A'/\mathfrak{I}' = \mathscr{O}_{X,x}$ 的恒同自同构相对应的态射 g_0 上而得到.

(ii) 非分歧态射的情形 — 这里我们令 $A = \mathscr{O}_{Y,y}$, $B = \mathscr{O}_{X,x}$, 注意到依照 (17.4.1, c)), 只需证明 $\Omega^1_{B/A} = (\Omega^1_{X/Y})_x = 0$ 即可. 在 (**0**, 20.4.1) 的记号下, 环 $C = P^1_{B/A} = (B \otimes_A B)/\mathfrak{I}^2$ 是一个局部环, 因为 $C/(\mathfrak{I}/\mathfrak{I}^2)$ 同构于局部环 B. 现在把上述条件应用到 $A' = C$ 和 $\mathfrak{I}' = \mathfrak{I}/\mathfrak{I}^2$ 上就可以 (根据定义) 推出, 映射 $d_{B/A}: B \to \Omega^1_{B/A}$ 等于 0 (**0**, 20.4.6), 从而根据 (**0**, 20.4.7), 我们有 $\Omega^1_{B/A} = 0$.

命题 (17.14.2) — 设 Y 是一个**局部 Noether** 概形, $f: X \to Y$ 是一个局部有

限型态射, x 是 X 的一点, $y=f(x)$. 则为了使 f 在点 x 近旁是平滑的 (切转: 非分歧的, 平展的), 必须且只需 (17.14.1) 中的条件对于满足下述条件的局部环 A' 是成立的: A' 是**Artin** 局部环, $\mathfrak{m}'\mathfrak{J}'=(0)$, 其中 $\mathfrak{m}'$ 是 A' 的极大理想, 并且 A' 的剩余类域 $A'/\mathfrak{m}'$ 就等于 $\boldsymbol{k}(x)$.

问题仍然是要证明, 对于平滑态射和非分歧态射来说, 这个条件是充分的.

(i) 平滑态射的情形 — 我们令 $A=\mathscr{O}_{Y,y}$ 和 $B=\mathscr{O}_{X,x}$, 有见于 (17.5.3), 这里的问题是要证明, B 在预进制拓扑下是一个形式平滑 A 代数. 但依照 (**0**, 22.1.4), 这可以从前提条件推出来, 只要我们在上述条件中把 $\mathfrak{m}'\mathfrak{J}'=(0)$ 换成 $\mathfrak{J}'\subseteq\mathfrak{m}'$ 即可. 然而 $\mathfrak{m}'$ 是幂零的, 故我们看到上述条件已经足以推出结论, 因为可以同时考虑所有环 $A'/\mathfrak{m}'^{j}\mathfrak{J}'$ 并且对 j 进行归纳, 方法与 (**0**, 19.4.3) 相同.

(ii) 非分歧态射的情形 — 我们沿用 (17.14.1, (ii)) 的证明中的记号, 为了证明 C 的理想 $\mathfrak{J}/\mathfrak{J}^2$ 等于 (0). 注意到此时 C 是一个 Noether 局部环, 因为它是 $X\times_Y X$ 的某个子概形的仿射开集的一个局部环, 而 $X\times_Y X$ 在 X 上是局部有限型的, 从而在 Y 上也是局部有限型的. 于是若 $\mathfrak{r}$ 是 C 的极大理想, 则我们只需证明, 对任意 n, 均有 $\mathfrak{J}/\mathfrak{J}^2\subseteq\mathfrak{r}^n$ ($\mathbf{0_I}$, 7.3.5), 或等价地, $\mathfrak{r}^n=\mathfrak{r}^n+(\mathfrak{J}/\mathfrak{J}^2)$. 在 (**0**, 20.4.6) 的记号下, 这也相当于说, 对任意 n, 两个合成同态 $B\xrightarrow{p_1}C\to C/\mathfrak{r}^n$ 和 $B\xrightarrow{p_2}C\to C/\mathfrak{r}^n$ 都是相等的, 而由于 $C/\mathfrak{r}^n$ 是 Artin 局部环, 故我们只要把上述条件应用到 $A'=C/\mathfrak{r}^n$ 和 $\mathfrak{J}'=(\mathfrak{r}^n+(\mathfrak{J}/\mathfrak{J}^2))/\mathfrak{r}^n$ 上, 并对 n 进行归纳即可.

注解 (17.14.3) — 注意到在 (17.14.2) 的前提条件下, 若域 $\boldsymbol{k}(x)$ 还是 $\boldsymbol{k}(y)$ 的有限扩张, 则这些 A' 模 $\mathfrak{m}'^{j}/\mathfrak{m}'^{j+1}$ 都是有限秩的 $\boldsymbol{k}(y)$ 向量空间, 从而 A' 自然也是一个有限 $\mathscr{O}_{Y,y}$ 代数.

17.15 域上的概形的情形

我们首先来复习一下 (6.7.7, 6.7.8 和 6.8.1) 下面的结果:

命题 (17.15.1) — 设 k 是一个域, X 是一个局部有限型 k 概形. 则为了使 X 在点 x 近旁是平滑的, 必须且只需对 k 的任何紧贴扩张 k' (或者仅对 k 的任何有限紧贴扩张), 局部环 $\mathscr{O}_{X,x}\otimes_k k'$ 都是正则的. 若 $\boldsymbol{k}(x)$ 是 k 的可分扩张 (特别地, 当 k 是一个完满域时), 则上述条件也等价于 $\mathscr{O}_{X,x}$ 是正则的.

推论 (17.15.2) — 在 (17.15.1) 的那些条件下, 为了使 X 在 k 上是平滑的, 必须且只需 X 在 k 上是几何正则的 (6.7.6), 这就表明 X 是正则的. 当 k 是一个完满域时, 为了使 X 在 k 上是平滑的, 必须且只需 X 是正则的.

命题 (17.15.3) — 设 k 是一个域, X 是一个局部有限型 k 概形, x 是 X 的一点, $n=\dim_x X$. 设 $(g_i)_{1\leqslant i\leqslant n}$ 是 $\mathscr{O}_X$ 的 n 个整体截面, 并设 $f:X\to Y=$

$\operatorname{Spec} k[T_1, \cdots, T_n]$ 是与那个通过 $T_i \mapsto g_i$ 定义出来的 k 同态 $k[T_1, \cdots, T_n] \to \Gamma(X, \mathscr{O}_X)$ 相对应的态射 (**I**, 2.2.4). 则以下诸条件是等价的 (并且从它们可以推出 X 在点 x 近旁是在 k 上平滑的, 从而在点 x 处是**正则**的) :

a) f 在点 x 近旁是平展的.

b) 这些 $d_{X/k}(g_i)$ 的像构成 $\mathscr{O}_{X,x}$ 模 $(\Omega^1_{X/k})_x$ 的一个基底.

c) 这些 $d_{X/k}(g_i)$ 的像可以生成 $\mathscr{O}_{X,x}$ 模 $(\Omega^1_{X/k})_x$.

若 f 在点 x 近旁是平展的, 则 X 在点 x 近旁是在 k 上平滑的, 因为 $Y = \operatorname{Spec} k[T_1, \cdots, T_n]$ 在 k 上是平滑的 (17.3.8), 从而 a) 蕴涵 b) 这件事就是 (17.11.3) 的一个特殊情形. 现在 b) 显然蕴涵 c), 从而只需再证明 c) 蕴涵 a) 即可. 我们首先注意到前提条件表明同态 $(f^*\Omega^1_{Y/k})_x \to (\Omega^1_{X/k})_x$ 是满的, 从而 (通过把 X 换成 x 的某个开邻域) 可以假设同态 $f^*\Omega^1_{Y/k} \to \Omega^1_{X/k}$ 是满的 (Bourbaki, 《交换代数学》, II, §5, ¥1, 命题 2), 因而 f 是非分歧的 (17.2.2). 现在我们来说明, 问题可以归结到 x 是 k 有理点的情形. 事实上, 我们令 $k' = \boldsymbol{k}(x)$ 和 $X' = X \otimes_k k'$, $Y' = Y \otimes_k k' = \operatorname{Spec} k'[T_1, \cdots, T_n]$, 则可以找到一个位于 x 之上的点 $x' \in X'$, 使得 $\boldsymbol{k}(x') = k'$. 为了证明 f 在点 x 近旁是平展的, 只需说明 $f' = f_{(k')} : X' \to Y'$ 在点 x' 近旁是平展的即可 (17.7.1, (ii)), 此外 f' 是非分歧的 (17.3.3, (iii)), 且我们有 $\dim_{x'} X' = n$ (4.2.7). 同理可知 (通过把 k' 换成它的某个代数闭扩张), 我们可以假设 k 是代数闭的. 现在令 $y = f(x)$, $A = \mathscr{O}_{Y,y}$, $B = \mathscr{O}_{X,x}$, 由于 B 的剩余类域等于 k, 故知 A 的剩余类域也等于 k, 从而 x (切转: y) 是 X (切转: Y) 的一个闭点 (**I**, 6.4.2), 因而我们有 $\dim A = \dim B = n$. 由于 f 是非分歧的, 故知同态 $\widehat{A} \to \widehat{B}$ 是满的 (17.4.4, f″)), 然而 $\dim \widehat{A} = \dim \widehat{B} = n$, 并且 $\widehat{A}$ (作为一个正则环) 是整的, 故这个同态 $\widehat{A} \to \widehat{B}$ 也是单的 (**0**, 16.3.10). 从而该同态是一一的, 这就证明了 f 在点 x 近旁是平展的 (17.6.3, e″)).

推论 (17.15.4) — 在 (17.15.3) 的一般条件下, 进而假设 $\boldsymbol{k}(x)$ 是 k 的一个**有限可分**扩张, 并且这些芽 $(g_i)_x$ 都落在 $\mathfrak{m}_x$ 中. 则 (17.15.3) 中的条件a), b), c) 也等价于下面每个条件:

d) 这些 $(g_i)_x$ 可以生成 $\mathscr{O}_{X,x}$ 的极大理想 $\mathfrak{m}_x$.

d′) 环 $\mathscr{O}_{X,x}$ 是正则的, 并且这些 $(g_i)_x$ 构成它的一个正则参数系 (**0**, 17.1.6).

事实上, d′) 显然蕴涵 d). 另一方面, 由于 $\boldsymbol{k}(x)$ 是 k 的有限可分扩张, 故有 $\Omega^1_{\boldsymbol{k}(x)/k} = 0$ (**0**, 20.6.20), 并且 $\boldsymbol{k}(x) = \mathscr{O}_{X,x}/\mathfrak{m}_x$ 是一个泛平滑 k 代数 (**0**, 19.6.1), 从而我们可以把正合序列 (**0**, 20.5.14.1) 应用到 $A = k$, $B = \mathscr{O}_{X,x}$, $\mathfrak{K} = \mathfrak{m}_x$ 上, 这给出一个典范同构

$$\delta : \mathfrak{m}_x/\mathfrak{m}_x^2 \xrightarrow{\sim} (\Omega^1_{X/k})_x \otimes_{\mathscr{O}_{X,x}} \boldsymbol{k}(x).$$

从而利用 Nakayama 引理就可以推出 c) 和 d) 的等价性. 另一方面, 若 f 在点 x 近旁是平展的, 则环 $\mathscr{O}_{X,x}$ 是正则的, 并且维数是 n, 因为 x 是 X 的闭点 (**I**, 6.4.2), 并

且 $\mathfrak{m}_x$ 中的任何 n 个元素只要能够生成这个极大理想就一定是 $\mathscr{O}_{X,x}$ 的一个正则参数系 ($\mathbf{0}$, 17.1.6), 这就证明了 a) 蕴涵 d′).

命题 (17.15.5) — 设 k 是一个域, X 是一个局部有限型 k 概形, x 是 X 的一点, $n=\dim_x X$. 则以下诸条件是等价的:

a) X 在点 x 近旁是在 k 上平滑的.

b) X 在点 x 近旁是在 k 上微分平滑的.

c) $(\Omega^1_{X/k})_x$ 是一个秩为 n 的自由 $\mathscr{O}_{X,x}$ 模.

d) $(\Omega^1_{X/k})_x$ 是一个可由 n 个元素生成的 $\mathscr{O}_{X,x}$ 模.

e) 可以找到 k 的一个完满扩张 k' 和 x 在 X 中的一个开邻域 U, 使得概形 $U\otimes_k k'$ 是正则的.

由于 X 在点 x 近旁是在 k 上平滑的, 故可找到 x 的一个开邻域 U, 它在 k 上是平滑的, 从而对 k 的任意扩张 k', $U\otimes_k k'$ 都是正则的 (17.15.2), 这就证明了 a) 蕴涵 e), 反过来 e) 蕴涵 a), 因为此时 $U\otimes_k k'$ 在 k' 上是平滑的 (17.15.2), 从而 U 在 k 上是平滑的 (17.7.1, (ii)).

我们已经证明了 a) 蕴涵 c) (17.10.2), c) 显然蕴涵 d), 并且由 ($\mathbf{0}$, 20.4.7) 和 (17.15.3, c)) 就可以推出 d) 蕴涵 a).

最后, 前面已经看到 a) 蕴涵 b) (17.12.4). 反过来, 为了证明 b) 蕴涵 a), 可以限于考虑 x 是 k 有理点的情形, 因为我们只要 (与 (17.15.3) 的证明一样) 在 $X'=X\otimes_k k'$ 上取一个位于 x 之上且满足 $\boldsymbol{k}(x')=k'=\boldsymbol{k}(x)$ 的点 x', 再使用 (17.7.1, (ii)) 和下面这个事实即可: 若 X 在点 x 近旁是微分平滑的, 则 X' 在点 x' 近旁是微分平滑的 (16.10.4). 从而可以假设 x 在 k 上是有理的, 此时利用条件 b) 和 (17.12.3) (把它应用到 X 的那个满足 $u(\operatorname{Spec}k)=\{x\}$ 的截面 $u:\operatorname{Spec}k\to X$ 上) 就可以推出 f 在点 x 近旁是平滑的.

推论 (17.15.6) — 设 k 是一个域, X 是一个有限型 k 概形. 则为了使 X 在 k 上是平滑的, 必须且只需 $\mathscr{O}_X$ 模层 $\Omega^1_{X/k}$ 是局部自由的, 并且 X 在各个极大点处的局部环都是 k 的可分扩张 (如果 k 是完满域, 并且 X 是既约概形, 那么最后这个条件自动就是满足的).

条件是必要的, 因为若 X 在 k 上是平滑的, 则由 (17.10.2) 知, $\Omega^1_{X/k}$ 是局部自由的, 另一方面, X 是正则的, 自然就是既约的, 从而在 X 的任何极大点 x 处, $\mathscr{O}_{X,x}$ 都是域, 并且还必须是一个泛平滑 k 代数 (17.5.1), 从而它是 k 的可分扩张 ($\mathbf{0}$, 19.6.1).

条件也是充分的. 事实上, 可以限于考虑 X 是连通概形的情形, 从而 $\Omega^1_{X/k}$ 是局部自由的, 且秩为常数 n. 此时对于 X 的任何极大点 x, 我们都有 $\operatorname{rg}_{\boldsymbol{k}(x)}\Omega^1_{\boldsymbol{k}(x)/k}=n$, 因为 $\mathscr{O}_{X,x}=\boldsymbol{k}(x)$. 根据前提条件, $\boldsymbol{k}(x)$ 是 k 的一个可分扩张, 故有 $\Upsilon_{\boldsymbol{k}(x)/k}=0$ ($\mathbf{0}$,

20.6.3), 从而 Cartier 恒等式 (**0**, 21.7.1) 给出 $\{\boldsymbol{k}(x):k\}=n$. 于是 X 的任何不可约分支都具有相同的维数 n (5.2.1), 故依照 (17.15.5) 的 c) 蕴涵 a) 这个结果, X 在它的所有点近旁都是在 k 上平滑的.

推论 (17.15.7) — 若 k 是特征 0 的, 则为了使 X 在点 x 近旁是在 k 上平滑的, 必须且只需 $(\Omega^1_{X/k})_x$ 是一个自由 $\mathscr{O}_{X,x}$ 模.

这可由 (16.12.2) 以及 (17.15.5) 中 b) 和 c) 的等价性推出.

命题 (17.15.8) — 设 k 是一个域, X 是一个局部有限型 k 概形, x 是 X 的一点, 我们令 $n=\dim_x X$, $r=\dim\mathscr{O}_{X,x}$, 因而 $n-r=\{\boldsymbol{k}(x):k\}$ (5.2.3). 设 $(g_i)_{1\leqslant i\leqslant n}$ 是 $\mathscr{O}_X$ 的 n 个整体截面, 且对 $1\leqslant i\leqslant r$ 均有 $(g_i)_x\in\mathfrak{m}_i$, 设 $f:X\to Y=\operatorname{Spec}k[T_1,\cdots,T_n]$ 是与那个通过 $T_i\mapsto g_i$ 定义出来的 k 同态 $k[T_1,\cdots,T_n]\to\Gamma(X,\mathscr{O}_X)$ 相对应的态射. 则以下诸条件是等价的 (并且从它们可以推出 X 在点 x 近旁是在 k 上平滑的, 同时 $\boldsymbol{k}(x)$ 是 k 的一个可分扩张):

a) f 在点 x 近旁是平展的.

b) 这些 $(g_i)_x$ $(1\leqslant i\leqslant r)$ 可以生成 $\mathfrak{m}_x$ (因而它们构成 $\mathscr{O}_{X,x}$ 的一个正则参数系 (**0**, 17.1.6)), 并且这些元素 $(d_{X/k}g_j)_x$ $(r+1\leqslant j\leqslant n)$ 在 $\Omega^1_{\boldsymbol{k}(x)/k}$ 中的像可以生成 $\Omega^1_{\boldsymbol{k}(x)/k}$.

事实上, 由 (**0**, 23.5.12.1) 知, 我们有 $\boldsymbol{k}(x)$ 模的正合序列

$$\textbf{(17.15.8.1)}\qquad \mathfrak{m}_x/\mathfrak{m}_x^2\longrightarrow(\Omega^1_{X/k})_x\otimes_{\mathscr{O}_{X,x}}\boldsymbol{k}(x)\longrightarrow\Omega^1_{\boldsymbol{k}(x)/k}\longrightarrow 0,$$

因而从条件 b) 得知, 这些 $(d_{X/k}g_i)_x$ 可以生成 $(\Omega^1_{X/k})_x$ (利用 Nakayama 引理), 从而由 (17.15.3) 就可以推出 b) 蕴涵 a). 反过来, 若 a) 是满足的, 则依照 (17.15.3), 这些 $(d_{X/k}g_i)_x$ $(1\leqslant i\leqslant n)$ 构成 $(\Omega^1_{X/k})_x$ 的一个基底. 若 t_i $(1\leqslant i\leqslant n)$ 是 $(g_i)_x$ 在 $\boldsymbol{k}(x)$ 中的像, 则由上面所述知, 这些 dt_i $(1\leqslant i\leqslant n)$ 可以生成 $\Omega^1_{\boldsymbol{k}(x)/k}$, 而根据前提条件, 当 $1\leqslant i\leqslant r$ 时, $t_i=0$, 故这些 dt_i $(r+1\leqslant i\leqslant n)$ 已经能够生成 $\Omega^1_{\boldsymbol{k}(x)/k}$. 由于 $\{\boldsymbol{k}(x):k\}=n-r$, 故 Cartier 恒等式 (**0**, 21.7.1) 给出 $\Upsilon_{\boldsymbol{k}(x)/k}=0$, 从而 $\boldsymbol{k}(x)$ 是 k 的可分扩张 (**0**, 20.6.3), 并且 $\boldsymbol{k}(x)$ 向量空间的序列

$$\textbf{(17.15.8.2)}\qquad 0\longrightarrow\mathfrak{m}_x/\mathfrak{m}_x^2\longrightarrow(\Omega^1_{X/k})_x\otimes_{\mathscr{O}_{X,x}}\boldsymbol{k}(x)\longrightarrow\Omega^1_{\boldsymbol{k}(x)/k}\longrightarrow 0$$

是正合的 ((**0**, 20.5.14) 和 (**0**, 19.6.1)), 进而, 这些 dt_i $(r+1\leqslant i\leqslant n)$ 构成 $\Omega^1_{\boldsymbol{k}(x)/k}$ 的一个基底, 从而任何 t_i $(r+1\leqslant i\leqslant n)$ 都不等于 0. 这就表明这些 $(g_i)_x$ $(1\leqslant i\leqslant r)$ 在 $\mathfrak{m}_x/\mathfrak{m}_x^2$ 中的像必须能够生成 $\mathfrak{m}_x/\mathfrak{m}_x^2$, 从而依照 Nakayama 引理, 这些 $(g_i)_x$ $(1\leqslant i\leqslant r)$ 能够生成 $\mathfrak{m}_x$, 这就证明了 a) 蕴涵 b).

推论 (17.15.9) — 设 k 是一个域, X 是一个局部有限型 k 概形, x 是 X 的一点, 我们令 $n=\dim_x X$, $r=\dim\mathscr{O}_{X,x}$. 则以下诸条件是等价的:

a) 环 $\mathscr{O}_{X,x}$ 是正则的, 并且 $\boldsymbol{k}(x)$ 是 k 的一个可分扩张.

b) X 在点 x 近旁是在 k 上平滑的, 并且典范同态

$$\mathfrak{m}_x/\mathfrak{m}_x^2 \longrightarrow (\Omega^1_{X/k})_x \otimes_{\mathscr{O}_{X,x}} \boldsymbol{k}(x)$$

是单的.

c) 可以找到 $\mathscr{O}_X$ 在 x 的某个开邻域 U 上的 n 个截面 g_i, 使得当 $1 \leqslant i \leqslant r$ 时 $(g_i)_x \in \mathfrak{m}_x$, 并且与这些 g_i 相对应的态射 $U \to \operatorname{Spec} k[T_1, \cdots, T_n]$ (参考 (17.15.8)) 在点 x 近旁是平展的.

d) 可以找到 $\mathscr{O}_X$ 在 x 的某个开邻域 U 上的 n 个截面 g_i $(1 \leqslant i \leqslant n)$, 使得这些 $(g_i)_x$ $(1 \leqslant i \leqslant r)$ 可以生成 $\mathfrak{m}_x$, 并且这些 $(d_{U/k} g_j)_x$ $(r+1 \leqslant j \leqslant n)$ 在 $\Omega^1_{\boldsymbol{k}(x)/k}$ 中的像可以生成 $\Omega^1_{\boldsymbol{k}(x)/k}$.

c) 和 d) 的等价性可由 (17.15.8) 推出. 而且我们在 (17.15.8) 的证明中已经看到, 由条件 c) 可以推出 X 在点 x 近旁是在 k 上平滑的, 并且序列 (17.15.8.2) 是正合的, 从而 c) 蕴涵 b). 条件 b) 表明环 $\mathscr{O}_{X,x}$ 是正则的, 从而 $\mathfrak{m}_x/\mathfrak{m}_x^2$ 的秩是 r, 进而, $(\Omega^1_{X/k})_x$ 是一个 n 秩自由 $\mathscr{O}_{X,x}$ 模 (17.10.2), 根据前提条件, 序列 (17.15.7.2) 是正合的, 故 $\Omega^1_{\boldsymbol{k}(x)/k}$ 的秩就是 $n-r=\{\boldsymbol{k}(x):k\}$, 并且 Cartier 恒等式表明, $\Upsilon_{\boldsymbol{k}(x)/k}=0$, 从而 $\boldsymbol{k}(x)$ 是 k 的可分扩张 (**0**, 20.6.3), 这样我们就证明了 b) 蕴涵 a). 最后, 若 a) 是满足的, 则仍然由 Cartier 恒等式可以导出, $\Omega^1_{\boldsymbol{k}(x)/k}$ 的秩是 $n-r$. 另一方面, 环 $\mathscr{O}_{X,x}$ 是正则的, 从而这就立即说明了满足条件 d) 的那些截面 g_i 是存在的.

注解 (17.15.10) — (i) 设 X 是 k 上的一个有限型概形, 则仅从 $\Omega^1_{X/k}$ 是局部自由的并不能推出 X 在 k 上是平滑的, 可以用例子来说明这一点, 比如取 $X=\operatorname{Spec} K$, 其中 K 是 k 的一个有限不可分扩张.

(ii) 当 k 不是完满域时, 从 X 在 k 上是平滑的并不能推出 $\boldsymbol{k}(x)$ 在 k 上是可分的. 可以举例如下: 取 $X=\operatorname{Spec} k[T]$, 并取 x 是那个与主素理想 $(T^p-\lambda)$ 相对应的点 (这里 $p>0$ 是 k 的特征, 且 $\lambda \in k \smallsetminus k^p$).

(iii) 尽管如此, 若 X 在 k 上是平滑的, 则由 X 的那些使得 $\boldsymbol{k}(x)$ 在 k 上可分(且有限) 的闭点 x 所组成的集合在 X 中是稠密的. 事实上, 设 $f: X \to \operatorname{Spec} k$ 是结构态射, 对任意 $x_0 \in X$, 我们都能找到 x_0 在 X 中的一个开邻域 U 和一个分解 $f|_U : U \xrightarrow{g} \operatorname{Spec} k[T_1, \cdots, T_n] \xrightarrow{h} \operatorname{Spec} k$, 其中 g 是平展的 (17.11.4). 可以限于考虑 k 不是完满域 (从而它是一个无限域) 的情形, 此时开集 $g(U)$ 中的 k 有理点的集合不是空的, 若 y 是这样的一个点, $x \in U$ 是一个位于 y 之上的点, 则 x 在 X 中是闭的, 并且 $\boldsymbol{k}(x)$ 在 $\boldsymbol{k}(y)=k$ 上是可分的 (17.6.2).

命题 (17.15.11) — 设 k 是一个域, X 是一个有限型 k 概形. 则以下诸条件是等价的:

a) X 在 k 上是平展的.

b) X 在 k 上是非分歧的.

c) X 同构于 $\operatorname{Spec} A$, 其中 A 是一个有限可分 k 代数.

这可由 (17.6.2) 和 (17.4.2) 得出, 因为条件 b) 表明, X 在 k 上是有限的.

命题 (17.15.12) — 设 k 是一个域, X 是一个局部有限型 k 概形. 则为了使 X 有一个在 k 上平滑的稠密开集 U, 必须且只需对于 X 的任何极大点 x, 要么 X 在该点处是既约的, 要么 $\boldsymbol{k}(x)$ 是 k 的可分扩张. 为了使 X 有一个具有下述性质的稠密开集 U: "它的既约化 U_{red} 在 k 上是平滑的", 必须且只需对于 X 的任何极大点 x, $\boldsymbol{k}(x)$ 都是 k 的可分扩张.

第二句话显然可以从第一句话推出来. 在 k 上平滑的稠密开集 U 的存在性就等价于 X 在所有极大点 x 近旁都是在 k 上平滑的. 此时 $\mathscr{O}_{X,x}$ 也必然是正则的 (17.15.1), 自然就是既约的, 从而是一个域, 并且等于 $\boldsymbol{k}(x)$. 进而 (17.15.1), 对 k 的任何紧贴扩张 k', $\boldsymbol{k}(x) \otimes_k k'$ 都必须是正则的, 从而 $\boldsymbol{k}(x)$ 必须是 k 的可分扩张 (4.3.5). 逆命题是显然的, 只要利用 (17.15.1) 即可.

推论 (17.15.13) — 设 X 是域 k 上的一个有限型概形. 则可以找到 X 的一个稠密开集 U 以及 k 的一个有限紧贴扩张 k', 使得 $(U_{(k')})_{\mathrm{red}}$ 在 k' 上是平滑的.

事实上, 我们有一个这样的扩张 k', 使得 $(X_{(k')})_{\mathrm{red}}$ 在 k' 上是几何既约的 (4.6.6), 这就等价于说 (4.6.1), 对 $X_{(k')}$ 的任何极大点 x', $\boldsymbol{k}(x')$ 都是 k' 的可分扩张. 从而由 (17.15.12) 得知, 可以找到 $X_{(k')}$ 的一个处处稠密的开集 U', 使得 U'_{red} 在 k' 上是平滑的. 然而态射 $X_{(k')} \to X$ 是一个同胚 (2.4.5), 从而 U' 就具有 $U_{(k')}$ 的形状, 其中 U 是 X 的一个处处稠密的开集.

命题 (17.15.14) — 设 X 是 k 上的一个维数 $\leqslant 1$ 的有限型概形. 则可以找到 k 的一个有限紧贴扩张 k', 使得 $(X_{k'})_{\mathrm{red}}$ 的正规化 (**II**, 6.3.8) 在 k' 上是平滑的.

我们首先来证明下面两个引理:

引理 (17.15.14.1) — 设 X 是一个既约概形, 并且它的不可约分支是局部有限的, $f: Y \to X$ 是一个态射. 则为了使 Y 能够 X 同构于 X 的正规化 X' (**II**, 6.3.8), 必须且只需下面两个条件得到满足:

(i) Y 是正规的,

(ii) f 是一个整型双有理态射.

如果 X 有一个稠密且正规的开集 (这个条件在 X 是优等概形 (7.8.3) 时总能得到满足, 特别地, 比如在 X 是域上的局部有限型概形的时候就是如此), 那么条件 (ii) 可以换成下面的条件:

(ii改) f 是整型的, 并且可以找到 X 的一个稠密开集 U, 使得 $f^{-1}(U)$ 在 Y 中是稠密的, 并且 f 的限制 $f^{-1}(U) \to U$ 是一个同构.

问题在 X 上是局部性的, 故可假设 X 只有有限个不可约分支, 设 X_i $(1 \leqslant i \leqslant m)$ 是 X 的那些以各个分支为底空间的既约子概形. 我们知道 (**II**, 6.3.6) X' 就是这些 X_i 的正规化 X'_i 的和, 从而每个结构态射 $f_i : X'_i \to X_i$ 都是整型且双有理的, 于是 f 也是整型且双有理的. 如果 X 有一个稠密且正规的开集 V, 那么只要取 $U = V$, 我们就立即得知 (ii) 蕴涵 (ii$_{改}$). 反过来, 若条件 (i) 和 (ii) 是满足的, 则 Y 只有有限个不可约分支 Y_i $(1 \leqslant i \leqslant m)$, 且对每个指标 i 来说, Y_i 都笼罩了 X_i (6.15.4), 现在 Y 是这些 Y_i 的和, 因为它是正规的, 并且 f 的每个限制 $Y_i \to X$ 所穿过的那个态射 $g_i : Y_i \to X_i$ (**I**, 5.2.2) 都是双有理的, 由于 X_i 和 Y_i 都是整的, 故我们从 g_i 是整型的并且 Y_i 是正规的就得知, 对 X_i 的任何仿射开集 V 来说, $\Gamma(g_i^{-1}(V), \mathscr{O}_{Y_i})$ 都是 $\Gamma(V, \mathscr{O}_{X_i})$ 的整闭包, 从而 Y 可以典范等同于 X' (**II**, 6.3.4). 最后, 假设条件 (ii$_{改}$) 是满足的, 则可以限于考虑 U 是一组两两不相交的不可约开集 U_i $(1 \leqslant i \leqslant m)$ 的并集这个情形, 从而 $f^{-1}(U)$ 是这些 $V_i = f^{-1}(U_i)$ 的无交并集. 由于这些 V_i 都是不可约的, 并且 $f^{-1}(U)$ 在 Y 中是稠密的, 故这些 $\overline{V_i}$ 就是 Y 的全体不可约分支, 从而 f 是双有理的.

引理 (17.15.14.2) — *设 k 是一个域, X 是 k 上的一个有限型概形. 则可以找到 k 的一个有限紧贴扩张 k', 使得 $(X_{(k')})_{\mathrm{red}}$ 在 k' 上是几何既约的, 并且它的正规化在 k' 上是几何正规的.*

有见于 (4.6.6) 和 (**I**, 5.1.8), 可以限于考虑 X 在 k 上已经是几何既约的这个情形. 设 p 是 k 的指数特征, $k_1 = k^{p^{-\infty}}$ 是 k 的最小完满扩张, 从而 k_1 是 k 的有限紧贴扩张的归纳极限. 我们令 $X_1 = X_{(k_1)}$, 根据前提条件, 它是既约的, 设 Y_1 是它的正规化, 从而若 $f_1 : Y_1 \to X_1$ 是结构态射, 则 f_1 是有限 (7.8.3, (vi)) 且映满的, 于是可以找到 X_1 的一个稠密开集 U_1, 使得 $f_1^{-1}(U_1) = V_1$ 在 Y_1 中是稠密的, 并且 f_1 的限制态射 $V_1 \to U_1$ 是一个同构 (17.15.14.1), 应用 (8.9.1) 和 (8.10.5, (vi) 及 (x)), 我们可以找到 k 的一个有限紧贴扩张 k'' 和一个有限映满态射 $Y'' \to X'' = X_{(k'')}$, 使得 $Y_1 = Y'' \times_{X''} X_1 = Y'' \otimes_{k''} k_1$, 现在 Y_1 是正规的, 并且 k_1 是完满的, 故由 (6.7.7) 知, Y'' 在 k'' 上是几何正规的. 由于投影 $X_1 \to X''$ 和 $Y_1 \to Y''$ 都是紧贴整型映满态射, 从而都是同胚 (2.4.5), 并且若 U'' 和 V'' 分别是 U_1 和 V_1 在 X'' 和 Y'' 中的像, 则它们分别是 X'' 和 Y'' 的稠密开集, 且有 $V'' = f''^{-1}(U'')$, 其中 $f'' : Y'' \to X''$ 是结构态射. 由于我们有 $U_1 = U'' \otimes_{k''} k_1$, 故由 (8.10.5, (i)) 知, 可以找到 k'' 的一个有限紧贴扩张 k', 它满足下面的条件: 对于 $X' = X \otimes_k k' = X'' \otimes_{k''} k'$, $Y' = Y'' \otimes_{k''} k'$, $f' = f''_{(k')} : Y' \to X'$, 设 U' 和 V' 分别是 U'' 和 V'' 在 X' 和 Y' 中的像, 则 f' 的限制 $V' \to U'$ 是一个同构. 由于 Y' 是正规的, 并且 f' 是整型且双有理的, 故我们从 (17.15.14.1) 得知, Y' 同构于 X' 的正规化, 这就证明了引理, 因为 Y' 是几何正规的.

现在我们回到 (17.15.14) 的证明, 并把引理 (17.15.14.2) 应用到 k 和 X 上, 由于 $\dim X \leqslant 1$, 故我们也有 $\dim X_{(k')} \leqslant 1$ (4.1.4), 并且 $X_{(k')}$ 的正规化 Y' 的维数也

是 $\leqslant 1$ 的 (5.4.2 和 **II**, 7.4.6). 此时依照定义和 (**II**, 7.4.5), Y' 在 k' 上是几何正规的就等价于 Y' 在 k' 上是几何正则的, 从而在 k' 上是平滑的 (17.5.1), 这就证明了 (17.15.14).

命题 (17.15.15) — *设 $f: X \to Y$ 是一个局部有限呈示态射. 则为了使 f 在点 $x \in X$ 近旁是平滑的, 必须且只需 f 在点 x 处是平坦的, Ω^1_f 在 x 的某个邻域上是局部自由的, 并且它在 x 处的秩就等于 $\dim_x f$.*

条件的必要性缘自 (17.5.1) 和 (17.10.2). 反过来, 若这些条件得到满足, 并设 $y = f(x)$, 则只需证明 (17.5.1) $f^{-1}(y)$ 在点 x 近旁是在 $\boldsymbol{k}(y)$ 上平滑的即可, 但这可以从 $\dim_s f$ 的定义 (17.10.1) 以及 (16.4.5) 和 (17.15.5) 推出.

17.16 平坦态射与平滑态射的拟截面

这一小节是 (14.5) 的补充, 我们在这里要引入平坦性条件.

命题 (17.16.1) — *设 $f: X \to S$ 是一个窄平坦态射. 设 $s \in S$, x 是 X_s 的一个闭点, 并假设环 $\mathscr{O}_{X_s,x}$ 是 Cohen-Macaulay 的, 则可以找到 s 在 S 中的一个开邻域 U 和 X 的一个子概形 $X' \subseteq f^{-1}(U)$, 使得 $x \in X'$, 并且态射 $X' \to U$ (这是 f 的限制) 是紧凑窄平坦并且拟有限的.*

问题在 X 和 Y 上都是局部性的, 故可假设 f 是有限呈示的.

设 $(t_i)_{1 \leqslant i \leqslant m}$ 是局部环 $\mathscr{O}_{X_s,x}$ 的一个参数系, 则可以找到 x 在 X 中的一个仿射开邻域 $V = \operatorname{Spec} A$, 和 $\mathscr{O}_X$ 在 V 上的 m 个截面 g_i, 使得这些 $(g_i)_x \in \mathscr{O}_{X,x}$ 在 $\mathscr{O}_{X_s,x} = \mathscr{O}_{X,x}/\mathfrak{m}_s\mathscr{O}_{X,x}$ 中的像分别等于 t_i. 设 X' 是 V 的由这些 g_i 在 A 中生成的理想所定义的闭子概形, 根据前提条件, 序列 (t_i) 是正则的 (**0**, 16.5.7), 故由 (11.3.8) 知 (必要时把 V 换成一个更小的仿射开邻域), 我们可以假设 f 的限制态射 $X' \to S$ 是紧凑窄平坦的. 另一方面, 由于这些 t_i 构成 $\mathscr{O}_{X_s,x}$ 的一个参数系, 故根据定义, 环 $\mathscr{O}_{X'_s,x}$ 是一个 *Artin* 环, 且由于 x 在 X'_s 中是闭的, 故我们得知, 它在 X'_s 中是孤立的. 必要时把 V 换成 x 的一个更小的开邻域, 就可以由此推出 (借助 (13.1.4)) 态射 $X' \to S$ 是拟有限的.

推论 (17.16.2) — *设 $f: X \to S$ 是一个窄忠实平坦态射. 则可以找到一个***局部拟有限***的窄忠实平坦态射 $g: S' \to S$ 连同一个 S 态射 $S' \to X$ (换句话说, $X' = X \times_S S'$ 具有一个 S' 截面 (**I**, 3.3.14)). 若 S 是拟紧的 (切转: 紧凑的), 则还可以要求 S' 是仿射的 (切转: S' 是仿射的, 并且态射 g 是拟有限的).*

根据前提条件, 对任意 $s \in S$, 纤维 X_s 都不是空的, 并且是一个局部有限型 $\boldsymbol{k}(s)$ 概形, 由那些使得 $\mathscr{O}_{X_s,x}$ 是 Cohen-Macaulay 环的点 $x \in X_s$ 所组成的集合 U_s 是 X_s 的一个开集 (6.11.3), 并且不是空的, 因为它包含了 X_s 的极大点 (**0**, 16.5.1), 于是 U_s

包含了 X_s 的一个闭点 x_s (10.4.7). 设 $X'(s)$ 是 X 的一个包含 x_s 并且满足 (17.16.1) 中条件的仿射子概形, 为了得到一个满足条件的概形 S', 我们只需取这些 $X'(s)$ 的和即可, 其中 s 跑遍 S. 由于态射 $X'(s) \to S$ 是窄平坦的, 故知 $X'(s)$ 的像 $U(s)$ 在 S 中是开的 (2.4.6), 从而若 S 是拟紧的, 则我们可以用有限个 $U(s_i)$ 来覆盖 S, 此时取 S' 是这些 $X'(s_i)$ 的和也能满足要求, 并且它是仿射的. 若 S 还是拟分离的, 则我们可以假设开浸入 $U(s) \to S$ 都是拟紧的 (1.2.7), 从而是有限呈示的 (1.6.2), 于是这些态射 $X'(s_i) \to S$ 都是有限呈示的 (1.6.2), 从而态射 $S' \to S$ 也是如此.

推论 (17.16.3) — (i) 设 $f : X \to S$ 是一个平滑态射. 设 $s \in S$, x 是 X_s 的一个闭点, 并假设剩余类域 $\boldsymbol{k}(x)$ 在 $\boldsymbol{k}(s)$ 上是可分的, 于是在 (17.16.1) 的结论中, 可以要求 X' 还能够使 f 的限制态射 $X' \to U$ 是平展的.

(ii) 设 $f : X \to S$ 是映满的平滑态射. 则在 (17.16.2) 的结论中, 可以进而要求 $g : S' \to S$ 是平展的.

显然 (ii) 可由 (i) 推出, 这与从 (17.16.1) 推出 (17.16.2) 是类似的, 且要使用下面的事实: 对任意 $s \in S$, 由于 X_s 不是空的, 且在 $\boldsymbol{k}(s)$ 上是平滑的, 故可找到一个闭点 $x \in X_s$, 使得 $\boldsymbol{k}(x)$ 在 $\boldsymbol{k}(s)$ 上是可分的 (17.15.10, (iii)). 从而我们只需证明 (i) 即可. 注意到此时环 $\mathscr{O}_{X_s,x}$ 是正则的, 取 (t_i) 是 $\mathscr{O}_{X_s,x}$ 的一个正则参数系, 并重复使用 (17.16.1) 中的构造方法, 就能看出环 $\mathscr{O}_{X'_s,x}$ 是一个域, 且同构于 $\boldsymbol{k}(x)$, 从而根据前提条件, 它在 $\boldsymbol{k}(s)$ 上是可分的. 于是由 (17.6.1, c′)) 就可以推出结论.

命题 (17.16.4) — 设 S 是一个紧凑概形, $f : X \to S$ 是一个映满的局部有限呈示态射. 则可以找到 S 的有限个在 S 上有限呈示的仿射子概形 $(S_i)_{i \in I}$, 它们是两两不相交的, 并集是 S, 且满足下面的条件: 对每个 $i \in I$, 均可找到这样两个有限映满的有限呈示态射 $S''_i \xrightarrow{g_i} S'_i \xrightarrow{h_i} S_i$, 其中 h_i 是平展的, g_i 是平坦且紧贴的, 连同一个 S 态射 $S''_i \to X$ (换句话说, $X''_i = X \times_S S''_i$ 具有一个 S''_i 截面).

取 S 的一个有限仿射开覆盖 $(U_i)_{1 \leqslant i \leqslant n}$, 则对任意 i, 交集 $W_i = \bigcap_{j \leqslant i} U_j$ 都是拟紧的 (1.2.7), 从而可以找到 U_i 的一个闭子概形 V_i, 它的底空间是 $U_i \smallsetminus W_i$, 并且它是由 U_i 的环中的某个有限型理想所定义的, 从而 V_i 是 S 的一个仿射子概形, 并且在 S 上是有限呈示的 (1.6.2). 显然我们可以把 S 换成 V_i 并把 X 换成 $X \times_S V_i$ 来证明这个命题, 换句话说, 可以假设 S 是仿射的. 另一方面, X 是一族仿射开集 W_α 的并集, 这些 $f(W_\alpha)$ 在 S 中都是可构的 (1.8.4), 并且构成 S 的一个覆盖, 因而 (1.9.9) 可以找到一个有限子族 $(W_{\alpha_j})_{1 \leqslant j \leqslant m}$, 使得这些 $f(W_{\alpha_j})$ 已经能够覆盖 S. 现在设 X' 就是 X 的这些开子概形 W_{α_j} 的和概形, 则易见只需把 X 换成 X' 来证明命题即可, 因为一个 S 态射 $S''_i \to X'$ 通过合成就可以给出一个 S 态射 $S''_i \to X' \to X$.

从而我们可以假设 X 是仿射的, 并且 f 是有限呈示的. 此时可以 (8.9.1) 把 X 写成 $X_0 \times_{S_0} S$ 的形状, 其中 S_0 是 Noether 的, $X_0 \to S_0$ 是一个有限型态射, 并可假

设它是映满的 (8.10.5, (vi)). 若命题对这个态射得到了证明, 那就可以立即推出, 它对 X 也是成立的, 只要取基变换 $S \to S_0$ 即可. 从而我们可以进而假设 S 是 Noether 的而且 f 是有限型的.

设 s_h $(1 \leqslant h \leqslant r)$ 是 S 的全体极大点. 我们来说明, 只需把 S 换成每个 s_h 的充分小开邻域 U_h 并把 X 换成 U_h 在 X 中的逆像来证明命题即可. 事实上, 假设命题对后一个情形得到了证明, 利用 Noether 归纳法 ($\mathbf{0_I}$, 2.2.2), 可以假设命题对 S 的任何底空间 $\neq S$ 的闭子概形都是对的. 我们还可以假设这些 U_h 是两两不相交的, 若 T 是一个以 $S \smallsetminus \left(\bigcup\limits_h U_h\right)$ 为底空间的闭子概形, 则归纳假设表明, 命题对 T 是成立的, 又因为它对每一个 U_h 也是成立的, 从而对 X 就是成立的.

我们显然可以假设 S 是既约的 (只要把 S 换成 S_{red}, 并把 X 换成 $X \times_S S_{\mathrm{red}}$ 即可), 于是每个 $\mathscr{O}_{S,s_h}$ 都是一个域 $\boldsymbol{k}(s_h)$. 假设命题对 S 是域的谱且 f 是有限型态射的情形已经得到了证明. 则只要利用 (8.1.2, a)) 的方法并借助 (8.8.2, (i) 和 (ii)), (8.10.5, (vi), (vii) 和 (x)), (11.2.6, (ii)) 及 (17.7.8, (ii)) 就可以推出 U_h 的存在性.

现在假设 $S = \operatorname{Spec} k$, 其中 k 是一个域, X 在 k 上是有限型的, 并且 $X \neq \varnothing$. 由于 X 是 Noether 的, 故 X 中总有一个闭点 x ($\mathbf{0_I}$, 2.1.3), 从而 $\boldsymbol{k}(x)$ 是 k 的一个有限扩张 (**I**, 6.4.2). 因而可以找到 k 的一个有限可分扩张 k', 使得 $k'' = \boldsymbol{k}(x)$ 是 k' 的有限紧贴扩张. 此时我们只要取 I 是只含一个元素的集合, 并取 $S'_i = \operatorname{Spec} k'$, $S''_i = \operatorname{Spec} k''$, 就可以给出所要的结果.

推论 (17.16.5) — *设 $f: X \to S$ 是一个映满的局部有限呈示态射. 则可以找到一个***局部拟有限***且映满的局部有限呈示态射 $g: S' \to S$ 连同一个 S 态射 $S' \to X$ (换句话说, $X' = X \times_S S'$ 有一个 S' 截面). 若 S 是拟紧的 (切转: 紧凑的), 则可以进而要求 S' 是仿射的 (切转: S' 是仿射的, 并且 g 是拟有限的有限呈示态射).*

只需证明 S 是仿射概形的情形即可, 事实上, S 总是一族仿射开集 (S_α) 的并集, 如果对每个 α, 我们都找到了一个仿射概形 S'_α 和一个拟有限的有限呈示态射 $g_\alpha: S'_\alpha \to S_\alpha$, 连同一个 S_α 态射 $S'_\alpha \to X$, 那么只要取 S' 是这些 S'_α 的和概形, 并取 $g: S' \to S$ 是那个在每个 S'_α 上都重合于 g_α 的态射, 就能给出问题的解答, 进而若 S 是拟紧的, 则可以假设这个族 (S_α) 是有限的, 从而 S' 就是仿射的, 如果 S 还是拟分离的, 则浸入 $S_\alpha \to S$ 都是有限呈示的 (1.6.2), 从而 g 也是如此.

现在我们来考虑 S 是仿射概形的情形. 此时利用 (17.16.4) 可以找到一族有限呈示的有限态射 $S''_i \to S_i$, 由于这些浸入 $S_i \to S$ 都是有限呈示的 (因为 S_i 都是仿射的), 故知态射 $g''_i: S''_i \to S_i \to S$ 都是拟有限且有限呈示的, 现在取 S' 是这些 S''_i 的和, 并取 g 是那个在每个 S''_i 上都重合于 g''_i 的态射, 这就给出了问题的解答.

命题 (17.16.6) — *设 S 是一个紧凑概形, $f: X \to S$ 是一个有限呈示态射, 并*

且对任意 $s \in S$, $X_s = f^{-1}(s)$ 作为 $\boldsymbol{k}(s)$ 概形都是紧合的. 则可以找到 S 的有限个在 S 上有限呈示的仿射子概形 $(S_i)_{i\in I}$, 它们两两不相交, 并集是 S, 且对每个 $i \in I$, 态射 $X_i = X \times_S S_i \to S_i$ 都是**紧合**且**平坦**的. 进而若对任意 $s \in S$, X_s 在 $\boldsymbol{k}(s)$ 上都是有限的, 则可以适当选取 S_i, 使得每个态射 $X_i \to S_i$ 都能分解为

$$X_i \xrightarrow{u_i} X_i' \xrightarrow{h_i} S_i,$$

其中 u_i 和 h_i 都是有限局部自由的 (18.2.7), 而且 h_i 是平展的, u_i 是紧贴映满的.

我们采用与 (17.16.4) 类似的证明方法. 首先使用总体平坦性定理 (8.9.5) 把问题归结到 S 是仿射概形并且 f 是平坦态射的情形 (观察到 (8.9.5) 的证明中所定义的那些子概形 S_i' 都是仿射的), 由于 f 是有限呈示的, 故我们还可以把 X 写成 $X_0 \times_{S_0} S$ 的形状, 其中 S_0 是一个 Noether 概形, 且 $X_0 \to S_0$ 是一个有限型平坦态射 (11.2.7), 进而每个纤维 $(X_0)_{s_0}$ 在 $\boldsymbol{k}(s_0)$ 上仍然是紧合的, 这可以从 (2.7.1, (vii)) 得出, 从而问题归结到 S 是 Noether 概形的情形. 利用 Noether 归纳法和 (8.1.2, a)) 前面的结果 (此时我们还要使用 (8.10.5, (vii))), 问题就可以最终归结到 S 是域的谱的情形, 此时前提条件直接给出了结论 (取 $S_i = S$). 可以用同样的方法来讨论 X_s 在 $\boldsymbol{k}(s)$ 上都有限的情形 (这里需要使用 (2.7.1, (xv)), (8.10.5, (x), (iv), (vi) 和 (vii)), (17.7.8) 和 (2.1.12)), 而且可以把最后一句话的证明归结到 $S = \operatorname{Spec} k$ 是域的谱的情形. 但此时 $X = \operatorname{Spec} A$, 其中 A 是一个有限 k 代数 (**I**, 6.4.4), 从而 A 是一些局部环 A_j $(1 \leqslant j \leqslant m)$ 的直合, 其中每个 A_j 都是有限 k 代数, 由于 A_j 既是 Artin 环又是 k 代数, 故它包含了一个与自身的剩余类域典范同构的子域 K_j' (**0**, 19.6.2). 现在我们取 $X_i = X$, 并取 X_i' 是这些 $\operatorname{Spec} K_j'$ 的和, 显然就给出了所要的结果, 因为对任意 j, 我们都有两个同态 $K_j' \to A_j \to \boldsymbol{k}(A_j)$, 它们的合成是同构.

§18. 关于平展态射的补充. Hensel 局部环和严格 Hensel 局部环

在本节中, 我们将研究平展态射的各种特殊性质, 然后利用平展态射的概念来得到 Nagata 的 Hensel 环和严格 Hensel 局部环理论的一个更为自然的表述方式. 这些环在代数几何的现代理论中起着重要的作用, 它使我们能够在取“局部化”时跨出 Zariski 拓扑的范围 (参考 [43] 或者本书后面专门讨论“平展拓扑”的章节).

18.1 一个重要的范畴等价

命题 (18.1.1) — 设 S 是一个概形, S_0 是 S 的一个闭子概形, X_0 是一个在 S_0 上平滑 (切转: 平展) 的 S_0 概形, x_0 是 X_0 的一点. 则可以找到 x_0 在 X_0 中的一个开邻域 U_0 和一个在 S 上平滑 (切转: 平展) 的 S 概形 U, 使得 $U \times_S S_0$ 与 U_0 是 S_0 同构的.

注意到若 X_0 在点 x_0 近旁是在 S_0 上平展的, 则它在该点近旁就是在 S_0 上非分歧的, 如果我们能构造出一个 S 概形 U, 它在 S 上是平滑的, 并且 $U \times_S S_0$ 同构于 U_0, 那么由于态射 $U_0 \to S_0$ 的包含 x_0 的纤维与 $U \to S$ 的包含 x_0 的纤维是同构的, 故知 U 在点 x_0 近旁是在 S 上非分歧的 (17.4.1, d)), 从而它在 x_0 的某个邻域中的每个点近旁也是如此, 通过把 U 换成这个邻域, 我们就得知 U 在 S 上是平展的. 于是我们只需考虑 X_0 在 S_0 上是平滑的这个情形.

问题在 S 和 X_0 上都是局部性的, 故可假设 $S = \operatorname{Spec} A$ 和 $X_0 = \operatorname{Spec} C_0$ 都是仿射概形, 此时 $S_0 = \operatorname{Spec} A_0$, 其中 A_0 是 A 的一个商环, 并且 $C_0 = B_0/\mathfrak{I}_0$, 其中 $B_0 = A_0[T_1, \cdots, T_n]$ 且 $\mathfrak{I}_0$ 是 B_0 的一个有限型理想, 最后, C_0 是一个泛平滑 A_0 代数. 设 $\mathfrak{p}_0$ 是 C_0 的理想 $\mathfrak{j}_{x_0}$, 则有 $\mathfrak{p}_0 = \mathfrak{q}_0/\mathfrak{I}_0$, 其中 $\mathfrak{q}_0$ 是 B_0 的一个素理想. Jacobi 判别法 (**0**, 22.6.4) 再加上 (**0**, 19.1.12) 就表明, 可以找到 $\mathfrak{I}_0$ 中的 r 个多项式 u_i $(1 \leqslant i \leqslant r)$ 和 r 的指标 j_h $(1 \leqslant h \leqslant r)$, 使得这些 u_i 在 $(\mathfrak{I}_0)_{\mathfrak{p}_0}/(\mathfrak{I}_0)^2_{\mathfrak{p}_0}$ 中的像可以生成这个 $(B_0)_{\mathfrak{p}_0}$ 模, 并且

(18.1.1.1) $$\det(\partial u_i/\partial T_{j_h}) \notin \mathfrak{q}_0.$$

由于 $(B_0)_{\mathfrak{p}_0}$ 是一个局部环, 故由 Nakayama 引理知, 我们可以假设这些 u_i 在 $(\mathfrak{I}_0)_{\mathfrak{p}_0}$ 中的像能够生成这个 $(B_0)_{\mathfrak{p}_0}$ 模, 接下来, 必要时把 X_0 换成 x_0 的一个仿射开邻域, 又可以假设这些 u_i 能够生成 $\mathfrak{I}_0$ ($\mathbf{0_I}$, 5.2.2). 现在我们令 $B = A[T_1, \cdots, T_n]$, 则 B_0 是 B 的一个商环, $\mathfrak{q}_0$ 是 B 的某个素理想 $\mathfrak{q}$ 的像, 并且 $\mathfrak{q}$ 是 $\mathfrak{q}_0$ 的逆像. 对每个 i, 设 $v_i \in B$ 是这样一个元素, 它在 B_0 中的像是 u_i, 再设 $\mathfrak{I}$ 是 B 的那个由这些 v_i 生成的理想, 从而 $\mathfrak{I}_0$ 就是 $\mathfrak{I}$ 在 B_0 中的像. 如果我们能够证明 $B_\mathfrak{q}/\mathfrak{I}_\mathfrak{q}$ 是一个泛平滑 A 代数, 那就可以通过取 U 是 $\operatorname{Spec}(B/\mathfrak{I})$ 的与素理想 $\mathfrak{p} = \mathfrak{q}/\mathfrak{I}$ 相对应的那个点的一个开邻域而完成命题的证明. 然而这件事可以从 Jacobi 判别法得到证明, 因为这些 v_i 在 $\mathfrak{I}_\mathfrak{q}/\mathfrak{I}_\mathfrak{q}^2$ 中的像可以生成这个 $B_\mathfrak{q}$ 模, 并且由 (18.1.1.1) 知, $\det(\partial v_i/\partial T_{j_h}) \notin \mathfrak{q}$.

定理 (18.1.2) — 设 S 是一个概形, S_0 是 S 的一个闭子概形, 且其底空间与 S 的底空间相同. 则从平展 S 概形范畴到平展 S_0 概形范畴的函子

$$X \longmapsto X \times_S S_0$$

是一个范畴等价.

我们首先来证明, 这个函子是完全忠实的. 设 X, Y 是两个平展 S 概形, 且我们令 $X_0 = X \times_S S_0$, $Y_0 = Y \times_S S_0$. 若 $Z = X \times_S Y$, 则集合 $\operatorname{Hom}_S(X, Y)$ 与 X 截面的集合 $\Gamma(Z/X)$ 之间有一个典范的一一映射, 同样地, $\operatorname{Hom}_{S_0}(X_0, Y_0)$ 与 $\Gamma(Z_0/X_0)$ 之间也有一个典范的一一映射, 其中 $Z_0 = Z \times_S S_0 = X_0 \times_{S_0} Y_0$. 现在 Z 在 X 上是平展的, 故知 Z_0 在 X_0 上是平展的, 并且 X_0 (切转: Z_0) 是 X (切转: Z) 的一个与它具有相同底空间的闭子概形. 从而 Z 的满足条件"$Z \to X$ 在其上的限制是一个紧贴映

满态射”的开子集与 Z_0 的满足对应条件的开子集是相同的, 故由 (17.9.3) 就可以推出上述阐言.

现在我们只需再证明, 对任意平展 S_0 概形 X_0, 均可找到一个平展 S 概形 X, 使得 X_0 与 $X\times_S S_0$ 是 S_0 同构的. 依照命题 (18.1.1), 可以找到 X_0 的一个开覆盖 (U_α), 使得对每个 α, 我们都有一个平展 S 概形 V_α 和一个 S_0 同构 $\theta_\alpha : U_\alpha \xrightarrow{\sim} V_\alpha \times_S S_0$. 进而, 使用证明的第一部分中的方法可以得知, 我们有唯一一个与 $U_\alpha \cap U_\beta$ 的恒同自同构相对应的 S_0 同构 $\varphi_{\alpha\beta} : \theta_\alpha(U_\alpha \cap U_\beta) \xrightarrow{\sim} \theta_\beta(U_\alpha \cap U_\beta)$, 且易见 (基于同样的方法) 这些同构满足黏合条件 ($\mathbf{0_I}$, 4.1.7). 因而我们能得到一个 S 概形 X, 使得每个 V_α 都典范等同于 X 在某个开集上所诱导的子概形, 并且这些 θ_α 所对应的 S_0 同构在交集 $U_\alpha \cap U_\beta$ 上是重合的, 从而它们定义了一个 S_0 同构 $X_0 \xrightarrow{\sim} X \times_S S_0$. 显然 X 在 S 上是平展的 (17.3.2), 这就完成了证明.

推论 (18.1.3) — 设 S 是一个概形, X 是一个平展 S 概形, S' 是一个 S 概形, S'_0 是 S' 的一个闭子概形, 且其底空间与 S' 的底空间相同. 则典范映射 $X(S')_S \to X(S'_0)_S$ (**I**, 3.4.3) 是一一的.

事实上, 我们令 $X' = X \times_S S'$, $X'_0 = X \times_S S'_0$, 则有 $X(S')_S = \Gamma(X'/S')$ 和 $X(S'_0)_S = \Gamma(X'_0/S'_0)$, 于是由 (18.1.2) 中所定义的那个函子 (把 S 和 S_0 分别换成 S' 和 S'_0) 是完全忠实的这件事就可以推出结论 (或者直接由 (17.9.3) 推出结论).

18.2 平展覆叠

(18.2.1) 给了一个环 A 和一个交换 A 代数 B, 设 B 在 A 上是有限的, 并且是一个自由 A 模, 则 (Bourbaki,《代数学》, VIII, §12, ⋠2) 我们可以在 B 上定义一个 A 线性形式 $\mathrm{Tr}_{B/A}$, 称为“迹形式”, 由此又能定义出一个对称 A 双线性形式(仍然称为“迹形式”)

(18.2.1.1) $$(x,y) \longmapsto \mathrm{Tr}_{B/A}(xy),$$

这也等价于说, 我们有一个从 A 模 B 到它的对偶 $B^\vee$ 的 A 线性映射 $\mathrm{astr}_{B/A} : B \to B^\vee$, 且它等于自身的转置. 若 A 是域, 则该双线性形式的非退化性就等价于 B 是可分 A 代数 (Bourbaki,《代数学》, IX, §2, 命题 5).

设 $f : A' \to A$ 是一个环同态, 我们令 $B' = B \otimes_A A'$, 并设 $g : B \to B'$ 是典范同态, 则 A 模 B 的一个基底在 g 下的像就是 A' 模 B' 的一个基底, 并且由定义知, 对任意 $x \in B$, 我们都有

(18.2.1.2) $$\mathrm{Tr}_{B'/A'}(g(x)) \ = \ f(\mathrm{Tr}_{B/A}(x)).$$

(18.2.2) 现在我们来考虑一个环积空间 $(X, \mathscr{O}_X)$, 并设 $\mathscr{B}$ 是一个 $\mathscr{O}_X$ 代数层,

假设它作为 $\mathscr{O}_X$ 模层是有限秩局部自由的, 于是对任意开集 $U \subseteq X$, 只要 $\mathscr{B}|_U$ (作为 $\mathscr{O}_U$ 模层) 同构于 $\mathscr{O}_U^n$ (整数 n 可以随着 U 的不同而不同), $\Gamma(U,\mathscr{B})$ 就是一个 $\Gamma(U,\mathscr{O}_X)$ 代数, 且它作为 $\Gamma(U,\mathscr{O}_X)$ 模是有限秩局部自由的, 从而我们可以定义一个 $\Gamma(U,\mathscr{O}_X)$ 线性形式 $\mathrm{Tr}_{\Gamma(U,\mathscr{B})/\Gamma(U,\mathscr{O}_X)}$, 也记作 $\mathrm{Tr}_{\mathscr{B}/\mathscr{O}_X,U}$, 由此又能导出一个线性映射

$$\mathrm{astr}_{\mathscr{B}/\mathscr{O}_X,U} \ : \ \Gamma(U,\mathscr{B}) \longrightarrow \Gamma(U,\mathscr{B})^{\check{}} = \Gamma(U,\mathscr{B}^{\check{}}).$$

进而, 由 (18.2.1.2) 知, 这些线性映射与 U 到更小的开集上的限制运算是相容的, 从而它们定义了一个 $\mathscr{O}_X$ 模层同态, 仍然称为迹同态:

(18.2.2.1) $$\mathrm{Tr}_{\mathscr{B}/\mathscr{O}_X} \ : \ \mathscr{B} \longrightarrow \mathscr{O}_X.$$

另一方面, 我们也有一个 $\mathscr{O}_X$ 模层同态

(18.2.2.2) $$\mathrm{astr}_{\mathscr{B}/\mathscr{O}_X} \ : \ \mathscr{B} \longrightarrow \mathscr{B}^{\check{}}$$

称为迹的伴生同态, 它等于自身的转置. 由 (18.2.1.2) 又得到, 对任意 $x \in X$, 均有

(18.2.2.3) $$(\mathrm{Tr}_{\mathscr{B}/\mathscr{O}_X})_x = \mathrm{Tr}_{\mathscr{B}_x/\mathscr{O}_{X,x}},$$

(18.2.2.4) $$(\mathrm{astr}_{\mathscr{B}/\mathscr{O}_X})_x = \mathrm{astr}_{\mathscr{B}_x/\mathscr{O}_{X,x}}.$$

最后, 在 (18.2.1) 的条件下, 若我们令 $X = \operatorname{Spec} A$, 并设 $\mathscr{B} = \widetilde{B}$ 是那个与 B 相对应的 $\mathscr{O}_X$ 代数层, 则形式 $\mathrm{Tr}_{\mathscr{B}/\mathscr{O}_X}$ (切转: 同态 $\mathrm{astr}_{\mathscr{B}/\mathscr{O}_X}$) 就对应着形式 $\mathrm{Tr}_{B/A}$ (切转: A 同态 $\mathrm{astr}_{B/A}$). 这仍然可以从 (18.2.1.2) 推出来.

命题 (18.2.3) — 设 $f : X \to Y$ 是概形的一个**有限**态射, 并设 $\mathscr{B} = f_*\mathscr{O}_X$. 则以下诸条件是等价的:

a) f 是平展的.

a′) f 是平坦有限呈示的, 并且对任意 $x \in X$, 我们令 $y = f(x)$, 则 $\mathscr{O}_{X,x}/\mathfrak{m}_y\mathscr{O}_{X,x}$ 总是一个域, 并且是 $\boldsymbol{k}(y)$ 的有限可分扩张.

b) $\mathscr{B}$ 是局部自由 $\mathscr{O}_Y$ 模层, 并且对任意 $y \in Y$, $\mathscr{B}_y \otimes_{\mathscr{O}_{Y,y}} \boldsymbol{k}(y)$ 都是有限可分 $\boldsymbol{k}(y)$ 代数 (从而它是 $\boldsymbol{k}(y)$ 的有限个有限可分扩张的直合).

c) $\mathscr{B}$ 是局部自由 $\mathscr{O}_Y$ 模层, 并且同态 $\mathrm{astr}_{\mathscr{B}/\mathscr{O}_Y} : \mathscr{B} \to \mathscr{B}^{\check{}}$ (18.2.2) 是一一的.

有见于 f 是拟紧的, 故 a) 和 a′) 的等价性在 (17.6.2) 中已经得到了证明. 为了证明命题的其余部分, 可以限于考虑 $Y = \operatorname{Spec} A$ 和 $X = \operatorname{Spec} B$ 都是仿射概形并且 B 是有限 A 代数的情形, 此时 $\mathscr{B} = \widetilde{B}$. 于是 f 是有限呈示态射就等价于 B 是有限呈示 A 模 (1.4.7). 进而若 f 是平坦的, 从而 B 是一个平坦 A 模, 则我们知道 (Bourbaki, 《交换代数学》, II, §5, ¥2, 定理 1 的推论 2) B 就是一个投射 A 模, 从而 $\mathscr{B}$ 是一个

局部自由 $\mathscr{O}_Y$ 模层 (前引, ¥2, 定理 1), 逆命题是显然的. 另一方面, $f^{-1}(y)$ 刚好就是 $\boldsymbol{k}(y)$ 代数 $\mathscr{B}(y)=\mathscr{B}_y\otimes_{\mathscr{O}_{Y,y}}\boldsymbol{k}(y)$ 的谱, 这就证明了 a′) 和 b) 的等价性. 为了证明 b) 和 c) 是等价的, 我们注意到 b) 的第二句话等价于同态 $\operatorname{astr}_{\mathscr{B}(y)/\boldsymbol{k}(y)}:\mathscr{B}(y)\to\mathscr{B}(y)^{\check{}}$ 是一一的. 由于 $\mathscr{B}(y)=\mathscr{B}_y/\mathfrak{m}_y\mathscr{B}_y$ 且 $\mathscr{B}(y)^{\check{}}=(\mathscr{B}^{\check{}})_y/\mathfrak{m}_y(\mathscr{B}^{\check{}})_y$, 进而 $\mathscr{B}_y$ 和 $(\mathscr{B}^{\check{}})_y$ 都是自由 $\mathscr{O}_{Y,y}$ 模, 故由 (18.2.2.4) 和 Bourbaki,《交换代数学》, II, §3, ¥3, 命题 6 的推论知, 同态 $\operatorname{astr}_{\mathscr{B}_y/\mathscr{O}_{Y,y}}:\mathscr{B}_y\to(\mathscr{B}^{\check{}})_y$ 本身也是一一的, 逆命题是显然的, 这就完成了证明.

当一个 $\mathscr{O}_X$ 代数层 $\mathscr{B}$ 满足 (18.2.3) 中的等价条件 b) 和 c) 时, 我们就说 $\mathscr{B}$ 是一个有限平展 $\mathscr{O}_X$ 代数层. 如果 $X=\operatorname{Spec}A$ 是仿射概形, 则有 $\mathscr{B}=\widetilde{B}$, 其中 B 是一个 A 代数, 此时依照 (18.2.3), $\mathscr{B}$ 是有限平展 $\mathscr{O}_X$ 代数层就等价于 B 是有限平展 A 代数 (在 (17.3.2) 的意义下).

推论 (18.2.4) — *设 $f:X\to Y$ 是一个有限呈示的有限态射, 且我们令 $\mathscr{B}=f_*\mathscr{O}_X$. 设 y 是 Y 的一点. 则以下诸条件是等价的:*

a) 可以找到 y 在 Y 中的一个开邻域 U, 使得 f 的限制 $f^{-1}(U)\to U$ 是一个平展态射.

b) $\mathscr{B}_y$ 是一个有限型自由 $\mathscr{O}_{Y,y}$ 模, 并且 $\mathscr{B}_y\otimes_{\mathscr{O}_{Y,y}}\boldsymbol{k}(y)$ 是一个可分 $\boldsymbol{k}(y)$ 代数.

依照 (18.2.3), a) 显然蕴涵 b). 另一方面 $\mathscr{B}$ 是一个有限呈示 $\mathscr{O}_Y$ 模层 (1.6.3 和 1.4.7), 从而若 $\mathscr{B}_y$ 是自由 $\mathscr{O}_{Y,y}$ 模, 则可以找到 y 在 Y 中的一个开邻域 U, 使得 $\mathscr{B}|_U$ 是局部自由 $\mathscr{O}_U$ 模层 ($\mathbf{0_I}$, 5.2.7), 进而根据前提条件, 同态 $\operatorname{astr}_{\mathscr{B}_y/\mathscr{O}_{Y,y}}:\mathscr{B}_y\to(\mathscr{B}^{\check{}})_y$ 是一一的, 从而 ($\mathbf{0_I}$, 5.2.7) 还表明, 可以适当选取 U, 使得同态 $\operatorname{astr}_{\mathscr{B}|_U,\mathscr{O}_U}$ 是一一的. 于是由 (18.2.3) 就可以推出 b) 蕴涵 a).

推论 (18.2.5) — *设 Y 是一个拟紧概形或者局部Noether 概形, $f:X\to Y$ 是一个有限呈示的有限态射, 我们令 $\mathscr{B}=f_*\mathscr{O}_X$. 假设对 Y 的任意闭点 y, $\mathscr{B}_y$ 都是自由 $\mathscr{O}_{Y,y}$ 模, 并且 $\mathscr{B}_y\otimes_{\mathscr{O}_{Y,y}}\boldsymbol{k}(y)$ 都是可分 $\boldsymbol{k}(y)$ 代数. 则 f 是平展的.*

事实上, 由 (18.2.4) 知, 对 Y 的任意闭点 y, 均可找到它的一个开邻域 U, 使得 f 的限制 $f^{-1}(U)\to U$ 是平展的, 从而这两个情形的证明都是基于下面这个事实: Y 的任何闭子集都包含一个闭点 (5.1.11 和 $\mathbf{0_I}$, 2.1.3).

推论 (18.2.6) — *设 $f:X\to Y$ 是一个有限平展态射, $\mathscr{B}=f_*\mathscr{O}_X$, 则 $\mathscr{O}_Y$ 同态 $\operatorname{Tr}_{\mathscr{B}/\mathscr{O}_Y}:\mathscr{B}\to\mathscr{O}_Y$ (18.2.2)(也记作 Tr_f) 是满的.*

问题是局部性的, 故依照 (18.2.3), 可以假设 $Y=\operatorname{Spec}A$, $X=\operatorname{Spec}B$, 并且 $\mathscr{B}=\widetilde{B}$, 其中 B 是一个自由 A 模, 依照 (18.2.3), 双线性形式 (18.2.1.1) 是非退化的, 由此特别就能推出, 线性形式 $\operatorname{Tr}_{B/A}$ 是满的.

注解 (18.2.7) — (i) 当 $f:X\to Y$ 是一个有限态射并且 $f_*\mathscr{O}_X$ 是局部自由(切转:

n 秩局部自由) $\mathscr{O}_Y$ 模层时, 我们也说 f 是一个局部自由(切转: n 秩局部自由) 的有限态射. 依照 (18.2.3), 这个条件在 f 是有限平展态射时总是成立的, 然而仅由它并不能推出 f 是平展的, 比如下面的例子就说明了这一点: $X = \operatorname{Spec} K$ 和 $Y = \operatorname{Spec} k$ 都是域的谱, 并且 K 是 k 的一个不可分的有限扩张. 当 $f: X \to Y$ 是一个有限平展态射时, 我们也说 X 是 Y 的一个平展覆叠. 注意到在这个情况下, f 既是广泛开的又是广泛闭的, 特别地, $f(X)$ 是 Y 的一个既开又闭的子集.

所谓 Y 的一个平展覆叠 X 是平凡的, 是指 X 是有限个同构于 Y 的概形之和. 所谓 Y 的一个平展覆叠 X 是局部平凡的, 是指态射 $f: X \to Y$ 满足下面的条件: 任何 $y \in Y$ 都有一个开邻域 U 使得覆叠 $f^{-1}(U) \to U$ 是平凡的.

(ii) 设 $f: X \to Y$ 是一个 n 秩局部自由的有限态射, 我们令 $\mathscr{B} = f_*\mathscr{O}_X$, 并设 $u = \operatorname{astr}_{\mathscr{B}/\mathscr{O}_Y}: \mathscr{B} \to \mathscr{B}^{\vee}$, 由此可以导出可逆 $\mathscr{O}_Y$ 模层之间的一个 n 次外幂同态 $\wedge^n u: \bigwedge^n \mathscr{B} \to \bigwedge^n \mathscr{B}^{\vee} = (\bigwedge^n \mathscr{B})^{\vee}$, 因而 ($\mathbf{0_I}$, 5.4.2) 就得到一个元素

(18.2.7.1)
$$d_{X/Y} \in \Gamma\Big(Y, \Big(\bigwedge^n \mathscr{B}^{\vee}\Big) \otimes_{\mathscr{O}_Y} \Big(\bigwedge^n \mathscr{B}^{\vee}\Big)\Big),$$

我们把它称为 X 在 Y 上的判别式. 此外, 由于 $(\bigwedge^n \mathscr{B}^{\vee}) \otimes_{\mathscr{O}_Y} (\bigwedge^n \mathscr{B}^{\vee})$ 是 $(\bigwedge^n \mathscr{B}) \otimes_{\mathscr{O}_Y} (\bigwedge^n \mathscr{B})$ 的对偶, 故知 $d_{X/Y}$ 也可以等同于一个同态

(18.2.7.2)
$$\Big(\bigwedge^n \mathscr{B}\Big) \otimes_{\mathscr{O}_Y} \Big(\bigwedge^n \mathscr{B}\Big) \longrightarrow \mathscr{O}_Y,$$

记作 $\mathscr{D}_{X/Y}$, 同态 (18.2.7.2) 的像是 $\mathscr{O}_Y$ 的一个有限型拟凝聚理想层, 也称为 X 在 Y 上的判别式理想层.

在此基础上, 为了使同态 u 是一一的, 必须且只需 $\wedge^n u$ 是一一的, 或等价地, 截面 $d_{X/Y}$ 在任意点 $y \in Y$ 处的芽都是可逆的, 这件事也可写成 $d_{X/Y}(y) \neq 0$ (对任意 y) ($\mathbf{0_I}$, 5.5.2). 这也相当于说, 判别式理想层 $\mathscr{D}_{X/Y}$ 就等于 $\mathscr{O}_Y$.

在 (18.2.7, (i)) 中我们使用了术语"覆叠", 这个名称的合理性可由下面的命题来说明:

命题 (18.2.8) — 设 $X \to Y$ 是一个平展的有限型分离态射, 且对任意 $y \in Y$, 设 $n(y)$ 是 $f^{-1}(y)$ 的几何点个数. 则函数 $y \mapsto n(y)$ 在 Y 上是下半连续的. 为了使它在点 y 处是连续的 (从而它在 y 的某个邻域上是常值的), 必须且只需能找到 y 的一个邻域 U, 使得 f 的限制 $f^{-1}(U) \to U$ 是一个有限 (平展) 态射.

由于 f 是拟有限 (17.6.1) 且局部有限呈示的, 故知 f 是有限的就等价于 f 是紧合的 (8.11.1), 进而, 每个纤维 $f^{-1}(y)$ 在 $\boldsymbol{k}(y)$ 上都是几何既约的. 从而由 (15.5.9, (i) 和 (ii)) 以及 f 是平坦的这个事实就能推出结论.

推论 (18.2.9) — 设 Y 是一个连通概形, $f: X \to Y$ 是一个平展的有限型分离

态射. 则为了使 f 是有限的 (换句话说, 使 X 成为 Y 的一个平展覆叠), 必须且只需 f 的所有纤维都具有相同个数的几何点.

注解 (18.2.10) — (i) "原点被双重化了的仿射直线"这个例子 (**I**, 5.5.11) 表明, Noether 概形之间的平展有限型态射完全可以是不分离的. 对于这个例子来说, (18.2.8) 的第一句话不再成立.

(ii) 为了使一个平展的有限型分离态射 $f: X \to Y$ 是一个局部平凡覆叠, 必须且只需对任意 $x \in X$, 均可找到 $y = f(x)$ 的一个开邻域 U 和 $f^{-1}(U)$ 的一个 U 截面 g, 使得 $g(y) = x$. 事实上, 这个条件显然是必要的, 而且它的充分性可由诸纤维 $f^{-1}(y)$ 的有限性 ((17.6.1) 和 (**I**, 6.2.2)) 和平展分离 Y 概形的截面所具有的特征性质 (17.9.3) 以及命题 (18.2.8) 推出.

18.3 有限平展代数

命题 (18.3.1) — 设 A 是一个环, B 是一个有限呈示 A 代数.

(i) 为了使 B 是非分歧 A 代数, 必须且只需 B 既是有限呈示 A 模又是投射 $B \otimes_A B$ 模.

(ii) 进而假设 B 是一个有限 A 代数. 则为了使 B 是平展 A 代数, 必须且只需 B 既是投射 A 模又是投射 $B \otimes_A B$ 模.

这里, B 上的 $B \otimes_A B$ 模结构就是由 B 上的那个与典范 A 环同态 $B \otimes_A B \to B$ 相对应的 $B \otimes_A B$ 代数结构派生出来的, 环同态 $B \otimes_A B \to B$ 显然是满的, 并且它的核是 $\mathfrak{J}_{B/A}$ (**0**, 20.4.1).

(i) 态射 $\operatorname{Spec} B \to \operatorname{Spec} A$ 是局部有限呈示的就等价于 B 是一个有限呈示 A 代数 (1.4.6). 而 (17.4.2) B 是非分歧 A 代数就等价于 $\operatorname{Spec}((B \otimes_A B)/\mathfrak{J}_{B/A})$ 是 $\operatorname{Spec}(B \otimes_A B)$ 在它的某个既开又闭的子集上所诱导的子概形, 我们知道为了使后面这件事成立, 必须且只需 $B \otimes_A B$ 的理想 $\mathfrak{J}_{B/A}$ 是一个直和因子 (Bourbaki,《交换代数学》, II, §4, ¥3, 命题 15), 这就等价于 $B \otimes_A B$ 商模 $(B \otimes_A B)/\mathfrak{J}_{B/A}$ 是投射的 (Bourbaki,《代数学》, II, 第 3 版, §2, ¥2, 命题 4).

(ii) 还记得平坦且有限呈示的 A 模总是投射的, 反之亦然 (Bourbaki,《交换代数学》, II, §5, ¥2, 定理 1 的推论 2), 由此再加上 (i) 和 (17.6.2) 就可以推出 (ii) 的结论.

命题 (18.3.2) — 设 A 是一个环, $\mathfrak{I}$ 是 A 的一个理想, 并假设 A 在 $\mathfrak{I}$ 预进拓扑下是分离且完备的, 我们令 $A_0 = A/\mathfrak{I}$. 则函子

$$B \longmapsto B \otimes_A A_0$$

是一个从有限平展 A 代数范畴到有限平展 A_0 代数范畴的等价.

我们首先来证明下面这个引理:

引理 (18.3.2.1) — 设 A 是一个环, $\mathfrak{J}$ 是 A 的一个理想, 并假设 A 在 $\mathfrak{J}$ 预进拓扑下是分离且完备的.

(i) 有限型投射 A 模 M 在 $\mathfrak{J}$ 预进拓扑下都是分离且完备的, 从而这些投射 $(A/\mathfrak{J}^{n+1})$ 模 $M/\mathfrak{J}^{n+1}M$ 的投影极限也是如此.

(ii) 反过来, 我们令 $A_n = A/\mathfrak{J}^{n+1}$, 并设 (M_n) 是一个由 A_n 模组成的投影系, 且假设对任意 n, 由传递双重同态 $M_{n+1} \to M_n$ 所导出的同态 $M_{n+1} \otimes_{A_{n+1}} A_n \to M_n$ 都是一一的. 我们进而假设这些 M_n 都是投射的, 并且 M_0 是有限型的. 则 $M = \varprojlim M_n$ 是一个有限型投射 A 模, 并且典范同态 $M \otimes_A A_0 \to M_0$ 是一一的.

(i) 我们能找到一个有限型自由 A 模 L, 使得 M 同构于 L 的一个直和因子, 由于 L 在 $\mathfrak{J}$ 预进拓扑下是分离的, 故知 L 的任何子模 N 都是如此, 因为 $\mathfrak{J}^{n+1}N \subseteq \mathfrak{J}^{n+1}L$. 特别地, M 在这个拓扑下是分离的, 又因为满同态 $f : L \to M$ 在 $\mathfrak{J}$ 预进拓扑下是连续的, 故它的核 N 在 L 所诱导的拓扑下是闭的, 现在 L 是完备的, 并且 f 是一个严格同态, 故我们得知 M 是完备的 (Bourbaki,《一般拓扑学》, IX, 第 2 版, §3, ⁎1, 命题 4).

(ii) 由 Nakayama 引理知, 若 M_0 可由 r 个元素的有限族 $(x_{i,0})$ 所生成, 并且对任意 n, 设 $x_{i,n}$ 是 M_n 中的这样一个元素, 它在 M_{n-1} 中的像就等于 $x_{i,n-1}$, 则这组 $(x_{i,n})$ $(1 \leqslant i \leqslant r)$ 构成了 M_n 的一个生成元组 (Bourbaki,《交换代数学》, II, §3, ⁎2, 命题 4 的推论 2). 在此基础上, 对任意 n, 我们令 $L_n = A_n^r$, 若 $(e_{i,n})_{1\leqslant i\leqslant r}$ 是 L_n 的典范基底, 则我们设 $u_n : L_n \to M_n$ 这样一个 A 线性映射, 它满足 $u_n(e_{i,n}) = x_{i,n}$ $(1 \leqslant i \leqslant r)$. 根据前提条件, 我们有一个分裂的正合序列

$$0 \longrightarrow N_n \xrightarrow{v_n} L_n \xrightarrow{u_n} M_n \longrightarrow 0,$$

且由于 $L_n = L_{n+1}/\mathfrak{J}^{n+1}L_{n+1}$ 和 $M_n = M_{n+1}/\mathfrak{J}^{n+1}M_{n+1}$, 故知交换图表

$$\begin{array}{ccccccccc} 0 & \longrightarrow & N_{n+1} & \xrightarrow{v_{n+1}} & L_{n+1} & \xrightarrow{u_{n+1}} & M_{n+1} & \longrightarrow & 0 \\ & & \downarrow & & \downarrow & & \downarrow & & \\ 0 & \longrightarrow & N_n & \xrightarrow[v_n]{} & L_n & \xrightarrow[u_n]{} & M_n & \longrightarrow & 0 \end{array}$$

中的三个竖直箭头都是满的. 现在 $M = \varprojlim M_n$ 且 $L = A^r = \varprojlim L_n$, 若我们令 $N = \varprojlim N_n$, $u = \varprojlim u_n$, $v = \varprojlim v_n$, 则依照 ($\mathbf{0}_{\mathbf{III}}$, 13.2.2), 我们有正合序列

(18.3.2.2) $$0 \longrightarrow N \xrightarrow{v} L \xrightarrow{u} M \longrightarrow 0.$$

进而, 由于对任意 n, v_n 都是左可逆的, 并且 M_n 都是投射 A_n 模, 故由 ($\mathbf{0}$, 19.1.8) 知, 正合序列 (18.3.2.2) 是分裂的, 这就证明了引理.

在此基础上, 我们首先来证明 (18.3.2) 中的函子是完全忠实的. 和引理一样, 我们令 $A_n = A/\mathfrak{J}^{n+1}$, 设 B, C 是两个有限平展 A 代数, 并且对任意 n, 我们令 $B_n = B \otimes_A A_n$, $C_n = C \otimes_A A_n$, 则依照 (18.3.1) 和 (18.3.2.1), B 和 C 在 $\mathfrak{J}$ 预进拓扑下都是分离且完备的, 且有 $B = \varprojlim B_n$, $C = \varprojlim C_n$, 进而任何 A 代数同态 $u : B \to C$ 在 $\mathfrak{J}$ 预进拓扑下都是连续的, 从而就给出了 A_n 代数同态 $u_n = u \otimes 1 : B_n \to C_n$ 的一个投影系, 并且它以 u 为投影极限, 逆命题是显然的, 从而我们有一个典范一一映射

$$\mathrm{Hom}_{A代数}(B, C) \xrightarrow{\sim} \varprojlim \mathrm{Hom}_{A_n代数}(B_n, C_n).$$

而因为 B 和 C 都是平展 A 代数, 故由 (18.1.2) 立知, 典范映射

$$\mathrm{Hom}_{A_{n+1}代数}(B_{n+1}, C_{n+1}) \longrightarrow \mathrm{Hom}_{A_n代数}(B_n, C_n)$$

对 $n \geqslant 0$ 都是一一的, 这就证明了典范映射 $\mathrm{Hom}_{A代数}(B, C) \to \mathrm{Hom}_{A_0代数}(B_0, C_0)$ 是一一的.

为了完成 (18.3.2) 的证明, 只需再说明对任意有限平展 A_0 代数 B_0, 均可找到一个有限平展 A 代数 B, 使得 B_0 和 $B \otimes_A A_0$ 是 A_0 同构的. 现在由 (18.1.2) 知, 我们有一个投影系 (B_n), 其中 B_n 都是平展 A_n 代数, 并且同态 $B_{n+1} \otimes_{A_{n+1}} A_n \to B_n$ 都是一一的. 由 (18.3.1) 和 (18.3.2.1) 知, A 代数 $B = \varprojlim B_n$ 是一个有限型投射 A 模, 并且 B_0 就同构于 $B \otimes_A A_0$. 依照 (18.2.5), 为了证明 B 是一个平展 A 代数, 只需证明对于 A 的任何极大理想 $\mathfrak{m}$ 来说, $B_{\mathfrak{m}}/\mathfrak{m}B_{\mathfrak{m}}$ 都是可分 $A/\mathfrak{m}$ 代数. 现在 $\mathfrak{J}$ 包含在 A 的根之中 ($\mathbf{0_I}$, 7.1.10), 故有 $\mathfrak{J} \subseteq \mathfrak{m}$, 且对于 $\mathfrak{m}_0 = \mathfrak{m}/\mathfrak{J}$, 我们有 $A_0/\mathfrak{m}_0 = A/\mathfrak{m}$ 和 $B_{\mathfrak{m}}/\mathfrak{m}B_{\mathfrak{m}} = (B_0)_{\mathfrak{m}_0}/\mathfrak{m}_0(B_0)_{\mathfrak{m}_0}$, 从而由 B_0 是平展 A_0 代数的事实就可以推出结论 (18.2.5).

例子 (18.3.3) — 特别地, 我们可以把命题 (18.3.2) 应用到分离且完备的局部环 A 上, 并取 $\mathfrak{J}$ 是 A 的极大理想, 因而 A_0 是一个域, 此时有限平展 A_0 代数的范畴可以等同于有限可分 A_0 代数的范畴, 从而这种代数都同构于 A_0 的有限个有限可分扩张的直合. 特别地, 若域 A_0 是可分闭的, 则这种扩张都等同于 A_0, 于是依照 (18.3.2), $\mathrm{Spec}\, A$ 的任何平展覆叠都是平凡的 (18.2.7).

定理 (18.3.4) — *设 A 是一个 Noether 环, $\mathfrak{J}$ 是 A 的一个理想, 并假设 A 在 $\mathfrak{J}$ 预进拓扑下是分离且完备的, $A_0 = A/\mathfrak{J}$. 我们令 $S = \mathrm{Spec}\, A$, $S_0 = \mathrm{Spec}\, A_0$. 设 X 是一个紧合 S 概形, 且我们令 $X_0 = X \times_S S_0$. 则从有限平展 X 概形范畴到有限平展 X_0 概形范畴的函子*

$$Z \longmapsto Z \times_X X_0$$

是一个范畴等价.

我们首先来证明这个函子是完全忠实的. 设 Z' 和 Z'' 是两个有限平展 X 概

形. 对任意 $n \geqslant 0$, 我们令 $S_n = \mathrm{Spec}(A/\mathfrak{I}^{n+1})$, $X_n = X \times_S S_n$, $Z'_n = Z' \times_S S_n$, $Z''_n = Z'' \times_S S_n$. 则由 (**III**, 5.4.1) 知, 我们有一个典范一一映射 $\mathrm{Hom}_X(Z', Z'') \xrightarrow{\sim} \varprojlim \mathrm{Hom}_{X_n}(Z'_n, Z''_n)$. 现在依照 (18.1.2), 典范映射 $\mathrm{Hom}_{X_{n+1}}(Z'_{n+1}, Z''_{n+1}) \to \mathrm{Hom}_{X_n}(Z'_n, Z''_n)$ 都是一一的, 这就证明了上述阐言.

只需再证明若 $\mathscr{B}_0$ 是有限平展 $\mathscr{O}_{X_0}$ 代数层, 则可以找到一个有限平展 $\mathscr{O}_X$ 代数层 $\mathscr{B}$, 使得 $\mathscr{B}_0$ 和 $\mathscr{B} \otimes_{\mathscr{O}_X} \mathscr{O}_{X_0}$ 是同构的. 由 (18.1.2) 知, 我们有一个投影系 $(\mathscr{B}_n)$, 其中 $\mathscr{B}_n$ 是有限平展 $\mathscr{O}_{X_n}$ 代数层, 并且由第二个比较定理 (**III**, 5.1.4) 知, 我们有一个凝聚 $\mathscr{O}_X$ 模层 $\mathscr{B}$ 和一个由诸同构 $\mathscr{B}_n \xrightarrow{\sim} \mathscr{B} \otimes_{\mathscr{O}_X} \mathscr{O}_{X_n}$ 组成的投影系. 给出模层 $\mathscr{F}$ 的一个代数层结构就相当于给出一个同态 $\mathscr{F} \otimes \mathscr{F} \to \mathscr{F}$, 并要求它满足一些与 $\mathscr{F}$ 的张量积有关的交换图表, 由 (**III**, 5.1.3), (**I**, 10.11.4) 和 (**I**, 10.11.7) 知, $\mathscr{B}$ 上自然地带有一个 $\mathscr{O}_X$ 代数层的结构, 且能够使同构 $\mathscr{B}_0 \xrightarrow{\sim} \mathscr{B} \otimes_{\mathscr{O}_X} \mathscr{O}_{X_0}$ 成为代数层的同构. 进而 $\mathscr{B}$ 是一个*局部自由* $\mathscr{O}_X$ 模层, 这仍然可以从 (**III**, 5.1.3), (**I**, 10.11.4), (**I**, 10.11.7) 以及下述事实推出来: 在凝聚 $\mathscr{O}_X$ 模层的范畴中, 局部自由 $\mathscr{O}_X$ 模层 $\mathscr{F}$ 的概念可以通过它所定义的函子 $\mathscr{G} \mapsto \mathscr{H}om_{\mathscr{O}_X}(\mathscr{F}, \mathscr{G})$ 是正合的这个性质来定义. 最后, 为了证明 $\mathscr{B}$ 是一个平展 $\mathscr{O}_X$ 代数层, 只需 (18.2.5) 证明对任意闭点 $x \in X$ 来说, $\mathscr{B}_x \otimes_{\mathscr{O}_{X,x}} \boldsymbol{k}(x)$ 都是可分 $\boldsymbol{k}(x)$ 代数. 但由于结构态射 $f : X \to S$ 是紧合的, 故知 $f(x)$ 是 S 的闭点, 从而落在 S_0 中, 因为 $\mathfrak{I}$ 包含在 A 的根之中 ($\mathbf{0_I}$, 7.1.10). 于是由 $X_0 = f^{-1}(S_0)$ 以及 $\mathscr{B}_0$ 是有限平展 $\mathscr{O}_{X_0}$ 代数层的事实就可以推出结论.

18.4 非分歧态射和平展态射的局部结构

引理 (18.4.1) — *设 A 是一个环, B 是一个单苇有限 A 代数, u 是 A 代数 B 的一个生成元, $F \in A[T]$ 是一个满足 $F(u) = 0$ 的多项式, F' 是它的导式. 我们令 $u' = F'(u)$, 则 $\Omega^1_{B/A}$ 在 B 中的零化子包含了 $u'B$, 且如果由 $A[T]$ 中的那些满足 $G(u) = 0$ 的多项式 G 所组成的理想 $\mathfrak{I}$ 是由 F 所生成的, 换句话说, 典范满同态 $\varphi : A[T]/F \cdot A[T] \to B$, $T \mapsto u$ 是一一的, 那么上述零化子就等于 $u'B$.*

我们令 $C = A[T]$, 因而 $B = C/\mathfrak{I}$. 我们有下面的正合序列 (**0**, 20.5.12.1)

$$\mathfrak{I}/\mathfrak{I}^2 \longrightarrow \Omega^1_{C/A} \otimes_C B \longrightarrow \Omega^1_{B/A} \longrightarrow 0,$$

从而 $\Omega^1_{B/A}$ 可以等同于商环 $B/\mathfrak{I}'$, 此处 $\mathfrak{I}'$ 是由这样一些元素 $G'(u)$ 所生成的理想, 其中 G' 跑遍理想 $\mathfrak{I}$ 的一个生成元组 (**0**, 20.5.13), 由此立得引理.

命题 (18.4.2) — *记号与 (18.4.1) 相同, 设 $\mathfrak{q}$ 是 B 的一个素理想. 则有:*

(i) 若 $\mathfrak{q}$ 不包含 u', 则 $B_{\mathfrak{q}}$ 是一个泛非分歧 $A_{\mathfrak{p}}$ 代数 (其中 $\mathfrak{p}$ 是 $\mathfrak{q}$ 在 A 中的逆像). 换句话说, $\mathrm{Spec}\, B_{u'}$ 在 $\mathrm{Spec}\, A$ 上是泛非分歧的.

(ii) 进而假设 F 是首一的, 并且能够生成 $\mathfrak{I}$. 则为了使 $\mathrm{Spec}\, B$ 在点 $\mathfrak{q}$ 近旁是在 $\mathrm{Spec}\, A$ 上平展的, 必须且只需 $u' \notin \mathfrak{q}$.

$u' \notin \mathfrak{q}$ 的条件表明 $\Omega^1_{B_\mathfrak{q}/A_\mathfrak{p}} = 0$ (**0**, 20.5.9), 从而 (i) 可由 (17.2.1) 推出. 进而, 在 (ii) 的前提条件下, 通过辗转相除法得知, B 是一个自由 A 模, 于是依照 (18.4.1), $\Omega^1_{B/A}$ 的零化子 $\mathfrak{J}'$ 就等于 $u'B$, 并且 $\Omega^1_{B/A}$ 是一个有限呈示 B 模 (16.4.22), 因而 $\Omega^1_{B_\mathfrak{q}/A_\mathfrak{p}}$ 的零化子就等于 $u'B_\mathfrak{q}$ (Bourbaki,《交换代数学》, II, §2, ¥4, 公式 (9)), 从而由 (i) 以及 (17.6.1) 中 c) 蕴涵 a) 的事实就能推出 (ii).

推论 (18.4.3) — *记号与 (18.4.2) 相同, 假设 F 是首一的, 并且能够生成 $\mathfrak{J}$. 则为了使 B 是平展 A 代数, 必须且只需 u' 在 B 中是可逆的 (或等价地, $A[T]$ 的那个由 F 和 F' 所生成的理想就等于 $A[T]$).*

事实上, 有见于 (18.4.2, (ii)), $\operatorname{Spec} B$ 在 $\operatorname{Spec} A$ 上是平展的就等价于 u' 没有落在 B 的任何一个素理想之中, 即它在 B 中是可逆的.

所谓一个首一多项式 $F \in A[T]$ 是可分的, 是指 $A[T]$ 的那个由 F 和 F' 所生成的理想就是 $A[T]$ 自身. 容易看出, 如果 A 是一个域, 那么易见这个定义与通常的定义 (Bourbaki,《代数学》, V, §7, ¥6) 是一致的.

引理 (18.4.4) — *设 A 是一个局部环, B 是一个单苇有限 A 代数, u 是 A 代数 B 的一个生成元. 设 $\mathfrak{n}_i$ $(1 \leqslant i \leqslant r)$ 是 B 的那些满足下述条件的极大理想: $\operatorname{Spec} B$ 在点 $\mathfrak{n}_i$ 近旁是在 $\operatorname{Spec} A$ 上近非分歧的. 则可以找到一个首一多项式 $F \in A[T]$, 使得 $F(u) = 0$, 而且对每个指标 i $(1 \leqslant i \leqslant r)$, 均有 $F'(u) \notin \mathfrak{n}_i$. 进而, 若 k 是 A 的剩余类域, $f \in k[T]$ 是 u 在 $B \otimes_A k$ 中的像的最小多项式, 则可以找到一个 $F \in A[T]$, 它的典范像是 f, 并且 $F(u) = 0$, 这样一个多项式 F 总满足下面的条件: 对每个指标 i $(1 \leqslant i \leqslant r)$, 均有 $F'(u) \notin \mathfrak{n}_i$.*

A 的极大理想 $\mathfrak{m}$ 是每个 $\mathfrak{n}_i$ 的逆像 (**II**, 6.1.10), 设 $L = B \otimes_A k$, 它是一个有限 k 代数. 设 ξ 是 u 在 L 中的像, 并设 n 是 L 在 k 上的秩, 则 ξ 在 k 上的最小多项式 $f \in k[T]$ 的次数就是 n, 并且 L 就同构于 $k[T]/f \cdot k[T]$. 设 $\mathfrak{n}'_i = \mathfrak{m}_i/\mathfrak{m}B$, 则依照 (17.6.1, c)), 由前提条件可以推出 $\operatorname{Spec} L$ 在点 $\mathfrak{n}'_i$ $(1 \leqslant i \leqslant r)$ 近旁是在 k 上平展的, 从而依照 (18.4.2, (ii)), $f'(\xi) \notin \mathfrak{n}'_i$. 现在我们注意到 $\mathfrak{m}B$ 包含在 B 的根之中, 由于 $1, \xi, \cdots, \xi^{n-1}$ 构成 L 在 k 上的一个基底, 故由 Nakayama 引理知, $1, u, \cdots, u^{n-1}$ 可以生成 A 模 B, 因而就能找到一个 n 次首一多项式 $F \in A[T]$, 使得 $F(u) = 0$. 进而, 由于 ξ 是 F 在 $k[T]$ 中的典范像的根, 故这个典范像只能等于 f. 这样一来 $F'(u)$ 在 L 中的像就是 $f'(\xi)$, 且由于对每个 i, 均有 $f'(\xi) \notin \mathfrak{n}'_i$, 从而我们有 $F'(u) \notin \mathfrak{n}_i$.

命题 (18.4.5) — *设 A 是一个局部环, k 是它的剩余类域, B 是一个有限 A 代数 (切转: 有限呈示的有限 A 代数). 进而假设要么 k 是无限域, 要么 B 是局部环. 设 n 是 $L = B \otimes_A k$ 在 k 上的秩. 则为了使 B 是泛非分歧 A 代数 (切转: 泛平展 A 代数), 必须且只需能找到一个可分首一多项式 $F \in A[T]$ (18.4.3), 使得 B 同构于 $A[T]/F \cdot A[T]$ 的一个商代数 (切转: 同构于 $A[T]/F \cdot A[T]$). 进而, 我们可以要求 F 是*

n 次的 (切转: 此时 F 必然是 n 次的).

依照 (18.4.2), 条件是充分的, 即使不假设 k 是无限域或者 B 是局部环. 为了证明条件的必要性, 注意到若 B 是泛非分歧 A 代数, 则 L 是有限可分 k 代数, 从而是 k 的有限个有限可分扩张 k_j $(1 \leqslant j \leqslant r)$ 的直合, 且每个 k_j 都可由一个元素 ξ_j 所生成 (Bourbaki, 《代数学》, V, §11, ¥4, 命题 4), 设 ξ_j 的最小多项式为 f_j $(1 \leqslant j \leqslant r)$. 我们首先来说明, 在 k 是无限域或者 B 是局部环的条件下, 总能找到 L 的一个元素 ξ, 它就生成了 k 代数 L. 若 B 是局部环, 则这是显然的, 因为此时 $r = 1$. 而若 k 是无限域, 则可以假设这些不可约多项式 $f_j \in k[T]$ 是两两不同的 (必要时把各个 ξ_j 分别换成适当的 $\xi_j + a_j$, 其中 $a_j \in k$), 我们令 $f = f_1 f_2 \cdots f_r$, 显然 L 在这两种情形下都同构于 $k[T]/f \cdot k[T]$, 从而它是由一个元素 ξ 所生成的, 其最小多项式为 $f \in k[T]$, 次数等于 n. 若 $u \in B$ 在 L 中的像是 ξ, 则由 Nakayama 引理知, 这些元素 $1, u, \cdots, u^{n-1}$ 可以生成 A 模 B, 这就已经说明, 我们有一个 n 次首一多项式 $F \in A[T]$, 使得 $F(u) = 0$, 且 u 可以生成 A 代数 B, 因而 B 同构于 $A[T]/F \cdot A[T]$ 的某个商代数, 进而, B 是半局部环, 并且根据 (18.4.4), 对于 B 的每个极大理想 $\mathfrak{n}_i$, 均有 $F'(u) \notin \mathfrak{n}_i$, 这就证明了 $F'(u)$ 在 B 中是可逆的, 从而 F 是一个可分多项式. 最后, 若 B 是平展 A 代数, 则由于 B 是平坦有限呈示 A 模 (1.4.7), 故它是自由 A 模, 并且 $1, u, \cdots, u^{n-1}$ 构成 A 模 B 的一个基底 (Bourbaki, 《交换代数学》, II, §3, ¥2, 命题 5), 换句话说, A 代数 B 可以同构于 $A[T]/F \cdot A[T]$, 并且对于其他任何一个首一多项式 $G \in A[T]$, 只要 B 同构于 $A[T]/G \cdot A[T]$, 这个 G 就一定是 n 次的.

定理 (18.4.6) (Chevalley) — (i) 设 $f : X \to Y$ 是一个局部有限型态射, x 是 X 的一点, $y = f(x)$, 我们令 $A = \mathscr{O}_{Y,y}$. 则为了使 $\mathscr{O}_{X,x}$ 是泛平展 (切转: 泛非分歧) A 代数, 必须且只需能找到一个首一多项式 $F \in A[T]$ 以及 $B = A[T]/F \cdot A[T]$ (切转: $A[T]/F \cdot A[T]$ 的某个商代数 B) 的一个极大理想 $\mathfrak{n}$, 使得 $\mathscr{O}_{X,x}$ 可以 A 同构于 $B_{\mathfrak{n}}$, 且对于 T 在 B 中的像 u 来说, 我们有 $F'(u) \notin \mathfrak{n}$.

(ii) 进而假设 f 是局部有限呈示的. 则为了使 f 在点 x 近旁是平展的, 必须且只需在上面可以取 $B = A[T]/F \cdot A[T]$.

条件的充分性缘自 (18.4.2). 为了证明必要性, 显然可以限于考虑 X 和 Y 都是仿射概形的情形, 有见于注解 (17.4.1.2), 我们还可以限于考虑 f 是泛非分歧且拟有限的这个情形. 由于 f 是仿射的, 故由 (8.12.8) 知, 可以找到一个有限 A 代数 C 和它的一个极大理想 $\mathfrak{r}$ (必然位于 A 的极大理想 $\mathfrak{m}$ 之上), 使得 $\mathscr{O}_{X,x}$ 与 $C_{\mathfrak{r}}$ 是 A 同构的. 进而 (17.4.1.2) 剩余类域 $C/\mathfrak{r} = C_{\mathfrak{r}}/\mathfrak{r}C_{\mathfrak{r}}$ 是 $k = A/\mathfrak{m}$ 的一个有限可分扩张, 从而它具有 $k[v]$ 的形状, 其中 v 在 k 上是可分的. 设 $\mathfrak{r}_i$ $(1 \leqslant i \leqslant h)$ 是半局部环 C 的所有不同于 $\mathfrak{r}$ 的极大理想, 则可以找到一个元素 $u \in C$, 它落在每个 $\mathfrak{r}_i$ 之中, 并且它在 $C/\mathfrak{r}$ 中的像等于 v (Bourbaki, 《交换代数学》, II, §1, ¥2, 命题 5). 我们来证明 C 的 A 子代数 $B = A[u]$ 和 B 的理想 $\mathfrak{n} = \mathfrak{r} \cap B$ (它必然是极大的, 因为 C 在 B 上是有

限的) 就满足要求.

首先考虑 $\mathscr{O}_{X,x}$ 是泛非分歧 A 代数的情形, 且只需证明 $B_{\mathfrak{n}}$ 同构于 $C_{\mathfrak{r}}$ 即可. 事实上, 此时由 (18.4.4) 就得知, $B_{\mathfrak{n}}$ 在 A 上是泛非分歧的, 并且能找到一个多项式 $F \in A[T]$, 它具有上面所说的性质. 现在注意到 f 是泛非分歧的, 故 $C/\mathfrak{r}$ 同构于 A 代数 $C_{\mathfrak{r}}/\mathfrak{m}C_{\mathfrak{r}}$ (17.4.1.2). 从而问题归结为证明下面的引理:

引理 (18.4.6.1) — 设 A 是一个局部环, $\mathfrak{m}$ 是它的极大理想, C 是一个有限 A 代数, $\mathfrak{r}$ 是 C 的一个极大理想. 设 u 是 C 的一个元素, 它落在 C 的所有不同于 $\mathfrak{r}$ 的极大理想之中, 但没有落在 $\mathfrak{r}$ 中, 假设 $C_{\mathfrak{r}}/\mathfrak{m}C_{\mathfrak{r}}$ 是 $k = A/\mathfrak{m}$ 上的单苇代数, 并且就是由 u 的像所生成的. 我们令 $B = A[u]$, $\mathfrak{n} = \mathfrak{r} \cap B$. 则典范同态 $B_{\mathfrak{n}} \to C_{\mathfrak{r}}$ 是一个同构.

我们令 $R = B \setminus \mathfrak{n}$, $S = C \setminus \mathfrak{r}$, 因而 $B_{\mathfrak{n}} = R^{-1}B$ 且 $C_{\mathfrak{r}} = S^{-1}R$, 典范同态 $B_{\mathfrak{r}} \to C_{\mathfrak{r}}$ 可以写成下面这个合成

$$R^{-1}B \xrightarrow{g} R^{-1}C \xrightarrow{h} S^{-1}C,$$

我们只需证明这里的两个同态都是一一的即可.

首先来证明 $h: R^{-1}C \to S^{-1}C = C_{\mathfrak{r}}$ 是一一的, 为此只需证明, S 中的任何元素在 $R^{-1}C$ 中的像都是可逆的, 或等价地, $R^{-1}C$ 的任何极大理想 $\mathfrak{p}$ 在 C 中的逆像都与 S 不相交, 从而必然等于 $\mathfrak{r}$. 现在由于 $R^{-1}C$ 是一个有限 $R^{-1}B$ 代数, 故知 $\mathfrak{p}$ 在 $R^{-1}B = B_{\mathfrak{n}}$ 中的逆像就是该环的唯一极大理想 $\mathfrak{n}B_{\mathfrak{n}}$, 从而 $\mathfrak{p}$ 在 B 中的逆像等于 $\mathfrak{n}$. 但另一方面, 若 $\mathfrak{q}$ 是 $\mathfrak{p}$ 在 C 中的逆像, 则有 $\mathfrak{q} \cap B = \mathfrak{n}$, 且由于 $\mathfrak{n}$ 在 B 中是极大的, 并且 C 是一个有限 B 代数, 故知 $\mathfrak{q}$ 必定是 C 的一个极大理想, 进而, 我们有 $u \notin \mathfrak{q}$ (因为 $u \notin \mathfrak{r}$ 且 $u \in B$), 从而根据前提条件, 只能有 $\mathfrak{q} = \mathfrak{r}$.

另一方面, 由于 $B \subseteq C$, 故知同态 $g: R^{-1}B \to R^{-1}C$ 是单的 ($\mathbf{0_I}$, 1.3.2), 为了证明它也是满的, 注意到 $R^{-1}C$ 是一个有限型 $R^{-1}B$ 模, 并且 $\mathfrak{m}R^{-1}B$ 还包含在局部环 $R^{-1}B$ 的极大理想之中, 故依照 Nakayama 引理, 只需证明同态 $R^{-1}B/\mathfrak{m}R^{-1}B \to R^{-1}C/\mathfrak{m}R^{-1}C$ 是满的即可. 然而由证明的第一部分我们得知, $R^{-1}C/\mathfrak{m}R^{-1}C$ 可以等同于 $C_{\mathfrak{r}}/\mathfrak{m}C_{\mathfrak{r}}$, 根据前提条件, 这个 k 代数可由 u 的像所生成, 自然它就等于 $R^{-1}B/\mathfrak{m}R^{-1}B$ 的像.

其次我们考虑 f 在点 x 近旁平展的情形. 把 X 换成 x 的一个邻域, 则可以假设 X 是 $\mathfrak{n}$ 在 $\operatorname{Spec} B$ 中的一个邻域 (1.7.2). 我们令 $B' = \operatorname{Spec}(A[T]/F \cdot A[T])$, 并设 $\mathfrak{n}'$ 是 $\mathfrak{n}$ 在 B' 中的逆像, 根据前提条件, $F'(T)$ 在 B' 中的像没有落在 $\mathfrak{n}'$ 中, 故由 (18.4.2, (ii)) 知, 态射 $\operatorname{Spec} B' \to \operatorname{Spec} A$ 在点 $\mathfrak{n}'$ 近旁是平展的. 而前提条件说, $\operatorname{Spec} B \to \operatorname{Spec} A$ 在点 $\mathfrak{n}$ 近旁是平展的, 故我们得知 (17.3.4) $\operatorname{Spec} B \to \operatorname{Spec} B'$ 在点 $\mathfrak{n}$ 近旁是平展的, 但这个态射是一个浸入, 于是由它在一点近旁是平展的就能推出它

在该点近旁是局部同构 (17.9.1), 从而 $B_{\mathfrak{n}}$ 和 $B'_{\mathfrak{n}'}$ 是同构的.

最后, 假设 $\mathscr{O}_{X,x}$ 是泛平展 A 代数, 则在上述记号下, 由 (17.1.5) 知, $B_{\mathfrak{n}}$ 是泛平展 $B'_{\mathfrak{n}'}$ 代数, 然而同态 $B'_{\mathfrak{n}'} \to B_{\mathfrak{n}}$ 是满的, 这就表明它只能是一一的 (**0**, 19.10.3, (i)). 从而就完成了 (18.4.6) 的证明.

推论 (18.4.7) — 设 $f : X \to Y$ 是一个局部有限型态射, x 是 X 的一点. 则为了使 f 在点 x 近旁是近非分歧的, 必须且只需能找到 x 的一个开邻域 U, 使得 $f|_U$ 可以分解为 $U \xrightarrow{j} X' \xrightarrow{h} Y$, 其中 h 是平展态射, j 是闭浸入.

显然可以限于考虑 $Y = \operatorname{Spec} R$ 是仿射概形并且 f 是有限型态射的情形. 我们令 $A = \mathscr{O}_{Y,y}$, 其中 $y = f(x)$, 依照 (17.4.1.2), 为了使 f 在点 x 近旁是近非分歧的, 必须且只需 $\mathscr{O}_{X,x}$ 是一个泛非分歧 A 代数. 在这种情况下, 我们就可以应用 (18.4.6, (i)), 必要时把 Y 换成 y 的某个仿射开邻域, 可以假设 (在 (18.4.6) 的记号下) 多项式 F 是某个首一多项式 $G \in R[T]$ 在 $A[T]$ 中的像. 现在令 $X' = \operatorname{Spec}(R[T]/G{\cdot}R[T])$, 并设 x' 是点 $\mathfrak{n}$ 在 $\operatorname{Spec} B$ 中的像 (这是通过那个与合成同态 $R[T]/G \cdot R[T] \to A[T]/F \cdot A[T] \to B$ 相对应的态射). 由 (18.4.2) 知, 与典范同态 $R \to R[T]/G \cdot R[T]$ 相对应的态射 $h : X' \to Y$ 在点 x 近旁是平展的, 从而通过把 X' 和 Y 分别缩小到 x' 和 y 的某个开邻域上, 就可以假设 h 是平展的. 另一方面, 依照 (**I**, 6.5.1, (ii)) 和 (1.7.2), 由 $\varphi : \mathscr{O}_{X',x'} \to \mathscr{O}_{X,x}$ 是局部同态就得知, 这个同态对应着从 x 的某个开邻域 U 到 X' 的态射 $j : U \to X'$, 适当缩小 U, 并利用 (**I**, 6.5.1, (i)), 又可以假设 $h \circ j = f|_U$, 从而 j 是有限型的 (**I**, 6.3.4, (v)). 最后, 根据 (18.4.6, (i)), 同态 φ 是满的, 从而由 (**I**, 6.5.4, (i)) 知, 把 U 和 X' 再次缩小后, 还可以假设 j 是闭浸入. 这就证明了条件的必要性, 充分性的证明是很容易的 (17.1.3, (i) 和 (ii)).

推论 (18.4.8) — 设 $f : X \to Y$ 是一个局部有限呈示态射. 则为了使 f 是非分歧的 (切转: 平展的), 必须且只需能找到一族平坦态射 $g_\alpha : Y'_\alpha \to Y$, 且对每个 α 找到 $X'_\alpha = X \times_Y Y'_\alpha$ 的一个开集 U_α, 使得下述条件得到满足: 若 $g'_\alpha : X'_\alpha \to X$ 和 $f'_\alpha : X'_\alpha \to Y'_\alpha$ 是典范投影, 则这些 $g'_\alpha(U_\alpha)$ 构成 X 的一个覆盖, 并且每个合成态射 $U_\alpha \to X'_\alpha \xrightarrow{f'_\alpha} Y'_\alpha$ 都是闭浸入 (切转: 开浸入). 进而, 这些 g_α 都可以取成平展的.

与平展态射相关的必要性部分很容易证明, 只要取 Y'_α 等于 X 即可, 此时对应的态射 g_α 就等于 f, 且开集 $U \subseteq X \times_Y X$ 就等于对角线. 如果 f 是非分歧的, 那么必要性可由 (18.4.7) 推出, 我们首先取 X 的这样一个开覆盖 (V_α), 使得对每个 α, $f|_{V_\alpha}$ 都可以分解为 $V_\alpha \xrightarrow{j_\alpha} Y'_\alpha \xrightarrow{g_\alpha} Y$, 其中 j_α 是闭浸入, g_α 是平展态射. 于是 $j_\alpha : V_\alpha \to Y'_\alpha$ 可以分解为 $V_\alpha \xrightarrow{s_\alpha} X'_\alpha \xrightarrow{f'_\alpha} Y'_\alpha$, 其中 s_α 是 X'_α 的一个 V_α 截面, 且由于态射 $g'_\alpha : X'_\alpha \to X$ 是平展的, 故知 s_α 是一个开浸入 (17.4.1), 现在只要取 $U_\alpha = s_\alpha(V_\alpha)$ 就可以推出结论.

条件的充分性缘自 (17.7.1), 因为此时 f 在 $g'(U_\alpha)$ 的每个点近旁都是非分歧的

(切转: 平展的), 从而它在整个 X 上都是如此 (这些 $g'(U_\alpha)$ 可以覆盖 X).

命题 (18.4.9) — 设 S 是一个概形, $f : X \to S$ 是一个态射, $h : Y \to S$ 是一个局部有限呈示态射, $g : X \to Y$ 是一个 S 态射, x 是 X 的一点, $y = f(x)$. 则以下诸条件是等价的:

a) h 在点 y 近旁是平展的, 并且 g 在点 x 处是平坦的.

b) h 在点 y 近旁是非分歧的, 并且 f 在点 x 处是平坦的.

由于 $f = h \circ g$, 故由 a) 得知, f 在点 x 处是平坦的 (2.1.6), 并且 h 在点 y 近旁显然是非分歧的, 从而 a) 蕴涵 b).

为了证明 b) 蕴涵 a), 我们首先可以假设 h 是非分歧的 (需要把 Y 换成 y 的某个邻域), 然后把 S 换成 $s = h(y) = f(x)$ 的某个开邻域, 又可以假设我们能找到一个平展态射 $u : S' \to S$ 和 $Y' = Y_{(S')}$ 的一个位于 y 之上的点 y' 以及 y' 在 Y' 中的一个开邻域 V, 使得态射 $h' = h_{(S')} : Y' \to S'$ 在 V 上的限制是一个闭浸入 (18.4.8). 现在如果能证明 h' 在点 y' 近旁是平展的, 那就可以推出 h 在点 y 近旁是平展的 (17.7.1, (ii)), 此外, $f' = f_{(S')} : X_{(S')} \to S'$ 在任何一个位于 x 之上的点 x' 处都是平坦的. 由于投影 $v : Y' \to Y$ 和 $w : X' \to X$ 都是平展态射 (从而是平坦态射), 故只要证明了 $g' = g_{(S')} : X_{(S')} \to Y_{(S')}$ 在点 x' 处是平坦的, 就可以从 (2.2.11, (iv)) 推出 g 在点 x 处是平坦的. 从而我们可以限于考虑 h 是一个有限呈示的闭浸入这个情形, 因为已经假设了 f 在点 x 处是平坦的. 设 $\mathscr{J}$ 是 $\mathscr{O}_S$ 的那个定义了闭子概形 Y 的有限型拟凝聚理想层. 由 f 在点 x 处是平坦的这个条件可以推出, 同态 $\mathscr{O}_{S,s} \to \mathscr{O}_{X,x}$ 是单的 ($\mathbf{0_I}$, 6.5.1), 因而同态 $\mathscr{O}_{S,s} \to \mathscr{O}_{Y,y}$ 也是单的, 这就相当于说 $\mathscr{J}_s = 0$, 因为它是上述同态的核. 由于 $\mathscr{J}$ 是有限型的, 故可找到 s 在 S 中的一个开邻域 U, 使得 $\mathscr{J}|_U = 0$ ($\mathbf{0_I}$, 5.2.2). 从而我们可以假设 h 是一个开浸入, 此时 g 在点 x 处显然就是平坦的.

命题 (18.4.10) — 我们用 $\boldsymbol{P}(f, x)$ 来表示一个满足下述条件的性质:

1° 对任意态射 $f : X \to Y$ 和任意局部同构 $h : Y \to Z$, $\boldsymbol{P}(f, x)$ 都等价于 $\boldsymbol{P}(h \circ f, x)$, 其中 $x \in X$.

2° 对任意态射 $f : X \to Y$ 和任意平展态射 $g : Y' \to Y$ 以及任意点 $x \in X$, 我们令 $X' = X \times_Y Y'$, $f' = f_{(Y')} : X' \to Y'$, 并设 $x' \in X'$ 是一个位于 x 上的点, 则 $\boldsymbol{P}(f, x)$ 和 $\boldsymbol{P}(f', x')$ 总是等价的 ("平展基变换下的不变性").

现在设 S 是一个概形, $f : X \to S$ 和 $h : Y \to S$ 是两个态射, $g : X \to Y$ 是一个 S 态射, x 是 X 的一点, $y = g(x)$, 并假设 h 在点 y 近旁是平展的. 则 $\boldsymbol{P}(f, x)$ 和 $\boldsymbol{P}(g, x)$ 是等价的.

在 (18.4.9) 的证明中所使用的那些记号下, 依照 (18.4.8), 通过把 S (切转: Y) 换成 $s = h(y)$ (切转: y) 的某个开邻域, 我们就可以找到一个平展态射 $u : S' \to S$, 使得 h' 是一个开浸入, 于是若 $x' \in X'$ 位于 x 之上, 则根据前提条件, $\boldsymbol{P}(f', x')$ (切转:

$\boldsymbol{P}(g',x')$) 就等价于 $\boldsymbol{P}(f,x)$ (切转: $\boldsymbol{P}(g,x)$). 从而我们可以限于考虑 h 是开浸入的情形. 此时前提条件表明 $\boldsymbol{P}(g,x)$ 等价于 $\boldsymbol{P}(h\circ g,x)$, 由此就可以推出结论.

例子 (18.4.11) — 有见于 (17.7.4, (ii)), 我们可以取 $\boldsymbol{P}(f,x)$ 是下面任何一条性质:

(i) f 在点 x 处是平坦的 (2.2.11, (iv)),

(ii) f 是局部有限呈示的, 并且在点 x 处的余深度 $\leqslant n$ (6.8.1 和 6.7.8),

(iii) f 是局部有限呈示的, 并且在点 x 处是 Cohen-Macaulay 的 (6.8.1 和 6.7.8),

(iv) f 是局部有限呈示的, 并且在点 x 处具有 (S_n) 性质 (6.8.1 和 6.7.8),

(v) f 是局部有限呈示的, 并且在点 x 处具有 (R_n) 性质 (6.8.1 和 6.7.8),

(vi) f 是局部有限呈示的, 并且在点 x 处是全盘正规的 (6.8.1 和 6.7.8),

(vii) f 是局部有限呈示的, 并且在点 x 处是全盘既约的 (6.8.1 和 6.7.8),

(viii) f 在点 x 近旁是非分歧的 (17.7.4),

(ix) f 在点 x 近旁是平滑的 (17.7.4),

(x) f 在点 x 近旁是平展的 (17.7.4).

推论 (18.4.12) — (i) 设 $f: X\to Y$ 是一个局部有限型态射, x 是 X 的一点. 若 f 在点 x 处是平坦的, 并且在 x 近旁是近非分歧的, 则对于 x 的任意开邻域 U 和 $f|_U$ 的任意分解 $f|_U: U\xrightarrow{j}X'\xrightarrow{h}Y$, 其中 j 是闭浸入, 而 h 是平展态射 (18.4.7), j 所对应的同态 $\mathscr{O}_{X',j(x)}\to\mathscr{O}_{X,x}$ 都是一一的(特别地, $\mathscr{O}_{X,x}$ 是一个实质平展的局部 $\mathscr{O}_{Y,f(x)}$ 代数 (18.6.1)).

(ii) 为了使一个态射 $f: X\to Y$ 是平展的, 必须且只需它是平坦且近非分歧的.

(i) 由于同态 $\mathscr{O}_{X',j(x)}\to\mathscr{O}_{X,x}$ 是满的, 故只需证明它是单的即可, 为此又只需证明它使 $\mathscr{O}_{X,x}$ 成为一个忠实平坦 $\mathscr{O}_{X',j(x)}$ 模即可, 甚至仅证明平坦就足够了 ($\mathbf{0_I}$, 6.5.1 和 6.6.2). 换句话说, 问题是要证明 j 是一个在点 x 处平坦的态射, 根据前提条件, $h\circ j=f$ 在点 x 处是平坦的, 并且 h 是平展的, 故由 (18.4.10) 和 (18.4.11, (i)) 就可以推出结论.

(ii) 只需证明条件的充分性. 现在对任意 $x\in X$, 均可找到 x 的一个开邻域 U, 使得 $f|_U$ 具有一个满足 (i) 中所述条件的分解. 根据前提条件, f 在 U 的所有点的近旁都是平坦且近非分歧的, 于是 (i) 的结果不仅能够用在 x 上, 也能够用在 U 中的所有点上, 这就意味着若 $\mathscr{J}$ 是 $\mathscr{O}_{X'}$ 的那个定义了 j 的伴生闭子概形的拟凝聚理想层, 则对任意 $z\in U$, 均有 $\mathscr{J}_{j(z)}=0$, 从而 j 是一个开浸入, 因而 f 在 U 的所有点的近旁都是平展的, 从而它在 X 的所有点的近旁也是如此.

推论 (18.4.13) — 设 $f: X\to Y$ 是一个局部有限型态射, x 是 X 的一点, $y=f(x)$. 假设 y 有这样一个开邻域, 它是既约的, 且只有有限个不可约分支. 则为了使 f 在点 x 近旁是平展的, 必须且只需 f 在点 x 近旁是平坦且近非分歧的.

只需证明条件的充分性. 问题在 X 和 Y 上都是局部性的, 故可假设 (18.4.7) f 能够分解成 $X \xrightarrow{j} X' \xrightarrow{h} Y$ 的形状, 其中 h 是平展的, j 是一个闭浸入, 进而 Y 是既约的, 并且只有有限个不可约分支. 从而 X' 是既约的 (17.5.7), 并且通过把 X' 换成 $j(x)$ 的一个开邻域, 还可以假设 X' 只有有限个不可约分支, 事实上, 我们可以假设 h 是拟有限的 (17.6.1), 由于 X' 的极大点都位于 Y 的极大点之上 (2.3.4), 故它们的个数是有限的. 问题归结为证明 (在 (18.4.12) 的证明中的那些记号下), 若 $\mathscr{J}_{j(x)} = 0$, 则对于 $j(x)$ 在 X' 的某个邻域中的任何点 x', 均有 $\mathscr{J}_{x'} = 0$. 通过把 X' 换成 $j(x)$ 的某个仿射开邻域, 又可以假设 X' 的每个不可约分支都包含 $j(x)$, 若 $X' = \operatorname{Spec} A'$, 并且 $\mathfrak{p}'$ 是 A' 的那个与点 $j(x)$ 相对应的素理想, 则态射 $\operatorname{Spec} A'_{\mathfrak{p}'} \to \operatorname{Spec} A'$ 是笼罩性的, 从而与之对应的同态 $A' \to A'_{\mathfrak{p}'}$ 是单的 (因为 A' 是既约的 (**I**, 1.2.7)). 于是若 $\mathscr{J} = \widetilde{\mathfrak{J}}$, 其中 $\mathfrak{J}$ 是 A' 的一个理想, 则 $\mathfrak{J}$ 可以等同于 $\mathfrak{J}_{\mathfrak{p}'}$ 的一个子集, 从而由 $\mathfrak{J}_{\mathfrak{p}'} = (0)$ 的条件就可以推出 $\mathfrak{J} = (0)$.

推论 (18.4.14) — 设 A 是一个局部环, 极大理想是 $\mathfrak{m}$, 剩余类域是 k, B 是一个有限 A 代数.

(i) 为了使 B 是近非分歧 A 代数, 必须且只需 $B \otimes_A k$ 是平展 k 代数.

(ii) 为了使 B 是平展 A 代数, 必须且只需 $B \otimes_A k$ 是平展 k 代数, 并且 B 是平坦 A 模(后者也等价于说, ($\mathbf{0_I}$, 6.3.3) 对于 B 的任何极大理想 $\mathfrak{n}$ (必然位于 $\mathfrak{m}$ 之上), $B_{\mathfrak{n}}$ 都是平坦 A 模).

显然只需证明条件是充分的即可. 有见于 (17.1.2, (i)), 条件 (ii) 显然可由 (i) 和 (18.4.12, (ii)) 推出. 为了证明 (i), 我们注意到若 $B \otimes_A k$ 是平展 k 代数, 则有 $\Omega^1_{(B\otimes_A k)/k} = 0$ (17.2.1). 现在 $\Omega^1_{(B\otimes_A k)/k} = \Omega^1_{B/A} \otimes_B k$ (**0**, 20.5.5), 且由于 B 是一个有限型 A 代数, 故知 $\Omega^1_{B/A}$ 是一个有限型 B 模 (**0**, 20.4.7). 但 B 是有限 A 代数, 故 $\mathfrak{m}B$ 包含在 B 的根之中 (Bourbaki,《交换代数学》, V, §2, ¥1, 命题 1), 从而 Nakayama 引理就表明, $\Omega^1_{B/A} = 0$, 因而 B 是近非分歧 A 代数 (17.2.1).

18.5 Hensel 局部环[①]

(18.5.1) 设 X 是一个概形, $\mathscr{E}$ 是一个有限秩的局部自由 $\mathscr{O}_X$ 模层. 则对偶层 $\mathscr{E}^{\vee} = \mathscr{H}om_{\mathscr{O}_X}(\mathscr{E}, \mathscr{O}_X)$ 也是一个局部自由 $\mathscr{O}_X$ 模层, 并且它在 X 的每个点处的秩都等于 $\mathscr{E}$ 在该点处的秩, 进而典范同态 $\mathscr{E} \to \mathscr{H}om_{\mathscr{O}_X}(\mathscr{E}^{\vee}, \mathscr{O}_X) = \mathscr{E}^{\vee\vee}$ 是一一的. 对任意态射 $X' \to X$, 我们令 $\mathscr{E}_{(X')} = \mathscr{E} \otimes_{\mathscr{O}_X} \mathscr{O}_{X'}$, 这是一个局部自由 $\mathscr{O}_{X'}$ 模层. 考虑该模层在 X' 上的全体截面的集合 $\Gamma(X', \mathscr{E}_{(X')})$, 下面我们来证明, 从 X 概形范畴到集

[①]Hensel 局部环的概念是由 Azumaya 提出的, Hensel 化的概念则是由 Nagata 提出的, 他们还给出了这个理论的一些主要结果.

合范畴的函子

$$\textbf{(18.5.1.1)} \qquad {}^tV_{\mathscr{E}}\ :\ X' \longrightarrow \Gamma(X', \mathscr{E}_{(X')})$$

是一个可表识反变函子 ($\mathbf{0_{III}}$, 8.1.8).

首先, 这样定义出来的确实是一个函子, 因为若 $f: X'' \to X'$ 是 X 概形之间的一个 X 态射, 则我们有 $\mathscr{E}_{(X'')} = f^*\mathscr{E}_{(X')}$, 从而 ($\mathbf{0_I}$, 4.4.3.2) 得到一个映射 $\Gamma(X', \mathscr{E}_{(X')}) \to \Gamma(X', f_*\mathscr{E}_{(X'')}) = \Gamma(X'', \mathscr{E}_{(X'')})$, 这就定义出了函子 ${}^tV$. 接下来我们证明 X 概形 $\mathbf{V}(\mathscr{E}^{\smile})$ (**II**, 1.7.8) 就表识了这个函子 ${}^tV$. 事实上, 我们有 $(\mathscr{E}_{(X')})^{\smile} = (\mathscr{E}^{\smile})_{(X')}$, 从而 $\mathbf{V}(\mathscr{E}^{\smile}) \times_X X' = \mathbf{V}((\mathscr{E}_{(X')})^{\smile})$, 有见于 (**I**, 3.3.14), 我们只需定义一个一一映射 $\Gamma(\mathbf{V}(\mathscr{E}^{\smile})/X) \xrightarrow{\sim} \Gamma(X, \mathscr{E})$, 并且验证一一映射 $\Gamma(\mathbf{V}(\mathscr{E}_{(X')}{}^{\smile})/X') \xrightarrow{\sim} \Gamma(X', \mathscr{E}_{(X')})$ 对 X' 是函子性的即可. 现在我们有一个从 $\Gamma(\mathbf{V}(\mathscr{E}^{\smile})/X)$ 到 $\mathrm{Hom}_{\mathscr{O}_X}(\mathscr{E}^{\smile}, \mathscr{O}_X)$ 的典范一一映射 (**II**, 1.7.8), 并且转置 $u \mapsto {}^tu$ 是一个从 $\mathrm{Hom}_{\mathscr{O}_X}(\mathscr{E}^{\smile}, \mathscr{O}_X)$ 到 $\mathrm{Hom}_{\mathscr{O}_X}(\mathscr{O}_X, \mathscr{E}) = \Gamma(X, \mathscr{E})$ 的典范一一映射, 这里使用了 $\mathscr{E}^{\smile\smile}$ 与 $\mathscr{E}$ 之间的等同. 函子性的证明是很容易的.

我们再指出, 根据一般理论 ($\mathbf{0_{III}}$, 8.1.6), $\mathbf{V}(\mathscr{E}^{\smile})$ 的恒同自同构典范地对应着 $\mathscr{E}_{(\mathbf{V}(\mathscr{E}^{\smile}))}$ 在 $\mathbf{V}(\mathscr{E}^{\smile})$ 上的一个截面 c, 也就是说 (**II**, 1.4.1), 对应着一个 $\mathbf{S}_{\mathscr{O}_X}(\mathscr{E}^{\smile})$ 模层同态 $u : \mathbf{S}_{\mathscr{O}_X}(\mathscr{E}^{\smile}) \to \mathbf{S}_{\mathscr{O}_X}(\mathscr{E}^{\smile}) \otimes_{\mathscr{O}_X} \mathscr{E}$. 对于 X 的任意仿射开集 W, 我们令 $\Gamma(W, \mathscr{O}_X) = A$, 并把 $\Gamma(W, \mathbf{S}_{\mathscr{O}_X}(\mathscr{E}^{\smile}))$ 等同于多项式代数 $C = A[T_1, \cdots, T_n]$, 这些 T_i 对应着 $\Gamma(W, \mathscr{E}^{\smile})$ 的一个基底, 再用 (e_i) 来记 (T_i) 在 $\Gamma(W, \mathscr{E}) = \Gamma(W, \mathscr{E}^{\smile})^{\smile}$ 中的对偶基底, 则可以看出, u 对应着一个满足 $u(1) = \sum\limits_{i=1}^{n} T_i \otimes e_i$ 的 C 同态.

若 $X' = \operatorname{Spec} A$ 是仿射概形, 并且 $\mathscr{E}_{(X')}$ 同构于 $\mathscr{O}_{X'}^n$, 则 $\Gamma(X', \mathscr{E}_{(X')})$ 是一个 n 秩自由 A 模, 此时我们也可以形象地说, 对象 $\mathbf{V}(\mathscr{E}^{\smile})$ 表识了"由 $\mathscr{E}$ 所定义的那个偏转仿射空间中的点的集合".

(18.5.2) 还记得根据定义 (**II**, 1.7.8), 我们有 $\mathbf{V}(\mathscr{E}^{\smile}) = \operatorname{Spec} \mathbf{S}_{\mathscr{O}_X}(\mathscr{E}^{\smile})$. 设 $\mathscr{J}$ 是 $\mathbf{S}_{\mathscr{O}_X}(\mathscr{E}^{\smile})$ 的一个拟凝聚理想层, 则 $\operatorname{Spec}(\mathbf{S}_{\mathscr{O}_X}(\mathscr{E}^{\smile})/\mathscr{J})$ 是 $\mathbf{V}(\mathscr{E}^{\smile})$ 的一个闭子概形, 我们现在要把它解释成一个从 X 概形范畴到集合范畴的可表识函子. 为此首先注意到, 一个截面 $u \in \Gamma(X, \mathscr{E})$ 可以典范等同于一个 $\mathscr{O}_X$ 同态 $u : \mathscr{O}_X \to \mathscr{E}$, 后者又可以通过取转置给出一个 $\mathscr{O}_X$ 同态 ${}^tu : \mathscr{E}^{\smile} \to \mathscr{O}_X$, 因而给出一个 $\mathscr{O}_X$ 代数层同态 $v : \mathbf{S}_{\mathscr{O}_X}(\mathscr{E}^{\smile}) \to \mathscr{O}_X$. 设 $\mathrm{Al}(X, \mathscr{E}, \mathscr{J})$ 是由那些使得 $\mathscr{J}$ 包含在 v 的核中的截面 $u \in \Gamma(X, \mathscr{E})$ 所组成的集合, 则由以上这些定义立知

$$X' \longmapsto \mathrm{Al}(X', \mathscr{E}_{(X')}, \mathscr{J} \otimes_{\mathscr{O}_X} \mathscr{O}_{X'})$$

就是 $\operatorname{Spec}(\mathbf{S}_{\mathscr{O}_X}(\mathscr{E}^{\smile})/\mathscr{J})$ 所表识的函子. 若 $X' = \operatorname{Spec} A$ 是仿射概形, 并且 $\mathscr{E}_{(X')}$ 同构于 $\mathscr{O}_{X'}^n$, 则 $\Gamma(X', \mathscr{E}_{(X')})$ 可以等同于集合 A^n, 并且 $\mathscr{J} \otimes_{\mathscr{O}_X} \mathscr{O}_{X'}$ 可以等同于

一个形如 $\widetilde{\mathfrak{I}}$ 的 $\mathscr{O}_{X'}$ 模层, 其中 $\mathfrak{I}$ 是多项式环 $A[T_1,\cdots,T_n]$ 的一个理想, 此时集合 $\mathrm{Al}(X',\mathscr{E}_{(X')},\mathscr{J}\otimes_{\mathscr{O}_X}\mathscr{O}_{X'})$ 就可以等同于 A^n 的那些满足下述条件的点 $(t_1,\cdots,t_n)$ 的集合: 对任意 $P\in\mathfrak{I}$, 均有 $P(t_1,\cdots,t_n)=0$. 从而我们可以形象地说, 对象 $\mathrm{Spec}(\mathbf{S}_{\mathscr{O}_X}(\mathscr{E}^{\vee})/\mathscr{J})$ 表识了"由偏转仿射空间 $\Gamma(X,\mathscr{E})$ 中理想 $\Gamma(X,\mathscr{J})$ 的零点所组成的代数子集". 我们也把这个 X 概形记作 $\mathbf{Al}(\mathscr{E},\mathscr{J})$. 注意到若 $\mathscr{J}$ 是 $\mathbf{S}_{\mathscr{O}_X}(\mathscr{E}^{\vee})$ 的一个有限型理想层, 则 $\mathbf{Al}(\mathscr{E},\mathscr{J})$ 是一个有限呈示 X 概形, 因为 $\mathbf{S}_{\mathscr{O}_X}(\mathscr{E}^{\vee})$ 是有限呈示 $\mathscr{O}_X$ 代数层.

引理 (18.5.3) — *设 S 是一个概形, $f:X\to S$ 是一个局部自由的有限态射 (18.2.7). 考虑从 S 概形范畴到集合范畴的下述反变函子*

$$S'\longmapsto \mathrm{Of}(X\times_S S'),\tag{18.5.3.1}$$

其中 $\mathrm{Of}(X\times_S S')$ 是指由 $X\times_S S'$ 的底空间的既开又闭子集所组成的集合. 则这个函子可以表识为一个 S 概形 $\mathbf{Of}(X)$, 并且后者在 S 上是平展仿射且有限呈示的.

根据前提条件, $X=\mathrm{Spec}\,\mathscr{B}$, 其中 $\mathscr{B}=f_*\mathscr{O}_X$ 是一个局部自由的有限 $\mathscr{O}_S$ 代数层. 我们令 $X'=X\times_S S'$, $f'=f_{(S')}$, $\mathscr{B}'=\mathscr{B}\otimes_{\mathscr{O}_S}\mathscr{O}_{S'}=f'_*\mathscr{O}_{X'}$, 因而有 $X'=\mathrm{Spec}\,\mathscr{B}'$, 此时我们有一个从集合 $\mathrm{Of}(X')$ 到环 $\Gamma(S',\mathscr{B}')=\Gamma(X',\mathscr{O}_{X'})$ 的幂等元集合 $\mathrm{Id}(\mathscr{B}')$ 的函子性 (关于 S') 典范一一映射. 事实上, 根据仿射 S' 概形范畴与拟凝聚 $\mathscr{O}_{S'}$ 代数层范畴的反接范畴之间的等价性 (**II**, 1.2.7 和 1.3.1), 在 X' 的开子概形的和分解 $X'_1\sqcup X'_2$ 与 $\mathscr{B}'$ 的理想层直合分解 $\mathscr{B}'=\mathscr{B}'_1\oplus\mathscr{B}'_2$ 之间有一个典范的一一对应, 后一种分解又与 $\mathrm{Id}(\mathscr{B}')$ 的元素之间有一个典范的一一对应 (且对于 S' 是函子性的). 从而只需对函子 $S'\mapsto\mathrm{Id}(\mathscr{B}')$ 来证明引理即可.

为此我们首先证明, 可以找到 $\mathbf{S}_{\mathscr{O}_S}(\mathscr{B})$ 的一个有限型理想层 $\mathscr{J}$, 使得 $\mathrm{Id}(\mathscr{B}')$ 具有 $\mathrm{Al}(S',(\mathscr{B}')^{\vee},\mathscr{J}\otimes_{\mathscr{O}_S}\mathscr{O}_{S'}$ 的形状 (18.5.2). 注意到由于 $\mathscr{B}$ 是一个 $\mathscr{O}_S$ 代数层, 故它的逆像 $\mathscr{B}_{(\mathbf{V}(\mathscr{B}^{\vee}))}$ 是一个 $\mathscr{O}_{\mathbf{V}(\mathscr{B}^{\vee})}$ 代数层, 从而在这个代数层中就可以定义典范截面 c (18.5.1) 的平方 c^2, 它典范地对应着一个 $\mathbf{S}_{\mathscr{O}_S}(\mathscr{B}^{\vee})$ 模层同态 $u^{(2)}:\mathbf{S}_{\mathscr{O}_S}(\mathscr{B}^{\vee})\to\mathbf{S}_{\mathscr{O}_S}(\mathscr{B}^{\vee})\otimes_{\mathscr{O}_S}\mathscr{B}$, 并且很容易验证 (在 (18.5.1) 的记号下), 对于 S 的仿射开集 W 来说, $u^{(2)}$ 就对应着那个满足条件 $u^{(2)}=\sum\limits_k\big(\sum\limits_{i,j}c_{ijk}T_iT_j\big)\otimes e_k$ 的 C 同态, 这里的 (c_{ijk}) 是代数 $\Gamma(W,\mathscr{B})$ 的乘法表. 下面来证明 $\mathbf{S}_{\mathscr{O}_S}(\mathscr{B}^{\vee})$ 的那个由同态 $u-u^{(2)}$ 的核所生成的理想层 $\mathscr{J}$ 就满足我们的要求. 事实上, 只需注意到 C 的理想 $\Gamma(W,\mathscr{J})$ 是由这些多项式 $P_k(T_1,\cdots,T_n)=T_k-\sum\limits_{i,j}c_{ijk}T_iT_j$ 所生成的, 并且 $\Gamma(W,\mathscr{B})$ 的幂等元集合刚好是由那些满足 $P_k(t_1,\cdots,t_n)=0$ $(1\leqslant i\leqslant n)$ 的元素 $\sum\limits_i t_ie_i$ 所组成的, 就能得出结论. 从而由 (18.5.2) 我们得知, 这个有限呈示仿射 S 概形 $\mathbf{Of}(X)=\mathbf{Al}(\mathscr{B},\mathscr{J})$ 就表识了函子 (18.5.3.1). 只需再证明 $\mathbf{Of}(X)$ 在 S 上是平展的, 这等价于它在 S 上是泛平展的. 但若 S' 是一个 S 概形, S'_0 是 S' 的一个由 $\mathscr{O}_{S'}$ 的某个局部幂零的理

想层所定义的闭子概形 (从而它与 S' 具有相同的底空间), 则显然 $X' = X \times_S S'$ 和 $X'_0 = X \times_S S'_0$ 具有相同的底空间, 从而典范映射 $\mathrm{Of}(X') \to \mathrm{Of}(X'_0)$ 是一一的, 这就完成了的证明 (17.1.1).

命题 (18.5.4) — 设 S 是一个概形, S_0 是 S 的一个闭子概形, 考虑下面几条性质:

a) 对任意**有限**态射 $g : S' \to S$, 典范映射 (参考 (18.5.3))

(18.5.4.1) $$\mathrm{Of}(S') \longrightarrow \mathrm{Of}(S' \times_S S_0)$$

都是一一的.

a′) 对任意**局部自由的有限**态射 $g : S' \to S$, 映射 (18.5.4.1) 都是一一的.

b) 对任意**平展分离**态射 $g : S' \to S$, 典范映射

(18.5.4.2) $$\Gamma(S'/S) \longrightarrow \Gamma(S' \times_S S_0/S_0)$$

都是一一的.

则条件b) 蕴涵a′). 进而若 S 是紧凑的, 则条件a) 蕴涵b).

我们首先来证明 b) 蕴涵 a′). 假设 b) 是满足的, 并设 $g : S' \to S$ 是一个局部自由的有限态射, 我们令 $S'_0 = S' \times_S S_0$, 因而 $g_0 = g_{(S_0)} : S'_0 \to S_0$ 也是有限局部自由的. 现在由 (18.5.3) 知, $P = \mathbf{Of}(S')$ 是一个平展分离 S 概形, 进而, 由函子 Of 的定义立即得知, 若我们令 $P_0 = \mathbf{Of}(S'_0)$ (在 S_0 概形的范畴上), 则有 $P_0 = P \times_S S_0$. 在此基础上, 根据定义, 我们有交换图表

$$\begin{array}{ccc} \Gamma(P/S) & \longrightarrow & \Gamma(P_0/S_0) \\ \downarrow\wr & & \downarrow\wr \\ \mathrm{Of}(S') & \longrightarrow & \mathrm{Of}(S'_0), \end{array}$$

其中竖直箭头都是典范一一映射. 现在把条件 b) 应用到态射 $P \to S$ 上可以推出第一行是一个一一映射, 从而第二行也是如此, 这就推出了上述阐言.

当 S 是紧凑概形时, 为了证明 a) 蕴涵 b), 我们先来证明

引理 (18.5.4.3) — 设 S 和 S_0 满足 (18.5.4) 中的条件a), 则对任意**有限**态射 $g : S' \to S$, S' 都是 $S'_0 = g^{-1}(S_0) = S' \times_S S_0$ 在 S' 中的唯一邻域.

事实上, 这就相当于说, 若 T' 是 S' 的一个满足 $T' \cap S'_0 = \varnothing$ 的闭子集, 则有 $T' = \varnothing$. 现在我们仍然用 T' 来记 S' 的一个以 T' 为底空间的闭子概形, 则合成态射 $h : T' \to S' \xrightarrow{g} S$ 是有限的, 并且 $h^{-1}(S_0)$ 是空的, 从而把条件 a) 应用到态射 h 上就可以推出, T' 必然是空的.

在这个引理的基础上, 我们首先来证明, 在条件 a) 下映射 (18.5.4.2) 是单的. 事实上, 若 u', u'' 是 S' 的两个 S 截面, 则由态射 $S' \to S$ 是非分歧的这个事实就能得知, u' 和 u'' 的同一化概形是 S 的一个开子概形 U (17.4.6). 若 u' 和 u'' 在 S_0 上的限制是相同的, 则由 u' 和 u'' 都是开浸入 (17.4.1) 的事实就可以推出, U 包含了 S_0, 从而就等于 S (把引理 (18.5.4.3) 应用到 $S' = S$ 的情形).

只需再证明, 在条件 a) 下映射 (18.5.4.2) 还是满的 (这里假设 S 是紧凑的). 设 $u_0 : S_0 \to S'_0$ 是 S'_0 的一个 S_0 截面, 则由于 $u_0(S_0)$ 在 S' 中是拟紧的, 故我们可以用有限个仿射开集 V_i 来覆盖它, 并使得每个限制 $g|_{V_i}$ 都是有限型态射, 由此得知, 若 V 是这些 V_i 的并集, 则 $g|_V : V \to S$ 是一个有限呈示态射, 因为由前提条件已经知道, 它是局部有限呈示且分离的 (1.6.1). 从而通过把 S' 换成 V, 我们可以假设 g 是有限呈示的. 由于 S 是紧凑的, 并且 g 是拟有限且分离的 (17.6.1), 故由“主定理” (8.12.6) 知, g 可以分解为 $S' \xrightarrow{j} S'' \xrightarrow{f}$, 其中 j 是一个开浸入, f 是一个有限态射. 我们令 $S''_0 = S'' \times_S S_0$, $j_0 = j_{(S_0)} : S'_0 \to S''_0$, 它是一个开浸入, 再令 $f_0 = f_{(S_0)} : S''_0 \to S_0$, 它是一个有限态射. 于是 u_0 也是 S''_0 的一个 S_0 截面. 由于 $g_0 : S'_0 \to S_0$ 是平展的, 故知 u_0 是一个从 S_0 到 S'_0 的开浸入 (17.4.1), 从而 $u_0(S_0)$ 在 S'_0 中是开的, 自然在 S''_0 中也是开的, 但另一方面, 由于 f_0 是有限态射, 从而是分离的, 故知 u_0 是一个从 S_0 到 S''_0 的闭浸入 (**I**, 5.4.6), 从而 $X_0 = u_0(S_0)$ 在 S''_0 中是既开又闭的. 依照条件 a), 可以找到 S'' 的一个既开又闭的子集 X, 使得 $X \cap S''_0 = X_0$. 我们首先来证明, 态射 $f : S'' \to S$ 在 X 的所有点近旁都是平展的. 事实上, 由 X 的那些使得 $f|_X$ 平展的点所组成的集合 U 在 X 中是开的, 且根据前提条件, 它包含了 $X_0 \subseteq S'_0$. 再把引理 (18.5.4.3) 应用到有限态射 $f|_X$ 上就可以证明 $U = X$. 另一方面, $S' \cap X$ 在 X 中是开的, 并且包含了 X_0 (基于前提条件), 从而同理可以证明, $S' \cap X = X$, 也就是说 $X \subseteq S'$. 只需再证明, 对任意 $s \in S$, $X \cap f^{-1}(s)$ 的几何点个数 $n(s)$ 都等于 1, 因为由此就可以推出 $f|_X$ 是紧贴映满的, 又因为 $f|_X$ 是平展的 (17.9.1), 故知 $f|_X$ 是一个从开集 $X \subseteq S'$ 到 S 的同构, 它的逆同构 u 就是我们所要的 S 截面 (作为 u_0 的延拓). 现在由于 $f|_X$ 是平展且有限的, 故知 $s \mapsto n(s)$ 在 S 上是连续的 (18.2.8), 且由于 $X \cap S'_0 = X_0$, 故在 S_0 上总有 $n(s) = 1$, 而由那些使得 $n(s) = 1$ 的点 $s \in S$ 所组成的集合在 S 中是开的, 并且包含了 S_0, 从而由 (18.5.4.3) 知, 它必然等于 S. 证明完毕.

注解 (18.5.4.4) — 可以证明, 如果在条件 b) 中仅假设态射 g 是平展的 (不必是分离的), 那么 (18.5.4) 仍然是有效的 [43, 报告 XII].

定义 (18.5.5) — 所谓一个概形 S 和它的一个闭子概形 S_0 构成一个**Hensel 套组**, 是指它们满足 (18.5.4) 中的条件a).

有见于 (**I**, 5.1.8), 为了使 (S, S_0) 是 Hensel 套组, 必须且只需 $(S_{\text{red}}, (S_0)_{\text{red}})$ 是 Hensel 套组.

命题 (18.5.6) — (i) 若 (S, S_0) 是一个*Hensel* 套组, 则对任意有限态射 $f: S' \to S$ 以及 S' 的子概形 $S'_0 = f^{-1}(S_0)$, 套组 (S', S'_0) 都是*Hensel* 的.

(ii) 设 $S = \coprod_\alpha S^{(\alpha)}$ 是概形之和, S_0 是 S 的一个闭子概形, 并且它是这些 $S^{(\alpha)}$ 的闭子概形 $S_0^{(\alpha)}$ 之和. 则为了使套组 (S, S_0) 是*Hensel* 的, 必须且只需每个套组 $(S^{(\alpha)}, S_0^{(\alpha)})$ 都是*Hensel* 的.

(i) 可由定义立得, 因为对每个有限态射 $g: S'' \to S'$ 来说, $f \circ g: S'' \to S$ 都是有限态射. 同样地, 在 (ii) 的条件下, 为了使一个态射 $g: S' \to S$ 是有限的, 必须且只需它的每个限制 $g^{(\alpha)}: S'^{(\alpha)} = g^{-1}(S^{(\alpha)}) \to S^{(\alpha)}$ 都是如此, 且如果 $S'_0 = g^{-1}(S_0)$, $S'^{(\alpha)} = (g^{(\alpha)})^{-1}(S_0^{(\alpha)})$, 那么在 S' (切转: S'_0) 的既开又闭子集 U (切转: U_0) 与这些 $S'^{(\alpha)}$ (切转: ${S'_0}^{(\alpha)}$) 的既开又闭子集 $U^{(\alpha)}$ (切转: $U_0^{(\alpha)}$) 的族之间有一个一一对应, 这就证明了 (ii).

注解 (18.5.7) — 设 $S = \operatorname{Spec} A$ 是一个仿射概形, S_0 是 S 的一个闭子概形, 由 A 的一个理想 $\mathfrak{J}$ 所定义. 于是若套组 (S, S_0) 是 Hensel 的, 则理想 $\mathfrak{J}$ 必然包含在 A 的根之中. 事实上, 若 $\mathfrak{m}$ 是 A 的一个极大理想, 则依照 (18.5.4.3), $\mathfrak{m}$ 必须落在 $V(\mathfrak{J}) = S_0$ 中, 换句话说, 我们必有 $\mathfrak{J} \subseteq \mathfrak{m}$, 由此立得结论. 特别地, 假设 S_0 只含一点, 也就是说, 理想 $\mathfrak{J}$ 是极大的, 则 $\mathfrak{J}$ 必须就是 A 的根, 换句话说, A 必须是一个局部环, 并且 S_0 是 $\operatorname{Spec} A$ 的唯一闭点.

定义 (18.5.8) — 所谓一个环 A 是*Hensel* 环, 是指它是半局部环, 并且套组 $(\operatorname{Spec} A, \operatorname{Spec}(A/\mathfrak{r}))$ 是*Hensel* 的, 这里我们用 $\mathfrak{r}$ 来表示 A 的根. 所谓*Hensel* 局部概形, 是指同构于*Hensel* 局部环的谱的概形.

命题 (18.5.9) — (i) 为了使一个半局部环 A 是*Hensel* 环, 必须且只需它是一些*Hensel* 局部环的直合.

(ii) 为了使一个局部环 A 是*Hensel* 环, 必须且只需任何有限 A 代数 B 都同构于一些**局部**环的乘积.

(i) 事实上, 把定义应用到 $S = \operatorname{Spec} A$ 和 $S_0 = \operatorname{Spec}(A/\mathfrak{r})$ 上就表明, 由于 S_0 是 S 的一个有限离散闭子集, 故知 S 是有限个两两不相交的既开又闭子集 S_i $(1 \leqslant i \leqslant n)$ 的并集, 并且其中每个子集都恰好包含了 A 的一个极大理想 $\mathfrak{m}_i$, 从而由 (18.5.6, (ii)) 和注解 (18.5.7) 就可以推出结论.

(ii) 任何有限态射 $S' \to \operatorname{Spec} A$ 都具有 $\operatorname{Spec} B \to \operatorname{Spec} A$ 的形状, 其中 B 是一个有限 A 代数. 若 k 是 A 的剩余类域, 则 $\operatorname{Spec}(B \otimes_A k)$ 是 Artin 环的谱, 从而是有限且离散的. 于是套组 $(\operatorname{Spec} A, \operatorname{Spec} k)$ 是 Hensel 的就等价于 B 可以分解为一些环 A_i 的直合, 并且每个 $\operatorname{Spec}(A_i \otimes_A k)$ 都只包含一点, 也就是说, A_i (这是一个有限 A 代数) 只能有一个极大理想 (Bourbaki,《交换代数学》, V, §2, ⁂1, 命题 1).

从而对于 Hensel 环的研究本质上归结为考察 Hensel 局部环.

命题 (18.5.10) — 若 A 是一个Hensel 环, 则任何有限 A 代数 B 都是Hensel 环(从而是一些Hensel 局部环的积 (18.5.9)).

事实上, 若 $\mathfrak{r}'$ 是 B 的根, 则 $\mathfrak{r}'$ 在 A 中的逆像是 A 的根 $\mathfrak{r}$, 并且 B 的任何一个位于 A 的极大理想之上的素理想都是 B 的某个极大理想, 从而 $\operatorname{Spec} B$ 中的集合 $V(\mathfrak{r}')$ 是 $\operatorname{Spec} A$ 中的集合 $V(\mathfrak{r})$ 的逆像. 于是由 (18.5.6, (i)) 就可以推出结论.

定理 (18.5.11) — 设 A 是一个局部环, $\mathfrak{m}$ 是它的极大理想. 则以下诸条件是等价的:

a) A 是Hensel 的, 换句话说, 任何有限 A 代数 B 都同构于一些局部环的乘积.

a′) 条件a) 对于任何一个形如 $A[T]/F \cdot A[T]$ (其中 $F \in A[T]$ 是首一多项式) 的 A 代数 B 都是成立的.

b) 设 $S = \operatorname{Spec} A$, $S_0 = \operatorname{Spec} k$. 对任何平展态射 $g : S' \to S$, 我们令 $S'_0 = S' \otimes_A k$, 则 S'_0 的每个 S_0 截面 u_0 都是 S' 的某个 S 截面 u 的限制.

c) 对任意局部有限型分离态射 $f : X \to S$ 和任意点 $x \in X$, 只要 $f(x)$ 等于 S 的闭点 s, 并且 f 在点 x 近旁是拟有限的 (**II**, 6.2.3), X 就一定可以写成两个概形 X', X'' 的和, 其中 $X' = \operatorname{Spec} \mathscr{O}_{X,x}$ 并且 $f|_{X'} : X' \to S$ 是**有限**态射.

c′) 对任意局部有限型态射 $f : X \to S$ 和任意点 $x \in X$, 只要 f 在点 x 近旁是拟有限的, 并且 $f(x)$ 等于 S 的闭点 s, $\mathscr{O}_{X,x}$ 就一定是 $\mathscr{O}_{S,s} = A$ 上的有限代数.

c″) 对任意局部有限呈示态射 $f : X \to S$ 和任意点 $x \in X$, 只要 f 在点 x 近旁是拟有限的, 并且 $f(x)$ 等于 S 的闭点 s, $\mathscr{O}_{X,x}$ 就一定是 $\mathscr{O}_{S,s} = A$ 上的有限呈示有限代数.

我们首先注意到, 在条件 c′) (切转: c″)) 中加上 f 是分离的这个条件后与原来的条件是等价的, 因为问题在 X 上是局部性的. 同样地, 在条件 b) 中加上 g 是分离的这个条件后与原来的条件也是等价的, 事实上, 只需把原来的条件应用到 f 在点 $u_0(S_0)$ 的某个仿射开邻域上的限制即可. 以下我们在 b), c′) 和 c″) 中就只考虑分离态射的情形.

a) 蕴涵 b) 和 b) 蕴涵 a′) 都是 (18.5.4) 的特殊情形. 我们进而来证明 a′) 蕴涵 a). 问题是要证明, 若 e_0 是 $C = B \otimes_A k$ 的一个幂等元, 则可以找到一个幂等元 $e \in B$, 它在典范映射下能够映到 e_0. 取 B 的一个元素 b, 使得它在 C 中的像是 e_0, 则 B 的 A 子代数 $A[b] = B'$ 是有限的, 并且 $B' \otimes_A k$ 在 C 中的典范像 C' 包含了 e_0. 现在 $B' \otimes_A k$ 是有限 k 代数, 从而它是一些有限局部 k 代数的直合, 因而 e_0 是 $B' \otimes_A k$ 中的某个幂等元 e'_0 在 C' 中的像. 这样一来, 问题归结到 B 是单苇代数的情形, 此时 B 同构于某个形如 $A[T]/F \cdot A[T]$ 的代数的商代数, 其中 F 是一个首一多项式. 根据 a′), $A[T]/F \cdot A[T]$ 是一些局部环的直合, 从而它的任何商代数也是如此, 这就证明了

幂等元 e 的存在性.

通过对半局部环 B 的极大理想的个数进行归纳, 我们就立即得知 c) 蕴涵 a). 为了证明 a) 蕴涵 c), 依照 (13.1.4), 可以限于考虑 f 是拟有限的仿射态射这个情形. 此时利用"主定理" (8.12.8) 得知, f 可以写成一个合成 $X \xrightarrow{j} Y \xrightarrow{g} S$, 其中 g 是有限态射, j 是开浸入. 由于 $Y = \operatorname{Spec} B$, 其中 B 是一个有限 A 代数, 故由 a) 知, B 是一些局部环的直合, 它们显然都是有限 A 代数, 并且 $\mathscr{O}_{X,x}$ 可以等同于这些局部环中的一个, 因为 $f(x) = s$. 进而, Y 的任何一个包含 x 的开集都必然包含 $\operatorname{Spec} \mathscr{O}_{X,x}$.

基于上面的注解, c) 显然能推出 c′). 我们来证明 c′) 蕴涵 c″). 事实上, 假设 c′) 是满足的, 我们要证明在 c″) 的前提条件下, 集合 $Z = \operatorname{Spec} \mathscr{O}_{X,x}$ 可以等同于 X 的一个既开又闭的子集, 由此就能得到 c″) (**I**, 2.4.2). 首先, 根据前提条件, 合成态射 $Z \xrightarrow{j} X \xrightarrow{f} S$ 是有限呈示且有限的, 其中 j 是典范态射 (**I**, 2.4.1), 且由于 f 是局部有限呈示且分离的, 故知 j 也是有限呈示且有限的 ((**II**, 6.1.5) 和 (1.4.3)), 因而 j 是一个闭态射 (**II**, 6.1.10), 这就证明了 Z 在 X 中是闭的. 现在由 (**I**, 2.4.2) 和 (**I**, 4.2.2) 知, j 是一个闭浸入. 然而若 $\mathscr{J}$ 是 $\mathscr{O}_X$ 的那个定义了 Z 的理想层, 则根据前提条件, $\mathscr{J}_x = 0$, 从而对 x 在 X 中的某个开邻域 V 中的任何点 z, 均有 $\mathscr{J}_z = 0$, 因为由前提条件知, $\mathscr{J}$ 是有限型的拟凝聚 $\mathscr{O}_X$ 模层 ((1.4.7) 和 ($\mathbf{0_I}$, 5.2.2)). 这样一个邻域包含了 Z, 从而 Z 在 X 中是开的 (因为 $\mathscr{J}|_V = 0$).

最后, c″) 蕴涵 a′). 事实上, 若 $B = A[T]/F \cdot A[T]$, 则态射 $X = \operatorname{Spec} B \to \operatorname{Spec} A = Y$ 是有限呈示且有限的, 而上面的证明过程也表明, B 是一些有限 A 代数 $\mathscr{O}_{X,x_i}$ 的直合, 这些 x_i 就是 Y 的闭点处的那个纤维上的各点.

推论 (18.5.12) — *设 A 是一个半局部环, $\mathfrak{r}$ 是它的根, 我们令 $S = \operatorname{Spec} A$, $S_0 = \operatorname{Spec}(A/\mathfrak{r})$. 则为了使 A 是Hensel 的, 必须且只需对任意***有限***态射 $f : X \to S$ 和任意***平展分离***态射 $g : Y \to S$, 令 $X_0 = X \times_S S_0$ 和 $Y_0 = Y \times_S S_0$, 则典范映射*

$$\operatorname{Hom}_S(X, Y) \longrightarrow \operatorname{Hom}_{S_0}(X_0, Y_0)$$

总是一一的.

条件的充分性可由 (18.5.11) 中 a) 和 b) 的等价性得出, 只要把它应用到 $f = 1_S$ 的情形即可. 为了证明条件的必要性, 注意到若 A 是 Hensel 的, 则由 (18.5.6, (i)) 知, 套组 (X, X_0) 是 Hensel 的, 进而, 我们有 $\operatorname{Hom}_S(X, Y) = \Gamma(X \times_S Y/X)$ 和 $\operatorname{Hom}_{S_0}(X_0, Y_0) = \Gamma(X_0 \times_{S_0} Y_0/X_0)$, 由于 $X \times_S Y$ 在 X 上是平展且分离的, 故由 (18.5.4) 中 a) 蕴涵 b) 的事实就可以推出结论.

注解 (18.5.13) — 定理 (18.5.11) 中的条件 a), a′), b) 还等价于下面的这个条件 ("Hensel 引理"):

a″) *对任意首一多项式 $F \in A[T]$ 以及它的典范像 $F_0 \in k[T]$ 的任意分解 $F_0 =$*

G_0H_0, 只要 G_0 和 H_0 都是 $k[T]$ 中的首一多项式, 并且是**互素**的, 就可以在 $A[T]$ 中找到唯一确定的两个首一多项式 G, H, 使得 G 和 H 在 $k[T]$ 中的典范像分别是 G_0 和 H_0, 并且 $F = GH$, 进而 G 和 H 所生成的理想就等于 $A[T]$.

我们首先来证明下面的引理:

引理 (18.5.13.1) — 设 A 是一个局部环, 剩余类域为 k, $F \in A[T]$ 是一个首一多项式, B 是 A 代数 $A[T]/F\cdot A[T]$. 则在 B 的直合分解 $B = B' \oplus B''$ 与 F 的乘积分解 $F = GH$ 之间有一个典范的一一对应, 这里的 B', B'' 是 B 的两个 A 商代数, G, H 则是 $A[T]$ 中的两个首一多项式, 且要求 G 和 H 所生成的理想就等于 $A[T]$. 此时与多项式 G, H 相对应的商代数 B', B'' 分别就是 $A[T]/H\cdot A[T]$ 和 $A[T]/G\cdot A[T]$.

若 $F = GH$, 并且 G 和 H 可以生成 $A[T]$, 则可以找到 $A[T]$ 中的两个多项式 P, Q, 使得 $1 = PG + QH$. 由此就能推出, 主理想 $\mathfrak{a} = G\cdot A[T]$ 和 $\mathfrak{b} = H\cdot A[T]$ 的交集刚好等于 $\mathfrak{c} = F\cdot A[T]$. 事实上, 若 $R \in G\cdot A[T] \cap H\cdot A[T]$, 则我们有 $R = PRG + QRH$, 其中 RH (切转: RG) 是 F 的一个倍式, 因为 R 是 G (切转: H) 的一个倍式, 从而 $R \in F\cdot A[T]$. 由于 $A[T] = \mathfrak{a} + \mathfrak{b}$, 故知 $A[T]/\mathfrak{c}$ 是理想 $\mathfrak{a}/(\mathfrak{a}\cap\mathfrak{b})$ 和 $\mathfrak{b}/(\mathfrak{a}\cap\mathfrak{b})$ 的直和, 这两个理想分别又典范同构于 $A[T]/\mathfrak{b}$ 和 $A[T]/\mathfrak{a}$.

反过来, 假设我们把 B 分解成了两个 A 代数 B', B'' 的直合, 则它们可以分别典范等同于 B 的两个理想 $e'B$, $e''B$, 其中 e' 和 e'' 是 B 中的两个互相正交的幂等元, 并且 $1 = e' + e''$. 我们再令 $B_0 = B\otimes_A k = k[T]/F_0\cdot k[T]$, 其中 F_0 是 F 在 $k[T]$ 中的典范像, 并且与 F 具有相同的次数 n, 若 e'_0, e''_0 是 e', e'' 在 B_0 中的典范像, 则它们是两个互相正交的幂等元, 并且在 B_0 中有 $1 = e'_0 + e''_0$, 从而 B_0 就分解成了 $B'_0 = e'_0B_0$ 和 $B''_0 = e''_0B_0$ 的直合. 设 t 和 t_0 是 T 在 B 和 B_0 中的典范像, 由于 B'_0 (切转: B''_0) 是一个由 $t'_0 = e'_0t_0$ (切转: $t''_0 = e''_0t_0$) 所生成的有限 k 代数, 故它具有基底 $\{e'_0, t'_0, {t'_0}^2, \cdots, {t'_0}^{s-1}\}$ (切转: $\{e''_0, t''_0, {t''_0}^2, \cdots, {t''_0}^{r-1}\}$), 并且 $r + s = n$. 另一方面, 由于 B 是一个自由 A 模 (基底为 $\{1, t, \cdots, t^{n-1}\}$), 故知 B' 和 B'' 都是投射 A 模, 从而也都是自由 A 模, 因为 A 是局部环 (Bourbaki,《交换代数学》, II, §5, ¥3, 命题 5 的推论), 于是由上面所述和 Bourbaki,《交换代数学》, II, §3, ¥3, 命题 5 知, 若我们令 $t' = e't$, $t'' = e''t$, 则 $\{e', t', \cdots, t'^{s-1}\}$ (切转: $\{e'', t'', \cdots, t''^{r-1}\}$) 就构成 A 模 B' (切转: B'') 的一个基底. 从而可以找到 $A[T]$ 中的一个 s 次 (切转: r 次) 多项式 H (切转: G), 使得 $e'H(t') = 0$ 且 $e''G(t'') = 0$, 由于对任意整数 $h \geqslant 1$, 均有 $t^h = t'^h + t''^h$, 并且 $t'^h = e't'^h$, $t''^h = e''t''^h$, 故我们也有 $G(t) = e'G(t')$ 和 $H(t) = e''H(t'')$, 从而 $G(t)H(t) = 0$, 由此可知, 多项式 $G(T)H(T)$ 可被 $F(T)$ 所整除, 但这两个首一多项式的次数是相同的, 故有 $GH = F$. 进而, B' (切转: B'') 同构于 $A[T]/H\cdot A[T]$ (切转: $A[T]/G\cdot A[T]$) . 最后, 可以找到 $A[T]$ 中的两个多项式 R, S, 使得 $e' = R(t)$, $e'' = S(t)$, 由于 $R(t) = e'R(t') + e''R(t'')$, 故必有 $e''R(t'') = 0$ 和 $e'S(t') = 0$, 且根据 G 和 H 的定义, $R = QG$, $S = PG$, 其中 P, Q 都落在 $A[T]$ 中, 从而由定义知, B 中

的关系式 $1 = R(t) + S(t)$ 就给出了 $PG + QH = 1 + LF$, 其中 L 是 $A[T]$ 中的一个多项式, 且由于 $F = GH$, 这就证明了 G 和 H 所生成的理想就是 $A[T]$, 也完成了引理的证明.

在这个引理的基础上, 现在我们只需把它分别应用到局部环 A 和域 k 上, 就可以推出条件 a′) 和 a″) 的等价性.

命题 (18.5.14) — 设 A 是一个半局部环, 且在 $\mathfrak{r}$ 预进拓扑下是分离且完备的 (其中 $\mathfrak{r}$ 是 A 的根), 则 A 是*Hensel* 的.

事实上, A 是有限个分离且完备的局部环的直合 (Bourbaki,《交换代数学》, III, §2, ¥13, 命题 19 的推论), 从而问题归结到 A 是局部环的情形. 我们来验证 (18.5.11) 中的条件 a′). 由于 B 是一个有限型自由 A 模, 故它在 $\mathfrak{r}$ 预进拓扑下显然是分离且完备的, 但 B 上的 $\mathfrak{r}$ 预进拓扑与 $\mathfrak{s}$ 预进拓扑是一样的, 其中 $\mathfrak{s}$ 是半局部环 B 的根, 因为 $B/\mathfrak{r}B$ 是一个 Artin 环, 并且它的根是 $\mathfrak{s}/\mathfrak{r}B$. 于是我们得知 (Bourbaki,《交换代数学》, III, §2, ¥13, 命题 19 的推论) B 是一些局部环的直合.

命题 (18.5.15) — 设 A 是一个*Hensel* 环, $\mathfrak{r}$ 是它的根. 则函子 $B \mapsto B/\mathfrak{r}B$ 是一个从有限平展 A 代数范畴到有限平展 $A/\mathfrak{r}$ 代数范畴的等价.

事实上, 这个函子的完全忠实性是 (18.5.12) 的特殊情形. 为了证明它是一个范畴等价, 我们可以限于考虑 A 是局部环的情形, 此时只需把 (18.1.1) (针对平展态射) 应用到 $S = \operatorname{Spec} A$ 和 $S_0 = \operatorname{Spec}(A/\mathfrak{r})$ (只含一点) 上即可.

注解 (18.5.16) — (i) 我们不知道是否可以把 (18.5.15) 推广到 Hensel 套组 (S, S_0) 上, 即使 S 是一个 Noether 仿射概形.

(ii) 设 A 是一个*Noether* 环, $\mathfrak{J}$ 是 A 的一个理想, 并假设 A 在 $\mathfrak{J}$ 预进拓扑下是分离且完备的. 则套组 $(\operatorname{Spec} A, \operatorname{Spec}(A/\mathfrak{J}))$ 是 Hensel 的. 事实上, 设 B 是一个有限 A 代数, 则 B 在 $\mathfrak{J}$ 预进拓扑下是分离且完备的 ($\mathbf{0_I}$, 7.3.6). 通过把 B 换成 A, 并把 $\mathfrak{J}B$ 换成 $\mathfrak{J}$, 问题就归结为证明, 把 A 的幂等元映到它的模 $\mathfrak{J}$ 等价类上的那个映射是一一的. 现在我们有 $A = \varprojlim (A/\mathfrak{J}^n)$. 若用 $\operatorname{Idem}(A)$ 来记 A 的幂等元的集合, 并且对任意环同态 $\varphi : A \to B$, 设 $\operatorname{Idem}(\varphi)$ 是那个通过 φ 的限制而给出的从 $\operatorname{Idem}(A)$ 到 $\operatorname{Idem}(B)$ 的映射, 则由投影极限的定义知, $\operatorname{Idem}(A) = \varprojlim \operatorname{Idem}(A/\mathfrak{J}^n)$, 其中的传递映射 $\psi_{nm} : \operatorname{Idem}(A/\mathfrak{J}^m) \to \operatorname{Idem}(A/\mathfrak{J}^n)$ 就是典范映射 $A/\mathfrak{J}^m \to A/\mathfrak{J}^n$ 的限制. 而由于 $\operatorname{Spec}(A/\mathfrak{J}^n) \to \operatorname{Spec}(A/\mathfrak{J}^m)$ 是同胚, 故这些 ψ_{nm} 都是一一的 (我们在 (18.5.3) 的证明中已经看到了这一点), 这就证明了上述阐言.

定理 (18.5.17) — 设 A 是一个*Hensel* 局部环, $S = \operatorname{Spec} A$, s 是 S 的闭点. 则对任意平滑态射 $f : X \to S$, 典范映射

$$\Gamma(X/S) \longrightarrow \Gamma(X_s/\boldsymbol{k}(s))$$

(其中 $X_s = f^{-1}(s)$) 都是满的.

给出 X_s 的一个 $\boldsymbol{k}(s)$ 截面就等价于给出一个位于 s 之上的 $\boldsymbol{k}(s)$ 有理点 $x \in X$, 因而问题是要证明, 可以找到一个 S 截面 $u : S \to X$, 使得 $u(s) = x$. 有见于 (17.16.3, (i)), 可以假设 f 是平展的. 此时由判别法 (18.5.11, b)) 就可以推出结论 (读者会注意到, 依照这个判别法, 对于一个局部环 A 来说, 为了使它满足 (18.5.17), 必须且只需它是 Hensel 的).

注解 (18.5.18) — (18.5.11) 中的那些条件还等价于下面这个条件:

d) 对任意局部有限型态射 $f : X \to S$ 和任意点 $x \in X$, 只要 $f(x)$ 等于 S 的闭点 s, 并且 $\mathscr{O}_{X,x}/\mathfrak{m}_s\mathscr{O}_{X,x}$ 可以典范同构于 $\boldsymbol{k}(s) = k$, 就一定能找到 x 在 X 中的一个开邻域 U, 使得 $f|_U$ 是一个闭浸入.

很容易看出 d) 蕴涵 (18.5.11) 的条件 b), 因为平展的闭浸入总是开浸入 (18.9.1). 反过来, 假设 (18.5.11) 中的那些条件得到了满足, 我们来证明 d). 依照 (13.1.4), d) 的前提条件表明, f 在点 x 近旁是拟有限的 (**II**, 6.2.3). 从而根据 (18.5.11) 的条件 c), $\mathscr{O}_{X,x}$ 是一个有限 A 代数, 并且 $\operatorname{Spec}\mathscr{O}_{X,x}$ 是 x 在 X 中的一个邻域 U. 进而, 由于 $\mathscr{O}_{X,x}/\mathfrak{m}_s\mathscr{O}_{X,x}$ 同构于 $k = A/\mathfrak{m}_s$, 故由 Nakayama 引理知, 同态 $A \to \mathscr{O}_{X,x}$ 是满的, 从而 $f|_U$ 是一个闭浸入.

命题 (18.5.19) — 设 A 是一个*Noether* 局部环, 并且是*Hensel* 的, $S = \operatorname{Spec} A$, s 是 S 的闭点, $f : X \to S$ 是一个紧合态射, 我们令 $X_s = f^{-1}(s)$, 则映射 $Y \mapsto Y \cap X_s$ 是一个从 X 的连通分支集合到 X_s 的连通分支集合的一一映射.

考虑 X 的一个以某个连通分支为底空间的闭子概形, 则问题可以归结为证明, 若 X 是连通且非空的, 则 X_s 也是连通且非空的. X_s 是非空的这件事缘自 (**II**, 7.2.1), 为了证明 X_s 是连通的, 我们使用反证法, 考虑紧合态射 f 的 Stein 分解 $f : X \xrightarrow{f'} S' \xrightarrow{g} S$ (**III**, 4.3.3), 根据前提条件, 有限离散集合 $g^{-1}(s)$ 包含至少两个点. 由于 A 是 Hensel 的, 并且 g 是有限型分离的, 故由 (18.5.11, c)) 可得知, S' 是两个非空概形 S'_1, S'_2 的和 (因为它们中的一个与 $g^{-1}(s)$ 的交集只包含一点). 由于 f' 是映满的 (**III**, 4.3.1), 故我们又可得知, X 也是两个非空概形的和. 这与前提条件矛盾.

18.6 Hensel 化

(18.6.1) 给了一个局部环 A, 所谓一个局部 A 代数 B 是实质平展的, 是指可以找到一个平展 A 代数 C 以及 C 的一个素理想 $\mathfrak{n}$, 使得 B 能够 A 同构于 $C_{\mathfrak{n}}$ 且合成同态 $A \to C \to C_{\mathfrak{n}}$ 是一个局部同态(换句话说, $\mathfrak{n}$ 位于 A 的极大理想 $\mathfrak{m}$ 之上). 此时 (17.6.1) $\mathfrak{n}B$ 就是 B 的唯一一个位于 $\mathfrak{m}$ 之上的素理想 (因为 B 是局部环), 从而

若 B, B' 是两个实质平展的局部 A 代数, 则任何 A 同态 $B \to B'$ 都是局部同态.

若 A' 是一个实质平展的局部 A 代数, A'' 是一个实质平展的局部 A' 代数, 则 A'' 是一个实质平展的局部 A 代数. 事实上, 根据前提条件, 我们有 $A' = B_{\mathfrak{n}}$, 其中 B 是一个平展 A 代数, $\mathfrak{n}$ 是 B 的一个位于 A 的极大理想之上的素理想, 并且有 $A'' = B'_{\mathfrak{n}'}$, 其中 B' 是一个平展 A' 代数, $\mathfrak{n}'$ 是 B' 的一个位于理想 $\mathfrak{n}B_{\mathfrak{n}}$ 之上的素理想. 我们令 $S = B \smallsetminus \mathfrak{n}$, 则有 $A' = S^{-1}B$, 并且 B' 可以写成 $S^{-1}C$ 的形状, 其中 C 是一个有限呈示 B 代数. 因而 C 也是一个有限呈示 A 代数, 并且 A'' 可以写成 $C_{\mathfrak{r}}$ 的形状, 其中 $\mathfrak{r}$ 是 C 的一个位于 A 的极大理想之上的素理想. 由于 A' 是一个泛平展 A 代数, 并且 A'' 是一个泛平展 A' 代数, 故知 A'' 是一个泛平展 A 代数 (17.1.3), 从而态射 $\operatorname{Spec} C \to \operatorname{Spec} A$ 在点 $\mathfrak{r}$ 近旁是平展的 (17.6.1), 于是可以找到一个元素 $g \in C$, 使得 C_g 是一个平展 A 代数, 这就证明了 A'' 是实质平展的局部 A 代数.

给了一个局部环 A, 我们总有这样一个集合 $\mathfrak{C}$, 它是由一些实质平展的局部 A 代数所组成的, 并且任何一个实质平展的局部 A 代数都与 $\mathfrak{C}$ 中的某个元素是 A 同构的. 为此显然只需注意到, 我们有一个由某些有限型 A 代数所组成的集合 $\mathfrak{F}$, 它使得任何一个有限型 A 代数都同构于 $\mathfrak{F}$ 中的一个代数. 事实上, 可以取 $\mathfrak{F}$ 就是由那些多项式代数 $A[T_1, \cdots, T_n]$ $(n \in \mathbb{N})$ 的商代数所组成的集合.

在下文中, 若 A 和 B 是两个局部环, 则我们用 $\operatorname{Hom}^{局}(A, B)$ 来表示 A 到 B 的全体局部同态的集合①.

引理 (18.6.2) — *设 A, A' 是两个局部环, k, k' 分别是它们的剩余类域, $\varphi : A \to A'$ 是一个 (局部) 同态, 它使 A' 成为一个实质平展的局部 A 代数 (18.6.1), 并使得对应的同态 $k \to k'$ 是一一的. 则对任意* **Hensel** *局部环 B, 典范映射*

$$\operatorname{Hom}(\varphi, 1_B) \ : \ \operatorname{Hom}^{局}(A', B) \longrightarrow \operatorname{Hom}^{局}(A, B)$$

都是一一的.

我们令 $S = \operatorname{Spec} A$, $Y = \operatorname{Spec} B$, 并设 s 和 y 分别是 S 和 Y 的闭点. 根据前提条件, A' 同构于某个平展分离 S 概形 X 在某个位于 s 之上的点 $x \in X$ 处的局部环 $\mathscr{O}_{X,x}$. 假设给了一个局部同态 $\psi : A \to B$, 它使 Y 成为一个 S 概形, 问题是要证明, 我们有唯一一个 S 态射 $f : Y \to X$, 能使得 $f(y) = x$. 我们令 $X' = X \times_S Y$, 且注意到由 $\boldsymbol{k}(x) = \boldsymbol{k}(s)$ 知, 在 X' 中有唯一一个这样的点 x', 它位于 x 和 y 之上, 且满足 $\boldsymbol{k}(x') = \boldsymbol{k}(y)$. 需要证明的是, X' 有唯一一个 Y 截面 f', 能使得 $f'(y) = x'$. 由于态射 $g : X' \to Y$ 是平展且分离的, 故知纤维 $X'_0 = g^{-1}(y)$ 在点 x' 处的局部环就是域 $\boldsymbol{k}(x') = \boldsymbol{k}(y)$. 从而若我们令 $Y_0 = \operatorname{Spec} \boldsymbol{k}(y)$, 则 X'_0 有唯一一个截面 f'_0, 能使得 $f'_0(y) = x'$, 从而由 B 是 Hensel 的这个条件以及 (18.5.11, b)) 就可以推出结论.

①译注: 原文使用的记号是 $\operatorname{Hom.loc}(A, B)$.

我们把满足 (18.6.2) 中的那些条件的局部 A 代数 A' 称为严格实质平展的局部 A 代数, 注意到判别法 (18.5.11, b)) 就意味着, 为了使 A 是 Hensel 的, 必须且只需任何严格实质平展的局部 A 代数都 A 同构于 A.

引理 (18.6.3) — 设 A 是一个局部环, A_1, A_2 是两个严格实质平展的局部 A 代数.

(i) 从 A_1 到 A_2 至多有一个 A 同态 (必然是局部同态).

(ii) 可以找到第三个严格实质平展的局部 A 代数 A_3 和两个 A 同态 $A_1 \to A_3$, $A_2 \to A_3$.

我们令 $S = \operatorname{Spec} A$, 根据前提条件, 我们有两个平展分离 S 概形 X_1, X_2 和两个位于 S 的闭点 s 之上的点 $x_1 \in X_1$, $x_2 \in X_2$, 使得 $A_1 = \mathscr{O}_{X_1,x_1}$, $A_2 = \mathscr{O}_{X_2,x_2}$. 现在令 $X_3 = X_1 \times_S X_2$, 则条件 $\boldsymbol{k}(x_1) = \boldsymbol{k}(x_2) = \boldsymbol{k}(s)$ 表明, X_3 有唯一一个位于 x_1 和 x_2 上的点 x_3, 能满足 $\boldsymbol{k}(x_3) = \boldsymbol{k}(s)$ (**I**, 3.4.9). 进而 X_3 在 S 上是平展的 (17.3.3), 从而 $A_3 = \mathscr{O}_{X_3,x_3}$ 就满足 (ii) 中的条件. 此外, 我们已经看到从 A_1 到 A_2 的任何 A 同态都一定是局部同态, 它对应着 $X_2' = \operatorname{Spec} A_2$ 到 X_1 的一个满足 $f(x_2) = x_1$ 的 S 态射 f, 或者可以取 $X_3' = X_1 \times_S X_2'$, 它对应着 X_3' 的一个满足 $f'(x_2) = x_3$ 的 X_2' 截面 f'. 由于 $\boldsymbol{k}(x_3) = \boldsymbol{k}(x_2)$, 并且 X_2' 是连通的, 故由 (17.4.9) 就可以推出 f' 的唯一性, 这就证明了 (i).

(18.6.4) 我们用 $\mathfrak{S}$ 来记由 (18.6.1) 中的那个集合 $\mathfrak{E}$ 里的严格实质平展的局部 A 代数所组成的子集. 则由 (18.6.3) 知, 关系“可以找到一个从 A_1 到 A_2 的 A 同态”给出了 $\mathfrak{S}$ 上的一个近序关系, 它使 $\mathfrak{S}$ 成为一个递增滤相集. 我们用 $\mathfrak{S}$ 本身通过恒同映射来定义出 $\mathfrak{S}$ 上的一个指标系, 则由 (18.6.3, (i)) 知, 若 $\lambda \leqslant \mu$ (在 $\mathfrak{S}$ 中), 则有唯一一个 A 同态 $\varphi_{\mu\lambda} : A_\lambda \to A_\mu$, 并且这些 $(A_\lambda, \varphi_{\mu\lambda})$ 显然构成一个由局部 A 代数所组成的归纳系, 因为这些 $\varphi_{\mu\lambda}$ 都是局部同态. 进而, 由 (17.3.5) 知, 当 $\lambda \leqslant \mu$ 时, A_μ 总是一个严格实质平展的局部 A_λ 代数.

定义 (18.6.5) — 我们把 (18.6.4) 中的那个归纳系 $(A_\lambda, \varphi_{\mu\lambda})$ 的归纳极限 A 代数称为局部环 A 的*Hensel* 化, 并记作 ${}^{\mathrm{h}}\!A$.

这个定义实际上并不依赖于集合 $\mathfrak{E}$ 的选择, 若 $\mathfrak{E}'$ 是另一个由实质平展的局部 A 代数所组成的集合, 满足与 $\mathfrak{E}$ 相同的条件, $\mathfrak{S}'$ 是由 $\mathfrak{E}'$ 里的那些严格实质平展的局部 A 代数所组成的子集, 则由 (18.6.3, (ii)) 知, 对于上面所考虑的那个近序关系来说, $\mathfrak{S}$ 和 $\mathfrak{S}'$ 都与 $\mathfrak{S}'' = \mathfrak{S} \cup \mathfrak{S}'$ 是共尾的, 从而在同构的意义下它们给出了相同的归纳极限. 我们将在下面的 (18.6.6, (i) 和 (ii)) 中看到, ${}^{\mathrm{h}}\!A$ 和典范同态 $A \to {}^{\mathrm{h}}\!A$ 构成某个普适问题的解, 因而它在只差一个唯一同构的意义下是唯一确定的.

注意到若 A 是一个域, 则显然有 ${}^{\mathrm{h}}\!A = A$. 在一般情形下, ${}^{\mathrm{h}}\!A$ 也是所有严格实质平展的局部 A 代数 A_λ $(\lambda \in \mathfrak{S})$ 的 Hensel 化, 因为若 B 是一个严格实质平展的局部

A_λ 代数, 则 B 也是严格实质平展的局部 A 代数 (18.6.1), 从而 (在只差一个 A 同构的意义下) 它是这些 A_μ ($\mu \geqslant \lambda$) 中的一员, 故依照 (18.6.1) 和 (18.6.3), 由 A_μ ($\mu \geqslant \lambda$) 中的那些严格实质平展的局部 A_λ 代数 A_μ 所组成的集合与全体 A_λ 组成的近有序集是共尾的.

定理 (18.6.6) — *设 A 是一个局部环, ${}^{\mathrm{h}}\!A$ 是它的Hensel 化.*

(i) *${}^{\mathrm{h}}\!A$ 是一个Hensel 局部环, 并且结构同态 $A \to {}^{\mathrm{h}}\!A$ 是局部同态.*

(ii) *对任意Hensel 局部环 B, 典范映射*

$$\mathrm{Hom}^{局}({}^{\mathrm{h}}\!A, B) \longrightarrow \mathrm{Hom}^{局}(A, B)$$

都是一一的.

(iii) *${}^{\mathrm{h}}\!A$ 是一个忠实平坦 A 模, 并且若 $\mathfrak{m}$ 是 A 的极大理想, 则 $\mathfrak{m}\cdot{}^{\mathrm{h}}\!A$ 就是 ${}^{\mathrm{h}}\!A$ 的极大理想, 进而剩余类域的同态 $A/\mathfrak{m}A \to {}^{\mathrm{h}}\!A/\mathfrak{m}\cdot{}^{\mathrm{h}}\!A$ 是一一的.*

(iv) *若 $\widehat{A}$ 和 $({}^{\mathrm{h}}\!A)^\wedge$ 分别是局部环 A 和 ${}^{\mathrm{h}}\!A$ 的分离完备化, 则由结构同态 $A \to {}^{\mathrm{h}}\!A$ 通过完备化所导出的同态 $\widehat{A} \to ({}^{\mathrm{h}}\!A)^\wedge$ 总是一一的.*

(v) *为了使 ${}^{\mathrm{h}}\!A$ 是Noether 的, 必须且只需 A 是如此.*

(vi) *若 A 是Hensel 的, 则典范同态 $A \to {}^{\mathrm{h}}\!A$ 是一一的.*

设 $\mathfrak{m}_\lambda$ 是 A_λ 的极大理想, 则由 (17.6.1) 中 a) 蕴涵 c′) 的事实可知, 当 $\lambda \leqslant \mu$ 时总有 $\mathfrak{m}_\mu = \mathfrak{m}_\lambda A_\mu$, 且同态 $A_\lambda/\mathfrak{m}_\lambda \to A_\mu/\mathfrak{m}_\mu$ 总是一一的, 进而 A_μ 总是一个平坦 A_λ 模. 从而由 ($\mathbf{0_{III}}$, 10.3.1.3) 就可以推出 ${}^{\mathrm{h}}\!A$ 是局部环并且同态 $A \to {}^{\mathrm{h}}\!A$ 是局部同态, 并且还可以推出 (iii) 以及 (v) 的充分性部分, (v) 的必要性部分则是由于 ${}^{\mathrm{h}}\!A$ 是一个忠实平坦 A 模 ($\mathbf{0_{I}}$, 6.5.2).

下面我们要应用判别法 (18.5.11, b)) 来证明 ${}^{\mathrm{h}}\!A$ 是 Hensel 的. 首先令 $S = \mathrm{Spec}\,{}^{\mathrm{h}}\!A$, $S_0 = \mathrm{Spec}({}^{\mathrm{h}}\!A/\mathfrak{m}\cdot{}^{\mathrm{h}}\!A)$, 并设 $g : S' \to S$ 是一个平展态射, 现在令 $S'_0 = g^{-1}(S_0)$, 并设 $f_0 : S_0 \to S'_0$ 是 S'_0 的一个 S_0 截面. 采用与 (18.5.4) 相同的办法, 可以假设 g 是有限呈示的. 此时由 (8.8.2) 和 (17.7.5) 知, 可以找到一个指标 $\lambda \in \mathfrak{S}$ 和一个平展态射 $g_\lambda : S'^{(\lambda)} \to S^{(\lambda)} = \mathrm{Spec}\,A_\lambda$ 以及相对于 $S_0^{(\lambda)} = \mathrm{Spec}(A_\lambda/\mathfrak{m}A_\lambda)$ 和 $S_0'^{(\lambda)} = g^{-1}(S_0^{(\lambda)})$ 的一个 $S_0^{(\lambda)}$ 截面 $f_0^{(\lambda)} : S_0^{(\lambda)} \to S_0'^{(\lambda)}$, 使得 $S' = S'^{(\lambda)} \times_{S^{(\lambda)}} S$, $g = g^{(\lambda)} \times 1$ 且 $f_0 = f_0^{(\lambda)} \times 1$. 设 s 是 S 的闭点, $x = f_0(s)$, x_λ 是 x 在 $S'^{(\lambda)}$ 上的投影, 由于 x_λ 位于 $S^{(\lambda)}$ 的闭点 s_λ 之上, 故知 $S'^{(\lambda)}$ 在点 x_λ 处的局部环 C_λ 是一个实质平展的局部 A_λ 代数. 进而, 由于 $f_0^{(\lambda)}(s_\lambda) = x_\lambda$, 故知 $\boldsymbol{k}(x_\lambda) = \boldsymbol{k}(s_\lambda)$, 换句话说, C_λ 是一个严格实质平展的局部 A_λ 代数, 因而 (18.6.1) 它与某个 A 代数 A_μ ($\mu \geqslant \lambda$) 是 A_λ 同构的. 从而我们有一个 A_λ 同态 $C_\lambda \to {}^{\mathrm{h}}\!A$, 也就是说, 有一个满足 $h(s) = x_\lambda$ 的 $S^{(\lambda)}$ 态射 $h : S \to S'^{(\lambda)}$, 由此就可以找到 S' 的一个 S 截面 f, 使得 $f(s) = x$, 这就证明了 (i).

为了证明 (ii), 我们只需注意到 $\mathrm{Hom}^{局}({}^{\mathrm{h}}\!A, B) \cong \varprojlim \mathrm{Hom}^{局}(A_\lambda, B)$ 并且 (根据 (18.6.2)) 这些典范同态 $\mathrm{Hom}^{局}(A_\lambda, B) \leftarrow \mathrm{Hom}^{局}(A, B)$ 都是一一的即可.

为了证明 (iv), 注意到对任意 λ 和任意正整数 n, 我们都有 $\mathfrak{m}_\lambda^n = \mathfrak{m}^n A_\lambda$ 和 $(\mathfrak{m}\cdot {}^{\mathrm{h}}\!A)^n = \mathfrak{m}^n \cdot {}^{\mathrm{h}}\!A = \varinjlim \mathfrak{m}_\lambda^n$, 故利用函子 $\varinjlim$ 在 A 模范畴中的正合性得知, ${}^{\mathrm{h}}\!A/(\mathfrak{m}\cdot {}^{\mathrm{h}}\!A)^n = \varinjlim (A_\lambda/\mathfrak{m}_\lambda^n)$, 因而只需证明, 对任意整数 n 和任意指标 λ, 同态 $A/\mathfrak{m}^n \to A_\lambda/\mathfrak{m}_\lambda^n$ 都是一一的. 现在根据前提条件, 当 $n=1$ 时这是对的, 另一方面, 由于 A_λ 是一个平坦 A 模, 故有

$$\mathfrak{m}_\lambda^n/\mathfrak{m}_\lambda^{n+1} \;=\; (\mathfrak{m}^n/\mathfrak{m}^{n+1})\otimes_A A_\lambda \;=\; (\mathfrak{m}^n/\mathfrak{m}^{n+1})\otimes_{A/\mathfrak{m}} (A_\lambda/\mathfrak{m}A_\lambda),$$

且由于 $A/\mathfrak{m} \to A_\lambda/\mathfrak{m}A_\lambda = A_\lambda/\mathfrak{m}_\lambda$ 是一一的, 故知同态 $\mathfrak{m}^n/\mathfrak{m}^{n+1} \to \mathfrak{m}_\lambda^n/\mathfrak{m}_\lambda^{n+1}$ 也是一一的, 从而由 Bourbaki,《交换代数学》, III, §2, ⋡8, 定理 1 的推论 3 就可以推出结论.

最后, 若 A 是 Hensel 的, 则由 (18.6.3) 前面的注解可知, 这些同态 $A \to A_\lambda$ 都是一一的, 这就证明了 (vi) (根据 ${}^{\mathrm{h}}\!A$ 的定义).

(18.6.7) 现在设 A 是一个半局部环, $\mathfrak{m}_i$ $(1 \leqslant i \leqslant r)$ 是它的全体极大理想. 则 A 的*Hensel* 化(记作 ${}^{\mathrm{h}}\!A$) 就是指这些局部环 $A_{\mathfrak{m}_i}$ 的 Hensel 化的乘积 $\prod_i {}^{\mathrm{h}}(A_{\mathfrak{m}_i})$. 这是一个忠实平坦 A 模, 也是一个半局部 A 代数, 并且依照 (18.6.6, (iii)), 它的极大理想就是这些 $\mathfrak{m}_i \cdot {}^{\mathrm{h}}\!A$, 进而, 若 $\mathfrak{r} = \bigcap_i \mathfrak{m}_i$ 是 A 的根, 则由上面所述知, $\mathfrak{r}\cdot {}^{\mathrm{h}}\!A$ 就是 ${}^{\mathrm{h}}\!A$ 的根, 并且典范映射 $A/\mathfrak{r} \to {}^{\mathrm{h}}\!A/\mathfrak{r}\cdot {}^{\mathrm{h}}\!A$ 是一一的. 由于 A 在 $\mathfrak{r}$ 预进拓扑下的分离完备化 $\widehat{A}$ 就等于这些分离完备化 $\widehat{A}_{\mathfrak{m}_i}$ 的乘积 (Bourbaki,《交换代数学》, III, §2, ⋡13, 命题 18), 故知典范同态 $\widehat{A} \to ({}^{\mathrm{h}}\!A)^\wedge$ 是一一的 (18.6.6, (iv)), 并且由 (18.6.6, (v)) 易见, 为了使 ${}^{\mathrm{h}}\!A$ 是 Noether 的, 必须且只需 A 是如此.

为了得到与 (18.6.6, (ii)) 类似的普适性质, 我们先要对两个半局部环 A, B 和它们的根 $\mathfrak{r}$, $\mathfrak{s}$ 来定义半局部同态的概念, 这就是满足 $\varphi(\mathfrak{r}) \subseteq \mathfrak{s}$ 的同态 φ. 特别地, 如果 B 是一些局部环 B_j $(1 \leqslant j \leqslant n)$ 的乘积, 那么给出这样一个同态就相当于给出它的各个投影 $\varphi_j : A \to B_j$, 且要求它们满足 $\varphi_j(\mathfrak{r}) \subseteq \mathfrak{n}_j$, 其中 $\mathfrak{n}_j$ 是 B_j 的极大理想. 此外, 若 $\mathfrak{m}_i$ $(1 \leqslant i \leqslant m)$ 是 A 的所有极大理想, 则素理想 $\varphi_j^{-1}(\mathfrak{n}_j)$ 必须包含某个 $\mathfrak{m}_i$, 因为它包含了它们的交集 $\mathfrak{r}$, 从而必须等于某个 $\mathfrak{m}_i$, 于是 φ_j 可以分解为 $A \to A_{\mathfrak{m}_i} \xrightarrow{\psi_{ij}} B_j$, 其中 ψ_{ij} 是一个局部同态. 从而若我们用 $\mathrm{Hom}^{\text{半局}}(A,B)$ 来记 A 到 B 的所有半局部同态的集合①, 则可以把它等同于 $\prod_j \bigl(\bigcup_i \mathrm{Hom}^{\text{局}}(A_{\mathfrak{m}_i}, B_j)\bigr)$, 由于 Hensel 半局部环都是 Hensel 局部环的直积, 故我们看到, 普适性质 (18.6.6, (ii)) 对于半局部环仍然是有效的, 只要把"局部同态"改成"半局部同态"即可.

命题 (18.6.8) — 设 A 是一个半局部环, B 是一个半局部 A 代数, 并且它在 A 上是整型的. 则 $B\otimes_A ({}^{\mathrm{h}}\!A)$ 是一个半局部 B 代数, 并且同构于 ${}^{\mathrm{h}}B$.

---

①译注: 原文使用的记号是 $\mathrm{Hom.sloc}(A,B)$.

由于 $B \otimes_A ({}^{\mathrm{h}}\!A)$ 在 ${}^{\mathrm{h}}\!A$ 上是整型的, 故知它的任何一个极大理想都位于 ${}^{\mathrm{h}}\!A$ 的某个极大理想之上, 从而也位于 A 的某个极大理想之上, 又因为 B 在 A 上是整型的, 故知 B 的那些位于 A 的极大理想之上的素理想都是 B 的极大理想, 从而 $B \otimes_A ({}^{\mathrm{h}}\!A)$ 的极大理想在 $\operatorname{Spec} {}^{\mathrm{h}}\!A$ 和 $\operatorname{Spec} B$ 中的投影都是极大理想. 有见于 (18.6.6, (iii)) 和 (**I**, 3.4.9), 我们就得知环 $B \otimes_A ({}^{\mathrm{h}}\!A)$ 是半局部的. 进而, 对任意 Hensel 局部环 C, $\operatorname{Hom}^{半局}(B \otimes_A ({}^{\mathrm{h}}\!A), C)$ 中的元素都能一一对应着二元组 (φ, ψ), 其中 $\varphi : B \to C$ 和 $\psi : {}^{\mathrm{h}}\!A \to C$ 都是半局部同态, 并且合成 $A \to B \xrightarrow{\varphi} C$ 和 $A \to {}^{\mathrm{h}}\!A \xrightarrow{\psi} C$ 是相等的. 然而 $\operatorname{Hom}^{半局}(A, C)$ 中的元素和 $\operatorname{Hom}^{半局}({}^{\mathrm{h}}\!A, C)$ 中的元素也是一一对应的, 故我们看到, 对任意 $\varphi \in \operatorname{Hom}^{半局}(B, C)$, 均有唯一一个满足上述条件的 ψ, 从而映射 $\operatorname{Hom}^{半局}(B \otimes_A ({}^{\mathrm{h}}\!A), C) \longrightarrow \operatorname{Hom}^{半局}(B, C)$ 是一一的, 这就推出了命题的结论, 因为普适问题的解是唯一的.

定理 (18.6.9) — *设 A 是一个半局部环.*

(i) *为了使 ${}^{\mathrm{h}}\!A$ 是既约的 (切转: 正规的), 必须且只需 A 是如此.*

(ii) *假设 A 是 Noether 环. 则对于 A 的任意素理想 $\mathfrak{p}$, 环 $({}^{\mathrm{h}}\!A)_{\mathfrak{p}}/\mathfrak{p} \cdot ({}^{\mathrm{h}}\!A)_{\mathfrak{p}}$ 都是 $\boldsymbol{k}(\mathfrak{p})$ 的有限个可分代数扩张的直合*(这就说明典范态射 $\operatorname{Spec} {}^{\mathrm{h}}\!A \to \operatorname{Spec} A$ 的各个纤维都是几何正则的).

(i) 由于 ${}^{\mathrm{h}}\!A$ 是一个忠实平坦 A 模, 故由 (2.1.13) 知, 若 ${}^{\mathrm{h}}\!A$ 是既约的 (切转: 正规的), 则 A 也是如此. 为了证明逆命题, 可以限于考虑 A 是局部环的情形, 从而在 (18.6.4) 的记号下, ${}^{\mathrm{h}}\!A = \varinjlim A_\alpha$. 现在由这些 A_α 的定义和 (17.5.7) 知, 若 A 是既约的 (切转: 整且整闭的), 则每个 A_α 也是如此, 进而依照 ($\mathbf{0_I}$, 6.5.1), 这些同态 $A_\alpha \to A_\beta$ ($\alpha \leqslant \beta$) 都是单的 (因为 A_β 是忠实平坦 A_α 模), 从而这些态射 $\operatorname{Spec} A_\beta \to \operatorname{Spec} A_\alpha$ 都是笼罩性的, 于是从 (5.13.2) (切转: (5.13.4)) 就得知, ${}^{\mathrm{h}}\!A$ 是既约的 (切转: 整且整闭的).

(ii) 可以限于考虑 A 是局部环的情形. 基于函子 $\varinjlim$ 与张量积是可交换的这个性质, 态射 $\operatorname{Spec} {}^{\mathrm{h}}\!A \to \operatorname{Spec} A$ 在一点 $\mathfrak{p}$ 处的纤维就是这些态射 $\operatorname{Spec} A_\alpha \to \operatorname{Spec} A$ 在该点处的纤维的归纳极限. 由于 ${}^{\mathrm{h}}\!A$ 是 Noether 环, 且有见于 (17.6.2), 故我们看到, 问题归结为证明下面这个引理:

引理 (18.6.9.1) — *设 (B_α) 是 Artin 环的一个归纳系, $B = \varinjlim B_\alpha$ 是它的归纳极限. 若 B 是 Noether 环, 则 B 是 Artin 环. 进而若对 $\alpha \leqslant \beta$, 同态 $\varphi_{\beta\alpha} : B_\alpha \to B_\beta$ 都是单的, 则可以找到一个 λ, 使得当 $\alpha \geqslant \lambda$ 时, B_α 的局部分量 $B_\alpha^{(i)}$ 的个数是常值的, 同时对任意 i, 均有 $\varphi_{\beta\alpha}(B_\alpha^{(i)}) \subseteq B_\beta^{(i)}$, 并且这些 $B^{(i)} = \varinjlim B_\alpha^{(i)}$ 就是 B 的局部分量.*

事实上, 设 $Y_\alpha = \operatorname{Spec} B_\alpha$, $Y = \operatorname{Spec} B$, 则后者作为拓扑空间就等于 $\varprojlim Y_\alpha$ (8.2.10). 这些空间 Y_α 都是有限且离散的, 进而若 $\varphi_{\beta\alpha}$ 都是单的, 则典范态射 $Y_\beta \to$

Y_α 都是笼罩性的, 从而是映满的. 从而由下面这个纯拓扑性的引理就可以推出结论.

引理 (18.6.9.2) — 设 $(Y_\alpha, \psi_{\alpha\beta})$ 是有限离散拓扑空间的一个投影系. 若 $Y = \varprojlim Y_\alpha$ 是*Noether* 的, 则 Y 是有限且离散的. 进而若 $\psi_{\alpha\beta}$ 都是映满的, 则可以找到一个 λ, 使得当 $\alpha \geqslant \lambda$ 时, Y_α 的元素个数是常值的, 并且就等于 Y 的元素个数.

事实上, 由于 Y 是紧的, 并且是 Noether 的, 故知 Y 的任何子集都是紧的, 从而也是闭的, 这就表明 Y 是离散的, 从而是有限的, 因为它是紧的. 进而若 $\psi_{\alpha\beta}$ 都是映满的, 则 $\psi_\alpha : Y \to Y_\alpha$ 也是如此, 从而 $\operatorname{Card}(Y) \geqslant \operatorname{Card}(Y_\alpha)$, 又因为 $\operatorname{Card}(Y_\alpha)$ 是 α 的递增函数, 故可找到一个 λ, 使得当 $\alpha \geqslant \lambda$ 时 $\operatorname{Card}(Y_\alpha) = \operatorname{Card}(Y_\lambda)$, 于是当 $\alpha \geqslant \lambda$ 且 $\beta \geqslant \lambda$ 时, $\psi_{\alpha\beta}$ 都是一一的, 从而我们有 $\operatorname{Card}(Y) = \operatorname{Card}(Y_\lambda)$.

推论 (18.6.10) — 设 A 是一个*Noether* 局部环. 则为了使 ${}^{\mathrm{h}}\!A$ 具有下面的性质:

a) 是*Cohen-Macaulay* 环 (**0**, 16.5.3),

b) 具有 (S_n) 性质 (5.7.3),

c) 是正则的,

d) 具有 (R_n) 性质 (5.8.2),

必须且只需 A 具有同样的性质.

这可由态射 $\operatorname{Spec}{}^{\mathrm{h}}\!A \to \operatorname{Spec} A$ 的纤维都是几何正则的 (18.6.9) 以及 (6.4.1), (6.5.1) 和 (6.5.3) 立得.

推论 (18.6.11) — 设 A 是一个*Noether* 半局部环. 则为了使 ${}^{\mathrm{h}}\!A$ 的素理想 $\mathfrak{p}$ 落在 $\operatorname{Ass}{}^{\mathrm{h}}\!A$ 中, 必须且只需 $\mathfrak{p} \cap A$ 落在 $\operatorname{Ass} A$ 中.

有见于态射 $\operatorname{Spec}{}^{\mathrm{h}}\!A \to \operatorname{Spec} A$ 的纤维的具体描述, 这可由 (3.3.1) 立得.

命题 (18.6.12) — 设 A 是一个局部环, 则以下诸性质是等价的:

a) A 是独枝的 (**0**, 23.2.1) (切转: 既约且独枝的).

b) 对任何一个严格实质平展的局部 A 代数 A' 来说, $\operatorname{Spec} A'$ 都是不可约的 (切转: 整的).

c) $\operatorname{Spec}{}^{\mathrm{h}}\!A$ 是不可约的 (切转: 整的).

首先注意到 ${}^{\mathrm{h}}(A_{\mathrm{red}}) = ({}^{\mathrm{h}}\!A)_{\mathrm{red}}$, 这是因为 ${}^{\mathrm{h}}(A_{\mathrm{red}}) = ({}^{\mathrm{h}}\!A) \otimes_A A_{\mathrm{red}}$ (18.6.8), 并且 ${}^{\mathrm{h}}(A_{\mathrm{red}})$ 是既约的 (18.6.9), 故等于 $({}^{\mathrm{h}}\!A)_{\mathrm{red}}$. 从而我们就可以在证明中只考虑 A 是既约环的情形, 此时 A' 和 ${}^{\mathrm{h}}\!A$ 也是如此 ((17.5.7) 和 (18.6.9)).

在 (18.6.4) 的记号下, 条件 b) 就意味着这些 A_α 都是整的, 由此可知 ${}^{\mathrm{h}}\!A = \varinjlim A_\alpha$ 也是整的 (5.13.3), 从而 b) 蕴涵 c).

显然若 ${}^{\mathrm{h}}\!A$ 是整的, 则这些 $A_\alpha \subseteq {}^{\mathrm{h}}\!A$ 也都是整的, 从而 c) 蕴涵 b). 我们来证明 c) 蕴涵 a). 首先注意到 $A \subseteq {}^{\mathrm{h}}\!A$ 是整的, 设 K 和 L 分别是 A 和 ${}^{\mathrm{h}}\!A$ 的分式域. 只需证

明任何有限 A 代数 $B \subseteq K$ 都是局部环即可. 现在 B 总是一个半局部环, 从而它的 Hensel 化就是 $B \otimes_A ({}^{\mathrm{h}}A)$ (18.6.8). 基于平坦性条件, $B \otimes_A ({}^{\mathrm{h}}A)$ 可以等同于 $K \otimes_A ({}^{\mathrm{h}}A)$ 的一个子环, 并且 $K \otimes_A ({}^{\mathrm{h}}A)$ 可以等同于 L 的一个子环, 从而 ${}^{\mathrm{h}}B$ 是整的. 然而 ${}^{\mathrm{h}}B$ 是一个 Hensel 半局部环, 故它是一些局部环的直合 (18.5.9), 从而由它是整的就推出它只能是一个局部环, 这又表明 B 是一个局部环.

最后我们来证明 a) 蕴涵 c). 设 C 是整环 A 的整闭包. 根据前提条件, C 是一个局部环, 故知 $C \otimes_A ({}^{\mathrm{h}}A)$ 就是 C 的 Hensel 化 (18.6.8), 从而它是整且整闭的 (18.6.9). 由于 A 是 C 的子环, 故由平坦性条件知, ${}^{\mathrm{h}}A$ 可以等同于 ${}^{\mathrm{h}}C$ 的一个子环, 从而它自身也是整的, 这就完成了证明.

推论 (18.6.13) — *设 A 是一个 Hensel 局部环. 则为了使 A 是独枝的, 必须且只需 A_{red} 是整的.*

命题 (18.6.14) — (i) *Hensel 局部环的滤相归纳极限 (其中的传递同态都是局部的) 也是 Hensel 局部环.*

(ii) *局部环范畴 (其中的态射是指局部同态) 上的函子 $A \mapsto {}^{\mathrm{h}}A$ 与滤相归纳极限可交换.*

(iii) *任何一个 Hensel 局部环 A 都是某个由 Noether Hensel 局部环 A_λ 所组成的滤相归纳系 (其中的传递同态 $A_\lambda \to A_\mu$ 都是局部同态) 的归纳极限.*

(i) 设 (A_λ) 是 Hensel 局部环的一个滤相归纳系, 其中的传递同态都是局部同态. 我们来证明 $A' = \varinjlim A_\lambda$ (这是一个局部环 ($\mathbf{0}_{\mathbf{III}}$, 10.3.1.3)) 是 Hensel 的. 设 C 是一个平展 A' 代数, $\mathfrak{n}$ 是 C 的一个位于 A' 的极大理想 $\mathfrak{m}'$ 之上的素理想, 并假设 $C_{\mathfrak{n}}$ 是一个严格实质平展的局部 A' 代数 (18.6.1), 换句话说, $\boldsymbol{k}(\mathfrak{m}') \to \boldsymbol{k}(\mathfrak{n})$ 是一个同构. 依照 (8.8.2, (ii)) 和 (17.7.8), 我们可以找到一个指标 λ 和一个平展 A_λ 代数 C_λ, 使得 $C = C_\lambda \otimes_{A_\lambda} A'$ (只差一个同构), 进而, 若 $\mathfrak{n}_\lambda$ 是 $\mathfrak{n}$ 在 C_λ 中的逆像, 并且 $\mathfrak{m}_\lambda$ 是 A_λ 的极大理想, 则依照 (8.8.2.4) 和纤维的传递性 ($\mathbf{I}$, 3.6.4), 可以假设 $(C_\lambda)_{\mathfrak{n}_\lambda}$ 是一个严格实质平展的局部 A_λ 代数. 由于 A_λ 是 Hensel 的, 故 $(C_\lambda)_{\mathfrak{n}_\lambda}$ 必然同构于 A_λ (18.5.11, b)), 因而可以找到 $\mathfrak{n}_\lambda$ 在 $\operatorname{Spec} C_\lambda$ 中的一个同构于 $\operatorname{Spec} A_\lambda$ 的邻域, 由此得知, $\mathfrak{n}$ 在 $\operatorname{Spec} C$ 中有一个同构于 $\operatorname{Spec} A'$ 的邻域, 从而 $C_{\mathfrak{n}}$ 同构于 A', 这就表明 A' 是 Hensel 的 (18.6.2), 也完成了证明.

(ii) 假设 $B = \varinjlim B_\lambda$, 其中 B_λ 都是局部环, 并且传递同态 $B_\lambda \to B_\mu$ $(\lambda \leqslant \mu)$ 都是局部同态. 我们令 $A_\lambda = {}^{\mathrm{h}}B_\lambda$, 则这些 A_λ 都是 Hensel 局部环 (18.6.6, (vi)), 并且依照 (18.6.6, (ii)), 传递同态 $B_\lambda \to B_\mu$ 唯一地确定了局部同态 $A_\lambda \to A_\mu$, 并使 (A_λ) 成为一个归纳系. 问题是要证明, $A' = \varinjlim A_\lambda$ 可以典范同构于 $A = {}^{\mathrm{h}}B$. 依照 (18.6.6, (ii)) 和归纳极限的定义, 对任意 Hensel 局部环 E, 我们都有

$$\operatorname{Hom}^{局}(A', E) = \varprojlim \operatorname{Hom}^{局}(A_\lambda, E) = \varprojlim \operatorname{Hom}^{局}(B_\lambda, E) = \operatorname{Hom}^{局}(B, E).$$

但是由 (i) 知, A' 是 Hensel 的, 这就证明了上述阐言.

(iii) 环 A 是它的 Noether 局部子环 B_λ 的滤相归纳极限, 并且传递同态都是局部同态 (5.13.3, (iii)). 由于这些 ${}^{\mathrm{h}}B_\lambda$ 都是 Noether Hensel 局部环 (18.6.6, (v)), 并且 $A = {}^{\mathrm{h}}A$ (18.6.6, (vi)), 从而只需把 (ii) 应用到归纳系 (B_λ) 上就可以推出结论.

推论 (18.6.15) — *设 A 是一个 Hensel 局部环, X 是一个有限呈示 A 概形. 则可以找到一个 Noether Hensel 局部环 A_0 和一个局部同态 $A_0 \to A$ 以及 A_0 上的一个有限型概形 X_0, 使得 $X_0 \otimes_{A_0} A$ 与 X 是 A 同构的.*

这可由 (18.6.14) 和 (8.8.2, (ii)) 推出.

18.7 Hensel 化与优等环

(18.7.1) 在这一小节中, 我们将使用 $\boldsymbol{P}(Z,k)$ 来记 (7.3.1) 中所考虑的某一个性质, 并进而假设性质 $\boldsymbol{Q}(A,k)$ 满足下面的条件:

对 k 的任意可分代数扩张 k' 和任意 Noether 局部 k' 代数 A , 性质 $\boldsymbol{Q}(A,k)$ 都等价于 $\boldsymbol{Q}(A,k')$.

易见 (7.3.8) 中所考虑的那种 $\boldsymbol{P}$ 性质都满足上述条件, 因为若 K 是 k 的一个有限扩张, 则 $k' \otimes_k K$ 就是 K 的一些可分代数扩张的直合.

命题 (18.7.2) — *设 A 是一个 Noether 局部环. 则为了使 ${}^{\mathrm{h}}A$ 是 $\boldsymbol{P}$ 通透的 (7.3.13), 必须且只需 A 是如此.*

事实上, 依照 (18.6.6, (iv)), A 的完备化 $\widehat{A}$ 也是 ${}^{\mathrm{h}}A$ 的完备化, 从而我们有 $A \subseteq {}^{\mathrm{h}}A \subseteq \widehat{A}$. 根据 (18.6.9), 对任意 $x \in \operatorname{Spec} A$, 态射 $\operatorname{Spec} {}^{\mathrm{h}}A \to \operatorname{Spec} A$ 在 x 处的纤维都是离散且有限的, 并且在这个纤维的每一点 y_i 处, $\boldsymbol{k}(y_i)$ 都是 $\boldsymbol{k}(x)$ 的可分代数扩张. 从而 A 在点 x 处的形式纤维就是 ${}^{\mathrm{h}}A$ 在各点 y_i 处的形式纤维的和概形. 于是由 (18.7.1) 中关于 $\boldsymbol{P}$ 的那个条件就可以推出结论.

推论 (18.7.3) — *设 A 是一个 Noether 局部环. 则为了使 ${}^{\mathrm{h}}A$ 是广泛日本型的, 必须且只需 A 是如此.*

事实上, 对于一个 Noether 局部环 B 来说, B 是广泛日本型的就等价于 B 的形式纤维都是几何既约的 (7.6.4 和 7.7.1), 从而由 (18.7.2) 就可以推出结论.

推论 (18.7.4) — *设 A 是一个 Noether 局部环. 则为了使 ${}^{\mathrm{h}}A$ 的形式纤维都是几何正则的, 必须且只需 A 是如此.*

这是 (18.7.2) 的一个特殊情形.

命题 (18.7.5) — *设 A 是一个 Noether 局部环. 若 A 是广泛匀垂的 (5.6.2) (切转:*

分层解析均维的 (7.1.9), 分层严格解析均维的 (7.2.6)) , 则 ${}^{\mathrm{h}}\!A$ 也是如此.

在 (18.6.4) 的记号下, 若 A 是广泛匀垂的, 则这些 A_α 也都是如此, 并且它们都是本质有限型的 A 代数 (5.6.3). 从而为了证明 ${}^{\mathrm{h}}\!A$ 是广泛匀垂的, 我们只需利用下面这个引理即可:

引理 (18.7.5.1) — 设 $(B_\alpha, \varphi_{\beta\alpha})$ 是一个 *Noether* 环的归纳系, 并假设对任意 $\alpha \leqslant \beta$, $\varphi_{\beta\alpha}$ 都使 B_β 成为一个忠实平坦 B_α 模, 且 $B = \varinjlim B_\alpha$ 也是 *Noether* 的. 于是若 B_α 都是匀垂的 (切转: 广泛匀垂的), 则 B 也是如此.

B 是广泛匀垂的就等价于 $B[T_1, \cdots, T_n]$ 对所有 n 都是匀垂的 (5.6.2), 且易见归纳系 $(B_\alpha[T_1, \cdots, T_n])$ 满足与 (B_α) 相同的条件, 从而我们只需证明, 若这些 B_α 都是匀垂的, 则 B 也是如此. 若 $\mathfrak{p}_0 \supsetneq \mathfrak{p}_1 \supsetneq \cdots \supsetneq \mathfrak{p}_r$ 是 B 的素理想的一个饱和链, 则这些素理想在 B_α 中的逆像 $\mathfrak{p}_{0\alpha} \supsetneq \mathfrak{p}_{1\alpha} \supsetneq \cdots \supsetneq \mathfrak{p}_{r\alpha}$ 构成 B_α 的一个素理想链, 故只需证明, 对于充分大的 α 来说, 这个链是饱和的. 现在每个 $\mathfrak{p}_i$ 都是有限型理想, 从而可以找到一个 λ, 使得当 $\alpha \geqslant \lambda$ 时 $\mathfrak{p}_i = \mathfrak{p}_{i\alpha} \cdot B$. 从而我们有 $1 = \operatorname{codim}(V(\mathfrak{p}_i), V(\mathfrak{p}_{i+1})) = \operatorname{codim}(V(\mathfrak{p}_{i\alpha}), V(\mathfrak{p}_{i+1,\alpha}))$, 因为 B 是一个平坦 B_α 模 ((6.1.4) 和 $(\mathbf{0_I}$, 6.2.3)), 这就证明了引理.

现在我们假设 A 是分层解析均维的. 设 $\mathfrak{p}$ 是 ${}^{\mathrm{h}}\!A$ 的一个素理想, $\mathfrak{q}$ 是它在 A 中的逆像, 则有 $\mathfrak{q} \cdot {}^{\mathrm{h}}\!A \subseteq \mathfrak{p}$, 因而 ${}^{\mathrm{h}}\!A/\mathfrak{p}$ 是 ${}^{\mathrm{h}}\!A/\mathfrak{q} \cdot {}^{\mathrm{h}}\!A$ 的一个商环. 从而只需证明 ${}^{\mathrm{h}}\!A/\mathfrak{q} \cdot {}^{\mathrm{h}}\!A$ 对 A 的所有素理想 $\mathfrak{q}$ 都是分层解析均维的即可 (7.1.9), 而根据 (18.6.8), ${}^{\mathrm{h}}\!A/\mathfrak{q} \cdot {}^{\mathrm{h}}\!A = {}^{\mathrm{h}}(A/\mathfrak{q})$, 故只需 (7.1.11) 证明, 若 A 是整且分层解析均维的, 则 ${}^{\mathrm{h}}\!A$ 是解析均维的. 但由于 ${}^{\mathrm{h}}\!A$ 的完备化就等于 $\widehat{A}$, 从而由 A 是分层解析均维的这个前提条件就可以推出这个结论.

最后假设 A 是分层严格解析均维的, 我们刚刚证明了 ${}^{\mathrm{h}}\!A$ 是分层解析均维的, 只需再证明态射 $\operatorname{Spec} \widehat{A} \to \operatorname{Spec} {}^{\mathrm{h}}\!A$ 的所有纤维都具有 (S_1) 性质即可 (7.2.5, b)). 现在把 (18.7.2) 应用到 $\boldsymbol{P}(Z, k)$ 是 (S_1) 性质的情形 (并利用 A 上的前提条件) 就可以推出结论.

推论 (18.7.6) — 若一个 *Noether* 局部环 A 是优等的 (7.8.2), 则 ${}^{\mathrm{h}}\!A$ 也是如此.

注解 (18.7.7) — 由 ${}^{\mathrm{h}}\!A$ 是优等局部环并不能推出 A 是广泛匀垂的 (因而也推不出 A 是优等的). 为了看出这一点, 我们以 (5.6.11) 中的环 A 为例, 并沿用那里的记号. 此时若 k_0 是特征 0 的, 则 (5.6.11) 中所构造的那个环 E 是优等的 (7.8.3, (ii) 和 (iii)), 现在设 E_1, E_2 是两个同构于 E 的环, 我们要把 $\operatorname{Spec} E_1$ 和 $\operatorname{Spec} E_2$ “黏合”起来, 设 $\mathfrak{m}_i$ 和 $\mathfrak{m}'_i$ 是 E_i $(i = 1, 2)$ 的极大理想, 分别对应着 $\mathfrak{m}$ 和 $\mathfrak{m}'$, 我们想把点 $\mathfrak{m}_1$ “黏合”到 $\mathfrak{m}'_2$ 上, 并把 $\mathfrak{m}_2$ “黏合”到 $\mathfrak{m}'_1$ 上, 具体来说, 设 ε_i 和 ε'_i 是 E_i 到 $\boldsymbol{k}(\mathfrak{m}_i)$ 和 $\boldsymbol{k}(\mathfrak{m}'_i)$ 的典范同态 $(i = 1, 2)$, 则通过黏合得到的概形就是 $\operatorname{Spec} R$, 其中 R 是 $E_1 \times E_2$ 的这样一个子环, 它是由全体满足 $\varepsilon'_2(x_2) = \sigma(\varepsilon_1(x_1))$ 和 $\varepsilon'_1(x_1) = \sigma(\varepsilon_2(x_2))$ 的二元组 (x_1, x_2) 所组成的. 很容易验证 (比如借助 (17.6.3)), R 是一个有限平展 C 代数, 并且

R 有两个极大理想 $\mathfrak{r}_1, \mathfrak{r}_2$ 位于 C 的极大理想 $\mathfrak{n}$ 之上 (因为 $R_{\mathfrak{r}_1}$ 和 $R_{\mathfrak{r}_2}$ 的完备化都可以典范同构于 $A = C_{\mathfrak{n}}$ 的完备化), 从而 $R_{\mathfrak{r}_1}$ 是一个严格实质平展的局部 A 代数, 因而它的 Hensel 化就等于 ${}^{\mathrm{h}}A$. 进而, 我们在 (7.8.4, (ii)) 中已经看到, A 的形式纤维都是几何正则的, 从而 ${}^{\mathrm{h}}A$ 的形式纤维也是如此 (18.7.2). 最后, 环 R 是广泛匀垂的, 因为它除以两个极小素理想之后的商环都同构于 E, 故由 (5.6.3, (iii)) 就可以推出结论. 从而这个环 $R_{\mathfrak{r}_1}$ 是优等的, 并且 ${}^{\mathrm{h}}A$ 也是如此 (18.7.6), 但 A 并不是广泛匀垂的.

18.8 严格 Hensel 局部环与严格 Hensel 化

命题 (18.8.1) — 设 A 是一个局部环. 则以下诸条件是等价的:

a) A 是*Hensel* 环, 并且它的剩余类域是可分闭的.

b) A 是*Hensel* 环, 并且 $S = \operatorname{Spec} A$ 的任何平展覆叠都是平凡的.

c) 对任意平展态射 $f: X \to S$ 和任意点 $x \in X$, 若 $f(x)$ 是 S 的闭点 s, 则可以找到 X 的一个 S 截面 $u: S \to X$, 使得 $u(s) = x$.

条件 c) 表明, 对任意平展态射 $f: X \to S$, $f^{-1}(s)$ 在各点处的剩余类域都同构于 k, 进而 (18.5.11) 中的条件 b) 是满足的. 从而 A 是 Hensel 的, S 的平展覆叠都是平凡的这个事实可由 (18.2.10, (ii)) 立得, 从而 c) 蕴涵 b). 由于 $\operatorname{Spec} k$ 的平展覆叠是平凡的当且仅当 k 是可分闭的, 故依照 (18.5.11, b)), b) 蕴涵 a). 最后, 由 (18.5.11, b)) 也可以推出 a) 蕴涵 c).

定义 (18.8.2) — 所谓一个局部环是**严格Hensel 局部**环 (有时也简称严格局部环), 是指它满足 (18.8.1) 中的等价条件. 所谓**严格Hensel 局部**概形 (有时也简称严格局部概形), 就是指与某个严格*Hensel* 局部环的谱同构的概形.

注解 (18.8.3) — (18.8.1) 中的那些条件还等价于下面这个条件:

d) 对任意局部有限型态射 $f: X \to S$ 和任意 $x \in X$, 若 $f(x)$ 是 S 的闭点 s, 并且 $\mathscr{O}_{X,x}/\mathfrak{m}_s\mathscr{O}_{X,x}$ 是 $\boldsymbol{k}(x) = k$ 的一个有限可分扩张, 则可以找到 x 在 X 中的一个开邻域 U, 使得 $f|_U$ 是闭浸入.

(注意到若 f 在点 x 近旁是近非分歧的, 则条件 d) 是满足的 (17.4.1.2).)

我们把证明留给读者, 它本质上与 (18.5.18) 的证明相同.

引理 (18.8.4) — 设 A, A' 是两个局部环, $\varphi: A \to A'$ 是一个局部同态, 并使 A' 成为一个实质平展的局部 A 代数 (18.6.1). 则对任意严格*Hensel* 局部环 B 和任意局部同态 $\psi: A \to B$ 以及任意 $\boldsymbol{k}(A)$ 代数同态 $\alpha: \boldsymbol{k}(A') \to \boldsymbol{k}(B)$, 均有唯一一个局部同态 $\psi': A' \to B$, 使得 $\psi = \psi' \circ \varphi$, 并使得 α 恰好等于 ψ' 在商环上导出的同态 $\overline{\psi'}$.

在 (18.6.2) 的记号下, 同态 α 对应着一个 $\boldsymbol{k}(s)$ 态射 $\operatorname{Spec} \boldsymbol{k}(y) \to \operatorname{Spec} \boldsymbol{k}(x)$, 从而对应着 X' 的一个位于 y 之上的完全确定的点 x'. 从而由 (18.8.1, c)) 就可以推

出 X' 的满足 $f'(y)=x'$ 的 Y 截面 f' 的存在性, 因为 f' 是平展的, 并且 B 是严格 Hensel 局部环, 截面的唯一性则是由于 f' 是分离的以及 (17.4.9).

引理 (18.8.5) — 设 A 是一个局部环, A_1, A_2 是两个实质平展的局部 A 代数, K 是 $\boldsymbol{k}(A)$ 的一个扩张.

(i) 对任意 $\boldsymbol{k}(A)$ 同态 $\gamma:\boldsymbol{k}(A_1)\to\boldsymbol{k}(A_2)$, 至多有一个 A 同态 (它必然是一个局部同态) $\psi:A_1\to A_2$ 能使得 γ 就是 ψ 在商环上导出的同态 $\overline{\psi'}$.

(ii) 对任意两个局部 A 同态 $\beta_1:A_1\to K$, $\beta_2:A_2\to K$, 均可找到一个实质平展的局部 A 代数 A_3 和两个 A 同态 $\varphi_1:A_1\to A_3$, $\varphi_2:A_2\to A_3$ 以及一个 A 同态 $\beta:A_3\to K$, 使得 $\beta_1=\beta\circ\varphi_1$ 且 $\beta_2=\beta\circ\varphi_2$.

在 (18.6.3) 的记号下, (ii) 中的两个同态 β_1,β_2 分别对应着两个 S 态射 $\operatorname{Spec}K\to X_1$, $\operatorname{Spec}K\to X_2$, 它们的像分别是 x_1, x_2, 由此就可以导出一个完全确定的 S 态射 $\operatorname{Spec}K\to X_3$ (**I**, 3.2.1), 它的像 x_3 位于 x_1 和 x_2 之上, 此时 A 代数 $A_3=\mathscr{O}_{X_3,x_3}$ 和与之对应的同态 $A_3\to K$ 就满足条件 (ii) 中的要求. 另一方面, (i) 中的 γ 对应着一个 S 态射 $\operatorname{Spec}\boldsymbol{k}(x_2)\to\operatorname{Spec}\boldsymbol{k}(x_1)$, 或者说对应着 X_3' 的一个位于 x_2 之上的点 x_3', ψ 的唯一性则可以从 X_3' 的那个经过 x_3' 的 X_2' 截面的唯一性 (17.4.9) 推出.

(18.8.6) 设 A 是一个局部环, $\mathfrak{m}$ 是它的极大理想, k 是它的剩余类域, Ω 是 k 的可分闭包. 设 $\mathfrak{E}$ 是 (18.6.1) 中所定义的那些实质平展的局部 A 代数的集合, 我们用 L 来记全体局部 A 同态 $A'\to\Omega$ 的集合, 其中 A' 跑遍 $\mathfrak{E}$, 注意到这样的同态都可以分解为 $\lambda:A'\to\boldsymbol{k}(A')\xrightarrow{\omega_\lambda}\Omega$, 其中 $\omega_\lambda:\boldsymbol{k}(A')\to\Omega$ 是一个 k 同态 (因为 $\mathfrak{m}A'$ 就是 A' 的极大理想), 反过来, 给了一个这样的同态 ω_λ, 也能唯一地确定出一个同态 $\lambda\in L$. 对任意 $\lambda\in L$, 我们用 A_λ 来记 $\mathfrak{E}$ 中的那个与 λ 相对应的实质平展的局部 A 代数. 则集合 L 上有这样一个近序关系: "可以找到一个 A 同态 $\varphi_{\mu\lambda}:A_\lambda\to A_\mu$, 使得 $\lambda=\mu\circ\varphi_{\mu\lambda}$", 并且由 (18.8.5, (i)) 知, 这个同态 $\varphi_{\mu\lambda}$ 是唯一的. 进而, 依照 (18.8.5, (ii)), L 在这个近序关系 (我们仍记之为 $\lambda\leqslant\mu$) 下是递增滤相的. 显然 $(A_\lambda,\varphi_{\mu\lambda})$ 是一个局部 A 代数的归纳系, 因为这些 $\varphi_{\mu\lambda}$ 都是局部同态, 进而, 由 (17.3.5) 知, 当 $\lambda\leqslant\mu$ 时, A_μ 是一个实质平展的局部 A_λ 代数. 若 $\overline{\varphi}_{\mu\lambda}:\boldsymbol{k}(A_\lambda)\to\boldsymbol{k}(A_\mu)$ 是由 $\varphi_{\mu\lambda}$ 在商环上导出的 k 同态, 则 $(\boldsymbol{k}(A_\lambda),\overline{\varphi}_{\mu\lambda})$ 是 k 的可分代数扩张的一个归纳系, 并且这些 $\omega_\lambda:\boldsymbol{k}(A_\lambda)\to\Omega$ 构成 k 同态的一个归纳系. 进而, 归纳极限

(18.8.6.1) $$\omega\ :\ \varinjlim\boldsymbol{k}(A_\lambda)\longrightarrow\Omega$$

是一个 k 同构. 事实上, 我们只需证明, 对于 k 的每个有限可分扩张 k', 均可找到一个实质平展的局部 A 代数 A', 使得 A' 的剩余类域就是 k', 并且同态 $k\to k'$ 就是由 $A\to A'$ 在商环上导出的同态. 然而把 (18.1.1) 应用到平展态射上就可以推出这个结论, 因为 $\operatorname{Spec}A$ 就是它的闭点的唯一邻域.

现在我们注意到, 若 $\mathfrak{m}_\lambda$ 是 A_λ 的极大理想, 则由 (17.6.1) 知, 当 $\lambda\leqslant\mu$ 时, 总有

$\mathfrak{m}_\mu = \mathfrak{m}_\lambda A_\mu$, 并且 A_μ 总是一个平坦 A_λ 模. 从而由 ($\mathbf{0_{III}}$, 10.3.1.3) 知, 环 $\varinjlim A_\lambda$ 是一个局部环, 并且典范同态 $w : A \to \varinjlim A_\lambda$ 是一个局部同态, 进而我们有一个典范的 k 同构

$$\varinjlim \boldsymbol{k}(A_\lambda) \xrightarrow{\sim} \boldsymbol{k}(\varinjlim A_\lambda).$$

把这两个域看作等同的, 就可以导出一个典范 k 同构

$$\textbf{(18.8.6.2)} \qquad \omega^{-1} : \Omega \xrightarrow{\sim} \boldsymbol{k}(\varinjlim A_\lambda).$$

定义 (18.8.7) — 设 A 是一个局部环, $k = \boldsymbol{k}(A)$ 是它的剩余类域, $i : k \to \Omega$ 是 k 到它的可分闭包 Ω 的一个同态, 所谓 A **相对于** i **的严格Hensel 化**, 是指 (18.8.6) 中所定义的那个归纳系 $(A_\lambda, \varphi_{\mu\lambda})$ 的归纳极限, 记作 ${}^{\mathrm{hs}}\!A_{(i)}$ (或简记为 ${}^{\mathrm{hs}}\!A$, 只要不会造成误解).

由于我们有一个典范 k 同构 $\omega^{-1} : \Omega \xrightarrow{\sim} \boldsymbol{k}({}^{\mathrm{hs}}\!A_{(i)})$, 故在 Ω 上可以引入一个典范的 ${}^{\mathrm{hs}}\!A_{(i)}$ 代数结构, 即通过局部同态

$${}^{\mathrm{hs}}\!A_{(i)} \longrightarrow \boldsymbol{k}({}^{\mathrm{hs}}\!A_{(i)}) \xrightarrow[\sim]{\omega} \Omega.$$

使用 (18.6.5) 中的方法, 我们就看到 (18.8.7) 中所给出的定义并不依赖于集合 $\mathfrak{E}$ 的选择, 在下面的 (18.8.8, (i) 和 (ii)) 中我们还会看到, ${}^{\mathrm{hs}}\!A_{(i)}$ 可以表识某个完全由 A 和 i 所定义的函子 ($\mathbf{0_{III}}$, 8.1.8), 从而它在只差一个唯一同构的意义下是唯一确定的.

命题 (18.8.8) — 设 A 是一个局部环, k 是它的剩余类域, $i : k \to \Omega$ 是 k 到它的可分闭包的一个同态, ${}^{\mathrm{hs}}\!A_{(i)}$ 是 A 相对于 i 的严格*Hensel* 化.

(i) ${}^{\mathrm{hs}}\!A_{(i)}$ 是一个严格*Hensel* 局部环 (18.8.2), 并且结构同态 $w : A \to {}^{\mathrm{hs}}\!A_{(i)}$ 是局部同态.

(ii) 对任意严格*Hensel* 局部环 B 和任意局部同态 $u : A \to B$ 以及任意 k 同态 $\psi : \Omega \to \boldsymbol{k}(B)$, 均有唯一一个 A 同态 $v : {}^{\mathrm{hs}}\!A_{(i)} \to B$, 使得 ψ 可以分解为 $\Omega \xrightarrow{\omega^{-1}} \boldsymbol{k}({}^{\mathrm{hs}}\!A_{(i)}) \xrightarrow{\overline{v}} \boldsymbol{k}(B)$, 其中 $\overline{v}$ 是 v 在商环上导出的同态.

(iii) ${}^{\mathrm{hs}}\!A_{(i)}$ 是一个忠实平坦 A 模, 并且若 $\mathfrak{m}$ 是 A 的极大理想, 则 $\mathfrak{m} \cdot {}^{\mathrm{hs}}\!A_{(i)}$ 是 ${}^{\mathrm{hs}}\!A_{(i)}$ 的极大理想, 并且 $\boldsymbol{k}({}^{\mathrm{hs}}\!A_{(i)})$ 是 k 的可分闭包.

(iv) 为了使 ${}^{\mathrm{hs}}\!A_{(i)}$ 是*Noether* 环, 必须且只需 A 是如此.

(v) 若 A 是严格*Hensel* 局部环 (从而 $\Omega = k$), 则 ${}^{\mathrm{hs}}\!A \cong A$.

(vi) 若 $i' : k \to \Omega'$ 是 k 到另一个可分闭包的一个同态, 则对任意 k 同构 $\sigma : \Omega \xrightarrow{\sim} \Omega'$, 与之对应的 A 同态 (基于(ii)) $v_\sigma : {}^{\mathrm{hs}}\!A_{(i)} \to {}^{\mathrm{hs}}\!A_{(i')}$ 都是同构.

上面我们已经看到 ${}^{\mathrm{hs}}\!A_{(i)}$ 是一个局部环, 并且 w 是一个局部同态, ${}^{\mathrm{hs}}\!A_{(i)}$ 是 Hensel 局部环 (从而是严格 Hensel 局部的) 这个事实的证明与 (18.6.6) 中的方法

是一样的. 由 ($\mathbf{0_{III}}$, 10.3.1.3) 可以推出 (iii) 以及条件 (iv) 的充分性, 该条件的必要性则是因为 ${}^{\text{hs}}A_{(i)}$ 是一个忠实平坦 A 模 ($\mathbf{0_{I}}$, 6.5.2).

为了证明 (ii), 注意到在 (18.8.6) 的记号下, 依照 (18.8.4) 以及 B 是严格 Hensel 局部环的前提条件, 对任意 $\lambda \in L$, 我们都有唯一一个局部 A 同态 $v_\lambda : A_\lambda \to B$, 使得合成同态 $\boldsymbol{k}(A_\lambda) \xrightarrow{\omega_\lambda} \Omega \xrightarrow{\psi} \boldsymbol{k}(B)$ 是通过对 v_λ 取商而得到的. 进而由 v_λ 的唯一性可知, 这些 v_λ 构成一个归纳系, 这就给出了条件 (ii) 中所要找的那个同态 v, 它的唯一性则是缘自 (17.4.9). 再考虑合成 $v_\sigma \circ v_{\sigma^{-1}}$ 和 $v_{\sigma^{-1}} \circ v_\sigma$, 就可以从 v 的唯一性立得 (vi). 最后, 若 A 是严格 Hensel 局部环, 并且 $A' = B_\mathfrak{n}$ 是一个实质平展的局部 A 代数, 其中 B 是一个平展 A 代数, 则由 (18.8.1) 知, 可以找到 $\operatorname{Spec} B$ 的一个 $\operatorname{Spec} A$ 截面, 它在 $\operatorname{Spec} A$ 的闭点处的取值是 $\mathfrak{n}$, 从而由 (17.4.1) 可以推出同态 $A \to A'$ 是一一的, 这就证明了 (v).

(18.8.8.1) 设 $\boldsymbol{C}$ 是严格 Hensel 局部环的范畴, 其中的态射都是局部同态, 对于 $B \in \boldsymbol{C}$, 我们用 $F(B)$ 来记满足下述条件的二元组 (u, ψ) 的集合: $u : A \to B$ 是一个局部同态, $\psi : \Omega \to \boldsymbol{k}(B)$ 是一个 k 同构, 并且合成 $\boldsymbol{k}(A) = k \xrightarrow{i} \Omega \xrightarrow{\psi} \boldsymbol{k}(B)$ 刚好是 u 在商环上导出的同态. 则我们可以说, 对象 ${}^{\text{hs}}A_{(i)}$ 表识了协变函子 $F : \boldsymbol{C} \to \boldsymbol{Ens}$ ($\mathbf{0_{III}}$, 8.1.11).

注意到依照 (18.8.8, (vi)), 所有严格 Hensel 化 ${}^{\text{hs}}A_{(i)}$ 都是 A 同构的 (其中 i 跑遍 k 到它的所有可分闭包的所有 k 同态), 但对于给定的 i 和 i', 一般来说可以有无穷多个 A 同构 ${}^{\text{hs}}A_{(i)} \xrightarrow{\sim} {}^{\text{hs}}A_{(i')}$. 具体来说, ${}^{\text{hs}}A_{(i)}$ 的 A 自同构群就同构于 Ω 在 k 上的 Galois 群.

(18.8.9) 现在设 A 是一个半局部环, $\mathfrak{m}_j$ $(1 \leqslant j \leqslant r)$ 是它的所有极大理想, 并且对每个指标 j, 我们都选定了一个从 $\boldsymbol{k}(A_{\mathfrak{m}_j})$ 到它的某个可分闭包的同态 $i_j : \boldsymbol{k}(A_{\mathfrak{m}_j}) \to \Omega_j$. 所谓 A 相对于 i_j 的*严格 Hensel 化*, 就是指这些局部环 $A_{\mathfrak{m}_j}$ 相对于同态 i_j 的严格 Hensel 化的乘积 $\prod_{j=1}^{r} ({}^{\text{hs}}A_{\mathfrak{m}_j})$, 我们记之为 ${}^{\text{hs}}A$ (只要不会造成误解). 从而依照 (18.8.8), 这是一个忠实平坦 A 模, 也是一个半局部 A 代数, 并且它的极大理想就是这些 $\mathfrak{m}_j \cdot {}^{\text{hs}}A$, 而它的根就是 $\mathfrak{r} \cdot {}^{\text{hs}}A$ (其中 $\mathfrak{r}$ 是指 A 的根). 最后, 在普适性质 (18.8.8, (ii)) 中我们需要把“局部同态”换成“半局部同态” (18.6.7), 并把 Ω 换成 $\prod_j \Omega_j$.

命题 (18.8.10) — *设 A 是一个半局部环, B 是一个有限 A 代数. 设 $\mathfrak{n}_j$ $(1 \leqslant j \leqslant r)$ 是 B 的全体极大理想. 则对每个 j, 均可找到 $B \otimes_A ({}^{\text{hs}}A)$ 的一个位于 $\mathfrak{n}_j$ 之上的极大理想 $\mathfrak{q}_j$, 使得 ${}^{\text{hs}}B$ 同构于这些局部环 $(B \otimes_A ({}^{\text{hs}}A))_{\mathfrak{q}_j}$ $(1 \leqslant j \leqslant r)$ 的直合.*

显然可以限于考虑 A 是局部环的情形, 只要把 A 换成 $A_{\mathfrak{m}_j}$ 即可, 这里的 $\mathfrak{m}_j$ 是 $\mathfrak{n}_j$ 在 A 中的逆像极大理想. 另一方面, 我们令 $C = B_{\mathfrak{n}_j}$, 则依照 ${}^{\text{hs}}B$ 的定义 (18.8.1),

问题归结为证明, ${}^{\mathrm{hs}}C$ 与 $(C \otimes_A ({}^{\mathrm{hs}}A))_{\mathfrak{q}}$ 是 C 同构的, 其中 $\mathfrak{q}$ 是 $C \otimes_A ({}^{\mathrm{hs}}A)$ 的某一个极大理想. 设 k 和 K 分别是 A 和 C 的剩余类域, Ω 是 ${}^{\mathrm{hs}}A$ 的剩余类域, 根据定义, Ω 就是 k 的一个可分闭包, 由于 K 是 k 的一个有限扩张, 故我们可以假设 K 和 Ω 都包含在 k 的某个代数闭包之中, 此时容易看出 $K \otimes_k \Omega$ 是有限个域的直合, 其中每个域都同构于 K 的可分闭包 $K\Omega$. 另一方面, 由于环 ${}^{\mathrm{hs}}A$ 是 Hensel 的, 故知 $C \otimes_A ({}^{\mathrm{hs}}A)$ 是这样一些局部环 $(C \otimes_A ({}^{\mathrm{hs}}A))_{\mathfrak{q}_i}$ 的直合, 其中 $\mathfrak{q}_i$ $(1 \leqslant i \leqslant s)$ 跑遍 $C \otimes_A ({}^{\mathrm{hs}}A)$ 的极大理想, 并且这些局部环都是 Hensel 的 (18.5.10), 剩余类域都是 $K\Omega$, 从而它们都是严格 Hensel 局部环 (18.8.1). 为简单起见, 我们令 $C' = C \otimes_A ({}^{\mathrm{hs}}A)$ 和 $C'_i = C'_{\mathfrak{q}_i}$, 从而每个 C'_i 都是 C' 的商环, 设 $f : C \to C'$, $g : {}^{\mathrm{hs}}A \to C'$, $\varphi_i : C' \to C'_i$ 是典范映射.

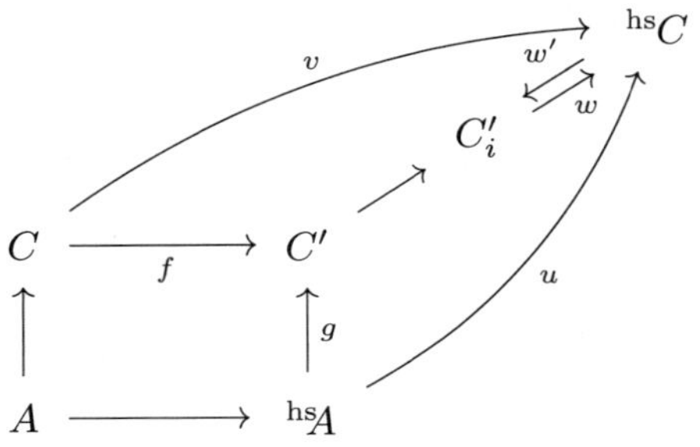

设 $v : C \to {}^{\mathrm{hs}}C$ 是典范同态, 则我们有唯一一个局部同态 $u : {}^{\mathrm{hs}}A \to {}^{\mathrm{hs}}C$, 使得它在取商后能给出典范含入 $\Omega \to K\Omega$, 并使得合成 $A \to C \xrightarrow{v} {}^{\mathrm{hs}}C$ 与合成 $A \to {}^{\mathrm{hs}}A \xrightarrow{u} {}^{\mathrm{hs}}C$ 是相等的 (18.8.8), 从而我们有唯一一个局部同态 $w_0 : C' \to {}^{\mathrm{hs}}C$, 使得 $w_0 \circ g = u$, $w_0 \circ f = v$, 又因为 ${}^{\mathrm{hs}}C$ 是局部环, 故知上述同态可以分解为 $C' \xrightarrow{\varphi_i} C'_i \xrightarrow{w} {}^{\mathrm{hs}}C$, 其中 i 是某个完全确定的指标, 而 w 是一个局部同态. 另一方面, 由于环 C'_i 是严格 Hensel 局部环, 故可找到一个局部同态 $w' : {}^{\mathrm{hs}}C \to C'_i$, 使得它在取商后可以给出 $K\Omega$ 到自身的恒同, 并使得 $w' \circ v = \varphi_i \circ f$ (18.8.8). 由此首先得知, $w \circ w'$ 是 ${}^{\mathrm{hs}}C$ 的一个自同态, 并且它在取商后可以给出 $K\Omega$ 的恒同自同构, 从而它自身也是恒同 (18.8.8). 另一方面, 我们有 $w' \circ w \circ \varphi_i \circ f = w' \circ v = \varphi_i \circ f$ 和 $w' \circ w \circ \varphi_i \circ g = w' \circ u = \varphi_i \circ g$, 故得 $w' \circ w \circ \varphi_i = \varphi_i$, 换句话说, $w' \circ w$ 就是 C'_i 的恒同自同构. 证明完毕.

注解 (18.8.11) — (18.8.10) 的证明中只用到了 B 在 A 上是整型的这件事, 而没有用到 B 是有限 A 代数的条件. 这是用来证明 $K \otimes_k \Omega$ 是有限个域的直合的. 但为了推出后面这个性质, 其实我们只需要假设 B 是一个半局部的整型 A 代数, 并且它在各个极大理想 $\mathfrak{n}_j$ 处的剩余类域的可分次数 $[\boldsymbol{k}(\mathfrak{n}_j) : k]$ 都是有限的.

命题 (18.8.12) — *设 A 是一个半局部环.*

(i) *为了使 ${}^{\mathrm{hs}}A$ 是既约的 (切转: 正规的), 必须且只需 A 是如此.*

(ii) *假设 A 是Noether 环. 则对于 A 的任意素理想 $\mathfrak{p}$, 环 $({}^{\mathrm{hs}}A)_{\mathfrak{p}}/\mathfrak{p} \cdot ({}^{\mathrm{hs}}A)_{\mathfrak{p}}$ 都是*

$\boldsymbol{k}(\mathfrak{p})$ 的有限个可分代数扩张的直合(由此就得知, 典范态射 $\operatorname{Spec}{}^{\mathrm{hs}}A \to \operatorname{Spec} A$ 的各个纤维都是几何正则的, 而且它们都是离散空间).

推论 (18.8.13) — 设 A 是一个*Noether* 局部环. 则为了使 ${}^{\mathrm{hs}}A$ 具有下面的性质

a) 是*Cohen-Macaulay* 环 (**0**, 16.5.3),

b) 满足 (S_n) 条件 (5.7.3),

c) 是正则的,

d) 满足 (R_n) 条件 (5.8.2),

必须且只需 A 具有同样的性质.

推论 (18.8.14) — 设 A 是一个*Noether* 半局部环. 则为了使 ${}^{\mathrm{hs}}A$ 的一个素理想 $\mathfrak{p}$ 落在 $\operatorname{Ass}{}^{\mathrm{hs}}A$ 中, 必须且只需 $\mathfrak{p} \cap A$ 落在 $\operatorname{Ass} A$ 中.

这几个结果的证明分别与 (18.6.9), (18.6.10) 和 (18.6.11) 相同.

命题 (18.8.15) — 设 A 是一个局部环, 则以下诸条件是等价的:

a) A 是几何式独枝的 (切转: 既约且几何式独枝的).

b) 对任何一个实质平展的局部 A 代数 A' 来说, $\operatorname{Spec} A'$ 都是不可约的 (切转: 整的).

c) $\operatorname{Spec}{}^{\mathrm{hs}}A$ 是不可约的 (切转: 整的).

可以像 (18.6.12) 那样把问题归结到 A 是既约环的情形, 只要利用关系式 ${}^{\mathrm{hs}}(A_{\mathrm{red}}) = ({}^{\mathrm{hs}}A) \otimes_A A_{\mathrm{red}}$ (18.8.11) 即可, 并且 b) 和 c) 的等价性的证明方法也与 (18.6.12) 中的相同. a) 蕴涵 c) 的证明方法同样如此, 但要使用 (18.8.11) 连同几何式独枝整局部环的定义. 最后, 为了证明 c) 蕴涵 a), 我们将沿用 (18.6.12) 中的记号, 问题仍然是要证明 ${}^{\mathrm{hs}}B$ 是整的. 然而由 (18.8.10) 知, ${}^{\mathrm{hs}}B$ 是半局部环 $B \otimes_A ({}^{\mathrm{hs}}A)$ 的一个局部化环, 而根据平坦性条件, $B \otimes_A ({}^{\mathrm{hs}}A)$ 可以等同于域 L 的一个子环, 从而它是整的, 因而 ${}^{\mathrm{hs}}B$ 也是整的, 这就完成了证明.

推论 (18.8.16) — 设 A 是一个*Hensel* 局部环 (切转: 严格*Hensel* 局部环). 则为了使 A 是独枝的 (切转: 几何式独枝的), 必须且只需 $\operatorname{Spec} A$ 是不可约的.

命题 (18.8.17) — 设 A 是一个*Noether* 局部环. 若 A 是广泛匀垂的, 则 ${}^{\mathrm{hs}}A$ 也是如此.

证明与 (18.7.5) 相同.

命题 (18.8.18) — (i) 严格*Hensel* 局部环的滤相归纳极限 (其中的传递同态都是局部同态) 仍然是严格*Hensel* 局部环.

(ii) 局部环范畴 (其中的态射是局部同态) 上的函子 $A \mapsto {}^{\mathrm{hs}}A$ 与滤相归纳极限可交换.

(iii) 任何严格*Hensel* 局部环 A 都是某个由*Noether* 严格*Hensel* 局部环所组成的

滤相归纳系的归纳极限.

证明可以参照 (18.6.14) 的方法来进行.

18.9 Noether Hensel 环的形式纤维

定理 (18.9.1) — 设 A 是一个*Noether Hensel* 局部环, 并且它的形式纤维都是几何正规的. 则 A 的形式纤维都是几何整的 (从而是几何连通的).

结论中的两句话实际上是等价的, 因为一个连通且正规的局部 Noether 概形一定是整的. 由于任何一个有限整 A 代数都是 Hensel 局部环 (18.5.9 和 18.5.10), 故由 (7.3.16.2) 知, 我们可以进而假设 A 是整的, 并且只需证明态射 $\operatorname{Spec}\widehat{A}\to\operatorname{Spec}A$ 在 $\operatorname{Spec}A$ 的一般点处的纤维是整的, 这件事又能从下面的事实推出来.

推论 (18.9.2) — 设 A 是一个*Noether Hensel* 整局部环, 并且它的形式纤维都是几何正规的. 则 $\widehat{A}$ 是整的.

事实上, 由 (18.8.16) 知, A 是独枝的, 从而由形式纤维上的条件和 (7.6.3) 就可以推出结论.

推论 (18.9.3) — 在 (18.9.2) 的前提条件下, $\widehat{A}$ 的分式域 L 是 A 的分式域 K 的一个可分扩张, 并且 K 在 L 中是代数闭的.

这可由态射 $\operatorname{Spec}\widehat{A}\to\operatorname{Spec}A$ 在 $\operatorname{Spec}A$ 的一般点处的纤维是几何整的以及 (4.3.2) 和 (4.3.5) 推出.

推论 (18.9.4) — 设 A 是一个*Noether Hensel* 局部环, 并且它的形式纤维都是几何正规的 (比如:优等 Noether Hensel 局部环), 我们令 $A'=\widehat{A}$. 设 X 是一个 A 概形, $X'=X\otimes_A A'$, $g:X'\to X$ 是典范投影. 则映射 $U\mapsto g^{-1}(U)$ 是一个从 X 的既开又闭子集的集合到 X' 的既开又闭子集的集合的一一映射.

由于 g 是一个拟紧忠实平坦态射, 故我们知道 (2.3.12) X 的拓扑就是 X' 的拓扑在 f 所定义的等价关系下的商拓扑. 从而问题归结为证明, X' 的任何一个既开又闭的子集 U' 在这个关系下都是饱和的. 但由于态射 $\operatorname{Spec}A'\to\operatorname{Spec}A$ 的纤维都是几何连通的 (18.9.1), 故知 g 的纤维都是连通的, 由此立得结论.

特别地, 若 X 是局部连通的 (比如当 X 是局部 Noether 概形时就是如此), 则对 X 的任意连通分支 U (它在 X 中是既开又闭的), $g^{-1}(U)$ 都是连通的 (Bourbaki, 《一般拓扑学》, I, 第 3 版, §11, ⁋3, 命题 7). 从而若我们用 $\pi_0(X)$ 来记 X 的连通分支的集合, 则由 g 典范导出的映射 $\pi_0(X')\to\pi_0(X)$ 就是一一的.

推论 (18.9.5) — 在 (18.9.4) 的前提条件下, 从平展 X 概形范畴到平展 X' 概

形范畴的函子

(18.9.5.1) $$Z \longmapsto Z \otimes_A A'$$

是完全忠实的.

设 Z_1, Z_2 是两个平展 X 概形, 且我们令 $Z_i' = Z_i \otimes_A A'$ $(i = 1,2)$, 问题是要证明, 任何一个 X' 态射 $Z_1' \to Z_2'$ 都是由唯一一个 X 态射 $Z_1 \to Z_2$ 通过基变换而导出的. 首先假设 Z_2 在 X 上是分离的, 则由于 $\mathrm{Hom}_X(Z_1, Z_2)$ 可以等同于 $\Gamma((Z_1 \times_X Z_2)/Z_1)$, 并且 $Z_1 \times_X Z_2$ 在 Z_1 上是平展且分离的, 故依照 (17.9.3), $\mathrm{Hom}_X(Z_1, Z_2)$ 可以函子性地等同于 $Z_1 \times_X Z_2$ 的那些满足下述条件的既开又闭子集 U 的集合: 投影 $p : Z_1 \times_X Z_2 \to Z_1$ 在 U 上的限制是一个紧贴映满态射. 从而由 (18.9.4) 以及 $Z_1' \times_{X'} Z_2' = (Z_1 \times_X Z_2) \otimes_A A'$ 的事实就可以推出此情形下的结论.

回到一般情形, 则我们只需证明, 若一个 X' 态射 $Z_1' \to Z_2'$ 的图像 Γ' 在 $Z_1' \times_{X'} Z_2'$ 中是开的 (17.9.3), 则它一定具有 $\Gamma \otimes_A A'$ 的形状, 其中 Γ 是 $Z = Z_1 \times_X Z_2$ 的某个开子概形. 事实上, 由此可以得知, 投影 $p : Z \to Z_1$ 在 Γ 上的限制就是一个同构, 因为这个限制通过基变换 $A \to A'$ 导出了投影 $p' : Z' \to Z_1'$ (其中 $Z' = Z \otimes_A A'$) 在 Γ' 上的限制, 这是一个同构, 从而再使用 (2.7.1, (viii)) 即可. 于是由态射的图像式描述法 (**I**, 5.3) 就可以推出结论.

设 $q : Z' \to Z$ 是典范投影, 为了证明 Γ' 具有 $q^{-1}(\Gamma)$ 的形状, 并且 Γ 在 Z 中是开的, 只需证明 (因为 q 是拟紧忠实平坦态射) 可以找到一个集合 $U \subseteq Z$ 使得 $\Gamma' = q^{-1}(U)$ 即可 (2.3.12). 我们令 $Z'' = Z' \times_Z Z' = Z' \times_X X''$, 其中 $X'' = X' \times_X X'$, 并设 $q_1 : Z'' \to Z'$ 和 $q_2 : Z'' \to Z'$ 是典范投影. 利用 (4.5.19.1), 则只需说明 $q_1^{-1}(\Gamma') = q_2^{-1}(\Gamma')$ 即可. 然而为了使这个性质是成立的, 必须且只需它在每个基变换 $\mathrm{Spec}\,\boldsymbol{k}(x) \to X$ 下都是成立的, 其中 x 跑遍 X. 换句话说, 我们只需在 X 是域的谱的情形下进行证明即可, 但此时任何平展 X 概形在 X 上自动是分离的 (17.6.2, c′), 从而问题归结为前面所考虑的情形.

注解 (18.9.6) — (i) 若 A 的剩余类域是特征 0 的, 则函子 (18.9.5.1) 甚至有可能诱导了一个从 X 的平展覆叠范畴到 X' 的平展覆叠范畴的等价. 在 A 是优等环的情况下, 利用 Hironaka 的奇异点解消定理, M. Artin 就证明了这样一个结果. 现在我们去掉关于剩余类域的特征上的限制条件, 则如果限于考虑 Galois 群的阶数与剩余特征互素的那些“Galois 主”覆叠, 那么类似的结论似乎也是对的 (参考 [41]).

(ii) 我们不知道对任意 Hensel 局部环 A 来说, A 的形式纤维是不是几何连通的 (甚至是不是几何不可约的). 这里只需证明, 对任意 Noether Hensel 整局部环 A 来说, $\mathrm{Spec}\,\widehat{A}$ 都是不可约的. 但我们不知道这是否总成立.

(iii) 我们不知道当 A 是优等局部环时, 它的严格 Hensel 化 ${}^{\mathrm{hs}}A$ 是不是优等的.

为了看清这里的问题, 可以限于考虑 $A = k[[T_1, \cdots, T_n]]$ 的情形, 其中 k 是一个特征 $p > 0$ 的域. 有见于 (18.8.17), 我们需要知道 ${}^{\mathrm{hs}}A$ 的形式纤维是否都是几何正则的. 在 $n = 1$ 时答案是肯定的, 但在 $n = 2$ 时则是未知的. 可以证明, 如果任何一个在 $Y = \operatorname{Spec} \widehat{A}$ 上有限的概形 Y_1 都是可解消的 (7.9.1), 那么此问题的答案就是肯定的.

(18.9.1) 中关于连通性的结果可以推广成下面的形式:

定理 (18.9.7) — 设 A, B 是两个Noether 局部环, $\rho : A \to B$ 是一个局部同态, $f : \operatorname{Spec} B = X \to \operatorname{Spec} A = Y$ 是对应的态射. 假设下面的条件得到满足:

(i) f 是平坦的, 并且所有纤维 $X_y = f^{-1}(y)$ $(y \in Y)$ 都是几何既约的 (4.6.2).

(ii) **要么**环 A 是几何式独枝的 (**0**, 23.2.1), **要么**环 A 是独枝的 (**0**, 23.2.1) 而且 $\boldsymbol{k}(B)$ 是 $\boldsymbol{k}(A)$ 的纯质扩张 (4.3.1).

于是若 η 是 Y 的一般点, 则 X_η 是连通的, 并且对于 X 的任何一个闭子集 T, 只要 $f(T)$ 在 Y 中是稀疏的, 集合 $X \smallsetminus T$ 就是连通的.

定理的两个结论实际上是等价的. 事实上, 由 $f(T)$ 是稀疏的可以推出 $\overline{f(T)}$ 不包含 η, 另一方面, 由于 $\{\eta\}$ 是投影可构的 (1.9.6), 并且 f 是平坦的, 故知 X_η 在 X 中是稠密的 (2.3.10), 从而若 X_η 是连通的, 则 $X \smallsetminus T$ (它包含了 X_η) 也是如此. 反过来, 我们让 U 跑遍 η 在 Y 中的仿射开邻域的集合, 则 X_η 就是 X 在这些开集 $f^{-1}(U)$ 上所诱导的子概形的投影极限 (8.1.2, a)), 假设 $X \smallsetminus T$ 对任何使得 $f(T)$ 稀疏的闭子集 T 来说都是连通的, 则这些 $f^{-1}(U)$ 都是连通的, 从而 X_η 也是如此 (8.4.1).

我们首先来说明, 可以限于考虑 A 是整环并且 $Y = \operatorname{Spec} A$ 是几何式独枝的 (6.15.1) 这个情形 (由此得知 A 是几何式独枝的, 但这两个条件并不等价 (6.15.2)). 显然可以假设 Y 是既约的, 因为可以转而考虑 f 在基变换下所导出的态射 $X \times_Y Y_{\mathrm{red}} \to Y_{\mathrm{red}}$, 这个态射也是平坦的, 并且与 f 具有相同的纤维. 从而我们可以假设 A 是整且独枝的, 此时若 K 是 A 的分式域, 则可以找到 K 的一个有限 A 子代数 A'', 使得 (取 A' 是 A 的整闭包) 态射 $\operatorname{Spec} A' \to \operatorname{Spec} A''$ 是紧贴的 (**0**, 23.2.5), 由此就得知 (6.15.5), $\operatorname{Spec} A''$ 是几何式独枝的. 由于 A 是独枝的, 故知 A' 是一个局部环, 从而 A'' 也是如此, 我们来证明环 $B'' = B \otimes_A A''$ 也是一个局部环. 事实上, B'' 是一个有限 B 代数, 从而它是一个 Noether 半局部环, 若 k'' 是 A'' 的剩余类域, 则 B' 的极大理想就是 $\operatorname{Spec} B''$ 的那些位于 $\operatorname{Spec} B$ 的闭点之上的点, 从而就是 $\operatorname{Spec}(\boldsymbol{k}(B) \otimes_{\boldsymbol{k}(A)} k'')$ 的那些点 (**I**, 3.4.9), 因为 $\operatorname{Spec} A''$ 的闭点是唯一一个位于 $\operatorname{Spec} A$ 的闭点之上的点. 现在若 A 是几何式独枝的, 则 k'' 是 $\boldsymbol{k}(A)$ 的一个紧贴扩张, 从而 $\operatorname{Spec}(\boldsymbol{k}(B) \otimes_{\boldsymbol{k}(A)} k'')$ 在 $\operatorname{Spec} \boldsymbol{k}(B)$ 上是紧贴的, 因而只包含一个点. 若 A 是独枝的, 并且 $\boldsymbol{k}(B)$ 是 $\boldsymbol{k}(A)$ 的一个纯质扩张, 则 $\operatorname{Spec}(\boldsymbol{k}(B) \otimes_{\boldsymbol{k}(A)} k'')$ 是不可约的 (4.3.2), 且由于它是一个有限的离散空间 (**I**, 6.4.4), 故同样只包含一个点, 这就在两个情形下都证明了 B'' 是局部环. 设 $Y'' = \operatorname{Spec} A''$, $X'' = \operatorname{Spec} B'' = X \times_Y Y''$, 则态射 $f'' = f_{(Y'')} : X'' \to Y''$ 是平坦的, 并且它的纤维都是几何既约的, 进而, 若 η'' 是 Y'' 的一般点, 则根据定义,

$\boldsymbol{k}(\eta'') = \boldsymbol{k}(\eta) = K$, 从而纤维 X_η 和 $X''_{\eta''}$ 是同构的. 于是我们只需证明 $X''_{\eta''}$ 是连通的即可.

注解 (18.9.7.1) — 如果环 A 是日本型整环, 那么由定义 (**0**, 23.1.1) 知, 在上面的陈述中可以取 $A'' = A'$, 从而在这种情况下, 定理的证明甚至可以归结到 A 是整闭整环的情形.

(18.9.7.2) 以下我们假设 Y 是整且几何式独枝的. 注意到若 T 是 X 的一个闭子集, 且 $f(T)$ 在 Y 中是稀疏的, 则 T 不包含 X 的任何极大点, 因为 f 是平坦的 (2.3.4), 从而 T 在 X 中是稀疏的, 由于 X 是一个局部概形, 从而是连通的, 故依照 (15.5.6.1), 为了证明 $X \smallsetminus T$ 是连通的, 只需证明对任意满足 $f(x) \neq \eta$ 的点 $x \in X$ 来说, $\operatorname{Spec} \mathscr{O}_{X,x} \smallsetminus \{x\}$ 都是连通的. 我们令 $y = f(x)$, $A_1 = \mathscr{O}_{Y,y}$, $B_1 = \mathscr{O}_{X,x}$, $Y_1 = \operatorname{Spec} A_1$, $X_1 = \operatorname{Spec} B_1$, $f_1 : X_1 \to Y_1$ 是与 ρ 所导出的局部同态 $A_1 \to B_1$ 相对应的态射, 显然 f_1 是平坦的, 并且由 (4.6.1) 知, 它的纤维都是几何既约的, 进而 A_1 是整且几何式独枝的 (6.15.1), 并且 $\dim A_1 \geqslant 1$. 这样一来, 问题就归结为证明下面这件事:

引理 (18.9.7.3) — *设 A, B 是两个Noether 局部环, $Y = \operatorname{Spec} A$, $X = \operatorname{Spec} B$, $\rho : A \to B$ 是一个局部同态, $f : X \to Y$ 是对应的态射. 假设下面的条件得到满足:*

(i) f 是平坦的, 并且所有纤维 X_y $(y \in Y)$ 都是几何既约的.

(ii) A 是整且几何式独枝的, 并且 $\dim A \geqslant 1$.

于是若 b 是 X 的闭点, 则 $X \smallsetminus \{b\}$ 是连通的.

我们首先注意到, 依照 Hartshorne 定理 (5.10.7), 若 $\operatorname{dp} B \geqslant 2$, 则 $X \smallsetminus \{b\}$ 是连通的. 现在我们有 (6.3.1)

(18.9.7.4)
$$\operatorname{dp} B = \operatorname{dp} A + \operatorname{dp}(B \otimes_A k),$$

其中 k 是 A 的剩余类域. 另一方面, 由于 A 是整的, 并且 $\dim A \geqslant 1$, 故知 $\operatorname{dp} A \geqslant 1$, 从而除了 $\operatorname{dp}(B \otimes_A k) = 0$ 的情形之外, 总有 $\operatorname{dp} B \geqslant 2$, 而且由 (i) 知, $B \otimes_A k$ 是既约的, 从而 $\operatorname{dp}(B \otimes_A k) = 0$ 就意味着 $B \otimes_A k$ 是一个域 (**0**, 16.4.7). 以下我们将假设后面这个条件是成立的. 首先来考察一个很容易证明的情形.

A) *A 是整闭整环的情形* — 此时若 $\dim A \geqslant 2$, 则有 $\operatorname{dp} A \geqslant 2$ (**0**, 16.3.1), 从而 $\operatorname{dp} B \geqslant 2$. 于是我们只需考虑 $\dim A = 1$ 且 $B \otimes_A k$ 是域的情形, 此时 A 是一个离散赋值环, 从而是正则的, 又因为 $B \otimes_A k$ 是域, 并且 f 是平坦的, 故知 B 是正则的 (**0**, 17.3.3), 但我们还有 $\dim B = \dim A + \dim(B \otimes_A k) = \dim A = 1$ (6.1.1.1), 从而 B 也是一个离散赋值环. 这样一来 $X \smallsetminus \{b\}$ 只有一个点, 这就证明了此情形下的引理 (18.9.7.3).

注意到这里我们也证明了定理 (18.9.7) 的一个特殊情形, 即 A 是日本型整环的情形, 因为依照注解 (18.9.7.1), 可以限于考虑 A 是整闭整环的情形, 此时由 (18.9.7.3) 之前的推导过程可知, 环 $A_1 = \mathscr{O}_{Y,y}$ 本身也是整闭整环, 从而我们可以利用刚刚证明的结果.

B) $\dim A \geqslant 2$ 的情形 — 此时 (18.9.7.3) 可由下面两个引理推出:

引理 (18.9.7.5) — 设 A 是一个既约 *Noether* 半局部环, A' 是它在全分式环中的整闭包, $X = \operatorname{Spec} A$, $X' = \operatorname{Spec} A'$, 设 S 是 X 的全体闭点的集合, $U = X \setminus S$. 假设对任何一个位于 S 之上的点 $x' \in X'$, 均有 $\dim \mathscr{O}_{X',x'} \geqslant 2$, 则环 $A^{(1)} = \Gamma(U, \mathscr{O}_X)$ 在 A 上是整型的, 并且它作为 A 代数同构于 A' 的一个子代数.

还记得若 $\mathfrak{p}_i$ $(1 \leqslant i \leqslant m)$ 是 A 的全体极小素理想, 则 A' 就是这些整环 $A_i = A/\mathfrak{p}_i$ 的整闭包 A'_i 的直合, 从而 X' 是这些概形 $X'_i = \operatorname{Spec} A'_i$ 的和. 若 X_0 是这些概形 $X_i = \operatorname{Spec} A_i$ $(1 \leqslant i \leqslant m)$ 的和, 并且 U_0 是 U 在 X_0 中的逆像, 则典范同态 $\Gamma(U, \mathscr{O}_X) \to \Gamma(U_0, \mathscr{O}_{X_0})$ 是单的, 因为 X 是既约的, 并且态射 $X_0 \to X$ 是映满的, 从而态射 $U_0 \to U$ 也是映满的. 由于 $\Gamma(U_0, \mathscr{O}_{X_0})$ 是这些 $\Gamma(U_i, \mathscr{O}_{X_i})$ $(1 \leqslant i \leqslant m)$ 的直合, 其中 U_i 是 U 在 X_i 中的逆像, 从而问题归结为证明, 对每个 i, $\Gamma(U_i, \mathscr{O}_{X_i})$ 都同构于 A'_i 的某个 A_i 子代数, 换句话说, 可以限于考虑 A 是整的 Noether 半局部环的情形. 由于 X 是既约的, 并且态射 $X' \to X$ 是映满的, 故知同态 $\Gamma(U, \mathscr{O}_X) \to \Gamma(U', \mathscr{O}_{X'})$ (其中 U' 是 U 在 X' 中的逆像) 是单的, 于是问题归结为证明典范同态 $A' = \Gamma(X', \mathscr{O}_{X'}) \to \Gamma(U', \mathscr{O}_{X'})$ 是一一的. 现在由 (**I**, 8.2.1.1) 知, $\Gamma(U', \mathscr{O}_{X'})$ 是这样一些局部环 $A'_{\mathfrak{p}'}$ 的交集, 其中 $\mathfrak{p}'$ 跑遍 U', 并且依照前提条件, 在这些局部环中, 所有高度为 1 的素理想 $\mathfrak{p}'$ 处的局部环都出现了. 然而 (**0**, 23.2.7) 的方法也适用于半局部的 Noether 整环, 从而 A' 是一个半局部的 *Krull* 整环, 因而它是这样一些局部环 $A'_{\mathfrak{p}'}$ 的交集, 其中 $\mathfrak{p}'$ 跑遍 A' 的高度为 1 的素理想的集合 (Bourbaki, 《交换代数学》, VII, §1, ¥6, 定理 4). 自然 A' 也是这些 $A'_{\mathfrak{p}'}$ $(\mathfrak{p}' \in U')$ 的交集, 这就完成了引理的证明.

注解 (18.9.7.6) — 我们知道 (**0**, 23.2.5) 在 A 的分式域 K 中能找到这样一个有限 A 子代数 A'', 它使得态射 $\operatorname{Spec} A' \to \operatorname{Spec} A''$ 是紧贴的, 由于这个态射也是整型且笼罩性的, 从而是映满的 (**II**, 6.1.10), 故这是一个同胚 (2.4.5). 从而依照 $\dim \mathscr{O}_{X',x'}$ 的几何含义 (5.1.2), 对于 $X'' = \operatorname{Spec} A''$ 的任何一个位于点 $x \in X$ 之上的点 x'', 我们都有 $\dim \mathscr{O}_{X'',x''} = \dim \mathscr{O}_{X',x'} \geqslant 2$, 这里的 x' 是 X' 的那个位于 x 之上的唯一点. 在此基础上, 由 (**0**, 16.1.5) 和 (**0**, 16.1.4.1) 首先得知, $\dim \mathscr{O}_{X',x'} \geqslant 2$ 蕴涵 $\dim \mathscr{O}_{X,x} \geqslant 2$. 反过来, 假设 $\dim \mathscr{O}_{X,x} \geqslant 2$ 并且 A 是广泛匀垂的 (5.6.2), 则 $\mathscr{O}_{X,x}$ 也是如此 (5.6.3), 故由 (5.6.10) 可知, $\dim \mathscr{O}_{X'',x''} = \dim \mathscr{O}_{X,x} \geqslant 2$, 从而我们有 $\dim \mathscr{O}_{X',x'} \geqslant 2$. 若 $\mathscr{O}_{X,x}$ 是几何式独枝的, 则同样的结论也是成立的, 因为此时态射 $X' \to X$ 在点 x 处的纤维只含一个点, 并且 $\mathscr{O}_{X',x'}$ 是一个整型 $\mathscr{O}_{X,x}$ 代数, 从而我们只需应用 (**0**, 16.1.5) 即可.

引理 (18.9.7.7) — 设 A 是一个整且几何式独枝的*Noether* 局部环, 维数 $\geqslant 2$, $Y = \operatorname{Spec} A$, y 是 Y 的闭点. 设 X 是一个连通局部*Noether* 概形, $f : X \to Y$ 是一个平坦态射. 则对任何闭子集 $T \subseteq f^{-1}(y)$, 集合 $X \setminus T$ 都是连通的.

利用 (18.9.7.2) 的开头部分的论证方法, 问题就归结为证明, 对任意点 $x \in f^{-1}(y)$, $\operatorname{Spec} \mathscr{O}_{X,x} \setminus \{x\}$ 都是连通的. 从而可以限于考虑 $X = \operatorname{Spec} B$, 其中 B 是 Noether 局部环, 并且 f 所对应的同态 $A \to B$ 是局部同态这个情形, 我们令 $U = Y \setminus \{y\}$, 并注意到 $V = f^{-1}(U)$ 在 X 中是稠密的 (2.3.10), 从而只需证明 V 是连通的即可. 沿用 (18.9.7.5) 的记号, 并且令 $A^{(1)} = \Gamma(U, \mathscr{O}_Y)$, $Y_1 = \operatorname{Spec} A^{(1)}$, $X_1 = X \times_Y Y_1 = \operatorname{Spec}(B \otimes_A A^{(1)})$, 则我们有交换图表

$$\begin{array}{ccc} X & \xleftarrow{g_1} & X_1 \\ {\scriptstyle f}\downarrow & & \downarrow{\scriptstyle f_1} \\ Y & \xleftarrow[g]{} & Y_1 \end{array} .$$

依照 (2.3.1) 和 $A^{(1)}$ 的定义, 我们有一个典范同构 $\Gamma(V, \mathscr{O}_X) \xrightarrow{\sim} B \otimes_A A^{(1)}$, 从而只需证明后面这个环是一个局部环即可, 因为这样一个环不可能是两个非零环的乘积 (**III**, 7.8.6.1). 但我们已经知道 (18.9.7.5) $A^{(1)}$ 是 A 的整闭包 A' 的一个 A 子代数, 因为 $\dim A \geqslant 2$. 而 A 是几何式独枝的这个条件表明, 态射 $\operatorname{Spec} A' \to \operatorname{Spec} A$ 在点 y 处是紧贴的 (6.15.5), 自然 $g : Y_1 \to Y$ 在点 y 处也是紧贴的, 因而 g_1 在 X 的闭点 x 处是紧贴的, 进而由于 g_1 是一个整型态射, 故知 X_1 的闭点都位于 x 之上, 从而 X_1 只能有一个闭点, 这就完成了 (18.9.7.7) 的证明.

显然 (18.9.7.7) 能够证明 $\dim A \geqslant 2$ 时的引理 (18.9.7.3) (甚至不需要假设纤维 X_y 都是几何既约的).

C) $\dim A = 1$ 的情形 — 我们在 (18.9.7.3) 的证明的开头部分已看到, 可以假设 $\dim(B \otimes_A k) = 0$, 从而根据平坦性条件 (6.1.1.1), 我们有

$$\dim B \;=\; \dim A + \dim(B \otimes_A k) \;=\; 1.$$

由于 A 是整的, 故知 Y 是由两个点所组成的, 一个是一般点 η, 一个是闭点 a. 进而, 由于 f 是平坦的, 故知 X 的每个不可约分支都笼罩了 Y (2.3.4), 从而由 X 的全体极大点 ξ_i 所组成的集合 $X \setminus \{b\}$ 就等于 $f^{-1}(\eta)$ 的底集合, 并且纤维 $f^{-1}(\eta)$ 就等于这些 $\operatorname{Spec} \boldsymbol{k}(\xi_i)$ 的和. 从各个 X_y 上的前提条件以及它们都是 0 维的这个事实可以推出, 它们都是几何正则的 (6.7.6), 自然也是几何正规的, 换句话说 f 是一个全盘正规态射. 但由于 A 是整且几何式独枝的, 故由 (6.15.10) 知, B 也是整且几何式独枝的, 从而 $f^{-1}(\eta) = X \setminus \{b\}$ 只含一个点, 自然是连通的, 这就完成了 (18.9.7.3) 以及 (18.9.7) 的证明.

注解 (18.9.7.8) — 在 (18.9.7.3) 的证明中的情形 C) 中, 我们可以避免使用 (6.15.10) 这样精细的结果, 而采用下面的论证方法:由于 A 是整的, 且维数是 1, 故由 Krull-Akizuki 定理 (Bourbaki, 《交换代数学》, VII, §2, ¥5, 命题 5) 知, 它的整闭包 A' 是一个*Noether* 环. 于是利用 (18.9.7) 的证明开头部分的方法可以说明, $B' = B \otimes_A A'$ 是一个局部环, 进而, 根据平坦性条件, B' 包含在既约环 B 的全分式环 R 之中 (3.3.5). 现在把证明 Krull-Akizuki 定理的方法 (Bourbaki, 前引) 应用到 1 维 Noether 局部环 B 上, 就可以推出任何处于 B 和它的全分式环之间的环都是*Noether* 环. 由于环 B' 是一个 Noether 局部环, 并且态射 $\operatorname{Spec} B' \to \operatorname{Spec} A'$ 是全盘正规的, 故知 B' 是一个整闭整环 (6.5.4), 从而使用 (18.9.7) 的证明开头部分的方法就可以推出结论.

推论 (18.9.8) — 在 (18.9.7) 的记号下, 假设 (18.9.7) 的条件 (i) 是满足的, 再假设下面两个条件**之一**得到满足:

(ii′) A 是严格*Hensel* 局部环 (18.8.2).

(ii″) A 是*Hensel* 局部环, 并且 $\boldsymbol{k}(B)$ 是 $\boldsymbol{k}(A)$ 的纯质扩张.

则**所有**纤维 X_y $(y \in Y)$ 都是几何连通的.

设 $\mathfrak{p}$ 是 A 的那个与点 y 相对应的素理想, 我们令 $A' = A/\mathfrak{p}$ 和 $B' = B \otimes_A A' = B/\mathfrak{p}B$, 它们显然都是 Noether 局部环, 易见态射 $f' : \operatorname{Spec} B' \to \operatorname{Spec} A'$ 满足 (18.9.7) 的条件 (i), 由于 y 是 $\operatorname{Spec} A'$ 的一般点, 并且 $\boldsymbol{k}(A') = \boldsymbol{k}(A)$, $\boldsymbol{k}(B') = \boldsymbol{k}(B)$, 故我们看到, 只需证明在情形 (ii′) (切转: 情形 (ii″)) 中 A' 是几何式独枝的 (切转: 独枝的) 即可. 然而 A' 是整的, 并且在情形 (ii′) (切转: 情形 (ii″)) 中, 依照 (18.5.10), 它是一个严格 Hensel 局部环 (切转: Hensel 局部环). 从而利用 (18.8.15) (切转: (18.6.12)) 就可以推出 A' 是几何式独枝的 (切转: 独枝的).

推论 (18.9.9) — 设 A 是一个*Noether Hensel* 局部环, 并且是广泛日本型的 (即 ((7.6.4) 和 (7.7.2)) 它的形式纤维 (7.3.13) 都是几何既约的), 则 A 的形式纤维都是几何连通的.

只需把 (18.9.8) 应用到 $B = \widehat{A}$ 的情形即可, 因为 B 是一个平坦 A 代数, 并且 $\boldsymbol{k}(B) = \boldsymbol{k}(A)$.

注解 (18.9.10) — 在 (18.9.4) 和 (18.9.5) 的证明中我们只使用了 A 的形式纤维都是几何连通的这个事实. 从而若假设局部环 A 是 Noether Hensel 且广泛日本型的, 则这两个命题的结论仍然是成立的.

推论 (18.9.11) — 设 X, Y 是两个局部*Noether* 概形, 并假设 Y 是几何式独枝的, X 是连通的. 设 $f : X \to Y$ 是一个全盘既约态射 (即 (6.8.1) 它是平坦的, 且它的纤维都是几何既约的). 则对 X 的任何闭子集 T, 只要 $f(T)$ 在 Y 中是稀疏的, 集合 $X \setminus T$ 就是连通的.

由于 f 是平坦的, 并且 $f(T)$ 不能包含 Y 的极大点 (因为稀疏), 故知 T 不能包含 X 的极大点 (2.3.4), 从而 T 在 X 中是稀疏的. 利用 (15.5.6.1) 则我们只需证明, 对任意 $x \in T$, $\operatorname{Spec}\mathscr{O}_{X,x} \smallsetminus \{x\}$ 都是连通的. 我们令 $y = f(x)$, 它不是 Y 的极大点. 由于环 $\mathscr{O}_{Y,y}$ 是几何式独枝的, 故我们可以把 (18.9.7) 应用到态射

$$f_1 \ : \ \operatorname{Spec}\mathscr{O}_{X,x} \longrightarrow \operatorname{Spec}\mathscr{O}_{Y,y}$$

和闭子集 $\{x\} \subseteq \operatorname{Spec}\mathscr{O}_{X,x}$ 上, 因为 f_1 满足该定理中的条件 (i) 和 (ii), 并且 $f_1(\{x\}) = \{y\}$ 在 $\operatorname{Spec}\mathscr{O}_{Y,y}$ 中是稀疏的.

18.10 几何式独枝概形与正规概形上的平展概形

定理 (18.10.1) — 设 $f : X \to Y$ 是一个局部有限呈示态射, x 是 X 的一点, $y = f(x)$. 假设 Y 在点 y 处是整且几何式独枝的. 则为了使 f 在点 x 近旁是平展的, 必须且只需下面两个条件得到满足:

(i) f 在点 x 近旁是非分歧的,

(ii) 同态 $\mathscr{O}_{Y,y} \to \mathscr{O}_{X,x}$ 是单的.

进而若这些条件得到满足, 则 X 在点 x 处是整且几何式独枝的.

最后, 若 $\mathscr{O}_{Y,y}$ 是Noether 环, 则在上述判别法中, 我们可以把条件 (ii) 换成下面的条件

(ii$_{改}$) $\dim \mathscr{O}_{Y,y} \leqslant \dim \mathscr{O}_{X,x}$.

若 f 是平展的, 则 X 在点 x 处是整且几何式独枝的, 这件事是 (17.5.7) 的一个特殊情形. 另一方面, 条件 (i) 和 (ii) 对于 f 在点 x 近旁平展显然是必要的, 因为此时 $\mathscr{O}_{X,x}$ 是一个忠实平坦 $\mathscr{O}_{Y,y}$ 模 (17.6.1). 我们来证明这些条件也是充分的.

我们令 $A = \mathscr{O}_{Y,y}$, $A' = {}^{\mathrm{hs}}\!A$ (18.8.7), $Y' = \operatorname{Spec} A'$, $X' = X \times_Y Y'$, $f' = f_{(Y')} : X' \to Y'$. 设 y' 是 Y' 的闭点, x' 是 X' 的一个位于 x 和 y' 之上的点, 由于态射 $g : Y' \to Y$ 是平坦的 (18.8.8), 故问题归结为证明 f' 在点 x' 近旁是平展的 (17.7.1, (ii)). 条件 (ii) 表明, 态射 $\operatorname{Spec}\mathscr{O}_{X,x} \to \operatorname{Spec}\mathscr{O}_{Y,y}$ 是笼罩性的 (**I**, 1.2.7), 由于 $\mathscr{O}_{Y,y}$ 是整的, 故知 $\operatorname{Spec}\mathscr{O}_{Y,y}$ 只有唯一一个一般点 y_1, 从而 x 在 X 中有一个位于 y_1 之上的一般化 x_1. 现在投影态射 $X' \to X$ 是平坦的, 故可找到 x' 的一个位于 x_1 之上的一般化 x'_1 (2.3.4), 我们令 $y'_1 = f'(x'_1)$, 因而 $g(y'_1) = y_1$. 由 y 上的前提条件知, A' 是整的 (18.8.15), 从而 Y' 只有唯一一个一般点 η, 它必然位于 y_1 之上, 因为 g 是平坦的 (2.3.4), 另一方面, η 也是 $g^{-1}(y_1)$ 的一般点 ($\mathbf{0_I}$, 2.1.8), 而且我们知道 g 的纤维都是离散的 (18.8.12), 从而 $g^{-1}(y_1) = \{\eta\}$, 因而 $y'_1 = \eta$. 于是 f' 的限制态射 $\operatorname{Spec}\mathscr{O}_{X',x'} \to \operatorname{Spec}\mathscr{O}_{Y',y'}$ 是笼罩性的, 且因为 $\mathscr{O}_{Y',y'} = A'$ 是整的, 故与上述态射对应的同态 $\mathscr{O}_{Y',y'} \to \mathscr{O}_{X',x'}$ 是单的 (**I**, 1.2.7). 另一方面, f' 在点 x' 近旁是非分歧的, 从而 (18.8.3, d)) 可以找到 x' 在 X' 中的一个邻域 U, 使得 $f'|_U$ 是 U 到 Y' 的一个

闭浸入, 自然同态 $\mathscr{O}_{Y',y'} \to \mathscr{O}_{X',x'}$ 就是满的, 又因为它也是单的, 故它是一一的. 然而 $\mathscr{O}_{X',x'}$ 是一个平坦 $\mathscr{O}_{Y',y'}$ 模, 从而 f' 在点 x' 近旁是平展的 (17.6.1).

最后, 当 $\mathscr{O}_{Y,y}$ 是 Noether 环时, 我们知道由 f 在点 x 近旁平展可以推出 $\dim \mathscr{O}_{Y,y} = \dim \mathscr{O}_{X,x}$ (17.6.4). 反之, 假设条件 (i) 和 (ii$_{改}$) 得到满足, 我们来证明 (ii) 也成立. 设 $\mathfrak{I}$ 是典范同态 $\mathscr{O}_{Y,y} \to \mathscr{O}_{X,x}$ 的核, 必要时把 Y 缩小成 y 的一个邻域, 我们可以假设 $\mathfrak{I} = \mathscr{J}_y$, 其中 $\mathscr{J}$ 是 $\mathscr{O}_Y$ 的一个理想层, 若 Y_1 是 Y 的那个由 $\mathscr{J}$ 所定义的闭子概形, 则 (必要时把 X 和 Y 再缩小成 x 和 y 的适当邻域) 可以假设 f 具有分解 $X \xrightarrow{f_1} Y_1 \to Y$ (**I**, 6.5.1). 显然 f_1 在点 x 近旁仍然是非分歧的, 从而 (17.4.1) 它在该点近旁是拟有限的, 于是 (5.4.1, (i)) 的证明过程表明, $\dim \mathscr{O}_{X,x} \leqslant \dim(\mathscr{O}_{Y,y}/\mathfrak{I})$. 但假如有 $\mathfrak{I} \neq (0)$, 那就可以推出 $\dim(\mathscr{O}_{Y,y}/\mathfrak{I}) < \dim \mathscr{O}_{Y,y}$, 因为 Y 是整的 (**0**, 16.1.2.2), 从而就得到了 $\dim \mathscr{O}_{X,x} < \dim \mathscr{O}_{Y,y}$, 与前提条件矛盾, 这就证明了 (ii).

注解 (18.10.2) — (i) 如果 $A = \mathscr{O}_{Y,y}$ 是 Noether 环, 并且我们还知道完备化 $\widehat{A}$ 是整的 (比如 A 是正则环), 那么在上面的证明中就可以把 A' 换成 $\widehat{A}$.

(ii) 如果 Y 是局部 Noether 概形, 那么我们可以给出 (18.10.1) 的一个更简洁的证明, 不需要用到严格 Hensel 化, 但要使用 §14 和 §15 中的精细结果. 根据前提条件, f 在点 x 近旁是拟有限的 (17.4.1), 故 (通过把 X 换成 x 的一个开邻域) 可以假设 $f^{-1}(y) = \{x\}$. 上面已经看到, 条件 (ii) 表明, 可以找到 X 的一个不可约分支 Z, 它包含 x, 并且笼罩了 Y 的那个包含 y 的唯一不可约分支 Y_0. 由于态射 $f|_Z$ 在点 x 近旁是拟有限的, 从而在该点处是均维的 (13.2.2), 故由 Y 上的前提条件和 Chevalley 判别法 (14.4.4) 知, $g = f|_Z$ 在点 x 处是广泛开的. 此外, 由于 f 在点 x 近旁是非分歧的, 从而 g 也是如此, 故知 $g^{-1}(y)$ 在 $\boldsymbol{k}(y)$ 上是几何既约的 (17.4.1), 由于 $\mathscr{O}_{Y,y}$ 是整的, 故由 (15.2.3) 就得知, g 在点 x 处是平坦的, 从而 f 在该点近旁是平展的 (18.4.9).

(iii) 记号和 Y 上的前提条件都与 (18.10.1) 相同, 我们仅假设 f 是局部有限型的 (未必是局部有限呈示的). 则为了使 $\mathscr{O}_{X,x}$ 是一个实质平展的局部 $\mathscr{O}_{Y,y}$ 代数 (18.6.1), 必须且只需 f 满足下面两个条件:

1° *f 在点 x 近旁是近非分歧的;*

2° *同态 $\mathscr{O}_{Y,y} \to \mathscr{O}_{X,x}$ 是单的.*

这里仍然只需证明条件的充分性. 有见于 (18.4.12), 我们只需证明 f 在点 x 处是平坦的即可. 采用 (18.10.1) 的证明方法以及其中的记号, 则只需证明 f' 在点 x' 处是平坦的 (2.5.1). 此外, f' 在点 x' 近旁是近非分歧的 (17.1.3), 从而可以限于考虑 $Y = \operatorname{Spec} A$, 其中 A 是严格Hensel局部环, 并且 $y = f(x)$ 是 Y 的闭点的情形. 现在使用 (18.8.3) 我们就看到, 同态 $\mathscr{O}_{Y,y} \to \mathscr{O}_{X,x}$ 是满的, 从而是一一的 (根据前提条件), 这就足以证明 f 在点 x 处的平坦性.

我们进而假设 Y 在点 Y 处是局部整的 (**I**, 2.1.8). 则上面的条件 1° 和 2° (再加上 Y 在点 y 处是几何式独枝的, 并且 f 是局部有限型的) 就已经能够推出 f 在点 x 近旁是平展的. 事实上, 这是缘自上面所述和 (18.4.13).

推论 (18.10.3) — 设 Y 是一个整且几何式独枝的概形, η 是它的一般点, X 是一个连通概形, $f: X \to Y$ 是一个局部有限型态射, 并假设 $f^{-1}(\eta)$ 不是空的. 于是若 f 是近非分歧的, 则 f 是平展的, 并且 X 也是整且几何式独枝的.

由前提条件和 (18.4.13) 知, f 在所有平坦点近旁都是平展的, 特别地, 它在 $f^{-1}(\eta)$ 的那些点近旁都是平展的, 因为 $\mathscr{O}_{Y,\eta} = \boldsymbol{k}(\eta)$ 是一个域. 从而由 X 中的那些使 f 平展的点所组成的开集 U 不是空的. 另一方面, 我们来证明, 对任意 $x \in \overline{U}$, 同态 $\mathscr{O}_{Y,f(x)} \to \mathscr{O}_{X,x}$ 都是单的. 事实上, 设 s 是 $\mathscr{O}_Y$ 在 $f(x)$ 的某个邻域上的一个截面, 我们总可以假设这个邻域就是 Y (因为问题在 X 和 Y 上都是局部性的), 并假设它的像 $t \in \Gamma(Y, f_*\mathscr{O}_X) = \Gamma(X, \mathscr{O}_X)$ 在点 x 处的芽是 0, 从而它在 x 的某个开邻域 V 上已经等于 0, 于是 t 在开集 $U \cap V \neq \varnothing$ 上的限制等于 0, 然而限制态射 $f|_{(U\cap V)}$ 是平展的, 从而 $W = f(U \cap V)$ 在 Y 中是开的, 因而它包含了一般点 η, 由于同态 $\mathscr{O}_{Y,\eta} \to \mathscr{O}_{X,z}$ 对任何 $z \in f^{-1}(\eta)$ 都是单的, 故由 $t|_{(U\cap V)} = 0$ 的条件就可以推出 $s_\eta = 0$, 且由于 Y 是整的, 这就表明 $s = 0$, 故得上述阐言. 现在应用 (18.10.2, (iii)) 我们就得知, f 在点 x 处是平坦的, 换句话说 $x \in U$, 从而 U 在 X 中是既开又闭的, 又因为它不是空的, 并且 X 是连通的, 故有 $U = X$.

现在我们注意到, 由于 f 是平展的, 从而是局部拟有限的, 且由于 Y 是不可约的, 故知 X 的极大点都落在 $f^{-1}(\eta)$ 中 (2.3.4), 并且对任意 $x \in X$, 都可以找到 x 的一个只包含有限个这种极大点的邻域, 换句话说, X 的不可约分支是局部有限的. 然而根据 (18.10.1), X 在任何点处都是整且几何式独枝的, 从而 X 的每个点都只能落在一个不可约分支之中, 又因为全体不可约分支构成一个局部有限的集合, 从而它们在 X 中都是开 (且闭) 的. 现在 X 是连通的, 故它是整的.

注解 (18.10.3.1) — 若 $f: X \to Y$ 是一个拟紧且笼罩性的局部有限呈示态射, 则依照 (1.1.5), 纤维 $f^{-1}(\eta)$ 不是空的. 但如果我们不假设 f 是拟紧的, 那么由 f 是非分歧的笼罩性态射并不能推出它是平展的(这里假设 X 和 Y 满足 (18.10.3) 中的那些前提条件). 下面这个例子就能说明这一点: 取 Y 就是仿射平面 $\operatorname{Spec}\mathbb{C}[T,U]$, 另一方面, 考虑一族同构于仿射直线 $\operatorname{Spec}\mathbb{C}[T]$ 的概形 $(X_j)_{j\in\mathbb{Z}}$, 通过“黏合” X_{2j} 和 X_{2j+1} 中的点 -1 同时“黏合” X_{2j+1} 和 X_{2j+2} 中的点 $+1$ 我们得到一个概形 X. 现在定义态射 $f: X \to Y$ 如下: 在 X_{2j} 上, 它是一个闭浸入, 像就是直线 $y = 2j$, 并把点 -1 映到 $(2j-1, 2j)$, 把点 $+1$ 映到 $(2j+1, 2j)$, 在 X_{2j+1} 上, 它也是一个闭浸入, 像就是直线 $x = 2j+1$, 并把点 -1 映到 $(2j+1, 2j)$, 把点 $+1$ 映到 $(2j+1, 2j+2)$. f 显然是一个局部浸入 (从而是非分歧的), 并且它是笼罩性的, 然而它在 Y 的一般点处的纤维是空的, 从而 f 不是平展的.

推论 (18.10.4) — 设 $g: Y \to S$, $k: X \to S$ 是两个局部有限呈示态射, $f: X \to Y$ 是一个 S 态射, x 是 X 的一点, $y = f(x)$, $s = g(y) = h(x)$. 假设 h 在点 x 处是**平坦**的, 并且 $g^{-1}(s)$ 在点 y 处是**正规**的. 则为了使 f 在点 x 近旁是平展的, 必须且只需 f 在点 x 近旁是非分歧的, 并且 $\dim_x h^{-1}(s) = \dim_y g^{-1}(s)$.

条件的必要性是基于下面的事实: 若 f 在点 x 近旁是平展的, 则 $f_s : h^{-1}(s) \to g^{-1}(s)$ 也是如此, 从而由 f_s 在点 x 近旁是拟有限的就可以推出结论 (6.1.2). 反过来, 若这些条件得到满足, 则依照 (17.8.3), 为了证明 f 在点 x 近旁是平展的, 只需证明 f_s 在该点近旁是平展的即可. 从而我们可以限于考虑 S 是域的谱的情形. 此时由 $\dim_x X = \dim_y Y$ 的条件和 f 在点 x 近旁非分歧的事实可知, (利用 (5.2.3) 和 (17.4.1)) $\dim \mathscr{O}_{X,x} = \dim \mathscr{O}_{Y,y}$, 由于 f 在点 x 近旁是拟有限的, 并且 $\mathscr{O}_{Y,y}$ 是整的, 故我们从 ($\mathbf{0_I}$, 7.4.4) 和 ($\mathbf{0}$, 16.3.10) 得知, 同态 $\mathscr{O}_{Y,y} \to \mathscr{O}_{X,x}$ 是单的, 现在只需应用 (18.10.1) 就可以推出结论.

推论 (18.10.5) — 在 (18.10.4) 的记号下, 假设 h 是平坦的, 并且对任意 $s \in S$, $g^{-1}(s)$ 都是正规的 (比如当 g 是平滑态射时就是如此). 则为了使 f 是开浸入, 必须且只需 f 是单态射, 并且对任意 $x \in X$, 均有 $\dim_x h^{-1}(s) = \dim_y g^{-1}(s)$, 其中 $y = f(x)$ 且 $s = g(y) = h(x)$.

我们只需证明条件的充分性, 由 (17.1.13) 知, 局部有限呈示的单态射总是非分歧的, 从而前提条件已表明 f 是平展的 (18.10.4), 于是由 (17.9.1) 就可以推出结论.

引理 (18.10.6) — 设 $f: X \to Y$ 是一个平坦的局部拟有限态射 (**II**, 6.2.3) .

(i) X 的极大点 (即集合 $\operatorname{Max}(X)$ 中的元素) 与 $\coprod_{y \in \operatorname{Max}(Y)} f^{-1}(y)$ 的元素之间有一个典范的一一对应.

(ii) 若 Y 是不可约的, 一般点为 η, 则 X 的不可约分支与 $f^{-1}(\eta)$ 中的点之间有一个典范的一一对应, 特别地, 为了使 X 的不可约分支只有有限个, 必须且只需 $f^{-1}(\eta)$ 是有限集.

(iii) 若 Y 的不可约分支是局部有限的, 则 X 的不可约分支也是如此, 特别地, 此时 X 是局部连通的.

(i) 可由 (2.3.4) 和 ($\mathbf{0_I}$, 2.1.6) 以及这些纤维 $f^{-1}(y)$ 都是离散集的事实立得. 显然 (ii) 是 (i) 的特殊情形. 最后, 为了证明 (iii), 依照 (i), 我们可以限于考虑 f 是拟有限的并且 Y 是不可约的这个情形 ($\mathbf{0_I}$, 2.1.6), 此时由 (ii) 以及 f 的纤维都是有限集的事实就可以推出结论.

命题 (18.10.7) — 设 Y 是一个几何式独枝的概形, 并且是不可约的 (切转: 整的), $f: X \to Y$ 是一个平展态射. 则 X 同构于一些不可约 (切转: 整) 概形 X_λ 的和, 其中 λ 跑遍 Y 的一般点 η 的纤维 $f^{-1}(\eta)$. 每个 X_λ 都是几何式独枝的, 若 Y 是正规的, 则这些 X_λ 也都是正规的.

事实上, X 是几何式独枝的 (17.5.7), 从而 X 的每个点都只落在一个不可约分支中, 进而, 依照 (18.10.6) 和 (17.6.1), X 的不可约分支是局部有限的, 从而 ($\mathbf{0_I}$, 2.1.6) 它们也是 X 的连通分支 X_λ (其中 $\lambda \in f^{-1}(\eta)$), 并且 X 就是这些 X_λ 的和, 再依照 (17.5.7), 若 Y 是整的 (切转: 正规的), 则这些 X_λ 也都是整的 (切转: 正规的).

命题 (18.10.8) — 设 Y 是一个正规整概形, 一般点为 η, $K = \boldsymbol{k}(\eta)$ 是它的有理函数域, $f : X \to Y$ 是一个平展态射. 假设 $f^{-1}(\eta)$ 是有限且非空的, 从而 K 概形 $f^{-1}(\eta)$ 是某个有限可分 K 代数 L 的谱, 并且 L 是 K 的有限个有限可分扩张 K_i $(1 \leqslant i \leqslant n)$ 的直合 (17.6.2). 设 Y' 是 Y 在 L 中的整闭包, 它同构于 Y 在各个 K_i 中的整闭包 Y_i 的和 (**II**, 6.3.6). 则态射 f 可以唯一地分解为 $f : X \xrightarrow{f'} Y' \xrightarrow{g} Y$, 使得限制态射 $f'_\eta : f^{-1}(\eta) \to g^{-1}(\eta)$ 是典范同构. 进而 f' 是一个局部同构, 且为了使 f' 是开浸入, 必须且只需 f 是分离的.

依照 (18.10.7), 我们可以限于考虑 X 是正规整概形并且 L 是它的有理函数域的情形, 因为 f 是笼罩性的. 现在由 (**II**, 6.3.9) 就可以推出 f 的上述分解的存在性和唯一性. 而由于 f' 是双有理且局部拟有限的, 故由 (8.12.10) 就可以推出最后一句话.

推论 (18.10.9) — 在 (18.10.8) 的前提条件下, 为了使 f 是有限态射 (换句话说, X 是 Y 的平展覆叠), 必须且只需 X 同构于 Y 在 L 中的整闭包 Y' .

若 f 是有限的, 则典范含入 $j : X \to Y'$ (这是一个开浸入) 也是有限态射 (**II**, 6.1.5, (v)), 从而是闭浸入 (**II**, 6.1.10), 且由于 $j(X)$ 在 Y' 中是稠密的 (根据 (18.10.8)), 故有 $j(X) = Y'$. 反过来, 由于 Y 是正规的, 并且 L 是 K 的一些有限可分扩张的直合, 故知 Y' 在 Y 上是有限的 (Bourbaki,《交换代数学》, V, §1, ¥6, 命题 18 的推论 1), 这就得出了结论.

(18.10.10) 设 Y 是一个正规整概形, $K = \mathrm{R}(Y)$ 是它的有理函数域. 所谓一个有限秩 K 代数 L 在 Y 上是不分歧的, 是指: 1° L 是一个可分 K 代数, 从而是 K 的有限个有限可分扩张 K_i $(1 \leqslant i \leqslant n)$ 的直合, 2° Y 在 L 中的整闭包 Y' (就是 Y 在各个 K_i 中的整闭包的和) 在 Y 上是非分歧的(根据 (18.10.3), 这也等价于 Y' 在 Y 上是平展的). 如果 $Y = \operatorname{Spec} A$, 其中 A 是一个整闭整环, K 是它的分式域, 那么我们也常常把"L 在 Y 上是不分歧的"称为 L 在 A 上是不分歧的 (只要不会与 (17.3.2, (ii)) 的概念产生混淆).

注解 (18.10.11) — 有些作者会用"L 在 K 上不分歧"来陈述 L 在 Y 上不分歧这件事, 我们不会使用这种称谓, 因为它容易引起误解.

现在就可以把 (18.10.9) 改写成下面的形式:

推论 (18.10.12) — 设 Y 是一个正规整概形, $K = \mathrm{R}(Y)$ 是它的有理函数域. 则函子 $X \mapsto \mathrm{R}(X)$ 是一个从 Y 的平展覆叠范畴到在 Y 上**不分歧**的有限平展 K 代数范畴的等价. 通过把在 Y 上不分歧的有限平展 K 代数 L 对应到 Y 在 L 中的整闭包 Y', 就能得到它的一个拟逆函子.

命题 (18.10.13) — 设 Y 是一个正规整概形, $K = \mathrm{R}(Y)$ 是它的有理函数域.

(i) 域 K 是一个在 Y 上不分歧的 K 代数.

(ii) 设 L 是 K 的一个在 Y 上不分歧的有限扩张, 并设 Z 是 Y 在 L 中的整闭包. 于是若 M 是一个在 Z 上不分歧的 L 代数, 则 M 也是一个在 Y 上不分歧的 K 代数 (不分歧的"传递性").

(iii) 设 Y' 是一个正规整概形, K' 是它的有理函数域, $g : Y' \to Y$ 是一个笼罩性态射. 若 L 是一个在 Y 上不分歧的 K 代数, 则 $L \otimes_K K'$ 是一个在 Y' 上不分歧的 K' 代数 (" 移植"性质). 进而若 $Y = \operatorname{Spec} A$ 和 $Y' = \operatorname{Spec} A'$ 都是仿射概形, 并且 C 是 A 在 L 中的整闭包, 则 $C' = C \otimes_A A'$ 是 A' 在 $L \otimes_K K'$ 中的整闭包.

(i) 是显然的, 因为根据前提条件, Y 就是它自身在 K 中的正规化. 为了证明 (ii), 设 Z' 是 Z 在 M 中的整闭包, 根据前提条件, 这是 Z 的一个平展覆叠. 由于 Z 在 Y 上是平展且分离的, 故知 Z' 也是如此 (17.3.3), 并且 Z' 显然就是 Y 在 M 中的整闭包. 由于 M 是一个有限可分 K 代数, 故由 (18.10.10) 知, M 在 Y 上是不分歧的. 最后, 为了证明 (iii), 注意到若 Z 是 Y 在 L 中的整闭包, 则 $Z \times_Y Y'$ 在 Y' 上是平展且分离的 (17.3.3), 且在 Y' 上是有限的 (因为 Z 在 Y 上是有限的), 它的有理函数环就是 $L \otimes_K K'$ (**I**, 3.4.9), 由于 Y' 是正规的, 故知 $Z \times_Y Y'$ 也是如此 (17.5.7), 从而它就是 Y' 在 $L \otimes_K K'$ 中的整闭包, 这就完成了证明.

推论 (18.10.14) — 设 Y 和 Y' 是两个正规整概形, K 和 K' 分别是它们的有理函数域, $g : Y' \to Y$ 是一个笼罩性态射, 从而 K' 是 K 的一个扩张. 设 L 是 K 的一个在 Y 上不分歧的有限扩张, L_1 是 L 和 K' 的合成扩张 (Bourbaki,《代数学》, VIII, §8, 定义 1). 则 L_1 是 K' 的一个在 Y' 上不分歧的扩张. 进而若 $Y = \operatorname{Spec} A$ 和 $Y' = \operatorname{Spec} A'$ 都是仿射概形, 并且 C 是 A 在 L 中的整闭包, 则 L_1 的子环 $C_1 = A[C, A']$ 就是 A' 在 L_1 中的整闭包.

事实上, $L \otimes_K K'$ 是 K' 的一些有限可分扩张的直合, 并且 L_1 是这些扩张中的一个, 从而 Y 在 L 中的整闭包是一些概形的和, 其中之一是 Y 在 L_1 中的整闭包. 于是由 (18.10.14) 立得结论.

现在设 A 是某个代数数域 K 的整数环, K' 和 L 都是 K 的代数扩张, 古典的例子表明, 若 L 在 A 上不是不分歧的, 则 $C_1 = A[C, A']$ 并不成立 [ ] ①.

(18.10.15) 假设 $Y = \operatorname{Spec} A$ 是仿射概形, 并且 A 是整且整闭的, 设 K 是它的

①译注: 原文在这里没有提供参考文献.

分式域, L 是 K 的一个有限可分扩张, 并假设 A 在 L 中的整闭包 C 是一个有限型投射 A 模 (比如当 A 是 Dedekind 整环时就是如此 (Bourbaki,《交换代数学》, VII, §4, ⁂10, 命题 22)). 此时 L 在 A 上是不分歧的就等价于 C 是平展的 (18.10.10), 从而依照 (18.2.7, (ii)), 这也等价于 $\operatorname{Spec} C$ 在 $\operatorname{Spec} A$ 上的判别式 $d_{C/A}$ 在 A 中是可逆的. 特别地, 若 C 是一个自由 A 模, $(x_i)_{1\leqslant i\leqslant n}$ 是 C 在 A 上的一个基底, 则这件事相当于说 $\det(\operatorname{Tr}_{C/A}(x_ix_j))$ 在 A 中是可逆的.

定理 (18.10.16) — 设 Y 是一个整概形, η 是它的一般点, $f: X\to Y$ 是一个局部有限型分离态射. 假设 X 的每个不可约分支都笼罩了 Y, 并且一般纤维 $X_\eta=f^{-1}(\eta)$ 是一个在 $K=\boldsymbol{k}(\eta)$ 上有限的概形, 从而 $(X_\eta)_{\text{red}}$ 就等于 $\operatorname{Spec} L$, 其中 $L=\prod\limits_i L_i$ 是 K 的一些有限扩张 L_i 的乘积. 我们令 $n=[L:K]=\sum\limits_i[L_i:K]$, $n_s=\sum\limits_i[L_i:K]_s$ (各个 L_i 的可分次数的和).

设 y 是 Y 的一个**几何式独枝**点. 并且我们用 $n(y)$ 来记 $f^{-1}(y)$ 的各个**孤立**点的剩余类域在 $\boldsymbol{k}(y)$ 上的可分次数之和. 则有

(i) $n(y)\leqslant n_s\leqslant n$.

(ii) 假设 X 是既约的, 并且点 y 在 Y 中是正规的. 则为了使 $n(y)=n$, 必须且只需能找到 y 在 Y 中的一个开邻域 U, 使得 f 的限制 $f^{-1}(U)\to U$ 是一个有限平展态射.

A) 把问题归结到 f 是拟有限态射的情形 — 我们知道 (13.1.4) 由那些在 $f^{-1}(f(x))$ 中孤立的点 $x\in X$ 所组成的集合 Z 在 X 中是开的, 并且根据前提条件, Z 包含 $f^{-1}(\eta)$. 由于 $f^{-1}(\eta)$ 是有限的, 故知 Z 是一些包含 $f^{-1}(\eta)$ 的拟紧开集 V_λ 的递增滤相并集 (从而根据前提条件, 它们在 X 中都是稠密的). 若 $n_\lambda(y)$ 是 $V_\lambda\cap f^{-1}(y)$ 中的各点的剩余类域在 $\boldsymbol{k}(y)$ 上的可分次数之和, 则有 $n(y)=\sup\limits_\lambda n_\lambda(y)$, 从而为了证明 (i), 只需证明 $n_\lambda(y)\leqslant n_s$ 即可. 另一方面, 若 $n(y)=n$, 则可以找到一个指标 λ, 使得 $n_\lambda(y)=n$. 假设我们已经证明了 y 在 Y 中有开邻域 U 能使得 f 的限制 $V_\lambda\cap f^{-1}(U)\to U$ 是有限平展态射. 则由于 f 是分离的, 故知典范含入 $V_\lambda\cap f^{-1}(U)\to f^{-1}(U)$ 也是有限态射 (**II**, 6.1.5, (v)), 从而 $V_\lambda\cap f^{-1}(U)$ 在 $f^{-1}(U)$ 中是闭的 (**II**, 6.1.10), 但它在 $f^{-1}(U)$ 中是处处稠密的, 从而必然与 $f^{-1}(U)$ 相等.

B) 把问题归结到 X 是既约概形、f 是有限态射且 $Y=\operatorname{Spec}\mathscr{O}_{Y,y}$ 的情形 — 注意到 f 上的前提条件表明, 它对于 f_{red} 也是成立的, 并且 (i) 的结论只与 f_{red} 有关, 从而我们可以 (通过把 f 都换成 f_{red}) 假设 X 是既约的. 另一方面, 依照 (18.12.13)①, 若把 Y 换成 y 的某个仿射开邻域 V, 并把 f 换成它的限制 $f^{-1}(V)\to V$, 则 f 具有一个分解 $X\xrightarrow{j}X'\xrightarrow{g}Y$, 其中 g 是有限的, 并且 j 是一个开浸入. 由于 X 是

①读者可以验证, 在 (18.12.13) 的证明中并没有用到 (18.10.16). 如果我们假设 f 是局部有限呈示的 (切转: 拟射影的), 那么就可以把 (18.12.13) 换成 (8.12.8) (切转: (8.12.6)).

既约的, 故可把 X' 换成以 $\overline{j(X)}$ 为底空间的既约闭子概形 (**I**, 5.2.2), 从而还可以假设 X' 是既约的, 并且 X' 的每个不可约分支都笼罩了 Y. 进而, 依照前提条件, $j(X)$ 是 X' 的一个稠密开集, 并且只有有限个不可约分支, 从而 ($\mathbf{0_I}$, 1.2.7) X' 的不可约分支就是 $j(X)$ 的那些不可约分支的闭包, 因而纤维 $g^{-1}(y)$ 可以等同于 $f^{-1}(\eta)$. 假设定理在 f 是有限态射的情形下已经得到了证明, 那就可以把它应用到 g 上, 且由于 $f^{-1}(y)$ 可以等同于 $g^{-1}(y)$ 的一个子概形, 故知 g 上的条件 (i) 就蕴涵着 f 上的条件 (i). 另一方面, 假设 $n(y) = n$, 则依照上面所述, 我们可以把 (ii) 的结论应用到态射 g 上, 并且必要时把 Y 换成 y 的一个开邻域, 还可以假设 g 是平展的, 因而 f 也是如此, 进而我们有 $f^{-1}(y) = g^{-1}(y)$. 由于态射 g 是闭的, 并且 $j(X)$ 在 X' 中是开的, 故可找到 y 在 Y 中的一个邻域 U, 使得 $j(X) \cap g^{-1}(U) = j(f^{-1}(U))$, 这就证明了 (ii) 对 f 也是成立的.

这样一来, 问题归结到 f 是有限态射的情形. 容易看出, 为了证明 (i), 可以限于考虑 $Y = \operatorname{Spec} \mathscr{O}_{Y,y}$ 的情形. 我们来说明, 对于 (ii) 的证明来说也是如此. 事实上, 假设我们已经证明了由条件 $n(y) = n$ 可以推出 $X \times_Y \operatorname{Spec} \mathscr{O}_{Y,y}$ 在 $\operatorname{Spec} \mathscr{O}_{Y,y}$ 上是有限平展的, 则由此可知, f 在 $f^{-1}(y)$ 的所有点处都是平坦的, 且在这些点的近旁都是近非分歧的, 并且 Y 是整的, 故由 (18.4.13) 就得知, f 在 $f^{-1}(y)$ 的所有点近旁都是平展的, 从而它在 $f^{-1}(y)$ 的某个落在 X 中的开邻域 V 上也是如此, 然而 f 是一个有限态射, 从而是闭的, 故知 V 包含了某个形如 $f^{-1}(U)$ 的开集, 其中 U 是 y 在 Y 中的一个开邻域.

C) 把问题归结到 $Y = \operatorname{Spec} \mathscr{O}_{Y,y}$ 并且 $\mathscr{O}_{Y,y}$ 是严格 Hensel 局部环的情形 — 我们令 $A = \mathscr{O}_{Y,y}$, 并设 $A' = {}^{\mathrm{hs}}A$ 是 A 的严格 Hensel 化 (18.8.7), 这是一个整且几何式独枝的局部环 (18.8.16). 设 $Y' = \operatorname{Spec} A'$, 并设 y' 和 η' 分别是 Y' 的闭点和一般点, 则 y' 位于 y 之上, 且由于态射 $g : Y' \to Y$ 是平坦的 (18.8.8), 故知 η' 位于 η 之上 (2.3.4). 我们令 $X' = X \times_Y Y'$, $f' = f_{(Y')} : X' \to Y'$, 则 f' 是有限的 (因为 g 是平坦的), 并且 X' 的每个不可约分支都笼罩了 Y' (2.3.7). 设 $n'(y')$, n' 和 n'_s 是由 f' 定义出来的三个数, 与 f 定义 $n(y)$, n 和 n_s 的方法一样, 则我们有 $n'_s = n_s$ 和 $n'(y') = n(y)$ (**I**, 6.4.8), 从而问题归结为对 f' 来证明 (i) 的结论. 进而, 若 X 是既约的, 并且 y 是 Y 的一个正规点 (从而 A 是整闭的), 则 A' 是整闭的 (18.8.12). 另一方面, 由定义 (18.8.7) 和注解 (8.1.2 a)) 以及双重归纳极限定理可知, A' 是一些能使态射 $\operatorname{Spec} A_\alpha \to \operatorname{Spec} A = Y$ 平展的环 A_α 的归纳极限, 因而 X' 就是这些 $X_\alpha = X \otimes_A A_\alpha$ 的投影极限, 它们在 X 上都是平展的, 从而都是既约的 (因为 X 是如此 (17.5.7)), 通过取极限, 我们看到 X' 也是既约的 (8.7.1). 在此基础上, 若 $n(y) = n$, 则有 $n_s = n$, 因而 X_η 的任何点处的剩余类域在 $\boldsymbol{k}(\eta)$ 上都必须是可分的, 从而 $X'_{\eta'}$ 在任何点处的剩余类域都是 $\boldsymbol{k}(\eta')$ 的可分代数扩张 (4.6.1), 换句话说, $n'_s = n' = n$, 于是依照上面所述, $n'(y') = n'$. 从而态射 f' 和 f 具有相同的性质, 且如果我们证明

了 f' 是平展的, 那么由 (17.7.1) 知, f 也是平展的.

D) 证明的完成 — 现在假设 A 是严格 Hensel 局部环. 由于 A 是 Hensel 的, 并且态射 f 是有限的, 故由 (18.5.11) 知, 若 x_j $(1 \leqslant j \leqslant m)$ 是 $f^{-1}(y)$ 的所有互不相同的点, 则 X 是各个开子概形 $\operatorname{Spec} \mathscr{O}_{X,x_j} = X_j$ 的和, 从而它们就是 X 的连通分支. 根据前提条件, 每个 X_j 都笼罩了 Y, 从而都与 $f^{-1}(\eta)$ 有交点, 因而 $f^{-1}(\eta)$ 的点的个数 $\geqslant m$, 自然也有 $n_s \geqslant m$. 但由于 $\boldsymbol{k}(y)$ 是可分闭的, 并且这些 $\boldsymbol{k}(x_j)$ 在 $\boldsymbol{k}(y)$ 上都是代数的, 故它们必然都是 $\boldsymbol{k}(y)$ 的紧贴扩张, 从而 $m = n(y)$, 这就证明了 (i). 现在我们假设 (ii) 的前提条件得到满足, 则由于 X 的每个不可约分支都笼罩了 Y, 故关系式 $n(y) = n_s = n$ 首先表明, 每个 X_j 都是不可约的, 进而由于这些 X_j 都是既约的, 故知它们都是整的, 最后, 关系式 $m = n_s = n$ 表明, 对于 X_j 的一般点 ξ_j 来说, $\boldsymbol{k}(\xi_j)$ 是 $\boldsymbol{k}(\eta)$ 的一个 1 次可分扩张, 从而就同构于 $\boldsymbol{k}(y)$. 换句话说, f 的限制 $f|_{X_j} : X_j \to Y$ 是一个有限且双有理的态射, 进而, X_j 是整的, 并且根据前提条件, Y 是正规的, 从而 (8.12.10.1) $f|_{X_j}$ 是一个同构, 这就证明了 f 是平展的, 从而也完成了 (18.10.16) 的证明.

注解 (18.10.17) — 在证明 (18.10.16) 时所使用的"平展位局部化"方法也可以用来改进 (15.5.1) 中的结果, 即把 Noether 条件去掉. 首先我们把 (15.5.2) 推广为下面这个结果:

(18.10.17.1) — *设 $f : X \to Y$ 是一个拟有限的分离态射, y 是 Y 的一点, 并假设 f 在 $f^{-1}(y)$ 的任何点近旁都是广泛开的. 则对 y 的任意一般化 y', 均有 $n(y) \leqslant n(y')$.*

通过把 Y 换成以 $\overline{\{y'\}}$ 为底空间的既约闭子概形 Z, 并把 X 换成 $f^{-1}(Z)$, 我们可以假设 Y 是整的, 一般点为 y'. 利用 (18.12.13) (方法与 (18.10.16, B)) 相同), 又可以假设 X 在某个概形 X' 中是开且稠密的, 并且 f 是某个有限态射 $g : X' \to Y$ 在 X 上的限制. 我们来证明 $g^{-1}(y') = f^{-1}(y')$. 事实上, 设 $i : g^{-1}(y') \to X'$ 是典范含入, 这是一个平坦态射, 因为 y' 是 Y 的一般点 (**I**, 3.6.5), 我们可以把 $f^{-1}(y')$ 写成 $i^{-1}(X)$. 另一方面, 典范含入 $j : X \to X'$ 是一个有限型态射, 因为合成 $g \circ j = f$ 是有限型的, 并且 g 是分离的 (1.5.4), 从而 X 是 X' 中的一个反紧开子集, 因而它在 X' 中是投影可构的 (1.9.5, (v)). 于是由 (2.3.10) 就得知, $i^{-1}(\overline{X}) = \overline{i^{-1}(X)}$, 换句话说 $f^{-1}(y')$ 在 $g^{-1}(y')$ 中是稠密的, 而由于 $g^{-1}(y')$ 是离散的, 故必有 $f^{-1}(y') = g^{-1}(y')$.

这样一来, 问题归结为证明, 这些 $[\boldsymbol{k}(x) : \boldsymbol{k}(y)]_s$ 的和 (其中 x 跑遍 $g^{-1}(y)$ 的那些使 g 广泛开的点的集合) 至多等于 $n(y')$ (对应于态射 g). 现在我们利用在一点处广泛开的性质在基变换下是稳定的这个事实, 并使用 (18.10.16, C)) 的方法就得知, 可以限于考虑 $Y = \operatorname{Spec} \mathscr{O}_{Y,y}$ 且 $\mathscr{O}_{Y,y}$ 是严格 *Hensel* 局部环的情形. 此时在 (18.10.16, D)) 的记号下, X 是一些开子概形 $X_j = \operatorname{Spec} \mathscr{O}_{X,x_j}$ 的和, 其中 x_j 跑遍 $g^{-1}(y)$, 由 g

在某个 x_j 处是开的这个前提条件知, 与此对应的那个子概形 X_j 笼罩了 Y (1.10.3), 从而利用 (18.10.16, D)) 的方法就可以完成证明.

接下来由 (18.10.17.1) 可以推出, *即使不再假设 Y 是局部Noether 概形, 仅假设 f 是有限呈示且分离的拟有限态射, (15.5.1) 的结论仍然是成立的.*

事实上, 为了证明 (15.5.1) 的 (i), 注意到由于 f 是有限呈示的, 故知由那些使得 $n(z) \geqslant n(y)$ 的点 $z \in Y$ 所组成的集合 E 是局部可构的 (9.7.9), 依照 (1.10.1), 为了证明 y 落在 E 的内部, 只需证明 y 的任何一般化 y' 都落在 E 中即可, 这恰好就是 (18.10.17.1).

由于 f 是有限呈示的, 故为了证明 (15.5.1) 的 (ii), 可以使用 (8.10.5, (xii)) (方法与 (8.1.2, a)) 相同), 从而我们已经可以假设 $Y = \operatorname{Spec} \mathscr{O}_{Y,y}$. 接下来利用 (2.7.1, (vii)), 又可以 (通过取忠实平坦的基变换 $Y' \to Y$, 其中 $Y' = \operatorname{Spec} {}^{\mathrm{hs}}\mathscr{O}_{Y,y}$) 假设 $\mathscr{O}_{Y,y}$ 是一个*严格Hensel 局部环*. 现在应用 (18.5.11, c)) 我们就看到, 若 x_j $(1 \leqslant j \leqslant n)$ 是 $f^{-1}(y)$ 的所有点, 则 X 是 n 个开子概形 $X_j = \operatorname{Spec} \mathscr{O}_{X,x_j}$ 和一个开子概形 X'' 的和, 并且每个 X_j 在 Y 上都是有限的. 如果能够证明 $X'' = \varnothing$, 那就可以推出 f 是有限的, 从而是紧合的, 现在域 $\boldsymbol{k}(x_j)$ 都是 $\boldsymbol{k}(y)$ 的紧贴(代数) 扩张, 因而 $n(y) = n$, 由于 f 在每个点 x_j 处都是开的, 故知 X_j 笼罩了 Y (1.10.3), 从而 f 在 X_j 上的限制是映满的 (因为它是一个有限态射 (**II**, 6.1.10)). 于是由 $z \mapsto n(z)$ 在 Y 上是常值的这个前提条件就得知, 对任意 $z \in Y$, 均有 $X'' \cap f^{-1}(z) = \varnothing$, 也就是说 $X'' = \varnothing$.

最后, (iii) 的证明与 (15.5.1) 中原来的证明是完全一样的.

(18.10.17.2) 使用严格 Hensel 化的方法, 我们还可以类似地把 §14 和 §15 中的那些结果里的 Noether 条件去掉.

引理 (18.10.18) — *设 X, Y 是两个概形, $f : X \to Y$ 是一个双有理态射*[①]*, x 是 X 的一点. 则为了使 f 在点 x 近旁是一个局部同构, 必须且只需 f 在点 x 近旁是平展的. 为了使 f 是开浸入, 必须且只需 f 是平展且分离的.*

条件显然是必要的, 我们只需证明它们的充分性. 对于第一句话, 问题在 X 和 Y 上都是局部性的, 从而可以假设 f 是平展的并且 X 和 Y 都是仿射的, 从而 f 是分离的, 这就把问题归结为证明第二句话. 依照 (17.9.1), 问题是要证明 f 是紧贴的. 设 $y \in Y$, 我们来证明 $f^{-1}(y)$ 在 $\boldsymbol{k}(y)$ 上是紧贴的. 取基变换 $\operatorname{Spec} \mathscr{O}_{Y,y} \to Y$ 并不会改变 f 的平展性、分离性和双有理性, 从而可以限于考虑 $Y = \operatorname{Spec} A$ 且 $A = \mathscr{O}_{Y,y}$ 的情形. 现在设 $A' = {}^{\mathrm{hs}}A$, 这是一个局部环, 并且是一个忠实平坦 A 模 (18.8.8), 因为同态 $A \to A'$ 是局部同态. 我们令 $Y' = \operatorname{Spec} A'$, $X' = X_{(Y')}$, $f' = f_{(Y')} : X' \to Y'$, 则 f' 是平展且分离的, 进而, 由于态射 $Y' \to Y$ 是平坦的, 故利用 (6.15.4.1) 的方法可

① 这里采用 (6.15.4) 的定义, 但不假设 X 和 Y 是既约的.

以证明 f' 也是双有理的. 若 y' 是 Y' 的闭点, 则依照 (2.6.1, (v)), 只需证明 $f'^{-1}(y')$ 在 $\boldsymbol{k}(y')$ 上是紧贴的, 而因为 f' 是平展的, 故只需证明 $f'^{-1}(y')$ 最多包含一个点即可 (17.6.1, c′)).

现在我们就假设 $Y = \operatorname{Spec} A$, 其中 A 是一个严格 Hensel 局部环, 并且 f 是平展分离且双有理的, 接下来证明 $f^{-1}(y)$ 最多只包含一个点. 事实上, 如果 $f^{-1}(y)$ 包含了两个不同的点 x_1, x_2, 那就可以找到 f 的两个 Y 截面 u_1, u_2, 使得 $u_1(y) = x_1$, $u_2(y) = x_2$ (18.8.1), 然而 f 是平展且分离的, 故知 u_1 和 u_2 将是 Y 到 X 的某两个 (开) 连通分支的同构 (17.9.4), 从而 X 至少会有两个极大点都位于 Y 的极大点之上, 这就与 f 是双有理的这个条件产生了矛盾.

命题 (18.10.19) — *设 Y 是一个既约概形, 并且它的不可约分支是局部有限的, $f: X \to Y$ 是一个近非分歧的分离态射, g 是 f 的一个 Y 有理截面 (即 Y 到 X 的一个 Y 有理映射), U 是 g 的定义域 (**I**, 7.2.1), 并设 Z 是 $g(U)$ 在 X 中的闭包. 则对任意 $y \in Y \smallsetminus U$, 只要 Y 在点 y 处是几何式独枝的, 就有 $Z_y = Z \cap f^{-1}(y) = \varnothing$. 特别地, 若 Y 是几何式独枝的, 则 $g(U)$ 是 X 的一个既开又闭的子集. 若对 X 的任意***不可约**闭子集 T, $f(T)$ 在 Y 中都是闭的, 则 g 在 Y 的所有几何式独枝点上都有定义.*

由于 Y 是既约的, 并且 f 是分离的, 故由 (**I**, 7.2.2) 知, 可以找到 $f^{-1}(U)$ 的一个 U 截面 u, 它落在 g 的类之中, 此外 (17.4.1.2) 由于 f 是近非分歧的, 故知 u 是一个从 U 到 X 的开子概形 $u(U)$ 的同构. 我们仍然用 Z 来记 X 的那个以 Z 为底空间的既约子概形, 则 $g(U) = u(U)$ 也是 Z 的开子概形 (因为它是既约的), 从而 f 的限制 $f' = f|_Z$ 是一个从 Z 到 Y 的双有理态射, 而且是近非分歧的, 因为 f 是如此 (17.1.3). 问题在 Y 上是局部性的, 因为 Y 在点 y 处是既约且几何式独枝的 (从而是整的), 于是我们可以 (通过把 Y 换成 y 的一个开邻域) 限于考虑 Y 是整概形的情形, 此时 $u(U)$ 是不可约的, 从而 Z 也是不可约的, 因而 Z 还是整的. 现在 (**I**, 8.2.7) 由于 f' 是笼罩性的, 故对任意 $x \in Z_y$, 同态 $\mathscr{O}_{Y,y} \to \mathscr{O}_{Z,z}$ 都是单的, 从而由 (18.10.2, (iii)) 就可以推出 f' 是平展态射, 由于它还是分离且双有理的, 故依照 (18.10.18), 它在点 x 近旁是一个局部同构, 然而这将表明 U 截面 u 可以延拓到一个严格大于 U 的开集上, 这就与 U 的定义产生了矛盾. 从而我们必有 $Z_y = \varnothing$, 这就证明了第一句话, 第二句话是第一句话的直接推论. 进而, 在最后一句话的前提条件下, 由于 Z 是闭且不可约的, 故知 $f(Z)$ 在 Y 中是闭的, 从而就等于 Y, 即对任意 $y \in Y$, 均有 $Z_y \neq \varnothing$, 这就完成了证明.

注解 (18.10.20) — 设 Y 是一个局部 Noether 概形. 所谓一个态射 $f: X \to Y$ 是*本质紧合的*, 是指它是*局部有限型的*, 并且对任意形如 $Y' = \operatorname{Spec} A$ 的 Y 概形来说, 只要 A 是离散赋值环, 相对于 Y' 概形 $X \times_Y Y'$ 的典范映射 (**II**, 7.3.2.2) 就是一一的. 利用 (**II**, 7.3.8) 的方法可以证明, f (假设它是局部有限型态射) 是*分离的*就等价于对任意基变换 $Y'' \to Y$, 其中 Y'' 是局部 *Noether* 概形, $X'' = X_{(Y'')}$ 的任何不可约闭子集在 $f_{(Y'')} : X'' \to Y''$ 下的像都是闭的. 从而为了使 f 是紧合的 (对于局部 Noether 概形 Y) , 必须且只需 f 是本质紧合且有限型的 (**II**, 7.3.8), 但我们会遇到的一些重要的态射, 它们是本质紧合的, 却不是有限型的 (比如某些"Picard 概形"或者某些"Néron-Severi 概形"(第六章)). 由 (18.10.19) 显然得知, 若 Y 是几何式独枝的既约局部 *Noether* 概形, 并且态射 $f : X \to Y$ 是本质紧合且非分歧的, 则 f 的任何 Y 截面都是处处有定义的.

下面这个命题把态射 $X \to Y$ 的平滑性判别法 (17.15.5) 推广到了 Y 未必是域的谱的情形:

命题 (18.10.21) — 设 $f : X \to Y$ 是一个局部有限呈示态射, x 是 X 的一点, $y = f(x)$, 并假设环 $\mathscr{O}_{Y,y}$ 是**整且几何式独枝**的. 设 r 是 $\mathscr{O}_{X,x}$ 模 $(\Omega^1_{X/Y})_x$ 的最小生成元个数 (也等于 $\boldsymbol{k}(x)$ 向量空间 $(\Omega^1_{X/Y})_x \otimes_{\mathscr{O}_{X,x}} \boldsymbol{k}(x)$ 的秩) . 则为了使 f 在点 x 近旁是平滑的, 必须且只需对于 Y 的那个包含 y 的唯一不可约分支的一般点 y' 来说, 可以找到 x 的一个一般化 x', 使得 $f(x') = y'$, 并且 $\dim_{x'} f^{-1}(y') \geqslant r$.

若 f 在点 x 近旁是平滑的, 则它在 x 的某个开邻域 U 上也是如此, 从而在 x 的任何一般化 x' 的近旁都是如此, 并且依照 (17.10.2), 在这些点处我们都有 $\dim_{x'} f^{-1}(f(x')) = r$. 由于 f 在 U 上还是平坦的, 故对 y 的任何一般化, 都可以找到 x 的一个位于其上的一般化 (2.3.4), 这就证明了条件的必要性. 为了证明条件的充分性, 首先注意到根据 (17.5.1), 只需证明 f 在基变换 $\operatorname{Spec} \mathscr{O}_{Y,y} \to Y$ 下所导出的态射在点 x 近旁是平滑的即可, 从而可以假设 $Y = \operatorname{Spec} \mathscr{O}_{Y,y}$.

问题在 X 上是局部性的, 从而 ((16.4.22) 和 ($\mathbf{0_I}$, 5.2.2)) 可以假设 X 是仿射的, 并且可以找到 $\mathscr{O}_X$ 的 r 个整体截面 s_i $(1 \leqslant i \leqslant r)$, 使得这些截面 $d_{X/Y}(s_i)$ 就能够生成 $\Omega^1_{X/Y}$. 设

$$g \;:\; X \longrightarrow Z \;=\; Y[T_1, \cdots, T_r] \;=\; \mathbf{V}^r_Y$$

是这样一个 Y 态射, 它对应着由这些 s_i (把它们看作 $f_*\mathscr{O}_X$ 在 Y 上的截面) 所定义的 $\mathscr{O}_Y$ 模层同态 $\mathscr{O}^r_Y \to f_*\mathscr{O}_X$ (**II**, 1.2.7). 则我们有正合序列 (16.4.19)

$$g^*\Omega^1_{Z/Y} \longrightarrow \Omega^1_{X/Y} \longrightarrow \Omega^1_{X/Z} \longrightarrow 0.$$

由于这些 dT_i $(1 \leqslant i \leqslant r)$ 可以生成 $\Omega^1_{Z/Y}$, 故由 g 的定义知, 同态 $g^*\Omega^1_{Z/Y} \to \Omega^1_{X/Y}$ 是满的, 从而 $\Omega^1_{X/Z} = 0$, 因而 g 是非分歧的 (17.4.1). 现在我们来证明 g 在点 x 近旁是平展的, 有见于 (17.3.8), 这就能够推出 f 在点 x 近旁是平滑的. 由于假设了 $\mathscr{O}_{Y,y}$ 是整且几何式独枝的, 故知 $\mathscr{O}_{Z,z}$ (其中 $z = g(x)$) 也是如此 (17.5.7), 因为结构态射 $Z \to Y$ 是平滑的 (17.3.8). 依照 (18.10.1), 我们只需证明同态 $\mathscr{O}_{Z,z} \to \mathscr{O}_{X,x}$ 是单的即可, 这也相当于说, 对应的态射 $\operatorname{Spec} \mathscr{O}_{X,x} \to \operatorname{Spec} \mathscr{O}_{Z,z}$ 是笼罩性的, 因为 $\mathscr{O}_{Z,z}$ 是整

的 (**I**, 1.2.7). 设 y' 是 $Y = \operatorname{Spec} \mathscr{O}_{Y,y}$ 的一般点, 并设 z' 是 $Z = \operatorname{Spec} \mathscr{O}_{Y,y}[T_1, \cdots, T_n]$ (这是一个整概形) 的一般点, 若 $h : Z \to Y$ 是结构态射, 则有 $h(z') = y'$. 我们只需证明在 $f^{-1}(y')$ 中可以找到 x 的一个一般化 x', 使得 x' 在态射 $g_{y'} : f^{-1}(y') \to h^{-1}(y')$ 下的像等于 z' 即可. 注意到 z' 也是 $h^{-1}(y') = \operatorname{Spec} \boldsymbol{k}(y')[T_1, \cdots, T_r]$ 的一般点, 由于态射 $g_{y'}$ 是非分歧的, 从而是拟有限的 (17.4.2), 故知它在 $f^{-1}(y')$ 的任何不可约分支上的限制也是如此, 而由于 $f^{-1}(y')$ 和 $h^{-1}(y')$ 都是局部 Noether 的, 并且 $\dim h^{-1}(y') = r$, 故由 (5.4.1) 知, $g_{y'}$ 在 $f^{-1}(y')$ 的任何一个维数 $\geqslant r$ 的不可约分支上的限制都是笼罩性的. 现在根据前提条件, 这样的分支都包含了 x 的某个一般化, 它的一般点自然就是 x 的一个一般化, 这就证明了结论.

18.11 应用到域上的完备 Noether 局部代数上

下面这个引理推广了 (**0**, 21.9.1) 和 (**0**, 21.9.2):

引理 (18.11.1) — *设 k 是一个域, A 是一个完备Noether 局部 k 代数, K 是 A 的剩余类域.*

(i) 若 K 向量空间 $\Omega^1_{K/k}$ 是有限秩的, 则 A 模 $\widehat{\Omega}^1_{A/k}$ 是有限型的.

(ii) 进而若 A (在进制拓扑下) 是形式平滑 k 代数, 则 $\widehat{\Omega}^1_{A/k}$ 是自由 A 模, 并且它的秩等于

$$\dim A + \operatorname{rg}_K(\Omega^1_{K/k}) - \operatorname{rg}_K(\Upsilon_{K/k}).$$

进而, 对于 k 的任何子域 k_0, 只要 Ω^1_{k/k_0} 是有限秩的 k 向量空间, $\widehat{\Omega}^1_{A/k_0}$ 就是自由 A 模, 并且它的秩等于

$$\dim A + \operatorname{rg}_K(\Omega^1_{K/k}) - \operatorname{rg}_K(\Upsilon_{K/k}) + \operatorname{rg}_k(\Omega^1_{k/k_0}).$$

第一句话的证明在 (**0**, 20.7.15) 中已经给出, 放在这里只是为了方便参考. 为了证明 (ii), 注意到我们在 (**0**, 21.9.2) 的证明中实际上已经证明了这个事实, 因为 (**0**, 21.9.2) 的陈述中只涉及了 K 在 k 上的超越次数的有限性 (通过 Cartier 恒等式 (**0**, 21.7.1)).

引理 (18.11.2) — *设 k 是一个特征 $p > 0$ 的域, C 是一个整的完备Noether 局部 k 代数, 并且它的剩余类域是 k 的有限扩张, 设 C 的维数是 n, 且 L 是它的分式域. 则 $\Omega^1_{L/k}$ 和 $\Upsilon_{L/k}$ 都是有限秩的 L 向量空间, 并且我们有*

(18.11.2.1) $$\operatorname{rg}_L(\Omega^1_{L/k}) - \operatorname{rg}_L(\Upsilon_{L/k}) \geqslant n.$$

进而假设 $[k : k^p] < +\infty$. 则我们有等式

(18.11.2.2) $$\operatorname{rg}_L(\Omega^1_{L/k}) - \operatorname{rg}_L(\Upsilon_{L/k}) = n.$$

且此时 $\Omega^1_{C/k}$ 同构于 $\widehat{\Omega}^1_{C/k}$, 从而是一个有限型 C 模 (18.11.1).

事实上, 我们知道 (**0**, 19.8.9) C 有这样一个 k 子代数 C_0, 它同构于形式幂级数代数 $k[[T_1,\cdots,T_n]]$, 并且使 C 成为一个有限 C_0 代数. 因而 L 是 C_0 的分式域 $L_0=k((T_1,\cdots,T_n))$ 的一个有限扩张. 现在把 (**0**, 20.6.17.1) 应用到 k 的初始子域和三个域 $k\subseteq L_0\subseteq L$ 上 (且有见于 (**0**, 20.6.21, (i))), 就可以得到 L 向量空间的正合序列

$$\begin{aligned}0\longrightarrow \Upsilon_{L_0/k}\otimes_{L_0}L\longrightarrow \Upsilon_{L/k}\longrightarrow \Upsilon_{L/L_0}&\\ \longrightarrow \Omega^1_{L_0/k}\otimes_{L_0}L\longrightarrow \Omega^1_{L/k}\longrightarrow \Omega^1_{L/L_0}\longrightarrow 0.&\end{aligned}$$

由于 L 是 L_0 的有限扩张, 故知 Ω^1_{L/L_0} 和 Υ_{L/L_0} 都是有限秩的 L 向量空间, 并且依照 Cartier 恒等式 (**0**, 21.7.1), 它们的秩是相等的. 由于 L_0 在 k 上是可分的 (**0**, 21.9.6.4), 故有 $\Upsilon_{L_0/k}=0$ (**0**, 20.6.3), 从而由上面的正合序列就可以推出 $\Upsilon_{L/k}$ 是有限秩的, 并且在任何情况下都有 ($\mathbf{0_{III}}$, 11.10.2)

$$\mathrm{rg}_L(\Omega^1_{L/k})-\mathrm{rg}_L(\Upsilon_{L/k})\ =\ \mathrm{rg}_{L_0}(\Omega^1_{L_0/k})-\mathrm{rg}_{L_0}(\Upsilon_{L_0/k}).$$

从而为了证明 (18.11.2.1) 或者 (18.11.2.2), 可以把 C 和 L 换成 C_0 和 L_0 来进行证明. 由于 L_0 在 k 上是可分的 (**0**, 21.9.6.4), 故有 $\Upsilon_{L_0/k}=0$ (**0**, 20.6.3), 另一方面, $\Omega^1_{L_0/k}=\Omega^1_{C_0/k}\otimes_{C_0}L_0$ (**0**, 20.5.9). 我们知道 (**0**, 21.9.4), 若 $C_1=k[[T_1^p,\cdots,T_n^p]]$, 则 $\widehat{\Omega}^1_{C_0/k}$ 可以等同于 $\Omega^1_{C_0/C_1}$, 另一方面, 我们有 $\Omega^1_{C_0/k}=\Omega^1_{C_0/k[C_0^p]}$ (**0**, 21.1.5), 且由于 $C_0^p=k^p[[T_1^p,\cdots,T_n^p]]$, 故有 $k[C_0^p]\subseteq C_1$, 并且当 $[k:k^p]<+\infty$ 时两者是相等的. 现在由正合序列 $\Omega^1_{C_0/k[C_0^p]}\to\Omega^1_{C_0/C_1}\to 0$ (**0**, 20.5.7) 可以得到正合序列 $\Omega^1_{L_0/k}\to\widehat{\Omega}^1_{C_0/k}\otimes_{C_0}L_0\to 0$. 由于 $\widehat{\Omega}^1_{C_0/k}$ 是一个 n 秩自由 C_0 模 (**0**, 21.9.3), 故我们看到, 在任何情形下均有 $\mathrm{rg}_{L_0}(\Omega^1_{L_0/k})\geqslant n$, 并且等号在 $[k:k^p]<+\infty$ 时是成立的, 这就已经证明了 (18.11.2.1) 和 (18.11.2.2).

最后, 为了证明在 $[k:k^p]<+\infty$ 时 $\Omega^1_{C/k}$ 同构于 $\widehat{\Omega}^1_{C/k}$, 只需证明 $\Omega^1_{C/k}$ 是一个有限型 C 模即可, 因为 C 是一个完备 Noether 局部环 ($\mathbf{0_I}$, 7.3.3). 由于 $\Omega^1_{C/k}$ 同构于 $\Omega^1_{C/k[C^p]}$, 并且 $k[C_0^p]\subseteq k[C^p]$, 故问题归结为证明 C 是一个有限型 $k[C_0^p]$ 模 (**0**, 20.4.7), 然而 C 是有限型 C_0 模, 并且在 $[k:k^p]<+\infty$ 的条件下, C_0 是有限型 $k[C_0^p]$ 模, 这就给出了结论.

引理 (18.11.3) — *设 k 是一个域, p 是它的指数特征, 并假设 $[k:k^p]<+\infty$. 设 A 是一个***完备***Noether 局部 k 代数, 并且它的剩余类域是 k 的***有限***扩张. 设 $\mathfrak{p}$ 是 A 的一个素理想, 并且 $A_{\mathfrak{p}}$ 在 k 上是***几何正则***的 (6.7.6). 则在 A 中有唯一一个包含在 $\mathfrak{p}$ 中的极小素理想 $\mathfrak{q}$, 并且 $(\widehat{\Omega}^1_{A/k})_{\mathfrak{p}}$ 是一个自由 $A_{\mathfrak{p}}$ 模, 它的秩就等于 $\dim(A/\mathfrak{q})$.*

由于 A 是 Noether 的, 并且 $\mathrm{Spec}\,A$ 在点 $\mathfrak{p}$ 处是正则的 (自然也是整的), 故知 $\mathfrak{p}$

只能落在 Spec A 的一个不可约分支中, 从而它只能包含 A 的一个极小素理想 $\mathfrak{q}$, 进而我们有 $\mathfrak{q}_\mathfrak{p}=0$. 现在令 $B=A/\mathfrak{q}$, 则序列 (**0**, 20.7.20)

$$\mathfrak{q}/\mathfrak{q}^2 \longrightarrow \widehat{\Omega}^1_{A/k}\widehat{\otimes}_A B \longrightarrow \widehat{\Omega}^1_{B/k} \longrightarrow 0$$

是正合的. 事实上, $\widehat{\Omega}^1_{A/k}$ 是一个有限型 A 模 (18.11.1), 从而我们有 $\widehat{\Omega}^1_{A/k}\widehat{\otimes}_A B = \widehat{\Omega}^1_{A/k}\otimes_A B=\widehat{\Omega}^1_{A/k}/\mathfrak{q}\cdot\widehat{\Omega}^1_{A/k}$, 且由于这个 B 模是有限型的, 故从 (**0**, 20.4.5) 可知, 它的任何一个 B 子模都是闭的 ($\mathbf{0_I}$, 7.3.5). 由于 $\mathfrak{q}/\mathfrak{q}^2$ 的像在同态 $\widehat{\Omega}^1_{A/k}\widehat{\otimes}_A B\to\widehat{\Omega}^1_{B/k}$ 的核中是稠密的 (**0**, 20.7.20), 从而它必须等于这个核, 这就推出了上述阐言. 通过取上述正合序列在 $\mathfrak{p}$ 处的局部化, 我们就得知, 典范同态 $(\widehat{\Omega}^1_{A/k})_\mathfrak{p}\to(\widehat{\Omega}^1_{B/k})_{\mathfrak{p}/\mathfrak{q}}$ 是一一的. 这样一来, 我们就可以限于考虑 $\mathfrak{q}=(0)$ 的情形, 换句话说, 可以假设 A 是整的. 下面分两种情形:

I) $p>1$. 此时我们可以把 (18.11.2) 应用到商代数 $C=A/\mathfrak{p}$ 上, 它的分式域 K 恰好是 $A_\mathfrak{p}$ 的剩余类域, 由此就得知

(18.11.3.1) $$\operatorname{rg}_K(\Omega^1_{K/k})-\operatorname{rg}_K(\Upsilon_{K/k}) = \dim(A/\mathfrak{p}).$$

现在注意到 (**0**, 19.6.6) $A_\mathfrak{p}$ 在 $\mathfrak{p}A_\mathfrak{p}$ 预进拓扑下是一个形式平滑 k 代数, 因而 $\Omega^1_{A_\mathfrak{p}/k}$ 在 $\mathfrak{p}$ 预进拓扑下是形式投射的 (**0**, 20.4.5 和 20.4.9), 另一方面, 把 (18.11.2) 应用到 A 上可知, $\Omega^1_{A_\mathfrak{p}/k}=(\Omega^1_{A/k})_\mathfrak{p}$ (**0**, 20.5.9) 是一个有限型 $A_\mathfrak{p}$ 模. 从而对任意整数 j, $\Omega^1_{A_\mathfrak{p}/k}/\mathfrak{p}^{j+1}\Omega^1_{A_\mathfrak{p}/k}$ 都是秩为 $m=\operatorname{rg}_K(\Omega^1_{A_\mathfrak{p}/k}\otimes_{A_\mathfrak{p}}K)$ 的投射 $A_\mathfrak{p}/\mathfrak{p}^{j+1}A_\mathfrak{p}$ 模 (**0**, 19.2.4), 于是由 ($\mathbf{0_{III}}$, 10.2.1 和 10.1.3) 得知, $\Omega^1_{A_\mathfrak{p}/k}$ 是一个 m 秩自由 $A_\mathfrak{p}$ 模. 设 $A'=(A_\mathfrak{p})^\wedge$ 是 $A_\mathfrak{p}$ 在 $\mathfrak{p}A_\mathfrak{p}$ 预进拓扑下的完备化代数, 则 A' 在它的进制拓扑下也是一个形式平滑 k 代数 (**0**, 19.3.6), 并且由 (**0**, 20.7.14) 和 (**0**, 20.4.5) 知, $\widehat{\Omega}^1_{A'/k}=\widehat{\Omega}^1_{A_\mathfrak{p}/k}$, 由此又可得知, $\widehat{\Omega}^1_{A'/k}$ 是一个 m 秩自由 A' 模. 但此时由 (18.11.1) 和等式 $\dim A'=\dim A_\mathfrak{p}$ (**0**, 16.2.4) 可以推出

(18.11.3.2) $$m = \dim A_\mathfrak{p}+(\operatorname{rg}_K(\Omega^1_{K/k})-\operatorname{rg}_K(\Upsilon_{K/k})),$$

再利用 (18.11.3.1), 就给出了

$$m = \dim(A/\mathfrak{p})+\dim A_\mathfrak{p}.$$

而由于 A 是一个完备 Noether 局部环, 故它是某个正则环的商环 (**0**, 19.8.8), 从而 (**0**, 16.5.12) 我们有 $\dim A=\dim(A/\mathfrak{p})+\dim A_\mathfrak{p}$, 这就完成了此情形下的证明.

II) $p=1$. 和上面一样, 我们有 $\dim A=\dim(A/\mathfrak{p})+\dim A_\mathfrak{p}$, 现在令 $n=\dim A$, $r=\dim(A/\mathfrak{p})$, $s=\dim A_\mathfrak{p}$, 我们来证明 $(\widehat{\Omega}^1_{A/k})_\mathfrak{p}$ 是一个 n 秩自由 $A_\mathfrak{p}$ 模. 为此首先要证明下面的引理:

引理 (18.11.3.3) — 设 A 是一个 *Noether* 局部环, $\mathfrak{p}$ 是 A 的一个素理想, 并且 $A_{\mathfrak{p}}$ 是一个 *Cohen-Macaulay* 环. 则对于 $A_{\mathfrak{p}}$ 的任何参数系 $(t_i)_{1\leqslant i\leqslant s}$, 均可找到 $\mathfrak{p}$ 的一组元素 $(x_i)_{1\leqslant i\leqslant s}$, 使得这些 x_i 构成 A 的一个子参数系, 并且对任意 i, $x_i/1$ 与 t_i 都是模理想 $t_1A_{\mathfrak{p}}+\cdots+t_{i-1}A_{\mathfrak{p}}$ 同余的. 特别地, 若 $A_{\mathfrak{p}}$ 是正则的, 并且这些 t_i 构成 $A_{\mathfrak{p}}$ 的一个**正则**参数系, 则这些 $x_i/1$ 也是如此.

这个引理又可以从下面的引理推出来:

引理 (18.11.3.4) — 设 A 是一个 *Noether* 局部环, $\mathfrak{p}$ 是 A 的一个素理想, x 是 A 的一个元素, 则可以找到一个元素 $x'\in A$, 使得在 $A_{\mathfrak{p}}$ 中有 $x'/1=x/1$, 并且 x' 没有落在 A 的任何一个不包含在 $\mathfrak{p}$ 中的极小素理想之中.

我们首先证明 (18.11.3.4) 可以推出 (18.11.3.3). 把 t_i 乘以 $A_{\mathfrak{p}}$ 的适当可逆元, 则可以假设它们都具有 $x_i/1$ 的形状, 其中 $x_i\in\mathfrak{p}$, $1\leqslant i\leqslant s$. 现在对 s 进行归纳, 由于 t_1 是 $A_{\mathfrak{p}}$ 的一个子参数系, 故知它没有落在 $A_{\mathfrak{p}}$ 的任何一个极小素理想之中 (**0**, 16.5.5), 从而任何一个满足 $x_1'/1=t_1$ 的 $x_1'\in A$ 也不会落在 A 的任何一个包含在 $\mathfrak{p}$ 中的极小素理想之中. 依照 (18.11.3.4), 我们还可以选择 x_1' 使之满足 $x_1/1=t_1$ (从而 $x_1'\in\mathfrak{p}$), 并使得 x_1' 没有落在 A 的任何一个极小素理想之中, 从而它构成 A 的一个子参数系 (**0**, 16.3.4 和 16.3.7). 接下来使用归纳法, 我们考虑环 $A'=A/x_1'A$ 和它的素理想 $\mathfrak{p}'=\mathfrak{p}/x_1'A$, 由于 $A'_{\mathfrak{p}'}=A_{\mathfrak{p}}/t_1A_{\mathfrak{p}}$, 故知 $A'_{\mathfrak{p}'}$ 也是一个 Cohen-Macaulay 环 (**0**, 16.5.5), 并且这些 t_i $(2\leqslant i\leqslant s)$ 在 $A'_{\mathfrak{p}'}$ 中的像 t_i' 构成该环的一个参数系, 从而只需把归纳假设应用到 A' 和这些 t_i' $(2\leqslant i\leqslant s)$ 上即可. (18.11.3.3) 的最后一句话是基于下面这个事实: 在 $A_{\mathfrak{p}}$ 中, 若一个参数系能够生成极大理想, 则它一定是正则参数系 (**0**, 17.1.1).

现在我们来证明 (18.11.3.4). 设 $(\mathfrak{p}_k')_{1\leqslant k\leqslant r}$ 是 A 的那些没有包含在 $\mathfrak{p}$ 中但包含了 x 的极小素理想, 并设 $(\mathfrak{p}_j)_{1\leqslant j\leqslant n}$ 是 A 的那些与上述 $\mathfrak{p}_k'$ 不同的极小素理想, 则可以假设 $r\geqslant 1$. 由于 $\mathfrak{p}_k'$ 不包含 $\bigcap_{1\leqslant j\leqslant n}\mathfrak{p}_j$, 故可找到一个元素 $y\in\bigcap_{1\leqslant j\leqslant n}\mathfrak{p}_j$, 它没有落在任何一个 $\mathfrak{p}_k'$ 之中 (Bourbaki,《交换代数学》, II, §1, ¥1, 命题 2), 此外, $y/1$ 落在 $A_{\mathfrak{p}}$ 的所有极小素理想之中, 从而它是幂零的, 若 $(y/1)^h=0$, 则元素 $x'=x+y^h$ 就满足我们的要求, 因为一方面 $y^h\notin\mathfrak{p}_k'$ $(1\leqslant k\leqslant r)$, 并且由 $\mathfrak{p}_k'$ 的定义就得知, $x'\notin\mathfrak{p}_k'$ $(1\leqslant k\leqslant r)$, 另一方面, 若 $\mathfrak{p}_j$ 是 A 的一个没有包含在 $\mathfrak{p}$ 中但 $x\notin\mathfrak{p}_j$ 的极小素理想, 则我们也有 $x'\notin\mathfrak{p}_j$, 因为 $y\in\mathfrak{p}_j$.

回到 (18.11.3) 的证明, 考虑 $p=1$ 的情形. 依照 (18.11.3.3), 在 $A_{\mathfrak{p}}$ 中有这样一个正则参数系 $(t_i)_{1\leqslant i\leqslant s}$, 其中 $t_i=x_i/1$, 并且 x_i $(1\leqslant i\leqslant s)$ 都落在 $\mathfrak{p}$ 中, 进而这些元素构成 A 的某个参数系 $(x_j)_{1\leqslant j\leqslant n}$ 的一部分. 我们令 $A_0=k[[T_1,\cdots,T_n]]$, 由于 A 是一个完备 k 代数, 并且这些 x_j 都落在 A 的极大理想 $\mathfrak{m}$ 之中, 故可找到一个局部 k 同态 $u:A_0\to A$, 使得 $u(T_j)=x_j$ $(1\leqslant j\leqslant n)$ (Bourbaki,《交换代数学》, III,

§4, ¥5, 命题 6), 若 $\mathfrak{n}$ 是 A 的那个由这些 x_j $(1 \leqslant j \leqslant n)$ 所生成的理想, 则根据前提条件, 它是 A 的一个定义理想, 从而由 ($\mathbf{0_I}$, 7.4.4 和 7.4.3) 就得知, u 使 A 成为一个有限 A_0 代数.

我们令 $\mathfrak{p}_0 = \sum_{j=1}^{s} A_0 T_j$, $B_0 = (A_0)_{\mathfrak{p}_0}$ 和 $B = A \otimes_{A_0} B_0$, 从而 $u_{\mathfrak{p}_0} : B_0 \to B$ 使 B 成为一个有限 B_0 代数, 进而, 若 $\mathfrak{p}'$ 是 B 的那个由 $\mathfrak{p}$ 所生成的理想, 则有 $B_{\mathfrak{p}'} = A_{\mathfrak{p}}$, 根据构造方法, $\mathfrak{p}'$ 包含了 $\mathfrak{p}_0 B$, 故它位于 B_0 的极大理想 $\mathfrak{p}_0 B_0$ 之上. 我们来证明态射 $\operatorname{Spec} B \to \operatorname{Spec} B_0$ 在点 $\mathfrak{p}'$ 近旁是非分歧的. 事实上, 这是由于 $\boldsymbol{k}(\mathfrak{p}')$ 是域 $\boldsymbol{k}(\mathfrak{p}_0)$ 的一个有限扩张, 并且 $\boldsymbol{k}(\mathfrak{p}_0)$ 是特征 0 的, 从而这个扩张必然是可分的, 而且依照这些 x_j $(1 \leqslant j \leqslant s)$ 的选择, 我们有 $B_{\mathfrak{p}'}/\mathfrak{p}_0 B_{\mathfrak{p}'} = \boldsymbol{k}(\mathfrak{p}')$ (17.4.1).

现在我们有下面的引理:

引理 (18.11.3.5) — 设 k 是一个域, R, S 是两个完备Noether 局部 k 代数, 且如果令 K 是 S 的剩余类域, 那么 $\Omega^1_{K/k}$ 在 K 上是有限秩的, 设 $u : R \to S$ 是一个 k 同态, 并使 S 成为一个有限 R 代数, 则我们有 $\widehat{\Omega}^1_{S/R} = \Omega^1_{S/R}$, 并且序列

(18.11.3.6) $$\widehat{\Omega}^1_{R/k} \widehat{\otimes}_R S \xrightarrow{v} \widehat{\Omega}^1_{S/k} \xrightarrow{w} \Omega^1_{S/R} \longrightarrow 0$$

(参考 ($\mathbf{0}$, 20.7.17.3)) 是正合的.

第一句话可由 $\Omega^1_{S/R}$ 是有限型 S 模 ($\mathbf{0}$, 20.4.7) 的事实以及 ($\mathbf{0_I}$, 7.3.6) 推出. 另一方面, 我们知道 ($\mathbf{0}$, 20.7.17.3) v 的像在 $\operatorname{Ker}(w)$ 中是稠密的, 并且 w 是满的, 然而由 (18.11.1) 知, $\widehat{\Omega}^1_{S/k}$ 是一个有限型 S 模, 故我们得知, $\widehat{\Omega}^1_{S/k}$ 的任何 S 子模都是闭的 ($\mathbf{0_I}$, 7.3.5), 这就证明了引理.

我们把这个引理应用到 $R = A_0$, $S = A$ 的情形, 并注意到 $\widehat{\Omega}^1_{A_0/k}$ 是一个 n 秩自由 A_0 模 ($\mathbf{0}$, 21.9.3), 从而就得到 $\widehat{\Omega}^1_{A_0/k} \widehat{\otimes}_{A_0} A = \widehat{\Omega}^1_{A_0/k} \otimes_{A_0} A$, 并且这个 A 模是 n 秩自由的. 由于 $\operatorname{Spec} B$ 在点 $\mathfrak{p}'$ 近旁是在 $\operatorname{Spec} B_0$ 上非分歧的, 故有 $(\Omega^1_{A/A_0})_{\mathfrak{p}} = \Omega^1_{B_{\mathfrak{p}'}/B_0} = 0$ (16.4.15 和 17.4.1). 从而通过取正合序列 (18.11.3.6) (应用到 A_0 和 A 上) 在 $\mathfrak{p}$ 处的局部化, 我们就得到一个满同态

$$v_{\mathfrak{p}} \ : \ (\widehat{\Omega}^1_{A_0/k} \otimes_{A_0} A)_{\mathfrak{p}} \longrightarrow (\widehat{\Omega}^1_{A/k})_{\mathfrak{p}},$$

由此得知, $A_{\mathfrak{p}}$ 模 $(\widehat{\Omega}^1_{A/k})_{\mathfrak{p}}$ 可由 n 个元素生成. 但依照 ($\mathbf{0}$, 21.9.5) (我们可以把它应用到完备整环 A 上, 这是基于 Cohen 定理 ($\mathbf{0}$, 19.8.8, (ii)), 以及 A 的分式域是特征 0 的这个事实), A 模 $\widehat{\Omega}^1_{A/k}$ 是 n 秩的. 从而 $A_{\mathfrak{p}}$ 模 $(\widehat{\Omega}^1_{A/k})_{\mathfrak{p}}$ 也是 n 秩的, 且由于它除以其挠模后的商模可由 n 个元素生成, 故知这个商模必然是自由的, 由此立即得知, 上面所得到的 $(\widehat{\Omega}^1_{A/k})_{\mathfrak{p}}$ 的这 n 个生成元构成一个自由族, 这就推出了结论.

引理 (18.11.4) — 设 k 是一个域, A 是一个完备Noether 局部 k 代数, 并且它的剩余类域是 k 的有限扩张. 设 k' 是 k 的任意扩张, 并且令 $A' = A \widehat{\otimes}_k k'$. 则有:

(i) A' 是一个完备Noether 半局部环, 并且它是一些完备局部环 A'_i $(1 \leqslant i \leqslant r)$ 的直合, 这些 A'_i 都是忠实平坦 A 模, 并且剩余类域都是 k' 的有限扩张, 若 $\mathfrak{m}$ 是 A 的极大理想, 则 $\mathfrak{m}A'$ 是 A' 的一个定义理想, 对任意 i, 我们都有 $\dim A'_i = \dim A$.

(ii) 对任意 i, $\widehat{\Omega}^1_{A'_i/k}$ 都典范同构于 $\widehat{\Omega}^1_{A/k} \otimes_A A'_i$.

(i) 前面几句话可由 (7.5.5) 和 ($\mathbf{0_I}$, 6.6.2) 立得, $\mathfrak{m}A'$ 是 A' 的定义理想的事实也可以从 (7.5.5) 得出, 因为若 K 是 A 的分式域, 则 $K \otimes_A k'$ 是一个有限 k' 代数. 最后, 每个 $A'_i/\mathfrak{m}A'_i$ 都是 $K \otimes_A k'$ 的一个直合分量, 这些分量都是 Artin 局部环 (7.5.5), 从而都是 0 维的, 由于 A'_i 是一个平坦 A 模, 故由 (6.1.2) 就可以推出 A 和 A'_i 的维数是相等的.

(ii) 依照 K 上的前提条件, $\widehat{\Omega}^1_{A/k}$ 是一个有限型 A 模 (18.11.1), 从而 $\widehat{\Omega}^1_{A/k} \otimes_A A'$ 是完备的, 并且可以等同于完备张量积 $\widehat{\Omega}^1_{A/k} \widehat{\otimes}_A A'$, 基于完备张量积的结合性 ($\mathbf{0_I}$, 7.7.4), $\widehat{\Omega}^1_{A/k} \widehat{\otimes}_A A' = \widehat{\Omega}^1_{A/k} \widehat{\otimes}_A (A \widehat{\otimes}_k k')$ 可以等同于 $\widehat{\Omega}^1_{A/k} \widehat{\otimes}_k k'$. 但 $\Omega^1_{A/k} \widehat{\otimes}_k k'$ 可以等同于 $\Omega^1_{A''/k'}$, 其中 $A'' = A \otimes_k k'$ ($\mathbf{0}$, 20.5.5), 并且根据定义, A' 是 A'' 的分离完备化, 从而由构造方法知, $\Omega^1_{A''/k'}$ 的分离完备化就可以等同于 $\Omega^1_{A'/k'}$ 的分离完备化 ($\mathbf{0}$, 20.7.4). 换句话说, 我们有一个典范同构

$$\widehat{\Omega}^1_{A'/k'} \xrightarrow{\sim} \widehat{\Omega}^1_{A/k} \otimes_A A'.$$

现在 (ii) 就可以从下面的事实得出: $\Omega^1_{A'/k'}$ 是这些 $\Omega^1_{A'_i/k'}$ 的直和 ($\mathbf{0}$, 20.4.13), 并且若 $\mathfrak{r}$ 是 A' 的根, 则 $\Omega^1_{A'/k'}$ 上的 $\mathfrak{r}$ 预进拓扑可以等同于各个 $\Omega^1_{A'_i/k'}$ 上的 $\mathfrak{m}'_i$ 预进拓扑的乘积 (其中 $\mathfrak{m}'_i$ 是 A'_i 的极大理想), 由此最终得知, $\Omega^1_{A'/k'}$ 在 $\mathfrak{r}$ 预进拓扑下的分离完备化 $\widehat{\Omega}^1_{A'/k'}$ 可以等同于这些 $\Omega^1_{A'_i/k'}$ 在 $\mathfrak{m}'_i$ 预进拓扑下的分离完备化 $\widehat{\Omega}^1_{A'_i/k'}$ 的乘积, 从而只需应用 ($\mathbf{0}$, 20.4.5) 即可.

命题 (18.11.5) — 设 k 是一个域, A 是一个完备Noether 局部 k 代数, 并且它的剩余类域是 k 的有限扩张, $\mathfrak{p}$ 是 A 的一个不同于极大理想 $\mathfrak{m}$ 的素理想, 并可找到一个极小素理想 $\mathfrak{q} \subseteq \mathfrak{p}$, 使得 $\dim(A/\mathfrak{q}) = \dim A$ (比如当 A 是均维环的时候就是如此), m 是一个非负整数. 则以下诸条件是等价的:

a) $A_{\mathfrak{p}}$ 模 $(\widehat{\Omega}^1_{A/k})_{\mathfrak{p}}$ 可由 m 个元素生成.

b) 可以找到一个局部 k 同态 $u: B \to A$, 其中 $B = k[[T_1, \cdots, T_m]]$, 该同态使 A 成为一个有限 B 代数, 并使得对应的态射 $\operatorname{Spec} A \to \operatorname{Spec} B$ 在点 $\mathfrak{p}$ 近旁是非分歧的.

为了证明 b) 蕴涵 a), 注意到依照引理 (18.11.3.5), 我们有一个正合序列

$$\widehat{\Omega}^1_{B/k} \otimes_B A \longrightarrow \widehat{\Omega}^1_{A/k} \longrightarrow \Omega^1_{A/B} \longrightarrow 0,$$

这是因为 A 是一个有限 B 代数, 取它们在 $\mathfrak{p}$ 处的局部化, 并注意到根据前提条件, 我们有 $(\Omega^1_{A/B})_{\mathfrak{p}} = 0$ (17.4.1), 故可得到一个满同态 $(\widehat{\Omega}^1_{B/k} \otimes_B A)_{\mathfrak{p}} \to (\widehat{\Omega}^1_{A/k})_{\mathfrak{p}}$, 从而

由 $\widehat{\Omega}^1_{B/k}$ 是 m 秩自由 B 模的事实 ($\mathbf{0}$, 21.9.3) 就可以推出结论.

为了证明 a) 蕴涵 b), 我们首先来证明下面的引理:

引理 (18.11.5.1) — *设 k 是一个域, A 是一个完备Noether 局部 k 代数, 并且它的剩余类域是 k 的有限扩张, $\mathfrak{p}$ 是 A 的一个素理想, $\mathfrak{q}$ 是 A 的一个包含在 $\mathfrak{p}$ 中的极小素理想. 则 $A_{\mathfrak{p}}$ 模 $(\widehat{\Omega}^1_{A/k})_{\mathfrak{p}}$ 的最小生成元个数 $\geqslant \dim(A/\mathfrak{q})$.*

我们令 $n = \dim(A/\mathfrak{q})$, 并设 m 是 $A_{\mathfrak{p}}$ 模 $(\widehat{\Omega}^1_{A/k})_{\mathfrak{p}}$ 的最小生成元个数, 它就等于 $\mathrm{rg}_{\boldsymbol{k}(\mathfrak{p})}\big((\widehat{\Omega}^1_{A/k})_{\mathfrak{p}} \otimes_{A_{\mathfrak{p}}} \boldsymbol{k}(\mathfrak{p})\big)$ (Bourbaki,《交换代数学》, II, §3, ✗2, 命题 4 的推论 2). 注意到 $(\widehat{\Omega}^1_{A/k})_{\mathfrak{q}} = (\widehat{\Omega}^1_{A/k})_{\mathfrak{p}} \otimes_{A_{\mathfrak{p}}} A_{\mathfrak{q}}$, 从而 $A_{\mathfrak{q}}$ 模 $(\widehat{\Omega}^1_{A/k})_{\mathfrak{q}}$ 的最小生成元个数最多等于 m. 因而我们只需考虑 $\mathfrak{p} = \mathfrak{q}$ 是极小素理想的情形. 接下来我们要说明, 可以限于考虑 k 是代数闭域的情形. 事实上, 设 k' 是 k 的一个代数闭包, 并且令 $A' = A\widehat{\otimes}_k k'$, 这个环是一些局部 k' 代数 A'_i $(1 \leqslant i \leqslant r)$ 的直合, 它们的剩余类域都同构于 k', 并且它们都是忠实平坦 A 模 (18.11.4). 应用 (2.3.4) 和 (6.1.1) 我们就看到, 在每个 A'_i 中, 都可以找到一个位于 $\mathfrak{q}$ 之上的极小素理想 $\mathfrak{q}'_i$, 使得 $n' = \dim(A'/\mathfrak{q}'_i) \geqslant \dim(A/\mathfrak{q}) = n$. 另一方面 (18.11.4), 我们有 $(\widehat{\Omega}^1_{A'_i/k'})_{\mathfrak{q}'_i} = (\widehat{\Omega}^1_{A/k})_{\mathfrak{q}} \otimes_{A_{\mathfrak{q}}} (A'_i)_{\mathfrak{q}'_i}$, 从而 $(A'_i)_{\mathfrak{q}'_i}$ 模 $(\widehat{\Omega}^1_{A'_i/k'})_{\mathfrak{q}'_i}$ 的最小生成元个数 m'_i 最多等于 m , 这就证明了上述阐言.

现在假设 k 是代数闭的, 我们来说明, 可以进而假设 $\mathfrak{q} = (0)$. 事实上, $\Omega^1_{(A/\mathfrak{q})/A} = 0$ ($\mathbf{0}$, 20.4.12), 从而正合序列 (18.11.3.6) 给出一个满同态 $(\widehat{\Omega}^1_{A/k}) \otimes_A (A/\mathfrak{q}) \to \widehat{\Omega}^1_{(A/\mathfrak{q})/k}$, 由此立即得知, K 模 $(\widehat{\Omega}^1_{(A/\mathfrak{q})/k}) \otimes_{A/\mathfrak{q}} K$ (其中 K 是 $A/\mathfrak{q}$ 的分式域) 的最小生成元个数最多等于 m.

但是若 A 是整的, 并且 K 是它的分式域, 则 K 在代数闭域 k 上是可分的, 从而它是一个几何正则 k 代数 (6.7.6), 于是我们可以把 (18.11.3) 应用到 $\mathfrak{p} = (0)$ 的情形, 并注意到 $k = k^p$, 因为 k 是代数闭的, 从而在这个情形下我们有 $m = n$.

引理 (18.11.5.2) — *设 k 是一个域, A 是一个完备Noether 局部 k 代数, 并且它的剩余类域是 k 的有限扩张, $\mathfrak{m}$ 是 A 的极大理想, $\mathfrak{p} \subseteq \mathfrak{m}$ 是 A 的一个素理想. 设 m 是 $A_{\mathfrak{p}}$ 模 $(\widehat{\Omega}^1_{A/k})_{\mathfrak{p}}$ 的最小生成元个数, 并设 $(x_i)_{1 \leqslant i \leqslant m}$ 是 $\mathfrak{m}$ 的一组没有落在 $\mathfrak{p}$ 中的元素. 则可以找到 A 中的 m 个可逆元 u_i $(1 \leqslant i \leqslant m)$, 使得对于 $y_i = u_i x_i$ 来说, 这些 dy_i 在 $(\widehat{\Omega}^1_{A/k})_{\mathfrak{p}}$ 中的典范像可以生成这个 $A_{\mathfrak{p}}$ 模.*

对任意 $x \in A$, 我们用 $\delta(x)$ 来表示 $dx (= d_{A/k}x)$ 在 $(\widehat{\Omega}^1_{A/k})_{\mathfrak{p}} \otimes_{A_{\mathfrak{p}}} \boldsymbol{k}(\mathfrak{p}) = \widehat{\Omega}^1_{A/k} \otimes_A \boldsymbol{k}(\mathfrak{p})$ 中的典范像, 根据前提条件, 这个 $\boldsymbol{k}(\mathfrak{p})$ 向量空间的秩为 m, 故只需 (依照 Nakayama 引理) 证明, 我们能确定出一组 u_i, 使得这些 $\delta(u_i x_i)$ 构成一个自由族. 使用归纳法, 并假设对于整数 $r < m$, 已经确定了 u_i $(1 \leqslant i \leqslant r)$, 使得这些 $\delta(u_i x_i)$ $(1 \leqslant i \leqslant r)$ 在 $\boldsymbol{k}(\mathfrak{p})$ 上是线性无关的, 若 $\delta(x_{r+1})$ 不是这些 $\delta(u_i x_i)$ $(1 \leqslant i \leqslant r)$ 的线性组合, 则只需取 $u_{r+1} = 1$ 即可. 在相反的情形, 注意到对于 $u \in A$, $\delta(u x_{r+1})$ 就是

$(du)x_{r+1}+u(dx_{r+1})$ 的典范像, 由于 $u(dx_{r+1})$ 的典范像是这些 $\delta(u_ix_i)$ $(1\leqslant i\leqslant r)$ 的线性组合, 而且 x_{r+1} 在 $\boldsymbol{k}(\mathfrak{p})$ 中的典范像不等于 0, 故我们看到, 只需证明能找到一个可逆元 $u\in A$, 使得 $\delta(u)$ 不是这些 $\delta(u_ix_i)$ $(1\leqslant i\leqslant r)$ 的线性组合即可. 现在由 (**0**, 20.7.15) 和 ($\mathbf{0_I}$, 7.2.9) 知, 这些 $\delta(x)$ 可以生成 $\boldsymbol{k}(\mathfrak{p})$ 向量空间 $(\widehat{\Omega}^1_{A/k})_{\mathfrak{p}}\otimes_{A_{\mathfrak{p}}}\boldsymbol{k}(\mathfrak{p})$, 且根据前提条件, $r<m$, 从而可以找到 $z\in A$, 使得 $\delta(z)$ 不是这些 $\delta(u_ix_i)$ $(1\leqslant i\leqslant r)$ 的线性组合. 若 $z\notin\mathfrak{m}$, 则可以取 $u=z$, 若 $z\in\mathfrak{m}$, 则 $1+z$ 是可逆的, 并且我们有 $\delta(1+z)=\delta(z)$, 因为 $d(1+z)=dz$, 从而可以取 $u=1+z$, 这就完成了 (18.11.5.2) 的证明.

现在回到 (18.11.5) 中的蕴涵关系 a) ⇒ b) 的证明. 首先注意到由 $\mathfrak{p}\neq\mathfrak{m}$ 可以得出, 在 A 中有这样一个参数系 $(x_i)_{1\leqslant i\leqslant n}$ (其中 $n=\dim A$), 它满足 $x_i\notin\mathfrak{p}$ $(1\leqslant i\leqslant n)$. 事实上, 不可能对任意 i 均有 $x_i\in\mathfrak{p}$, 因为这样一来 $A/\mathfrak{p}$ 就是有限长的, 从而 $\mathfrak{p}$ 是极大理想, 这与前提条件矛盾. 于是可以假设 (比如说) $x_1\notin\mathfrak{p}$, 现在只要把那些 $x_i\in\mathfrak{p}$ 都换成 x_i+x_1, 就可以得到一个新的参数系, 其中没有一个元素落在 $\mathfrak{p}$ 中. 依照 (18.11.5.1), 条件 a) 和关系式 $\dim(A/\mathfrak{q})=n$ 表明 $m\geqslant n$, 从而可以考虑一族元素 $(x_i)_{1\leqslant i\leqslant m}$, 其中 $x_i\notin\mathfrak{p}$, 并且前 n 个元素构成 A 的一个参数系. 进而若我们用 A 中的适当可逆元 u_i 乘以 x_i, 则由 (18.11.5.2) 知, 可以假设这些 dx_i $(1\leqslant i\leqslant m)$ 在 $(\widehat{\Omega}^1_{A/k})_{\mathfrak{p}}$ 中的像能够生成这个 $A_{\mathfrak{p}}$ 模, 并且乘以 u_i 的运算不会改变这些 x_i $(1\leqslant i\leqslant n)$ 构成参数系这个事实. 现在我们来考虑由 $u(T_i)=x_i$ $(1\leqslant i\leqslant m)$ 所定义的那个局部 k 同态 $u:B\to A$ (Bourbaki,《交换代数学》, III, §4, ¥5, 命题 6), 由于这些 x_i 可以生成 A 的一个定义理想, 故由 ($\mathbf{0_I}$, 7.4.4 和 7.4.3) 知, u 使 A 成为一个有限 B 代数. 从而我们有 (18.11.3.5) 正合序列

$$(\widehat{\Omega}^1_{B/k})\otimes_B A \ \xrightarrow{\ v\ }\ \widehat{\Omega}^1_{A/k}\ \xrightarrow{\ w\ }\ \Omega^1_{A/B}\ \longrightarrow\ 0.$$

但这些 d_Ax_i 就是元素 $d_BT_i\otimes 1$ 在 v 下的典范像 (**0**, 20.5.2.6). 从而通过把上述正合序列在 $\mathfrak{p}$ 处取局部化, 我们就看到 $v_{\mathfrak{p}}:(\widehat{\Omega}^1_{B/k})\otimes_B A_{\mathfrak{p}}\to(\widehat{\Omega}^1_{A/k})_{\mathfrak{p}}$ 是满的, 因而 $0=(\Omega^1_{A/B})_{\mathfrak{p}}=\Omega^1_{A_{\mathfrak{p}}/B_{\mathfrak{r}}}$ (其中 $\mathfrak{r}$ 是 $\mathfrak{p}$ 在 A 中的逆像, 参考 (16.4.15)). 依照 (17.4.1), 这就蕴涵了 (18.11.5) 的性质 b).

注解 (18.11.6) — 在 (18.11.5) 的陈述中, $\mathfrak{p}\neq\mathfrak{m}$ 的条件是不能省略的. 事实上, 对任意局部 k 同态 $u:B\to A$, 其中 $B=k[[T_1,\cdots,T_r]]$ (r 是任意整数), 若它使 A 成为一个有限 B 代数, 则 $\mathfrak{m}$ 是 $\operatorname{Spec}A$ 的那个位于 B 的极大理想 $\mathfrak{n}$ 之上的唯一点, 要使态射 $\operatorname{Spec}A\to\operatorname{Spec}B$ 在 $\mathfrak{m}$ 近旁是非分歧的, $A/\mathfrak{n}A$ 就必须是一个域, 并且是 k 的可分扩张 (17.4.1), 这表明 A 的剩余类域 K 是 k 的可分扩张. 如果最后这个条件不能满足, 那么 (18.11.5) 的结论对于 $\mathfrak{p}=\mathfrak{m}$ 是不可能成立的, 不管 m 是哪一个整数.

推论 (18.11.7) — 设 k 是一个域, A 是一个均维的完备 *Noether* 局部 k 代数, 并

且它的剩余类域是 k 的有限扩张, $\mathfrak{p}$ 是 A 的一个素理想. 则 $A_{\mathfrak{p}}$ 模 $(\widehat{\Omega}^1_{A/k})_{\mathfrak{p}}$ 的最小生成元个数 $\geqslant \dim A$.

这是 (18.11.5.1) 的一个特殊情形.

更特别地:

推论 (18.11.8) — 设 k 是一个域, A 是一个完备*Noether* 整局部 k 代数, 并且它的剩余类域是 k 的有限扩张. 若 K 是 A 的分式域, 则有 $\mathrm{rg}_K((\widehat{\Omega}^1_{A/k})\otimes_A K) \geqslant \dim A$.

只需在 (18.11.7) 中取 $\mathfrak{p} = (0)$ 即可.

推论 (18.11.9) — 设 k 是一个域, A 是一个 n 维完备*Noether* 局部 k 代数, 并且它的剩余类域是 k 的有限扩张. 设 $\mathfrak{p}$ 是 A 的一个不同于极大理想的素理想, 且它包含了一个满足 $\dim(A/\mathfrak{q}) = n$ 的极小素理想 $\mathfrak{q}$. 假设 $A_{\mathfrak{p}}$ 模 $(\widehat{\Omega}^1_{A/k})_{\mathfrak{p}}$ 可由 n 个元素生成. 则有:

(i) $A_{\mathfrak{p}}$ 模 $(\widehat{\Omega}^1_{A/k})_{\mathfrak{p}}$ 是 n 秩自由的.

(ii) 可以找到一个局部 k 同态 $u : B \to A$, 其中 $B = k[[T_1, \cdots, T_n]]$, 使得 A 成为一个有限 B 代数, 并使得对应的态射 $\mathrm{Spec}\, A \to \mathrm{Spec}\, B$ 在点 $\mathfrak{p}$ 近旁是平展的.

(iii) k 代数 $A_{\mathfrak{p}}$ 是几何正则的.

我们首先来证明 (ii), 依照 (18.11.5), 可以找到一个局部同态 $u : B = k[[T_1, \cdots, T_n]] \to A$, 它使 A 成为一个有限 B 代数, 并使得对应的态射 $\mathrm{Spec}\, A \to \mathrm{Spec}\, B$ 在点 $\mathfrak{p}$ 近旁是非分歧的, 我们令 $\mathfrak{r} = u^{-1}(\mathfrak{p})$. 前提条件 $\mathfrak{q} \subseteq \mathfrak{p}$ 和 A 是正则环的商环这个事实 (**0**, 19.8.8) 表明, $\dim A_{\mathfrak{p}} = n - \dim(A/\mathfrak{p})$ (**0**, 16.5.12). 同理可知, $\dim B_{\mathfrak{r}} = n - \dim(B/\mathfrak{r})$. 最后, 由于态射 $\mathrm{Spec}\, A \to \mathrm{Spec}\, B$ 在点 $\mathfrak{p}$ 近旁是非分歧的, 故知该态射在点 $\mathfrak{r}$ 处的纤维是 0 维的, 从而 (**0**, 16.3.9) 我们有 $\dim(A/\mathfrak{p}) \leqslant \dim(B/\mathfrak{r})$, 因而 $\dim B_{\mathfrak{r}} \leqslant \dim A_{\mathfrak{p}}$. 于是由 (18.10.1) 就得知, 态射 $\mathrm{Spec}\, A \to \mathrm{Spec}\, B$ 在点 $\mathfrak{p}$ 近旁是平展的.

(iii) 是基于下面的事实: $A_{\mathfrak{p}}$ 在 $B_{\mathfrak{r}}$ 上是形式平滑的, 并且 $B_{\mathfrak{r}}$ 在 k 上是形式平滑的 (在预进制拓扑下) (**0**, 19.3.4 和 19.3.5), 故知 $A_{\mathfrak{p}}$ 在 k 上是形式平滑的 (在预进制拓扑下), 从而它在 k 上是几何正则的 (**0**, 22.5.8).

最后我们来证明 (i). 设 k' 是 k 的一个代数闭扩张, 考虑半局部 k' 代数 $A' = A\widehat{\otimes}_A k'$. 若把 A 看作有限型 B 代数 (通过同态 u), 则在只差一个典范同构的意义下, 我们有 $A' = A \otimes_B (B\widehat{\otimes}_k k')$ ((7.5.7.1), 注意到在它的陈述里并不需要假设 B 的剩余类域是 k 的一个有限扩张). 我们令 $B' = B\widehat{\otimes}_k k'$, 它可以典范等同于形式幂级数代数 $k'[[T_1, \cdots, T_n]]$. 由于态射 $\mathrm{Spec}\, A \to \mathrm{Spec}\, B$ 在点 $\mathfrak{p}$ 近旁是有限平展的, 故知态射 $\mathrm{Spec}\, A' \to \mathrm{Spec}\, B'$ 在任何位于 $\mathfrak{p}$ 之上的点 $\mathfrak{p}'$ 近旁都是有限平展的 (17.3.3), 此外 A' 是一些 n 维局部环 A'_i $(1 \leqslant i \leqslant r)$ 的直合 (18.11.4), 并且 $\mathfrak{p}'$ 可以等同于某个 A'_i 的

一个素理想 $\mathfrak{p}'_i$. 于是由上述方法可知, $(A'_i)_{\mathfrak{p}'_i}$ 在 k' 上是几何正则的, 且由于 k' 是完满的, 故由 (18.11.3) 知, $(\widehat{\Omega}^1_{A'_i/k'})_{\mathfrak{p}'_i}$ 是一个有限型自由 $(A'_i)_{\mathfrak{p}'_i}$ 模. 而由于 $(\widehat{\Omega}^1_{A'_i/k'})_{\mathfrak{p}'_i}$ 同构于 $(\widehat{\Omega}^1_{A/k})_{\mathfrak{p}} \otimes_{A_{\mathfrak{p}}} (A'_i)_{\mathfrak{p}'_i}$ (18.11.4), 并且 $(A'_i)_{\mathfrak{p}'_i}$ 是一个忠实平坦 $A_{\mathfrak{p}}$ 模, 故我们看到 $(\widehat{\Omega}^1_{A/k})_{\mathfrak{p}}$ 是一个有限型自由 $A_{\mathfrak{p}}$ 模 (2.5.2), 此外, 依照 (18.11.5.1) 和 $\dim(A/\mathfrak{q}) = n$ 的条件, 我们就得知 $(\widehat{\Omega}^1_{A/k})_{\mathfrak{p}}$ 是一个 n 秩自由 $A_{\mathfrak{p}}$ 模. 证明完毕.

定理 (18.11.10) — 设 k 是一个指数特征 p 的域, A 是一个完备*Noether* 局部 k 代数, 并且它的剩余类域是 k 的有限扩张, $\mathfrak{p}$ 是 A 的一个不同于极大理想的素理想. 则以下诸条件是等价的:

a) 对 k 的任意扩张 k' 和 $A' = A\widehat{\otimes}_k k'$ 的任何一个位于 $\mathfrak{p}$ 之上的素理想 $\mathfrak{p}'$, $A'_{\mathfrak{p}'}$ 都是正则环.

a′) 可以找到 k 的一个**完满**扩张 k' 和 $A' = A\widehat{\otimes}_k k'$ 的一个位于 $\mathfrak{p}$ 之上的素理想 $\mathfrak{p}'$, 使得 $A'_{\mathfrak{p}'}$ 是正则的.

b) 设 n 是 $\operatorname{Spec} A$ 的那些包含 $\mathfrak{p}$ 的不可约分支的最大维数, 则 $(\widehat{\Omega}^1_{A/k})_{\mathfrak{p}}$ 是一个 n 秩自由 $A_{\mathfrak{p}}$ 模.

进而假设 $n = \dim A$ (比如当 A 是均维环的时候就是如此), 则以上诸条件还等价于:

c) 可以找到一个局部 k 同态 $u : B \to A$, 其中 $B = k[[T_1, \cdots, T_n]]$, 使得 A 成为一个有限 B 代数, 并使得对应的态射 $\operatorname{Spec} A \to \operatorname{Spec} B$ 在点 $\mathfrak{p}$ 近旁是平展的.

条件a), a′), b) 都蕴涵下面的条件:

d) 环 $A_{\mathfrak{p}}$ 在 k 上是几何正则的.

进而若 $[k : k^p] < +\infty$, 则条件d) 与a), a′), b) 是等价的.

当 $[k : k^p] < +\infty$ 时 d) 蕴涵 b) 这件事刚好就是 (18.11.3). a) 显然可以推出 a′), 我们来证明当 $\dim A = n$ 时 c) 蕴涵 a). 在 a) 的记号下, 我们有 $A' = A \otimes_A B'$, 其中 $B' = B\widehat{\otimes}_k k' = k'[[T_1, \cdots, T_n]]$ (7.5.7.1). 从而态射 $\operatorname{Spec} A' \to \operatorname{Spec} B'$ 在点 $\mathfrak{p}'$ 近旁是有限平展的, 再使用证明 (18.11.9, (iii)) 的方法就可以说明 $A'_{\mathfrak{p}'}$ 是正则的.

当 $\dim A = n$ 时 b) 蕴涵 c) 这件事缘自 (18.11.9). 我们来证明当 $\dim A = n$ 时 a′) 蕴涵 b). 已经知道 A' 是一个平坦 A 模 (18.11.4), 并且 $\dim A' = \dim A = n$, 由 (2.3.4) 和 (6.1.1) 知, 可以找到 A' 的一个包含在 $\mathfrak{p}'$ 中并且位于 $\mathfrak{q}$ 之上的素理想 $\mathfrak{q}'$, 使得 $\dim(A'/\mathfrak{q}') = \dim(A/\mathfrak{q}) = n$. 而且由 (18.11.4) 知, $(\widehat{\Omega}^1_{A'/k'})_{\mathfrak{p}'} = (\widehat{\Omega}^1_{A/k})_{\mathfrak{p}} \otimes_{A_{\mathfrak{p}}} A'_{\mathfrak{p}'}$, 由于 k' 是完满的, 故 $A'_{\mathfrak{p}'}$ 是正则的这个前提条件就表明它在 k' 上是几何正则的 (6.7.7). 现在 $k'^p = k'$, 故我们可以把 d) 蕴涵 b) 这件事应用到 A' 和 $\mathfrak{p}'$ 上, 从而 $(\widehat{\Omega}^1_{A'/k'})_{\mathfrak{p}'}$ 是一个 n 秩自由 $A'_{\mathfrak{p}'}$ 模, 再利用忠实平坦性 (18.11.4 和 2.5.2), 就可以推出 $(\widehat{\Omega}^1_{A/k})_{\mathfrak{p}}$ 是一个 n 秩自由 $A_{\mathfrak{p}}$ 模.

这样我们就在 $\dim A = n$ 的条件下证明了 a), a′), b) 和 c) 的等价性. 只需在一般情形下证明 a), a′) 和 b) 仍然是等价的即可. 设 $\mathfrak{I}$ 是 A 在典范同态 $A \to A_{\mathfrak{p}}$ 下的

核, 并且令 $A_1 = A/\mathfrak{J}$, 则必有 $\mathfrak{J} \subseteq \mathfrak{p}$, 且对于 $\mathfrak{p}_1 = \mathfrak{p}/\mathfrak{J}$ 来说, 典范同态 $A_\mathfrak{p} \to (A_1)_{\mathfrak{p}_1}$ 是一一的, 由此就得知 (**I**, 6.5.4), 典范含入 $\operatorname{Spec} A_1 \to \operatorname{Spec} A$ 在点 $\mathfrak{p}$ 近旁是一个局部同构, 并且 $\mathfrak{J}_\mathfrak{p} = (0)$. 使用 (18.11.3) 的方法就看到, 我们有一个正合序列

$$\mathfrak{J}/\mathfrak{J}^2 \longrightarrow (\widehat{\Omega}^1_{A/k}) \otimes_A A_1 \longrightarrow \widehat{\Omega}^1_{A_1/k} \longrightarrow 0,$$

通过在 $\mathfrak{p}$ 处取局部化, 又得到一个同构 $(\widehat{\Omega}^1_{A/k})_\mathfrak{p} \xrightarrow{\sim} (\widehat{\Omega}^1_{A_1/k})_{\mathfrak{p}_1}$. 这表明环 A 和理想 $\mathfrak{p}$ 上的条件 b) 就等价于环 A_1 和理想 $\mathfrak{p}_1$ 上的条件 b). 另一方面, 在 a) 的记号下, 我们有 $A'_1 = A_1 \widehat{\otimes}_k k' = A'/\mathfrak{J}A'$, 只差一个同构 ((7.5.7.1), 其中 B 的剩余类域上的条件可以省略) , 若 $\mathfrak{p}'$ 是 A' 的一个位于 $\mathfrak{p}$ 之上的素理想, 则 $\mathfrak{J}A'$ 的每个元素都能使 $A' \smallsetminus \mathfrak{p}'$ 中的某个元素化为零, 从而 $\mathfrak{J}A' \subseteq \mathfrak{p}'$, 若我们令 $\mathfrak{p}'_1 = \mathfrak{p}'/\mathfrak{J}A'$, 则 $\mathfrak{p}'_1$ 位于 $\mathfrak{p}_1$ 之上, 并且 $(A'_1)_{\mathfrak{p}'_1}$ 可以典范等同于 $A'_{\mathfrak{p}'}$, 这就证明了环 A 和理想 $\mathfrak{p}$ 上的条件 a) (切转: 条件 a′)) 就等价于环 A_1 和理想 $\mathfrak{p}_1$ 上的条件 a) (切转: 条件 a′)). 现在 A 的任何一个包含在 $\mathfrak{p}$ 中的极小素理想都包含了 $\mathfrak{J}$, 因为 $\operatorname{Spec} A_1 \to \operatorname{Spec} A$ 在点 $\mathfrak{p}_1$ 近旁是一个局部同构, 另一方面, $\operatorname{Ass}_A(A/\mathfrak{J})$ 中的素理想就是 $\operatorname{Ass} A$ 中的那些包含在 $\mathfrak{p}$ 里的素理想 (Bourbaki,《交换代数学》, IV, §1, ¥2, 命题 6), 从而 A_1 的极小素理想都包含在 $\mathfrak{p}_1$ 之中, 因而我们有 $\dim A_1 = n$. 于是只要把前面已经证明了的结果应用到 A_1 和 $\mathfrak{p}_1$ 上就可以推出结论.

注解 (18.11.11) — (i) 如果我们不假设 $[k : k^p] < +\infty$, 那么 (18.11.10) 中的条件 d) 和 b) 不一定是等价的. 事实上, 在 (**0**, 22.7.7, (ii)) 的例子中, 环 $B = A/\mathfrak{q}$ 是整的, 而且维数是 1, 另一方面, 序列

$$(\mathfrak{q}/\mathfrak{q}^2) \otimes_A L \xrightarrow{\ j\ } \widehat{\Omega}^1_{A/k} \otimes_A L \longrightarrow \widehat{\Omega}^1_{B/k} \otimes_B L \longrightarrow 0$$

是正合的 (证明方法与 (18.11.3) 相同), 且我们知道 j 不是单的, 从而 $j = 0$, 因为 $(\mathfrak{q}/\mathfrak{q}^2) \otimes_A L$ 的秩等于 1. 由此就得知, $\operatorname{rg}_L(\widehat{\Omega}^1_{B/k} \otimes_B L) = 2$. 由于 $B_\mathfrak{p}$ 是一个几何正则的 k 代数, 故我们看到在这里条件 d) 并不蕴涵 b).

(ii) 记号与 (18.11.10) 相同, 假设 $n = \dim A$, 并设 $(x_i)_{1 \leqslant i \leqslant n}$ 是 A 的一个完全没有落在 $\mathfrak{p}$ 中的参数系, 则可以通过 $u(T_i) = x_i$ $(1 \leqslant i \leqslant n)$ 来定义出一个局部 k 同态 $u : B \to A$, 它使得 A 成为一个有限 B 代数. 为了使对应的态射 $\operatorname{Spec} A \to \operatorname{Spec} B$ 在点 $\mathfrak{p}$ 近旁是平展的, 必须且只需这些 $d_A x_i$ 在 $(\widehat{\Omega}^1_{A/k})_\mathfrak{p}$ 中的像构成这个 $A_\mathfrak{p}$ 模的一个生成元组. 事实上, 在 (18.11.5) 的证明中我们已经看到, 若态射 $\operatorname{Spec} A \to \operatorname{Spec} B$ 在点 $\mathfrak{p}$ 近旁是非分歧的, 则典范同态 $(\widehat{\Omega}^1_{B/k} \otimes_B A)_\mathfrak{p} \to (\widehat{\Omega}^1_{A/k})_\mathfrak{p}$ 是满的, 并且这些元素 $d_B T_i \otimes 1$ (它们可以生成 $(\widehat{\Omega}^1_{B/k}) \otimes_B A$) 的像就是 $d_A x_i$, 这就给出了条件的必要性. 反过来, 若这个条件得到满足, 则同样的方法也表明, 态射 $\operatorname{Spec} A \to \operatorname{Spec} B$ 在点 $\mathfrak{p}$ 近旁是非分歧的, 并且 (18.11.9) 中的方法实际上就证明这个态射在 $\mathfrak{p}$ 近旁是平展的.

推论 (18.11.12) — 设 k 是一个指数特征 p 的域, 并且 $[k : k^p] < +\infty$, A 是一个完备*Noether* 整局部 k 代数, 但不是域, 且它的剩余类域是 k 的有限扩张. 则可以找

到 k 的一个有限紧贴扩张 k', 使得对于 $A' = A \otimes_k k'$ 来说, k' 代数 A'_{red} 及其素理想 (0) 就满足 (18.11.10) 中的等价条件a), a′), b), c), d). 特别地, 若 $n = \dim A = \dim A'$, 则可以找到一个局部 k 同态 $B' = k'[[T_1, \cdots, T_n]] \to A'_{\text{red}}$, 使得 A'_{red} 成为一个有限 B' 代数, 并使得 A'_{red} 的分式域 K' 成为 B' 的分式域 $k''((T_1, \cdots, T_n))$ 的一个**可分**有限扩张.

由于态射 $\operatorname{Spec} A' \to \operatorname{Spec} A$ 是有限紧贴的, 故知 A' 是一个完备局部环, 并且它的诣零根是位于 A 的素理想 (0) 之上的唯一素理想, 根据平坦性条件, A' 可以等同于 $K \otimes_k k'$ 的一个子环, 且 $K \otimes_k k'$ 就是 A' 的全分式环, 因而我们有 $K' = (K \otimes_k k')_{\text{red}}$. 基于 (18.11.10) 中 d) 和 c) 的等价性, 问题就是要证明, 可以找到 k 的一个紧贴扩张 k', 使得 $(K \otimes_k k')_{\text{red}}$ 是 k' 的一个可分扩张 (6.7.6). 而我们知道 (**0**, 19.8.9), 在这些前提条件下, A 有这样一个子代数 $C = k[[T_1, \cdots, T_m]]$, 它使 A 成为一个有限 C 代数, 从而 K 就是 C 的分式域 $K_1 = k((T_1, \cdots, T_m))$ 的一个有限扩张, 并且 K_1 在 k 上是可分的 (**0**, 21.9.6.4). 于是若 p 是 k 的指数特征, 则我们可以把 $K \otimes_k k^{p^{-\infty}}$ 写成 $K \otimes_{K_1} (K_1 \otimes_k k^{p^{-\infty}})$, 并且 $K_1 \otimes_k k^{p^{-\infty}}$ 是一个域, 同时也是 K_1 的紧贴扩张, 由此就得知, $K \otimes_k k^{p^{-\infty}}$ 是域 $K_1 \otimes_k k^{p^{-\infty}}$ 上的一个有限代数, 从而它是*Artin* 环. 现在由下面这个更一般的引理就可以推出结论:

引理 (18.11.12.1) — 设 k 是一个特征 $p > 0$ 的域, K 是 k 的一个扩张. 则以下诸条件是等价的:

a) 环 $K \otimes_k k^{p^{-\infty}}$ 是*Artin* 的.

b) 可以找到 k 的一个有限型扩张 k', 使得 $(K \otimes_k k')_{\text{red}}$ 成为一个可分 k' 代数.

c) 可以找到 k 的一个有限紧贴扩张 k', 使得 $(K \otimes_k k')_{\text{red}}$ 成为 k' 的一个可分扩张.

我们首先来证明 c) 蕴涵 a). 现在环 $A = K \otimes_k k'$ 是一个 Artin 局部环, 并且若 $\mathfrak{N}$ 是它的诣零根, 则剩余类域 $L = A/\mathfrak{N}$ 在 k' 上是可分的, 因而 $L \otimes_{k'} k^{p^{-\infty}}$ 是一个域, 且由于它就等于 $(A \otimes_{k'} k^{p^{-\infty}})/(\mathfrak{N} \otimes_{k'} k^{p^{-\infty}})$, 故知 $\mathfrak{N} \otimes_{k'} k^{p^{-\infty}}$ 是 $A \otimes_{k'} k^{p^{-\infty}} = K \otimes_k k^{p^{-\infty}}$ 的诣零根, 由于 $\mathfrak{N}$ 是一个有限型理想, 故 $K \otimes_k k^{p^{-\infty}}$ 的诣零根也是有限型的, 这就表明环 $K \otimes_k k^{p^{-\infty}}$ 是 Artin 的.

反过来, 我们证明 a) 蕴涵 c). 设 $\mathfrak{R}$ 是 Artin 局部环 $B = K \otimes_k k^{p^{-\infty}}$ 的诣零根, 根据前提条件, 它是由有限个形如 $y_i = \sum_j x_{ij} \otimes \xi_{ij}$ 的元素所生成的, 其中 $x_{ij} \in K$, $\xi_{ij} \in k^{p^{-\infty}}$. 设 k' 是 k 的那个由这些 ξ_{ij} 所生成的紧贴扩张, $\mathfrak{R}_0$ 是 $B_0 = K \otimes_k k'$ 的那个由这些 y_i 所生成的理想, 显然这些 y_i 在 B_0 中都是幂零的, 另一方面, 我们有 $\mathfrak{R}_0 \otimes_{k'} k^{p^{-\infty}} = \mathfrak{R}$, 因而 $\mathfrak{R} \cap B_0 = \mathfrak{R}_0$, $\mathfrak{R}_0$ 包含了 B_0 的诣零根, 从而它就等于这个诣零根. 而由于 $B/\mathfrak{R} = (B_0/\mathfrak{R}_0) \otimes_{k'} k^{p^{-\infty}}$ 是既约的, 故我们得知, $B_0/\mathfrak{R}_0 = (K \otimes_k k')_{\text{red}}$ 在 k 上是可分的 (4.6.1).

显然 c) 蕴涵 b). 反过来, 假设 b) 是满足的, 注意到我们能找到 k 的一个可分扩张 k_1, 使得 k' 是 k_1 的有限紧贴扩张, 现在令 $K_1 = K \otimes_k k_1$, 它是一个域. 把 a) 和 c) 的等价性应用到 K_1 和 k_1 上, 我们就得知 $K_1 \otimes_{k_1} k_1^{p^{-\infty}}$ 是一个 Artin 环, 但这个环等于 $K \otimes_k k_1^{p^{-\infty}} = (K \otimes_k k^{p^{-\infty}})_{k^{p^{-\infty}}} k_1^{p^{-\infty}}$, 从而 $K \otimes_k k^{p^{-\infty}}$ 也是 Artin 的 (Bourbaki,《交换代数学》, I, §3, ※5, 命题 8 的推论), 这就证明了 b) 蕴涵 a), 从而也完成了 (18.11.12.1) 和 (18.11.12) 的证明.

18.12 平展位局部化在拟有限态射上的应用(以前若干结果的推广)

这一小节的结果是 P. Deligne 告诉我们的.

定理 (18.12.1) — 设 $f : X \to Y$ 是一个局部有限型态射, x 是 X 的一点, $y = f(x)$. 假设 x 是空间 $f^{-1}(y)$ 中的一个孤立点. 则可以找到一个平展态射 $Y' \to Y$ 和 $X' = X \times_Y Y'$ 的一个位于 x 之上的点 x' 以及 x' 在 X' 中的一个开邻域 V', 使得 $f' = f_{(Y')} : X' \to Y'$ 在 V' 上的限制 $f'|_{V'}$ 是一个有限态射. 进而若 f 是分离的, 则 V' 是既开又闭的, 从而 X' 是两个开子概形的和, 其中之一在 Y' 上是有限的, 并且包含了 x'.

最后一句话是基于下面的事实: 若 f 是分离的, 则 f' 也是如此, 从而若 $j' : V' \to X'$ 是典范含入, 则由 $f'|_{V'} = f' \circ j'$ 是有限的可以推出 j' 也是有限的 (**II**, 6.1.5), 因而 $V' = j'(V')$ 在 X' 中是闭的 (**II**, 6.1.10).

问题在 X 上是局部性的, 故可假设 $Y = \operatorname{Spec} A$ 和 $X = \operatorname{Spec} B$ 都是仿射概形, 由于 B 是一个有限型 A 代数, 故它具有 $C/\mathfrak{I}$ 的形状, 其中 $C = A[T_1, \cdots, T_r]$, 且 $\mathfrak{I}$ 是 C 的一个理想, 从而 f 是分离的, 于是我们可以进而假设 $f^{-1}(y) = \{x\}$. 设 $(\mathfrak{I}_\lambda)$ 是由 C 的那些包含在 $\mathfrak{I}$ 中的有限型理想所构成的族, 因而 $\mathfrak{I}$ 就是这些 $\mathfrak{I}_\lambda$ 的滤相并集. 若把 X 和这些 $X_\lambda = \operatorname{Spec}(C/\mathfrak{I}_\lambda)$ 都看作 $Z = \operatorname{Spec} C$ 的闭子概形, 则它们的底空间满足关系式 $X = \bigcap_\lambda X_\lambda$, 于是若 $f_\lambda : X_\lambda \to Y$ 是结构态射, 则我们有 $f^{-1}(y) = \bigcap_\lambda f_\lambda^{-1}(y)$, 且由于这些集合 $f_\lambda^{-1}(y)$ 都是*Noether* 空间 $Z_y = \operatorname{Spec} \boldsymbol{k}(y)[T_1, \cdots, T_r]$ 中的闭集, 故可找到一个指标 λ, 使得 $f_\lambda^{-1}(y) = f^{-1}(y) = \{x\}$. 从而我们可以假设这些 X_λ 在 x 处都满足与 X 相同的条件. 如果对某个 X_λ 已经证明了上述命题, 那就可以推出关于 X 的结论, 因为若 x' 是 $Z' = Z \times_Y Y'$ 的一个位于 x 之上的点, $X'_\lambda = p^{-1}(X_\lambda)$, 其中 $p : Z' \to Z$ 是投影 (从而我们也有 $X' = p^{-1}(X)$), 则只要能够找到 x' 在 X'_λ 中的一个开邻域 V'_λ, 它在 Y' 上是有限的, 自然 f'_λ 在 V'_λ 的闭子概形 $X' \cap V'_\lambda$ 上的限制就是一个有限态射. 从而问题归结到 f 是有限呈示的这个情形. 我们再注意到由 X 的那些在其纤维中孤立的点所组成的集合在 X 中是开的 (13.1.4), 从而 f 在点 x 近旁是拟有限的, 因而可以限于考虑 f 是拟有限的这个情形. 设 A'' 是 $\mathscr{O}_{Y,y}$ 的 Hensel 化, 并且令 $Y'' = \operatorname{Spec} A''$. 若 $X'' = X \times_Y Y''$, 则 $f'' = f_{(Y'')} : X'' \to Y''$ 是一个拟有限且有限呈示的分离态射, 由于 A'' 是 Hensel 的, 故对任意位于 x 之上的 $x'' \in X''$, 均可找到 x'' 在 X'' 中的一个既开又闭的邻域 V'', 它在 Y'' 上是有限的 (18.5.11, c)), 现在浸入 $V'' \to X''$ 是开且闭的, 故它是拟紧的, 从而是有限呈示的 (1.6.2), 这就表明 $f''|_{V''}$ 是有限呈示的.

在此基础上, 根据定义, A'' 是某个由严格实质平展的局部 $\mathscr{O}_{Y,y}$ 代数所组成的滤相族 (A_λ) 的归纳极限 (18.6.5), 其中的每个 A_λ 又是某个由平展 $\mathscr{O}_{Y,y}$ 代数所组成的滤相族 $(B_{\lambda\mu})$ 的归纳极限 ((18.6.1) 和 (8.1.2, a))). 最后, 由于我们可以假设 $B_{\lambda\mu}$ 都是有限呈示 $\mathscr{O}_{Y,y}$ 代数, 故仍然由 (8.1.2, a)) 和 (17.7.8) 得知, $B_{\lambda\mu}$ 又是某个由平展 A 代数所组成的滤相族 $(C_{\lambda\mu\nu})$ 的归纳极限. 利用双重归纳极限定理, 我们最终看到, 可以把 Y'' 写成一族在 Y 上平展的仿射概形 (Y'_α) 的滤相投影极限. 若 x'_α 是 x'' 在 $X'_\alpha = X \times_Y Y'_\alpha$ 上的投影, 则可以假设邻域 V'' (它是拟紧的) 具有 $V'_\alpha \times_{Y'_\alpha} Y''$ 的形状, 其中 V'_α 是 x'_α 在 X'_α 中的一个开邻域 (8.2.11). 最后, 由于 V'' 在 Y'' 上是有限呈示的, 故从 (8.10.5, (x)) 得知, 对于某个适当的 α 来说, V'_α 在 Y'_α 上是有限的. 证明完毕.

注解 (18.12.2) — 在上面的证明中, 我们看到 (有见于 (18.6.2)) 这样构造出来的 Y' 还具有一个额外的性质, 即对于 $y' = f'(x')$ 来说, 同态 $\boldsymbol{k}(y) \to \boldsymbol{k}(y')$ 是一一的.

推论 (18.12.3) — 设 $f: X \to Y$ 是一个局部有限型态射, y 是 Y 的一点, 并假设子空间 $f^{-1}(y)$ 是有限且离散的. 则可以找到一个平展态射 $Y' \to Y$ 和 Y' 的一个位于 y 之上并满足 $\boldsymbol{k}(y') = \boldsymbol{k}(y)$ 的点 y' 以及 X' 的一个由开子概形组成的和分解 $X'_1 \cup X'_2$, 使得 $f' = f_{(Y')}: X' \to Y'$ 在 X'_1 上的限制是一个有限态射, 并且 $X'_2 \cap f^{-1}(y') = \varnothing$.

设 n 是 $f^{-1}(y)$ 的点的个数, 我们要对 n 进行归纳, 当 $n = 0$ 时这是显然的. 设 x 是 $f^{-1}(y)$ 的一点, 依照 (18.12.1) 和 (18.12.2), 可以找到一个平展态射 $Y_1 \to Y$ 和 Y_1 的一个位于 y 之上的点 y_1, 满足下面的条件: $\boldsymbol{k}(y_1) = \boldsymbol{k}(y)$, 并且对于 $S_1 = X \times_Y Y_1$ 和 $f_1 = f_{(Y_1)}: S_1 \to Y_1$ 来说, 可以找到 $f_1^{-1}(y_1)$ 的一点 x_1, 使得 S_1 可以写成两个开子概形 V_1 与 X_1 的和, 其中 V_1 在 Y_1 上是有限的, 并且是 x_1 的一个邻域. 依照关系式 $\boldsymbol{k}(y_1) = \boldsymbol{k}(y)$, S_1 中的纤维 $f_1^{-1}(y_1)$ 同构于 $f^{-1}(y)$, 从而 $X_1 \cap f_1^{-1}(y_1)$ 是有限且离散的, 包含了 $n-1$ 个点. 由于 $f_1|_{X_1}$ 是分离且局部有限型的, 故我们可以对它使用归纳假设, 这就得到了一个平展态射 $Y' \to Y_1$ 和一个位于 y_1 之上的点 $y' \in Y'$, 满足 $\boldsymbol{k}(y') = \boldsymbol{k}(y_1)$, 并且对于 $X' = X \times_Y Y'$ 和典范投影 $p: X' \to S_1$ 来说, $p^{-1}(X_1)$ 可以写成 X' 的两个开子概形 U' 与 X'_2 的和, 使得 $X'_2 \cap f'^{-1}(y') = \varnothing$ 并且 U' 在 Y' 上是有限的. 此外, $V' = p^{-1}(V_1)$ 在 Y' 上是有限的, 并且 X' 是 U', V' 与 X'_2 的和, 从而取 X'_1 是 U' 与 V' 的和就能满足我们的要求.

下面的推论改进了 (8.11.1):

推论 (18.12.4) — 为了使一个态射 $f: X \to Y$ 是有限的, 必须且只需它是分离、广泛闭、局部有限型的, 并且对任意 $y \in Y$, $f^{-1}(y)$ 都是一个有限离散空间. 特别地, 紧合拟有限态射都是有限的.

事实上, 我们可以把推论 (18.12.3) 应用到 Y 的任意点 y 上. 于是在该推论的记号下, f' 是一个闭态射, 从而 (由于 X'_2 在 X' 中是闭的) $f'(X'_2)$ 在 Y' 中是闭的, 并且不包含 y', 因而可以找到 y' 在 Y' 中的一个开邻域 U', 使得 $U' \to Y'$ 是有限型的, 并且 $f'^{-1}(U') = X \times_Y U'$ 在 U' 上是有限的. 设 U 是 U' 在 Y 中的像, 依照 (11.3.1), 它是 Y 的一个开集 (因为态射 $Y' \to Y$ 是平展的, 从而是窄平坦的), 显然我们仍然有 $X \times_Y U' = X \times_U U' = f^{-1}(U) \times_U U'$. 而由于态射 $U' \to U$ 是拟紧忠实平坦的, 故由 (2.7.1, (xv)) 就得知, f 的限制态射 $f^{-1}(U) \to U$ 是有限的, 这就证明了结论.

注解 (18.12.5) — 注意到在 (18.12.4) 的证明中, 我们并不需要 f 在一般意义下是广泛闭的, 只需要对每个平展态射 $Y' \to Y$ 来说, $f_{(Y')}$ 都是一个闭态射.

推论 (18.12.6) — 设 $f: X \to Y$ 是一个概形态射. 则以下诸条件是等价的:

a) f 是闭浸入.

b) f 是紧合的单态射.

c) f 是紧合的, 并且对任意 $y \in Y$, $\boldsymbol{k}(y)$ 概形 $X_y = f^{-1}(y)$ 在 $\boldsymbol{k}(y)$ 上都是紧贴且几何既约的 (也就是说, 它要么是空的, 要么 $\boldsymbol{k}(y)$ 同构于 $\operatorname{Spec} \boldsymbol{k}(y)$).

这可以从 (18.12.4) 得出, 方法与从 (8.11.1) 推出 (8.11.5) 是相同的.

命题 (18.12.7) — 设 $f: X \to Y$ 是一个局部有限型态射, y 是 Y 的一点. 则为了使 y 有一个开邻域 U 能使得 f 的限制 $f^{-1}(U) \to U$ 是闭浸入, 必须且只需 X_y 在 $\boldsymbol{k}(y)$ 上是紧贴且几何既约的 (也就是说, 它要么是空的, 要么 $\boldsymbol{k}(y)$ 同构于 $\operatorname{Spec} \boldsymbol{k}(y)$) 并且可以找到 y 的开邻域 V, 使得 f 的限制 $f^{-1}(V) \to V$ 是一个广泛闭态射.

条件显然是必要的, 我们来证明条件的充分性. 可以限于考虑 $X_y \neq \varnothing$ 的情形. 依照第二个条件, 我们已经可以假设 f 是广泛闭的. 现在进而证明可以假设 f 是仿射的, 从而是分离的, 这可由下面的引理推出:

引理 (18.12.7.1) — 设 $f: X \to Y$ 是一个闭态射, 对于一点 $y \in Y$, 假设 X_y 的任何开邻域都包含了它的一个仿射开邻域 (若 X_y 是空的或者只含一点, 则这个条件总能得到满足). 则可以找到 y 的一个仿射开邻域 U, 使得 f 的限制 $f^{-1}(U) \to U$ 是仿射态射.

事实上, 设 U_0 是 y 在 Y 中的一个仿射开邻域, 并设 V 是 X_y 的一个包含在 $f^{-1}(U_0)$ 中的仿射开邻域. 由于 f 是闭的, 故可找到 y 的一个仿射开邻域 $U \subseteq U_0$, 使得 $f^{-1}(U) \subseteq V$. 由于 f 的限制 $g: V \to U_0$ 是一个仿射态射, 故知它的限制 $f^{-1}(U) \to U$ 也是仿射的 (**II**, 1.2.5).

现在我们就假设 f 是仿射且广泛闭的, 并且来证明, 可以找到 y 的一个开邻域 U, 使得限制态射 $f^{-1}(U) \to U$ 是一个有限态射, 可以假设 X 和 Y 都是仿射的, 从而又可以假设 f 是有限型的, 因而是紧合的, 只需证明 y 有一个邻域 U 能使得 $f^{-1}(U) \to U$ 是拟有限态射即可 (18.12.4). 然而集合 X_y (它只含一点) 有一个邻域 V 能使得 $f|_V$ 是拟有限的 (13.1.4), 又因为 f 是闭的, 故可找到 y 的一个邻域 U, 使得 $f^{-1}(U) \subseteq V$, 从而利用 (18.12.6) 就可以完成证明.

命题 (18.12.8) — 设 $f: X \to Y$ 是一个概形态射. 则为了使 f 是整型的, 必须且只需 f 是仿射且广泛闭的.

条件是必要的 (**II**, 6.1.10), 我们来证明它也是充分的. 可以假设 $Y = \operatorname{Spec} A$ 是仿射概形, 从而 $X = \operatorname{Spec} B$ 也是如此, 且只需证明任何一个元素 $b \in B$ 在 A 上都是整型的 (**II**, 6.1.1). 设 B' 是 B 的那个由 b 所生成的 A 子代数, 这是一个有限型 A 代数, 我们令 $X' = \operatorname{Spec} B'$, 因而 $f: X \to Y$ 可以分解为 $X \xrightarrow{g} X' \xrightarrow{h} Y$, 其中 h 是有限型的, 并且 g 是笼罩性的, 因为同态 $B' \to B$ 是单的 (**I**, 1.2.7). 由于 h 是分离的, 并且 $h \circ g$ 是广泛闭的, 故知 g 也是广泛闭的 (**II**, 5.4.3 和 5.4.9), 从而是映满的 (因为它是笼罩性的), 由此得知 (**II**, 5.4.3 和 5.4.9), h 也是广泛闭的, 从而是紧合的 (因为它是有限型分离的). 但此时, 对任意 $y \in Y$, 由 h 所导出的态射 $h^{-1}(y) \to \operatorname{Spec} \boldsymbol{k}(y)$ 都是紧合且仿射的, 从而是有限的 (**III**, 4.4.2), 换句话说, h 是拟有限的, 从

而由 (18.12.4) 得知, h 是有限的, 这就证明了 B' 是一个有限 A 代数, 因而 b 在 A 上是整型的. 证明完毕.

注解 (18.12.9) — 如果我们仅假设态射 $f: X \to Y$ 是分离且广泛闭的, 以及对任意 $y \in Y$, 由 f 所导出的态射 $f^{-1}(y) \to \operatorname{Spec} \boldsymbol{k}(y)$ 都是整型的, 那么也可以推出 f 是整型的. 为此就需要首先证明, 从这些条件可以推出 f 是仿射的, 或者每个纤维 X_y 都包含在某个仿射开邻域之中.

推论 (18.12.10) — 若一个态射 $f: X \to Y$ 是含容且广泛闭的, 则它是整型的.

根据 (18.12.8), 只需证明 f 是仿射的即可, 这可由引理 (18.12.7.1) 和前提条件推出.

推论 (18.12.11) — 设 $f: X \to Y$ 是一个概形态射 (切转: 局部有限型的概形态射). 则为了使 f 是广泛同胚的 (2.4.2), 必须且只需 f 是紧贴整型映满的 (切转: 有限紧贴映满的).

条件的充分性我们在前面就已经知道 (2.4.5), 必要性则是缘自 (18.12.10) 和 (18.12.4).

下述命题强化了 (8.11.2):

命题 (18.12.12) — 若一个态射 $f: X \to Y$ 是拟有限且分离的, 则它是拟仿射的.

我们令 $\mathscr{A} = f_* \mathscr{O}_X$, 这是一个拟凝聚 $\mathscr{O}_Y$ 代数层, 因为 f 是拟紧分离的 (1.7.4), 设 $Z = \operatorname{Spec} \mathscr{A}$ (**II**, 1.3.1), 因而 f 可以分解为 $X \xrightarrow{g} Z \xrightarrow{h} Y$, 其中 h 是仿射的, 并且 g 对应着 $\mathscr{A}$ 到自身的恒同自同构 (**II**, 1.2.7), 只需证明 g 是一个开浸入即可, 而由 (17.9.1) 知, 这也等价于证明 g 是平展且紧贴的. 为此显然只需证明, 对任意 $y \in Y$, g 在 $f^{-1}(y)$ 的任何点近旁都是平展且紧贴的. 现在对任意 $y \in Y$, 我们都可以把 (18.12.3) 的结果应用到 f 上, 并沿用那里的记号, 由于态射 $Y' \to Y$ 是平坦的, 并且 f 是拟紧分离的, 故在只差一个典范同构的意义下, 我们有 $f'_*(\mathscr{O}_{X'}) = \mathscr{A} \otimes_{\mathscr{O}_Y} \mathscr{O}_{Y'} = \mathscr{A}'$ (2.3.1), 从而 $Z' = Z \times_Y Y'$ 可以等同于 $\operatorname{Spec} f'_* \mathscr{O}_{X'}$, 并且在 f' 的典范分解 $X' \xrightarrow{g'} Z' \xrightarrow{h'} Y'$ (**II**, 1.2.7) 中, $h' = h_{(Y')}$, $g' = g_{(Y')}$. 在此基础上, 当把 X' 分解成两个子概形 X'_1 与 X'_2 之和的时候, $\mathscr{A}'$ 就可以分解成两个拟凝聚 $\mathscr{O}_Y$ 代数层 $\mathscr{A}'_1$ 与 $\mathscr{A}'_2$ 的直积, 这两个层分别是 $\mathscr{O}_{X'_1}$ 与 $\mathscr{O}_{X'_2}$ 的顺像, 因而 Z 可以等同于和 $Z'_1 \sqcup Z'_2$, 其中 $Z'_i = \operatorname{Spec} A'_i$ 并且 $g'(X'_i) \subseteq Z'_i$ $(i = 1, 2)$. 由于 X'_1 在 Y' 上是有限的, 故知 $g'_1 = g'|_{X'_1}$ 是 X'_1 到 Z'_1 的一个同构, 因为 $f'|_{X'_1}$ 是仿射的, 而由于 $X'_2 \cap f'^{-1}(y') = \varnothing$, 故我们看到 g' 在 $f'^{-1}(y')$ 的任何点近旁都是平展且紧贴的. 现在态射 $Y' \to Y$ 是窄平坦的, 从而由 (17.7.4) 首先得知, g 在 X 的任何一个从 $f'^{-1}(y')$ 中的点投影下来的点近旁都是平展的, 也就是说, 它在 $f^{-1}(y)$ 的所有点近旁都是平展的 (**I**, 3.5.2). 另一方面, 由 g' 导出的态射 $g'_{y'}: f'^{-1}(y') \to h'^{-1}(y')$ 是紧贴的, 由于 $\boldsymbol{k}(y') = \boldsymbol{k}(y)$, 故知态射 $g_y: f^{-1}(y) \to h^{-1}(y)$ 也是紧贴的, 换句话说 g 在 $f^{-1}(y)$ 的所有点处都是紧贴的, 这就完成了命题的证明.

下述结果是 (8.12.6) 的改进:

推论 (18.12.13) (Zariski "主定理") — 设 Y 是一个紧凑概形, $f: X \to Y$ 是一个拟有限的分离态射. 则 f 可以分解为

$$X \xrightarrow{g} Z \xrightarrow{u} Y,$$

其中 g 是开浸入 (必然是拟紧的), u 是有限态射.

事实上, 由 (18.12.12) 知, f 是拟仿射的, 从而是拟射影的. 故我们可以应用 (8.12.8). 事实

上, 由 (8.12.3) 知, (8.12.8) 中的分解的存在性是 Y 上的一个局部性质, 从而只需对 Y 是仿射概形的情形进行证明即可.

注解 (18.12.14) — 我们可以给出 (18.12.13) 的一个类似于 (18.12.12) 的证明, 而不需要用到 (8.12.8) (但要用到 (18.12.3), 从而要用到 (18.5.11), 后者本身就起着局部形式的"主定理"的作用 (8.12.9)). 事实上, 我们沿用 (18.12.12) 的证明中的记号, 并设 $\mathscr{B}$ 是 $\mathscr{O}_Y$ 在 $\mathscr{A}$ 中的整闭包 (**II**, 6.3.2), 这是一个拟凝聚 $\mathscr{O}_Y$ 代数层. 现在令 $T=\operatorname{Spec}\mathscr{B}$, 依照 (8.12.3), 只需证明与典范含入 $\mathscr{B}\to\mathscr{A}$ 相对应的 Y 态射 $g:X\to T$ 是一个浸入即可, 为此只需 (17.9.1) 证明 g 是平展且紧贴的. 在 (18.12.12) 的记号下, 我们可以假设 $Y=\operatorname{Spec}C$ 和 $Y'=\operatorname{Spec}C'$ 都是仿射概形, 且 C' 是一个平展 C 代数 (17.3.2), 从而 $\mathscr{A}=\widetilde{A}$, 其中 A 是一个 C 代数, $\mathscr{A}'=\widetilde{A'}$, 其中 $A'=A\otimes_C C'$, 并且 $\mathscr{B}=\widetilde{B}$, 其中 B 是 C 在 A 中的整闭包. 这个代数 A' 同构于乘积 $A'_1\times A'_2$, 其中 A'_1 是一个有限 C' 代数. 从而只需证明 $B'=B\otimes_C C'$ (根据平坦性条件, 我们可以把它等同于 A' 的一个 C' 子代数) 包含 A'_1 即可. 事实上, 此时 B' 可以分解为 $A'_1\times A''_2$, 其中 A''_2 是 A'_2 的一个 C' 子代数, 我们令 $T''_2=\operatorname{Spec}A''_2$, 则 $T'=T\times_Y Y'$ 就是 $Z'_1=\operatorname{Spec}A'_1$ 与 T''_2 的和, 并且 $g'|_{X'_1}$ 就是 X'_1 到 Z'_1 的一个同构, 从而可以使用 (18.12.12) 的方法来推出结论.

为了证明 B' 包含 A'_1, 显然只需证明下面这个命题, 它是 (6.14.4) 的部分推广 (去掉了 Noether 条件) :

命题 (18.12.15) — *设 C 是一个环, C' 是一个*平展 *C 代数, A 是任何一个 C 代数, B 是 C 在 A 中的整闭包. 我们令 $A'=A\otimes_C C'$, $B'=B\otimes_C C'$, 并把 B' 等同于 A' 的一个子代数, 则 B' 就是 C' 在 A' 中的整闭包.*

考虑 A 的有限型 C 子代数的递增滤相族, 并利用 (6.14.4, II)) 的证明方法, 我们首先可以假设 A 是一个有限型 C 代数, 从而具有 $E/\mathfrak{J}$ 的形状, 其中 $E=C[T_1,\cdots,T_r]$, 且 $\mathfrak{J}$ 是 E 的一个理想, 此时我们有 $A'=E'/\mathfrak{J}E'$, 其中 $E'=C'[T_1,\cdots,T_r]$. 设 $(\mathfrak{J}_\lambda)$ 是 E 的那些包含在 $\mathfrak{J}$ 中的有限型理想的递增滤相族, 则 A 就是这些 $E/\mathfrak{J}_\lambda$ 的归纳极限, 若 B_λ 是 C 在 $E/\mathfrak{J}_\lambda$ 中的整闭包, 则 B 是这些 B_λ 的归纳极限, 这可以通过 (5.13.4) 中的方法来证明. 同样地, C' 在 $E'/\mathfrak{J}E'$ 中的整闭包也是 C' 在这些 $E'/\mathfrak{J}_\lambda E'$ 中的整闭包的归纳极限, 于是只要我们证明了 C' 在 $E'/\mathfrak{J}_\lambda E'$ 中的整闭包等于 $B_\lambda\otimes_C C'$, 就能由此推出 $B'=\varinjlim(B_\lambda\otimes_C C')$ 是 C' 在 A' 中的整闭包. 这样一来, 问题归结到 A 是有限呈示 C 代数的情形.

接下来我们说明, 问题可以归结到 C 是*Noether* 环的情形. 事实上, C 是它的有限型 $\mathbb{Z}$ 子代数族 $\{C_\alpha\}$ 的滤相并集, 从而由 (17.7.8) 知, 可以找到一个指标 α 和一个平展 C_α 代数 C'_α, 使得 $C'=C'_\alpha\otimes_{C_\alpha}C$, 进而 C' 是这些 $C'_\beta=C'_\alpha\otimes_{C_\alpha}C_\beta$ $(\beta\geqslant\alpha)$ 的归纳极限. 故我们还可以假设 (由于 A 是有限呈示 C 代数) $A=A_\alpha\otimes_{C_\alpha}C$, 其中 A_α 是一个有限型 C_α 代数, 并且 A 是这些 $A_\beta=A_\alpha\otimes_{C_\alpha}C_\beta$ $(\beta\geqslant\alpha)$ 的归纳极限 (8.9.1). 现在利用 (5.13.4) 的方法可以证明, B 就是这些 C_β 在 A_β 中的整闭包 B_β 的归纳极限. 同样地, A' 是这些 $A'_\beta=A_\beta\otimes_{C_\beta}C'_\beta=A_\alpha\otimes_{C_\alpha}C'_\beta$ $(\beta\geqslant\alpha)$ 的归纳极限, 从而使用和上面同样的方法又得知, 只需证明 $B'_\alpha=B_\alpha\otimes_{C_\alpha}C'_\alpha$ 就是 C'_α 在 A'_α 中的整闭包即可.

一旦我们把问题归结到了 C 是 Noether 环的情形, 这个命题就是 (6.14.4) 的一个特殊情形. 不过还可以观察到, 若我们假设 C' 在 Noether 环 C 上是平展的, 则 (6.14.4) 的证明并不需要用

到那个细致的定理 (6.14.1). 事实上, 不使用 (6.14.1) 也可以把问题归结到 C 是整环且 A 是 C 的分式域的情形 (参照 (6.14.4) 的证明). 此时由于 B 是一个正规环, 并且态射 $\operatorname{Spec} B' \to \operatorname{Spec} B$ 是平展的, 故由 (17.5.7) 知, B' 也是正规环, 从而我们只需要使用初等的引理 (6.14.1.1) (而不是更困难的 (6.14.1)) 就可以推出结论.

命题 (18.12.16) — 设 $g: Y \to S$ 是一个拟紧态射, $f: X \to Y$ 是一个拟有限的分离态射. 则对任何 S 丰沛的可逆 $\mathscr{O}_Y$ 模层 $\mathscr{L}$ (**II**, 4.6.1), $\mathscr{O}_X$ 模层 $f^*\mathscr{L}$ 都是 S 丰沛的.

事实上, 依照 (18.12.12), 态射 f 是拟仿射的, 从而 (**II**, 5.1.6) $\mathscr{O}_X$ 模层 $\mathscr{O}_X$ 是 f 丰沛的. 于是由 (**II**, 4.6.13, (ii)) 就得知, 当 n 充分大时, $\mathscr{O}_X \otimes_{\mathscr{O}_X} f^*(\mathscr{L}^{\otimes n}) = f^*(\mathscr{L}^{\otimes n})$ 是 S 丰沛的. 然而 $f^*(\mathscr{L}^{\otimes n}) = (f^*\mathscr{L})^{\otimes n}$, 这就表明 $f^*\mathscr{L}$ 是 S 丰沛的 (**II**, 4.6.9, (i)).

推论 (18.12.17) — 设 Z 是一个仿射概形, $h: X \to Z$ 是一个有限型态射, $\mathscr{L}$ 是一个可逆 $\mathscr{O}_X$ 模层. 则在 (**II**, 4.5.2) 的记号下, (**II**, 4.5.2) 的诸条件 (它们实际上都等价于 $\mathscr{L}$ 是丰沛的) 还等价于下面的每一个条件:

b$''$) h 是分离的, $G(\varepsilon) = X$, 并且典范态射 $u: G(\varepsilon) \to \operatorname{Proj} S$ 的纤维都是有限且离散的.

b$'''$) $G(\varepsilon) = X$, 并且典范态射 u 是紧贴的.

设 $Z = \operatorname{Spec} A$, 则环 S 上典范地带有一个分次 A 代数的结构, 从而我们有一个结构态射 $g: \operatorname{Proj} S \to Z$, 它是分离的 (**II**, 2.4.2), 并且 $h = g \circ u$.

由于紧贴态射都是分离的 (1.8.7.1), 故由 b$'''$) 可以推出 h 是分离的, 从而可以推出 b$''$). 现在 (**II**, 4.5.2) 的条件 b) 显然蕴涵 b$'''$), 故只需证明 b$''$) 蕴涵 $\mathscr{L}$ 是丰沛的即可. 根据前提条件, $h = g \circ u$ 是有限型的, 并且 g 是分离的, 故知 u 也是有限型的, 从而条件 b$''$) 表明, u 是拟有限且分离的 (**I**, 5.5.1). 我们要使用 (18.12.16) 来证明 $\mathscr{L}$ 是丰沛的. 现在令 $Y = \operatorname{Proj} S$. 则由于 X 是拟紧的, 故可找到一个正整数 n 和有限个元素 $f_j \in S_n$, 使得这些逆像 $u^{-1}(D_+(f_j))$ 可以覆盖 X, 从而我们可以把 u 看作一个从 X 到 Y 的开集 $Y' = \bigcup_j D_+(f_j)$ 的拟有限分离态射. 下面来考虑可逆 $\mathscr{O}_{Y'}$ 模层 $\mathscr{L}' = \mathscr{O}_Y(n)|_{Y'}$ (**II**, 2.5.8), 它是 Z 极丰沛的 (**II**, 4.4.3), 并且根据定义, $u^*\mathscr{L}'$ 就等于 $\mathscr{L}^{\otimes n}$ (**II**, 3.7.9, (i)). 从而依照 (18.12.16), $\mathscr{L}^{\otimes n}$ 是 Z 丰沛的 (这就等价于它是丰沛的 (**II**, 4.6.6)), 因而 $\mathscr{L}$ 也是如此 (**II**, 4.5.6, (i)).

读者可以自行给出与 (**II**, 4.6.3) 中的那些条件等价的类似条件 (用来判定一个 $\mathscr{O}_X$ 模层是否相对丰沛).

§19. 正则浸入和法向平坦性

在本节中, 我们一方面要考察概形的正则浸入 $Y \to X$ (16.9.2), 尤其要关注 X 和 Y 都在基概形 S 上是平坦的这个情形, 另一方面要给出 M 正则序列及法向平坦性的一些补充, 特别是要推广 H. Hironaka 在他的奇异点解消理论 [35] 中所建立的一些平坦性结果.

19.1 正则浸入的性质

命题 (19.1.1) — 设 X 是一个局部Noether 概形, $j : Y \to X$ 是一个浸入, y 是 Y 的一个正则点. 则为了使 j 在点 y 近旁是正则浸入, 必须且只需 X 在点 $j(y)$ 处是正则的.

有见于 (16.9.10), 问题归结为证明

推论 (19.1.2) — 设 A 是一个Noether 局部环, $\mathfrak{I}$ 是 A 的一个理想, 并假设商环 $B = A/\mathfrak{I}$ 是正则的. 则为了使 A 是正则的, 必须且只需理想 $\mathfrak{I}$ 是正则的.

事实上, 若 A 是正则的, 则我们知道 (**0**, 17.1.9) $\mathfrak{I}$ 可由 A 的一个正则子参数系所生成, 从而 $\mathfrak{I}$ 是正则的. 反过来, 若 $\mathfrak{I}$ 是正则的, 并且 $(x_i)_{1\leqslant i\leqslant r}$ 是一个能够生成 $\mathfrak{I}$ 的 A 正则序列, 则 (x_i) 构成 A 的一个子参数系 (**0**, 16.4.1), 从而由 (**0**, 17.1.7) 就得知, A 是正则的.

定义 (19.1.3) — 设 X 是一个概形, Y 是 X 的一个子概形, U 是 X 的一个包含 Y 的开集, 并使得 Y 可由 $\mathscr{O}_U$ 的一个理想层 $\mathscr{J}$ 所定义, 假设 $\mathscr{J}/\mathscr{J}^2$ 是局部自由 $\mathscr{O}_U/\mathscr{J}$ 模层 (比如当 Y 拟正则浸入 X 的时候就是如此). 对于 $y \in Y$, 所谓 Y 在点 y 处相对于 X 的横截余维数, 是指自由 $\mathscr{O}_y/\mathscr{J}_y$ 模 $\mathscr{J}_y/\mathscr{J}_y^2$ 的秩, 我们记之为 $\operatorname{codim}_y^*(Y, X)$. 设 $f : Z \to X$ 是一个浸入, 像为 Y, 所谓 f 在点 $z \in Z$ 处的横截余维数, 是指子概形 Y 在点 $f(z)$ 处相对于 X 的横截余维数.

命题 (19.1.4) — 设 X 是一个局部Noether 概形, Y 是 X 的一个正则浸入 X 中的子概形, 则对任意 $y \in Y$, 均有

(19.1.4.1) $$\operatorname{codim}_y^*(Y, X) = \operatorname{codim}_y(Y, X).$$

依照 (5.1.3.2), $\operatorname{codim}_y(Y, X)$ 就等于这些局部环 $A = \mathscr{O}_{X,z}$ 的维数的最小值, 其中 z 跑遍 Y 的那些包含 y 的不可约分支的一般点, 由于这样的点 z 一定包含在 y 在 X 中的任何一个邻域之中, 故知 $\mathscr{J}_z/\mathscr{J}_z^2$ 是一个秩为 $n = \operatorname{codim}_y^*(Y, X)$ 的自由 A 模, 从而问题归结为证明 $\dim A = n$. 现在由于 z 是 $\mathscr{J}$ 所定义的子概形 Y 的一个极大点, 故我们有 $\dim(\mathscr{O}_{X,z}/\mathscr{J}_z) = 0$, 从而 $\mathscr{J}_z$ 是 Noether 局部环 A 的一个定义理想, 进而, 由 $\mathscr{J}$ 是拟正则的这个条件可以推出, $\mathscr{J}_z^m/\mathscr{J}_z^{m+1}$ 是一个秩为 $\binom{m+n-1}{n-1}$ 的自由 $(A/\mathscr{J}_z)$ 模, 设 r 是 Artin 环 $A/\mathscr{J}_z$ 的长度, 则 $\mathscr{J}_z^m/\mathscr{J}_z^{m+1}$ 的长度就等于 $r\binom{m+n-1}{n-1}$, 从而 A 的 $\mathscr{J}_z$ 预进滤解的 Hilbert-Samuel 多项式的次数确实是 n, 这就证明了结论 (**0**, 16.2.3).

基于 (19.1.4), 以后当一个子概形 Y 正则浸入 X 时 (即使 X 不是局部 Noether 的), 我们都用“余维数”来指代“横截余维数”.

命题 (19.1.5) — (i) 为了使一个浸入 $j : Y \to X$ 是开的, 必须且只需它是正则

的, 并且在所有点处都是余 0 维的.

(ii) 设 $f:Y\to X$ 是一个正则浸入 (切转: 拟正则浸入), $g:X'\to X$ 是一个平坦态射, $Y'=Y\times_X X'$, 则态射 $f'=f_{(X')}:Y'\to X'$ 是一个正则浸入 (切转: 拟正则浸入), 并且对任意 $y'\in Y'$, 若 y 是 y' 在 Y 中的投影, 则 f' 在点 y' 处的余维数就等于 f 在点 y 处的余维数. 反过来, 若 f 是一个浸入, 并且 $g:X'\to X$ 是一个拟紧忠实平坦态射, 则当 f' 是拟正则浸入时, f 也是如此.

(iii) 若 $f:Y\to X$ 和 $g:Z\to Y$ 是两个正则浸入, 则 $f\circ g:Z\to X$ 也是正则浸入, 并且对任意 $z\in Z$, $f\circ g$ 在点 z 处的余维数就是 g 在点 z 处的余维数与 f 在点 $g(z)$ 处的余维数之和. 进而, 典范同态序列 (16.2.7.1)

(19.1.5.1) $$0\longrightarrow g^*\mathscr{N}_{Y/X}\longrightarrow \mathscr{N}_{Z/X}\longrightarrow \mathscr{N}_{Z/Y}\longrightarrow 0$$

是正合的, 并且对任意 $z\in Z$, 均可找到 z 在 Z 中的一个邻域, 使得上述序列在这个邻域上的限制是分裂的.

(iv) 设 X 是一个局部Noether 概形, $f:Y\to X$ 和 $g:Z\to Y$ 是两个浸入, z 是 Z 的一点. 则以下诸条件是等价的:

a) g 在点 z 近旁是正则浸入, 并且 f 在点 $g(z)$ 近旁也是正则浸入.

b) g 和 $f\circ g$ 在点 z 近旁都是正则浸入.

c) $f\circ g$ 在点 z 近旁是正则浸入, f 在点 $g(z)$ 近旁是正则浸入, 并且通过把典范同态序列 (19.1.5.1) 限制到 z 在 Z 中的某个充分小的开邻域上, 就能使它成为分裂正合序列.

(v) 设 X 是一个局部Noether 概形, $f:Y\to X$, $g:Z\to Y$ 是两个浸入, z 是 Z 的一点, 假设 $y=g(z)$ 是 Y 的一个正则点, 并且 $x=f(g(z))$ 是 X 的一个正则点 (根据 (19.1.1), 这就表明 f 在点 $g(z)$ 处是正则浸入) , 则为了使 $f\circ g$ 在点 z 近旁是正则浸入, 必须且只需 g 在点 z 近旁是正则浸入.

(i) 是 (16.1.10) 的另一种表达方式. 为了证明 (ii) 的第一句话, 可以限于考虑 Y 是 X 的一个由正则 (切转: 拟正则) 理想层 $\mathscr{J}$ 所定义的闭子概形的情形, 此时 Y' 就是由理想层 $(g^*\mathscr{J})\mathscr{O}_{X'}$ (可以把它等同于 $g^*\mathscr{J}$, 因为 g 是平坦的) 所定义的 X' 的闭子概形 (**I**, 4.4.5), 通过把 X 换成一个充分小的仿射开集, 我们可以假设 $\mathscr{J}$ 是由一个正则 (切转: 拟正则) 序列 (f_i) (它们都是 $\mathscr{O}_X$ 的整体截面) 所生成的. 若序列 (f_i) 是正则的, 则序列 $(f_i\otimes 1)$ 也是如此 (并且依照 (**0**, 15.2.5), 这个序列能够生成 $(g^*\mathscr{J})\mathscr{O}_X$), 对于拟正则序列, 类似的结果可由 g 的平坦性和判别法 (16.9.4) 立得. 同样地, 若 g 是拟紧忠实平坦的, 并且 $g^*\mathscr{J}$ 是拟正则的, 则依照 (2.5.2), $\mathscr{J}$ 是有限型的, 根据平坦性条件, 我们有 $(g^*\mathscr{J})/(g^*\mathscr{J})^2=g^*(\mathscr{J}/\mathscr{J}^2)$, 且由前提条件知, $g^*(\mathscr{J}/\mathscr{J}^2)$ 是局部自由的 (16.9.4), 从而 $\mathscr{J}/\mathscr{J}^2$ 也是如此 (2.5.2). 最后, 利用 g 的忠实平坦性, 我们也可以从 (16.9.4) 中关于 $g^*\mathscr{J}$ 的条件 (iii) 推出 $\mathscr{J}$ 满足同样的条件. 从而 (16.9.4) 这就表明 $\mathscr{J}$ 是拟正则的.

为了证明 (iii), 同样可以假设 Y 和 Z 都是 X 的闭子概形, 分别由 $\mathscr{O}_X$ 的理想层 $\mathscr{J}$, $\mathscr{K}$ 所定义, 并且 $\mathscr{J}\subseteq\mathscr{K}$, 进而我们可以假设能找到 $\mathscr{J}$ 的一族整体截面 $(f_i)_{1\leqslant i\leqslant m}$, 它们能够生成 $\mathscr{J}$, 且对 $1\leqslant i\leqslant m$, f_i 在 $\mathscr{O}_X/(\sum_{j=1}^{i-1}f_j\mathscr{O}_X)$ 上所定义的自同态都是单的, 又能找到 $\mathscr{K}/\mathscr{J}$ 的一族整体截面 $(\bar{f}_i)_{m+1\leqslant i\leqslant n}$, 它们能够生成 $\mathscr{K}/\mathscr{J}$, 且对 $m+1\leqslant i\leqslant n$, $\bar{f}_i$ 在 $(\mathscr{O}_X/\mathscr{J})/(\sum_{j=m+1}^{i-1}\bar{f}_j(\mathscr{O}_X/\mathscr{J}))$ 上所定义的自同态都是单的. 对任意 $z\in Z$, 设 U 是 z 在 X 中的这样一个开邻域, 在 U 上我们能找到 $\mathscr{K}$ 的一族截面 $(f_i)_{m+1\leqslant i\leqslant n}$, 使得 $\bar{f}_i|_U$ 就是 f_i 在 $\Gamma(U,\mathscr{K}/\mathscr{J})$ 中的等价类, 于是 $(\mathscr{O}_X/\mathscr{J})/(\sum_{j=m+1}^{i-1}f_j(\mathscr{O}_X/\mathscr{J}))$ 在 U 上的限制同构于 $\mathscr{O}_U/((\mathscr{J}|_U)+\sum_{j=m+1}^{i-1}f_j\mathscr{O}_U)=\mathscr{O}_U/(\sum_{j=1}^{i-1}f_j\mathscr{O}_U)$, 从而我们看到序列 $(f_i)_{1\leqslant i\leqslant n}$ 在 $\mathscr{O}_U$ 中是正则的, 由于它可以生成 $\mathscr{K}|_U$, 这就证明了 (iii) 的第一句话. 为了证明 (iii) 的最后一句话, 可以限于 (在同样的记号下) 考虑这些 f_i $(1\leqslant i\leqslant n)$ 在 $\mathscr{K}/\mathscr{K}^2$ 中的像 t_i 构成该 $\mathscr{O}_X/\mathscr{K}$ 模层的一个基底的情形 (16.9.5), 基于同样的理由, 我们可以假设这些 t_i $(1\leqslant i\leqslant m)$ 是 $\mathscr{O}_X/\mathscr{K}$ 模层 $g^*(\mathscr{J}/\mathscr{J}^2)$ 的一个基底的典范像, 并且这些 t_i $(m+1\leqslant i\leqslant n)$ 在 $(\mathscr{K}/\mathscr{J})/(\mathscr{K}/\mathscr{J})^2$ 中的典范像 $\bar{t}_i$ 构成这个 $\mathscr{O}_X/\mathscr{K}$ 模层的一个基底. 这就完成了 (iii) 的证明.

我们再来证明 (iv). 由 (iii) 可以推出 a) 蕴涵 c). 下面证明 c) 蕴涵 a). 我们仍然令 $A=\mathscr{O}_{X,f(g(z))}$, 则有 $\mathscr{O}_{Y,g(z)}=A/\mathfrak{J}$, $\mathscr{O}_{Z,z}=A/\mathfrak{K}$, 其中 $\mathfrak{J}\subseteq\mathfrak{K}$. 根据前提条件, $\mathfrak{J}$ 和 $\mathfrak{K}$ 都是 A 的正则理想, 并且我们有一个分裂的正合序列

$$0\longrightarrow\mathfrak{J}/\mathfrak{J}\mathfrak{K}\longrightarrow\mathfrak{K}/\mathfrak{K}^2\longrightarrow(\mathfrak{K}/\mathfrak{J})/(\mathfrak{K}/\mathfrak{J})^2\longrightarrow 0$$

(参考 (16.2.7)). 这就表明, 可以找到 $\mathfrak{K}$ 的一族元素 $(f_j)_{1\leqslant j\leqslant r+s}$, 它们在 $\mathfrak{K}/\mathfrak{K}^2$ 中的像构成该 $A/\mathfrak{K}$ 模的一个基底, 进而这些 f_j $(1\leqslant j\leqslant r)$ 落在 $\mathfrak{J}$ 中, 并且它们在 $\mathfrak{J}/\mathfrak{J}\mathfrak{K}$ 中的像构成该 $A/\mathfrak{K}$ 模的一个基底. 从而这些 f_j $(1\leqslant j\leqslant r+s)$ 可以生成 $\mathfrak{K}$, 并且这些 f_j $(1\leqslant j\leqslant r)$ 可以生成 $\mathfrak{J}$, 因为 A 是 Noether 的 (Bourbaki,《交换代数学》, II, §3, ※2, 命题 5), 由于 $\mathfrak{K}$ 是一个正则理想, 故由 (16.9.5) 知, 序列 $(f_j)_{1\leqslant j\leqslant r+s}$ 是正则的. 根据定义, 这些 $f_{r+1},\cdots,f_{r+s}$ 在 $\mathfrak{K}/\mathfrak{J}$ 中的像构成这个 $A/\mathfrak{J}$ 模的一个正则序列, 这就完成了 (iv) 中 c) 蕴涵 a) 的证明.

最后, 有见于 (16.9.10), 很容易看出 (v) 和 (iv) 中 a) 与 b) 的等价性都可由下面这个结果推出:

推论 (19.1.6) — 设 A 是一个Noether 局部环, $\mathfrak{J}$, $\mathfrak{K}$ 是 A 的两个理想, 都包含在极大理想 $\mathfrak{m}$ 之中, 并且 $\mathfrak{J}\subseteq\mathfrak{K}$, $A'=A/\mathfrak{J}$, $\mathfrak{K}'=\mathfrak{K}/\mathfrak{J}$. 则有:

(i) 若 $\mathfrak{J}$ 和 $\mathfrak{K}'$ 都是正则理想, 则 $\mathfrak{K}$ 也是如此.

(ii) 若 $\mathfrak{K}$ 和 $\mathfrak{K}'$ 都是正则理想, 则 $\mathfrak{J}$ 也是如此.

(iii) 假设环 A 和 $A' = A/\mathfrak{J}$ 都是正则的. 则为了使理想 $\mathfrak{K}$ 是正则的, 必须且只需 $\mathfrak{K}'$ 是正则的.

(i) 是 (19.1.5, (iii)) 的特殊情形. 为了证明 (ii), 我们来考虑典范满同态 $u : \mathfrak{K}/\mathfrak{K}^2 \to \mathfrak{K}'/\mathfrak{K}'^2 = \mathfrak{K}/(\mathfrak{K}^2 + \mathfrak{J})$. 根据前提条件, $\mathfrak{K}/\mathfrak{K}^2$ 和 $\mathfrak{K}'/\mathfrak{K}'^2$ 都是自由 $A/\mathfrak{K}$ 模, 我们把它们的秩分别记为 $p+q$ 和 q, 则 u 的核是一个投射 $A/\mathfrak{K}$ 模 (Bourbaki, 《代数学》, II, 第 3 版, §2, ※2, 命题 4), 从而是 p 秩自由的, 因为 $A/\mathfrak{K}$ 是一个 Noether 局部环 ($\mathbf{0}_{\mathbf{III}}$, 10.1.3). 换句话说, 可以找到 $\mathfrak{K}/\mathfrak{K}^2$ 的一个基底, 它的前 p 个元素是 $(\mathfrak{K}^2 + \mathfrak{J})/\mathfrak{K}^2$ 的一个基底. 依照 Nakayama 引理, 这也相当于说, 可以找到 $\mathfrak{K}$ 的一个生成元组 $(f_i)_{1\leqslant i\leqslant p+q}$, 它们构成 A 中的一个正则序列, 并且序列 $(f_i)_{1\leqslant i\leqslant p}$ 都是 $\mathfrak{J}$ 中的元素. 问题是要证明后面这个序列能够生成 $\mathfrak{J}$. 为此我们用 $\mathfrak{J}' \subseteq \mathfrak{J}$ 来记由这些元素所生成的理想, 并考虑环 $A/\mathfrak{J}'$, 则我们看到问题归结为证明下面的引理:

引理 (19.1.6.1) — *设 B 是一个Noether 局部环, 极大理想为 $\mathfrak{n}$, $(g_j)_{1\leqslant j\leqslant q}$ 是 $\mathfrak{n}$ 中的一族元素, 并且构成 B 的一个正则序列, $\mathfrak{b}$ 是这些元素生成的理想, $\mathfrak{c} \subseteq \mathfrak{b}$ 是这样一个理想, 它使得这些 g_j 在 $B/\mathfrak{c}$ 中的像构成该环的一个正则序列. 则有 $\mathfrak{c} = (0)$.*

对于 $q = 0$, 这个结果是显然的, 我们要对 q 进行归纳. 把归纳假设应用到商环 B/g_1B 以及这些 g_j $(2 \leqslant j \leqslant q)$ 和 $\mathfrak{c}$ 在该商环中的典范像上, 这就表明 $\mathfrak{c} \subseteq g_1B$. 设 $\mathfrak{d}$ 是由 B 的那些满足 $g_1x \in \mathfrak{c}$ 的元素 $x \in B$ 所组成的理想, 则我们有 $\mathfrak{c} = g_1\mathfrak{d}$, 然而由前提条件知, g_1 在 $B/\mathfrak{c}$ 中是正则的, 故必有 $\mathfrak{d} = \mathfrak{c}$, 从而 $\mathfrak{c} = g_1\mathfrak{c}$. 由于 $\mathfrak{c}$ 是有限型的, 并且 g_1 包含在 B 的根之中, 故由 Nakayama 引理得知, $\mathfrak{c} = (0)$.

最后我们来证明 (19.1.6) 的 (iii). 依照 (i) 和 (19.1.2), 只需证明若 $\mathfrak{K}$ 是正则的, 则 $\mathfrak{K}'$ 也是正则的即可. 注意到 $\mathfrak{J}$ 是正则的 (19.1.2), 下面我们对自由 $A/\mathfrak{J}$ 模 $\mathfrak{J}/\mathfrak{J}^2$ 的秩 q 进行归纳. 若 $q = 0$, 则由 Nakayama 引理知 $\mathfrak{J} = (0)$, 从而结论自然成立. 由于 A 和 $A/\mathfrak{J}$ 都是正则的, 故我们知道 ($\mathbf{0}$, 17.1.9) $\mathfrak{J}$ 可由 A 的某个正则参数系中的 q 个元素所生成, 从而若 f 是 $\mathfrak{J}$ 的这个生成元组中的一个, 则 $A_1 = A/fA$ 是正则的, 并且 $f \notin \mathfrak{m}^2$ ($\mathbf{0}$, 17.1.8). 设 $\mathfrak{J}_1$, $\mathfrak{K}_1$ 分别是 $\mathfrak{J}$, $\mathfrak{K}$ 在 A_1 中的典范像, 我们有 $\mathfrak{J}_1 \subseteq \mathfrak{K}_1$ 和 $A_1/\mathfrak{J}_1 = A/\mathfrak{J}$, 从而 $A_1/\mathfrak{J}_1$ 是正则的, 由此可知, $\mathfrak{J}_1$ 是一个正则理想 (19.1.2). 现在我们来证明 $\mathfrak{K}_1$ 是 A_1 的一个正则理想, 由于 $\mathfrak{K}$ 是 A 的一个正则理想, 故只需证明 f 构成 $\mathfrak{K}$ 的某个正则生成元组的一部分即可, 为此 (16.9.5) 只需证明 f 在 $\mathfrak{K}/(\mathfrak{K}^2 + \mathfrak{m}\mathfrak{K}) = \mathfrak{K}/\mathfrak{m}\mathfrak{K}$ 中的像构成这个 $A/\mathfrak{m}$ 向量空间的一个基底向量 (换句话说, $f \notin \mathfrak{m}\mathfrak{K}$), 而这实际上可由 $f \notin \mathfrak{m}^2$ 推出. 现在由于 $\mathfrak{J}_1/\mathfrak{J}_1^2$ 是一个 $q-1$ 秩自由 $(A_1/\mathfrak{J}_1)$ 模, 故归纳假设表明, $\mathfrak{K}_1' = \mathfrak{K}_1/\mathfrak{J}_1$ 是 $A_1/\mathfrak{J}_1$ 的一个正则理想, 又因为 $\mathfrak{K}'$ 可以等同于 $\mathfrak{K}_1'$ (在 $A/\mathfrak{J}$ 与 $A_1/\mathfrak{J}_1$ 之间的典范同构下), 从而 $\mathfrak{K}'$ 是正则的, 证明完毕.

注解 (19.1.7) — (i) 我们不知道两个拟正则浸入的合成是否仍然是拟正则的.

(ii) 在一个局部环积空间 X 中, 对 $\mathscr{O}_X$ 的任意理想层 $\mathscr{J}$, $\mathscr{O}_X/\mathscr{J}$ 都是有限型

的, 从而它在 X 中的支集是闭的 ($\mathbf{0_I}$, 5.2.2). 于是我们可以比照 (**I**, 4.1.3 和 4.2.1) 的方法来定义 X 的那个由层 $\mathscr{O}_U$ (U 是 X 的一个开集) 的理想层 $\mathscr{J}$ 所定义的环积 (局部闭) 子空间的概念以及浸入的概念. 这样一来正则浸入、拟正则浸入、横截余维数等概念也可以原封不动地照搬过来, 并且 (19.1.5, (i) 到 (iv)) 的那些结果仍然是成立的, 不过要在 (i) 和 (iv) 中加上"层 $\mathscr{O}_X$ 是凝聚的, 并且局部环 $\mathscr{O}_{X,x}$ 都是 Noether 的"这个条件, 至于 (ii), 则需要把 Y' 定义为由 $\mathscr{O}_{X'}$ 理想层 $g^*\mathscr{J}$ 所定义的环积子空间, 证明不需要改动.

(19.1.8) 我们曾经指出 (特别在 (16.9.6, (ii)) 中), 对于非 Noether 的环, "正则序列"这个概念不再具有良好的性质. 后来的研究显示, 正则序列的一个合理的替代是满足下述条件的序列 $\mathbf{f} = (f_1, \cdots, f_n)$: 外代数复形 $\mathrm{K}_0(\mathbf{f}, M)$ (**III**, 1.1.3) 的正次数的同调都是 0 (参考 (**III**, 1.1.4)), 特别参照 A. Grothendieck, Séminaire de Géométrie Algébrique, 1966 (SGA 6).

19.2 横截正则浸入

定义 (19.2.1) — 设 $u : X \to S$ 是一个概形态射, $\mathscr{F}$ 是一个拟凝聚 $\mathscr{O}_X$ 模层. 所谓 $\mathscr{O}_X$ 的一个整体截面序列 $(f_i)_{1\leqslant i\leqslant n}$ **相对于** S (或**相对于** u) **是** $\mathscr{F}$ **横截正则的**, 是指序列 (f_i) 是 $\mathscr{F}$ 正则的, 并且对任意 $0 \leqslant i \leqslant n$, $\mathscr{O}_X$ 模层 $\mathscr{F}/\big(\sum\limits_{j\leqslant i} f_j\mathscr{F}\big)$ 都是 S 平坦的. 所谓 $\mathscr{O}_X$ 的一个拟凝聚理想层 $\mathscr{J}$ **在点** $x \in \mathrm{Supp}(\mathscr{O}_X/\mathscr{J})$ **近旁是相对于** S (或**相对于** u) **横截正则的**, 是指可以找到 x 的一个开邻域 U 以及 $\mathscr{J}$ 在 U 上的一个有限的截面序列 (f_i), 它相对于 S 是 $\mathscr{O}_U$ 横截正则的, 并且可以生成 $\mathscr{J}|_U$.

在一个 A 代数 B 中, 所谓一个理想 $\mathfrak{I}$ 相对于 A 是横截正则的, 是指 $\mathscr{J} = \widetilde{\mathfrak{I}}$ 在 $V(\mathfrak{I})$ 的任何点近旁都是相对于 $S = \operatorname{Spec} A$ 横截正则的.

定义 (19.2.2) — 设 S 是一个概形, X, Y 是两个 S 概形, $u : Y \to X$ 是一个 S 态射, 并且是浸入. 所谓 u 在点 $y \in Y$ 近旁是**相对于** S **横截正则**的浸入, 是指可以找到 $u(y)$ 在 X 中的一个邻域 V, 使得 u 的伴生子概形在 $u(Y) \cap V$ 上所诱导的子概形是由 $\mathscr{O}_V$ 的一个在点 $u(y)$ 近旁相对于 S 横截正则的理想层所定义的.

显然由 Y 上相对于 S 横截正则浸入的点所组成的集合在 Y 中是开的, 如果这个集合就等于 Y, 那么我们就直接说 u 是一个相对于 S 横截正则的浸入.

设 $S \to T$ 是一个平坦态射, 于是若 $\mathscr{J}$ 是 $\mathscr{O}_X$ 的一个在点 $x \in X$ 近旁相对于 S 横截正则的理想层, 则它相对于 T 也是如此 ($\mathbf{0_I}$, 6.2.1). 从而一个 S 浸入 $Y \to X$ 若在点 $y \in Y$ 近旁相对于 S 是横截正则的, 则它在该点近旁相对于 T 也是横截正则的.

命题 (19.2.3) — 设 S 是一个概形, X, Y 是两个 S 概形, $u : Y \to X$ 是一个

S 态射, 并且是一个在点 $y \in Y$ 近旁相对于 S 横截正则的浸入. 则对任意基变换 $S' \to S$, 我们令 $X' = X \times_S S'$, $Y' = Y \times_S S'$, 浸入 $u' = u_{(S')} : Y' \to X'$ 在任何位于 y 之上的点 $y' \in Y'$ 近旁都是相对于 S' 横截正则的.

这可由定义及 (**0**, 15.1.15) 立得.

命题 (19.2.4) — 设 S 是一个概形, X, Y 是两个 S 概形, $u : Y \to X$ 是一个 S 态射, 并且是一个浸入. 假设**要么** S 和 X 都是局部Noether 的, **要么**结构态射 $g : X \to S$, $h : Y \to S$ 都是局部有限呈示的. 设 y 是 Y 的一点, s 是它在 S 中的像. 则以下诸条件是等价的:

a) u 在点 y 近旁是相对于 S 横截正则的.

b) 态射 g 和 h 分别在点 $u(y)$ 和点 y 的某个邻域上是平坦的, 并且对于 $X_s = g^{-1}(s)$ 和 $Y_s = h^{-1}(s)$ 来说, 浸入 $u_s : Y_s \to X_s$ 在点 y 处是正则的.

b′) 态射 g 和 h 分别在点 $u(y)$ 和点 y 的某个邻域上是平坦的, 并且对任意基变换 $S' \to S$, 我们令 $X' = X \times_S S'$, $Y' = Y \times_S S'$, 浸入 $u' = u_{(S')} : Y' \to X'$ 在 Y' 的任何位于 y 之上的点近旁都是正则的.

c) 态射 h 在点 y 的某个邻域上是平坦的, 并且浸入 u 在点 y 的某个邻域上是正则的.

c′) 态射 h 在点 y 的某个邻域上是平坦的, 并且浸入 u 在点 y 的某个邻域上是拟正则的.

在 (19.2.3) 中, 我们已经在没有有限性条件的情况下证明了 a) 蕴涵 b′), 而且 b′) 显然蕴涵 b). 我们来证明 b) 蕴涵 c). 为此 (由于问题在 X 和 S 上都是局部性的) 可以假设 Y 是 X 的一个由 $\mathscr{O}_X$ 的拟凝聚理想层 $\mathscr{J}$ 所定义的闭子概形, 并设 u 是典范含入. 则 $\mathscr{O}_X/\mathscr{J}$ 是 g 平坦的这个条件就表明, 序列

$$0 \longrightarrow \mathscr{J} \otimes_{\mathscr{O}_S} \boldsymbol{k}(s) \longrightarrow \mathscr{O}_X \otimes_{\mathscr{O}_S} \boldsymbol{k}(s) \longrightarrow (\mathscr{O}_X/\mathscr{J}) \otimes_{\mathscr{O}_S} \boldsymbol{k}(s) \longrightarrow 0$$

是正合的 ($\mathbf{0_I}$, 6.1.2), 从而 Y_s 是 X_s 的那个由 $\mathscr{O}_{X_s} = \mathscr{O}_X \otimes_{\mathscr{O}_S} \boldsymbol{k}(s)$ 的理想层 $\mathscr{J}_s$ (可以等同于 $\mathscr{J} \otimes_{\mathscr{O}_S} \boldsymbol{k}(s) = \mathscr{J}/\mathfrak{m}_s\mathscr{J}$) 所定义的闭子概形. 我们来取 $\mathscr{J}$ 在 y 的某个位于 X 中的邻域上的有限个截面所组成的序列 (f_i), 且要求它们在 $\mathscr{J}_y/(\mathfrak{m}_y\mathscr{J}_y + \mathscr{J}_y^2)$ 中的像构成这个 $\mathscr{O}_{X,y}/(\mathfrak{m}_s\mathscr{O}_{X,y} + \mathscr{J}_y)$ 模的一个基底 (根据条件 b), 这个模是自由的). 由于 X_s 是局部 Noether 的, 故由 (16.9.11), (16.9.5) 和条件 b) 知, 这些像 $(f_i)_s = f_i \otimes 1$ 作为 $\mathscr{J}_s = \mathscr{J} \otimes_{\mathscr{O}_S} \boldsymbol{k}(s)$ 在 y 的某个位于 X_s 中的邻域上的截面就构成一个正则序列, 并且能够生成 $\mathscr{J}_s$ 在该邻域上的限制. 由于 $\mathfrak{m}_y\mathscr{O}_{X,y}$ 包含在 $\mathscr{O}_{X,y}$ 的根之中, 并且在上面所考虑的两个情形中 $\mathscr{J}_y$ 都是 $\mathscr{O}_{X,y}$ 的有限型理想, 故由 Nakayama 引理知, 这些 $(f_i)_y$ 也能够生成 $\mathscr{J}_y$, 而由于 $\mathscr{J}$ 是 $\mathscr{O}_X$ 的一个有限型理想层 (在两个情形中), 故可找到 y 在 X 中的一个邻域 U, 使得这些 $f_i|_U$ 能够生成 $\mathscr{J}|_U$ ($\mathbf{0_I}$, 5.2.2). 于是只要在 S 和 X 都是局部 Noether 概形时利用 (**0**, 15.1.16)

而在 g 和 h 都是局部有限呈示态射时利用 (11.3.8), 就可以推出 b) 蕴涵 c), 并且在后一情形中, (11.3.8) 还证明了 c) 和 c′) 的等价性 (这在 X 和 S 都是局部 Noether 概形时是显然的 (**0**, 15.1.11)). 最后, 假设 c) 是满足的, 为了证明 a), 可以限于考虑 Y 是 X 的一个由 $\mathscr{J}$ 所定义的闭子概形的情形, 且根据前提条件, 可以找到 $\mathscr{J}$ 在 y 的某个位于 X 中的邻域上的一组截面 (f_i), 使得这些 f_i 可以生成 $\mathscr{J}|_U$, 并且 h 在 U 上是平坦的, 从而只要在 S 和 X 都是局部 Noether 概形时利用 (**0**, 15.1.6) 而在 g 和 h 都是局部有限呈示态射时利用 (11.3.8), 就可以推出 c) 蕴涵 a).

注解 (19.2.5) — (i) 如果在条件 b) 中去掉 h 在 y 的某个邻域上是平坦的这个条件, 那么该条件就不再蕴涵 a). 为了看出这一点, 只要取 S 是某个不是域的局部环的谱、s 是 S 的闭点、$Y = X_s$ 即可.

(ii) 假设 Y 是 X 的一个由 $\mathscr{O}_X$ 的拟凝聚理想层 $\mathscr{J}$ 所定义的闭子概形. 则在 (19.2.4) 的证明中我们实际上证明了, 如果该命题中的等价条件能够得到满足, 那么对于 $\mathscr{J}$ 在 y 的某个位于 X 中的邻域上的任何一组截面 (f_i), 只要这些 f_i 在 $\mathscr{J}_y/(\mathfrak{m}_s\mathscr{J}_y + \mathscr{J}_y^2)$ 中的像构成这个 $\mathscr{O}_{Y,y}/(\mathfrak{m}_s\mathscr{O}_{X,y} + \mathscr{J}_y)$ 模的一个基底, 就可以找到 y 在 X 中的一个开邻域 U, 使得这些 $f_i|_U$ 满足定义 (19.2.1) 中的条件.

推论 (19.2.6) — *假设***要么** *S 和 X 都是局部Noether 的,* **要么** *g 和 h 都是局部有限呈示的. 进而假设纤维 X_s 和 Y_s 分别在点 $u(y)$ 和 y 处是正则的, 并且态射 g 和 h 分别在点 $u(y)$ 和 y 的某个邻域上是平坦的. 则浸入 $Y \to X$ 在点 x 近旁是横截正则的.*

事实上, 由 (19.1.1) 知, 浸入 $Y_s \to X_s$ 在点 x 近旁是正则的, 从而只需再应用 (19.2.4, b)) 即可.

命题 (19.2.7) — (i) *任何 S 开浸入相对于 S 都是横截正则的.*

(ii) *设 $f : Y \to X$ 是一个 S 浸入, $g : S' \to S$ 是任意态射, 我们令 $X' = X_{(S')}$, $Y' = Y_{(S')}$, $f' = f_{(S')} : Y' \to X'$. 若 f 是一个相对于 S 横截正则的浸入, 则 f' 是一个相对于 S' 横截正则的浸入. 进而若 g 是忠实平坦的, 并且 X 和 Y 在 S 上都是局部有限呈示的, 则逆命题也成立.*

(iii) *若 $f : Y \to X$ 和 $g : Z \to Y$ 是两个相对于 S 横截正则的浸入, 则 $f \circ g : Z \to X$ 也是如此.*

(iv) *设 X 是一个 S 概形, $f : Y \to X$, $g : Z \to Y$ 是两个 S 浸入. 假设要么 S 和 X 都是局部Noether 的, 要么 X, Y 和 Z 在 S 上都是局部有限呈示的. 于是若 g 和 $f \circ g$ 在点 $z \in Z$ 近旁都是相对于 S 横截正则的, 则 f 在点 $g(z)$ 近旁也是相对于 S 横截正则的.*

(v) *在 (iv) 的一般条件下, 假设 X 和 Y 是 S 平坦的, 并且 Y_s 和 X_s 在点 $g(z)$ 处都是正则的, 于是若 $f \circ g$ 在点 z 近旁是横截正则的, 则 g 也是如此.*

(i) 是显然的, (ii) 的第一句话可由 (19.2.3) 立得. 我们现在要使用 (19.2.4) 来证明 (ii) 的第二句话, 由于 X' 和 Y' 在 S' 上都是局部有限呈示的, 故由这个判别法首先得知, X' 和 Y' 在 S' 上是平坦的, 从而 X 和 Y 在 S 上是平坦的 (2.5.1), 另一方面, 对任意 $s \in S$, 若 $s' \in S'$ 是一个位于 s 之上的点, 则根据前提条件, $Y'_{s'} \to X'_{s'}$ 是一个正则浸入, 从而由 (19.1.5, (ii)) 就得知, $Y_s \to X_s$ 也是一个正则浸入, 因为这两个概形都是局部 Noether 的 (此时对于浸入 $Y_s \to X_s$ 来说, 正则和拟正则是等价的). 为了证明 (iii), 可以限于考虑 Z 是 Y 的闭子概形并且 Y 是 X 的闭子概形的情形, 然后像 (19.1.5, (iii)) 那样构造出 Z 在 $\mathscr{O}_X$ 中的定义理想层的一个生成元组即可. 为了证明 (iv), 首先注意到前提条件连同 (19.2.4) 表明 X, Y 和 Z 在 z 的某个邻域上都是 S 平坦的, 进而若 s 是 z 在 S 中的像, 则只需证明浸入 $f_s : Y_s \to X_s$ 在点 z 处是正则的即可 (我们知道浸入 $g_s : Z_s \to Y_s$ 和 $f_s \circ g_s$ 在点 z 处都是正则的), 但这件事可由 (19.1.5, (iv)) 推出. 最后, 证明 (v) 的方法与 (iv) 是类似的, $f \circ g$ 上的前提条件已经表明 (19.2.4, b)) Z 在 z 的某个邻域上是 S 平坦的, 而根据前提条件, X 和 Y 也是如此, 从而归结为证明 g_s 在点 z 处是正则的 (我们知道 $f_s \circ g_s$ 在点 z 处是正则的), 而这可由 (19.1.5, (v)) 以及 X_s 和 Y_s 上的前提条件推出.

命题 (19.2.8) — *设 X 是一个 S 概形, Y 是 X 的一个闭子概形, 由 $\mathscr{O}_X$ 的拟凝聚理想层 $\mathscr{J}$ 所定义, $u : Y \to X$ 是典范含入. 若 u 相对于 S 是横截正则的, 则这些 $\mathscr{O}_X$ 模层 $\mathscr{J}^n$ 和 $\mathscr{J}^n/\mathscr{J}^m$ $(0 \leqslant n < m)$ 在 Y 的所有点处都是 S 平坦的. 对任意基变换 $S' \to S$, 若 $X' = X_{(S')}$, $Y' = Y_{(S')}$, 并且 $u' = u_{(S')}$, 则对任意 $n > 0$, 我们都有 $\mathscr{G}r_n(u') = \mathscr{G}r_n(u) \otimes_{\mathscr{O}_S} \mathscr{O}_{S'}$, 只差一个同构.*

事实上, 根据前提条件, $\mathscr{O}_X$ 和 $\mathscr{O}_X/\mathscr{J}$ 在 Y 的所有点处都是 S 平坦的, 并且 $\mathscr{J}^n/\mathscr{J}^{n+1}$ 是一个局部自由 $(\mathscr{O}_X/\mathscr{J})$ 模层 (16.9.3), 从而它在 Y 的所有点处都是 S 平坦的. 于是第一句话缘自 ($\mathbf{0_I}$, 6.1.2), 第二句话则缘自 (11.2.9.2).

下面这个命题推广了 (17.16.1), 并使之更为精确:

命题 (19.2.9) — *设 $f : X \to S$ 是一个态射, x 是 X 的一点, $s = f(x)$. 假设 f 在点 x 近旁是有限呈示的, 并且在点 x 处是 Cohen-Macaulay 的 (6.8.1). 则可以找到 X 的一个包含 x 的子概形 Y, 它具有下面的性质:*

(i) 典范含入 $j : Y \to X$ 相对 S 是横截正则的.

(ii) 态射 $g = f \circ j : Y \to S$ 是 Cohen-Macaulay 的 (有见于 (i), 这就相当于说 g 的所有纤维 $g^{-1}(g(y))$ 都是 *Cohen-Macaulay* 概形).

(iii) 点 x 是 $Y_s = g^{-1}(s)$ 的极大点.

我们令 $X_s = f^{-1}(s)$, 根据前提条件, 环 $\mathscr{O}_{X_s,x}$ 是 Cohen-Macaulay 的, 设 $(t_i)_{1 \leqslant i \leqslant n}$ 是该环的一个参数系, 则它是正则序列 ($\mathbf{0}$, 16.5.7). 我们可以找到 x 在 X 中的一个开邻域 U 以及 $\mathscr{O}_X$ 在 U 上的一组截面 h_i $(1 \leqslant i \leqslant n)$, 使得 t_i 恰好是 $(h_i)_x$ 在 $\mathscr{O}_{X,x}$

的商环 $\mathscr{O}_{X_s,x}$ 中的典范像. 设 $\mathscr{J}$ 是 $\mathscr{O}_U$ 的由这些 h_i 所生成的理想层, 并取 Y 是 U 的那个由 $\mathscr{J}$ 所定义的闭子概形. 总可以假设 $f|_U$ 是局部有限呈示的, 从而根据 Y 的定义, g 也是如此, 于是由 (11.3.8) 中 c) 和 a) 的等价性知, 序列 $((h_i)_x)$ 在 $\mathscr{O}_{X,x}$ 中是正则的, 并且 $\mathscr{O}_{Y,x}$ 在 $\mathscr{O}_{S,s}$ 上是平坦的, 从而依照 (11.3.1), f 和 g 在 x 的某个邻域上都是平坦的, 并且由 (19.2.4) 知, j 是一个相对于 S 横截正则的浸入 (必要时把 Y 换成 $Y \cap V$, 其中 V 是 x 在 X 中的某个开邻域). 这就证明了 (i), 并且我们看到, 可以假设 $g: Y \to S$ 是一个平坦态射. 根据构造方法, $\mathscr{O}_{Y_s,x}$ (它等于 $\mathscr{O}_{X_s,x}$ 除以这些 t_i 所生成的理想后的商环) 是一个 Artin 环 (**0**, 16.3.6), 故知 x 是 Y_s 的极大点. 最后, 由于这个 Artin 环 $\mathscr{O}_{Y_s,x}$ 总是一个 Cohen-Macaulay 环 (**0**, 16.5.1), 从而依照 (12.1.7, (iii)), 必要时把 Y 换成它与 x 在 X 中的某个开邻域的交集, 我们可以假设 g 是一个 Cohen-Macaulay 态射.

特别地, 这就再次证明了若一个态射 $f: X \to S$ 和一点 $x \in X_s$ 满足条件: “x 在 X_s 中是闭的, f 在 x 处是平坦的, 并且 $\mathscr{O}_{X_s,x}$ 是一个 Cohen-Macaulay 局部环”, 则它有一个平坦“拟截面” (17.16.1), 进而我们看到, 浸入 $Y \to X$ 相对于 S 是横截正则的. 最后这个性质对于 (17.16.3, (i)) 中所定义的平展拟截面也是成立的.

19.3 平截态射

定义 (19.3.1) — *设 A 是一个Noether 局部环. 所谓 A 是***全截***局部环 (为了避免出现误解, 也可以称之为***绝对***全截局部环)* [①]*, 是指它的完备化 $\widehat{A}$ 同构于某个***正则***完备Noether 局部环 B 除以它的某个***正则***理想 (即 (16.9.7) 由 B 中的一个正则序列所生成的理想) 后的商环.*

正则局部环都是全截局部环.

所谓一个局部 Noether 概形 X 在点 x 处是 (绝对) 全截的, 是指环 $\mathscr{O}_{X,x}$ 是一个全截局部环.

命题 (19.3.2) — *设 B 是一个正则Noether 局部环, $\mathfrak{I}$ 是 B 的一个理想. 则为了使 $A = B/\mathfrak{I}$ 是全截局部环, 必须且只需理想 $\mathfrak{I}$ 是正则的 (即 (16.9.7) 它是由 B 中的一个正则序列所生成的).*

我们可以把 $\widehat{A}$ 写成 $\widehat{B}/\mathfrak{I}\widehat{B}$ 的形状, 且由于 $\widehat{B}$ 是一个忠实平坦 B 模, 并且 B 是 Noether 环, 故为了使 $\mathfrak{I}\widehat{B}$ 是正则的, 必须且只需 $\mathfrak{I}$ 是如此 (19.1.5, (ii)). 这就一方面证明了条件的充分性 (依照 (**0**, 17.1.5)) , 另一方面也表明, 为了证明条件的必要性, 可以限于考虑 A 和 B 都是完备环的情形. 此时根据前提条件, 我们有一个正则完备 Noether 局部环 B', 使得 A 可以同构于 $B'/\mathfrak{I}'$, 其中 $\mathfrak{I}'$ 是 B' 的一个正则理想. 现在

①译注: “全截”是“完全交截”的简称.

来考虑两个满同态 $B \to A$, $B' \to A$ 的纤维积 $B \times_A B' = B''$ ($\mathbf{0}$, 18.1.2), 我们首先证明下面的引理:

引理 (19.3.2.1) — 设 A, E, F 是三个环, $f: E \to A$, $g: F \to A$ 是两个同态, 我们令 $G = E \times_A F$ ($\mathbf{0}$, 18.1.2).

(i) 若 f 是满的, 并且 E 和 F 都是Noether 环, 则 G 也是如此.

(ii) 若 A, E 和 F 都是局部环, 并且 f 和 g 都是局部同态, 则 G 是局部环, 并且典范同态 $G \to E$, $G \to F$ 都是局部同态.

(iii) 设 (i) 和 (ii) 的条件都得到满足, 于是若 g 是满的, 并且 E 和 F 都是完备Noether 局部环, 则 G 也是如此.

(i) 有见于 ($\mathbf{0}$, 18.1.3 和 18.1.5), G 是 F 上的一个增殖 A 环, 并且它的增殖理想 $\mathfrak{I}'$ 可以典范等同于 f 的核 $\mathfrak{I}$, 同时 $\mathfrak{I}'$ 上的 G 模结构可以等同于 $\mathfrak{I}$ 上的 E 模结构 (通过典范同态 $G \to E$). 若 $\mathfrak{a}$ 是 G 的任意理想, 则 $\mathfrak{a}/(\mathfrak{a} \cap \mathfrak{I}')$ 同构于 $(\mathfrak{a} + \mathfrak{I}')/\mathfrak{I}'$, 从而同构于 F 的一个理想, 因而就是有限型的, 另一方面, $\mathfrak{a} \cap \mathfrak{I}'$ 同构于 E 的一个包含在 $\mathfrak{I}$ 中的理想, 从而也是有限型的, 这就证明了 $\mathfrak{a}$ 是有限的, 从而 G 是 Noether 的.

(ii) 设 $\mathfrak{r}$, $\mathfrak{s}$ 分别是 E 和 F 的极大理想, 则集合 $\mathfrak{m} = \mathfrak{r} \times_A \mathfrak{s}$ 显然是 G 的一个理想, 因为它是 $\mathfrak{r}$ 在投影 $G \to E$ 下的逆像, 也是 $\mathfrak{s}$ 在投影 $G \to F$ 下的逆像. 由此立即得知, $\mathfrak{m}$ 中的元素在 G 中都不是可逆的. 另一方面, 若 $(x, y) \notin \mathfrak{m}$, 并假设比如说 $x \notin \mathfrak{r}$, 则 $f(x)$ 没有落在 A 的极大理想中, 从而我们也有 $y \notin \mathfrak{s}$ (因为 $g(y) = f(x)$, 并且 g 是局部同态), 由此就得知, x 和 y 都是可逆的, 从而 (x, y) 也是可逆的, 这就证明了 (ii).

(iii) $\mathfrak{m}$ 在满同态 $G \to E$ 下的像是 E 的极大理想 $\mathfrak{r}$, 从而 $\mathfrak{m}^n \cap \mathfrak{I}'$ 的像是 $\mathfrak{r}^n \cap \mathfrak{I}$, 且由于 $\mathfrak{I}$ 在 E 的 $\mathfrak{r}$ 预进拓扑所诱导的拓扑下是闭的 (从而是完备的) ($\mathbf{0_I}$, 7.3.5), 故知 $\mathfrak{I}'$ 在 G 的 $\mathfrak{m}$ 预进拓扑所诱导的拓扑下是完备的. 另一方面, $G/\mathfrak{I}'$ (带有 $\mathfrak{m}$ 预进拓扑) 同构于 F (带有 $\mathfrak{s}$ 预进拓扑), 从而它在 G 的 $\mathfrak{m}$ 预进拓扑的商拓扑下是完备的. 由此立即得知, G 在 $\mathfrak{m}$ 预进拓扑下是完备的.

在这个引理的基础上, 现在由 Cohen 定理 ($\mathbf{0}$, 19.8.8) 知, B'' 同构于某个正则完备 Noether 局部环 C 的商环. 于是由 (19.1.2) 知, 浸入 $\operatorname{Spec} B' \to \operatorname{Spec} C$ 是正则的, 前提条件表明浸入 $\operatorname{Spec} A \to \operatorname{Spec} B'$ 也是正则的, 从而由 (19.1.5, (iii)) 就得知, 浸入 $\operatorname{Spec} A \to \operatorname{Spec} C$ 是正则的, 然而这个浸入还可以写成合成 $\operatorname{Spec} A \to \operatorname{Spec} B \to \operatorname{Spec} C$. 现在由于 B 是正则的 (前提条件), 故知浸入 $\operatorname{Spec} B \to \operatorname{Spec} C$ 是正则的 (19.1.2), 从而根据 (19.1.5, (iv)), 浸入 $\operatorname{Spec} A \to \operatorname{Spec} B$ 也是正则的.

推论 (19.3.3) — 设 X 是一个局部Noether 概形, 并且是局部良栖的. 则由那些使 X 全截的点所组成的集合在 X 中是开的, 并且包含了 X 的正则点集合.

事实上, 可以限于考虑 $X = \operatorname{Spec}(B/\mathfrak{J})$ 的情形, 其中 B 是一个正则环, $\mathfrak{J}$ 是 B 的一个理想. 则由那些包含 $\mathfrak{p} \supseteq \mathfrak{J}$ 并使得 $\mathfrak{J}_{\mathfrak{p}}$ 在 $B_{\mathfrak{p}}$ 中正则的点 $\mathfrak{p} \in \operatorname{Spec} B$ 所组成的集合是开的 (16.9.5), 并且依照 (19.3.2), 这就是那些使得 X 全截的点的集合.

推论 (19.3.4) — *设 k 是一个域, X 是一个局部有限型 k 概形, k' 是 k 的一个扩张, $X' = X \times_k k'$. 设 x' 是 X' 的一点, x 是它在 X 中的投影. 则为了使 X 在点 x 处是全截的, 必须且只需 X' 在点 x' 处是全截的.*

问题在 X 上是局部性的, 故可假设 $X = \operatorname{Spec} A$, 其中 A 是一个有限型 k 代数, 从而是某个多项式代数 $k[T_1, \cdots, T_n]$ 的商代数, 这样一来 X 就是正则概形 $Y = \operatorname{Spec} k[T_1, \cdots, T_n]$ ($\mathbf{0}$, 17.3.7) 的闭子概形. 我们令 $Y' = Y \otimes_k k' = \operatorname{Spec} k'[T_1, \cdots, T_n]$, 则 Y' 也是一个正则概形. 现在由于 $\operatorname{Spec} k'$ 在 $\operatorname{Spec} k$ 上是忠实平坦的, 故由 (19.1.5, (ii)) 知, 为了使浸入 $Y \to X$ 在点 x 处是正则的, 必须且只需浸入 $Y' \to X'$ 在点 x' 处是正则的 (因为这里出现的都是 Noether 概形). 从而由判别法 (19.3.2) 就可以推出结论.

推论 (19.3.5) — *设 A, C 是两个Noether 局部环, $\rho : A \to C$ 是一个局部同态, $B = C/\mathfrak{J}$ 是 C 的一个商环, k 是 A 的剩余类域. 假设 ρ 使 C 成为一个平坦 A 模, 并且环 $C \otimes_A k$ 是正则的. 则以下诸条件是等价的:*

a) 理想 $\mathfrak{J}$ 相对于 A 是横截正则的.

b) B 是一个平坦 A 模, 并且 $B \otimes_A k$ 是一个全截局部环.

依照 (19.2.4), 条件 a) 就等价于 B 是平坦 A 模并且 $\mathfrak{J} \otimes_A k$ (可以把它等同于 $C \otimes_A k$ 的一个理想, 这是基于 B 在 A 上的平坦性条件 ($\mathbf{0_I}$, 6.1.2)) 在环 $C \otimes_A k$ 中是正则的. 由于环 $C \otimes_A k$ 是正则的, 故依照 (19.3.2), 这也相当于 (当 B 是平坦 A 模时) $\mathfrak{J} \otimes_A k$ 是 $C \otimes_A k$ 的一个正则理想, 或等价地, $B \otimes_A k = (C \otimes_A k)/(\mathfrak{J} \otimes_A k)$ 是一个全截局部环, 故得结论.

定义 (19.3.6) — *设 $f : X \to S$ 是一个***窄平坦***态射. 所谓 X 在点 x 近旁***相对于 S 是平截的***, 是指纤维 $f^{-1}(f(x))$ 在点 x 处是全截的. 所谓 X 相对于 S 是平截的, 或者说态射 f 是一个平截态射, 是指 X 在它的所有点近旁相对于 S 都是平截的.*

命题 (19.3.7) — *设 $g : X \to S$, $h : Y \to S$ 是两个窄平坦态射, $f : Y \to X$ 是一个 S 浸入, y 是 Y 的一点, $x = f(y)$, $s = g(x) = h(y)$. 假设纤维 $X_s = g^{-1}(s)$ 在点 x 处是正则的. 则为了使 f 在点 y 近旁是横截正则的, 必须且只需 Y 在点 y 近旁相对于 S 是平截的.*

依照 (19.2.4), f 在点 y 近旁是横截正则的就等价于 $f_s : Y_x \to X_s$ 是一个在点 y 近旁正则的浸入. 然而 X_s 在点 $x = f(y)$ 处是正则的, 故依照 (19.3.2), 这也等价于 Y_s 在点 y 处是全截的, 故得结论.

推论 (19.3.8) — 设 $f: X \to S$ 是一个窄平坦态射. 则由 X 的那些相对于 S 平截的点 $x \in X$ 所组成的集合在 X 中是开的. 进而若 f 是紧合的, 则由那些使得 $X_s = f^{-1}(s)$ 在它的每一点处都全截的点 $s \in S$ 所组成的集合 E 是 S 的一个开集.

由于 $E = Y \smallsetminus f(X \smallsetminus U)$, 故第二句话可由第一句话和 f 是闭映射的事实推出. 由于第一句话在 X 上是局部性的, 从而我们可以假设 X 是某个形如 $Z = S[T_1, \cdots, T_n]$ (其中 T_i 是未定元) 的概形的闭子概形. 这个 Z 在 S 上是平滑的 (17.3.8), 故它的纤维 Z_s 都是正则的, 从而依照 (19.3.7), $x \in U$ 就等价于浸入 $X \to Z$ 在点 x 近旁是横截正则的, 于是由 (19.2.2) 就可以推出结论.

命题 (19.3.9) — (i) 开浸入都是平截态射.

(ii) 设 $f: X \to S$ 是一个平截态射. 则对任意基变换 $g: S' \to S$, $f' = f_{(S')}: X_{(S')} \to S'$ 都是平截态射. 若 g 是拟紧忠实平坦的, 则逆命题也成立.

(iii) 若 $f: X \to Y$ 和 $g: Y \to Z$ 是两个平截态射, 则 $g \circ f: X \to Z$ 也是如此.

(i) 可由定义 (19.3.1) 立得. 为了证明 (ii), 我们首先注意到若 f 是窄平坦的, 则 f' 也是如此 (2.1.4), 并且当 g 是忠实平坦态射时, 逆命题也是对的 ((2.5.1) 和 (2.7.1)), 进而对任意 $s' \in S'$ 和 $s = g(s')$, $f^{-1}(s)$ 是全截的就等价于 ${f'}^{-1}(s')$ 是全截的 (19.3.4), 故得 (ii), 因为从 g 是忠实平坦的就可以推出它是映满的.

最后, 在 (iii) 的前提条件下, $g \circ f$ 是窄平坦的, 从而根据定义 (19.3.6), 问题归结到 Z 是域的谱的情形, 且此时只需证明局部环 $\mathscr{O}_{X,x}$ 都是全截的即可, 这件事包含在下面这个更一般的结果之中:

推论 (19.3.10) — 设 $f: X \to S$ 是一个平截态射, x 是 X 的一点, $s = f(x)$. 若 $\mathscr{O}_{S,s}$ 是全截Noether 局部环, 则 $\mathscr{O}_{X,x}$ 也是如此.

显然可以限于考虑 $S = \operatorname{Spec} A$ 且 $A = \mathscr{O}_{S,s}$ 的情形. 我们进而来说明, 可以限于考虑局部环 A 是完备环的情形. 事实上, 我们令 $A' = \widehat{A}$, $X' = X \otimes_A A'$, 并设 s' 是 $S' = \operatorname{Spec} A'$ 的唯一闭点, 它也是 S' 的唯一一个位于 s 之上的点, 若 $f' = f_{(S')}: X' \to S'$, 则纤维 ${f'}^{-1}(s')$ 可以典范同构于 $f^{-1}(s)$, 因为 A 和 A' 具有相同的剩余类域 (**I**, 3.6.4), 从而只有唯一一点 $x' \in X'$ 同时位于 x 和 s' 之上, 因而我们有 $\mathscr{O}_{X',x'} = \mathscr{O}_{X,x} \otimes_A A'$. 由此就得知, 局部环 $\mathscr{O}_{X,x}$ 和 $\mathscr{O}_{X',x'}$ 的完备化是同构的, 因为一般来说, 若 E 是一个局部环并且是一个 A 代数 (同态 $A \to E$ 也是局部同态), 则环 $E \otimes_A \widehat{A}$ 在张量积拓扑下的分离完备化 $(E \otimes_A \widehat{A})^\wedge$ 就同构于 $\widehat{E} \otimes_{\widehat{A}} \widehat{A} \simeq \widehat{E}$ 的分离完备化, 从而同构于 E 的分离完备化 $\widehat{E}$ ($\mathbf{0_I}$, 7.7.1). 从而依照定义 (19.3.1), $\mathscr{O}_{X,x}$ 是全截局部环就等价于 $\mathscr{O}_{X',x'}$ 是全截局部环.

现在我们就假设 A 是完备的, 可以进而假设 $X = \operatorname{Spec} B$, 其中 B 是某个多项式代数 $C = A[T_1, \cdots, T_r]$ 的商代数. 由于域上的多项式环都是正则的 (**0**, 17.3.7), 故由

(19.3.7) 知, 我们可以假设浸入 $X \to Z = \operatorname{Spec} C$ 相对于 S 是横截正则的, 从而可以假设 $B = C/\mathfrak{I}$, 其中 $\mathfrak{I}$ 是由 C 中的一个正则序列 $(g_i)_{1\leqslant i\leqslant n}$ 所生成的. 另一方面, 由于 A 是完备的, 故根据前提条件, 可以把它写成 $A'/\mathfrak{K}$ 的形状, 其中 A' 是一个正则局部环, $\mathfrak{K}$ 是 A' 的一个理想 (**0**, 19.8.8), 而且 A 是全截局部环的条件又表明, $\mathfrak{K}$ 是由一个正则序列 $(f_j)_{1\leqslant j\leqslant m}$ 所生成的 (19.3.2). 在多项式环 $C' = A'[T_1, \cdots, T_r]$ 中, 这些元素 f_j $(1 \leqslant j \leqslant m)$ 仍然构成一个正则序列, 并且生成了理想 $\mathfrak{K}' = \mathfrak{K}[T_1, \cdots, T_r]$ (**0**, 15.1.4), 由于 $C'/\mathfrak{K}' = C$, 故我们看到, 若对每个 i 来说, g'_i 都是 C' 的一个在 C 中的像等于 g_i 的元素, 则由这些 f_j $(1 \leqslant j \leqslant m)$ 和这些 g'_i $(1 \leqslant i \leqslant n)$ 所组成的序列在 C' 中是正则的, 若 $\mathfrak{I}'$ 是这些元素在 C' 中生成的理想, 则有 $B = C'/\mathfrak{I}'$, 从而由 (19.3.2) 就可以推出结论 (因为 C' 是一个正则环 (**0**, 17.3.7)).

19.4 应用: 暴涨概形的正则性和平滑性的判别法

(19.4.1) 设 X 是一个概形, Y 是 X 的一个闭子概形, 由 $\mathscr{O}_X$ 的一个拟凝聚理想层 $\mathscr{J}$ 所定义. 还记得 (**II**, 8.1.3) 沿着 Y 暴涨而得的 X 概形 X' 就是指概形

$$X' = \operatorname{Proj} \mathscr{S}, \quad 其中 \quad \mathscr{S} = \bigoplus_{n\geqslant 0} \mathscr{J}^n.$$

若 $\mathscr{J}$ 是有限型的, 则结构态射 $f : X' \to X$ 是射影的. 不需要对 $\mathscr{J}$ 引入任何假设, X' 的闭子概形

$$Y' = f^{-1}(Y)$$

都是由 $\mathscr{O}_{X'}$ 的拟凝聚理想层 $\mathscr{J}\mathscr{O}_{X'}$ (它典范同构于 $\mathscr{O}_{X'}(1)$) 所定义的, 更确切地说, 我们有一个正合序列

$$0 \longrightarrow \mathscr{O}_{X'}(1) \xrightarrow{\widetilde{u}_0} \mathscr{O}_{X'} \longrightarrow \mathscr{O}_{Y'} \longrightarrow 0, \tag{19.4.1.1}$$

而 $\mathscr{J}\mathscr{O}_{X'}$ 就是 $\widetilde{u}_0$ 的像 (**II**, 8.1.7 和 8.1.8). 由于在 X' 的每一点的适当邻域上, $\mathscr{O}_{X'}$ 模层 $\mathscr{O}_{X'}(1)$ 都是 1 秩自由的, 故知 $\mathscr{J}\mathscr{O}_{X'}$ 在这个邻域上可由 $\mathscr{O}_{X'}$ 的一个可逆截面所生成. 因而 $\mathscr{J}\mathscr{O}_{X'}/\mathscr{J}^2\mathscr{O}_{X'}$ 是一个 1 秩自由 $\mathscr{O}_{X'}/\mathscr{J}\mathscr{O}_{X'}$ 模层. 这就证明了下述引理的第一部分:

引理 (19.4.2) — *典范浸入 $Y' \to X'$ 是正则的, 余维数是 1, 并且 Y' 可以典范同构于 Y 概形 $\operatorname{Proj}(\operatorname{gr}^\bullet_{\mathscr{J}}(\mathscr{O}_X))$.*

把 (**II**, 3.5.3) 应用到典范含入 $Y \to X$ 上, 并利用 $\mathscr{S} \otimes_{\mathscr{O}_X} \mathscr{O}_Y = \operatorname{gr}^\bullet_{\mathscr{J}}(\mathscr{O}_X)$ (这来自定义) 就可以推出第二句话, 因为 $\mathscr{O}_Y$ 同构于 $\mathscr{O}_X/\mathscr{J}$ 并且 $\mathscr{J}^n \otimes_{\mathscr{O}_X} (\mathscr{O}_X/\mathscr{J})$ 同构于 $\mathscr{J}^n/\mathscr{J}^{n+1}$.

推论 (19.4.3) — *若典范浸入 $Y \to X$ 是拟正则的, 则态射 f 的限制 $g : Y' \to Y$ 是平滑的.*

事实上, 此时 $\mathscr{N}_{Y/X} = \mathscr{J}/\mathscr{J}^2$ 是一个有限秩的局部自由 $\mathscr{O}_Y$ 模层, 并且 $\mathrm{gr}^{\bullet}_{\mathscr{J}}(\mathscr{O}_X)$ 同构于 $\mathbf{S}^{\bullet}_{\mathscr{O}_Y}(\mathscr{N}_{Y/X})$ (16.9.8), 这表明 Y' 与 $\mathbf{P}(\mathscr{N}_{Y/X})$ 是 Y 同构的, 从而它在 Y 上是平滑的 (17.3.9).

我们将在后面 (第五章) 证明, 如果浸入 $Y \to X$ "只有常规奇异点", 那么 g 仍然是平滑的.

命题 (19.4.4) — *在 (19.4.1) 的记号下, 假设 X 是局部Noether 的, 并且 f 的限制态射 $g: Y' \to Y$ 是平滑的. 设 x' 是 Y' 的一点, $x = g(x')$. 则为了使 Y 在点 x 近旁是平滑的, 必须且只需 Y' 在点 x' 近旁是平滑的, 并且在这种情况下, X' 在点 x' 处是正则的.*

第一句话缘自 (17.5.8), 第二句话则缘自 (19.1.1) 和 (19.4.2).

推论 (19.4.5) — *在 (19.4.4) 的一般条件下, 我们再假设 Y 在点 x 处是正则的. 则对于 x 在 X 中的任何没有落在 Y 中的一般化 x_1, X 在点 x_1 处都是正则的. 若 $\mathrm{Reg}(X)$ 是开的 ((6.12), 比如 X 是优等的 (7.8.6, (iii))), 并且 Y 是正则的, 则可以找到 Y 在 X 中的一个开邻域 U, 使得 X 在 $U \smallsetminus Y$ 的所有点处都是正则的.*

为了证明第一句话, 可以限于考虑 X 是一个以 x 为闭点的局部概形的情形, 此时前提条件表明, Y 是正则的 (**0**, 17.3.2), 从而 Y' 也是如此 (19.4.4). 现在我们注意到态射 $f: X' \to X$ 是射影的, 从而是紧合的, 故由 (**II**, 7.2.1) 知, 若 x_1' 是 X' 的那个唯一的位于 x_1 之上的点 (**II**, 8.1.3), 则 x_1' 有一个特殊化落在 Y' 中, 现在把 (19.4.4) 应用到它上面, 并利用 (**0**, 17.3.2), 就得知 X' 在点 x_1' 处是正则的, 从而 X 在点 x_1 处是正则的, 因为 $X' \smallsetminus Y'$ 同构于 $X \smallsetminus Y$ (**II**, 8.1.3). 若 Y 是正则的, 则 $X \smallsetminus Y$ 中的一个点只要是 Y 中某个点的一般化, 就一定落在 $\mathrm{Reg}(X)$ 中, 若 $\mathrm{Reg}(X)$ 是开的, 则 $U = Y \cup \mathrm{Reg}(X)$ 是局部可构的, 并且在一般化下是稳定的, 从而是开的 ($\mathbf{0_{III}}$, 9.2.5), 它就是我们要找的开邻域.

命题 (19.4.6) — *设 $g: X \to S$ 是一个态射, Y 是 X 的一个闭子概形, 由拟凝聚理想层 $\mathscr{J}$ 所定义, X' 是沿着 Y 的暴涨 X 概形, Y' 是 Y 在 X' 中的逆像.*

(i) 以下诸条件是等价的:

a) $\mathrm{gr}^{\bullet}_{\mathscr{J}}(\mathscr{O}_X)$ 是一个 g 平坦的 $\mathscr{O}_X$ 代数层.

b) 对任意 $n \geqslant 0$, $\mathscr{O}_X$ 模层 $\mathscr{O}_X/\mathscr{J}^{n+1}$ 都是 g 平坦的 (换句话说, *Y 在 X 中的 n 阶无穷小邻域 $Y^{(n)}$* (16.1.2) *是 S 平坦的*).

c) 对任意基变换 $S_1 \to S$ 和任意整数 $n \geqslant 1$, 我们令 $X_1 = X \times_S S_1$, 则典范同态 $\mathscr{J}^n \otimes_{\mathscr{O}_S} \mathscr{O}_{S_1} \to \mathscr{J}^n \mathscr{O}_{X_1}$ 都是一一的.

当这些条件都成立时, Y' 是 S 平坦的, 并且对任意基变换 $S_1 \to S$, 若 Y_1 是 Y 在 X_1 中的逆像, 则 X_1 沿着 Y_1 的暴涨 X_1 概形 X_1' 可以典范同构于 $X' \times_S S_1$.

(ii) 假设 (i) 中的等价条件都得到满足, 再假设态射 $X \to S$ 和 $Y \to S$ 都是局

部有限呈示的. 则 $\mathscr{S} = \bigoplus_{n\geqslant 0} \mathscr{J}^n$ 是一个有限呈示 $\mathscr{O}_X$ 代数层, 态射 $X' \to X$ 是有限呈示的, 典范浸入 $Y' \to X'$ 相对于 S 是横截正则的, 余维数等于 1, 并且由 X (切转: X') 的那些 S 平坦的点所组成的集合是 Y (切转: Y') 的一个邻域.

(i) a) 和 b) 的等价性可由 ($\mathbf{0_I}$, 6.1.2) 立得, 为了证明 b) 和 c) 的等价性, 可以限于考虑 $S = \operatorname{Spec} A$ 和 $X = \operatorname{Spec} B$ 都是仿射概形的情形, 此时 $\mathscr{J} = \widetilde{\mathfrak{J}}$, 其中 $\mathfrak{J}$ 是 B 的一个理想, 由 Tor 的长正合序列得知, 条件 c) 表明, 对任意整数 $n \geqslant 0$ 和任意 A 代数 A', 均有 $\operatorname{Tor}_1^A(B/\mathfrak{J}^{n+1}, A') = 0$, 现在取 A' 是直和代数 $A \oplus M$, 其中 M 是任意 A 模, 并且乘法的定义就是 $(a, m)(a', m') = (aa', am' + a'm)$, 则我们看到上述条件等价于 $\operatorname{Tor}_1^A(B/\mathfrak{J}^{n+1}, M) = 0$, 从而等价于 $B/\mathfrak{J}^{n+1}$ 是平坦 A 模这件事. 现在令 $\mathscr{J}_1 = \mathscr{J} \otimes_{\mathscr{O}_S} \mathscr{O}_{S_1}$, 则有 $\bigoplus_{n\geqslant 0} \mathscr{J}_1^n = \big(\bigoplus_{n\geqslant 0} \mathscr{J}^n\big) \otimes_{\mathscr{O}_S} \mathscr{O}_{S_1}$, 由此立得与暴涨概形 X_1' 有关的结论. 最后, 为了证明 Y' 是 S 平坦的, 仍然可以限于考虑 S 和 X 都是仿射概形的情形, 我们令 $C = \operatorname{gr}^\bullet_{\mathfrak{J}}(B)$, 则依照 (19.4.2) 和 (**II**, 2.3.6), Y' 的任何点都有这样一个仿射开邻域, 它的环具有 $C_{(t)}$ 的形状, 其中 t 是 C 的一个 1 次齐次元, 根据前提条件, C 是一个平坦 A 模, 故它的分式环 C_t 以及 C_t (作为分次 A 模) 的 0 次分量 $C_{(t)}$ 也都是如此, 这就证明了上述阐言.

(ii) 仍然可以限于考虑 S 和 X 都是仿射概形的情形, 从而 B 是一个有限呈示 A 代数, $\mathfrak{J}$ 是 B 的一个有限型理想. 依照 (8.9.1), (8.6.3) 和 (11.2.9), 可以找到 A 的一个 Noether 子环 A_0 和一个有限型 A_0 代数 B_0 以及 B_0 的一个理想 $\mathfrak{J}_0$, 使得 $B = B_0 \otimes_{A_0} A$, $\mathfrak{J} = \mathfrak{J}_0 B$, 并且 $\operatorname{gr}^\bullet_{\mathfrak{J}_0}(B_0)$ 是一个平坦 A_0 模, 进而 $\operatorname{gr}^\bullet_{\mathfrak{J}}(B) = \operatorname{gr}^\bullet_{\mathfrak{J}_0}(B_0) \otimes_{A_0} A$. 于是依照 (i), 我们有 $\bigoplus_{n\geqslant 0} \mathfrak{J}^n = \big(\bigoplus_{n\geqslant 0} \mathfrak{J}_0^n\big) \otimes_{A_0} A = \big(\bigoplus_{n\geqslant 0} \mathfrak{J}_0^n\big) \otimes_{B_0} B$, 由于 $\bigoplus_{n\geqslant 0} \mathfrak{J}_0^n$ 是一个由 B_0 的有限型理想 $\mathfrak{J}_0$ 所生成的 B_0 代数, 从而它是一个有限型 B_0 代数, 因而是有限呈示的 (因为 B_0 是 Noether 环) , 由此就得知, $\bigoplus_{n\geqslant 0} \mathfrak{J}^n$ 是一个有限呈示 B 代数. 同样地, 态射 $\operatorname{Proj}\big(\bigoplus_{n\geqslant 0} \mathfrak{J}_0^n\big) \to \operatorname{Spec} B_0$ 是有限型的 (**II**, 2.7.1), 因而是有限呈示的, 从而态射 $X' \to X$ (它是由上述态射通过基变换而导出的) 是有限呈示的. 我们已经知道 (19.4.2) 典范浸入 $Y' \to X'$ 是正则的, 又因为 Y' 是 S 平坦的, 故可像 (i) 那样由 (19.2.4) 推出, 浸入 $Y' \to X'$ 相对于 S 是横截正则的, 并且 X' 在 Y' 的所有点处都是 S 平坦的, 从而 (11.3.1) 在 Y' 的某个开邻域上也是如此. 另一方面, 根据 (11.3.4), 由 $\operatorname{gr}^\bullet_{\mathscr{J}}(\mathscr{O}_X)$ 是 S 平坦的 $\mathscr{O}_X$ 代数层这个事实可以得出, X 在 Y 的所有点处都是 S 平坦的, 从而 (11.3.1) 在 Y 的某个邻域上也是如此.

推论 (19.4.7) — 设 $g : X \to S$ 是一个局部有限呈示态射, Y 是 X 的一个闭子概形, 并使得合成态射 $Y \to X \to S$ 也是局部有限呈示的. 进而假设 Y 是 S 平坦的, 并且 $\mathscr{O}_X$ 沿着 Y 是法向平坦的 (11.3.4). 则 (在 (19.4.1) 的记号下) 态射 $X' \to X$ 是有限呈示的, 典范浸入 $Y' \to X'$ 相对于 S 是横截正则的, 余维数等于 1, Y' 是 Y 平

坦的 (从而也是 S 平坦的), 并且由 X (切转: X') 的那些 S 平坦的点所组成的集合是 Y (切转: Y') 的一个邻域.

事实上, 根据前提条件, $\mathrm{gr}^\bullet_{\mathscr{J}}(\mathscr{O}_X)$ 是一个平坦 $\mathscr{O}_X/\mathscr{J}$ 模层, 从而是 S 平坦的, 因为 Y 是 S 平坦的. 于是我们可以应用 (19.4.6, (i) 和 (ii)) 的结果. 由于 Y' 与 $\mathrm{Proj}(\mathrm{gr}^\bullet_{\mathscr{J}}(\mathscr{O}_X))$ 是 Y 同构的 (19.4.2), 故使用 (19.4.6) 中的方法就能证明, Y' 是 Y 平坦的.

命题 (19.4.8) — *假设 (19.4.7) 中的条件得到满足, 进而假设态射 $Y' \to Y$ 是平滑的. 设 x' 是 Y' 的一点, x 是它在 Y 中的像. 则为了使 Y 在点 x 近旁是在 S 上平滑的, 必须且只需 Y' 在点 x' 近旁是在 S 上平滑的, 在这样的情况下, X' 在点 x' 近旁也是在 S 上平滑的.*

特别地, 若态射 $X \to S$ 是局部有限呈示的, 并且浸入 $Y \to X$ 相对于 S 是横截正则的, 则上述结论都成立.

有见于暴涨概形与基变换的相容性 (19.4.6, (i)) 以及 (17.5.1) 和 (17.7.1), 只需考虑 S 是某个代数闭域的谱的情形. 但此时一个局部有限型 S 概形在一点近旁是在 S 上平滑的就等价于它在该点处是正则的 (17.15.1), 从而由 (19.4.4) 就可以推出结论.

如果 $X \to S$ 是局部有限呈示的, 并且典范浸入 $Y \to X$ 是拟正则的, 那么根据定义, 这个浸入就是有限呈示的 (因为定义 Y 的那个理想层是有限型的), 从而合成态射 $Y \to X \to S$ 是局部有限呈示的. 在 (19.4.3) 中我们已经看到, 在这些条件下态射 $Y' \to Y$ 是平滑的, 进而, 此时我们知道 $\mathscr{N}_{Y/X}$ 是一个局部自由 $\mathscr{O}_Y$ 模层, 并且 $\mathrm{gr}^\bullet_{\mathscr{J}}(\mathscr{O}_X)$ 同构于 $\mathbf{S}^\bullet_{\mathscr{O}_Y}(\mathscr{N}_{Y/X})$, 从而它是一个平坦 $\mathscr{O}_Y$ 模层. 于是 (19.4.7) 的前提条件都得到了满足, 故我们可以应用 (19.4.8) 的结果.

推论 (19.4.9) — *在 (19.4.8) 的一般条件下, 进而假设 Y 在点 x 近旁是在 S 上平滑的. 则对于 x 在 X 中的任何一个没有落在 Y 中的一般点 x_1, X 在点 x_1 近旁都是在 S 上平滑的. 若 Y 在 S 上是平滑的, 则可以找到 Y 在 X 中的一个开邻域 U, 使得 X 在 $U \smallsetminus Y$ 的所有点近旁都是在 S 上平滑的.*

为了证明第一句话, 可以限于考虑 X 是一个以 x 为闭点的局部概形的情形, 此时前提条件表明, Y 在 S 上是平滑的, 因为 Y 的闭点在 Y 中的任何邻域都必然等于 Y 本身, 现在只要使用 (19.4.5) 的证明方法, 并利用"X' 在 S 上的平滑点的集合在 X' 中是开的"这个事实, 就可以推出结论. 为了证明第二句话, 可以限于考虑 S 是 Noether 概形并且 X 在 S 上是有限型的这个情形 (借助 (8.9.1), (8.6.3), (11.2.9) 和 (17.7.6)), 此时只要使用 (19.4.5) 的证明方法, 并注意到"X 在 S 上的平滑点的集合在 X 中是开的"这个事实, 就可以推出结论.

注解 (19.4.10) — 在 (19.4.6, (ii)) 中, 我们把"X 和 Y 在 S 上是局部有限呈示的"这个条件换成"S 和 X (从而 Y) 都是局部*Noether* 的". 则显然 $\bigoplus_{n\geqslant 0}\mathscr{J}^n$ 是一个有限型 $\mathscr{O}_X$ 代数层, 并且态射 $X'\to X$ 是有限型的, 再应用局部 Noether 概形情形下的 (19.2.4) 就可以得知, 浸入 $Y'\to X'$ 相对于 S 是横截正则的, 并且 X' 在 Y' 的所有点处都是 S 平坦的.

命题 (19.4.11) — 设 X 是一个概形, $\mathscr{E}$ 是一个拟凝聚 $\mathscr{O}_X$ 模层, $u:\mathscr{E}\to\mathscr{O}_X$ 是一个 $\mathscr{O}_X$ 模层同态, $\mathscr{J}=u(\mathscr{E})$ 是 u 的像, 这是 $\mathscr{O}_X$ 的一个拟凝聚理想层, Y 是 X 的那个由 $\mathscr{J}$ 所定义的闭子概形. 设 X' 是沿着 Y 的暴涨 X 概形. 另一方面, 设 $P=\mathbf{P}(\mathscr{E})$ 是 X 上的那个由 $\mathscr{E}$ 所定义的泛射影丛 (**II**, 4.1.1), $p:P\to X$ 是结构态射, $\alpha_1^\sharp:p^*\mathscr{E}\to\mathscr{O}_P(1)$ 是典范同态 (**II**, 4.1.5.1), $\mathscr{H}$ 是它的核, 这给出了一个正合序列

$$0\longrightarrow\mathscr{H}\longrightarrow p^*\mathscr{E}\xrightarrow{\alpha_1^\sharp}\mathscr{O}_P(1)\longrightarrow 0.$$

最后, 设 $\mathscr{K}$ 是由 $p^*(u)$ 的限制 $v:\mathscr{H}\to\mathscr{O}_P$ 的像所给出的 $\mathscr{O}_P$ 的拟凝聚理想层, 并设 Z 是 P 的那个由 $\mathscr{K}$ 所定义的闭子概形.

(i) X' 在那个与分次 $\mathscr{O}_X$ 代数层满同态 $\mathbf{S}_{\mathscr{O}_X}(\mathscr{E})\to\mathbf{S}_{\mathscr{O}_X}(\mathscr{J})\to\bigoplus_{n\geqslant 0}\mathscr{J}^n$ 相对应的闭浸入 $j:X'\to\mathbf{P}(\mathscr{E})$ 下的像就是 Z 的一个闭子概形.

(ii) 若 $\mathscr{E}$ 是 m 秩局部自由 $\mathscr{O}_X$ 模层, 则 $\mathscr{H}$ 是 $m-1$ 秩局部自由 $\mathscr{O}_P$ 模层.

(iii) 假设 X 是局部*Noether* 的, 并且 $\mathscr{E}$ 是有限型且局部自由的, 再假设子概形 Y 是正则的, 并且典范浸入 $i:Y\to X$ 在任意点 $x\in Y$ 近旁都是正则的, 且余维数等于 $\mathrm{rg}_{\mathscr{O}_x}(\mathscr{E}_x)$ (此时我们也说同态 u 在点 x 近旁是正则的 (参考第五章)). 则 X' 在闭浸入 $j:X'\to P$ 下的像就是 P 的闭子概形 Z, 浸入 j 在 $X'\smallsetminus Y'$ (Y' 是 Y 在 X' 中的逆像) 的任何点近旁都是相对于 X 横截正则的, 最后, X' 在 Y' 的任何点 x' 处都是正则的, 并且浸入 j 在 Y' 的任何点 x' 近旁都是正则的, 余维数等于 $\mathrm{rg}_{\mathscr{O}_{P,z}}(\mathscr{H}_z)$, 其中 $z=j(x')$ (换句话说, 同态 $v:\mathscr{H}\to\mathscr{O}_P$ 在 z 近旁是正则的).

所有问题在 X 上都是局部性的, 故可假设 $X=\operatorname{Spec}A$ 是仿射概形且 $\mathscr{E}=\widetilde{E}$, 其中 E 是一个 A 模. 进而为了验证 (i), 可以限于考虑 P 的一个形如 $D_+(t)$ (其中 $t\in E=\mathbf{S}_A^1(E)$) 的仿射开集 (**II**, 2.3.14). 我们令 $S=\mathbf{S}_A(E)$, 则有 $\Gamma(D_+(t),\mathscr{O}_P)=S_{(t)}$ (**II**, 2.4.1), 并且 $p^*\mathscr{E}|_{D_+(t)}=(E\otimes_A S_{(t)})^\sim$. 回顾 $\alpha_1^\sharp$ 的定义 (**II**, 2.6.2.2), 我们看到它把 $E\otimes_A S_{(t)}$ 的元素 $a=\sum_i x^{(i)}\otimes((x_1^{(i)}x_2^{(i)}\cdots x_n^{(i)})/t^n)$ (其中 $x^{(i)}$ 和这些 $x_j^{(i)}$ 都落在 E 中) 对应到 $(S(1))_{(t)}$ 的元素 $\sum_i(x^{(i)}x_1^{(i)}\cdots x_n^{(i)})/t^n$. 现在来证明 (i), 问题是要证明, 若后面这个元素等于 0, 则 $a'=v(a)=\sum_i u(x^{(i)})\otimes(x_1^{(i)}x_2^{(i)}\cdots x_n^{(i)})/t^n$ 在典范同态 $S_{(t)}\to(u(E))_{(t)}^n$ 下的像也是 0 (**II**, 3.6.2). 现在这个像就是环 $A_{u(t)}$ 中的元素 $\sum_i u(x^{(i)})u(x_1^{(i)})\cdots u(x_n^{(i)})/(u(t))^n$, 也就是说, 它是元素 $u(t)$ 和 $\sum_i(x^{(i)}x_1^{(i)}\cdots x_n^{(i)})/t^{n+1}$

在 A 同态 $u: E \to A$ 典范延拓到 $S_{(t)}$ 上的代数同态下的典范像的乘积. 这就证明了 (i).

为了证明 (ii), 注意到我们可以假设 E 是一个 m 秩自由 A 模, 由于 $\alpha_1^\sharp: E\otimes_A S_{(t)} \to (S(1))_{(t)}$ 是满的, 并且 $(S(1))_{(t)}$ 是 1 秩自由 $S_{(t)}$ 模, 故正合序列

$$0 \longrightarrow H_{(t)} \longrightarrow E\otimes_A S_{(t)} \xrightarrow{\alpha_1^\sharp} (S(1))_{(t)} \longrightarrow 0$$

是分裂的, 从而 $H_{(t)}$ 是一个 $m-1$ 秩投射 $S_{(t)}$ 模, 故得 (ii).

为了证明 (iii), 我们首先考虑点 $x \in X \smallsetminus Y$ 处的情况. 此时 $u: \mathscr{E} \to \mathscr{O}_X$ 到 x 的某个邻域上的限制是满的, 从而可以限于考虑 $\mathscr{J} = \mathscr{O}_X$ 的情形, 在这种情况下 X' 可以典范等同于 X. 为了证明 X' 的像给出的那个 P 的闭子概形可以等同于 Z, 可以像前面那样限于考虑 $X = \operatorname{Spec} A$ 是仿射概形并且 $E = A^m$ 的情形, 于是 $S = A[T_0, \cdots, T_{m-1}]$. 进而, 在开头部分的记号下, 可以假设 $u(t) \neq 0$ (因为满足这个条件那些的 $t \in E$ 可以生成对称代数 $\mathbf{S}_A(E)$), 必要时改变一下 E 中的基底, 我们可以假设 $t = T_0$, 并设 $u(T_i) = 0$ $(1 \leqslant i \leqslant m-1)$, 从而 $S_{(t)}$ 可以典范等同于 $A[T_1, \cdots, T_{m-1}]$. 此时 H 中的元素就是 $E\otimes_A A[T_1, \cdots, T_{m-1}]$ 中的那些形如 $\sum\limits_\alpha L_\alpha(\mathbf{T}) \otimes \mathbf{T}^\alpha$ 的元素, 其中这些 $L_\alpha(\mathbf{T}) = \lambda_{\alpha 0} + \lambda_{\alpha 1}T_1 + \cdots + \lambda_{\alpha, m-1}T_{m-1}$ 必须满足 $\sum\limits_\alpha L_\alpha(\mathbf{T})\mathbf{T}^\alpha = 0$ (在 $A[T_1, \cdots, T_{m-1}]$ 中). 如果条件 $\lambda_{00} = 0$ 得到满足, 那么很容易验证, $\lambda_{\alpha 0}$ $(|\alpha| \geqslant 1)$ 的值可以任意取, 此时总可以找到 $\lambda_{\alpha i}$ $(i \geqslant 1)$ 使之满足条件 $\sum\limits_\alpha L_\alpha(\mathbf{T})\mathbf{T}^\alpha = 0$. 理想 $\mathfrak{K}$ 中与之对应的元素就是没有常数项的多项式 $\sum\limits_\alpha \lambda_{\alpha 0}\mathbf{T}^\alpha$, 且由于 $(\mathbf{S}_A(A))_{(t)}$ 可以等同于 A, 故这些多项式恰好就是同态 $(\mathbf{S}_A(E))_{(t)} \to (\mathbf{S}_A(A))_{(t)}$ 的核中的元素. 这就证明了 (19.2.1) 浸入 $j: X' \to P$ 在 $X' \smallsetminus Y'$ 的所有点近旁都是相对于 X 横截正则的, 并且在这些点处 $j(X') = Z$.

还需要考察点 $x \in Y$ 处的情况. (iii) 中给出的 u 在该点近旁的"正则性"条件就等价于 (依照 (19.1.1) 和 (**0**, 17.1.7)) X 在点 x 处是正则的, 并且同态 $u_X \otimes 1: \mathscr{E}_X \otimes_{\mathscr{O}_{X,x}} \boldsymbol{k}(x) \to \mathfrak{m}_x/\mathfrak{m}_x^2$ 是单的. 在此基础上, 由于态射 $p: P \to X$ 是平滑的 (17.3.9), 故对任意位于 x 之上的 $z \in P$ 来说, P 在点 z 处都是正则的 (17.5.8), 进而 (**0**, 17.3.3) 典范同态

(19.4.11.1) $$(\mathfrak{m}_x/\mathfrak{m}_x^2) \otimes_{\boldsymbol{k}(x)} \boldsymbol{k}(z) \longrightarrow \mathfrak{m}_z/\mathfrak{m}_z^2$$

是单的. 由此得知, $p^*(u)$ 所导出的同态

$$(\mathscr{E}_x \otimes_{\mathscr{O}_{X,x}} \mathscr{O}_{P,z}) \otimes_{\mathscr{O}_{P,z}} \boldsymbol{k}(z) \longrightarrow \mathfrak{m}_z/\mathfrak{m}_z^2$$

也是单的, 因为它可以写成合成

$$(\mathscr{E}_x \otimes_{\mathscr{O}_{X,x}} \boldsymbol{k}(x)) \otimes_{\boldsymbol{k}(x)} \boldsymbol{k}(z) \longrightarrow (\mathfrak{m}_x/\mathfrak{m}_x^2) \otimes_{\boldsymbol{k}(x)} \boldsymbol{k}(z) \longrightarrow \mathfrak{m}_z/\mathfrak{m}_z^2,$$

由平坦性条件可以推出第一个箭头是单的, 并且第二个箭头就是上面的单同态 (19.4.11.1). 由于 $\mathscr{H}$ (在 z 位于 P 中的某个邻域上) 是 $\mathscr{E}\otimes_{\mathscr{O}_X}\mathscr{O}_P=p^*\mathscr{E}$ 的一个直和因子, 故知同态 $v_z\otimes 1:\mathscr{H}_z\otimes_{\mathscr{O}_{P,z}}\boldsymbol{k}(z)\to\mathfrak{m}_z/\mathfrak{m}_z^2$ 也是单的, 这就证明了同态 v 在点 z 处的"正则性". 只需再证明 X' 在 j 下的像与闭子概形 Z 是相同的即可. 为此只需证明, 一方面 $q^{-1}(x)$ (其中 $q:X'\to X$ 是结构态射) 的那些点在 j 下的像恰好是 $Z\cap p^{-1}(x)$ 的那些点, 另一方面在每个这样的点 $z=j(x')$ 处, 满同态 $\mathscr{O}_{Z,z}\to\mathscr{O}_{X',x'}$ 都是一一的. 然而有见于前提条件和 (19.4.3), q 的限制 $Y'\to Y$ 是平滑的, 且由于已假设了 $\mathscr{O}_{Y,x}$ 是正则的, 故知 $\mathscr{O}_{Y',x'}$ 也是正则的 (17.5.8), 进而, 浸入 $Y'\to X'$ 是正则的 (19.4.2), 从而 $\mathscr{O}_{X',x'}$ 也是一个正则环 (19.1.1). 从而为了证明同态 $\mathscr{O}_{Z,z}\to\mathscr{O}_{X',x'}$ 是一一的, 只需证明这两个正则环的维数相等即可 (**0**, 17.1.9). 但依照 (**0**, 17.3.3), 这又等价于环 $\mathscr{O}_{Z,z}\otimes_{\mathscr{O}_{X,x}}\boldsymbol{k}(x)$ 和 $\mathscr{O}_{X',x'}\otimes_{\mathscr{O}_{X,x}}\boldsymbol{k}(x)$ 的维数是相等的, 如此一来我们最终可以把 X' 和 Z 分别换成纤维 $q^{-1}(x)$ 和 $Z\cap p^{-1}(x)$, 从而归结为证明由 j 所导出的态射 $q^{-1}(x)\to Z\cap p^{-1}(x)$ 是一个同构. 此时我们可以限于考虑 $X=\operatorname{Spec}B$ (其中 $B=\mathscr{O}_{X,x}$) 并且 $E=B^m$ 的情形, 故有 $S=B[T_1,\cdots,T_m]$, 进而, 前提条件表明, 可以找到 B 的一个正则参数系 $(t_j)_{1\leqslant j\leqslant n}$, 使得 $u(T_i)=t_i$ $(1\leqslant i\leqslant m)$ (**0**, 17.1.7), 设 $\mathfrak{J}$ 是 u 的像, 于是若 $\mathfrak{m}$ 是 B 的极大理想, 则有 $\mathfrak{J}^n\otimes_B(B/\mathfrak{m})=\mathfrak{J}^n/\mathfrak{m}\mathfrak{J}^n=(\mathfrak{J}^n/\mathfrak{J}^{n+1})\otimes_B(B/\mathfrak{m})$, 因而 (16.9.4.1), $\left(\bigoplus\limits_{n\geqslant 0}\mathfrak{J}^n\right)\otimes_B\boldsymbol{k}(x)$ 可以等同于 $\boldsymbol{k}(x)[T_1,\cdots,T_m]$, 这就表明浸入 $q^{-1}(x)\to p^{-1}(x)$ 是一个同构, 自然也表明闭子概形 $Z\cap p^{-1}(x)$ 与纤维 $p^{-1}(x)$ 是相同的, (19.4.11) 的证明至此完成.

19.5 M 正则性的判别法

我们现在来复习和完善一下 (**0**, 15.1) 中已经讨论过的一些关于环 A 中的一个元素序列是否 M 正则或 M 拟正则 (M 是一个 A 模) 的判别法.

定理 (19.5.1) — 设 A 是一个环, $\mathbf{f}=(f_i)_{1\leqslant i\leqslant n}$ 是 A 中的一个元素序列, M 是一个 A 模. 考虑以下诸性质:

a) 序列 $\mathbf{f}$ 是 M 正则的.

b) 对任意 $i>0$, 均有 $\mathrm{H}_i(\mathbf{f},M)=0$ (**III**, 1.1.3).

b′) $\mathrm{H}_1(\mathbf{f},M)=0$.

c) 序列 $\mathbf{f}$ 是 M 拟正则的.

则有下面的蕴涵关系

$$\text{a)} \implies \text{b)} \implies \text{b}'), \quad \text{a)} \implies \text{c)}.$$

我们令 $\mathfrak{J}=\sum\limits_{i=1}^{n}f_iA$. 若这些模 $M_i=M/\left(\sum\limits_{j=1}^{i}f_jM\right)$ 在 $\mathfrak{J}$ 预进拓扑下都是分离的 (切转: 若 M 的任何一个子模的商模在 $\mathfrak{J}$ 预进拓扑下都是分离的), 则有c) $\Rightarrow$ a)(切转: b′) $\Rightarrow$ a)).

如果这些 M_i 在 $\mathfrak{I}$ 预进拓扑下都是分离的, 那么 a) ⇒ c) 和 c) ⇒ a) 在 (**0**, 15.1.9) 中已经得到了证明, 放在这里只是为了便于参考. 我们也证明了 (**III**, 1.1.4 和 1.1.3.3) a) 蕴涵 b), 而且 b) 显然蕴涵 b′). 从而只需再证明, 当 M 的任何子模的商模在 $\mathfrak{I}$ 预进拓扑下都分离时 b′) 蕴涵 a). 我们对 n 进行归纳, 当 $n=1$ 时, 由定义就可以推出结论, 因为此时 $\mathrm{H}_1(\mathbf{f},M)$ 恰好就是 M 的同筋 $z\mapsto f_1z$ 的核 (**III**, 1.1.1 和 1.1.2). 现在假设 $n\geqslant 2$, 并且令 $\mathbf{f}'=(f_i)_{1\leqslant i\leqslant n-1}$, 则在 (**III**, 1.1.2) 的记号下, 我们有 $\mathrm{K}_\bullet(\mathbf{f},M)=\mathrm{K}_\bullet(f_n)\otimes_A\mathrm{K}_\bullet(\mathbf{f}',M)$. 这就得到了 (**III**, 1.1.4.1) 下面的正合序列

$$\textbf{(19.5.1.1)}\quad 0\longrightarrow \mathrm{H}_0(f_n,\mathrm{H}_1(\mathbf{f}',M))\longrightarrow \mathrm{H}_1(\mathbf{f},M)\longrightarrow \mathrm{H}_1(f_n,\mathrm{H}_0(\mathbf{f}',M))\longrightarrow 0.$$

从而关系式 $\mathrm{H}_1(\mathbf{f},M)=0$ 就表明 $\mathrm{H}_0(f_n,\mathrm{H}_1(\mathbf{f}',M))=0$ 和 $\mathrm{H}_1(f_n,\mathrm{H}_0(\mathbf{f}',M))=0$. 后面的第一个式子相当于说 $f_n\mathrm{H}_1(\mathbf{f}',M)=\mathrm{H}_1(\mathbf{f}',M)$ (**III**, 1.1.3.5). 现在根据定义 (**III**, 1.1.1), $\mathrm{H}_1(\mathbf{f}',M)$ 同构于 M^{n-1} 的某个子模 N 的商模, 我们在 M^{n-1} 上引入由这些 M^j $(0\leqslant j\leqslant n-1)$ 所组成的滤解, 在 N 上取上述滤解所诱导的滤解, 然后在 $\mathrm{H}_1(\mathbf{f}',M)$ 上取 N 的商滤解, 这就得到了 $\mathrm{H}_1(\mathbf{f}',M)$ 上的一个有限滤解, 它的顺次商模都同构于 M 的某个子模的商模, 从而在 $\mathfrak{I}$ 预进拓扑下是分离的 (根据前提条件). 由于关系式 $f_n\mathrm{H}_1(\mathbf{f}',M)=\mathrm{H}_1(\mathbf{f}',M)$ 自然蕴涵着 $\mathfrak{I}\mathrm{H}_1(\mathbf{f}',M)=\mathrm{H}_1(\mathbf{f}',M)$, 故由前提条件和上述结果就得知, $\mathrm{H}_1(\mathbf{f}',M)=0$. 此时归纳假设就证明了序列 $\mathbf{f}'$ 是 M 正则的. 另一方面, 关系式 $\mathrm{H}_1(f_n,\mathrm{H}_0(\mathbf{f}',M))=0$ 意味着 f_n 是 $\big(M/(\sum_{i=1}^{n-1}f_iM)\big)$ 正则的, 从而序列 $\mathbf{f}$ 是 M 正则的.

推论 (19.5.2) — 假设 A 是一个*Noether* 环, 并且这些 f_i $(1\leqslant i\leqslant n)$ 都落在 A 的根之中, M 是一个有限型 A 模. 则 (19.5.1) 中的四个条件a), b), b′), c) 都是等价的.

事实上, 此时我们知道 ($\mathbf{0_I}$, 7.3.5), 每个有限型 A 模在 $\mathfrak{I}$ 预进拓扑下都是分离的.

命题 (19.5.3) — 设

$$0\longrightarrow M'\longrightarrow M\longrightarrow M''\longrightarrow 0$$

是一个 A 模的正合序列, $\mathbf{f}=(f_i)_{1\leqslant i\leqslant n}$ 是一个 M 正则序列, $\mathfrak{I}=\sum_{i=1}^{n}f_iA$. 考虑以下诸性质:

a) 序列 $\mathbf{f}$ 是 M'' 正则的.

b) M' 的 $\mathfrak{I}$ 预进滤解是由 M 的 $\mathfrak{I}$ 预进滤解所诱导的 (换句话说, 典范同态 $\mathrm{gr}^\bullet_{\mathfrak{I}}(M')\to\mathrm{gr}^\bullet_{\mathfrak{I}}(M)$ 是单的).

c) 典范同态 $M'/(\sum_{i=1}^{n}f_iM')\to M/(\sum_{i=1}^{n}f_iM)$ 是单的.

则有蕴涵关系 a) ⇒ b) ⇒ c), 并且由a) 还可以推出序列 $\mathbf{f}$ 是 M' 正则的.

若 M'' 的任何一个子模的商模在 $\mathfrak{J}$ 预进拓扑下都是分离的, 则这些条件a), b), c) 全都等价.

显然 c) 是 b) 的推论. 我们来证明在最后一段的条件下, c) 蕴涵 a). 由于 $\mathbf{f}$ 是 M 正则的, 故根据 (19.5.1), 我们有 $\mathrm{H}_1(\mathbf{f}, M) = 0$, 这就得到一个正合序列 (它是同调长正合序列的一部分)

$$0 \longrightarrow \mathrm{H}_1(\mathbf{f}, M'') \longrightarrow \mathrm{H}_0(\mathbf{f}, M') \longrightarrow \mathrm{H}_0(\mathbf{f}, M).$$

现在条件 c) 表明同态 $\mathrm{H}_0(\mathbf{f}, M') \to \mathrm{H}_0(\mathbf{f}, M)$ 是单的 (**III**, 1.1.3.5), 从而它等价于 $\mathrm{H}_1(\mathbf{f}, M'') = 0$, 再利用分离性条件和 (19.5.1), 就可以推出 $\mathbf{f}$ 是 M'' 正则的.

接下来我们证明 a) 蕴涵 c), 而且蕴涵着 $\mathbf{f}$ 是 M' 正则的这个事实. 对 n 进行归纳, 当 $n = 1$ 时, f_1 是 M 正则的, 也是 M' 正则的, 故性质 c) 恰好就是引理 (3.4.1.4). 当 $n > 1$ 时, 归纳假设表明, 对于 $\mathbf{f}' = (f_1, \cdots, f_{n-1})$, 序列 $\mathbf{f}'$ 是 M' 正则的, 且通过把 c) 应用到 $\mathbf{f}'$ 上就可以得到一个正合序列

$$0 \longrightarrow M'\Big/\Big(\sum_{i=1}^{n-1} f_i M'\Big) \longrightarrow M\Big/\Big(\sum_{i=1}^{n-1} f_i M\Big) \longrightarrow M''\Big/\Big(\sum_{i=1}^{n-1} f_i M''\Big) \longrightarrow 0.$$

根据前提条件, f_n 是 $\big(M/(\sum_{i=1}^{n-1} f_i M)\big)$ 正则的, 并且是 $\big(M''/(\sum_{i=1}^{n-1} f_i M'')\big)$ 正则的, 从而同样的方法一方面表明 f_n 是 $\big(M'/(\sum_{i=1}^{n-1} f_i M')\big)$ 正则的, 另一方面又表明 (依照 (3.4.1.4)) 序列

$$0 \longrightarrow M'\Big/\Big(\sum_{i=1}^{n} f_i M'\Big) \longrightarrow M\Big/\Big(\sum_{i=1}^{n} f_i M\Big) \longrightarrow M''\Big/\Big(\sum_{i=1}^{n} f_i M''\Big) \longrightarrow 0$$

是正合的, 这就证明了 c).

最后我们来证明 a) 蕴涵 b), 由于此时序列 $\mathbf{f}$ 是 M 正则的, 并且是 M' 正则的, 从而也是 M 拟正则的和 M' 拟正则的, 故有典范同构

$$\mathrm{gr}^{\bullet}_{\mathfrak{J}}(M') \xrightarrow{\sim} \mathrm{gr}^{0}_{\mathfrak{J}}(M')[T_1, \cdots, T_n], \quad \mathrm{gr}^{\bullet}_{\mathfrak{J}}(M) \xrightarrow{\sim} \mathrm{gr}^{0}_{\mathfrak{J}}(M)[T_1, \cdots, T_n]$$

(**0**, 15.1.7), 上面我们已经看到 $\mathrm{gr}^{0}_{\mathfrak{J}}(M') \to \mathrm{gr}^{0}_{\mathfrak{J}}(M)$ 是单的, 从而 $\mathrm{gr}^{\bullet}_{\mathfrak{J}}(M') \to \mathrm{gr}^{\bullet}_{\mathfrak{J}}(M)$ 也是如此.

特别地, 注意到如果 A 是Noether 环, M'' 是有限型 A 模, 并且这些 f_i 都落在 A 的根之中, 那么 (19.5.3) 中的条件 a), b), c) 都是等价的.

(19.5.4) 在这一小节随后的内容中, 我们将沿用 (19.5.1) 中的记号 A, $\mathbf{f}$, M, $\mathfrak{J}$, 并进而假设 M 带有一个由某些 A 子模所构成的递减滤解 (M_k), 其中 $M_0 = M$. 还记得 (**0**, 15.1.5) 此时我们可以在 M 上定义出另一个递减滤解如下

$$M'_k \;=\; M_k + \mathfrak{J} M_{k-1} + \cdots + \mathfrak{J}^{k-1} M_1 + \mathfrak{J}^k M_0,$$

并且若 $\mathrm{gr}_\bullet(M)$ 和 $\mathrm{gr}'_\bullet(M)$ 分别是由滤解 (M_k) 和 (M'_k) 所衍生的分次 A 模, 则可以定义一个 0 次的分次满同态 (**0**, 15.1.5.2)

$$\psi_M \ : \ (\mathrm{gr}_\bullet(M)\otimes_A (A/\mathfrak{J}))[T_1,\cdots,T_n] \longrightarrow \mathrm{gr}'_\bullet(M).$$

此外还可以定义一个典范满同态 (**0**, 15.1.1.1)

$$\varphi_{\mathrm{gr}_\bullet(M)} \ : \ (\mathrm{gr}_\bullet(M)\otimes_A (A/\mathfrak{J}))[T_1,\cdots,T_n] \longrightarrow \mathrm{gr}^\bullet_{\mathfrak{J}}(\mathrm{gr}_\bullet(M)).$$

定理 (19.5.5) — 在 (19.5.4) 的记号下, 考虑以下诸性质:

a) 序列 $\mathbf{f}$ 是 $\mathrm{gr}_\bullet(M)$ 正则的.

b) 典范同态 ψ_M 是一一的.

c) 典范同态 $\varphi_{\mathrm{gr}_\bullet(M)}$ 是一一的 (换句话说 (**0**, 15.1.7), 序列 $\mathbf{f}$ 是 $\mathrm{gr}_\bullet(M)$ 拟正则的).

则有蕴涵关系[①]

$$\text{a)} \implies \text{b)} \implies \text{c)}.$$

进而, 若对任意整数 $k\geqslant 0$, $\mathrm{gr}_k(M)$ 的任何一个子模的商模在 $\mathfrak{J}$ 预进拓扑下都是分离的 (比如在 A 是*Noether* 环, 这些 f_i 都包含在 A 的根之中, 并且这些 $\mathrm{gr}_k(M)$ 都是有限型 A 模的情况下就是如此), 则条件a), b), c) 全都等价.

a) ⇒ b) 已经在 (**0**, 15.1.8) 中得到了证明, c) ⇒ a) (在有分离性条件时) 是 (**0**, 15.1.9) 的一个特殊情形. 只需再证明 b) 蕴涵 c) 即可, 这件事要分成几步来完成.

我们用 $\mathfrak{J}$ 来记这些 f_i 所生成的理想 $\sum\limits_{i=1}^n f_iA$, 并且对任意 n 个非负整数 $\mathbf{q}=(q_1,\cdots,q_n)$, 我们令 $|\mathbf{q}|=\sum\limits_{i=1}^n q_i$, 并且令 $\mathbf{f}^{\mathbf{q}}=f_1^{q_1}f_2^{q_2}\cdots f_n^{q_n}$.

(19.5.5.1) 为了使映射 ψ_M 是单的 (从而是一一的), 必须且只需对任意 $p\geqslant 0$ 和 $q\geqslant 0$ 以下条件都得到满足:

$(\mathrm{I}_{q,p})$ 对于 M_p 中的任何一组元素 $(x^p_{\mathbf{q}})_{|\mathbf{q}|=q}$, 若

$$\sum_{|\mathbf{q}|=q}\mathbf{f}^{\mathbf{q}}x^p_{\mathbf{q}} \in \sum_{i=1}^{q}\mathfrak{J}^{q-i}M_{p-i}+M'_{p+q+1},$$

则必有 $x^p_{\mathbf{q}}\in M_{p+1}+\mathfrak{J}M_p$, 其中 $\mathbf{q}$ 是任何一组满足 $|\mathbf{q}|=q$ 的指标.

我们要使用 (**0**, 15.1.6) 的方法, 考虑由 (**0**, 15.1.5.2) 式左边 (切转: 右边) 的 k 次项所组成的 A 子模 Q_k (切转: Q'_k). 在 Q_k 上引入滤解

$$(Q_k)_i \ = \ \sum_{j\leqslant k-i}\Big(\sum_{|\mathbf{j}|=j}(\mathrm{gr}_{k-j}(M)\otimes_A (A/\mathfrak{J})\mathbf{T}^{\mathbf{j}}\Big),$$

---

① 在不考虑 $\mathrm{gr}_k(M)$ 上的分离性条件的情况下, b) ⇒ c) 是由 P. Deligne 给出的, 这里采用了他的证明.

然后在 Q'_k 上引入上述滤解的像滤解, 它是由这些 $\psi_M((Q_k)_i) = (Q'_k)_i$ 所组成, 仍然只需证明, 这些同态 $(\psi_M)_{ki} : \mathrm{gr}_i(Q_k) \to \mathrm{gr}_i(Q'_k)$ 都是单的. 现在我们有

$$\mathrm{gr}_i(Q_k) \;=\; \sum_{|\mathbf{j}|=k-i} ((M_i/M_{i+1}) \otimes_A (A/\mathfrak{I}))\mathbf{T}^{\mathbf{j}} \;=\; \sum_{|\mathbf{j}|=k-i} (M_i/(\mathfrak{I}M_i + M_{i+1}))\mathbf{T}^{\mathbf{j}},$$

另一方面, $(Q'_k)_{i+1}$ 是 $\sum\limits_{h=0}^{k-i-1} \mathfrak{I}^{k-i-h-1} M_{i+h+1}$ 在 M'_k/M'_{k+1} 中的像. 从而 $(\psi_M)_{ki}$ 是单的这件事刚好等价于条件 $(\mathrm{I}_{k-i,i})$, 这就证明了上述阐言.

(19.5.5.2) 为了使序列 $\mathbf{f}$ 成为 $\mathrm{gr}_\bullet(M)$ 拟正则的, 只需对任意 $p \geqslant 0$ 和 $q \geqslant 0$, 下面的条件都得到满足:

$(\mathrm{S}_{q,p})$ 对于 M_p 中的任何一组元素 $(x^p_{\mathbf{q}})_{|\mathbf{q}|=q}$, 关系式 $\sum\limits_{|\mathbf{q}|=q} \mathbf{f}^{\mathbf{q}} x^p_{\mathbf{q}} \in M_{p+1}$ 总蕴涵着 $x^p_{\mathbf{q}} \in M_{p+1} + \mathfrak{I}M_p$, 其中 $\mathbf{q}$ 是任何一组满足 $|\mathbf{q}| = q$ 的指标.

根据定义, $\mathbf{f}$ 是 $\mathrm{gr}_\bullet(M)$ 拟正则的就意味着对任意 $p \geqslant 0$ 和任意 $q \geqslant 0$, M_p 中的任何一组元素 $(x^p_{\mathbf{q}})_{|\mathbf{q}|=q}$ 之间的关系式

$$\sum_{|\mathbf{q}|=q} \mathbf{f}^{\mathbf{q}} x^p_{\mathbf{q}} \;\in\; M_{p+1} + \mathfrak{I}^{q+1} M_p$$

总蕴涵着 $x^p_{\mathbf{q}} \in M_{p+1} + \mathfrak{I}M_p$, 其中 $\mathbf{q}$ 是任何一组满足 $|\mathbf{q}| = q$ 的指标. 现在序列 $(x^p_{\mathbf{q}})$ 上的前提条件意味着可以找到 $\mathfrak{I}M_p$ 的一族元素 $(y^p_{\mathbf{q}})_{|\mathbf{q}|=q}$, 使得 $\sum\limits_{|\mathbf{q}|=q} \mathbf{f}^{\mathbf{q}}(x^p_{\mathbf{q}} - y^p_{\mathbf{q}}) \in M_{p+1}$. 于是条件 $(\mathrm{S}_{q,p})$ 表明, 对任意满足 $|\mathbf{q}| = q$ 的 $\mathbf{q}$, 均有 $x^p_{\mathbf{q}} - y^p_{\mathbf{q}} \in M_{p+1} + \mathfrak{I}M_p$, 故得 $x^p_{\mathbf{q}} \in M_{p+1} + \mathfrak{I}M_p$, 从而我们看到条件 $(\mathrm{S}_{q,p})$ 蕴涵着序列 $\mathbf{f}$ 是 $\mathrm{gr}_\bullet(M)$ 拟正则的.

于是只需证明下面的命题即可:

(19.5.5.3) 对任意 $r \geqslant 0$, 若条件 $(\mathrm{I}_{q,p})$ 对于 $p + q < r$ 是成立的, 则条件 $(\mathrm{S}_{q,p})$ 对于 $p + q < r$ 就是成立的.

我们引入下面的条件:

$(\mathrm{A}_{q,p})$ 对于 M_p 中的任何一组元素 $(x^p_{\mathbf{q}})_{|\mathbf{q}|=q}$, 关系式 $\sum\limits_{|\mathbf{q}|=q} \mathbf{f}^{\mathbf{q}} x^p_{\mathbf{q}} \in M_{p+1}$ 总蕴涵着 $\sum\limits_{|\mathbf{q}|=q} \mathbf{f}^{\mathbf{q}} x^p_{\mathbf{q}} \in \sum\limits_{i=1}^{q} \mathfrak{I}^{q-i} M_{p+i}$.

显然把 $(\mathrm{A}_{q,p})$ 和 $(\mathrm{I}_{q,p})$ 合起来就可以推出 $(\mathrm{S}_{q,p})$. 另一方面, 条件 $(\mathrm{A}_{1,p})$ 和 $(\mathrm{S}_{0,p})$ 是明显的. 因而由下述命题就可以推出 (19.5.5.3):

(19.5.5.4) 对任意 $p \geqslant 0$ 和 $q \geqslant 1$, 条件 $(\mathrm{A}_{q+1,p})$ 都可以从条件 $(\mathrm{A}_{q,p})$, $(\mathrm{I}_{q-1,p+1})$, $(\mathrm{I}_{q-2,p+2})$, $\cdots$, $(\mathrm{I}_{0,p+q})$ 的组合而得到.

事实上, 一旦我们证明了这个命题, 那么由条件 $(\mathrm{I}_{q,p})$ 对于 $p+q<r$ 成立就可以推出对于每个指定的 $p \leqslant r$ 来说, 条件 $(\mathrm{A}_{q,p})$ 对于 $1 \leqslant q \leqslant r-p$ 都是成立的 (通过对 q 进行归纳).

我们来证明 (19.5.5.4). 注意到条件 $(\mathrm{A}_{q,p})$ 也等价于

(19.5.5.5)
$$\mathfrak{I}^q M_p \cap M_{p+1} \subseteq \sum_{i=1}^{q} \mathfrak{I}^{q-i} M_{p+i}.$$

现在设 $m \in \mathfrak{I}^{q+1} M_p \cap M_{p+1} \subseteq \mathfrak{I}^q M_p \cap M_{p+1}$. 应用条件 $(\mathrm{A}_{q,p})$, 则对每个满足 $1 \leqslant i \leqslant q$ 的整数 i, 我们就有 M_{p+i} 的一族元素 $(y_{\mathbf{q}}^{p+i})_{|\mathbf{q}|=q-i}$, 满足

$$m = \sum_{i=1}^{q} \Big(\sum_{|\mathbf{q}|=q-i} \mathbf{f}^{\mathbf{q}} y_{\mathbf{q}}^{p+i} \Big).$$

假设对于 $1 \leqslant i < j$ $(j>1)$ 我们已经证明了

$$u_{\mathbf{q}}^{p+i} \in \mathfrak{I} M_{p+i} + M_{p+i+1} \qquad (\text{其中 } |\mathbf{q}| = q-i).$$

根据定义 (19.5.4), 我们就得知

$$m - \sum_{i<j} \Big(\sum_{|\mathbf{q}|=q-i} \mathbf{f}^{\mathbf{q}} y_{\mathbf{q}}^{p+i} \Big) \in M'_{p+q+1},$$

而根据前提条件, $(\mathrm{I}_{q-j,p+j})$ 是成立的, 故可由上式导出

$$y_{\mathbf{q}}^{p+j} \in \mathfrak{I} M_{p+j} + M_{p+j+1},$$

然后对 j 进行归纳, 就可以看出上述条件对任意满足 $1 \leqslant j \leqslant q$ 的 j 都是成立的. 从而我们有

$$m \in \sum_{i=1}^{q} \mathfrak{I}^{q-i} (\mathfrak{I} M_{p+i} + M_{p+i+1}) = \sum_{i=1}^{q+1} \mathfrak{I}^{q-i+1} M_{p+i},$$

这就证明了 $(\mathrm{A}_{q+1,p})$, 从而也完成了 (19.5.5) 的证明.

注解 (19.5.6) — (i) 这一小节的结果在我们把 A 模 M 和元素 $f_i \in A$ 换成任意 Abel 范畴中的对象 M 和它的 n 个两两可交换的自同态 f_i 后仍然是有意义的, 这里给出的证明也可以很容易地推广到这个一般情形. A 模 N 在 $\mathfrak{I}$ 预进拓扑下的分离性条件需要修改为下面的条件: N 的包含在所有 $\sum_i f_i^r(N)$ (r 是任意整数) 中的子对象只有零. 19.7 中的结果也可以进行这样的推广.

(ii) 假设 A 是一个正分次环. 若 M (切转: 每个 $\mathrm{gr}_p(M)$ 都) 是次数下有界的分次 A 模, 并且这些 f_i 都不包含 0 次齐次分量, 则 M (切转: 每个 $\mathrm{gr}_p(M)$ 都) 满足 (**0**,

15.1.9) 的分离性条件, 从而我们看到, 在这个情形下 (19.5.1) (切转: (19.5.5)) 中的 c) ⇒ a) 也是成立的.

(iii) 还记得如果没有分离性条件, 那么 c) ⇒ b) 就不再成立, 即使 $n = 1$ (**0**, 15.1.12, (iii)).

19.6 相对于商滤体模的正则序列

(19.6.1) 设 A 是一个环, $\mathbf{f} = (f_1, \cdots, f_n)$ 是 A 中的一个有限序列, $\mathfrak{I} = f_1A + \cdots + f_nA$ 是由它们生成的理想, 考虑 A 模的一个正合序列

$$0 \longrightarrow R \xrightarrow{j} N \xrightarrow{p} M \longrightarrow 0,$$

这里我们假设 N 带有一个由一族 A 子模 (N_k) 所组成的递减滤解, 其中 $N_0 = N$. 现在令 $R_k = R \cap N_k$ (这是由 (N_k) 所诱导的滤解) , $M_k = p(N_k)$ (这是 (N_k) 的商滤解), 我们用 $\mathrm{gr}_\bullet(N)$, $\mathrm{gr}_\bullet(R)$ 和 $\mathrm{gr}_\bullet(M)$ 来记这三个滤解的衍生分次 A 模. 另一方面, 对任意 k, 我们令

$$N'_k = N_k + \mathfrak{I}N_{k-1} + \cdots + \mathfrak{I}^{k-1}N_1 + \mathfrak{I}^kN_0,$$

因而 $M'_k = M_k + \mathfrak{I}M_{k-1} + \cdots + \mathfrak{I}^{k-1}M_1 + \mathfrak{I}^kM_0$, 我们再令 $R'_k = R \cap N'_k$ (这是由 (N'_k) 所诱导的滤解), 并且用 $\mathrm{gr}'_\bullet(N)$, $\mathrm{gr}'_\bullet(M)$ 和 $\mathrm{gr}'_\bullet(R)$ 来记这三个滤解的衍生分次 A 模, 从而就得到一个正合序列的交换图表

$$\text{(19.6.1.1)}\qquad \begin{array}{ccccccccc} 0 & \longrightarrow & \mathrm{gr}_\bullet(R) & \xrightarrow{\mathrm{gr}(j)} & \mathrm{gr}_\bullet(N) & \xrightarrow{\mathrm{gr}(p)} & \mathrm{gr}_\bullet(M) & \longrightarrow & 0 \\ & & \downarrow & & \downarrow & & \downarrow & & \\ 0 & \longrightarrow & \mathrm{gr}'_\bullet(R) & \xrightarrow[\mathrm{gr}'(j)]{} & \mathrm{gr}'_\bullet(N) & \xrightarrow[\mathrm{gr}'(p)]{} & \mathrm{gr}'_\bullet(M) & \longrightarrow & 0, \end{array}$$

其中的竖直箭头都是典范同态 (从一个滤解的衍生分次模到另一个比较粗糙的滤解的衍生分次模).

注意到若我们令

$$R''_k = R_k + \mathfrak{I}R_{k-1} + \cdots + \mathfrak{I}^{k-1}R_1 + \mathfrak{I}^kR_0,$$

则显然有 $R''_k \subseteq R'_k$, 然而这两个滤解 (R''_k) 和 (R'_k) 一般来说并不相同, 我们用 $\mathrm{gr}''_\bullet(R)$ 来记滤解 (R''_k) 的衍生分次 A 模.

(19.6.2) 我们在 (**0**, 15.1.5.2) 中定义了下面一些 0 次分次满同态

$$\psi_N \ :\ (\mathrm{gr}_\bullet(N) \otimes_A (A/\mathfrak{I}))[T_1, \cdots, T_n] \longrightarrow \mathrm{gr}'_\bullet(N),$$

$$\psi_M : (\mathrm{gr}_\bullet(M) \otimes_A (A/\mathfrak{I}))[T_1, \cdots, T_n] \longrightarrow \mathrm{gr}'_\bullet(M),$$

$$\psi_R : (\mathrm{gr}_\bullet(R) \otimes_A (A/\mathfrak{I}))[T_1, \cdots, T_n] \longrightarrow \mathrm{gr}'_\bullet(R),$$

其中前两个是由 (19.6.1.1) 中的后两个竖直箭头所导出的.

由于 R 上的滤解 (R''_k) 比 (R'_k) 粗糙, 故有一个典范同态 $\gamma : \mathrm{gr}''_\bullet(R) \to \mathrm{gr}'_\bullet(R)$, 我们用 ψ'_R 来记合成同态 $\gamma \circ \psi_R$. 则由定义立知, 我们有一个交换图表

(19.6.2.1)
$$\begin{array}{ccc} & & 0 \\ & & \downarrow \\ (\mathrm{gr}_\bullet(R) \otimes_A (A/\mathfrak{I}))[T_1, \cdots, T_n] & \xrightarrow{\psi'_R} & \mathrm{gr}'_\bullet(R) \\ {\scriptstyle j'}\downarrow & & \downarrow{\scriptstyle \mathrm{gr}'(j)} \\ (\mathrm{gr}_\bullet(N) \otimes_A (A/\mathfrak{I}))[T_1, \cdots, T_n] & \xrightarrow{\psi_N} & \mathrm{gr}'_\bullet(N) \\ {\scriptstyle p'}\downarrow & & \downarrow{\scriptstyle \mathrm{gr}'(p)} \\ (\mathrm{gr}_\bullet(M) \otimes_A (A/\mathfrak{I}))[T_1, \cdots, T_n] & \xrightarrow{\psi_M} & \mathrm{gr}'_\bullet(M) \\ \downarrow & & \downarrow \\ 0 & & 0, \end{array}$$

其中的两列都是正合的.

命题 (19.6.3) — 在上述记号下, 假设序列 $\mathbf{f}$ 是 $\mathrm{gr}_\bullet(N)$ 正则的. 我们来考虑以下诸性质:

a) $\mathbf{f}$ 是 $\mathrm{gr}_\bullet(M)$ 正则的.

b) ψ_M 是一一的.

c) ψ'_R 是满的 (换句话说, $\mathrm{gr}'_\bullet(R)$ 作为 $\mathrm{gr}^\bullet_{\mathfrak{J}}(A)$ 模可由 $\mathrm{Im}(\mathrm{gr}_\bullet(R) \to \mathrm{gr}'_\bullet(R))$ 所生成).

d) ψ'_R 是单的.

d′) 通过把 ψ'_R 限制到 0 次多项式上而得到的同态 $(\psi'_R)_0 : \mathrm{gr}_\bullet(R) \otimes_A (A/\mathfrak{I}) \to \mathrm{gr}'_\bullet(R)$ 是单的.

e) ψ'_R 是一一的.

f) j' 是单的.

f′) 通过把 j' 限制到 0 次多项式上而得到的同态 $\mathrm{gr}_\bullet(R) \otimes_A (A/\mathfrak{I}) \to \mathrm{gr}_\bullet(N) \otimes_A (A/\mathfrak{I})$ 是单的.

g) $\mathrm{gr}_\bullet(R)$ 的 $\mathfrak{I}$ 预进滤解是由 $\mathrm{gr}_\bullet(N)$ 的 $\mathfrak{I}$ 预进滤解所诱导的.

h) R 上的两个滤解 (R'_k) 和 (R''_k) 是相同的.

则有下面的蕴涵关系:

$$\begin{array}{ccccccccc} \text{a)} & \Longrightarrow & \text{e)} & \Longrightarrow & \text{b)} & \Longleftrightarrow & \text{c)} & \Longleftrightarrow & \text{h)} \\ & \searrow & & \searrow & & & & & \\ & & \text{g)} & \Longrightarrow & \text{d)} & \Longleftrightarrow & \text{d}') & \Longleftrightarrow & \text{f)} \Longleftrightarrow \text{f}'). \end{array}$$

进而, 若 $\mathrm{gr}_k(M)$ 的任何一个子模的商模在 $\mathfrak{J}$ 预进拓扑下都是分离的 (比如当 A 是*Noether* 环, 这些 f_i 都落在 A 的根中, 并且这些 $\mathrm{gr}_k(M)$ 都是有限型 A 模的时候就是如此), 则条件a) 到h) 都是等价的.

注意到根据 (19.5.5), 由 $\mathbf{f}$ 是 $\mathrm{gr}_\bullet(N)$ 正则的这个条件可以推出 ψ_N 是一一的, 由于 $\mathrm{gr}'(j)$ 是单的, 故由图表 (19.6.2.1) 就可以推出 d) 和 f) 的等价性, 也可以得到 d′) 和 f′) 的等价性, 此外, f) 和 f′) 显然是等价的, 这就证明了 d), d′), f) 和 f′) 的等价性.

由于我们已经知道 ψ_M 是满的而且 ψ_N 是一一的, 故 b) 和 c) 的等价性同样能够从图表 (19.6.2.1) 得到, 只要使用五项引理的特殊情形即可.

从关系式 $\psi'_R = \gamma \circ \psi_R$ (19.6.2) 以及 ψ_R 是满的这个事实可以得出, 条件 c) 就等价于 γ 是满的, 后者又等价于条件 h), 这就证明了 b), c) 和 h) 的等价性.

易见 e) 和"c)+d)"是等价的, 从而也等价于"b)+d)". 现在注意到 a) 蕴涵 b), 并且在分离性条件下 b) 蕴涵 a) (19.5.5). 另一方面由 (19.5.3) 可知, a) $\Rightarrow$ g) $\Rightarrow$ f′), 并且在分离性条件下 f′) $\Rightarrow$ a). 这就证明了 a) 蕴涵 e) (它等价于"b)+f′)"), 同时也证明了在分离性条件下所有条件都是等价的. 证明完毕.

推论 (19.6.4) — 设 $\mathfrak{K}$ 是 A 的一个理想, $\mathfrak{L} = \mathfrak{J} + \mathfrak{K}$. 假设滤解 (N_k) 就是 $\mathfrak{K}$ 预进滤解 (从而 (M_k) 也是如此), 因而滤解 (M'_k) 和 (N'_k) 都是 $\mathfrak{L}$ 预进滤解. 我们把 $\mathrm{gr}_\bullet(R)$ (切转: $\mathrm{gr}'_\bullet(R)$) 看作 $\mathrm{gr}^\bullet_{\mathfrak{K}}(A)$ (切转: $\mathrm{gr}^\bullet_{\mathfrak{L}}(A)$) 上的分次模.

(i) 设 S 是 $\mathrm{gr}_\bullet(R)$ 的一个子集, 并且可以生成 $\mathrm{gr}^\bullet_{\mathfrak{K}}(A)$ 模 $\mathrm{gr}_\bullet(R)$. 则 (19.6.3) 中的条件c) 等价于下面的条件:

c′) S 在 ψ'_R 下的像可以生成 $\mathrm{gr}^\bullet_{\mathfrak{L}}(A)$ 模 $\mathrm{gr}'_\bullet(R)$.

(ii) 假设 (19.6.3) 中的条件e) 得到满足, 进而假设 $\mathrm{gr}_k(R)$ 的任何商模在 $\mathfrak{J}$ 预进拓扑下都是分离的 (比如当 A 是*Noether* 环, 这些 f_i 都落在 A 的根之中, 并且这些 $\mathrm{gr}_k(N)$ 都是有限型 A 模的时候就是如此). 则为了使 $\mathrm{gr}_\bullet(R)$ 的一个子集 S 构成 $\mathrm{gr}^\bullet_{\mathfrak{K}}(A)$ 模 $\mathrm{gr}_\bullet(R)$ 的一组齐次生成元, 必须且只需它们在 ψ'_R 下的像可以生成 $\mathrm{gr}^\bullet_{\mathfrak{L}}(A)$ 模 $\mathrm{gr}'_\bullet(R)$.

(i) 考虑 0 次同态

$$\psi_A \ : \ (\mathrm{gr}^\bullet_{\mathfrak{K}}(A) \otimes_A (A/\mathfrak{J}))[T_1, \cdots, T_n] \longrightarrow \mathrm{gr}'_\bullet(A) \ = \ \mathrm{gr}^\bullet_{\mathfrak{L}}(A)$$

(**0**, 15.1.5.2). 由这个同态是满的可以推出 $\mathrm{gr}'_\bullet(R)$ 的那个由 $S' = \psi'_R(S)$ 所生成的

$\mathrm{gr}^{\bullet}_{\mathfrak{L}}(A)$ 子代数恰好就是 $\mathrm{Im}(\psi'_R)$, 这就证明了 c) 和 c′) 的等价性.

(ii) 由于 e) 是成立的, 故知 c) 也是成立的, 且依照 (i), 只需再证明条件的充分性即可. 现在由于 ψ'_R 是一一的, 故 S' 可以生成 $\mathrm{gr}^{\bullet}_{\mathfrak{L}}(A)$ 模 $\mathrm{gr}'_{\bullet}(R)$ 这个条件就等价于 S 可以生成 $\mathrm{gr}^{\bullet}_{\mathfrak{L}}(A)$ 模 $(\mathrm{gr}_{\bullet}(R)\otimes_A(A/\mathfrak{I}))[T_1,\cdots,T_n]$ 这个条件, 再利用 ψ_A 是满的这个限制我们就可以在命题的陈述中把环 $\mathrm{gr}^{\bullet}_{\mathfrak{L}}(A)$ 换成 $(\mathrm{gr}^{\bullet}_{\mathfrak{K}}(A)\otimes_A(A/\mathfrak{I}))[T_1,\cdots,T_n]$. 显然 S 可以生成环 $\mathrm{gr}^{\bullet}_{\mathfrak{K}}(A)\otimes_A(A/\mathfrak{I})$ 上的模 $\mathrm{gr}_{\bullet}(R)\otimes_A(A/\mathfrak{I})$ 这个条件就等价于 S 可以生成 $\mathrm{gr}^{\bullet}_{\mathfrak{K}}(A)$ 模 $\mathrm{gr}_{\bullet}(R)\otimes_A(A/\mathfrak{I})$ 这个条件. 现在设 T 是 S 在 $\mathrm{gr}_{\bullet}(R)$ 中所生成的分次 $\mathrm{gr}^{\bullet}_{\mathfrak{K}}(A)$ 子模, 并且令 $T'=\mathrm{gr}_{\bullet}(R)/T$, 则根据前提条件, 我们有 $T'/\mathfrak{I}T'=0$, 或者说 $\mathfrak{I}T'=T'$, 然而 T' 是一个分次模, 并且每个 T'_p 都是 $\mathrm{gr}_p(R)$ 的商模, 从而它们在 $\mathfrak{I}$ 预进拓扑下都是分离的, 于是由 $\mathfrak{I}T'_p=T'_p$ 可以推出 $T'_p=0$, 并且这对任意整数 p 都是成立的, 故得 $T'=0$, 这就证明了我们的结论.

19.7 法向平坦性的 Hironaka 判别法

定理 (19.7.1) (Hironaka) — 设 A 是一个环, $\mathfrak{K}$ 是 A 的一个理想, $\mathbf{f}=(f_1,\cdots,f_n)$ 是 A 中的一个元素序列, 并且是 $(A/\mathfrak{K})$ 正则的, $\mathfrak{I}=f_1A+\cdots+f_nA$ 是由 $\mathbf{f}$ 生成的理想, $\mathfrak{L}=\mathfrak{I}+\mathfrak{K}$, M 是一个 A 模.

此时我们有 $(\mathrm{gr}^{\bullet}_{\mathfrak{K}}(M))\otimes_A(A/\mathfrak{I})=(\mathrm{gr}^{\bullet}_{\mathfrak{K}}(M))\otimes_A(A/\mathfrak{L})=(\mathrm{gr}^{\bullet}_{\mathfrak{K}}(M))\otimes_{A/\mathfrak{K}}(A/\mathfrak{L})$, 因为 $(\mathfrak{K}^nM/\mathfrak{K}^{n+1}M)\otimes_A(A/\mathfrak{I})=\mathfrak{K}^nM/(\mathfrak{K}^{n+1}+\mathfrak{I}\mathfrak{K}^n)M=\mathfrak{K}^nM/(\mathfrak{K}^{n+1}+\mathfrak{L}\mathfrak{K}^n)M$, 第二个等号缘自Bourbaki,《代数学》, II, 第 3 版, §3, ⁎7, 命题 6 的推论 2.

考虑以下诸条件:

a) $\mathrm{gr}^{\bullet}_{\mathfrak{K}}(M)$ 是一个平坦 $A/\mathfrak{K}$ 模.

b) $\mathrm{gr}^{\bullet}_{\mathfrak{L}}(M)$ 是一个平坦 $A/\mathfrak{L}$ 模, 并且典范同态 (**0**, 15.1.5.2)

$$\psi_M\ :\ ((\mathrm{gr}^{\bullet}_{\mathfrak{K}}(M))\otimes_A(A/\mathfrak{L}))[T_1,\cdots,T_n]\longrightarrow \mathrm{gr}^{\bullet}_{\mathfrak{L}}(M)$$

是一一的.

c) $(\mathrm{gr}^{\bullet}_{\mathfrak{K}}(M))\otimes_{A/\mathfrak{K}}(A/\mathfrak{L})$ 是一个平坦 $A/\mathfrak{L}$ 模, 并且序列 $\mathbf{f}$ 是 $(\mathrm{gr}^{\bullet}_{\mathfrak{K}}(M))$ 正则的.

d) $\mathrm{gr}^{\bullet}_{\mathfrak{L}}(M)$ 是一个平坦 $A/\mathfrak{L}$ 模. 并且对任意 $\mathfrak{p}\in\mathrm{Ass}_{A/\mathfrak{K}}(A/\mathfrak{L})$, $(\mathrm{gr}^{\bullet}_{\mathfrak{K}}(M))_{\mathfrak{p}}$ 都是平坦 $(A/\mathfrak{K})_{\mathfrak{p}}$ 模.

则有下面的蕴涵关系

$$\begin{array}{ccccc} \text{a)} & \Longrightarrow & \text{c)} & \Rightarrow & \text{b)} \\ & \searrow & & & \\ & & \text{d)}. & & \end{array}$$

如果 $\mathrm{gr}^{p}_{\mathfrak{K}}(M)$ $(p\geqslant 0)$ 的任何一个子模的商模关于 $\mathfrak{I}$ 都是一致分离的 (Bourbaki,《交换代数学》, III, §5, ⁎1), 那么条件a), b), c) 全都等价.

最后, 若 A 是Noether 环, 这些 f_i 都落在 A 的根之中, 序列 $\mathbf{f}$ 是 $\operatorname{gr}^{\bullet}_{\mathfrak{K}}(A)$ 正则的, 并且 M 是有限型 A 模, 则条件a), b), c), d) 都是等价的.

a) $\Rightarrow$ c) 是显然的 ($\mathbf{0}$, 15.1.13). 若 c) 是成立的, 则由 (19.5.5) 知, ψ_M 是一一的, 进而 $\operatorname{gr}^{\bullet}_{\mathfrak{K}}(M)\otimes_A(A/\mathfrak{L})=\operatorname{gr}^{\bullet}_{\mathfrak{K}}(M)\otimes_{A/\mathfrak{K}}(A/\mathfrak{L})$ 是一个平坦 $A/\mathfrak{L}$ 模, 从而 $(\operatorname{gr}^{\bullet}_{\mathfrak{K}}(M)\otimes_A(A/\mathfrak{L}))[T_1,\cdots,T_n]$ 也是如此, 由此可知, $\operatorname{gr}^{\bullet}_{\mathfrak{L}}(M)$ 是一个平坦 $A/\mathfrak{L}$ 模 (因为 ψ_M 是一个 $A/\mathfrak{L}$ 同构), 从而 c) 蕴涵 b). 而 a) 蕴涵 b) 的事实立即表明, a) 也蕴涵 d).

如果 $\operatorname{gr}^{p}_{\mathfrak{K}}(M)$ 的商模对于 $\mathfrak{I}$ 都是一致分离的, 那么由 (19.5.5) 知, 条件 b) 蕴涵 $\mathbf{f}$ 是 $(\operatorname{gr}^{\bullet}_{\mathfrak{K}}(M))$ 正则的, 进而, 由于此时 $(\operatorname{gr}^{\bullet}_{\mathfrak{K}}(M)\otimes_{A/\mathfrak{K}}(A/\mathfrak{L}))[T_1,\cdots,T_n]$ (它同构于 $\operatorname{gr}^{\bullet}_{\mathfrak{L}}(M)$) 是一个平坦 $A/\mathfrak{L}$ 模, 故知 $\operatorname{gr}^{\bullet}_{\mathfrak{K}}(M)\otimes_{A/\mathfrak{K}}(A/\mathfrak{L})$ 也是如此 (因为它是前者的一个直和因子), 这就证明了 b) 蕴涵 c). 另一方面, 在同样的条件下, c) 蕴涵 a) 的事实缘自 ($\mathbf{0}$, 15.1.21) (那里的 Noether 条件可以换成 M 对于 $\mathfrak{I}$ 是一致分离的, 这是基于 ($\mathbf{0}_{\mathbf{III}}$, 10.2.1)).

从而只需再证明当 A 是 Noether 环、M 是有限型 A 模并且这些 f_i 都落在 A 的根中时 d) 蕴涵 a) 即可.

根据这个条件, 我们有一个有限型自由 A 模 N 和一个正合序列 $0\to R\to N\to M\to 0$. 只需证明 d) 蕴涵 b), 因为从 $\operatorname{gr}^{p}_{\mathfrak{K}}(M)$ 是有限型 A 模、$\mathfrak{I}$ 包含在 A 的根之中并且 A 是 Noether 环的事实就得知, $\operatorname{gr}^{p}_{\mathfrak{K}}(M)$ 的任何一个子模的商模对于 $\mathfrak{I}$ 都是一致分离的 (Bourbaki,《交换代数学》, III, §5, ¥1). 换句话说, 问题是要证明 ψ_M 是一一的.

由于序列 $\mathbf{f}$ 是 $\operatorname{gr}^{\bullet}_{\mathfrak{K}}(A)$ 正则的 (根据前提条件), 故知它也是 $\operatorname{gr}^{\bullet}_{\mathfrak{K}}(N)$ 正则的, 从而我们可以应用 (19.6.3), 因为 $\operatorname{gr}^{k}_{\mathfrak{K}}(M)$ 的任何一个子模的商模在 $\mathfrak{I}$ 预进拓扑下都是分离的 (我们假设了这些 f_i 都落在 A 的根之中). 此时交换图表 (19.6.2.1) 就成为

(19.7.1.1)
$$\begin{array}{ccc}
 & & 0 \\
 & & \downarrow \\
(\operatorname{gr}^{\bullet}_{\mathfrak{K}}(R,N)\otimes_{A/\mathfrak{K}}(A/\mathfrak{L}))[T_1,\cdots,T_n] & \xrightarrow{\psi'_R} & \operatorname{gr}^{\bullet}_{\mathfrak{L}}(R,N) \\
\downarrow & & \downarrow \\
(\operatorname{gr}^{\bullet}_{\mathfrak{K}}(N)\otimes_{A/\mathfrak{K}}(A/\mathfrak{L}))[T_1,\cdots,T_n] & \xrightarrow{\psi_N} & \operatorname{gr}^{\bullet}_{\mathfrak{L}}(N) \\
\downarrow & & \downarrow \\
(\operatorname{gr}^{\bullet}_{\mathfrak{K}}(M)\otimes_{A/\mathfrak{K}}(A/\mathfrak{L}))[T_1,\cdots,T_n] & \xrightarrow{\psi_M} & \operatorname{gr}^{\bullet}_{\mathfrak{L}}(M) \\
\downarrow & & \downarrow \\
0 & & 0\ ,
\end{array}$$

其中 $\mathrm{gr}^{\bullet}_{\mathfrak{K}}(R,N)$ (切转: $\mathrm{gr}^{\bullet}_{\mathfrak{L}}(R,N)$) 是 R 在由这些 $R\cap\mathfrak{K}^mN$ (切转: $R\cap\mathfrak{L}^mN$) 所定义的滤解下的衍生分次模, 还记得此图表的两列都是正合的, 并且 ψ_N 是一一的. 依照 (19.6.3), 问题是要证明 ψ'_R 是满的, 这件事要分为下面几步来进行.

(19.7.1.2) 我们令 $B=\mathrm{gr}^{\bullet}_{\mathfrak{K}}(A)\otimes_{A/\mathfrak{K}}(A/\mathfrak{L})$, $P=\mathrm{gr}^{\bullet}_{\mathfrak{K}}(N)\otimes_{A/\mathfrak{K}}(A/\mathfrak{L})$, $Q=\mathrm{gr}^{\bullet}_{\mathfrak{L}}(R,N)$, 由于 ψ_N 是一一的, 故知 $P[T_1,\cdots,T_n]$ 可以等同于 $\mathrm{gr}^{\bullet}_{\mathfrak{L}}(N)$, 并且 Q 可以等同于 $P[T_1,\cdots,T_n]$ 的一个 $B[T_1,\cdots,T_n]$ 子模, 我们首先来证明

(19.7.1.3) $$Q=(Q\cap P)[T_1,\cdots,T_n].$$

为此我们令 $Z=Q/((Q\cap P)[T_1,\cdots,T_n])$, 这是 $P[T_1,\cdots,T_n]/((Q\cap P)[T_1,\cdots,T_n])=(P/(Q\cap P))[T_1,\cdots,T_n]$ 的一个 $B[T_1,\cdots,T_n]$ 子模. 从而作为 $A/\mathfrak{L}$ 模, 它可以同构于一些与 $P/(Q\cap P)=(P+Q)/Q$ 同构的 $A/\mathfrak{L}$ 模的直和的一个子模. 然而 $(P+Q)/Q$ 作为 $A/\mathfrak{L}$ 模同构于 $P[T_1,\cdots,T_n]/Q$ 的一个子模, 并且依照图表 (19.7.1.1), $P[T_1,\cdots,T_n]/Q$ 就是 $\mathrm{gr}^{\bullet}_{\mathfrak{L}}(M)$. 从而我们有

(19.7.1.4) $$\mathrm{Ass}_{A/\mathfrak{L}}(Z)\subseteq\mathrm{Ass}_{A/\mathfrak{L}}(\mathrm{gr}^{\bullet}_{\mathfrak{L}}(M)).$$

但根据前提条件, 每个 $\mathrm{gr}^m_{\mathfrak{L}}(M)$ 都是有限型平坦 $A/\mathfrak{L}$ 模, 从而是投射的 (因为 $A/\mathfrak{L}$ 是 Noether 环), 由此可知, $\mathrm{Ass}_{A/\mathfrak{L}}(\mathrm{gr}^{\bullet}_{\mathfrak{L}}(M))\subseteq\mathrm{Ass}_{A/\mathfrak{L}}(A/\mathfrak{L})$. 因而为了证明 $Z=0$, 只需 (Bourbaki, 《交换代数学》, IV, §1, ⁎1, 命题 2 的推论 1 和 ⁎3, 命题 7) 证明对任意 $\mathfrak{q}\in\mathrm{Ass}_{A/\mathfrak{L}}(A/\mathfrak{L})$ 均有 $A_{\mathfrak{q}}=0$ 即可. 然而 $\mathrm{Ass}_{A/\mathfrak{L}}(A/\mathfrak{L})$ 中的素理想都具有 $\mathfrak{p}/(\mathfrak{L}/\mathfrak{K})$ 的形状, 其中 $\mathfrak{p}\in\mathrm{Ass}_{A/\mathfrak{K}}(A/\mathfrak{L})$, 从而问题归结为证明, 对任意 $\mathfrak{p}\in\mathrm{Ass}_{A/\mathfrak{K}}(A/\mathfrak{L})$, 均有 $Z_{\mathfrak{p}}=0$. 现在若 $\mathfrak{p}=\mathfrak{r}/\mathfrak{K}$, 其中 $\mathfrak{r}$ 是 A 的一个素理想, 则有 $(\mathrm{gr}^{\bullet}_{\mathfrak{K}}(M))_{\mathfrak{p}}=\mathrm{gr}^{\bullet}_{\mathfrak{K}_{\mathfrak{r}}}(M_{\mathfrak{r}})$ 和 $(A/\mathfrak{K})_{\mathfrak{p}}=A_{\mathfrak{r}}/\mathfrak{K}_{\mathfrak{r}}$, 并且这些 f_i 在 $A_{\mathfrak{r}}$ 中的像构成一个 $\mathrm{gr}^{\bullet}_{\mathfrak{K}_{\mathfrak{r}}}(A_{\mathfrak{r}})$ 正则序列 (**0**, 15.1.14), 通过把 a) ⇒ b) 应用到 $A_{\mathfrak{r}}$, $\mathfrak{K}_{\mathfrak{r}}$ 和 $M_{\mathfrak{r}}$ 上, 我们就看到条件 d) 蕴涵着 $\psi_{M_{\mathfrak{r}}}$ 是一一的, 从而依照 (19.6.3), $\psi'_{R_{\mathfrak{r}}}$ 也是一一的. 换句话说, $Q_{\mathfrak{r}}=Q'_{\mathfrak{r}}[T_1,\cdots,T_n]$, 这里我们令 $Q'=\mathrm{gr}^{\bullet}_{\mathfrak{K}}(R,N)\otimes_{A/\mathfrak{K}}(A/\mathfrak{L})$ (它是 P 的一个 B 子模), 特别地, $Q'_{\mathfrak{r}}=Q_{\mathfrak{r}}\cap P_{\mathfrak{r}}$, 从而最终得到 $Z_{\mathfrak{r}}=Z_{\mathfrak{p}}=0$, 这就完成了 (19.7.1.3) 的证明.

(19.7.1.5) 依照 (19.7.1.3), 为了证明 ψ'_R 是满的, 只需证明 $Q\cap P$ 的任何 m 次齐次元都是 $\mathrm{gr}^{\bullet}_{\mathfrak{K}}(R,N)\otimes_{A/\mathfrak{K}}(A/\mathfrak{L})$ 的同次元素的像即可. 现在 P 的 m 次元素可以 (通过 ψ_N) 等同于 $\mathrm{gr}^m_{\mathfrak{L}}(N)$ 中的那些落在 $(\mathfrak{K}^mN+\mathfrak{L}^{m+1}N)/\mathfrak{L}^{m+1}N$ 中的元素, 而 $\mathrm{gr}^m_{\mathfrak{K}}(R,N)\otimes_{A/\mathfrak{K}}(A/\mathfrak{L})$ 中元素的像又等同于 $\mathrm{gr}^m_{\mathfrak{L}}(N)$ 中的那些落在 $((R\cap\mathfrak{K}^mN)+\mathfrak{L}^{m+1}N)/\mathfrak{L}^{m+1}N$ 中的元素. 从而最终只需证明, 对任意正整数 m, 均有包含关系

$$((R\cap\mathfrak{L}^mN)+\mathfrak{L}^{m+1}N)\cap(\mathfrak{K}^mN+\mathfrak{L}^{m+1}N)\subseteq(R\cap\mathfrak{K}^mN)+\mathfrak{L}^{m+1}N.$$

由于 $\mathfrak{K}\subseteq\mathfrak{L}$, 故可立即验证左边这一项就等于 $(R\cap(\mathfrak{K}^mN+\mathfrak{L}^{m+1}N))+\mathfrak{L}^{m+1}N$, 从而问题归结为证明

(19.7.1.6) $$R\cap(\mathfrak{K}^mN+\mathfrak{L}^{m+1}N)\ \subseteq\ (R\cap\mathfrak{K}^mN)+\mathfrak{L}^{m+1}N.$$

我们对 m 进行归纳, 假设 (19.7.1.6) 对于整数 $m'<m$ 都是成立的. 另一方面, 对于一个整数 $d\geqslant 0$, 我们来考虑关系式

$(*_d)$ $$R\cap(\mathfrak{K}^mN+\mathfrak{L}^{m+1}N)\ \subseteq\ (R\cap\mathfrak{K}^dN\cap\mathfrak{L}^mN)+\mathfrak{L}^{m+1}N.$$

显然只需证明 $d=m$ 时的关系式 $(*_d)$ 即可, 另一方面, $(*_0)$ 显然是成立的. 现在我们要对 d 进行归纳来证明 $(*_d)$. 换句话说, 假设 $(*_d)$ 对于某个取定的 $d\geqslant 0$ 是对的 (满足 $d<m$), 我们想要证明

$(*_{d+1})$ $$R\cap(\mathfrak{K}^mN+\mathfrak{L}^{m+1}N)\ \subseteq\ (R\cap\mathfrak{K}^{d+1}N\cap\mathfrak{L}^mN)+\mathfrak{L}^{m+1}N.$$

为此考虑关系式 (对于一个整数 $h\geqslant 0$)

$(**_{d+1,h})$ $$R\cap(\mathfrak{K}^mN+\mathfrak{L}^{m+1}N)\ \subseteq\ (R\cap(\mathfrak{K}^{d+1}N+\mathfrak{K}^d\mathfrak{L}^hN)\cap\mathfrak{L}^mN)+\mathfrak{L}^{m+1}N.$$

前提条件 $(*_d)$ 表明 $(**_{d+1,0})$ 是对的. 我们要通过对 h 进行归纳来证明 $(**_{d+1,h})$ 对任意 $h\geqslant 0$ 都是对的. 我们有

引理 (19.7.1.7) — 设 A 是一个Noether 环, N 是一个有限型 A 模, E,F 是 N 的两个子模, $\mathfrak{L}$ 是 A 的一个理想. 则对任意 $k>0$, 均可找到 $h>0$, 使得 $E\cap(F+\mathfrak{L}^hN)\subseteq(E\cap F)+\mathfrak{L}^kN$.

事实上, 设 $\varphi:N\to N/(E\cap F)=N_1$ 是典范同态, 并且令 $E_1=\varphi(E)$, $F_1=\varphi(F)$, 因而有 $E_1\cap F_1=0$ 和 $\varphi(E\cap(F+\mathfrak{L}^hN))=E_1\cap(F_1+\mathfrak{L}^hN_1)$. 我们知道 ($\mathbf{0_I}$, 7.3.2) 总可以找到 h 使得 $(E_1+F_1)\cap\mathfrak{L}^hN_1\subseteq\mathfrak{L}^k(E_1+F_1)$, 取定这样一个 h, 并设 $x_1\in E_1$ 满足条件: "可以找到 $y_1\in F_1$, 使得 $x_1-y_1\in\mathfrak{L}^hN_1$ ", 则由上面所述就得知, 可以找到 $u_1\in\mathfrak{L}^kE_1$ 和 $v_1\in\mathfrak{L}^kF_1$, 使得 $x_1=u_1$ 且 $y_1=v_1$, 从而 $E_1\cap(F_1+\mathfrak{L}^hN_1)\subseteq\mathfrak{L}^kN_1$, 这就证明了引理.

现在只要把这个引理应用到 $E=R\cap\mathfrak{L}^mN$, $F=\mathfrak{K}^{d+1}N$ 的情形, 并取 $k=m+1$, 就可以得知, 对于上面取定的 h 来说, $(**_{d+1,h})$ 蕴涵 $(*_{d+1})$.

以下我们就假设 $(**_{d+1,h})$ 是成立的.

(19.7.1.8) $(**_{d+1,h+1})$ 的证明:第一种情形: $h\leqslant m-d$.

我们从一个元素

(19.7.1.9) $$g\ \in\ R\cap(\mathfrak{K}^{d+1}N+\mathfrak{K}^d\mathfrak{L}^hN)\cap\mathfrak{L}^mN$$

出发, 假设它模 $\mathfrak{L}^{m+1}N$ 同余于某个元素 $g_1 \in R \cap (\mathfrak{K}^m N + \mathfrak{L}^{m+1}N)$, 则有

(19.7.1.10) $$g \in \mathfrak{K}^m N + \mathfrak{L}^{m+1}N.$$

只需证明 g 也能够模 $\mathfrak{L}^{m+1}N$ 同余于某个元素

$$g_2 \in R \cap (\mathfrak{K}^{d+1}N + \mathfrak{K}^d \mathfrak{L}^{h+1}N)$$

即可, 因为这就表明 $g_2 \in \mathfrak{L}^m N$ (这是基于 $g \in \mathfrak{L}^m N$ 和 $g_2 - g \in \mathfrak{L}^{m+1}N$). 在我们所考虑的 $h \leqslant m-d$ 的情形, 只需证明关系式

(19.7.1.11) $$(\mathfrak{K}^m N + \mathfrak{L}^{m+1}N) \cap \mathfrak{K}^d N \subseteq \mathfrak{L}^{m-d+1}\mathfrak{K}^d N + \mathfrak{K}^{d+1}N$$

即可, 因为由 (19.7.1.9) 和 (19.7.1.10) 得知, g 落在 (19.7.1.11) 的左边之中, 且由于 $h \leqslant m-d$, 故有 $\mathfrak{L}^{m-d+1} \subseteq \mathfrak{L}^{h+1}$, 这就证明了 $(**_{d+1,h+1})$. 此外我们有 $\mathfrak{K}^m N \subseteq \mathfrak{K}^d N$, 从而由关系式

(19.7.1.12) $$\mathfrak{L}^{m+1}N \cap \mathfrak{K}^d N \subseteq \mathfrak{L}^{m-d+1}\mathfrak{K}^d N$$

就足以推出 (19.7.1.11). 由于 N 是一个有限型自由 A 模, 故我们看到为了证明 (19.7.1.12), 只需证明

(19.7.1.13) $$\mathfrak{L}^{m+1} \cap \mathfrak{K}^d \subseteq \mathfrak{L}^{m-d+1}\mathfrak{K}^d$$

即可.

一般地, 我们只需证明对于 $d < m$ 均有

(19.7.1.14) $$\mathfrak{L}^{m+1} \cap \mathfrak{K}^d \subseteq \mathfrak{L}^{m-d+1}\mathfrak{K}^d + \mathfrak{K}^{d+1},$$

事实上, 由于 $\mathfrak{K} \subseteq \mathfrak{L}$, 故知 $\mathfrak{L}^{m-d+1}\mathfrak{K}^d \subseteq \mathfrak{L}^{m+1}$, 从而上述关系式就表明

$$\mathfrak{L}^{m+1} \cap \mathfrak{K}^d \subseteq \mathfrak{L}^{m-d+1}\mathfrak{K}^d + \mathfrak{L}^{m+1} \cap \mathfrak{K}^{d+1},$$

通过对 $d < m$ 进行归纳, 我们得到

$$\mathfrak{L}^{m+1} \cap \mathfrak{K}^d \subseteq \mathfrak{L}^{m-d+1}\mathfrak{K}^d + \mathfrak{K}^{m+1},$$

这就给出了 (19.7.1.13), 因为 $\mathfrak{K}^{m+1} \subseteq \mathfrak{L}^{m-d+1}\mathfrak{K}^d$.

由于 $\mathfrak{L} = \mathfrak{I} + \mathfrak{K}$, 故知关系式 (19.7.1.14) 也可以写成

(19.7.1.15) $$(\mathfrak{I}^{m+1} + \mathfrak{I}^m\mathfrak{K} + \cdots + \mathfrak{I}\mathfrak{K}^m + \mathfrak{K}^{m+1}) \cap \mathfrak{K}^d \subseteq$$
$$\subseteq \mathfrak{I}^{m-d+1}\mathfrak{K}^d + \mathfrak{I}^{m-d}\mathfrak{K}^{d+1} + \cdots + \mathfrak{I}\mathfrak{K}^m + \mathfrak{K}^{m+1} + \mathfrak{K}^{d+1} = \mathfrak{L}^{m-d+1}\mathfrak{K}^d + \mathfrak{K}^{d+1}.$$

下面我们来说明, 上述包含关系本身又可以从

(19.7.1.16) $$\mathfrak{K}^a\mathfrak{J}^b \cap \mathfrak{K}^{a+1} \subseteq \mathfrak{K}^{a+1}\mathfrak{J}^{b-1} \quad (a \geqslant 0,\, b \geqslant 1)$$

推出来. 事实上, 为了证明 (19.7.1.15), 只需证明对 $0 \leqslant q \leqslant d$ 均有

(19.7.1.17) $$(\mathfrak{J}^{m+1} + \mathfrak{J}^m\mathfrak{K} + \cdots + \mathfrak{J}\mathfrak{K}^m + \mathfrak{K}^{m+1}) \cap \mathfrak{K}^d \subseteq \\ \subseteq (\mathfrak{J}^{m+1-q}\mathfrak{K}^q + \mathfrak{J}^{m-q}\mathfrak{K}^{q+1} + \cdots + \mathfrak{K}^{m+1}) \cap \mathfrak{K}^d$$

即可, 因为当 $q = d$ 时, 这个式子就能推出 (19.7.1.15). 现在为了证明 (19.7.1.17), 我们只需对 q 进行归纳, 假设该关系式对于 $q < d$ 是对的, 从而左边的一个元素总可以写成 $y + z$ 的形状, 其中 $y \in \mathfrak{J}^{m+1-q}\mathfrak{K}^q$, $z \in \mathfrak{J}^{m-q}\mathfrak{K}^{q+1} + \cdots + \mathfrak{K}^{m+1}$, 由于 $y + z \in \mathfrak{K}^d \subseteq \mathfrak{K}^{q+1}$, 这就给出 $y \in \mathfrak{K}^{q+1}$ (因为 $z \in \mathfrak{K}^{q+1}$), 有见于 (19.7.1.16), 我们有 $y \in \mathfrak{J}^{m-q}\mathfrak{K}^{q+1}$. 从而根据前提条件

$$y + z \in \mathfrak{J}^{m-q}\mathfrak{K}^{q+1} + \cdots + \mathfrak{K}^{m+1}, \quad 且 \quad y + z \in \mathfrak{K}^d,$$

这就证明了在把 q 换成 $q+1$ 后 (19.7.1.17) 仍然是对的.

现在我们回头来证明 (19.7.1.16). 左边的一个元素总可以写成 $a_1f_1 + \cdots + a_nf_n$ 的形状, 其中 a_i 都落在 $\mathfrak{K}^a\mathfrak{J}^{b-1}$ 中, 根据前提条件, 序列 $\mathbf{f}$ 是 $\mathfrak{K}^a/\mathfrak{K}^{a+1}$ 正则的, 从而也是 $\mathfrak{K}^a/\mathfrak{K}^{a+1}$ 拟正则的 ($\mathbf{0}$, 15.1.9), 于是由定义 ($\mathbf{0}$, 15.1.7) 和关系式 $a_1f_1+\cdots+a_nf_n \in \mathfrak{K}^{a+1}$ (其中 $a_i \in \mathfrak{K}^a$) 就能推出 $a_i \in \mathfrak{K}^{a+1}$, 从而 $a_i \in \mathfrak{K}^a\mathfrak{J}^{b-1} \cap \mathfrak{K}^{a+1}$, 现在只需对 b 进行归纳 ($b = 1$ 的情形是显然的) 就可以证明 (19.7.1.16), 因而也证明了 $h \leqslant m - d$ 时的 $(**_{d+1,h+1})$.

(19.7.1.18) $(**_{d+1,h+1})$ 的证明:第二种情形: $h > m - d$.

我们首先来证明, 对任意 $h \geqslant 0$, 均有

(19.7.1.19) $$R \cap (\mathfrak{K}^{d+1}N + \mathfrak{K}^d\mathfrak{L}^hN) \subseteq \mathfrak{L}^h(R \cap \mathfrak{K}^dN) + \mathfrak{L}^{h+1}\mathfrak{K}^dN + \mathfrak{K}^{d+1}N.$$

为此我们考虑 (19.7.1.19) 的左边的一个元素 z. 注意到 $\mathfrak{K}^{d+1}N + \mathfrak{K}^d\mathfrak{L}^hN = \mathfrak{K}^{d+1}N + \mathfrak{K}^d\mathfrak{J}^hN$ (因为 $\mathfrak{L} = \mathfrak{J} + \mathfrak{K}$), 我们要考察 z 在 $\mathrm{gr}^h_{\mathfrak{J}}(\mathrm{gr}^d_{\mathfrak{K}}(N))$ 中的等价类 $\bar{z}$, 依照 (19.5.5) 和 $\mathbf{f}$ 上的前提条件, $\mathrm{gr}^h_{\mathfrak{J}}(\mathrm{gr}^d_{\mathfrak{K}}(N))$ 可以等同于 $\mathrm{gr}^{h+d}_{\mathfrak{L}}(N)$ 的一个 $A/\mathfrak{L}$ 子模. 从 $z \in R$ 出发, 我们现在要进而证明 (在上述等同下)

(19.7.1.20) $$\bar{z} \in \mathrm{gr}^{h+d}_{\mathfrak{L}}(R, N).$$

事实上, 我们在 (19.7.1.3) 的证明中已经指出, 对 A 的任意素理想 $\mathfrak{r}$, 只要 $\mathfrak{p} = \mathfrak{r}/\mathfrak{K} \in \mathrm{Ass}_{A/\mathfrak{K}}(A/\mathfrak{L})$, 映射 $\psi'_{R_{\mathfrak{r}}}$ 就是一一的, 因而在关系式 (19.7.1.6) 中把各项都

在 $\mathfrak{r}$ 处取局部化后它是对的. 由于 z 落在 $R \cap (\mathfrak{K}^d N + \mathfrak{L}^{d+1} N)$ 中, 故它在 $R_{\mathfrak{r}}$ 中的像 $z/1$ 落在 $(R_{\mathfrak{r}} \cap \mathfrak{K}_{\mathfrak{r}}^d N_{\mathfrak{r}}) + \mathfrak{L}_{\mathfrak{r}}^{d+1} N_{\mathfrak{r}}$ 之中, 从而 $\bar{z}$ 在 $\mathrm{gr}^{\bullet}_{\mathfrak{L}_{\mathfrak{r}}}(N_{\mathfrak{r}})$ 中的像 $\bar{z}/1$ 落在 $\mathrm{gr}^{\bullet}_{\mathfrak{L}_{\mathfrak{r}}}(R_{\mathfrak{r}}, N_{\mathfrak{r}}) = (\mathrm{gr}^{\bullet}_{\mathfrak{L}}(R, N))_{\mathfrak{r}} = (\mathrm{gr}^{\bullet}_{\mathfrak{L}}(R, N))_{\mathfrak{q}}$ 中, 此处 $\mathfrak{q} = \mathfrak{r}/\mathfrak{L}$. 换句话说, $\bar{z}$ 在典范映射 $(\mathrm{gr}^{\bullet}_{\mathfrak{L}}(N))_{\mathfrak{q}} \to (\mathrm{gr}^{\bullet}_{\mathfrak{L}}(M))_{\mathfrak{q}}$ 下的像对任意 $\mathfrak{q} \in \mathrm{Ass}_{A/\mathfrak{L}}(A/\mathfrak{L})$ 都等于 0. 而我们在 (19.7.1.3) 的证明中已经看到 $\mathrm{Ass}_{A/\mathfrak{L}}(\mathrm{gr}^{\bullet}_{\mathfrak{L}}(M)) \subseteq \mathrm{Ass}_{A/\mathfrak{L}}(A/\mathfrak{L})$, 由此就得知 (Bourbaki,《交换代数学》, IV, §1, ⁂1, 命题 2 的推论 1 和 ⁂3, 命题 7), $\bar{z}$ 在典范映射 $\mathrm{gr}^{\bullet}_{\mathfrak{L}}(N) \to \mathrm{gr}^{\bullet}_{\mathfrak{L}}(M)$ 下的像等于 0, 也就是说, 关系式 (19.7.1.20) 是成立的.

在此基础上, 根据定义, 我们就有

(19.7.1.21)
$$z \equiv \sum_{|\mathbf{p}|=h} c_{\mathbf{p}} \mathbf{f}^{\mathbf{p}} \bmod \mathfrak{K}^{d+1} N,$$

其中 $\mathbf{p} = (p_1, \cdots, p_n)$, $\mathbf{f}^{\mathbf{p}} = f_1^{p_1} f_2^{p_2} \cdots f_n^{p_n}$, $|\mathbf{p}| = p_1 + \cdots + p_n$ 并且 $c_{\mathbf{p}} \in \mathfrak{K}^d N$. 进而, 由于 ψ_N 把 $\mathrm{gr}^{\bullet}_{\mathfrak{L}}(N)$ 等同于 $(\mathrm{gr}_{\mathfrak{K}}(N) \otimes_{A/\mathfrak{K}} (A/\mathfrak{L}))[T_1, \cdots, T_n]$, 故这些 $c_{\mathbf{p}}$ 在模 $\mathfrak{K}^d \mathfrak{L} N$ 的意义下是唯一确定的, 若我们用 $\bar{c}_{\mathbf{p}}$ 来记 $c_{\mathbf{p}}$ 的模 $\mathfrak{K}^d \mathfrak{L} N$ 剩余类, 则通过上述等同我们就有

(19.7.1.22)
$$\bar{z} = \sum_{|\mathbf{p}|=h} \bar{c}_{\mathbf{p}} \mathbf{T}^{\mathbf{p}}.$$

利用 (19.7.1.3) 又可以得出, 对任意 $\mathbf{p}$, 只要 $|\mathbf{p}| = h$ (这里的 $\bar{c}_{\mathbf{p}}$ 通过 ψ_N 等同于 $\mathrm{gr}^d_{\mathfrak{L}}(N)$ 的一个元素), 就一定有

(19.7.1.23)
$$\bar{c}_{\mathbf{p}} \in \mathrm{gr}^d_{\mathfrak{L}}(R, N).$$

但由于 $d < m$, 故由 $(*_d)$ 成立这个条件可以推出 $\bar{c}_{\mathbf{p}}$ 落在 ψ'_R 的像之中, 从而我们可以假设 $c_{\mathbf{p}} \in (R \cap \mathfrak{K}^d N) + \mathfrak{K}^d \mathfrak{L} N$. 此时关系式 (19.7.1.21) 就给出

$$z \in \mathfrak{I}^h (R \cap \mathfrak{K}^d N) + \mathfrak{I}^h \mathfrak{K}^d \mathfrak{L} N + \mathfrak{K}^{d+1} N,$$

且由于 $\mathfrak{I} \subseteq \mathfrak{L}$, 这就证明了 (19.7.1.19).

特别地, 我们可以把 g 写成

$$g = t + g_2,$$

其中 $t \in \mathfrak{L}^h (R \cap \mathfrak{K}^d N)$ 并且 $g_2 \in \mathfrak{K}^{d+1} N + \mathfrak{K}^d \mathfrak{L}^h N$, 进而, 由于 $t \in R$ 且 $g \in R$, 故有 $g_2 \in R$. 另一方面, 使用 $h \geqslant m - d + 1$ 的前提条件, 我们就看到 $t \in \mathfrak{L}^{m+1} N$. 从而元素 g_2 满足 (19.7.1.8) 中所要求的全部条件, 这就完成了 (19.7.1) 的证明.

注解 (19.7.2) — (i) 如果我们假设 $\mathrm{gr}^{\bullet}_{\mathfrak{K}}(A)$ 是一个平坦 $A/\mathfrak{K}$ 模, 那么由序列 $\mathbf{f}$ 是 $A/\mathfrak{K}$ 正则的就可以推出它也是 $\mathrm{gr}^{\bullet}_{\mathfrak{K}}(A)$ 正则的 (**0**, 15.1.14). 注意到在 A 和 $A/\mathfrak{K}$ 都是

正则环的时候就是如此 (**0**, 17.3.6). 事实上, 此时 $\mathfrak{K}$ 是 A 的一个正则理想 (19.1.2), 从而是拟正则的, 现在只要在 A 的那些包含 $\mathfrak{K}$ 的极大理想处取局部化, 并利用 (**0**, 15.1.7), 就可以推出 $\mathrm{gr}^{\bullet}_{\mathfrak{K}}(A)$ 是一个投射 $A/\mathfrak{K}$ 模.

(ii) 这里有一个值得探讨的问题, 即如果仅仅假设能找到一个 A 代数 B, 它是 Noether 环, 且 $\mathfrak{J}B$ 包含在 B 的根之中, 并且 M 是一个有限型 B 模, 那么是否还能证明 (19.7.1) 的最后一句话.

推论 (19.7.3) — *设 A 是一个 Noether 局部环, $\mathfrak{m}$ 是它的极大理想, $\mathfrak{K}$ 是 A 的一个理想, 再假设环 $A/\mathfrak{K}$ 是正则的, 维数是 n, M 是一个有限型 A 模. 则以下诸条件是等价的:*

a) $\mathrm{gr}^{\bullet}_{\mathfrak{K}}(M)$ *是一个平坦 $A/\mathfrak{K}$ 模.*

b) *若 $P(T)$ 和 $Q(T)$ 分别是分次 $A/\mathfrak{m}$ 模 $\mathrm{gr}^{\bullet}_{\mathfrak{m}}(M)$ 和 $\mathrm{gr}^{\bullet}_{\mathfrak{K}}(M)\otimes_{A/\mathfrak{K}}(A/\mathfrak{m})$ 的 Poincaré 级数, 则有*

(19.7.3.1)
$$Q(T) \;=\; P(T)(1-T)^n.$$

设 $\mathbf{f}=(f_1,\cdots,f_n)$ 是 A 中的一个元素序列, 并假设这些 f_i 在 $A/\mathfrak{K}$ 中的像构成 $A/\mathfrak{K}$ 的一个正则参数系 (**0**, 17.1.6), 因而 $\mathbf{f}$ 是一个 $A/\mathfrak{K}$ 正则序列, 进而, 若 $\mathfrak{I}$ 是由 $\mathbf{f}$ 生成的那个理想, 则有 $\mathfrak{I}+\mathfrak{K}=\mathfrak{m}$, 且由于 $A/\mathfrak{m}$ 是一个域, 故知 $\mathrm{gr}^{\bullet}_{\mathfrak{m}}(M)$ 是一个平坦 $A/\mathfrak{m}$ 模. 由于 A 是 Noether 环, 并且 M 是有限型 A 模, 故我们可以应用 (19.7.1) 中 a) 和 b) 的等价性. 进而由于 $A/\mathfrak{m}$ 是一个域, 并且 ψ_M 是满的, 故 ψ_M 是一一的这件事就等价于对任意 $h\geqslant 0$, $\mathrm{gr}^h_{\mathfrak{m}}(M)$ 和 $(\mathrm{gr}^{\bullet}_{\mathfrak{K}}(M)\otimes_{A/\mathfrak{K}}(A/\mathfrak{m}))[T_1,\cdots,T_n]$ 的 h 次元子模在 $A/\mathfrak{m}$ 上都具有相同的秩, 但后一个模的秩显然等于 $\sum\limits_{r=0}^{h}\binom{r+n-1}{n-1}\mathrm{rg}(\mathrm{gr}^{h-r}_{\mathfrak{K}}(M)\otimes_{A/\mathfrak{K}}(A/\mathfrak{m}))$. 由于 $(1-T)^{-n}=\sum\limits_{r=0}^{\infty}\binom{r+n-1}{n-1}T^r$, 这就证明了关系式 (19.7.3.1) 就是使得 ψ_M 成为一一映射的充分必要条件.

推论 (19.7.4) — *设 X 是一个局部 Noether 概形, Y 是 X 的一个闭子概形, 并且是正则且连通的, $\mathscr{F}$ 是一个沿着 Y 法向平坦 (6.10.1) 的凝聚 $\mathscr{O}_X$ 模层. 则可以找到一个形式幂级数 $R\in\mathbb{Q}[[T]]$ (不依赖于 $x\in Y$), 使得对任意 $x\in Y$, $\mathrm{gr}^{\bullet}_{\mathfrak{m}_x}(\mathscr{F}_x)$ 的 Poincaré 级数都可由下式给出:*

(19.7.4.1)
$$P_x(\mathscr{F})(T) \;=\; R(T)(1-T)^{-n},\quad \text{其中 } n=\dim\mathscr{O}_{Y,x}.$$

设 $\mathscr{J}$ 是 $\mathscr{O}_X$ 的那个定义了 Y 的凝聚理想层, 则 $\mathscr{F}$ 上的前提条件就意味着 $\mathrm{gr}^{\bullet}_{\mathscr{J}}(\mathscr{F})$ 是一个平坦 $\mathscr{O}_Y$ 模层. 从而对任意 $x\in Y$, 我们都可以把 (19.7.3) 应用到 $A=\mathscr{O}_{X,x}$, $\mathfrak{K}=\mathscr{J}_x$, $M=\mathscr{F}_x$ 上, 根据前提条件, a) 是满足的, 从而 Poincaré 级数 $P_x(\mathscr{F})(T)$ 就等于 $R_x(T)(1-T)^{-n}$, 其中 $R_x(T)$ 是 $\mathrm{gr}^{\bullet}_{\mathscr{J}_x}(\mathscr{F}_x)\otimes_{\mathscr{O}_{Y,x}}\boldsymbol{k}(x)$ 的 Poincaré

级数. 现在由前提条件知, 每个 $\mathscr{O}_Y$ 模层 $\mathscr{J}^h\mathscr{F}/\mathscr{J}^{h+1}\mathscr{F}$ 都是平坦且凝聚的, 从而是局部自由的 (2.1.12), 且由于我们假设了 Y 是连通的, 故知每个 $\mathscr{J}^h\mathscr{F}/\mathscr{J}^{h+1}\mathscr{F}$ 的秩在 Y 上都是常值的, 这就证明了 Poincaré 级数 $R_x(T)$ 不依赖于 $x \in Y$.

推论 (19.7.5) — 设 X 是一个局部Noether 概形, Y 是 X 的一个闭子概形, Z 是 Y 的一个闭子概形, 并假设 Y 和 Z 都是正则的. 设 $\mathscr{F}$ 是一个凝聚 $\mathscr{O}_X$ 模层.

(i) 若 $\mathscr{F}$ 在 Z 的所有点处都是沿着 Y 法向平坦的 (在一点处法向平坦的定义可参考 (11.3.4)), 则 $\mathscr{F}$ 沿着 Z 是法向平坦的.

(ii) 进而假设 Z 是连通的, 并且 $\mathscr{O}_X$ 在 Z 的所有点处都是沿着 Y 法向平坦的 (特别地, 如果 X 在 Z 的所有点处都是正则的, 那么这件事就是成立的). 若 $\mathscr{F}$ 沿着 Z 是法向平坦的, 并且可以找到一个点 $z \in Z$, 使得 $\mathscr{F}$ 在点 z 处是沿着 Y 法向平坦的, 则 $\mathscr{F}$ 在 Z 的所有点处都是沿着 Y 法向平坦的.

设 $\mathscr{K}$ 和 $\mathscr{L} \supseteq \mathscr{K}$ 分别是 $\mathscr{O}_X$ 的那两个定义了 Y 和 Z 的凝聚理想层. 对任意点 $z \in Z$, 典范浸入 $Z \to Y$ 在点 z 近旁都是正则的, 因为 Y 和 Z 在该点处都是正则的 (19.1.1), 换句话说, 可以找到 $\mathscr{O}_{X,z}$ 中的一个元素序列 $(f_i)_{1\leqslant i\leqslant n}$, 它是 $\mathscr{K}_z$ 正则的, 并且我们有 $\mathscr{L}_z = \mathscr{K}_z + \sum\limits_i f_i\mathscr{O}_{X,z}$.

(i) 前提条件意味着 $\mathrm{gr}^\bullet_{\mathscr{K}_z}(\mathscr{F}_z)$ 是一个平坦 $\mathscr{O}_{Y,z}$ 模, 从而利用 (19.7.1) 中 a) 蕴涵 b) 的事实就得知, $\mathrm{gr}^\bullet_{\mathscr{L}_z}(\mathscr{F}_z)$ 是一个平坦 $\mathscr{O}_{Z,z}$ 模.

(ii) X 上的追加条件表明, 序列 (f_i) 在任何点 $z \in Z$ 处都是 $\mathrm{gr}^\bullet_{\mathscr{K}_z}(\mathscr{F}_z)$ 正则的 (19.7.2). 另一方面, 由于 Z 是正则且连通的, 故它是整的, 并且若在一点 $z \in Z$ 处 $\mathrm{gr}^\bullet_{\mathscr{K}_z}(\mathscr{F}_z)$ 是 $\mathscr{O}_{Y,z}$ 平坦的, 则由于 Z 的一般点 ζ 是 z 的一个一般化, 故我们得知 $\mathrm{gr}^\bullet_{\mathscr{K}_\zeta}(\mathscr{F}_\zeta)$ 是 $\mathscr{O}_{Y,\zeta}$ 平坦的 ($\mathbf{0_I}$, 6.3.1). 由此就能推出, 在任何点 $z' \in Z$ 处, 若 $\mathrm{gr}^\bullet_{\mathscr{L}_{z'}}(\mathscr{F}_{z'})$ 是一个平坦 $\mathscr{O}_{Z,z'}$ 模, 则 $\mathrm{gr}^\bullet_{\mathscr{K}_{z'}}(\mathscr{F}_{z'})$ 也是一个平坦 $\mathscr{O}_{Y,z'}$ 模, 因为我们可以应用 (19.7.1) 中 a) 和 d) 的等价性.

19.8 可以延伸到投影极限上的性质

在这一小节中, 谈到投影极限, 我们都采用 (8.5.1) 和 (8.8.1) 中的记号和约定.

命题 (19.8.1) — 假设传递态射 $S_\mu \to S_\lambda$ $(\lambda \leqslant \mu)$ 都是平坦的, 进而假设下述条件之一得到满足:

1° 诸概形 S_λ 都是局部Noether 的.

2° 传递态射 $S_\mu \to S_\lambda$ 都是映满的 (从而是忠实平坦的).

在这些条件下:

(i) 假设 S_α 是拟紧的. 设 $\mathscr{F}_\alpha$ 是一个拟凝聚 $\mathscr{O}_{S_\alpha}$ 模层, 并且在 1° 的条件下进而假设它是有限型的. 设 $(f_{i\alpha})_{1\leqslant i\leqslant n}$ 是一个由 $\mathscr{F}_\alpha$ 在 S_α 上的截面所组成的有限序

列. 则为了使由 $\mathscr{O}_S$ 模层 $\mathscr{F}$ 在 S 上的那些与 $f_{i\alpha}$ 相对应的截面 f_i $(1 \leqslant i \leqslant n)$ 所组成的序列是 $\mathscr{F}$ 正则的, 必须且只需能找到 $\lambda \geqslant \alpha$, 使得由 $\mathscr{F}_\lambda$ 在 S_λ 上的这些截面 $f_{i\lambda}$ 所组成的序列是 $\mathscr{F}_\lambda$ 正则的.

(ii) 假设 X_α 是拟紧的, 并设 $j_\alpha : X_\alpha \to S_\alpha$ 是一个浸入, 进而在 2° 的条件下假设 j_α 是局部有限呈示的. 则为了使对应的浸入 $j : X \to S$ 是正则的, 必须且只需能找到 $\lambda \geqslant \alpha$, 使得 $j_\lambda : X_\lambda \to S_\lambda$ 是正则的.

(i) 若 $p_\lambda : S \to S_\lambda$ 是典范投影, 则有 $\mathscr{F}/(\sum\limits_{j=1}^{i-1} f_j\mathscr{F}) = p_\lambda^*(\mathscr{F}_\lambda/(\sum\limits_{j=1}^{i-1} f_{j\lambda}\mathscr{F}_\lambda))$, 从而问题归结到 $n = 1$ 的情形, 且此时我们可以省略指标 i. 条件的充分性是由于 p_λ 是平坦的 (8.3.8) 以及 (**0**, 15.2.5). 在情形 2° 中, p_λ 是忠实平坦的 (8.3.8), 从而条件的必要性仍可由 (**0**, 15.2.5) 推出 (取 $\lambda = \alpha$). 在情形 1° 中, 我们用 $\mathscr{N}_\lambda$ (切转: $\mathscr{N}$) 来记乘以 f_λ 的同态 $\mathscr{F}_\lambda \to \mathscr{F}_\lambda$ 的核 (切转: 乘以 f 的同态 $\mathscr{F} \to \mathscr{F}$ 的核), 则由于 $\mathscr{F}_\lambda$ 是凝聚的 (前提条件), 故知 $\mathscr{N}_\lambda$ 也是如此, 从而依照 (8.5.8, (ii)), $\mathscr{N} = 0$ 的条件就蕴涵着对某个 $\lambda \geqslant \alpha$ 来说 $\mathscr{N}_\lambda = 0$.

(ii) 由于 p_λ 是平坦的, 故条件的充分性缘自 (19.1.5, (ii)). 为了证明必要性, 注意到由于 $j_\alpha(X_\alpha)$ 是拟紧的, 故它包含在 S_α 的某个拟紧开集之中, 从而可以限于考虑 S_α 是拟紧概形并且 j_α 是闭浸入的情形, 此时 X_α 的像是由 $\mathscr{O}_{S_\alpha}$ 的某个拟凝聚的理想层 $\mathscr{J}_\alpha$ 所定义的, 并且在情形 1° 和 2° 中, 我们可以进而假设 $\mathscr{J}_\alpha$ 是有限型的 (因为在情形 2° 中, j_α 是局部有限呈示的), 于是 X_λ (切转: X) 在 S_λ (切转: S) 中就是由 $\mathscr{J}_\lambda = \mathscr{J}_\alpha\mathscr{O}_{S_\lambda}$ (切转: $\mathscr{J} = \mathscr{J}_\alpha\mathscr{O}_S$) 所定义的, 并且这个层仍然是有限型的. 有见于 (8.2.11), 可以进而假设 $\mathscr{J}$ 是由 $\mathscr{O}_S$ 的整体截面的一个正则序列 $(f_i)_{1\leqslant i\leqslant n}$ 所生成的, 于是这个序列定义了一个满同态 $u : \mathscr{O}_S^n \to \mathscr{J}$. 有见于 (8.5.2, (i)) 和 (8.5.7), 我们可以找到一个 $\lambda \geqslant \alpha$ 和一个满同态 $u_\lambda : \mathscr{O}_{S_\lambda}^n \to \mathscr{J}_\lambda$, 使得 $u = p_\lambda^*(u_\lambda)$, 从而这些 f_i 都是 $\mathscr{J}_\lambda$ 在 S_λ 上的截面 $f_{i\lambda}$ 的典范像, 并且这些 $f_{i\lambda}$ 可以生成理想层 $\mathscr{J}_\lambda$. 从而依照 (i), 可以找到 $\mu \geqslant \lambda$, 使得序列 $(f_{i\mu})$ 是 $\mathscr{O}_{S_\mu}$ 正则的, 这就表明浸入 j_μ 是正则的.

命题 (19.8.2) — 设 X_α 是一个拟紧局部有限呈示 S_α 概形.

(i) 设 $\mathscr{F}_\alpha$ 是一个有限呈示的拟凝聚 $\mathscr{O}_{X_\alpha}$ 模层, $(f_{i\alpha})_{1\leqslant i\leqslant n}$ 是 $\mathscr{O}_{X_\alpha}$ 的整体截面的一个序列, 则为了使 $\mathscr{O}_X$ 的与 $f_{i\alpha}$ 相对应的整体截面 f_i 的序列相对于 S 是 $\mathscr{F}$ 横截正则的 (19.2.1) , 必须且只需能找到 $\lambda \geqslant \alpha$, 使得 $\mathscr{O}_{X_\lambda}$ 的整体截面 $f_{i\lambda}$ 的序列相对于 S_λ 是 $\mathscr{F}_\lambda$ 横截正则的.

(ii) 设 Y_α 是一个拟紧 S_α 概形, $j_\alpha : Y_\alpha \to X_\alpha$ 是一个局部有限呈示的 S_α 浸入. 则为了使对应的 S 浸入 $j : Y \to X$ 相对于 S 是横截正则的, 必须且只需能找到 $\lambda \geqslant \alpha$, 使得 $j_\lambda : Y_\lambda \to X_\lambda$ 相对于 S_λ 是横截正则的.

(i) 条件的充分性可由 (**0**, 15.1.15) 推出. 为了证明必要性, 只需证明对任意点

$x \in X$, 均可找到一个开邻域 $V(x)$ 和一个指标 $\lambda = \lambda(x) \geqslant \alpha$ 以及 x 在 X_λ 中的像 x_λ 的一个开邻域 V_λ, 使得 $V(x)$ 是 V_λ 的逆像, 并且由这些 $f_{i\lambda}$ 在 V_λ 上的限制所组成的序列相对于 S_λ 是 $\mathscr{F}_\lambda|_{V_\lambda}$ 横截正则的. 事实上, 此时只要把 (8.3.4) 应用到 X_λ 的那个用下述条件定义出来的开集 U_λ 上即可: 由这些 $f_{i\lambda}$ 在 U_λ 上的限制所组成的序列相对于 S_λ 是 $\mathscr{F}_\lambda|_{U_\lambda}$ 横截正则的, 并且 U_λ 是满足此条件的最大开集. 设 s 是 x 在 S 中的像, 且对任意 $\lambda \geqslant \alpha$, 设 s_λ 是 s 在 S_λ 中的像. 则纤维 X_s 就是这些纤维 $(X_\lambda)_{s_\lambda}$ 的投影极限, 并且它是局部 Noether 的, 因为态射 $X \to S$ 是局部有限呈示的, 进而由于 $(X_\alpha)_{s_\alpha}$ 是拟紧的, 并且传递态射 $(X_\mu)_{s_\mu} \to (X_\lambda)_{s_\lambda}$ 是平坦的 (因为 $\operatorname{Spec} \boldsymbol{k}(s_\mu) \to \operatorname{Spec} \boldsymbol{k}(s_\lambda)$ 是如此), 故我们可以把 (19.8.1, (i)) 的结果应用到 $\mathscr{F}_s = \mathscr{F} \otimes_{\mathscr{O}_X} \boldsymbol{k}(s)$ 在 X_s 上的这些截面 $f_i \otimes 1$ 上, 这就得到了一个 $\lambda \geqslant \alpha$, 使得 $(\mathscr{F}_\lambda)_{s_\lambda} = \mathscr{F}_\lambda \otimes_{\mathscr{O}_{X_\lambda}} \boldsymbol{k}(s_\lambda)$ 在 $(X_\lambda)_{s_\lambda}$ 上的这些截面 $f_{i\lambda} \otimes 1$ 能构成一个 $(\mathscr{F}_\lambda)_{s_\lambda}$ 正则序列. 进而 (11.2.6), 可以假设 $\mathscr{F}_\lambda$ 在点 x_λ 处是 S_λ 平坦的. 于是由 (11.3.8) 知, 可以找到 x_λ 在 X_λ 中的一个开邻域 V_λ, 它满足上面所要求的条件.

(ii) 条件的充分性可由 (19.2.7, (ii)) 推出. 为了证明必要性, 仍然只需证明对任意点 $x \in j(Y)$, 均可找到一个开邻域 $V(x)$ 和一个指标 $\lambda = \lambda(x) \geqslant \alpha$ 以及 x 在 X_λ 中的像 x_λ 的一个开邻域 V_λ, 使得 $V(x)$ 是 V_λ 的逆像, 并且 j_λ 的限制 $j_\lambda^{-1}(V_\lambda) \to V_\lambda$ 相对于 S_λ 是横截正则的. 设 s 是 x 在 S 中的像, 且对任意 $\lambda \geqslant \alpha$, 设 s_λ 是 s 在 S_λ 中的像. 由于 X_s (切转: Y_s) 是这些纤维 $(X_\lambda)_{s_\lambda}$ (切转: $(Y_\lambda)_{s_\lambda}$) 的投影极限, 故我们可以使用 (19.8.1, (ii)) (与 (i) 同理), 且由于浸入 $Y_s \to X_s$ 是正则的 (前提条件), 故可找到一个指标 $\lambda(s)$, 使得当 $\lambda \geqslant \lambda(s)$ 时, 浸入 $(Y_\lambda)_{s_\lambda} \to (X_\lambda)_{s_\lambda}$ 都是正则的. 进而, 依照 (19.2.4), 可以找到 x 在 X 中的一个拟紧开邻域 $W(x)$, 使得结构态射 $W(x) \to S$ 和 $Y \cap W(x) \to S$ 都是平坦的, 再应用 (11.2.6) 和 (8.2.11), 就可以假设能找到一个 $\lambda \geqslant \lambda(s)$ 和 x_λ 在 X_λ 中的一个拟紧开邻域 $W(x_\lambda)$, 使得 $W(x)$ 是 $W(x_\lambda)$ 的逆像, 并且结构态射 $X_\lambda \to S_\lambda$ 和 $Y_\lambda \to X_\lambda$ 分别在 $W(x_\lambda)$ 和 $Y_\lambda \cap W(x_\lambda)$ 上的限制都是平坦的. 从而由 (19.2.4) 就得知, 可以找到 x_λ 的一个开邻域 V_λ, 它满足上面的要求.

注解 (19.8.3) — 上述证明过程表明, 若在条件中把在 X (切转: X_λ) 上的正则性或横截正则性都换成在一点 $x \in X$ 的邻域上 (切转: x 的投影 x_λ 的邻域上) 的相应性质, 则 (19.8.1) 和 (19.8.2) 仍然是成立的.

19.9 $\mathscr{F}$ 正则序列和深度

(19.9.1) 还记得若 X 是一个局部 Noether 概形, $\mathscr{F}$ 是一个凝聚 $\mathscr{O}_X$ 模层, T 是 X 的一个子集, 我们曾定义了 (5.10.1)

(19.9.1.1)
$$\operatorname{dp}_T \mathscr{F} = \inf_{x \in T} \operatorname{dp} \mathscr{F}_x.$$

另一方面, 对任意点 $t \in T$, 我们令

(19.9.1.2)
$$\mathrm{dp}_{T,t}\mathscr{F} = \inf_{z \in T \cap \operatorname{Spec} \mathscr{O}_{X,t}} \mathrm{dp}\,\mathscr{F}_z,$$

并把 $\mathrm{dp}_{T,t}\mathscr{F}$ 称为 $\mathscr{F}$ 在点 t 处沿着 T 的深度. 显然有

(19.9.1.3)
$$\mathrm{dp}_T\mathscr{F} = \inf_{t \in T} \mathrm{dp}_{T,t}\mathscr{F}.$$

引理 (19.9.2) — 设 A 是一个Noether 环, M 是一个有限型 A 模, $\mathfrak{I}$ 是 A 的一个理想. 则为了使 $\mathrm{dp}_{A_\mathfrak{p}} M_\mathfrak{p} \geqslant r$ 对任何素理想 $\mathfrak{p} \supseteq \mathfrak{I}$ 都成立, 必须且只需 $\mathfrak{I}$ 中包含了一个由 r 个元素组成的 M 正则序列.

条件的充分性可由 (**0**, 16.4.5) 立得, 下面我们来证明必要性.

对 r 进行归纳 ($r = 0$ 的情形无须证明), 由于对任意 $\mathfrak{p} \supseteq \mathfrak{I}$ 均有 $\mathrm{dp}_{A_\mathfrak{p}} M_\mathfrak{p} \geqslant r-1$, 故根据前提条件, 可以找到一个由 $\mathfrak{I}$ 中元素所组成的 M 正则序列 $(g_i)_{1 \leqslant i \leqslant r-1}$. 我们令 $N = M/(g_1M + \cdots + g_{r-1}M)$, 从而对任意 $\mathfrak{p} \supseteq \mathfrak{I}$, 这些 g_i 在 $A_\mathfrak{p}$ 中的像都落在极大理想 $\mathfrak{p}A_\mathfrak{p}$ 之中, 并且构成了一个 $M_\mathfrak{p}$ 正则序列 (**0**, 15.1.14), 于是由 (**0**, 16.4.6) 就得知, $\mathrm{dp}_{A_\mathfrak{p}} N_\mathfrak{p} = \mathrm{dp}_{A_\mathfrak{p}} M_\mathfrak{p} - (r-1) \geqslant 1$, 且我们看到, 问题归结为对 $r = 1$ 的情形来证明这个引理. 现在前提条件意味着对任意 $\mathfrak{p} \supseteq \mathfrak{I}$, $\mathfrak{p}A_\mathfrak{p}$ 都不是 $M_\mathfrak{p}$ 的支承素理想 (**0**, 16.4.6), 从而 (Bourbaki,《交换代数学》, IV, §1, ※2, 命题 5) $\mathfrak{p}$ 不是 M 的支承素理想. 换句话说, $\mathfrak{I}$ 不会包含在 $\operatorname{Ass} M$ 中的任何一个素理想之中, 从而也不会包含在它们的并集之中 (Bourbaki,《交换代数学》, II, §1, ※1, 命题 2). 然而这个并集恰好是由那些不是 M 正则元的元素所组成的 (Bourbaki,《交换代数学》, IV, §1, ※1, 命题 2 的推论 2), 这就证明了引理.

命题 (19.9.3) — 设 X 是一个局部Noether 概形, $\mathscr{F}$ 是一个凝聚 $\mathscr{O}_X$ 模层, Y 是 X 的一个闭子集, y 是 Y 的一点, n 是一个非负整数. 则以下诸条件是等价的:

a) 可以找到 y 在 Y 中的一个开邻域 U, 使得 $\mathrm{dp}_{Y \cap U}(\mathscr{F}|_U) \geqslant n$.

b) 可以找到 y 在 Y 中的一个开邻域 U 和一个由 $\mathscr{O}_U$ 在 U 上的 n 个截面 f_i 所组成的 $\mathscr{F}|_U$ 正则序列, 使得对任意点 $x \in U \cap Y$, 均有 $f_i(x) = 0$ $(1 \leqslant i \leqslant n)$ ($\mathbf{0_I}$, 5.5.1).

c) $\mathrm{dp}_{Y,y}\mathscr{F} \geqslant n$.

进而, 由那些满足上述条件的点 $y \in Y$ 所组成的集合在 Y 中是开的.

最后一句话可由 a) 直接推出. 把 (19.9.2) 应用到 y 在 X 中的一个仿射开邻域上, 并利用 (**0**, 15.1.14), 就可以推出 a) 和 b) 的等价性. 显然 a) 蕴涵 c), 因为 y 在 X 中的任何开邻域都包含着 $\operatorname{Spec} \mathscr{O}_{X,y}$, 反过来, 我们来证明 c) 蕴涵 b). 根据 c) 和定义 (19.9.1.1), 我们可以把 (19.9.2) 应用到环 $\mathscr{O}_{X,y}$ 和 $\mathscr{O}_{X,y}$ 模 $\mathscr{F}_y$ 以及 $\mathscr{O}_{X,y}$ 的理想 $\mathscr{J}_y$ 上, 这就得到了 $\mathscr{J}_y$ 的 n 个元素 $(t_i)_{1 \leqslant i \leqslant n}$, 它们构成一个 $\mathscr{F}_y$ 正则序列. 进

而可以找到 y 在 X 中的一个开邻域 U 和一个由 $\mathscr{J}$ 在 U 上的截面所组成的序列 $(f_i)_{1\leqslant i\leqslant n}$, 使得 t_i 恰好是 f_i 在点 y 处的芽, 再利用 ($\mathbf{0}$, 15.2.4) 我们就可以找到 y 在 X 中的一个开邻域 $U'\subseteq U$, 使得这些 $f_i|_{U'}$ 构成一个 $\mathscr{F}|_{U'}$ 正则序列.

推论 (19.9.4) — 在 (19.9.3) 的记号下, 函数 $y\mapsto \mathrm{dp}_{Y,y}\mathscr{F}$ 在 Y 上是下半连续的.

命题 (19.9.5) — 在 (19.9.3) 的记号下, 设 X' 是一个局部*Noether* 概形, $g:X'\to X$ 是一个平坦态射, $Y'=g^{-1}(Y)$, $\mathscr{F}'=g^*\mathscr{F}$. 则对于任何一个位于 y 之上的点 $y'\in Y'$, 均有 $\mathrm{dp}_{Y',y'}\mathscr{F}'=\mathrm{dp}_{Y,y}\mathscr{F}$.

事实上, 由 (6.3.1) 知, 对任意 $z'\in\operatorname{Spec}\mathscr{O}_{X',y'}$, 均有 $\mathrm{dp}\,\mathscr{F}'_{z'}\geqslant\mathrm{dp}\,\mathscr{F}_{g(z')}$, 进而若 z'' 是纤维 $g^{-1}(g(z'))$ 的一个极大点, 并且是 z' 的一般化 (从而也落在 $\operatorname{Spec}\mathscr{O}_{X',y'}$ 中), 则有 (前引) $\mathrm{dp}\,\mathscr{F}'_{z''}=\mathrm{dp}\,\mathscr{F}_{g(z')}$. 从而我们由 $g(\operatorname{Spec}\mathscr{O}_{X',y'})=\operatorname{Spec}\mathscr{O}_{X,g(y)}$ (因为 g 是平坦的 (2.3.4)) 就可以推出命题的结论.

命题 (19.9.6) — 设 $f:X\to S$ 是一个局部有限呈示态射, Y 是 X 的一个闭子集, $\mathscr{F}$ 是一个 f 平坦的有限呈示 $\mathscr{O}_X$ 模层, n 是一个正整数. 则对任意点 $y\in Y$, 以下诸条件是等价的 (其中 $X_{f(y)}$ 是指 f 在点 $f(y)$ 处的纤维, $\mathscr{F}_{f(y)}$ 是 $\mathscr{F}$ 在 $X_{f(y)}$ 上的逆像, 且我们令 $Y_{f(y)}=X_{f(y)}\cap Y$) :

a) $\mathrm{dp}_{Y_{f(y)},y}\mathscr{F}_{f(y)}\geqslant n$.

b) 可以找到 y 在 X 中的一个开邻域 U 和一个由 $\mathscr{O}_X$ 在 U 上的 n 个截面所组成的序列 $(g_i)_{1\leqslant i\leqslant n}$, 它们相对于 S 是 $\mathscr{F}$ 横截正则的 (参考 (19.2.1)), 并且对任意 $x\in U\cap Y$, 均有 $g_i(x)=0$ $(1\leqslant i\leqslant n)$.

由那些满足上述条件的点 $y\in Y$ 所组成的集合 V_n 在 Y 中是开的, 进而若 Y 在 X 中是局部可构的, 则 V_n 在 X 中是反紧的 ($\mathbf{0}_{\mathbf{III}}$, 9.1.1).

依照 (19.9.3), 条件 a) 就等价于能找到 y 位于 X 中的一个开邻域 U 和一个由 $\mathscr{O}_{X_{f(y)}}$ 在 $U\cap X_{f(y)}$ 上的截面所组成的 $\mathscr{F}_{f(y)}|_{(U\cap X_{f(y)})}$ 正则序列 $(h_i)_{1\leqslant i\leqslant n}$, 使得对任意 $z\in U\cap Y_{f(y)}$, 均有 $h_i(z)=0$. 如果我们仍然用 Y 来表示 X 的一个以 Y 为底空间的闭子概形, 并且用 $\mathscr{J}$ 来表示 $\mathscr{O}_X$ 的那个定义了 Y 的拟凝聚理想层, 那么上面的条件也可以写成"对于 $1\leqslant i\leqslant n$ 均有 $h_i\in\mathscr{J}_{f(y)}$". 把 U 换成 y 的一个充分小的仿射开邻域, 则可以假设这些 h_i 是 $\mathscr{F}$ 在 U 上的某个截面序列 $(g_i)_{1\leqslant i\leqslant n}$ 的像, 因而这些芽 $(g_i)_y$ 都落在 $\mathscr{O}_{X,y}$ 的极大理想 $\mathfrak{m}_y$ 中. 于是由 (11.3.8) 就可以推出 a) 和 b) 的等价性, 同时也证明了集合 V_n 在 Y 中是开的. 只需再证明最后一句话. 它所涉及的仍然是 X 上的局部性质, 故可假设 $S=\operatorname{Spec}A$ 是仿射概形并且 X 在 S 上是有限呈示的, 此时可以找到 A 的一个 Noether 子环 A_0 和一个在 $S_0=\operatorname{Spec}A_0$ 上有限呈示的概形 X_0 以及一个凝聚 $\mathscr{O}_{X_0}$ 模层 $\mathscr{F}_0$, 使得 $X=X_0\times_{S_0}S$ 且 $\mathscr{F}=\mathscr{F}_0\otimes_{\mathscr{O}_{X_0}}\mathscr{O}_X$ (8.9.1), 进而可以假设 $\mathscr{F}_0$ 是 f_0 平坦的, 其中 $f_0:X_0\to S_0$ 是结构态射 (11.2.6). 由

于 Y 是可构的, 故可进而 (8.3.11) 假设 $Y=p^{-1}(Y_0)$, 其中 $p:X\to X_0$ 是典范投影. 于是由 (19.9.5) 和纤维的传递性可知, 对任意 $y\in Y$, 均有 (这里我们令 $y_0=p(y)$)

$$\mathrm{dp}_{Y_{f(y)},y}\mathscr{F}_{f(y)} \;=\; \mathrm{dp}_{(Y_0)_{f_0(y_0)},y_0}(\mathscr{F}_0)_{f_0(y_0)}.$$

现在若 V_n^0 是由那些使得上式右边 $\geqslant n$ 的点 $y_0\in Y_0$ 所组成的集合, 则有 $V_n=p^{-1}(V_n^0)$. 由于 X_0 是 Noether 的, 故知 V_n^0 是 X_0 中的一个反紧开子集, 因而 (参考 (1.8.2) 的证明) V_n 也是 X 中的反紧开子集.

推论 (19.9.7) — 在 (19.9.6) 的一般条件下, 函数 $y\mapsto \mathrm{dp}_{Y_{f(y)},y}\mathscr{F}_{f(y)}$ 在 Y 中是下半连续的. 进而若 Y 是局部可构的, 则这个函数也是局部可构的.

命题 (19.9.8) — 设 $f:X\to S$ 是一个局部有限呈示态射, Z 是 X 的一个闭子集, $\mathscr{F}$ 是一个 f 平坦的有限呈示 $\mathscr{O}_X$ 模层, $\mathscr{G}$ 是一个拟凝聚 $\mathscr{O}_S$ 模层. 假设对任意 $x\in Z$, 均有 $\mathrm{dp}\,(\mathscr{F}_{f(x)})_x\geqslant 1$ (切转: $\mathrm{dp}\,(\mathscr{F}_{f(x)})_x\geqslant 2$). 于是若 $j:X\smallsetminus Z\to X$ 是典范含入, 且我们令 $\mathscr{H}=\mathscr{F}\otimes_{\mathscr{O}_X}f^*\mathscr{G}$, 则 j 所产生的典范同态 $\rho_{\mathscr{H}}:\mathscr{H}\to j_*j^*\mathscr{H}$ 是单的 (切转: 一一的).

问题在 X 和 S 上显然都是局部性的, 故只需对于点 $x\in Z$ 的某个邻域来进行证明即可. 换句话说, 可以限于考虑 X 和 S 都是仿射概形的情形. 根据 (19.9.6), 可以假设 $\mathscr{O}_X$ 有这样一个整体截面 g_1, 它相对于 S 是 $\mathscr{F}$ 横截正则的 (切转: $\mathscr{O}_X$ 有这样两个整体截面 g_1,g_2, 它们所构成的序列相对于 S 是 $\mathscr{F}$ 横截正则的), 并满足条件 $Z\subseteq Z'$, 其中 Z' 是由那些满足 $g_1(x')=0$ (切转: $g_1(x')=g_2(x')=0$) 的点 $x'\in X$ 所组成的集合.

在此基础上, 我们回到 (19.9.8) 的证明, 依照 (19.9.6), 对任意 $x\in Z'$, 均有 $\mathrm{dp}\,(\mathscr{F}_{f(x)})_x\geqslant 1$ (切转: $\mathrm{dp}\,(\mathscr{F}_{f(x)})_x\geqslant 2$). 若命题对二元组 (X,Z') 和 $(X\smallsetminus Z,Z'\cap(X\smallsetminus Z))$ 都得到了证明, 则易见它对 (X,Z) 也是对的, 从而我们可以限于证明 X 和 Z' 的情形. 换句话说, 可以限于考虑下面这个情形: $S=\operatorname{Spec}A$, $X=\operatorname{Spec}B$, 其中 B 是一个有限呈示 A 代数, $Z=V(\mathfrak{J})$, 其中 $\mathfrak{J}$ 是环 B 的一个有限型理想, $\mathscr{F}=\widetilde{M}$, $\mathscr{G}=\widetilde{N}$, 其中 N 是一个 A 模, M 是一个有限呈示 B 模, 并且 M 也是平坦 A 模. 进而还可以把问题归结到 N 是有限呈示 A 模的情形. 事实上, N 是某个由有限呈示 A 模 N_α 所组成的滤相归纳系的归纳极限 (根据双重归纳极限定理), 我们令 $\mathscr{G}_\alpha=\widetilde{N}_\alpha$, 则 $\mathscr{H}$ 就是这些 $\mathscr{H}_\alpha=\mathscr{F}\otimes_{\mathscr{O}_X}f^*\mathscr{G}_\alpha$ 的归纳极限, 由于 j_* 和 j^* 都与归纳极限可交换, 并且 $\varinjlim$ 在拟凝聚模层的范畴上是一个正合函子, 从而若命题对每个 $\mathscr{H}_\alpha$ 都得到了证明, 那它对于 $\mathscr{H}$ 就是对的.

进而只需证明典范同态

$$\Gamma(X,\mathscr{H}) \longrightarrow \Gamma(X\smallsetminus Z,\mathscr{H})$$

是单的 (切转: 一一的) 即可. 我们可以找到 A 的一个 Noether 子环 A_0 和一个有

限型 A_0 代数 B_0 以及 B_0 的一个理想 $\mathfrak{I}_0$ 连同一个有限型 B_0 模 M_0 (它作为 A_0 模是平坦的) 和一个 A_0 模 N_0, 使得 $B = B_0 \otimes_{A_0} A$, $\mathfrak{I} = \mathfrak{I}_0 B$, $M = M_0 \otimes_{A_0} A$, $N = N_0 \otimes_{A_0} A$ (8.9.1, 8.5.11 和 11.2.7). 进而设 (A_λ) 是 A 的全体有限型 A_0 子代数的族, 从而 $A = \varinjlim A_\lambda$, 我们令 $B_\lambda = B_0 \otimes_{A_0} A_\lambda$, $\mathfrak{I}_\lambda = \mathfrak{I}_0 B_\lambda$, $M_\lambda = M_0 \otimes_{A_0} A_\lambda = M_0 \otimes_{B_0} B_\lambda$, $N_\lambda = N_0 \otimes_{A_0} A_\lambda$, 然后令 $S_\lambda = \operatorname{Spec} A_\lambda$, $X_\lambda = \operatorname{Spec} B_\lambda$, $Z_\lambda = V(\mathfrak{I})_\lambda$, 从而若 $p_\lambda : X \to X_\lambda$ 是典范投影, 则有 $Z = p_\lambda^{-1}(Z_\lambda)$, 并且 $X \smallsetminus Z = p_\lambda^{-1}(X_\lambda \smallsetminus Z_\lambda)$. 由于 $X_\lambda \smallsetminus Z_\lambda$ 是紧凑的, 故由 (8.5.2) 就得知, 对于 $\mathscr{F}_\lambda = \widetilde{M}_\lambda$ 和 $\mathscr{H}_\lambda = (M_\lambda \otimes_{A_\lambda} N_\lambda)^\sim$, 同态 $\varinjlim \Gamma(X_\lambda, \mathscr{H}_\lambda) \to \Gamma(X, \mathscr{H})$ 和 $\varinjlim \Gamma(X_\lambda \smallsetminus Z_\lambda, \mathscr{H}_\lambda) \to \Gamma(X \smallsetminus Z, \mathscr{H})$ 都是一一的, 从而根据函子 $\varinjlim$ 的正合性, 只需证明对充分大的 λ 典范同态 $\Gamma(X_\lambda, \mathscr{H}_\lambda) \to \Gamma(X_\lambda \smallsetminus Z_\lambda, \mathscr{H}_\lambda)$ 是单的 (切转: 一一的) 即可. 现在对任意 $x \in Z$, 若 x_λ 是 x 在 Z_λ 中的投影, 则依照 (4.2.7) 和 (6.7.1), 我们有 $\operatorname{dp}(\mathscr{F}_{f(x)})_x = \operatorname{dp}((\mathscr{F}_\lambda)_{f_\lambda(x_\lambda)})_{x_\lambda}$, 为了能够把 (19.9.8) 的证明归结到 A 是*Noether* 环的情形, 我们还需要证明, 当 λ 充分大时, 对任意点 $x_\lambda \in Z_\lambda$, 均有 $\operatorname{dp}((\mathscr{F}_\lambda)_{f_\lambda(x_\lambda)})_{x_\lambda} \geqslant 1$ (切转: $\geqslant 2$). 现在我们用 Z'_λ 来记由那些满足下述条件的点 $x_\lambda \in Z_\lambda$ 所组成的集合: 对于 x_λ 在 $Z_\lambda \cap (X_\lambda)_{f_\lambda(x_\lambda)}$ 中的任何一般化 z_λ, 均有 $\operatorname{dp}((\mathscr{F}_\lambda)_{f_\lambda(x_\lambda)})_{z_\lambda} \geqslant 1$. 对于 $\lambda \leqslant \mu$, 若 $p_{\lambda\mu} : Z_\mu \to Z_\lambda$ 是典范投影, 则由前提条件和 (19.9.5) 知, $Z'_\mu = p_{\lambda\mu}^{-1}(Z'_\lambda)$ 且 $Z = p_\lambda^{-1}(Z'_\lambda)$, 另一方面, 由 (19.9.6) 知, Z'_λ 在 Z_λ 中是开的, 从而由 (8.3.4) 就可以推出上述阐言.

为了完成在 A 是 Noether 环时的证明, 注意到依照平坦性的前提条件和 (6.3.1), 此时我们有 $\operatorname{dp}_Z \mathscr{H} \geqslant 1$ (切转: $\operatorname{dp}_Z \mathscr{H} \geqslant 2$), 这样一来由 (5.10.2) (切转: (5.10.4)) 就可以推出 (19.9.8) 的结论.

注解 (19.9.9) — 利用同样的方法, 再加上第三章第三部分中关于深度和局部上同调的结果, 我们还可以证明 (19.9.8) 的下述推广:

在 (19.9.8) 的一般条件下, 假设对任意 $x \in Z$, 均有 $\operatorname{dp}(\mathscr{F}_{f(x)})_x \geqslant k$, 则典范同态

$$\mathrm{H}^i(X, \mathscr{H}) \longrightarrow \mathrm{H}^i(X \smallsetminus Z, \mathscr{H}|_{(X \smallsetminus Z)})$$

当 $i \leqslant k-2$ 时是一一的, 且当 $i = k-1$ 时是单的(借助第三章所引入的那个与深度有关的上同调概念, 我们也可以把这件事表述为 $\operatorname{dp}_Z \mathscr{H} \geqslant k$).

§20. 宽调函数与伪态射

20.0 引论

§20 和 §21 的大部分概念和结果都直接与第一章有关, 而不依赖于从第二章到第四章的结果, 不过我们偶尔要用到深度的概念和正则局部环的概念 (在 (10.6),

(21.11), (21.13), (21.15) 中), 还有 Zariski 主定理 (在 (20.4) 和 (21.12) 中) 以及正则横截浸入的性质 (在 (20.6) 和 (21.15) 中).

在 §20 中, 我们要讨论 (**I**, 7) 中的有理映射概念的各种变化形, 由于 (**I**, 7) 中的概念过于接近古典的视角, 故而并不适合于处理非既约的概形. §20 中的概念和结果将在 §21 中 (21.1 至 21.7) 用于讨论除子的一般概念和初等性质. 对于除子概念来说, 最便于使用的情形是那些局部环都是整闭 Noether 整环的概形, 尤其是那些局部环都是解因子整环的概形 (21.6 和 21.7), 此时我们可以把除子等同于余 1 维轮圈(也就是余 1 维不可约闭子概形的线性组合). 在 (21.9) 中我们要讨论 (未必正规的) 1 维 Noether 概形的除子, 这些结果具有多方面的应用. 在 (21.11) 和 (21.12) 中, 我们要证明两个重要的定理, 它们分别是由 Auslander-Buchsbaum 和 van der Waerden 得到的, 而且都与解因子整环的概念有关 ((21.9), (21.11) 和 (21.12) 是互相独立的). 在 (21.13) 和 (21.14) 中 (它们与前三节也是相互独立的), 我们要考察解因子局部环的一个变化形, 即仿解因子局部环, 我们在 [41] 中曾利用这个概念来建立域 k 上的射影概形 X 和它的"超平面截面"的 Picard 群之间的比较定理. 在 (21.14.1) (Ramanujam-Samuel 定理) 中我们将看到, 仿解因子局部环出现的频率是非常高的, 远超我们的预期.

在 (20.5), (20.6) 和 (21.15) 中, 我们将把上述概念放在"相对"视角 (相对于一个固定的基概形) 下进行讨论. 这些概念暂时还没有很多应用, 特别地, 相对除子的概念只适用于有效除子, 而且在这种情况下, 为了表述它, 我们完全可以不借助相对宽调函数的概念, 使用余 1 维横截正则浸入的概念就足够了. 所以在最初阅读时, 可以略过这几节内容.

20.1 宽调函数

(20.1.1) 设 $(X, \mathscr{O}_X)$ 是一个环积空间, $\mathscr{S}$ 是 $\mathscr{O}_X$ 的一个集合子层. 对 X 的每个开集 U, 我们来考虑分式环 $\Gamma(U, \mathscr{O}_X)[\Gamma(U, \mathscr{S})^{-1}]$ (Bourbaki,《交换代数学》, II, §2, ¥1). 易见映射 $U \mapsto \Gamma(U, \mathscr{O}_X)[\Gamma(U, \mathscr{S})^{-1}]$ 是一个环预层 (**0**$_{\mathbf{I}}$, 1.5.1 和 1.5.7). 我们用 $\mathscr{O}_X[\mathscr{S}^{-1}]$ 来表示这个预层的拼续环层, 并把它称为 $\mathscr{O}_X$ *的以* $\mathscr{S}$ *为分母的分式环层*, 这是一个平坦 $\mathscr{O}_X$ 模层. 易见对任意 $x \in X$, 我们都有一个典范同构

(20.1.1.1) $$(\mathscr{O}_X[\mathscr{S}^{-1}])_x \xrightarrow{\sim} \mathscr{O}_x[\mathscr{S}_x^{-1}],$$

这是因为, (**0**$_{\mathbf{I}}$, 1.4.5) 的证明方法显然可以推广到环的归纳系 $(A_\alpha, \varphi_{\beta\alpha})$ 上, 只要所选定的那一族子集 $S_\alpha \subseteq A_\alpha$ 满足 $\varphi_{\beta\alpha}(S_\alpha) \subseteq S_\beta$ $(\alpha \leqslant \beta)$ 即可, 在这里我们可以取 S 就是子集归纳系 (S_α) 在 $A = \varinjlim A_\alpha$ 中的归纳极限.

(20.1.2) 现在设 $\mathscr{F}$ 是一个 $\mathscr{O}_X$ 模层. 我们令

(20.1.2.1)
$$\mathscr{F}[\mathscr{S}^{-1}] = \mathscr{F} \otimes_{\mathscr{O}_X} \mathscr{O}_X[\mathscr{S}^{-1}],$$

并把它称为 $\mathscr{F}$ 的以 $\mathscr{S}$ 为分母的分式模层, 很容易看出, 这个层就是模预层 $U \mapsto \Gamma(U,\mathscr{F})[\Gamma(U,\mathscr{S})^{-1}]$ 的拼续层, 并且对任意 $x \in X$, 均有典范同构

(20.1.2.2)
$$(\mathscr{F}[\mathscr{S}^{-1}])_x \xrightarrow{\sim} \mathscr{F}_x[\mathscr{S}_x^{-1}].$$

(20.1.3) 接下来我们主要关注 $\mathscr{S}$ 是 $\mathscr{O}_X$ 的这样一个子层 $\mathscr{S}(\mathscr{O}_X)$ 的情形, 即对任意开集 U, $\Gamma(U,\mathscr{S})$ 都是 $\Gamma(U,\mathscr{O}_X)$ 的正则元的集合. 易见对于层 (不仅是预层) $\mathscr{O}_X$ 来说, 它在开集 U 上的一个截面的正则性可以在"每根茎条"上得到检验 (即它是正则元的充分必要条件是, 对任意 $x \in U$, 它在 x 处的芽都是正则的), 换句话说 $\mathscr{S}(\mathscr{O}_X)_x$ 恰好就是 $\mathscr{O}_{X,x}$ 的正则元的集合①. 我们把对应的环层

$$\mathscr{M}_X = \mathscr{O}_X[\mathscr{S}^{-1}]$$

称为 X 上的宽调函数芽层, 并把 $\mathscr{M}_X$ 在 X 上的截面称为 X 上的宽调函数, 它们构成一个环, 记作 $\mathrm{M}(X)$. 对任意 $\mathscr{O}_X$ 模层 $\mathscr{F}$, 我们也把层

$$\mathscr{F} \otimes_{\mathscr{O}_X} \mathscr{M}_X = \mathscr{F}[\mathscr{S}^{-1}]$$

称为 $\mathscr{F}$ 的宽调截面芽层, 并记作 $\mathscr{M}_X(\mathscr{F})$, 它在 X 上的截面则构成一个 $\mathrm{M}(X)$ 模, 记作 $\mathrm{M}(X,\mathscr{F})$, 其中的元素称为 $\mathscr{F}$ 在 X 上的宽调截面. 从这些定义可以推出, 对 X 的任意开集 U, 我们都有一个典范同构 $\mathscr{M}_X(\mathscr{F})|_U \xrightarrow{\sim} \mathscr{M}_U(\mathscr{F}|_U)$, 特别地, $\mathscr{M}_X|_U \xrightarrow{\sim} \mathscr{M}_U$.

(20.1.3.1) 设 X 是一个既约概形, 若元素 $s \in \Gamma(U,\mathscr{O}_X)$ 在 U 的任何极大点 ξ 处都满足 $s_\xi \neq 0$, 则 s 是正则的. 事实上, 若对于某个 $t \in \Gamma(U,\mathscr{O}_X)$ 来说, $st = 0$, 则有 $s_\xi t_\xi = 0$, 从而 $t_\xi = 0$, 因为 $\mathscr{O}_{X,\xi}$ 是一个域. 现在对 X 的任何极大点 ξ, 均有 $t_\xi = 0$, 这就意味着 $t = 0$. 事实上, 问题可以立即归结到 U 是仿射开集的情形, 而根据定义, 既约环的所有极小素理想的交集之中的元素只有 0. 反过来, 如果 X 的不可约分支是局部有限的, 那么逆命题也是成立的, 事实上, 可以把问题立即归结到 $X = \operatorname{Spec} A$ 是仿射概形的情形, 若 $\mathfrak{p}_i$ $(q \leqslant i \leqslant n)$ 是 A 的所有极小素理想, 并假设对于某个指标 i 来说, $s \in \mathfrak{p}_i$, 则可以找到 $t \in A$, 满足 $t \in \mathfrak{p}_j$ $(j \neq i)$ 和 $t \notin \mathfrak{p}_i$ (Bourbaki, 《交换代数学》, II, §1, ¥1, 命题 1), 从而对任意 i, 均有 $st \in \mathfrak{p}_i$, 这就表明 $st = 0$ (因为 A 是既约的), 从而 s 不是正则的.

①译注: 对于概形来说, 这句话是正确的, 但对于一般的环积空间未必正确, 此时应该把 $\mathscr{S}(\mathscr{O}_X)$ 的定义修改为由 $\mathscr{O}_X$ 的那些在每个点处的芽都是正则元的截面所组成的子层 (参考 Kleiman, Misconceptions about K_X, l'Enseignement Mathématique 25 (1979), 203-206).

(20.1.4) 对于 X 的任意开集 U, 从 $\Gamma(U,\mathscr{O}_X)$ 到 $\Gamma(U,\mathscr{O}_X)[\Gamma(U,\mathscr{S})^{-1}]$ (后者恰好是 $\Gamma(U,\mathscr{O}_X)$ 的全分式环) 的同态 $t\mapsto t/1$ 都是单的, 从而它们定义了一个典范单同态

(20.1.4.1) $$i\ :\ \mathscr{O}_X\ \longrightarrow\ \mathscr{M}_X,$$

于是我们可以把 $\mathscr{O}_X$ 等同于 $\mathscr{M}_X$ 的一个子层. 对于给定的宽调函数 $\varphi\in\mathrm{M}(X)$ 来说, 所谓 φ 在开集 U 上有定义, 是指 $\varphi|_U$ 是 $\mathscr{O}_U$ 在 U 上的一个截面. 层的公理表明, 对给定的截面 φ 来说, 总能找到一个最大的开集, 使得 φ 在其上有定义, 我们把这个开集称为 φ 的定义域, 并记作 $\mathrm{dom}(\varphi)$.

(20.1.5) 对任意 $\mathscr{O}_X$ 模层 $\mathscr{F}$, 我们从 (20.1.4.1) 都可以导出一个双重同态, 它就是由 i 和一个加法群层同态

(20.1.5.1) $$1_{\mathscr{F}}\otimes i\ :\ \mathscr{F}\ \longrightarrow\ \mathscr{M}_X(\mathscr{F})\ =\ \mathscr{F}\otimes_{\mathscr{O}_X}\mathscr{M}_X$$

所组成的. 注意到后面这个层同态一般来说未必是单的, 如果它是单的, 我们就说 $\mathscr{F}$ 是无挠的, 这就意味着对 X 的任意开集 U 和任意正则元截面 $s\in\Gamma(U,\mathscr{O}_X)$, $\Gamma(U,\mathscr{F})$ 的同筋 $z\mapsto sz$ 都是单的. 若 $\mathscr{F}$ 是局部自由的, 则这个条件显然能够得到满足.

命题 (20.1.6) — 设 X 是一个局部Noether 概形, $\mathscr{F}$ 是一个拟凝聚 $\mathscr{O}_X$ 模层. 则为了使 $\mathscr{F}$ 是无挠的, 必须且只需 $\mathrm{Ass}\,\mathscr{F}\subseteq\mathrm{Ass}\,\mathscr{O}_X$.

事实上, 问题可以立即归结到 $X=\mathrm{Spec}\,A$ 是仿射概形并且 $\mathscr{F}=\widetilde{M}$ 的情形, 此时 A 的一个元素 s 落在 $\mathrm{Ass}\,M$ 的某个素理想中的充分必要条件是, 它所定义的同筋 $z\mapsto sz$ 不是单的 (Bourbaki,《交换代数学》, IV, §1, ⋕1, 命题 2 的推论 2).

(20.1.7) 设 u 是 $\mathscr{M}_X(\mathscr{F})$ 在 X 上的一个截面, 所谓 u 在点 $x\in X$ 近旁是有定义的, 是指可以找到 x 在 X 中的一个邻域 V, 使得 $u|_V$ 就是 $\mathscr{F}$ 在 V 上的某个截面在双重同态 (20.1.5.1) 下的像. 所谓 u 在 X 的开集 U 上有定义, 是指 u 在 U 的每个点近旁都有定义, 于是我们也有一个使 u 有定义的最大开集, 称为 u 的定义域, 并记作 $\mathrm{dom}(u)$. 如果 $\mathscr{F}$ 是无挠的, 此时 $\mathscr{F}$ 可以等同于 $\mathscr{M}_X(\mathscr{F})$ 的一个子层 (20.1.5.1), 则 u 在 U 上有定义就意味着 $u|_U$ 是 $\mathscr{F}$ 在 U 上的一个截面.

(20.1.8) 沿用 ($\mathbf{0_I}$, 5.4.7) 中的一般记号, 我们用 $\mathscr{M}_X^*$ 来记这样一个乘法群层, 即对 X 的任意开集 U, $\Gamma(U,\mathscr{M}_X^*)$ 都等于 $\Gamma(U,\mathscr{M}_X)$ 的可逆元群. 这个层恰好就是 (20.1.3) 中所定义的 $\mathscr{S}(\mathscr{M}_X)$. 事实上, 若 $s\in\Gamma(U,\mathscr{S}(\mathscr{M}_X))$, 则对任意 $x\in U$, 均可找到 x 的一个开邻域 $V\subseteq U$, 使得 $s|_V$ 是 $\Gamma(V,\mathscr{O}_X)$ 的全分式环中的一个正则元, 而这样一个元素必然在该分式环中是可逆的. 我们把 $\mathscr{M}_X^*$ 在 X 上的截面称为 X 上的正则宽调函数 ($\mathscr{O}_X$ 在 X 上的截面称为 X 上的正常函数).

设 $\mathscr{L}$ 是一个可逆 $\mathscr{O}_X$ 模层 ($\mathbf{0_I}$, 5.4.1), 则易见 $\mathscr{M}_X(\mathscr{L})=\mathscr{L}\otimes_{\mathscr{O}_X}\mathscr{M}_X$ 是一个可逆 $\mathscr{M}_X$ 模层. 设 U 是一个使得 $\mathscr{L}|_U$ 同构于 $\mathscr{O}_U$ 的开集, 则由于 $\mathscr{M}_U$ 的任何自同构都

是乘以 $\Gamma(U,\mathscr{M}_X)$ 的某个可逆元的运算 ($\mathbf{0_I}$, 5.4.7), 故知一个截面 $s\in\Gamma(U,\mathscr{M}_X(\mathscr{L}))$ 在某个同构下的像是 $\Gamma(U,\mathscr{M}_X)$ 中的可逆元和它在任何同构下的像都是 $\Gamma(U,\mathscr{M}_X)$ 中的可逆元是等价的, 此时我们说 s 是 $\mathscr{L}$ 在 U 上的一个正则宽调截面. 所谓 s 是 $\mathscr{L}$ 在 X 上的一个正则宽调截面, 是指对 X 的任何使得 $\mathscr{L}|_U$ 同构于 $\mathscr{O}_U$ 的开集 U 来说, $s|_U$ 都是 $\mathscr{L}$ 在 U 上的正则宽调截面. 我们将用 $(\mathscr{M}_X(\mathscr{L}))^*$ 来记 $\mathscr{M}_X(\mathscr{L})$ 的这样一个子层, 即对任意开集 U, $\Gamma(U,(\mathscr{M}_X(\mathscr{L}))^*)$ 都是由 $\mathscr{L}$ 在 U 上的全体正则宽调截面所组成的. 设 s 是 $\mathscr{L}$ 在 X 上的一个宽调截面 (即 $\mathscr{M}_X(\mathscr{L})$ 在 X 上的一个截面), 则它定义了一个同态 $h_s:\mathscr{M}_X\to\mathscr{M}_X(\mathscr{L})$, 这个同态把 $\mathscr{M}_X$ 在开集 U 上的截面 t 对应到 $(s|_U)t$. 由上面所述立知, 为了使 s 是正则的, 必须且只需 h_s 是单的, 此时 $\mathscr{M}_X$ 到 $\mathscr{M}_X(\mathscr{L})$ 的这个同态 h_s 实际上是一一的, 并且它在 $\mathscr{M}_X^*$ 上的限制作为 $\mathscr{M}_X^*$ 到 $(\mathscr{M}_X(\mathscr{L}))^*$ 的同态也是一一的. 由此可知, 同筋 $t\mapsto ts$ 是一个从 $\mathrm{M}(X)$ 到 $\mathrm{M}(X,\mathscr{F})$ 的同构.

(20.1.9) 设 s 是可逆 $\mathscr{O}_X$ 模层 $\mathscr{L}$ 在 X 上的一个正则宽调截面, 则对任意 $\mathscr{O}_X$ 模层 $\mathscr{F}$, s 也同样定义了一个同态 $h_x\otimes 1_{\mathscr{F}}:\mathscr{M}_X(\mathscr{F})\to\mathscr{M}_X(\mathscr{F}\otimes_{\mathscr{O}_X}\mathscr{L})$, 并且它仍然是一一的.

(20.1.10) 设 s 是可逆 $\mathscr{O}_X$ 模层 $\mathscr{L}$ 在 X 上的一个宽调截面, 则为了使 s 是正则的, 必须且只需能找到 $\mathscr{L}^{-1}$ 在 X 上的一个宽调截面 s', 使得 $s\otimes s'$ 在 $\mathscr{M}_X$ 中的典范像 ($\mathbf{0_I}$, 5.4.3) 是单位元截面, 并且这样的截面 s' 是唯一的. 事实上, 当 s 正则时, 这种截面的局部存在性是显然的, 并且它的局部唯一性蕴涵了整体的存在性 (和唯一性), 另一方面, 由 s' 的存在性也马上可以推出 s 是正则的. 我们将把这个 s' 记作 s^{-1}.

最后, 若 $\mathscr{L}'$ 是另一个可逆 $\mathscr{O}_X$ 模层, s (切转: s') 是 $\mathscr{L}$ (切转: $\mathscr{L}'$) 在 X 上的一个正则宽调截面, 则 $s\otimes s'$ 显然是 $\mathscr{L}\otimes\mathscr{L}'$ 在 X 上的一个正则宽调截面.

(20.1.11) 设 $f:X'\to X$ 是一个环积空间态射, 一般来说, 我们并没有一个从 X 上的宽调函数到 X' 上的宽调函数的自然映射. 比如说, 如果 X 是整局部环 A 的谱, X' 是它的剩余类域 k 的谱, 则从 A 的分式域 K 到 k 就没有任何自然映射, 因为 K 中的一个元素只要没有在 A 里就没有办法对应到 k 中的元素.

一般地, 设 $f=(\psi,\theta)$, 对于 X 的任意开集 U, 我们用 $\mathscr{S}_f(U)$ 来记由那些在 $\Gamma(U,\mathscr{O}_X)$ 中正则并且在

$$\Gamma(\theta^\sharp)\ :\ \Gamma(U,\mathscr{O}_X)\ \longrightarrow\ \Gamma(f^{-1}(U),\mathscr{O}_{X'})$$

中的像也正则的元素 $s\in\Gamma(U,\mathscr{O}_X)$ 所组成的集合, 则易见 $U\mapsto\mathscr{S}_f(U)$ 是集合层 $\mathscr{S}(\mathscr{O}_X)$ 的一个子层, 记作 $\mathscr{S}_f$. 我们令 $\mathscr{M}_f=\mathscr{O}_X[\mathscr{S}_f^{-1}]$, 它是 $\mathscr{M}_X$ 的一个子层, 并且由 $\theta^\sharp:\psi^*\mathscr{O}_X\to\mathscr{O}_{X'}$ 可以典范地导出一个环层同态 $\theta'^\sharp:\psi^*\mathscr{M}_f\to\mathscr{M}_{X'}$, 它是 $\theta^\sharp$ 的一个延拓 (Bourbaki, 《交换代数学》, II, §2, ꭗ1, 命题 2), 还记得 $f^*\mathscr{M}_f=$

$(\psi^*\mathscr{M}_f)\otimes_{\psi^*\mathscr{O}_X}\mathscr{O}_{X'}$, 因而我们就有一个典范的 $\mathscr{O}_{X'}$ 代数层同态

(20.1.11.1) $$f^*\mathscr{M}_f \longrightarrow \mathscr{M}_{X'}.$$

对于 X 上的一个宽调函数 φ, 如果它是 $\mathscr{M}_f$ 的一个截面, 那么 $\Gamma(\theta'^\sharp)(\varphi)$ 就是 X' 上的一个宽调函数, 称为 φ 在 f 下的逆像, 并记作 $\varphi\circ f$, 只要不会造成误解.

同样地, 若 $\mathscr{F}$ 是一个 $\mathscr{O}_X$ 模层, 我们令 $\mathscr{M}_f(\mathscr{F})=\mathscr{F}\otimes_{\mathscr{O}_X}\mathscr{M}_f$, 则由 $\theta'^\sharp$ 可以导出一个典范同态 (也可以写成 $u\mapsto u\circ f$)

$$\Gamma(X,\mathscr{M}_f(\mathscr{F})) \longrightarrow \Gamma(X',\mathscr{M}_{X'}(f^*\mathscr{F})).$$

进而, 若 $u\in\Gamma(X,\mathscr{M}_f(\mathscr{F}))$ 在点 x 近旁有定义 (20.1.7), 则 u 在 x 的某个邻域 U 上就与 $\Gamma(U,\mathscr{F})$ 中的一个形如 $\sum_i h_i\otimes(t_i/s_i)$ 的截面是相同的, 其中 t_i 都落在 $\Gamma(U,\mathscr{O}_X)$ 中, 而 s_i 都落在 $\Gamma(U,\mathscr{S}_f)$ 中. 根据前提条件, 这些 s_i 在 $\Gamma(f^{-1}(U),\mathscr{O}_{X'})$ 中的像都是正则的, 故我们看到 $u\circ f$ 在 $f^{-1}(U)$ 的所有点近旁都有定义, 换句话说,

(20.1.11.2) $$f^{-1}(\mathrm{dom}(u)) \subseteq \mathrm{dom}(u\circ f).$$

我们将在后面 (20.6.5, (i)) 说明, 在某些情况下 (取 $\mathscr{F}=\mathscr{O}_X$) , (20.1.11.2) 的左右两边不一定相等.

特别地, 我们来考虑 $\mathscr{M}_f=\mathscr{M}_X$ 的情形, 此时若 $\mathscr{L}$ 是一个可逆 $\mathscr{O}_X$ 模层, 则 $\mathscr{L}$ 在 X 上的一个正则宽调截面 (20.1.8) 在 $\Gamma(\theta'^\sharp)$ 下的像 (它落在 $\mathscr{M}_{X'}(f^*\mathscr{L})$ 中) 是 $f^*\mathscr{L}$ 在 X' 上的一个正则宽调截面, 这可由这种截面的定义和以下事实立得: 环同态总把可逆元变成可逆元.

设 $f':X''\to X'$ 是另一个环积空间态射, 并假设 $\mathscr{M}_f=\mathscr{M}_X$ 且 $\mathscr{M}_{f'}=\mathscr{M}_{X'}$, 于是若我们令 $f''=f\circ f'$, 则同样有 $\mathscr{M}_{f''}=\mathscr{M}_X$, 由此立知, 对 $\mathscr{F}$ 在 X 上的任何宽调截面 u, 均有 $u\circ f''=(u\circ f)\circ f'$.

命题 (20.1.12) — *若态射 $f:X'\to X$ 是平坦的 ($\mathbf{0_I}$, 6.7.1), 则有 $\mathscr{M}_f=\mathscr{M}_X$, 并且同态 $\varphi\mapsto\varphi\circ f$ 在整个 $\mathrm{M}(X)$ 上都有定义. 此外, 若 f 还是局部环积空间的 (平坦) 态射, 则有 $\mathrm{dom}(\varphi\circ f)=f^{-1}(\mathrm{dom}(\varphi))$, 进而若 f 是映满的 (从而是忠实平坦的), 则同态 $\varphi\mapsto\varphi\circ f$ 是单的.*

第一句话缘自下面这个事实: 若 B 是一个 A 代数, 并且是平坦 A 模, 则 A 的正则元也是 B 的正则元 ($\mathbf{0_I}$, 6.3.4). 为了证明第二句话. 我们注意到对任意 $x'\in X'$ 和 $x=f(x')$, 环 $\mathscr{O}_{X',x'}$ 都是平坦 $\mathscr{O}_{X,x}$ 模, 且根据前提条件, 同态 $\mathscr{O}_{X,x}\to\mathscr{O}_{X',x'}$ 是一个局部同态, 从而是单的 ($\mathbf{0_I}$, 6.5.1 和 6.6.2). 我们令 $A=\mathscr{O}_{X,x}$, $B=\mathscr{O}_{X',x'}$, 此时 A 可以等同于 B 的一个子环, 并且 $(f^*\mathscr{M}_X)_{x'}$ 就等于 $S^{-1}A\otimes_A B=S^{-1}B$, 其中 S 是 A 的全体正则元的集合, $(\mathscr{M}_{X'})_{x'}$ 就等于 $T^{-1}B$, 其中 T 是 B 的全体正

则元的集合, 且由于我们已经看到 $S \subseteq T$, 故同态 $S^{-1}B \to T^{-1}B$ 是单的. 换句话说, 这就证明了同态 (20.1.11.1) $f^*\mathscr{M}_X \to \mathscr{M}_{X'}$ 是单的 (由此立得最后一句话). 商模 $(f^*\mathscr{M}_X)/\mathscr{O}_{X'}$ 可以等同于 $\mathscr{M}_{X'}/\mathscr{O}_{X'}$ 的一个 $\mathscr{O}_{X'}$ 子模, 并且 $((f^*\mathscr{M}_X)/\mathscr{O}_{X'})_{x'}$ 可以等同于 $(\mathscr{M}_X/\mathscr{O}_X)_x \otimes_{\mathscr{O}_{X,x}} \mathscr{O}_{X',x'}$. 现在假设 $x \notin \operatorname{dom}(\varphi)$, 从而 φ_x 在 $(\mathscr{M}_X/\mathscr{O}_X)_x$ 中的像不等于 0, 根据忠实平坦性, $(\varphi \circ f)_{x'}$ 在 $(\mathscr{M}_{X'}/\mathscr{O}_{X'})_{x'}$ 中的像也不等于 0, 从而 $x' \notin \operatorname{dom}(\varphi \circ f)$, 这就完成了证明.

注解 (20.1.13) — 设 X 是一个既约复解析空间, 则上面所定义的 X 上的宽调函数的概念与亚纯函数的概念是一致的. 另一方面, 设 Y 是一个在域 $\mathbb{C}$ 上局部有限型的概形, 则我们可以作出一个解析空间 Y^{an}, 它与 $Y(\mathbb{C})$ 具有相同的底空间, 并且典范态射 $f: Y^{\text{an}} \to Y$ 是平坦的 [37], 从而依照 (20.1.12), $\mathrm{M}(Y)$ 到 $\mathrm{M}(Y^{\text{an}})$ 的典范同态 $u \mapsto u \circ f$ (处处有定义) 是单的, 但它一般不是满的. 比如说, 当 $Y = \mathbf{V}^r_{\mathbb{C}}$ 是 $\mathbb{C}$ 上的 r 维仿射空间时 (**II**, 1.7.8), $\mathrm{M}(Y)$ 可以典范等同于 Y 上的有理函数域 $\mathrm{R}(Y)$ (20.2.13, (i)), 而 $\mathrm{M}(Y^{\text{an}})$ 就是 $\mathbb{C}^r$ 上的通常的亚纯函数域. 由于这样的缘故, 我们并没有把 $\mathrm{M}(X)$ 中的元素称为亚纯函数, 另外, 在代数几何中我们还可以定义一个与宽调函数几乎等价的概念, 称为“伪函数”, 这是下一小节的主题.

20.2 伪态射与伪函数

在这一小节中, 我们所考虑的环积空间都是概形.

(20.2.1) 复习一下 (11.10.2), 在一个概形 X 中, 所谓一个开集 U 是概稠密的, 是指对 X 的任意开集 V, 典范同态 $\Gamma(V, \mathscr{O}_X) \to \Gamma(V \cap U, \mathscr{O}_X)$ 都是单的.

对于两个概形 X, Y 以及 X 的两个概稠密开集 U, U', 所谓两个态射 $u: U \to Y$, $u': U' \to Y$ 是等价的, 是指可以找到 X 的一个概稠密开集 $U'' \subseteq U \cap U'$, 使得 $u|_{U''} = u'|_{U''}$. 由概稠密性的定义立即得知, 两个概稠密开集的交集还是概稠密开集, 故易见上述关系确实是一个等价关系. 我们把在这种关系下的一个等价类就称为 X 到 Y 的一个伪态射, 或者 X 到 Y 的一个严格有理映射.

设 S 是一个概形, 并且 X, Y 是两个 S 概形, 所谓 X 到 Y 的一个 S 伪态射, 是指从 X 的某个概稠密开集到 Y 的 S 态射的一个等价类 (在上述关系下). 从而伪态射就是 $S = \operatorname{Spec} \mathbb{Z}$ 时的 S 伪态射.

我们用 $\operatorname{Hom}^{伪}(X, Y)$ (切转: $\operatorname{Hom}^{伪}_S(X, Y)$) 来记 X 到 Y 的全体伪态射 (切转: S 伪态射) 的集合[①].

(20.2.2) 由上面引述的定义知, 若 U 是 X 的一个概稠密开集, 则对 X 的任意开集 V, $U \cap V$ 都是 V 的概稠密开集. 从而若由 X 的两个概稠密开集到 Y 的两

①译注: 原文使用的记号是 $\mathrm{Ps.hom}(X, Y)$ 和 $\mathrm{Ps.hom}_S(X, Y)$.

个态射 $u : U \to Y$, $u' : U' \to Y$ 是等价的, 则它们的限制 $u|_{(V\cap U)}$ 和 $u'|_{(V\cap U')}$ 也是等价的态射 (这里把 V 看作 X 的开子概形). 它们的等价类就称为 u 的等价类所给出的伪态射 ω 在 V 上的限制, 我们把这个伪态射记作 $\omega|_V$. 若 $W \subseteq V$ 是 X 的另一个开集, 则显然有 $(\omega|_V)|_W = \omega|_W$. 这就说明限制映射定义了一个集合预层 $U \mapsto \mathrm{Hom}^{伪}(U, Y)$, 注意到这个预层一般未必是层 (参考 (20.2.16)), 我们把它的拼续层记作 $\mathscr{H}om^{伪}(X, Y)$ ①. 对于 S 伪态射, 我们同样可以证明 $U \mapsto \mathrm{Hom}^{伪}_S(X, Y)$ 是一个集合预层, 它的拼续层将记为 $\mathscr{H}om^{伪}_S(X, Y)$ ②.

若 V 是 X 的一个概稠密开集, 则对 X 的任何概稠密开集 U, $U \cap V$ 也是 X 的概稠密开集, 从而映射 $\omega \mapsto \omega|_V$ 是一个从集合 $\mathrm{Hom}^{伪}(X, Y)$ (切转: $\mathrm{Hom}^{伪}_S(X, Y)$) 到集合 $\mathrm{Hom}^{伪}(V, Y)$ (切转: $\mathrm{Hom}^{伪}_S(V, Y)$) 的一一映射.

(20.2.3) 给了 X 到 Y 的一个 S 伪态射 ω, 所谓它在点 $x \in X$ 近旁有定义, 是指可以找到 x 在 X 中的一个开邻域 V 和一个包含 x 并且在 V 中概稠密的开集 $U \subseteq V$ 以及一个 S 态射 $u : U \to Y$, 使得它在 $\mathrm{Hom}^{伪}(V, Y)$ 中的等价类就等于 $\omega|_V$ (20.2.2). 我们把由这样的点 $x \in X$ 所组成的集合称为 ω 的定义域, 并记作 $\mathrm{dom}_S(\omega)$ (或简记为 $\mathrm{dom}(\omega)$), 它显然是 X 的一个开集. 进而, 对 X 的任意开集 W, 均有

(20.2.3.1) $$\mathrm{dom}_S(\omega|_W) = (\mathrm{dom}_S(\omega)) \cap W.$$

这是基于 (20.2.2) 中所提到的概稠密开集的性质.

命题 (20.2.4) — 假设 X, Y 是两个 S 概形, 且结构态射 $Y \to S$ 是分离的, 于是若 ω 是 X 到 Y 的一个 S 伪态射, 则 $\mathrm{dom}_S(\omega)$ 就是满足下述条件的那个最大的概稠密开集: U 是 X 的一个概稠密开集, 并且我们能找到一个 S 态射 $u : U \to Y$, 它落在这个等价类 ω 中.

显然只需证明, 如果 U, U' 是 X 的两个概稠密开集, 并且 $u : U \to Y$ 和 $u' : U' \to Y$ 是两个等价的 S 态射, 那么 u 和 u' 在 $U \cap U'$ 上是相等的. 现在由前提条件知, 可以找到 X 的一个概稠密开集 $U'' \subseteq U \cap U'$, 使得 u 和 u' 在其上是重合的, 由于 U'' 在 $U \cap U'$ 中也是概稠密的, 故由 (11.10.1, d)) 就可以推出结论.

推论 (20.2.5) — 设 S 是一个分离 S_0 概形, X, Y 是两个 S 概形, 并且合成态射 $Y \to S \to S_0$ 是分离的 (这表明 (**I**, 5.5.1) $Y \to S$ 也是分离的). 则对 X 到 Y 的任意 S 伪态射 ω, 均有 $\mathrm{dom}_S(\omega) = \mathrm{dom}_{S_0}(\omega)$. 特别地, 若 Y 是分离概形, 则有 $\mathrm{dom}_S(\omega) = \mathrm{dom}(\omega)$.

事实上, 即使没有分离条件我们也显然有 $\mathrm{dom}_S(\omega) \subseteq \mathrm{dom}_{S_0}(\omega)$, 从而根据 (20.2.4), 只需证明若一个定义在 X 的概稠密开集 U_0 上的 S_0 态射 $u_0 : U_0 \to Y$ 所给出的态

①译注: 原文使用的记号是 $\mathscr{P}s.hom(X, Y)$.

②译注: 原文使用的记号是 $\mathscr{P}s.hom_S(X, Y)$.

射 $v_0: U_0 \xrightarrow{u_0} Y \to S$ 与结构态射 $w_0: U_0 \to S$ 在 X 的某个概稠密开集 $U \subseteq U_0$ 上的限制是重合的, 则必有 $v_0 = w_0$ 即可. 然而依照前提条件, $S \to S_0$ 是分离的, 从而仍然由 (11.10.1, d)) 就可以推出结论.

推论 (20.2.6) — *在 (20.2.4) 的前提条件下, 预层 $U \mapsto \mathrm{Hom}_S^{伪}(U, Y)$ 是一个层.*

事实上, 设 U 是 X 的一个开集, (U_α) 是 U 的一个由 U 的开集所组成的覆盖, 假设对每个 α 都给了一个从 U_α 到 Y 的 S 伪态射 ω_α, 并且对任何两个指标 α, β 来说, S 伪态射 ω_α 和 ω_β 在 $U_\alpha \cap U_\beta$ 上的限制 (20.2.2) 都相等, 则依照 (20.2.3.1), 这就给出了 $\mathrm{dom}_S(\omega_\alpha) \cap U_\beta = \mathrm{dom}_S(\omega_\beta) \cap U_\alpha$. 现在设 W 是这些开集 $\mathrm{dom}_S(\omega_\alpha)$ 的并集, 并且对每个 α, 设 u_α 是类 ω_α 中的那个唯一的 S 态射 $\mathrm{dom}_S(\omega_\alpha) \to Y$ (20.2.4), 根据前提条件和 (20.2.4), u_α 和 u_β 在 $\mathrm{dom}_S(\omega_\alpha) \cap \mathrm{dom}_S(\omega_\beta)$ 上的限制是相等的, 从而可以找到一个态射 $u: W \to Y$, 它在每个开集 $\mathrm{dom}_S(\omega_\alpha)$ 上的限制都等于 u_α, W 在 U 中显然是概稠密的, 从而 u 定义一个从 U 到 Y 的 S 伪态射 ω, 它在 U_α 上的限制就是 ω_α.

注解 (20.2.7) — 我们知道 (11.10.4) 当 X 是既约概形时, 一个开集在 X 中是稠密的就等价于它在 X 中是概稠密的, 从而此时 X 到 Y 的伪态射 (切转: S 伪态射) 的概念与 X 到 Y 的*有理映射*(切转: S *有理映射*) 的概念 (**I**, 7.1.2) 是一致的. 在一般情况下, 伪态射的概念看起来比有理映射的概念更加有用.

(20.2.8) 所谓 X 上的*伪函数*, 就是 X 到 $\mathrm{Spec}\,\mathbb{Z}[T]$ (T 是未定元) 的伪态射, 或等价地, 就是 X 到 $X \otimes_{\mathbb{Z}} \mathbb{Z}[T]$ 的 X 伪态射. 这也相当于说 (**I**, 3.3.15), X 上的伪函数就是 $\mathscr{O}_X$ 在 X 的概稠密开集上的截面的等价类, 此处两个截面 $g \in \Gamma(U, \mathscr{O}_X)$, $g' \in \Gamma(U', \mathscr{O}_X)$ 等价的意思是, 可以找到 X 的一个概稠密开集 $U'' \subseteq U \cap U'$, 使得 g 和 g' 在其上是重合的. 现在把 (20.2.4) 应用到 $S = X$, $Y = X \otimes_{\mathbb{Z}} \mathbb{Z}[T]$ 的情形, 从而对 X 上的任何一个伪函数 φ 来说, 我们都有一个最大的概稠密开集 $\mathrm{dom}(\varphi)$, 以及 $\mathscr{O}_X$ 在 $\mathrm{dom}(\varphi)$ 上的一个截面, 它落在这个类 φ 中. 层 $\mathscr{H}om_X^{伪}(X, X \otimes_{\mathbb{Z}} \mathbb{Z}[T])$ 显然是一个环层, 甚至是一个 $\mathscr{O}_X$ 代数层, 我们将把它记为 $\mathscr{M}'_X$, 由 (20.2.6) 知, 对 X 的任意开集 U, $\Gamma(U, \mathscr{M}'_X)$ 都等于 U 到 $\mathrm{Spec}\,\mathbb{Z}[T]$ 的全体伪态射的集合, 我们令 $\mathrm{M}'(X) = \Gamma(X, \mathscr{M}'_X)$. 于是 $\mathscr{M}'_X$ 在 U 上的一个截面 φ 是环 $\Gamma(U, \mathscr{M}'_X)$ 中的可逆元这件事就相当于能够找到一个在 $\mathrm{dom}(\varphi)$ 中 (从而在 U 中) 概稠密的开集 U', 使得 $\mathscr{O}_X$ 在 U' 上的那个唯一的落在 φ 中的截面 g 满足下面的条件: $g|_{U'}$ 在 $\Gamma(U', \mathscr{O}_X)$ 中是可逆的. 由 (**I**, 3.3.15) 知, 在 $\Gamma(V, \mathscr{O}_X)$ 和 $\mathrm{Hom}(V, \mathbb{Z}[T])$ (V 是 X 的开集) 之间的典范对应下, $\Gamma(V, \mathscr{O}_X)$ 中的可逆元就对应着那些可以分解为 $V \to \mathrm{Spec}\,\mathbb{Z}[T, T^{-1}] \to \mathrm{Spec}\,\mathbb{Z}[T]$ 的态射. 由此我们得知, $\mathscr{M}'_X$ 的可逆截面芽层 $\mathscr{M}'^{*}_X$ 可以典范等同于层 $\mathscr{H}om_X^{伪}(X, X \otimes_{\mathbb{Z}} \mathbb{Z}[T, T^{-1}])$.

引理 (20.2.9) — *设 U 是 X 的一个开集, s 是环 $\Gamma(U, \mathscr{O}_X)$ 的一个正则元, 则由那些满足 $s(x) \neq 0$ 的点 $x \in U$ 所组成的开集 U_s 在 U 中是概稠密的.*

事实上, 设 V 是 U 的一个开集, t 是 $\mathscr{O}_X$ 在 V 上的一个截面, 且满足 $t|_{(V\cap U_s)}=0$. 则对任意仿射开集 $W\subseteq V$, 均可找到一个整数 n, 使得 $s^n t|_W=0$ (**I**, 1.4.1), 但现在 s 是 $\Gamma(U,\mathscr{O}_X)$ 的正则元, 这就表明 $t|_W=0$, 从而 $t=0$.

(20.2.10) 设 $f\in \mathrm{M}(X)$ 是一个宽调函数 (20.1.4), 则 $\mathrm{dom}(f)$ 在 X 中是概稠密的. 事实上, 对于 X 的任何一点, 均可找到它的一个开邻域 U 和一个这样的截面 $s\in\Gamma(U,\mathscr{O}_X)$, 它是一个正则元, 且使得 $s(f|_U)\in\Gamma(U,\mathscr{O}_X)$. 由于 $s|_{U_s}$ 是可逆的, 故我们的知 $f|_{U_s}\in\Gamma(U_s,\mathscr{O}_X)$, 从而由定义 (20.1.4) 就得到 $U_s\subseteq \mathrm{dom}(f)$, 再由引理 (20.2.9) 就可以推出上述阐言. 我们把 f 对应到它在 $\mathrm{dom}(f)$ 上的限制截面所属的等价类, 这是一个伪函数, 进而把这个做法应用到 X 的任何一个开集上, 我们就得到了一个典范的 $\mathscr{O}_X$ 代数层同态

(20.2.10.1) $$\mathscr{M}_X \longrightarrow \mathscr{M}'_X.$$

再把它限制到两者的可逆芽层上, 显然又给出了一个 Abel 群层同态

(20.2.10.2) $$\mathscr{M}^*_X \longrightarrow {\mathscr{M}'_X}^*.$$

命题 (20.2.11) — (i) *典范同态* (20.2.10.1) *是单的* (*因而* (20.2.10.2) *也是单的*).

(ii) *假设 X 是局部Noether 概形, 或者 X 是既约概形并且其不可约分支是局部有限的. 则典范同态* (20.2.10.1) *是一一的* (*从而* (20.2.10.2) *也是一一的*).

问题在 X 上都是局部性的, 故可限于考虑 $X=\mathrm{Spec}\,A$ 是仿射概形的情形, 此时我们需要证明典范同态 $\mathrm{M}(X)\to\mathrm{M}'(X)$ 总是单的, 并且在 (ii) 的那些条件下是一一的. 有见于层 $\mathscr{M}_X$ 的定义 (20.1.3), 再注意到 (20.2.10.1) 实际上来自一个预层同态

$$\Gamma(U,\mathscr{O}_X)[\Gamma(U,\mathscr{S})^{-1}] \longrightarrow \Gamma(U,\mathscr{M}'_X),$$

故只需证明这个预层同态在 U 是仿射开集时是单的 (切转: 在 (ii) 的那些条件下是一一的) 即可. 我们用 S 来表示 A 的全体正则元的集合 (从而 $S^{-1}A$ 就是 A 的全分式环), 则问题转化为考虑典范同态

(20.2.11.1) $$S^{-1}A \longrightarrow \mathrm{M}'(X),$$

且只需证明它是单的 (切转: 在 (ii) 的那些条件下是一一的) 即可. 现在我们有 $S^{-1}A=\varinjlim_t A_t$, 其中 t 跑遍 A 的正则元集合, 且该集合上的序关系是"t 是 t' 的因子" ($\mathbf{0_I}$, 1.4.5), 同时我们有 $A_t=\Gamma(D(t),\mathscr{O}_X)$. 另一方面, 根据定义, 我们有 $\mathrm{M}'(X)=\varinjlim_U \Gamma(U,\mathscr{O}_X)$, 其中 U 跑遍 X 的概稠密开集的集合 (其中的序关系是 $\supseteq$), 并且映射 (20.2.11.1) 恰好就是从下述事实所引出的典范映射: 这些 $D(t)$ 构成 X 的全体概稠密开集的集合的一个子集 (20.2.9). 注意到根据概稠密开集的定义, 对任意两个这样的开集 $U'\subseteq U$,

同态 $\Gamma(U,\mathscr{O}_X)\to\Gamma(U',\mathscr{O}_X)$ 都是单的, 从而同态 $\Gamma(U,\mathscr{O}_X)\to \mathrm{M}'(X)$ 也是如此, 由此就得知 (20.2.11.1) 是单的. 为了证明 (20.2.11.1) 是一一的, 只需证明由这些 $D(t)$ 所组成的集合与所有概稠密开集的集合是共尾的即可, 换句话说, 只需证明对任意概稠密开集 U, 均可找到 A 中的一个正则元 t, 使得 $D(t)\subseteq U$ 即可. 现在如果 X 是既约的, 并且 X 的不可约分支构成一个局部有限的集合, 那么此集合就是有限的, 因为 X 是仿射的, 换句话说, A 只有有限个极小素理想 $\mathfrak{p}_i$. 由于 A 是既约的, 故这些 $\mathfrak{p}_i$ 的交集是 (0), 从而 t 是正则的就等价于 t 没有落在任何一个 $\mathfrak{p}_i$ 之中, 于是由 (**I**, 7.1.9.1) 的方法就可以推出结论. 如果 A 是 Noether 的, 那么 $U=X\smallsetminus Y$ (其中 $Y=V(\mathfrak{I})$ 在 X 中是闭的) 是概稠密的就等价于 (5.10.2) Y 与 $\mathrm{Ass}\,\mathscr{O}_X$ 不相交, 而根据 Bourbaki,《交换代数学》, IV, §1, ✶4, 命题 8, 这就表明我们能找到一个 $t\in\mathfrak{I}$, 它是 A 的正则元, 从而 $U\supseteq D(t)$.

上述证明过程还证明了

推论 (20.2.12) — *若 $X=\mathrm{Spec}\,A$, 其中 A 或者是Noether 环, 或者是既约环且只有有限个极小素理想, 则 X 的概稠密开集恰好就是那些包含某个 $D(t)$ 的开集, 其中 t 是 A 中的正则元, 并且 $\mathrm{M}(X)=\mathrm{M}'(X)$ 就是全分式环 $S^{-1}A$, 其中 S 是由 A 的全体正则元所组成的集合.*

注解 (20.2.13) — (i) 设 φ 是 $\mathrm{M}(X)$ 的一个元素, φ' 是它在 $\mathrm{M}'(X)$ 中的像, 则根据定义 ((20.1.4) 和 (20.2.8)) 我们显然有 $\mathrm{dom}(\varphi)\subseteq\mathrm{dom}(\varphi')$. 但实际上我们有一个等式 $\mathrm{dom}(\varphi)=\mathrm{dom}(\varphi')$, 这是因为, 可以找到 $\mathscr{O}_X$ 在 $\mathrm{dom}(\varphi')$ 上的一个截面, 它落在类 φ' 中, 并且它所对应的宽调函数就等于 φ (20.2.11, (i)), 从而 $\mathrm{dom}(\varphi')\subseteq\mathrm{dom}(\varphi)$.

(ii) 我们已经说过, 当 X 是既约概形时, $\mathscr{M}'_X=\mathscr{R}(X)$ (后者就是 X 上的有理函数层 (**I**, 7.3.2)), 进而若 X 的不可约分支构成一个局部有限的集合, 则有 $\mathscr{M}_X=\mathscr{M}'_X=\mathscr{R}(X)$. 在一般情况下, 由于任何概稠密开集都是稠密的, 故我们有一个典范同态 $\mathscr{M}'_X\to\mathscr{R}(X)$, 但即使 X 是局部 Noether 概形, 这个同态也未必是单的. 举例来说, 设 $X=\mathrm{Spec}\,A$, 其中 A 是一个 Noether 环, 并且 $\mathrm{Ass}\,A$ 中包含了内嵌支承素理想 (这表明 A 不是既约的), 则 $\mathrm{M}(X)$ 和 $\mathrm{M}'(X)$ 都可以等同于全分式环 $S^{-1}A$, 其中 S 是 A 的全体正则元的集合, 它也是全体素理想 $\mathfrak{p}\in\mathrm{Ass}\,A$ 的并集的补集, 但此时 $\mathrm{R}(X)$ 可以等同于 $Q^{-1}A$, 其中 Q 是 A 的全体极小素理想的并集的补集 (**I**, 7.1.9), 从而典范同态 $A\to Q^{-1}A$ 并不是单的 (自然 $S^{-1}A\to Q^{-1}A$ 也不是单的), 因为在 $A\smallsetminus Q$ 中有这样的非零元, 它能够零化 Q 的所有元素 (Bourbaki,《交换代数学》, IV, §1, ✶1, 命题 1 的推论 2).

特别地, 若 X 是既约的, 并且只有有限个不可约分支, 则 (**IV**, 20.1.5) 中的无挠 $\mathscr{O}_X$ 模层的概念与 (**I**, 7.4.1) 中的概念是一致的.

(iii) 注意到即使 X 是局部 Noether 概形, $\mathscr{O}_X$ 模层 $\mathscr{M}'_X$ 也未必是拟凝聚的. 例如考虑一个维数 $\geqslant 2$ 的 Noether 局部环 A, 假设它的极大理想 $\mathfrak{m}$ 落在 $\operatorname{Ass} A$ 中, 我们令 $X=\operatorname{Spec} A$, 再假设 X 的开子概形 $U=X\smallsetminus\{\mathfrak{m}\}$ 是整的. 于是 A 的正则元都是可逆元, 从而 $\Gamma(X,\mathscr{M}_X)=\mathrm{M}(X)=A$. 如果 $\mathscr{M}_X$ 是拟凝聚的, 那么它必然等于 $\mathscr{O}_X$, 然而 U 是一个整概形, 故知 $\mathscr{M}_X|_U=\mathrm{R}(U)$ 是常值层 (**I**, 7.3.5), 但 $\mathscr{O}_U$ 并不是常值层, 因为 $\dim A\geqslant 2$.

只需再来给出一个具有上述性质的环 A 的实例, 设 B 是一个维数 $\geqslant 2$ 的 Noether 整局部环, k 是它的剩余类域, 我们取 $A=B\oplus k$, 其中的乘法是 $(b,x)(b',x')=(bb',bx'+b'x)$, 它就满足要求.

(iv) 若 X 是局部 Noether 的, 则由 (5.10.2) 知, X 的概稠密开集就是那些包含集合 $\operatorname{Ass}\mathscr{O}_X$ 的开集.

(20.2.14) 设 X 是一个概形, $\mathscr{F}$ 是一个无挠 (20.1.5) 拟凝聚 $\mathscr{O}_X$ 模层, 则 $\mathscr{F}$ 可以等同于 $\mathscr{M}_X(\mathscr{F})$ 的一个 $\mathscr{O}_X$ 子模层. 对于 $\mathscr{F}$ 在 X 上的任何宽调截面 u, 我们把 u 在 $\mathscr{M}_X(\mathscr{F})/\mathscr{F}$ 中的像截面 $\overline{u}$ 的零化子 $\mathscr{J}$ 称为 u 的分母理想层. 这个理想层 $\mathscr{J}$ 是拟凝聚的. 事实上, 问题在 X 上是局部性的, 故可限于考虑 X 是仿射概形的情形, 于是可以找到一个截面 $s\in\Gamma(X,\mathscr{S}(\mathscr{O}_X))$, 使得 $v=su\in\Gamma(X,\mathscr{F})$. 对于任何开集 $U\subseteq X$ 来说, 一个截面 $f\in\Gamma(U,\mathscr{O}_X)$ 落在 $\Gamma(U,\mathscr{J})$ 中就意味着 $f(u|_U)\in\Gamma(U,\mathscr{F})$, 且因为 $s|_U$ 是 $\Gamma(U,\mathscr{O}_X)$ 的正则元, 并且 $\mathscr{F}$ 是无挠的, 故上述条件还等价于 $f((su)|_U)\in\Gamma(U,s\mathscr{F})$, 从而若 $\overline{v}$ 是 v 在 $\mathscr{F}/s\mathscr{F}$ 中的典范像截面, 则我们看到 $\mathscr{J}$ 就是那个与截面 $\overline{v}$ 相乘而得到的同态 $\mathscr{O}_X\to\mathscr{F}/s\mathscr{F}$ 的核. 由于 $\mathscr{F}/s\mathscr{F}$ 是拟凝聚的, 故知 $\mathscr{J}$ 也是如此.

由上述定义立知, $\operatorname{dom}(u)$ 就是 X 的那个由 u 的分母理想层所定义的闭子概形的开补集.

命题 (20.2.15) — 设 $f:X'\to X$ 是一个态射, $\mathscr{F}$ 是一个拟凝聚 $\mathscr{O}_X$ 模层, φ 是 $\mathscr{M}_f(\mathscr{F})$ 在 X 上的一个截面 (20.1.11). 则 $f^{-1}(\operatorname{dom}(\varphi))$ 在 X' 中是概稠密的.

问题在 X 和 X' 上显然是局部性的, 故可假设 $X=\operatorname{Spec} A$ 和 $X'=\operatorname{Spec} A'$ 都是仿射概形, $\mathscr{F}=\widetilde{M}$, 且 $\varphi=h\otimes(1/s)$, 其中 $h\in M$, s 是 A 的正则元, 并且它在 A' 中的像 s' 也是正则元. 此时我们知道 (20.2.9) $D(s')$ 是 X' 的一个概稠密开集, 并且它就是 $D(s)$ 在 f 下的逆像, 而 $D(s)$ 包含在 $\operatorname{dom}(\varphi)$ 之中.

注解 (20.2.16) — 如果 Y 不是分离的, 那么 X 上的预层 $U\mapsto\operatorname{Hom}_S^{\text{伪}}(U,Y)$ 就不一定是层, 即使 X 是 Noether 概形, 举例如下. 我们取 X 是一个维数 $\geqslant 2$ 的 Noether 半局部环 A 的谱, 假设 A 恰好有两个极大理想 $\mathfrak{m}'$, $\mathfrak{m}''$ (从而 X 恰好有两个闭点 x', x''), 并且 $\mathfrak{m}'$ 和 $\mathfrak{m}''$ 都落在 $\operatorname{Ass} A$ 中, 再假设开子概形 $U=X\smallsetminus\{x',x''\}$ 是整的. 设 $U'=X\smallsetminus\{x'\}$, $U''=X\smallsetminus\{x''\}$, 则有 $U=U'\cap U''$. X 的概稠密开集就是那些同时包含 x' 和 x'' 的开集 (20.2.13, (iv)), 从而必然就等于 X. 为了给出一个反例, 只需定义出两个 S 态射 $u':U'\to Y$, $u'':U''\to Y$ (取 $S=X$),

使得它们在 U 上的限制落在 U 到 Y 的同一个伪态射中, 但对 x'' 在 U' 中的任何邻域 V' 和 x' 在 U'' 中的任何邻域 V'', u' 和 u'' 在 $V'\cap V''$ 上的限制都不相等即可. 为此我们考虑 X 的一个同时包含 x' 和 x'' 且又不等于 X 的不可约闭子集 Z, 设 Y 是由两个同构于 X 的概形 Y' 和 Y'' 沿着稠密开集 $X\smallsetminus Z$ 黏合而成的概形 (**I**, 2.3.1). 现在取 u' 和 u'' 分别是结构同构 $Y'\xrightarrow{\sim}X$ 和 $Y''\xrightarrow{\sim}X$ 在 U' 和 U'' 上的限制. 由于 V' 和 V'' 都包含 Z 的一般点, 故知 u' 和 u'' 在 $V'\cap V''$ 上的限制并不相等, 然而 u' 和 u'' 在 $U\smallsetminus(U\cap Z)$ 上的限制是相等的, 并且 $U\smallsetminus(U\cap Z)$ 是 U 的一个稠密开集, 从而是概稠密的, 因为 U 是既约的.

只需再来定义出一对具有上述性质的 A 和 Z 即可. 设 $X_0=\operatorname{Spec}B$ 是一个整仿射概形 (比如域 k 上的仿射平面), Y 是 X_0 的一个不可约闭子集 (比如一条仿射直线), 且包含两个不同的闭点 x' 和 x'', 分别对应着 B 的极大理想 $\mathfrak{n}'$, $\mathfrak{n}''$. 我们来考虑环 $C=B\oplus(B/\mathfrak{n}'\oplus B/\mathfrak{n}'')$, 其中的乘法是 $(b,z)(b',z')=(bb',bz'+b'z)$. 若 $X_1=\operatorname{Spec}C$, 则有 $X_0=(X_1)_{\mathrm{red}}$, 并且 X_1 在点 x', x'' 之外是既约的. 现在只要取 $A=R^{-1}C$, 其中 R 是 C 在点 x', x'' 处的极大理想的并集的补集, 再取 Z 是 Y 与 $X=\operatorname{Spec}A$ 的交集即可.

20.3 伪态射的合成

(20.3.1) 设 X,Y,Z 是三个概形, ω 是 X 到 Y 的一个伪态射, $f:X\to Y$ 是态射. 若 U', U'' 是 X 的两个概稠密开集, $u':U'\to Y$, $u'':U''\to Y$ 是类 ω 中的两个态射, 则态射 $f\circ u'$ 和 $f\circ u''$ 显然是等价的 (在 (20.2.1) 所定义的关系下), 从而对于类 ω 中的任何态射 u, 态射 $f\circ u$ 都落在同一个等价类中, 我们把它记作 $f\circ\omega$, 并且称为 X 到 Z 的那个由 f 和 ω 合成而得到的伪态射. 我们有 $\operatorname{dom}(f\circ\omega)=\operatorname{dom}(\omega)$. 若 $g:Z\to T$ 是一个态射, 则显然有 $g\circ(f\circ\omega)=(g\circ f)\circ\omega$.

(20.3.2) 现在假设我们有一个从 X 到 Y 的 S 伪态射 ω, 其中 Y 在 S 上是分离的, 则可以在类 ω 中找到一个 S 态射 $u:\operatorname{dom}_S(\omega)\to Y$ (20.2.4). 设 $f:X'\to X$ 是一个 S 态射, 它使得开集 $V'=f^{-1}(\operatorname{dom}_S(\omega))$ 在 X' 中是概稠密的, 则我们把 S 态射 $u\circ(f|_{V'})$ (在 (20.2.1) 的等价关系下) 的等价类 (依照上述条件, 这个类是有定义的) 称为由 ω 和 f 取合成而得到的 S 伪态射, 记作 $\omega\circ f$, 显然有

(20.3.2.1) $$f^{-1}(\operatorname{dom}_S(\omega))\ \subseteq\ \operatorname{dom}_S(\omega\circ f).$$

对于给定的 $f:X'\to X$, 我们用 $\operatorname{Hom}_S^{伪}(X,Y)^f$ 来记 X 到 Y 的那些满足上述条件的 S 伪态射 ω 的集合. 若 ω 是这样一个 S 伪态射, 则易见对 X 的任意开集 V,

$$f^{-1}(\operatorname{dom}_S(\omega|_V))\ =\ f^{-1}(V\cap\operatorname{dom}_S(\omega))\ =\ f^{-1}(V)\cap f^{-1}(\operatorname{dom}_S(\omega))$$

在 $f^{-1}(V)$ 中显然都是概稠密的, 从而若 $f^V:f^{-1}(V)\to V$ 是 f 的限制, 则合成 $(\omega|_V)\circ f^V$ 是有定义的, 并且等于 $(\omega\circ f)|_{f^{-1}(V)}$. 这就定义了一个典范的限制映射 $\operatorname{Hom}_S^{伪}(X,Y)^f\to\operatorname{Hom}_S^{伪}(V,Y)^{f^V}$, 由此给出 X 上的一个集合预层 $V\mapsto\operatorname{Hom}_S^{伪}(V,Y)^{f^V}$,

它是 $V \mapsto \mathrm{Hom}_S^{伪}(V,Y)$ 的子预层, 我们把它的拼续层记作 $\mathscr{H}om_S^{伪}(X,Y)^f$. 进而, 对 X 的任意开集 V, 我们都有一个从 $\mathrm{Hom}_S^{伪}(V,Y)^{f^V}$ 到 $\mathrm{Hom}_S^{伪}(f^{-1}(V),Y)$ 的映射 $\omega \mapsto \omega \circ f^V$, 从而它们定义出集合层的一个 f 态射

$$\mathscr{H}om_S^{伪}(X,Y)^f \longrightarrow \mathscr{H}om_S^{伪}(X',Y).$$

(20.3.3) 现在设 $f' : X'' \to X'$ 是这样一个 S 态射, 它使 $f'^{-1}(f^{-1}(\mathrm{dom}_S(\omega)))$ 成为 X'' 的概稠密开集, 则 $\omega\circ(f\circ f')$ 是有定义的, 并且 $u\circ f\circ f'$ 就落在这个 S 伪态射里, 进而依照 (20.3.2.1), $f'^{-1}(\mathrm{dom}_S(\omega\circ f))$ 在 X'' 中也是概稠密的, 从而 $(\omega\circ f)\circ f'$ 也是有定义的, 并且 $u\circ f\circ f'$ 落在这个 S 伪态射里, 从而我们有 $(\omega\circ f)\circ f' = \omega\circ(f\circ f')$.

另一方面, 对任意 S 态射 $g : Y \to Z$, 均有 $\mathrm{dom}_S(g\circ\omega) = \mathrm{dom}_S(\omega)$ (20.3.1), 从而 $(g\circ\omega)\circ f$ 是有定义的, 并且 $g\circ u\circ f$ 落在这个 S 伪态射里, 这就证明了 $(g\circ\omega)\circ f = g\circ(\omega\circ f)$.

(20.3.4) 在定义 (20.3.2) 中, 最重要的一个情形就是刚好有 $\mathscr{H}om_S^{伪}(X,Y)^f = \mathscr{H}om_S^{伪}(X,Y)$ 的情形, 为了使这个等式成立, 只需对 X 的任意开集 U 以及 U 的任意概稠密开子集 V, $f^{-1}(V)$ 在 $f^{-1}(U)$ 中都是概稠密的即可. 当这件事成立时, 对 X 的任意开集 U 和任意 S 伪态射 $\omega : U \to Y$, 我们都可以定义合成 $\omega\circ f^U$, 甚至不需要 Y 在 S 上是分离的. 事实上, 若 $u' : U' \to Y$ 和 $u'' : U'' \to Y$ 是类 ω 中的两个态射, 则它们在 U 的某个概稠密开子集 U_0 上是重合的, 从而合成态射 $f^{-1}(U') \to U' \xrightarrow{u'} Y$ 和 $f^{-1}(U'') \to U'' \xrightarrow{u''} Y$ 在 $f^{-1}(U_0)$ 上是重合的, 并且由前提条件知, $f^{-1}(U_0)$ 在 $f^{-1}(U)$ 中是概稠密的, 从而我们可以定义 $\omega\circ f^U$ 就是任何一个态射 $f^{-1}(U') \to U' \xrightarrow{u'} Y$ 的类, 其中 u' 落在 ω 中.

命题 (20.3.5) — 设 X, X' 是两个概形, $f : X' \to X$ 是一个态射. 则在下面任何一种情形下, 对 X 的任意开集 U 以及 U 的任意概稠密开子集 V, $f^{-1}(V)$ 在 $f^{-1}(U)$ 中都是概稠密的:

(i) f 是窄平坦的.

(ii) f 是平坦的, 并且 X 的底空间是局部Noether 的.

(iii) X' 是既约的, X 的不可约分支是局部有限的, 并且 X' 的每个不可约分支都笼罩了 X 的某个不可约分支.

条目 (i) 缘自 (11.10.5, (ii), b)), 条目 (ii) 缘自 (11.10.5, (ii), a)), 因为此时 U 中的任何开集 V 都是反紧的, 换句话说, 典范含入 $j : V \to U$ 是一个拟紧态射. 最后, 为了证明 (iii), 我们注意到 X' 是既约的, 故只需证明对 X 的任意开集 U 以及 U 中的任意稠密开集 V, $f^{-1}(V)$ 在 $f^{-1}(U)$ 中都是稠密的即可. 现在为了使 $f^{-1}(V)$ 在 $f^{-1}(U)$ 中是稠密的, 只需 $f^{-1}(V)$ 包含了 X' 的任何一个落在 $f^{-1}(U)$ 中的极大点, 根据前提条件, X' 的任何一个落在 $f^{-1}(V)$ 中的极大点在 f 下的像都是 X 的一个落在 U 中的极大点, 从而落在 V 中 (因为 X 的不可约分支是局部有限的), 由此即

得结论.

(20.3.6) 设 X, Y 是两个 S 概形, 假设 X 满足下面两个条件之一:

a) X 是局部Noether 的,

b) X 是既约的, 并且它的不可约分支是局部有限的.

于是对任意 $x \in X$, 典范 S 态射 $j : \operatorname{Spec} \mathscr{O}_{X,x} \to X$ 都是平坦的, 并且在情形 a) 下 (20.3.5) 的条件 (ii) 得到满足, 而在情形 b) 下 (20.3.5) 的条件 (iii) 得到满足. 从而对 X 到 Y 的任意 S 伪态射 ω, 合成 $\omega \circ j$ 都是有定义的, 并且是一个从 $\operatorname{Spec} \mathscr{O}_{X,x}$ 到 Y 的 S 伪态射, 称为 ω 在 $\operatorname{Spec} \mathscr{O}_{X,x}$ 上的限制. 现在我们注意到, 若 X 满足 (20.3.6) 的条件 a) (切转: b)), 则 X 的任何包含 x 的开子概形 U 都满足该条件. 从而对这些典范映射 $\operatorname{Hom}^{\text{伪}}_S(U, Y) \to \operatorname{Hom}^{\text{伪}}_S(\operatorname{Spec} \mathscr{O}_{X,x}, Y)$ 取归纳极限就可以导出一个典范映射

(20.3.6.1)
$$(\mathscr{H}om^{\text{伪}}_S(X, Y))_x \longrightarrow \operatorname{Hom}^{\text{伪}}_S(\operatorname{Spec} \mathscr{O}_{X,x}, Y),$$

其中的左边一项是层 $\mathscr{H}om^{\text{伪}}_S(X, Y)$ 在点 x 处的茎条, 即由那些从 x 的开邻域到 Y 的 S 伪态射在 x 处的芽所组成的集合.

命题 (20.3.7) — 在 (20.3.6) 的前提条件下, 典范映射 (20.3.6.1) 是单的. 进而若 Y 在 S 上是局部有限呈示的, 则映射 (20.3.6.1) 是一一的.

利用 (8.1.2, a)) 的方法, 我们就看出这个命题是下述命题的特殊情形:

命题 (20.3.8) — 记号与 (8.8.1) 相同, 假设 X_α 是拟紧的 (切转: 紧凑的), Y_α 在 S_α 上是局部有限型的 (切转: 局部有限呈示的). 进而假设下列条件之一得到满足:

(i) 传递态射 $S_\mu \to S_\lambda$ ($\lambda \leqslant \mu$) 都是平坦的, 并且这些 X_λ 和 X 都是Noether 的.

(ii) X_λ 都是既约的, X 和每个 X_λ 的不可约分支集合都是有限的, 并且对于 $\lambda \leqslant \mu$, X_μ 的每个不可约分支都笼罩了 X_λ 的某个不可约分支.

则典范映射

(20.3.8.1)
$$\varinjlim \operatorname{Hom}^{\text{伪}}_{S_\lambda}(X_\lambda, Y_\lambda) \longrightarrow \operatorname{Hom}^{\text{伪}}_S(X, Y)$$

是单的 (切转: 一一的).

我们首先注意到, 在情形 (i) 中, 态射 $X_\mu \to X_\lambda$ ($\lambda \leqslant \mu$) 和 $X \to X_\lambda$ 都是平坦的, 从而由 (20.3.4) 和 (20.3.5) 知, 典范映射

$$\operatorname{Hom}^{\text{伪}}_{S_\lambda}(X_\lambda, Y_\lambda) \longrightarrow \operatorname{Hom}^{\text{伪}}_{S_\mu}(X_\mu, Y_\mu) \qquad (\lambda \leqslant \mu)$$

和 $\operatorname{Hom}^{\text{伪}}_{S_\lambda}(X_\lambda, Y_\lambda) \to \operatorname{Hom}^{\text{伪}}_S(X, Y)$ 都是有定义的 (这里不需要 Y_λ 和 Y 上的分离条件), 从而映射 (20.3.8.1) 也是有定义的. 此时命题可由下述引理推出:

引理 (20.3.8.2) — 记号与 (8.8.1) 相同, 假设 X_α 是拟紧的, 并设 U_α 在 X_α 中是稠密的, 对 $\lambda \geqslant \alpha$, 设 U_λ 和 U 分别是 U_α 在 X_λ 和 X 中的逆像. 再假设 (20.3.8)

中的条件 (i), (ii) 之一得到满足. 则为了使 U 在 X 中是概稠密的, 必须且只需能找到 $\lambda \geqslant \alpha$, 使得 U_λ 在 X_λ 中是概稠密的, 此时对任意 $\mu \geqslant \lambda$, U_μ 在 X_μ 中都是概稠密的.

首先假设条件 (i) 得到满足, 我们用 $j_\lambda : U_\lambda \to X_\lambda$ 和 $j : U \to X$ 来记典范含入, 并且用 $\mathscr{J}_\lambda$ 来记典范同态 $\mathscr{O}_{X_\lambda} \to (j_\lambda)_*(\mathscr{O}_{U_\lambda})$ 的核. 则由于浸入 j_λ 是紧凑的, 故知 $(j_\lambda)_*(\mathscr{O}_{U_\lambda})$ 是一个拟凝聚 $\mathscr{O}_{X_\lambda}$ 模层, 从而 $\mathscr{J}_\lambda$ 是 $\mathscr{O}_{X_\lambda}$ 的一个拟凝聚理想层, 且由于 X_λ 是 Noether 的, 故知 $\mathscr{J}_\lambda$ 是凝聚的, 从而就是有限型的. 另一方面, 由于传递态射 $p_{\lambda\mu} : X_\mu \to X_\lambda$ (切转: $p_\lambda : X \to X_\lambda$) 是平坦的, 故由 (2.3.1) 知, 我们可以把 $(j_\mu)_*(\mathscr{O}_{U_\mu})$ 等同于 $p_{\lambda\mu}^*(j_\lambda)_*(\mathscr{O}_{U_\lambda})$ (切转: 把 $j_*(\mathscr{O}_U)$ 等同于 $p_\lambda^*(j_\lambda)_*(\mathscr{O}_{U_\lambda})$). 从而由概稠密开集的定义和 (8.5.8, (ii)) 就可以推出结论.

为了在条件 (ii) 下完成 (20.3.8.2) 的证明, 我们首先来证明两个引理.

引理 (20.3.8.3) — 在 (8.2.2) 的前提条件下, 设 M_λ (切转: M) 是 S_λ (切转: S) 的全体极大点的集合. 假设对任意 λ, 集合 M_λ 都是有限的, 并且这些 M_λ 构成一个集合投影系. 则 M 就是这些 M_λ 的投影极限.

我们首先来证明, 任何一个点 $s \in \varprojlim M_\lambda$ 在 S 中都是极大的. 事实上, 若 s' 是 s 的一个一般化, 则 s' 在 S_λ 中的像 s'_λ 就是 s 的像 s_λ 的一个一般化, 从而只能等于 s_λ, 这对任意 λ 都是成立的, 从而 $s' = s$, 因为 S 的底集合正是这些 S_λ 的底集合的投影极限 (8.2.9). 反过来, 设 s 是 S 的一个极大点, 我们来证明它落在 $\varprojlim M_\lambda$ 中. 设 s_λ 是 s 在 S_λ 中的像, M'_λ 是由 s_λ 在 S_λ 中的全体一般化所组成的集合, 则这些 M'_λ 都是非空有限集, 且构成一个投影系, 从而 $M' = \varprojlim M'_\lambda$ 不是空的, 并且映射 $M' \to M'_\lambda$ 是满的 (Bourbaki,《集合论》, III, 第 2 版, §7, ¥4, 例子 1). 另一方面, 依照 (8.2.12) 和 (8.2.9), 我们有 $\operatorname{Spec} \mathscr{O}_{S,s} = \varprojlim \operatorname{Spec} \mathscr{O}_{S_\lambda, s_\lambda}$, 从而根据上面的方法得知, $\varprojlim M'_\lambda$ 中的点也都是 $\operatorname{Spec} \mathscr{O}_{S,s}$ 的极大点. 从而 $M' = \varprojlim M'_\lambda$ 只能包含一个点, 也就是 s, 由此可知, M'_λ 也只能包含一个点, 就是 s_λ, 从而每个 s_λ 在 S_λ 中都是极大的, 这就完成了引理的证明.

引理 (20.3.8.4) — 前提条件与 (20.3.8.3) 相同, 进而假设 S_α 是拟紧的, 设 U_α 是 S_α 的一个开集, 并且对 $\lambda \geqslant \alpha$, 设 U_λ 和 U 分别是 U_α 在 S_λ 和 S 中的逆像. 若 U_α 在 S_α 中是稠密的, 则对任意 $\lambda \geqslant \alpha$, U_λ 在 S_λ 中都是稠密的, 并且 U 在 S 中也是稠密的. 反过来, 若 U 在 S 中是稠密的, 而且 S 的极大点的集合 M 是有限的, 则可以找到 $\lambda \geqslant \alpha$, 使得 U_λ 在 S_λ 中是稠密的.

事实上, 因为 M_α 是有限的, 所以由 U_α 在 S_α 中稠密的条件就能推出 $M_\alpha \subseteq U_\alpha$, 从而依照 (20.3.8.3), 对于 $\lambda \geqslant \alpha$ 均有 $M_\lambda \subseteq U_\lambda$, 并且 $M \subseteq U$, 这就证明了第一句话. 反过来, 假设 M 是有限的, 并且 U 在 S 中是稠密的, 则有 $M \subseteq U$, 注意到这些 U_λ 都是开的, 从而是归纳可构的, 而 M_λ 都是有限的, 从而是投影可构的 (1.9.6), 于是

由 (8.3.2) 就可以推出第二句话.

(20.3.8.5) 完成 (20.3.8.2) 的证明 — 假设条件 (ii) 得到满足, 且依照 (8.7.1), 我们得知 X 是既约的, 从而 U_λ (切转: U) 在 X_λ (切转: X) 中概稠密就等价于它在 X_λ (切转: X) 中稠密, 于是只要把 (20.3.8.4) 应用到 X_λ 和 X 上就可以推出结论.

(20.3.8.6) 完成 (20.3.8) 的证明 — 为了证明映射 (20.3.8.1) 是单的, 我们来考虑两个从概稠密开集 $U_\lambda \subseteq X_\lambda$ 到 Y_λ 的态射 u'_λ, u''_λ, 且假设它们的像 u', u'' 作为从 U 到 Y 的态射在 U 的某个概稠密开集 V 上是重合的. 进而, 在 (i) 和 (ii) 的任何一个条件下, 我们都可以假设 V 是拟紧的, 这在 X 是 Noether 概形时是显然的, 在另一种情况下, 由于 X 只有有限个极大点, 并且是既约的, 故只需把 V 换成这有限个极大点 (根据前提条件, 它们确实落在 V 中) 的仿射开邻域的并集即可. 于是可以找到 $\lambda \geqslant \alpha$, 使得 V 是 X_λ 的某个拟紧开集 V_λ 的逆像 (8.2.11), 并且由 (20.3.8.2) 知, 只要取 λ 充分大就可以假设 V_λ 在 X_λ 中是概稠密的. 现在由 (8.8.2, (i)) 知, 对于充分大的 λ 来说, u'_λ 和 u''_λ 在 V_λ 上是重合的, 从而它们落在同一个伪态射中.

最后我们来证明映射 (20.3.8.1) 是满的. 现在设 u 是一个从 X 的某个概稠密开集 U 到 Y 的态射, 上面已经看到, 我们可以假设 U 是紧凑的 (因为在情形 (ii) 中, 可以把 U 换成有限个两两不相交的仿射开集的并集). 从而还可以假设能找到 $\lambda \geqslant \alpha$, 使得 U 是 X_λ 的某个拟紧开集 U_λ 的逆像 (8.2.11), 这个开集 U_λ 自动是拟分离的, 并且根据 (20.3.8.2), 可以进而假设 U_λ 在 X_λ 中是概稠密的. 由于这些 Y_λ 都是局部有限呈示的, 故由 (8.8.2, (i)) 知, 可以找到 λ, 使得 u 是某个态射 $u_\lambda : U_\lambda \to Y_\lambda$ 的像, 这就证明了结论.

注解 (20.3.8.7) — (i) 在 (20.3.8) 的条件 (i) 下, 为了证明映射 (20.3.8.1) 是单的, 其实并不需要假设 X 是 Noether 的. 事实上, 引理 (20.3.8.2) 没有用到这个假设. 在 (20.3.8.6) 的记号下, 设 Z_λ 是 u'_λ 和 u''_λ 的同一化概形, 并设 Z 是 u' 和 u'' 的同一化概形, 则由定义 (17.4.5) 和 (**I**, 3.3.10.1) 知, Z 是这些 Z_μ ($\mu \geqslant \lambda$) 的投影极限. 现在根据前提条件, Z 遮蔽了 X 的一个概稠密开集, 故依照下面的引理, Z 自身就是 X 的一个开子概形:

引理 (20.3.8.8) — 设 T 是一个概形. 若 T 的一个子概形 W 遮蔽了 T 的某个概稠密开集 V, 则 W 自身就是 T 的一个 (概稠密) 开子概形.

事实上, W 的底空间是 T 的一个局部闭子空间, 从而它在其闭包中是开的, 这已经表明了 W 的底空间在 T 中是开的, 再由 (11.10.1, c)) 就可以推出结论.

基于这个引理, 并依照 (8.6.3), 我们得知当 $\mu \geqslant \lambda$ 充分大时, Z_μ 都是 X_μ 的开子概形, 因为作为 Noether 概形的子概形, Z_λ 在 X_λ 上总是有限呈示的 (1.6.2), 从而当 $\mu \geqslant \lambda$ 时, Z_μ 在 X_μ 上也是有限呈示的, 并且 Z 在 X 上也是如此. 现在我们只

要应用 (20.3.8.2) 就可以证明, 当 $\mu \geqslant \lambda$ 充分大时, Z_μ 在 X_μ 中是概稠密的, 这就推出了结论.

(ii) 在 (20.3.8) 的条件 (i) 下, 如果去掉 X 是 Noether 概形这个条件, 那么利用 (20.3.8.6) 中的方法仍然可以证明, (20.3.8.1) 的像是由下面这种 S 伪态射所组成的: 它以这样一个 S 态射 $U \to Y$ 作为代表元, 其中 U 在 X 中是概稠密的, 并且 U 本身还是紧凑的.

推论 (20.3.9) — 假设 (20.3.6) 的条件a), b) 之一对于 X 是成立的, 并假设 Y 在 S 上是局部有限呈示的. 则为了使一个从 X 到 Y 的 S 伪态射 ω 在点 x 近旁有定义 (20.2.3) , 必须且只需它在 $\operatorname{Spec}\mathscr{O}_{X,x}$ 上的限制是处处有定义的(换句话说, 这是一个从 $\operatorname{Spec}\mathscr{O}_{X,x}$ 到 Y 的 S 态射).

在后面证明 (20.3.11) 的过程中, 我们要使用下面这个引理, 它的证明需要用到第六章中的忠实平坦下降理论, 读者可以检验, 建立这个下降理论并不会用到 (20.3) 中的任何结果.

引理 (20.3.10) — 设 $f: X' \to X$ 是一个拟紧忠实平坦 S 态射, $X'' = X' \times_X X'$, 且 p_1 和 p_2 是 X'' 到 X' 的两个典范投影, Y 是一个分离 S 概形. 设 U 是 X 的一个开集, $U' = f^{-1}(U)$, $U'' = p_1^{-1}(U') = p_2^{-1}(U')$, 并假设 U'' 在 X'' 中是概稠密的. 设 $g: U \to Y$ 是一个 S 态射, 于是若 $g \circ (f|_U)$ 可以延拓为一个 S 态射 $X' \to Y$, 则 g 也可以延拓为一个 S 态射 $X \to Y$.

注意到前提条件表明, U (切转: U') 在 X (切转: X') 中是概稠密的 (11.10.5, (i)), 从而如果用 ω 来记 g 的 S 伪态射类, 那么 (20.3.10) 相当于说, 若 $\omega \circ f$ 是处处有定义的, 则 ω 也是如此.

为了证明 (20.3.10), 我们用 g' 来记由 $g \circ (f|_U)$ 延拓而成的一个 S 态射 $X' \to Y$, 并且令 $g_i'' = g' \circ p_i : X'' \to Y$ $(i = 1, 2)$. 现在设 $f'' = f \circ p_1 = f \circ p_2 : X'' \to X$, 则 g_1'' 和 g_2'' 在 U'' 上显然与 $g \circ (f''|_{U''})$ 是重合的. 而由于 Y 在 S 上是分离的, 并且 U'' 在 X'' 中是概稠密的, 故有 $g_1'' = g_2''$ (11.10.1, d)). 由于 f 是拟紧忠实平坦的, 故从下降理论 (第六章) 得知, 我们有唯一一个 S 态射 $h: X \to Y$, 使得 $h \circ f = g'$. 由于 f 的限制 $U' \to U$ 是一个拟紧忠实平坦态射, 并且 $U'' = U' \times_U U'$, 从而把上述唯一性结果应用到 U 上就可以证明 $h|_U = g$, 这就推出了引理.

命题 (20.3.11) — 设 Y 是一个分离 S 概形, ω 是 X 到 Y 的一个 S 伪态射, $f: X' \to X$ 是一个 S 态射. 假设 f 是**平坦**的, 并且下述条件**之一**得到满足:

(i) f 是开态射或者映满的拟紧态射, 并且 $\operatorname{dom}_S(\omega)$ 包含了 X 的一个概稠密反紧开子集 U.

(ii) f 是局部有限呈示的.

(iii) Y 在 S 上是局部有限呈示的, 并且 X 满足 (20.3.6) 的条件a), b) 之一.

则 $f^{-1}(\mathrm{dom}_S(\omega))$ 在 X' 中是概稠密的, 从而 $\omega\circ f$ 有定义 (20.3.2), 并且我们有

(20.3.11.1) $$\mathrm{dom}_S(\omega\circ f) \;=\; f^{-1}(\mathrm{dom}_S(\omega)).$$

我们首先来证明 $f^{-1}(\mathrm{dom}_S(\omega))$ 在 X' 中是概稠密的. 问题在 X 和 X' 上都是局部性的, 故可假设 X 和 X' 都是仿射的, 又因为 f 是平坦的, 故依照 (11.10.5, (ii), a)), 只需证明 $\mathrm{dom}_S(\omega)$ 包含了一个在 X 中反紧且概稠密的开集 U 即可. 在情形 (i) 中, 这可由前提条件直接得出, 在情形 (iii) 中, 这可由 (20.2.12) 得出, 因为在一个仿射概形中, 任何形如 $D(t)$ 的开集都是反紧的, 最后在情形 (ii) 中, 利用 (20.3.5, (i)) 就可以直接看出 $f^{-1}(\mathrm{dom}_S(\omega))$ 在 X' 中是概稠密的.

现在我们来证明 (20.3.11.1), 换句话说, 要证明对任意点

$$x' \;\in\; \mathrm{dom}_S(\omega\circ f),$$

均有 $x=f(x')\in\mathrm{dom}_S(\omega)$. 首先注意到问题可以限制到 f 是拟紧忠实平坦态射的情形. 事实上, 在 (i) 的第二个情形中, 这就是前提条件, 在其他所有情形中, 问题在 X' 上是局部性的, 故我们可以假设 X 和 X' 都是仿射的, 从而 f 是拟紧的. 在 (i) 的第一个情形和 (ii) 的情形下, f 是一个开态射 (11.3.1), 从而我们可以 (通过把 X 换成开集 $f(X')$) 假设 f 是映满的, 从而是忠实平坦的. 在 (iii) 的情形下, 利用 (20.3.9) 就可以把问题归结为证明 ω 在 $\mathrm{Spec}\,\mathscr{O}_{X,x}$ 上的限制是处处有定义的, 从而又可以把 X 换成 $\mathrm{Spec}\,\mathscr{O}_{X,x}$、把 X' 换成 $X'\times_S\mathrm{Spec}\,\mathscr{O}_{X,x}$、并把 f 换成它在后一概形上的限制, 此时它是一个映满态射 (2.3.4), 从而是忠实平坦的.

于是我们可以假设 f 是拟紧忠实平坦的, 此时在引理 (20.3.10) 的记号下, 若取 U 是 X 的某个包含在 $\mathrm{dom}_S(\omega)$ 中的概稠密开集, 则只需证明 U'' 在 X'' 中是概稠密的即可, 若这个开集 U 在 X 中是反紧的, 则依照 (11.10.5, (ii), a)), 这件事已经成立 (因为态射 $f'':X''\to X$ 是平坦的). 在情形 (i) 中, 这样的开集 U 的存在性就是前提条件的一部分, 在情形 (iii) 中, 这可由 (20.2.12) 以及仿射概形 $\mathrm{Spec}\,A$ 中的任何形如 $D(t)$ 的开集都反紧这个事实推出, 最后, 在情形 (ii) 中, 我们取 $U=\mathrm{dom}_S(\omega)$, 则可以直接证明 U'' 在 X'' 中是概稠密的, 为此只需注意到 $f'':X''\to X$ 是窄平坦的这个事实, 并利用 (11.10.5, (ii), b)) 即可.

推论 (20.3.12) — 设 φ 是概形 X 上的一个伪函数. 则对任意窄平坦态射 $f:X'\to X$, 伪函数 $\varphi\circ f$ 都有定义, 并且我们有 $\mathrm{dom}(\varphi\circ f)=f^{-1}(\mathrm{dom}(\varphi))$.

注解 (20.3.13) — 如果 X 满足 (20.3.6) 中的条件 a), b) 之一, 那么我们在 (20.2.11) 中已经看到, X 上的伪函数可以等同于 X 上的宽调函数. 若我们只假设态射 $f:X'\to X$ 是平坦的, 则依照 (20.1.12) 和 (20.2.13, (i)), 对 X 上的任何伪函数 φ 来说, $\varphi\circ f$ 都是有定义的, 并且 $\mathrm{dom}(\varphi\circ f)=f^{-1}(\mathrm{dom}(\varphi))$.

20.4 有理函数的定义域的性质

(20.4.1) 设 X, Y 是两个 S 概形, ω 是 X 到 Y 的一个伪态射. 设 u 是一个落在 ω 中的 S 态射 $U \to Y$, 其中 U 在 X 中是概稠密的, 我们考虑 u 的图像 Γ_u, 它是 $U \times_S Y$ 的一个子概形 (**I**, 5.3.11), 从而是 $X \times_S Y$ 的一个子概形. 假设这个子概形在 $X \times_S Y$ 中有闭包 (**I**, 9.5.11), 实际上, 设 $j : \Gamma_u \to X \times_S Y$ 是典范含入, 则只要 $\mathscr{O}_{X\times_S Y}$ 模层 $j_*\mathscr{O}_{\Gamma_u}$ 是拟凝聚的, 就可以推出闭包的存在性. 由等价类 ω 的定义 (20.2.1) 知, $j_*\mathscr{O}_{\Gamma_u}$ 并不依赖于代表元 u 的选择, 从而 Γ_u 的闭包概形是由 ω 唯一确定的, 我们把 $X \times_S Y$ 的这个闭子概形称为 S 伪态射 ω 的图像, 并记作 Γ_ω. 注意到如果类 ω 中有这样一个态射 $u : U \to Y$, 其中 U 在 X 中是*反紧*的, 并且 Y 在 S 上是拟分离的, 那么 Γ_ω 是有定义的, 因为此时含入 j 是一个紧凑态射 ((1.2.2) 和 (1.7.4)). 当 X 是*局部 Noether* 概形时, 第一个条件总能得到满足. 另外注意到若 X 是既约的, 则 Γ_u 也是如此, 因为它同构于 U (**I**, 5.3.11). 从而此时 Γ_ω 也是存在的, 并且它恰好就是 $X \times_S Y$ 的那个以 Γ_u 的底空间的闭包为底空间的既约闭子概形 (**I**, 5.2.1 和 5.2.2).

最后我们注意到, 若 Y 在 S 上是*分离*的, 则 Γ_u 在 $U \times_S Y$ 中是闭的 (**I**, 5.4.3), 从而 Γ_u 就是 Γ_ω (假设后者是存在的) 的*开*子概形 $\Gamma_\omega \cap (U \times_S Y)$ (**I**, 9.5.10), 但如果 Y 不是分离的, 那么上述开子概形与 Γ_u 一般是不同的. 特别地, 若 $v : X \to Y$ 是一个 S 态射, 则 v 所属的类 ω 的图像 Γ_ω 与图像 Γ_v 就可能是不同的. 因此在下文中, 只要涉及 S 伪态射的图像的存在性, 我们总假定 *Y 在 S 上是分离的*.

(20.4.2) 现在假设 Γ_ω 是有定义的, 并且 Y 在 S 上是分离的, 我们用 p 和 q 来记典范投影在 Γ_ω 上的限制

$$\begin{array}{ccc} & \Gamma_\omega & \\ {}^{p}\swarrow & & \searrow^{q} \\ X & & Y. \end{array}$$

于是若 $U \subseteq \mathrm{dom}_S(\omega)$, 则 p 的限制 $p^{-1}(U) \to U$ 是一个同构 (**I**, 5.3.11), 反之, 若 U 是 X 的一个具有后一性质的开集, 并且 u 是 p 的限制 $p^{-1}(U) \to U$ 的逆同构, 则 $q \circ u$ 是 U 到 Y 的一个 S 态射, 并且它与类 ω 中的某个定义在 $U \cap \mathrm{dom}_S(\omega)$ 上的态射是重合的. 由此我们得知, $\mathrm{dom}_S(\omega)$ 就是那个使得 p 的限制 $p^{-1}(U) \to U$ 成为同构的 (X 的) *最大开集*. 设 $v : \mathrm{dom}_S(\omega) \to \Gamma_\omega$ 是 p 的限制 $p^{-1}(\mathrm{dom}_s(\omega)) \to \mathrm{dom}_S(\omega)$ 的 S 逆态射, 我们有时也用 p^{-1} 来记 v 所属的那个从 X 到 Γ_ω 的 S 伪态射 (此时与之对应的有理映射 (20.2.13, (ii)) 是*双有理的*). 由于 $p^{-1}(\mathrm{dom}_S(\omega))$ 是 S 态射 $u = q \circ v : \mathrm{dom}_S(\omega) \to Y$ 的图像, 故知它在 Γ_ω 中是概稠密的 (11.10.3, (iv)), 从而我们可以把 ω 看作*合成 $q \circ p^{-1}$* (20.3.2). 对于 X 的底空间的任何子集 M, 我们有时也使用记号 $\omega(M) = q(p^{-1}(M))$, 这相当于把 ω 看作一个从 X 到 $\mathfrak{P}(Y)$ 的映射 (有些

作者把它称为"多相函数"). 注意到当 $x \in \mathrm{dom}_S(\omega)$ 时, $\omega(\{\omega\})$ 就是集合 $\{u(x)\}$. 一般来说, 对任意一点 $x \in X$, 若我们用 s 来记 x 在 S 中的像, 并且用 Y_s 来记结构态射 $Y \to S$ 在点 s 处的纤维, 则集合 $\omega(\{x\})$ 是概形 Y_s 的一个子集.

(20.4.3) 在这一小节的下面各段中, 我们将限于考虑 X 是既约概形的情形, 从而 S 伪态射和 S 有理映射是一回事 (20.2.7). 进而, X 到 Y 的任何 S 有理映射的图像都是有定义的 (20.4.1).

命题 (20.4.4) — *设 X 是一个局部整的 S 概形, Y 是一个局部有限型分离 S 概形, ω 是 X 到 Y 的一个 S 有理映射, $p : \Gamma_\omega \to X$ 是典范投影. 于是若 $x \in X$ 是一个***正规***点, 并且集合 $p^{-1}(x)$ 包含了一个***孤立***点, 则 ω 在点 x 近旁有定义.*

事实上, 此时第一投影 $p_1 : X \times_S Y \to X$ 是局部有限型分离态射, 从而它的限制 $p : \Gamma_\omega \to X$ 也是如此, 后者还是双有理的, 且由于 Γ_ω 是既约的, 同时 X 是整的, 故知 Γ_ω 是整的, 从而由 (8.12.12) 和 x 上的前提条件知, 可以找到 x 的一个开邻域 U, 使得 p 的限制 $p^{-1}(U) \to U$ 是一个同构, 由此立得结论 (20.4.2).

注意到 (20.4.4) 就是 Zariski 所给出的"主定理"的最初形式 (当然他只考虑了基域上的有限型概形的情形).

命题 (20.4.5) — *前提条件和记号与 (20.4.4) 相同, 进而假设 X 是正规的, 并设 X' 是一个***既约***概形, $f : X' \to X$ 是一个局部有限型的***广泛开***态射. 则 $\omega \circ f$ 是有定义的, 并且 $\mathrm{dom}_S(\omega \circ f) = f^{-1}(\mathrm{dom}_S(\omega))$* (换句话说, 若 $x' \in X'$ 且 $x = f(x')$, 则为了使 ω 在点 x 近旁有定义, 必须且只需 $\omega \circ f$ 在点 x' 近旁有定义) .

由于 X' 是既约的, 并且依照 (2.4.11), $f^{-1}(\mathrm{dom}_S(\omega))$ 在 X' 中是处处稠密的, 故知合成 $\omega \circ f$ 是有定义的. 为了证明由 $\omega \circ f$ 在点 x' 近旁有定义可以推出 ω 在点 x 近旁有定义, 我们显然可以把 X' 换成 x' 的一个开邻域, 从而可以假设 $\omega \circ f$ 是处处有定义的, 进而, 由于 $f(X')$ 在 X 中是开的, 故我们还可以假设 f 是映满的. 此时依照 f 上的前提条件, 态射 $f_{(Y)} : X' \times_S Y \to X \times_S Y$ 也是开的, 从而对 $X \times_S Y$ 的任何子集 M, 均有 $f_{(Y)}^{-1}(\overline{M}) = \overline{f_{(Y)}^{-1}(M)}$. 现在取 M 是集合 Γ_u, 其中 $u : \mathrm{dom}_S(\omega) \to Y$ 是 ω 在 $\mathrm{dom}_S(\omega)$ 上的限制, 则由上述关系式以及 (**I**, 5.3.12) 知, $\Gamma_{\omega \circ f}$ 的底集合就等于 $f_{(Y)}^{-1}(\Gamma_\omega)$, 而我们已经知道 $\Gamma_{\omega\circ f}$ 是一个既约概形 (20.4.1), 这就表明 X' 概形 $\Gamma_{\omega\circ f}$ 等于 $(\Gamma_\omega \times_X X')_{\mathrm{red}}$. 但根据前提条件, 合成态射 $\Gamma_{\omega\circ f} \to \Gamma_\omega \times_X X' \xrightarrow{p_{(X')}} X'$ 是一个同构, 因而 $p_{(X')}$ 必然是紧贴的. 由于 f 是映满的, 故知 $p : \Gamma_\omega \to X$ 也是如此 (**I**, 3.4.8), 从而 $p^{-1}(x)$ 是一个单点集 (**I**, 3.6.4), 于是由 (20.4.4) 知, ω 在点 x 近旁是有定义的.

下面的命题给出了一个赋值判别法, 用以判断一个有理映射在一点近旁是否有定义:

命题 (20.4.6) — 设 S 是一个概形, X, Y 是两个 S 概形, 且假设 X 是局部Noether 的, Y 在 S 上是局部有限型的. 设 U 是 X 的一个稠密开集, $h: U \to Y$ 是一个 S 态射, $x \in X \setminus U$ 是 X 的一个**正规**点, $h'_x: \operatorname{Spec} \boldsymbol{k}(x) \to Y$ 是一个 S 态射. 则为了使 h 能够延拓为一个 S 态射 $h': U' \to Y$, 其中 U' 是 X 的一个包含 U 和 x 的稠密开集, 且合成态射 $\operatorname{Spec} \boldsymbol{k}(x) \to U' \xrightarrow{h'} Y$ 就是上面给定的 S 态射 h'_x, 必须且只需下面的条件得到满足:

(P) 对任何一个离散赋值环的谱 S_1 (我们把它的闭点记作 a, 把它的一般点记作 b), 和任何一个满足 $u(a) = x$, $u(b) \in U$ 的态射 $u: S_1 \to X$, 合成态射 $h_1: h \circ (u|_{\{b\}}): \{b\} = u^{-1}(U) \to Y$ 都能够延拓为一个态射 $h'_1: S_1 \to Y$, 且使得图表

$$\begin{array}{ccc} \operatorname{Spec} \boldsymbol{k}(a) & \longrightarrow & S_1 \\ & & \big\downarrow{\scriptstyle h'_1} \\ \operatorname{Spec} \boldsymbol{k}(x) & \xrightarrow[h'_x]{} & Y \end{array}$$

是交换的.

进而若这个条件得到满足, 并设 $h'': U'' \to Y$ 是一个与 h' 满足相同条件的态射, 则一定可以找到一个包含 $U \cup \{x\}$ 的开集, 使得 h' 和 h'' 在其上是重合的.

我们首先来证明最后一句话, 可以假设 h' 和 h'' 定义在同一个开集 $U_0 \supseteq U \cup \{x\}$ 上, 则 h' 和 h'' 的同一化概形 Z (17.4.5) 包含了 U 和 x, 从而可以找到 x 在 U_0 中的一个开邻域 V, 使得 Z 的开子概形 $Z \cap V$ 就是 X 的开子概形 V 的**闭**子概形. 由于这个概形 $Z \cap V$ 遮蔽了 V 的开子概形 $U \cap V$, 并且后者在 V 中是概稠密的, 故知 $Z \cap V$ 必然等于 V (20.3.8.8), 这就证明了 h' 和 h'' 在 $U \cup V$ 上是重合的.

命题中的条件显然是必要的, 故只需证明它是充分的. 基于 X 到 Y 的 S 态射与 $X \times_S Y$ 的 X 截面之间的一一对应 (**I**, 3.3.15), 我们可以限于考虑 $S = X$ 的情形, 从而 h 就是 Y 的一个 U 截面, 注意到 Y 是局部 Noether 的, 且显然可以 (因为 X 是局部整且局部 Noether 的) 假设 $X = S$ 是不可约的. 进而, 有见于 (20.3.7), 我们还可以假设 $X = \operatorname{Spec} A$, 其中 A 是一个整闭 Noether 整局部环.

首先指出, 对任意 $x' \in U$ 来说, $h(x')$ 都是 $h'_x(x) = y$ 的一个特殊化. 事实上, 我们能找到一个离散赋值环的谱 S_1 和一个态射 $u: S_1 \to X$, 使得 $u(a) = x$, $u(b) = x'$ (**II**, 7.1.9). 把命题中的条件应用到它们上面就可以立即得到结论, 因为此时 $h(x') = h_1(b) = h'_1(b)$ 且 $y = h'_1(a)$. 从而若 Y' 是 y 的一个仿射开邻域, 则我们有 $h(X \cap U) \subseteq Y'$, 于是可以把 Y 换成 Y', 换句话说, 可以假设 Y 是仿射的, 从而在 X 上是分离的. 设 ω 是 h 所属的那个 Y 的 X 有理截面, 因而它的图像就以 $h(U)$ 在 Y 中的闭包为底空间. 由于 Y 在 X 上是分离的, 故我们可以把 (20.4.4) 应用到 ω 上, 现在只需证明, 若 $p: \Gamma_\omega \to X$ 是典范投影, 则 $p^{-1}(x)$ 只含一点 y, 并且 $h'_x(x) = y$.

事实上, 根据 (20.4.4), h 能够延拓为某个包含 $U \cup \{x\}$ 的开集 U' 上的截面 h', 且使得 $h'(x) = y$, 而由于能把 x 送到 y 的 X 态射 $\operatorname{Spec} \boldsymbol{k}(x) \to Y$ 只有一个, 这就证明了 h'_x 刚好等于 h' 与 $\operatorname{Spec} \boldsymbol{k}(x) \to U'$ 的合成.

由于对 $x' \in X \cap U$ 来说, $h(x')$ 都是 y 的特殊化, 故有 $y \in p^{-1}(x)$. 现在我们假设 z 是 $p^{-1}(x)$ 的任意一点. 由于 Γ_ω 是 $h(U)$ 的闭包, 并且 $h(U)$ 是由 $h(\xi)$ 的闭包中的点所组成的, 其中 ξ 是 X 的一般点, 故知 Γ_ω 就是 $h(\xi)$ 在 Y 中的闭包. 现在可以取一个离散赋值环的谱 S_1 和一个态射 $v : S_1 \to Y$, 使得 $v(a) = z$, $v(b) = h(\xi)$ (**II**, 7.1.9), 我们令 $u = p \circ v$, 则有 $u(a) = x$, $u(b) = \xi$. 把命题中的条件应用到 u 上, 则可以得到一个态射 $h'_1 : S_1 \to Y$, 满足 $h'_1(a) = y$ 和 $h'_1(b) = h(\xi)$, 但依照 (**II**, 7.2.3), 这就能够推出 $z = y$, 因为 Y 在 X 上是分离的, 从而 v 和 h'_1 必须是重合的 (因为它们在点 b 处是相等的). 证明完毕.

推论 (20.4.7) — *S, X, Y, U 和 h 上的前提条件与 (20.4.6) 相同, 设 E 是 $X \smallsetminus U$ 的一个子集, 并假设 X 在 E 的任何点处都是***正规***的, 对每个 $x \in E$, 设 $h'_x : \operatorname{Spec} \boldsymbol{k}(x) \to Y$ 是一个满足 (20.4.6) 中的条件 (P) 的 S 态射. 进而假设这些 h'_x ($x \in E$) 的图像 (把它们等同于 $X \times_S Y$ 的子集) 的并集 F 包含在 $X \times_S Y$ 的***有限***个在 X 上分离的开集 V_i 的并集之中 (若 Y 在 S 上是分离的, 或者 X 是拟紧的并且 Y 在 S 上是有限型的, 则这个条件自动满足). 则可以找到这样一个 S 态射 $h' : U' \to Y$, 其中 U' 是 X 的一个包含 $U \cup E$ 的开集, 且对任意 $x \in E$, 合成*

$$\operatorname{Spec} \boldsymbol{k}(x) \longrightarrow U' \xrightarrow{h'} Y$$

都等于 h'_x.

我们首先注意到在 (20.4.6) 中, 若假设 Y 是分离的, 则我们有一个最大开集 $U_0 \supseteq U$, 也就是 h 所对应的 S 有理映射的定义域, 使得 h 可以延拓到它上面, 并且这个延拓还是唯一的 (**I**, 7.2.2), 从而利用 (20.4.6) 就可以推出这个情形下的结论. 在一般情况下, 设 E_i 是由那些使得 $(x, h'_x(x)) \in V_i$ 的点 $x \in E$ 所组成的集合. 依照 (20.4.6), 对任意 $x \in E$, 均有 h 的一个延拓 $h^{(x)}$, 它定义在 $U \cup W^{(x)}$ 上, 其中 $W^{(x)}$ 是 x 在 X 中的一个邻域, 并使得 $h^{(x)}|_{W^{(x)}}$ 的图像包含在所有满足 $x \in E_i$ 的 V_i 之中. 由于 V_i 在 X 上是分离的, 并且 X 是既约的, 故对于 E_i 的两个点 x', x'' 来说, $h^{(x')}$ 和 $h^{(x'')}$ 在 $W^{(x')} \cap W^{(x'')}$ 上是重合的, 因为它们在 $U \cap W^{(x')} \cap W^{(x'')}$ 的某个稠密开集上是重合的. 从而我们可以把 h 延拓为某个包含 E_i 的开集 $U \cup U_i$ 上的态射 $h_i : U \cup U_i \to Y$, 进而, 对任意两个指标 i, j, 限制态射 $h_i|_{(U_i \cap U_j)}$ 和 $h_j|_{(U_i \cap U_j)}$ 的图像都包含在 $V_i \cap V_j$ 之中, 而由于 $V_i \cap V_j$ 在 X 上是分离的, 并且上述两个态射在 $U_i \cap U_j$ 的某个稠密开集 $U \cap U_i \cap U_j$ 上是重合的, 故知它们是相等的. 现在取 h' 是这样一个态射, 它在 U 上等于 h, 且在每个 U_i 上都等于 h_i, 它就是我们所要的态射.

注解 (20.4.8) — 如果 $E = X \smallsetminus U$, 那么很容易看出, 若对 X 的任意仿射开集 T,

都可以把 $h|_{(U\cap T)}$ 延拓为一个 S 态射 $h'_T: T\to Y$, 使得对任意 $x\in T\smallsetminus(U\cap T)$, 合成态射 $\operatorname{Spec}\boldsymbol{k}(x)\to T\xrightarrow{h'_T}Y$ 都等于 h'_x, 则依照 (20.4.6) 中的唯一性结果, 这些 h'_T 就都是某个 S 态射 $h': X\to Y$ (处处有定义) 的限制. 从而为了证明 h' 的存在性, 我们可以限于考虑 X 是仿射概形的情形, 且此时为了能使用 (20.4.7), 只需这些 h'_x 的图像的并集 F 在 $X\times_S Y$ 中是拟紧的即可. 而如果这些 h'_x 都具有 $\operatorname{Spec}\boldsymbol{k}(x)\to Z\xrightarrow{h_0}Y$ 的形状, 其中 Z 是 X 的某个以 $X\smallsetminus U$ 为底空间的闭子概形, 并且 h_0 是一个 S 态射, 那么上述条件就是满足的.

推论 (20.4.9) — *设 S 是一个局部Noether 概形, X 也是一个局部Noether 概形, $f: X\to S$ 是一个平坦态射, $g: Y\to S$ 是一个局部有限型态射. 设 U 是 S 的一个稠密开集, $h: f^{-1}(U)\to Y$ 是一个 S 态射, $T=S\smallsetminus U$, Z 是 X 的那个以 $f^{-1}(T)$ 为底空间的既约闭子概形, $h_0: Z\to Y$ 是一个 S 态射. 假设 X 在 Z 的所有点处都是*正规*的. 则为了能找到一个 S 态射 (必然是唯一的) $h': X\to Y$, 它是 h 和 h_0 的共同延拓, 必须且只需下面的条件得到满足:*

对任何一个离散赋值环的谱 S_1 (我们把它的闭点记作 a, 把它的一般点记作 b) 和任何一个满足 $u(a)\in T$ 和 $u(b)\in U$ 的态射 $u: S_1\to S$, 均可找到一个 S_1 态射 $h'_1: X_{(S_1)}\to Y_{(S_1)}$, 它是 $h_{(S_1)}: f^{-1}_{(S_1)}(b)\to Y_{(S_1)}$ 的延拓, 并且对任意 $z_1\in Z_{(S_1)}$, 图表

$$\begin{array}{ccc}\operatorname{Spec}\boldsymbol{k}(z_1) & \longrightarrow & Z_{(S_1)}\\ \downarrow & & \downarrow{\scriptstyle (h_0)_{(S_1)}}\\ X_{(S_1)} & \xrightarrow[h'_1]{} & Y_{(S_1)}\end{array}$$

都是交换的.

事实上, f 上的前提条件表明, $f^{-1}(U)$ 在 X 中是稠密的 (2.3.10), 从而我们只需应用 (20.4.8) 即可.

推论 (20.4.10) — *在 (20.4.6) 的前提条件下, 进而假设 Y 在 S 上是分离且局部拟有限的. 设 U 是 X 的一个稠密开集, $h: U\to Y$ 是一个 S 态射, ω 是它所对应的 S 有理映射, $x\in X\smallsetminus U$ 是 X 的一个*正规*点. 则为了使 ω 在点 x 近旁有定义, 必须且只需下面的条件得到满足: 可以找到一个离散赋值环的谱 S_1 (我们把它的闭点记作 a, 把它的一般点记作 b) 和一个态射 $u: S_1\to X$, 使得 $u(a)=x$, $u(b)\in U$, 并且 S 有理映射 $\omega\circ u$ 是处处有定义的.*

事实上, 根据前提条件, 投影态射 $X\times_S Y\to X$ 的所有纤维都是由孤立点组成的, 故为了应用 (20.4.4), 只需证明纤维 $p^{-1}(x)$ 在 Γ_ω 中不是空的即可. 现在若 h_1 是类 $\omega\circ u$ 中的那个唯一的态射, 则 $X\times_S Y$ 的那个位于 x 和 $h_1(a)$ 之上的唯一点就落在 Γ_ω 中, 故得结论.

命题 (20.4.11) — 设 X 是一个局部Noether 概形, Y 是一个仿射 S 概形, U 是 X 的一个开集, $Z = X \smallsetminus U$. 假设我们有 $\mathrm{dp}_Z \mathscr{O}_X \geqslant 2$ (5.10.1), 则任何一个 S 态射 $f: U \to Y$ 都能以唯一的方式延拓为一个从 X 到 Y 的 S 态射.

可以限于考虑 S 和 X 都是仿射概形的情形, 并且 (依照 (**I**, 3.3.14)) 又可以归结到 $S = X$ 的情形, 从而我们有 $X = \operatorname{Spec} A$, $Y = \operatorname{Spec} B$, 其中 B 是一个有限型 A 代数. 由于 B 是某个多项式代数 $A[(T_\lambda)]_{\lambda \in L}$ 的商代数, 故知 Y 是 $Y' = X[(T_\lambda)]_{\lambda \in L}$ 的一个闭子概形. 另一方面, Z 上的前提条件表明, U 在 X 中是概稠密的 (这是依照 (20.2.13, (iv)) 和 (5.10.2)). 若我们能证明, 任何 X 态射 $u: U \to Y$ 都能以唯一的方式延拓为一个 X 态射 $v': X \to Y'$, 则 v' 就可以分解为 $X \xrightarrow{v} Y \to Y'$. 事实上, 子概形 $v'^{-1}(Y)$ 是闭的, 并且遮蔽了 U (**I**, 4.4.1), 从而它就等于 X (20.3.8.8). 在这些条件下, v 作为 X 到 Y 的 S 态射将是 u 的唯一延拓. 从而我们可以限于考虑 $Y = Y'$ 的情形. 但此时从开集 $U \subseteq X$ 到 Y' 的 X 态射与 $\mathscr{O}_X$ 在 U 上的截面族 $(s_\lambda)_{\lambda \in L}$ 之间有一个一一对应 (**II**, 1.7.9), 从而由 (5.10.5) 就可以推出结论.

推论 (20.4.12) — 设 X 是一个既约局部Noether S 概形, 并且满足条件 (S_2) (5.7.2)(比如 X 是一个正规局部 Noether S 概形 (5.8.6)), Y 是一个仿射 S 概形, f 是 X 到 Y 的一个 S 有理映射, 则 $X \smallsetminus \operatorname{dom}(f)$ 的任何不可约分支在 X 中的余维数都是 1.

这也相当于说, 若我们用 $Z^{(2)}$ 来表示由那些满足 $\dim \mathscr{O}_{X,x} \geqslant 2$ 的点 $x \in X$ 所组成的集合, 则对 X 的任意闭子集 $Z \subseteq Z^{(2)}$, $X \smallsetminus Z$ 到 Y 的任何一个 S 态射都可以延拓为 X 到 Y 的 S 态射, 但这件事可由 X 上的前提条件 (5.7.2) 以及 (20.4.11) 推出.

20.5 相对伪态射

(20.5.1) 设 X, Y 是两个 S 概形. 由定义 (11.10.8) 知, X 的任何两个相对于 S 广泛概稠密的开集 U, U' 的交集也具有这个性质. 从而通过把 (20.2.1) 中的“概稠密”换成“相对于 S 广泛概稠密”, 我们就定义了 S 态射 $u: U \to Y$ 之间的一个等价关系. 我们把这个关系下的等价类称为 X 到 Y 的相对于 S 的伪态射, 并把由这些等价类所组成的集合记作 $\operatorname{Hom}^{伪}_{X/S}(X, Y)$.

(20.5.2) 由于 X 的任何相对于 S 广泛概稠密的开集也是概稠密的, 从而 X 到 Y 的一个相对于 S 的伪态射中的那些元素在 (20.2.1) 的意义下也是等价的, 这就给出了一个典范映射

(20.5.2.1)
$$\operatorname{Hom}^{伪}_{X/S}(X, Y) \longrightarrow \operatorname{Hom}^{伪}_{S}(X, Y).$$

命题 (20.5.3) — 假设 Y 在 S 上是分离的. 则有:

(i) 映射 (20.5.2.1) 是单的, 并且它把 $\mathrm{Hom}^{伪}_{X/S}(X,Y)$ 等同于 $\mathrm{Hom}^{伪}_{S}(X,Y)$ 中的这样一些 S 伪态射 ω 所组成的子集合: $\mathrm{dom}_S(\omega)$ 相对于 S 是广泛概稠密的.

(ii) X 上的预层 $U \mapsto \mathrm{Hom}^{伪}_{X/S}(U,Y)$ 是一个层.

条目 (i) 是显然的, 因为两个 S 态射 $u: U \to Y$, $u': U' \to Y$ 在 (20.2.1) 的意义下是等价的就意味着它们是同一个态射 $\mathrm{dom}_S(\omega) \to Y$ 的限制 (20.2.4), 而若 U 和 U' 相对于 S 是广泛概稠密的, 则 $\mathrm{dom}_S(\omega)$ 当然也是如此. 为了证明 (ii), 注意到 $U \mapsto \mathrm{Hom}^{伪}_S(U,Y)$ 是一个层 (20.2.6), 另一方面, 给了 U 的一个开覆盖 (U_α) 和 U 到 Y 的一个 S 伪态射 ω, 由定义立知 (参考 (20.2.1)), 为了使 $\mathrm{dom}_S(\omega)$ 在 U 中相对于 S 是广泛概稠密的, 必须且只需每个集合 $\mathrm{dom}_S(\omega) \cap U_\alpha = \mathrm{dom}_S(\omega|_{U_\alpha})$ 在 U_α 中相对于 S 都是广泛概稠密的, 这就证明了 (ii).

如果 Y 是分离的, 那么我们也用 $\mathscr{H}om^{伪}_{X/S}(X,Y)$ 来记 $\mathscr{H}om^{伪}_{S}(X,Y)$ 的下述子层

$$U \longmapsto \mathrm{Hom}^{伪}_{U/S}(U,Y).$$

如果 X 在 S 上是窄平坦的, 并且 Y 在 S 上是分离的, 那么 X 到 Y 的那些相对于 S 的伪态射也可以等同于具有下述性质的 S 伪态射 ω: 对于态射 $X \to S$ 的任何纤维 X_s 来说, $\mathrm{dom}_S(\omega) \cap X_s$ 在 X_s 中都是概稠密的 (11.10.10).

(20.5.4) 上述情况的一个特别重要的特例就是 $Y = S[T] = S \otimes_{\mathbb{Z}} \mathrm{Spec}\,\mathbb{Z}[T]$ 的情形 (其中 T 是未定元). 此时依照 $\mathbb{Z}$ 概形的纤维积的定义, 在 X 到 Y 的 S 伪态射与 X 上的伪函数之间有一个一一对应 (20.2.8). 再依照 (20.5.3), X 到 Y 的相对于 S 的伪态射就可以等同于 X 上的那些具有下述性质的伪函数 φ: $\mathrm{dom}(\varphi)$ 相对于 S 是广泛概稠密的. 层 $\mathscr{H}om^{伪}_{X/S}(X,Y)$ 是 $\mathscr{M}'_X$ 的一个子环层, 我们记之为 $\mathscr{M}'_{X/S}$.

现在令 $\mathrm{Hom}^{伪}_{X/S}(X,Y) = \mathrm{M}'(X/S)$, 我们把它的元素称为 X 上相对于 S 的伪函数.

(20.5.5) 设 X, Y, Z 是三个 S 概形, $f: Y \to Z$ 是一个 S 态射. 在 (20.3.1) 的证明过程中, 我们可以把"概稠密"都换成"相对于 S 广泛概稠密", 从而对任意伪态射 $\omega \in \mathrm{Hom}^{伪}_{X/S}(X,Y)$, 当 u 跑遍 ω 时, 这些态射 $f \circ u$ 都落在同一个等价类里 (在 (20.5.1) 所定义的关系下), 我们把这个由 X 到 Z 的相对于 S 的伪态射就称为 f 和 ω 的合成, 并记作 $f \circ \omega$. 若 $g: Z \to T$ 是一个态射, 则易见 $g \circ (f \circ \omega) = (g \circ f) \circ \omega$.

(20.5.6) 假设 Y 在 S 上是分离的, 并设 ω 是 X 到 Y 的一个相对于 S 的伪态射. 若 $f: X' \to X$ 是一个 S 态射, 且使得 $f^{-1}(\mathrm{dom}_S(\omega))$ 在 X' 中相对于 S 是广泛概稠密的, 则由 (20.3.2) 知, S 伪态射 $\omega \circ f$ 的定义域相对于 S 是广泛概稠密的, 从而 (20.5.3) 可以把它看作一个相对于 S 的伪态射. 如果 X' 在 S 上是窄平坦的, 那么 $f^{-1}(\mathrm{dom}_S(\omega))$ 相对于 S 是广泛概稠密的这个条件也等价于对任意

$s \in S$ 来说, $(f^{-1}(\mathrm{dom}_S(\omega)))_s$ (使用 (11.10.10) 的记号) 在 X'_s 中都是概稠密的, 再用 $f_s : X'_s \to X_s$ 来记 f 通过基变换而导出的态射, 则上述条件还等价于 $(\mathrm{dom}_S(\omega))_s$ 在 f_s 下的逆像在 X'_s 中是概稠密的. 特别地, 若 X_s, X'_s 和 f_s 满足 (20.3.5) 中的三个条件 (i), (ii), (iii) 之一, 则最后这个条件总能得到满足.

(20.5.7) 现在我们假设 X 和 X' 两者在 S 上都是窄平坦的, 并且 $f : X' \to X$ 是一个平坦 S 态射 (或等价地 (11.3.10), 对任意 $s \in S$ 来说, $f_s : X'_s \to X_s$ 都是平坦态射) . 则由 (11.10.5) 和 (11.10.9) 知, 对于 X 的任何一个开集 U 以及 U 的任何一个相对于 S 广泛概稠密的开集 $V \subseteq U$ 来说, $f^{-1}(V)$ 在 $f^{-1}(U)$ 中相对于 S 都是广泛概稠密的. 由 (20.3.4) 知, 对于 X 到 Y 的任何相对于 S 的伪态射 ω 来说, S 伪态射 $\omega \circ f$ 都是有定义的, 并且是 X' 到 Y 的一个相对于 S 的伪态射, 即使我们不假设 Y 在 S 上是分离的. 由此可知, 在这种情形下, 对任意 S 态射 $g : Y \to Z$, $(g \circ \omega) \circ f$ 仍然是有定义的, 并且就等于 $g \circ (\omega \circ f)$ (使用 (20.5.1) 中的定义), 从而这是一个相对于 S 的伪态射.

(20.5.8) 设 X 是一个 S 概形, $S' \to S$ 是任意态射, $X' = X_{(S')}$, 且 $g : X' \to X$ 是典范投影. 根据定义 (11.10.8), 对于 X 的任何一个开集 U 以及 U 的任何一个相对于 S 广泛概稠密的开集 $V \subseteq U$ 来说, $V' = g^{-1}(V)$ 在 $U' = g^{-1}(U)$ 中相对于 S' 都是广泛概稠密的. 现在设 ω 是 X 到 S 概形 Y 的一个相对于 S 的伪态射, 若 u_1 和 u_2 是类 ω 中的两个 S 态射, 分别定义在 X 的两个相对于 S 广泛概稠密的开集 U_1 和 U_2 上. 则由上面所述知, 态射 $u'_1 = u_1 \circ (g|_{g^{-1}(U_1)})$ 和 $u'_2 = u_2 \circ (g|_{g^{-1}(U_2)})$ 在某个相对于 S' 广泛概稠密的开集 U'_3 上是重合的. 于是若 $Y' = Y_{(S')}$ 且 $h : Y' \to Y$ 是典范投影, 则 u'_1 和 u'_2 可以典范地分解为 $u'_1 = h \circ v_1$ 和 $u'_2 = h \circ v_2$, 并且 v_1 和 v_2 作为映到 Y' 中的 S' 态射在 U'_3 上是重合的. 从而我们看到, 当 u_1 跑遍类 ω 时, 对应的那些 S' 态射 v_1 都落在同一个相对于 S' 的伪态射中, 我们把它称为 ω 在基变换 $S' \to S$ 下的逆像, 并记作 $\omega_{(S')}$. 易见若 $S'' \to S'$ 是另一个态射, 则有 $(\omega_{(S')})_{(S'')} = \omega_{(S'')}$ (后一项所对应的基变换态射是合成 $S'' \to S' \to S$).

20.6 相对宽调函数

(20.6.1) 设 S 是一个概形, X 是一个 S 概形, 并且在 S 上是窄平坦的, 对任意 $s \in S$, 我们用 X_s 来记结构态射 $X \to S$ 在点 s 处的纤维. 一般来说, 若 φ 是 X 上的宽调函数, 则并不是对每个 $s \in S$ 来说, φ 都能"自然地诱导"出 X_s 上的一个宽调函数 (20.1.11). 对于 X 的每个开集 U, 我们都用 $T_{X/S}(U)$ 来记由那些满足下述条件的截面 $t \in \Gamma(U, \mathscr{O}_X)$ 所组成的集合: 对任意 $s \in S$, t 在典范同态 $\Gamma(U, \mathscr{O}_X) \to \Gamma(U \cap X_s, \mathscr{O}_{X_s})$ 下的像 t_s 都是正则截面. 于是根据 (11.3.7) 中 a) 和 b) 的等价性, 这表明 t 自身也是正则截面. 易见 $U \mapsto T_{X/S}(U)$ 是集合层 $\mathscr{S} = \mathscr{S}(\mathscr{O}_X)$

的一个子层(记号取自 (20.1.3)), 记作 $\mathscr{T}_{X/S}$, 我们令

(20.6.1.1) $$\mathscr{M}_{X/S} = \mathscr{O}_X[\mathscr{T}_{X/S}^{-1}]$$

(记号取自 (20.1.1)), 并把这个层称为 X 上相对于 S 的宽调函数芽层, 同时把它在 X 上的截面称为 X 上的相对于 S 的宽调函数, 这种函数的集合就记作 $\mathrm{M}(X/S)$. 显然 $\mathscr{M}_{X/S}$ 是 $\mathscr{M}_X = \mathscr{O}_X[\mathscr{S}^{-1}]$ 的一个子层, 对任意宽调函数 $\varphi \in \mathrm{M}(X/S)$ 和任意 $s \in S$, φ 在典范含入态射 $j_s : X_s \to X$ 下的逆像都是有定义的 (20.1.11), 我们记之为 φ_s.

(20.6.2) 现在设 $\mathscr{F}$ 是一个拟凝聚 $\mathscr{O}_X$ 模层, 并且令

(20.6.2.1) $$\mathscr{M}_{X/S}(\mathscr{F}) = \mathscr{F}[\mathscr{T}_{X/S}^{-1}] = \mathscr{F} \otimes_{\mathscr{O}_X} \mathscr{M}_{X/S}.$$

我们把 $\mathscr{M}_{X/S}(\mathscr{F})$ 在 X 上的截面称为 $\mathscr{F}$ 在 X 上相对于 S 的宽调截面, 并把这些截面的集合记作 $\mathrm{M}(X/S, \mathscr{F})$. 典范同态 $\mathscr{F} \to \mathscr{M}_{X/S}(\mathscr{F})$ 未必是单的, 但如果它是单的, 那么我们就说 $\mathscr{F}$ 相对于 S 是无挠的, 这相当于说, 对 X 的任意开集 U 和任意截面 $t \in T_{X/S}(U)$, t 都是 $(\mathscr{F}|_U)$ 正则的, 这个条件在 $\mathscr{F}$ 是无挠层 (20.1.5) 时总能得到满足. 在后面这种情况下, 由定义 (20.1.2) 立知, $\mathscr{O}_X$ 模层的典范同态

(20.6.2.2) $$\mathscr{M}_{X/S}(\mathscr{F}) \longrightarrow \mathscr{M}_X(\mathscr{F})$$

是单的, 从而 $\mathscr{F}$ 相对于 S 的宽调截面都是 $\mathscr{F}$ 的在 (20.1.3) 的意义下的宽调截面.

命题 (20.6.3) — *$\mathscr{M}_X$ 的子层 $\mathscr{M}_{X/S}$ 在单同态 (20.2.10.1)下的像就是 X 的相对于 S 的伪函数子层 $\mathscr{M}'_{X/S}$ (这是由那些定义域相对于 S 广泛概稠密的伪函数所组成的 (20.5.4)).*

我们显然只需证明 $\mathrm{M}(X/S)$ 在典范同态 $\mathrm{M}(X) \to \mathrm{M}'(X)$ 下的像就等于 $\mathrm{M}'(X/S)$ 即可, 因而此命题可由下面这个更一般的命题推出:

命题 (20.6.4) — *设 $\mathscr{F}$ 是一个有限呈示的无挠拟凝聚 $\mathscr{O}_X$ 模层. 则为了使 $\mathscr{F}$ 在 X 上的一个宽调截面 φ 是相对于 S 的宽调截面, 必须且只需 $\mathrm{dom}(\varphi)$ 相对于 S 是广泛概稠密的.*

条件的必要性可由 (20.2.15) 推出 (应用到每个典范含入 $X_s \to S$ $(s \in S)$ 上, 并使用 (11.10.9) 即可). 为了证明条件的充分性, 我们需要证明对任意 $x \in X$, 均可找到 x 在 X 中的一个开邻域 U 和 $\mathscr{M}_{X/S}(\mathscr{F})$ 在 U 上的一个截面, 使得后者在 $U \cap \mathrm{dom}(\varphi)$ 上的限制与 φ 在 $U \cap \mathrm{dom}(\varphi)$ 的某个概稠密开集上是重合的. 考虑 φ 的分母理想层 $\mathscr{J}$ (20.2.14), 它是拟凝聚的, 因而定义了 X 的一个闭子概形, 其底空间就是 $X \smallsetminus \mathrm{dom}(\varphi)$. 根据前提条件, 若 s 是 x 在 S 中的像, 则 $\mathrm{dom}(\varphi) \cap X_s$ 在局部 Noether 概形 X_s 中是概稠密的, 从而 (20.2.13, (iv)) 它包含了 $\mathrm{Ass}\, \mathscr{O}_{X_s}$, 这就表明 $\mathscr{O}_{X,x}$ 的理想 $\mathscr{J}_x$ 在 $\mathscr{O}_{X_s,x} = \mathscr{O}_{X,x} \otimes_{\mathscr{O}_{S,s}} \boldsymbol{k}(s)$ 中的像不会包含在任何一个素理想

$\mathfrak{p}_i \in \operatorname{Ass} \mathscr{O}_{X_s,x}$ (个数有限) 之中, 从而 (Bourbaki,《交换代数学》, II, §1, ¥1, 命题 2) 我们能找到一个元素 $t_x \in \mathscr{J}_x$, 它在 $\mathscr{O}_{X_s,x}$ 中的像没有落在任何一个 $\mathfrak{p}_i$ 之中, 因而在这个 Noether 环中就是正则的. 取 t 是 $\mathscr{J}$ 在 x 的某个仿射开邻域 U 上的这样一个截面: 它在点 x 处的芽等于 t_x, 由于 X 在 S 上是窄平坦的, 故可假设 (11.3.8) t 是 $\mathscr{O}_X$ 在 U 上的一个正则截面, 并且对任意 $s' \in S$, t 在 $\Gamma(U \cap X_{s'}, \mathscr{O}_{X_{s'}})$ 中的像也都是正则的, 换句话说, $t \in T_{X/S}(U)$. 此时由 $\mathscr{J}$ 的定义以及 $\mathscr{F}$ 是无挠层的事实可知, $t(\varphi|_{(U \cap \operatorname{dom}(\varphi))})$ 是 $\mathscr{F}$ 在 $U \cap \operatorname{dom}(\varphi)$ 上的一个截面 u, 另一方面, $U \cap \operatorname{dom}(\varphi)$ 包含了那个由满足 $t(x') \neq 0$ 的点 $x' \in U$ 所组成的开集 U_t, 后者又包含着 x, 并且在 U 中是概稠密的 (20.2.9). 从而我们看到, φ 在 U_t 上的限制就重合于 $\mathscr{M}_{X/S}(\mathscr{F})$ 在 U 上的截面 u/t 在 U_t 上的限制. 证明完毕.

注解 (20.6.5) — (i) 设 φ 是 X 上的一个相对于 S 的宽调函数, 于是对任意 $s \in S$, φ_s 都是 X_s 上的一个宽调函数 (20.6.1), 依照 (20.1.11.1), 我们有

(20.6.5.1)
$$\operatorname{dom}(\varphi) \cap X_s \subseteq \operatorname{dom}(\varphi_s).$$

但需要注意的是, 即使 S 是某个离散赋值环 A 的谱, 并且 $X = S[T]$ (其中 T 是未定元), (20.6.5.1) 中的两项都未必是相等的. 举例来说, 设 π 是 A 的一个合一化子, 则易见 $\varphi = \pi/T$ 是 X 上的一个相对于 S 的宽调函数, 因为若 a 和 b 分别是 S 的闭点和一般点, 则 T 在 $\Gamma(X_a, \mathscr{O}_{X_a}) = k[T]$ 和 $\Gamma(X_b, \mathscr{O}_{X_b}) = K[T]$ 中都是正则的, 其中 k 和 K 分别是 A 的剩余类域和分式域. 于是在 X 中我们有 $\operatorname{dom}(\varphi) = D(T)$, 然而 $\operatorname{dom}(\varphi_a) = X_a$, 因为 $\varphi_a = 0$.

(ii) 为了使一个相对于 S 的宽调函数 φ 在环 $\mathrm{M}(X/S)$ 中是可逆的, 必须且只需对任意 $s \in S$, φ_s 在 $\mathrm{M}(X_s)$ 中都是可逆的 (换句话说, φ_s 是 X_s 上的一个正则宽调函数 (20.1.8)). 事实上, 条件显然是必要的. 反过来, 如果它得到满足, 并设 x 是 X 的任意一点, s 是它在 S 中的像, 那么根据前提条件, 可以找到 x 在 X 中的一个开邻域 U 和 $\mathscr{O}_X$ 在 U 上的两个截面 u, t, 使得 $t \in T_{X/S}(U)$ 并且 $\varphi|_U = u/t$. 设 u_s 是 u 在 $\Gamma(U \cap X_s, \mathscr{O}_{X_s})$ 中的像, 则前提条件表明, u_s 在点 x 处是正则的. 从而依照 (11.3.8), 适当缩小 U 可以使 $u \in T_{X/S}(U)$, 这就证明了结论.

如果 φ 在 $\mathrm{M}(X/S)$ 中是可逆的, 那么我们也说 φ 是一个相对于 S 的正则宽调函数. 注意到 $\varphi \in \mathrm{M}(X/S)$ 完全可以在 $\mathrm{M}(X)$ 中是可逆的 (换句话说, 在 (20.1.8) 的意义下是正则的) 但在 $\mathrm{M}(X/S)$ 中不是可逆的, (i) 中的例子就能说明这一点.

(iii) 设 $\mathscr{L}$ 是一个可逆 $\mathscr{O}_X$ 模层, 并设 φ 是 $\mathscr{L}$ 在 X 上的一个正则宽调截面 (20.1.8). 所谓 φ 是相对于 S 正则的, 是指对于 X 的任何一个满足"$\mathscr{L}|_U$ 同构于 $\mathscr{O}_U$"的开集 U, $\varphi|_U$ 都对应着 $\Gamma(U, \mathscr{M}_X)$ 中的一个相对于 S 正则的元素. 依照 (ii), 易见为了使这个条件成立, 必须且只需对任意 $s \in S$, φ_s 都是可逆 $\mathscr{O}_{X_s}$ 模层 $\mathscr{L}_s = \mathscr{L} \otimes_{\mathscr{O}_X} \boldsymbol{k}(s)$ 的一个正则宽调截面 (20.1.8). 若 φ' 是 φ 在 $\mathscr{L}^{-1}$ 中的逆

(20.1.10), 则 φ' 也是相对于 S 正则的. 若 $\mathscr{L}_1$ 是另一个可逆 $\mathscr{O}_X$ 模层, φ_1 是 $\mathscr{L}_1$ 在 X 上的一个相对于 S 正则的宽调截面, 则 $\varphi\otimes\varphi_1$ 就是 $\mathscr{L}\otimes\mathscr{L}_1$ 在 X 上的一个相对于 S 正则的宽调截面.

命题 (20.6.6) — 设 X 是一个窄平坦的 S 概形, $\mathscr{F}$ 是一个局部自由的有限型 $\mathscr{O}_X$ 模层, 对每个 $s\in S$, 我们都用 X_s 来记结构态射 $f:X\to S$ 在点 s 处的纤维. 设 φ 是 $\mathscr{F}$ 在 X 上的一个相对于 S 的宽调截面, 并假设 φ 在所有满足 $\operatorname{dp}\mathscr{O}_{X_{f(x)},x}=1$ 的点 $x\in X$ 近旁都是有定义的. 则 φ 是处处有定义的.

根据前提条件, 对任意 $s\in S$, $\operatorname{dom}(\varphi)\cap X_s$ 在 X_s 中都是概稠密的, 从而它包含了 X_s 的所有满足 $\operatorname{dp}\mathscr{O}_{X_s,x}=0$ 的点 x (5.10.2), 于是若我们令 $Z=X\smallsetminus\operatorname{dom}(\varphi)$, 则前提条件就意味着在 Z 的所有点处均有 $\operatorname{dp}\mathscr{O}_{X_{f(x)},x}\geqslant 2$. 从而只需应用 (19.9.8) 即可.

(20.6.7) 设 X, X' 是两个窄平坦的 S 概形, $f=(\psi,\theta):X'\to X$ 是一个 S 态射. 对于 X 的每个开集 U, 我们都用 $T_f(U)$ 来记由那些满足下述条件的截面 $t\in T_{X/S}(U)$ 所组成的集合: t 在 $\Gamma(f^{-1}(U),\mathscr{O}_{X'})$ 中的像落在 $T_{X'/S}(f^{-1}(U))$ 中. 则易见 $U\mapsto T_f(U)$ 是集合层 $\mathscr{T}_{X/S}$ 的一个子层, 我们记之为 $\mathscr{T}_f$. 现在令 $\mathscr{M}_{X/S,f}=\mathscr{O}_X[\mathscr{T}_f^{-1}]$, 这是 $\mathscr{M}_{X/S}$ 的一个子环层, 并且从 $\theta^\sharp:\psi^*\mathscr{O}_X\to\mathscr{O}_{X'}$ 可以典范地导出一个环层同态 $\theta'^\sharp:\psi^*\mathscr{M}_{X/S,f}\to\mathscr{M}_{X'/S}$, 它是 $\theta^\sharp$ 的延拓. 若 X 上的一个相对于 S 的宽调函数 φ 是 $\mathscr{M}_{X/S,f}$ 的一个截面, 则 $\Gamma(\theta'^\sharp)(\varphi)$ 是 X' 上的一个宽调函数, 称为 φ 在 f 下的逆像, 并记作 $\varphi\circ f$ (只要不会造成误解). (20.1.11) 中的那些关于 $\mathscr{O}_X$ 模层的定义也可以立即扩展到这个场合.

命题 (20.6.8) — 在 (20.6.7) 的记号下, 若 S 态射 $f:X'\to X$ 是平坦的, 则我们有 $\mathscr{M}_{X/S,f}=\mathscr{M}_{X/S}$, 并且同态 $\varphi\mapsto\varphi\circ f$ 在整个 $\mathrm{M}(X/S)$ 上都有定义.

事实上, 依照 (11.3.10), 前提条件表明, 对任意 $s\in S$ 来说, $f_s:X'_s\to X_s$ 都是平坦的, 从而由 (20.1.12) 知, 对任意截面 $t\in T_{X/S}(U)$, 若 t' 是它在 $\Gamma(f^{-1}(U),\mathscr{O}_{X'})$ 中的逆像, 则 t'_s 作为 t_s 的逆像也是 $\mathscr{O}_{X'_s}$ 的一个正则截面 (定义在 $f^{-1}(U)\cap X'_s$ 上), 从而根据定义就能得到 $t'\in T_{X'/S}(f^{-1}(U))$, 故得命题.

使用 (20.1.12) 中的方法还可以由此导出 $\mathscr{O}_X$ 代数层的一个典范同态

(20.6.8.1) $$f^*\mathscr{M}_{X/S}\longrightarrow\mathscr{M}_{X'/S}.$$

(20.6.9) 最后我们来考虑任意一个态射 $S'\to S$, 并且令 $X'=X\times_S S'$, 它在 S' 上是窄平坦的, 再设 $p:X'\to X$ 是典范投影. 设 U 是 X 的一个开集, t 是一个落在 $T_{X/S}(U)$ 中的截面, t' 是它在 $\Gamma(p^{-1}(U),\mathscr{O}_{X'})$ 中的像. 对每个 $s'\in S'$, 若 $s\in S$ 是 s' 在 S 中的像, 则有 $X'_{s'}=X_s\otimes_{\boldsymbol{k}(s)}\boldsymbol{k}(s')$, 从而态射 $X'_{s'}\to X_s$ 是平坦的, 因而由 (20.1.12) 知, t_s 在 $\Gamma(p^{-1}(U)\cap X'_{s'},\mathscr{O}_{X'_{s'}})$ 中的逆像 $t'_{s'}$ 是正则的, 这就证明了

$t' \in T_{X'/S'}(p^{-1}(U))$. 于是我们可以利用 (20.6.8) 的方法典范地定义出一个 $\mathscr{O}_{X'}$ 代数层的典范同态

(20.6.9.1)
$$p^*\mathscr{M}_{X/S} \longrightarrow \mathscr{M}_{X'/S'}.$$

在 (20.6.3) 所建立的等同下, 这个相对宽调函数的基变换概念就是相对伪态射的相应概念 (20.5.8) 的一个特殊情形.

§21. 除子

关于本节所要讨论的内容, 我们在 §20 的引论中已经作了一些评说. 关于除子的整体性质, 读者可以参考第五章的相应部分.

21.1 环积空间上的除子

(21.1.1) 设 $(X, \mathscr{O}_X)$ 是一个环积空间, $\mathscr{M}_X$ 是 X 上的宽调函数芽层 (20.1.3), $\mathscr{M}_X^*$ 是 X 上的正则宽调函数芽 (的乘法群) 层 (20.1.8). 显然 $\mathscr{O}_X$ 的可逆截面芽 (的乘法群) 层 $\mathscr{O}_X^*$ 可以典范等同于 $\mathscr{M}_X^*$ 的一个 (乘法群) 子层.

定义 (21.1.2) — *X 上的***除子层***就是指商层 $\mathscr{M}_X^*/\mathscr{O}_X^*$, 记作 $\mathscr{D}iv_X$ (乘法群层), 我们把这个层的整体截面称为 X 上的除子, 它们构成一个交换群, 记作 $\operatorname{Div}(X)$. 对于 $\mathscr{M}_X^*$ 在 X 上的一个截面 f* (换句话说, *X 上的*一个*正则宽调函数* (20.1.8)), *f 的除子就是指 f 在典范同态 $\Gamma(X, \mathscr{M}_X^*) \to \Gamma(X, \mathscr{D}iv_X)$ 下的像, 记作 $\operatorname{div}(f)$ (或 $\operatorname{div}_X(f)$).*[①]

一个除子 D 的*支集*就是由所有满足 $D_x \neq 0$ 的点 $x \in X$ 所组成的闭集. 记作 $\operatorname{Supp} D$.

对于 X 的任意开集 U, 我们显然有 $\mathscr{M}_X^*|_U = \mathscr{M}_U^*$, $\mathscr{O}_X^*|_U = \mathscr{O}_U^*$, 从而 $\mathscr{D}iv_X|_U = \mathscr{D}iv_U$, 因而层 $\mathscr{D}iv_X$ 就等于预层 $U \mapsto \operatorname{Div}(U)$.

如果 $X = \operatorname{Spec} A$ 是仿射概形, 那么我们也用 $\operatorname{Div}(A)$ 来记 $\operatorname{Div}(\operatorname{Spec} A)$.

(21.1.3) 我们总是把 X 上的除子群 $\operatorname{Div}(X)$ 表达成*加法*群. 于是对于 X 上的任意两个正则宽调函数 f, g, 均有

(21.1.3.1)
$$\operatorname{div}(fg) = \operatorname{div}(f) + \operatorname{div}(g),$$

[①] 译注: 对于一个概形 X 来说, 传统上把它的余 1 维不可约闭子集称为素除子, 而把素除子的 $\mathbb{Z}$ 线性组合称为除子, 这种定义的几何含义非常明显, 但适用范围比较窄, 函子性也不是很好. 此书中定义除子的方法则是通过方程来给出它的外在描述, 这两种定义方法并不完全等价, 此书的第 21.6 小节对于两者的关系作出了一个描述.

(21.1.3.2) $$\mathrm{div}(f^{-1}) = -\mathrm{div}(f).$$

根据定义, 对于 X 上的任何一个正则宽调函数 f, 我们都有下面的等价

(21.1.3.3) $$\mathrm{div}(f) = 0 \iff f \in \Gamma(X, \mathscr{O}_X^*).$$

从而对于 X 上的两个正则宽调函数 f, g, 就有

(21.1.3.4) $$\mathrm{div}(f) = \mathrm{div}(g) \iff fg^{-1} \in \Gamma(X, \mathscr{O}_X^*).$$

(21.1.4) 现在设 $\mathscr{L}$ 是一个可逆 $\mathscr{O}_X$ 模层, 并设 s 是 $\mathscr{L}$ 在 X 上的一个正则宽调截面 (20.1.8). 任何 $x \in X$ 都有这样一个开邻域 U, 它使得 $\mathscr{L}|_U$ 同构于 $\mathscr{O}_U$, 从而 $\mathscr{M}_X(\mathscr{L})|_U$ 同构于 $\mathscr{M}_X|_U$, 在这样的一个同构下, $s|_U$ 对应着一个截面 $f \in \Gamma(U, \mathscr{M}_X^*)$, 并且由于任何两个从 $\mathscr{L}|_U$ 到 $\mathscr{O}_U$ 的同构都能够通过乘以 $\Gamma(U, \mathscr{O}_X^*)$ 中的一个元素而联系起来 ($\mathbf{0_I}$, 5.4.3), 故知 $\Gamma(U, \mathscr{D}iv_X)$ 中的这个元素 $\mathrm{div}_U(f)$ 并不依赖于同构的选择, 显然这些元素 (让 U 任意变化) 都是 $\mathscr{D}iv_X$ 的某个整体截面的限制, 我们把这个整体截面就称为 s 的除子, 并记作 $\mathrm{div}(s)$ (这样一个除子未必是 X 上的某个宽调函数 g 的除子 $\mathrm{div}(g)$, 参考 (21.2.9)). 对于 $\mathscr{L} = \mathscr{O}_X$, $\mathrm{div}(s)$ 的定义与 (21.1.2) 中的定义是一致的. 若 $\mathscr{L}, \mathscr{L}'$ 是两个可逆 $\mathscr{O}_X$ 模层, s (切转: s') 是 $\mathscr{L}$ (切转: $\mathscr{L}'$) 在 X 上的一个正则宽调截面, 则易见

(21.1.4.1) $$\mathrm{div}(s \otimes s') = \mathrm{div}(s) + \mathrm{div}(s'),$$

(21.1.4.2) $$\mathrm{div}(s^{\otimes n}) = n \cdot \mathrm{div}(s), \quad n \in \mathbb{Z}$$

(其中 s^{-1} 是指 $\mathscr{L}^{-1}$ 在 X 上的一个宽调截面, 定义见 (20.1.10)), 并且对于 $\mathscr{L}$ 在 X 上的两个正则宽调截面 s, s' 来说, 我们有下面的关系

(21.1.4.3) $$\mathrm{div}(s) = \mathrm{div}(s') \iff s' = ts, \quad 其中\ t \in \Gamma(X, \mathscr{O}_X^*).$$

(21.1.5) 层 $\mathscr{S}(\mathscr{O}_X)$ (20.1.3) 在开集 U 上的截面就是 $\Gamma(U, \mathscr{O}_X)$ 中的正则元, 从而它是 $\mathscr{M}_X^*$ 的一个子单演层, 我们可以把它表达成

(21.1.5.1) $$\mathscr{S}(\mathscr{O}_X) = \mathscr{O}_X \cap \mathscr{M}_X^*.$$

若我们用 $\mathscr{S}(\mathscr{O}_X)^{-1}$ 来记这样一个层, 它在 U 上的截面就是 $\Gamma(U, \mathscr{S}(\mathscr{O}_X))$ 中的元素在 $\Gamma(U, \mathscr{M}_X^*)$ 中的逆, 则显然有 $\Gamma(U, \mathscr{S}(\mathscr{O}_X)) \cap \Gamma(U, \mathscr{S}(\mathscr{O}_X)^{-1}) = \Gamma(U, \mathscr{O}_X^*)$, 从而

(21.1.5.2) $$\mathscr{S}(\mathscr{O}_X) \cap \mathscr{S}(\mathscr{O}_X)^{-1} = \mathscr{O}_X^*.$$

定义 (21.1.6) — $\mathscr{M}_X^*$ 的子层 $\mathscr{S}(\mathscr{O}_X)$ 在 $\mathscr{D}iv_X$ 中的典范像是 $\mathscr{D}iv_X$ 的一个子集合层, 我们把它记作 $\mathscr{D}iv_X^+$, 并把它的整体截面称为 X 上的有效除子, 全体有效除子的集合记作 $\mathrm{Div}^+(X)$.

因为 $\mathscr{S}(\mathscr{O}_X)$ 是一个 (乘法) 单演层, 故有

(21.1.6.1) $$\mathrm{Div}^+(X)+\mathrm{Div}^+(X)\ \subseteq\ \mathrm{Div}^+(X).$$

另一方面, 依照 (21.1.5.2) 和 (21.1.3.3), 我们有

(21.1.6.2) $$\mathrm{Div}^+(X)\ \bigcap\ (-\mathrm{Div}^+(X))\ =\ \{0\}.$$

这两个关系式表明, $\mathrm{Div}^+(X)$ 是群 $\mathrm{Div}(X)$ 在某个序关系下的准正元的集合, 并且这个序关系与群结构是相容的, 我们把这个序关系记作 $D\leqslant D'$, 换句话说,

(21.1.6.3) $$D\geqslant 0\iff D\in\mathrm{Div}^+(X).$$

我们在下面总假设 $\mathrm{Div}(X)$ 上都带着这个序结构, 显然 $\mathscr{D}iv_X^+|_U=\mathscr{D}iv_U^+$, 从而 $\Gamma(U,\mathscr{D}iv_X^+)=\mathrm{Div}^+(U)$, 于是我们可以说 $\mathscr{D}iv_X^+$ 在 $\mathscr{D}iv_X$ 上定义了一个有序群层的结构. 层 $\mathscr{D}iv_X^+$ 在点 x 处的茎条 $(\mathscr{D}iv_X^+)_x$ 是群 $(\mathscr{D}iv_X)_x$ 的一个子单演, 它是由某个与群结构相容的序结构下的准正元所组成的集合, 对于 X 上的一个除子 D 来说, $D\geqslant 0$ 就等价于对任意 $x\in X$ 均有 $D_x\geqslant 0$.

根据定义, 对于 X 上的任何正则宽调函数 f, 我们都有关系式

(21.1.6.4) $$\mathrm{div}(f)\geqslant 0\iff f\in\Gamma(X,\mathscr{S}(\mathscr{O}_X)),$$

换句话说, $\mathrm{div}(f)\geqslant 0$ 就等价于 f 是 $\mathscr{O}_X$ 的一个正则截面, 或者说它是 $\mathscr{O}_X$ 的一个在 $\mathrm{M}(X)$ 中可逆的截面.

更一般地, 给了 X 上的一个除子 D, 语句 $\mathrm{div}(f)\geqslant D$ 就等价于下面这件事: 对于 X 的任何一个开集 U, 只要它能使 $D|_U=\mathrm{div}(g)$, 其中 $g\in\Gamma(U,\mathscr{M}_X^*)$, 就可以找到 $\Gamma(U,\mathscr{O}_X)$ 的一个正则元 t, 使得 $f|_U=tg$.

(21.1.7) 设 $\mathscr{L}$ 是一个可逆 $\mathscr{O}_X$ 模层, s 是 $\mathscr{L}$ 在 X 上的一个正则宽调截面, 我们有关系式

(21.1.7.1) $$\mathrm{div}(s)\geqslant 0\iff s\in\Gamma(X,\mathscr{L})\cap\Gamma(X,(\mathscr{M}_X(\mathscr{L}))^*),$$

这可由定义 (21.1.4) 和 (21.1.6) 立得.

命题 (21.1.8) — 设 X 是一个局部 *Noether* 概形, D 是 X 上的一个除子. 假设对任何满足 “$\mathrm{dp}\,\mathscr{O}_{X,x}=1$” 的点 $x\in X$ 来说, 均有 $D_x\geqslant 0$ (切转: $D_x=0$). 则我们有 $D\geqslant 0$ (切转: $D=0$).

问题在 X 上是局部性的, 故可假设 $D=\operatorname{div}(f)$, 其中 f 是 X 上的一个正则宽调函数, 此时 $D_x\geqslant 0$ 就等价于 $x\in\operatorname{dom}(f)$, 从而对于 $T=X\smallsetminus\operatorname{dom}(f)$ 来说, 前提条件就意味着对任意 $x\in T$ 均有 $\operatorname{dp}\mathscr{O}_{X,x}\geqslant 2$ (因为 $\operatorname{dom}(f)$ 包含了 X 的所有极大点). 因而 (5.10.5) 限制同态 $\Gamma(X,\mathscr{O}_X)\to\Gamma(X\smallsetminus T,\mathscr{O}_X)$ 是一一的, 这就表明, 我们能找到 $\mathscr{O}_X$ 在 X 上的一个截面 s, 使得 $f=s|_{(X\smallsetminus T)}$. 但根据 T 的定义, 这蕴涵着 $T=\varnothing$, 从而 $f=s$, 故有 $D\geqslant 0$. 把上述结果应用到 $-D$ 上, 再利用 (21.1.6.2) 就可以立即推出与 $D_x=0$ 相关的结论.

推论 (21.1.9) — *设 X 是一个局部Noether 概形, D 是 X 上的一个除子. 设 S 是 D 的支集. 则对于 S 的任意极大点 x, 均有 $\operatorname{dp}\mathscr{O}_{X,x}=1$.*

事实上, 我们令 $X_1=\operatorname{Spec}\mathscr{O}_{X,x}$, 有见于 (20.2.11) 和 (20.3.6), 层 $\mathscr{M}_{X_1}^*$ 就是 $\mathscr{M}_X^*$ 在 X_1 上的稼入层, 从而可以限于考虑 $X=X_1$ 的情形, 此时由于 $x\in S$ 并且 x 是 S 的极大点, 故必有 $S=\{x\}$. 假如现在 $\operatorname{dp}\mathscr{O}_{X,x}\neq 1$, 那么依照 (21.1.8), 就会得出 $D=0$, 这与 S 的定义是矛盾的.

命题 (21.1.10) — *设 A 是一个Noether 局部环, 则为了使 $\operatorname{Div}(A)=0$, 必须且只需 $\operatorname{dp}A=0$ (换句话说, A 的极大理想 $\mathfrak{m}$ 是 A 的支承素理想)* (**0**, 16.4.6).

事实上, $\operatorname{Div}(A)=0$ 就意味着 A 中的正则元都是可逆的, 或者 $\mathfrak{m}$ 的任何元素都是零因子, 这又等价于 $\mathfrak{m}\in\operatorname{Ass}A$ (Bourbaki,《交换代数学》, IV, §1, ¥1, 命题 2 的推论 3).

21.2 除子与可逆分式理想层

(21.2.1) 设 $(X,\mathscr{O}_X)$ 是一个环积空间. 所谓 X 上的*分式理想层*, 就是指 X 上的宽调函数芽层 $\mathscr{M}_X$ 的一个 $\mathscr{O}_X$ 子模层. 若 X 上的一个分式理想层 $\mathscr{J}$ 是可逆 $\mathscr{O}_X$ 模层, 则我们说它是一个*可逆分式理想层*.

命题 (21.2.2) — *为了使 X 上的一个分式理想层 $\mathscr{J}$ 是可逆的, 必须且只需对任意 $x\in X$, 均可找到 x 的一个开邻域 U 和一个截面 $f\in\Gamma(U,\mathscr{M}_X^*)$, 使得 $\mathscr{J}|_U=\mathscr{O}_U\cdot f$.*

条件显然是充分的, 因为对任意开集 $V\subseteq U$, $\Gamma(V,\mathscr{O}_X)$ 到 $\Gamma(V,\mathscr{J})$ 的映射 $s\mapsto s(f|_V)$ 显然都是一一的. 为了证明它也是必要的, 我们注意到根据前提条件, 可以找到 x 的一个开邻域 U 和一个 $\mathscr{O}_X$ 模层同构 $\mathscr{O}_U\xrightarrow{\sim}\mathscr{J}|_U$. 若 f 是截面 $1\in\Gamma(U,\mathscr{O}_X)$ 在这个同构下的像, 则我们可以 (通过限制到 U 上) 假设 $f=u/s$, 其中 $u\in\Gamma(U,\mathscr{O}_X)$ 且 $s\in\Gamma(U,\mathscr{S}(\mathscr{O}_X))$, 并且上述同构把任何截面 $v\in\Gamma(V,\mathscr{O}_X)$ (其中 V 是包含在 U 中的一个开集) 都映到截面 $v(u|_V)/(s|_V)$. 这个映射是一一的刚好就意味着 $u|_V$ 是 $\Gamma(V,\mathscr{O}_X)$ 中的正则元, 从而 $f\in\Gamma(U,\mathscr{M}_X^*)$.

注意到对于 X 的开集 U, 若有 $\mathscr{J}|_U=\mathscr{O}_U\cdot f$, 其中 $f\in\Gamma(U,\mathscr{M}_X^*)$, 则截面 f 在只差一个来自 $\Gamma(U,\mathscr{O}_X^*)$ 的乘法因子的意义下是唯一确定的, 因为乘以这种元素的运算就构成了 $\mathscr{O}_U$ 模 $\mathscr{O}_U$ 的全部自同构 ($\mathbf{0_I}$, 5.4.3).

推论 (21.2.3) — (i) 设 $\mathscr{J}$ 是一个可逆分式理想层, 则可逆 $\mathscr{O}_X$ 模层 $\mathscr{J}^{-1}$ 可以典范等同于下面这个分式理想层 $\mathscr{J}'$ (称为 $\mathscr{J}$ 到 $\mathscr{O}_X$ 的传输子) : 对于 X 的任何开集 U, 只要它能使 $\mathscr{J}|_U=\mathscr{O}_U\cdot f$, 其中 $f\in\Gamma(U,\mathscr{M}_X^*)$, 就有 $\mathscr{J}'|_U=\mathscr{O}_U\cdot f^{-1}$.

(ii) 若 $\mathscr{J}_1$ 和 $\mathscr{J}_2$ 是两个可逆分式理想层, 则典范映射 $\mathscr{J}_1\otimes\mathscr{J}_2\to\mathscr{J}_1\mathscr{J}_2$ 是一个 $\mathscr{O}_X$ 模层的同构.

条目 (ii) 可由 (21.2.2) 立得. 另一方面, (21.2.2) 末尾的注解表明, 由上述条件所定义的分式理想层 $\mathscr{J}'$ 是存在且唯一的, $\mathscr{J}'$ 到 $\mathscr{J}^{-1}=\mathscr{H}om_{\mathscr{O}_X}(\mathscr{J},\mathscr{O}_X)$ 的典范同构可以用这样的方式来得到, 即把 $\Gamma(V,\mathscr{J}')$ (其中 V 是包含在 U 中的一个开集) 的一个截面 $s(f^{-1}|_V)$ (其中 $s\in\Gamma(V,\mathscr{O}_X)$) 对应到那个从 $\Gamma(V,\mathscr{J})$ 到 $\Gamma(V,\mathscr{O}_X)$ 的同态 $t(f|_V)\mapsto st$.

依照 (21.2.3, (i)), 我们一般把可逆 $\mathscr{O}_X$ 模层 $\mathscr{J}'$ 就等同于 $\mathscr{J}^{-1}$, 从而可以把 $\mathscr{J}^{-1}$ 看作 $\mathscr{M}_X^*$ 的一个 $\mathscr{O}_X$ 子模层.

(21.2.4) 由 (21.2.3) 知, X 上的可逆分式理想层的集合 $\mathrm{Id}^{\text{可逆}}(X)$ ① 具有交换群的结构, 其合成法则是 $(\mathscr{J}_1,\mathscr{J}_2)\mapsto\mathscr{J}_1\mathscr{J}_2$, 而 $\mathscr{O}_X$ 就是这个群中的单位元. 易见对 X 的任意开集 U, 均有 $(\mathscr{J}_1\mathscr{J}_2)|_U=(\mathscr{J}_1|_U)(\mathscr{J}_2|_U)$, 从而限制映射 $\mathscr{J}\mapsto\mathscr{J}|_U$ 是一个群同态 $\mathrm{Id}^{\text{可逆}}(X)\to\mathrm{Id}^{\text{可逆}}(U)$, 这样我们就定义了一个交换群预层 $U\mapsto\mathrm{Id}^{\text{可逆}}(U)$, 易见这个预层实际上是一个交换群层, 我们把它记为 $\mathscr{I}d_X^{\text{可逆}}$ ②.

(21.2.5) 由 (21.2.2) 知, 对任意正则宽调函数 $f\in\Gamma(X,\mathscr{M}_X^*)$ 来说, $\mathscr{J}(f)=\mathscr{O}_X\cdot f$ 都是可逆分式理想层, 并且显然有 $\mathscr{J}(f_1f_2)=\mathscr{J}(f_1)\mathscr{J}(f_2)$, 换句话说, 映射 $f\mapsto\mathscr{J}(f)$ 是交换群 $\Gamma(X,\mathscr{M}_X^*)$ 到交换群 $\mathrm{Id}^{\text{可逆}}(X)$ 的一个同态. 把 X 换成任何开集 U, 并注意到这些群同态与限制运算是相容的, 我们就得到交换群层的一个典范同态:

(21.2.5.1) $$I_0\ :\ \mathscr{M}_X^*\longrightarrow\mathscr{I}d_X^{\text{可逆}}.$$

注意到若 $f\in\Gamma(X,\mathscr{O}_X^*)$, 则有 $\mathscr{J}(f)=\mathscr{O}_X$, 由此立知, 同态 I_0 可以分解为

(21.2.5.2) $$\mathscr{M}_X^*\longrightarrow\mathscr{M}_X^*/\mathscr{O}_X^*=\mathscr{D}iv_X\xrightarrow{\ I\ }\mathscr{I}d_X^{\text{可逆}},$$

其中 I 是加法群层 $\mathscr{D}iv_X$ 到乘法群层 $\mathscr{I}d_X^{\text{可逆}}$ 的一个同态, 从而对 X 的任意开集 U, 我们都有一个交换群同态 $\mathscr{I}_U:\mathrm{Div}(U)\to\mathrm{Id}^{\text{可逆}}(U)$, 且对任意截面 $f\in\Gamma(U,\mathscr{M}_X^*)$,

①译注: 原文使用的记号是 $\mathrm{Id.inv}(X)$.

②译注: 原文使用的记号是 $\mathscr{I}d.inv_X$.

均有

$$\mathscr{I}_U(\operatorname{div}_U(f)) = \mathscr{O}_U \cdot f. \tag{21.2.5.3}$$

由此可知, 对任意除子 $D \in \operatorname{Div}(X)$, $\mathscr{I}_X(D)$ 都是这样一个可逆分式理想层, 即对 X 的任何一个满足 $D|_U = \operatorname{div}_U(f)$ (其中 $f \in \Gamma(U, \mathscr{M}_X^*)$) 的开集 U, $\mathscr{I}_X(D)|_U$ 就是可逆分式理想层 $\mathscr{O}_U \cdot f$. 从而依照 (21.1.6), 对于任何正则宽调函数 $f \in \Gamma(X, \mathscr{M}_X^*)$, 我们都有下面的关系式

$$f \in \Gamma(X, \mathscr{I}_X(D)) \iff \operatorname{div}(f) \geqslant D. \tag{21.2.5.4}$$

命题 (21.2.6) — 同态 $I : \mathscr{D}iv_X \to \mathscr{I}d_X^{\text{可逆}}$ 是一一的.

事实上, 我们可以定义一个从 $\operatorname{Id}^{\text{可逆}}(X)$ 到 $\operatorname{Div}(X)$ 的同态 I'_X, 它把 X 上的可逆分式理想层 $\mathscr{J}$ 对应到这样一个除子 $I'_X(\mathscr{J})$, 即对 X 的任何一个满足 $\mathscr{J}|_U = \mathscr{O}_U \cdot f$ (其中 $f \in \Gamma(U, \mathscr{M}_X^*)$) 的开集 U, 均取 $I'_X(\mathscr{J})|_U = \operatorname{div}_U(f)$, 依照 (21.2.2) 后面的注解, 这个定义并不依赖于生成元 f 在 $\mathscr{J}|_U$ 中的选择, 并且确实定义了 X 上的一个除子. 进而, 由这个定义立知, 同态 $\mathscr{I}_X$ 和 I'_X 是互逆的. 把 X 换成任意开集 U, 我们就可以由此定义出一个同构 $I' : \mathscr{I}d_X^{\text{可逆}} \to \mathscr{D}iv_X$, 而且它是 I 的逆, 故得命题. 现在我们令 $I'_X(\mathscr{J}) = \operatorname{div}(\mathscr{J})$, 因而对 X 上的任何正则宽调函数 f, 均有

$$\operatorname{div}(\mathscr{O}_X \cdot f) = \operatorname{div}(f). \tag{21.2.6.1}$$

(21.2.7) 以下总是把层 $\mathscr{D}iv_X$ 和 $\mathscr{I}d_X^{\text{可逆}}$ (切转: 群 $\operatorname{Div}(X)$ 和 $\operatorname{Id}^{\text{可逆}}(X)$) 通过上面的 I 和 I' (切转: $\mathscr{I}_X$ 和 I'_X) 看作等同的. 注意到我们有下面的关系式

$$D \geqslant 0 \iff \mathscr{I}_X(D) \subseteq \mathscr{O}_X, \quad \text{其中 } D \in \operatorname{Div}(X), \tag{21.2.7.1}$$

这可由定义 (21.1.6) 和 (21.1.5.1) 立得. 换句话说, 像 $\mathscr{I}_X(\operatorname{Div}^+(X))$ 就是 $\mathscr{O}_X$ 的下面这种理想层(有时也把它们称为整理想层)的集合: 它同时也是可逆 $\mathscr{O}_X$ 模层. 这样一种理想层 $\mathscr{J}$ 还可以用下面的方式来描述, 即对任意 $x \in X$, 均可找到 x 在 X 中的一个开邻域 U, 使得 $\mathscr{J}|_U = \mathscr{O}_U \cdot f$, 其中 f 是 $\Gamma(U, \mathscr{O}_X)$ 的一个正则元. 从而这种理想层的集合 $\mathscr{I}_X(\operatorname{Div}^+(X))$ 是 $\operatorname{Id}^{\text{可逆}}(X)$ 的一个子单演, 并且就等于 $\operatorname{Id}^{\text{可逆}}(X)$ 的某个与群结构相容的序关系下的准正元的集合, 易见这个序关系恰好就是反包含关系. 换句话说, 对于 $\operatorname{Id}^{\text{可逆}}(X)$ 中的两个元素 $\mathscr{J}_1$, $\mathscr{J}_2$, 我们有

$$\mathscr{J}_1 \subseteq \mathscr{J}_2 \iff \operatorname{div}(\mathscr{J}_1) \geqslant \operatorname{div}(\mathscr{J}_2). \tag{21.2.7.2}$$

(21.2.8) 对于 X 上的任何除子 D, 我们令

$$\mathscr{O}_X(D) = (\mathscr{I}_X(D))^{-1}. \tag{21.2.8.1}$$

从而 $\mathscr{O}_X(D)$ 是这样一个可逆分式理想层, 即对于 X 的任何一个满足 $D|_U = \operatorname{div}_U(f)$ (其中 $f \in \Gamma(U, \mathscr{M}_X^*)$) 的开集 U, $\mathscr{O}_X(D)|_U$ 都是可逆理想层 $\mathscr{O}_U \cdot f^{-1}$. 依照 (21.1.6), 对任何正则宽调函数 f, 我们都有下面的关系式

(21.2.8.2) $$f \in \Gamma(X, \mathscr{O}_X(D)) \iff \operatorname{div}(f) \geqslant -D.$$

进而, 易见对任意整数 $n \in \mathbb{Z}$ 和 X 上的任意两个除子 D, D', 我们都有下面的典范同构 (21.2.3)

(21.2.8.3) $$\begin{cases} \mathscr{O}_X(0) \;=\; \mathscr{O}_X, \\ \mathscr{O}_X(D+D') \;=\; \mathscr{O}_X(D)\mathscr{O}_X(D') \;\xrightarrow{\sim}\; \mathscr{O}_X(D) \otimes \mathscr{O}_X(D'), \\ \mathscr{O}_X(nD) \;=\; (\mathscr{O}_X(D))^n \;\xrightarrow{\sim}\; (\mathscr{O}_X(D))^{\otimes n}. \end{cases}$$

(21.2.9) 设 $\mathscr{J}$ 是 X 上的一个可逆分式理想层. 典范含入 $\mathscr{J} \to \mathscr{M}_X$ 通过张量积定义了一个 $\mathscr{O}_X$ 模层同态

(21.2.9.1) $$\mathscr{M}_X(\mathscr{J}) = \mathscr{J} \otimes_{\mathscr{O}_X} \mathscr{M}_X \;\longrightarrow\; \mathscr{M}_X \otimes_{\mathscr{O}_X} \mathscr{M}_X = \mathscr{M}_X,$$

这是一个同构. 事实上, 若 U 是 X 的一个开集, 并使得 $\mathscr{J}|_U = \mathscr{O}_U \cdot f$, 其中 $f \in \Gamma(U, \mathscr{K}_X^*)$, 则同态 (21.2.9.1) 在 U 上的限制刚好就是把 $\mathscr{M}_X(\mathscr{J})|_U = \mathscr{M}_X|_U$ 在 $V \subseteq U$ 上的截面 t 对应到同一个层的截面 $t(f|_V)^{-1}$ 的那个同构. 在同构 (21.2.9.1) 下, $\mathscr{J}$ 在 X 上的正则宽调截面就对应着 X 上的正则宽调函数.

特别地, 我们来考虑 $\mathscr{J} = \mathscr{O}_X(D)$ 的情形, 其中 D 是 X 上的一个除子, 此时我们就有一个典范同构

(21.2.9.2) $$\mathscr{M}_X(\mathscr{O}_X(D)) \;\xrightarrow{\sim}\; \mathscr{M}_X,$$

且我们用 s_D 来记 $\mathscr{O}_X(D)$ 的那个在上述同构下对应着 $\mathscr{M}_X$ 的整体截面 1 的正则宽调截面. 若 U 是 X 的一个开集, 并使得 $\mathscr{O}_X(D)|_U = \mathscr{O}_U \cdot f^{-1}$, 其中 $f \in \Gamma(U, \mathscr{M}_X^*)$, 则在 $\Gamma(U, \mathscr{M}_X)$ 中, 我们有 $s_D|_U = 1$. 由于现在 $D|_U = \operatorname{div}_U(f)$, 故可由此推出 (21.1.4)

(21.2.9.3) $$\operatorname{div}(s_D) \;=\; D.$$

另一方面, 由典范同构 (21.2.8.3) 可以立即导出下面一些公式

(21.2.9.4) $$s_0 = 1, \quad s_{D+D'} = s_D \otimes s_{D'}, \quad s_{nD} = s_D^{\otimes n} \qquad (n \in \mathbb{Z}).$$

(21.2.10) 设 $\mathscr{L}$ 和 $\mathscr{L}'$ 是两个可逆 $\mathscr{O}_X$ 模层, s (切转: s') 是 $\mathscr{L}$ (切转: $\mathscr{L}'$) 在 X 上的一个正则宽调截面, 考虑二元组 $(\mathscr{L}, s)$ 和 $(\mathscr{L}', s')$ 之间的下述关系: “可以找到

一个同构 $u:\mathscr{L}\xrightarrow{\sim}\mathscr{L}'$, 使得 $\bar{u}(s)=s'$”, 其中 $\bar{u}:\Gamma(X,\mathscr{M}_X(\mathscr{L}))\xrightarrow{\sim}\Gamma(X,\mathscr{M}_X(\mathscr{L}'))$ 是 u 所导出的同构 (注意到满足上述条件的 u 是唯一确定的). 这个关系显然是一个等价关系, 且由于我们有一个由可逆 $\mathscr{O}_X$ 模层所组成的集合, 使得任何可逆 $\mathscr{O}_X$ 模层都同构于该集合中的某个元素 ($\mathbf{0_I}$, 5.4.7), 故我们可以谈论二元组 $(\mathscr{L},s)$ 在上述关系下的等价类集合 $D(X)$. 对任意可逆 $\mathscr{O}_X$ 模层 $\mathscr{L}$ 以及 $\mathscr{L}$ 在 X 上的任意正则宽调截面 s, 我们将用 $\operatorname{cl}(\mathscr{L},s)$ 来记二元组 $(\mathscr{L},s)$ 在集合 $D(X)$ 中的对应元素. 于是由 ($\mathbf{0_I}$, 5.4.3) 知, 若 s, s' 是 $\mathscr{L}$ 在 X 上的两个正则宽调截面, 则关系式 $\operatorname{cl}(\mathscr{L},s)=\operatorname{cl}(\mathscr{L},s')$ 就等价于能找到一个截面 $t\in\Gamma(X,\mathscr{O}_X^*)$ 使得 $s'=ts$.

易见若 $(\mathscr{L},s)$ 等价于 $(\mathscr{L}_1,s_1)$, 并且 $(\mathscr{L}',s')$ 等价于 $(\mathscr{L}_1',s_1')$, 则二元组 $(\mathscr{L}\otimes\mathscr{L}',s\otimes s')$ 和 $(\mathscr{L}_1\otimes\mathscr{L}_1',s_1\otimes s_1')$ 也是等价的. 从而在 $D(X)$ 上可以定义一个合成法则, 也就是

(21.2.10.1) $$\operatorname{cl}(\mathscr{L},s)\operatorname{cl}(\mathscr{L}',s')\ =\ \operatorname{cl}(\mathscr{L}\otimes\mathscr{L}',s\otimes s'),$$

易见这是一个交换群法则, 其中的单位元就是 $\operatorname{cl}(\mathscr{O}_X,1)$, 并且 $\operatorname{cl}(\mathscr{L},s)$ 的逆元就是 $\operatorname{cl}(\mathscr{L}^{-1},s^{\otimes(-1)})$.

命题 (21.2.11) — 映射

(21.2.11.1) $$D\longmapsto\operatorname{cl}(\mathscr{O}_X(D),s_D),\quad \operatorname{cl}(\mathscr{L},s)\longmapsto\operatorname{div}(s)$$

分别是 $\operatorname{Div}(X)$ 到 $D(X)$ 和 $D(X)$ 到 $\operatorname{Div}(X)$ 的同构,, 并且它们是互逆的.

有见于 (21.2.8.3), (21.2.9.4) 和 (21.2.10.1), 只需证明这两个映射的合成分别是 $\operatorname{Div}(X)$ 和 $D(X)$ 上的恒同映射即可. 第一部分恰好就是 (21.2.9.3). 另一方面, 设 $D=\operatorname{div}(s)$, 其中 s 是 $\mathscr{L}$ 在 X 上的一个正则宽调截面, 并设 U 是 X 的一个满足下述条件的开集: 可以找到一个从 $\mathscr{L}|_U$ 到 $\mathscr{O}_U$ 的同构, 它把 $s|_U$ 映到 $f\in\Gamma(U,\mathscr{M}_X^*)$. 于是 $D|_U=\operatorname{div}_U(f)$, $\mathscr{O}_X(D)|_U=\mathscr{O}_U\cdot f^{-1}$, 并且 $s_D|_U$ 是 $\Gamma(U,\mathscr{M}_X)$ 的单位元, 从而我们有一个同构 $v_U:\mathscr{L}|_U\to\mathscr{O}_U\cdot f^{-1}=\mathscr{O}_X(D)|_U$, 使得 $\bar{v}_U$ (记号取自 (21.2.10)) 把 $s|_U$ 映到 $f\cdot f^{-1}=1$, 可以立即看出, 这些同构与限制运算是相容的, 从而它们定义了一个同构 $v:\mathscr{L}\to\mathscr{O}_X(D)$, 且满足 $\bar{v}(s)=s_D$. 证明完毕.

我们可以通过同构 (21.2.11.1) 把群 $\operatorname{Div}(X)$ 上的序结构搬运到 $D(X)$ 上, 从而 $D(X)$ 中的准正元 $\operatorname{cl}(\mathscr{L},s)$ 就是那些满足 $\operatorname{div}(s)\geqslant 0$ 的元素, 也就是说 (21.1.7.1), 那些满足

$$s\ \in\ \Gamma(X,\mathscr{L})\cap\Gamma(X,(\mathscr{M}_X(\mathscr{L}))^*)$$

的元素.

(21.2.12) 设 D 是概形 X 上的一个有效除子, 则分式理想层 $\mathscr{I}_X(D)$ 是 $\mathscr{O}_X$ 的理想层, 并且是一个可逆 $\mathscr{O}_X$ 模层, 设 $\mathbf{Y}(D)$ 是它在 X 上定义的那个闭子概形. 根

据前提条件, 对任意 $x \in \mathbf{Y}(D)$, 均可找到 x 在 X 中的一个开邻域 U 和一个正则截面 $t \in \Gamma(U, \mathscr{O}_X)$, 使得 $\mathscr{I}_X(D)|_U = \mathscr{O}_U \cdot t$ (21.2.7). 换句话说, 典范浸入 $\mathbf{Y}(D) \to X$ 是正则的, 并且在 $\mathbf{Y}(D)$ 的所有点处都是余 1 维的 (19.1.4). 反过来, 若 Y 是 X 的一个闭子概形, 它到 X 的浸入是正则的, 并且在 Y 的任何点处都是余 1 维的, 则我们有唯一一个有效除子 D, 使得 $\mathbf{Y}(D) = Y$, 因为对任意 $x \in Y$, 均可找到 x 在 X 中的一个开邻域 U, 使得 $Y \cap U$ 就是由 $\mathscr{O}_U$ 的一个形如 $\mathscr{O}_U \cdot t$ 的理想层所定义的, 并且 t 在 $\Gamma(U, \mathscr{O}_X)$ 中是正则的.

注意到此时我们有 $\operatorname{Supp} D = \mathbf{Y}(D)$, 因为 $D_x \neq 0$ 就等价于 (在上述记号下) t_x 不是可逆的, 也就是说, $x \in \mathbf{Y}(D)$.

21.3 除子的线性等价

(21.3.1) 所谓 X 上的一个除子 D 是主除子, 是指它具有 $\operatorname{div}(f)$ 的形状, 其中 f 是 X 上的一个正则宽调函数. 此时满足 $\operatorname{div}(f') = D$ 的正则宽调函数 f' 都具有 tf 的形状, 其中 $t \in \Gamma(X, \mathscr{O}_X^*)$ (21.1.3.4). 全体主除子的集合是 $\operatorname{Div}(X)$ 的一个子群, 记作 $\operatorname{Div}^{主}(X)$ ①, 它同构于 $\Gamma(X, \mathscr{M}_X^*)/\Gamma(X, \mathscr{O}_X^*)$. 所谓两个除子 D, D' 是线性等价的, 是指 $D - D'$ 是一个主除子, 从而主除子就是线性等价于 0 的除子.

(21.3.2) 还记得 ($\mathbf{0_I}$, 5.4.7) 我们可以谈论可逆 $\mathscr{O}_X$ 模层在同构关系下的等价类集合, 这个集合将被记为 $\operatorname{Pic}(X)$, 对任意可逆 $\mathscr{O}_X$ 模层 $\mathscr{L}$, 我们用 $\operatorname{cl}(\mathscr{L})$ 来记由那些同构于 $\mathscr{L}$ 的 $\mathscr{O}_X$ 模层所构成的等价类, 进而, $\operatorname{Pic}(X)$ 在乘法 $\operatorname{cl}(\mathscr{L})\operatorname{cl}(\mathscr{L}') = \operatorname{cl}(\mathscr{L} \otimes \mathscr{L}')$ 下构成一个交换群. 易见映射

(21.3.2.1) $$r \ : \ \operatorname{cl}(\mathscr{L}, s) \longrightarrow \operatorname{cl}(\mathscr{L})$$

是群 $D(X)$ (21.2.10) 到群 $\operatorname{Pic}(X)$ 的一个同态. 从而通过取合成, 我们就导出一个同态

(21.3.2.2) $$l \ : \ \operatorname{Div}(X) \xrightarrow{\sim} D(X) \xrightarrow{r} \operatorname{Pic}(X)$$

(也记作 l_X), 此时对任意除子 D, 均有

(21.3.2.3) $$l(D) \ = \ \operatorname{cl}(\mathscr{O}_X(D)).$$

最后我们注意到, 若 $u : X' \to X$ 是一个环积空间态射, $\mathscr{L}_1$, $\mathscr{L}_2$ 是两个同构的可逆 $\mathscr{O}_X$ 模层, 则可逆 $\mathscr{O}_{X'}$ 模层 $u^*\mathscr{L}_1$ 和 $u^*\mathscr{L}_2$ ($\mathbf{0_I}$, 5.4.5) 也是同构的, 另一方面, 由于对任意两个可逆 $\mathscr{O}_X$ 模层 $\mathscr{L}_1$, $\mathscr{L}_2$, 均有 $u^*(\mathscr{L}_1 \otimes \mathscr{L}_2) = (u^*\mathscr{L}_1) \otimes (u^*\mathscr{L}_2)$, 只差一个典范同构 ($\mathbf{0_I}$, 4.3.3), 故我们看到态射 u 典范地定义了一个交换群同态

(21.3.2.4) $$\operatorname{Pic}(u) \ : \ \operatorname{Pic}(X) \longrightarrow \operatorname{Pic}(X').$$

①译注: 原文使用的记号是 $\operatorname{Div.princ}(X)$.

命题 (21.3.3) — (i) 典范同态 $l: \mathrm{Div}(X) \to \mathrm{Pic}(X)$ 的核就是子群 $\mathrm{Div}^{主}(X)$, 换句话说, 为了使 $\mathscr{O}_X(D)$ 和 $\mathscr{O}_X(D')$ 是同构的, 必须且只需 D 和 D' 是线性等价的. 从而由 l 可以导出一个典范**单**同态

(21.3.3.1) $$\mathrm{Div}(X)/\mathrm{Div}^{主}(X) \longrightarrow \mathrm{Pic}(X).$$

(ii) 为了使一个可逆 $\mathscr{O}_X$ 模层 $\mathscr{L}$ 的等价类 $\mathrm{cl}(\mathscr{L})$ 具有 $l(D)$ 的形状, 或者说为了使 $\mathscr{L}$ 同构于某个形如 $\mathscr{O}_X(D)$ 的 $\mathscr{O}_X$ 模层, 必须且只需 $\mathscr{L}$ 在 X 上有一个正则宽调截面.

这个命题可由定义及 (21.2.10) 立得.

命题 (21.3.4) — 设 X 是一个概形, 且满足下面两个条件之一:
a) X 是局部*Noether* 的, 并且 $\mathrm{Ass}\,\mathscr{O}_X$ 包含在 X 的某个仿射开集之中.
b) X 是既约的, 并且它的不可约分支是局部有限的.
则典范同态 $l: \mathrm{Div}(X) \to \mathrm{Pic}(X)$ 是满的, 而且通过取商可以给出一个同构

$$\mathrm{Div}(X)/\mathrm{Div}^{主}(X) \xrightarrow{\sim} \mathrm{Pic}(X).$$

只需证明任何可逆 $\mathscr{O}_X$ 模层 $\mathscr{L}$ 在 X 上都有正则宽调截面即可 (21.3.3). 根据 (20.2.11, (ii)), 在上述两个情形中, 我们都只需定义出 $(\mathscr{M}_X(\mathscr{L}))^*$ 在 X 的某个概稠密开集 U 上的一个截面 s 即可. 而且在情形 a) 中, 只要这个开集 U 包含 $\mathrm{Ass}\,\mathscr{O}_X$ 即可 (20.2.13, (iv)). 事实上, 设 V 是 X 的任何一个使得 $\mathscr{L}|_V$ 同构于 $\mathscr{O}_V$ 的开集, 于是我们有一个从 $\mathscr{M}_X(\mathscr{L})|_V$ 到 $\mathscr{M}_X|_V$ 的同构, 它把 $s|_{(U\cap V)}$ 映到 $\mathscr{M}_X^*$ 在 $U\cap V$ 上的一个截面 f_V. 由于 $U\cap V$ 在 V 中是概稠密的, 故由 (20.2.11) 知, 在 V 上有唯一一个正则宽调函数 g_V, 使得 $g_V|_{(U\cap V)} = f_V$, 从而这个截面通过上面的同构对应到 $\mathscr{L}$ 在 V 上的一个正则宽调截面 u_V, 它满足 $u_V|_{(U\cap V)} = s|_{(U\cap V)}$. 进而, 若 V' 是 X 的另一个使得 $\mathscr{L}|_{V'}$ 同构于 $\mathscr{O}_{V'}$ 的开集, 则 u_V 和 $u_{V'}$ 在 $V\cap V'$ 上的限制是相等的, 因为它们在上述同构下所对应到的两个宽调函数在概稠密开集 $U\cap V\cap V'$ 上是重合的, 于是仍由 (20.2.11) 就可以推出结论. 从而这些 u_V 确实都是 $(\mathscr{M}_X(\mathscr{L}))^*$ 在 X 上的同一个截面的限制.

在此基础上, 在情形 b) 中, 对于 X 的每个极大点 x_λ, 我们取这样一个包含 x_λ 的开集 U_λ, 它与 X 的其他不可约分支都不相交, 也不等于 $\overline{\{x_\lambda\}}$, 且使得 $\mathscr{L}|_{U_\lambda}$ 同构于 $\mathscr{O}_{U_\lambda}$, 然后取 s 就是下面这个截面即可: 它在各个 U_λ 上的限制 $s|_{U_\lambda}$ 分别 (在上述同构下) 对应着 $\mathscr{O}_{U_\lambda}$ 的单位元截面.

在情形 a) 中, 根据前提条件, 我们可以取 U 是仿射开集 (从而它是 Noether 的), 换句话说, 我们可以假设 $X = \mathrm{Spec}\,A$, 其中 A 是一个 Noether 环, 并且 $\mathscr{L} = \widetilde{P}$, 其中 P 是一个 1 秩投射 A 模. 设 S 是 A 的全体正则元的集合, 则有 $\Gamma(X, \mathscr{M}_X) = S^{-1}A$

(20.2.12), 并且 $\Gamma(X, \mathscr{M}_X(\mathscr{L})) = S^{-1}P$. 现在 S 就是由 A 的那些没有落在任何一个支承素理想中的元素所组成的集合, 从而 $S^{-1}A$ 是一个半局部环, 它的极大理想都是由 $\operatorname{Ass} A$ 中的极大元所导出的, 并且 $S^{-1}P$ 是一个 1 秩投射 $S^{-1}A$ 模, 从而是 1 秩自由 $S^{-1}A$ 模 (Bourbaki,《交换代数学》, II, §5, ※3, 命题 5), 因而 (2.1.8) 这个 $S^{-1}A$ 模的任何一个基底中的元素都是 $\mathscr{L}$ 在 X 上的正则宽调截面.

推论 (21.3.5) — *若 X 是一个Noether 概形, 并且具有一个丰沛的可逆 $\mathscr{O}_X$ 模层* (**II**, 4.5.3) *(比如当 X 是* Noether *环上的拟射影概形时就是如此* (**II**, 5.3.1 *和* 4.6.6)), *则典范同态 $l : \operatorname{Div}(X) \to \operatorname{Pic}(X)$ 是满的.*

事实上 (**II**, 4.5.4), 此时有限集合 $\operatorname{Ass} \mathscr{O}_X$ 总有一个仿射开邻域.

注解 (21.3.6) — 还记得 ($\mathbf{0_I}$, 5.4.7) 我们有一个典范同构 $\pi : \mathrm{H}^1(X, \mathscr{O}_X^*) \xrightarrow{\sim} \operatorname{Pic}(X)$, 它的定义方法是这样的: 设 $(c_{\alpha\beta})$ 是 X 的一个定义在开覆盖 (U_α) 上、取值在 $\mathscr{O}_X^*$ 中的 1 阶上圈, 于是 $c_{\alpha\beta}$ 是 $\Gamma(U_\alpha \cap U_\beta, \mathscr{O}_X^*)$ 的一个元素, 则我们把它就对应到由这些 $\mathscr{O}_{U_\alpha}$ 沿着乘以 $c_{\alpha\beta}$ 的同构 $\mathscr{O}_{U_\alpha}|_{(U_\alpha \cap U_\beta)} \xrightarrow{\sim} \mathscr{O}_{U_\beta}|_{(U_\alpha \cap U_\beta)}$ 黏合而成的那个可逆 $\mathscr{O}_X$ 模层的同构类. 另一方面, 由交换群层的正合序列

$$1 \longrightarrow \mathscr{O}_X^* \longrightarrow \mathscr{M}_X^* \longrightarrow \mathscr{D}iv_X \longrightarrow 0$$

又可以导出上同调长正合序列中的边沿同态

$$\partial : \operatorname{Div}(X) \longrightarrow \mathrm{H}^1(X, \mathscr{O}_X^*). \tag{21.3.6.1}$$

我们来说明, 合成同态

$$\operatorname{Div}(X) \xrightarrow{\partial} \mathrm{H}^1(X, \mathscr{O}_X^*) \xrightarrow[\sim]{\pi} \operatorname{Pic}(X)$$

刚好就是 (21.3.2.2) 中所定义的那个同态 l. 事实上, 给定一个除子 D 以及 X 的一个开覆盖 (U_α), 且满足 $D|_{U_\alpha} = \operatorname{div}_{U_\alpha}(g_\alpha)$, 其中 g_α 是 U_α 上的一个正则宽调函数, 则 $\partial(D)$ 就是上圈 $(c_{\alpha\beta})$ 的上同调类, 其中 $c_{\alpha\beta} = g_{\alpha|\beta} g_{\beta|\alpha}^{-1}$, 这里的 $g_{\alpha|\beta}$ 是指 g_α 在 $U_\alpha \cap U_\beta$ 上的限制. 易见这个上同调类在 π 下的像就是下面这个可逆分式理想层 $\mathscr{L}$ 的同构类: 对任意 α, 均有 $\mathscr{L}|_{U_\alpha} = \mathscr{O}_{U_\alpha} \cdot g_\alpha^{-1}$. 而根据定义, 层 $\mathscr{L}$ 恰好就是 $\mathscr{O}_X(D)$ (21.2.8).

21.4 除子的逆像

(21.4.1) 设 $f : X' \to X$ 是一个环积空间态射, 我们现在想要给出一些条件, 来确保能够从 X 上的一个除子 D 出发定义出 X' 上的一个除子 D', 即 D 在 f 下的逆像. 为此首先注意到, 对任意截面 $t \in \Gamma(X, \mathscr{O}_X^*)$ 来说, 它在典范同态 $\Gamma(X, \mathscr{O}_X) \to \Gamma(X', \mathscr{O}_{X'})$ 下的像仍然是可逆的, 换句话说, 这个像落在 $\Gamma(X', \mathscr{O}_{X'}^*)$ 中. 现在我们把 D 看作某个二元组 $(\mathscr{L}, s)$ 的等价类, 其中 $\mathscr{L}$ 是一个可逆 $\mathscr{O}_X$ 模层, s 是 $\mathscr{L}$ 在 X 上的一个正则宽调截面 (21.2.11). 由此构造出可逆 $\mathscr{O}_{X'}$ 模层 $f^*\mathscr{L} = \mathscr{L}'$, 此时“$s$

在 f 下的逆像 $s \circ f$ 是存在的 (20.1.11), 而且是 $\mathscr{L}'$ 在 X' 上的一个正则宽调截面" 这样的条件就等价于 s 和 $s^{\otimes(-1)}$ 在 f 下的逆像都是存在的, 换句话说, 就等价于 $s \in \Gamma(X, \mathscr{M}_f(\mathscr{L}))$ 并且 $s^{\otimes(-1)} \in \Gamma(X, \mathscr{M}_f(\mathscr{L}^{-1}))$. 上面的注解表明, 若 $(\mathscr{L}_1, s_1)$ 是一个在 (21.2.10) 的意义下与 $(\mathscr{L}, s)$ 等价的二元组, 则 $s_1 \circ f$ 也是存在的, 并且是 $\mathscr{L}_1' = f^*\mathscr{L}_1$ 在 X' 上的一个正则宽调截面, 进而这两个二元组 $(\mathscr{L}', s \circ f)$ 和 $(\mathscr{L}_1', s_1 \circ f)$ 是等价的. 这就引出了下面的定义:

定义 (21.4.2) — 给了一个环积空间态射 $f : X' \to X$, 所谓 X 上的一个除子 D 在 f 下的逆像是存在的, 是指我们有 $s_D \in \Gamma(X, \mathscr{M}_f(\mathscr{O}_X(D)))$ 和 $s_{-D} \in \Gamma(X, \mathscr{M}_f(\mathscr{O}_X(-D)))$ (参考 (20.1.11)). 此时我们就把与二元组 $(f^*(\mathscr{O}_X(D)), s_D \circ f)$ 的等价类相对应 (21.2.11) 的那个 X' 上的除子称为 D 在 f 下的逆像, 记作 f^*D.

由这个定义立知, 若 D 和 D' 在 f 下都有逆像, 则 $-D$ 和 $D + D'$ 也有逆像 (有见于 (21.2.9.4)), 并且我们有 $f^*(D + D') = f^*D + f^*D'$. 换句话说, 由 X 上的那些在 f 下有逆像的除子所组成的集合 $\mathrm{Div}^f(X)$ 是 $\mathrm{Div}(X)$ 的一个子群, 并且映射 $D \mapsto f^*D$ 是一个从有序子群 $\mathrm{Div}^f(X)$ 到有序群 $\mathrm{Div}(X')$ 的递增同态, 进而下面的图表是交换的:

(21.4.2.1)
$$\begin{array}{ccc} \mathrm{Div}^f(X) & \xrightarrow{l_X} & \mathrm{Pic}(X) \\ {\scriptstyle f^*}\downarrow & & \downarrow{\scriptstyle \mathrm{Pic}(f)} \\ \mathrm{Div}(X') & \xrightarrow[l_{X'}]{} & \mathrm{Pic}(X') \end{array} .$$

(21.4.3) 由定义 (21.4.2) 立知, 为了使 f^*D 是存在的, 必须且只需对 X 的任意开集 U, $D|_U$ 在 $f^U : f^{-1}(U) \to U$ (即 f 的限制) 下的逆像都是存在的. 现在若 $D = \mathrm{div}(g)$, 其中 g 是 X 上的一个正则宽调函数, 则 s_D 在 f 下的逆像存在, 并且是 $f^*(\mathscr{O}_X(D))$ 的一个正则宽调截面这件事就等价于 (21.2.9) g 在 f 下的逆像存在, 并且是 X' 上的一个正则宽调函数. 由此可以立即导出 $\mathrm{Div}^f(X)$ 和 f^*D 的另一种描述方法, 首先引入 $\mathscr{M}_X^*$ 的这样一个子群层 $\mathscr{M}_f^{**}$, 它是由 X 上的那些满足下述条件的函数芽所组成的: 它是 X 的某个开集上的正则宽调函数, 它在 f 下的逆像存在, 并且是前面那个开集的逆像开集上的正则宽调函数 (20.1.11). 于是若 $f = (\psi, \theta)$, 则典范同态 (20.1.11) $\psi^*\mathscr{M}_f \to \mathscr{M}_{X'}$ 的限制给出一个群层同态 $\psi^*\mathscr{M}_f^{**} \to \mathscr{M}_{X'}^*$. 我们令 $\mathscr{D}iv_X^f = \mathscr{M}_f^{**}/\mathscr{O}_X^*$, 则有 $\mathrm{Div}^f(X) = \Gamma(X, \mathscr{D}iv_X^f)$, 而映射 $D \mapsto f^*D$ 就对应着由上述同态在商层上所导出的群层同态 $(\psi^*\mathscr{M}_f^{**})/(\psi^*\mathscr{O}_X^*) \to \mathscr{M}_{X'}^*/\mathscr{O}_{X'}^* = \mathscr{D}iv_{X'}$.

(21.4.4) 由上面这些定义立知, 若 $f' : X'' \to X'$ 是另一个环积空间态射, D 是 X 上的一个除子, 并假设逆像 f^*D 和 f'^*f^*D 都是存在的, 则 $(f \circ f')^*D$ 是存在的, 并且就等于 f'^*f^*D.

命题 (21.4.5) — 设 $f: X' \to X$ 是一个环积空间态射. 则在下面每一个情形下, X 上的所有除子在 f 下的逆像都是存在的:

(i) f 是平坦的.

(ii) X 和 X' 都是局部Noether 概形, 并且我们有 $f(\operatorname{Ass}\mathscr{O}_{X'}) \subseteq \operatorname{Ass}\mathscr{O}_X$.

(iii) X 和 X' 都是概形, X 的不可约分支是局部有限的, X' 是既约的, 并且 X' 的每个不可约分支都笼罩了 X 的某个不可约分支.

事实上, 只需证明在上面每一种情形下均有 $\mathscr{M}_f = \mathscr{M}_X$ 即可, 在情形 (i) 下, 这可由 (20.1.12) 得出. 在情形 (iii) 下, 我们可以限于考虑 $X = \operatorname{Spec} A$ 和 $X' = \operatorname{Spec} A'$ 都是仿射概形的情形, 若 $s \in A$ 是正则的, 则它没有落在 A 的任何一个极小素理想之中 (20.1.3.1), 从而前提条件表明, 它在 A' 中的像也没有落在 A' 的任何一个极小素理想之中, 因而这个像就是 A' 的一个正则元 (20.1.3.1). 在情形 (ii) 下, X' 上的宽调函数可以等同于 X' 上的伪函数 (20.2.11), 并且前提条件连同 (20.2.13, (iv)) 保证了 X 的任何概稠密开集在 f 下的逆像也是 X' 的概稠密开集, 从而由 (20.3.12) 就可以推出结论.

推论 (21.4.6) — 设 X 是一个概形, 并且具有下列性质之一:

(i) X 是局部Noether 的.

(ii) X 是既约的, 并且它的不可约分支是局部有限的.

则对任意 $x \in X$, 我们都有一个典范同构

(21.4.6.1) $$(\mathscr{D}iv_X)_x \xrightarrow{\sim} \operatorname{Div}(\mathscr{O}_{X,x}).$$

事实上, 这可由 (20.2.11), (20.3.7) 和下面这个事实推出: $(\mathscr{O}_X^*)_x$ 可以等同于环 $\mathscr{O}_{X,x}$ 的可逆元群.

(21.4.7) 设 X, X' 是两个概形, $f: X' \to X$ 是一个态射. 若 D 是 X 上的一个有效除子, 并且逆像 f^*D 是有定义的 (21.4.2), 则 X' 的闭子概形 $\mathbf{Y}(f^*D)$ 恰好就是逆像 $f^{-1}(\mathbf{Y}(D))$, 这件事可由定义 (21.4.2) 和 (21.2.12) 立得.

命题 (21.4.8) — 设 X, Y 是两个概形, $f: X \to Y$ 是一个忠实平坦态射. 于是若 D 是 Y 上的一个除子, 并且 $f^*D \geqslant 0$ (此处 f^*D 的存在性缘自 (21.4.5)), 则有 $D \geqslant 0$. 特别地, $\operatorname{Div}(Y)$ 到 $\operatorname{Div}(X)$ 的映射 $D \mapsto f^*D$ 是单的.

问题在 Y 上是局部性的, 故可限于考虑 $D = \operatorname{div}(w)$ 的情形, 其中 $w = uv^{-1}$, 而 u 和 v 则是 $\mathscr{O}_Y$ 在 Y 上的两个正则截面. 根据前提条件, 我们有 $w\mathscr{O}_X \subseteq v\mathscr{O}_X$, 从而对任意 $x \in X$ 和 $y = f(x)$, 均有 $u_y\mathscr{O}_{X,x} \subseteq v_y\mathscr{O}_{X,x}$, 由此可知, $u_y\mathscr{O}_{Y,y} \subseteq v_y\mathscr{O}_{Y,y}$, 这是基于 $\mathscr{O}_{X,x}$ 是忠实平坦 $\mathscr{O}_{Y,y}$ 模的前提条件以及 (Bourbaki,《交换代数学》, I, §3, ꝏ5, 命题 10, (ii)). 故得 $u\mathscr{O}_Y \subseteq v\mathscr{O}_Y$ (因为 f 是映满的), 从而 $D \geqslant 0$.

* **(追加 $_{\text{IV}}$, 53)** — 下面这个命题及其推论是 M. Raynaud 告诉我们的.

命题 (21.4.9) — 设 X, Y 是两个局部Noether 概形, $f: X \to Y$ 是一个忠实平坦态射, 进而假设**要么** f 是拟紧的, **要么** f 是开的. 则为了使 X' 上的一个除子 D' 具有 f^*D 的形状 (其中 D 是 Y 上的除子), 必须且只需对任意满足 $\mathrm{dp}\,\mathscr{O}_{Y,y} \leqslant 1$ 的点 $y \in Y$ 来说, 只要令 $Y_1 = \operatorname{Spec} \mathscr{O}_{Y,y}$, $X_1 = X \times_Y Y_1$, $f_1 = f_{(Y_1)}: X_1 \to Y_1$, 那么 D' 在 X_1 上的逆像 D'_1 就具有 $f_1^* D_1$ 的形状, 其中 $D_1 \in \operatorname{Div}(Y_1)$.

条件的必要性显然可由除子逆像的传递性得出, 因为这里出现的态射都是平坦的 (21.4.4). 现在对于 Y 的任何开集 U, 我们用 f_U 来记 f 的限制 $f^{-1}(U) \to U$, 则依照 (21.4.8) , $\operatorname{Div}(U)$ 到 $\operatorname{Div}(f^{-1}(U))$ 的映射 $D_U \mapsto f_U^* D_U$ 是单的, 从而若 U_1, U_2 是 Y 的两个开集, 并且 $D'|_{f^{-1}(U_1)} = f_{U_1}^* D_1$, $D'|_{f^{-1}(U_2)} = f_{U_2}^* D_2$, 则必有 $D_1|_{U_1 \cap U_2} = D_2|_{U_1 \cap U_2}$. 这就立即表明, 我们有一个能使条件"$D'|_{f^{-1}(U)} = f_U^* D_U$ (其中 $D_U \in \operatorname{Div}(U)$) "成立的最大开集 $U \subseteq Y$. 问题是要证明 $U = Y$. 假如这是不对的, 并设 y 是 $Y \setminus U$ 的一个极大点, 我们来证明, 可以找到 y 在 Y 中的一个开邻域 V, 使得 $D'|_{f^{-1}(V)} = f_V^* D_V$, 其中 $D_V \in \operatorname{Div}(V)$, 这就会与 U 的最大性产生矛盾.

I) *f 是拟紧态射的情形* — 利用 f 的拟紧型和 (20.3.8), 并参照 (8.1.2, a)) 的方法, 就可以把问题归结为证明, 在命题的记号下 (但这里先去掉关于 $\mathrm{dp}\,\mathscr{O}_{Y,y}$ 的限制条件), D'_1 具有 $f_1^* D_1$ 的形状. 现在如果 $\mathrm{dp}\,\mathscr{O}_{Y,y} \leqslant 1$, 那么这件事刚好就是前提条件. 以下我们假设 $\mathrm{dp}\,\mathscr{O}_{Y,y} \geqslant 2$, 由于 y 是 $Y \setminus U$ 的一个极大点, 故知 Y_1 的开集 $W = Y_1 \cap U$ 就等于 $Y_1 \setminus \{y\}$, 于是可以限于考虑 $Y = Y_1$, $U = Y \setminus \{y\}$ 的情形. 根据前提条件, 可以找到一个除子 $D_U \in \operatorname{Div}(U)$, 使得 $f_U^* D_U = D'|_{f^{-1}(U)}$, 这个 D_U 是某个二元组 $(\mathscr{L}_U, s)$ 的等价类, 其中 $\mathscr{L}_U$ 是一个可逆 $\mathscr{O}_U$ 模层, s 是 $\mathscr{L}_U$ 在 U 上的一个正则宽调截面 (21.2.11), 因而 (21.4.1) $D'|_{f^{-1}(U)}$ 就是二元组 $(\mathscr{L}'_U, s')$ 的等价类, 其中 $\mathscr{L}'_U = f_U^* \mathscr{L}_U$ 且 $s' = s \circ f_U$. 我们用 $i: U \to Y$ 和 $j: f^{-1}(U) \to X$ 来记典范含入, 并且令 $\mathscr{L} = i_* \mathscr{L}_U$ 和 $\mathscr{L}' = j_* \mathscr{L}'_U$. 由于 f 是平坦的, 故知 $f^* \mathscr{L}$ 典范同构于 $\mathscr{L}'$ (2.3.1), 另一方面, 因为 f 是平坦的, 所以关系式 $\mathrm{dp}\,\mathscr{O}_{Y,y} \geqslant 2$ 表明, 对任意 $x \in f^{-1}(y)$, 均有 $\mathrm{dp}\,\mathscr{O}_{X,x} \geqslant 2$ (6.3.1). 现在 D' 是某个二元组 $(\mathscr{L}'', s'')$ 的等价类, 其中 $\mathscr{L}''$ 是一个可逆 $\mathscr{O}_{X'}$ 模层, s'' 是 $\mathscr{L}''$ 在 X' 上的一个正则宽调截面, 因而 $\mathscr{L}'_U$ 同构于 $\mathscr{L}''|_{f^{-1}(U)}$, 于是由上面所述和 (5.9.8)及 (5.10.5) 知, $\mathscr{L}'$ 是一个同构于 $\mathscr{L}''$ 的可逆 $\mathscr{O}_{X'}$ 模层. 但 f 是拟紧忠实平坦的, 故我们由此得知, $\mathscr{L}$ 是可逆 $\mathscr{O}_Y$ 模层 (2.5.2), 因而就同构于 $\mathscr{O}_Y$, 因为 Y 是局部概形. 此外, 由于 $\mathrm{dp}\,\mathscr{O}_{Y,y} \geqslant 1$, 故知 $U = Y \setminus \{y\}$ 在 Y 中是概稠密的 (20.2.13, (iv)), 因而 $\mathscr{L}_U$ 在 U 上的这个正则宽调截面 s 可以延拓为 $\mathscr{L}$ 在 Y 上的一个正则宽调截面 s_0 (20.2.11), 从而 $(\mathscr{L}, s_0)$ 的等价类是 Y 上的一个除子 D, 且易见 f^*D 和 D' 在 $f^{-1}(U) = X \setminus f^{-1}(y)$ 上诱导了同一个除子. 但现在对任意 $x \in f^{-1}(y)$, 均有 $\mathrm{dp}\,\mathscr{O}_{X,x} \geqslant 2$, 故得 $D' = f^*D$ (21.1.8), 这就证明了此情形的结论.

II) *f 是开态射的情形* — 问题是要证明, 可以找到 y 在 Y 中的一个开邻域 V, 使得 $D'|_{f^{-1}(V)} = f_V^* D_V$, 其中 $D_V \in \operatorname{Div}(V)$, 故我们总可以假设 Y 是仿射的. 由

于 f 是开的, 故当 W 跑遍 X 的仿射开集时, 这些 $f(W)$ 构成 Y 的一个开覆盖, 从而 (因为 Y 是拟紧的) 可以找到一个拟紧开集 $T \subseteq X$, 使得 $f(T) = Y$, 并且态射 $f|_T$ 是拟紧的 (1.1.1), 自然对于 X 的任何一个拟紧开集 $T_\alpha \supseteq T$ 就都有 $f(T_\alpha) = Y$, 并且 $f|_{T_\alpha}$ 是拟紧的. 因而我们可以把I) 的结果应用到 $f|_{T_\alpha}$ 上, 这就得到了 Y 上的一个除子 D_α, 使得 $(f|_{T_\alpha})^* D_\alpha = D'|_{T_\alpha}$. 基于除子逆像在平坦态射下的传递性 (21.4.4), 我们也有 $(f|_T)^* D_\alpha = D'|_T$. 由此可知, 对任何两个不同的指标 α, β, 总有 $(f|_T)^* D_\alpha = (f|_T)^* D_\beta$, 故得 (根据 (21.4.8)) $D_\alpha = D_\beta$. 设 D 是这些 D_α 的公共值, 则对任意 α, 均有 $f^* D|_{T_\alpha} = D'|_{T_\alpha}$, 从而 $f^* D = D'$. 证明完毕.

推论 (21.4.10) — 假设 (21.4.9) 的前提条件都得到了满足, 进而假设 Y 是正规的, 并且对任何满足 $\dim \mathscr{O}_{Y,y} = 1$ 的点 $y \in Y$ 来说, 纤维 $X_y = f^{-1}(y)$ 都没有内嵌支承素轮圈. 则为了使 X 上的一个除子 D' 具有 $f^* D$ 的形状 (其中 $D \in \mathrm{Div}(Y)$), 必须且只需下面两个条件都得到满足:

1° 对 Y 的任意极大点 y, D' 在 $\mathrm{Div}(X_y)$ 中的逆像都是 0,

2° 对任意满足 $\dim \mathscr{O}_{Y,y} = 1$ 的点 $y \in Y$, 均可找到一个整数 n_y, 使得对 X_y 的任何极大点 x, D' 在 $\mathrm{Div}(\mathrm{Spec}\, \mathscr{O}_{X,x})$ 中的逆像都等于 $\mathrm{div}(t_y^{n_y})$, 其中 t_y 是离散赋值环 $\mathscr{O}_{Y,y}$ 的某个合一化子在同态 $\mathscr{O}_{Y,y} \to \mathscr{O}_{X,x}$ 下的像.

我们要使用判别法 (21.4.9). 在 Y 的极大点 y 处总有 $\mathrm{Div}(Y_1) = 0$ (因为 $\mathscr{O}_{Y,y}$ 是 Artin 环), 从而在该点处, (21.4.10) 的条件 1° 就等价于判别法 (21.4.9) 中的条件. 需要证明的是, 在 $\mathrm{dp}\, \mathscr{O}_{Y,y} = 1$ 的那些点 $y \in Y$ 处, 条件 1° 和 2° 也蕴涵了 (21.4.9) 中的条件, 由于 Y 是正规的, 故知这些点也是那些满足 $\dim \mathscr{O}_{Y,y} = 1$ 的点, 或等价地, 是那些使得 $\mathscr{O}_{Y,y}$ 是离散赋值环的点 (5.8.6). 从而我们可以限于考虑 $Y = \mathrm{Spec}\, \mathscr{O}_{Y,y}$ 的情形. 设 t 是 $\mathscr{O}_{Y,y}$ 的一个合一化子, 则映射 $n \mapsto \mathrm{div}(t^n)$ 是一个从 $\mathbb{Z}$ 到 $\mathrm{Div}(Y)$ 的同构, 而 (21.4.9) 中的条件相当于说, D' 具有 $\mathrm{div}(t^n \circ f)$ 的形状, 其中 $n \in \mathbb{Z}$. 这就立即表明, 这个条件蕴涵了条件 2°. 反过来, 假设条件 2° (和条件 1°) 是成立的, 为了简单起见, 我们令 $n = n_y$, 于是问题归结为证明 $D' = \mathrm{div}(t^n \circ f)$. 设 η 是 Y 的一般点, 则由条件 1° 知, D' 和 $\mathrm{div}(t^n \circ f)$ 在 X_η 的任何点处的芽都等于 0. 同样地, 由条件 2° 知, D' 和 $\mathrm{div}(t^n \circ f)$ 在 X_y 的极大点处的芽都是相等的. 但在那些非极大的点 $x \in X_y$ 处, 我们有 $\mathrm{dp}\, \mathscr{O}_{X_y,x} \geqslant 1$ (因为 X_y 没有内嵌支承素轮圈), 故由 (6.3.1) 知, $\mathrm{dp}\, \mathscr{O}_{X,x} \geqslant 2$. 从而利用 (21.1.8) 就可以推出 $D' = \mathrm{div}(t^n \circ f)$.

推论 (21.4.11) — 假设 (21.4.9) 的前提条件都得到了满足, 进而假设 Y 是正规的, 并且对任何满足 $\dim \mathscr{O}_{Y,y} = 1$ 的点 $y \in Y$, 纤维 $X_y = f^{-1}(y)$ 都整的. 则为了使 X 上的一个除子 D' 具有 $f^* D$ 的形状 (其中 $D \in \mathrm{Div}(Y)$), 必须且只需对 Y 的任意极大点 y, D' 在 $\mathrm{Div}(X_y)$ 中的逆像都是 0.

只需证明 (21.4.10) 中的条件 2° 能够自动成立即可. 现在若 $\dim \mathscr{O}_{Y,y} = 1$, 则 X_y 是整的, 依照 (6.1.3) , 在 X_y 的那个唯一的极大点 x 处, $\dim \mathscr{O}_{X,x} = 1$. 进而, 由于

$\mathscr{O}_{Y,y}$ 是一个正则环, 并且 $\mathscr{O}_{X_y,x}$ 是一个域, 故知 $\mathscr{O}_{X,x}$ 是正则的 (6.5.1), 从而它是一个离散赋值环, 并且若 t 是 $\mathscr{O}_{Y,y}$ 的合一化子, 则它在 $\mathscr{O}_{X,x}$ 中的像 t_y 就是 $\mathscr{O}_{X,x}$ 的合一化子 (**0**, 17.3.3), 从而 D' 在 $\mathrm{Div}(\mathrm{Spec}\,\mathscr{O}_{X,x})$ 中的逆像一定具有 $\mathrm{div}(t_y^n)$ 的形状, 这恰好就是 (21.4.10) 中的条件 2°, 因为 X_y 只有一个极大点.

注解 (21.4.12) — 如果在 (21.4.11) 中我们只假设那些 X_y 是既约的, 那就还需要增添下面的条件才能保证结论成立: D' 在每个 $\mathrm{Div}(\mathrm{Spec}\,\mathscr{O}_{X,x})$ (其中 x 跑遍 X_y 的极大点的集合) 中的逆像都具有 $\mathrm{div}({t'_x}^n)$ 的形状, 其中 t'_x 是 $\mathscr{O}_{X,x}$ 的一个合一化子, 并且这里的整数 n 在所有点 x 处都取相同的值.

推论 (21.4.13) — 假设 (21.4.11) 的前提条件都得到了满足. 则对任意可逆 $\mathscr{O}_X$ 模层 $\mathscr{L}$, 只要在 Y 的任何极大点 η 处, 逆像 $\mathscr{L}_\eta = \mathscr{L} \otimes_{\mathscr{O}_X} \mathscr{O}_{X_\eta}$ 都同构于 $\mathscr{O}_{X_\eta}$, 就总能找到一个可逆 $\mathscr{O}_Y$ 模层 $\mathscr{M}$, 使得 $f^*\mathscr{M}$ 和 $\mathscr{L}$ 是同构的.

我们只需说明, 可以找到 $\mathscr{L}$ 在 X 上的一个正则宽调截面 s, 使得与 $(\mathscr{L}, s)$ 相对应的除子 D' 满足下面的条件: 对 Y 的任意极大点 η 和纤维 X_η 的任意点 x, 均有 $D'_x = 0$. 然后就可以把 (21.4.11) 应用到 D' 上, 再利用 (21.4.2) 来推出结论.

注意到 $\mathrm{Ass}\,\mathscr{O}_X$ 的点都位于 Y 的那些极大点之上 (3.3.1), 由于 Y 是既约且局部 Noether 的, 故可找到 Y 的这样一个稠密开集 V, 它是一族互不相交的仿射开集的并集, 每个仿射开集都恰好包含 Y 的一个极大点, 并使得 $f^{-1}(V)$ 在 X 中是概稠密的 (5.10.2), 从而我们可以限于考虑 Y 是整仿射概形的情形. 现在 Y 有唯一的极大点 η, 并且 X_η 是整的, 故知 $\mathrm{Ass}\,\mathscr{O}_X$ 只含一个点 z, 它就是 X 的一般点. 设 s_η 是 $\mathscr{L}_\eta$ 在 X_η 上的那个与 $\mathscr{O}_{X_\eta}$ 的单位元截面相对应的截面, 并设 U 是点 $x \in X_\eta$ 在 X 中的一个仿射开邻域, s 是 $\mathscr{L}$ 在 U 上的一个与 s_η 在 x 处具有相同芽的截面. 则由于 U 在 X 中是概稠密的 (20.3.13, (iv)), 故知 s 可以等同于 $\mathscr{L}$ 在 X 上的一个唯一确定的正则宽调截面, 且易见 (20.2.11 和20.3.5) s 在 X_η 上诱导了 $\mathscr{L}_\eta$ 的正则宽调截面 s_η, 从而这个 s 就是我们要找的截面. *

21.5 除子的顺像

(21.5.1) 设 X, X' 是两个概形, $f: X' \to X$ 是一个态射. 在这一小节中, 我们将给出一些能够从 X' 上的任何除子 D' 出发定义出 X 上的一个除子 D (称为 D' 在 f 下的顺像) 的充分条件. 我们将限于考察 f 是有限态射的情形 (更一般的情况请参考本书讨论相交理论的章节).

引理 (21.5.2) — 设 A 是一个环, E 是一个有限秩的自由 A 模. 则为了使 E 的一个自同态 u 是单的, 必须且只需 $\det(u)$ 是 A 的正则元.

证明见 Bourbaki,《代数学》, III, 第 3 版, §8, ⁋2, 命题 3.

(21.5.3) 现在我们假设态射 $f: X' \to X$ 是有限的, 进而假设 f 还满足下面两个条件之一:

I) f 是局部自由的有限态射, 换句话说 (18.2.7), 有限型拟凝聚 $\mathscr{O}_X$ 模层 $f_*\mathscr{O}_{X'}$ 是局部自由的.

II) X 是既约局部 Noether 概形, $\mathscr{R}(X)$ 模层 $(f_*\mathscr{O}_{X'})\otimes_{\mathscr{O}_X}\mathscr{R}(X)$ 是局部自由的, 并且对任意截面 $s' \in \Gamma(f^{-1}(U), \mathscr{O}_{X'})$ (其中 U 是 X 的开集), $\mathrm{N}_{(f_*\mathscr{O}_{X'})/\mathscr{O}_X}(s')$ 都是 $\mathscr{O}_X$ 在 U 上的一个截面 (参考 (**II**, 6.5.1)) (还记得如果 X 是正规局部 Noether 概形, 那么条件 II) 对任何有限态射 f 都是成立的 (前引)).

我们知道 (**II**, 6.5.5) 此时对任意可逆 $\mathscr{O}_{X'}$ 模层 $\mathscr{L}'$, 都能定义范数 $\mathscr{L} = \mathrm{N}_{X'/X}(\mathscr{L}')$ (我们也把它简写成 $N(\mathscr{L}')$), 它是一个可逆 $\mathscr{O}_X$ 模层. 进而, 对 X 的任意开集 U 和任意正则截面 $s' \in \Gamma(f^{-1}(U), \mathscr{O}_{X'})$, 范数 $\mathrm{N}_{X'/X}(s') = \mathrm{N}_{(f_*\mathscr{O}_{X'})/\mathscr{O}_X}(s')$ (我们也把它简写成 $N(s')$) 都是 $\Gamma(U, \mathscr{O}_X)$ 的正则元. 事实上, 问题可以立即归结到 $U = X$ 是仿射概形的情形, 此时在 (I) 的条件下, 这可由 (21.5.2) 得出, 另一方面, 在 (II) 的条件下, 由 $\mathscr{R}(X)$ 是平坦 $\mathscr{O}_X$ 模层这件事可以推出截面 $s'\otimes 1 \in \Gamma(U, (f_*\mathscr{O}_{X'})\otimes_{\mathscr{O}_X}\mathscr{R}(X))$ 也是正则的 ($\mathbf{0_I}$, 6.1.2), 从而把 (21.5.2) 应用到环 $\Gamma(U, \mathscr{R}(X))$ 上并利用截面的范数的定义 (**II**, 6.5.3) 同样可以推出结论. 在此基础上, 设 u' 是 $\mathscr{L}'$ 在 X' 上的一个宽调截面, 则由于态射 f 是仿射的, 故知任何一点 $x \in X$ 都有这样一个开邻域 U, 它使得 $u'|_{f^{-1}(U)}$ 具有 t'/s' 的形状, 其中 $t' \in \Gamma(f^{-1}(U), \mathscr{L}')$ 且 s' 是 $\Gamma(f^{-1}(U), \mathscr{O}_{X'})$ 中的一个正则截面, 于是依照上面所述, 元素 $N(t')/N(s')$ (其中 $N(t')$ 是 $\mathscr{L}$ 的截面, 它的定义见 (**II**, 6.5.3)) 就是 $\mathscr{L}$ 在 U 上的一个宽调截面, 并且由范数的乘法性质 (**II**, 6.5.3.1) 可知, 这个截面只依赖于 $u'|_{f^{-1}(U)}$, 而不依赖于它的具体表达形式 t'/s'. 根据同样的理由, 当 U 变化时, $\mathscr{L}$ 在不同开集 U 上的这些宽调截面都是 $\mathscr{L}$ 在 X 上的同一个宽调截面的各个限制, 我们把 X 上的这个截面称为 u' 的范数, 且记作 $\mathrm{N}_{X'/X}(u')$ (或简记为 $\mathrm{N}(u')$), 这样定义出来的映射

(21.5.3.1)
$$\mathrm{N}_{X'/X} : \Gamma(X', \mathscr{M}_{X'}(\mathscr{L}')) \longrightarrow \Gamma(X, \mathscr{M}_X(\mathrm{N}_{X'/X}(\mathscr{L}')))$$

就扩展了 (**II**, 6.5.5.3) 中所定义的范数. 若 u' 是 $\mathscr{L}'$ 在 X' 上的一个正则宽调截面, 则由上面所述立知, $N(u')$ 是 $\mathscr{L}$ 在 X 上的一个正则宽调截面, 因为 (在上面的记号下) 由 t' 是正则的就能推出 $N(t')$ 也是正则的. 最后, 若 $\mathscr{L}'_1, \mathscr{L}'_2$ 是两个可逆 $\mathscr{O}_{X'}$ 模层, s'_1 (切转: s'_2) 是 $\mathscr{L}'_1$ (切转: $\mathscr{L}'_2$) 在 X' 上的一个宽调截面, 则依照上述结果和 (**II**, 6.5.3.1), 我们有

(21.5.3.2)
$$N(s'_1 \otimes s'_2) = N(s'_1) \otimes N(s'_2).$$

(21.5.4) 我们仍然假设 f 满足 (21.5.3) 中的条件 I), II) 之一. 若 $(\mathscr{L}'_1, s'_1)$ 和 $(\mathscr{L}'_2, s'_2)$ 是这样两个二元组, 它们都是由可逆 $\mathscr{O}_{X'}$ 模层和该模层在 X' 上的一个

正则宽调截面所组成的, 进而假设它们在 (21.2.10) 的意义下是等价的, 则二元组 $(N(\mathscr{L}_1'), N(s_1'))$ 和 $(N(\mathscr{L}_2'), N(s_2'))$ 也是等价的, 因为可逆 $\mathscr{O}_{X'}$ 模层之间的一个同构的范数就是它们的范数之间的一个同构 (**II**, 6.5.3), 并且我们在上面已经看到, $\mathrm{N}_{X'/X}$ 把 $\Gamma(X', \mathscr{O}_{X'}^*)$ 中的截面映到了 $\Gamma(X, \mathscr{O}_X^*)$ 之中. 这就引出了下面的定义:

定义 (21.5.5) — 设 $f: X' \to X$ 是概形的一个有限态射, 且满足 (21.5.3) 中的条件I), II) 之一, 设 D' 是 X' 上的一个除子, 则我们把与二元组 $\big(\mathrm{N}_{X'/X}(\mathscr{O}_{X'}(D')), \mathrm{N}_{X'/X}(s_{D'})\big)$ 的等价类典范对应的那个 X 上的除子 (21.2.11) 称为 D' 在 f 下的顺像 (或范数), 并记作 f_*D' (或 $\mathrm{N}_{X'/X}(D')$).

由这个定义以及 (21.2.9.4) 和 (21.5.3.2) 立知, 若 D_1', D_2', D' 都是 X' 上的除子, 则有

(21.5.5.1) $$f_*(D_1' + D_2') = f_*D_1' + f_*D_2',$$

并且当 $D' \geqslant 0$ 时也有 $f_*D' \geqslant 0$, 换句话说, $D' \mapsto f_*D'$ 是一个从有序群 $\mathrm{Div}(X')$ 到有序群 $\mathrm{Div}(X)$ 的递增同态. 此外由定义 (21.5.5) 还可以立即得出, 对 X 的任意开集 U, 均有 $f_*^U(D'|_{f^{-1}(U)}) = (f_*D')|_U$ (其中 f^U 是指 f 的限制 $f^{-1}(U) \to U$), 从而当 U 变化时, 这些同态 f_*^U 就定义了一个有序群层同态

(21.5.5.2) $$\mathrm{N}_{X'/X} : f_*(\mathscr{D}iv_{X'}) \longrightarrow \mathscr{D}iv_X.$$

进而, 根据上面这些定义以及 (21.2.4), 对 X 的任意开集 U 和任意可逆 $\mathscr{O}_{X'}$ 模层 $\mathscr{L}'$ 以及 $\mathscr{L}'$ 在 $f^{-1}(U)$ 上的任意正则宽调截面 s', 我们都有

(21.5.5.3) $$\mathrm{div}_U(N(s')) = f_*^U(\mathrm{div}_{f^{-1}(U)}(s')).$$

命题 (21.5.6) — 设 $f: X' \to X$ 是一个局部自由的有限态射, 并假设 $f_*\mathscr{O}_{X'}$ 的秩是常数 n. 则对 X 上的任意除子 D, f^*D' 都是有定义的, 并且

(21.5.6.1) $$f_*f^*D = nD.$$

第一句话是由于 f 是平坦的 (21.4.5), 第二句则可由定义及 (**II**, 6.5.3.2) 立得.

命题 (21.5.7) — 设 $f: X' \to X$ 是一个有限态射, 并满足 (21.5.3) 的条件I), II) 之一, $f': X'' \to X'$ 是一个局部自由且秩为常数 n 的有限态射. 则 $f'' = f \circ f' : X'' \to X$ 与 f 满足相同的条件, 并且对 X'' 上的任意除子 D'', 均有

(21.5.7.1) $$f_*''D'' = f_*f_*'D''.$$

有见于定义 (21.5.5), 只需证明下面这个结果即可:

引理 (21.5.7.2) — 在 (21.5.7) 的前提条件下, 在可逆 $\mathscr{O}_{X''}$ 模层的范畴上我们有一个函子性同构

(21.5.7.3) $$\mathrm{N}_{X''/X}(\mathscr{L}'') \xrightarrow{\sim} \mathrm{N}_{X'/X}(\mathrm{N}_{X''/X'}(\mathscr{L}'')).$$

事实上, 有见于 $\mathscr{L}''$ 的截面的范数的定义 (**II**, 6.5.3) 和定义 (21.5.5), 我们立即能够得到 (21.5.7.1). 为了证明 (21.5.7.2), 有见于定义 (**II**, 6.5.2 和 6.5.3), 只需证明对 $f''_*\mathscr{O}_{X''} = f_*f'_*\mathscr{O}_{X''}$ 在 X 的开集 U 上的任意截面 s, 均有

(21.5.7.4) $$\mathrm{N}_{(f''_*\mathscr{O}_{X''})/\mathscr{O}_X}(s) = \mathrm{N}_{(f_*\mathscr{O}_{X'})/\mathscr{O}_X}\big(\mathrm{N}_{(f''_*\mathscr{O}_{X''})/(f_*\mathscr{O}_{X'})}(s)\big)$$

即可.

问题在 X 上显然是局部性的, 从而我们可以限于考虑 $X = \operatorname{Spec} A$ 是仿射概形的情形, 此时我们有 $X' = \operatorname{Spec} A'$ 和 $X'' = \operatorname{Spec} A''$, 并且可以假设 A'' 是一个 n 秩投射 A' 模. 如果 f 是局部自由的, 那么又可以假设 A' 是一个 m 秩自由 A 模, 从而 A'' 是 mn 秩投射 A 模, 通过把 X 缩小为一个适当的开集, 还可以假设 A'' 是 mn 秩自由 A 模. 现在由范数的传递性 (Bourbaki,《代数学》, VIII, §12, ¥2, 命题 7) 就可以推出公式 (21.5.7.4). 如果 f 满足条件 II), 那么 A 是既约 Noether 环, 并且若 R 是它的全分式环, 则 $A' \otimes_A R$ 是 m 秩自由 R 模, 从而 $A'' \otimes_A R = A'' \otimes_{A'} (A' \otimes_A R)$ 是 mn 秩投射 R 模, 且由于 R 是一个半局部环, 从而这个 R 模是自由的, 于是由范数的传递性同样可以推出命题的结论.

命题 (21.5.8) — 设 $f : X' \to X$ 是一个有限态射, $g : Y \to X$ 是任意态射, 我们令 $Y' = X' \times_X Y$, $f' = f_{(Y)} : Y' \to Y$, $g' = g_{(X')} : Y' \to X'$. 假设下列条件之一得到满足:

(i) f 是局部自由的, g 是平坦的.

(ii) f 是局部自由的, X 和 Y 都是局部*Noether* 的, $g(\operatorname{Ass}\mathscr{O}_Y) \subseteq \operatorname{Ass}\mathscr{O}_X$, 并且 $g'(\operatorname{Ass}\mathscr{O}_{Y'}) \subseteq \operatorname{Ass}\mathscr{O}_{X'}$.

(iii) f 满足 (21.5.3) 的条件II), Y 是局部*Noether* 的, Y 和 Y' 都是既约的, 并且 Y (切转: Y') 的每个不可约分支都笼罩了 X (切转: X') 的某个不可约分支.

则对 X' 上的任意除子 D', g'^*D' 都是有定义的, g^*f_*D' 也是有定义的, 并且

(21.5.8.1) $$g^*f_*D' = f'_*g'^*D'.$$

事实上, 由 (**II**, 6.5.8) 知, 在所有情形下, 可逆 $\mathscr{O}_{X'}$ 模层的范畴上都有一个函子性同构

$$g^*(\mathrm{N}_{X'/X}(\mathscr{L}')) \xrightarrow{\sim} \mathrm{N}_{Y'/Y}(g'^*\mathscr{L}').$$

进而 (**II**, 6.5.4), 若 s' 是 $\mathscr{O}_{X'}$ 在 $f^{-1}(U)$ (U 是 X 的开集) 上的一个截面, s'' 是它所对应的 $\mathscr{O}_{Y'}$ 在 $g'^{-1}(f^{-1}(U))$ 上的截面, 则 $\mathrm{N}_{Y'/Y}(s'')$ 作为 $\mathscr{O}_Y$ 在 $g^{-1}(U)$ 上的截面

就与 $\mathscr{O}_X$ 在 U 上的截面 $\mathrm{N}_{X'/X}(s')$ 相对应. 从而只要我们能证明 g'^*D' 和 g^*D 对 X' 上的任意除子 D' 和 X 上的任意除子 D 都是有定义的, 那么由定义就可以推出公式 (21.5.8.1). 关于 D 的部分, 这可由前提条件和 (21.4.5) 推出. 关于 D' 的部分, 在情形 (i) 下, g' 是平坦的, 从而依照 (21.4.5), 在所有情形下, g'^*D' 都是有定义的.

21.6 除子的伴生余 1 维轮圈

(21.6.1) 设 X 是一个*局部Noether 概形*, 并设 $\mathfrak{I}(X)$ 是 X 的全体不可约闭子集的集合 (这个集合中的元素通过映射 $x \mapsto \overline{\{x\}}$ 与 X 中的点一一对应). 考虑乘积群 $\mathbb{Z}^X$ 的这样一个子群 $\mathfrak{Z}(X)$, 它是由那些满足下述条件的元素 $(n_x)_{x\in X}$ 所组成的集合: 使得 $n_x \neq 0$ 的那些闭子集 $\overline{\{x\}} \in \mathfrak{I}(X)$ (或等价地, 使得 $n_x \neq 0$ 的那些点 $x \in X$ 的集合) 是*局部有限的*. 易见 $\mathfrak{Z}(X)$ 是 $\mathbb{Z}^X$ 的一个子群, 它包含了直和群 $\mathbb{Z}^{(X)}$ (这是以 $\mathfrak{I}(X)$ 为基底的自由群), 并且当 X 是*Noether* 概形时它与直和群相等. 我们把 $\mathfrak{Z}(X)$ 中的元素称为 X 上的*轮圈*, 并把 $\mathfrak{I}(X)$ 中的元素称为*素轮圈* (一般来说, 当 X 不是 Noether 概形时, $\mathfrak{I}(X)$ 并不能构成 $\mathfrak{Z}(X)$ 的一个基底). 我们总把 $\mathfrak{Z}(X)$ 看作有序群, 其中的序关系是由 $\mathbb{Z}^X$ 上的乘积序所诱导的, 进而我们用 $\mathfrak{Z}^+(X)$ 来表示 $\mathfrak{Z}(X)$ 中的准正元的集合.

对任意轮圈 $Z \in \mathfrak{Z}(X)$, 若它等于 $(n_x)_{x\in X}$, 则我们不妨也把它记作 (这个记号不太精确)

$$Z = \sum_{x\in X} n_x \cdot \overline{\{x\}},$$

并把整数 n_x (不管正负) 称为 Z *在点 x 处的重数*, 也记作 $\mathrm{mult}_x(Z)$. 于是 $Z \geqslant 0$ 就意味着对任意 $x \in X$ 均有 $\mathrm{mult}_x(Z) \geqslant 0$. 所谓 Z 的*支集*, 就是指所有满足 $\mathrm{mult}_x(Z) \neq 0$ 的闭子集 $\overline{\{x\}}$ 的并集, 我们记之为 $\operatorname{Supp} Z$, 根据 $\mathfrak{Z}(X)$ 的定义, 这个支集是 X 的一个闭子集, 因为它是闭子集的一个局部有限族的并集. 所谓 Z 的*维数* (切转: 余维数), 就是指 $\operatorname{Supp} Z$ 的维数 (切转: $\operatorname{Supp} Z$ 在 X 中的余维数), 我们记之为 $\dim Z$ (切转: $\operatorname{codim}(Z)$).

(21.6.2) 所谓 X 的一个闭子集 Y (在 X 中) 是*纯余 p 维的*, 就是指它的每个*不可约分支*在 X 中都是余 p 维的. 所谓一个轮圈是纯余 p 维的, 或者也常常简略地说它是一个*余 p 维轮圈*, 是指它的支集是纯余 p 维的. 我们用 $X^{(p)}$ 来记满足 $\operatorname{codim}(\overline{\{x\}}, X) = p$ (这样相当于说 (5.1.2.1), $\dim \mathscr{O}_{X,x} = p$) 的点 $x \in X$ 的集合. 纯余 p 维的轮圈构成 $\mathfrak{Z}(X)$ 的一个子群 $\mathfrak{Z}^p(X)$, 这个群同构于 $\mathbb{Z}^{X^{(p)}}$ 的这样一个子群, 它是由那些满足下述条件的元素 $(n_x)_{x\in X^{(p)}}$ 所组成的: 满足 $n_x \neq 0$ 的那些 $\overline{\{x\}}$ (或者那些 x) 是局部有限的. 这个子群包含了自由群 $\mathbb{Z}^{(X^{(p)})}$, 且当 X 是 Noether 概形时它与这个自由群是相等的. 我们用 $\mathfrak{Z}^{p+}(X)$ 来记 $\mathfrak{Z}^p(X)$ 中的准正元的集合. 易见有序群 $\mathfrak{Z}(X)$ 包含了这些有序子群 $\mathfrak{Z}^p(X)$ 的直和, 并且当 X 是 Noether 概形时它就等

于这个直和, 在后面这种情况下, 我们把 $\mathfrak{Z}(X)$ 看作由这些 $\mathfrak{Z}^p(X)$ $(p\in\mathbb{N})$ 定义出来的分次群.

(21.6.3) 设 $Z=\sum_{x\in X}n_x\cdot\overline{\{x\}}$ 是 X 上的一个轮圈, U 是 X 的一个开集, 所谓 Z 在 U 上的限制, 就是指 U 上的轮圈 $\sum_{x\in U}n_x\cdot(U\cap\overline{\{x\}})$, 记作 $Z|_U$, 于是我们有 $\operatorname{Supp}Z|_U=\operatorname{Supp}(Z)\cap U$. 易见 $Z\mapsto Z|_U$ 是一个从有序群 $\mathfrak{Z}(X)$ 到 $\mathfrak{Z}(U)$ (切转: $\mathfrak{Z}^p(X)$ 到 $\mathfrak{Z}^p(U)$) 的同态, 并且若 V 是包含在 U 中的一个开集, 则有 $Z|_V=(Z|_U)|_V$, 从而映射 $U\mapsto\mathfrak{Z}(U)$ (切转: $U\mapsto\mathfrak{Z}^p(U)$) 是 X 上的一个交换有序群预层. 这个预层实际上是层, 并且是这些层 $(i_x)_*(\mathbb{Z}_{\overline{\{x\}}})$ 的直和, 其中 x 跑遍 X (切转: $X^{(p)}$), 而且对于每个 $x\in X$, i_x 就是指典范含入 $\overline{\{x\}}\to X$, $\mathbb{Z}_{\overline{\{x\}}}$ 就是指空间 $\overline{\{x\}}$ 上的常值预层 $\mathbb{Z}$ 的拼续常值层. 这可由交换群层的截面与直和的具体描述 (G, II, 2.7) 立得. 我们把这个层记作 $\mathscr{Z}_X$ (切转: $\mathscr{Z}_X^p$) , 并且用 $\mathscr{Z}_X^+$ (切转: $\mathscr{Z}_X^{p+}$) 来记 $\mathscr{Z}_X$ (切转: $\mathscr{Z}_X^p$) 的单演子层 $U\mapsto\mathfrak{Z}^+(U)$ (切转: $U\mapsto\mathfrak{Z}^{p+}(U)$) . 层 $\mathscr{Z}_X$ 显然是这些层 $\mathscr{Z}_X^p$ 的直和.

最后, 我们注意到这些层 $\mathscr{Z}_X^p$ (从而 $\mathscr{Z}_X$) 都是松软的. 事实上, 假设给了 $\mathscr{Z}_X^p$ 在开集 U 上的一个截面 Z, 则由那些满足 $\operatorname{mult}_x(Z)\neq 0$ 的点 $x\in U$ 所组成的集合 S 在 U 中是局部有限的. 这个集合在 X 中也是局部有限的, 因为对任意 $z\in X$ 和 z 的任意 Noether 开邻域 V, $U\cap V$ 也是 Noether 的, 从而它只包含了 S 的有限个点. 现在我们就可以定义 $\mathscr{Z}_X^p$ 在 X 上的一个截面 $Z'=\sum_{x\in U}\operatorname{mult}_x(Z)\cdot\overline{\{x\}}$, 由于 x 在 U 中的闭包是 $\overline{\{x\}}\cap U$, 故必有 $Z'|_U=Z$, 这就证明了上述阐言.

(21.6.4) 我们现在想要定义一个典范的交换群层同态

(21.6.4.1) $$c:\ \mathscr{D}iv_X\longrightarrow\mathscr{Z}_X^1.$$

显然, 这只需定义一个从 $\mathscr{M}_X^*$ 到 $\mathscr{Z}_X^1$ 的同态, 并要求它在 $\mathscr{O}_X^*$ 上取值为零即可 (21.1.2). 根据定义, $\mathscr{M}_X^*$ 是单演层 $\mathscr{S}(\mathscr{O}_X)=\mathscr{O}_X\cap\mathscr{M}_X^*$ 的对称化, 因而一个同态 $\mathscr{M}_X^*\to\mathscr{Z}_X^1$ 可由它的限制 $\mathscr{S}(\mathscr{O}_X)\to\mathscr{Z}_X^1$ 唯一确定, 后者是一个单演层同态, 并且我们只需要它能够在 $\mathscr{O}_X^*$ 上取值为零, 从而为了定义 c, 只需定义一个单演层同态

(21.6.4.2) $$c:\ \mathscr{D}iv_X^+\longrightarrow\mathscr{Z}_X^1$$

即可.

(21.6.5) 我们已经知道 X 上的任何一个有效除子 D 都对应着 X 的一个闭子概形 $\mathbf{Y}(D)$, 它是由理想层 $\mathscr{I}_X(D)\subseteq\mathscr{O}_X$ 所定义的, 并且它到 X 的浸入是正则的, 余维数是 1. 从而在 $\mathbf{Y}(D)$ 的每个极大点 x 处我们都有 $\operatorname{codim}(\overline{\{x\}},X)=\dim\mathscr{O}_{X,x}=1$ ((19.1.4) 和 (5.1.2)), 换句话说, $x\in X^{(1)}$. 此外这些极大点 x 的集合在 X 中是局部有限的 (3.1.6), 并且 $\mathscr{O}_{\mathbf{Y}(D),x}$ 都是*Artin* 环. 若 $x\in X^{(1)}$ 但不是 $\mathbf{Y}(D)$ 的极大点, 则

必有 $x \notin \mathbf{Y}(D)$, 从而 $\mathscr{O}_{\mathbf{Y}(D),x} = 0$. 现在我们令

$$\text{(21.6.5.1)} \qquad \operatorname{cyc}(D) = \sum_{x \in X^{(1)}} \operatorname{long}(\mathscr{O}_{\mathbf{Y}(D),x}) \cdot \overline{\{x\}},$$

则它是 $\mathfrak{Z}^1(X)$ 的一个元素.

命题 (21.6.6) — 映射 $D \mapsto \operatorname{cyc}(D)$ 是 $\operatorname{Div}^+(X)$ 到 $\mathfrak{Z}^1(X)$ 的一个单演同态.

问题归结为证明, 对任意两个有效除子 D, D', 均有

$$\operatorname{cyc}(D + D') = \operatorname{cyc}(D) + \operatorname{cyc}(D').$$

现在由 (21.2.5) 知, $\mathscr{I}_X(D + D') = \mathscr{I}_X(D)\mathscr{I}_X(D')$, 从而问题又归结为证明, 若 $x \in X^{(1)}$, $A = \mathscr{O}_{X,x}$, 且 t 和 t' 是 A 的两个正则元, 则必有 $\operatorname{long}(A/tt'A) = \operatorname{long}(A/tA) + \operatorname{long}(A/t'A)$. 然而 t 是正则的, 故知 $tA/tt'A$ 同构于 $A/t'A$, 由此立得结论.

由上面这些定义还可以得出, 对任意开集 $U \subseteq X$, 均有

$$\mathbf{Y}(D|_U) = \mathbf{Y}(D) \cap U,$$

从而 $\operatorname{cyc}(D|_U) = \operatorname{cyc}(D)|_U$, 并且同态 $\operatorname{cyc} : \operatorname{Div}^+(U) \to \mathfrak{Z}^1(U)$ 定义了一个单演层同态 (21.6.4.3), 这就给出了 (21.6.4.1) 中的群层同态.

对任意除子 D, 我们都有 $\operatorname{Supp}\operatorname{cyc}(D) \subseteq \operatorname{Supp} D$, 并且当 $D \geqslant 0$ 时,

$$\text{(21.6.6.1)} \qquad \operatorname{Supp}\operatorname{cyc}(D) = \operatorname{Supp} D.$$

事实上, 第二个关系式已经出现在 (21.2.12) 中, 现在若 D 是任意除子, 则当 $D_x = 0$ 时, 可以找到 x 的一个开邻域 U, 使得 $D|_U = 0$, 从而 $\operatorname{cyc}(D)|_U = 0$, 这就证明了第一个关系式.

(21.6.7) 通过取 X 上的截面群, 同态 (21.6.4.1) 就给出了有序群的一个递增同态 $\operatorname{Div}(X) \to \mathfrak{Z}^1(X)$, 我们也记之为 $D \mapsto \operatorname{cyc}(D)$. 对于 $x \in X^{(1)}$, 我们把数值 $\operatorname{mult}_x(\operatorname{cyc}(D))$ 也记作 $\operatorname{mult}_x(D)$ 或 $\operatorname{mult}_{\overline{\{x\}}}(D)$, 并把它称为除子 D 在点 x 处的重数, 或素轮圈 $\overline{\{x\}}$ 在 D 中的重数, 这是一个整数, 且我们已经看到, 在 S 是有效除子时, 它就等于 $\operatorname{long}(\mathscr{O}_{\mathbf{Y}(D),x})$, 从而由定义知

$$\text{(21.6.7.1)} \qquad \operatorname{cyc}(D) = \sum_{x \in X^{(1)}} \operatorname{mult}_x(D) \cdot \overline{\{x\}},$$

又因为 $D \mapsto \operatorname{cyc}(D)$ 是一个同态, 故对任意两个除子 D, D', 我们都有

$$\text{(21.6.7.2)} \qquad \operatorname{mult}_x(-D) = -\operatorname{mult}_x(D), \qquad \operatorname{mult}_x(D+D') = \operatorname{mult}_x(D) + \operatorname{mult}_x(D').$$

特别地, 对 X 上的任意正则宽调函数 f 和 $x \in X^{(1)}$, 我们令

(21.6.7.3) $$v_x(f) = \operatorname{mult}_x(\operatorname{div}(f)),$$

并且把这个整数 $v_x(f)$ (无论正负) 称为 f *在点* $x \in X^{(1)}$ *处的阶* ①. 从而若 $f_x \in \mathscr{O}_{X,x}$ (根据前提条件, 这是该局部环中的正则元), 则我们有

(21.6.7.4) $$v_x(f) = \operatorname{long}(\mathscr{O}_{X,x}/f_x\mathscr{O}_{X,x}),$$

且对于 X 上的任意两个正则宽调函数 f, f' 和任意 $x \in X^{(1)}$, 均有

(21.6.7.5) $$v_x(ff') = v_x(f) + v_x(f'), \quad v_x(f^{-1}) = -v_x(f).$$

我们把余 1 维轮圈

$$Z^+(f) = \sum_{x \in X^{(1)}} (v_x(f))^+ \cdot \overline{\{x\}}, \quad Z^-(f) = \sum_{x \in X^{(1)}} (v_x(f))^- \cdot \overline{\{x\}}$$

分别称为 f *的零点轮圈*和*极点轮圈*, 则显然有 $\operatorname{cyc}(\operatorname{div}(f)) = Z^+(f) - Z^-(f)$. 形如 $\operatorname{cyc}(\operatorname{div}(f))$ 的轮圈也被称为*主轮圈* (或*线性等价于 0 的轮圈*), 它们构成 $\mathfrak{Z}^1(X)$ 的一个子群 $\mathfrak{Z}^1_{主}(X)$ ②. 我们把像层 $c(\mathscr{D}iv_X) \subseteq \mathscr{Z}^1_X$ 在 X 上的截面称为*局部主轮圈*, 这样一个轮圈 Z 就具有下面的特征性质: 对任意 $y \in X$, 均可找到 y 在 X 中的一个开邻域 U 以及 U 上的一个正则宽调函数 f, 使得 $Z|_U = \sum\limits_{x \in U \cap X^{(1)}} v_x(f)(\overline{\{x\}} \cap U)$. 若 $Z = \sum\limits_{x \in X^{(1)}} n_x \cdot \overline{\{x\}}$, 则上述条件也相当于说: 对任意 $y \in X$, 在 $T_y = \operatorname{Spec} \mathscr{O}_{X,y}$ 上, $Z_y = \sum\limits_{x \in X^{(1)} \cap T_y} n_x(\overline{\{x\}} \cap T_y)$ 总是主轮圈, 换句话说, 可以找到 T_y 上的一个正则宽调函数 g, 使得 $Z_y = \operatorname{cyc}(\operatorname{div}(g))$. 事实上, 这可由前面的定义和 (20.3.7) 立得, 因为 (20.3.7) 在 T_y 上的正则宽调函数与 y 在 X 中的邻域上的正则宽调函数芽之间建立了一一对应 (只要 X 是局部 Noether 概形). 当 Z_y 是主轮圈时, 我们也说 Z *在点* y *处是主轮圈*. 依照上面的结果, 由那些使得 Z 是主轮圈的点所组成的集合显然是开的.

根据 $\mathfrak{Z}^1_{主}(X)$ 的定义, 我们可以从典范同态 $\operatorname{cyc}: \operatorname{Div}(X) \to \mathfrak{Z}_1(X)$ 导出一个典范同态 $\operatorname{Div}(X)/\operatorname{Div}^{主}(X) \to \mathfrak{Z}^1(X)/\mathfrak{Z}^1_{主}(X)$. 群 $\mathfrak{Z}^1(X)/\mathfrak{Z}^1_{主}(X)$ 将被称为 X *的余 1 维轮圈类群*, 记作 $\mathfrak{Cl}(X)$. 若 $\mathfrak{Z}^1(X)$ 中的两个元素在 $\mathfrak{Cl}(X)$ 中具有相同的像, 则我们说它们是*线性等价的*.

(21.6.8) 特别地, 我们来考虑 $X = \operatorname{Spec} A$ 且 A 是整闭 *Noether* 整环的情形. 此时 $X^{(1)}$ 就是 A 的高度为 1 的素理想的集合, 从而 $\mathfrak{Z}^1(X)$ 可以等同于 (Bourbaki 意

①译注: 原文使用的记号是 $o_x(f)$.

②译注: 原文使用的记号是 $\mathfrak{Z}^1_{\mathrm{princ}}(X)$.

义下) Krull 整环 A 的除子群 (Bourbaki,《交换代数学》, VII, §1, ※3, 定理 2 的推论和 ※6, 定理 3).

另一方面, X 上的正则宽调函数可以等同于 A 的分式域 K 中的非零元, 并且 $\mathrm{M}(X)$ 到 $\mathfrak{Z}^1(X)$ 的映射 $f \mapsto \mathrm{cyc}(\mathrm{div}(f))$ 可以等同于 Bourbaki (前引, §1, ※1) 中的映射 $f \mapsto \mathrm{div}(f)$, 从而 $\mathfrak{Z}^1_{\text{主}}(X)$ 可以等同于 Bourbaki 意义下 A 的主除子群, 且 $\mathfrak{Cl}(X)$ 可以等同于 Bourbaki 意义下 A 的除子类群 (前引, §1, ※2 和 ※10).

定理 (21.6.9) — 设 X 是一个**正规**局部*Noether* 概形.

(i) 典范同态 $\mathrm{cyc} : \mathrm{Div}(X) \to \mathfrak{Z}^1(X)$ 是单的, 并且它的像就是由局部主轮圈所组成的子群.

(ii) 以下诸条件是等价的:

a) 同态 $\mathrm{cyc} : \mathrm{Div}(X) \to \mathfrak{Z}^1(X)$ 是一一的.

b) 任何余 1 维轮圈都是局部主轮圈.

c) 对任意 $x \in X$, 局部环 $\mathscr{O}_{X,x}$ 都是解因子整环.

(此时我们也说 X 是一个逐点解因子概形, 简称展因子概形).

(i) 只需证明

(21.6.9.1)
$$\mathrm{cyc}^{-1}(\mathfrak{Z}^{1+}(X)) = \mathrm{Div}^+(X)$$

即可, 因为我们有 $\mathrm{Div}^+(X) \cap (-\mathrm{Div}^+(X)) = 0$ 和 $\mathfrak{Z}^{1+}(X) \cap (-\mathfrak{Z}^{1+}(X)) = 0$. 从而问题归结为证明, 若 D 是 X 上的一个除子, 并且对任意 $x \in X^{(1)}$, 均有 $\mathrm{mult}_x(D) \geqslant 0$, 则有 $D \geqslant 0$. 现在对任意 $x \notin X^{(1)}$, 整闭整局部环 $\mathscr{O}_{X,x}$ 的维数要么是 0 要么 $\geqslant 2$, 从而有 $\mathrm{dp}\,\mathscr{O}_{X,x} = 0$ 或者 $\mathrm{dp}\,\mathscr{O}_{X,x} \geqslant 2$ (**0**, 16.5.1), 另一方面, 在点 $x \in X^{(1)}$ 处, 环 $\mathscr{O}_{X,x}$ 是离散赋值环 (**II**, 7.1.6), 从而 $\mathrm{dp}\,\mathscr{O}_{X,x} = 1$ (**0**, 16.5.1). 于是 X 中满足 $\mathrm{dp}\,\mathscr{O}_{X,x} = 1$ 的点都是 $X^{(1)}$ 中的点, 因而由 (21.1.8) 就可以推出结论.

(ii) 利用 (i) 立得 a) 和 b) 的等价性. 根据 (21.6.7) 中给出的局部主轮圈的描述, 以及当 A 是整闭 Noether 整环时 $\mathrm{Spec}\,A$ 上的余 1 维轮圈和环 A 的 (在 Bourbaki 意义下的) 除子之间的关系, 条件 b) 等价于在任意点 $x \in X$ 处, 环 $\mathscr{O}_{X,x}$ 的所有除子都是主除子, 换句话说, 环 $\mathscr{O}_{X,x}$ 是解因子整环 (Bourbaki,《交换代数学》, VII, §3, ※1), 这就证明了 b) 和 c) 的等价性.

(21.6.9.2) 当 A 是解因子 Noether 整环时, $X = \mathrm{Spec}\,A$ 显然是展因子的 (Bourbaki,《交换代数学》, VII, §3, ※4, 命题 3). 在这种情况下, 若我们把 A 的分式域 K 中的元素 $f \neq 0$ 写成 r/s 的形状, 其中 r 和 s 是 A 中的两个互素的元素, 则此时 r 和 s 的除子是唯一确定的 (前引, §3, ※3), 且这些除子可以分别等同于 f 的零点除子和极点除子 (21.6.7).

推论 (21.6.10) — 设 S 是一个**正规**局部*Noether* 概形.

(i) 我们有一个典范单同态

(21.6.10.1) $$\mathrm{Pic}(X) \longrightarrow \mathfrak{Cl}(X).$$

(ii) 若 X 是展因子的, 则同态 (21.6.10.1) 是一一的, 反之亦然.

我们在 (21.6.7) 中已经看到, $\mathrm{Div}^{\pm}(X)$ 在同态 $\mathrm{cyc}: D(X) \to \mathfrak{Z}^1(X)$ 下的像是 $\mathfrak{Z}^1_{\pm}(X)$, 从而由 (21.6.9) 就得知, 由 cyc 所导出的同态 $\mathrm{Div}(X)/\mathrm{Div}^{\pm}(X) \to \mathfrak{Z}^1(X)/\mathfrak{Z}^1_{\pm}(X) = \mathfrak{Cl}(X)$ 是单的, 并且它是一一的当且仅当 X 是展因子的. 从而我们从当 X 是既约局部 Noether 概形时典范同态 $\mathrm{Div}(X)/\mathrm{Div}^{\pm}(X) \to \mathrm{Pic}(X)$ (21.3.3.1) 是一一的这件事 (21.3.4, (ii)) 就可以推出结论.

推论 (21.6.11) — 设 X 是一个展因子的局部 *Noether* 概形. 则层 $\mathscr{D}iv_X$ 是松软的, 并且对 X 的任意开集 U, 典范同态 $\mathrm{Pic}(X) \to \mathrm{Pic}(U)$ 都是满的.

有见于 (21.6.9, (ii)), 第一句话就等价于层 $\mathscr{Z}^1_X$ 是松软的, 而这已经在 (21.6.3) 中得到了证明. 从而对 X 的任意开集 U, 典范同态 $\mathfrak{Z}^1(X) \to \mathfrak{Z}^1(U)$ 都是满的, 现在依照 (21.6.10), 同态 $\mathrm{Pic}(X) \to \mathrm{Pic}(U)$ 可以典范等同于 $\mathfrak{Z}^1(X)/\mathfrak{Z}^1_{\pm}(X) \to \mathfrak{Z}^1(U)/\mathfrak{Z}^1_{\pm}(U)$, 从而它也是满的.

命题 (21.6.12) — 设 X 是一个既约 *Noether* 概形.
设 $(U_\lambda)_{\lambda\in L}$ 是由 X 的一些开集所组成的递减滤相族, 并且满足下面的条件:
1° 对任意 $\lambda \in L$, 均有 $\mathrm{codim}(Y_\lambda, X) \geqslant 2$, 其中 $Y_\lambda = X \smallsetminus U_\lambda$.
2° 对任意 $x \in \bigcap_{\lambda\in L} U_\lambda$, 环 $\mathscr{O}_{X,x}$ 都是解因子整环.
则我们有典范同构

(21.6.12.1) $$\varinjlim \mathrm{Div}(U_\lambda) \xrightarrow{\sim} \mathfrak{Z}^1(X), \quad \varinjlim \mathrm{Pic}(U_\lambda) \xrightarrow{\sim} \mathfrak{Cl}(X),$$

且对 X 的任意开集 V, 图表

(21.6.12.2)
$$\begin{array}{ccc} \varinjlim \mathrm{Div}(U_\lambda) & \xrightarrow{\sim} & \mathfrak{Z}^1(X) \\ \downarrow & & \downarrow \\ \varinjlim \mathrm{Div}(U_\lambda \cap V) & \xrightarrow{\sim} & \mathfrak{Z}^1(V) \end{array} \qquad \begin{array}{ccc} \varinjlim \mathrm{Pic}(U_\lambda) & \xrightarrow{\sim} & \mathfrak{Cl}(X) \\ \downarrow & & \downarrow \\ \varinjlim \mathrm{Pic}(U_\lambda \cap V) & \xrightarrow{\sim} & \mathfrak{Cl}(V) \end{array}$$

都是交换的.

U_λ 上的条件 1° 表明, 对任意 $\lambda \in L$, 均有 $X^{(1)} \subseteq U_\lambda$ (5.1.3.1), 从而限制同态 $\mathfrak{Z}^1(X) \to \mathfrak{Z}^1(U_\lambda)$ 是一一的, 因而我们有一个典范同构 $\varinjlim \mathfrak{Z}^1(U_\lambda) \to \mathfrak{Z}^1(X)$. 于是通过对这些典范同态 $\mathrm{cyc}: \mathrm{Div}(U_\lambda) \to \mathfrak{Z}^1(U_\lambda)$ 取归纳极限就可以定义出 (21.6.12.1) 中的第一个典范同态, 再取商又可以给出第二个典范同态. 进而, 由条件 1° 知, 这些 U_λ

在 X 中都是稠密的, 从而是概稠密的 (因为 X 是既约的 (11.10.4)), 因而 X 上的任何宽调函数都可以被它在 U_λ 上的限制所完全确定, 由此立即得知, 在同构 $\mathfrak{Z}^1(X) \xrightarrow{\sim} \mathfrak{Z}^1(U_\lambda)$ 下, $\mathfrak{Z}^1_{\text{主}}(X)$ 的像就是 $\mathfrak{Z}^1_{\text{主}}(U_\lambda)$, 从而我们也有一个典范同构 $\varinjlim \mathfrak{Cl}(U_\lambda) \xrightarrow{\sim} \mathfrak{Cl}(X)$. 这就表明如果 (21.6.12.1) 中的第一个典范同态是同构, 那么第二个也是同构. 故只需证明第一个是同构即可, 而且图表 (21.6.12.2) 的交换性是显然的.

我们首先来证明同态 $\varinjlim \mathrm{Div}(U_\lambda) \to \mathfrak{Z}^1(X)$ 是单的. 令 $T = \bigcap_\lambda U_\lambda$, 此时这些 U_λ 构成 T 的一个基本邻域组. 事实上, 对任意开集 $V \supseteq T$ 来说, $X \smallsetminus V$ 都是 X 的闭子空间, 从而都是 Noether 空间, 故它的任何不可约闭子集都有一般点, 由于这些集合 $(X \smallsetminus V) \cap (X \smallsetminus U_\lambda)$ 在 $X \smallsetminus V$ 中都是闭的, 且构成一个递增滤相族, 其并集为 $X \smallsetminus V$, 故由 ($\mathbf{0_{III}}$, 9.2.4) 就可以推出上述阐言. 在此基础上, 问题是要证明, 若 $D \in \mathrm{Div}(U_\lambda)$ 满足 $\mathrm{cyc}(D) = 0$ (在 $\mathfrak{Z}^1(U_\lambda)$ 中), 则可以找到 $\mu \geqslant \lambda$, 使得 $D|_{U_\mu} = 0$. 依照上述结果, 我们只需证明对任意 $x \in T$ 均有 $D_x = 0$ 即可. 事实上, 此时总可以找到 x 在 X 中的一个邻域 $W(x)$, 使得 $D|_{W(x)} = 0$, 并且这些 $W(x)$ $(x \in T)$ 的并集包含了某个 U_μ. 有见于 (21.4.6), 问题于是归结到了 $X = \mathrm{Spec}\,\mathscr{O}_{X,x}$ 的情形, 然而根据前提条件, $\mathscr{O}_{X,x}$ 是解因子整环, 从而是整且整闭的, 故知 $\mathrm{Spec}\,\mathscr{O}_{X,x}$ 是正规的, 现在由 (21.6.9, (i)) 就可以推出结论.

为了证明同态 $\varinjlim \mathrm{Div}(U_\lambda) \to \mathfrak{Z}^1(X)$ 是一一的, 我们只需证明, 对任意 $Z \in \mathfrak{Z}^1(X)$ 和任意 $x \in T$, 均可找到 x 在 X 中的一个邻域 $W(x)$ 以及 $W(x)$ 上的一个除子 $D^{(x)}$, 使得 $\mathrm{cyc}(D^{(x)}) = Z|_{W(x)}$. 事实上, 此时我们可以用有限个 $W(x_i)$ 把拟紧集 T 覆盖起来, 且依照证明的第一部分, (因为二元组 (i,j) 的集合也是有限的) 可以找到一个指标 λ, 使得 $D^{(x_i)}$ 和 $D^{(x_j)}$ 在 $W(x_i) \cap W(x_j) \cap U_\lambda$ 上的限制总是重合的, 进而可以假设 U_λ 包含在这些 $W(x_i)$ 的并集之中, 故我们看到这些 $D^{(x_i)}|_{(W(x_i)\cap U_\lambda)}$ 都是同一个除子 $D \in \mathrm{Div}(U)$ 的限制, 并且它满足 $\mathrm{cyc}(D) = Z|_{U_\lambda}$. 从而问题仍然归结到了 $X = \mathrm{Spec}\,\mathscr{O}_{X,x}$ 的情形, 其中 $x \in T$. 但由于 $\mathscr{O}_{X,x}$ 是解因子整环, 故它的局部化也是如此 (Bourbaki, 《交换代数学》, VII, §3, ⁋4, 命题 3), 从而只需应用 (21.6.9, (ii)) 即可.

推论 (21.6.13) — *设 A 是一个整闭Noether 整局部环, 且维数 $\geqslant 2$. 我们令 $X = \mathrm{Spec}\,A$, 并设 a 是 X 的闭点, $U = X \smallsetminus \{a\}$. 则为了使 A 是解因子的, 必须且只需 U 是展因子的, 并且 $\mathrm{Pic}(U) = 0$.*

事实上, 我们知道 A 是解因子整环这件事就等价于 $\mathfrak{Cl}(X) = 0$ (Bourbaki, 《交换代数学》, VII, §1, ⁋4, 定理 2 的推论 和 §3, ⁋2, 定理 1), 从而只需取 (U_λ) 是由一个元素 U 所组成的那个族, 再使用 (21.6.12.1) 中的第二个同构即可.

推论 (21.6.14) — *设 A 是一个维数 $\geqslant 2$ 的Noether 局部环, $X = \mathrm{Spec}\,A$, a 是 X 的闭点, $U = X \smallsetminus \{a\}$. 则以下诸条件是等价的:*

a) A 是解因子整环.

b) $\operatorname{Pic}(U)=0$, $\operatorname{dp} A \geqslant 2$ (后面 (21.13) 我们将把满足这两个条件的局部环 A 称为仿解因子的局部环), 并且 U 是展因子的.

若 A 是解因子整环, 则它显然是正规的, 从而 $\operatorname{dp} A \geqslant 2$, 因为 $\dim A \geqslant 2$ (**0**, 16.5.1), 于是 (21.6.13) 就表明 a) 蕴涵 b). 反过来, 若 b) 是满足的, 则我们只要能证明 A 是整闭的, 就可以从 (21.6.13) 推出 b) 蕴涵 a). 依照 Serre 判别法 (5.8.6), 只需验证 X 满足条件 (R_1) 和 (S_2) 即可. 现在 U 是展因子的, 从而满足这些条件, 再由 $\operatorname{dp} A \geqslant 2$ 的前提条件就可以推出 A 同样满足这些条件.

21.7 把余 1 维有效轮圈理解为子概形

(21.7.1) 设 X 是一个局部 Noether 概形, $C=\sum\limits_{x\in X^{(1)}} n_x\cdot\overline{\{x\}}$ 是一个余 1 维有效轮圈(从而对任意 $x\in X^{(1)}$, 均有 $n_x\geqslant 0$, 并且在某个局部有限的集合之外均有 $n_x=0$). 我们用 $\mathbf{Y}(C)$ 来记 X 的这样一个闭子概形, 它是和概形 $\mathbf{Y}'(C)=\coprod\limits_{x\in X^{(1)}}\operatorname{Spec}(\mathscr{O}_{X,x}/\mathfrak{m}_x^{n_x})$ 在典范态射下的概像 (**I**, 9.5.3 和 9.5.1), 我们再用 $\mathscr{J}_X(C)$ (或 $\mathscr{J}(C)$) 来记 $\mathscr{O}_X$ 的那个定义了 $\mathbf{Y}(C)$ 的理想层.

命题 (21.7.2) — 设 X 是一个局部*Noether* 概形, 并且满足条件 (R_1) (5.8.2). 则为了使 X 的一个闭子概形 Y 具有 $\mathbf{Y}(C)$ 的形状, 其中 C 是余 1 维有效轮圈, 必须且只需它满足下面两个条件:

(i) Y 是纯余 1 维的.

(ii) Y 满足条件 (S_1), 换句话说(5.7.5), 它没有内嵌支承素轮圈.

此时我们有

(21.7.2.1)
$$\operatorname{mult}_x(C)=\operatorname{long}(\mathscr{O}_{Y,x}).$$

映射 $C\mapsto\mathbf{Y}(C)$ 是一个从 $\mathfrak{Z}^{1+}(X)$ 到 X 的满足条件(i) 和(ii) 的闭子概形集合的一一映射.

条件是必要的 (即使不假设 X 满足 (R_1)). 事实上, 问题在 X 上是局部性的, 故可假设 $X=\operatorname{Spec} A$, 其中 A 是一个 Noether 环. 于是 $\mathbf{Y}(C)=\operatorname{Spec}(A/\mathfrak{J})$, 且根据定义 (**I**, 9.5.1), $\mathfrak{J}$ 就是典范同态 $A\to\bigoplus\limits_i A_{\mathfrak{p}_i}/\mathfrak{p}_i^{n_i}A_{\mathfrak{p}_i}$ 的核, 这里的 $\mathfrak{p}_i$ 是与那些满足 $n_x>0$ 的点 $x\in X^{(1)}$ 相对应的素理想, 且我们已经令 $n_i=n_x$. 理想 $\mathfrak{p}_i^{n_i}A_{\mathfrak{p}_i}$ 在 A 中的逆像 $\mathfrak{q}_i$ 是一个 $\mathfrak{p}_i$ 准素理想, 并且 $\mathfrak{J}=\bigcap\limits_i\mathfrak{q}_i$. 此外, 由于每个 $x\in X^{(1)}$ 都使得 $\overline{\{x\}}$ 在 X 中的余维数是 1, 故知 $X^{(1)}$ 中的任何一点都不能包含在 $X^{(1)}$ 的另一点的闭包之中. 从而这些 $\mathfrak{p}_i$ 是 $A/\mathfrak{J}$ 的极小素理想, 并且这些 $\mathfrak{p}_i$ 的集合就等于 $\operatorname{Ass}(A/\mathfrak{J})$, 这就证明了条件 (i) 和 (ii).

条件是充分的, 事实上, 若我们用 $\mathscr{J}$ 来记 $\mathscr{O}_X$ 的那个定义了 Y 的理想层, 则条件 (ii) 表明, $\mathrm{Ass}(\mathscr{O}_X/\mathscr{J})$ 和 Y 的极大点的集合 F 是相同的, 条件 (i) 则表明, F 包含在 $X^{(1)}$ 之中, 从而 (3.2.6) $\mathscr{O}_X/\mathscr{J}$ 可以等同于 $\bigoplus_{x\in F}\mathscr{G}(x)$ 的一个 $\mathscr{O}_X$ 子模层, 这里的 $\mathscr{G}(x)$ 是一个满足 $\mathrm{Ass}\,\mathscr{G}(x)=\{x\}$ 的单频 $\mathscr{O}_X$ 模层. 现在由于 X 满足 (R_1), 故对每个 $x\in F$, $\mathscr{O}_{X,x}$ 都是离散赋值环, 因而它的非零准素理想都是极大理想的方幂 $\mathfrak{m}_x^{n_x}$. 仍假设 $X=\mathrm{Spec}\,A$, 我们就得到了 $\mathscr{J}=\widetilde{\mathfrak{I}}$, 其中 $\mathfrak{I}=\bigcap_i\mathfrak{q}_i$, 这些 $\mathfrak{q}_i$ 分别是理想 $\mathfrak{p}_i^{n_i}A_{\mathfrak{p}_i}$ 在 A 中的逆像, 而 $\mathfrak{p}_i$ 则对应着 F 中的点. 于是我们看到 Y 确实具有 $\mathbf{Y}(C)$ 的形状.

推论 (21.7.3) — *设 X 是一个局部Noether 概形. 对于 X 上的一个有效除子 D, 若 X 在闭子概形 $\mathbf{Y}(D)$ 的所有极大点处都满足 (R_1) (21.2.12), 则 $\mathbf{Y}(D)$ 遮蔽了闭子概形 $\mathbf{Y}(\mathrm{cyc}(D))$ (21.7.1), 并且两者具有相同的底空间. 为了使这两个子概形相等, 必须且只需 $\mathbf{Y}(D)$ 满足条件 (S_1), 或者说, 对 $\mathbf{Y}(D)$ 的任何一个不同于极大点的点 $z\in\mathbf{Y}(D)$, 均有 $\mathrm{dp}\,\mathscr{O}_{X,z}\geqslant 2$ (若 X 是正规的, 则这个条件总能得到满足).*

事实上, 问题是局部性的, 故我们总可以假设 $\mathscr{I}_X(D)=t\mathscr{O}_X$, 其中 t 是 $\mathscr{O}_X$ 在 X 上的一个正则截面, 根据前提条件, 在 $\mathbf{Y}(D)$ 的任何极大点 x (它必然落在 $X^{(1)}$ 中) 处, $\mathscr{O}_{X,x}$ 都是离散赋值环, 从而 $t_x\mathscr{O}_{X,x}=\mathfrak{m}_x^{n_x}$, 其中 $n_x=\mathrm{mult}_x(D)$. 我们可以假设 $X=\mathrm{Spec}\,A$, 于是若 $\mathscr{J}_X(\mathrm{cyc}(D))=\widetilde{\mathfrak{I}}$, $\mathscr{I}_X(D)=\widetilde{\mathfrak{I}}'$, 则由上述结果和 (21.7.1) 知, $\mathfrak{I}$ 和 $\mathfrak{I}'$ 具有相同的非内嵌准素理想, 从而 $\mathfrak{I}'\subseteq\mathfrak{I}$, 因为 $\mathfrak{I}$ 就是这些准素理想的交集 (21.7.2). 这就证明了 $\mathbf{Y}(D)$ 能够遮蔽 $\mathbf{Y}(\mathrm{cyc}(D))$, 且为了使这两个子概形相等, 必须且只需 $\mathbf{Y}(D)$ 没有内嵌支承素轮圈 (换句话说, 它满足 (S_1)). 根据前提条件, 对任意 $x\in\mathbf{Y}(D)$, 均可找到 x 在 X 中的一个开邻域 U 和一个正则元 $t\in\Gamma(U,\mathscr{O}_X)$, 使得 $\mathscr{O}_{\mathbf{Y}(D)}|_{(U\cap\mathbf{Y}(D))}$ 是 $\mathscr{O}_U/t\mathscr{O}_U$ 在 $\mathbf{Y}(D)\cap U$ 上的限制, 于是 $\mathbf{Y}(D)$ 满足 (S_1) 就等价于在任何非极大的点 $z\in\mathbf{Y}(D)$ 处均有 $\mathrm{dp}(\mathscr{O}_{X,z}/t_z\mathscr{O}_{X,z})\geqslant 1$, 也就是说 (**0**, 16.4.6) $\mathrm{dp}\,\mathscr{O}_{X,z}\geqslant 2$. 因而当 X 正规时, 结论是显然的, 因为此时 X 满足 (S_2) 并且在 $\mathbf{Y}(D)$ 的非极大点 z 处均有 $\dim\mathscr{O}_{X,z}\geqslant 2$ (**0**, 16.3.4).

(21.7.3.1) 于是我们看到, 若 X 是正规的, 则 $\mathrm{Div}^+(X)$ 可以典范等同于 X 的那些满足 (21.7.2) 中的条件 (i) 和 (ii) 并且正则浸入 X 的闭子概形 Y 的集合.

命题 (21.7.4) — *设 X 是一个局部Noether 概形, 并且在任何孤立点处都是既约的. 则以下诸条件是等价的:*

a) 典范同态 $c:\mathscr{D}iv_X\to\mathscr{Z}_X^1$ (21.6.4) 是有序群层的同构.

a′) X 的任何一个余 1 维素轮圈都是某个有效除子在 cyc 下的像, 并且典范同态 $c:\mathscr{D}iv_X\to\mathscr{Z}_X^1$ 是单的.

a″) 对 X 的任何整且余 1 维的闭子概形 Y, 典范浸入 $Y\to X$ 都是正则的.

b) X 是正规的, 并且同态 $\mathrm{cyc}:\mathrm{Div}(X)\to\mathfrak{Z}^1(X)$ 是一一的.

c) X 是展因子的.

b) 和 c) 的等价性已经在 (21.6.9) 中得到了证明, 同时那里也证明了 c) 蕴涵 a). 进而依照 (21.7.3.1), b) 蕴涵 a″), 且 a) 显然蕴涵 a′). 只需再证明 a′) 或 a″) 蕴涵 c) 即可.

假设条件 a′) 是满足的, 我们首先来证明 X 是正规的. 注意到 X 满足 a′) 就表明所有局部概形 $\operatorname{Spec}\mathscr{O}_{X,x}$ 都满足 a′). 我们来考虑 $x \in X^{(1)}$, 此时环 $A = \mathscr{O}_{X,x}$ 是一个 1 维 Noether 局部环. 把条件 a′) 应用到 $\operatorname{Spec} A$ 和由它的闭点所组成的余 1 维素轮圈上就得知, A 的极大理想是由 A 中的一个正则元所生成的, 从而 (**0**, 17.1.1) A 是正则环. 由于这些局部化 $A_{\mathfrak{p}}$ 也都是正则的 (**0**, 17.3.2), 故知 X 在所有非孤立的极大点处都是正则的, 而根据前提条件, 它在孤立点处都是既约的 (从而是正则的), 由此可知, X 满足条件 (R_1). 我们进而证明 X 满足条件 (S_1), 换句话说, 对任意 $x \in X$, 只要 $\dim \mathscr{O}_{X,x} \geqslant 1$, 就一定有 $\mathfrak{m}_x \notin \operatorname{Ass}\mathscr{O}_{X,x}$ (**0**, 16.4.6). 事实上, 把条件 a′) 应用到 $X_1 = \operatorname{Spec}\mathscr{O}_{X,x}$ 上可知, 在 X_1 上至少有一个不等于 0 的除子, 换句话说, $\mathscr{M}^*_{X_1} \neq \mathscr{O}^*_{X_1}$, 于是再应用 (21.1.10) 就可以推出结论. 由上面这些结果已经可以推出 X 是既约的 (5.8.5). 下面继续来证明它满足条件 (S_2) (由此再利用 Serre 判别法 (5.8.6) 就可以推出 X 是正规的). 我们使用反证法, 假设不满足 (S_2) 的点 $x \in X$ 所组成的集合 E 不是空的, 并设 $x \in E$ 是一个使得 $\dim \mathscr{O}_{X,x}$ 达到最小的点, 则由于 X 满足 (S_1), 故有 $\dim \mathscr{O}_{X,x} \geqslant 2$. 在 $X_1 = \operatorname{Spec}\mathscr{O}_{X,x}$ 中, 开集 $U = X_1 \smallsetminus \{x\}$ 满足 (S_2), 我们来证明 X_1 也满足 (S_2), 这就可以引出一个矛盾. 依照 (5.10.5), 只需证明 $\mathscr{O}_{X_1}$ 在 U 上的任何截面 f 都可以延拓为 $\mathscr{O}_{X_1}$ 在 X_1 上的截面即可. 由于 X_1 是既约的, 并且 U 在 X_1 中是稠密的, 故知 U 在 X_1 中是概稠密的, 因而 f 是某个正则宽调截面 $g \in \mathrm{M}(X_1)$ 在 U 上的限制. 进而, 由于 $\dim \mathscr{O}_{X,x} \geqslant 2$, 故我们有 $\operatorname{cyc}(\operatorname{div}(g)) \geqslant 0$, 因为 $g|_U = f$, 而由于同态 cyc 是单的, 故必有 $\operatorname{div}(g) \geqslant 0$, 从而 (21.6.4) g 是 $\mathscr{O}_{X_1}$ 在 X_1 上的一个截面, 这就证明了上述阐言.

现在为了证明 a′) 蕴涵 c), 我们注意到条件 a′) 表明典范同态 $\operatorname{cyc} : \operatorname{Div}(X) \to \mathfrak{Z}^1(X)$ 是满的, 又因为 X 是正规的, 故只需应用 (21.6.9) 即可.

接下来证明 a″) 蕴涵 c). 由 (21.6.5) 知, a″) 表明 X 上的任何一个余 1 维素轮圈都是某个有效除子在 cyc 下的像, 从而使用上面的方法同样可以证明 X 满足 (R_1) 和 (S_1). 只需再证明 X 是正规的即可 (其余部分和上面相同), 也就是说, 若 $x \in X$ 满足 $\dim \mathscr{O}_{X,x} \geqslant 2$, 则必有 $\operatorname{dp}\mathscr{O}_{X,x} \geqslant 2$. 现在若 y 是 x 的一个一般化, 且使得 $\overline{\{y\}}$ 在 X 中是余 1 维的, 则 X 的那个以 $\overline{\{y\}}$ 为底空间的既约子概形 Y 就是整的, 从而根据前提条件, 它是正则浸入 X 的. 这就表明可以找到 $\mathscr{O}_{X,x}$ 的一个正则元 t, 使得理想 $t\mathscr{O}_{X,x}$ 就是那个定义了 Y 在 $X_1 = \operatorname{Spec}\mathscr{O}_{X,x}$ 中的逆像子概形 Y_1 的素理想. 由于 $\mathscr{O}_{X,x}/t\mathscr{O}_{X,x}$ 是整的, 这就证明了 $\operatorname{dp}\mathscr{O}_{X,x} \geqslant 2$, 也完成了 (21.7.4) 的证明.

注解 (21.7.5) — 我们不能把 (21.7.4) 中的条件 a′) 换成下面这个较弱的条件: X 的任何一个余 1 维素轮圈都是某个有效除子在 cyc 下的像. 举例如下, 设 X 是 (14.1.5) 中所定义的仿射概形 (“一个平面和一个与之相交的直线的并集”), 它不是正规的, 在 (14.1.5) 的记号下, X 的余 1 维素轮圈就是平面 X_1 的余 1 维素轮圈以及直线 X_2 中没有落在 $X_1 \cap X_2$ 中的闭点, 从而若 t_1, t_2, t_3 是 T_1, T_2, T_3 在 $A/\mathfrak{a}$ 中的像, 则我们看到 X 的余 1 维素轮圈都是由某个 $P(t_1, t_2)$ (P 在 $K[T_1, T_2]$ 中不可约) 或者 $t_3 - a$ (a 在 K 中不等于 0) 生成的素理想所定义的. 由于这些元素在 $A/\mathfrak{a}$ 中都是正则的, 故知任何一个余 1 维的轮圈都是某个有效除子的典范像.

推论 (21.7.6) — 设 X 是一个局部*Noether* 概形, 并且在任何孤立点处都是既约的. 则以下诸条件是等价的:

a) 典范同态 $c: \mathscr{D}iv_X \to \mathscr{L}_X^1$ 是有序群层的同构, 并且 $\mathrm{Div}(X) = \mathrm{Div}^{主}(X)$.

a′) 典范同态 $c: \mathscr{D}iv_X \to \mathscr{L}_X^1$ 是单的, 并且任何一个余 1 维素轮圈都是某个有效主除子在 cyc 下的像, 换句话说, 都具有 $\mathrm{cyc}(\mathrm{div}(f))$ 的形状, 其中 f 是 $\mathscr{O}_X$ 在 X 上的一个正则截面.

a″) 对 X 的任何一个整且余 1 维的闭子概形 Y, 均可找到 $\mathscr{O}_X$ 在 X 上的一个正则截面 f, 使得 Y 是由理想层 $f\mathscr{O}_X$ 所定义的.

b) X 是正规的, 并且 X 上的任何余 1 维素轮圈都是主轮圈.

c) X 是展因子的, 并且 $\mathrm{Pic}(X) = 0$.

d) X 是正规的, 并且对 X 的任意开集 U, 均有 $\mathrm{Pic}(U) = 0$.

a), a′), a″), b) 和 c) 的等价性可由 (21.7.4) 和 (21.6.11) 立得. 进而, 由 a″) 立知, X 的任何非空开集 U 都满足相同的条件, 换句话说, 由这些条件可以推出 d). 只需再证明 d) 蕴涵 b) 即可. 现在我们用 U_λ 来记那些形如 $\overline{\{x\}}$ ($\dim \mathscr{O}_{X,x} \geqslant 2$) 的集合的有限并集的补集的全体, 则易见这些 U_λ 构成一个递减滤相的开集族, 并且对任意 $x \in \bigcap_\lambda U_\lambda$, 均有 $\dim \mathscr{O}_{X,x} \leqslant 1$, 从而依照前提条件, $\mathscr{O}_{X,x}$ 是一个主理想整环. 于是我们可以把命题 (21.6.12) 应用到族 (U_λ) 上, 这就表明 $\mathfrak{Cl}(X)$ 同构于 $\varinjlim \mathrm{Pic}(U_\lambda)$, 从而依照前提条件, $\mathfrak{Cl}(X) = 0$, 这就证明了 b) (根据定义).

注解 (21.7.7) — 若 $X = \mathrm{Spec}\, A$, 且 A 是一个 Noether 整环, 则 (21.7.6) 中的那些条件也等价于 A 是解因子整环.

21.8 除子与正规化

引理 (21.8.1) — 设 $f: X' \to X$ 是概形的一个整型态射. 则对任意一个秩为常数 n 的局部自由 $\mathscr{O}_{X'}$ 模层 $\mathscr{E}'$ 和任意 $x \in X$, 均可找到 x 在 X 中的一个开邻域 U, 使得 $\mathscr{E}'|_{U'}$ 同构于 $\mathscr{O}_{U'}^n$, 其中 $U' = f^{-1}(U)$.

问题在 X 上是局部性的, 故可限于考虑 $X = \mathrm{Spec}\, A$ 是仿射概形的情形, 此时我们有 $X' = \mathrm{Spec}\, A'$, 其中 A' 是一个整型 A 代数. 于是 A' 是它的那些有限 A 子代数 A'_λ 的归纳极限. 现在令 $X'_\lambda = \mathrm{Spec}\, A'_\lambda$, 并设 $p_\lambda: X' \to X'_\lambda$ 是结构态射, 则由 (8.5.2) 和 (8.5.5) 知, 可以找到一个指标 λ 和一个 n 秩局部自由 $\mathscr{O}_{X'_\lambda}$ 模层 $\mathscr{E}'_\lambda$, 使得 $\mathscr{E}' = p_\lambda^* \mathscr{E}'_\lambda$, 且显然只需对 X'_λ 和 $\mathscr{E}'_\lambda$ 证明引理即可. 换句话说, 可以限于考虑 f 是有限态射的情形. 我们令 $B = \mathscr{O}_{X,x}$, 并设 B' 是仿射概形 $X'_0 = X' \times_X \mathrm{Spec}\, \mathscr{O}_{X,x}$ 的环, 则由于 B 是局部环且 B' 是有限 B 代数, 故知 B' 是一个半局部环 (Bourbaki,《交换代数学》, V, §2, ¥1, 命题 3), 由此就得知, 局部自由 $\mathscr{O}_{X'_0}$ 模层 $\mathscr{E}'_0 = \mathscr{E}' \otimes_{\mathscr{O}_{X'}} \mathscr{O}_{X,x}$ 同构于 $\mathscr{O}_{X'_0}^n$ (Bourbaki,《交换代数学》, II, §5, ¥3, 命题 5). 现在把 X'_0 看作 X' 的开子概形 $f^{-1}(U)$ 的投影极限, 其中 U 跑遍 x 在 X 中的全体仿射开邻域所组成的滤相集, 遵循 (8.1.2, a)) 的方法, 并利用 (8.5.2.5), 就可以得出结论.

推论 (21.8.2) — 设 $f: X' \to X$ 是概形的一个整型态射. 则有:

(i) $\mathrm{R}^1 f_*(\mathscr{O}_{X'}^*) = 0$ ($\mathbf{0_{III}}$, 12.2.1).

(ii) 群 $\mathrm{Pic}(X')$ 典范同构于 $\mathrm{H}^1(X, f_*(\mathscr{O}_{X'}^*))$.

(i) $\mathrm{R}^1 f_*(\mathscr{O}_{X'}^*)$ 是 X 上的交换群预层 $U \to \mathrm{H}^1(f^{-1}(U), \mathscr{O}_{X'}^*)$ 的拼续层 (前引), 从而这个层在点 x 处的茎条 ($\mathbf{0_I}$, 5.4.7) 可以等同于交换群 $\varinjlim \mathrm{Pic}(f^{-1}(U))$, 其中 U 跑遍 x 的开邻域的集合, 并且对两个这样的开集 $U \subseteq U'$, 传递同态 $\mathrm{Pic}(f^{-1}(U')) \to \mathrm{Pic}(f^{-1}(U))$ 是由 (21.3.2.4) 定义的. 现在由 (21.8.1) 知, 对任意 $x \in X$ 和 x 在 X 中的任意开邻域 U' 以及任意元素 $\zeta' \in \mathrm{Pic}(f^{-1}(U'))$, 均可找到 x 的一个开邻域 $U \subseteq U'$, 使得 ζ 在 $\mathrm{Pic}(f^{-1}(U))$ 中的像是 0. 从而 $\mathrm{R}^1 f_*(\mathscr{O}_{X'}^*)$ 在点 x 处的茎条是 0.

(ii) 利用 X' 上的交换群层范畴上的合成函子 $\mathscr{F}' \mapsto \Gamma(X, f_*(\mathscr{F}'))$ 的 Leray 谱序列 (T, 2.4) 我们可以导出低次项的下述正合序列 (M, XV, 6)

$$0 \longrightarrow \mathrm{H}^1(X, f_*(\mathscr{O}_{X'}^*)) \longrightarrow \mathrm{H}^1(X', \mathscr{O}_{X'}^*) \longrightarrow \mathrm{H}^0(X, \mathrm{R}^1 f_*(\mathscr{O}_{X'}^*)),$$

从而由 (i) 以及 $\mathrm{Pic}(X')$ 与 $\mathrm{H}^1(X', \mathscr{O}_{X'}^*)$ 的同构 ($\mathbf{0_I}$, 5.4.7) 就可以推出结论.

命题 (21.8.3) — 设 $f = (\psi, \theta) : X' \to X$ 是概形的一个整型态射, 假设对 X 的任意开集 U, 同态 $\Gamma(\theta) : \Gamma(U, \mathscr{O}_X) \to \Gamma(U, f_*\mathscr{O}_{X'})$ 都把正则元变成正则元, 从而我们可以把典范同态 $\theta : \mathscr{O}_X \to f_*\mathscr{O}_{X'}$ 典范地延拓为一个环层同态 $\theta' : \mathscr{M}_X \to f_*\mathscr{M}_X$, 再对乘法群层同态 $\theta^* : \mathscr{O}_X^* \to f_*(\mathscr{O}_{X'}^*)$ 和 $\theta'^* : \mathscr{M}_X^* \to f_*(\mathscr{M}_{X'}^*)$ 取商又可以得到一个同态 $\theta''^* : \mathscr{D}iv_X \to f_*(\mathscr{D}iv_{X'})$. 则有下面的交换图表

(21.8.3.1)

$$\begin{array}{ccccccccc}
1 & \longrightarrow & \mathscr{O}_X^* & \longrightarrow & \mathscr{M}_X^* & \longrightarrow & \mathscr{D}iv_X & \longrightarrow & 0 \\
 & & \Big\downarrow{\scriptstyle \theta^*} & & \Big\downarrow{\scriptstyle \theta'^*} & & \Big\downarrow{\scriptstyle \theta''^*} & & \\
1 & \longrightarrow & f_*(\mathscr{O}_{X'}^*) & \longrightarrow & f_*(\mathscr{M}_{X'}^*) & \longrightarrow & f_*(\mathscr{D}iv_{X'}) & \longrightarrow & 0
\end{array},$$

其中的两行都是正合的.

唯一需要验证的是图表中第二行的正合性, 这只要从 X' 上的交换群层正合序列

$$1 \longrightarrow \mathscr{O}_{X'}^* \longrightarrow \mathscr{M}_{X'}^* \longrightarrow \mathscr{D}iv_{X'} \longrightarrow 0$$

出发引用相对于函子 f_* 的上同调长正合序列再利用 (21.8.2) 即可.

推论 (21.8.4) — 在 (21.8.3) 的前提条件下, 再假设同态 θ' 是一个环层同构, 则 $\theta^* : \mathscr{O}_X^* \to f_*(\mathscr{O}_{X'}^*)$ 是单的, $\theta''^* : \mathscr{D}iv_X \to f_*(\mathscr{D}iv_{X'})$ 是满的, 并且 $\mathrm{Ker}(\theta''^*)$ 同构于 $\mathrm{Coker}(\theta^*)$.

只要把蛇形引理 (Bourbaki, 《交换代数学》, I, §2, ¥4, 命题 2) 应用到图表 (21.8.3.1) 上就可以立即推出结论.

命题 (21.8.5) — 设 X, X' 是两个局部Noether 概形, $f : X' \to X$ 是一个整型态射, 假设可以找到一个在 X 中概稠密的开集 U, 使得 $f^{-1}(U)$ 在 X' 中也是概稠密的 (参考 (20.3.5)), 再假设 f 的限制态射 $f^{-1}(U) \to U$ 是一个同构. 则有:

(i) 同态 $\theta' : \mathscr{M}_X \to f_*\mathscr{M}_{X'}$ 是有定义的, 并且是一一的, 同态

$$\theta^* \ : \ \mathscr{O}_X^* \longrightarrow f_*(\mathscr{O}_{X'}^*)$$

是单的, 同态 $\theta''^* : \mathscr{D}iv_X \to f_*(\mathscr{D}iv_{X'})$ 是满的, $\mathrm{Ker}(\theta''^*)$ 同构于 $\mathscr{N} = \mathrm{Coker}(\theta^*)$, 并且乘法群层 $\mathscr{N}$ 的支集包含在 $S = X \setminus U$ 中.

(ii) 进而假设集合 S 是离散的, 且为了简化记号, 我们令 $\mathscr{O}'_X = f_*\mathscr{O}_{X'}$. 则有下面的交换图表

(21.8.5.1)

$$\begin{array}{ccccccccc}
1 & \longrightarrow & \prod\limits_{s\in S} \mathscr{O}'^*_{X,s} / \mathscr{O}^*_{X,s} & \xrightarrow{\ j\ } & \mathrm{Div}(X) & \longrightarrow & \mathrm{Div}(X') & \longrightarrow & 0 \\
 & & \big\downarrow & & \big\downarrow{\scriptstyle l_X} & & \big\downarrow{\scriptstyle l_{X'}} & & \\
1 & \longrightarrow & \Big(\prod\limits_{s\in S} \mathscr{O}'^*_{X,s} / \mathscr{O}^*_{X,s}\Big)/\mathrm{Im}\,\Gamma(X', \mathscr{O}^*_{X'}) & \xrightarrow[j']{} & \mathrm{Pic}(X) & \longrightarrow & \mathrm{Pic}(X') & \longrightarrow & 0,
\end{array}$$

其中的两行都是正合的, 并且左边的竖直箭头是典范同态.

(i) 前提条件表明, 伪函数芽层之间有一个典范同构 $\mathscr{M}'_X \xrightarrow{\sim} f_*(\mathscr{M}'_{X'})$ (20.2.2), 而且我们还有典范同构 $\mathscr{M}_X \xrightarrow{\sim} \mathscr{M}'_X$ 和 $\mathscr{M}_{X'} \xrightarrow{\sim} \mathscr{M}'_{X'}$ (20.2.11), 这就证明了关于 θ' 的部分. 其他部分可以从 (21.8.4) 得出, 而关于 $\mathscr{N}$ 的支集的部分可由 U 上的前提条件直接推出.

(ii) 考虑交换群层短正合序列

(21.8.5.2)
$$1 \longrightarrow \mathscr{N} \longrightarrow \mathscr{D}iv_X \longrightarrow f_*(\mathscr{D}iv_{X'}) \longrightarrow 0,$$
$$1 \longrightarrow \mathscr{O}_X^* \longrightarrow f_*(\mathscr{O}_{X'}^*) \longrightarrow \mathscr{N} \longrightarrow 0,$$

由它们引出上同调长正合序列, 就分别得到正合序列

(21.8.5.3)
$$1 \longrightarrow \Gamma(X, \mathscr{N}) \xrightarrow{\ j\ } \mathrm{Div}(X) \longrightarrow \mathrm{Div}(X') \longrightarrow \mathrm{H}^1(X, \mathscr{N}),$$
$$\Gamma(X', \mathscr{O}_{X'}^*) \longrightarrow \Gamma(X, \mathscr{N}) \xrightarrow{\ \partial\ } \mathrm{Pic}(X) \longrightarrow \mathrm{Pic}(X') \longrightarrow \mathrm{H}^1(X, \mathscr{N}),$$

这里使用了典范同构 $\mathrm{Pic}(X') \xrightarrow{\sim} \mathrm{H}^1(X, f_*(\mathscr{O}_{X'}^*))$ (21.8.2). 现在由于 $\mathscr{N}$ 的支集包含在离散集合 S 中, 并且在 X 中的闭的, 故得 $\mathrm{H}^1(X, \mathscr{N}) = \mathrm{H}^1(S, \mathscr{N}|_S)$ (G, II, 4.9.2), 并且由上同调的定义知 $\mathrm{H}^1(S, \mathscr{N}|_S) = \prod_{s\in S} \mathrm{H}^1(\{s\}, \mathscr{N}_s) = 0$ (G, II, 4.4). 同样地, 利用 (21.8.5.2) 的第二个正合序列可得 $\Gamma(X, \mathscr{N}) = \prod_{s\in S} \mathscr{N}_s$ 和 $\mathscr{N}_s = \mathscr{O}'^*_{X,s}/\mathscr{O}^*_{X,s}$. 只

需再把单同态 j 和 j' 明确表达出来即可. 为了写出 $\mathscr{N}$ 在 X 上的一个截面 t, 我们可以取 X 的一个由 U 和这样一些开集 U_i 所组成的覆盖, 其中每个 $U_i \cap S$ 都只含一点 s_i, 并且 $U_i \cap U_j \subseteq U$ $(i \neq j)$, 再取 $\mathscr{N}$ 在每个 U_i 上的一个截面 t_i, 使得 $(t_i)_{s_i} \in \mathscr{O}'^*_{X,s_i}/\mathscr{O}^*_{X,s_i}$, 并且在所有点 $x \in U_i \smallsetminus \{s_i\}$ 处均有 $(t_i)_x = 0$. 这个芽 $(t_i)_{s_i}$ 来自 $\mathscr{O}^*_{X'}$ 在 $f^{-1}(U_i)$ 上的一个截面 u_i, 我们把它也看作 $\mathscr{M}^*_{X'}$ 在 $f^{-1}(U_i)$ 上的一个截面, 从而又是 $\mathscr{M}^*_X$ 在 U_i 上的一个截面 (基于前提条件), 这个截面典范地对应着一个截面 $d_i \in \Gamma(U_i, \mathscr{D}iv_X)$, 且由于 u_i 在 $f^{-1}(U \cap U_i)$ 上的限制可以等同于 $\mathscr{O}^*_X$ 在 $U \cap U_i$ 上的一个截面 (基于前提条件), 故这些 d_i 在 $U \cap U_i$ 上的限制都是 0, 从而这些 d_i 都是同一个除子 $d \in \operatorname{Div}(X)$ 的限制, 该除子就是截面 t 在 j 下的像. 同样地, t 在 $\partial : \Gamma(X, \mathscr{N}) \to \mathrm{H}^1(X, \mathscr{O}^*_X)$ 下的像可以用这样一个上圈来描述: 它在各个 $U \cap U_i$ 上的限制分别等于 u_i, 并且在 $U_i \cap U_j$ 上的限制等于 $(u_i|_{(U_i \cap U_j)})(u_j|_{(U_i \cap U_j)})^{-1}$. 由此我们就得到了 $j'(t)$ 的表达式, 以及图表 (21.8.5.1) 的交换性.

注解 (21.8.6) — (i) 特别地, 若 X 是一个只有有限个不可约分支的既约局部 Noether 概形, X' 是它的正规化, 并假设 X' 也是局部 Noether 的, 则 (21.8.5, (i)) 中的那些条件就能得到满足 (**II**, 6.3.8). 此时 $\mathscr{O}_X$ 模层 $\mathscr{D}iv_X$ 是 $f_*(\mathscr{D}iv_{X'})$ 枕着 $\mathscr{O}^*_X \to f_*(\mathscr{O}^*_{X'})$ 的余核 $\mathscr{N}$ 的一个扩张, 这个余核是我们很熟悉的. 进而若 X 是域 k 上的一条 (既约) 准曲线, 则 (21.8.5, (ii)) 的那些条件就能得到满足.

(ii) 如果 (21.8.5, (ii)) 的前提条件都得到了满足, 且进而假设整体典范同态 $\Gamma(X, \mathscr{O}_X) \to \Gamma(X', \mathscr{O}_{X'})$ 是一一的, 那么我们看到两个满同态 $\operatorname{Div}(X) \to \operatorname{Div}(X')$ 和 $\operatorname{Pic}(X) \to \operatorname{Pic}(X')$ 的核就是同构的.

(iii) 如果 (21.8.5, (ii)) 的前提条件都得到了满足, 那么我们看到, 仅当 $\mathscr{O}'^*_{X,s} = \mathscr{O}^*_{X,s}$ 对所有 $s \in S$ 都成立时, 同态 $\operatorname{Div}(X) \to \operatorname{Div}(X')$ 才是单的 (从而也是一一的). 对于 $\mathscr{O}'_{X,s}$ 是局部环的情形 (有见于 $X' = \operatorname{Spec} \mathscr{O}'_X$ 的事实 (**II**, 1.3), 这也相当于说, 只有一个点 $s' \in X'$ 位于 s 之上), 上述条件蕴涵着剩余类域 $\boldsymbol{k}(s)$ 和 $\boldsymbol{k}(s')$ 必然是相等的, 并且 $1 + \mathfrak{m}_s = 1 + \mathfrak{m}_{s'}$, 从而它最终等价于关系式 $\mathscr{O}'_{X,s} = \mathscr{O}_{X,s}$, 或者 (有见于前提条件) 也等价于能找到 s 在 X 中的一个开邻域 V, 使得态射 $f^{-1}(V) \to V$ 是一个同构. 在一般情况下, $\mathscr{O}'_{X,s}$ 是一个半局部环 (当 f 是有限态射时这是显然的, 一般情形可由 ($\mathbf{0}_{\mathbf{IV}}$, 23.2.6) 推出), 并且典范同态 $\mathscr{O}^*_{X,s} \to \mathscr{O}'^*_{X,s}$ 通过取商定义了一个从 $(\boldsymbol{k}(s))^*$ 到诸乘法群 $(\boldsymbol{k}(s'_j))^*$ 的乘积的乘法群同态, 其中 s'_j 是 X' 的位于 s 之上的各个点, 其个数 > 1. 易见这个同态仅当 $\boldsymbol{k}(s)$ 和这些 $\boldsymbol{k}(s'_j)$ 都等于两个元素的域 $\mathbb{F}_2$ 时才有可能是一一的, 进而, 若这个条件得到满足, 则我们还需要乘法群 $1 + \mathfrak{m}_s$ 的像等于 $1 + \mathfrak{r}$, 其中 $\mathfrak{r}$ 是 $\mathscr{O}'_{X,s}$ 的根, 或等价地, $\mathfrak{m}_s = \mathfrak{r}$, 这就表明 $\mathscr{O}'_{X,s} \otimes_{\mathscr{O}_{X,s}} \boldsymbol{k}(s)$ 是一些同构于 $\boldsymbol{k}(s)$ 的域的直合(当 f 是有限态射时, 这表明它在各个点 s'_j 近旁都是非分歧的 (17.4.1)). 如果 X 的每个剩余类域都不同构于 $\mathbb{F}_2$, 那么典范同态 $\operatorname{Div}(X) \to \operatorname{Div}(X')$ 仅当 f 是同构时才是一一的, 于是在典范同态 $\Gamma(X, \mathscr{O}_X) \to \Gamma(X', \mathscr{O}_{X'})$ 是一一的情形

下, 由上述结果和 (ii) 知, 在上面的讨论过程中, 我们可以把同态 $\mathrm{Div}(X) \to \mathrm{Div}(X')$ 都换成同态 $\mathrm{Pic}(X) \to \mathrm{Pic}(X')$.

21.9　1 维概形上的除子

(21.9.1) 设 X 是一个拓扑空间, x 是 X 的一点, $i_x : \{x\} \to X$ 是典范含入. 设 $A(x)$ 是一个交换群, 我们可以把它看作单点空间 $\{x\}$ 上的交换群层, 取顺像 $(i_x)_*A(x)$, 这就是 X 上的一个交换群层 ($\mathbf{0_I}$, 3.4.1), 由定义立知, 对 X 的任意开集 U, 当 $x \in U$ 时总有 $\Gamma(U, (i_x)_*A(x)) = A(x)$, 其他情形下这个截面群都是 0, 从而对 $y \in \overline{\{x\}}$ 总有 $((i_x)_*A(x))_y = A(x)$, 而对 $y \notin \overline{\{x\}}$ 则有 $((i_x)_*A(x))_y = 0$.

现在设 $\mathscr{F}$ 是 X 上的一个交换群层, Y 是 X 的一个子集, 对 X 的任意开集 U, 我们都有一个典范同态

(21.9.1.1)
$$\Gamma(U, \mathscr{F}) \longrightarrow \prod_{x \in U \cap Y} \mathscr{F}_x = \prod_{x \in Y} \Gamma\big(U, (i_x)_*(\mathscr{F}_x)\big),$$

这些同态与限制运算可交换, 从而我们定义了一个典范的层同态

(21.9.1.2)
$$j_Y \ : \ \mathscr{F} \longrightarrow \prod_{x \in Y} (i_x)_*(\mathscr{F}_x).$$

引理 (21.9.2) — *设 X 是一个局部 Noether 拓扑空间, X_0 是它的闭点集, $\mathscr{F}$ 是 X 上的一个交换群层. 则以下诸条件是等价的:*

a) 典范同态 $j_{X_0} : \mathscr{F} \to \prod_{x \in X_0} (i_x)_*(\mathscr{F}_x)$ 是单的, 并且它的像是 $\bigoplus_{x \in X_0} (i_x)_*(\mathscr{F}_x)$.

a′) 可以找到一族交换群 $(A(x))_{x \in X_0}$, 使得 $\mathscr{F}$ 同构于 $\bigoplus_{x \in X_0} (i_x)_*A(x)$.

b) $\mathscr{F}$ 在 X 的开集 U 上的任何截面的支集都是离散的, 并且包含在 X_0 之中.

如果这些条件得到了满足, 那么对任意 $x \in X_0$, 群 $A(x)$ 都可以确定到只差唯一一个同构, 并且这个群同构于 $\mathscr{F}_x$. 进而, 此时层 $\mathscr{F}$ 是松软的.

由于 X_0 的点在 X 中都是闭的, 故对任意 $y \neq x \in X_0$, 均有 $((i_x)_*A(x))_y = 0$, 这就证明了群 $A(x)$ 的上述唯一性, 此外 a) 显然蕴涵 a′). 为了证明 a′) 蕴涵 b), 我们可以限于考虑 U 是 Noether 概形的情形, 此时 (G, II, 3.10)

$$\Gamma\Big(U, \bigoplus_{x \in X_0} (i_x)_*A(x)\Big) = \bigoplus_{x \in X_0} \Gamma(U, (i_x)_*A(x)),$$

从而 $\mathscr{F}$ 在 U 上的任何截面 s 都是有限个截面 $s_k \in \Gamma(U, (i_{x_k})_*A(x_k))$ (其中 $x_k \in X_0$ $(1 \leqslant k \leqslant n)$) 的直和. 由于 x_k 在 X 中是闭的, 故知 s_k 的支集就是 $\{s_k\}$, 从而 s 的支集包含在由这些 s_k 所组成的有限集合之中, 这个集合显然是离散的, 因为点 x_k 在 X 中都是闭的. 最后我们来证明 b) 蕴涵 a), 对任意 Noether 开集 U, $\mathscr{F}$ 在 U

上的任何截面的支集都是离散且拟紧的, 从而是有限的. 故由条件 b) 可知, 对任意 Noether 开集 U, 同态 (21.9.1.1) (这里取 $Y = X_0$) 的像都包含在 $\bigoplus_{x\in X_0} \Gamma(U, (i_x)_*(\mathscr{F}_x))$ 之中, 并且该同态是单的, 这就证明了 a).

最后, 为了证明 $\mathscr{F}$ 是松软的, 我们来考虑 $\mathscr{F}$ 在 X 的某个开集 U 上的一个截面 s, 由于 s 的支集是 X 的一个离散的闭子空间, 故只要对 $x \in X \smallsetminus U$ 令 $s'_x = 0$ 就可以把 s 延拓为 $\mathscr{F}$ 在 X 上的一个截面 s'.

注解 (21.9.3) — (i) 在 (21.9.2) 的条件 b) 中, 只假设 $\mathscr{F}$ 在 X 的开集上的任何截面都具有离散支集是不够的, 举例来说, 我们可以取 X 是某个离散赋值环的谱, 闭点为 b, 一般点为 a, 再取 $\mathscr{F}$ 是这样一个交换群层: $\mathscr{F}_b = 0$, $\mathscr{F}_a = \mathbb{Z}$.

(ii) 假设 (21.9.2) 中的那些条件都是满足的, 设 E 是 X_0 的一个离散子集, 并且对所有 $x \in E$, 设 $a(x)$ 是 $A(x)$ 的一个元素. 此时 $\bigoplus_{x\in X_0} (i_x)_*A(x)$ 在 X 上有唯一一个满足下述条件的截面 t : 对任意 $x \in E$, 均有 $t_x = a(x)$, 并且 t 的支集包含在 E 中. 事实上, 对任意 Noether 开集 U, $E \cap U$ 都是有限的, 从而我们只需取 t 是下面这个截面即可: 它在每个 Noether 开集 U 上的限制都是这样一些 $a(x)$ 之和, 其中 x 跑遍 $E \cap U$.

命题 (21.9.4) — *设 X 是一个维数 $\leqslant 1$ 的局部Noether 概形, $X^{(1)}$ 是由那些满足 $\dim \mathscr{O}_{X,x} = 1$ 的点 $x \in X$ 所组成的集合. 则我们有一个典范同构*

(21.9.4.1)
$$\mathscr{D}iv_X \xrightarrow{\sim} \bigoplus_{x\in X^{(1)}} (i_x)_*(\mathrm{Div}(\mathscr{O}_{X,x}))$$

并且 $\mathscr{D}iv_X$ 是松软的.

有见于同构 (21.4.6.1), 从 (21.9.1.2) 就可以定义出同态 (21.9.4.1), 我们来证明它是一一的. 由于 $\dim X \leqslant 1$, 故知 $X^{(1)}$ 的点就是 X 的那些非孤立的闭点. 问题归结为证明: 1° $\mathscr{D}iv_X$ 满足 (21.9.2) 的条件 b), 2° 对任意孤立点 $x \in X$, 均有 $(\mathscr{D}iv_X)_x = 0$. 第二条是由于 $\mathscr{O}_{X,x}$ 是 Artin 环, 从而 $\mathscr{O}_{X,x}$ 的任何正则元都是可逆的. 为了证明第一条, 只需注意到对 X 的任意开集 U 和任意除子 $D \in \mathrm{Div}(U)$, D 的支集 S 的每个极大点 x 都满足 $\mathrm{dp}\, \mathscr{O}_{X,x} = 1$ (21.1.9), 从而自然落在 $X^{(1)} \cap U$ 中, 由于 $\dim X \leqslant 1$, 故知这些点的集合就等于 S, 从而 S 是离散的, 因为 S 的不可约分支的集合是局部有限的.

推论 (21.9.5) — *设 X 是一个维数 $\leqslant 1$ 的局部Noether 概形, 则对任意离散子集 $E \subseteq X^{(1)}$ 和任意一个族 $(D(x))_{x\in E}$, 其中 $D(x) \in \mathrm{Div}(\mathscr{O}_{X,x})$, 均可找到 X 上的唯一一个除子 D, 满足下面的条件: D 的支集包含在 E 中, 并且对任意 $x \in E$, 均有 $D_x = D(x)$.*

这可由 (21.9.4) 和 (21.9.3, (ii)) 推出.

推论 (21.9.6) — *设 X 是一个维数 $\leqslant 1$ 的局部Noether 概形, 则 X 上的任何除子都具有 $D' - D''$ 的形状, 其中 D', D'' 是两个有效除子, 并且它们的支集都包含在 D 的支集之中.*

依照 (21.9.5), 问题可以立即归结到 $X = \operatorname{Spec} A$ 并且 A 是 Noether 局部环的情形. 此时 $\mathrm{M}(X)$ 就是 A 的全分式环, 并且由定义知, $\mathscr{M}_X^*$ 在 X 上的截面都可以写成 b/a 的形式, 其中 a, b 都是 A 的正则元, 故得结论.

推论 (21.9.7) — *设 X 是一个维数 $\leqslant 1$ 的局部Noether 概形, 且没有孤立点, U 是 X 的一个稠密开集. 则在 X 上有这样一个有效除子 D, 它的支集包含在 U 中, 并且与 X 的每个不可约分支都有交点.*

可以假设 U 是一些非空开集 U_α 的无交并集, 并且每个 U_α 都只包含在 X 的唯一一个不可约分支中, 此时只要在每个 U_α 中找出一个 X 中的闭点 x_α (这样的点总是存在的, 因为根据前提条件, U_α 的一般点 (唯一) 并不是孤立的), 再把 (21.9.5) 应用到由这些 x_α 所组成的离散集上即可.

这个推论可以用来证明, 域 k 上的准曲线都是拟射影的, 因为依照曲线上的 Riemann-Roch 定理 (第五章), (21.9.7) 中所定义的那个有效除子必然是丰沛的.

(21.9.8) 对于维数 $\leqslant 1$ 的局部 Noether 概形 X 来说, 命题 (21.9.4) 把确定 $\mathscr{D}iv_X$ 的问题归结到了 $X = \operatorname{Spec} A$ 并且 A 是 1 维 Noether 局部环的情形.

当 A 是 1 维正则局部环 (换句话说, 离散赋值环) 时, 群 $\operatorname{Div}(A)$ 可以典范等同于 $\mathbb{Z}$ (21.6.8), 从而依照 (21.9.2):

命题 (21.9.9) — *设 X 是一个维数 $\leqslant 1$ 的***正则***局部Noether 概形. 则层 $\mathscr{D}iv_X$ 可以典范同构于 $\bigoplus_{x \in X^{(1)}} (i_x)_* \mathbb{Z}(x)$, 其中 $\mathbb{Z}(x)$ 就是加法群 $\mathbb{Z}$, 但把它看作空间 $\{x\}$ 上的群层.*

(21.9.10) 现在我们只假设 1 维 Noether 局部环 A 是既约的, 此时若 A' 是 A 的正规化 (即 A 在它的全分式环中的整闭包), 则依照 Krull-Akizuki 定理 (Bourbaki, 《交换代数学》, VII, §2, ¥5, 命题 5), A' 是 Noether 环, 并且我们在 (21.8.6) 中已经看到, $\operatorname{Div}(A)$ 能够表达成 $\operatorname{Div}(A')$ 的一个扩充, 并且群 $\operatorname{Div}(A')$ 具有 $\mathbb{Z}^r$ 的形状.

命题 (21.9.11) — *设 X 是一个Noether 概形, X_0 是 X 的一个闭子概形, 并且具有下面的性质:*

1° $\dim X_0 \leqslant 1$.

2° 对于 X 的任何局部闭子集 Y, 只要 $Y \cap X_0$ 是离散的, 就可以找到 Y 的一个子集 Y', 它在 X 中是闭的, 在 Y 中是开的, 并且包含了 $Y \cap X_0$.

在这些条件下,

(i) 设 Z_0 是诸子集 $\overline{\{x\}}\cap X_0$ 的并集, 其中 x 跑遍 $\operatorname{Ass}\mathscr{O}_X$ 中的那些使得 $\overline{\{x\}}\cap X_0$ 成为有限集合的点. 则对于 X_0 上的任何一个支集与 Z_0 不相交的除子 D_0, 均可找到 X 上的一个除子 D, 它在典范含入 $X_0\to X$ 下的逆像是存在的 (21.4), 并且就等于 D_0, 进而若 $D_0\geqslant 0$, 则我们可以取 $D\geqslant 0$.

(ii) 进而假设 X_0 有一个包含 $(\operatorname{Ass}\mathscr{O}_{X_0})\cup Z_0$ 的仿射开集 U_0 (如果 X_0 上有一个丰沛的 $\mathscr{O}_{X_0}$ 模层, 那么这个条件就能自动满足 (**II**, 4.5.4)). 则典范同态 (21.3.2.4) $\operatorname{Pic}(X)\to\operatorname{Pic}(X_0)$ 是满的.

(i) 有见于 (21.9.6), 我们可以限于考虑 $D_0\geqslant 0$ 的情形, 依照 (21.9.4), D_0 的支集 T 是一个有限离散集, 并且在 X_0 中是闭的. 可以假设 $D_0\neq 0$, 也就是说 $T\neq\varnothing$ (否则问题已经解决). 对任意 $x\in T$, 均可找到这样一个元素 $s_x\in\mathscr{O}_{X_0,x}$, 它不是零因子, 且落在极大理想中, 进而它在 $(\mathscr{D}iv_{X_0})_x$ 中的像等于 $(D_0)_x$. 我们可以找到 x 在 X 中的一个仿射开邻域 $U^{(x)}$ 以及 $\mathscr{O}_X$ 在 $U^{(x)}$ 上的一个截面 $g^{(x)}$, 使得 s_x 就等于 $(g^{(x)})_x\in\mathscr{O}_{X,x}$ 在 $\mathscr{O}_{X_0,x}$ 中的像, 下面我们来证明, 如果 $U^{(x)}$ 取得足够小, 还可以要求 $g^{(x)}$ 在 $\Gamma(U^{(x)},\mathscr{O}_X)$ 中不是零因子, 换句话说 (3.1.9), 若我们用 $V^{(x)}$ 来记 $U^{(x)}$ 中满足 $g^{(x)}(y)=0$ 的点 y 的集合, 则有 $V^{(x)}\cap\operatorname{Ass}\mathscr{O}_X=\varnothing$. 现在若 $z\in\operatorname{Ass}\mathscr{O}_X$, 则由 $x\notin Z_0$ 的条件知, 要么 $x\notin\overline{\{z\}}$, 要么 x 在 $\overline{\{z\}}\cap X_0$ 中不是孤立的. 通过把 $U^{(x)}$ 换成一个更小的开集, 总可以假设任何 $z\in V^{(x)}\cap\operatorname{Ass}\mathscr{O}_X$ (假设存在) 都属于第二种情形, 从而 $V^{(x)}$ 将包含 $X_0\cap U^{(x)}$ 的某个包含了 x 的 1 维不可约分支, 但这将意味着 $g^{(x)}$ 在 $\Gamma(U\cap X_0,\mathscr{O}_{X_0})$ 中的像 $\bar{g}^{(x)}$ 落在诣零根之中, 因而 s_x 落在 $\mathscr{O}_{X_0,x}$ 的诣零根中, 这是不合理的. 从而对任意 $z\in V^{(x)}\cap\operatorname{Ass}\mathscr{O}_X$, 我们都有 $x\notin\overline{\{z\}}$, 且由于这个集合是有限的, 故可把 $U^{(x)}$ 换成 x 的一个更小的开邻域, 使得 $V^{(x)}\cap\operatorname{Ass}\mathscr{O}_X=\varnothing$.

基于 $U^{(x)}$ 的选择, 我们就可以在 $U^{(x)}$ 上定义一个除子 $D'^{(x)}=\operatorname{div}(g^{(x)})$, 此外, 由上面所述知, x 在 $V^{(x)}\cap X_0$ 中必然是孤立的, 从而通过把 $U^{(x)}$ 换成 x 的一个更小的开邻域, 还可以假设 $V^{(x)}\cap X_0$ 只包含这个点 x. 但此时依照条件 2°, 可以找到 $V^{(x)}$ 的这样一个子集 $W^{(x)}$, 它在 X 中是闭的, 在 $V^{(x)}$ 中是开的, 且满足 $W^{(x)}\cap X_0=\{x\}$. 从而通过把 $U^{(x)}$ 再换成 x 的一个更小的开邻域, 又可以假设 $W^{(x)}=V^{(x)}$, 换句话说, $V^{(x)}$ 在 X 中是闭的. 此时我们可以通过条件 $D^{(x)}|_{U^{(x)}}=D'^{(x)}$ 和 $D^{(x)}|_{(X\smallsetminus V^{(x)})}=0$ 在 X 上定义出一个除子 $D^{(x)}$, 这是有意义的, 因为 $g^{(x)}$ 在 $U^{(x)}\cap(X\smallsetminus V^{(x)})$ 上的限制是一个可逆截面, 从而 $U^{(x)}$ 和 $X\smallsetminus V^{(x)}$ 上的那两个除子在这个开集上的限制是相等的. 现在为了解决我们的问题, 只需取 $D=\sum\limits_{x\in T}D^{(x)}$ 即可, 这是有意义的, 因为 T 是有限的.

(ii) 有见于交换图表 (21.4.2.1), 只要我们能证明任何一个可逆 $\mathscr{O}_{X_0}$ 模层 $\mathscr{L}_0$ 都同构于某个形如 $\mathscr{O}_{X_0}(D_0)$ 的 $\mathscr{O}_{X_0}$ 模层 (21.2.8), 并且 D_0 是 X_0 上的一个支集与 Z_0 不相交的除子, 就可以由 (i) 推出结论. 现在由于 U_0 在 X_0 中是概稠密的 (20.2.13, (iv)), 故只需证明能找到一个截面 $t\in\Gamma(U_0,\mathscr{L}_0)$ 使得在 $(\operatorname{Ass}\mathscr{O}_{X_0})\cup Z_0$ 的所有点处

均有 $t(z_0) \neq 0$ 即可 (3.1.9). 从而我们可以限于考虑 $X_0 = \operatorname{Spec} A_0$ 是仿射概形的情形, 但此时 $\mathscr{L}_0$ 是丰沛的 (**II**, 5.1.4), 并且集合 $\operatorname{Ass} \mathscr{O}_{X_0} \cup Z_0$ 是有限的, 从而由 (**II**, 4.5.4) 就可以推出结论.

推论 (21.9.12) — *设 A 是一个 Hensel 局部环 (18.5.8), $S = \operatorname{Spec} A$, s_0 是 S 的闭点, $f : X \to S$ 是一个有限呈示的分离态射, 并假设集合 $X_0 = f^{-1}(s_0)$ 的维数 $\leqslant 1$. 则对 X 的任何一个以 X_0 为底空间并且在 S 上有限呈示的闭子概形 X'_0 来说, 典范同态 (21.3.2.4) $\operatorname{Pic}(X) \to \operatorname{Pic}(X'_0)$ 都是满的.*

我们首先来证明, 可以限于考虑 A 是一个 *Noether* Hensel 局部环的情形. 事实上, 我们知道 A 可以写成 $A = \varinjlim A_\lambda$ 的形状, 其中 A_λ 都是 Noether Hensel 局部环, 并且同态 $A_\lambda \to A$ 都是局部同态, 进而, 可以找到一个指标 α 和一个有限呈示的分离态射 $f_\alpha : X_\alpha \to S_\alpha = \operatorname{Spec} A_\alpha$, 使得 X 和 f 就是由 X_α 和 f_α 通过基变换 $S \to S_\alpha$ 所导出的 (8.10.5, (v)). 在 (8.8.1) 的惯用记号下, 这些态射 $f_\lambda : X_\lambda \to S_\lambda$ $(\lambda \geqslant \alpha)$ 都是分离的, 并且我们有 $X = X_\lambda \times_{S_\lambda} S$. 进而, 若 $s_{0\alpha}$ 是 S_α 的那个唯一的闭点, 则可以假设 X_α 有这样一个闭子概形 $X'_{0\alpha}$, 它与 $f_\alpha^{-1}(s_{0\alpha})$ 具有相同的底空间, 并使得 $X'_0 = X'_{0\alpha} \times_{S_\alpha} S$ (8.6.3). 于是由纤维的传递性和 (4.1.4) 知, 对于 $\lambda \geqslant \alpha$, 均有 $\dim X'_{0\lambda} = \dim X'_0 \leqslant 1$. 问题是要证明, 若我们已经证明了同态 $\operatorname{Pic}(X_\lambda) \to \operatorname{Pic}(X'_{0\lambda})$ 对 $\lambda \geqslant \alpha$ 都是满的, 则 $\operatorname{Pic}(X) \to \operatorname{Pic}(X'_0)$ 也是满的. 我们显然有典范同态的下述交换图表

$$\begin{array}{ccc} \operatorname{Pic}(X_\lambda) & \longrightarrow & \operatorname{Pic}(X) \\ \downarrow & & \downarrow \\ \operatorname{Pic}(X'_{0\lambda}) & \longrightarrow & \operatorname{Pic}(X'_0) \end{array} .$$

对任意可逆 $\mathscr{O}_{X'_0}$ 模层 $\mathscr{L}'_0$, 均可找到一个 $\lambda \geqslant \alpha$ 和一个可逆 $\mathscr{O}_{X'_{0\lambda}}$ 模层 $\mathscr{L}'_{0\lambda}$, 使得 $\mathscr{L}'_0$ 是由 $\mathscr{L}'_{0\lambda}$ 通过基变换 $S \to S_\lambda$ 所导出的 (8.5.2 和 8.5.5). 现在只需取 $\mathscr{L}_\lambda$ 是这样一个可逆 $\mathscr{O}_{X_\lambda}$ 模层, 它使得 $\operatorname{cl}(\mathscr{L}_\lambda)$ 在 $\operatorname{Pic}(X'_{0\lambda})$ 中的像就等于 $\operatorname{cl}(\mathscr{L}'_{0\lambda})$, 然后取 $\mathscr{L}$ 是由 $\mathscr{L}_\lambda$ 通过基变换而导出的可逆 $\mathscr{O}_X$ 模层即可, 因为由上述图表的交换性知, $\operatorname{cl}(\mathscr{L}'_0)$ 就是 $\operatorname{cl}(\mathscr{L})$ 的像.

以下我们假设 A 是 Noether 的, 从而 X 也是 Noether 的, 我们来验证 X 和 X_0 满足 (21.9.11, (ii)) 的条件. 根据前提条件, 我们有 $\dim X'_0 \leqslant 1$, 另一方面, 为了验证 (21.9.11) 的条件 2°, 考虑 X 的一个以 Y 为底空间的闭子概形 Y, 则 f 的限制态射 $g : Y \to S$ 在 $Y \cap X_0$ 的每个点 x_i $(1 \leqslant i \leqslant n)$ 近旁都是拟有限的, 故我们可以应用 (18.5.11, c)), 由此得知, Y 是一些开子概形 $Y_i = \operatorname{Spec} \mathscr{O}_{Y,x_i}$ $(1 \leqslant i \leqslant n)$ 和一个满足条件 $Y'' \cap X_0 = \varnothing$ 的子概形 Y'' 的和, 进而典范含入 $j_i : Y_i \to X$ 使 $f \circ j_i$ 都成为有限态射. 由于 f 是分离的, 故知 j_i 也是有限态射, 从而 Y_i 在 X 中是闭的, 于是只要

取 $Y' = \bigcup_{1\leqslant i\leqslant n} Y_i$ 就可以满足要求.

只需再验证 (21.9.11, (ii)) 中的补充条件即可. 现在 X'_0 是域 $\boldsymbol{k}(s_0)$ 上的一条准曲线, 因而是一个拟射影 $\boldsymbol{k}(s_0)$ 概形 (第五章) ①, 从而 X_0 上有一个丰沛 $\mathscr{O}_{X'_0}$ 模层 (**II**, 5.3.1), 这就完成了证明.

注解 (21.9.13) — 在 (21.9.12) 的诸条件下, 若进而假设 f 是紧合的, 则态射 f 甚至是射影的. 事实上, 若 $\mathscr{L}_0$ 是一个丰沛 $\mathscr{O}_{X'_0}$ 模层, 则依照 (21.9.12), 可以找到一个可逆 $\mathscr{O}_X$ 模层 $\mathscr{L}$, 它在 X'_0 中的逆像同构于 $\mathscr{L}_0$ (从而是丰沛的). 由于 s_0 在 S 中的任何邻域都必然是整个 S, 故由 (9.6.4) 可知, $\mathscr{L}$ 是一个丰沛 $\mathscr{O}_X$ 模层, 这就推出了结论 (**II**, 5.3.1 和 **II**, 5.5.3).

21.10 余 1 维轮圈的逆像和顺像

在后面讨论相交理论的那一章里, 我们将系统地阐述轮圈的逆像和顺像的概念. 在这一小节中, 我们仅限于在某些特殊情形下定义出这些概念, 对于余 1 维轮圈, 这里给出的定义与除子上的类似概念 (21.4 和 21.5) 在 (21.6) 中所定义的那个同态 cyc 下是相容的.

(21.10.1) 设 X, X' 是两个局部 Noether 概形, $f : X' \to X$ 是一个态射, T 是 X 的一个子集, 假设 X' 的任何极大点在 f 下的像都是 X 的极大点, 并假设对任意 $x' \in X'^{(1)}$ (即满足 $\dim \mathscr{O}_{X',x'} = 1$ 的点 x'), 点 $x = f(x')$ 均满足下面三个条件之一:

(i) $x \notin T$,

(ii) $x \in X^{(1)}$, 并且 $\mathscr{O}_{X',x'}$ 是平坦 $\mathscr{O}_{X,x}$ 模,

(iii) 环 $\mathscr{O}_{X,x}$ 是解因子整环, 并且 $\mathfrak{m}_{x'} \notin \operatorname{Ass} \mathscr{O}_{X',x'}$.

在这些条件下, 我们想要从 X 上的任何一个支集包含在 T 中的余 1 维轮圈 Z 出发定义出 X' 上的一个余 1 维轮圈 $Z' = f^*Z$, 并使 $Z \mapsto f^*Z$ 成为一个从支集包含在 T 中的轮圈所组成的 $\mathfrak{Z}^1(X)$ 的子群到有序群 $\mathfrak{Z}^1(X')$ 的有序群同态. 为此, 首先设

(21.10.1.1)
$$Z = \sum_{x\in T\cap X^{(1)}} n_x \cdot \overline{\{x\}},$$

其中满足 $n_x \neq 0$ 的那些 $x \in T \cap X^{(1)}$ 的族是局部有限的. 对任意 $x' \in X'^{(1)}$ 和 $x = f(x')$, 我们来定义一个整数 $n_{x'}$ 如下:

1° 若 $x \notin T$, 则取 $n_{x'} = 0$,

2° 若 $x \in X^{(1)}$, 并且 $\mathscr{O}_{X',x'}$ 是一个平坦 $\mathscr{O}_{X,x}$ 模, 则我们知道 (6.1.1) 此时 $\dim(\mathscr{O}_{X',x'}/\mathfrak{m}_x\mathscr{O}_{X',x'}) = 0$, 换句话说, $\mathscr{O}_{X',x'}$ 模 $\mathscr{O}_{X',x'}/\mathfrak{m}_x\mathscr{O}_{X',x'}$ 的长度是一个有限

①读者可以验证, 在第五章证明这个性质的时候我们不会用到 (21.9.12).

数 $\lambda_{x'}$, 此时取 $n_{x'}=\lambda_{x'}n_x$,

3° 若 $\mathscr{O}_{X,x}$ 是解因子整环, 并且 $\mathfrak{m}_{x'}\notin \operatorname{Ass}\mathscr{O}_{X',x'}$, 则我们知道 (21.6.9) 典范同态 $\operatorname{cyc}:\operatorname{Div}(\mathscr{O}_{X,x})\to \mathfrak{Z}^1(\operatorname{Spec}\mathscr{O}_{X,x})$ 是一一的, 另一方面, 由于 $\dim\mathscr{O}_{X',x'}=1$ 且 $\mathfrak{m}_{x'}\notin \operatorname{Ass}\mathscr{O}_{X',x'}$, 故知 $\operatorname{Ass}\mathscr{O}_{X',x'}$ 只是由 $\operatorname{Spec}\mathscr{O}_{X',x'}$ 中的极大点组成的, 从而 f 上的前提条件表明, $f(\operatorname{Ass}\mathscr{O}_{X',x'})\subseteq \operatorname{Ass}\mathscr{O}_{X,x}$, 并且由 (21.4.5, (ii)) 知, 同态 $f^*:\operatorname{Div}(\mathscr{O}_{X,x})\to\operatorname{Div}(\mathscr{O}_{X',x'})$ 是有定义的, 最后, 由于 x' 是 $\operatorname{Spec}\mathscr{O}_{X',x'}$ 的唯一一个闭点, 故知 $\mathfrak{Z}^1(\operatorname{Spec}\mathscr{O}_{X',x'})$ 可以典范同构于 $\mathbb{Z}$. 从而我们有一个典范合成同态

(21.10.1.2)

$$\mathfrak{Z}^1(\operatorname{Spec}\mathscr{O}_{X,x})\ \xrightarrow[\sim]{\operatorname{cyc}^{-1}}\ \operatorname{Div}(\mathscr{O}_{X,x})\ \xrightarrow{f^*}\ \operatorname{Div}(\mathscr{O}_{X',x'})\ \xrightarrow{\operatorname{cyc}}\ \mathfrak{Z}^1(\operatorname{Spec}\mathscr{O}_{X',x'})\ \xrightarrow{\sim}\ \mathbb{Z}.$$

设 Z_x 是 $\operatorname{Spec}\mathscr{O}_{X,x}$ 上的轮圈 $\sum\limits_{y\in\operatorname{Spec}\mathscr{O}_{X,x}\cap X^{(1)}} n_y\cdot(\overline{\{y\}}\cap\operatorname{Spec}\mathscr{O}_{X,x})$, 此时取 $n_{x'}$ 就是 Z_x 在同态 (21.10.1.2) 下的像.

(21.10.2) 我们想要证明的是:

A) 如果 (21.10.1) 中的条件 1°, 2°, 3° 中有两个是同时满足的, 则两种方式定义出来的 $n_{x'}$ 是一致的.

B) 使得 $n_{x'}\neq 0$ 的那些 $x'\in X'^{(1)}$ 组成的集合在 X' 中是局部有限的.

为了证明 A), 我们首先假设 $x\notin T$ 并且 x 满足 (21.10.1) 中的条件 2° 或 3°, 则有 $n_x=0$, 从而在情形 2° 中 $n_{x'}=0$, 若在情形 3° 中, 则有 $Z_x=0$, 因为 $\operatorname{Supp}Z\subseteq T$, 从而也有 $n_{x'}=0$. 只需再来考虑 2° 和 3° 同时满足的情形, 此时 $\dim\mathscr{O}_{X,x}=1$, 故知 $\mathscr{O}_{X,x}$ 是离散赋值环, 若 t 是它的一个合一化子. 则 $\operatorname{Div}(\mathscr{O}_{X,x})$ 中与 Z_x 相对应的除子就是 $\operatorname{div}(t^{n_x})$, 而它在 $\operatorname{Div}(\mathscr{O}_{X',x'})$ 中的像则是 t'^{n_x} 的除子, 其中 t' 是 t 在 $\mathscr{O}_{X',x'}$ 中的像 (正则元). 显然可以限于考虑 $n_x=1$ 的情形, 此时定义 (21.6.5.1) 表明, Z_x 在 (21.10.1.1) 下的像就是 $\lambda_{x'}$, 这就证明了 A).

现在我们来证明 B). 令 $T_0=\operatorname{Supp}Z\subseteq T$, $T_0'=f^{-1}(T_0)$, 只需证明由关系式 $n_{x'}\neq 0$ 可以推出 x' 落在 T_0' 的极大点的集合之中 (该集合在 X' 中是局部有限的), 易见我们必有 $x'\in T_0'$, 假如 x' 在闭集 T_0' 中不是极大的, 那就可以找到 x' 在 T_0' 中的一个不同于 x' 的一般化 y', 且由于 $x'\in X'^{(1)}$, 故知 y' 必然是 X' 的一个极大点, 因而 $y=f(y')$ 是 X 的一个极大点 (根据前提条件), 但这是不合理的, 因为 $y\in T_0$ 且 T_0 在 X 中是纯余 1 维的.

(21.10.3) 现在我们就可以令

$$f^*Z\ =\ \sum_{x'\in X'^{(1)}} n_{x'}\overline{\{x'\}},$$

依照 (21.10.2) 中已经证明的结果, 等号右边的求和是有意义的, 我们把这个余 1 维轮圈 f^*Z 称为 Z 在 f 下的逆像. 易见这样定义的映射 f^* 是有序群的同态. 进而,

若 U 是 X 的一个开集, V 是 X' 的一个开集, 且满足 $f(V) \subseteq U$, 再设 $f' : V \to U$ 是 f 的限制, 则由定义立知

(21.10.3.1) $$f'^*(Z|_U) \;=\; (f^*Z)|_V.$$

我们用 $\varGamma_T(\mathscr{Z}_X^1)$ 来记 $\mathscr{Z}_X^1$ 的那个支集包含在 T 中的最大交换子群层, 则由关系式 (21.10.3.1) 知, 上面刚刚定义的那些映射 $\Gamma(U, \varGamma_T(\mathscr{Z}_X^1)) \to \Gamma(V, \mathscr{Z}_{X'}^1)$ 就定义了 X' 上的一个交换有序群层同态

$$\psi^*\varGamma_T(\mathscr{Z}_X^1) \;\longrightarrow\; \mathscr{Z}_{X'}^1,$$

其中 ψ 是态射 f 的底层连续映射.

命题 (21.10.4) — 假设 (21.10.1) 中的条件都是满足的. 则对 X 上的任何除子 D, 只要 $\operatorname{Supp} D \subseteq T$ 并且 f^*D 是有定义的 (21.4.2), 我们就有

(21.10.4.1) $$\operatorname{cyc}(f^*D) \;=\; f^*(\operatorname{cyc}(D)).$$

问题在 X 上是局部性的, 故可限于考虑 $X = \operatorname{Spec} A$ 是仿射概形并且 $D = \operatorname{div}(t)$ 的情形, 其中 t 是 A 的一个不可逆的正则元, 并且子概形 $\mathbf{Y}(D)$ (21.2.12) 只有一个极大点 y, 于是 $\operatorname{cyc}(D) = n_y \cdot \overline{\{y\}}$, 其中 n_y 就是 $\mathscr{O}_{X,y}/t_y\mathscr{O}_{X,y}$ 的长度 (21.6.5.1). 我们在 (21.10.2, B)) 的证明中已经看到, 满足 $\operatorname{mult}_{x'}(f^*(\operatorname{cyc}(D))) \neq 0$ 的点 $x' \in X'$ 都是 $f^{-1}(\overline{\{y\}})$ 的极大点. 若点 x' 满足 (21.10.1) 的条件 3°, 则由 $n_{x'}$ 的定义 (使用 (21.10.1.1)) 就可以推出 (21.10.4.1) 的两边在 x' 处的重数是相等的. 现在我们转而假设 x' 满足 (21.10.1) 中的条件 2°, 并设 $x = f(x')$, 由于 $x \in X^{(1)} \cap \overline{\{y\}}$, 故必有 $x = y$. 现在注意到 $f^*D = \operatorname{div}(t')$, 其中 t' 是 t 在 $\Gamma(X', \mathscr{O}_{X'})$ 中的像, 并且 $\mathbf{Y}(f^*D) = f^{-1}(\mathbf{Y}(D))$, 从而 f^*D 在点 x' 处的重数就是 $\mathscr{O}_{X',x'}$ 模 $\mathscr{O}_{X',x'}/t'_{x'}\mathscr{O}_{X',x'}$ 的长度 $n_{x'}$, 而由于 $\mathscr{O}_{X',x'}/t'_{x'}\mathscr{O}_{X',x'} = (\mathscr{O}_{X,y}/t_y\mathscr{O}_{X,y}) \otimes_{\mathscr{O}_{X,y}} \mathscr{O}_{X',x'}$, 故由 (4.7.1) 知, $n_{x'} = \lambda_{x'} n_y$, 从而 (21.10.4.1) 的两边在点 x' 处的重数也是相等的, 这就完成了证明.

(21.10.5) 现在我们假设 $f : X' \to X$ 是局部 Noether 概形之间的一个态射, 并且它把 X' 的任何极大点都映到 X 的极大点上, 进而假设对 X 的任意稀疏闭子集 T, f 都满足 (21.10.1) 中的条件, 这也相当于说, 对任意 $x' \in X'^{(1)}$, 要么 $x = f(x')$ 是 X 的一个极大点, 要么 x' 满足 (21.10.1) 中的条件 (ii), (iii) 之一. 由于任何余 1 维轮圈的支集在 X 中都是稀疏的, 故我们看到 f^*Z 对于 X 上的所有余 1 维轮圈 Z 都是有定义的, 从而依照 (21.10.3.1), 这就定义了一个交换有序群层同态

$$\psi^*\mathscr{Z}_X^1 \;\longrightarrow\; \mathscr{Z}_{X'}^1.$$

进而若对 X 上的任意除子 D, f^*D 都是有定义的 (21.4.5), 则 D 的支集在 X 中是稀疏的 (21.6.6) 这件事就表明, 我们可以应用 (21.10.4), 从而对 X 上的任意除子 D, 公式 (21.10.4.1) 都成立. 特别地:

命题 (21.10.6) — 设 X, X' 是两个局部Noether 概形, $f: X' \to X$ 是一个平坦态射. 则对 X 上的任何余 1 维轮圈 Z, f^*Z 都有定义, 对 X 上的任何除子 D, f^*D 也都有定义, 并且我们有关系式 (21.10.4.1).

事实上, 若 $x' \in X'^{(1)}$ 且 $x = f(x')$ 不是极大的, 则由 (6.1.1) 知, 此时必有 $x \in X^{(1)}$, 从而 (21.10.1) 的条件 (ii) 是满足的. 于是应用 (21.10.5) 并借助 (21.4.5) 和 (2.3.4) 就可以推出结论.

注解 (21.10.7) — 仅假设 f 在 X' 的任何余维数 $\leqslant 1$ 的点 x' (即满足 $\dim \mathscr{O}_{X',x'} \leqslant 1$ 的点 x') 处都是平坦的, 就能推出 f^*Z 对 X 上的任何余 1 维轮圈 Z 都是有定义的. 事实上, 由 (6.1.1) 知, 对任意极大点 $z' \in X'$, $z = f(z')$ 都是 X 的极大点, 因为 $\dim \mathscr{O}_{X,z} \leqslant \dim \mathscr{O}_{X',z'} = 0$. 同样地, 若 $x' \in X'^{(1)}$, 则由 (6.1.1) 知, $x = f(x')$ 要么是极大的, 要么落在 $X^{(1)}$ 中, 从而我们仍然可以使用 (21.10.5).

命题 (21.10.8) — 设 X, X', X'' 是三个局部Noether 概形, $f: X' \to X$ 和 $g: X'' \to X'$ 是两个态射, 假设 f (切转: g) 在 X' (切转: X'') 的任何余维数 $\leqslant 1$ 的点处都是平坦的. 则 $f \circ g$ 在 X'' 的任何余维数 $\leqslant 1$ 的点处都是平坦的, 并且对 X 上的任何余 1 维轮圈 Z, 均有 $(f \circ g)^*Z = g^*f^*Z$.

第一句话可由 (6.1.1) 和 (2.1.6) 推出. 第二句话则是由于 f (切转: g, $f \circ g$) 把 X' (切转: X'', X'') 的极大点都映到了 X (切转: X', X) 的极大点上, 并且若 $x'' \in X''^{(1)}$ 满足 $x' = g(x'') \in X'^{(1)}$ 和 $x = f(x') \in X^{(1)}$, 则有

$$\operatorname{long}(\mathscr{O}_{X'',x''}/\mathfrak{m}_x\mathscr{O}_{X'',x''}) = \operatorname{long}(\mathscr{O}_{X'',x''}/\mathfrak{m}_{x'}\mathscr{O}_{X'',x''}) \cdot \operatorname{long}(\mathscr{O}_{X',x'}/\mathfrak{m}_x\mathscr{O}_{X',x'}).$$

事实上, 若我们令 $A = \mathscr{O}_{X,x}$, $A' = \mathscr{O}_{X',x'}$, $A'' = \mathscr{O}_{X'',x''}$, $\mathfrak{m} = \mathfrak{m}_x$, $\mathfrak{m}' = \mathfrak{m}_{x'}$, 则有 $A''/\mathfrak{m}A'' = (A'/\mathfrak{m}A') \otimes_{A'} A''$, 并且由 (4.7.1) 以及 A'' 在 A' 上的平坦性条件就可以推出公式

$$\operatorname{long}_{A''}(A''/\mathfrak{m}A'') = \operatorname{long}_{A'}(A'/\mathfrak{m}A') \cdot \operatorname{long}_{A''}(A''/\mathfrak{m}'A'').$$

(21.10.9) 设 X 是一个局部 Noether 概形, Λ 是一个交换群, 并把它记成加法群, 故可看作一个 $\mathbb{Z}$ 模, 我们仍然用 $\mathbb{Z}$ 和 Λ 来表示 X 上的由 $\mathbb{Z}$ 和 Λ 定义出的常值预层的拼续常值层 ($\mathbf{0_I}$, 3.6). 所谓 Λ 系数的余 1 维轮圈芽层, 就是指交换群层 $\mathscr{Z}_X^1 \otimes_{\mathbb{Z}} \Lambda$. 若 $\Lambda = \mathbb{Q}$, 则我们把 $\mathscr{Z}_X^1 \otimes_{\mathbb{Z}} \mathbb{Q}$ 在 X 上的截面称为有理系数的余 1 维轮圈. 由于 $\mathscr{Z}_X^1$ 的茎条都是无挠 $\mathbb{Z}$ 模 (21.6.3), 故知典范同态 $\mathscr{Z}_X^1 \to \mathscr{Z}_X^1 \otimes_{\mathbb{Z}} \mathbb{Q}$ 是单的, 从而余 1 维轮圈都可以看作有理系数的余 1 维轮圈.

(21.10.10) 下面我们要证明, 在适当的条件下, 可以把 (21.10.3) 中对于 X 上的余 1 维轮圈 Z 给出的定义 f^*Z 扩展为允许让 f^*Z 取成 X' 上的有理系数余 1 维轮圈. 我们所设定的最一般的条件是, f 要把 X' 的任何极大点都映到 X 的极大点

上, 并且在任何点 $x' \in X'^{(1)}$ 处, (21.10.1) 中的条件 (i), (ii), (iii) 和下面的第四个条件(这里取 $x = f(x')$) 之中至少有一个是成立的:

(iv) $x \in X^{(1)}$, $\mathfrak{m}_x \notin \operatorname{Ass} \mathscr{O}_{X,x}$, 进而若令 $A = \widehat{\mathscr{O}}_{X,x}$, $A' = \widehat{\mathscr{O}}_{X',x'}$, 并设 K 是 A 的全分式环, 则 A' 是**有限** A 代数, 并且 $K' = A' \otimes_A K$ 是**自由** K 模.

此时我们用 $r_{x'}$ 来记自由 K 模 K' 的秩, 并且用 $q_{x'}$ 来记 $\boldsymbol{k}(x') = \boldsymbol{k}(A')$ 在 $\boldsymbol{k}(x) = \boldsymbol{k}(A)$ 上的次数, 再令 $\mu_{x'} = r_{x'}/q_{x'}$. 对于由 (21.10.1.1) 所给出的一个支集在 T 中的余 1 维轮圈以及任何 $x' \in X'^{(1)}$, 我们定义 $c_{x'} \in \mathbb{Q}$ 在 (21.10.1) 的情形 1°, 2°, 3° 下就等于整数 $n_{x'} \in \mathbb{Z}$, 不过现在还有第四种可能性:

4° 若 x' 满足上面的条件 (iv), 则取 $c_{x'} = \mu_{x'} n_x \in \mathbb{Q}$.

(21.10.11) 我们还需要证明的是, 当 (21.10.10) 中的条件 4° 和 (21.10.1) 中的条件 1°, 2°, 3° 之一同时满足时, 必然有 $n_{x'} = c_{x'}$. 对于 $x \notin T$ 的情形这是显然的, 因为此时 $n_x = 0$. 为了考察另外两个情形, 注意到 $\mathfrak{m}_x \mathscr{O}_{X',x'}$ 在 $\mathfrak{m}_{x'}$ 预进拓扑下是闭的, 从而 $\mathscr{O}_{X',x'}/\mathfrak{m}_x \mathscr{O}_{X',x'}$ 在这个拓扑下的完备化就是 $A'/\mathfrak{m}_x A'$. 若 2° 和 4° 同时满足, 则 $\mathscr{O}_{X',x'}/\mathfrak{m}_x \mathscr{O}_{X',x'}$ 在 $\mathfrak{m}_{x'}$ 预进拓扑下是离散的, 从而同构于 $A'/\mathfrak{m}_x A'$. 由于 A' 是有限平坦 A 代数 ($\mathbf{0_{III}}$, 10.2.3), 故知它是自由 A 模 ($\mathbf{0_{III}}$, 10.1.3), 并且 $A'/\mathfrak{m}_x A'$ 在 $A/\mathfrak{m}_x A = \boldsymbol{k}(x)$ 上的秩就等于 A' 在 A 上的秩, 从而也等于 K' 在 K 上的秩. 另一方面, 这个秩还等于 $\mathscr{O}_{X',x'}/\mathfrak{m}_x \mathscr{O}_{X',x'}$ (作为 $\mathscr{O}_{X',x'}$ 模, 或 $\boldsymbol{k}(x')$ 模) 的长度 $\lambda_{x'}$ 与秩 $[\boldsymbol{k}(x') : \boldsymbol{k}(x)] = q_{x'}$ 的乘积, 这就证明了此情形下的关系式 $\mu_{x'} = r_{x'}/q_{x'} = \lambda_{x'}$.

最后我们假设条件 3° 和 4° 同时满足. 则由于 $\dim \mathscr{O}_{X,x} = 1$, 故知 $\mathscr{O}_{X,x}$ 是离散赋值环, 从而是正则的. 另一方面, $\mathscr{O}_{X',x'}$ 是 1 维的, 并且 $\mathfrak{m}_{x'} \notin \operatorname{Ass} \mathscr{O}_{X',x'}$, 故知 $\mathscr{O}_{X',x'}$ 是一个 Cohen-Macaulay 环 ($\mathbf{0}$, 16.4.6). 最后, 由于 A' 是有限型 A 模, 故知 $A'/\mathfrak{m}_x A'$ 是有限秩的 $\boldsymbol{k}(x)$ 向量空间, 而 $\mathscr{O}_{X',x'}/\mathfrak{m}_x \mathscr{O}_{X',x'}$ 包含在 $A'/\mathfrak{m}_x A'$ 之中, 故它也是有限秩的 $\boldsymbol{k}(x)$ 向量空间, 从而是一个 Artin 环. 应用 (6.1.5) 就得知, $\mathscr{O}_{X',x'}$ 是平坦 $\mathscr{O}_{X,x}$ 模, 从而此时 2° 的条件也是满足的, 于是利用上面已经证明的结果即可推出结论.

在此基础上, 对于上面所考虑的情形, 我们令

$$f^* Z \ = \ \sum_{x' \in X'^{(1)}} c_{x'} \overline{\{x'\}},$$

则它是 X' 上的一个有理系数的余 1 维轮圈. 这样定义的 f^* 仍然是有序群的同态, 且满足 (21.10.3.1), 因而给出了一个交换群层同态

$$\psi^* \varGamma_T(\mathscr{Z}_X^1) \ \longrightarrow \ \mathscr{Z}_{X'}^1 \otimes_{\mathbb{Z}} \mathbb{Q}.$$

如果 f 对于 X 的任意稀疏闭集 T 都满足上述条件, 也就是说, 对任意 $x' \in X'^{(1)}$, 要么 $x = f(x')$ 是 X 的极大点, 要么 x' 满足条件 (ii), (iii) 和 (iv) 之一, 那么 $f^* Z$ 对

于 X 上的所有余 1 维轮圈 Z 都是有定义的, 这样我们就定义了一个交换有序群层同态

$$\psi^* \mathscr{Z}_X^1 \longrightarrow \mathscr{Z}_{X'}^1 \otimes_{\mathbb{Z}} \mathbb{Q},$$

取张量积又可以得到一个有序 $\mathbb{Q}$ 向量空间层的同态

(21.10.11.1)
$$\psi^*(\mathscr{Z}_X^1 \otimes_{\mathbb{Z}} \mathbb{Q}) \longrightarrow \mathscr{Z}_{X'}^1 \otimes_{\mathbb{Z}} \mathbb{Q}.$$

注解 (21.10.12) — 在 (21.10.10) 的情况下, 对于 X 上的一个余 1 维轮圈 Z, f^*Z 的系数完全有可能不是整数. 换句话说, $\mu_{x'}$ 可以不是整数. 以 (6.15.11, (ii)) 中的那个完备整环 A 及其整闭包 A' 为例, $\operatorname{Spec} A'$ 的闭点 x' 就满足 (21.10.10) 中的条件 (iv), 且我们有 $\mu_{x'} = \frac{1}{2}$.

引理 (21.10.13) — 设 A 是一个 1 维*Noether* 局部环, t 是 A 的极大理想 $\mathfrak{m}$ 中的一个正则元 (这就表明 $\mathfrak{m} \notin \operatorname{Ass} A$).

(i) 对每个有限型 A 模 M, 由 t 所定义的同筋 $t_M : M \to M$ 的核 $N_t(M)$ 及余核 $P_t(M)$ 都是有限长的. 我们令 $d_t(M) = \operatorname{long} P_t(M) - \operatorname{long} N_t(M)$.

(ii) 若 $0 \to M' \to M \to M'' \to 0$ 是有限型 A 模的一个正合序列, 则有 $d_t(M) = d_t(M') + d_t(M'')$.

(iii) 对每个有限型 A 模 M, 均有 $d_t(M) \geqslant 0$, 且为了使 $d_t(M) = 0$, 必须且只需 M 是有限长的.

(iv) 设 K 是 A 的全分式环, 并假设 $M \otimes_A K$ 是一个 n 秩自由 K 模, 则有 $d_t(M) = n \cdot d_t(A) = n \cdot \operatorname{long}(A/tA)$.

(v) 若 M 满足 (iv) 的条件, 并假设 t 是 M 正则的, 则有 $\operatorname{long}(M/tM) = n \cdot \operatorname{long}(A/tA)$.

(i) $\operatorname{Spec} A$ 是由点 $\mathfrak{m}$ 和一些极小素理想 $\mathfrak{p}_i$ 所组成的, 根据前提条件, 对任意 i, 均有 $t \notin \mathfrak{p}_i$ (Bourbaki,《交换代数学》, IV, §1, ¥1, 命题 2 的推论 3), 从而 t 在每个 $A_{\mathfrak{p}_i}$ 中的像都是可逆的, 于是有限型 A 模 $N_t(M)$ 和 $P_t(M)$ 的支集要么是空的, 要么只有一个点 $\mathfrak{m}$. 由此可知 (**0**, 16.1.10), 这些模都是有限长的.

(ii) 由于 t 是正则的, 故我们有正合序列

$$0 \longrightarrow A \xrightarrow{t_A} A \longrightarrow A/tA \longrightarrow 0,$$

且因为 $\operatorname{Tor}_i^A(M, A) = 0$ $(i \geqslant 1)$, 故由 Tor 函子的长正合序列可以导出正合序列

$$0 \longrightarrow \operatorname{Tor}_1^A(M, A/tA) \longrightarrow M \xrightarrow{t_M} M \longrightarrow M/tM \longrightarrow 0$$

以及当 $i \geqslant 2$ 时的正合序列

$$0 = \operatorname{Tor}_i^A(M, A) \longrightarrow \operatorname{Tor}_i^A(M, A/tA) \longrightarrow \operatorname{Tor}_{i-1}^A(M, A) = 0,$$

从而 $N_t(M) = \mathrm{Tor}_1^A(M, A/tA)$, 且当 $i \geqslant 2$ 时 $\mathrm{Tor}_i^A(M, A/tA) = 0$. 于是 Tor 函子的长正合序列给出一个正合序列

$$0 \longrightarrow \mathrm{Tor}_1^A(M', A/tA) \longrightarrow \mathrm{Tor}_1^A(M, A/tA) \longrightarrow \mathrm{Tor}_1^A(M'', A/tA) \longrightarrow \\ M' \otimes_A (A/tA) \longrightarrow M \otimes_A (A/tA) \longrightarrow M'' \otimes_A (A/tA) \longrightarrow 0,$$

根据前面的结果, 这个序列也可以写成

$$0 \longrightarrow N_t(M') \longrightarrow N_t(M) \longrightarrow N_t(M'') \\ \longrightarrow P_t(M') \longrightarrow P_t(M) \longrightarrow P_t(M'') \longrightarrow 0,$$

这就证明了 (ii).

为了证明 (iii), 我们可以取 M 的一个合成列 (M_h), 使得它的顺次商模 M_h/M_{h+1} 都同构于 $A/\mathfrak{m}$ 或者某个 $A/\mathfrak{p}_i$ (Bourbaki, 《交换代数学》, IV, §1, ¥4, 定理 1), 于是为了使 M 是有限长的, 必须且只需这些商模都同构于 $A/\mathfrak{m}$. 从而 (依照 (ii)) 问题归结为证明 $d_t(A/\mathfrak{m}) = 0$ 和 $d_t(A/\mathfrak{p}_i) > 0$. 现在由于 t 在 $A/\mathfrak{m}$ 中的像是 0, 故有 $N_t(A/\mathfrak{m}) = A/\mathfrak{m}$ 和 $P_t(A/\mathfrak{m}) = A/\mathfrak{m}$, 这就给出了第一句话, 另一方面, t 在 $A/\mathfrak{p}_i$ 中的像是正则的, 从而 $N_t(A/\mathfrak{p}_i) = 0$ 且 $P_t(A/\mathfrak{p}_i) = A/(tA + \mathfrak{p}_i)$, 后者不可能是 0, 这就证明了第二句话.

(iv) $M \otimes_A K$ 有一个形如 $(x_j/s)_{1 \leqslant j \leqslant n}$ 的基底, 其中 s 是 A 的一个正则元, 并且 $x_j \in M$. 我们来考虑同态 $u : A^n \to M$, 它把 A^n 的典范基底 e_j $(1 \leqslant j \leqslant n)$ 分别对应到 x_j, 接下来证明 $\mathrm{Ker}(u)$ 和 $\mathrm{Coker}(u)$ 都是有限长的. 事实上, 对任意 i, s 在 $A_{\mathfrak{p}_i}$ 中的像都是可逆的, 且由于 $K_{\mathfrak{p}_i} = A_{\mathfrak{p}_i}$, 故这些 x_j/s 在 $M_{\mathfrak{p}_i}$ 中的像就构成了这个 $A_{\mathfrak{p}_i}$ 模的一个基底, 从而 $u_{\mathfrak{p}_i} : A_{\mathfrak{p}_i}^n \to M_{\mathfrak{p}_i}$ 是一一的. 和 (i) 一样, 我们由此可知 $\mathrm{Ker}(u)$ 和 $\mathrm{Coker}(u)$ 的支集包含在 $\{\mathfrak{m}\}$ 之中, 从而这些模都是有限长的. 在此基础上, 由 (ii) 和 (iii) 知, $d_t(M) = d_t(A^n) = n \cdot d_t(A) = n \cdot \mathrm{long}(A/tA)$, 因为 t 是正则的.

最后, (v) 显然可由 (iv) 立得, 因为此时 $N_t(M) = 0$.

利用这个引理可以给出 (21.10.4) 的一个推广:

命题 (21.10.13)[①] — 假设 f 满足 (21.10.10) 中的那些条件. 则对 X 的任何除子 D, 只要 $\mathrm{Supp}\, D \subseteq T$ 并且 f^*D 有定义, 就有

(21.10.13.1) $$\mathrm{cyc}(f^*D) = f^*(\mathrm{cyc}(D)).$$

遵循 (21.10.4) 的方法 (并使用同样的记号), 问题就归结为证明, 若 x' 满足 (21.10.10) 中的条件 4°, 并且 n_y 是 $\mathscr{O}_{X,y}/t_y\mathscr{O}_{X,y}$ 的长度, 则 $\mathscr{O}_{X',x'}/t'_{x'}\mathscr{O}_{X',x'}$ 的长度

①编注: 原文同时出现了"引理 (21.10.13)"和"命题 (21.10.13)", 译文未做修改.

$n_{x'}$ 等于 $\mu_{x'}n_y$, 其中 $\mu_{x'}$ 是 (21.10.10) 中所定义的有理数. 由于 $\mathscr{O}_{X',x'}/t'_{x'}\mathscr{O}_{X',x'}$ 是有限长的, 故它与 $\mathfrak{m}_{x'}$ 进完备化 $A'/t'_{x'}A'$ (也可以写成 A'/t_yA') 具有相同的长度, 此外, 根据前提条件, $t'_{x'}$ 在 $\mathscr{O}_{X',x'}$ 中是正则的, 故由平坦性条件知, 它在 A' 中也是正则的 ($\mathbf{0_I}$, 6.3.4), 并且当我们把 A' 看作 A 模时, 也可以说 t_y 是 A' 正则的. 由于 A 是 1 维的, 并且 A' 是有限型 A 模, 进而 $A'\otimes_A K$ 是 $r_{x'}$ 秩自由 K 模, 故我们可以把 (21.10.13, (v)) 应用到 $M=A'$ 和 t_y 上, 从而 A'/t_yA' 作为 A 模的长度等于 $r_{x'}n_y$. 而由于 $\boldsymbol{k}(x')$ 是 $q_{x'}$ 秩 $\boldsymbol{k}(x)$ 向量空间, 从而 A'/t_yA' 作为 A' 模的长度等于 $r_{x'}n_y/q_{x'}=\mu_{x'}n_y$, 这就完成了证明.

(21.10.14) 现在设 X, X' 是两个局部 Noether 概形, $f:X'\to X$ 是一个态射, 并且它具有下面两个性质:

a) f 是有限的,

b) X' 的任何极大点在 f 下的像都是 X 的极大点.

此时对任意 $x\in X^{(1)}$, 点 $x'\in f^{-1}(x)$ 都落在 $X'^{(1)}$ 中, 这可由条件 b) 和不等式 ($\mathbf{0}$, 16.3.9.1) 推出 (因为纤维 $f^{-1}(x)$ 是离散的). 现在设

$$Z' = \sum_{x'\in X'^{(1)}} n_{x'}\cdot\overline{\{x'\}}$$

是 X' 上的一个余 1 维轮圈. 对任意 $x\in X^{(1)}$, 我们来定义一个整数 n_x 如下:

$$n_x = \sum_{x'\in f^{-1}(x)} n_{x'}\cdot[\boldsymbol{k}(x'):\boldsymbol{k}(x)],$$

这是有意义的, 因为 $f^{-1}(x)$ 中的点只有有限个, 并且 $\boldsymbol{k}(x')$ 在 $\boldsymbol{k}(x)$ 上的次数是有限的 (**I**, 6.4.4). 进而, 使得 $n_x\neq 0$ 的点 $x\in X^{(1)}$ 的集合在 X 中是局部有限的, 因为它包含在满足 $n_{x'}\neq 0$ 的那些 $x'\in X'^{(1)}$ 组成的集合在态射 f 下的像里, 从而由态射 f 的拟紧性就可以推出结论. 于是我们可以在 X 上定义一个余 1 维轮圈如下

(21.10.14.1)
$$f_*Z' = \sum_{x\in X^{(1)}} n_x\cdot\overline{\{x\}},$$

这个 f_*Z' 就被称为 Z' 在 f 下的顺像. 这样定义的映射 $f_*:\mathfrak{Z}^1(X')\to\mathfrak{Z}^1(X)$ 显然是有序群的同态. 进而, 若 U 是 X 的一个开集, $f_U:f^{-1}(U)\to U$ 是 f 的限制, 则由定义立知

(21.10.14.2)
$$(f_U)_*(Z'|_{f^{-1}(U)}) = (f_*Z')|_U,$$

从而若我们用 ψ 来记态射 f 的底层连续映射, 则这些映射 $\Gamma(f^{-1}(U),\mathscr{Z}^1_{X'})\to\Gamma(U,\mathscr{Z}^1_X)$ 就定义了 X 上的一个交换有序群层同态

$$\psi_*\mathscr{Z}^1_{X'} \longrightarrow \mathscr{Z}^1_X.$$

命题 (21.10.15) — 设 X, X', X'' 是三个局部Noether 概形, $f : X' \to X$ 和 $g : X'' \to X'$ 是两个态射, 且满足 (21.10.14) 中的条件a), b). 则 $f \circ g$ 也满足相同的条件, 并且对 X'' 上的任何余 1 维轮圈 Z'', 均有 $(f \circ g)_* Z'' = f_* g_* Z''$.

这可由定义立得.

命题 (21.10.16) — 设 X, X', X_1 是三个局部Noether 概形, $f : X' \to X$ 是一个满足 (21.10.14) 中的条件a) 和b) 的态射, $g : X_1 \to X$ 是一个平坦态射. 我们令 $X'_1 = X' \times_X X_1$ (从而 X'_1 是局部Noether 的), 并且用 $f_1 : X'_1 \to X_1$ 和 $g_1 : X'_1 \to X'$ 来记典范投影. 则 f_1 满足 (21.10.14) 中的条件a) 和b), 并且对 X' 上的任何余 1 维轮圈 Z', 均有

(21.10.16.1) $$g^* f_* Z' \ = \ (f_1)_* (g_1)^* Z'.$$

f_1 显然是有限的, 并且依照 (2.3.7), 它满足 (21.10.14) 中的条件b). 为了证明 (21.10.16.1), 我们可以立即归结到 X, X' 和 X_1 分别是 1 维 Noether 局部环 A, A' 和 A_1 的谱, 并且 A' 是有限 A 模, A_1 是平坦 A 模的情形. 现在分别用 x, x' 和 x_1 来表示 X, X' 和 X_1 的闭点, 则问题是要证明

(21.10.16.2) $$\sum_{x'_1} \lambda_{x'_1} [\boldsymbol{k}(x'_1) : \boldsymbol{k}(x_1)] \ = \ \lambda_{x_1} [\boldsymbol{k}(x') : \boldsymbol{k}(x)],$$

其中 x'_1 跑遍 X'_1 的闭点集 (即那些同时位于 x' 和 x_1 之上的点的集合), 并且 $\lambda_{x'_1} = \operatorname{long}(\mathscr{O}_{X'_1, x'_1} / \mathfrak{m}_{x'} \mathscr{O}_{X'_1, x'_1})$, $\lambda_{x_1} = \operatorname{long}(A_1 / \mathfrak{m}_x A_1)$. 由于

$$[\boldsymbol{k}(x'_1) : \boldsymbol{k}(x')] \cdot [\boldsymbol{k}(x') : \boldsymbol{k}(x)] \ = \ [\boldsymbol{k}(x'_1) : \boldsymbol{k}(x_1)] \cdot [\boldsymbol{k}(x_1) : \boldsymbol{k}(x)],$$

故 (21.10.16.2) 的左边也可以写成

$$\frac{[\boldsymbol{k}(x') : \boldsymbol{k}(x)]}{[\boldsymbol{k}(x_1) : \boldsymbol{k}(x)]} \operatorname{long}_{A'}(A'_1 / \mathfrak{m}_{x'} A'_1) \ = \ \operatorname{long}_{A_1}(A'_1 / \mathfrak{m}_{x'} A'_1),$$

这里我们已设 $A'_1 = A' \otimes_A A_1$. 从而 $A'_1 / \mathfrak{m}_{x'} A'_1 = (A' / \mathfrak{m}_{x'}) \otimes_A A_1$, 且由于 A_1 是平坦 A 模, 故由 (4.7.1) 知

$$\operatorname{long}_{A_1}(A'_1 / \mathfrak{m}_{x'} A'_1) \ = \ \operatorname{long}_A(A' / \mathfrak{m}_{x'}) \cdot \operatorname{long}_{A_1}(A_1 / \mathfrak{m} A_1) \ = \ [\boldsymbol{k}(x') : \boldsymbol{k}(x)] \cdot \lambda_{x_1},$$

这就完成了证明.

命题 (21.10.17) — 设 X, X' 是两个局部Noether 概形, $f : X' \to X$ 是一个局部自由的有限态射. 则 f 满足 (21.10.14) 中的条件b), 并且对 X' 上的任何除子 D', 均有

(21.10.17.1) $$f_*(\operatorname{cyc}(D')) \ = \ \operatorname{cyc}(f_* D').$$

由于 f 是有限平坦的, 故由 (6.1.1) 就可以推出 (21.10.14) 中的条件 b) 以及关系式 $f(X'^{(1)}) \subseteq X^{(1)}$. 定义 (21.10.14.1) 表明, 我们可以限于考虑 $X = \operatorname{Spec} A = \operatorname{Spec} \mathscr{O}_{X,x}$ 的情形, 其中 $x \in X^{(1)}$, 此时 $X' = \operatorname{Spec} A'$, 其中 A' 是一个 A 代数, 并且是有限秩的自由 A 模. 进而我们可以假设 $D' = \operatorname{div}(t')$, 其中 t' 是 A' 的一个正则元, 于是 $f_* D' = \operatorname{div}(t)$, 其中 $t = \mathrm{N}_{A'/A}(t')$ 是 A 的一个正则元 (21.5.2). 可以限于考虑 t' 在 A' 中不可逆的情形, 这也等价于 t 在 A 中是不可逆的, 此时环 A/tA 是有限长且非零的, 并且 A'/tA' 是一些 Artin 局部环 A'_i $(1 \leqslant i \leqslant r)$ 的直合, 其中 A'_i 的剩余类域是 $\boldsymbol{k}(x'_i)$, 这里的 x'_i $(1 \leqslant i \leqslant r)$ 就是 X' 的那些位于 x 之上的点. 若 t'_i $(1 \leqslant i \leqslant r)$ 是 t' 在 A'_i 中的像, 则 $A'/t'A'$ 是这些 $A'_i/t'_iA'_i$ 的直合, 由于乘积 $\operatorname{long}_{A'_i}(A'_i/t'_iA'_i) \cdot [\boldsymbol{k}(x'_i) : \boldsymbol{k}(x)]$ 等于 $\operatorname{long}_A(A'_i/t'_iA'_i)$, 故我们看到 (21.10.17.1) 的左边一项在点 x 处的重数是 $\operatorname{long}_A(A'/t'A')$, 从而所要证明的公式就归结为

(21.10.17.2)
$$\operatorname{long}_A(A'/t'A') = \operatorname{long}_A(A/tA).$$

这个关系式可由下面这个更一般的引理推出来:

引理 (21.10.17.3) — *设 A 是一个 1 维 Noether 局部环, M 是一个有限秩自由 A 模, u 是 M 的一个单自同态. 则有*

(21.10.17.4)
$$\operatorname{long}_A(\operatorname{Coker}(u)) = \operatorname{long}_A(A/(\det u)A).$$

我们要分为几个情形来讨论:

I) *A 是离散赋值环* — 事实上, 设 π 是 A 的一个合一化子, 我们注意到 $\operatorname{long}_A(A/\pi^k A) = k$, 若 n 是 M 的秩, 并设 π^{m_i} $(1 \leqslant i \leqslant n)$ 是 u 的不变因子, 则 $\operatorname{Coker}(u)$ 就是这些 A 模 $A/\pi^{m_i}A$ 的直和, 从而它的长度是 $m = \sum_{i=1}^{n} m_i$, 并且 $\det(u)$ 是某个可逆元与 t^m 的乘积, 这就给出了此情形的结论 (Bourbaki,《代数学》, VII, §4, ⁑5, 命题 4 的推论 1).

II) *A 是 (1 维) 完备整环* — 此时我们知道 (**0**, 19.8.8, (ii)) A 有这样一个子环 B, 它是离散赋值环, 含入 $B \to A$ 是局部同态, 并且使 A 成为有限型 B 模. 由于这个 B 模显然是无挠的, 因而是自由的 (Bourbaki,《交换代数学》, VI, §3, ⁑6, 引理 1). 我们用 M' 来记带有这种 B 模结构的 M (它是自由的), 并且用 u' 来记作为 B 模自同态的 u. 则由 I) 知,

(21.10.17.5)
$$\operatorname{long}_B(\operatorname{Coker}(u')) = \operatorname{long}_B(B/(\det u')B).$$

然而我们有 (Bourbaki,《代数学》, VIII, §12, ⁑2, 命题 7)

$$\det u' = \mathrm{N}_{A/B}(\det u),$$

从而把 (21.10.17.4) 应用到自由 B 模 A 的同筋 $x \mapsto (\det u)x$ 上可以给出

$$\operatorname{long}_B(B/(\det u')B) \;=\; \operatorname{long}_B(A/(\det u)A).$$

把它代入 (21.10.17.5) 中, 再除以 $[\boldsymbol{k}(A):\boldsymbol{k}(B)]$ (这是 B 模 $\boldsymbol{k}(A)$ 的长度), 就得到了此情形下的 (21.10.17.4).

III) A 是完备环 — 注意到我们可以进而假设 $\mathfrak{m} \notin \operatorname{Ass} A$. 事实上, 由于 $\det(u)$ 是 A 的一个正则元, 故当 $\mathfrak{m} \in \operatorname{Ass} A$ 时, 我们就得知 $\det(u) \notin \mathfrak{m}$, 从而 $\det(u)$ 是可逆的, 即 u 是 M 的一个自同构, 此时公式 (21.10.17.4) 显然成立, 因为左右两边都等于 0.

在下文中, 对于环 R 上的模 N 的一个自同态 v, 若 $\operatorname{Ker}(v)$ 和 $\operatorname{Coker}(v)$ 都是有限长的, 则我们令

$$\chi(N,v) \;=\; \operatorname{long}_R(\operatorname{Ker}(v)) - \operatorname{long}_R(\operatorname{Coker}(v)).$$

注意到 v 上的这个条件相当于说, 复形

$$K^\bullet \;:\; 0 \longrightarrow N \xrightarrow{\;v\;} N \longrightarrow 0$$

的上同调模都是有限长的, 且此时 $\chi(N,v) = \chi(\mathrm{H}^\bullet(K^\bullet))$ ($\mathbf{0_{III}}$, 11.10). 由此得知, 若 N', N, N'' 是三个 R 模, 且我们有一个交换图表

$$\begin{array}{ccccccccc} 0 & \longrightarrow & N' & \xrightarrow{\;r\;} & N & \xrightarrow{\;s\;} & N'' & \longrightarrow & 0 \\ & & {\scriptstyle v'}\downarrow & & {\scriptstyle v}\downarrow & & \downarrow{\scriptstyle v''} & & \\ 0 & \longrightarrow & N' & \xrightarrow[\;r\;]{} & N & \xrightarrow[\;s\;]{} & N'' & \longrightarrow & 0, \end{array}$$

它的两行都是正合的, 而且三个数 $\chi(N,v)$, $\chi(N',v')$ 和 $\chi(N'',v'')$ 中有两个是有定义的, 则第三个也是有定义的, 并且有

(21.10.17.6)
$$\chi(N,v) \;=\; \chi(N',v') + \chi(N'',v'').$$

事实上, 这可由上同调长正合序列立得.

最后, 若 N 是一个有限长的 R 模, 则有 $\chi(N,v) = 0$.

在这些记号下, 我们有下面的引理:

引理 (21.10.17.7) — 设 A 是一个 1 维*Noether* 局部环, 极大理想为 $\mathfrak{m}$, 并且 $\mathfrak{m} \notin \operatorname{Ass} A$, 设 $\mathfrak{p}_i$ $(1 \leqslant i \leqslant n)$ 是 A 的全部极小素理想. 设 M 是一个有限型自由 A 模, u 是 M 的一个自同态, 并假设 $\chi(M,u)$ 是有定义的, 对任何 i, 我们令

$M_i = M \otimes_A (A/\mathfrak{p}_i)$, 并设 u_i 是 M_i 的自同态 $u \otimes 1_{A/\mathfrak{p}_i}$, 于是若对每个 i 来说, $\chi(M_i, u_i)$ 都是有定义的, 则有

(21.10.17.8)
$$\chi(M,u) = \sum_{i=1}^{n} \operatorname{long}(A_{\mathfrak{p}_i}) \cdot \chi(M_i, u_i).$$

由于 $\mathfrak{m} \notin \operatorname{Ass} A$, 故我们有唯一的精简准素分解 $(0) = \bigcap_{1 \leqslant i \leqslant n} \mathfrak{q}_i$, 其中理想 $\mathfrak{q}_i$ 是 $\mathfrak{p}_i$ 准素的. 从而若我们令 $M'_i = M \otimes (A/\mathfrak{q}_i)$, 则有一个 A 模正合序列

$$0 \longrightarrow M \longrightarrow \bigoplus_i M'_i \longrightarrow M'' \longrightarrow 0,$$

其中 M'' 是有限长的. 事实上, 把上述正合序列在每个 $\mathfrak{p}_i$ 处取局部化, 则有 $M''_{\mathfrak{p}_i} = 0$, 因为 $(\mathfrak{q}_i)_{\mathfrak{p}_i} = 0$ 且对 $j \neq i$ 均有 $(\mathfrak{q}_i)_{\mathfrak{p}_j} = A_{\mathfrak{p}_j}$ (Bourbaki,《交换代数学》, IV, §2, ¥4, 命题 6), 从而 $(M'_i)_{\mathfrak{p}_i} = M_{\mathfrak{p}_i}$ 并且 $(M'_j)_{\mathfrak{p}_i} = 0$, 于是 M'' 的支集只含一个点 $\mathfrak{m}$, 故 M'' 是有限长的 (**0**, 16.1.10). 若我们令 $u'_i = u \otimes 1_{A/\mathfrak{q}_i}$, 并设 u'' 是 M'' 的那个由 $\bigoplus_i u'_i$ 取商而导出的自同态, 则由 (21.10.17.6) 可知, $\chi(M,u) + \chi(M'', u'') = \sum_{i=1}^{n} \chi(M'_i, u'_i)$, 又因为 M'' 是有限长的, 故有 $\chi(M'', u'') = 0$. 从而为了证明 (21.10.17.8), 我们可以限于考虑 $n = 1$ 的情形. 此时设 $\mathfrak{p}$ 是 A 的唯一一个极小素理想, 它就是 A 的诣零根, 令 $A_0 = A/\mathfrak{p}$, $M_0 = M \otimes_A A_0$, $u_0 = u \otimes 1_{A_0}$, 问题是要证明, 只要 $\chi(M_0, u_0)$ 有定义, 我们就有

(21.10.17.9)
$$\chi(M,u) = \operatorname{long} A_{\mathfrak{p}} \cdot \chi(M_0, u_0).$$

设 $\mathfrak{n}_j$ $(0 \leqslant j \leqslant r)$ 是 $\mathfrak{p}$ 的"j 次宽幂", 也就是说, $\mathfrak{n}_j$ 是 $A_{\mathfrak{p}}$ 的理想 $(\mathfrak{p}A_{\mathfrak{p}})^j$ 在 A 中的逆像 $(0 \leqslant j \leqslant r)$, 于是 $\mathfrak{n}_0 = A$, $\mathfrak{n}_r = (0)$, 我们令

$$M_j = \mathfrak{n}_j M / \mathfrak{n}_{j+1} M \qquad (0 \leqslant j \leqslant r-1),$$

并且用 v_j 来记 M_j 的那个由 u 在 $\mathfrak{n}_j M$ 上的限制取商而导出的自同态. 我们首先要证明, 每个 $\chi(M_j, v_j)$ 都是有定义的, 并且

(21.10.17.10)
$$\chi(M,u) = \sum_j \chi(M_j, v_j).$$

只要把 (21.10.17.6) 应用到每个正合序列

$$0 \longrightarrow \mathfrak{n}_j M / \mathfrak{n}_{j+1} M \longrightarrow M / \mathfrak{n}_{j+1} M \longrightarrow M / \mathfrak{n}_j M \longrightarrow 0$$

上就可以从第一句话推出第二句话.

为了证明第一句话, 我们注意到若 m 是自由 A 模 M 的秩, 则 M_j 同构于 $(\mathfrak{n}_j/\mathfrak{n}_{j+1})^m$, 或者说 (由于 $\mathfrak{p}$ 零化每个商模 $\mathfrak{n}_j/\mathfrak{n}_{j+1}$), M_j 是一个同构于 $M_0 \otimes_{A_0} (\mathfrak{n}_j/\mathfrak{n}_{j+1})$ 的 A_0 模. 我们用 l_j 来记 A_0 模 $\mathfrak{n}_j/\mathfrak{n}_{j+1}$ 的秩, 则由于 A_0 的分式域 K_0 就是 $A_{\mathfrak{p}}$ 的剩余类域, 故知 l_j 也是 $A_{\mathfrak{p}}$ 模 $(\mathfrak{p}A_{\mathfrak{p}})^j/(\mathfrak{p}A_{\mathfrak{p}})^{j+1}$ 的长度. A_0 模 M_j 有这样一个生成元组, 它包含了 $M_j \otimes_{A_0} K_0$ 的一个基底, 从而我们有一个 A_0 同态

$$w_j \ : \ M_0^{l_j} \longrightarrow M_j,$$

它在 A_0 的理想 (0) 处的局部化是一个同构, 于是 $\operatorname{Ker}(w_j)$ 和 $\operatorname{Coker}(w_j)$ 的支集中都只有 A_0 的极大理想 $\mathfrak{m}/\mathfrak{p}$, 从而 $\operatorname{Ker}(w_j)$ 和 $\operatorname{Coker}(w_j)$ 都是有限长的 A_0 模 (**0**, 16.1.10). 根据前提条件, $\chi(M_0, u_0)$ 是有定义的, 故知 $\chi(M_0^{l_j}, u_0^{l_j}) = l_j\chi(M_0, u_0)$ 也有定义, 再依照 (21.10.17.6) 以及 $\operatorname{Ker}(w_j)$ 和 $\operatorname{Coker}(w_j)$ 都是有限长的这个事实, 我们就看到 $\chi(M_j, u_j)$ 是有定义的, 并且等于 $l_j\chi(M_0, u_0)$, 现在关系式 (21.10.17.10) 可以给出

$$\chi(M, u) \ = \ \Big(\sum_j l_j\Big)\chi(M_0, u_0),$$

并依照上面的注解, $\sum\limits_j l_j$ 刚好就是 $A_{\mathfrak{p}}$ 的长度, 这就完成了引理 (21.10.17.7) 的证明.

为了把这个引理应用到 A 是完备环并且 $\mathfrak{m} \notin \operatorname{Ass} A$ 的情形, 我们观察到如果 u 是单的, 那么这些 u_i 都是单的 (记号取自引理). 事实上, 此时 $\det(u)$ 是 A 的一个正则元, 从而没有落在任何一个 $\mathfrak{p}_i$ 之中, 因而它在 $A/\mathfrak{p}_i$ 中的像 $\det(u_i)$ 是该整环中的一个非零元, 这就证明了 u_i 是单的. 由于 $\operatorname{Coker}(u_i)$ 是 $\operatorname{Coker}(u)$ 的像, 故它也是有限长的, 从而 $\chi(M_i, u_i)$ 对每个 i 都是有定义的, 因而我们有公式 (21.10.17.8). 另一方面, 由于 $\det(u)$ 是 A 的一个正则元, 故它没有包含在任何一个 $\mathfrak{p}_i$ 之中, 从而理想 $(\det u)A$ 是 $\mathfrak{m}$ 准素的, 并且商模 $A/(\det u)A$ 是有限长的. 把同样的方法应用到 A 的单同筋 $t : \xi \mapsto (\det u)\xi$ 和它在各个 $A/\mathfrak{p}_i$ 中的像 $t_i = \det(u_i)$ 上, 就给出了

$$\chi(A, t) \ = \ \sum_i \operatorname{long}(A_{\mathfrak{p}_i}) \cdot \chi(A/\mathfrak{p}_i, t_i).$$

然而环 $A/\mathfrak{p}_i$ 都是整且完备的, 故我们可以把 II) 的结果应用到它们上面, 这样就得出了关于 M 和 u 的公式 (21.10.17.4).

IV) 一般情形 — 我们令 $A' = \widehat{A}$, $M' = M \otimes_A A'$, $u' = u \otimes 1_{A'}$, 则有 $\det(u') = \det(u)$, 且根据平坦性条件, 我们有 $\operatorname{Coker}(u') = (\operatorname{Coker}(u))_{(A')}$ 和 $A'/(\det u)A' = (A/(\det u)A)_{(A')}$. 依照 III), 公式 (21.10.17.4) 对 A' 和 u' 是成立的, 从而依照 (4.7.1), 它对 A 和 u 也是成立的.

这就完成了 (21.10.17) 的证明.

命题 (21.10.18) — *设 X, X' 是两个局部Noether 概形, $f : X' \to X$ 是一个有限态射, 它把 X' 的任何极大点都映到 X 的极大点上, 并且对任意 $x' \in X'$ 都满足*

(21.10.10) 中的条件 (ii), (iii), (iv) 之一. 进而假设我们有一个整数 n, 使得对 X 的任意极大点 x, $(f_*\mathscr{O}_{X'})_x$ 都是 n 秩自由 $\mathscr{O}_{X,x}$ 模. 则对 X 上的任何余 1 维轮圈 Z, 均有

(21.10.18.1) $$f_*f^*Z = n\cdot Z$$

(“投影公式”).

依照定义, 问题可以立即归结到 X 是 1 维 Noether 局部环的谱, x 是它的闭点, 并且 $Z=\overline{\{x\}}$ 的情形. 我们令 $X'=\operatorname{Spec}A'$, 其中 A' 是一个有限 A 代数, 并且对 A 的任何极小素理想 $\mathfrak{p}_i$, $A'_{\mathfrak{p}_i}$ 都是 n 秩自由 $A_{\mathfrak{p}_i}$ 模. 首先来说明, 我们可以进而假设 A 是完备的. 事实上, 我们取基变换 $h:Y\to X$, 其中 $Y=\operatorname{Spec}B$ 且 $B=\widehat{A}$, 然后令 $Y'=X'\times_X Y=\operatorname{Spec}(B\otimes_A A')$ 和 $g=f_{(Y)}:Y'\to Y$, 则态射 g 是有限的, 且由于 h 是平坦的, 故知 Y 的极大点都位于 X 的极大点之上. 在每个点 $\mathfrak{p}_i$ 之上, B 中只有有限个极小素理想 $\mathfrak{p}_{ij}$, 并且 $(B\otimes_A A')_{\mathfrak{p}_{ij}}$ 都是 n 秩自由 $B_{\mathfrak{p}_{ij}}$ 模. 最后, 若 f 在 $f^{-1}(x)$ 的每个点 x' 处都满足 (21.10.10) 中的条件 (ii), (iii) 和 (iv) 之一, 则 g 在 $g^{-1}(y)$ 中的那个位于 x' 之上的唯一点 y' 处都会满足同样的条件 (这里的 y 是指 Y 的闭点), 对于条件 (ii) 和 (iv) 来说这是显然的, 至于条件 (iii), 它蕴涵着 A 是一个离散赋值环, 从而 B 也是如此, 且基于平坦性, 条件 $\mathfrak{m}_{y'}\notin\operatorname{Ass}(\mathscr{O}_{Y',y'})$ 就是来自条件 $\mathfrak{m}_{x'}\notin\operatorname{Ass}(\mathscr{O}_{X',x'})$ (3.3.1). 从而态射 g 与 f 满足相同的条件, 依照 (21.10.16.1), 若我们证明了公式 (21.10.18.1) 对于 g 和 $\overline{\{y\}}$ 是成立的, 则它对于 f 和 $\overline{\{x\}}$ 就也是成立的.

于是我们可以假设 A 是完备的, 此时 A' 也是如此, 从而它是一些完备局部环的直合, 因而可以限于考虑 A' 是局部环的情形, 且只需对于 X' 的闭点 x' 来验证 (21.10.18.1) 在 (ii), (iii), (iv) 每个情形下都是成立的. 在情形 (ii) 下, 由于 A' 是一个有限型平坦 A 模, 故它是自由 A 模 ($\mathbf{0}_{\mathrm{III}}$, 10.1.3), 且依照前提条件, 它的秩等于 n. 现在根据定义 (21.10.1 和 21.10.3), 我们有 $f^*Z=\lambda_{x'}\cdot\overline{\{x'\}}$, 其中 $\lambda_{x'}$ 就是 A' 模 $A'/\mathfrak{m}_xA'$ 的长度, 继而 $f_*f^*Z=(\lambda_{x'}[\boldsymbol{k}(x'):\boldsymbol{k}(x)])\cdot\overline{\{x\}}$, 但 $\lambda_{x'}[\boldsymbol{k}(x'):\boldsymbol{k}(x)]$ 就是 $A'/\mathfrak{m}_xA'=A'\otimes_A\boldsymbol{k}(x)$ 作为 A 模的长度, 或者说, 作为 $\boldsymbol{k}(x)$ 向量空间的秩, 从而就等于 n.

在情形 (iii) 下, A 是一个离散赋值环, 从而是正则的, 且前提条件 $\mathfrak{m}_{x'}\notin\operatorname{Ass}(\mathscr{O}_{X',x'})$ 说明了 A' 是一个 Cohen-Macaulay 环 ($\mathbf{0}$, 16.4.6), 现在 $\dim A'=\dim A=1$ 表明 $A'/\mathfrak{m}_xA'$ 是一个 Artin 环, 故由 (6.1.5) 知 A' 是一个平坦 A 模, 问题又归结到 (ii) 的情况下.

在情形 (iv) 下, 若 K 是 A 的全分式环, 则根据前提条件, $K'=A'\otimes_A K$ 是一个 n 秩自由 K 模, 再根据定义 (21.10.10), 我们有 $f^*Z=(n/[\boldsymbol{k}(x'):\boldsymbol{k}(x)])\cdot\overline{\{x'\}}$, 故得 $f_*f^*Z=n\cdot\overline{\{x\}}$. 证明完毕.

注意到公式 (21.10.18.1) 可以应用到下面这个特殊情况中: 态射 f 是有限且平坦的, 且在 X 的任何极大点 x 处, $(f_*(\mathscr{O}_{X'}))_x$ 都是一个 n 秩自由 $\mathscr{O}_{X,x}$ 模.

推论 (21.10.19) — *在 (21.10.18) 的前提条件下, 设 D 是 X 上的一个除子, 并假设 f^*D 是有定义的 (21.4.5), 则有*

(21.10.19.1) $$f_*(\mathrm{cyc}(f^*D)) \ = \ n \cdot \mathrm{cyc}(D).$$

这可由 (21.10.18) 和 (21.10.13) 推出.

21.11 正则环的因子分解性质

定理 (21.11.1) (Auslander-Buchsbaum) — *正则Noether 局部环都是解因子整环.*

下面这个证明是 I. Kaplansky 给出的.

设 A 是一个 n 维正则 Noether 局部环, 我们对 n 进行归纳. 若 $n = 0$, 则 A 是域, 若 $n = 1$, 则它是离散赋值环, 从而是主理想整环 (自然也是解因子的). 以下假设 $n \geqslant 2$, 并且定理已经对维数 $< n$ 的正则局部环都得到了证明. 我们令 $X = \operatorname{Spec} A$, 并且用 a 来表示它的闭点, 再令 $U = X \setminus \{a\}$. 在任何点 $y \in U$ 处, 均有 $\dim \mathscr{O}_{X,y} \leqslant n-1$, 且由于 A 是正则的, 故知环 $\mathscr{O}_{X,y}$ 也都是正则的 (**0**, 17.3.2), 从而由归纳假设知, 它们都是解因子的. 进而我们有 $\operatorname{dp} A = \dim A \geqslant 2$, 因为正则局部环都是 Cohen-Macaulay 的 (**0**, 17.1.3). 利用 (21.6.14), 则问题归结为证明 $\operatorname{Pic}(U) = 0$. 考虑一个可逆 $\mathscr{O}_U$ 模层 $\mathscr{L}$, 我们要证明它同构于 $\mathscr{O}_U$. 由 (**I**, 9.4.5) 知, 可以找到一个凝聚 $\mathscr{O}_X$ 模层 $\mathscr{F}$, 使得 $\mathscr{F}|_U = \mathscr{L}$. 由于 A 是正则的, 从而它的上同调维数是有限的 (**0**, 17.3.1), 故可找到 $\mathscr{F}$ 的一个有限的左消解:

$$0 \longleftarrow \mathscr{F} \longleftarrow \mathscr{O}_X^{n_1} \longleftarrow \mathscr{O}_X^{n_2} \longleftarrow \cdots \longleftarrow \mathscr{O}_X^{n_h} \longleftarrow 0$$

(**0**, 17.2.8 和 **0**, 17.2.2, (iii)). 限制到 U 上, 我们就得到一个有限消解

(21.11.1.1) $$0 \longleftarrow \mathscr{L} \longleftarrow \mathscr{O}_U^{n_1} \longleftarrow \mathscr{O}_U^{n_2} \longleftarrow \cdots \longleftarrow \mathscr{O}_U^{n_h} \longleftarrow 0.$$

定理的证明是基于下面的一般想法. 在一个环积空间 X 上, 设 $\mathscr{E}$ 是一个有限秩的局部自由 $\mathscr{O}_X$ 模层, 我们用 $\bigwedge^{\max} \mathscr{E}$ 来记这样一个可逆 $\mathscr{O}_X$ 模层, 它在 X 的每一点的邻域上都等于 $\bigwedge^p \mathscr{E}$, 其中 p 是 $\mathscr{E}$ 在该邻域上的秩(这个值对 X 的不同的连通分支可能是不同的). 在这个记号下, 我们有

引理 (21.11.1.2) — *设 X 是一个局部环积空间,*

$$0 \longleftarrow \mathscr{E}_0 \overset{u_0}{\longleftarrow} \mathscr{E}_1 \longleftarrow \cdots \longleftarrow \mathscr{E}_h \longleftarrow 0$$

是有限秩局部自由 $\mathscr{O}_X$ 模层的一个正合序列, 则可逆 $\mathscr{O}_X$ 模层 $\bigotimes_{0\leqslant i\leqslant h}(\bigwedge^{\max}\mathscr{E}_i)^{\otimes(-1)^i}$ 同构于 $\mathscr{O}_X$.

我们首先来说明, 使用这个引理就能完成 (21.11.1) 的证明, 为此只需注意到, 对任意整数 n, $\bigwedge^{\max}\mathscr{O}_U^n=\bigwedge^n\mathscr{O}_U^n$ 都同构于 $\mathscr{O}_U$, 也同构于 $\mathscr{O}_U^{\otimes(-1)}$. 另一方面, 由于对任意可逆 $\mathscr{O}_U$ 模层 $\mathscr{L}$, 均有 $\bigwedge^{\max}\mathscr{L}=\mathscr{L}$, 从而把引理 (21.11.1.2) 应用到正合序列 (21.11.1.1) 上就能证明 $\mathscr{L}$ 同构于 $\mathscr{O}_U$.

只需再证明 (21.11.1.2) 即可, 我们对 h 进行归纳, 当 $h=1$ 时引理显然成立. 若 $h>1$, 则 $\mathscr{N}=\operatorname{Ker}(u_0)$ 是一个有限秩局部自由 $\mathscr{O}_X$ 模层 ($\mathbf{0_I}$, 5.5.5), 且我们有两个正合序列

$$0\longleftarrow\mathscr{E}_0\longleftarrow\mathscr{E}_1\longleftarrow\mathscr{N}\longleftarrow 0,$$

$$0\longleftarrow\mathscr{N}\longleftarrow\mathscr{E}_2\longleftarrow\cdots\longleftarrow\mathscr{E}_h\longleftarrow 0.$$

依照归纳假设, $(\bigwedge^{\max}\mathscr{N})\otimes\big(\bigotimes_{2\leqslant i\leqslant h}(\bigwedge^{\max}\mathscr{E}_i)^{\otimes(-1)^{i-1}}\big)$ 同构于 $\mathscr{O}_X$, 从而只需定义出一个典范同构 $(\bigwedge^{\max}\mathscr{N})\otimes(\bigwedge^{\max}\mathscr{E}_0)\xrightarrow{\sim}\bigwedge^{\max}\mathscr{E}_1$ 就可以完成证明. 现在取 X 的这样一个开覆盖 (U_α), 使得在每个 U_α 中, $\mathscr{E}_1|_{U_\alpha}$ 都是 $\mathscr{N}|_{U_\alpha}$ 与某个局部自由 $\mathscr{O}_{U_\alpha}$ 模层 $\mathscr{M}_\alpha$ 的直和 ($\mathbf{0_I}$, 5.5.5), 这就给出一个典范同构 $v_\alpha:\mathscr{M}_\alpha\xrightarrow{\sim}\mathscr{E}_0|_{U_\alpha}$. 由于我们已经有一个典范同构

$$r_\alpha\ :\ (\bigwedge^{\max}\mathscr{N}|_{U_\alpha})\otimes(\bigwedge^{\max}\mathscr{M}_\alpha)\xrightarrow{\sim}(\bigwedge^{\max}\mathscr{E}_1)|_{U_\alpha}$$

故可借助 v_α 导出一个同构

$$u_\alpha\ :\ (\bigwedge^{\max}\mathscr{N}|_{U_\alpha})\otimes(\bigwedge^{\max}\mathscr{E}_0|_{U_\alpha})\xrightarrow{\sim}\bigwedge^{\max}\mathscr{E}_1|_{U_\alpha}.$$

问题是要证明, 对每一对指标 α, β 来说, u_α 和 u_β 在 $U_\alpha\cap U_\beta$ 上都是一致的. 现在若 v'_α 和 v'_β 分别是 v_α 和 v_β 在 $U_\alpha\cap U_\beta$ 上的限制, 则我们有 $v'_\alpha=v'_\beta\circ w_{\beta\alpha}$, 其中 $w_{\beta\alpha}:\mathscr{M}_\alpha|_{(U_\alpha\cap U_\beta)}\xrightarrow{\sim}\mathscr{M}_\beta|_{(U_\alpha\cap U_\beta)}$ 是那个“平行于 $\mathscr{N}$ 的投影”, 即对任意截面 $s\in\Gamma(U_\alpha\cap U_\beta,\mathscr{M}_\alpha)$, 均有 $w_{\beta\alpha}(s)=s+t$, 其中 $t\in\Gamma(U_\alpha\cap U_\beta,\mathscr{N})$, 从而由这个事实以及典范同构 r_α 的定义 (Bourbaki,《代数学》, III, 第 3 版) 立知, u_α 和 u_β 是相同的.

21.12 van der Waerden 关于双有理态射分歧谷的纯格定理

(21.12.1) 设 X 和 U 是两个概形, $f:U\to X$ 是一个紧凑态射, 从而 $f_*\mathscr{O}_U$ 是一个拟凝聚 $\mathscr{O}_X$ 代数层 (1.7.4). 所谓 X 概形 U 的仿射包络, 是指下面这个仿射 X 概形

$$U^0\ =\ \operatorname{Aff}(U/X)\ =\ \operatorname{Spec}f_*\mathscr{O}_U\ =\ \operatorname{Spec}\mathscr{A}(U)\qquad(\mathbf{II},1.1.1).$$

从而若 $f^0 : U^0 \to X$ 是结构态射, 则根据定义, 我们有

$$\mathscr{A}(U^0) = f^0_* \mathscr{O}_{U^0} = f_* \mathscr{O}_U = \mathscr{A}(U),$$

并且 $f_* \mathscr{O}_U$ 到自身的恒同自同构在 (**II**, 1.2.7) 下对应着一个典范 X 态射

(21.12.1.1)
$$i_U : U \longrightarrow U^0.$$

显然, 为了使 i_U 是同构, 必须且只需态射 $f : U \to X$ 是仿射的.

对任意仿射 X 概形 V, 映射 $u \mapsto u \circ i_U$ 都是一个一一映射

$$\mathrm{Hom}_X(U^0, V) \xrightarrow{\sim} \mathrm{Hom}_X(U, V),$$

并且它对于 V 是函子性的. 这可由典范一一映射

$$\mathrm{Hom}_X(U, V) \xrightarrow{\sim} \mathrm{Hom}_{\mathscr{O}_X}(\mathscr{A}(V), \mathscr{A}(U))$$

和 $\mathrm{Hom}_X(U^0, V) \xrightarrow{\sim} \mathrm{Hom}_{\mathscr{O}_X}(\mathscr{A}(V), \mathscr{A}(U^0))$ (**II**, 1.2.7) 的存在性推出.

从而我们可以说, U^0 表识了仿射 X 概形范畴上的协变函子 $V \mapsto \mathrm{Hom}_X(U, V)$ ($\mathbf{0_{III}}$, 8.1.11). 由此得知 ($\mathbf{0_{III}}$, 8.1.7), 对于固定的 X, $U \mapsto \mathrm{Aff}(U/X)$ 是一个从紧凑 X 概形的范畴到仿射 X 概形的范畴的协变函子, 更确切地说, 若 U_1, U_2 是两个紧凑 X 概形, 则该函子把一个 X 态射 $g : U_1 \to U_2$ 对应到了那个使图表

$$\begin{array}{ccc} U_1 & \xrightarrow{g} & U_2 \\ {\scriptstyle i_{U_1}}\downarrow & & \downarrow{\scriptstyle i_{U_2}} \\ U_1^0 & \xrightarrow[g^0]{} & U_2^0 \end{array}$$

交换的唯一 X 态射 $g^0 : U_1^0 \to U_2^0$ 上.

一般来说, 给了一个交换图表

$$\begin{array}{ccc} U & \xrightarrow{v} & U' \\ {\scriptstyle f}\downarrow & & \downarrow{\scriptstyle f'} \\ X & \xrightarrow[u]{} & X', \end{array}$$

其中态射 f, f' 都是紧凑的, 且态射 u 是仿射的. 若我们令 $h = u \circ f$, 则有 $h_* \mathscr{O}_U = u_* f_* \mathscr{O}_U = u_* f^0_* \mathscr{O}_{U^0}$, 并且 $u \circ f^0$ 是一个仿射态射, 因而有 $U^0 = \mathrm{Aff}(U/X')$ (相对于

态射 h), 故得唯一一个 X' 态射 $v^0 : U^0 \to U'^0$, 它使得图表

$$\begin{array}{ccc} U & \xrightarrow{v} & U' \\ {\scriptstyle i_U}\downarrow & & \downarrow{\scriptstyle i_{U'}} \\ U^0 & \xrightarrow[v^0]{} & U'^0 \end{array}$$

是交换的.

命题 (21.12.2) — 设 $f : U \to X$ 是一个紧凑态射, $h : X' \to X$ 是一个**平坦**态射, 我们令 $U' = U \times_X X'$, $f' = f_{(X')} : U' \to X'$. 则有一个典范 X' 同构

(21.12.2.1) $$\operatorname{Aff}(U'/X') \xrightarrow{\sim} \operatorname{Aff}(U/X) \times_X X'.$$

事实上, 我们有 $\operatorname{Aff}(U'/X') = \operatorname{Spec} f'_* \mathscr{O}_{U'}$ 和 $\operatorname{Aff}(U/X) \times_X X' = \operatorname{Spec} h^* f_* \mathscr{O}_U$ (**II**, 1.5.1), 从而上述同构就是来自典范同构 $h^* f_* \mathscr{O}_U \xrightarrow{\sim} f'_* \mathscr{O}_{U'}$ (2.3.1).

推论 (21.12.3) — 对任意紧凑态射 $f : U \to X$ 和任意 $x \in X$, 在只差一个典范同构的意义下, 我们总有

$$U^0 \times_X \operatorname{Spec} \mathscr{O}_{X,x} = (U \times_X \operatorname{Spec} \mathscr{O}_{X,x})^0.$$

由 (21.12.2) 还可以得知, 对 X 的任意开集 V, 在只差一个典范同构的意义下, 我们都有

(21.12.4) $$(f^{-1}(V))^0 = (f^0)^{-1}(V).$$

(21.12.5) 现在我们来考虑一个特殊情形, 即 $f : U \to X$ 是开浸入的情形, 从而可以把 U 等同于 X 的一个开子概形. 由于态射 $f^{-1}(U) \to U$ 就是恒同, 故由 (21.12.4) 知, f^0 的限制态射 $(f^0)^{-1}(U) \to U$ 是一个同构, 从而 $i_U : U \to U^0$ 是开浸入, 于是我们可以把 U 等同于 U^0 的一个开子概形.

一般地, 对于 X 的一个开集 V, 为了使 f^0 的限制态射 $(f^0)^{-1}(V) \to V$ 是一个从 $(f^0)^{-1}(V)$ 到开子概形 $V \cap U$ 的同构, 必须且只需开浸入 $U \cap V \to V$ 是一个仿射态射. 易见 (**II**, 1.2.1) 这些开集 V 的并集就是它们中的最大者 U_1, 它包含了 U. 依照上面所述, U_1 也是那个与集合

$$\operatorname{Daf}(U/X) = f^0(U^0) \smallsetminus U$$

不相交的最大开集 (我们把上述集合称为开集 U 相对于 X 的"仿射性缺损", 它是空的当且仅当 U 在 X 上是仿射的). 换句话说, 闭集 $Z = X \smallsetminus U_1$ 就是集合 $\operatorname{Daf}(U/X)$ 的闭包.

注意到对任意平坦态射 $h: X' \to X$, 若我们令 $U' = h^{-1}(U)$, 则总有

(21.12.5.1) $$\mathrm{Daf}(U'/X') = h^{-1}(\mathrm{Daf}(U/X)),$$

这可由 (21.12.2.1) 和 (**I**, 3.4.8) 立得. 特别地, 对 X 的任意开集 V, 均有

(21.12.5.2) $$\mathrm{Daf}((U \cap V)/V) = \mathrm{Daf}(U/X) \cap V,$$

并且对任意 $x \in X$, 均有

(21.12.5.3) $$\mathrm{Daf}((U \cap \mathrm{Spec}\,\mathscr{O}_{X,x})/\mathrm{Spec}\,\mathscr{O}_{X,x}) = \mathrm{Daf}(U/X) \cap \mathrm{Spec}\,\mathscr{O}_{X,x}.$$

当 X 是局部 Noether 概形时, 我们还能给出集合 $\mathrm{Daf}(U/X)$ 的一个更细致的描述, 它至少可以表明, 如果 U 在 X 中是处处稠密的, 那么 $\mathrm{Daf}(U/X)$ 并不能取到任意一个稀疏闭集:

定理 (21.12.6) — *设 X 是一个局部Noether 概形, U 是 X 的一个非空开集, $f: U \to X$ 是典范含入. 则有:*

(i) $\mathrm{Daf}(U/X)$ 的闭包 $Z = X \smallsetminus U_1$ 在 X 中的余维数 $\geqslant 2$.

(ii) 若 $T = X \smallsetminus U \supseteq Z$ 的余维数 $\geqslant 2$, 则态射 $f^0: U^0 \to X$ 是映满的.

(i) 我们首先来证明, 对任意点 $x \in \mathrm{Daf}(U/X)$, 必有 $\dim \mathscr{O}_{X,x} > 1$. 事实上, x 显然不能是 X 的极大点, 因为它包含在 $\overline{U} \smallsetminus U$ 之中. 从而问题是要证明 $\dim \mathscr{O}_{X,x} = 1$ 不可能成立. 根据 (21.12.5.3), 这个关系式将表明 $x \in \mathrm{Daf}(U^{(x)}/\mathrm{Spec}\,\mathscr{O}_{X,x})$, 其中 $U^{(x)} = U \cap \mathrm{Spec}\,\mathscr{O}_{X,x}$. 然而 $\mathrm{Spec}\,\mathscr{O}_{X,x}$ 仅有的开集是 $\mathrm{Spec}\,\mathscr{O}_{X,x}$ 本身以及 $\mathrm{Spec}\,\mathscr{O}_{X,x}$ 的极大点集合 (有限) 的子集. 根据这些概形的定义, $\mathrm{Spec}\,\mathscr{O}_{X,x}$ 的那些由单个极大点所组成的开集都是仿射的, 由此可知, $\mathrm{Spec}\,\mathscr{O}_{X,x}$ 中的任何开集都是仿射的, 从而 $\mathrm{Daf}(U^{(x)}/\mathrm{Spec}\,\mathscr{O}_{X,x}) = \varnothing$, 这就与前提条件产生了矛盾.

为了证明 (i), 我们需要进一步证明, 只要 $x \in X$ 满足 $\dim \mathscr{O}_{X,x} = 1$, 就可以找到 x 在 X 中的一个开邻域 W, 它与 $\mathrm{Daf}(U/X)$ 不相交, 也就是说, 典范含入 $f_W: U \cap W \to W$ 是仿射的. 然而在上面使用的那些记号下, 我们刚刚证明了典范含入 $f^{(x)}: U^{(x)} \to \mathrm{Spec}\,\mathscr{O}_{X,x}$ 是仿射的. 显然可以限于考虑 X 是 Noether 概形的情形, 由于态射 f 是有限呈示的, 从而使用 (8.1.2, a)) 的方法就可以由 (8.10.5, (viii)) 推出结论.

(ii) 问题是要证明, 对任意点 $x \in T$, 均有 $x \in f^0(U^0)$, 首先我们来说明, 问题可以归结到 $X = \mathrm{Spec}\,A$, 其中 A 是完备 Noether 局部环, 并且 x 是 X 的闭点的情形. 为此只需取基变换 $h: X' = \mathrm{Spec}\,A \to X$, 其中 $A = \widehat{\mathscr{O}}_{X,x}$, 我们令 $U' = h^{-1}(U)$, $f' = f_{(X')}$ 是典范含入 $U' \to X'$, 由于态射 h 是平坦的, 故从 (21.12.2) 得知, 只要能证明 x 落在 $f'^0(U'^0)$ 中, 就可以导出 $x \in f^0(U^0)$. 而依照 (6.1.1), 这是能够做到的.

现在设 X_1 是 X 的这样一个既约闭子概形, 它的底空间是 X 的一个不可约分支, 并且它在所有包含了 T 的某个不可约分支的分支中具有最大维数, 我们令 $U_1 = U \cap X$, $T_1 = T \cap X_1 = X_1 \setminus U_1$, 从而有 $\operatorname{codim}(T_1, X_1) \geqslant 2$ (**0**, 14.2.1), 于是二元组 (U_1, X_1) 与 (U, X) 满足相同的条件 (因为 X_1 是 A 的某个商环 (从而也是完备 Noether 局部环) 的谱) . 此外, 我们有一个交换图表

$$\begin{array}{ccc} U_1 & \xrightarrow{j} & U \\ {\scriptstyle f_1}\downarrow & & \downarrow{\scriptstyle f} \\ X_1 & \xrightarrow[i]{} & X, \end{array}$$

其中 i 和 j 都是典范含入, 从而 i 是一个仿射态射, 利用 (21.12.1) 又可以导出一个态射 $j^0 : U_1^0 \to U^0$, 使得下面的图表是交换的:

$$\begin{array}{ccc} U_1^0 & \xrightarrow{j^0} & U^0 \\ {\scriptstyle f_1^0}\downarrow & & \downarrow{\scriptstyle f^0} \\ X_1 & \xrightarrow[i]{} & X, \end{array}$$

因而为了证明 $x \in f^0(U^0)$, 只需证明 $x \in f_1^0(U_1^0)$ 即可. 从而我们可以 (通过把 X 换成 X_1) 进而假设环 A 是整的. 但依照 Cohen 定理 (**0**, 19.8.8, (i)), A 是某个正则 Noether 局部环的商环, 且因为它是整的, 故我们可以使用 (5.11.1), 这里的族 (x_α) 仅含 X 的极大点. 根据前提条件, $\operatorname{codim}(T, X) \geqslant 2$, 故 $f_*\mathscr{O}_U$ 是一个凝聚 $\mathscr{O}_X$ 模层, 从而态射 $f^0 : U^0 \to X$ 是有限的, 又因为这个态射是笼罩性的 (因为 U 是处处稠密的), 故知它是映满的 (**II**, 6.1.10), 从而 $x \in f^0(U^0)$. 证明完毕.

推论 (21.12.7) — *设 X 是一个局部 Noether 概形, U 是 X 的一个开子概形, $j : U \to X$ 是典范浸入, 假设 j 是一个***仿射***态射. 则 $T = X \setminus U$ 的任何不可约分支的余维数都 $\leqslant 1$ (从而若 U 是处处稠密的, 则这些余维数都是 1).*

事实上, 我们假设 T 的某个不可约分支 T_1 在 X 中的余维数 $\geqslant 2$. 必要时把 X 换成 T_1 的一般点的某个开邻域, 可以假设 T 是不可约的, 并且余维数 $\geqslant 2$. 但此时 $j : U \to X$ 是仿射态射的前提条件表明, U^0 可以等同于 U, 并且 j^0 可以等同于 j, 换句话说, $j^0(U^0) = U$, 但这与 (21.12.6) 的结论是矛盾的, 因为在余维数的上述假设下, j^0 应该是映满的.

(21.12.8) 设 A 是一个 Noether 局部环, $Y = \operatorname{Spec} A$, y 是 Y 的那个唯一的闭点, $Y' = Y \setminus \{y\}$. 考虑下面的条件:

(W) *对 Y 的任何一个包含在 Y' 中但没有包含 Y' 的不可约分支的开集 U, 只要典范浸入 $U \to Y'$ 是仿射的, U 本身就是仿射的.*

这个条件可以从下面的条件推出来:

(W′) 对于 Y 的任何闭子集 T, 只要它的不可约分支在 Y 中都是余 1 维的, 并且对 Y 的任何不可约分支 Y_i, 均有 $Y_i \cap T \neq \{y\}$, 开集 $U = Y \smallsetminus T$ 就是仿射的.

事实上, 若 (W′) 是成立的, 并且 U 是 Y 的一个满足 (W) 中的前提条件的开集, 则由 (21.12.7) 知, $T = X \smallsetminus U$ 的任何不可约分支的余维数都不能 $\geqslant 2$, 此外, U 不能包含 Y' 的任何一个不可约分支 $Y_i = \{y\}$, 故条件 (W′) 就表明 U 是仿射的.

注意到如果 Y 是不可约的, 那么条件 (W′) 还等价于下面这个更简单的条件:

(W″) 对于 Y 的任何余 1 维不可约闭子集 T, $Y \smallsetminus T$ 都是仿射开集.

事实上, 当 Y 不可约时, (W′) 显然蕴涵 (W″), 反之, 考虑 T 的所有不可约分支, 并注意到有限个仿射开集的交集仍然是仿射的 (**I**, 5.5.6), 就可以从 (W″) 推出 (W′).

例子 (21.12.9) — 若 A 是一个解因子的 Noether 整局部环, 则它满足 (W′) (自然也满足 (W)), 因为任何高度为 1 的素理想都是主理想 (**I**, 1.3.6). 不过确实能找到满足 (W′) 但不是解因子整环的 Noether 局部环, 比如那些维数 $\leqslant 1$ 的环. 事实上, 在 (21.12.6, (i)) 的证明中我们已经说过, Y 的所有开集都是仿射的. 另一方面, 利用局部对偶理论 (第三章第三部分) 还可以证明, 任何 2 维 Noether 局部环都满足 (W′).

条件 (W) 的主要意义体现在下面这个结果里:

命题 (21.12.10) — *设 X, Y 是两个局部Noether 概形, $g : X \to Y$ 是一个态射, y 是 Y 的一个闭点, $Y' = Y \smallsetminus \{y\}$, $X' = g^{-1}(Y')$, 假设 g 的限制态射 $g' : X' \to Y'$ 是一个开浸入, 并且局部环 $\mathscr{O}_{Y,y}$ 满足条件 (W) (21.12.8). 则对 $X_y = g^{-1}(y)$ 的任何不可约分支 Z,* **要么** *Z 在 X 中的余维数 $\leqslant 1$,* **要么** *它的一般点在 Z 中是孤立的. 若 Z 在 $\boldsymbol{k}(y)$ 上是局部有限型的, 则在第二种可能性中, Z 只含一个点.*

最后一句话是由于此时 Z 是一个 Jacobson 概形 (10.4.7), 于是 Z 的闭点集在 Z 中是稠密的, 从而 Z 的一般点不可能是孤立的, 除非 Z 只有一个点.

我们假设 X_y 有这样一个不可约分支 Z, 它的一般点 z 在 Z 中不是孤立的, 并且 $\operatorname{codim}(Z, X) \geqslant 2$. 问题在 X 和 Y 上都是局部性的, 因为 z 在 Z 中并不孤立, 通过把 X 换成 z 在 X 中的开邻域, 可以假设 X 和 Y 都是仿射的, $X_y = Z$ 是不可约的, 并且不是只含一个点, 进而 $\operatorname{codim}(X_y, X) \geqslant 2$. 根据前提条件, 像 $g(X \smallsetminus X_y) = U$ 是 Y' 的一个同构于 $X \smallsetminus X_y$ 的开集, 我们来说明, 必要时把 X 换成 z 在 X 中的一个开邻域, 总可以假设 U 不包含 Y' 的任何一个满足下述条件的不可约分支: 它的闭包包含了 y. 事实上, 首先我们可以假设 X 的所有极大点 (这些点只有有限个) 都是 z 的一般化, 从而 U 的极大点的集合就是由 X 的那些极大点 x_i 在 g 下的像 y_i 所组成的集合 (X 的极大点都不可能落在 X_y 中, 因为 $\dim \mathscr{O}_{X,z} \geqslant 2$). 我们令 $X_i = \overline{\{x_i\}}$. 根据前提条件, 我们有 $z \in X_i$, 且由于 z 在 X_y 中不是孤立的, 故在 X_y 中还能找

到一个点 $x \neq z$. 由于 $X_i \neq Z$, 故可找到 X_i 的一个点 t_i, 使得 $\dim \mathscr{O}_{T_i,x} = 1$, 其中 $T_i = \overline{\{t_i\}}$ (10.5.9), 这就表明 (根据前提条件) $t_i \notin Z$, 从而 t_i 不是 z 的一般化. 把 X 换成 $X' = X \smallsetminus \bigcup_i T_i$, 我们就看到 $X' \smallsetminus X'_y$ 在 g 下的像不包含这些像 $g(t_i)$, 从而不包含 Y' 的任何一个满足下述条件的不可约分支: 它的闭包包含了 y. 在此基础上, 由于 X 和 Y 都是仿射的, 故知态射 $g : X \to Y$ 也是仿射的, 从而限制态射 $g' : X' \to Y'$ 也是如此, 又因为 g' 是一个开浸入, 故知典范浸入 $U \to Y'$ 是仿射的. 我们令 $Y_1 = \operatorname{Spec} \mathscr{O}_{Y,y}$, $Y'_1 = Y_1 \smallsetminus \{y\} = Y' \cap Y_1$, $U_1 = U \cap Y_1$. 上面所述证明了典范浸入 $U_1 \to Y'_1$ 是仿射的, 从而依照 (W), U_1 是 Y_1 中的一个仿射开集, 换句话说, 典范浸入 $U_1 \to Y_1$ 是仿射的. 而由于这个浸入是有限呈示的 (1.6.2), 从而由 (8.10.5, (viii)) 知 (遵循 (8.1.2, a)) 的方法), 必要时把 Y 缩小为 y 的一个仿射开邻域, 我们可以假设浸入 $U \to Y$ 是仿射的. 由此就得知, X 的开集 $X \smallsetminus X_y$ (同构于 U) 是仿射的, 这与 (21.12.7) 是矛盾的, 命题因而得证.

推论 (21.12.11) — *设 X, Y 是两个局部 Noether 概形, 其中 X 是不可约的, 设 $g : X \to Y$ 是一个局部有限型态射, 并设 V 是 X 的那个满足条件“$g|_V : V \to Y$ 是局部同构”的最大开集. 假设对任意点 $y \in Y$, 局部环 $\mathscr{O}_{Y,y}$ 都满足条件 (W) (21.12.8). 则 $T = X \smallsetminus V$ 的不可约分支***要么***余维数 $\leqslant 1$, ***要么***它的一般点 z 在 $g^{-1}(g(z))$ 中是孤立的.*

我们令 $g(z) = y$. 由于问题只与纤维 $g^{-1}(y)$ 和局部环 $\mathscr{O}_{X,z}$ 有关, 故可通过基变换把问题归结到 $Y = \operatorname{Spec} \mathscr{O}_{Y,y}$ 并且 X 是仿射概形的情形 ((**I**, 3.6.5) 和 (**I**, 4.5.5)), 必要时把 X 换成 z 在 X 中的一个开邻域, 还可以假设 T 是不可约的, 进而可以限于考虑 V 不是空集的情形. 从而我们可以假设态射 g 是分离的, 并且 y 在 Y 中是闭的, 由于限制态射 $g|_V : V \to Y$ 是一个局部同构, 并且 X 的非空开集 V 是不可约的, 故由 (**I**, 8.2.8) 知, $g|_V : V \to Y$ 是一个开浸入. 从而限制态射 $g|_{(V \cap X_y)} : V \cap X_y \to \{y\} = \operatorname{Spec} \boldsymbol{k}(y)$ 也是一个开浸入, 这就表明 $V \cap X_y$ 要么是空的, 要么只有一个点 x, 且它在 $\boldsymbol{k}(y)$ 上是有理的, 从而在 X_y 中是闭的 (**I**, 6.4.2). 从而我们还可以把 X 换成 z 在 X 中的一个更小的开邻域, 使问题归结为 $V \cap X_y = \varnothing$ 的情形, 换句话说 $T \supseteq X_y$, 另一方面, 由于 $z \in X_y$ 是 T 的一般点, 故有 $g(T) \subseteq \overline{\{y\}} = \{y\}$, 换句话说, $T = X_y$. 于是 (21.12.10) 的使用条件都得到了满足, 由此就可以推出结论.

定理 (21.12.12) (van der Waerden) — *设 X, Y 是两个整的局部 Noether 概形, $g : X \to Y$ 是一个双有理的局部有限型态射. 进而假设 Y 是正规的, 并且对任意 $y \in Y$, 环 $\mathscr{O}_{Y,y}$ 都满足 (21.12.8) 的条件 (W) (特别地, 当 Y 是展因子概形时, 这些条件都能得到满足 (21.12.9)). 若 V 是 X 的那个满足条件“$g|V : V \to Y$ 是局部同构”的最大开集, 则 $T = X \smallsetminus V$ 的任何不可约分支在 X 中都是余 1 维的.*

注意到由于 g 是双有理的, 故开集 V 不是空的, 从而只需证明 T 的任何极大

点 z 在 X_y (其中 $y = g(z)$) 中都不可能是孤立的即可. 但我们可以把问题缩小到 z 的一个开邻域上, 因而可以限于考虑 $T = X_y$ 的情形, 此时这些纤维 $g^{-1}(y')$ (其中 $y' \in Y$) 要么是空的要么只含一点, 从而由"主定理" (8.12.10) 知, g 必须是一个局部同构, 这就与前提条件 $z \in T$ 产生了矛盾.

推论 (21.12.13) — 在 (21.12.12) 的前提条件下, 进而假设 g 在 $X^{(1)}$ 的任何点 (还记得这就是那些满足 $\dim \mathscr{O}_{X,x} = 1$ 的点) 近旁都是拟有限的, 则 g 是一个局部同构, 如果 g 还是分离的, 那么 g 是一个开浸入.

只需证明第一句话即可, 因为由它和 (**I**, 8.2.8) 就可以推出第二句话. 在 (21.12.12) 的记号下, 问题归结为证明 $T = \varnothing$, 假设不是这样的, 则依照 (21.12.12), T 的任何一个不可约分支的一般点 z 都将落在 $X^{(1)}$ 中, 再根据前提条件, 它在 X_y (其中 $y = g(z)$) 中就是孤立的, 但我们已经在 (21.12.12) 的证明中看到, 这是不可能发生的.

注解 (21.12.14) — (i) (21.12.12) 的结论可以应用到 Y 是正则整概形并且 X 是整概形的情形, 因为依照 Auslander-Buchsbaum 定理 (21.11.1), 此时 Y 是展因子的. 然而有例子表明, 对于任意特征的代数闭域上的两个 3 维正规有限型分离概形 X 和 Y 来说, (21.12.12) 的结论不一定是对的.

(ii) (21.12.12) 中的集合 T 是由 g 的分歧点所组成的. 事实上, 若 g 在点 $x \in X$ 近旁是非分歧的, 则它在 x 的某个仿射开邻域 U 上也是非分歧的 (17.3.7), 从而 $g|_U$ 是一个拟有限且双有理的分离态射 (17.4.3). 而因为 Y 是正规的, 故由"主定理" (**III**, 4.4.9) 知, g 在点 x 近旁是局部同构, 从而 $x \in X \smallsetminus T$. 反之, g 在任何局部同构的点近旁显然都是非分歧的. 这就解释了本小节所使用的标题的合理性.

(iii) 如果不假设 Y 是展因子的, 但假设 X 相对于 Y 是全截的 (第五章), 那么我们在第五章中可以证明一个比 (21.12.12) 更为精细的结果, 即把 T 表达为某个典范地联系着 g 的可逆 $\mathscr{O}_X$ 模层的截面所定义的余 1 维轮圈. 这个结果特别可以应用到 X 和 Y 都正则的情形, 或者应用到 g 是一个 S 态射并且 X 和 Y 在 S 上都平滑的情形.

(iv) 我们想知道 (21.12.10) 是否有逆命题. 换句话说, 对一个给定的 Noether 局部环 A, 我们令 $Y = \operatorname{Spec} A$, 并设 y 是 Y 的闭点, 若对任意局部 Noether 概形 X 和任意态射 $g : X \to Y$, 只要 $g' : X' \to Y'$ 是开浸入, X_y 的任何不可约分支就会要么在 X 中的余维数 $\leqslant 1$, 要么只含一个点, 则 A 是否一定满足 (21.12.8) 中的条件 (W)?

(v) 设 Y 是一个正则整概形, X 是一个正规局部 Noether 概形, $g : X \to Y$ 是一个局部有限型态射, 进而假设对于 Y 的一般点 η, 纤维 X_η 在 $\boldsymbol{k}(\eta)$ 上是平展的, 再

设 T' 是 X 的那个满足条件“$g|_{V'}: V' \to Y$ 是平展态射”的最大开集 V' 的补集, 那么 T' 的不可约分支是否都是余 1 维的? 如果我们进而假设 g 是局部拟有限的, 那么这就是对的 (Zariski-Nagata “纯格定理”). 可以证明, 这个猜想可以从下面的猜想推出来 (并且在 (iv) 中的那个猜想成立的前提下两者是等价的) : 设一个正则局部环 A 包含在某个整闭整局部环 B 之中, 并且 B 是有限 A 模, 则由 $\operatorname{Spec} B$ 的那些在 $\operatorname{Spec} A$ 上非分歧 (根据 (18.10.1), 这也相当于说平展) 的点所组成的开集 U 是仿射的.

命题 (21.12.15) — 设 S 是一个概形, $g: X \to S$ 是一个窄平坦态射, 并且每个纤维 $X_s = g^{-1}(s)$ 都是几何不可约的 (4.5.2), $h: Y \to S$ 是一个平滑态射, $Y_s = h^{-1}(s)$ 是此态射的各个纤维. 设 $f: X \to Y$ 是一个紧合 S 态射, 并假设对 S 的任意极大点 η, 态射 $f_\eta: X_\eta \to Y_\eta$ 都是同构. 则 f 是一个同构.

由于 h 是平坦的, 故知 Y 的所有极大点都位于 S 的极大点之上 (2.3.4), 从而当 η 跑遍 S 的极大点的集合时, 这些 Y_η 的并集在 Y 中是稠密的, 由于这些 f_η 都是同构, 故知 f 是笼罩性的, 从而是映满的, 因为它还是紧合的. 于是我们只需证明 f 是开浸入即可. 有见于 (17.9.5), 问题归结为证明, 对任意 $s \in S$, $f_s: X_s \to Y_s$ 都是开浸入. 由于任何 $s \in S$ 都是某个极大点 η 的特殊化, 故通过基变换 $\operatorname{Spec} \mathscr{O}_{S',s} \to S$, 其中 S' 是 S 的那个以 $\overline{\{\eta\}}$ 为底空间的既约子概形, 我们又可以把问题归结到 S 是整局部概形并且 s 是闭点的情形, 事实上, 在取了这样的基变换以后, 点 η 和 s 处的纤维都没有变, 并且态射 g, h 和 f 的性质在基变换下也都得以保持. 进而, 问题在 Y 上是局部性的, 通过把 Y 换成 Y_s 的某个点在 Y 中的仿射开邻域 U, 并把 X 换成 $f^{-1}(U)$ (它是拟紧的, 因为 f 是紧合的), 我们还可以假设 X 和 Y 在 S 上都是有限呈示的. 此时可以找到 $A = \mathscr{O}_{S,s}$ 的一个 Noether 局部子环 A_0 和两个有限型态射 $g_0: X_0 \to S_0 = \operatorname{Spec} A_0$, $h_0: Y_0 \to S_0$ 以及一个 S_0 态射 $f_0: X_0 \to Y_0$, 使得 $A_0 \to A$ 是局部同态, 并且 g, h 和 f 都是由 g_0, h_0 和 f_0 通过基变换 $S \to S_0$ 而导出的 ((8.9.1) 和 (5.13.3)), 进而可以假设 g_0 是平坦的 (11.2.7), h_0 是平滑的 (17.7.9), 并且 f_0 是紧合的 (8.10.5, (xii)). 另一方面, S 的一般点 η 在 S_0 上的投影也是 S_0 的一般点 η_0, 并且由 (2.7.1, (viii)) 知, 态射 $(f_0)_{\eta_0}: (X_0)_{\eta_0} \to (Y_0)_{\eta_0}$ 是一个同构, 最后, S 的闭点 s 位于 S_0 的闭点 s_0 之上, 从而 g_0 的纤维 $(X_0)_{s_0}$ 是几何不可约的 (4.5.6). 从而我们看到, 问题可以归结到 S 是*Noether* 整局部环的谱 (仍设 s 为其闭点) 的情形, 并且纤维上的条件也可以减弱为仅假设 X_s 和 X_η 是几何不可约的, 同时只需要证明 f_s 是一个开浸入. 此时我们可以找到一个离散赋值环 A' 和一个态射 $S' = \operatorname{Spec} A' \to S$, 它把 S' 的闭点 a 映到 s 上, 并把 S' 的一般点 b 映到 η 上 (**II**, 7.1.9), 设 $g': X' \to S'$, $h': Y' \to S'$, $f': X' \to Y'$ 是由 g, h, f 通过基变换 $S' \to S$ 而导出的态射, 它们仍然满足 (21.12.15) 中关于 g, h 和 f 的条件, 如果能够证明 $f'_a: X'_a \to Y'_a$ 是一个开浸入, 那么由 (2.7.1, (x)) 就可以推出 $f_s: X_s \to Y_s$ 是开浸入. 从而问题最终归结到 S 是离

散赋值环的谱的情形. 现在由于 $h:Y\to S$ 是平滑的, 故知 Y 是正则的 (17.5.8), 且由于问题在 Y 上是局部性的, 故可限于考虑 Y 是整概形的情形. 由于 $g:X\to S$ 是平坦的, 故知 X 的极大点都包含在 X_η 之中 (2.3.4), 且由于 f_η 是一个同构, 故知 X 是不可约的, 并且它在一般点处的局部环是一个域, 进而由平坦性条件知 (3.3.2), X 没有内嵌支承素轮圈, 从而 X 是既约的 (3.2.1), 因而就是整的, 并且 f 是一个分离的双有理态射. 从而为了证明 f 是开浸入, 我们可以使用判别法 (21.12.13), 于是只需证明 f 在 $X^{(1)}$ 的所有点近旁都是拟有限的即可, 我们注意到这对于那些落在 X_η 中的点来说是显然的, 而依照 (6.1.1), $X^{(1)}$ 中唯一落在 X_s 中的点就是 X_s 的一般点 x. 现在由 (2.4.6) 和 (14.2.2) 知, 态射 g 和 h 都是均维的, 由于 X_η 和 Y_η 是同构的, 故知 X_s 和 Y_s 的不可约分支都具有相同的维数. 然而根据前提条件, X_s 是不可约的, 且我们已经证明了 f 是映满的, 从而 $f_s:X_s\to Y_s$ 也是映满的, 这就表明 Y_s 也是不可约的, 于是若 y 是 Y_s 的一般点, 则我们有 $f(x)=y$, 且依照 (5.6.6), 由关系式 $\dim X_s=\dim Y_s$ 可以得出 $\dim f_s^{-1}(y)=0$, 换句话说, f_s 在点 x 近旁确实是拟有限的, 因而 f 在点 x 近旁也是拟有限的, 这就完成了证明.

推论 (21.12.16) — *设 $g:X\to S$ 是一个紧合窄平坦态射, $h:Y\to S$ 是一个紧合平滑态射, $f:X\to Y$ 是一个 S 态射. 假设 g 的所有纤维 $X_s=g^{-1}(s)$ 都是几何不可约的. 设 U 是由那些使得 $f_s:X_s\to Y_s$ 是局部同构的点 $s\in S$ 所组成的集合. 则 U 在 S 中是既开又闭的, 并且 f 的限制态射 $g^{-1}(U)\to h^{-1}(U)$ 是同构.*

最后一句话可由第一句话和 (17.9.5) 推出. 我们已经知道 (9.6.1, (xi)) U 在 S 中是局部可构的, 故依照 (1.10.1), 只需证明 U 在特殊化和一般化下都是稳定的即可. 为了证明这件事, 取基变换 $\operatorname{Spec}\mathscr{O}_{S,s}\to S$, 则可以限于考虑 S 是局部概形, s 是闭点, η 是一般点的情形, 且我们只需证明, 为了使 f_s 是一个同构, 必须且只需 f_η 是一个同构. 条件的充分性可由 (21.12.15) 得出. 为了证明必要性, 我们可以采用 (21.12.15) 的方法 (注意到在前面的记号下, S 的闭点映到了 S_0 的闭点上) 把问题进一步归结到 S 是*Noether* 概形的情形, 但此时由 (**III**, 4.6.7, (ii)) 就可以推出结论.

注解 (21.12.17) — (i) 如果我们去掉纤维 X_s 都是不可约的这个条件, 那么命题 (21.12.15) 的结论就不再成立. 事实上, 取 $S=\operatorname{Spec}A$, 其中 A 是一个离散赋值环, $Y=\mathbf{P}^1_S$, 它在 S 上是紧合平滑的 (17.3.9). 仍使用 s 和 η 来记 S 的闭点和一般点, 设 z 是 Y_s 的一个闭点, 比如说它是 $k=\boldsymbol{k}(s)$ 上的一个有理点, 并设 X 是通过让点 z 暴涨而得到 Y 概形. 由于多项式环 $A[T]$ 是正则的 (**0**, 17.3.7), 并且维数是 2, 故知 (参照 (15.1.1.6) 的证明中的方法) 若 $f:X\to Y$ 是结构态射, 则 $f^{-1}(z)$ 同构于 $\mathbf{P}^1_k$, 而且另一方面, $f^{-1}(z)$ 在 X_s 中的补集同构于 $Y_s\smallsetminus\{z\}$, 从而 $Z_1=f^{-1}(z)$ 和其补集在 X_s 中的闭包 Z_2 就是 X_s 的两个不可约分支. 此外, f 显然是紧合的, 并且 $g=h\circ f$ 是平坦的, 这是因为, X 是整的 (**II**, 8.1.4), 并且对 X 的任意仿射开集 U, 同态 $A\to\Gamma(U,\mathscr{O}_X)$ 都是单的 (**I**, 1.2.7), 从而 $\Gamma(U,\mathscr{O}_X)$ 是无挠 A 模, 因而就是平坦的 (因为 A 是离散赋值环 ($\mathbf{0}_\mathbf{I}$, 6.3.4)) . 现在 $f_\eta:X_\eta\to Y_\eta$ 显然是同构, 但 $f_s:X_s\to Y_s$ 并不是同构.

(ii) 如果我们去掉 f 是紧合的这个条件, 那么 (21.12.15) 的结论也是不能成立的. 这只要取和 (i) 一样的 S 和 Y, 但把 X 换成 Z_2 在 (i) 中定义的那个概形 X 中的补集 X', 并把 f 换成它的限制 $f' : X' \to Y$ 就能看出来, 事实上, 此时 g 的限制态射 $g' : X' \to S$ 仍然是平坦的, 并且 X'_s 还是几何不可约的, 此外 X'_s 同构于某个闭点在 $\mathbf{P}^1_k$ 中的补集, 从而它是仿射概形, 且同构于 $\mathbf{V}^1_k$, 由于它在 Y_s 中的像在点 z 处是既约的, 故知 f' 不是紧合的 (**III**, 4.4.2), 因而 f'_s 不是同构, 但 f'_η 是一个同构.

(iii) 把命题 (21.12.15) 中的"同构"都换成"平展态射"后, 结论仍然有可能是对的 (参考 (21.12.14, (v))). 从而这样改造后的 (21.12.16) 也可能是对的.

21.13 仿解因子套组. 仿解因子局部环

定义 (21.13.1) — 设 X 是一个环积空间, Y 是 X 的一个闭子集, $U = X \smallsetminus Y$. 所谓这个套组 (X, Y) 是一个**仿解因子**的, 是指对 X 的任意开集 V, 从可逆 $\mathscr{O}_V$ 模层范畴到可逆 $\mathscr{O}_{U\cap V}$ 模层范畴的限制函子 $\mathscr{L} \mapsto \mathscr{L}|_{U\cap V}$ 都是范畴等价.

从而套组 (X, Y) 是仿解因子的就意味着对 X 的任意开集 V, 下面两个条件都是满足的:

1° 函子 $\mathscr{L} \mapsto \mathscr{L}|_{(U\cap V)}$ 是完全忠实的, 换句话说, 对任意两个可逆 $\mathscr{O}_V$ 模层 $\mathscr{L}$, $\mathscr{L}'$, 限制映射

$$\mathrm{Hom}_{\mathscr{O}_V}(\mathscr{L}, \mathscr{L}') \longrightarrow \mathrm{Hom}_{\mathscr{O}_{U\cap V}}(\mathscr{L}|_{(U\cap V)}, \mathscr{L}'|_{(U\cap V)})$$

都是一一的,

2° 函子 $\mathscr{L} \mapsto \mathscr{L}|_{(U\cap V)}$ 是本质映满的, 换句话说, 对任何一个可逆 $\mathscr{O}_{U\cap V}$ 模层 $\mathscr{L}_0$, 均可找到一个可逆 $\mathscr{O}_V$ 模层 $\mathscr{L}$, 使得 $\mathscr{L}_0$ 同构于 $\mathscr{L}|_{(U\cap V)}$, 这也相当于说, 典范同态 (21.3.2.4)

$$\mathrm{Pic}(V) \longrightarrow \mathrm{Pic}(U \cap V)$$

是满的.

引理 (21.13.2) — 设 $f : X' \to X$ 是一个环积空间态射, 对于 X 的每个开集 V, 我们用 $f_V : f^{-1}(V) \to V$ 来记 f 的限制. 则以下诸条件是等价的:

a) 对 X 的任意开集 V, 从有限秩局部自由 $\mathscr{O}_V$ 模层范畴到有限秩局部自由 $\mathscr{O}_{f^{-1}(V)}$ 模层范畴的函子 $\mathscr{E} \mapsto f_V^*\mathscr{E}$ 都是忠实的 (切转: 完全忠实的).

a′) 对 X 的任意开集 V, 从 1 秩局部自由 $\mathscr{O}_V$ 模层范畴到 1 秩局部自由 $\mathscr{O}_{f^{-1}(V)}$ 模层范畴的函子 $\mathscr{L} \mapsto f_V^*\mathscr{L}$ 都是忠实的 (切转: 完全忠实的).

b) 对 X 的任意开集 V 和任何一个有限秩局部自由 $\mathscr{O}_V$ 模层 $\mathscr{E}$, 典范同态 ($\mathbf{0_I}$, 4.4.3.2) $\mathscr{E} \mapsto (f_V)_* f_V^*\mathscr{E}$ 都是单态射 (切转: 同构).

b′) 典范同态 $\mathscr{O}_X \mapsto f_*\mathscr{O}_{X'}$ 是单态射 (切转: 同构).

假设典范同态 $\mathscr{O}_X \to f_*\mathscr{O}_{X'}$ 是一一的, 则为了使一个有限秩局部自由 $\mathscr{O}_{X'}$ 模层 $\mathscr{E}'$ 同构于一个形如 $f^*\mathscr{E}$ 的 $\mathscr{O}_{X'}$ 模层, 其中 $\mathscr{E}$ 是一个有限秩局部自由 $\mathscr{O}_X$ 模层, 必须且只需它满足下面两个条件:

(i) $f_*\mathscr{E}'$ 是一个局部自由 $\mathscr{O}_X$ 模层.

(ii) 典范同态 ($\mathbf{0_I}$, 4.4.3.3) $f^*f_*\mathscr{E}' \to \mathscr{E}'$ 是一个同构.

如果这两个条件得到满足, 那么 $\mathscr{E}$ 就同构于 $f_*\mathscr{E}'$.

所谓函子 $\mathscr{E} \mapsto f_V^*\mathscr{E}$ 是忠实的 (切转: 完全忠实的), 意思就是对任意两个有限秩局部自由 $\mathscr{O}_V$ 模层 $\mathscr{E}_1, \mathscr{E}_2$, 映射 $\mathrm{Hom}_{\mathscr{O}_V}(\mathscr{E}_1, \mathscr{E}_2) \to \mathrm{Hom}_{\mathscr{O}_{f^{-1}(V)}}(f^*\mathscr{E}_1, f^*\mathscr{E}_2)$ 都是单的 (切转: 一一的). 由于这件事在把 V 换成开集 $W \subseteq V$ 并把 $\mathscr{E}_1, \mathscr{E}_2$ 换成 $\mathscr{E}_1|_W, \mathscr{E}_2|_W$ 之后也必须是对的, 而且 $\mathrm{Hom}_{\mathscr{O}_W}(\mathscr{E}_1|_W, \mathscr{E}_2|_W) = \Gamma(W, \mathscr{H}om_{\mathscr{O}_V}(\mathscr{E}_1, \mathscr{E}_2))$, 故知上述条件也等价于层的典范同态

(21.13.2.1) $$\mathscr{H}om_{\mathscr{O}_V}(\mathscr{E}_1, \mathscr{E}_2) \longrightarrow (f_V)_* f_V^* \mathscr{H}om_{\mathscr{O}_V}(\mathscr{E}_1, \mathscr{E}_2)$$

是单的 (切转: 一一的). 然而 $\mathscr{E}_1$ 和 $\mathscr{E}_2$ 都是局部自由的, 故知 $\mathscr{H}om_{\mathscr{O}_V}(\mathscr{E}_1, \mathscr{E}_2)$ 同构于 $\mathscr{E}_1\check{} \otimes_{\mathscr{O}_V} \mathscr{E}_2$ ($\mathbf{0_I}$, 5.4.2), 从而它也是有限秩局部自由的, 这就已经说明了 b) 蕴涵 a), 反过来, b) 是 a) 的一个特殊情形, 因为我们有同构 $\mathscr{E} \xrightarrow{\sim} \mathscr{H}om_{\mathscr{O}_V}(\mathscr{O}_V, \mathscr{E})$. 显然 a′) 是 a) 的特殊情形, 并且 b′) 是 a′) 的特殊情形. 反过来, 由于 b) 是一个局部性质, 故为了验证它, 我们可以局限于考虑 $\mathscr{E} = \mathscr{O}_V^n$ 的情形, 这就证明了 b′) 蕴涵 b).

若典范同态 $\mathscr{O}_X \to f_*\mathscr{O}_{X'}$ 是一一的, 并且条件 (i) 和 (ii) 是满足的, 则显然有 $\mathscr{E}' = f^*\mathscr{E}$, 其中 $\mathscr{E} = f_*\mathscr{E}'$, 这在只差一个同构的意义下成立. 反过来, 假设 $\mathscr{E}' = f^*\mathscr{E}$, 其中 $\mathscr{E}$ 是局部自由的, 则由于问题在 X 上是局部性的, 故可假设 $\mathscr{E} = \mathscr{O}_X^n$, 从而 $\mathscr{E}' = \mathscr{O}_{X'}^n$, 此时由 $\mathscr{O}_X \to f_*\mathscr{O}_{X'}$ 是同构的条件就可以推出条件 (i) 和 (ii).

在这一小节中, 我们将把这个引理应用到典范含入 $j: U \to X$ 上, 其中 U 是 X 在它的一个开集上所诱导的环积空间. 在这样的记号下, (21.13.2) 可以表达为:

推论 (21.13.3) — 设 X 是一个环积空间, Y 是 X 的一个闭子集, $U = X \smallsetminus Y$, $j: U \to X$ 是典范含入. 则以下诸条件是等价的:

a) 对 X 的任意开集 V, 从有限秩局部自由 $\mathscr{O}_V$ 模层范畴到有限秩局部自由 $\mathscr{O}_{U\cap V}$ 模层范畴的限制函子 $\mathscr{E} \mapsto \mathscr{E}|_{(U\cap V)}$ 都是忠实的 (切转: 完全忠实的).

a′) 对 X 的任意开集 V, 从 1 秩局部自由 $\mathscr{O}_V$ 模层范畴到 1 秩局部自由 $\mathscr{O}_{U\cap V}$ 模层范畴的函子 $\mathscr{L} \mapsto \mathscr{L}|_{(U\cap V)}$ 都是忠实的 (切转: 完全忠实的).

b) 对 X 的任意开集 V 和任何一个有限秩局部自由 $\mathscr{O}_V$ 模层 $\mathscr{E}$, 典范同态 $\mathscr{E} \mapsto (j_V)_*(\mathscr{E}|_{(U\cap V)})$ 都是单的 (切转: 一一的).

b′) 典范同态 $\mathscr{O}_X \mapsto j_*\mathscr{O}_U$ 是单的 (切转: 一一的).

假设典范同态 $\mathscr{O}_X \to j_*\mathscr{O}_U$ 是一一的, 则为了使一个有限秩局部自由 $\mathscr{O}_U$ 模层 $\mathscr{F}$ 具有 $\mathscr{E}|_U$ 的形状, 其中 $\mathscr{E}$ 是一个有限秩局部自由 $\mathscr{O}_X$ 模层, 必须且只需 $j_*\mathscr{F}$ 是

局部自由 $\mathscr{O}_X$ 模层, 此时我们可以取 $\mathscr{E} = j_*\mathscr{F}$.

引理 (21.13.4) — 设 X 是一个局部 *Noether* 概形, Y 是 X 的一个闭子集, $U = X \smallsetminus Y$, $j : U \to X$ 是典范含入. 则为了使典范同态 $\mathscr{O}_X \to j_*\mathscr{O}_U$ 是单的 (切转: 一一的), 必须且只需 $\mathrm{dp}_Y \mathscr{O}_X \geqslant 1$ (切转: $\mathrm{dp}_Y \mathscr{O}_X \geqslant 2$) (换句话说, 对任意 $x \in Y$, 均有 $\mathrm{dp}\, \mathscr{O}_{X,x} \geqslant 1$ (切转: $\mathrm{dp}\, \mathscr{O}_{X,x} \geqslant 2$)).

事实上, 这是 (5.10.2) 和 (5.10.5) 的特殊情形.

命题 (21.13.5) — 设 X 是一个环积空间, Y 是 X 的一个闭子集, $U = X \smallsetminus Y$, $j : U \to X$ 是典范含入. 则为了使 (X, Y) 是仿解因子套组, 必须且只需典范同态 $\mathscr{O}_X \to j_*\mathscr{O}_U$ 是一一的, 且对 X 的任意开集 V 和任意可逆 $\mathscr{O}_{U\cap V}$ 模层 $\mathscr{L}$, $(j_V)_*\mathscr{L}$ 都是可逆 $\mathscr{O}_V$ 模层 (记号取自 (21.13.3)).

这可由定义 (21.13.1) 以及 (21.13.3) 立得.

推论 (21.13.6) — 设 X 是一个环积空间, Y 是 X 的一个闭子集.

(i) 若套组 (X, Y) 是仿解因子的, 则对 X 的任何开集 W, 套组 $(W, Y \cap W)$ 也是如此. 反过来, 若 (W_α) 是 X 的一个开覆盖, 并且每个套组 $(W_\alpha, Y \cap W_\alpha)$ 都是仿解因子的, 则套组 (X, Y) 是仿解因子的.

(ii) 若套组 (X, Y) 是仿解因子的, 则对 Y 的任何闭子集 Y', 套组 (X, Y') 也是如此.

(iii) 假设 X 是概形, 并设 X' 是一个概形, $f : X' \to X$ 是一个拟紧忠实平坦态射, 我们令 $Y' = f^{-1}(Y)$. 假设套组 (X', Y') 是仿解因子的, 并且开集 $U = X \smallsetminus Y$ 在 X 中是反紧的 ($\mathbf{0_{III}}$, 9.1.1). 则套组 (X, Y) 是仿解因子的.

(i) 由于"典范同态 $\mathscr{O}_X \to j_*\mathscr{O}_U$ 是一一的"这个性质在 X 上是局部性的, 故问题归结为 (依照 (21.13.5)) 证明下面的性质: 令 j_α 是典范含入 $U \cap W_\alpha \to W_\alpha$, 若对任意 α 和任意可逆 $\mathscr{O}_U$ 模层 $\mathscr{L}$, $(j_\alpha)_*(\mathscr{L}|_{(U\cap W_\alpha)})$ 都是可逆 $\mathscr{O}_{W_\alpha}$ 模层, 则 $j_*\mathscr{L}$ 是可逆 $\mathscr{O}_X$ 模层. 然而"可逆 $\mathscr{O}_X$ 模层"这个性质在 X 上是局部性的, 并且 (W_α) 是 X 的一个开覆盖, 再加上 $(j_*\mathscr{L})|_{W_\alpha} = (j_\alpha)_*(\mathscr{L}|_{(U\cap W_\alpha)})$, 这就推出了上述阐言.

(ii) 我们令 $U' = X \smallsetminus Y'$, 并设 $j' : U' \to X$ 是典范含入, 则同态 $\mathscr{O}_X \to j'_*\mathscr{O}_{U'}$ 是一一的就等价于对 X 的任意开集 V, 同态 $\Gamma(V, \mathscr{O}_X) \to \Gamma(V \cap U', \mathscr{O}_X)$ 都是一一的. 然而根据前提条件, 合成同态

$$\Gamma(V, \mathscr{O}_X) \longrightarrow \Gamma(V \cap U', \mathscr{O}_X) \longrightarrow \Gamma(V \cap U, \mathscr{O}_X)$$

是一一的 (21.13.5), 且通过把 V 换成 $V \cap U'$, 我们看到 $\Gamma(V \cap U', \mathscr{O}_X) \to \Gamma(V \cap U, \mathscr{O}_X)$ 是一一的, 从而 $\Gamma(V, \mathscr{O}_X) \to \Gamma(V \cap U', \mathscr{O}_X)$ 是一一的. 接下来我们注意到, 若 $j'' : U \to U'$ 是典范含入, 并且 $\mathscr{L}'$ 是一个可逆 $\mathscr{O}_{U'}$ 模层, 则 $\mathscr{L}'|_U$ 是可逆 $\mathscr{O}_U$ 模层, 从而根据前提条件, $j_*(\mathscr{L}'|_U) = j'_* j''_*(\mathscr{L}'|_U)$ 是可逆 $\mathscr{O}_X$ 模层. 依照 (i), 套组 $(U', U' \cap Y)$

是仿解因子的, 故我们有 $j''_*(\mathscr{L}'|_U) \cong \mathscr{L}'$, 从而 $j'_*\mathscr{L}'$ 是可逆 $\mathscr{O}_X$ 模层. 现在只要在上面的讨论过程中把 X, U 和 U' 分别换成 $V, V\cap U$ 和 $V\cap U'$ (其中 V 是 X 的任意开集) 就可以得出结论.

(iii) 我们令 $U' = X' \smallsetminus Y' = f^{-1}(U)$, 且注意到这里讨论的都是概形, 故可把 U' 写成 $U' = U \times_X X'$, 设 $f_U : f^{-1}(U) \to U$ 是 f 的限制, 并设 $j' : U' \to X'$ 是典范含入, 也可以把它写成 $j_{(X')}$. 首先来证明, 典范同态 $\rho : \mathscr{O}_X \to j_*\mathscr{O}_U$ 是一一的, 为此我们注意到, 根据前提条件, 典范同态 $\mathscr{O}_{X'} \to j'_*\mathscr{O}_{U'}$ 是一一的, 而由于态射 j 是拟紧分离的, 并且态射 f 是平坦的, 故依照 (2.3.1), $j'_*\mathscr{O}_{U'} = j'_*f_U^*\mathscr{O}_U$ 可以典范等同于 $f^*j_*\mathscr{O}_U$, 现在 $\mathscr{O}_{X'} = f^*\mathscr{O}_X$, 故我们看到同态 $f^*(\rho) : f^*\mathscr{O}_X \to f^*j_*\mathscr{O}_U$ 是一一的, 由此就可以推出 ρ 是一一的, 因为 f 是忠实平坦的 (2.2.7). 接下来考虑一个可逆 $\mathscr{O}_U$ 模层 $\mathscr{L}$, 并设 $\mathscr{L}' = f_U^*\mathscr{L}$, 它是一个可逆 $\mathscr{O}_{U'}$ 模层, 根据前提条件, $j'_*f_U^*\mathscr{L}$ 是可逆 $\mathscr{O}_{X'}$ 模层, 且根据 (2.3.1) (方法同上), 它同构于 $f^*j_*\mathscr{L}$. 但由于 f 是拟紧忠实平坦的, 这就表明 $j_*\mathscr{L}$ 是局部自由 $\mathscr{O}_X$ 模层 (2.5.2). 现在只要在上面的讨论过程中把 X 都换成开集 V 并把 X' 都换成 $f^{-1}(V)$ 就可以推出结论.

定义 (21.13.7) — 所谓一个局部环 A 是仿解因子的, 是指对 $X = \operatorname{Spec} A$ 和它的闭点 a, 套组 $(X, \{a\})$ 是仿解因子的.

命题 (21.13.8) — 记号与 (21.13.7) 相同, 我们令 $U = X \smallsetminus \{a\}$. 则为了使 A 是仿解因子的, 必须且只需它满足下面两个条件:

(i) 典范同态 $A = \Gamma(X, \mathscr{O}_X) \to \Gamma(U, \mathscr{O}_X)$ 是一一的.

(ii) $\operatorname{Pic}(U) = 0$.

进而若 A 是*Noether* 的, 则条件 (i) 等价于

($\mathrm{i}_{改}$) $\operatorname{dp} A \geqslant 2$.

事实上, X 中包含 a 的唯一开集就是 X 自身, 因而任何可逆 $\mathscr{O}_X$ 模层都同构于 $\mathscr{O}_X$, 换句话说, $\operatorname{Pic}(X) = 0$, 从而第一句话可由定义 (21.13.1) 以及 (21.13.3) 推出. 第二句话则是 (21.13.4) 的特殊情形.

例子 (21.13.9) — (i) 依照 (21.13.8), 一个仿解因子 Noether 局部环的维数必然 $\geqslant 2$, 换句话说, 维数 $\leqslant 1$ 的 Noether 局部环不可能是仿解因子的.

(ii) 维数 $\geqslant 2$ 的解因子 Noether 整局部环都是仿解因子的, 这可由 (21.13.8) 和 (21.6.14) 推出.

(iii) 若 A 是一个维数 $\geqslant 3$ 的仿解因子 Noether 局部环, 则它未必是正规的, 甚至未必是既约的. 我们来考虑一个维数 $\geqslant 3$ 的正则局部环 B, 并设 $A = D_B(B)$ (**0**, 18.2.3), 它同构于 $B[T]/(T^2)$, 由此立知, $\operatorname{dp} A = \operatorname{dp} B = \dim B \geqslant 3$. 从而在 (21.13.8) 的记号下, 为了证明 A 是仿解因子的, 只需证明 $\operatorname{Pic}(U) = 0$ 即可. 设 $\mathfrak{I}$ 是增殖同态

$A \to B$ 的核, 它满足 $\mathfrak{I}^2 = (0)$, 并且作为 B 模, 它同构于 B. 由于 $B = A/\mathfrak{I}$, 故知 $X = \operatorname{Spec} A$ 和 $X_0 = \operatorname{Spec} B$ 具有相同的底空间, 若 $\mathscr{J} = \widetilde{\mathfrak{I}}$, 则 X_0 就是 $\mathscr{J}$ 所定义的子概形, 我们用 U_0 来记 X_0 在开集 U 上所诱导的子概形. 对任意 $z \in \mathfrak{I}$, 我们令 $\varphi(z) = 1 + z$, 由于 $(1+z)(1-z) = 1$, 故知 $1+z$ 在 A 中是可逆的, 并且 $\varphi(\mathfrak{I})$ 就是乘法群的典范满同态 $A^* \to B^*$ 的核. 换句话说, 我们有一个交换群的正合序列

$$0 \longrightarrow \mathfrak{I} \xrightarrow{\varphi} A^* \longrightarrow B^* \longrightarrow 1$$

(后面三个是乘法群, 前面两个是加法群). 同理可知, 对任意 $t \in A$, 我们用 t_0 来记 t 在 B 中的像, 则有正合序列

$$0 \longrightarrow \mathfrak{I}_t \xrightarrow{\varphi_t} (A_t)^* \longrightarrow (B_{t_0})^* \longrightarrow 1,$$

因为有 $B_{t_0} = A_t/\mathfrak{I}_t$. 换句话说, 在拓扑空间 X 上我们有一个交换群层的正合序列

$$0 \longrightarrow \mathscr{J} \xrightarrow{u} \mathscr{O}_X^* \longrightarrow \mathscr{O}_{X_0}^* \longrightarrow 1,$$

限制到开集 U 上, 又给出一个正合序列

$$0 \longrightarrow \mathscr{J}|_U \longrightarrow \mathscr{O}_U^* \longrightarrow \mathscr{O}_{U_0}^* \longrightarrow 1.$$

引出上同调长正合序列, 我们就导出了一个正合序列

(21.13.9.1) $$\mathrm{H}^1(U, \mathscr{J}) \longrightarrow \mathrm{H}^1(U, \mathscr{O}_U^*) \xrightarrow{u_1} \mathrm{H}^1(U, \mathscr{O}_{U_0}^*).$$

但由于 $\mathfrak{I}$ 是一个同构于 B 的 B 模, 故知 $\mathrm{H}^1(U, \mathscr{J}) = \mathrm{H}^1(U_0, \mathscr{O}_{U_0})$, 并且由第三章第三部分 (也可参考 [41, III, 例子 III-1]) 知, $\mathrm{H}^1(U_0, \mathscr{O}_{U_0}) = 0$, 这里使用了关系式 $\operatorname{dp} B \geqslant 3$. 此外, 由于 B 是解因子的, 故有 $\mathrm{H}^1(U, \mathscr{O}_{U_0}^*) = \operatorname{Pic}(U_0) = 0$, 从而由上述正合序列就得知, $\operatorname{Pic}(U) = \mathrm{H}^1(U, \mathscr{O}_U^*) = 0$.

(iv) 也可以找到这样的 3 维 Noether 局部环, 它是整且整闭的, 并且是仿解因子的, 但不是解因子的. 事实上, 设 B 是一个维数 $\geqslant 2$ 的整闭完备 Noether 整局部环, 且不是解因子整环 (比如整代数 $k[U,V,W]/(W^2 - UV)$ 在 $(U)+(V)+(W)$ 的像理想处的局部化环的完备化). 则由后面的 (21.14.2) 知, B 上的形式幂级数局部环 $A = B[[T]]$ 是仿解因子的, 但它不是解因子的, 否则由下面的 (21.13.12) 就能推出 B 也是解因子的.

(v) 可以证明, 维数 $\geqslant 4$ 的全截局部环 (19.3.1) 都是仿解因子的 (参考 [41, XI, 3.13(i)]).

(vi) 我们已经看到 (注解 (ii)), 任何 2 维解因子 Noether 整局部环都是仿解因子的. 不过确实存在不是解因子整环的 2 维仿解因子 Noether 局部环. 可以证明, 为了使一个 2 维 Noether 局

部环 A 是仿解因子的但又不是解因子整环, 必须且只需它满足下面三个条件:

1° A 是 Cohen-Macaulay 环 (换句话说, $\operatorname{dp} A = 2$).

2° A 是整的, 并且若 A' 是它的整闭包, 则 A' 是解因子的, 而且还是一个有限 A 代数.

3° 设 $\mathfrak{I}$ 是 A 在 A' 中的导子 (也就是 A 模 A'/A 的零化子, 或者 A' 的那个包含在 A 中的最大理想), 我们令 $B = A/\mathfrak{I}$, $B' = A'/\mathfrak{I}$, 则 $\dim B = 1$ (这就表明 $A' \neq A$, 换句话说 A 不是整闭的), 并且典范映射 $\operatorname{Div}(B) \to \operatorname{Div}(B')$ (21.4.5) 是满的.

进而可以证明, 这些条件还蕴涵着下面的条件:

4° 环 B' 是既约的 (自然 $B \subseteq B'$ 也是既约的), 并且态射 $\operatorname{Spec} B' \to \operatorname{Spec} B$ 是一一的.

我们令 $X = \operatorname{Spec} A$, $X' = \operatorname{Spec} A'$, $Y = \operatorname{Spec} B$, $Y' = \operatorname{Spec} B'$, 则 Y (切转: Y') 是由 A (切转: A') 的理想 $\mathfrak{I}$ 所定义的, 结构态射 $f : X' \to X$ 给出了 $X' \smallsetminus Y'$ 到 $X \smallsetminus Y$ 的一个同构 (Bourbaki,《交换代数学》, V, §1, ⁂5, 命题 16 的推论 5). 从而依照 4°, 我们看到 f 是一个一一的态射. 换句话说, X 是一个独枝概形 (6.15.1) (特别地, A' 是一个 Noether 局部环), 一般来说, X 并不是几何式独枝的. 1 维空间 Y 是由 X 的闭点 x 和 Y 的那些极大点 y_i $(1 \leqslant i \leqslant r)$ 所组成的, 并且 Y' 中位于 y_i 之上的唯一一点 y_i' 也是 Y' 的一个极大点, 由于 B 和 B' 都是既约的, 故我们得知 $\mathfrak{m}_z \mathscr{O}_{X',z'} = \mathfrak{m}_{z'}$, 其中 $z = y_i$, $z' = y_i'$, 这个关系式显然对于 $z \notin Y$ 和 $f^{-1}(z)$ 中的唯一点 z' 来说也是对的, 从而它对任意 $z \in U = X \smallsetminus \{x\}$ 和 $f^{-1}(z)$ 中的唯一点 z' 都是对的. 特别地, 若环 A 是特征 0 的 (**0**, 21.1.1), 则我们看到 U' 在 U 上是非分歧的 (但一般不是平展的).

这里我们将只证明条件 1°, 2°, 3° 是使 A 成为仿解因子环的充分条件. 而依照条件 1° 和 (21.13.8), 为此只需证明 $\operatorname{Pic}(U) = 0$ 即可.

依照 2°, A' 是解因子的, 故我们有 $\operatorname{Pic}(U') = 0$, 并且由 (21.8.5, (ii)) 可以导出一个正合序列

$$1 \longrightarrow \Big(\prod_{s \in S} \mathscr{O}'^{*}_{U,s} / \mathscr{O}^{*}_{U,s}\Big) \Big/ \operatorname{Im} \Gamma(U', \mathscr{O}^{*}_{U'}) \longrightarrow \operatorname{Pic}(U) \longrightarrow \operatorname{Pic}(U') \longrightarrow 0,$$

从而问题是要证明这个序列中的第二项只含单位元, 此处 S 就是这些 y_i $(1 \leqslant i \leqslant r)$ 的集合, 而且 $\mathscr{O}'_X = f_* \mathscr{O}_{X'}$ 就是 $\mathscr{O}_X$ 代数层 $\widetilde{A'}$. 设 $\mathfrak{p}_i$, $\mathfrak{p}_i'$ 分别是 A 和 A' 的那些与点 y_i, y_i' 相对应的素理想, 我们注意到 $\mathfrak{p}_i' \cap A = \mathfrak{p}_i$, 对每个 i, 给定 $A'_{\mathfrak{p}_i}$ 中的一个可逆元 a_i'/s_i, 其中 $a_i' \in A'$, $s_i \notin \mathfrak{p}_i$, 由于我们只需要考虑商群 $A'^{*}_{\mathfrak{p}_i}/A^{*}_{\mathfrak{p}_i}$, 故可假设对每个 i, 均有 $s_i = 1$, 设 $b_i' \in B' = A'/\mathfrak{I}$ 是 a_i' 的典范像, 从而 $b_i'/1$ 是 $\boldsymbol{k}(y_i) = \mathscr{O}_{Y',y_i'}$ 的一个非零元. 由这些 y_i 所组成的集合 $U \cap Y$ 是 Y 中的一个形如 $D(t)$ 的仿射开集, 其中 $t \in \mathfrak{m}$ (这是 A 的极大理想), 从而可以找到一个可逆元 $b' \in B'_t$, 使得这些 $b_i'/1$ 都是它的典范像, 且由于 t 在整环 A' 中是正则的, 故可假设 b' 具有 b''/t^m 的形状, 其中 $b'' \in B'$ 是可逆的. 设 a'' 是 A' 的一个落在等价类 b'' 中的元素, 它也必然是可逆的, 于是 $a' = a''/t^m$ 在 A'_t 中是可逆的, 并且对任意 i, 均有 $u_i = a'' - a_i' t^m \in \mathfrak{I}$, 故得 $t^m a_i' = a'' - u_i = a''(1 - a''^{-1} u_i)$, 但我们有 $a''^{-1} u_i \in \mathfrak{I} \subseteq \mathfrak{m}$, 从而 $1 - a''^{-1} u_i$ 是 A 的一个可逆元, 并且 a' 和 a_i' 在 $A'^{*}_{\mathfrak{p}_i}/A^{*}_{\mathfrak{p}_i}$ 中的等价类是相同的, 这就完成了证明.

下面我们来给出一个具体的例子, 它是 2 维仿解因子环, 但不是解因子整环. 考虑环 $E = \mathbb{R}[[U,V]]/(U^2 + V^2)$, 它的整闭包 E' 可以等同于 $\mathbb{C}[[U]]$ (6.15.11). 我们令 $A = E[[T]]$, 则 A 的整闭包是环 $A' = E'[[T]]$ (Bourbaki,《交换代数学》, V, §1, ⁂4, 命题 14), 可以立即验

证, E 在 E' 中的导子就是 E 的极大理想 $\mathfrak{n}$, 从而 A 在 A' 中的导子 $\mathfrak{I}$ 是 $\mathfrak{n}[[T]]$, 并且我们有 $B = A/\mathfrak{I} \cong \mathbb{R}[[T]]$, $B' = A'/\mathfrak{I} \cong \mathbb{C}[[T]]$. 现在就能很容易地证明, 上面所说的条件 1°, 2° 和 3° 确实是满足的, 但 A 甚至不是整闭的.

我们还可以给出这个例子的一些变化形, 读者容易验证, 若 k 是一个代数闭域, 环 A 是环 $k[U,V,W]/(U^2 - WV^2)$ 在由 U, V 和 W 的像所生成的极大理想处的局部化, 则它也满足上面的条件 1°, 2° 和 3°.

很有可能从这三个条件还能推出环 $B'/\mathfrak{p}'_i$ 都是离散赋值环, 这将说明 A' 甚至是一个正则环.

命题 (21.13.10) — *设 X 是一个局部Noether 概形, Y 是 X 的一个闭子集. 则为了使套组 (X,Y) 是仿解因子的, 必须且只需对任意 $y \in Y$, 局部环 $\mathscr{O}_{X,y}$ 都是仿解因子的.*

我们令 $U = X \smallsetminus Y$, 并设 $j : U \to X$ 是典范含入.

依照 (21.13.4), 典范同态 $\mathscr{O}_X \to j_*\mathscr{O}_U$ 是单的就等价于对任意 $y \in Y$, 局部环 $\mathscr{O}_{X,y}$ 都满足 (21.13.8) 中的条件 ($\mathrm{i}_{改}$).

我们首先来证明, 若套组 (X,Y) 是仿解因子的, 则每个局部环 $\mathscr{O}_{X,y}$ $(y \in Y)$ 都是仿解因子的. 有见于上面的注解, 问题归结为证明, 对于 $T_y = \operatorname{Spec}\mathscr{O}_{X,y}$ 和 $U_y = T_y \smallsetminus \{y\}$ 来说, 任何可逆 $\mathscr{O}_{U_y}$ 模层 $\mathscr{L}_0$ 都同构于 $\mathscr{O}_{U_y}$. 现在由 (8.2.13) 和 (**I**, 2.4.2) 知, 概形 U_y 是 X 的开子概形 $V \smallsetminus (V \cap \overline{\{y\}})$ 的投影极限, 其中 V 跑遍 y 在 X 中的仿射开邻域的集合, 这些开集 $V \smallsetminus (V \cap \overline{\{y\}})$ 都是拟紧的, 因为 X 是局部 Noether 的. 由于这些 $U_V = V \smallsetminus (V \cap \overline{\{y\}})$ 都是分离的, 故由 (8.5.2, (ii)) 和 (8.5.5) 知, 可以找到 y 在 X 中的一个仿射开邻域 V 和一个可逆 $\mathscr{O}_{U_V}$ 模层 $\mathscr{L}'_V$, 使得 $\mathscr{L}_0$ 就是 $\mathscr{L}'_V$ 在 U_y 上的稼入层. 然而依照 (21.13.6, (i) 和 (ii)), 前提条件表明套组 $(V, V \cap \overline{\{y\}})$ 是仿解因子的, 于是由定义 (21.13.1) 知, 可以找到一个可逆 $\mathscr{O}_V$ 模层 $\mathscr{L}_V$, 它在 U_V 上的稼入层是 $\mathscr{L}'_V$. 必要时把 V 换成 y 的一个更小的开邻域, 我们可以假设 $\mathscr{L}_V$ 同构于 $\mathscr{O}_V$, 从而这就表明 $\mathscr{L}_0$ 同构于 $\mathscr{O}_{U_y}$.

反过来, 若所有 $\mathscr{O}_{X,y}$ $(y \in Y)$ 都是仿解因子的, 我们要证明套组 (X,Y) 是仿解因子的. 有见于前面的注解, 问题显然可以归结为证明, 对任何可逆 $\mathscr{O}_U$ 模层 $\mathscr{L}$, $j_*\mathscr{L}$ 都是可逆 $\mathscr{O}_X$ 模层 (21.13.5). 问题在 X 上是局部性的, 故可假设 X 是 Noether 的. 由那些使得 $j_*\mathscr{L}$ 在其开邻域上可逆的点 $x \in X$ 所组成的集合 V 在 X 中显然是开的, 问题是要证明 $V = X$. 为此我们假设它不成立, 并且令 $Z = X \smallsetminus V \neq \varnothing$. 设 y 是 Z 的一个极大点, 根据定义, $Z \subseteq Y$, 故前提条件说 $\mathscr{O}_{X,y}$ 是一个仿解因子环. 必要时把 X 换成 y 在 X 中的一个开邻域, 我们可以假设 $j_*\mathscr{L}$ 在 $V \smallsetminus (V \cap \overline{\{y\}})$ 上的限制是可逆的, 从而在上面这些记号下, $j_*\mathscr{L}$ 在 U_y 上的稼入层 $\mathscr{L}_0$ 是一个可逆 $\mathscr{O}_{U_y}$ 模层. 由于 $\mathscr{O}_{X,y}$ 是仿解因子的, 故知 $\mathscr{L}_0$ 是某个可逆 $\mathscr{O}_{T_y}$ 模层 $\mathscr{L}'$ 的稼入层, 然而 T_y 是 y 在 X 中的全体开邻域 W 的投影极限, 故我们可以再次应用 (8.5.2, (ii)) 和

(8.5.5), 由此找到 y 在 X 中的一个开邻域 W 和一个可逆 $\mathscr{O}_W$ 模层 $\mathscr{L}''$, 它在 T_y 上的稼入层是 $\mathscr{L}'$, 从而它在 U_y 上的稼入层是 $\mathscr{L}_0$. 现在我们应用 (8.5.2.5) 和 (8.2.5, (i)), 由此得知, 必要时把 W 换成 y 的一个更小的开邻域, 可以假设 $j_*\mathscr{L}$ 和 $\mathscr{L}''$ 在 $W \smallsetminus (W \cap \overline{\{y\}})$ 上的限制是相等的. 下面令 $V_1 = V \cup W$, 并且用 $\mathscr{L}_1$ 来记这样一个可逆 $\mathscr{O}_{V_1}$ 模层, 它在 W 上等于 $\mathscr{L}''$, 而在 V 上等于 $(j_*\mathscr{L})|_V$, 则有 $U \subseteq V_1$, 并且 $\mathscr{L}_1|_U = \mathscr{L}$. 于是由同态 $\mathscr{O}_X \to j_*\mathscr{O}_U$ 是一一的这个事实连同 (21.13.2, b)) 我们得出, $(j_*\mathscr{L})|_{V_1}$ 同构于 $\mathscr{L}_1$, 从而是可逆的. 但这就与 V 的定义产生了矛盾, 从而也完成了 (21.13.10) 的证明.

推论 (21.13.11) — *设 X 是一个局部Noether 概形, Y 是 X 的一个闭子集, $U = X \smallsetminus Y$. 假设套组 (X, Y) 是仿解因子的, 并且 U 是展因子的. 换句话说 (21.13.10), 对任意 $x \in X$, 环 $\mathscr{O}_{X,x}$ 在 $x \in Y$ 时是仿解因子的, 而在 $x \notin Y$ 时是解因子的. 则 X 是展因子的(换句话说, 对所有 $x \in X$, 环 $\mathscr{O}_{X,x}$ 实际上都是解因子整环).*

事实上, 假设这件事不对, 并设点 $y \in Y$ 满足下面的条件: $\mathscr{O}_{X,y}$ 不是解因子整环, 并且这个环的维数在所有满足此条件的点中是最小的. 现在我们令 $T_y = \operatorname{Spec} \mathscr{O}_{X,y}$, $U_y = T_y \smallsetminus \{y\}$, 则由 $\mathscr{O}_{X,y}$ 是仿解因子的这个条件知, $\operatorname{Pic}(U_y) = 0$ 并且 $\operatorname{dp} \mathscr{O}_{X,y} \geqslant 2$ (21.13.8), 进而由 y 的选择知, U_y 是展因子的. 但此时 (21.6.14) 就表明, $\mathscr{O}_{X,y}$ 是一个解因子整环, 这与我们的假设矛盾.

命题 (21.13.12) — *设 A, B 是两个Noether 局部环, $\rho : A \to B$ 是一个局部同态, 并使 B 成为一个平坦 A 模. 于是若 B 是解因子的, 则 A 也是如此.*

我们已经知道 A 是整且整闭的 (6.5.4), 从而可以限于考虑 $\dim A \geqslant 2$ 的情形, 下面对 $n = \dim A$ 进行归纳. 设 $X = \operatorname{Spec} A$, a 是 X 的闭点, $X' = \operatorname{Spec} B$, $f : X' \to X$ 是结构态射, $U = X \smallsetminus \{a\}$, $U' = f^{-1}(U)$.

这些点 $x' \in f^{-1}(a)$ 处的局部环 $\mathscr{O}_{X',x'}$ 都是解因子的, 并且维数 $\geqslant 2$ (6.1.2), 从而都是仿解因子的 (21.13.9, (ii)), 由此可知 (21.13.10), 套组 $(X', f^{-1}(a))$ 是仿解因子的. 依照 (21.13.6, (iii)), 这就表明环 A 是仿解因子的, 从而 $\operatorname{dp} A \geqslant 2$ 并且 $\operatorname{Pic}(U) = 0$ (21.13.8). 最后, 由于 U 的局部环的维数都 $< n$, 故归纳假设证明了 U 是展因子的, 再利用 (21.6.14) 就可以推出结论.

(21.13.12.1) 注意到若我们把“解因子”都换成“仿解因子”, 则 (21.13.12) 的结论不再成立, 比如取 $A = k$ 是一个域, B 是解因子的整局部环 $k[[T_1, T_2]]$, 这就是一个反例. 尽管如此, 由 (21.13.6, (iii)) 知, 在 (21.13.12) 的那些条件下, 若 $\mathfrak{m}$ 是 A 的极大理想, 并假设 $\mathfrak{m}B$ 是 B 的一个定义理想(换句话说, $\dim(B/\mathfrak{m}B) = 0$), 则由 B 是仿解因子的可以推出 A 也是如此. 特别地, 若一个 Noether 局部环 A 的完备化 $\widehat{A}$ 是仿解因子的, 则 A 也是如此.

注解 (21.13.13) — 上面的部分定义和结果可以推广到一般拓扑空间上的交换群层上同调上 (我们将在第三章第三部分中讨论), 为了方便读者, 我们在这里先给出一个简单的介绍. 事实上, 若 X 是一个环积空间, 则在可逆 $\mathscr{O}_X$ 模层范畴和群层 $\mathscr{O}_X^*$ 作用下的主齐性层范畴之间有一个典范等价 (16.5.15). 这个等价可以这样来定义, 即把任何一个可逆 $\mathscr{O}_X$ 模层 $\mathscr{L}$ 都对应到 $\mathscr{O}_X$ 和 $\mathscr{L}$ 之间的同构芽层 $\mathscr{L}^* = \mathscr{I}som_{\mathscr{O}_X}(\mathscr{O}_X, \mathscr{L})$, 易见 $\mathscr{L}^*$ 上带有一个典范的在 $\mathscr{O}_X^* = \mathscr{I}som_{\mathscr{O}_X}(\mathscr{O}_X, \mathscr{O}_X)$ 作用下的主齐性层结构. 很容易证明这个函子 $\mathscr{L} \mapsto \mathscr{L}^*$ 是一个范畴等价. 在此基础上, 我们一般地考虑一个拓扑空间 X 以及 X 上的一个群层 $\mathscr{G}$, 设 Y 是 X 的一个闭子集, $U = X \smallsetminus Y$, 并设 i 是一个整数, 且满足 $0 \leqslant i \leqslant 2$, 所谓这个套组 (X, Y) 对于 $\mathscr{G}$ 是 i 级纯格的, 是指对 X 的任意开集 V, 从群层 $\mathscr{G}|_V$ 作用下的主齐性层范畴到群层 $\mathscr{G}|_{(U\cap V)}$ 作用下的主齐性层范畴的限制函子 $\mathscr{P} \mapsto \mathscr{P}|_{(U\cap V)}$ 都是忠实的 (针对 $i = 0$), 切转: 都是完全忠实的 (针对 $i = 1$), 切转: 都是范畴等价(针对 $i = 2$). 从而对于 X 是环积空间且 $\mathscr{G} = \mathscr{O}_X^*$ 的情形, (X, Y) 是 i 级纯格的就相当于说, 在 $i = 0$ 的情况下同态 $\mathscr{O}_X \to j_*\mathscr{O}_U$ 是单的, 在 $i = 1$ 的情况下该同态是一一的, 最后在 $i = 2$ 的情况下套组 (X, Y) 是仿解因子的 (21.13.3).

回到一般的情形, 还记得根据定义, $\mathscr{G}$ 作用下的主层范畴中的态射都是同构. 从而套组 (X, Y) 是 0 级纯格的就等价于对 X 的任意开集 V, 典范同态 $\mathrm{H}^0(V, \mathscr{G}) \to \mathrm{H}^0(U \cap V, \mathscr{G})$ 都是单的, 套组 (X, Y) 是 1 级纯格的就等价于同态 $\mathrm{H}^0(V, \mathscr{G}) \to \mathrm{H}^0(U \cap V, \mathscr{G})$ 都是一一的 (此时典范同态 $\mathrm{H}^1(V, \mathscr{G}) \to \mathrm{H}^1(U \cap V, \mathscr{G})$ 也都是单的), 最后, 我们可以证明, 为了使套组 (X, Y) 是 2 级纯格的, 必须且只需同态 $\mathrm{H}^i(V, \mathscr{G}) \to \mathrm{H}^i(U \cap V, \mathscr{G})$ 在 $i = 0$ 和 $i = 1$ 时都是一一的. 如果 $\mathscr{G}$ 是一个交换群层, 那么利用第三章第三部分引入的上同调层 $\mathscr{H}_Y^i(\mathscr{G})$ 就得知, 在 $i \leqslant 2$ 时, 套组 (X, Y) 是 i 级纯格的就等价于在 $p \leqslant i$ 时均有 $\mathscr{H}_Y^p(\mathscr{G}) = 0$, 从而在这样的形式下, 我们可以把这个概念推广到 i 是任意整数的情形.

命题 (21.13.14) — 设 X 是一个正规局部Noether 概形, $(U_\lambda)_{\lambda \in L}$ 是由 X 的一些开集所组成的递减滤相族. 则以下诸条件是等价的:

a) 对 X 上的任何余 1 维轮圈 Z, 只要能找到一个指标 λ, 使得 $Z|_{U_\lambda}$ 是局部主轮圈, Z 本身就是局部主轮圈.

b) 对任意 $x \in X$, 只要 $\dim \mathscr{O}_{X,x} \geqslant 2$ 并且 x 没有落在 $\bigcap_{\lambda \in L} U_\lambda$ 中, 环 $\mathscr{O}_{X,x}$ 就是仿解因子的.

b′) 对 X 的任何闭子集 Y, 只要 $\operatorname{codim}(Y, X) \geqslant 2$, 并且可以找到 λ, 使得 $Y \subseteq X \smallsetminus U_\lambda$, 套组 (X, Y) 就是仿解因子的.

性质 a) 也可以表达成下面的形式: 如果由那些使得 Z 不是主轮圈的点 $x \in X$ 所组成的闭集 N 包含在某个 $X \smallsetminus U_\lambda$ 之中, 那么 Z 就是局部主轮圈. 由于 X 是正规的, 故条件 $\dim \mathscr{O}_{X,x} \leqslant 1$ 就蕴涵着 $\mathscr{O}_{X,x}$ 是一个域或者离散赋值环, 从而 Z_x 是一个主轮圈. 换句话说, 我们必有 $\operatorname{codim}(N,X)\geqslant 2$ (5.1.3). 从而性质 a) 又等价于下面这个性质:

a′) 若能找到一个闭子集 Y, 它满足 $\operatorname{codim}(Y,X)\geqslant 2$, 并且包含在某个 $X\smallsetminus U_\lambda$ 之中, 进而 $Z|_{X\smallsetminus Y}$ 是局部主轮圈, 则 Z 是局部主轮圈.

另一方面, 注意到依照 (21.13.10), b) 蕴涵 b′), 反过来, 若 b′) 是满足的, 并设 $x\notin U_\lambda$, 则 $Y=\overline{\{x\}}$ 包含在 $X\smallsetminus U_\lambda$ 中, 并且 $\operatorname{codim}(Y,X)\geqslant 2$, 从而仍然由 (21.13.10) 可知, $\mathscr{O}_{X,x}$ 是仿解因子的, 这就证明了 b) 和 b′) 的等价性. 这样一来, 问题归结为证明 a′) 和 b′) 的等价性. 注意到 X 是正规的, 故对 X 的任何满足 $\operatorname{codim}(Y,X)\geqslant 2$ 的闭子集 Y, 我们都有 $\operatorname{dp}_Y\mathscr{O}_X\geqslant 2$ (5.8.6), 从而对于 $U=X\smallsetminus Y$, 同态 $\mathscr{O}_X\to j_*\mathscr{O}_U$ 是一一的 (21.13.4), 现在条件 a′) 和 b′) 都是局部性的, 故我们只需证明, 若 X 是*Noether* 且正规的, Y 在 X 中是闭的, 且满足 $\operatorname{codim}(Y,X)\geqslant 2$, 则下面两个条件是等价的:

a″) 对 X 上的任何余 1 维轮圈 Z, 只要 $Z|_U$ (其中 $U=X\smallsetminus Y$) 是局部主轮圈, Z 本身就是局部主轮圈.

b″) 典范同态 $\operatorname{Pic}(X)\to\operatorname{Pic}(U)$ 是满的.

我们首先来证明 a″) 蕴涵 b″), 一个元素 $\zeta_0\in\operatorname{Pic}(U)$ 在 $\mathfrak{Cl}(U)$ 中的像 (21.6.11) 是 U 上的某个余 1 维轮圈 Z_0 的等价类, 并且这个轮圈是局部主轮圈. 前提条件 $\operatorname{codim}(Y,X)\geqslant 2$ 表明, 限制同态 $\mathfrak{Z}^1(X)\to\mathfrak{Z}^1(U)$ 是一一的, 从而 $Z_0=Z|_U$, 其中 Z 是 X 上的一个余 1 维轮圈, 由于 Z_0 是局部主轮圈, 故依照 a″), Z 也是局部主轮圈, 于是由 (21.6.11) 知, Z 在 $\mathfrak{Cl}(X)$ 中的像是某个唯一确定的元素 $\zeta\in\operatorname{Pic}(X)$ 的像, 显然 ζ_0 就是 ζ 的像.

反过来, 我们要证明 b″) 蕴涵 a″). 设 Z 是 X 上的一个余 1 维轮圈, 并且 $Z|_U$ 是局部主轮圈, 则 $Z|_U$ 在 $\mathfrak{Cl}(U)$ 中的像是某个唯一确定的元素 $\zeta_0\in\operatorname{Pic}(U)$ 的像 (21.6.11). 根据前提条件, 我们有一个元素 $\zeta\in\operatorname{Pic}(X)$, 它在 $\operatorname{Pic}(U)$ 中的像是 ζ_0, 从而 ζ 在 $\mathfrak{Cl}(X)$ 中的像是 X 上的这样一个余 1 维轮圈 Z' 的等价类, 它使得 $Z|_U$ 和 $Z'|_U$ 是线性等价的. 而由于 U 在 X 中是概稠密的, 故知 $\mathfrak{Z}^1_{\text{主}}(X)$ 在同构 $\mathfrak{Z}^1(X)\xrightarrow{\sim}\mathfrak{Z}^1(U)$ 下的像就是 $\mathfrak{Z}^1_{\text{主}}(U)$, 从而 Z 和 Z' 是线性等价的, 又因为 Z' 是局部主轮圈, 故知 Z 也是局部主轮圈.

推论 (21.13.15) — 设 X 是一个正规局部*Noether* 概形, S 是 X 的一个子集. 则以下诸条件是等价的:

a) 对 X 上的任何一个余 1 维轮圈, 只要它在 S 的所有点处都是主轮圈, 它就是局部主轮圈.

b) 对任意 $x\in X$, 只要它不是 S 中的任何一点的一般化 (换句话说 $\overline{\{x\}}\cap S=\varnothing$), 并且 $\dim\mathscr{O}_{X,x}\geqslant 2$, 环 $\mathscr{O}_{X,x}$ 就是仿解因子的.

由 S 中诸点在 X 中的一般化所组成的集合 S' 显然就是 S 的全体开邻域的交

集. 我们可以限于考虑 X 是 Noether 概形的情形 (因为性质 a) 和 b) 在 X 上都是局部性的), 对 X 上的任何余 1 维轮圈, 若它在 S 的诸点处都是主轮圈, 则它在 S 的某个开邻域的诸点处也就是主轮圈, 故我们看到 (21.13.15) 的条件 a) 就等价于在 (21.13.14) 的条件 a) 中取 (U_λ) 是 S 的全体开邻域的族. 从而由 (21.13.14) 中 a) 和 b) 的等价性就可以推出结论.

注解 (21.13.16) — 在 (21.13.14) 的一般条件下, 我们进而假设 $\varinjlim \operatorname{Pic}(U_\lambda) = 0$. 则 (21.13.14) 的条件 a) 还等价于下面的条件:

c) *对 X 上的任何一个余 1 维轮圈, 只要它的支集包含在某个 $X \smallsetminus U_\lambda$ 中, 它就是局部主轮圈.*

可以限于考虑 X 不可约且所有 U_λ 都非空的情形. a) 显然蕴涵 c), 因为若 X 上的一个余 1 维轮圈 Z 的支集包含在 $X \smallsetminus U_\lambda$ 之中, 则我们有 $Z|_{U_\lambda} = 0$, 从而 $Z|_{U_\lambda}$ 是局部主轮圈. 反过来, c) 也蕴涵 a). 事实上, 设 Z 是 X 上的一个余 1 维轮圈, 并假设 $Z|_{U_\lambda}$ 是局部主轮圈, 则由于 X 是正规的, 故知 $Z|_{U_\lambda} = \operatorname{cyc}(D_\lambda)$, 其中 D_λ 是 U_λ 上的一个除子 (21.6.10, (i)), 而前提条件 (依照 (21.3.4)) 表明, 可以找到一个集合 $U_\mu \subseteq U_\lambda$, 使得 $D_\mu = D_\lambda|_{U_\mu}$ 等价于 0. 若 $D_\mu = \operatorname{div}(f_\mu)$, 其中 f_μ 是 U_μ 上的一个正则有理函数, 则我们也可以把 f_μ 看作 X 上的一个正则有理函数. 从而若 $Z' = \operatorname{cyc}(\operatorname{div}(f_\mu))$, 则 $Z'' = Z - Z'$ 的支集包含在 $X \smallsetminus U_\mu$ 之中, 依照前提条件, Z'' 是局部主轮圈, 这就推出了结论.

特别地, 若 (U_λ) 是某一点 $z \in X$ 的全体开邻域的族, 则条件 $\varinjlim \operatorname{Pic}(U_\lambda) = 0$ 是满足的, 因为根据定义, 对任意可逆 $\mathscr{O}_{U_\lambda}$ 模层 $\mathscr{L}_\lambda$, 均可找到一个 $U_\mu \subseteq U_\lambda$, 使得 $\mathscr{L}_\lambda|_{U_\mu}$ 同构于 $\mathscr{O}_{U_\mu}$. 从而我们看到在 (21.13.15) 的陈述中, 若 $S = \{z\}$, 则条件 a) 和 b) 也等价于下面的条件:

c) *X 上的任何支集不包含 z 的余 1 维轮圈都是局部主轮圈.*

进而若 $\operatorname{Pic}(X) = 0$, 则我们还得知, 这个条件意味着任何支集不包含 z 的余 1 维轮圈都是主轮圈.

21.14 Ramanujam-Samuel 定理

定理 (21.14.1) (Ramanujam-Samuel) — *设 A 是一个Noether 局部环, 极大理想为 $\mathfrak{m}$, 并假设它的完备化 $\widehat{A}$ 是整且整闭的. 设 B 是一个Noether 局部环, 且 $\dim B > \dim A$, $\rho : A \to B$ 是一个局部同态, 并使 B 成为一个 (在预进制拓扑下的) 形式平滑 A 代数* (**0**, 19.3.1), *再假设 B 的剩余类域在 A 的剩余类域上是有限的. 则对 $\operatorname{Spec} B$ 上的任何一个余 1 维轮圈, 只要它在点 $\mathfrak{p} = \mathfrak{m}B$ 处是主轮圈, 它就是一个余 1 维主轮圈.*

设 $k = A/\mathfrak{m}$ 是 A 的剩余类域, 则 $B/\mathfrak{m}B$ 是一个 (在预进制拓扑下的) 形式平

滑 k 代数 ($\mathbf{0}$, 19.3.5), 从而它是正则的, 特别地, 它是整的, 换句话说, $\mathfrak{p} = \mathfrak{m}B$ 确实是 B 的一个素理想, 这说明了命题的陈述是合理的. 问题显然归结为证明, B 的任何一个没有包含在 $\mathfrak{p}$ 中的素理想 $\mathfrak{q}$ 都是主理想.

设 $\widehat{A}$, $\widehat{B}$ 分别是 A 和 B 的完备化, 因而 $\widehat{A}$ 的极大理想就是 $\mathfrak{m}\widehat{A}$, 我们知道 ($\mathbf{0}$, 19.3.6) $\widehat{B}$ 在进制拓扑下是一个形式平滑 $\widehat{A}$ 代数. 设 k' 是 $\widehat{B}$ 的剩余类域, 它是 k 的有限扩张, 则可以找到一个局部同态 $\widehat{A} \to C$, 其中 C 是一个 Noether 局部环, 也是一个有限型平坦 $\widehat{A}$ 模 (从而是自由 $\widehat{A}$ 模), 而且 $C/\mathfrak{m}C$ 同构于 k' ($\mathbf{0_{III}}$, 10.3.1), 由此可知, C 是完备的, 从而再由 (7.5.1), (7.5.3) 和 (6.5.4, (ii)) 知, C 是整且整闭的. 进而, $D = \widehat{B} \otimes_{\widehat{A}} C$ 是一个完备半局部环, 可以写成一些完备局部环的直合, 其中有一个直合分量 D_0 的剩余类域是 k' (因为 $k' \otimes_k k'$ 是一些局部环的直合, 其中有一个直合分量同构于 k'). 由于 D 在 C 上是形式平滑的, 故知 D_0 也是如此, 因而 $D_0/\mathfrak{m}D_0$ 是一个形式平滑 k' 代数, 并且剩余类域是 k', 这就表明它与某个形式幂级数代数 $k'[[T_1, \cdots, T_n]]$ 是 k' 同构的 ($\mathbf{0}$, 19.6.4), 再利用 ($\mathbf{0}$, 19.7.1.5) 得知, D_0 可以 C 同构于 $C[[T_1, \cdots, T_n]]$, 因而它是整且整闭的 (Bourbaki,《交换代数学》, V, §1, ¥4, 命题 14). 由于态射 $\operatorname{Spec} D_0 \to \operatorname{Spec} \widehat{B}$ 和 $\operatorname{Spec} D_0 \to \operatorname{Spec} B$ 都是忠实平坦的, 故我们得知 B 和 $\widehat{B}$ 也都是整且整闭的 (2.1.13). 这就证明了理想 $\mathfrak{q}D_0$ 是除子型的 (Bourbaki,《交换代数学》, VII, §1, ¥10, 命题 15), 并且没有包含在 $\mathfrak{m}D_0$ 之中, 否则利用忠实平坦性将可推出 $\mathfrak{q} = (\mathfrak{q}D_0) \cap B \subseteq (\mathfrak{m}D_0) \cap B = \mathfrak{m}B = \mathfrak{p}$ ($\mathbf{0_I}$, 6.5.1). 由此得知, D_0 的任何一个包含 $\mathfrak{q}D_0$ 且高度为 1 的素理想 $\mathfrak{r}_h$ 都不能包含在 $\mathfrak{m}D_0$ 之中, 于是如果能够证明它们都是主理想, 那就可以推出 $\mathfrak{q}D_0$ 也是主理想, 因为 $\mathfrak{q}D_0$ 与这些 $\mathfrak{r}_h$ 的某个方幂积的 (Bourbaki 意义下的) 除子是相等的 (Bourbaki,《交换代数学》, VII, §1, ¥4, 命题 5). 又因为 $\mathfrak{q}D_0 \cap B = \mathfrak{q}$, 故利用忠实平坦性以及 B 是局部环的事实就得知, $\mathfrak{q}$ 是主理想 (2.5.2).

这样一来问题就归结到了 A 是完备环并且 $B = A[[T_1, \cdots, T_n]]$ 的情形. 我们首先来说明, 问题还可以归结到 $n = 1$ 的情形. 事实上, 我们对 n 进行归纳, 设 $f \in \mathfrak{q}$ 是一个没有落在 $\mathfrak{p} = \mathfrak{m}B$ 中的元素, 则只需证明我们能找到 B 的一个 A 自同构 σ, 使得 $\sigma(f)$ 没有落在理想 $\mathfrak{p}' = \mathfrak{p} + BT_1 + \cdots + BT_{n-1}$ 中即可. 事实上, 设 $B' = A[[T_1, \cdots, T_{n-1}]]$, 则 B' 是完备的, 并且它的极大理想是 $\mathfrak{m}B' + B'T_1 + \cdots + B'T_{n-1} = \mathfrak{m}'$. 现在 $B = B'[[T_n]]$, 并且 $\mathfrak{p}' = \mathfrak{m}'B$, 故由归纳假设知 (有见于 B' 是整且整闭的这个事实), $\sigma(\mathfrak{q})$ 是 B 的一个主理想, 从而 $\mathfrak{q}$ 也是主理想. 现在若 $\bar{f} \in k[[T_1, \cdots, T_n]]$ 是 f 的像 (即 f 的"约化级数"), 则由 Bourbaki,《交换代数学》, VII, §3, ¥7, 引理 3 知, 我们能找到 B 的一个 A 同构 σ, 使得 $\overline{\sigma(f)}(0, \cdots, 0, T_n) \neq 0$, 这显然就说明了 $\sigma(f) \notin \mathfrak{p}'$.

以下假设 $n = 1$, 且我们用 T 来替换 T_1, 从而 $B = A[[T]]$, 只需证明理想 $\mathfrak{q} \cap A[T]$ 是多项式环 $A[T]$ 中的主理想即可. 事实上, 设 f_0 是 $\mathfrak{q}$ 的一个没有落在 $\mathfrak{m}B$ 中的元素,

它是一个形式幂级数, 且它的约化级数 $\bar{f}_0$ 不等于 0, 从而依照预备定理 (Bourbaki,《交换代数学》, VII, §3, ⁋8, 命题 5), 对任意 $f\in\mathfrak{q}$, 均可找到一个 $g\in B$ 和一个多项式 $r\in A[T]$, 使得 $f=gf_0+r$, 故我们有 $r\in\mathfrak{q}\cap A[T]$, 另一方面 (前引, 命题 6), 可以找到一个不是常数的严选多项式 $F_0\in A[T]$ 和一个可逆元 $u\in B$, 使得 $f_0=uF_0$, 从而我们也有 $F_0\in\mathfrak{q}\cap A[T]$, 这就证明了 $\mathfrak{q}$ 是由 $\mathfrak{q}\cap A[T]=\mathfrak{q}_1$ 所生成的. 由于 B 在 $A[T]$ 上是平坦的 ($\mathbf{0_I}$, 7.3.3), 故由 Bourbaki,《交换代数学》, VII, §1, ⁋10, 命题 15 知, $\mathfrak{q}_1$ 是 $A[T]$ 中的一个高度为 1 的素理想. 进而, 我们必有 $\mathfrak{q}_1\cap A=(0)$, 否则 $\mathfrak{q}_1\cap A$ 的高度就会 $\geqslant 1$, 再利用 (5.5.3) 就可得到 $\mathfrak{q}_1=(\mathfrak{q}_1\cap A)A[T]$. 但此时由 $\mathfrak{q}_1\cap A\subseteq\mathfrak{m}$ 又得知, $\mathfrak{q}_1\subseteq\mathfrak{m}A[T]$, 这就与 $\mathfrak{q}$ 上的前提条件产生了矛盾. 现在若 K 是 A 的分式域, 则 $\mathfrak{q}_1K[T]$ 就是 $K[T]$ 的一个不等于 (0) 和 $K[T]$ 的素理想, 从而它具有 $h\cdot K[T]$ 的形状, 其中 $h(T)=T^m+a_1T^{m-1}+\cdots+a_m$, 并且 $m\geqslant 1$, $a_i\in K$, 这个 h 在 $K[T]$ 中是不可约的. 但我们在上面已经看到, 在 $\mathfrak{q}_1$ 中有一个不是常数的严选多项式 $F_0\in A[T]$. 从而若 t 是 T 在 $K[T]/\mathfrak{q}_1K[T]$ 中的剩余类, 则 t 是多项式 F_0 在 K 的某个扩张中的根, 因而 h 在 $K[T]$ 中能够整除 F_0, 但 h 和 F_0 都是首一的, 这就表明 h 的系数 a_i 在 A 上都是整型的 (Bourbaki,《交换代数学》, V, §1, ⁋3, 命题 11), 从而它们都落在 A 中, 因为 A 是整闭的. 换句话说, 我们有 $h\in A[T]\cap\mathfrak{q}_1K[T]=\mathfrak{q}_1$ (Bourbaki,《交换代数学》, II, §1, ⁋5, 命题 11), 由于任何多项式 $g\in\mathfrak{q}_1$ 在 $K[T]$ 中都能被 h 整除, 并且 h 是首一的, 故知 g/h 的系数都落在 A 中, 从而 $\mathfrak{q}_1=h\cdot A[T]$. 证明完毕.

(21.14.1) 等价于下面这个命题:

推论 (21.14.2) — *在 (21.14.1) 中的那些关于 A,B 和 ρ 的前提条件下, 对 B 的任意素理想 $\mathfrak{q}$, 只要它没有包含在 $\mathfrak{p}=\mathfrak{m}B$ 之中, 并且 $\dim B_{\mathfrak{q}}\geqslant 2$, 环 $B_{\mathfrak{q}}$ 就是仿解因子的. 特别地, 若 $\dim(B\otimes_A k)>0$ (即 $\dim B>\dim A$ (($\mathbf{0}$, 19.7.1) 和 (6.1.1))), 则环 B 是仿解因子的.*

事实上, 我们在 (21.14.1) 的证明中已经看到, 上述条件保证了 B 是整且整闭的, 于是 (21.14.1) 和 (21.14.2) 的等价性缘自 (21.13.15) (应用到 $X=\operatorname{Spec}B$ 和 $S=\{\mathfrak{p}\}$ 上).

命题 (21.14.3) — *设 S 是一个正规概形, $f:X\to S$ 是一个平滑态射.*

(i) 若 S 是局部Noether 的 (从而 X 也是如此), 则对任意 $x\in X$, 只要 $\dim\mathscr{O}_{X,x}\geqslant 2$, 并且 x 不是纤维 $f^{-1}(f(x))$ 的极大点, 环 $\mathscr{O}_{X,x}$ 就是仿解因子的. 对于 X 上的任何余 1 维轮圈 Z, 只要 $\operatorname{Supp}Z$ 没有包含任何一个纤维 $f^{-1}(s)=X_s$ 的不可约分支, Z 就是局部主轮圈.

(ii) 设 Y 是 X 的一个闭子集, 只要它没有包含任何一个纤维 X_s 的不可约分支, 并且对 S 的任意极大点 η, $Y_\eta=Y\cap X_\eta$ 在 X_η 中的余维数都 $\geqslant 2$, 套组 (X,Y) 就是仿解因子的.

注意到若 Y 是 X 的一个闭子集, 并且对任意 $s \in S$, $Y_s = Y \cap X_s$ 在 X_s 中的余维数都 $\geqslant 2$, 则 (ii) 中的条件都能得到满足.

为了证明 (21.14.3). 我们首先注意到在 (i) 的条件下, 对于 $Y = \overline{\{x\}}$, 可以找到 x 在 X 中的一个开邻域 V, 使得 $Y \cap V$ 和 V 满足 (ii) 的条件. 事实上, 由前提条件和 (9.5.3) 知, 我们可以取 V 使得 $V \cap Y$ 没有包含任何一个纤维 X_s 的不可约分支, 另一方面, 若 S 的极大点 η 满足 $Y \cap X_\eta \neq \varnothing$, 则 $Y \cap X_\eta$ 中的点都是 x 的特殊化, 从而在其中任何一点 z 处, 我们都有 $\dim \mathscr{O}_{X,z} \geqslant 2$, 且由于 $\mathscr{O}_{X,z} = \mathscr{O}_{X_\eta,z}$ (依照 (2.1.13), S 在点 η 处是既约的), 故 $Y \cap X_\eta$ 在 X 中的余维数 $\geqslant 2$. 于是依照 (ii), 套组 $(V, Y \cap V)$ 是仿解因子的, 再由 (21.13.10) 就得知, 环 $\mathscr{O}_{X,x}$ 是仿解因子的, 也就是说, (i) 的第一句话是成立的. 为了证明第二句话, 可以限于考虑 $Z = \overline{\{z\}}$ 且 $z \in X^{(1)}$ 的情形, 由于 $\mathscr{O}_{X,z}$ 是一个 1 维整闭整局部环, 故知它是离散赋值环, 从而 Z 在点 z 处是主轮圈. 于是对 $\operatorname{Supp} Z$ 中的其他任何一点 x, 我们都有 $\dim \mathscr{O}_{X,x} \geqslant 2$, 并且根据前提条件, x 在它的纤维中不是极大点, 从而 $\mathscr{O}_{X,x}$ 是仿解因子的. 现在我们应用 (21.13.15), 并取 S 是由 z 和 f 的各个纤维的极大点所组成的集合, 易见 Z 在 S 的所有点处都是主轮圈, 因为 z 是 S 中落在 $\operatorname{Supp} Z$ 里的唯一一点, 另一方面, 由于 (21.13.15) 中的条件 b) 显然得到满足, 故我们由此就推出了 Z 是局部主轮圈.

从而问题归结为证明 (ii). 我们令 $U = X \smallsetminus Y$, 并设 $j : U \to X$ 是典范含入.

依照 (21.13.6, (i)), 前提条件和结论在 X 和 S 上都是局部性的, 故可限于考虑 S 和 X 都是仿射概形的情形, 从而 f 是有限呈示的. 由于 f 的纤维都是正则的, 故 Y 上的前提条件表明, 对任意点 $x \in Y$, 均有 $\operatorname{dp} \mathscr{O}_{X_{f(x)},x} = \dim \mathscr{O}_{X_{f(x)},x} \geqslant 1$, 于是由 (19.9.8) 知, 典范同态 $\mathscr{O}_X \to j_* \mathscr{O}_U$ 是单的. 进而, 通过把 Y 换成一个更大的闭子集 (遵循 (19.9.8) 的证明中的方法), 并使用 (21.13.6, (ii)), 我们可以假设 Y 是由 X 的环中的一个有限型理想所定义的, 从而开集 $U = X \smallsetminus Y$ 是紧凑的, 并且闭集 Y 是可构的.

为了证明 (ii), 只需对任意可逆 $\mathscr{O}_U$ 模层 $\mathscr{L}$ 和任意点 $x \in Y$, 均找到 x 在 X 中的一个开邻域 V, 使得下面两个条件得到满足: 1° 典范同态 $\mathscr{O}_V \to (j_V)_* \mathscr{O}_{U \cap V}$ 是满的, 2° 可以找到一个可逆 $\mathscr{O}_V$ 模层 $\mathscr{L}'_V$, 使得 $\mathscr{L}'_V|_{(U \cap V)} = \mathscr{L}|_{(U \cap V)}$ ((21.13.5) 和 (21.13.3)).

我们令 $s = f(x)$, 首先来证明, 可以限于考虑 $S = S_0 = \operatorname{Spec} \mathscr{O}_{S,s}$ 的情形. 事实上, 设 (S_ν) 是 s 在 S 中的一个基本仿射开邻域组, 并设 $X_\nu = f^{-1}(S_\nu)$, $Y_\nu = Y \cap X_\nu$, $U_\nu = X_\nu \smallsetminus Y_\nu$, $j_\nu : U_\nu \to X_\nu$ 是典范含入, 则 $X_0 = X \times_S S_0$ 就是这些 X_ν 的投影极限 (8.1.2, a)), 我们假设命题对态射 $f_0 : X_0 \to S_0$ 和 $Y_0 = Y \cap X_0$ 是成立的, 并设 $U_0 = X_0 \smallsetminus Y_0$, $j_0 : U_0 \to X_0$ 是典范含入. 由于投影 $p_\nu : X_0 \to X_\nu$ 是仿射态射, 故有 $(j_0)_* \mathscr{O}_{U_0} = p_\nu^* (j_\nu)_* \mathscr{O}_{U_\nu}$ (**II**, 1.5.2), 并且典范同态 $\rho_0 : \mathscr{O}_{X_0} \to (j_0)_* \mathscr{O}_{U_0}$ 恰好就是

$p_\nu^*(\rho_\nu)$ ，其中 $\rho_\nu: \mathscr{O}_{X_\nu} \to (j_\nu)_*\mathscr{O}_{U_\nu}$ 是典范同态, 根据前提条件, ρ_0 是满的, 故知当 ν 充分大时 ρ_ν 都是满的 (8.5.7). 另一方面, 设 $\mathscr{L}_0$ 是 $\mathscr{L}$ 的限制, 这是一个可逆 $\mathscr{O}_{U_0}$ 模层, 我们注意到 X_ν 都是仿射的, 从而是紧凑的, 根据前提条件, 可以找到一个可逆 $\mathscr{O}_{X_0}$ 模层 $\mathscr{L}_0'$, 使得 $\mathscr{L}_0'|_{U_0} = \mathscr{L}_0$, 于是可以找到一个充分大的 ν 和一个有限呈示的拟凝聚 $\mathscr{O}_{X_\nu}$ 模层 $\mathscr{L}_\nu'$, 使得 $\mathscr{L}_0$ 同构于 $p_\nu^*\mathscr{L}_\nu'$ (8.5.2, (ii)), 进而 (8.5.5) 我们可以假设 $\mathscr{L}_\nu'$ 是可逆的. 最后, 由于这些 U_ν 都是紧凑的, 并且 $\mathscr{L}_0'|_{U_0} = \mathscr{L}_0$, 故可找到一个充分大的 ν, 使得 $\mathscr{L}_\nu'|_{U_\nu}$ 和 $\mathscr{L}_\nu = \mathscr{L}|_{U_\nu}$ 是同构的 (8.5.2.5).

这样一来, 问题就归结到了 $S = \operatorname{Spec} A$, $X = \operatorname{Spec} B$ 并且 A 是局部环的情形, 由于 X 是正规的, 且 f 是平滑的, 故知 S 是正规的 (17.5.7), 从而 A 是整且整闭的. 现在把 A 写成它的有限型 $\mathbb{Z}$ 子代数的归纳极限, 则由于这种 $\mathbb{Z}$ 子代数的整闭包是 A 的子环, 并且也是 A 的有限型 $\mathbb{Z}$ 子代数 (7.8.3, (ii), (iii) 和 (vi)), 故知 A 是它的这样一些有限型 $\mathbb{Z}$ 子代数 A_λ 的滤相归纳极限, 其中每个 A_λ 都是整闭整环. 依照 (1.8.4.2), 可以找到一个指标 λ 和一个有限型 A_λ 代数 B_λ, 使得 $B = B_\lambda \otimes_{A_\lambda} A$, 只差一个 A 同构. 我们令 $S_\lambda = \operatorname{Spec} A_\lambda$, $X_\lambda = \operatorname{Spec} B_\lambda$, 若 $p_\lambda: X \to X_\lambda$ 是典范投影, 则可以进而假设 (由于 Y 是可构的) $Y = p_\lambda^{-1}(Y_\lambda)$, 其中 Y_λ 是 X_λ 的一个闭子集 (8.3.11). 设 f_λ 是态射 $X_\lambda \to S_\lambda$, 则依照纤维的传递性和 (4.2.6), Y_λ 没有包含任何一个纤维 $f_\lambda^{-1}(s_\lambda)$ (其中 $s_\lambda \in S_\lambda$) 的不可约分支. 由于 f 是平滑的, 故我们也可以假设 f_λ 是平滑的 (17.7.8), 最后, S 的一般点 η 在 S_λ 中的像是 S_λ 的一般点 η_λ, 并且依照 (6.1.4), $\operatorname{codim}((Y_\lambda)_{\eta_\lambda}, (X_\lambda)_{\eta_\lambda}) = \operatorname{codim}(Y_\eta, X_\eta) \geqslant 2$. 从而我们看到 S_λ, X_λ 和 Y_λ 满足 (ii) 中所有的前提条件, 再令 $X_\mu = X_\lambda \times_{S_\lambda} S_\mu$ (其中 $\lambda \leqslant \mu$), 则 S_μ, X_μ 和 Y_μ 也满足相同的条件. 我们来说明, 如果能证明对任意 $\mu \geqslant \lambda$, 套组 (X_μ, Y_μ) 都是仿解因子的, 那么 (X, Y) 也是仿解因子的. 事实上, 设 $U = X \smallsetminus Y$, $U_\lambda = X_\lambda \smallsetminus Y_\lambda$, $j: U \to X$ 和 $j_\lambda: U_\lambda \to X_\lambda$ 都是典范含入, 则由于投影 $p_\lambda: X \to X_\lambda$ 是仿射态射, 故有 $j_*\mathscr{O}_U = p_\lambda^*(j_\lambda)_*\mathscr{O}_{U_\lambda}$ (**II**, 1.5.2), 因而典范同态 $\rho: \mathscr{O}_X \to j_*\mathscr{O}_U$ 恰好就是 $p_\lambda^*(\rho_\lambda)$, 其中 $\rho_\lambda: \mathscr{O}_{X_\lambda} \to (j_\lambda)_*\mathscr{O}_{U_\lambda}$ 是典范同态, 根据前提条件, 后面这个同态是一一的, 从而 ρ 也是一一的. 另一方面, 对任意可逆 $\mathscr{O}_U$ 模层 $\mathscr{L}$, 均可找到一个 $\mu \geqslant \lambda$ 和一个可逆 $\mathscr{O}_{U_\mu}$ 模层 $\mathscr{L}_\mu$, 使得 $\mathscr{L} = {p_\mu'}^*(\mathscr{L}_\mu)$ (这里我们用 $p_\mu': U \to U_\mu$ 来记 p_μ 的限制) (8.5.2 和 8.5.5), 而且 U_λ 是拟紧的 (因为 X_λ 是 Noether 的). 根据前提条件, 可以找到一个可逆 $\mathscr{O}_{X_\mu}$ 模层 $\mathscr{L}_\mu'$, 使得 $\mathscr{L}_\mu'|_{U_\mu}$ 同构于 $\mathscr{L}_\mu$, 从而 $\mathscr{L}' = p_\mu^*\mathscr{L}_\mu$ 是一个可逆 $\mathscr{O}_X$ 模层, 并且 $\mathscr{L}'|_U$ 同构于 $\mathscr{L}$, 这就证明了上述阐言.

这样一来, 问题就归结为在 A 是整闭有限型 $\mathbb{Z}$ 代数的情形来证明 (ii), 此时 S 的局部环 $\mathscr{O}_{S,s}$ 都是整闭的优等环, 故它们的完备化仍然是整闭的 (7.8.3, (ii), (iii) 和 (vii)). 为了证明套组 (X, Y) 是仿解因子的, 只需证明对任意 $x \in Y$ ，环 $\mathscr{O}_{X,x}$ 都是仿解因子的 (21.13.10). 设 y 是 $Y_{f(x)}$ 的一个闭点, 它是 x 的特殊化 (5.1.11), 我们令 $s = f(x) = f(y)$, 则 $\mathscr{O}_{S,s}$ 的完备化是整闭的, 并且 $\mathscr{O}_{X,y}$ 在预进制拓扑下是

一个形式平滑 $\mathscr{O}_{S,s}$ 代数 (17.5.3), 由于 Y_s 没有包含 X_s 的任何不可约分支, 故有 $\dim \mathscr{O}_{X,x} > \dim \mathscr{O}_{S,s}$ (17.5.8). 若 $s \neq \eta$, 则有 $\dim \mathscr{O}_{S,s} \geqslant 1$, 而若 $s = \eta$, 则根据前提条件, $\dim \mathscr{O}_{X,x} \geqslant 2$, 从而在任何情形下, 均有 $\dim \mathscr{O}_{X,x} \geqslant 2$. 进而, $\mathscr{O}_{X,y}$ 的那个与点 x 相对应的素理想没有包含在 $\mathfrak{m}_s \mathscr{O}_{X,y}$ 之中, 因为 Y 没有包含 X_s 的任何不可约分支. 最后, 由于 y 在 X_s 中是闭的, 故知 $\boldsymbol{k}(y)$ 是 $\boldsymbol{k}(s)$ 的一个有限扩张 (**I**, 6.4.2). 在任何情形下, 我们都可以把 (21.14.2) 的结果应用到 $A = \mathscr{O}_{S,s}$, $B = \mathscr{O}_{X,y}$ 和 $B_{\mathfrak{q}} = \mathscr{O}_{X,x}$ 上. 这就完成了证明.

注解 (21.14.4) — (i) 很有可能 (21.14.1) 和 (21.14.2) 的结果在不假设 B 的剩余类域满足上述条件的情况下也是对的. 依照 (21.13.15) 和 (21.13.12.1), 这样推广之后的命题将等价于下面的命题: 设 A 是一个整闭完备 Noether 整局部环, B 是一个 Noether 局部环, 并且它是一个形式平滑 A 代数, 再假设 $\dim B > \dim A$, 则 B 是仿解因子的.

(ii) 在第六章中, 我们将把 "有限下降" 的技术应用到态射 $Y' \to Y = \operatorname{Spec} A$ (其中 Y' 是 Y 的正规化) 上, 由此得出, (21.14.1) 和 (21.14.2) 的结果在把"$\widehat{A}$ 是整闭的"这个条件换成 "$\widehat{A}$ 是既约的, 并且 $\dim B \geqslant \dim A+2$" 时也是对的. 如果把后一个条件改成 $\dim B \geqslant \dim A + 3$, 那么还可以省掉 $\widehat{A}$ 是既约环的条件. 同样地, (21.14.3) 的结果在把"X 是正规的"换成"X 是既约的, 并且 $\dim \mathscr{O}_{X,x} \geqslant \dim \mathscr{O}_{S,f(x)} + 2$"时仍然是对的.

(iii) 在第三章第三部分中我们要证明, 若 $f: X \to S$ 是一个平滑态射, Y 是 X 的一个局部可构的闭子集, 并且对任意 $s \in S$, 均有 (在 (21.14.3) 的记号下) $\operatorname{codim}(Y_s, X_s) \geqslant 3$, 则套组 (X, Y) 是仿解因子的 ([41], XII, 4.8). 但如果仅假设对任意 $s \in S$, 均有 $\operatorname{codim}(Y_s, X_s) \geqslant 2$, 且不假设 X 是既约的, 那么上述结论就不再成立. 举例来说, 设 k 是一个域, $A = k[T]/(T^2)$ 是 k 上的双关数代数, $S = \operatorname{Spec} A$, $X = \operatorname{Spec} A[T_1, T_2]$ (其中 T_1, T_2 是未定元), 从而 $X = \mathbf{V}_S^2$, 再设 Y 是这个向量丛的"零截面", 若 s 是 S 的那个唯一的闭点, 则有 $X_s = \mathbf{V}_k^2$, 并且 Y_s 是 X_s 的"零截面". 为了证明套组 (X, Y) 不是仿解因子的, 我们只需说明环 $B = A[T_1, T_2]_{\mathfrak{m}}$ (其中 $\mathfrak{m}$ 是定义 Y 的那个理想 $(T_1) + (T_2)$) 不是仿解因子的即可 (21.13.10). 设 $B_0 = B_{\mathrm{red}}$, 并且我们用 U 和 U_0 来记 $\operatorname{Spec} B$ 和 $\operatorname{Spec} B_0$ 中的闭点的补集, 采用 (21.13.9) 中的方法, 可以得到一个正合序列 (这是 (21.13.9.1) 的延长)

$$\Gamma(U, \mathscr{O}_U)^* \longrightarrow \Gamma(U_0, \mathscr{O}_{U_0})^* \longrightarrow \mathrm{H}^1(U_0, \mathscr{O}_{U_0}) \longrightarrow \operatorname{Pic}(U) \longrightarrow \operatorname{Pic}(U_0).$$

现在我们有 $\Gamma(U, \mathscr{O}_U) = B$, $\Gamma(U_0, \mathscr{O}_{U_0}) = B_0$, 因为 $\operatorname{dp} B = \operatorname{dp} B_0 = 2$ (5.10.5). 此外 $\operatorname{Pic}(U_0) = 0$, 因为 B_0 是解因子的, 进而 $\mathrm{H}^1(U_0, \mathscr{O}_{U_0}) \neq 0$ [41, 3, 例子 III-1], 由于同态 $B^* \to B_0^*$ 是满的, 故我们得知 $\operatorname{Pic}(U) \neq 0$, 从而 B 不是仿解因子的.

(iv) (21.14.3) 这个结果首先是由 C. Sechadri [44] 证明的, 她只考虑了 S 是代数

闭域 k 上的正规有限型分离概形并且 $X = S \times_k T$ (其中 T 是一个平滑有限型 k 概形) 的特殊情形. Seshadri [44, p. 188-189] 的证明是整体性的, 并且利用了 Picard 概形的理论. 她 (前引) 还给出了下面这个结果 (目前还没有局部性的证明). 设 S, T 是两个在域 k 上局部有限型的概形, $X = S \times_k T$, Z 是 X 上的一个余 1 维轮圈 (把它看作 S 概形), 假设下面几个条件已得到满足:

1° S 和 T 在 k 上都是几何正规的 (6.7.6),

2° 对于 X 的任意极大点 η, 只要纤维 X_η 上的余 1 维轮圈 Z_η 在 $X^{(1)} \cap X_\eta$ 的所有点处都与 Z 具有相同的重数, 它就是局部主轮圈 (换句话说, 它就是 X_η 的某个除子的像, 因为 X_η 是正规的),

3° 对任意 $s \in S$, Z 在纤维 X_s 的所有极大点处都是主轮圈.

则 Z 是局部主轮圈. 换个表达方式来说, 由于此时 X 是正规的 (6.14.1), 故依照 (21.12.15), 对任意 $x \in X$, 只要它在其纤维 X_s 中不是极大的, 并且没有落在任何一个"一般纤维" X_η 之中 (依照 (6.1.1), 这表明 $\dim \mathscr{O}_{X,x} \geqslant 2$), 局部环 $\mathscr{O}_{X,x}$ 就是仿解因子的①.

21.15 相对除子

(21.15.1) 设 S 是一个概形, $f : X \to S$ 是一个窄平坦态射. 我们在 (20.6.1) 中定义了环层 $\mathscr{M}_{X/S}$, 即 X 上的相对于 S 的宽调函数芽层, 它是 $\mathscr{M}_X$ 的一个子层, 典范含入 $\mathscr{O}_X \to \mathscr{M}_X$ (20.1.4.1) 显然把 $\mathscr{O}_X$ 映到 $\mathscr{M}_{X/S}$ 的某个子层上, 我们把这两者看作等同的. 设 $\mathscr{M}^*_{X/S}$ 是 $\mathscr{M}_{X/S}$ 的可逆截面芽 (的乘法群) 层, 则它是 $\mathscr{M}^*_X$ 的一个子层, 并且 $\mathscr{O}^*_X$ 又是它的一个子层.

定义 (21.15.2) — *所谓 X 上相对于 S 的除子层, 或称 X 上与 f 横截交叉的除子层, 是指 (交换群) 商层 $\mathscr{M}^*_{X/S}/\mathscr{O}^*_X$, 记作 $\mathscr{D}iv_{X/S}$, 我们把这个层在 X 上的截面就称为 X 上相对于 S 的除子, 或 X 上与 f 横截交叉的除子, 它们构成一个交换群, 记作 $\operatorname{Div}(X/S)$.*

$\mathscr{D}iv_{X/S}$ 显然可以典范等同于 $\mathscr{D}iv_X$ 的一个子层, 因而 $\operatorname{Div}(X/S)$ 也可以等同于 $\operatorname{Div}(X)$ 的一个子群, 我们仍然把它记成加法群. 对 X 的任意开集 U, 我们都

①实际上, Seshadri 在她的文章中假设了 k 是代数闭的, T 是分离且"半完备"的 (即 $\Gamma(T, \mathscr{O}_T)$ 与 k 是 k 同构的), 并且她把条件 3° 换成了下面这个更强的条件: $\operatorname{Supp} Z$ 没有包含任何一个纤维 X_s ($s \in S$). 然而由于问题是局部性的, 故易见只需假设条件 3° 成立即可, 这也表明命题的结论 (改写成这里所说的关于环 $\mathscr{O}_{X,x}$ 的仿解因子性的形式之后) 在 S 和 T 上都是局部性的, 从而我们又可以完全消去 T 是"半完备"的以及 k 是代数闭的这两个条件, 因为 (不妨过渡到 k 的代数闭包上) 首先可以假设 T 是仿射的, 从而可以把它嵌入某个在 k 上射影的正规概形之中 (作为开子集), 此时就可以使用 Seshadri 的结果了. 注意到在这种方法里, 我们只需要用到 T 是射影概形 (不仅仅是"半完备"的) 时 Seshadri 的结果, 在这个情形下, Seshadri 所使用的 Picard 概形的理论将出现在本书的第六章里.

有 $\mathscr{M}^*_{X/S}|_U = \mathscr{M}^*_{U/S}$, 从而 $\mathscr{D}iv_{X/S}|_U = \mathscr{D}iv_{U/S}$, 并且层 $\mathscr{D}iv_{X/S}$ 就等于预层 $U \mapsto \mathrm{Div}(U/S)$.

由于 $\mathscr{M}^*_{X/S}$ 是 $\mathscr{M}^*_X$ 的一个子层, 故知与 $\mathscr{M}^*_X$ 在 X 上的截面有关的定义、记号、公式等 (21.1.3) 都可以不加改变地应用到 $\mathscr{M}^*_{X/S}$ 在 X 上的截面上.

(21.15.3) $\mathscr{D}iv_X$ 上的有序群层结构 (21.1.6) 在子层 $\mathscr{D}iv_{X/S}$上定义出了一个有序群层结构, 其中的准正截面芽的单演层就是 $\mathscr{D}iv^+_X \cap \mathscr{D}iv_{X/S}$, 我们记之为 $\mathscr{D}iv^+_{X/S}$. 于是 $\Gamma(X, \mathscr{D}iv^+_{X/S}) = \mathrm{Div}^+(X) \cap \mathrm{Div}(X/S)$, 我们把 $\mathrm{Div}(X/S)$ 的这个子单演记作 $\mathrm{Div}^+(X/S)$, 它是由 $\mathrm{Div}(X/S)$ 中的准正元所组成的. 由 (21.1.5.1) 知, $\mathscr{D}iv^+_{X/S}$ 就是单演子层

(21.15.3.1)
$$\mathscr{O}^{\mathrm{reg}}_{X/S} = \mathscr{O}_X \cap \mathscr{M}^*_{X/S}$$

在 $\mathscr{D}iv_{X/S}$ 中的像.

对 X 的任何一个开集 U, $\Gamma(U, \mathscr{O}^{\mathrm{reg}}_{X/S})$ 就是由 $\mathscr{O}_X$ 在 U 上的那些满足下述条件的截面 t 所组成的集合: t 是正则的, 并且 $1/t$ 落在 $\Gamma(U, \mathscr{M}_{X/S})$ 中. 于是在 (20.6.1) 的记号下, 这就相当于说 $t \in T_{X/S}(U)$, 从而层 $\mathscr{O}^{\mathrm{Reg}}_{X/S}$ 恰好就是 (20.6.1) 中的那个层 $\mathscr{T}_{X/S}$. 故我们可以有下面的写法:

(20.15.3.2)
$$\mathscr{D}iv^+_{X/S} = \mathscr{O}^{\mathrm{reg}}_{X/S}/\mathscr{O}^*_X,$$

只差一个典范同构.

(21.15.3.3) 设 $D \in \mathrm{Div}^+(X/S)$, 我们来考虑 X 的那个由理想层 $\mathscr{I}_X(D)$ 所定义的闭子概形 $\mathbf{Y}(D)$ (21.6.5), 依照上面所述, 对任意 $x \in \mathbf{Y}(D)$, 均可找到 x 在 X 中的一个开邻域 U 和一个截面 $t \in T_{X/S}(U)$, 使得 $\mathscr{I}_X(D)|_U = \mathscr{O}_U \cdot t$, 由于 $x \in \mathbf{Y}(D)$, 故知 t 在 $\Gamma(U \cap X_{f(x)}, \mathscr{O}_{X_{f(x)}})$ 中的像 $t_{f(x)}$ 落在 $\mathscr{O}_{X_{f(x)},x}$ 的极大理想中, 进而由定义知, 对任意 $s \in S$, t 在 $\Gamma(U \cap X_s, \mathscr{O}_{X_s})$ 中的像 t_s 都是正则截面. 从而由 (11.3.8) 和 (19.2.4) 就可以得出, 典范浸入 $\mathbf{Y}(D) \to X$ 在点 x 近旁相对于 S 是横截正则的, 并且余维数是 1 . 逆命题是显然的, 从而我们可以把 X 相对于 S 的有效除子典范等同于 X 的满足下述条件的闭子概形 Y : 典范含入 $Y \to X$ 是一个相对于 S 横截正则的浸入, 并且余维数是 1. 我们一般总是把这两者看作等同的.

命题 (21.15.4) — 设 D 是 X 上的一个除子, $\mathscr{I}_X(D)$ 是它所对应的可逆分式理想层 (21.2.5). 则为了使 $D \in \mathrm{Div}(X/S)$, 必须且只需对任意 $x \in X$, 均有 $(\mathscr{I}_X(D) \cap \mathscr{M}^*_{X/S})_x \neq 0$ (或等价地, $\mathscr{I}_X(D) \subseteq \mathscr{M}_{X/S}$ 并且 $\mathscr{I}_X(D)^{-1} \subseteq \mathscr{M}_{X/S}$).

事实上, $D \in \mathrm{Div}(X/S)$ 就等价于对任意 $x \in X$, 均可找到 x 的一个开邻域 U 和一个截面 $f \in \Gamma(U, \mathscr{M}^*_{X/S})$, 使得 $D|_U = \mathrm{div}_U(f)$. 由于 $\mathscr{I}_X(D)|_U$ 就是可逆分式理想层 $\mathscr{O}_U \cdot f$, 故我们立得命题的结论.

命题 (21.15.5) — 设 D 是 X 上的一个除子, $\mathscr{O}_X(D)$ 是 D 所对应的可逆分式理想层, s_D 是由 D 典范定义出来的 $\mathscr{O}_X(D)$ 的正则宽调截面 (21.2.8 和 21.2.9). 则为了使 $D \in \mathrm{Div}(X/S)$, 必须且只需 $s_D \in \Gamma(X, \mathscr{M}_{X/S}(\mathscr{O}_X(D)))$.

事实上, 若 U 是 X 的一个开集, 且使得 $D|_U = \mathrm{div}_U(f)$, 其中 $f \in \Gamma(U, \mathscr{M}_X^*)$, 则依照定义 (20.6.2), $s_D \in \Gamma(X, \mathscr{M}_{X/S}(\mathscr{O}_X(D)))$ 就意味着 $f^{-1} \in \Gamma(U, \mathscr{M}_{X/S}^*)$, 故得结论.

使用等价类 $\mathrm{cl}(\mathscr{L}, s)$ 来描述 X 上的除子的那个方法 (21.2.11) 也能够应用到 $\mathrm{Div}(X/S)$ 中的元素上, 此时它对应着这样的二元组 $(\mathscr{L}, s)$ (在同构的意义下), 其中 $\mathscr{L}$ 是一个可逆 $\mathscr{O}_X$ 模层, s 是 $\mathscr{L}$ 在 X 上的一个相对于 S 正则 (20.6.5, (iii)) 的宽调截面.

命题 (21.15.6) — 设 D 是 X 上的一个相对于 S 的除子, 假设对任意满足 $\mathrm{dp}\,\mathscr{O}_{X_{f(x)},x} = 1$ 的点 $x \in X$, 均有 $D_x \geqslant 0$ (切转: $D_x = 0$). 则有 $D \geqslant 0$ (切转: $D = 0$).

采用 (21.1.8) 中的方法, 我们就可以限于考虑 $D = \mathrm{div}(\varphi)$ 的情形, 其中 φ 是一个相对于 S 正则的宽调函数, 并且问题归结为证明, 若在任何满足 $\mathrm{dp}\,\mathscr{O}_{X_{f(x)},x} = 1$ 的点 $x \in X$ 处均有 $D_x \geqslant 0$, 则 φ 在 X 上是处处有定义的. 然而这个前提条件就意味着, 若 $T = X \smallsetminus \mathrm{dom}(\varphi)$, 则对任意 $x \in T$, 均有 $\mathrm{dp}\,\mathscr{O}_{X_{f(x)},x} \geqslant 2$, 从而只需应用 (20.6.6) 就可以推出结论.

(21.15.7) 设 X' 是另一个窄平坦 S 概形, 并设 $g : X' \to X$ 是一个 S 态射. 若这个 S 态射 g 是平坦的, 则我们知道 (21.4.5) X 上的任何除子在 g 下的逆像都是有定义的, 进而若 $D \in \mathrm{Div}(X/S)$, 则由定义 (21.15.2) 以及 (20.6.8) 得知, 此时我们有 $g^*D \in \mathrm{Div}(X'/S)$.

(21.15.8) 设 X' 是另一个窄平坦 S 概形, 并设 $g : X' \to X$ 是一个有限平坦 S 态射. 注意到此时 g 必然是有限呈示的 (1.4.3, 1.4.6 和 1.6.3), 从而 $g_*\mathscr{O}_{X'}$ 是一个平坦且有限呈示的 $\mathscr{O}_X$ 模层, 因而是局部自由的 (2.1.12), 换句话说, g 是一个局部自由的态射 (18.2.7), 从而对任意 $s \in S$, 与之对应的态射 $g_s : X'_s \to X_s$ 也都是有限局部自由的. 于是由 (21.5.2) 和 (20.6.1) 得知, 对 X 的任意开集 U 和任意截面 $t' \in \Gamma(g^{-1}(U), \mathscr{T}_{X'/S})$, 范数 $\mathrm{N}_{X'/X}(t')$ 都落在 $\Gamma(U, \mathscr{T}_{X/S})$ 中, 再使用 (21.5.3) 中的方法就可以证明, 对任意可逆 $\mathscr{O}_{X'}$ 模层 $\mathscr{L}'$ 以及 $\mathscr{L}'$ 在 X' 上的任意相对于 S 正则的宽调截面 u', 范数 $\mathrm{N}_{X'/X}(u')$ 都是 $\mathscr{L} = \mathrm{N}_{X'/X}(\mathscr{L}')$ 在 X 上的宽调截面, 并且相对于 S 是正则的. 于是利用 (21.15.5) 中所给出的那个描述相对于 S 的除子的方法以及顺像除子的定义 (21.5.5) 就可以证明, 对任意除子 $D' \in \mathrm{Div}(X'/S)$, 均有 $g_*D' \in \mathrm{Div}(X/S)$.

(21.15.9) 最后我们来考虑任意的态射 $S' \to S$, 并且 (在 (21.15.1) 的前提条件下) 我们令 $X' = X \times_S S'$, 它在 S' 上是窄平坦的, 若 $p : X' \to X$ 是典范投影, 则在 (20.6.9) 中已经看到, 我们有一个典范同态 $p^*\mathscr{M}_{X/S} \to \mathscr{M}_{X'/S'}$, 它显然把 $\mathscr{M}_{X/S}$ 在开集 U 上的任何相对于 S 正则的截面都映成 $\mathscr{M}_{X'/S'}$ 在 $p^{-1}(U)$ 上相对于 S' 正则的截面 (20.6.5, (iii)), 于是由定义 (21.15.2) 以及函子 p^* 的右正合性就得知, 上述同态在商群上定义了一个典范同态

(21.15.9.1) $$\mathrm{Div}(X/S) \longrightarrow \mathrm{Div}(X'/S'),$$

它显然把 $\mathrm{Div}^+(X/S)$ 中的元素都映成 $\mathrm{Div}^+(X'/S')$ 中的元素. 进而令 $\mathrm{Div}_{X/S}(S') = \mathrm{Div}(X'/S')$ (切转: $\mathrm{Div}^+_{X/S}(S') = \mathrm{Div}(X'/S')$), 则可以立即看出, 它们定义了从 S 概形范畴到交换群范畴 (切转: 集合范畴) 的两个反变函子

$$\mathrm{Div}_{X/S} \ :\ \boldsymbol{Sch}_{/S} \longrightarrow \boldsymbol{Ab} \ \text{和}\ \mathrm{Div}^+_{X/S} \ :\ \boldsymbol{Sch}_{/S} \longrightarrow \boldsymbol{Ens}.$$

后面我们将证明 (见第六章), 在某些重要的情形中, 函子 $\mathrm{Div}^+_{X/S}$ 是可表识的 ($\mathbf{0}_{\mathrm{III}}$, 8.1.8).

此外, 对任意除子 $D \in \mathrm{Div}(X/S)$, D 在同态 (21.15.9.1) 下的像刚好就是逆像 p^*D (在 (21.4.2) 的意义下). 事实上, 逆像本身的存在性和上述结论都是 (20.6.5, (iii)) 和 (20.6.9) 的直接推论.

为了说话方便, 我们经常把 $\mathrm{Div}(X'/S')$ 中的元素称为“X 上的相对于 S 的以 S 概形 S' 为参数空间的除子族”, 这个名称会更多地使用在有效除子上.

参考文献

(编者注: 遵照法文原书, 参考文献序号接《代数几何学原理 IV. 概形与态射的局部性质 (第三部分)》编排.)

[41] A. Grothendieck, Séminaire de Géométrie Algébrique, 1962 (SGA2), *Cohomologie Locale des Faisceaux Cohérents et Théorèmes de Lefschetz Locaux et Globaux*, North-Holland, Amsterdam (1968).

[42] M. Demazure et A. Grothendieck, Séminaire de Géométrie Algébrique, 1962-1964 (SGA3), *Schémas en Groupes* I, II, III, Lecture Notes in Math. 151, 152, 153, Springer-Verlag, Heidelberg (1970).

[43] M. Artin, A. Grothendieck et J.-L. Verdier, Séminaire de Géométrie Algébrique, 1963-1964 (SGA4), *Théorie des Topos et Cohomologie étale des Schémas*, Lecture Notes in Math. 269, 270, 305, Springer-Verlag, Heidelberg (1972-1973).

[44] C. S. Seshadri, Quotient space by an abelian variety, *Mathematische Annalen*, t. 152 (1962), p. 185-194.

记号

$Y_f^{(n)}$, $Y^{(n)}$, $\mathscr{G}r_\bullet(f)$, $\mathscr{G}r_n(f)$, $\mathscr{N}_{Y/X}$ (其中 $f: Y \to X$ 是环积空间态射): **IV**, 16.1.2.

$\mathscr{O}_{Y(\infty)}$: **IV**, 16.1.11.

$\mathscr{P}_f^n$, $\mathscr{P}_{X/S}^n$, $\mathscr{P}_f^\infty$, $\mathscr{P}_{X/S}^\infty$, $\mathscr{G}r_n(\mathscr{P}_f)$, $\mathscr{G}r_n(\mathscr{P}_{X/S})$, Ω_f^1, Ω_X^1 (其中 $f: X \to S$ 是概形态射): **IV**, 16.3.1.

d_f^n, $d_{X/S}^n$, d_f^∞, $d_{X/S}^\infty$, d^n, d^∞, dt, $d_{X/S}(t)$ (其中 $f: X \to S$ 是概形态射): **IV**, 16.3.6.

$\mathrm{P}^n(u)$, $\mathrm{Gr}_\bullet(u)$, $\mathrm{Gr}_1(u)$ (其中 $u: X' \to X$ 是概形态射): **IV**, 16.4.3.

$\mathfrak{D}_S(\mathscr{O}_X, \mathscr{F})$: **IV**, 16.5.1.

$\widetilde{\mathfrak{D}}_S(\mathscr{O}_X, \mathscr{F})$: **IV**, 16.5.4.

$\mathfrak{G}_{X/S}$: **IV**, 16.5.7.

D_i, $\frac{\partial}{\partial s_i}$: **IV**, 16.5.8.

$T_{X/S}$: **IV**, 16.5.12.

$T_{X/S}(x)$, $T_y(g)$: **IV**, 16.5.13.

$\Omega_{X/S}^p$, $\Omega_{X/S}^\bullet$, $\Omega_{B/A}^p$: **IV**, 16.6.1.

d, $d_{X/S}$: **IV**, 16.6.3.

$\mathscr{P}_{X/S}^n(\mathscr{F})$: **IV**, 16.7.2.

$d_{X/S,\mathscr{F}}^n$: **IV**, 16.7.5.

$\mathscr{P}_{X/S}^\infty(\mathscr{F})$, $d_{X/S,\mathscr{F}}^\infty$: **IV**, 16.7.7.

$\mathrm{Diff}_{X/S}^n(\mathscr{F}, \mathscr{G})$, $\mathrm{Diff}_{X/S}^n$, $\mathscr{D}iff_{X/S}^n(\mathscr{F}, \mathscr{G})$: **IV** 16.8.3.

$\mathscr{D}iff_{X/S}^n$, $\langle t, D\rangle$: **IV**, 16.8.4.

aD (其中 D 是微分算子, $a \in \Gamma(U, \mathscr{O}_X)$): **IV**, 16.8.5.

$\mathrm{Diff}_{X/S}(\mathscr{F}, \mathscr{G})$, $\mathscr{D}iff_{X/S}(\mathscr{F}, \mathscr{G})$: **IV**, 16.8.7.

$\mathscr{D}iff_{X/S}$: **IV**, 16.8.10.

$|\mathbf{p}|$, $\mathbf{p}!$, $\binom{\mathbf{p}}{\mathbf{q}}$, $\mathbf{z}^{\mathbf{p}}$, $\zeta^{\mathbf{p}}$ (其中 $\mathbf{p}, \mathbf{q}$ 是多重指标): **IV**, 16.11.1.

$\dim_x(f)$ (其中 $f: X \to Y$ 是局部有限型态射, $x \in X$): **IV**, 17.10.1.
$\mathrm{Tr}_{B/A}$, $\mathrm{astr}_{B/A}$ (其中 B 是有限自由 A 代数): **IV**, 18.2.1.
$\mathrm{Tr}_{\mathscr{B}/\mathscr{O}_X,U}$, $\mathrm{astr}_{\mathscr{B}/\mathscr{O}_X,U}$, $\mathrm{Tr}_{\mathscr{B}/\mathscr{O}_X}$, $\mathrm{astr}_{\mathscr{B}/\mathscr{O}_X}$ (其中 X 是环积空间, $\mathscr{B}$ 是有限秩局部自由 $\mathscr{O}_X$ 代数层): **IV**, 18.2.2.
Tr_f (其中 f 是有限平展态射): **IV**, 18.2.6.
$d_{X/Y}$, $\mathscr{D}_{X/Y}$: **IV**, 18.2.7.
${}^tV_{\mathscr{E}}$: **IV**, 18.5.1.
$\mathrm{Al}(X,\mathscr{E},\mathscr{J})$, $\mathbf{Al}(\mathscr{E},\mathscr{J})$: **IV**, 18.5.2.
$\mathrm{Of}(S)$, $\mathbf{Of}(X)$, $\mathrm{Id}(\mathscr{B}')$: **IV**, 18.5.3.
$\mathrm{Hom}^{局}(A,B)$: **IV**, 18.6.1.
${}^{\mathrm{h}}A$: **IV**, 18.6.5 和 18.6.7.
$\mathrm{Hom}^{半局}(A,B)$: **IV**, 18.6.7.
${}^{\mathrm{hs}}A_{(i)}$, ${}^{\mathrm{hs}}A$: **IV** 18.8.7 和 18.8.9.
$\mathrm{codim}_y^*(Y,X)$: **IV**, 19.1.3.
$\mathrm{dp}_{T,t}(\mathscr{F})$: **IV**, 19.9.1.
$\mathscr{O}_X[\mathscr{S}^{-1}]$, $\mathscr{F}[\mathscr{S}^{-1}]$: **IV**, 20.1.1.
$\mathscr{S}(\mathscr{O}_X)$, $\mathscr{M}_X$, $\mathrm{M}(X)$, $\mathscr{M}_X(\mathscr{F})$, $\mathrm{M}(X,\mathscr{F})$: **IV**, 20.1.3.
$\mathrm{dom}(\varphi)$ (其中 φ 是宽调函数): **IV**, 20.1.4.
$\mathrm{dom}(u)$ (其中 u 是 $\mathscr{F}$ 的宽调截面): **IV**, 20.1.7.
$(\mathscr{M}_X(\mathscr{L}))^*$ (其中 $\mathscr{L}$ 是可逆 $\mathscr{O}_X$ 模层): **IV**, 20.1.8.
s^{-1} (其中 s 是可逆 $\mathscr{O}_X$ 模层的宽调截面): **IV**, 20.1.10.
$\mathscr{S}_f(U)$, $\mathscr{S}_f$, $\mathscr{M}_f$ (其中 f 是环积空间态射), $\varphi\circ f$ (其中 φ 是宽调函数), $u\circ f$ (其中 u 是 $\mathscr{F}$ 的宽调截面), $\mathscr{M}_f(\mathscr{F})$: **IV**, 20.1.11.
$\mathrm{Hom}^{伪}(X,Y)$, $\mathrm{Hom}_S^{伪}(X,Y)$: **IV**, 20.2.1.
$\omega|_V$ (其中 ω 是伪态射), $\mathscr{H}om^{伪}(X,Y)$, $\mathscr{H}om_S^{伪}(X,Y)$: **IV**, 20.2.2.
$\mathrm{dom}_S(\omega)$, $\mathrm{dom}(\omega)$ (其中 ω 是伪态射): **IV**, 20.2.3.
$\mathscr{M}'_X$, $\mathrm{M}'(X)$: **IV**, 20.2.8.
$f\circ\omega$ (其中 f 是态射, ω 是伪态射): **IV**, 20.3.1.
$\omega\circ f$ (其中 f 是态射, ω 是伪态射): **IV**, 20.3.2.
$\mathrm{Hom}_S^{伪}(X,Y)^f$, $\mathscr{H}om_S^{伪}(X,Y)^f$: **IV**, 20.3.2.
Γ_ω (其中 ω 是伪态射): **IV**, 20.4.1.
p^{-1} (其中 $p:\Gamma_\omega\to X$ 是第一投影的限制): **IV**, 20.4.2.
$\omega(M)$ (其中 ω 是伪态射, M 是 X 的子集): **IV**, 20.4.2.
$\mathrm{Hom}_{X/S}^{伪}(X,Y)$: **IV**, 20.5.1.
$\mathscr{H}om_{X/S}^{伪}(X,Y)$: **IV**, 20.5.3.
$\mathscr{M}'_{X/S}$, $\mathrm{M}'(X/S)$: **IV**, 20.5.4.
$\mathscr{T}_{X/S}(U)$, $\mathscr{T}_{X/S}$, $\mathscr{M}_{X/S}$, $\mathrm{M}(X/S)$: **IV**, 20.6.1.
$\mathscr{M}_{X/S}(\mathscr{F})$, $\mathrm{M}(X/S,\mathscr{F})$: **IV**, 20.6.2.
$\mathscr{T}_f(U)$, $\mathscr{F}_f$, $\mathscr{M}_{X/S,f}$: **IV**, 20.6.7.

$\mathscr{D}iv_X$, $\mathrm{Div}(X)$, $\mathrm{div}(f)$, $\mathrm{div}_X(f)$ (其中 X 是环积空间): **IV**, 21.1.2.
$\mathrm{Supp}(D)$ (其中 D 是除子): **IV**, 21.1.2.
$\mathrm{Div}(A)$ (其中 A 是环): **IV**, 21.2.1.
$\mathrm{div}(s)$ (其中 s 是可逆模层的截面): **IV**, 21.1.4.
$\mathscr{D}iv_X^+$, $\mathrm{Div}^+(X)$, $D \leqslant D'$ (其中 D, D' 是除子): **IV**, 21.1.6.
$\mathrm{Id}^{可逆}(X)$, $\mathscr{I}d_X^{可逆}$: **IV**, 21.2.4.
$\mathscr{I}_U$, $\mathscr{I}_X(D)$: **IV**, 21.2.5.
$\mathrm{div}(\mathscr{J})$ (其中 $\mathscr{J}$ 是分式理想层): **IV**, 21.2.6.
$\mathscr{O}_X(D)$ (其中 D 是除子): **IV**, 21.2.8.
s_D (其中 D 是除子): **IV**, 21.2.9.
$D(X)$, $\mathrm{cl}(\mathscr{L}, s)$: **IV**, 21.2.10.
$\mathbf{Y}(D)$ (其中 D 是有效除子): **IV**, 21.2.12.
$\mathrm{Div}^{\pm}(X)$: **IV**, 21.3.1.
$\mathrm{Pic}(X)$, $\mathrm{cl}(\mathscr{L})$, l, l_X, $\mathrm{Pic}(u)$: **IV**, 21.3.2.
$f^*(D)$ (其中 f 是环积空间态射, D 是除子) , $\mathrm{Div}^f(X)$: **IV**, 21.4.2.
$\mathscr{M}_f^{**}$, $\mathscr{D}iv_X^f$: **IV**, 21.4.3.
$\mathrm{N}_{X'/X}(u')$, $N(u')$ (其中 u' 是可逆 $\mathscr{O}_{X'}$ 模层的宽调截面): **IV**, 21.5.3.
$f_*(D')$, $\mathrm{N}_{X'/X}(D')$ (其中 f 是有限态射, D' 是 X' 上的除子): **IV**, 21.5.5.
$\mathfrak{I}(X)$, $\mathfrak{Z}(X)$, $\mathfrak{Z}^+(X)$ (其中 X 是局部 Noether 概形): **IV**, 21.6.1.
$\mathrm{mult}_x(Z)$, $\mathrm{Supp}(Z)$, $\dim(Z)$, $\mathrm{codim}(Z)$ (其中 Z 是轮圈): **IV**, 21.6.1.
$X^{(p)}$, $\mathfrak{Z}^p(X)$, $\mathfrak{Z}^{p+}(X)$: **IV**, 21.6.2.
$Z|_U$ (其中 Z 是轮圈) , $\mathscr{Z}_X$, $\mathscr{Z}_X^p$, $\mathscr{Z}_X^+$, $\mathscr{Z}_X^{p+}$: **IV**, 21.6.3.
c : **IV**, 21.6.4.
$\mathrm{cyc}(D)$ (其中 D 是除子): **IV**, 21.6.5 和 21.6.7.
$\mathrm{mult}_x(D)$, $\mathrm{mult}_{\overline{\{x\}}}(D)$ (其中 D 是除子) , $v_x(f)$ (其中 f 是正则宽调函数): **IV**, 21.6.7.
$Z^+(f)$, $Z^-(f)$, $\mathfrak{Z}^1_{\pm}(X)$, $\mathfrak{Cl}(X)$: **IV**, 21.6.7.
$\mathbf{Y}(C)$, $\mathbf{Y}'(C)$, $\mathscr{J}_X(C)$, $\mathscr{J}(C)$ (其中 C 是余 1 维有效轮圈): **IV**, 21.7.1.
$f^*(Z)$ (其中 Z 是余 1 维轮圈, f 是态射): **IV**, 21.10.3 和 21.10.11.
$\Gamma_T(\mathscr{Z}_X^1)$: **IV**, 21.10.3.
$f_*(Z')$ (其中 Z' 是余 1 维轮圈, f 是有限态射): **IV**, 21.10.14.
$\bigwedge^{\max}\mathscr{E}$ (其中 $\mathscr{E}$ 是局部自由 $\mathscr{O}_X$ 模层): **IV**, 21.11.1.
U^0, $\mathrm{Aff}(U/X)$: **IV**, 21.12.1.
$\mathrm{Daf}(U/X)$: **IV**, 21.12.5.
$\mathscr{D}iv_{X/S}$, $\mathrm{Div}(X/S)$: **IV**, 21.15.2.
$\mathscr{D}iv_{X/S}^+$, $\mathrm{Div}^+(X/S)$: **IV**, 21.15.3.
$\mathscr{O}_{X/S}^{\mathrm{reg}}$: **IV**, 21.15.3.
$\mathrm{Div}_{X/S}(S')$, $\mathrm{Div}^+_{X/S}(S')$ (其中 S' 是 S 概形): **IV**, 21.15.9.

索引

$\mathscr{O}_X$ 的截面的 n 阶主部, 无穷阶主部 [*partie principale d'ordre n, d'ordre infini, d'une section de* $\mathscr{O}_X$ / principal part of order n, of order infinity, of a section of $\mathscr{O}_X$],
(**IV**, 16.3.6), 12

$\mathscr{O}_X$ 的截面的微分 [*différentielle d'une section de* $\mathscr{O}_X$ / differential of a section of $\mathscr{O}_X$],
(**IV**, 16.3.6), 12

$\mathscr{O}_X$ 模层 [$\mathscr{O}_X$*-Module* / $\mathscr{O}_X$-module],
(**0**, 5.1.1)

— f 的 (或 X 相对于 S 的, 或 S 概形 X 的) 1 阶微分 $\mathscr{O}_X$ 模层 [$\mathscr{O}_X$*-Module des 1-différentielles de f (ou de X par rapport à S, ou du S-schéma X)* / $\mathscr{O}_X$-module of 1-differentials of f (or of X relative to S, or of S-scheme X)],
(**IV**, 16.3.1), 11

— $\mathscr{O}_X$ 模层的宽调截面 [*section méromorphe d'un* $\mathscr{O}_X$*-Module* / meromorphic section of a sheaf of $\mathscr{O}_X$-modules],
(**IV**, 20.1.3), 230

— $\mathscr{O}_X$ 模层的宽调截面的定义域 [*domaine de définition d'une section méromorphe d'un* $\mathscr{O}_X$*-Module* / domain of definition of a meromorphic section of an $\mathscr{O}_X$-module],
(**IV**, 20.1.7), 231

— $\mathscr{O}_X$ 模层的宽调截面芽层 [*faisceau des germes de sections méromorphes d'un* $\mathscr{O}_X$*-Module* / sheaf of germs of meromorphic sections of an $\mathscr{O}_X$-module],
(**IV**, 20.1.3), 230

— $\mathscr{O}_X$ 模层的宽调截面在一点近旁有定义 [*section méromorphe d'un* $\mathscr{O}_X$*-Module définie en un point* / meromorphic section of an $\mathscr{O}_X$-module defined at a point],
(**IV**, 20.1.7), 231

— $\mathscr{O}_X$ 模层的正则同态 [*homomorphisme régulier de $\mathscr{O}_X$-Modules* / regular homomorphism of $\mathscr{O}_X$-modules],
(**IV**, 19.4.11), 203
— $\mathscr{O}_X$ 模层相对于 S 的宽调截面 [*section méromorphe d'un $\mathscr{O}_X$-Module relativement à S* / meromorphic section of an $\mathscr{O}_X$-module relative to S],
(**IV**, 20.6.2), 255
— 可逆 $\mathscr{O}_X$ 模层的正则宽调截面 [*section méromorphe régulière d'un $\mathscr{O}_X$-Module inversible* / regular meromorphic section of a invertible $\mathscr{O}_X$-module],
(**IV**, 20.1.8), 232
— 可逆 $\mathscr{O}_X$ 模层相对于 S 正则的宽调截面 [*section méromorphe invertible régulière d'un $\mathscr{O}_X$-Module relativement à S* / meromorphic section of an $\mathscr{O}_X$-module regular relative to S],
(**IV**, 20.6.5), 256
— 凝聚 $\mathscr{O}_X$ 模层在一点处沿着 T 的深度 [*T-profondeur d'un $\mathscr{O}_X$-Module cohérent en un point* / T-depth of an coherent $\mathscr{O}_X$-module at a point],
(**IV**, 19.9.1), 225
— 无挠 $\mathscr{O}_X$ 模层 [*$\mathscr{O}_X$-Module sans torsion* / torsion-free $\mathscr{O}_X$-module],
(**IV**, 20.1.5), 231
— 相对于 S 无挠的 $\mathscr{O}_X$ 模层 [*$\mathscr{O}_X$-Module sans torsion relativement à S* / torsion-free $\mathscr{O}_X$-module relative to S],
(**IV**, 20.6.2), 255

$\mathscr{P}^n_{X/S}$ 和 $\mathscr{P}^\infty_{X/S}$ 的典范对称 [*symétrie canonique de $\mathscr{P}^n_{X/S}$, de $\mathscr{P}^\infty_{X/S}$* / canonical symmetry of $\mathscr{P}^n_{X/S}$, of $\mathscr{P}^\infty_{X/S}$],
(**IV**, 16.3.4), 11

A

A 代数 [*A-algèbre* / A-algebra],
(**0**, 1.0.4)
— 非分歧 A 代数 [*A-algèbre non ramifiée* / unramified A-algebra],
(**IV**, 17.3.2), 59
— 平滑 A 代数 [*A-algèbre lisse* / smooth A-algebra],
(**IV**, 17.3.2), 59
— 平展 A 代数 [*A-algèbre étale* / etale A-algebra],
(**IV**, 17.3.2), 59
— 实质平展的局部 A 代数 [*A-algèbre locale essentiellement étale* / essentially etale local A-algebra],
(**IV**, 18.6.1), 134
— 严格实质平展的局部 A 代数 [*A-algèbre locale strictement essentiellement étale* / strictly essentially etale local A-algebra],

(**IV**, 18.6.2), 136

B

半局部环的 Hensel 化 [*hensélisé d'un anneau semi-local* / henselization of a semi-local ring],
(**IV**, 18.6.7), 138
半局部环的严格 Hensel 化 [*hensélisé strict d'un anneau semi-local* / strict henselization of a semi-local ring],
(**IV**, 18.8.9), 147
半局部同态 [*homomorphisme semi-local* / semi-local homomorphism],
(**IV**, 18.6.7), 138

C

层 [*faisceau* / sheaf],
(**0**, 3.1.2)
— $\mathscr{O}_X$ 到 $\mathscr{F}$ 的 S 导射层 [*faisceau des S-dérivations de* $\mathscr{O}_X$ *dans* $\mathscr{F}$ / sheaf of S-derivations of $\mathscr{O}_X$ to $\mathscr{F}$],
(**IV**, 16.5.4), 25
— $\mathscr{O}_X$ 的 S 导射层 [*faisceau des S-dérivations de* $\mathscr{O}_X$ / sheaf of S-derivations of $\mathscr{O}_X$],
(**IV**, 16.5.7), 26
— S 概形 X 的 n 阶主部层 [*faisceau des parties principales d'ordre n du S-schéma X* / sheaf of principal parts of order n of an S-scheme X],
(**IV**, 16.3.1), 10
— X 上的宽调函数芽层 [*faisceau des germes de fonctions méromorphes sur X* / sheaf of germs of meromorphic functions on X],
(**IV**, 20.1.3), 230
— X 相对于 S 的 p 阶微分层 [*faisceau des p-différentielles de X relativement à S* / sheaf of p-differentials of X relative to S],
(**IV**, 16.6.1), 31
— X 相对于 S 的切层 [*faisceau tangent de X relativement à S* / tangent sheaf of X relative to S],
(**IV**, 16.5.7), 26
— Λ 系数的余 1 维轮圈芽层 [*faisceau des germes de cycles* 1*-codimensionnels à coefficients dans* Λ / sheaf of germs of 1-codimensional cycles with coefficients in Λ],
(**IV**, 21.10.9), 299
— 环积空间上的除子层 [*faisceau des diviseurs sur un espace annelé* / sheaf of divisors on a ringed space],
(**IV**, 21.1.2), 258
— 态射的衍生分次环层 [*faisceau d'anneaux gradués associé à un morphisme* / sheaf of graded rings associated to a morphism],

(**IV**, 16.1.2), 2

— 相对于 S (或与 f 横截交叉) 的除子层 [*faisceau des diviseurs relativement à S, ou transversaux à f* / sheaf of divisors relative to S, or transversal to f],

(**IV**, 21.15.2), 337

— 相对于 S 的宽调函数芽层 [*faisceau des germes de fonctions méromorphes relativement à S* / sheaf of germs of meromorphic functions relative to S],

(**IV**, 20.6.1), 255

— 以 $\mathscr{S}$ 为分母的分式环层 [*faisceau d'anneaux de fractions à dénominateurs dans* $\mathscr{S}$ / sheaf of fraction rings with denominators in $\mathscr{S}$],

(**IV**, 20.1.1), 229

— 以 $\mathscr{S}$ 为分母的分式模层 [*faisceau de modules de fractions à dénominateurs dans* $\mathscr{S}$ / sheaf of fraction modules with denominators in $\mathscr{S}$],

(**IV**, 20.1.2), 230

— 余法层 [*faisceau conormal* / conormal sheaf],

(**IV**, 16.1.2), 2

— 在群层作用下的平凡齐性主层(或回旋子) [*faisceau principal homogène (ou torseur) trivial sous un faisceau de groups* / trivial principal homogeneous sheaf (or torsor) under a sheaf of groups],

(**IV**, 16.5.15), 31

— 在群层作用下的齐性主层(或回旋子) [*faisceau principal homogène (ou torseur) sous un faisceau de groups* / principal homogeneous sheaf (or torsor) under a sheaf of groups],

(**IV**, 16.5.15), 30

— 在群层作用下的形式齐性主层(或伪回旋子) [*faisceau formellement principal homogène (ou pseudo-torseur) sous un faisceau de groups* / formal principal homogeneous sheaf (or pseudo-torsor) under a sheaf of groups],

(**IV**, 16.5.15), 30

除子 [*diviseur* / divisor],

(**IV**, §21), 258

— X 上的相对于 S 的以 S' 为参数空间的除子族 [*famille de diviseurs sur X relativement à S, paramétrés par S'* / family of divisors on X relative to S, parametrized by S'],

(**IV**, 21.15.9), 340

— 除子的范数 [*norme d'un diviseur* / norm of a divisor],

(**IV**, 21.5.5), 275

— 除子的逆像 [*image réciproque d'un diviseur* / inverse image of a divisor],

(**IV**, 21.4.2), 269

— 除子的顺像 [*image directe d'un diviseur* / direct image of a divisor],

(**IV**, 21.5.5), 275

— 除子的支集 [*support d'un diviseur* / support of a divisor],

(**IV**, 21.1.2), 258

— 环积空间上的除子 [*diviseur sur un espace annelé* / divisor on a ringed space],

(**IV**, 21.1.2), 258

— 可逆模层的亚纯截面的除子 [*diviseur d'une section méromorphe d'un Module inversible* / divisor of a meromorphic section of a invertible sheaf of modules],

(**IV**, 21.1.4), 259

— 亚纯函数的除子 [*diviseur d'une fonction méromorphe* / divisor of a meromorphic function],

(**IV**, 21.1.2), 258

— 线性等价的除子 [*diviseurs linéairement équivalents* / linearly equivalent divisors],

(**IV**, 21.3.1), 266

— 相对于 S 的除子, 与 f 横截交叉的除子 [*diviseur relativement à S, diviseur transversal à f* / divisor relative to S, divisor transversal to f],

(**IV**, 21.15.2), 337

— 有效除子 [*diviseur positif* / effective divisor],

(**IV**, 21.1.6), 260

— 主除子 [*diviseur principal* / principal divisor],

(**IV**, 21.3.1), 266

纯余 p 维的闭子集 [*partie fermée purement de codimension p* / closed subset purely of codimension p],

(**IV**, 21.6.2), 277

F

仿解因子套组 [*couple parafactoriel* / parafactorial pair],

(**IV**, 21.13.1), 321

G

概形 [*schéma* / scheme],

(**I**, 2.1.2)

— Hensel 局部概形 [*schéma local hensélien* / henselian local scheme],

(**IV**, 18.5.8), 129

— 两个态射的同一化概形 [*schéma des coïncidences de deux morphismes* / coincidence scheme of two morphisms],

(**IV**, 17.4.5), 64

— 特征 p 的概形 [*schéma de caractéristique p* / scheme of characteristic p],

(**IV**, 16.12.1), 53

— 相对于 S 平截的概形(只针对窄平坦的概形) [*intersection complète relativement à S (pour un schéma plat et localement de présentation finie)* / complete intersection relative to S (for a scheme flat and locally of finite presentation)],

(**IV**, 19.3.6), 197

— 严格 Hensel 局部概形, 严格局部概形 [*schéma strictement local* / strictly local scheme],
(**IV**, 18.8.2), 144

— 在 S 上泛非分歧的概形 [*schéma formellement non ramifié sur S* / scheme formally unramified over S],
(**IV**, 17.1.1), 54

— 在 S 上泛平滑的概形 [*schéma formellement lisse sur S* / scheme formally smooth over S],
(**IV**, 17.1.1), 54

— 在 S 上泛平展的概形 [*schéma formellement étale sur S* / scheme formally etale over S],
(**IV**, 17.1.1), 54

— 在 S 上非分歧的概形 [*schéma non ramifié sur S* / scheme unramified over S],
(**IV**, 17.3.1), 59

— 在 S 上平滑的概形 [*schéma lisse sur S* / scheme smooth over S],
(**IV**, 17.3.1), 59

— 在 S 上平展的概形 [*schéma étale sur S* / scheme etale over S],
(**IV**, 17.3.1), 59

— 在 S 上微分平滑的概形 [*schéma différentiellement lisse sur S* / scheme differentially smooth over S],
(**IV**, 16.10.1), 49

— 在一点处绝对全截的概形 [*schéma intersection complète absolue en un point* / scheme absolute complete intersection at a point],
(**IV**, 19.3.1), 195

— 在一点近旁相对于 S 平截的概形(只针对窄平坦的概形) [*intersection complète en un point relativement à S (pour un schéma plat et localement de présentation finie)* / complete intersection at a point relative to S (for a scheme flat and locally of finite presentation)],
(**IV**, 19.3.6), 197

— 在一点近旁在 S 上非分歧的概形 [*schéma non ramifié sur S en un point* / scheme unramified over S at a point],
(**IV**, 17.3.7), 60

— 在一点近旁在 S 上平滑的概形 [*schéma lisse sur S en un point* / scheme smooth over S at a point],
(**IV**, 17.3.7), 60

— 在一点近旁在 S 上平展的概形 [*schéma étale sur S en un point* / scheme etale over S at a point],
(**IV**, 17.3.7), 60

— 展因子概形, 逐点解因子概形 [*schéma localement factoriel* / locally factorial scheme],

(**IV**, 21.6.9), 281

概形态射 [*morphisme de schémas* / morphism of schemes],
(**I**, 2.2.1)

— r 阶微分平滑态射 [*morphisme différentiellement lisse jusqu'à l'ordre* r / differentially smooth morphism upto order r],
(**IV**, 16.11.3), 53

— 本质紧合态射 [*morphisme essentiellement propre* / essentially proper morphism],
(**IV**, 18.10.20), 167

— 等价的态射 [*morphismes équivalents* / equivalent morphisms],
(**IV**, 20.2.1), 234

— 泛非分歧态射 [*morphisme formellement non ramifié* / formally unramified morphism],
(**IV**, 17.1.1), 54

— 泛平滑态射 [*morphisme formellement lisse* / formally smooth morphism],
(**IV**, 17.1.1), 54

— 泛平展态射 [*morphisme formellement étale* / formally etale morphism],
(**IV**, 17.1.1), 54

— 非分歧态射 [*morphisme non ramifié* / unramified morphism],
(**IV**, 17.3.1), 59

— 局部自由的有限态射, n 秩局部自由的有限态射 [*morphisme fini localement libre, morphisme fini localement libre de rang* n / finite locally free morphism, finite locally free of rank n morphism],
(**IV**, 18.2.7), 113

— 平滑态射 [*morphisme lisse* / smooth morphism],
(**IV**, 17.3.1), 59

— 平截态射 [*morphisme (plat) d'intersection complète* / complete intersection (flat) morphism],
(**IV**, 19.3.6), 197

— 平展态射 [*morphisme étale* / etale morphism],
(**IV**, 17.3.1), 59

— 微分平滑态射 [*morphisme différentiellement lisse* / differentially smooth morphism],
(**IV**, 16.10.1), 49

— 在点 x 近旁与 Y 横截交叉的态射(相对于 S) [*morphisme transversal à* Y *au point* x *relativement à* S / morphism transversal to Y at point x relative to S],
(**IV**, 17.13.3), 90

— 在一点近旁非分歧的态射 [*morphisme non ramifié en un point* / morphism unramified at a point],
(**IV**, 17.3.7), 60

— 在一点近旁平滑的态射 [*morphisme lisse en un point* / morphism smooth at a point],
(**IV**, 17.3.7), 60

— 在一点近旁平展的态射 [*morphisme étale en un point* / morphism etale at a point],
(**IV**, 17.3.7), 60
概形在一点处的切空间 [*espace tangent en un schéma en un pont* / tangent space to a scheme at a point],
(**IV**, 16.5.13), 28
概形中的一个开集的仿射性缺损 [*défaut d'affinité d'un ouvert dans un schéma* / deficiency of affinity of an open set in a scheme],
(**IV**, 21.12.5), 313

H

Hensel 套组 [*couple hensélien* / Henselian pair],
(**IV**, 18.5.5), 128
环 [*anneau* / ring],
(**0**, 1.0.1)
— Hensel 环 [*anneau hensélien* / Henselian ring],
(**IV**, 18.5.8), 129
环上的可分多项式 [*polynôme séparable sur un anneau* / separable polynomial over a ring],
(**IV**, 18.4.3), 118
回旋子 [*torseur* / torsor],
(**IV**, 16.5.15), 30

J

迹的伴生同态 [*homomorphisme associé à la trace* / homomorphism associated to trace],
(**IV**, 18.2.2), 111
迹同态 [*homomorphisme trace* / trace homomorphism],
(**IV**, 18.2.2), 111
迹形式 [*forme trace* / trace form],
(**IV**, 18.2.1), 110
浸入 [*immersion* / immersion],
(**I**, 4.2.1)
— 拟正则浸入 [*immersion quasi-régulière* / quasi-regular immersion],
(**IV**, 16.9.2), 44
— 相对于 S 横截正则的浸入 [*immersion transversalement régulière relativement à* S / transversally regular immersion relative to S],
(**IV**, 19.2.2), 191
— 在一点处正则的浸入 [*immersion régulière en un point* / regular immersion at a point],
(**IV**, 16.9.10), 47
— 在一点近旁相对于 S 横截正则的浸入 [*immersion transversalement régulière en un point relativement à* S / transversally regular immersion at a point relative to S],

(**IV**, 19.2.2), 191
— 正则浸入 [*immersion régulière* / regular immersion],
(**IV**, 16.9.2), 44
浸入态射在一点处的横截余维数 [*codimension transversale d'un morphisme d'immersion en un point* / transversal codimension of an immersion at a point],
(**IV**, 19.1.3), 187
局部环 [*anneau local* / local ring],
(**0**, 1.0.7)
— 仿解因子局部环 [*anneau local parafactoriel* / parafactorial local ring],
(**IV**, 21.13.7), 324
— 全截局部环, 绝对全截局部环 [*anneau local d'intersection complète, anneau local d'intersection complète absolue* / complete intersection local ring, absolute complete intersection local ring],
(**IV**, 19.3.1), 195
— 严格 Hensel 局部环, 严格局部环 [*anneau strictement local* / strictly local ring],
(**IV**, 18.8.2), 144
局部环的 Hensel 化 [*hensélisé d'un anneau local* / henselization of a local ring],
(**IV**, 18.6.5), 136
局部环的严格 Hensel 化 [*hensélisé strict d'un anneau local* / strict henselization of a local ring],
(**IV**, 18.8.7), 146
局部自由的有限 Y 概形的判别式 [*discriminant d'un Y-schéma fini et localement libre* / discriminant of a finite locally free Y-scheme],
(**IV**, 18.2.7), 113

K

宽调函数 [*fonction méromorphe* / meromorphic function],
(**IV**, 20.1), 229
— 环积空间上的宽调函数 [*fonction méromorphe sur un espace annelé* / meromorphic function on a ringed space],
(**IV**, 20.1.3), 230
— 宽调函数的逆像 [*image réciproque d'une fonction méromorphe* / inverse image of a meromorphic function],
(**IV**, 20.1.11), 233
— 宽调函数在一点 $x \in X^{(1)}$ 处的阶 [*ordre d'une fonction méromorphe en un point* $x \in X^{(1)}$ / order of a meromorphic function at a point $x \in X^{(1)}$],
(**IV**, 21.6.7), 280
— 宽调函数在一个开集上有定义 [*fonction méromorphe définie dans un ouvert* / meromorphic function defined on an open set],

(**IV**, 20.1.4), 231

— 相对于 S 的宽调函数 [*fonction méromorphe relativement à* S / meromorphic function relative to S],
(**IV**, 20.6.1), 255

— 相对于 S 的宽调函数的逆像 [*image réciproque d'une fonction méromorphe relative à* S / inverse image of a meromorphic function relative to S],
(**IV**, 20.6.7), 257

— 相对于 S 的正则宽调函数 [*fonction méromorphe régulière relativement à* S / regular meromorphic function relative to S],
(**IV**, 20.6.5), 256

— 正则宽调函数 [*fonction méromorphe régulière* / regular meromorphic function],
(**IV**, 20.1.8), 231

宽调截面 [*section méromorphe* / meromorphic section],
(**IV**, 20.1.3), 230

— $\mathscr{O}_X$ 模层的宽调截面 [*section méromorphe d'un* $\mathscr{O}_X$*-Module* / meromorphic section of a sheaf of $\mathscr{O}_X$-modules],
(**IV**, 20.1.3), 230

— $\mathscr{O}_X$ 模层的宽调截面的定义域 [*domaine de définition d'une section méromorphe d'un* $\mathscr{O}_X$*-Module* / domain of definition of a meromorphic section of an $\mathscr{O}_X$-module],
(**IV**, 20.1.7), 231

— $\mathscr{O}_X$ 模层的宽调截面在一点近旁有定义 [*section méromorphe d'un* $\mathscr{O}_X$*-Module définie en un point* / meromorphic section of an $\mathscr{O}_X$-module defined at a point],
(**IV**, 20.1.7), 231

— $\mathscr{O}_X$ 模层相对于 S 的宽调截面 [*section méromorphe d'un* $\mathscr{O}_X$*-Module relativement à* S / meromorphic section of an $\mathscr{O}_X$-module relative to S],
(**IV**, 20.6.2), 255

— 可逆 $\mathscr{O}_X$ 模层的正则宽调截面 [*section méromorphe régulière d'un* $\mathscr{O}_X$*-Module inversible* / regular meromorphic section of a invertible $\mathscr{O}_X$-module],
(**IV**, 20.1.8), 232

— 可逆 $\mathscr{O}_X$ 模层相对于 S 正则的宽调截面 [*section méromorphe invertible régulière d'un* $\mathscr{O}_X$*-Module relativement à* S / meromorphic section of an $\mathscr{O}_X$-module regular relative to S],
(**IV**, 20.6.5), 256

— 宽调截面的范数 [*norme d'une section méromorphe* / norm of a meromorphic section],
(**IV**, 21.5.3), 274

— 宽调截面的分母理想层 [*Idéal des dénominateurs d'une section méromorphe* / sheaf of ideals of denominators of a meromorphic section],

(**IV**, 20.2.14), 239

L

理想 [*idéal* / ideal],
(**0**, 1.0.0)
— **代数的横截正则理想** [*idéal transversalement régulier d'un algèbre* / transversally regular ideal of an algebra],
(**IV**, 19.2.1), 191
— **环的拟正则理想** [*idéal quasi-régulier d'un anneau* / quasi-regular ideal of a ring],
(**IV**, 16.9.7), 46
— **环的正则理想** [*idéal régulier d'un anneau* / regular ideal of a ring],
(**IV**, 16.9.7), 46
理想层 [*faisceau d'idéaux* / sheaf of ideals],
(**0**, 4.1.3)
— **分式理想层** [*Idéal fractionnaire* / sheaf of fractional ideals],
(**IV**, 21.2.1), 261
— **概形的在一点近旁横截正则的理想层** [*Idéal transversalement régulier en un point d'un schéma* / transversally regular sheaf of ideals of an scheme at a point],
(**IV**, 19.2.1), 191
— **环层的拟正则理想层** [*Idéal quasi-régulier d'un faisceau d'anneaux* / quasi-regular sheaf of ideals of a sheaf of rings],
(**IV**, 16.9.1), 44
— **环层的正则理想层** [*Idéal régulier d'un faisceau d'anneaux* / regular sheaf of ideals of a sheaf of rings],
(**IV**, 16.9.1), 44
— **局部自由的有限 Y 概形的判别式理想层** [*Idéal discriminant d'un Y-schéma fini et localement libre* / sheaf of discriminant ideals of a finite locally free Y-scheme],
(**IV**, 18.2.7), 113
— **可逆分式理想层** [*Idéal fractionnaire inversible* / invertible sheaf of fractional ideals],
(**IV**, 21.2.1), 261
— **宽调截面的分母理想层** [*Idéal des dénominateurs d'une section méromorphe* / sheaf of ideals of denominators of a meromorphic section],
(**IV**, 20.2.14), 239
— **理想层的正则生成元组(拟正则生成元组)** [*système régulier (quasi-régulier) de générateurs d'un Idéal* / regular (quasi-regular) system of generators of a sheaf of ideals],
(**IV**, 16.9.1), 44
— **整理想层** [*Idéal entier* / sheaf of integral ideals],
(**IV**, 21.2.7), 263
轮圈 [*cycle* / cycle],

(**IV**, 21.6.1), 277

— 纯余 p 维的轮圈 [*cycle purement de codimension p* / purely codimension p cycle],
(**IV**, 21.6.2), 277

— 局部主轮圈 [*cycle localement principal* / locally principal cycle],
(**IV**, 21.6.7), 280

— 宽调函数的极点轮圈和零点轮圈 [*cycle des pôles (ou cycle polaire), cycle des zéros d'une fonction méromorphe* / cycle of poles (or polar cycle), cycle of zeros of a meromorphic function],
(**IV**, 21.6.7), 280

— 轮圈的维数 [*dimension d'un cycle* / dimension of a cycle],
(**IV**, 21.6.1), 277

— 轮圈的余维数 [*codimension d'un cycle* / codimension of a cycle],
(**IV**, 21.6.1), 277

— 轮圈的支集 [*support d'un cycle* / support of a cycle],
(**IV**, 21.6.1), 277

— 轮圈在开集上的限制 [*restriction d'un cycle à un ouvert* / restriction of a cycle to an open set],
(**IV**, 21.6.3), 278

— 轮圈在一点处的重数 [*multiplicité d'un cycle en un point* / multiplicity of a cycle at a point],
(**IV**, 21.6.1), 277

— 素轮圈 [*cycle premier* / prime cycle],
(**IV**, 21.6.1), 277

— 线性等价于 0 的轮圈 [*cycle linéairement équivalent à* 0 / cycle linearly equivalent to 0],
(**IV**, 21.6.7), 280

— 余 p 维轮圈 [*cycle p-codimensionnel* / p-codimensional cycle],
(**IV**, 21.6.2), 277

— 余 1 维轮圈的逆像 [*image réciproque d'un de cycle* 1-*codimensionnel* / inverse image of a 1-codimensional cycle],
(**IV**, 21.10.3), 297; (**IV**, 21.10.11), 300

— 余 1 维轮圈的顺像 [*image directe d'un de cycle* 1-*codimensionnel* / direct image of a 1-codimensional cycle],
(**IV**, 21.10.14), 303

— 余 1 维轮圈类群 [*groupe des classes de cycles* 1-*codimensionnels* / 1-codimensional cycle class group],
(**IV**, 21.6.7), 280

— 在一点处是主轮圈 [*cycle principal en un point* / principal cycle at a point],
(**IV**, 21.6.7), 280

— 主轮圈 [*cycle principal* / principal cycle],
(**IV**, 21.6.7), 280

N

n 阶无穷小邻域 [n-*ème voisinage infinitésimal* / n-th infinitesimal neighborhood],
(**IV**, 16.1.2), 2

P

平展覆叠, 局部平凡的平展覆叠, 平凡的平展覆叠 [*revêtement étale, revêtement étale localement trivial, revêtement étale trivial* / etale covering, locally trivial etale covering, trivial etale covering],
(**IV**, 18.2.7), 113

S

S 导射, X/S 导射, f 导射 [S-*dérivation*, (X/S)-*dérivation*, f-*dérivation* / S-derivation, (X/S)-derivation, f-derivation],
(**IV**, 16.5.1), 24

T

态射(或 Y 概形) 在一点近旁的相对维数 [*dimension relative d'un morphisme en un point, d'un* Y-*schéma en un point* / relative dimension of a morphism at a point, of a Y-scheme at a point],
(**IV**, 17.10.1), 80

态射的第 n 个法不变量 [n-*ème invariant normal d'un morphisme* / n-th normal invariant of a morphism],
(**IV**, 16.1.2), 1

W

外微分 [*différentielle extérieure* / exterior differential],
(**IV**, 16.6.3), 33

微分算子(相对于 S) [*opérateur différentiel relativement à* S / differential operator relative to S],
(**IV**, 16.8.1), 37

微分算子的阶数 [*ordre d'un opérateur différentiel* / order of a differential operator],
(**IV**, 16.8.1), 37

伪函数 [*pseudo-fonction* / pseudo-function],
(**IV**, 20.2.8), 236

— 相对于 S 的伪函数 [*pseudo-fonction relativement à* S / pseudo-function relative to S],

(**IV**, 20.5.4), 253
伪回旋子 [*pseudo-torseur* / pseudo-torsor],
(**IV**, 16.5.15), 30
伪态射, S 伪态射 [*pseudo-morphisme, pseudo-S-morphisme* / pseudo-morphism, pseudo-S-morphism],
(**IV**, 20.2.1), 234
— S 伪态射的图像 [*graphe d'un pseudo-S-morphisme* / graph of a pseudo-S-morphism],
(**IV**, 20.4.1), 247
— 伪态射的定义域 [*domaine de définition d'un pseudo-morphisme* / domain of definition of a pseudo-morphism],
(**IV**, 20.2.3), 235
— 伪态射在局部概形上的限制 [*restriction d'un pseudo-morphisme à un schéma local* / restriction of a pseudo-morphism to a local scheme],
(**IV**, 20.3.6), 242
— 伪态射在开集上的限制 [*restriction d'un pseudo-morphisme à un ouvert* / restriction of a pseudo-morphism to an open set],
(**IV**, 20.2.2), 235
— 伪态射在一点近旁有定义 [*pseudo-morphisme défini en un point* / pseudo-morphism defined at a point],
(**IV**, 20.2.3), 235

X

X 概形仿射包络 [*enveloppe affine d'un X-schéma* / affine envelope of an X-scheme],
(**IV**, 21.12.1), 312
X 相对于 S 的切丛 [*fibré tangent de X relativement à S* / tangent bundle of X relative to S],
(**IV**, 16.5.12), 27
$X \times_S X$ 的典范对称 [*symétrie canonique de $X \times_S X$* / canonical symmetry of $X \times_S X$],
(**IV**, 16.3.3), 11
线性切映射 [*application linéaire tangente* / linear tangent map],
(**IV**, 16.5.13), 28
相对于 S 横截正则的截面序列 [*suite de sections transversalement régulière relativement à S* / sequence of sections transversally regular relative to S],
(**IV**, 19.2.1), 191

Y

有理系数的余 1 维轮圈 [*cycle 1-codimensionnel à coefficients rationnels* / 1-codimensional cycle with rational coefficients],
(**IV**, 21.10.9), 299

有理映射 [*application rationnelle* / rational map],
(**I**, 7.1.2)
— **严格有理映射** [*application rationnelle stricte* / strict rational map],
(**IV**, 20.2.1), 234
有限平展 $\mathscr{O}_X$ 代数层 [$\mathscr{O}_X$-*Algèbre finie et étale* / finite etale $\mathscr{O}_X$-algebra],
(**IV**, 18.2.3), 112

Z

在 Y 上(或在 A 上) 不分歧的 K 代数 [K-*algèbre non ramifiée sur* Y, *sur* A / K-algebra unramified over Y, over A],
(**IV**, 18.10.10), 161
在点 x 近旁横截交叉的子概形(相对于 S) [*sous-schémas se coupant transversalement en un point relativement à* S / subschemes cutting transversally at a point relative to S],
(**IV**, 17.13.7), 93
在一点近旁的横截交叉态射偶 [*couple de morphismes transversaux en un point* / pair of morphisms transversal at a point],
(**IV**, 17.13.6), 92
在一点近旁的横截交叉态射族 [*famille de morphismes transversaux en un point* / family of morphisms transversal at a point],
(**IV**, 17.13.10), 96
在一点近旁横截交叉的子概形族 [*famille de sous-schémas se coupant transversalement en un point* / family of subscheme cutting transversally at a point],
(**IV**, 17.13.11), 96
正则浸入的子概形, 拟正则浸入的子概形 [*sous-schéma régulièrement immergé, sous-schéma quasi-régulièrement immergé* / regularly immerged subscheme, quasi-regularly immerged subscheme],
(**IV**, 16.9.2), 44
子概形的形式邻域 [*voisinage formel d'un sous-schéma* / formal neighborhood of a subscheme],
(**IV**, 16.1.11), 5
子概形在一点处的横截余维数 [*codimension transversale en un point d'un sous-schéma* / transversal codimension of a subscheme at a point],
(**IV**, 19.1.3), 187